The Michigan Historical Reprint Series

Reprints from the collection of the University of Michigan University Library

The Scholarly Publishing Office
the University of Michigan
University Library

EXPOSÉ DE LA THÉORIE

DES

PROPRIÉTÉS, DES FORMULES DE TRANSFORMATION,

ET

DES MÉTHODES D'ÉVALUATION

DES

INTÉGRALES DÉFINIES.

EXPOSÉ DE LA THÉORIE,

DES

PROPRIÉTÉS, DES FORMULES DE TRANSFORMATION,

ET

DES MÉTHODES D'ÉVALUATION

DES

INTÉGRALES DÉFINIES

PAR

D. BIERENS DE HAAN.

Publiée par l'Académie Royale des Sciences à Amsterdam.

AMSTERDAM,
C. G. VAN DER POST.
1862.

IMPRIMERIE DE W. J. DE ROEVER KRÖBER.

PRÉFACE.

Dans le supplément à la préface des *Tables d'Intégrales définies*, qui constituent le Tome IV des Mémoires de l'Académie, mention a été faite d'un travail, ayant pour origine la nécessité d'une revision critique de quelques formules de ce genre, — et ayant pour but de fournir une base solide qui pût nous servir à décider de la solidité de ces résultats. Ce travail se composait essentiellement de trois parties distinctes. En premier lieu se présentaient les principes de la Théorie des Intégrales définies et leurs propriétés, ainsi que la discussion de quelques points sur lesquels on différait d'opinion, ou auxquels, vu leur valeur, on ne prêtait pas une attention suffisante dans la discussion de cas spéciaux. Quant à l'application de ces principes, une fois solidement établis, elle était ou spéciale, en ne donnant lieu qu'à des formules particulières, ou elle devenait quelquefois plus générale, en faisant créer des théorèmes généraux, qui pour des suppositions différentes engendraient de nouveau des résultats spéciaux.

Les premières ébauches de ce travail m'ayant été d'un grand secours dans la revision des Tables mentionnées, en ce qu'elles m'ont conduit aux „Observations et corrections, en partie critiques," qui précèdent ces Tables, — je compris qu'une étude plus étendue dans les trois voies indiquées pourrait bien être de quelque utilité, et qu'elle pourrait conduire à de nouveaux résultats, auxquels on ne s'attendait guère encore. Par conséquent je résolus de poursuivre ces études, et le résultat n'a pas déçu mes espérances à cet égard. En premier lieu il en est résulté quelques mémoires et quelques notes sur différents points particuliers, insérés dans les Mémoires ou les Comptes-Rendus de l'Académie Royale des Sciences, dans les Mémoires de la Société Hollandaise des Sciences, dans le Journal de la Société: „*Een Onvermoeide Arbeid*, etc.": d'autre part je parvins à diverses formules, inconnues jusqu'alors. De telle sorte j'étais à même de réunir toutes les recherches sur cette partie de l'Analyse dans un seul travail, que j'offris à notre Académie Royale des Sciences. Je la remercie de l'avoir bien voulu admettre dans ses Mémoires.

Il conviendra maintenant de donner un aperçu de mes intentions, et de la manière dont je m'y suis pris pour satisfaire à ce que je pensais être de la plus grande utilité pour mon but.

D'après ce qui vient d'être observé, ce travail est divisé en trois parties:

Partie I. *Principes de la théorie des intégrales définies*, — qui en comprend la théorie et les propriétés;

Partie II. *Formules de transformation générales*, — dont on trouve l'application dans la

Partie III. *Évaluation des intégrales définies*, — qui traite des diverses méthodes, imaginées et employées dans ce but.

En premier lieu j'ai voulu réunir méthodiquement toutes les discussions sur des points spéciaux de cette théorie, lesquelles se trouvaient éparpillées dans divers écrits, — et surtout je voulais tâcher de les déduire des mêmes principes, qui devaient former la base de cette théorie: c'est en quoi je réussis au-delà de mes espérances. De la notion et des propriétés fondamentales des intégrales définies découlait naturellement tout ce qui se rapportait au changement tant des limites que de la variable indépendante. De plus on en déduisait la différentiation de nos fonctions par rapport à une constante: et de ces formules, par un retour facile, on en venait à leur intégration; ayant égard toujours aux équations de condition, lorsqu'il y avait des cas d'exception ou de discontinuité. Les derniers théorèmes donnaient lieu à trois discussions différentes: d'abord sur l'invertissement de l'ordre des intégrations dans les intégrales doubles; ensuite sur la théorie des intégrales définies à limites imaginaires; enfin sur le théorème de FOURIER. Ce théorème exigeait par contre une étude de la limite des intégrales qui contiennent une constante infinie, et par là on se trouvait conduit naturellement aux intégrales qui contiennent des fonctions périodiques entre les limites 0 et ∞. Ces derniers paragraphes donnaient des théorèmes, dont il fallait faire usage dans les autres parties de ce travail. Quant aux intégrales doubles, il n'entrait nullement dans le cadre actuel d'en donner une théorie complète: seulement on a traité de ce qui était nécessaire à notre but.

Maintenant il fallait en venir aux applications des principes solidement établis et des propriétés déduites dans la Première Partie, — applications, tant générales, autant qu'il en résultait des théorèmes généraux, — que spéciales, lorsqu'on obtenait l'évaluation d'une intégrale définie spéciale. Or, dans le dernier cas il importait principalement de distribuer les diverses méthodes suivant un certain système quant à leur nature ou quant au principe qu'elles représentaient: il ne s'agissait point de la forme, sous laquelle le résultat se présenterait. Dans le premier cas au contraire, la déduction de théorèmes généraux, c'était plutôt la nature du résultat qui devait être l'argument de distribution: ici la chose importante était le résultat, le théorème acquis lui-même; la manière, dont on s'y était pris pour le déduire, avait moins d'importance.

Par conséquent la Deuxième Partie devait être divisée en quatre Chapitres, selon que le résultat se trouvait être une évaluation directe, la réduction à une autre intégrale définie, ou la réduction à une série; ou qu'il s'agissait d'une réduction d'intégrales doubles. Dans le Troisième Chapitre on distingue les cas dans lesquels les séries se composent de quantités finies ou d'intégrales définies, en réservant pour le troisième et dernier paragraphe quelques théorèmes généraux d'une grande importance. Mes recherches me conduisirent à une nouvelle source de quelques théorèmes bien intéressants, quand l'impression de ce Mémoire fut déjà trop avancée pour qu'ils fussent insérés à leur place propre, et l'on devra les chercher par suite dans les deux Additions à la fin de l'ouvrage. Par des voies diverses on est conduit à 316 théorèmes généraux dont quelques-uns ont une portée plus grande que les autres. Dans l'application pour chaque cas spécial, lorsqu'on croit pouvoir s'en servir pour l'évaluation d'une intégrale définie proposée, il faudra nécessairement choisir parmi ceux, qui sembleront être propres à de tels cas: mais presque jamais on ne sera assuré d'avance que le chemin mènera nécessairement au but que l'on désire atteindre. Toutefois ce chemin est aplani de beaucoup, depuis que les Tables d'Intégrales Définies peuvent dispenser du calcul final, en général le plus difficile et le plus incertain, aussitôt que l'on aura réduit l'intégrale proposée à une autre déjà évaluée dans ces Tables.

Maintenant tous les matériaux étaient disponibles pour procéder à l'évaluation des intégrales définies proprement dite. Ici le champ était bien étendu et se trouvait bien défriché dans quelques endroits, bien inculte encore dans d'autres. Mais avant tout il fallait le diviser en Sections bien clairement limitées: et ici, comme on vient de le voir, c'était la nature de ces méthodes qui devait servir de guide; ainsi on se voyait conduit naturellement aux sept sections suivantes, où chaque méthode occupe un paragraphe:

Section I, contenant 5 paragraphes. Méthodes directes.
Section II, contenant 12 paragraphes. Méthodes qui ramènent à des intégrales définies.
Section III, contenant 3 paragraphes. Méthodes qui ramènent à des intégrales définies doubles.
Section IV, contenant 3 paragraphes. Méthodes qui ramènent à des séries.
Section V, contenant 3 paragraphes. Méthodes qui ramènent à des équations différentielles.
Section VI, contenant 15 paragraphes. Méthodes pour déduire d'une intégrale définie connue d'autres intégrales définies.
Section VII, contenant 4 paragraphes. Méthodes particulières (qui n'entraient dans aucune des sections précédentes).

Observons en général que la Sixième Section contient nécessairement des méthodes établies sur les mêmes principes que quelques-unes des méthodes dans les sections précédentes, mais qu'ici ce sont pour ainsi dire les méthodes inverses de celles-là: qu'ici on part d'une donnée connue pour obtenir un résultat dont quelquefois on ne saurait pas même présager la forme: tandis que là on tâche de ramener une intégrale définie à évaluer à une autre fonction, qui soit connue ou dont on puisse déterminer la valeur, pour obtenir ainsi l'évaluation de la première.

Pour l'application, les théorèmes, déduits dans la Partie Deuxième, se trouvent distribués dans les Sections diverses, sauf dans la cinquième et la septième, et font toujours le sujet de la dernière Méthode de chaque section. Ils ont pu donner lieu à un assez grand nombre d'intégrales définies nouvelles, grâce à l'emploi des Tables de ces fonctions. Mais aussi par les autres Méthodes on a évalué diverses intégrales définies, tant de celles qui se trouvaient déjà consignées dans les Tables, que de formules nouvelles. Parmi les intégrales définies connues il se trouve quelques-unes qui peuvent être déduites par diverses méthodes; c'est ce qui a été fait quelquefois, et alors des notes renvoient toujours aux autres lieux de déduction: ainsi elles donnent parfois un exemple frappant, comment dans cette théorie on peut atteindre un même but par des voies tout-à-fait différentes. Ces exemples montrent en outre comment quelquefois les limites conditionnelles, résultant de quelque méthode, sont élargies par une autre; que telle méthode exige nécessairement que quelque constante soit entière, ou positive, ou moindre qu'une certaine quantité, ou en certaine relation avec quelque autre constante: tandis qu'une autre méthode n'a pas besoin de ces conditions.

Enfin, on verra que chaque méthode peut avoir ses propres restrictions, mais aussi ses propres avantages.

Le nombre des formules s'accroissant ainsi, elles donnaient lieu quelquefois à un traitement suivant quelque autre méthode. Tantôt cette discussion a été renvoyée à la dite méthode elle-même, tantôt elle a été l'objet d'une note, lorsque cela semblait préférable pour abréger les calculs. Les principes de chaque méthode étant déjà connus par la Première Partie, on n'a pas hésité d'employer quelquefois dans ces notes en cas de besoin des méthodes, qui ne sont discutées que plus tard. Toutefois on a dû observer dans cette disposition que l'exposition de chaque méthode se trouverait accompagnée d'un assez grand nombre d'exemples, assortis à cet effet, pour en rendre évidents les calculs, les accidents, les exceptions, les difficultés, et tout ce qu'il y avait lieu d'observer par rapport à elles. La conséquence nécessaire d'un tel arrangement, c'est qu'on a dû citer quelquefois, pour en faire usage dans la transformation, des intégrales définies ou des relations entre de telles fonctions, qui ne sont étudiées ou déduites que plus tard: toutefois il n'en résulte aucun inconvénient, lorsque du moins on s'abstient d'employer une telle intégrale, dont la déduction elle-même renverrait à la discussion en question; or, dans ce cas on tomberait dans un cercle vicieux, et c'est ce qui naturellement a toujours dû être évité.

Dans chaque paragraphe, après l'exposition de la méthode, viennent quelques applications; lorsqu'il y a lieu de faire quelques observations sur des cas d'exception, sur des difficultés à éviter, sur des discussions spéciales, elles se présentent dans le cours du paragraphe, et toujours elles sont illustrées par des exemples choisis. Or, notre but étant non-seulement de rassembler dans un cadre, logiquement arrangé, tout ce qui se rapporte à la théorie et aux calculs de l'évaluation des intégrales définies, mais aussi de prendre ces études comme point de départ pour obtenir des formules nouvelles, — il convenait de distribuer de la meilleure manière ces recherches nouvelles parmi les divers paragraphes, de telle sorte que d'une part l'évaluation se présentât le plus naturellement, et que d'autre part elle pût servir en même temps à l'élucidation de la méthode elle-même. Cette distribution n'était pas toujours assez facile, et il était impossible de ne pas favoriser telle méthode plutôt qu'une autre. La grandeur de son extension pourra peut-être servir en quelque sorte à la mesure du poids de chaque méthode, c'est-à-dire de la probabilité de son efficacité pour quelque recherche spéciale.

A l'égard de la disposition respective des Méthodes dans chaque Section, observons qu'on a tâché de suivre d'aussi près qu'il semblait possible, l'arrangement de la Première Partie; de telle sorte que les méthodes, reposant sur des principes ou sur des propriétés antérieures, précèdent celles qui ont besoin de principes, exposés ultérieurement: aussi en effet, les premières méthodes étaient généralement plus simples que les dernières.

Quant à la bibliographie, il faut ajouter ici quelques observations. Dans la Première Partie les Notes servent en général à citer la bibliographie relative au point en discussion. Il va sans dire qu'on n'a pu citer tous les écrivains qui auraient écrit sur ce point: en général on s'est contenté de citer les mémoires ou les notes, disséminés dans les Collections Académiques ou dans les journaux mathématiques; chacun étant plus facilement en état de consulter pour lui-même les cours de calcul différentiel et intégral, qui traitent sur quelque partie de notre théorie. La même observation vaut encore entièrement pour les notes de la Deuxième Partie, où pour chaque système de théorèmes on a cité l'auteur ou les auteurs, à qui on en est redevable en son entier ou en partie. C'est ainsi que j'ai tâché de mettre chacun en état d'aller puiser à la source même, et de donner ainsi une esquisse historique de cette partie de l'analyse.

Par rapport à la Troisième Partie on se trouvait déjà dans des conditions plus favorables. Car les intégrales définies évaluées étaient en partie nouvelles, en partie elles avaient déjà été recueillies dans mes Tables d'intégrales définies. Pour celles-là il n'y avait point de citation à faire, tandis que pour celles-ci les citations se trouvaient déjà dans ces Tables elles-mêmes: on pouvait donc très-bien s'en dispenser ici. Il est vrai que diverses intégrales définies ont été traitées au moyen de méthodes différentes par les divers auteurs qui se trouvent cités dans les Tables, et que d'autres formules ont été déduites ici au moyen d'une méthode différente de celle que l'auteur désigné dans les Tables avait employée; mais ceci était de moindre importance. La discussion de toutes ces évaluations diverses, ne différant parfois entre elles que par des transformations intermédiaires, aurait exigé trop de place: et de plus elle n'était pas nécessaire, puisque dans l'exposition des méthodes en particulier on avait recueilli déjà des exemples pour chaque transformation, qui semblait l'exiger par son importance. Ce n'est que dans quelques cas pourtant, quoique peu nombreux, que je me suis écarté de cette règle générale.

Les notes dans cette Partie Troisième avaient un tout autre but: elles servaient soit à renvoyer à une autre Méthode, où la même intégrale se trouvait déduite d'une manière différente; soit à exposer quelque transformation intermédiaire; soit à déduire quelque formule nécessaire dans la discussion du texte; soit à appliquer aux résultats obtenus quelque autre méthode pour en déduire des intégrales définies nouvelles. Ce n'est que dans l'exposition préalable de chaque méthode, ou plus tard dans celle de quelques sujets spéciaux, que les notes en donnent la bibliographie, tout comme cela avait eu lieu dans les deux Parties précédentes.

Tel est le but que je me suis proposé, telle la manière dont je me suis proposé de l'atteindre. Dans le commencement de cette Préface j'ai observé que j'en attendais une certaine quantité d'évaluations nouvelles, et mes espérances n'ont point été trompées sur ce point; on trouvera l'évaluation d'environ 1260 intégrales définies de mes Tables, et en outre d'environ 2130 intégrales définies nouvelles. Après-coup, lorsque le manuscrit était déjà en cours d'impression, je reçus deux corroborations de mes idées à cet égard, sur lesquelles on pourra consulter aussi le „*Supplément aux Tables d'Intégrales Définies*." L'une, dans la Katholische Literatur-Zeitung du 10 Nov. 1856, N°. 45, p. 365, où il est question des Tables, est aussi conçue: „Nicht leicht ein anderer Gegenstand der höhern „mathematischen Analysis ist weniger geordnet und in der Literatur mehr zerstreut, als die Theorie „der bestimmten Integrale... Eine wohlgeordnete Darstellung jener Lehre, welche zugleich alle „allgemeinen wie besonderen Resultate enthielte, wäre eine überaus lohnende Arbeit; sie würde „nicht nur den Reichthum der Methoden, sinnreichen Künstgriffe und der einzelnen Ergebnisse „erkennen lassen, sondern das Ganze erst zugänglich machen, was bis jetzt aus dem angeführten „Grunde für sehr Viele so gut wie unzugänglich ist. Ob sich jedoch ein Mathematiker einstmals

„dieser Arbeit unterziehen wird, steht dahin. Sehr viel aber ist gewonnen durch die vorliegende „Publication, u. s. w." L'autre, dans le Rapport de la Commission des médailles du 3 Juin 1860, de l'Académ. Impér. des Sciences de Toulouse, contient ces mots: „Ce receuil (les Tables „d'Intégrales définies) grandira peut-être même au-delà des espérances et de l'ambition de son „auteur, si, comme il y a lieu de l'espérer, le rapprochement de résultats si importants et si nom- „breux conduit les géomètres à établir des méthodes générales pour les démontrer, et pour mar- „cher à de nouvelles découvertes." J'ose espérer que ce travail démontre la vérité de ces observations, et qu'il m'ait été donné de mettre en relief la richesse de méthodes et d'artifices ingénieux, apparente dans cette partie de l'Analyse. Quant aux Méthodes générales, lorsque du moins on veut parler de théorèmes généraux, la Deuxième Partie pourra fournir la preuve qu'elles sont en grand nombre. Et les nouvelles découvertes n'ont pas manqué non plus: or, en cas d'une nouvelle édition des *Tables d'Intégrales Définies,* elle devra évidemment s'en ressentir.

Je ne sais si ce travail trouvera un accueil aussi favorable que mes Tables: en tout cas je prie ceux, qui voudront bien l'annoncer et en donner leur opinion, de m'accorder un exemplaire de leur annonce, afin que je puisse profiter de toute critique venant d'un juge compétent.

Deventer, Mai 1862.

D. BIERENS DE HAAN.

SOMMAIRE.

PARTIE PREMIÈRE.

PRINCIPES DE LA THÉORIE DES INTÉGRALES DÉFINIES.

PARTIE DEUXIÈME.

FORMULES DE TRANSFORMATION GÉNÉRALES.

PARTIE TROISIEME.

ÉVALUATION DES INTÉGRALES DÉFINIES.

SECTION 6. MÉTHODES POUR DÉDUIRE D'UNE INTÉGRALE DÉFINIE CONNUE D'AUTRES INTÉGRALES DÉFINIES.

EXPOSÉ DE LA THÉORIE,

DES PROPRIÉTÉS, DES FORMULES DE TRANSFORMATION, ET DES MÉTHODES D'ÉVALUATION

DES

INTÉGRALES DÉFINIES.

PAR

D. BIERENS DE HAAN.

PARTIE PREMIÈRE.

PRINCIPES DE LA THÉORIE DES INTÉGRALES DÉFINIES.

1. Les intégrales définies sont des expressions d'analyse, de la plus haute importance pour la théorie des suites et des équations différentielles, ainsi que pour toutes les parties des sciences exactes, où celles-ci trouvent leur application. Mais la théorie en donne souvent lieu à des discussions de nature délicate, et offre quelquefois de graves difficultés. Il est absolument nécessaire qu'on prenne son point de départ de notions claires et précises et qu'on en connaisse à fond les propriétés et les transformations, avant de procéder à leur évaluation.

Nous commencerons donc dans cette Première Partie par donner les principes de la théorie des intégrales définies; dès-lors nous serons en état de déduire dans la Deuxième Partie plusieurs théorèmes de transformation générale, et enfin nous pourrons passer dans la Troisième Partie aux méthodes très-différentes entre elles, qu'on a suivies pour évaluer ces fonctions.

Dans la Première et la Deuxième Partie on a ajouté quelques citations de bibliographie sur les points d'analyse en question. Dans la Troisième on a désigné les intégrales déduites, qui se trouvent dans mes Tables d'Intégrales Définies, Amsterdam, 1858, (Verhandelingen der Koninklijke Akademie van Wetenschappen, Tome IV) par la notation T..... N..... avec les nombres de la Table et du Numéro cités; la bibliographie de ces intégrales-là n'y est point donnée, parce qu'on peut toujours la trouver dans les Tables mentionnées. Pourtant on y rencontrera quelquefois une notice historique au sujet de quelque méthode.

§ 1. NOTION ET PROPRIÉTÉS FONDAMENTALES D'UNE INTÉGRALE DÉFINIE.

2. La théorie des fonctions, comme ayant pour objet le changement des fonctions variables dépendantes, est basée, d'après ce que l'on sait, sur la formule fondamentale

$$f'(x) = \text{Lim.} \frac{f(x+\delta) - f(x)}{\delta}, \text{ pour Lim. } \delta = 0; \quad \ldots\ldots\ldots\ldots \quad (\dagger)$$

qui exprime le coefficient différentiel $f'(x)$, comme le rapport limite entre les changements de deux variables $f(x)$ et x, dont la dernière est considérée comme variable indépendante et dont la première au contraire dépend de celle-ci. Lorsque $f(x)$ y est connue, cette formule fait trouver $f'(x)$, et c'est-là l'objet du Calcul Différentiel: l'opération inverse, de déduire la $f(x)$ de $f'(x)$, est du ressort du Calcul Intégral, dont la méthode est indirecte par la nature même de la formule précédente. Mais quoiqu'il soit impossible de déduire $f(x)$ directement de $f'(x)$, où alors $f(x)$ serait *l'intégrale indéfinie* de $f'(x)$, on peut pourtant approcher de ce but par une méthode, qui donnera la base de notre théorie.

3. On peut écrire la formule fondamentale de la manière suivante:

$$\frac{f(x+\delta) - f(x)}{\delta} = f'(x) + \varepsilon, \text{ d'où } f(x+\delta) - f(x) = \delta f'(x) + \delta\varepsilon, \quad \ldots\ldots \quad (\ddagger)$$

où ε est supposé être une quantité, qui s'évanouit à la limite zéro de δ. Prenons maintenant:

$$\begin{array}{lllll} x = a, & a+\delta, & a+\delta_1+\delta_2, \ldots\ldots & a+\delta_1+\delta_2+\ldots\delta_{n-1}, & \\ \delta = \delta_1, & \delta_2, & \delta_3, & \delta_n & \text{, tandis que les valeurs} \\ \varepsilon = \varepsilon_1, & \varepsilon_2, & \varepsilon_3, & \varepsilon_n & \end{array}$$

en suivent comme valeurs correspondantes: substituons ces valeurs respectives dans l'équation ($\ddagger$), nous aurons:

$$\begin{aligned} f(a+\delta_1) - f(a) &= \delta_1 f'(a) & + \delta_1\varepsilon_1, \\ f(a+\delta_1+\delta_2) - f(a+\delta_1) &= \delta_2 f'(a+\delta_1) & + \delta_2\varepsilon_2, \\ \ldots\ldots\ldots\ldots & \ldots\ldots\ldots\ldots & \\ f(a+\delta_1+\delta_2+\ldots+\delta_n) - f(a+\delta_1+\delta_2+\ldots+\delta_{n-1}) &= \delta_n f'(a+\delta_1+\delta_2+\ldots+\delta_{n-1}) & + \delta_n\varepsilon_n. \end{aligned}$$

Lorsque maintenant la fonction $f(x)$ est continue pour toutes ces valeurs depuis a jusques à $a+\delta_1+\delta_2+\ldots+\delta_n$, on a toujours $f(a+\delta_p) = f(a+\delta_p)$, ou comme on l'exprime quelquefois $f(a+\delta_p+0) = f(a+\delta_p-0)$: en ce cas, dans la somme des premiers membres des équations précédentes, toutes les fonctions intermédiaires s'annullent entre elles, et il reste $f(a+\delta_1+\delta_2+\ldots+\delta_n) - f(a)$. Mais quand la fonction $f(x)$ est discontinue pour quelque valeur de x, située entre ces limites, soit pour $a+\delta_p$, on n'a plus identiquement $f(a+\delta_p) = f(a+\delta_p)$, c'est-à-dire, d'après la définition de la discontinuité, $f(a+\delta_p)$ aura une autre valeur, selon qu'on y parvient par l'augmentation de l'argument, par exemple du côté de a, pour ainsi dire, ou qu'on l'obtient par la diminution de x en venant de $a+\delta_1+\delta_2+\ldots+\delta_n$: donc la différence de $f(a+\delta_p-0)$ et $f(a+\delta_p+0)$ aura une valeur finie ou infinie, mais en tous cas elle ne s'évanouira pas en général dans la somme mentionnée des premiers membres. Excluons donc ce cas pour le moment, nous trouvons pour le cas de continuité seulement:

$$f(a+\delta_1+\delta_2+\ldots+\delta_n)-f(a)=\delta_1 f'(a)+\delta_2 f'(a+\delta)+\ldots+\delta_n f'(a+\delta_1+\delta_2+\ldots+\delta_{n-1})+(\delta_1\varepsilon_1+\delta_2\varepsilon_2+\ldots+\delta_n\varepsilon_n).$$

A présent supposons que l'on ait $a+\delta_1+\delta_2+\ldots+\delta_n=b$, une quantité constante: dès-lors on peut assigner la valeur de la somme des produits $\delta_p\,\varepsilon_p$: car soit ε_g la plus grande et ε_p la plus petite parmi toutes les valeurs de ε, on aura:

$$\varepsilon_g(\delta_1+\delta_2+\ldots+\delta_n)>\delta_1\varepsilon_1+\delta_2\varepsilon_2+\ldots+\delta_n\varepsilon_n>\varepsilon_p(\delta_1+\delta_2+\ldots+\delta_n),\ \text{ou}$$
$$\varepsilon_g(b-a)>\delta_1\varepsilon_1+\delta_2\varepsilon_2+\ldots+\delta_n\varepsilon_n>\varepsilon_p(b-a),$$

par la substitution de $b-a$: or celle-ci est constante, et l'on peut diminuer les valeurs des ε et par suite celle de ε_g et de ε_p indéfiniment, en en augmentant le nombre: donc les deux quantités, qui enclavent le terme du milieu, convergent avec δ vers zéro, et ce terme, par conséquent, devient aussi zéro pour la limite zéro de δ. On a donc enfin:

$$f(b)-f(a)=\text{Lim.}\left[\delta_1 f'(a)+\delta_2 f'(a+\delta_1)+\ldots+\delta_n f'(a+\delta_1+\delta_n+\ldots+\delta_{n-1})\right],\ \text{Lim.}\,\delta=0\ .\ (1)$$
$$\text{avec la condition } b-a=\delta_1+\delta_2+\ldots+\delta_n\,;\ \ldots\ldots\ldots\ldots\ (1^*)$$

et ainsi nous avons déduit de la fonction $f'(x)$ la différence $f(b)-f(a)$: elle n'est plus une intégrale indéfinie $f(x)$, mais elle est *l'intégrale définie* de la fonction $f'(x)$.

4. Mais ce résultat peut prendre une forme plus caractéristique. En effet prenons tous les $\delta_1, \delta_2, \ldots \delta_n$ égaux à δ, de sorte que l'équation (1) devient:

$$f(b)-f(a)=\text{Lim.}\left[\delta\{f'(a)+f'(a+\delta)+f'(a+2\delta)+\ldots+f'(a+[n-1]\delta)\}\right],b-a=n\delta,\text{Lim.}\,\delta=0\ .\ (2)$$

Le second membre de cette équation est une somme de termes $\delta f'(x)$, où x augmente uniformément depuis a jusques à b: or, dénotons δ, comme la différence de x, par $\triangle x$, alors cette somme aura la forme $\text{Lim.}\sum\limits_a^b f'(x)\triangle x$: elle exprime une sommation d'une suite de n termes à facteur $\triangle x$: mais comme δ doit converger vers sa limite zéro, on peut le remplacer par la notation usuelle dans ce cas, dx, la différentielle de x: dès-lors le nombre n des termes, qui est $\frac{b-a}{\delta}$ suivant (1*), devient infini, et les termes eux-mêmes deviennent infiniment petits à raison du facteur dx, qui converge vers zéro: il est d'usage dans un tel cas de remplacer le signe de sommation Σ par le signe d'intégration $\int$, et l'on peut écrire:

$$\int_a^b f'(x)dx=\text{Lim.}\left[\delta\{f'(a)+f'(a+\delta)+f'(a+2\delta)+\ldots+f'(a+[n-1]\delta)\}\right]\text{Lim.}\,\delta=0,b-a=n\delta\ .\ (3)$$

équation identique, il est vrai, mais dont le premier membre offre une notation plus simple de l'intégrale définie: on dit alors, que la fonction $f'(x)$ est intégrée entre les limites a et b.

5. La comparaison des équations (1) et (2) indique, que l'égalité ou l'inégalité des divers δ, qui tous convergent vers zéro, n'influence pas sur le résultat: et puis elle nous apprend qu'au lieu de la formule (3) on peut écrire:

$$\left.\begin{aligned}\int_a^b f'(x)dx = \text{Lim.}\left[\delta_1 f'(a) + \delta_2 f'(a+\delta_1) + \delta_3 f'(a+\delta_1+\delta_2) + \ldots + \delta_n f'(a+\delta_1+\delta_2+\ldots+\delta_{n-1})\right],\\ b-a = \delta_1 + \delta_2 + \ldots + \delta_n,\ \text{Lim.}\ \delta = 0.\end{aligned}\right\}.(4)$$

On peut encore transformer cette expression dans une autre, quelquefois plus commode. Or, les quantités $a, a+\delta_1, a+\delta_1+\delta_2, \ldots a+\delta_1+\delta_2+\ldots+\delta_{n-1}$ sont les valeurs que x obtient successivement, en variant de la limite a à l'autre b: nommons ces valeurs successives de x: x_0, $x_1, x_2 \ldots x_n$, où donc $x_0 = a$, $x_n = b$, il vient $\delta_1 = x_1 - x_0$, $\delta_2 = x_2 - x_1 \ldots \delta_n = x_n - x_{n-1}$, et l'équation aura la forme:

$$\int_{x_0}^{x_n} f'(x)dx = \text{Lim.}\left[(x_1 - x_0)f'(x_0) + (x_2 - x_1)f'(x_1) + \ldots + (x_n - x_{n-1})f'(x_{n-1})\right], \text{Lim.}(x_p - x_{p-1}) = 0\ .(5)$$

6. De quelque manière que l'on exprime l'intégrale définie, les équations précédentes nous donnent:

$$\int_a^b f'(x)\,dx = f(b) - f(a) \ldots\ldots\ldots\ldots\ldots\ldots (6)$$

mais seulement dans le cas, que $f(x)$ soit continue entre les limites a et b.

Maintenant l'équation fondamentale (†) du Nr. 2 peut s'écrire: $df(x) = f'(x)\,dx$, qui donne par l'opération inverse:

$$f(x) = \int f'(x)\,dx, \text{ ou plutôt } = \int f'(x)\,dx - \text{C},$$

pour l'intégrale indéfinie. Il est nécessaire d'ajouter ici une constante C, puisque la différentiation de cette dernière équation, si nous voulons retourner à l'équation précédente, élimine cette constante. On ne peut pas trouver directement cette intégrale, ni la constante, comme résolution du problème posé de déterminer $f(x)$ à l'aide de $f'(x)$: mais si nous prenons ici successivement a et b pour x, la différence des résultats donne:

$$f(b) - f(a) = \int^{x=b} f'(x)\,dx - \text{C} - \left\{\int^{x=a} f'(x)\,dx - \text{C}\right\} = \int_{x=a}^{x=b} f'(x)\,dx - (\text{C} - \text{C}) = \int_{x=a}^{x=b} f'(x)\,dx\ ,\ .(7)$$

équation qui nous montre comment d'une intégrale indéfinie on peut passer à une autre, qui a la forme d'une intégrale définie, mais où nous n'avons point pris en considération la continuité ou la discontinuité de $f(x)$ entre les limites a et b de x. La comparaison des formules (7) et (6) nous montre en effet, que dans le cas de continuité les deux expressions s'accordent entre elles: mais dans la suite nous verrons que cet accord n'existe plus dans le cas de discontinuité; en effet alors la formule (7) n'a plus aucun sens [1].

---

[1] Il s'ensuit delà que la distinction d'Ohm *) entre une intégrale définie numérique (numerisch-

---

*) Ohm, System der Mathematik, Theil 8. Die Lehre der endlichen Differenzen und Summen, und der reellen Faktoriellen und Fakultäten, so wie die Theorie der bestimmten Integrale. (Nurnberg. Korn. 1851. XXVI et 390 S. 8°.) S. 247. fgg.

7. Comme des considérations de géométrie peuvent être d'une grande utilité pour donner des notions claires et précises, nous allons voir comment elles interprètent les raisonnements précédents; elles nous indiqueront en même temps l'influence, que doit avoir ici la discontinuité de la fonction intégrée. A cet effet, retournons à la formule (†) et prenons pour $f(x)$ l'aire de quelque courbe pour des coordonnées rectangulaires, et comprise entre la courbe, l'axe des abscisses x et deux ordonnées quelconques y: quand on fait augmenter l'aire d'une quantité très-petite, le numérateur de la formule citée sera un trapèze, où l'un des côtés est courbe, et le côté opposé la partie de l'axe des abscisses dx: en passant aux limites ce trapèze devient un rectangle et $f'(x)$ n'est par conséquent autre chose que l'ordonnée. Maintenant (Fig. 1) soit pour une ordonnée arbitraire $\mathrm{M}m$, l'aire $\mathrm{MA}am = f(a) + \mathrm{C}$, et l'aire $\mathrm{ML}lm = f(b) + \mathrm{C}$: il vient $\mathrm{AL}la = f(b) - f(a)$. Mais lorsqu'on fait croître l'abscisse depuis $x = a$ au point A, jusques à $x = b$ au point L, et qu'à chaque accroissement on érige l'ordonnée, elle obtiendra des valeurs $f'(x)$, où l'on doit prendre pour x toutes les valeurs successives: une telle ordonnée, $\mathrm{D}d$, multipliée par l'accroissement de x immédiatement précédent C D, exprime l'aire d'un rectangle $\mathrm{CD}d\gamma$, et la somme de tous ces n rectangles diffèrera peu de l'aire de la courbe, et finira par coïncider avec elle, lorsque le nombre n des parties de la distance A L devient infini, et que par suite chaque partie C D converge vers zéro. En d'autres mots, nommant $\mathrm{OB} = x_1$, $\mathrm{OC} = x_2$, $\mathrm{OD} = x_3 \ldots$ on aura:

$$\mathrm{AL}la = \mathrm{Lim.}\ \{(x_1 - a)f'(x_1) + (x_2 - x_1)f'(x_2) + (x_3 - x_2)f'(x_3) + \ldots\};$$

et la comparaison de ces valeurs trouvées pour l'aire $\mathrm{AL}la$ ramène à l'équation (5), la définition de l'intégrale définie.

Mais lorsque entre les points p et q ou p et q' la courbe a des branches infinies, ou qu'elle y est discontinue, le raisonnement précédent n'est plus exact, car dans ce cas il y a un des rectangles à sommer, qui obtient une hauteur infinie OS ou OS', et dont l'aire est par conséquent infinie ou du moins indéterminée. Il faut donc passer à l'examen de ce cas de discontinuité [2].

8. A cet effet observons en premier lieu, qu'une intégrale définie entre les limites a et b peut être divisée à la valeur c de x (située entre a et b) dans deux autres intégrales définies entre les limites a à c et c à b respectivement, car il est identiquement:

---

bestimmtes Integral $\int_a^b$, l'intégrale de formule (6)) et une intégrale définie générale (allgemein-bestimmtes Integral $\int_{b \div a}$, l'intégrale de formule (7)) est inutile, puisque la dernière n'existe qu'autant qu'elle coïncide avec la première. DECHER *) en pense autrement, puisqu'il régarde l'expression (7) comme la définition véritable de l'intégrale définie. Cette définition (7) est la primitive, comme elle a été introduite par EULER: l'autre (6) au contraire est celle de CAUCHY †).

[2] Voyez RAABE, Journal von Crelle, Bd. 20. S. 173—177.

---

*) DECHER, Handbuch der rationnellen Mechanik. Augsburg, Rieger. 1857. 8°. Bd. I. Einleitung. § 42. S. 107.

†) CAUCHY, Journal de l'École Polytechnique, Cah. 19, p. 510. Post-script. p. 190.

$$\int_a^c f'(x)\,dx + \int_c^b f'(x)\,dx = \{f(c) - f(a)\} + \{f(b) - f(c)\} = f(b) - f(a) = \int_a^b f'(x)\,dx \quad \ldots (8)$$

Maintenant supposons que cette valeur c de x soit celle, pour laquelle la fonction $f(c)$ devient discontinue. Alors dans la première intégrale du premier membre il faut changer la limite supérieure en $c - p\varepsilon$, et dans la seconde intégrale la limite inférieure en $c + q\varepsilon$: où l'on entend par ε une quantité, qui a zéro pour limite, de sorte que pour cette limite même les deux limites changées de l'intégrale redeviennent toutes deux la primitive c. On obtient ainsi l'équation:

$$\int_a^b f'(x)\,dx = \int_a^{c-p\varepsilon} f'(x)\,dx + \int_{c+q\varepsilon}^b f'(x)\,dx, \quad \ldots (9)$$

$$\text{Lim. } \varepsilon = 0 \quad \ldots (9^*)$$

Lorsque après l'intégration effectuée on fait converger la quantité ε vers zéro, cette opération produit le même résultat, que l'on obtiendrait en approchant le point de discontinuité des deux côtés, en le serrant de plus en plus, et en excluant pourtant le point lui-même; tout comme si, dans Fig. 1, on faisait approcher les deux ordonnées Uu et vVv' indéfiniment de l'ordonnée de discontinuité ou de l'asymptote SOS'.

9. Ce que l'on obtient d'après la formule (9), $\int_a^b f'(x)\,dx = f(b) - f(c + q\varepsilon) + f(c - p\varepsilon) - f(a)$, est nommée par Cauchy sa *valeur générale*. Lorsqu'on y prend $p = 1 = q$, on obtient la *valeur principale* de l'intégrale définie à fonction discontinue.

Mais on peut écrire l'équation (9) d'une autre manière, c'est à dire en employant la transformation, que nous apprend la formule (8); car on obtient alors, en considérant chaque intégrale au second membre de (9) comme une différence de deux autres:

$$\int_a^b f'(x)\,dx = \int_a^c f'(x)\,dx - \int_{c-p\varepsilon}^c f'(x)\,dx + \int_c^b f'(x)\,dx - \int_c^{c+q\varepsilon} f'(x)\,dx = f(c) - f(a) + f(b) - f(c) -$$

$$- \int_{c-p\varepsilon}^c f'(x)\,dx - \int_c^{c+q\varepsilon} f'(x)\,dx = f(b) - f(a) - \int_{c-p\varepsilon}^{c+q\varepsilon} f'(x)\,dx = f(b) - f(a) - \Delta, \quad \ldots (10)$$

$$\text{où } \Delta = \int_{c-p\varepsilon}^{c+q\varepsilon} f'(x)\,dx, \text{ Lim. } \varepsilon = 0 \quad \ldots (11)$$

Cette correction Δ dans le cas de discontinuité de la fonction pour une certaine valeur c de x, qui doit se trouver entre les limites a et b de l'intégration, — est ce que Cauchy appelle une ***intégrale singulière***, qu'il réduit souvent, à raison de ce qui a été dit précédemment, à sa valeur principale en prenant $p = q = 1$. [3].

---

[3] Les intégrales singulières, dont Cauchy a fait beaucoup de cas, ont été introduites par lui dans l'analyse dans un Mémoire du 22 Août 1814, publié dans les Mémoires présentés à l'Acad. de Paris, Page 6.

Pour le cas que c coïncide soit avec a, soit avec b on a encore successivement:

$$\Delta = \int_a^{a+q\varepsilon} f'(x)\,dx = f(a+q\varepsilon) - f(a) \ , \ \int_a^b f'(x)\,dx = f(b) - f(a+q\varepsilon) \ , \ \text{Lim.}\,\varepsilon = 0 \ . \ . \ . \ (12)$$

$$\Delta = \int_{b-p\varepsilon}^{b} f'(x)\,dx = f(b) - f(b-p\varepsilon) \ , \ \int_a^b f'(x)\,dx = f(b-p\varepsilon) - f(a) \ , \ \text{Lim.}\,\varepsilon = 0 \ . \ . \ . \ (13)$$

Mais quand on pénètre dans le sens des facteurs p et q, qui constituent le caractère de la valeur générale de CAUCHY, on ne voit pas une raison suffisante pour les prendre différents de l'unité: et là, où dans la suite nous aurons besoin de ces considérations, nous les prendrons toujours tels, c'est-à-dire nous ne ferons usage que des valeurs principales de CAUCHY. [4]

Tome I, (Année 1827) page 599—799: Mémoire sur les intégrales définies. Mais dans un Mémoire (inséré au Cah. 19 du Journal de l'École Polytechnique, p. 510—592 (du 16 Sept. 1822)), sur l'intégration des équations linéaires aux différences partielles et à coefficients constants, il en traite plus amplement, ainsi que de la définition d'une intégrale définie (voir les Observations et Additions). — Consultez encore le Bulletin de la Société Philomathique, Nov. 1822 et surtout son Résumé des Leçons données à l'École Polytechnique sur le calcul infinitésimal. (Paris. Debure. 1823. T. I (seul) XII et 172. Pag. 4°). Leç. 25, page 97.

[4] Tous les analystes ne sont pas de cet avis: voyez MINDING, Integralrechnung, ARNDT, Grunerts Archiv, Th. 10, S. 240. Pour éclaircir ce point, étudions l'intégrale définie $\int_0^\infty \frac{dx}{1-x^2}$, qui devient discontinue pour la valeur $x=1$. Or on a pour l'intégrale indéfinie les valeurs différentes:

$$\int \frac{dx}{1-x^2} = \frac{1}{2}\,l\,\frac{1+x}{1-x} + \mathrm{C} \ . \ (a) \quad , \quad \int \frac{dx}{1-x^2} = \frac{1}{2}\,l\,\frac{x+1}{x-1} + \mathrm{C}_1 \ . \ (b),$$

qui se vérifient aisément: la première vaut seulement entre les limites 0 et 1 de x, la seconde entre les limites 1 et ∞. Donc pour x zéro, la première donne $\frac{1}{2}\,l\,\frac{1}{1} = 0$ et pour x infini, la seconde donne encore $\frac{1}{2}\,l\,\frac{1}{1} = 0$. Mais comme on peut les représenter sous la forme:

$$\frac{1}{2}\,l\,\frac{1+x}{1-x} \qquad \text{et} \qquad \frac{1}{2}\,l\,\frac{1+\frac{1}{x}}{1-\frac{1}{x}},$$

ces valeurs convergeront vers une limite identiquement la même, lorsque x approche de l'unité, et pour cette valeur même elles seront identiquement égales, comme provenant d'une source commune: par conséquent, bien que ces valeurs soient toutes deux $\frac{1}{2}\,l\,\frac{2}{0}$, infinies, la différence en sera néanmoins nulle. Donc il ne reste plus qu'à prendre la différence des valeurs de notre intégrale pour les limites 0 et ∞ de x: ces valeurs étant toutes deux nulles, comme on a vu, il s'ensuit que

$$\int_0^\infty \frac{dx}{1-x^2} = 0 \ . \ . \ (c)$$

10. Pour toute fonction, qui est continue entre les limites de l'intégration, cette correction s'évanouit évidemment, parce que l'intégrale singulière s'annulle et cela est nécessaire aussi afin que la formule (6) puisse valoir. Ainsi par un raisonnement inverse on peut déduire de ce qui précède un indice certain de la continuité ou de la discontinuité d'une fonction; car dans le premier cas la correction Δ doit

---

Voyons maintenant ce qui en est d'après la valeur générale de CAUCHY. Alors on trouve:

$$\int_0^\infty \frac{dx}{1-x^2} = \frac{1}{4}\int_0^\infty d_x l\left(\frac{1+x}{1-x}\right)^2 = \frac{1}{4} l\left(\frac{1+x}{1-x}\right)^2\Big\}_0^\infty - \frac{1}{4}\int_{1-p\varepsilon}^{1+q\varepsilon} d_x l\left(\frac{1+x}{1-x}\right)^2 =$$

$$= \frac{1}{4} l\left(\frac{\frac{1}{\infty}+1}{\frac{1}{\infty}-1}\right)^2 - \frac{1}{4} l\left(\frac{1+0}{1-0}\right)^2 - \frac{1}{4} l\left(\frac{1+1+q\varepsilon}{1-1-q\varepsilon}\right)^2 + \frac{1}{4} l\left(\frac{1+1-p\varepsilon}{1-1+p\varepsilon}\right)^2 =$$

$$= \frac{1}{4} l 1 - \frac{1}{4} l 1 - \frac{1}{4} l\left(\frac{2+q\varepsilon}{q\varepsilon}\right)^2 + \frac{1}{4} l\left(\frac{2-p\varepsilon}{p\varepsilon}\right)^2 = \frac{1}{4} l\left(\frac{2-p\varepsilon}{2+q\varepsilon}\right)^2 + \frac{1}{4} l\left(\frac{q\varepsilon}{p\varepsilon}\right)^2,$$

(ou en passant à la limite zéro de (ε))

$$= \frac{1}{4} l 1 + \frac{1}{4} l\left(\frac{q}{p}\right)^2 = \frac{1}{2} l\frac{q}{p},$$

comme valeur *générale;* d'où il s'ensuit comme valeur *principale* pour $p = q = 1, \frac{1}{2} l 1 = 0$. J'en conclus, que cette dernière, qui coïncide avec le résultat (*c*), est la seule véritable, et que la valeur générale ne peut valoir.

Pour faire ressortir la nécessité de la prudence, avec laquelle il faut agir dans ces cas de discontinuité, nous verrons ce que PLANA *) avance sur cette même intégrale. Il regarde en premier lieu les formules (*a*) et (*b*) comme généralement valables et déduit de chacune d'elles:

$$\int_0^\infty \frac{dx}{1-x^2} = \frac{1}{2} l\frac{1+x}{1-x}\Big\}_0^\infty = \frac{1}{2} l(-1) - \frac{1}{2} l(1) = \frac{1}{2} l(-1), \int_0^\infty \frac{dx}{1-x^2} = \frac{1}{2} l\frac{x+1}{x-1} = \frac{1}{2} l(1) - \frac{1}{2} l\frac{1}{-1} = \frac{1}{2} l(-1). (d)$$

Ensuite, toutefois sans avoir égard à la discontinuité, il reproduit notre résultat (*c*); et de ces valeurs bien différentes il regarde la valeur (*d*) comme la seule véritable. Mais il n'est pas permis de prendre dans ces formules (*a*) et (*b*) x plus grand ou plus petit respectivement que l'unité: afin d'y être autorisé, il faut d'abord qu'on en change les valeurs ainsi:

$$\frac{1}{4} l\left(\frac{1+x}{1-x}\right)^2 + C \quad \text{et} \quad \frac{1}{4} l\left(\frac{x+1}{x-1}\right)^2 + C_1,$$

et dès-lors, à l'aide de chacune de ces formules, on tombera par sa méthode sur le résultat (*c*). La raison de cette coïncidence est évidemment dans la circonstance, que pour les points de discontinuité, les deux valeurs de part et d'autre deviennent égales, et que par suite la correction est nulle, comme nous avons trouvé précédemment.

---

*) PLANA, Journal von Crelle, Bd. 17. S. 1. (S. 21). POISSON en pense de même: Journal de l'École Polytechn. Cah. 18, p. 320—341. Sur les intégrales des fonctions, qui passent par l'infini entre les limites de l'intégration, et sur l'usage des imaginaires dans la détermination des intégrales définies.

Page 8.

être nulle, tandis que dans le second cas elle ne sera pas nulle, et le plus souvent elle sera infinie. Alors il s'ensuit encore que nécessairement $\int_a^b f'(x)\,dx = \pm\,\infty$. Ces valeurs de la correction dépendent naturellement de ce que les produits $\delta f'(p+\delta)$ soient finis ou non [5]. Dans les cas d'indétermination on peut appliquer les règles de la convergence des séries [6].

11. Jusqu'ici on supposait la fonction $f(x)$ réelle, mais aussi pour une expression imaginaire le raisonnement précédent restera de vigueur: pour démontrer ceci, nous allons déduire la formule (4) dans le cas d'une fonction imaginaire de la forme $\varphi(x) + i\chi(x)$. Alors la formule (4) de Nr. 3, sur laquelle se fondait la démonstration, devient ici:
$\varphi(x+\delta) - \varphi(x) + i\left[\chi(x+\delta) - \chi(x)\right] = \delta\left[\varphi'(x) + i\chi'(x)\right] + \delta(\varepsilon + i\eta)$, où η est pour $\chi(x)$ ce que ε est pour $\varphi(x)$.

Maintenant faisons successivement:

$x = a,\ a+\delta_1,\ a+\delta_1+\delta_2, \ldots a+\delta_1+\delta_2+\ldots+\delta_{n-1},$
$\delta = \delta_1,\quad \delta_2,\quad \delta_3, \ldots \quad \delta_n$, et désignons les valeurs qu'obtiennent les ε et les η
par $\varepsilon = \varepsilon_1,\quad \varepsilon_2,\quad \varepsilon_3, \ldots \quad \varepsilon_n$,
et $\eta = \eta_1,\quad \eta_2,\quad \eta_3, \ldots \quad \eta_n$,
respectivement, et nous aurons les équations:

---

[5] Dienger, Journal von Crelle, Bd. 38, S. 266. — Voyez aussi Schlömilch, Grunert's Archiv. Bd. 11. S. 63.

[6] Appliquant à l'équation (3) les règles pour la convergence des séries, trouvées simultanément par Raabe *) et Duhamel †), on obtient avec Ossian Bonnet §) la règle suivante:

Pour savoir si l'intégrale définie $\int_a^b f(x)\,dx$ devient infinie ou non, lorsque pour un c, situé entre a et b, on a $f(c) = \infty$, il faut

1°. calculer les valeurs p_1 et q_1 des expressions $(c-x)^{1-\varepsilon} f(x)$ et $(c-x) f(x)$ (où ε est une quantité positive, aussi petite que l'on voudra) pour $x = c$. Alors l'intégrale est finie, si $p_1 < \infty$, et elle est infinie, si $q_1 > 0$. Mais

2°. si $p_1 = \infty$ et $q_1 = 0$, il faut calculer les valeurs p_2 et q_2 des expressions

$$(c-x)\left(l\frac{1}{c-x}\right)^{1+\varepsilon} f(x) \quad \text{et} \quad (c-x)\, l\left(\frac{1}{c-x}\right) f(x)$$

pour $x = c$. Lorsque p_2 est $< \infty$, l'intégrale est finie, lorsque q_2 est > 0, elle est infinie; et lorsque

3°. $p_2 = \infty$ et $q_2 = 0$, il faut calculer les valeurs p_3 et q_3 des expressions

$$(c-x)\, l\left(\frac{1}{c-x}\right)\left(ll\frac{1}{c-x}\right)^{1+\varepsilon} f(x) \quad \text{et} \quad (c-x)\, l\left(\frac{1}{c-x}\right) ll\left(\frac{1}{c-x}\right) f(x)$$

pour $x = c$. Lorsque p_3 est $< \infty$, l'intégrale est finie, lorsque q_3 est > 0, elle est infinie; et

4°. lorsque $p_3 = \infty$, et $q_3 = 0$, il faut continuer de la même manière.

---

*) Raabe, Journal von Crelle, Bd. 11. S. 309. — Id., Journal de Liouville, T. 6, p. 85.

†) Duhamel, Journal de Liouville, T. 4, p. 214.

§) O. Bonnet, Journal de Liouville, T. 8, p. 73.

$$\varphi(a+\delta_1)-\varphi(a) \quad +i[\chi(a+\delta_1)-\chi(a)] = \delta_1[\varphi'(a) \quad +i\chi'(a)] \quad +\delta_1\varepsilon_1+i\delta_1\eta_1,$$
$$\varphi(a+\delta_1+\delta_2)-\varphi(a+\delta_1) +i[\chi(a+\delta_1+\delta_2)-\chi(a+\delta_1)] = \delta_2[\varphi'(a+\delta_1) +i\chi'(a+\delta_1)] +\delta_2\varepsilon_2+i\delta_2\eta_2,$$
$$\dots\dots \quad \dots\dots \quad \dots\dots \quad \dots\dots \quad \dots\dots$$
$$\varphi(a+\delta_1+\dots+\delta_n)-\varphi(a+\delta_1+\dots+\delta_{n-1})+i[\chi(a+\delta_1+\dots+\delta_n)-\chi(a+\delta_1+\dots+\delta_{n-1})] =$$
$$= \delta_n[\varphi'(a+\delta_1+\dots+\delta_{n-1})+i\chi'(a+\delta_1+\dots+\delta_{n-1})]+\delta_n\varepsilon_n+i\delta_n\eta_n.$$

Mais de la notion d'une fonction imaginaire il suit d'abord que la continuité en dépend de la continuité de la partie réelle et de la partie imaginaire séparément; par conséquent dans le cas de continuité l'addition de toutes ces équations nous donne:

$$\varphi(a+\delta_1+\dots+\delta_n)-\varphi(a)+i[\chi(a+\delta_1+\dots+\delta_n)-\chi(a)] = \delta_1\varphi'(a)+\delta_2\varphi'(a+\delta_1)+\dots$$
$$+\delta_n\varphi'(a+\delta_1+\dots+\delta_{n-1})+i[\delta_1\chi'(a)+\delta_2\chi'(a+\delta_1)+\dots+\delta_n\chi'(a+\delta_1+\dots+\delta_{n-1})]+$$
$$+\delta_1\varepsilon_1+\delta_2\varepsilon_2+\dots+\delta_n\varepsilon_n+i[\delta_1\eta_1+\delta_2\eta_2+\dots+\delta_n\eta_n].$$

Le raisonnement de Nr. 3 donne ici tant $\delta_1\varepsilon_1+\delta_2\varepsilon_2+\dots+\delta_n\varepsilon_n=0$, que $\delta_1\eta_1+\delta_2\eta_2+\dots+\delta_n\eta_n=0$. De plus, suivant la supposition et les notations de Nr. 5 on a:

$$[\varphi(a+\delta_1+\dots+\delta_n)+i\chi(a+\delta_1+\dots+\delta_n)]-[\varphi(a)+i\chi(a)] = \int_a^b [\varphi'(x)+i\chi'(x)]\,dx =$$
$$= \text{Lim.}\,[\delta_1\varphi'(a)+\delta_2\varphi'(a+\delta_1)+\dots+\delta_n\varphi'(a+\delta_1+\dots+\delta_{n-1})]$$
$$+i\,\text{Lim.}\,[\delta_1\chi'(a)+\delta_2\chi'(a+\delta_1)+\dots+\delta_n\chi'(a+\delta_1+\dots+\delta_{n-1})], \quad \dots\dots (14)$$

formule, tout-à-fait analogue à la formule (4), et d'où résulte tout le reste du raisonnement.

12. Ce qui précède peut suffire pour établir une notion claire et précise de l'intégrale définie; maintenant déduisons de ces principes quelques propriétés générales de ces fonctions.

En premier lieu nous déduisons de la formule (3) que

$$\int_a^b A f(x)\,dx = A\int_a^b f(x)\,dx \quad \dots\dots (15)$$

pour un A constant, puisque l'on peut le considérer comme facteur de chaque terme et par conséquent comme facteur de l'expression entière. Évidemment cette même équation donne encore:

$$\int_a^b [f_1(x)+f_2(x)+\dots]\,dx = \int_a^b f_1(x)\,dx+\int_a^b f_2(x)\,dx+\dots, \quad \dots\dots (16)$$

d'où, par combinaison avec la précédente:

$$\int_a^b [A_1 f_1(x)+A_2 f_2(x)+\dots]\,dx = A_1\int_a^b f_1(x)\,dx+A_2\int_a^b f_2(x)\,dx+\dots \quad \dots (17)$$

Enfin l'extension de la formule (8) nous donne pour $a<c_1<c_2<\dots\dots<c_n<b$, la relation évidente:

$$\int_a^b f(x)\,dx = \int_a^{c_1} f(x)\,dx+\int_{c_1}^{c_2} f(x)\,dx+\dots+\int_{c_n}^b f(x)\,dx \quad \dots\dots (18)$$

13. En deuxième lieu la formule (3) nous apprend que, lorsque $f'(x)$ garde le même signe entre les limites a et b, alors l'intégrale elle-même aura nécessairement le même signe. Donc *une intégrale définie* $\int_a^b f(x)\,dx$ *est positive ou négative, lorsque* $f(x)$ *est toujours positive, ou toujours négative pour toute valeur de* x *entre les limites* a *et* b.

On en déduit: *Lorsque* $f(x)$ *ne change pas de signe entre les limites* a *et* b, *on a toujours:*

$$\int_a^b \varphi(x) f(x)\,dx = \varphi\{a+(b-a)\theta\}\int_a^b f(x)\,dx, \text{ où } 0<\theta<1 \ldots\ldots\ldots (19)$$

Car lorsque la fonction $\varphi(x)$ obtient sa plus grande et sa plus petite valeur respectivement pour $x=g$ et $x=p$, c'est-à-dire que pour toutes les valeurs de x entre les limites a et b il est $\varphi(g) \geqq \varphi(x) \geqq \varphi(p)$, on a, supposant que $f(x)$ ne change pas de signe, laissant ce signe hors du calcul, ou plutôt le supposant positif:

$$\int_a^b \varphi(g)f(x)dx > \int_a^b \varphi(x)f(x)dx > \int_a^b \varphi(p)f(x)dx, \text{ ou } \varphi(g)\int_a^b f(x)dx > \int_a^b \varphi(x)f(x)dx > \varphi(p)\int_a^b f(x)\,dx;$$

d'où, pour une certaine valeur h de x, située entre g et p, $\int_a^b \varphi(x)f(x)\,dx = \varphi(h)\int_a^b f(x)\,dx$.

Cette valeur h, située entre g et p, tombe donc aussi entre a et b; et par conséquent on peut l'exprimer ainsi: $h=a+\theta(b-a)$, pour un θ quelconque plus grand que zéro et au-dessous de l'unité: de telle sorte on obtient l'équation (19), pour le cas de $f(x)$ toujours positive: quand au contraire elle serait toujours négative, on n'aurait qu'à changer le signe des inéquations dans le raisonnement précédent, qui mènerait toujours au même résultat.

Supposons-y $f(x)=1$, il vient $\int_a^b f(x)\,dx = \int_a^b dx = b-a$ et par suite:

On peut exprimer la valeur d'une intégrale définie ainsi:

$$\int_a^b \varphi(x)\,dx = (b-a)\varphi\left[a+\theta(b-a)\right],\ 0<\theta<1 \ldots\ldots\ldots\ldots (20)$$

ce qui veut dire en langage de géométrie: une aire A L*la* (Fig. 1) est égale à un rectangle, dont la base est A L, la portion analogue de l'axe des abscisses, et dont la hauteur est quelque ordonnée intermédiaire entre la plus grande et la plus petite, que la courbe comporte entre les limites a et b.

14. Un théorème D'ABEL [7], concernant la convergence des séries périodiques, donne encore dans notre théorie une application, qui ne manque pas d'interêt. Le théorème cité s'énonce ainsi:

Lorsqu'on a n quantités réelles $p_1, p_2 \ldots . p_n$, et encore n autres quantités $q_1, q_2 \ldots . q_n$, qui, toutes d'un même signe, sont de valeurs numériques successivement décroissantes, et de plus que pour chaque valeur entière de n entre 0 et n:

---

[7] ABEL, Journal von Crelle, Bd. 1, S. 314.
Page 11.

$A < p_1 + p_2 + \ldots + p_n < B$, il s'ensuit $A q_1 < p_1 q_1 + p_2 q_2 + \ldots + p_n q_n < B q_1$.

Quand q_1 est négatif, on n'a qu'à changer le signe de l'inéquation précédente [8].

A présent soit $p_n = \delta f(a + [n-1]\,\delta)$ et $q_n = \varphi(a + [n-1]\,\delta)$,

alors dans l'hypothèse $A < \delta\,[f(a) + f(a+\delta) + \ldots + f\{a + [n-1]\,\delta\}] < B$, on a:

$A\varphi(a) < \delta\,[f(a)\varphi(a) + f(a+\delta)\,\varphi(a+\delta) + \ldots + f\{a+[n-1]\,\delta\}\,\varphi\{a+[n-1]\,\delta\}] < B\varphi(a)$.

Substituons $n\delta = b$, et passons à la limite de n l'infini, les membres moyens de ces deux inéquations deviennent des intégrales définies, et nous arrivons au résultat suivant:

Lorsque l'intégrale indéfinie $\int f(x)\,dx$, *pendant le passage de x depuis la limite a vers b, reste toujours enfermée entre deux valeurs déterminées A et B, et que d'autre part la fonction $\varphi(x)$ décroît continuellement pour ces valeurs de x, il s'ensuit:*

$$A\varphi(a) < \int_a^b f(x)\,\varphi(x)\,dx < B\varphi(a) \quad \ldots\ldots\ldots\ldots (21)$$

De la même manière on obtient le théorème:

Dans le cas que $\varphi(x)$ augmente continuellement depuis $x = a$ vers $x = b$, et dans les mêmes suppositions que précédemment, on a l'inéquation:

$$A\varphi(b) < \int_a^b f(x)\,\varphi(x)\,dx < B\varphi(b). \text{ [9]} \quad \ldots\ldots\ldots\ldots (22)$$

15. De la formule (16) on peut déduire encore une application remarquable à cette intégrale définie $\int_a^b f(x)\,\varphi(x)\,dx$. Or, le théorème de Maclaurin nous donne exactement, comme on sait:

$$f(x) = f(0) + x f'(0) + \frac{x^2}{1.2} f''(0) + \ldots + \frac{x^{n-1}}{1^{n-1/1}} f^{(n-1)}(0) + \frac{x^n}{1^{n/1}} f^{(n)}(\theta x)\,,\; 0 < \theta < 1\,,$$

lorsque toutes les $f^{(p)}(0)$ sont finies et que les $f^{(p)}(x)$ sont continues pour toutes les valeurs de x, qui tombent entre les limites a et b de x. Ainsi nous avons encore:

$$\int_a^b f(x)\,\varphi(x)\,dx = f(0)\int_a^b \varphi(x)\,dx + f'(0)\int_a^b \varphi(x)\,x\,dx + \frac{f''(0)}{1.2}\int_a^b \varphi(x)\,x^2\,dx + \ldots$$
$$+ \frac{f^{(n-1)}(0)}{1^{n-1/1}}\int_a^b \varphi(x)\,x^{n-1}\,dx + \frac{1}{1^{n/1}}\int_a^b \varphi(x)\,f^{(n)}(\theta x)\,x^n\,dx.$$

Ce résultat devient d'un intérêt spécial, lorsque pour la dernière intégrale on a:

---

[8] La démonstration en est facile, car d'abord on a $A q_1 < p_1 q_1$, et donc d'autant plus: $< p_1 q_1 + p_2 q_2 + \ldots + p_n q_n$: et ensuite $p_1 q_1 + p_2 q_2 + \ldots + p_n q_n < p_1 q_1 + p_2 q_1 + \ldots + p_n q_1$, donc à plus forte raison $< B q_1$.

[9] Ossian Bonnet, Journal de Liouville, T. 14, p. 249. — Chartier, Journal de Liouville, T. 18, p. 201.

Page 12.

$$\text{Lim.}\ \frac{1}{1^{n/1}} \int_a^b \varphi(x) f^{(n)}(\theta x)\, x^n\, dx = 0,\ \text{Lim.}\, n = \infty \quad \ldots\ldots\ldots\ldots \quad (23^*)$$

Car alors pourtant la série précédente peut être considérée comme une série infinie, tandis qu'elle doit converger nécessairement en raison de la condition (23*), que le reste a zéro pour limite. On a donc:

$$\int_a^b f(x)\,\varphi(x)\,dx = \sum_0^\infty f^{(n)}(0) \frac{1}{1^{n/1}} \int_a^b x^n \varphi(x)\,dx \ [10] \quad \ldots\ldots\ldots \quad (23)$$

pour la relation cherchée.

16. Observons encore qu'il est quelquefois nécessaire dans les transformations d'intégrales définies, d'introduire une autre variable: mais quand une fois cette transformation a eu lieu, on peut remettre pour cette nouvelle variable y, z, ou quelle qu'elle soit, la variable primitive x: or il suit de l'équation de définition (6), que la valeur d'une intégrale définie dépend seulement des limites a et b, mais nullement de la variable x, et par conséquent on peut la changer sans que cela ait aucune influence sur l'intégrale définie elle-même. On ne doit pourtant pas perdre de vue qu'il s'agit ici d'intégrales définies, puisque à l'égard des intégrales indéfinies il n'en est plus de même.

---

§ 2. CHANGEMENT DES LIMITES.

17. Dans la formule (8) de Nr. 8 prenons $b = a$; l'intégrale dans le second membre aux limites a et a s'évanouit, et nous aurons, en écrivant désormais $f(x)$ pour $f'(x)$:

$$\int_c^a f(x)\,dx = -\int_a^c f(x)\,dx\,; \quad \ldots\ldots\ldots\ldots\ldots\ldots \quad (24)$$

ce qui nous apprend à *invertir les limites.*

Maintenant dans l'intégrale $\int_a^b f(x)\,dx$ substituons $z = -x$; alors: $dx = -dz$; et les limites a et b de x donneront pour limites correspondantes de z: $-a$ et $-b$: on trouve dès-lors:

$$\int_a^b f(x)\,dx = \int_{-a}^{-b} f(-z)(-dz) = -\int_{-a}^{-b} f(-x)\,dx = \int_{-b}^{-a} f(-x)\,dx \quad \ldots\ldots \quad (25)$$

par l'emploi de la formule (24); et nous avons la règle pour *changer le signe des limites.*

18. Pour a zéro cette dernière donne:

$$\int_0^b f(x)\,dx - \int_{-b}^0 f(-x)\,dx = 0 \quad \ldots\ldots\ldots\ldots\ldots\ldots \quad (25^*)$$

---

[10] DIENGER, Journal von Crelle, Bd. 38, S. 266.
Page 13.

Dans le cas de $f(x) = -f(-x)$ elle produit la formule:

$$\int_0^b f(x)\,dx + \int_{-b}^0 f(x)\,dx = \int_{-b}^b f(x)\,dx = 0 \quad \ldots\ldots\ldots\ldots \quad (26)$$

d'après formule (8). Au contraire dans le cas de $f(x) = +f(-x)$ elle donne:

$$\int_{-b}^0 f(x)\,dx = \int_0^b f(x)\,dx.$$

Ajoutez de part et d'autre $\int_0^b f(x)\,dx$, et il est:

$$\int_{-b}^0 f(x)\,dx + \int_0^b f(x)\,dx = \int_{-b}^b f(x)\,dx = 2\int_0^b f(x)\,dx \quad \ldots\ldots\ldots \quad (27)$$

De ces deux formules la dernière vaut par conséquent pour une fonction *paire*, c'est-à-dire, qui ne change pas pour un x négatif; la première au contraire pour une fonction *impaire*, qui change de signe avec la variable x: au premier genre appartiennent par exemple les fonctions x^{2n}, *Cos.* x; au dernier x^{2n+1}, *Sin.* x, *Tang.* x.

19. Supposant $x = z + c$ dans l'intégrale $\int_a^b f(x)\,dx$, on a $dx = dz$; et les limites $a-c$ et $b-c$ pour z correspondant aux limites a et b de x, on obtiendra:

$$\int_a^b f(x)\,dx = \int_{a-c}^{b-c} f(x+c)\,dx, \quad \ldots\ldots\ldots\ldots\ldots \quad (28)$$

où l'on a tout de suite substitué x à z. Pour $c = a$ elle change ainsi:

$$\int_a^b f(x)\,dx = \int_0^{b-a} f(x+a)\,dx, \quad \ldots\ldots\ldots\ldots\ldots \quad (29)$$

la formule *pour réduire une des limites à zéro.* En outre on peut se proposer de *réduire les limites a et b aux nouvelles* 0 *et* 1: l'équation (29) ne pourrait servir à cet effet, à moins que par hasard la différence $b-a$ ne fût exactement l'unité: mais pour y parvenir on peut agir ainsi. Supposez $x = p + qz$, d'où $dx = q\,dz$; pour limites de z on obtiendra successivement les équations $b = p + qz_1$, d'où puisque z_1 doit être l'unité, $b = p + q$: encore $a = p + qz_2$, ou, puisque $z_2 = 0$ est le résultat désiré, $a = p$: donc encore $q = b - p = b - a$. On trouve donc $x = a + (b-a)z$, et enfin:

$$\int_a^b f(x)\,dx = (b-a)\int_0^1 f\{a + (b-a)x\}\,dx \quad \ldots\ldots\ldots\ldots \quad (30)$$

Au contraire, pour *réduire les limites a et b aux nouvelles* 0 *et* ∞, il faut supposer $z = \dfrac{x-p}{q-x}$ d'où $x = \dfrac{p+qz}{1+z}$ et $dx = \dfrac{(q-p)\,dz}{(1+z)^2}$. Alors on a successivement, pour $x = a, z_1 = 0 = \dfrac{a-p}{q-a}$,

Page 14.

donc $a-p=0$, et $p=a$: et pour $x=b, z_2=\infty=\frac{b-p}{q-b}$, d'où $q-b=0$, $q=b$; tout cela nous donne:

$$\int_a^b f(x)\,dx=(b-a)\int_0^\infty f\left(\frac{a+bx}{1+x}\right)\frac{dx}{(1+x)^2}; \quad \ldots \ldots \ldots \ldots (31)$$

d'où, pour le cas spécial de $a=0$, $b=1$:

$$\int_0^1 f(x)\,dx=\int_0^\infty f\left(\frac{x}{1+x}\right)\frac{dx}{(1+x)^2} \text{ [11]} \quad \ldots \ldots \ldots \ldots (32)$$

Substituons encore dans les seconds membres de (31) et de (30) $x=\frac{1}{y}$, donc $dx=\frac{-dy}{y^2}$, alors les limites de y seront respectivement ∞ et 0, ∞ et 1, et il vient:

$$\int_a^b f(x)\,dx=(b-a)\int_0^\infty f\left(\frac{a\,x+b}{1+x}\right)\frac{dx}{(1+x)^2} \quad \ldots \ldots \ldots \ldots (33)$$

$$=(b-a)\int_1^\infty f\left(\frac{a\,x+b-a}{x}\right)\frac{dx}{x^2}; \quad \ldots \ldots \ldots \ldots (34)$$

dont la première remplit le même but que la précédente (31), et dont la dernière nous apprend à *réduire les limites a et b aux autres* 1 *et* ∞.

Afin d'obtenir les limites 0 et $\frac{\pi}{2}$, on peut dans la formule (30) supposer $x=Sin.y$, d'où $dx=Cos.y.\,dy$ avec 0 et $\frac{1}{2}\pi$ pour limites de y; ou bien $x=Cos.y$, d'où $dx=-Sin.y.\,dy$ avec les limites $\frac{\pi}{2}$ et 0 de y (la substitution de $x=Sec\,y$ ou de $x=Cosec.y$ dans (34) mènerait aux mêmes résultats.) Faisons encore dans les formules (31) et (33) $x=Tang.y$, d'où $dx=\frac{dx}{Cos.^2 y}$ et 0 et $\frac{1}{2}\pi$ les limites de y (la substitution de $x=Cot.y$ dans ces deux formules donnerait la même intégrale). Alors nous aurons:

$$\int_a^b f(x)\,dx=(b-a)\int_0^{\frac{1}{2}\pi} f\{a+(b-a)Sin.x\}\,Cos.x.dx=(b-a)\int_0^{\frac{1}{2}\pi} f\{a+(b-a)Cos.x\}\,Sin\,x.dx=$$

$$=(b-a)\int_0^{\frac{1}{2}\pi} f\left\{\frac{a+b\,Tang.x}{1+Tang.x}\right\}\frac{dx}{(Sin.x+Cos.x)^2}=(b-a)\int_0^{\frac{1}{2}\pi} f\left\{\frac{a\,Tang.x+b}{1+Tang.x}\right\}\frac{dx}{(Sin.x+Cos.x)^2}. \quad (35)$$

20. Voilà les réductions principales des limites générales a et b à d'autres limites plus ou moins spéciales: toutefois dans la suite il s'en présentera encore d'autres, en conséquence des

---

[11] LEGENDRE, Exercices de Calcul Intégral, Partie 4, Section 2, p. 130. Page 15.

substitutions de nouvelles variables. On peut augmenter ces résultats, en donnant à a et b des valeurs spéciales; et de telle sorte on obtient les formules pour réduire les limites 0 et ∞ aux autres 0 et 1, et ainsi de suite. Pour cette dernière réduction pourtant, des limites 0 et ∞ aux limites 0 et 1, nous indiquerons une méthode assez curieuse. En vertu de la formule (8) on a:

$$\int_0^\infty f(x)\,dx = \int_0^a f(x)\,dx + \int_a^\infty f(x)\,dx.$$

Dans la première substituez $x = ay$, $dx = a\,dy$ et 0 et 1 pour limites de y; elle devient par conséquent:

$$\int_0^a f(x)\,dx = a\int_0^1 f(ax)\,dx \quad \dots\dots\dots\dots \quad (36)$$

Dans la seconde au contraire prenons $x = \frac{a}{y}$, $dx = \frac{-a\,dy}{y^2}$ et 1 et 0 pour limites de y; il vient:

$$\int_a^\infty f(x)\,dx = a\int_0^1 f\left(\frac{a}{x}\right)\frac{dx}{x^2}; \quad \dots\dots\dots\dots \quad (37)$$

et par conséquent:

$$\int_0^\infty f(x)\,dx = a\int_0^1 f(ax)\,dx + a\int_0^1 f\left(\frac{a}{x}\right)\frac{dx}{x^2} = a\int_0^1 \left\{f(ax) + \frac{1}{x^2}f\left(\frac{a}{x}\right)\right\}dx;\ [12]\ . \quad (38)$$

où a répresente une quantité quelconque positive.

21. On peut encore dans l'intégrale $\int_0^a f(x)\,dx$ *diminuer la distance des limites*. Car on a d'après (8):

$$\int_0^a f(x)\,dx = \int_0^{\frac{1}{2}a} f(x)\,dx + \int_{\frac{1}{2}a}^a f(x)\,dx;$$

dans la dernière, soit $x = a - z$, donc $dx = -dz$, tandis qu'aux limites $\frac{1}{2}a$ et a de x correspondent $\frac{1}{2}a$ et 0 de z: par conséquent:

$$\int_0^a f(x)\,dx = \int_0^{\frac{1}{2}a} f(x)\,dx - \int_{\frac{1}{2}a}^0 f(a-x)\,dx = \int_0^{\frac{1}{2}a} f(x)\,dx + \int_0^{\frac{1}{2}a} f(a-x)\,dx = \int_0^{\frac{1}{2}a}[f(x)+f(a-x)]\,dx\ . \quad (39)$$

où les réductions successives montrent assez clairement de quelles formules nous avons fait usage, pour nous dispenser de les citer spécialement. On a réduit la distance des limites à leur moitié, et l'on pourrait continuer de la sorte; mais il vaut mieux considérer ce problème sous un point de vue un peu plus général. Car d'après formule (18) on aura, supposant $a = nb + c$:

---

[12] LEGENDRE, Exercices de Calcul Intégral, Partie 4, Section 2, p. 126. Page 16.

$$\int_0^a f(x)\,dx = \int_0^b f(x)\,dx + \int_b^{2b} f(x)\,dx + \ldots + \int_{(n-1)b}^{nb} f(x)\,dx + \int_{nb}^{nb+c} f(x)\,dx.$$

Maintenant dans les $n+1$ intégrales au second membre supposons successivement $x = z, = z+b, = \ldots, = z+[n-1]b, = z+nb$: alors pour les $n-1$ premières les limites correspondantes deviendront toujours 0 et b, et seulement pour la dernière 0 et c; de plus, on a partout $dx = dz$. D'après la formule (16) on pourra donc réunir les $n-1$ premières intégrales sous un même signe d'intégration, et il viendra:

$$\int_0^a f(x)\,dx = \int_0^b \left[f(x) + f(x+b) + \ldots + f(x+[n-1]b)\right] dx + \int_0^c f(x+nb)\,dx; \quad . \; . \; (40)$$

ou encore, par l'emploi de la formule (39):

$$\int_0^a f(x)dx = \int_0^{\frac{1}{2}b} \left[f(x)+f(b-x)+f(b+x)+f(2b-x)+\ldots+f\{[n-1]b+x\}+f(nb-x)\right]dx + \int_0^c f(x+nb)dx \;. \; (41)$$

22. Pour l'intégrale $\int_{-a}^a f(x)\,dx$ on a, d'après la formule (8):

$$\int_{-a}^a f(x)\,dx = \int_{-a}^0 f(x)\,dx + \int_0^a f x\,dx;$$

dans la première intégrale du second membre soit $x = -z$, $dx = -dz$ avec les limites a et 0 de z, il vient:

$$\int_{-a}^a f(x)\,dx = -\int_a^0 f(-x)\,dx + \int_0^a f(x)\,dx = \int_0^a f(-x)\,dx + \int_0^a f(x)\,dx = \int_0^a [f(x)+f(-x)]\,dx; \; . \; (42)$$

d'où nous pourrions déduire facilement les formules (26) et (27), que nous avons trouvées plus haut.

---

§ 3. CHANGEMENT DE LA VARIABLE.

23. Déjà au § précédent nous avons introduit au lieu de la variable x quelque autre variable y, qui dépendait de la première d'une certaine manière, de sorte que cette substitution devait nécessairement nous faire arriver à notre but. Mais nous pourrions nous proposer le problème plus général d'introduire dans une intégrale définie

$$\int_a^b f\{\varphi(x)\}\,dx$$

la substitution $\varphi(x) = y$. Supposons que la résolution de cette équation donne $x = \chi(y)$, d'où $dx = \chi'(y)dy$; tandis que les limites de y deviennent respectivement $\varphi(a)$ et $\varphi(b)$; en conséquence il vient:

$$\int_a^b f\{\varphi(x)\}\,dx = \int_{\varphi(a)}^{\varphi(b)} f(y)\,\chi'(y)\,dy \quad \ldots\ldots\ldots\ldots\ldots \; (43)$$

Ou autrement: que l'intégrale soit $\int_a^b f(x)\,dx$, et qu'en même temps la relation entre la variable x et quelque autre y soit donnée implicitement par l'équation $F(x,y)=0$. Alors on a:

$$\frac{d.F(x,y)}{dx}dx+\frac{d.F(x,y)}{dy}dy=0\text{, d'où } dx=-\left\{\frac{d.F(x,y)}{dy}:\frac{d.F(x,y)}{dx}\right\}dy.$$

Pour calculer les limites de y, on a les équations $F(a,y)=0$ et $F(b,y)=0$; dont la résolution produit respectivement $y=\varphi(a)$ et $y=\varphi(b)$. Enfin, lorsque la résolution de l'équation implicite donne $x=\psi(y)$, on aura:

$$\int_a^b f(x)\,dx=-\int_{\varphi(a)}^{\varphi(b)}\left\{\frac{d.F(x,y)}{dy}:\frac{d.F(x,y)}{dx}\right\}f\{\psi(y)\}\,dy\,\ldots\ldots\ldots\;(44)$$

24. On peut encore déduire immédiatement ces résultats de la formule de définition (5). Faisons y $x=\varphi(y)$, et supposons que $f(x)$ devienne $\chi(y)$, et que la suite des valeurs de $x: x_0, x_1, x_2 \ldots x_n$ corresponde à la suite des $y: y_0, y_1, y_2 \ldots y_n$, nous obtiendrons:

$$\int_{x_0}^{x_n} f(x)dx=\text{Lim.}\left[\{\varphi(y_1)-\varphi(y_0)\}\chi(y_0)+\{\varphi(y_2)-\varphi(y_1)\}\chi(y_1)+\ldots+\{\varphi(y_n)-\varphi(y_{n-1})\}\chi(y_{n-1})\right].$$

Mais comme

$$\text{Lim.}\ \frac{\varphi(y_p)-\varphi(y_{p-1})}{y_{p-1}-y_p}=\frac{d.\varphi(y_p)}{dy_p}=\varphi'(y_p),$$

on aura aussi:

$$\int_{x_0}^{x_n} f(x)\,dx=\text{Lim.}\left[(y_1-y_0)\varphi'(y_0)\chi(y_0)+(y_2-y_1)\varphi'(y_1)\chi(y_1)+\ldots+(y_n-y_{n-1})\varphi'(y_{n-1})\chi(y_{n-1})\right].$$

Or, chaque terme consistant de deux facteurs, dont l'un est $(y_{p+1}-y_p)$, et l'autre $\varphi'(y_p)\chi(y_p)$, c'est-à-dire, la valeur de $\varphi'(y)\chi(y)$ pour $y=y_p$, le second membre peut de nouveau être exprimé par une intégrale définie, et l'on obtient:

$$\int_{x_0}^{x_n} f(x)\,dx=\int_{y}^{y_n}\varphi'(y)\chi(y)\,dy\,;\ldots\ldots\ldots\ldots\;(45)$$

ce qui revient aux formules précédentes.

25. Dans le cours de nos raisonnements on a pu remarquer déjà, qu'il peut se présenter une difficulté dans ces opérations, quand il s'agit de la résolution de l'équation entre les anciennes et les nouvelles inconnues, tant pour avoir l'expression à substituer pour dx, que pour calculer les nouvelles limites. Car lorsque cette équation comporte plusieurs racines, celles-ci donneront lieu à plusieurs valeurs pour les fonctions cherchées. Mais on sait par la théorie des équations, qu'entre une telle paire de racines qui se suivent, il y a toujours un maximum ou un minimum de la fonction, et c'est ce qu'il faut observer lorsqu'on substitue les diverses valeurs de la nouvelle variable. Supposons par exemple que la résolution de l'équation $y=\varphi(x)$ ait donné plusieurs racines

$x = F_1(y), x = F_2(y), x = F_3(y)$ etc., séparées par des maximum ou des minimum, qui correspondent aux valeurs α, β, γ etc. de x: alors il faudra diviser la distance des limites correspondantes aux limites a et b de x dans plusieurs parties, qui vont toujours d'un maximum au minimum suivant, et ainsi de suite: donc ici dans les parties, situées entre a et α, α et β, β et γ, etc.; et dans chaque intégrale partielle il faut alors substituer les valeurs de dx et des limites, qui lui sont propres. Ainsi l'on parcourra toutes les valeurs de la fonction à intégrer, tandis que sans cette précaution on en négligerait une ou plusieurs parties entre des limites égales: par exemple, soit β plus petit que a, il y aura une valeur de x entre a et α qui sera égale à β, et dans la division de l'intégrale on négligerait toute la partie de l'intégrale, qui correspond au passage de la variable depuis cette dernière valeur β pour le maximum α jusques au minimum β; et ainsi pour chaque maximum ou minimum passé.

26. Mais ce n'est pas seulement pour des racines réelles qu'il faut instituer cette division de la distance des limites: il en est de même pour une paire de racines imaginaires, parce qu'elles aussi indiquent le passage de la variable par un maximum ou par un minimum: et négliger un tel maximum serait omettre une portion de la fonction à intégrer entre deux limites égales, mais qui, séparées par un maximum ou un minimum, reviennent à une autre intégrale partielle, lorsqu'on effectue une division convenable.

Il s'ensuit encore que ces maximum ou ces minimum, qui se présentent dans le cas de l'introduction d'une nouvelle variable, ne donnent sujet à aucune recherche, lorsque les valeurs correspondantes de la variable primitive ne sont pas situées entre les limites de l'intégration; puisque alors évidemment on ne courra aucun risque de négliger quelque partie intégrée entre ces limites. Mais lorsque quelques-uns de ces maximum ou de ces minimum donnent lieu à une valeur de la variable primitive, comprise entre les limites de son intégration, ou qu'ils tombent dans le cas, que l'on vient d'examiner, il faut absolument diviser la distance des limites pour chaque valeur de la variable primitive, correspondante à ces valeurs spéciales de la variable nouvelle [13].

27. C'est ici le lieu d'insérer une remarque relative à la substitution d'une variable imaginaire, bien que l'on y doive anticiper sur des considérations ultérieures. Soit une intégrale:

$$I = \int_0^\infty p f(px)\, dx, \quad \ldots \ldots \ldots \ldots \ldots \ldots \quad (46^*)$$

et p une constante réelle ou imaginaire, telle que $f(px)$ reste continue entre les limites de l'intégration. Alors on peut supposer $px = y$, d'où $p\,dx = dy$; et encore la limite 0 de x donnera 0 pour limite de y; mais, quoique à la limite ∞ de x corresponde la limite ∞ de y, lorsque p est réel, il n'est pas évident ce qui en est dans le cas de p imaginaire: c'est-à-dire, la formule

$$I = \int_0^\infty f(y)\, dy \quad \ldots \ldots \ldots \ldots \ldots \ldots \quad (46)$$

n'est évidente que pour un p réel.

---

[13] Schlömilch, Grunerts Archiv, Th. 18, S. 391.
Page 19.

Dans le cas d'un p imaginaire, différentions la formule (46*) par rapport à p; d'après ce que nous apprend à ce sujet le § 4 suivant, il vient:

$$\frac{d\mathrm{I}}{dp} = \int_0^\infty \{f(px) + pf'(px)\,x\}\,dx,$$

ou, lorsqu'on applique au dernier terme l'intégration par parties (voyez le Nr. 41 suivant):

$$\int_0^\infty pf'(px)\,x\,dx = \int_0^\infty x.\,d.f(px) = xf(px)\Big\}_0^\infty - \int_0^\infty f(px)\,dx,$$

et donc par la substitution de ce résultat dans l'équation précédente:

$$\frac{d\mathrm{I}}{dp} = \int_0^\infty f(px)\,dx + xf(px)\Big\}_0^\infty - \int_0^\infty f(px)\,dx = xf(px)\Big\}_0^\infty.$$

Or, d'après la supposition, ni $f(p\,.\,0)$, ni $f(p\,.\,\infty)$ ne deviennent infinies: par conséquent il est $xf(px)$, pour x zéro, $0\,.f(p\,.\,0) = 0$. Supposons encore que pour x infini la valeur $\infty\, f(p\,.\,\infty)$ de $xf(px)$ s'évanouisse en même temps, nous en tirons $\frac{d\mathrm{I}}{dp} = 0$; c'est-à-dire, que l'intégrale I est indépendante de p. Lorsque encore parmi les valeurs de p, qui rendent continue la fonction $f(px)$ entre les limites 0 et ∞ de x, il se trouve la valeur l'unité de p, il y aura évidemment identité entre les deux expressions (46*) et (46). Par conséquent on se trouve conduit au théorème suivant:

Lorsque on sait qu'une fonction $f(px)$ reste continue pour les valeurs de x entre 0 et ∞, que le produit $xf(px)$ s'annulle pour x infini, et que la valeur l'unité de p satisfait à la première condition, l'intégrale $\int_0^\infty pf(px)\,dx$ est indépendante de p, que cette constante soit réelle ou imaginaire, et elle peut être remplacée par l'autre plus simple $\int_0^\infty f(x)\,dx$. [14].

---

§ 4. DIFFÉRENTIATION D'UNE INTÉGRALE DÉFINIE.

28. Considérant une intégrale définie, sous la forme la plus générale

$$\int_r^{\mathrm{R}} f(\varrho, x)\,dx\,,$$

comme une fonction des trois quantités, r, R et ϱ, on peut se proposer le problème de la différentier par rapport à une de ces quantités séparément, où alors les autres peuvent se présenter comme

---

[14] Cauchy, Comptes Rendus de l'Acad. de Paris, 16 Oct. 1848. — Raabe, Journal von Crelle, Bd. 48, S. 160.
Page 20.

constantes par rapport à celle-ci, ou comme dépendantes de cette quantité. Commençons par la dernière supposition, qui est la plus générale, et prenons dans l'intégrale précédente ϱ comme la quantité par rapport à laquelle nous voulons la différentier, tandis que les limites r et R sont censées dépendantes de ϱ: alors l'intégrale, comme fonction de ϱ, peut se désigner par $\mathrm{F}(\varrho)$, et l'on a, en s'arrêtant aux différentielles premières par rapport à ϱ:

$$\mathrm{F}(\varrho+d\varrho)=\int_{r+\frac{dr}{d\rho}d\rho}^{\mathrm{R}+\frac{d\mathrm{R}}{d\rho}d\rho}\left\{f(\varrho,x)+\frac{d.f(\varrho,x)}{d\varrho}d\varrho\right\}dx=\int_r^{\mathrm{R}}\left\{f(\varrho,x)+\frac{d.f(\varrho,x)}{d\varrho}d\varrho\right\}dx+$$

$$\int_{\mathrm{R}}^{\mathrm{R}+\frac{d\mathrm{R}}{d\rho}d\rho}\left\{f(\varrho,x)+\frac{d.f(\varrho,x)}{d\varrho}d\varrho\right\}dx-\int_r^{r+\frac{dr}{d\rho}d\rho}\left\{f(\varrho,x)+\frac{d.f(\varrho,x)}{d\varrho}d\varrho\right\}dx;\quad\ldots\quad(a)$$

où l'on a employé la formule (18). Dans la dernière intégrale substituez $x=y+r$, $dx=dy$, avec 0 et $\frac{dr}{d\varrho}d\varrho$ comme limites de y; et dans l'avant-dernière de même $x=z+\mathrm{R}$, $dx=dz$ avec les limites 0 et $\frac{d\mathrm{R}}{d\varrho}d\varrho$ de z: alors la somme de ces deux intégrales devient:

$$\int_0^{\frac{d\mathrm{R}}{d\rho}d\rho}\left[f(\varrho,x+\mathrm{R})+\frac{d.f(\varrho,x+\mathrm{R})}{d\varrho}d\varrho\right]dx-\int_0^{\frac{dr}{d\rho}d\rho}\left[f(\varrho,x+r)+\frac{d.f(\varrho,x+r)}{d\varrho}d\varrho\right]dx.$$

Mais dans les deux intégrales la distance des limites est une différentielle; dans l'emploi de la formule (3) il faut donc se contenter du premier terme; pour a zéro et $b=\frac{d\mathrm{R}}{d\varrho}d\varrho$ et $=\frac{dr}{d\varrho}d\varrho$ respectivement, elle donne pour l'expression précédente:

$$\frac{d\mathrm{R}}{d\varrho}d\varrho\left[f(\varrho,\mathrm{R})+\frac{d.f(\varrho,\mathrm{R})}{d\varrho}d\varrho\right]-\frac{dr}{d\varrho}d\varrho\left[f(\varrho,r)+\frac{d.f(\varrho,r)}{d\varrho}d\varrho\right]\ldots\ldots\quad(b)$$

Substituons ceci dans l'équation (a), soustrayons-en l'intégrale primitive $\mathrm{F}(\varrho)=\int_r^{\mathrm{R}}f(\varrho,x)\,dx$ et divisons par $d\varrho$, nous obtiendrons:

$$\frac{\mathrm{F}(\varrho+d\varrho)-\mathrm{F}(\varrho)}{d\varrho}=\int_r^{\mathrm{R}}\frac{d.f(\varrho,x)}{d\varrho}dx+f(\varrho,\mathrm{R})\frac{d\mathrm{R}}{d\varrho}-f(\varrho,r)\frac{dr}{d\varrho}+\left[\frac{d.f(\varrho,\mathrm{R})}{d\varrho}\frac{d\mathrm{R}}{d\varrho}-\frac{d.f(\varrho,r)}{d\varrho}\frac{dr}{d\varrho}\right]d\varrho.$$

Or, dans le raisonnement, qui a conduit à la formule (a), on a négligé les différentielles supérieures à la première: ici donc, après la division par $d\varrho$, on doit négliger le dernier terme à facteur $d\varrho$, ou plutôt ce terme s'évanouit nécessairement pour la limite zéro de $d\varrho$. En outre le premier membre de l'équation précédente est $\frac{d.\mathrm{F}(\varrho)}{d\varrho}$; par conséquent il vient:

$$\frac{d.\mathrm{F}(\varrho)}{d\varrho}=\frac{d.}{d\varrho}\int_r^{\mathrm{R}}f(\varrho,x)\,dx=\int_r^{\mathrm{R}}\frac{d.f(\varrho,x)}{d\varrho}dx+f(\varrho,\mathrm{R})\frac{d\mathrm{R}}{d\varrho}-f(\varrho,r)\frac{dr}{d\varrho};\quad\ldots\quad(47)$$

ce qu'il s'agissait de trouver.

Page 21.

29. Le cas général, où la fonction intégrée et les deux limites dépendent toutes de ϱ, comme nous venons de supposer, comporte quelques cas spéciaux. Ainsi en premier lieu il se peut que la fonction ne dépende pas de ϱ; alors elle devient simplement $f(x)$, et l'on a:

$$\frac{d.}{d\varrho}\int_r^{\mathrm{R}} f(x)\,dx = f(\varrho,\mathrm{R})\frac{d\mathrm{R}}{d\varrho} - f(\varrho,r)\frac{dr}{d\varrho} \quad \ldots\ldots\ldots\ldots \quad (48)$$

Lorsque encore r et R sont alternativement indépendants de ϱ, on en déduit:

$$\frac{d.}{d\varrho}\int_a^{\mathrm{R}} f(x)\,dx = f(\mathrm{R})\frac{d\mathrm{R}}{d\varrho} \quad \ldots\ldots\ldots\ldots \quad (49)$$

$$\frac{d.}{d\varrho}\int_b^{r} f(x)\,dx = -f(r)\frac{dr}{d\varrho} \quad \ldots\ldots\ldots\ldots \quad (50)$$

Lorsqueau contraire ce sont les limites, qui ne dépendent pas de ϱ, tandis que cette lettre entre seulement dans $f(\varrho, x)$, il vient:

$$\frac{d.}{d\varrho}\int_a^{b} f(\varrho,x)\,dx = \int_a^{b} \frac{d.f(\varrho,x)}{d\varrho}\,dx \quad \ldots\ldots\ldots\ldots \quad (51)$$

30. Les considérations précédentes nous apprennent, que le second membre de la formule (47) consiste de trois termes, que l'on retrouve séparément dans les formules (51), (49) et (50). Mais on peut encore déduire isolément ces trois formules, et affermir ainsi les résultats obtenus: en même temps cela donnera lieu à quelques remarques. En premier lieu, dans l'intégrale $\int_a^{\mathrm{R}} f(x)\,dx$ faisons croître la limite R d'une différentielle $d\mathrm{R}$, la formule (3) nous donnera successivement:

$$\int_a^{\mathrm{R}} f(x)\,dx = \mathrm{Lim.}\left[\delta\left\{f(a) + f(a+\delta)\ldots + f(a+[n-1]\delta)\right\}\right],$$

$$\int_a^{\mathrm{R}+d\mathrm{R}} f(x)\,dx = \mathrm{Lim.}\left[\delta\left\{f(a) + f(a+\delta) + \ldots + f(a+[n-1]\delta) + f(a+n\delta)\right\}\right];$$

et par conséquent:

$$\frac{\int_a^{\mathrm{R}+d\mathrm{R}} f(x)\,dx - \int_a^{\mathrm{R}} f(x)\,dx}{d\mathrm{R}} = \frac{d.}{d\mathrm{R}}\int_a^{\mathrm{R}} f(x)\,dx = \frac{\mathrm{Lim.}\ \delta f(a+n\delta)}{d\mathrm{R}=\delta} = \mathrm{Lim.}\,f(a+n\delta) = f(\mathrm{R});$$

puisque $d\mathrm{R}$ peut être considérée comme étant le δ de formule (3), et de même $a + n\delta = \mathrm{R}$. Ce résultat n'est autre chose que la formule (49): car, si R dépendait de quelque autre quantité ϱ, on aurait $d\mathrm{R} = \frac{d\mathrm{R}}{d\varrho}d\varrho$, et, en multipliant de part et d'autre par $\frac{d\mathrm{R}}{d\varrho}$, on retrouverait la formule citée. Mais encore on peut écrire l'équation précédente de la manière suivante:

$$\int_a^{\mathrm{R}+d\mathrm{R}} f(x)\,dx - \int_a^{\mathrm{R}} f(x)\,dx = \int_{\mathrm{R}}^{\mathrm{R}+d\mathrm{R}} f(x)\,dx = f(\mathrm{R})\,d\mathrm{R}.$$

Par la substitution de $x = y + \mathrm{R}$ les limites de y deviennent 0 et $d\mathrm{R}$, et l'on a:

$$\int_0^{d\mathrm{R}} f(x + \mathrm{R})\,dx = f(\mathrm{R})\,d\mathrm{R}, \quad \ldots\ldots\ldots\ldots\ldots\ldots (51^*)$$

formule, qui exprime très-bien le principe, que nous avons suivi au Nr. 28 pour parvenir à l'expression (b) et qui aurait pu servir à obtenir directement la formule (49).

Pour avoir l'autre formule (50), on n'a qu'à faire:

$$\int_r^b f(x)\,dx = -\int_b^r f(x)\,dx,$$

et elle se déduit immédiatement du raisonnement précédent.

Enfin pour déduire la troisième formule (51), soit

$$\varphi(\varrho) = \int_a^b f(\varrho, x)\,dx,$$

et mettons $\varrho + \Delta\varrho$ au lieu de ϱ: prenons la différence des deux équations et divisons par $d\varrho$ pour obtenir:

$$\frac{\varphi(\varrho + \Delta\varrho) - \varphi(\varrho)}{\Delta\varrho} = \int_a^b \frac{f(\varrho + \Delta\varrho, x) - f(\varrho, x)}{\Delta\varrho}\,dx.$$

Quand maintenant nous passons à la limite $d\varrho$ de $\Delta\varrho$, nous avons d'après la formule fondamentale de Nr. 2:

$$\frac{d.\varphi(\varrho)}{d\varrho} = \mathrm{Lim.} \int_a^b \frac{f(\varrho + \Delta\varrho, x) - f(\varrho, x)}{\Delta\varrho}\,dx.$$

Mais le théorème général de TAYLOR nous donne:

$$f(\varrho + \Delta\varrho, x) = f(\varrho, x) + \frac{\Delta f(\varrho, x)}{\Delta\varrho}\Delta\varrho + \frac{\Delta^2 f(\varrho, x)}{\Delta\varrho^2}\frac{\Delta\varrho^2}{1.2} + \cdots;$$

donc aussi, en passant en même temps à la limite dans l'équation précédente:

$$\frac{d.\varphi(\varrho)}{d\varrho} = \int_a^b \left\{\frac{d.f(\varrho, x)}{d\varrho} + \frac{1}{2}\frac{d^2.f(\varrho, x)}{d\varrho^2}d\varrho + \ldots\right\} dx = \int_a^b \frac{d.f(\varrho, x)}{d\varrho}\,dx + \frac{1}{2}d\varrho\int_a^b \frac{d^2.f(\varrho, x)}{d\varrho^2}\,dx.$$

Par conséquent, aussi longtemps que la dernière intégrale reste finie, son produit par $d\varrho$ est zéro, et l'on retrouve la formule (51). Mais lorsque cette intégrale devient infinie pour quelque valeur ϱ_1 de x (entre les limites a et b), alors en faisant $x - \varrho_1 = d\varrho = \delta$, l'expression

$$\varepsilon = \frac{1}{2}\,\mathrm{Lim.}\,\delta \int_{\rho_1 - \delta}^{\rho_1 + \delta} \frac{d^2.f(\varrho, x)}{d\varrho^2}\,dx,\ \mathrm{Lim.}\,\delta = 0\,, \quad \ldots\ldots\ldots\ldots (52)$$

la seule partie de l'intégrale qui ne s'annulle pas, et qui puisse acquérir une valeur différente de zéro, est une intégrale singulière, exprimant la correction qu'il faut ajouter à l'intégrale (51) et par conséquent aussi à l'intégrale (47) dans le même cas.

31. Remarquons enfin, que de ces trois formules (49), (50), (51), que nous venons de démontrer isolément, on peut remonter à l'équation générale (47). Car l'intégrale $F(\varrho)$ est une fonction de R, r, et ϱ, où ϱ est pris pour la variable indépendante dans la différentiation: mais la différentiation partielle donne:

$$\frac{dF}{d\varrho}=\left(\frac{dF}{d\varrho}\right)+\left(\frac{dF}{dR}\right)\frac{dR}{d\varrho}+\left(\frac{dF}{dr}\right)\frac{dr}{d\varrho};$$

et comme les coefficients différentiels sont exactement donnés dans les équations citées, on peut les y substituer pour retrouver ainsi la formule (47).

Cette opération, et surtout celle de la formule (51), qui se présente le plus, est désignée comme la *différentiation sous le signe d'intégration par rapport à une constante*, ou bien comme la *variation d'une constante de l'intégrale* [15]. Leibnitz l'appelle une *differentiatio de curva in curvam*, [16] et cette expression s'expliquera dans la traduction géométrique des discussions précédentes.

32. Soit (Fig. 2) $OA=r$, $OL=R$ et l'aire $AL\,la$ l'intégrale définie $\int_r^R f(\varrho,x)\,dx$. Faites varier la fonction $f(\varrho,x)$ par rapport à ϱ; alors cette aire deviendra $AL\lambda\alpha$ et s'augmentera ainsi de la partie $al\lambda\alpha$. Ensuite supposez r dépendant de ϱ, alors par la variation de ϱ, il deviendra OB, ce qui fera diminuer l'aire primitive de la partie $AB\,ba$; de même la variation de R (comme fonction de ϱ) qui deviendra OM, augmentera l'aire primitive de la partie $LM\,ml$: ces considérations expliquent les signes — et +, qui se trouvent dans les formules (50) et (49). Et lorsqu'on passe aux limites, on trouve encore Lim. $AB\,ba=A\,a.\varepsilon=f(a)$, Lim. $LM\,ml=L\,l.\varepsilon'=f(b)$, comme dans ces formules: tandis que de même Lim. $al\lambda\alpha=a\,l.\varepsilon''=$ Lim. ($\int_a^b$ des accroissements des ordonnées), le résultat de la formule (51). Mais lorsqu'on fait varier les limites et la fonction intégrée simultanément, l'aire primitive $AL\,la$ devient $BM\mu\beta$, ne différant de l'aire $Al\lambda\alpha$ que par la différence $lm\mu\lambda-ab\beta\alpha$, c'est-à-dire par celle de deux aires différentielles, différence, que l'on doit négliger par conséquent; et cela nous conduit à la formule (47). Ainsi la courbe al est devenue $\beta\mu$, et voilà l'origine de l'expression de Leibnitz.

33. Afin d'obtenir une formule symétrique, lorsqu'on continue de différentier la formule (47), appliquons à ses deux derniers termes la formule identique $q\,dp=d.pq-p\,dq$, et elle devient:

---

[15] Grunert, Grunerts Archiv, Bd. 2, S. 266, qui pourtant ne fait pas mention de la correction ni de sa cause; néanmoins on a souvent été conduit à des résultats erronés pour avoir négligé cette correction.

[16] Leibnitz, dans C. G. Leibnitii et Joh. Bernouilli, Commercium epistolicum, Tom. I. (Lausannae Bousquet. 1745. XXVIII et 484 Pag. 4°.) Epist. LIX, LX, p. 319—322 et la réponse de Bernouilli, Epist. LXI, p. 323—333.

Page 24.

$$\frac{d.}{d\varrho}\int_r^{R} f(\varrho,x)\,dx = \int_r^{R}\frac{d.f(\varrho,x)}{d\varrho}dx + \frac{d.\big[Rf(\varrho,R)-rf(\varrho,r)\big]}{d\varrho} - R\frac{d.f(\varrho,R)}{d\varrho} + r\frac{d.f(\varrho,r)}{d\varrho}, \;\ldots\; (53)$$

formule, qui produit par la différentiation par rapport à ϱ:

$$\frac{d^2.}{d\varrho^2}\int_r^{R} f(\varrho,x)\,dx = \frac{d.}{d\varrho}\int_r^{R}\frac{d.f(\varrho,r)}{d\varrho}dx + \frac{d^2.\big[Rf(\varrho,R)-rf(\varrho,r)\big]}{d\varrho^2} - \frac{d.}{d\varrho}\Big[R\frac{d.f(\varrho,R)}{d\varrho} - r\frac{d.f(\varrho,r)}{d\varrho}\Big].$$

Mais lorsque dans la formule (53) on écrit $\frac{d.f(\varrho,x)}{d\varrho}$ au lieu de $f(\varrho,x)$, elle donne la valeur de la première intégrale dans le second membre de cette dernière formule, dont la troisième intégrale s'élimine contre la deuxième dans le second membre de la formule (53) changée; il vient par suite:

$$\frac{d^2.}{d\varrho^2}\int_r^{R} f(\varrho,x)\,dx = \int_r^{R}\frac{d^2.f(\varrho,x)}{d\varrho^2}dx + \frac{d^2.\big[Rf(\varrho,R)-rf(\varrho,r)\big]}{d\varrho^2} - R\frac{d^2.f(\varrho,R)}{d\varrho^2} + r\frac{d^2.f(\varrho,r)}{d\varrho^2}; \;.\; (54)$$

formule, analogue à la précédente (53). Donc il est vraisemblable que la répétition de cette opération donne en général l'équation de la même forme:

$$\frac{d^n.}{d\varrho^n}\int_r^{R} f(\varrho,x)\,dx = \int_r^{R}\frac{d^n.f(\varrho,x)}{d\varrho^n}dx + \frac{d^n.\big[Rf(\varrho,R)-rf(\varrho,r)\big]}{d\varrho^n} - R\frac{d^n.f(\varrho,R)}{d\varrho^n} + r\frac{d^n.f(\varrho,r)}{d\varrho^n}; \;.(55)$$

et en effet le raisonnement dit de BERNOULLI, c'est-à-dire, la déduction pour $n+1$ de la formule, admise pour le cas de n, et la démonstration que cette nouvelle formule devient identique avec la primitive par le simple changement de $n+1$ en n, en démontre l'exactitude par la même méthode, qui a mené à la formule (54).

34. Dans le cas que $f(\varrho,x)$ ne contienne pas de ϱ, elle devient $f(x)$, et l'on a $\frac{d^n.f(x)}{d\varrho^n}=0$; donc:

$$\frac{d^n.}{d\varrho^n}\int_r^{R} f(x)\,dx = \frac{d^n.\big[Rf(\varrho,R)-rf(\varrho,r)\big]}{d\varrho^n} - R\frac{d^n.f(\varrho,R)}{d\varrho^n} + r\frac{d^n.f(\varrho,r)}{d\varrho^n}, \;\ldots\; (56)$$

formule, qui produit, lorsque alternativement $r=a$ et $R=b$ ne dépendent pas de ϱ:

$$\frac{d^n.}{d\varrho^n}\int_a^{R} f(x)\,dx = \frac{d^n.\big[Rf(R)\big]}{d\varrho^n} - R\frac{d^n.f(R)}{d\varrho^n}; \;\ldots\; (57)$$

$$\frac{d^n.}{d\varrho^n}\int_r^{b} f(x)\,dx = -\frac{d^n.\big[rf(r)\big]}{d\varrho^n} + r\frac{d^n.f(r)}{d\varrho^n} \;\ldots\; (58)$$

Soit au contraire $r=a$, $R=b$ et la $f(\varrho,x)$ seule dépendante de ϱ, on obtient:

$$\frac{d^n.}{d\varrho^n}\int_a^{b} f(\varrho,x)\,dx = \int_a^{b}\frac{d^n.f(\varrho,x)}{d\varrho^n}dx. \;\ldots\; (59)$$

Aux formules (55) et (59), il faut encore ajouter une correction analogue à celle de la formule (52) et déduite de celle-là:

$$\varepsilon_1 = \frac{1}{2}\,\text{Lim.}\,\delta \int_{\rho_1-\delta}^{\rho_1+\delta} \frac{d^{n+1}.f(\varrho\,,x)}{d\varrho^{n+1}}\,dx\,; \quad \ldots \ldots \ldots \ldots \quad (60)$$

du moins dans les cas que cette correction ne s'annulle pas. [17].

§ 5. INTÉGRATION D'UNE INTÉGRALE DÉFINIE.

35. En premier lieu il se présente ici l'opération inverse du § précédent, l'intégration par rapport à quelque constante sous le signe d'intégration; mais ici nous suivrons la marche opposée, c'est-à-dire, nous commencerons par le cas spécial que les limites ne dépendent pas de cette constante, qui se trouve seulement dans la fonction. A cet effet il faut intégrer la formule correspondante (51) par rapport à ϱ entre les limites 0 et ϱ:

$$\int_0^\rho d\varrho\,\frac{d.}{d\varrho}\int_a^b \varphi(\varrho\,,x)\,dx = \int_0^\rho d\varrho \int_a^b \frac{d.\,\varphi(\varrho,x)}{d\varrho}\,dx.$$

Maintenant supposons:

$$\frac{d.\varphi(\varrho\,,x)}{d\varrho} = f(\varrho\,,x),\ \text{d'où}\ \varphi(\varrho\,,x) = \int_0^\rho f(\varrho\,,x)\,d\varrho + \text{C},$$

et observons qu'au premier membre de l'équation précédente on a $\int_0^\rho d\varrho\,\frac{d.}{d\varrho}\,\text{P} = \text{P}$, et qu'au second membre la constante C s'évanouit: par suite nous trouvons:

$$\int_a^b dx\left\{\text{C}' + \int_0^\rho f(\varrho\,,x)\,d\varrho\right\} = \int_0^\rho d\varrho \int_a^b f(\varrho\,,x)\,dx.$$

Pour déterminer C', il suffit de faire la limite ϱ zéro: alors C' devient zéro et il s'ensuit:

$$\int_0^\rho d\varrho \int_a^b f(\varrho\,,x)\,dx = \int_a^b dx \int_0^\rho f(\varrho\,,x)\,d\varrho. \quad \ldots \ldots \ldots \ldots \quad (61)$$

Mettons q et p au lieu de la limite ϱ et soustrayons les résultats, alors la formule précédente reçoit la forme plus générale:

---

[17] C. F. LINDMANN, Theses, quas pro munere Lectoris publicae censurae modeste subjecit. Upsal. 1848. 4°. — C. F. LINDMANN, Om några definita integraler, 1851. — WERNER, Grunerts Archiv, Th. 18, S. 39. — Voyez encore Grunerts Archiv, Th. 20, S. 117. — Le cas de limites constantes se trouve déjà traité par CAUCHY, Exercices d'Analyse, 1826, p. 125.

Page 26.

$$\int_p^q d\varrho \int_a^b f(\varrho, x)\, dx = \int_a^b dx \int_p^q f(\varrho, x)\, d\varrho. \quad \dots \dots \dots \dots \quad (62)$$

A l'égard de ces formules déduites de la formule (51), il faut considérer nécessairement les corrections, qui dépendent de la formule (52), et qui deviennent ici respectivement:

$$\int_0^\rho \varepsilon\, d\varrho = \text{Lim.} \frac{1}{2} d\varrho \int_0^\rho d\varrho \int_{\rho_1 - \delta}^{\rho_1 + \delta} \frac{d^2. f(\varrho, x)}{d\varrho^2} dx, \quad \dots \dots \dots \quad (61^*)$$

$$\int_p^q \varepsilon\, d\varrho = \text{Lim.} \frac{1}{2} d\varrho \int_p^q d\varrho \int_{\rho_1 - \delta}^{\rho_1 + \delta} \frac{d^2. f(\varrho, x)}{d\varrho^2} dx; \quad \dots \dots \dots \quad (62^*)$$

à moins qu'elles ne s'annullent, ce qui est la preuve que la continuité n'est pas interrompue.

36. Intégrons la formule (62) encore une fois par rapport à ϱ entre le même système de limites p et q, nous obtiendrons:

$$\int_p^{q(2)} d\varrho^2 \int_a^b f(\varrho, x)\, dx = \int_p^q d\varrho \int_a^b dx \int_p^q f(\varrho, x)\, d\varrho.$$

Mais lorsque dans la formule (62) on remplace $f(\varrho, x)$ par $\int_p^q f(\varrho, x)\, d\varrho$, le premier membre en devient identique avec le dernier membre de l'équation précédente, et l'on a:

$$\int_p^{q(2)} d\varrho^2 \int_a^b f(\varrho, x)\, dx = \int_a^b dx \int_p^{q(2)} f(\varrho, x)\, d\varrho^2 \quad \dots \dots \dots \quad (63)$$

La démonstration de l'équation générale analogue:

$$\int_p^{q(n)} d\varrho^n \int_a^b f(\varrho, x)\, dx = \int_a^b dx \int_p^{q(n)} f(\varrho, x)\, d\varrho^n, \quad \dots \dots \dots \quad (64)$$

se fait, tout comme à l'égard de la formule correspondante inverse (55), par l'induction de BERNOUILLI.

37. Passons maintenant au cas que les limites aussi dépendent de la constante ϱ, et intégrons à cet effet la formule (47), il vient, puisque la différentiation au premier membre est détruite par l'intégration:

$$\int_r^R F(\varrho, x)\, dx = \int_0^\rho d\varrho \int_r^R \frac{d. F(\varrho, x)}{d\varrho} dx + \int_0^\rho F(\varrho, R) \frac{dR}{d\varrho} d\varrho - \int_0^\rho F(\varrho, r) \frac{dr}{d\varrho} d\varrho. \quad \dots \quad (65^*)$$

Mais dans les deux dernières intégrales $F(\varrho, y)$ dépend de la variable indépendante ϱ, et encore de y, une fonction de ϱ; on a donc:

$$\frac{d.\mathrm{F}(\varrho,y)}{d\varrho}=\varphi(\varrho,y)+f(\varrho,y)\frac{dy}{d\varrho},\ \text{où}\ \varphi(\varrho,y)=\left(\frac{d.\mathrm{F}(\varrho,y)}{d\varrho}\right),\ f(\varrho,y)=\left(\frac{d.\mathrm{F}(\varrho,y)}{dy}\right),$$

sont les coefficients différentiels partiels. On en déduit successivement:

$$\frac{d.\mathrm{F}(\varrho,x)}{d\varrho}=\varphi(\varrho,x),\ \text{puisque } x \text{ ne dépend pas de } \varrho:\ \text{et}\ \mathrm{F}(\varrho,x)=\int_0^\rho\varphi(\varrho,x)\,d\varrho+\mathrm{C};$$

$$\frac{d.\mathrm{F}(\varrho,\mathrm{R})}{d\varrho}=\varphi(\varrho,\mathrm{R})+f(\varrho,\mathrm{R})\frac{d\mathrm{R}}{d\varrho},\ \text{et}\ \mathrm{F}(\varrho,\mathrm{R})=\int_0^\rho\varphi(\varrho,\mathrm{R})\,d\varrho+\int_0^\rho f(\varrho,\mathrm{R})\frac{d\mathrm{R}}{d\varrho}\,d\varrho+\mathrm{C}.$$

Encore de la même manière:

$$\mathrm{F}(\varrho,r)=\int_0^\rho\varphi(\varrho,r)\,d\varrho+\int_0^\rho f(\varrho,r)\frac{dr}{d\varrho}\,d\varrho+\mathrm{C}.$$

Par la substitution de tous ces résultats l'équation précédente (65*) devient:

$$\int_r^{\mathrm{R}}d\varrho\left\{\mathrm{C}+\int_0^\rho\varphi(\varrho,x)\,d\varrho\right\}=\int_0^\rho d\varrho\int_r^{\mathrm{R}}\varphi(\varrho,x)\,dx+\int_0^\rho\frac{d\mathrm{R}}{d\varrho}d\varrho\int_0^\rho\varphi(\varrho,\mathrm{R})\,d\varrho-\int_0^\rho\frac{dr}{d\varrho}d\varrho\int_0^\rho\varphi(\varrho,r)\,d\varrho+$$

$$+\int_0^\rho\frac{d\mathrm{R}}{d\varrho}d\varrho\int_0^\rho f(\varrho,\mathrm{R})\frac{d\mathrm{R}}{d\varrho}d\varrho-\int_0^\rho\frac{dr}{d\varrho}d\varrho\int_0^\rho f(\varrho,r)\frac{dr}{d\varrho}d\varrho+\mathrm{C}\int_0^\rho\frac{d\mathrm{R}}{d\varrho}d\varrho-\mathrm{C}\int_0^\rho\frac{dr}{d\varrho}d\varrho.$$

Pour déterminer la constante C, observons que pour des limites constantes $\mathrm{R}=b$, $r=a$ les coefficients différentiels $\frac{d\mathrm{R}}{d\varrho}$ et $\frac{dr}{d\varrho}$ deviennent nuls: soustrayons de ce qui reste la formule (61), et nous aurons $\mathrm{C}\int_a^b dx=0$, d'où C zéro: donc par une transposition facile des termes:

$$\int_0^\rho d\varrho\int_r^{\mathrm{R}}\varphi(\varrho,x)\,dx=\int_r^{\mathrm{R}}dx\int_0^\rho\varphi(\varrho,x)\,d\varrho-\int_0^\rho\frac{d\mathrm{R}}{d\varrho}d\varrho\int_0^\rho\varphi(\varrho,\mathrm{R})\,d\varrho+\int_0^\rho\frac{dr}{d\varrho}d\varrho\int_0^\rho\varphi(\varrho,r)\,d\varrho-$$

$$-\int_0^\rho\frac{d\mathrm{R}}{d\varrho}d\varrho\int_0^\rho f(\varrho,\mathrm{R})\frac{d\mathrm{R}}{d\varrho}d\varrho+\int_0^\rho\frac{dr}{d\varrho}d\varrho\int_0^\rho f(\varrho,r)\frac{dr}{d\varrho}d\varrho;\ \ldots\ldots\ldots\ (65)$$

où, pour déduire $f(\varrho,y)$ on a les conditions:

$$\mathrm{F}(\varrho,y)=\int_0^\rho\varphi(\varrho,y)\,d\varrho,\ f(\varrho,y)=\left(\frac{d.\mathrm{F}(\varrho,y)}{dy}\right)\ [18],\ \ldots\ldots\ldots\ldots\ (66)$$

tandis que la correction devient ici:

---

[18] Voyez ma Note à ce sujet, insérée dans les Verslagen en Mededeelingen der Kon. Akad. van Wetenschappen. Deel 4. Blz. 332.
Page 28.

$$\int_0^\rho \varepsilon\, d\varrho = \frac{1}{2}\mathrm{Lim.}\,\delta \int_0^\rho d\varrho \int_r^{\mathrm{R}} \frac{d^2.\mathrm{F}(\varrho,x)}{d\varrho^2}dx = \frac{1}{2}\mathrm{Lim.}\,\delta \int_0^\rho d\varrho \int_r^{\mathrm{R}} \frac{d.\varphi(\varrho,x)}{d\varrho}dx. \quad . \; . \; (67)$$

38. Lorsque les limites $\mathrm{R}=a$ et $r=b$ ne dépendent pas de ϱ, on se trouvera ramené à la formule (61): mais quand au contraire c'est la fonction $\varphi(\varrho,x)$, qui ne dépend pas de ϱ, et qui dès-lors peut s'écrire $\varphi(x)$, on a:

$$\mathrm{F}(\varrho,x) = \int_0^\rho \varphi(x)\,d\varrho = \varrho\,\varphi(x) \;,\; f(\varrho,y) = \left(\frac{d.\mathrm{F}(\varrho,y)}{dy}\right) = \varrho\frac{d.\varphi(y)}{dy}.$$

On en tire:

$$\int_0^\rho f(\varrho,y)\frac{dy}{d\varrho}d\varrho = \int_0^\rho \varrho\frac{d.\varphi(y)}{dy}\frac{dy}{d\varrho}d\varrho = \varrho\,\varphi(y)\Big\}_0^\rho - \int_0^\rho \varphi(y)\,d\varrho = \varrho\,\varphi(y) - \int_0^\rho \varphi(y)\,d\varrho,$$

par la méthode de l'intégration par parties, et ensuite:

$$\int_0^\rho \frac{dy}{d\varrho}d\varrho \int_0^\rho f(\varrho,y)\frac{dy}{d\varrho}d\varrho = \int_0^\rho \varrho\,\varphi(y)\frac{dy}{d\varrho}d\varrho - \int_0^\rho \frac{dy}{d\varrho}d\varrho \int_0^\rho \varphi(y)\,d\varrho.$$

Substituons ce résultat pour $y=\mathrm{R}$ et $y=r$, et observons que $\int_0^\rho \varphi(x)\,d\varrho = \varrho\,\varphi(x)$, puisque x est indépendant de ϱ, nous aurons:

$$\int_0^\rho d\varrho \int_r^{\mathrm{R}} \varphi(x)\,dx = \varrho \int_r^{\mathrm{R}} \varphi(x)\,dx - \int_0^\rho \varrho\,\varphi(\mathrm{R})\frac{d\mathrm{R}}{d\varrho}d\varrho + \int_0^\rho \varrho\,\varphi(r)\frac{dr}{d\varrho}d\varrho. \; . \; . \; . \; . \; . \; (68)$$

Mais l'intégration par parties nous donne encore:

$$\int_0^\rho \varrho\,\varphi(y)\frac{dy}{d\varrho}d\varrho = \varrho\,\varphi(y).y\Big\}_0^\rho - \int_0^\rho y\frac{d.\varrho\,\varphi(y)}{d\varrho}d\varrho = \varrho\, y\,\varphi(y) - \int_0^\rho y\,d\varrho\left\{\varphi(y) + \varrho\frac{d.\varphi(y)}{dy}\frac{dy}{d\varrho}\right\}:$$

donc par l'introduction de ce résultat tant pour $y=\mathrm{R}$ que pour $y=r$, il vient:

$$\int_0^\rho d\varrho \int_r^{\mathrm{R}} \varphi(x)\,dx = \varrho \int_r^{\mathrm{R}} \varphi(x)\,dx + \int_0^\rho \frac{d.\varphi(\mathrm{R})}{d\mathrm{R}}\frac{d\mathrm{R}}{d\varrho}\mathrm{R}\,\varrho\,d\varrho - \int_0^\rho \frac{d.\varphi(r)}{dr}\frac{dr}{d\varrho}r\,\varrho\,d\varrho + \int_0^\rho \mathrm{R}\,\varphi(\mathrm{R})\,d\varrho -$$

$$- \int_0^\rho r\,\varphi(r)\,d\varrho - \varrho\left[\mathrm{R}\,\varphi(\mathrm{R}) - r\,\varphi(r)\right] \; . \; . \; . \; . \; . \; . \; . \; . \; . \; . \; . \; . \; . \; . \; (69)$$

Lorsque dans ces deux expressions (68) et (69) on suppose $r=a$ indépendant de ϱ, on a $\frac{dr}{d\varrho}=0$, $\int_0^\rho r\,\varphi(r)\,d\varrho = a\,\varrho\,\varphi(a)$; et par suite:

Page 29.

$$\int_0^\rho d\varrho \int_a^{\mathrm{R}} \varphi(x)\,dx = \varrho \int_a^{\mathrm{R}} \varphi(x)\,dx - \int_0^\rho \varrho\,\varphi(\mathrm{R}) \frac{d\mathrm{R}}{d\varrho}\,d\varrho \ldots\ldots\ldots\ldots \quad (70)$$

$$= \varrho \int_a^{\mathrm{R}} \varphi(x)\,dx + \int_0^\rho \frac{d.\varphi(\mathrm{R})}{d\mathrm{R}} \frac{d\mathrm{R}}{d\varrho} \mathrm{R}\varrho\,d\varrho + \int_0^\rho \mathrm{R}\,\varphi(\mathrm{R})\,d\varrho - \mathrm{R}\varrho\,\varphi(\mathrm{R}). \ldots\ldots \quad (71)$$

De même pour $\mathrm{R} = b$:

$$\int_0^\rho d\varrho \int_r^b \varphi(x)\,dx = \varrho \int_r^b \varphi(x)\,dx + \int_0^\rho \varrho\,\varphi(r) \frac{dr}{d\varrho}\,d\varrho \ldots\ldots\ldots\ldots \quad (72)$$

$$= \varrho \int_r^b \varphi(x)\,dx - \int_0^\rho \frac{d.\varphi(r)}{dr} \frac{dr}{d\varrho} r\varrho\,d\varrho - \int_0^\rho r\,\varphi(r)\,d\varrho + r\varrho\,\varphi(r). \ldots\ldots\ldots \quad (73)$$

Dans les formules de ce Nr. la correction ε s'évanouit avec son origine, parce que $\varphi(x)$ n'y dépend pas de ϱ.

39. Mais on peut encore appliquer l'intégration d'une autre manière à la formule (47). Or, pour les limites a et ϱ elle devient:

$$\frac{d.}{d\varrho} \int_a^\rho \mathrm{F}(\varrho, x)\,dx = \int_a^\rho \frac{d.\mathrm{F}(\varrho, x)}{d\varrho}\,dx + \mathrm{F}(\varrho, \varrho).$$

Ensuite supposons $\frac{d.\mathrm{F}(\varrho, x)}{d\varrho} = f(\varrho, x)$, donc aussi $\frac{d.\mathrm{F}(x, \varrho)}{dx} = f(x, \varrho)$, et par conséquent:

$$\int_a^\rho \frac{d.\mathrm{F}(\varrho, x)}{d\varrho}\,dx = \int_a^\rho f(\varrho, x)\,dx = \left\{\int_a^\rho f(x, \varrho)\,d\varrho\right\}_{x=\rho},$$

lorsqu'on interprète cette notation, qu'après l'intégration il faudra remplacer x par ϱ: mais comme la supposition donne encore:

$$\int_a^\rho f(x, \varrho)\,d\varrho = \int_a^\rho \frac{d.\mathrm{F}(x, \varrho)}{dx}\,d\varrho,$$

on trouve:

$$\int_a^\rho \frac{d.\mathrm{F}(\varrho, x)}{d\varrho}\,dx = \left\{\int_a^\rho \frac{d.\mathrm{F}(x, \varrho)}{dx}\,d\varrho\right\}_{x=\rho};$$

et par-là la première équation devient:

$$\frac{d.}{d\varrho} \int_a^\rho \mathrm{F}(\varrho, x)\,dx = \left\{\int_a^\rho \frac{d.\mathrm{F}(x, \varrho)}{dx}\,d\varrho\right\}_{x=\rho} + \mathrm{F}(\varrho, \varrho). \ldots\ldots\ldots \quad (74^*)$$

Quand on intègre cette équation par rapport à ϱ entre les limites a et ϱ, il est:

Page 30.

$$\int_a^\rho d\varrho \frac{d.}{d\varrho}\int_a^\rho \mathrm{F}(\varrho,x)\,dx = \int_a^\rho \mathrm{F}(\varrho,x)\,dx = \int_a^\rho d\varrho \left\{\int_a^\rho \frac{d.\mathrm{F}(x,\varrho)}{dx}\,d\varrho\right\}_{x=\rho} + \int_a^\rho \mathrm{F}(\varrho,\varrho)\,d\varrho,$$

et l'on obtiendra après le changement mutuel entre ϱ et x et la transposition des termes:

$$\int_a^x \mathrm{F}(a,x)\,dx = \int_a^x \mathrm{F}(x,\varrho)\,d\varrho - \int_a^x dx \left\{\int_a^x \frac{d.\mathrm{F}(\varrho,x)}{d\varrho}\,dx\right\}_{\rho=x} . \text{ [19]} \ldots\ldots (74)$$

40. Intégrons l'équation (74*) par rapport à ϱ, mais entre les deux limites r et R, que nous supposons toutes deux dépendentes de ϱ, il vient:

$$\int_r^{\mathrm{R}} d\varrho \frac{d.}{d\varrho}\int_a^\rho \mathrm{F}(\varrho,x)\,dx = \int_r^{\mathrm{R}} d\varrho \left\{\int_a^\rho \frac{d.\mathrm{F}(x,\varrho)}{dx}\,d\varrho\right\}_{x=\rho} + \int_r^{\mathrm{R}} \mathrm{F}(\varrho,\varrho)\,d\varrho.$$

Supposons-y $\mathrm{F}(\varrho,x) = f(\varrho)\,\varphi(x)$, alors:

$$\int_a^\rho \mathrm{F}(\varrho,x)\,dx = f(\varrho)\int_a^\rho \varphi(x)\,dx \quad \text{et} \quad \frac{d.\mathrm{F}(x,\varrho)}{dx} = \varphi(\varrho)\frac{d.f(x)}{dx};$$

donc aussi:

$$\int_a^\rho \frac{d.\mathrm{F}(x,\varrho)}{dx}\,d\varrho = \frac{d.f(x)}{dx}\int_a^\rho \varphi(\varrho)\,d\varrho,$$

et par suite:

$$\left\{\int_a^\rho \frac{d.\mathrm{F}(x,\varrho)}{dx}\,d\varrho\right\}_{x=\rho} = \frac{d.f(\varrho)}{d\varrho}\int_a^\rho \varphi(\varrho)\,d\varrho;$$

enfin encore $\mathrm{F}(\varrho,\varrho) = f(\varrho)\,\varphi(\varrho)$. La substitution de tous ces résultats nous fournit maintenant la formule:

$$\int_r^{\mathrm{R}} d\varrho \frac{d.}{d\varrho}\left[f(\varrho)\int_a^\rho \varphi(x)\,dx\right] = \int_r^{\mathrm{R}} d\varrho \frac{d.f(\varrho)}{d\varrho}\int_a^\rho \varphi(\varrho)\,d\varrho + \int_r^{\mathrm{R}} f(\varrho)\,\varphi(\varrho)\,d\varrho.$$

Mais dans l'intégrale du premier membre la fonction intégrée est une fonction de ϱ, tant par le facteur $f(\varrho)$, que par la limite ϱ de l'intégration par rapport à x: ce premier terme devient par conséquent $f(\mathrm{R})\int_a^{\mathrm{R}} \varphi(x)\,dx - f(r)\int_a^r \varphi(x)\,dx$ et l'on a, en transposant les termes, et en écrivant x pour ϱ:

$$\int_r^{\mathrm{R}} f(x)\,\varphi(x)\,dx = f(\mathrm{R})\int_a^{\mathrm{R}} \varphi(x)\,dx - f(r)\int_a^r \varphi(x)\,dx - \int_r^{\mathrm{R}} dx \frac{d.f(x)}{dx}\int_a^x \varphi(x)\,dx. \text{ [20]} \ldots (75)$$

Pour $r = a$ cette formule devient:

---

[19] Bertrand, Journal de Liouville, T. 8, p. 110. — Grunert, Grunerts Archiv, Th. 4, S. 113.

[20] Meijer, Grunerts Archiv, Th. 5, S. 216.

Page 31.

$$\int_a^R f(x)\varphi(x)\,dx = f(R)\int_a^R \varphi(x)\,dx - \int_a^R dx \frac{d.f(x)}{dx}\int_a^x \varphi(x)\,dx, \text{ [21]} \quad \ldots\ldots (76)$$

résultat, qu'on pourrait déduire immédiatement de la formule (74).

41. L'équation (75) donne encore lieu à la transformation suivante. Soit $\int_a^x \varphi(x)\,dx = F(x)$, d'où $\varphi(x) = \frac{d.F(x)}{dx}$, alors elle devient:

$$\int_r^R f(x)\frac{d.F(x)}{dx}\,dx = f(R)F(R) - f(r)F(r) - \int_r^R dx\,F(x)\frac{d.f(x)}{dx} \ldots\ldots (77)$$

$$= \int_r^R dx \frac{d.}{dx}\{f(x).F(x)\} - \int_r^R F(x)\frac{d.f(x)}{dx}\,dx, \ldots\ldots (78)$$

puisque la première intégrale du dernier membre est identiquement égale à la différence des deux premiers termes du deuxième membre. C'est l'application aux intégrales définies de l'opération connue sous le nom de *l'intégration par parties*, [22] que l'on pourrait déduire aussi par l'intégration de la formule identique connue:

$$\frac{d}{dx}.\{f(x).F(x)\} = f(x)\frac{d.F(x)}{dx} + F(x)\frac{d.f(x)}{dx},$$

à l'égard de x entre les limites r et R. Mais il y a encore quelque intérêt à déduire cette formule directement de la formule (6) $\int_{x_0}^{x_n} f'(x)\,dx = f(x_n) - f(x_0)$. Prenez-y $f(x) = F(z, y, w, \ldots) = F$, d'où

$$f'(x) = \frac{d.f(x)}{dx} = \frac{dF}{dz}\frac{dz}{dx}dx + \frac{dF}{dy}\frac{dy}{dx}dx + \frac{dF}{dw}\frac{dw}{dy}dx + \ldots$$

Donc lorsque aux valeurs x_0 et x_n de x correspondent les valeurs z_0 et z_n de z, y_0 et y_n de y, w_0 et w_n de $w\ldots$, il vient:

$$F(z_n, y_n, w_n\ldots) - F(z_0, y_0, w_0\ldots) = \int_{x_0}^{x_n}\frac{dF}{dz}\frac{dz}{dx}dx + \int_{x_0}^{x_n}\frac{dF}{dy}\frac{dy}{dx}dx + \int_{x_0}^{x_n}\frac{dF}{dw}\frac{d\omega}{dx}dx + \ldots \quad (79)$$

Dans cette formule générale arrêtons-nous maintenant à deux variables dépendantes z et y, et faisons $F(z, y) = yz$, alors $\frac{dF}{dz} = y$, $\frac{dF}{dy} = z$ et nous aurons:

$$y_n z_n - y_0 z_0 = \int_{x_0}^{x_n} y\frac{dz}{dx}dx + \int_{x_0}^{x_n} z\frac{dy}{dx}dx,$$

où y et z représentent des fonctions quelconques de x, de sorte qu'elle revient à la formule (75).

---

[21] Grunert, Grunerts Archiv, Th. 4, S. 113.

[22] Voyez ma Note, qui a été admise dans les Verhandelingen der Kon. Akad. van Wetenschappen, Deel II. 1854.
Page 32.

42. Les formules précédentes (75) et (76) sont donc des équations générales, qui contiennent la méthode d'intégration partielle comme un cas spécial, de sorte que cette méthode est intimement liée à la formule de BERTRAND (74), qui même pourrait se déduire de la dernière (78).

Dans toutes les formules de ces trois derniers numéros on a négligé la correction, c'est-à-dire, on a supposé la fonction intégrée continue entre les limites de l'intégration. Mais il peut arriver encore dans la formule (78), que le produit $f(x) \,.\, \mathrm{F}(x)$ devienne discontinu entre les limites de l'intégration, par ex. pour $x = c$ (où $r < c < \mathrm{R}$): or, dans ce cas il est très-facile de calculer la correction nécessaire suivant la formule (11), qui donne ici:

$$\triangle = f(c+\varepsilon)\,\mathrm{F}(c+\varepsilon) - f(c-\varepsilon)\,\mathrm{F}(c-\varepsilon)\ ,\ \mathrm{Lim.}\,\varepsilon = 0 \ldots\ldots\ldots \quad (80)$$

43. Lorsqu'on veut appliquer plusieurs fois de suite cette méthode d'intégration par parties, il vaudra mieux nous aider de cette méthode pour des intégrales indéfinies; alors elle donne successivement:

$$\int \mathrm{F}(x)\frac{d^n.f(x)}{dx^n}dx = \mathrm{F}(x)\frac{d^{n-1}.f(x)}{dx^{n-1}} - \int \frac{d^{n-1}.f(x)}{dx^{n-1}}\frac{d.\mathrm{F}(x)}{dx}dx\,,$$

$$-\int \frac{d.\mathrm{F}(x)}{dx}\frac{d^{n-1}.f(x)}{dx^{n-1}}dx = -\frac{d.\mathrm{F}(x)}{dx}\frac{d^{n-2}.f(x)}{dx^{n-2}} + \int \frac{d^{n-2}.f(x)}{dx^{n-2}}\frac{d^2.\mathrm{F}(x)}{dx^2}dx\,,$$

. . . .

$$(-1)^{n-2}\int \frac{d^{n-2}.\mathrm{F}(x)}{dx^{n-2}}\frac{d^2.f(x)}{dx^2}dx = (-1)^{n-2}\frac{d^{n-2}.\mathrm{F}(x)}{dx^{n-2}}\frac{d.f(x)}{dx} + (-1)^{n-1}\int \frac{d.f(x)}{dx}\frac{d^{n-1}.\mathrm{F}(x)}{dx^{n-1}}dx\,,$$

$$(-1)^{n-1}\int \frac{d^{n-1}.\mathrm{F}(x)}{dx^{n-2}}\frac{d.f(x)}{dx}dx = (-1)^{n-1}\frac{d^{n-1}.\mathrm{F}(x)}{dx^{n-1}}f(x) + (-1)^n\int f(x)\frac{d^n.\mathrm{F}(x)}{dx^n}dx.$$

Quand on prend la somme de toutes ces équations, toutes les $n-1$ intégrales au premier membre, sauf la première, s'éliminent contre ces mêmes fonctions au second membre, et l'on a:

$$\int \mathrm{F}(x)\frac{d^n.f(x)}{dx^n}dx = \mathrm{F}(x)\frac{d^{n-1}.f(x)}{dx^{n-1}} - \frac{d.\mathrm{F}(x)}{dx}\frac{d^{n-2}.f(x)}{dx^{n-2}} + \ldots + (-1)^{n-2}\frac{d^{n-2}.\mathrm{F}(x)}{dx^{n-2}}\frac{d.f(x)}{dx} +$$
$$+ (-1)^{n-1}\frac{d^{n-1}.\mathrm{F}(x)}{dx^{n-1}}f(x) + (-1)^n\int \frac{d^n.\mathrm{F}(x)}{dx^n}f(x)\,dx.$$

Pour qu'on puisse passer maintenant à l'intégration définie entre les limites a et b, il faut que tous les coefficients différentiels $\frac{d^m.f(x)}{dx^m}, \frac{d^m.\mathrm{F}(x)}{dx^m}$, pour les valeurs de m depuis 0 à $n-1$, restent continus entre ces mêmes limites; ou du moins, dans le cas contraire, que les corrections, d'après la formule (80), en deviennent finies et déterminées. Dans ce cas on trouve:

$$\int_a^b \mathrm{F}(x)\frac{d^n.f(x)}{dx^n}dx = (-1)^n\int_a^b f(x)\frac{d^n.\mathrm{F}(x)}{dx^n}dx + \sum_{m=0}^{m=n-1}(-1)^m\frac{d^m.\mathrm{F}(x)}{dx^m}\frac{d^{n-m-1}.f(x)}{dx^{n-m-1}}\Bigg\}_{x=a}^{x=b} \quad . . (81)$$

Cette formule devient beaucoup plus simple, lorsque tous les coefficients $\frac{d^m.f(x)}{dx^m}$, ou bien tous les autres $\frac{d^m.\mathrm{F}(x)}{dx^m}$, s'évanouissent entre les limites a et b de l'intégration, pour les valeurs 0 à $n-1$ de m. Car alors on trouve:

$$\int_a^b \mathrm{F}(x)\frac{d^n.f(x)}{dx^n}dx = (-1)^n\int_a^b f(x)\frac{d^n.\mathrm{F}(x)}{dx^n}dx \quad \ldots\ldots\ldots\ldots (82)$$

Il y a encore un cas spécial, qui se présente sous la forme d'une série seulement. Car lorsqu'on fait $\mathrm{F}(x) = x^{n-1}$, il s'ensuit que $\frac{d^n.\mathrm{F}(x)}{dx^n} = d\,\frac{d^{n-1}.\mathrm{F}(x)}{dx^{n-1}} = d\,.\,1^{n-1/1} = 0$: de plus on a: $\frac{d^m.\mathrm{F}(x)}{dx^m} = (n-1)^{m|-1}\,x^{n-m-1} = (n-m)^{m/1}\,x^{n-m-1}$; et par conséquent:

$$\int_a^b x^{n-1}\frac{d^n.f(x)}{dx^n}dx = \sum_{m=0}^{m=n-1}(-1)^m(n-m)^{m/1}x^{n-m-1}\left.\frac{d^{n-m-1}.f(x)}{dx^{n-m-1}}\right\}_{x=a}^{x=b} =$$

$$= \sum_{m=0}^{m=n-1}(-1)^{m-n-1}(m+1)^{n-m-1/1}x^m\left.\frac{d^m.f(x)}{dx^m}\right\}_{x=a}^{x=b} \quad \ldots\ldots\ldots (83)$$

---

§ 6. INVERTISSEMENT DE L'ORDRE DES INTÉGRATIONS DANS LES INTÉGRALES DÉFINIES DOUBLES.

44. La formule (62) de Nr. 35, qui nous apprend à intégrer une intégrale définie par rapport à quelque constante, donne encore lieu à un autre genre de raisonnement, lorsqu'on l'étudie sous un autre point de vue. En effet on peut considérer la constante ϱ, par rapport à laquelle on a intégré, comme une seconde variable indépendante, et alors les deux membres de l'équation citée constituent des *intégrales doubles,* comme on les appelle. On s'en représente la génération de la même manière que celle des intégrales définies ordinaires, d'après ce qu'on a vu au Nr. 4. Ainsi pour $b = a + n\delta$, Lim. $\delta = 0$, on a d'après la formule (3):

$$\mathrm{F}(y) = \int_a^b f(y,x)\,dx = \mathrm{Lim.}\left[\delta\{f(y,a) + f(y,a+\delta) + \ldots + f(y,a+[n-1]\delta)\}\right];$$

et de même pour $q = p + m\varepsilon$, Lim. $\varepsilon = 0$:

$$\int_p^q \mathrm{F}(y)\,dy = \mathrm{Lim.}\left[\varepsilon\{\mathrm{F}(p) + \mathrm{F}(p+\varepsilon) + \ldots + \mathrm{F}(p+[m-1]\varepsilon)\}\right].$$

Lorsque maintenant dans la dernière série on substitue pour chaque terme sa valeur, comme elle suit de la première équation, on obtient la série double:

$$\int_p^q \mathrm{F}(y)\,dy = \int_p^q dy \int_a^b f(y,x)\,dx =$$

$$\begin{aligned}
= \mathrm{Lim.}\Big[\delta\varepsilon\Big(&\{f(p,a)+f(p,a+\delta)+f(p,a+2\delta)+\ldots +f(p,a+[n-1]\delta)\}\\
+&\{f(p+\varepsilon,a)+f(p+\varepsilon,a+\delta)+f(p+\varepsilon,a+2\delta)+\ldots +f(p+\varepsilon,a+[n-1]\delta)\}\\
+&\{f(p+2\varepsilon,a)+f(p+2\varepsilon,a+\delta)+f(p+2\varepsilon,a+2\delta)+\ldots +f(p+2\varepsilon,a+[n-1]\delta)\}\\
+&\ldots\ldots\ldots\ldots\ldots\ldots\ldots\ldots\ldots\ldots\ldots\ldots\\
+&\{f(p+[m-1]\varepsilon,a)+f(p+[m-1]\varepsilon,a+\delta)+f(p+[m-1]\varepsilon,a+2\delta)+\ldots +f(p+[m-1]\varepsilon,a+[n-1]\delta)\}\Big)\Big].
\end{aligned}$$

Mais lorsqu'on substitue les diverses valeurs de $\varphi(x) = \int_p^q f(y,x)\,dy$ dans la série pour $\int_a^b \varphi(x)\,dx$, on trouve:

$$\int_a^b dx \int_p^q f(y,x)\,dy =$$

$$\begin{aligned}
= \mathrm{Lim.}\Big[\delta\varepsilon\Big(&\{f(p,a)+f(p+\varepsilon,a)+f(p+2\varepsilon,a)+\ldots +f(p+[m-1]\varepsilon,a)\}\\
+&\{f(p,a+\delta)+f(p+\varepsilon,a+\delta)+f(p+2\varepsilon,a+\delta)+\ldots +f(p+[m-1]\varepsilon,a+\delta)\}\\
+&\{f(p,a+2\delta)+f(p+\varepsilon,a+2\delta)+f(p+2\varepsilon,a+2\delta)+\ldots +f(p+[m-1]\varepsilon,a+2\delta)\}\\
+&\ldots\ldots\ldots\ldots\ldots\ldots\ldots\ldots\ldots\ldots\ldots\ldots\\
+&\{f(p,a+[n-1]\delta)+f(p+\varepsilon,a+[n-1]\delta)+f(p+2\varepsilon,a+[n-1]\delta)+\ldots +f(p+[m-1]\varepsilon,a+[n-1]\delta)\}\Big)\Big].
\end{aligned}$$

Or, comme dans ces deux expressions les séries horizontales de l'une correspondent aux séries verticales de l'autre et réciproquement, les deux séries doubles sont identiquement égales, et par conséquent les deux intégrales doubles, dont elles expriment la valeur, seront égales aussi: on se trouve ainsi ramené à la formule citée (62), qui ici prendra la forme:

$$\int_p^q dy \int_a^b f(y,x)\,dx = \int_a^b dx \int_p^q f(y,x)\,dy. \ldots\ldots\ldots\ldots (84)$$

Toutefois il ne faut pas perdre de vue que l'emploi de la formule (3), qui est la base de toute la démonstration, repose sur la condition que la fonction $f(y,x)$ reste continue entre les limites de l'intégration, et comme elle est intégrée tantôt par rapport à x, tantôt par rapport à y, il faut que $f(y,x)$ reste continue pour toutes les valeurs de x entre a et b et toutes les valeurs de y entre p et q simultanément.

Ces considérations sur la théorie des intégrales doubles définies pourront nous suffire pour l'emploi dans la théorie des intégrales définies ordinaires: c'est pourquoi nous nous arrêtons ici dans l'étude de ces fonctions, qui sont d'un grand interêt dans l'Analyse, mais dont la théorie peut être considérée comme une partie à étudier séparément.

45. Cette formule (84) nous apprend maintenant que dans une intégrale double il est permis

d'invertir l'ordre des intégrations, pourvu que la fonction intégrée soit continue pour les deux variables [23].

Quoique cette méthode soit devenue célèbre par l'emploi multiplié, qu'en ont fait POISSON et LA PLACE, et cela à bonne raison, comme on verra dans la Troisième Partie, il est juste d'observer ici avec LEJEUNE-DIRICHLET [24], qu'elle est due à EULER, qui en a traité dans son mémoire „Methodus nova et facilis calculum variationum tractandi." [25].

46. Passons au cas, où $f(y, x)$ devient discontinue; à cet effet il faut d'abord prendre deux fonctions $\varphi\ y, x)$ et $\psi\ (y, x)$, telles que

$$\frac{d.\varphi(y,x)}{dx}=f(y,x) \text{ et } \frac{d.\psi(y,x)}{dy}=f(y,x):$$

d'où l'on déduit la relation nécessaire $\frac{d.\varphi(y,x)}{dx}=\frac{d.\psi(y,x)}{dy}$. Alors, pour le cas que la fonction $f(y, x)$ reste continue entre les limites a et b de x, et entre celles p et q de y, l'équation (6) nous donne:

$$\int_a^b f(y,x)\,dx=\varphi(y,b)-\varphi(y,a)\,, \quad\ldots\ldots\ldots\ldots\ldots \quad (85a)$$

$$\int_p^q f(y,x)\,dy=\psi(q,x)-\psi(p,x)\,; \quad\ldots\ldots\ldots\ldots\ldots \quad (85b)$$

de sorte que la formule (84) devient dans ce cas:

$$\int_p^q dy\,[\varphi(y,b)-\varphi(y,a)]=\int_a^b dx\,[\psi(q,x)-\psi(p,x)]. \quad\ldots\ldots\ldots\ldots \quad (85)$$

Mais lorsque $f(y,x)$ ne reste pas continue entre ces mêmes limites, il faut y apporter des corrections. Distinguons à cet effet trois cas, essentiellement divers quant au résultat, suivant que la discontinuité a lieu pour

1° $x=c$, où c est situé entre a et b; alors on trouve d'après la formule (10):

$$\int_a^b f(y,x)\,dx=\varphi(y,b)-\varphi(y,a)-\int_{c-\delta}^{c+\delta} f(y,x)dx=\varphi(y,b)-\varphi(y,a)+\varphi(y,c-\delta)-\varphi(y,c+\delta). \; (86a)$$

2° $x=a$, la limite inférieure de x; alors suivant la formule (12):

$$\int_a^b f(y,x)dx=\varphi(y,b)-\varphi(y,a)-\int_a^{a+\delta} f(y,x)dx=\varphi(y,b)-\varphi(y,a)+\varphi(y,a)-\varphi(y,a+\delta)=\varphi(y,b)-\varphi(y,a+\delta). \; (86b)$$

---

[23] GRUNERT, Grunert's Archiv, Th. 2, S. 266, qui cependant ne fait pas mention de la condition nécessaire de continuité.

[24] LEJEUNE-DIRICHLET, Journal von Crelle, Bd. 4, S. 94.

[25] EULER, Novi Commentarii Petropolitani, T. 14, Pars I, p. 72. — Ib., T. 16, p. 35, N. 25. Page 36.

3°. $x=b$, la limite supérieure de x; alors d'après la formule (13):

$$\int_a^b f(y,x)dx=\varphi(y,b)-\varphi(y,a)-\int_{b-\delta}^b f(y,x)dx=\varphi(y,b)-\varphi(y,a)+\varphi(y,b-\delta)-\varphi(y,b)=\varphi(y,b-\delta)-\varphi(y,a)\,.\ (86c)$$

Lorsque à présent on intègre ces équations par rapport à y entre les limites p et q, la discontinuité peut avoir lieu pour une valeur r de y, où r est situé entre les limites p et q de l'intégration, ou pour ces limites mêmes p et q de y. En tous cas outre l'intégrale (85) on obtient alors une correction, que nous nommerons Δ, de sorte que nous aurons:

$$\int_p^q dy \int_a^b f(y\,,x)\,dx=\int_a^b dx\int_p^q f(y\,,x)\,dy+\Delta \ldots\ldots\ldots\ldots (86)$$

et maintenant il s'agit de déterminer cette Δ.

47. A cet effet considérons le cas de discontinuité pour le système des valeurs $x=c$, $y=r$; il faudra intégrer l'expression $\mathrm{F}(y)=\varphi(y\,,c-\delta)-\varphi(y\,,c+\delta)$ (formule 86a) entre les limites p et q, mais on verra qu'il suffit d'intégrer seulement entre les limites $r-\varepsilon$ et $r+\varepsilon$. Car on a évidemment:

$$\Delta=\int_p^q \mathrm{F}(y)\,dy=\int_p^{r-\varepsilon}\mathrm{F}(y)\,dy+\int_{r-\varepsilon}^{r+\varepsilon}\mathrm{F}(y)\,dy+\int_{r+\varepsilon}^q \mathrm{F}(y)\,dy \ldots\ldots\ldots\ldots (a)$$

et pour la première et la troisième intégrale au second membre on peut écrire successivement:

$$\int_p^{r-\varepsilon}\mathrm{F}(y)\,dy=\int_p^{r-\varepsilon}dy\,\{\varphi(y\,,c-\delta)-\varphi(y\,,c+\delta)\}=\int_p^{r-\varepsilon}dy\int_{c-\delta}^{c+\delta}f(y\,,x)\,dx=\int_{c-\delta}^{c+\delta}dx\int_p^{r-\varepsilon}f(y\,,x)\,dy\,,$$

$$\int_{r+\varepsilon}^q \mathrm{F}(y)\,dy=\int_{r+\varepsilon}^q dy\,\{\varphi(y\,,c-\delta)-\varphi(y\,,c+\delta)\}=\int_{r+\varepsilon}^q dy\int_{c-\delta}^{c+\delta}f(y\,,x)\,dx=\int_{c-\delta}^{c+\delta}dx\int_{r+\varepsilon}^q f(y\,,x)\,dy\,;$$

où l'on a inverti l'ordre des intégrations, parce qu'il n'y a pas de discontinuité ici entre les limites; par la même raison les dernières intégrales par rapport à y restent continues, et par conséquent les intégrales singulières, où la fonction intégrée est continue, s'annulent nécessairement. Ou, en d'autres mots, l'intégrale ne perd sa continuité que pour les valeurs $x=c$, $y=r$, *simultanées*; or, dans la première et la troisième intégrale de la formule (a) la valeur c de x tombe à la vérité entre les limites $c-\delta$ et $c+\delta$ de x; mais, comme la valeur r de y y est exclue, la fonction n'en demeure pas moins continue: c'est seulement dans la deuxième intégrale de (a), où les limites sont $r-\varepsilon$ et $r+\varepsilon$, que la fonction devient discontinue. Donc on n'a qu'à avoir égard à celle-ci, comme nous l'avons avancé plus haut. Et cette même observation est à faire partout dans la suite, où l'on n'aura à intégrer qu'auprès de la limite, où la fonction perd sa continuité.

Or, dans chaque cas de discontinuité pour $x=c$ (formule 86a), pour $x=a$ (formule 86b) et pour $x=b$ (formule 86c), la discontinuité peut avoir lieu pour les valeurs $y=r$, $y=p$ ou $y=q$, séparément, de sorte que pour ces neuf cas divers il faut calculer la correction Δ.

48. Lorsque la fonction $f(y,x)$ devient discontinue pour le système des valeurs:

1°. $x=c, y=r$, on a:

$$\Delta=\int_{r-\varepsilon}^{r+\varepsilon}dy\int_{c-\delta}^{c+\delta}f(y,x)dx=\int_{r-\varepsilon}^{r+\varepsilon}dy\{\varphi(y,c+\delta)-\varphi(y,c-\delta)\}=\int_{r-\varepsilon}^{r}dy\{\varphi(y,c+\delta)-\varphi(y,c-\delta)\}+\int_{r}^{r+\varepsilon}dy\{\varphi(y,c+\delta)$$

$$-\varphi(y,c-\delta)\}=\int_0^\varepsilon dz\{\varphi(r-z,c+\delta)-\varphi(r-z,c-\delta)\}+\int_0^\varepsilon dv\{\varphi(r+v,c+\delta)-\varphi(r+v,c-\delta)\}$$

$$=\int_0^\varepsilon dz\{\varphi(r-z,c+\delta)-\varphi(r-z,c-\delta)-\varphi(r+z,c-\delta)+\varphi(r-z,c+\delta)\}\,;\;\ldots\ldots\ldots\;(87)$$

où l'on a employé les substitutions $y=r-z$, d'où $dz=-dy$ avec les limites ε et 0 de z, et $y=r+v, dv=dy$ avec les limites 0 et ε de v:

2°. $x=c$, $y=p$, à l'aide de la substitution $y=p+z$:

$$\Delta=\int_p^{p+\varepsilon}dy\int_{c-\delta}^{c+\delta}f(y,x)dx=\int_p^{p+\varepsilon}dy\{\varphi(y,c+\delta)-\varphi(y,c-\delta)\}=\int_0^\varepsilon dz\{\varphi(p+z,c+\delta)-\varphi(p+z,c-\delta)\}\;.\;(88)$$

3°. $x=c$, $y=q$, par la substitution de $y=q-z$:

$$\Delta=\int_{q-\varepsilon}^{q}dy\int_{c-\delta}^{c+\delta}f(y,x)dx=\int_{q-\varepsilon}^{q}dy\{\varphi(y,c+\delta)-\varphi(y,c-\delta)\}=\int_0^\varepsilon dz\{\varphi(q-z,c+\delta)-\varphi(q-z,c-\delta)\}\;.\;(89)$$

4°. $x=a$, $y=r$, en substituant $y=r-z$, et $y=r+v$ respectivement:

$$\Delta=\int_{r-\varepsilon}^{r+\varepsilon}dy\int_a^{a+\delta}f(y,x)\,dx=\int_{r-\varepsilon}^{r+\varepsilon}dy\;\{\varphi(y,a+\delta)-\varphi(y,a)\}=\int_{r-\varepsilon}^{r}dy\;\{\varphi(y,a+\delta)-\varphi(y,a)\}+$$

$$+\int_r^{r+\varepsilon}dy\{\varphi(y,a+\delta)-\varphi(y,a)\}=\int_0^\varepsilon dz\{\varphi(r-z,a+\delta)-\varphi(r-z,a)\}+\int_0^\varepsilon dv\{\varphi(r+v,a+\delta)-$$

$$-\varphi(r+v,a)\}=\int_0^\varepsilon dz\;\{\varphi(r+z,a+\delta)-\varphi(r-z,a)-\varphi(r+z,a)+\varphi(r-z,a+\delta)\}\;.\;.\;(90)$$

5°. $x=a$, $y=p$, lorsqu'on substitue $y=p+z$:

$$\Delta=\int_p^{p+\varepsilon}dy\int_a^{a+\delta}f(y,x)dx=\int_p^{p+\varepsilon}dy\{\varphi(y,a+\delta)-\varphi(y,a)\}=\int_0^\varepsilon dz\{\varphi(p+z,a+\delta)-\varphi(p+z,a)\}\;.\;(91)$$

6°. $x=a$, $y=q$, par l'introduction de $y=q-z$:

$$\Delta=\int_{q-\varepsilon}^{q}dy\int_a^{a+\delta}f(y,x)\,dx=\int_{q-\varepsilon}^{q}dy\{\varphi(y,a+\delta)-\varphi(y,a)\}=\int_0^\varepsilon dz\{\varphi(q-z,a+\delta)-\varphi(q-z,a)\}\;.\;(92)$$

Page 38.

7°. $x=b$, $y=r$, à l'aide des suppositions $y=r-z$, et $y=r+v$ respectivement:

$$\Delta=\int_{r-\varepsilon}^{r+\varepsilon}dy\int_{b-\delta}^{b}f(y,x)dx=\int_{r-\varepsilon}^{r+\varepsilon}dy\{\varphi(y,b)-\varphi(y,b-\delta)\}=\int_{r-\varepsilon}^{r}dy\{\varphi(y,b)-\varphi(y,b-\delta)\}+\int_{r}^{r+\varepsilon}dy\{\varphi(y,b)-$$

$$-\varphi(y,b-\delta)\}=\int_{0}^{\varepsilon}dz\{\varphi(r-z,b)-\varphi(r-z,b-\delta)\}+\int_{0}^{\varepsilon}dv\{\varphi(r+v,b)-\varphi(r+v,b-\delta)\}=$$

$$=\int_{0}^{\varepsilon}dz\{\varphi(r-z,b)-\varphi(r+z,b-\delta)-\varphi(r-z,b-\delta)+\varphi(r+z,b)\}\;\ldots\ldots\ldots\;(93)$$

8°. $x=b$, $y=p$, en supposant $y=p+z$:

$$\Delta=\int_{p}^{p+\varepsilon}dy\int_{b-\delta}^{b}f(y,x)dx=\int_{p}^{p+\varepsilon}dy\{\varphi(y,b)-\varphi(y,b-\delta)\}=\int_{0}^{\varepsilon}dz\{\varphi(p+z,b)-\varphi(p+z,b-\delta)\}\;.\;(94)$$

9°. $x=b$, $y=q$, lorsqu'on introduit $y=q-z$:

$$\Delta=\int_{q-\varepsilon}^{q}dy\int_{b-\delta}^{b}f(y,x)dx=\int_{q-\varepsilon}^{q}dy\{\varphi(y,b)-\varphi(y,b-\delta)\}=\int_{0}^{\varepsilon}dz\{\varphi(q-z,b)-\varphi(q-z,b-\delta)\}\;.\;(95)$$

Dans tous ces cas la correction, donnée sous la forme d'une intégrale double, est ramenée par des substitutions, toutes analogues à celle du premier cas, à une intégrale singulière entre les limites 0 et ε. Quant à leur calcul, observons qu'après l'intégration il faudra en premier lieu annuler la quantité δ, pour faire disparaître ensuite l'autre ε, ce que d'ailleurs les formules elles-mêmes indiquent assez clairement.

49. Toutes ces formules (87) à (95) sont tirées ici de l'équation (85a): mais par le changement de x, a, b, c, δ en y, p, q, r, ε (où alors $\varphi\,(y,x)$ devient ce que $\psi\,(y,x)$ est ici, et inversément) elles obtiennent la forme qui résulterait de la formule (85b.) Par conséquent on en déduit immédiatement, que dans les doubles intégrales, qui représentent les diverses corrections Δ, on peut invertir l'ordre des intégrations; on aurait pu s'attendre à ce résultat, puisque la fonction $f\,(y,x)$ reste toujours continue entre les limites de l'intégration dans ces équations.

Observons que pour le calcul des corrections, il nous faut connaître la $\varphi\,(y,x)$, c'est-à-dire l'intégrale $\int f(y,x)\,dx$: mais d'après ce qui vient d'être démontré, on peut les déterminer tout de même au moyen de la $\psi\,(y,x)$, c'est-à-dire de l'intégrale $\int f(y,x)\,dy$: il faudra donc en chaque cas choisir entre les fonctions $\varphi\,(y,x)$ ou $\psi\,(y,x)$ celle, qui offre le plus de facilité dans l'intégration et dans la réduction ultérieure. [26].

---

[26] Cette considération de la correction pour le cas de discontinuité dans les intégrales doubles définies est due à CAUCHY; voyez: Savants Etrangers de l'Institut, T. 1, A 1827, p. 599. Mémoire sur les intégrales définies. 2e Partie § 2, p. 672—686. „Sur la différence des valeurs que reçoit une intégrale double Page 39.

§ 7. INTÉGRALES DÉFINIES AVEC DES LIMITES IMAGINAIRES.

50. L'équation (85) nous donne dans le cas de discontinuité, d'après la formule (86):

$$\int_p^q dy\left[\varphi(y,b)-\varphi(y,a)\right]=\int_a^b dx\left[\psi(q,x)-\psi(p,x)\right]+\Delta, \quad \text{et} \quad \Delta=\int_{r-\varepsilon}^{r+\varepsilon} dy\left\{\varphi(y,c+\delta)-\varphi(y,c-\delta)\right\}$$

d'après la formule (87), lorsque $f(y, x)$ perd sa continuité pour les valeurs simultanées $x=c$, $y=r$. Cela suppose toujours d'après le Nr. 46:

$$\frac{d.\varphi(y,x)}{dx}=f(y,x)=\frac{d.\psi(y,x)}{dy};$$

et, cette condition remplie, il est entièrement indifférent que la fonction soit imaginaire ou non. Par conséquent il est permis de supposer:

$$\varphi(y,x)=i\,\mathrm{F}(x+yi) \text{ et } \psi(y,x)=\mathrm{F}(x+yi);$$

car par cette supposition on satisfait à la condition mentionnée. Alors la relation citée devient:

$$i\int_p^q dy\left[\mathrm{F}(b+yi)-\mathrm{F}(a+yi)\right]=\int_a^b dx\left[\mathrm{F}(x+qi)-\mathrm{F}(c+pi)\right]+\Delta,$$

$$\Delta=i\int_{r+\varepsilon}^{r+\varepsilon} dy\left[\mathrm{F}(c+\delta+yi)-\mathrm{F}(c-\delta+yi)\right] \text{ [27]} \quad \ldots\ldots (96)$$

Par la substitution de $yi=z$ et par la transposition des termes on trouve:

$$\int_a^b dx\left[\mathrm{F}(x+qi)-\mathrm{F}(x+pi)\right]=\int_{pi}^{qi} dz\left[\mathrm{F}(b+z)-\mathrm{F}(a+z)\right]-\Delta,\ \Delta=\int_{ri-\varepsilon}^{ri+\varepsilon} dz\left[\mathrm{F}(c+\delta+z)-\mathrm{F}(c-\delta+z)\right];\ (97)$$

où maintenant les limites deviennent imaginaires. Les systèmes des formules (96) et (97) sont par suite identiques, mais pour les transformations et les réductions il est préférable d'employer le premier, où dans les limites elles-mêmes il ne se trouve point de quantités imaginaires.

---

indéterminée relative aux deux variables x et z, suivant qu'on y substitue dans tous les élémens à la fois, les valeurs de x avant celles de z, ou les valeurs de z avant celles de x." Voyez encore ses Exercices de Mathématique, 1826, T. 1, p. 85. — Ostrogradsky traite de cette considération dans une Note insérée dans les Mémoires de St. Pétersbourg, 6e Série, Tome I, 1830, p. 117—122. — Decher s'oppose à cette manière de voir dans ses notes, Grunert's Archiv, Th. 19, S. 403—407. — Ibid., Th. 22, S. 413—435. — Voyez encore Schlömilch, Grunert's Archiv, Bd. 11, S. 63.

[27] Cauchy, Bulletin de la Société Philomathique, Nov. 1822. Page 40.

51. Maintenant soit $F(x) = \frac{\varphi(x)}{x - c - ri}$, de sorte que pour les valeurs simultanées c de x et r de y il y a discontinuité. Dans la correction Δ de la formule (96), qu'il faut employer ici, prenons $y = r + \delta z$, alors nous aurons $dy = \delta\, dz$, et $-\frac{\varepsilon}{\delta}$ et $+\frac{\varepsilon}{\delta}$ pour limites de z; mais nous avons vu précédemment, Nr. 48, qu'il faut d'abord annulér δ et ensuite ε; donc les limites de z deviennent $-\infty$ et $+\infty$; et nous aurons:

$$\Delta = i\int_{-\infty}^{\infty}\delta dz\left[\frac{\varphi\{c+\delta+(r+\delta z)i\}}{c+\delta+(r+\delta z)i-c-ri} - \frac{\varphi\{c-\delta+(r+\delta z)i\}}{c-\delta+(r+\delta z)i-c-ri}\right] = i\int_{-\infty}^{\infty} dz\left[\frac{\varphi\{c+\delta+(r+dz)i\}}{1+zi} - \right.$$

$$\left. - \frac{\varphi\{c-\delta+(r+dz)i\}}{-1+zi}\right] = i\int_{-\infty}^{\infty}\frac{dz}{1+z^2}\Big(\big[\varphi\{c+\delta+(r+\delta z)i\}+\varphi\{c-\delta+(r+\delta z)i\}\big] -$$

$$- zi\big[\varphi\{c+\delta+(r+\delta z)i\} - \varphi\{c-\delta+(r+\delta z)i\}\big]\Big).$$

Mais, passant à la limite zéro de δ, on a $\varphi\{c+\delta+(r+\delta z)i\} = \varphi(c+ri)$, $\varphi\{c-\delta+(r+\delta z)i\} = \varphi(c+ri)$; donc:

$$\Delta = i\int_{-\infty}^{\infty}\frac{dz}{1+z^2}\{2\varphi(c+ri) - zi.0\} = 2i\varphi(c+ri)\int_{-\infty}^{\infty}\frac{dz}{1+z^2} = 2\pi i\varphi(c+ri)\,[28], \text{pour}\, F(x) = \frac{\varphi(x)}{x-c-ri}. \quad (98)$$

Or, dans le raisonnement précédent nous avons supposé que la fonction devienne discontinue pour $x = c$, $y = r$; mais l'équation (98) peut encore nous servir lorsqu'il y a discontinuité pour $y = p$ ou pour $y = q$: seulement il faut intégrer alors respectivement entre les limites p et $p + \varepsilon$, ou $q - \varepsilon$ et q: donc, substituant $y = r - \delta z$, on aura pour les nouvelles limites 0 et $\frac{\varepsilon}{\delta}$, $-\frac{\varepsilon}{\delta}$ et 0, ou bien 0 et ∞ et $-\infty$ et 0. Comme ainsi rien ne change hors les limites de l'intégrale définie $\int\frac{dz}{1+z^2}$, dont la valeur devient respectivement $\frac{\pi}{2}$ [29], on a:

$$\Delta = \pi i\varphi(c+pi), \text{ pour } F(x) = \frac{\varphi(x)}{x-c-pi}, \quad \ldots\ldots\ldots\ldots \quad (99)$$

---

[28] Puisqu'on trouve dans la Troisième Partie, Méthode 1, N. 24, $\int_{-\infty}^{\infty}\frac{dx}{p^2+x^2} = \frac{\pi}{p}$, équation qui donne ici: $\int_{-\infty}^{\infty}\frac{dx}{1+x^2} = \pi$, quand p est l'unité.

[29] Car on trouve dans la Troisième Partie, Méthode 1, N. 8, $\int_0^{\infty}\frac{dx}{1+x^2} = \frac{1}{2}\pi$, d'où par la supposition de $x = -y$, $dx = -dy$, avec les limites 0 et $-\infty$ de y:

$$\frac{1}{2}\pi = \int_0^{-\infty}\frac{-dy}{1+y^2} = \int_{-\infty}^{0}\frac{dy}{1+y^2}.$$

$$\Delta = \pi i \varphi(c + q i), \text{ pour } \mathrm{F}(x) = \frac{\varphi(x)}{x - c - q i} \ldots\ldots\ldots\ldots (100)$$

Par suite il est évident, qu'il faut prendre la moitié de la correction ordinaire, lorsque la valeur de y, qui produit la discontinuité, se trouve être une de ces limites p ou q.

52. Il en sera de même lorsque, pour $x = a$, la fonction devient discontinue pour une valeur r de y. Alors on aura au lieu de la correction Δ (98):

$$\Delta = i \int_{r-\varepsilon}^{r+\varepsilon} dy \left[\mathrm{F}(a + \delta + y i) - \mathrm{F}(a + y i)\right]; \ldots\ldots\ldots\ldots (101)$$

et par l'introduction successive de $\mathrm{F}(x) = \dfrac{\varphi(x)}{x - a - r i}$ et de $y = r + \delta z$:

$$\Delta = i \int_{-\infty}^{\infty} \delta\, dz \left[\frac{\varphi\{a+\delta+(r+\delta z)i\}}{a+\delta+(r+\delta z)i - a - ri} - \frac{\varphi\{a+(r+\delta z)i\}}{a+(r+\delta z)i - a - ri}\right] = i \int_{-\infty}^{\infty} dz \left[\frac{\varphi\{a+\delta+(r+\delta z)i\}}{1 + zi} -\right.$$

$$\left. - \frac{\varphi\{a+(r+\delta z)i\}}{zi}\right] = i \int_{-\infty}^{\infty} \frac{dz}{zi(1+zi)} \left(-\varphi\{a+(r+\delta z)i\} + zi\left[\varphi\{a+\delta+(r+\delta z)i\} - \varphi\{a+(r+\delta z)i\}\right]\right);$$

ou, passant à la limite zéro de δ:

$$\Delta = i \int_{-\infty}^{\infty} \frac{dz}{zi(1+zi)} \left[-\varphi(a+ri)\right] = -i\varphi(a+ri) \int_{-\infty}^{\infty} \frac{dz}{zi(1+zi)} = \pi i \varphi(a+ri)\ [30], \text{pour } \mathrm{F}(x) = \frac{\varphi(x)}{x - a - ri}. (102)$$

---

[30] Pour la substitution $zi = w$, on a l'intégrale indéfinie:

$$i \int \frac{dz}{zi(1+zi)} = \int \frac{dw}{w(1+w)} = \int \left(\frac{dw}{w} - \frac{dw}{1+w}\right) = l\, \frac{w}{1+w} = l\, \frac{zi}{1+zi} = -\, l\left(1 - \frac{1}{z} i\right);$$

où après l'intégration on a remplacé w par sa valeur zi. Mais comme nous devons intégrer entre les limites $-\infty$ et ∞ de z, observons que cette fonction devient discontinue pour la valeur zéro de z; donc il faut séparer l'intégrale en deux parties, l'une de $-\infty$ à $-\lambda$, et l'autre de λ à ∞, sauf de prendre λ zéro après le calcul. Ainsi l'on a:

$$i \int_{-\infty}^{\infty} \frac{dz}{zi(1+zi)} = i \int_{-\infty}^{-\lambda} \frac{dz}{zi(1+zi)} + i \int_{\lambda}^{\infty} \frac{dz}{zi(1+zi)} = -l\left(1 - \frac{1}{z} i\right)\Big\}_{-\infty}^{-\lambda} - l\left(1 - \frac{1}{z} i\right)\Big\}_{\lambda}^{\infty} = -\, l\left(1 + \frac{i}{\lambda}\right) +$$

$$+ l(1+0) - l(1-0) + l\left(1 - \frac{i}{\lambda}\right) = l\left\{\left(1 - \frac{i}{\lambda}\right) : \left(1 + \frac{i}{\lambda}\right)\right\} = l\frac{\lambda - i}{\lambda + i} = -\, 2i\, Arctang. \frac{1}{\lambda},$$

ce qui devient, pour la limite zéro de λ, $= -\, 2i \dfrac{\pi}{2} = -\, \pi i$.

Page 42.

Mais quand la discontinuité a lieu ici pour $y=p$ ou $y=q$, le résultat est tout autre; or dans ce cas les limites de z deviennent 0 et ∞ ou $-\infty$ et 0, et par suite [31]:

$$\Delta=\frac{1}{2}\pi i\,\varphi(a+pi)-l\,\infty=-\infty\,,\text{ pour } \mathrm{F}(x)=\frac{\varphi(x)}{x-a-pi},\ \ldots\ldots\ (103)$$

$$\Delta=\frac{1}{2}\pi i\,\varphi(a+qi)+l\,\infty=+\infty,\text{ pour } \mathrm{F}(x)=\frac{\varphi(x)}{x-a-qi}\ \ldots\ldots\ (104)$$

Encore pour le cas, où la fonction devient discontinue pour les valeurs $x=b$, $y=r$, on trouve au lieu de la valeur (98):

$$\Delta=i\int_{r-\varepsilon}^{r+\varepsilon}dy\left[\mathrm{F}(b+yi)-\mathrm{F}(b-\delta+yi)\right]\ \ldots\ldots\ldots\ldots\ldots\ldots\ (105)$$

et cette équation donne ici, pour les suppositions $\mathrm{F}(x)=\frac{\varphi(x)}{x-b-ri}$ et $y=r+\delta z$:

$$\Delta=i\int_{-\infty}^{\infty}\delta\,dz\left[\frac{\varphi\{b+(r+\delta z)i\}}{b+(r+\delta z)i-b-ri}-\frac{\varphi\{b-\delta+(r+\delta z)i\}}{b-\delta+(r+\delta z)i-b-ri}\right]=i\int_{-\infty}^{\infty}dz\left[\frac{\varphi\{b+(r+\delta z)i\}}{zi}-\right.$$

$$\left.-\frac{\varphi\{b-\delta+(r+\delta z)i\}}{-1+zi}\right]=i\int_{-\infty}^{\infty}\frac{dz}{zi(1-zi)}\left(\varphi\{b+(r+\delta z)i\}-zi\left[\varphi\{b+(r+\delta z)i\}-\varphi\{b-\delta+(r+\delta z)i\}\right]\right);$$

ou lorsqu'on prend pour δ sa limite zéro:

$$\Delta=i\int_{-\infty}^{\infty}\frac{dz}{zi(1-zi)}\varphi(b+ri)=i\,\varphi(b+ri)\int_{-\infty}^{\infty}\frac{dz}{zi(1-zi)}=\pi i\,\varphi(b+ri)\ \ [32]\ \ldots\ (106)$$

---

[31] Puisque alors on a d'après la note précédente:

$$i\int_{-\infty}^{-\lambda}\frac{dz}{zi(1+zi)}=-l\left(1+\frac{i}{\lambda}\right)+l(1+0)=-l\left(1+\frac{1}{\lambda^2}\right)-i\,Arctang.\frac{1}{\lambda}=-l\,\infty-\frac{1}{2}\pi i \text{ pour } \lambda=0;$$

$$i\int_{\lambda}^{\infty}\frac{dz}{zi(1+zi)}=-l(1-0)+l\left(1-\frac{i}{\lambda}\right)=\ \ l\left(1+\frac{1}{\lambda^2}\right)-i\,Arctang.\frac{1}{\lambda}=+l\,\infty-\frac{1}{2}\pi i \text{ pour } \lambda=0.$$

[32] Car pour $zi=w$ on a ici:

$$i\int\frac{dz}{zi(1-zi)}=\int\frac{dw}{w(1-w)}=\int\left(\frac{dw}{w}+\frac{dw}{1-w}\right)=l\,\frac{w}{1-w}=l\,\frac{zi}{1-zi}=-l\left(-1-\frac{1}{z}i\right);$$

tout comme précédemment, il faut diviser ici l'intégrale en deux parties, et l'on peut continuer le raisonnement de la Note [30]. Mais aussi dans notre intégrale on peut faire $z=-v$, $dz=-dv$ avec les limites $+\infty$ et $-\infty$ de v; alors il vient:

$$i\int_{-\infty}^{\infty}\frac{dz}{zi(1-zi)}=i\int_{\infty}^{-\infty}\frac{-dv}{-vi(1+vi)}=-i\int_{-\infty}^{\infty}\frac{dv}{vi(1+vi)},$$

Enfin lorsque la valeur de y, qui rend la fonction discontinue, est une des deux limites p ou q, les limites de z deviennent 0 et ∞ ou $-\infty$ et 0; et l'on a [33]:

$$\Delta = \frac{1}{2}\pi i \varphi(b+pi) + l\,\infty = \infty, \text{ pour } \mathrm{F}(x) = \frac{\varphi(x)}{x-b-pi}; \quad \ldots \ldots \quad (107)$$

$$\Delta = \frac{1}{2}\pi i \varphi(b+qi) - l\,\infty = -\infty, \text{ pour } \mathrm{F}(x) = \frac{\varphi(x)}{x-b-qi}. \quad \ldots \ldots \quad (108)$$

Par conséquent on peut réunir les résultats de ces deux Numéros dans ce Théorème:

$$\left.\begin{array}{l}
\textit{On a: } i\int_p^q dy\left[\mathrm{F}(b+yi)-\mathrm{F}(a+yi)\right] = \int_a^b dx\left[\mathrm{F}(x+qi)-\mathrm{F}(x+pi)\right]+\Delta; \\
\textit{si} \quad \mathrm{F}(x) = \frac{\varphi(x)}{x-x_1-y_1 i}, \textit{ il vient:} \\
\Delta = 2\pi i\varphi(x_1+y_1 i), \textit{pour } a<x_1<b \textit{ et } p<y_1<q; \\
\quad = \pi i \varphi(x_1+y_1 i), \textit{pour } a<x_1<b \textit{ et } y_1=p, \textit{ ou } y_1=q; \textit{ pour } p<y_1<q, \textit{ et } x_1=a, \textit{ ou } x_1=b; \\
\quad = +\infty \quad, \textit{pour } x=a \textit{ et } y=q; \textit{ pour } x=b \textit{ et } y=p; \\
\quad = -\infty \quad, \textit{pour } x=a \textit{ et } y=p; \textit{ pour } x=b \textit{ et } y=q.
\end{array}\right\} . (109)$$

53. Il s'ensuit de la supposition pour $\mathrm{F}(x)$ dans la formule (109) que $x=x_1+y_1 i$ est une racine de l'équation

$$\mathrm{F}(x) = \infty \quad \ldots \ldots \ldots \ldots \quad (110)$$

Mais cette équation peut avoir plusieurs racines, dont les parties réelles tombent entre les limites a et b (incluses) et les parties imaginaires entre les limites p et q (incluses). Dès-lors pour ces valeurs de x_1 et y_1 il y aura tout de même discontinuité de la fonction F, et il faut en tenir compte dans le calcul de Δ; or, par la division de la distance des limites, effectuée de la même manière que plus haut, il est aisé de voir que, pour obtenir la correction totale, il faut calculer séparément toutes les corrections Δ et ensuite en prendre la somme. Mais il faut seulement avoir égard aux racines x, qui sont tellement constituées, que les quantités x_1 et y_1 tombent simultanément entre les limites (incluses): les autres racines, dont ou la partie réelle seule ou la partie imaginaire seule est dans ce cas, ou encore dont ces deux parties sont situées hors des limites, ne donnent lieu à aucune discontinuité, et par suite elles ne doivent point entrer dans le calcul de Δ.

---

de sorte qu'elle est la même que la précédente, au signe près, et par suite elle donne nécessairement lieu au résultat $-\pi i$.

[33] De même pour $z=-v$ on obtient:

$$i\int_0^\infty \frac{dz}{zi(1-zi)} = -\int_{-\infty}^0 \frac{dv}{vi(1+vi)} = \frac{1}{2}\pi i + l\,\infty, \text{ et } i\int_{-\infty}^0 \frac{dz}{zi(1-zi)} = -i\int_0^\infty \frac{dv}{vi(1+vi)} = \frac{1}{2}\pi i - l\,\infty,$$

par l'intermédiaire des résultats de la Note [31].

Page 44.

Supposons que l'équation (110) ait n racines inégales: $x_1+y_1 i, x_2+y_2 i, \ldots x_n+y_n i$, et que le produit par la valeur de $F(x)$ en donne successivement: $\varphi_1(x), \varphi_2(x) \ldots \varphi_n(x)$, alors nous aurons généralement:

$$\Delta = 2\pi i\{\varphi_1(x_1+y_1 i)+\varphi_2(x_2+y_2 i)+\ldots+\varphi_n(x_n+y_n i)\}\,; \quad \ldots\ldots (111)$$

cependant nous devons observer ici les cas mentionnés dans le théorème (109), où il faut remplacer φ_p par $\frac{1}{2}\varphi_p$ ou par $\pm\infty$.

54. Enfin il nous reste à considérer le cas, que l'équation (110) ait des racines égales, car alors le procédé, auquel nous sommes conduits, ferait évanouir les $\varphi(x)$, et il faut y substituer le suivant.

Supposons dans le cas général de la formule (96), où la fonction $f(y,x)$ perd sa continuité pour le système des valeurs $x=c$ et $y=r$, que le facteur $x-c-ri$ se trouve m fois dans $\varphi(x)$: faisons alors $F(x)=\frac{\varphi(x)}{(x-c-ri)^m}$ et encore comme toujours $y=r+\delta z$, il vient:

$$\Delta = i\int_{-\infty}^{\infty}\delta\,dz\left[\frac{\varphi\{c+\delta+(r+\delta z)i\}}{(c+\delta+(r+\delta z)i-c-ri)^m}-\frac{\varphi\{c-\delta+(r+\delta z)i\}}{(c-\delta+(r+\delta z)i-c-ri)^m}\right]=$$

$$=-i\int_{-\infty}^{\infty}\delta\,dz\left[\varphi\frac{\{c+ri+(-1+zi)\delta\}}{(-\delta+\delta zi)^m}-\frac{\varphi\{c+ri+(1+zi)\delta\}}{(\delta+\delta zi)^m}\right].$$

Or, le développement par le théorème de TAYLOR nous donne:

$$\varphi\{c+ri+(\pm\delta+\delta zi)\}=\varphi(c+ri)+\frac{\pm\delta+\delta zi}{2}\varphi'(c+ri)+\ldots+\frac{(\pm\delta+\delta zi)^{m-2}}{(m-2)!}\varphi^{m-2}(c+ri)+$$

$$+\frac{(\pm\delta+\delta zi)^{m-1}}{(m-1)!}\varphi^{m-1}(c+ri)\,\frac{(\pm\delta+\delta zi)^m}{m!}\varphi^m(c+ri)+\ldots;$$

et par la substitution de ces deux valeurs on trouve:

$$\Delta=-i\int_{-\infty}^{\infty}\delta\,dz\Bigg[\Bigg\{\frac{\varphi(c+ri)}{(-\delta+\delta zi)^m}+\frac{1}{2}\,\frac{\varphi'(c+ri)}{(-\delta+\delta zi)^{m-1}}+\ldots+\frac{1}{(m-2)!}\,\frac{\varphi^{m-2}(c+ri)}{(-\delta+\delta zi)^2}+$$

$$+\frac{1}{(m-1)!}\,\frac{\varphi^{m-1}(c+ri)}{(-\delta+\delta zi)}+\frac{1}{m!}\varphi^m(c+ri)+\ldots\Bigg\}$$

$$-\Bigg\{\frac{\varphi(c+ri)}{(\delta+\delta zi)^m}+\frac{1}{2}\,\frac{\varphi'(c+ri)}{(\delta+\delta zi)^{m-1}}+\ldots+\frac{1}{(m-2)!}\,\frac{\varphi^{m-2}(c+ri)}{(\delta+\delta zi)^2}+$$

$$+\frac{1}{(m-1)!}\,\frac{\varphi^{m-1}(c+ri)}{(\delta+\delta zi)}+\frac{1}{m!}\varphi^m(c+ri)+\ldots\Bigg\}$$

$$\Delta = -i\int_{-\infty}^{\infty} dz \Big[\delta\left\{\frac{\varphi(c+ri)}{(-\delta+\varepsilon i)^m}+\frac{1}{2}\frac{\varphi'(c+ri)}{(-\delta+\varepsilon i)^{m-1}}+\dots+\frac{1}{(m-2)!}\frac{\varphi^{m-2}(c+ri)}{(-\delta+\varepsilon i)^2}\right\}-$$

$$-\delta\left\{\frac{\varphi(c+ri)}{(\delta+\varepsilon i)^m}+\frac{1}{2}\frac{\varphi'(c+ri)}{(\delta+\varepsilon i)^{m-1}}+\dots+\frac{1}{(m-2)!}\frac{\varphi^{m-2}(c+ri)}{(\delta+\varepsilon i)^2}\right\}+$$

$$+\left\{\frac{1}{(m-1)!}\frac{\varphi^{m-1}(c+ri)}{-1+zi}+\frac{1}{m!}\delta\varphi^m(c+ri)+\dots\right\}-\left\{\frac{1}{(m-1)!}\frac{\varphi^{m-1}(c+ri)}{1+zi}+\frac{1}{m!}\delta\varphi^m(c+ri)+\dots\right\}.$$

Dans le dernier membre, que l'on a divisé en quatre termes, on a remplacé δz par sa valeur primitive ε dans les deux premiers termes, pour faire voir qu'il faut d'abord annuler δ et ensuite ε; mais par l'annulation de δ ces deux séries deviennent identiquement égales, terme à terme: donc nécessairement la différence en disparaît, tandis que le facteur δ, ou zéro, qui s'y trouve ajouté, ne fait qu'affermir cette conclusion. Quant aux deux derniers termes de cette équation, on a séparé δz dans ces deux facteurs, puisque ici le δ disparaît du dénominateur et ne revient que dans le numérateur: donc de ces deux séries chaque premier terme reste comme une valeur déterminée, et tous les termes suivants s'évanouissent à raison des facteurs δ, δ^2 etc., dont ils sont affectés. On a donc:

$$\Delta = -i\int_{-\infty}^{\infty} dz\left\{\frac{1}{(m-1)!}\frac{\varphi^{m-1}(c+ri)}{-1+zi}-\frac{1}{(m-1)!}\cdot\frac{\varphi^{m-1}(c+ri)}{1+zi}\right\}=$$

$$=-i\frac{\varphi^{m-1}(c+ri)}{(m-1)!}\int_{-\infty}^{\infty} dz\left(\frac{1}{-1+zi}+\frac{1}{1+zi}\right)=2i\frac{\varphi^{m-1}(c+ri)}{(m-1)!}\int_{-\infty}^{\infty}\frac{dz}{1+z^2}=2\pi i\frac{\varphi^{m-1}(c+ri)}{(m-1)!}. \quad (112)$$

On voit donc que pour m racines égales, il faut remplacer $\varphi(c+ri)$ par $\dfrac{\varphi^{m-1}(c+ri)}{(m-1)!}$ dans la formule (98): et que par suite dans ce même cas il faut faire le même changement dans le théorème (109), suivant que c ou r coïncident ou non avec une des limites a ou b, p ou q.

55. Au commencement de ce § on a montré comment la formule (97) ramène des intégrales définies à limites imaginaires à d'autres, où les limites sont réelles: il résulte de la discussion de cette formule, ou plutôt de l'autre formule identique (96), où les deux systèmes de limites sont tous deux des quantités réelles, que la correction Δ, qu'il faut y ajouter, dépend d'une part des diverses circonstances, quant à la discontinuité; mais que d'une autre part elle est liée à la résolution d'une équation dont les racines doivent servir à la déterminer. C'est justement par cette circonstance que CAUCHY, à qui l'on doit toute cette recherche [34], l'a rendue si fertile pour

[34] Voyez les mémoires de CAUCHY: Bulletin de la Société Philomathique, Nov. 1825. — Journal de l'Ecole Polytechnique, Cah. 19, p. 510. — Leçons sur le Calcul Infinitésimal, Paris 1823. — Savants étrangers de l'Institut, T. I. 1827, p. 599, Partie II, p. 661, § III, IV. — Mémoire sur les intégrales définies prises entre des limites imaginaires, Paris, Debure, 1825, 68 p. 4°. — Exercices de Mathématique, 1826, p. 85. — Exercices d'Analyse, 1841, p. 358.

Page 46.

l'évaluation de diverses intégrales définies, comme on verra dans la Troisième Partie. A cet effet il a employé son Calcul des Résidus, qui repose sur le raisonnement suivant.

Soit une fonction $\varphi(x)$, qui devient infinie par quelque facteur $(x-a)^m$; alors on peut écrire: $F(x)=\frac{\varphi(x)}{(x-a)^m}$. Mais on a d'après le théorème de TAYLOR:

$$\varphi(x)=\varphi\{a+(x-a)\}=\varphi(a)+\frac{x-a}{1}\varphi'(a)+\ldots+\frac{(x-a)^{m-1}}{(m-1)!}\varphi^{m-1}(a)+\frac{(x-a)^m}{m!}\varphi^m(a+k\lambda),$$

et donc:

$$F(x)=\frac{\varphi(a)}{(x-a)^m}+\frac{1}{2}\frac{\varphi'(a)}{(x-a)^{m-1}}+\ldots+\frac{1}{(m-1)!}\frac{\varphi^{m-1}(a)}{x-a}+\frac{1}{m!}\varphi^m(a+k\lambda).$$

Or, le coefficient du terme $\frac{1}{x-a}$, c'est-à-dire $\varphi(a)$ ou $\frac{1}{(m-1)!}\varphi^{m-1}(a)$ [35], suivant qu'il y a une seule racine a ou m racines égales a, n'est autre chose que la fonction qui dans les numéros précédents se présentait dans la détermination de la correction Δ. CAUCHY le nomme: *le résidu de la fonction* $F(x)$ *par rapport à* a. Lorsqu'il y a plusieurs de ces facteurs, la somme des fonctions correspondantes φ, *le résidu intégral* de CAUCHY, est représenté selon lui par la notation

$$\mathop{\mathcal{E}}_{a,p}^{b,q} F(x), \text{ ce qui nous donne } \Delta=-2\pi i \mathop{\mathcal{E}}_{a,p}^{b,q} F(x) \quad \ldots\ldots\ldots\ldots (113)$$

La notation ajoutée b,q et a,p désigne qu'il ne faut considérer que les racines $x_1+y_1 i$, où $a\leq x\leq b$, $p\leq y\leq q$ [36].

56. Les formules précédentes permettent diverses suppositions spéciales, et donnent lieu ainsi à une méthode d'évaluation, dont on traitera plus en détail dans la Troisième Partie. Toutefois pour en donner un seul exemple, qui trouvera son application dans la suite, faisons dans la formule (96) $p=-\infty$, $q=\infty$, $a=0$, $b=\infty$; alors elle devient:

$$i\int_{-\infty}^{\infty} dy\left[F(\infty+yi)-F(0+yi)\right]=\int_0^{\infty} dx\left[F(x+\infty i)-F(x-\infty i)\right]+\Delta,$$

$$\Delta=i\int_{r-\varepsilon}^{r+\varepsilon} dy\left[F(c+\delta+yi)-F(c-\delta+yi)\right].$$

Mais quand on sait, que pour chaque x positif on a: $F(x+\infty i)=0$, $F(x-\infty i)=0$; et en outre pour chaque y: $F(\infty+yi)=0$, il en résulte:

$$\int_{-\infty}^{\infty} F(yi)\,dy=\Delta,\ \Delta=\int_{r-\varepsilon}^{r+\varepsilon} dy\left[F(c+\delta+yi)-F(c-\delta+yi)\right],\ \left.\begin{matrix}-\infty<r<\infty,\\ 0<c<\infty.\end{matrix}\right\} \ldots (114)$$

[35] Quelquefois l'expression équivalente: Lim. $(x-a)F(x)$ offre plus de facilités dans le calcul.

[36] Voyez des principes de ce calcul: CAUCHY, Exercices de Mathématique, 1826, p. 11, 44, 95, 133, 167, 202, 215, 261, 339, et 1827, p. 245, 277, 297, 315, 317, 341.

Page 47.

57. Mais on peut considérer les intégrales définies à limites imaginaires d'un tout autre point de vue.

Car auprès d'une intégrale $\int f(x)\,dx$ soit une des limites $f+gi$: alors on peut la remplacer par $f+gi=a\,(Cos.\,\alpha+i\,Sin.\,\alpha)$, lorsqu'on prend $a=+\sqrt{(f^2+g^2)}, \alpha=Arctg.\frac{g}{f}$. Dans cette expression le facteur $Cos.\,\alpha+i\,Sin.\,\alpha$ tombe toujours entre -1 et $+1$: donc, lorsqu'il s'agit de passer à la limite $\pm\infty$, il n'y aura qu'à considérer le facteur a.

Supposons généralement $x=\varrho\,(Cos.\,\varphi+i\,Sin.\,\varphi)$, alors l'intégrale mentionnée devient:

$$\mathrm{F}(x)=\int f\,\{\varrho\,(Cos.\,\varphi+i\,Sin.\,\varphi)\}\,d\,\{\varrho\,(Cos.\,\varphi+i\,Sin.\,\varphi\},$$

et de la même manière qu'auparavant il est évident, que si $f\,\{\varrho\,(Cos.\,\varphi+i\,Sin.\,\varphi)\}$ reste finie et continue pour toutes les valeurs de φ, comprises entre deux valeurs φ_1 et φ_2, l'intégrale elle-même sera finie entre ces mêmes limites. Supposons φ constant dans la formule précédente, alors on a: $d.\,\{\varrho\,(Cos.\,\varphi+i\,Sin.\,\varphi)\}=(Cos.\,\varphi+i\,Sin.\,\varphi)\,d\varrho$; et l'on obtient:

$$\mathrm{F}(x)=(Cos.\,\varphi+i\,Sin.\,\varphi)\int f\,\{\varrho\,(Cos.\,\varphi+i\,Sin.\,\varphi)\}\,d\,\varrho.$$

La dernière intégrale étant réelle par rapport à ϱ, peut être traitée comme une intégrale définie ordinaire: intégrons-la entre les limites $\varrho=a$ et $\varrho=b$; alors les limites correspondantes de x seront $x=a\,(Cos.\,\varphi+i\,Sin.\,\varphi)$, $x=b\,(Cos.\,\varphi+i\,Sin.\,\varphi)$: donc en changeant φ en α, parce qu'il est constant, on trouve:

$$\int_{a(Cos.\alpha+iSin.\alpha)}^{b(Cos.\alpha+iSin.\alpha)} f(x)\,dx=(Cos.\,\alpha+i\,Sin.\,\alpha)\int_a^b f\,\{\varrho\,(Cos.\,\alpha+i\,Sin.\,\alpha)\}\,d\,\varrho\,\ldots\ldots\ldots\,(115)$$

Mais au contraire on pourrait tout aussi bien supposer ϱ constant dans la formule primitive, et l'on aurait: $d.\,\{\varrho\,(Cos.\,\varphi+i\,Sin.\,\varphi)\}=\varrho\,d\,\varphi\,(-Sin.\,\varphi+i\,Cos.\,\varphi)$ et par suite:

$$\mathrm{F}(x)=\varrho\int f\,\{\varrho\,(Cos.\,\varphi+i\,Sin.\,\varphi)\}\,(-Sin.\,\varphi+i\,Cos.\,\varphi)\,d\,\varphi.\,\ldots\ldots\,(116a)$$

Ici cependant on peut séparer la dernière intégrale, qui a la forme $\mathrm{A}+\mathrm{B}i$, en deux parties, où les fonctions A et B sont toutes deux réelles par rapport à φ: dès-lors on peut traiter ces parties comme des intégrales définies ordinaires et leur donner les valeurs α et β de φ pour limites: parce que les limites correspondantes de x deviennent $x=\varrho\,(Cos.\alpha+iSin.x)$ et $x=\varrho\,(Cos.\beta+iSin.\beta)$ et que, ϱ étant supposé constant, on peut le remplacer par r, il vient:

$$\int_{r(Cos.\alpha+iSin.\alpha)}^{r(Cos.\beta+iSin.\beta)} f(x)\,dx=r\int_\alpha^\beta f\,\{\varrho\,(Cos.\,\varphi+i\,Sin.\,\varphi)\}\,(-Sin.\,\varphi+i\,Cos.\,\varphi)\,d\varphi\,\ldots\ldots\,(116)$$

Il nous reste le cas, où ni ϱ ni φ ne sont constants; dans ce cas $\mathrm{F}(x)$ dépend de ces quantités comme variables indépendantes, et il faut déterminer $\frac{d^2\,\mathrm{F}}{d\,\varrho\,d\,\varphi}$, pour intégrer ensuite une fois par rapport à ϱ et une autre fois encore par rapport à φ. Comme on a trouvé p. e. dans la formule (116 a) que $\frac{d.\mathrm{F}(x)}{d\varphi} = \varrho f\{\varrho(Cos.\varphi + i\,Sin.\varphi)\}(-Sin.\varphi + i\,Cos.\varphi)$, il s'ensuit:

$$\frac{d^2.\mathrm{F}(x)}{d\varphi\, d\varrho} = (-Sin.\varphi + i\,Cos.\varphi)\Big[f\{\varrho(Cos.\varphi + i Sin.\varphi)\} + \varrho\frac{d}{d\varrho}.f\{\varrho(Cos.\varphi + i Sin.\varphi)\}.(-Sin.\varphi + i\,Cos.\varphi)\Big] =$$

$$= f\{\varrho(Cos.\varphi + i\,Sin.\varphi)\}(-Sin.\varphi + i\,Cos.\varphi) + \varrho\frac{d}{d\varrho}.f\{\varrho(Cos.\varphi + i\,Sin.\varphi)\}.(-Sin.2\varphi + i\,Cos.2\varphi);$$

puisque $(-Sin.\varphi + i\,Cos.\varphi)^2 = -Sin.2\varphi + i\,Cos.2\varphi$. Maintenant nous pourrons intégrer par rapport à ϱ entre les limites a et b, et encore par rapport à φ entre les limites α et β, ce qui donne le même résultat que l'intégration par rapport à x entre les limites $a(Cos.\alpha + i\,Sin.\alpha)$ et $b(Cos.\beta + i\,Sin.\beta)$; et nous aurons:

$$\int_{a(Cos.\alpha + i Sin.\alpha)}^{b(Cos.\beta + i Sin\beta)} f(x)\,dx = \int_a^b d\varrho \int_\alpha^\beta d\varphi\Big[f\{\varrho(Cos.\varphi + i\,Sin.\varphi)\}(-Sin.\varphi + i\,Cos.\varphi) +$$

$$+ \frac{d}{d\varrho}.f\{\varrho(Cos.\varphi + i\,Sin.\varphi)\}.\varrho(-Sin.2\varphi + i\,Cos.2\varphi)\Big] \text{ [37]} \quad \ldots (117)$$

58. Il est encore facile de présenter les formules, que l'on vient de trouver, sous une autre forme, qui quelquefois donnera plus de facilités dans leur usage. A cet effet il faut séparer les parties imaginaires et les parties réelles, et les décomposer ensuite dans le produit de deux facteurs, comme on le fait ordinairement. Prenons $f\{\varrho(Cos.\varphi + i\,Sin.\varphi)\} = \chi(\varrho,\varphi) + i\,\psi(\varrho,\varphi) = \mathrm{P}\{Cos.\Phi + i\,Sin.\Phi\}$, où donc les fonctions $\mathrm{P}^2 = \{\chi(\varrho,\varphi)\}^2 + \{\psi(\varrho,\varphi)\}^2$ et $Tang.\Phi = \frac{\psi(\varrho,\varphi)}{\chi(\varrho,\varphi)}$ sont l'une et l'autre fonctions de ϱ et de φ; les formules (115) et (116) deviennent:

$$\int_{a(Cos.\varphi + i Sin.\varphi)}^{b(Cos.\varphi + i Sin.\varphi)} f(x)\,dx = (Cos.\varphi + i\,Sin.\varphi)\int_a^b \mathrm{P}(Cos.\Phi + i\,Sin.\Phi)\,d\varrho = \int_a^b \mathrm{P}\,d\varrho\,\{Cos.\varphi.Cos\,\Phi - Sin.\varphi.Sin.\Phi +$$

$$+ i\,Cos.\varphi.Sin.\Phi + i\,Sin.\varphi.Cos.\Phi\} = \int_a^b \mathrm{P}\,d\varrho\,\{Cos.(\varphi + \Phi) + i\,Sin.(\varphi + \Phi)\} =$$

$$= \int_a^b \mathrm{P}\,Cos.(\varphi + \Phi)\,d\varrho + i\int_a^b \mathrm{P}\,Sin.(\varphi + \Phi)\,d\varrho, \text{ où } \varphi \text{ constant;} \quad \ldots\ldots (118)$$

$$\int_{\rho(Cos.\alpha + i Sin\,\alpha)}^{\rho(Cos.\beta + i Sin.\beta)} f(x)\,dx = \varrho\int_\alpha^\beta \mathrm{P}(Cos.\Phi + i\,Sin.\Phi)(-Sin.\varphi + i\,Cos.\varphi)\,d\varphi \quad \ldots\ldots (119a)$$

---

[37] On peut aussi déduire directement les formules de ce numéro de la formule (3); voyez: TÖPLITZ, Grunerts Archiv, Th. 23, S. 241.

$$\int_{\rho(Cos.\alpha+iSin.\alpha)}^{\rho(Cos.\beta+iSin.\beta)} f(x)\,dx = \varrho\int_{\alpha}^{\beta} \mathrm{P}\,d\varphi\,\{-Sin.\varphi.Cos.\Phi - Cos.\varphi.Sin.\Phi + i\,Cos.\varphi.Cos.\Phi - i\,Sin.\varphi.Sin.\Phi\}$$

$$=\varrho\int_{\alpha}^{\beta}\mathrm{P}d\varphi\{-Sin.(\varphi+\Phi)+iCos.(\varphi+\Phi)\} = -\varrho\int_{\alpha}^{\beta}\mathrm{P}Sin.(\varphi+\Phi)d\varphi + i\varrho\int_{\alpha}^{\beta}\mathrm{P}Cos.(\varphi+\Phi)d\varphi,\ \text{où } \varrho \text{ constant.} \quad (119)$$

Afin de transformer la formule (117) de la même manière, observons d'abord que:

$$\frac{d}{d\varrho}.f\{\varrho(Cos.\varphi+i\,Sin.\varphi)\} = \frac{d\mathrm{P}}{d\varrho}(Cos.\Phi+i\,Sin.\Phi)+\mathrm{P}(-Sin.\Phi+i\,Cos.\Phi)\frac{d\Phi}{d\varrho} =$$

$$=\left(Cos.\Phi\frac{d\mathrm{P}}{d\varrho}-\mathrm{P}\,Sin\,\Phi\frac{d\Phi}{d\varrho}\right)+i\left(Sin.\Phi\frac{d\mathrm{P}}{d\varrho}+\mathrm{P}\,Cos.\Phi\frac{d\Phi}{d\varrho}\right),\ \text{supposons} = \mathrm{P}_1\{Cos.\Phi_1+i\,Sin.\Phi_1\}.$$

Or, cela est vrai, quand

$$\mathrm{P}_1{}^2 = \left(Cos.\varphi\frac{d\mathrm{P}}{d\varrho}-\mathrm{P}Sin.\Phi\frac{d\Phi}{d\varrho}\right)^2+\left(Sin.\Phi\frac{d\mathrm{P}}{d\varrho}+\mathrm{P}\,Cos.\Phi\frac{d\Phi}{d\varrho}\right)^2 = (Cos.^2\Phi+Sin.^2\Phi)\left(\frac{d\mathrm{P}}{d\varrho}\right)^2+$$

$$+(\mathrm{P}^2\,Sin.^2\Phi+\mathrm{P}^2\,Cos.^2\Phi)\left(\frac{d\Phi}{d\varrho}\right)^2 = \left(\frac{d\mathrm{P}}{d\varrho}\right)^2+\left(\mathrm{P}\frac{d\Phi}{d\varrho}\right)^2,$$

$$Tang.\Phi_1 = \left\{Sin.\Phi\frac{d\mathrm{P}}{d\varrho}+\mathrm{P}Cos.\Phi\frac{d\Phi}{d\varrho}\right\}:\left\{Cos.\Phi\frac{d\mathrm{P}}{d\varrho}-\mathrm{P}Sin.\Phi\frac{d\Phi}{d\varrho}\right\} = \left\{Tang.\Phi\frac{d\mathrm{P}}{d\varrho}+\mathrm{P}\frac{d\Phi}{d\varrho}\right\}:\left\{\frac{d\mathrm{P}}{d\varrho}-\mathrm{P}Tang.\Phi\frac{d\Phi}{d\varrho}\right\}.$$

Ou, quand nous préférons exprimer P_1 et Φ_1 dans $\chi(\varphi,\varphi)$ et $\psi(\varrho,\varphi)$, nous avons encore d'après ce qui précède:

$$\frac{d}{d\varrho}.f\{\varrho(Cos.\varphi+i\,Sin.\varphi)\} = \frac{d.\chi(\varrho,\varphi)}{d\varrho}+i\frac{d.\psi(\varrho,\varphi)}{d\varrho};$$

et par conséquent:

$$\mathrm{P}_1{}^2 = \left\{\frac{d.\chi(\varrho,\varphi)}{d\varrho}\right\}^2+\left\{\frac{d.\psi(\varrho,\varphi)}{d\varrho}\right\}^2 \quad,\quad Tang.\Phi_1 = \left\{\frac{d.\psi(\varrho,\varphi)}{d\varrho}\right\}:\left\{\frac{d.\chi(\varrho,\varphi)}{d\varrho}\right\}.$$

Ensuite nous trouvons:

$$\int_{a(Cos.\alpha+iSin.\alpha)}^{b(Cos.\beta+iSin.\beta)} f(x)\,dx = \int_a^b d\varrho\int_{\alpha}^{\beta}d\varphi\left[\mathrm{P}(Cos.\Phi+iSin.\Phi)(-Sin.\varphi+iCos.\varphi)+\mathrm{P}_1(Cos.\Phi_1+iSin.\Phi_1)(-Sin.2\varphi+iCos.2\varphi)\right]$$

$$=\int_a^b d\varrho\int_{\alpha}^{\beta}d\varphi\left[\mathrm{P}(-Cos.\Phi.Sin.\varphi-Sin.\Phi.Cos.\varphi+i\,Cos.\Phi.Cos.\varphi-i\,Sin.\Phi.Sin.\varphi)+\right.$$

$$\left.+\mathrm{P}_1\varrho(-Cos.\Phi_1.Sin.2\varphi-Sin.\Phi_1.Cos.2\varphi+i\,Cos.\Phi_1.Cos.2\varphi-i\,Sin.\Phi_1.Sin.2\varphi)\right]$$

$$=\int_a^b d\varrho\int_{\alpha}^{\beta}d\varphi\left[\mathrm{P}\{-Sin.(\Phi+\varphi)+i\,Cos.(\Phi+\varphi)\}+\mathrm{P}_1\varrho\{-Sin.(\Phi_1+2\varphi)+i\,Cos.(\Phi_1+2\varphi)\}\right]=$$

$$=-\int_a^b d\varrho\int_{\alpha}^{\beta}d\varphi\left[\mathrm{P}Sin.(\Phi+\varphi)+\mathrm{P}_1\varrho Sin.(\Phi_1+2\varphi)\right]+i\int_a^b d\varrho\int_{\alpha}^{\beta}d\varphi\left[\mathrm{P}Cos.(\Phi+\varphi)+\mathrm{P}_1\varrho Cos.(\Phi_1+2\varphi)\right]\ [38].\ (120)$$

---

[38] DIENGER, Journal von Crelle, Bd. 33, S. 363.

§ 8. THÉORÈME DE FOURIER.

---

59. Une conséquence non moins importante des résultats du § 6, le théorème de FOURIER, s'en déduit de la manière suivante.

Dans l'intégrale double

$$I = \int_0^\infty Cos.py\,dy \int_a^b f(x)\,Cos.xy\,dx$$

on a au moyen de l'intégration par parties:

$$y\int_a^b f(x)\,Cos.xy\,dx = \int_a^b f(x)\,d_x.Sin.xy = f(x)\,Sin.xy\Big\}_a^b -$$

$$-\int_a^b Sin.xy\frac{d.f(x)}{dx}dx = f(b)\,Sin.by - f(a)\,Sin.ay - \int_a^b Sin.xy\frac{d.f(x)}{dx}dx;$$

pourvu que la fonction $f(x)$ reste continne entre les limites a et b de x. Ainsi l'intégrale double devient:

$$I = f(b)\int_0^\infty Sin.by.Cos.py\frac{dy}{y} - f(a)\int_0^\infty Sin.ay.Cos.py\frac{dy}{y} - \int_0^\infty Cos.py\frac{dy}{y}\int_0^\infty Sin\,xy\frac{d.f(x)}{dx}dx.$$

Mais la fonction $\dfrac{Cos.py.Sin.xy}{y}\,\dfrac{d.f(x)}{dx}$ reste continue entre les limites a et b de x; et écrite sous la forme $Cos.py\dfrac{d.f(x)}{dx}\,\dfrac{Sin.xy}{y}$ elle est encore continue pour les valeurs de y entre les limites 0 et ∞, puisque pour $y=0$ on a Lim. $\dfrac{Sin.x\,y}{y} = x$: par conséquent, d'après le Nr. 45, il est permis d'invertir l'ordre des intégrations dans la dernière intégrale, et l'on obtient:

$$I = f(b)\int_0^\infty Sin.by.Cos.py\frac{dy}{y} - f(x)\int_0^\infty Sin.ay.Cos.py\frac{dy}{y} - \int_a^b\frac{d.f(x)}{dx}dx\int_0^\infty Sin.xy.Cos.py\frac{dy}{y}\,. \quad (121a)$$

On est donc conduit en dernière analyse à l'intégrale définie:

$$\int_0^\infty Sin.rz.Cos.sz\frac{dz}{z} = \frac{1}{2}\int_0^\infty \frac{Sin.\{(r+s)z\} + Sin.\{(r-s)z\}}{z}dz, \quad (\text{si } r>s),$$

$$= \frac{1}{2}\int_0^\infty \frac{Sin.\{(s+r)z\} - Sin.\{(s-r)z\}}{z}dz, \quad (\text{si } r<s).$$

Pour la trouver, mettons-la sous la forme $\int_0^\infty Sin.\,tz\frac{dz}{z}=h$ et substituons-y $tz=v$, d'où $tdz=dv$, tandis que les limites de v restent 0 et ∞, pour un t positif: par suite $h=\int_0^\infty Sin.\,v\frac{dv}{v}$: et l'on voit que la valeur de l'intégrale primitive h est entièrement indépendante de la constante t: sa valeur, qui est $\frac{\pi}{2}$, peut se déduire de beaucoup de manières différentes, comme on verra dans la Troisième Partie, mais nous la déduirons encore tout de suite de cette même discussion. Il résulte de-là que:

$$\int_0^\infty Sin.\,rz.\,Cos.\,sz\frac{dz}{z}=\frac{1}{2}h+\frac{1}{2}h=h \text{ pour } (r>s) \quad , \quad =\frac{1}{2}h-\frac{1}{2}h=0 \text{ pour } (r<s):$$

et par conséquent, que dans la formule (121a) il faut distinguer les cas où p est plus grand ou plus petit que a et b. Dans les deux premières intégrales au second membre cette recherche n'offre aucune difficulté: mais dans la troisième intégrale double, dans le facteur $Sin.\,xy$, x peut avoir toutes les valeurs entre a et b: donc, lorsque p est situé entre les limites a et b, il faut diviser l'intégration par rapport à x entre les limites a et b dans deux parties, dont l'une a pour limites a et p, l'autre p et b. Or, de telle sorte p est toujours plus grand que x dans la première partie et au contraire toujours plus petit que x dans la seconde. Eu égard à ces observations, nous trouvons:

1°. pour $p>b>a$: $I=f(b)\times 0-f(a)\times 0-\int_a^b\frac{d.f(x)}{dx}dx\times 0=0.$

2°. pour $b>p>a$: $I=f(b)\times h-f(a)\times 0-\int_\infty^p\frac{d.f(x)}{dx}dx\int_0^\infty Sin.xy.Cos.py\frac{dy}{y}-\int_p^b\frac{d.f(x)}{dx}dx\int_0^\infty Sin.xy.Cos.py\frac{dy}{y}=$

$$=hf(b)-0-\int_p^b\frac{d.f(x)}{dx}dx\times h=hf(b)-h\times f(x)\Big\}_p^b=hf(b)-h\,\{f(b)-f(p)\}=hf(p).$$

3°. pour $b>a>p$: $I=f(b)\times h-f(a)\times h-\int_a^b\frac{d.f(x)}{dx}dx\times h=\{f(b)-f(a)\}\,h-h.f(x)\Big\}_a^b=$

$$=\{f(b)-f(a)\}\,h-h\,\{f(b)-f(a)\}=0.$$

Donc

$$\left.\begin{array}{l} I=\int_0^\infty Cos.\,py\,dy\int_a^b f(x)\,Cos.\,xy\,dx=hf(p),\text{ ou }=0,\\ \text{suivant que } p \text{ est situé entre les limites } a \text{ et } b \text{ ou non.}\end{array}\right\}\quad\ldots\ldots(121b).$$

60. De la même manière on peut transformer dans l'intégrale double

$$K=\int_0^\infty Sin.\,py\,dy\int_a^b f(x)\,Sin.\,xy\,dy$$

Page 52.

la dernière intégration par l'intégration partielle, ce qui donne:

$$y\int_a^b f(x)\,Sin.\,xy\,dx = \int_a^b f(x)\,d_x(-Cos.\,xy) = -f(x)\,Cos.\,xy\Big\}_a^b + \int_a^b Cos.\,xy\,\frac{d.f(x)}{dx}\,dx =$$

$$= -f(b)\,Cos.\,by + f(a)\,Cos.\,ay + \int_a^b Cos.\,xy\,\frac{d.f(x)}{dx}dx;$$

et l'on trouve ainsi:

$$K = -f(b)\int_0^\infty Cos.by.\,Sin.\,py\,\frac{dy}{y} + f(a)\int_0^\infty Cos.\,ay.\,Sin.py\,\frac{dy}{y} + \int_a^b \frac{d.f(x)}{dx}dx\int_0^\infty Cos.\,xy.\,Sin.py\,\frac{dy}{y};\ (121c)$$

où l'on a inverti l'ordre des intégrations, ce qui est permis ici pour la même raison qu'à l'égard de la formule (121a). Or, comme on se trouve réduit ici également à l'intégrale h du Nr. précédent, il faut prendre ici les mêmes précautions pour rendre le coefficient t toujours positif, et l'on aura:

1°. pour $p > b > a$: $K = -f(b)\times h + f(a)\times h + \int_a^b \frac{d.f(x)}{dx}\,dx\times h = \{f(a)-f(b)\}\,h + h.f(x)\Big\}_a^b =$

$$= \{f(a)-f(b)\}\,h + h\,\{f(b)-f(a)\} = 0.$$

2°. pour $b > p > a$: $K = -f(b)\times 0 + f(a)\times h + \int_a^p \frac{d.f(x)}{dx}dx\int_0^\infty Sin.py.Cos.xy\frac{dy}{y} + \int_p^b \frac{d.f(x)}{dx}dx\int_0^\infty Sin.py.Cos.xy\frac{dy}{y} =$

$$= hf(a) + \int_a^p \frac{d.f(x)}{dx}dx\times h + \int_p^b \frac{d.f(x)}{dx}\times 0 = hf(a) + h.f(x)\Big\}_a^p = hf(a) + hf(p) - hf(a) = hf(p).$$

3°. pour $b > a > p$: $K = -f(b)\times 0 + f(a)\times 0 + \int_a^b \frac{d.f(x)}{dx}\,dx\times 0 = 0.$

Donc encore:

$$\left.\begin{array}{l} K = \int_0^\infty Sin.\,py\,dy\int_a^b f(x)\,Sin.\,xy\,dx = hf(p),\ \text{ou} = 0, \\ \text{selon que } p \text{ tombe entre les limites } a \text{ et } b \text{ ou non.}\end{array}\right\}\ \ldots\ldots\ldots\ (121d).$$

61. Mais dans les résultats (121b) et (121d), il faut encore substituer la valeur de h, que nous déduirons ici de ces résultats eux-mêmes, comme nous l'avions annoncé. A cet effet soit a zéro, p zéro, d'où $Cos.\,py = 1$, et l'on a suivant l'équation (121a):

$$I_1 = \int_0^\infty dy\int_0^b f(x)\,Cos.\,xy\,dx = f(b)\int_0^b Sin.\,by\,\frac{dy}{y} - f(0)\int_0^b Sin.\,(0.y)\frac{dy}{y} - \int_0^b \frac{d.\,f(x)}{dx}dx\int_0^\infty Sin.xy\,\frac{dy}{y};$$

ou, comme la deuxième intégrale au second membre s'évanouit:

$$I_1 = hf(b) - hf(x)\Big\}_0^b = hf(0).$$

Page 53.

Or, comme ce résultat est tout-à-fait indépendant de b, faisons-le ∞, et nous aurons:

$$\mathrm{I}'_1 = \int_0^\infty dy \int_0^\infty f(x)\, Cos.\, xy\, dy = h f(0); \quad \ldots \ldots \ldots \ldots \quad (121)$$

dans cette formule soit $f(x) = e^{-px}$; donc, comme l'intégrale indéfinie

$$\int f(x)\, Cos.\, xy\, dy = \int e^{-px}\, Cos.\, xy\, dy = \frac{y\, Sin.\, y\, x - p\, Cos.\, y\, x}{y^2 + p^2}\, e^{-px}$$

nous donne

$$\int_0^\infty f(x) Cos. xy dy = \frac{p}{p^2+q^2} \text{[39], nous trouvons } \mathrm{I}'_1 = hf(0) = h = \int_0^\infty dy \frac{p}{p^2+y^2} = \int_0^\infty d.\, Arctg. \frac{y}{p} = \frac{\pi}{2} - 0 = \frac{\pi}{2};$$

c'est-à-dire $h = \frac{\pi}{2}$, comme nous savons d'ailleurs (voyez la Troisième Partie).

Par suite on peut rassembler les résultats des formules (121b) et (121d) dans l'équation:

$$\left.\begin{array}{l} \int_0^\infty Cos. py\, dy \int_a^b f(x)\, Cos. py\, dx = \int_0^\infty Sin.\, py dy \int_a^b f(x)\, Sin.\, xy\, dx = 0, \text{ ou } = \frac{\pi}{2} f(p), \\ \qquad \text{selon que } p \text{ tombe entre les limites } a \text{ et } b \text{ ou non;} \\ \qquad \text{où } f(x) \text{ est continue entre les limites } a \text{ et } b \text{ de } x \end{array}\right\} \quad \ldots \ldots \quad (122)$$

Voilà donc le théorème de Fourier, qui a eu une influence si grande dans la théorie des intégrales définies [40]; et à cause de son importance nous montrerons encore une tout autre voie, pour y parvenir: une voie, qui, considérée en elle-même, est d'intérêt pour notre théorie.

62. Supposant que $f(x)$ reste continue entre les limites 0 et b de x, il nous est permis d'invertir l'ordre des intégrations dans les intégrales doubles

$$\int_0^k Cos.\, py\, dy \int_0^b f(x)\, Cos.\, xy\, dy \text{ et } \int_0^k Sin.\, py\, dy \int_0^b f(x)\, Sin.\, xy\, dy;$$

elles deviennent dès-lors:

$$\int_0^b f(x)\, dx \int_0^k Cos. py.\, Cos.\, xy\, dy = \frac{1}{2} \int_0^b f(x)\, dx \int_0^k \left[Cos. \{(p-x)y\} + Cos. \{(p+x)y\}\right] dy,$$

$$\int_0^b f(x)\, dx \int_0^k Sin. py.\, Sin.\, xy\, dy = \frac{1}{2} \int_0^b f(x)\, dx \int_0^k \left[Cos. \{(p-x)y\} - Cos. \{(p+x)y\}\right] dy.$$

---

[39] Car pour la limite ∞ de x, le premier facteur aux fonctions goniométriques devient indéterminé, mais cependant fini, et le second e^{-px} s'annule: donc, toute l'expression s'évanouit. Pour l'autre limite 0 de x, e^{-px} devient l'unité, par suite la valeur de l'intégrale définie devient: $\varphi(\infty) - \varphi(0) = 0 - \frac{0-p}{p^2+y^2} = \frac{p}{p^2+y^2}$.

[40] Schlömilch, Journal von Crelle, Bd. 36, S. 268.

Page 54.

Or, comme nous avons généralement:

$$\int_0^k Cos.\,ay\,dy = \frac{1}{a}\int_0^k d_x.\,Sin.\,ay = \frac{1}{a}\,Sin.\,a\,k,$$

la substitution de ce résultat les change respectivement dans les suivantes:

$$\frac{1}{2}\int_0^b f(x)dx\left[\frac{Sin.\{(p-x)k\}}{p-x}+\frac{Sin.\{(p+x)k\}}{p+x}\right]=\frac{1}{2}\int_0^b\frac{Sin.\{(p-x)k\}}{p-x}f(x)dx+\frac{1}{2}\int_0^b\frac{Sin.\{(p+x)k\}}{p+x}f(x)dx,$$

$$\frac{1}{2}\int_0^b f(x)dx\left[\frac{Sin.\{(p-x)k\}}{p-x}-\frac{Sin.\{(p+x)k\}}{p+x}\right]=\frac{1}{2}\int_0^b\frac{Sin.\{(p-x)\}k}{p-x}f(x)dx-\frac{1}{2}\int_0^b\frac{Sin.\{(p+x)k\}}{p+x}f(x)dx:$$

où les seconds membres contiennent deux mêmes intégrales définies: dans la dernière supposons $x+p=z$, d'où $dx=dz$, avec les limites $+p$ et $b+p$ pour z; dans la première au contraire substituons $x-p=z$, d'où $dx=dz$ avec $-p$ et $b-p$ pour limites de z: ainsi nous obtenons:

$$\int_0^b\frac{Sin.\{(p+x)k\}}{p+x}f(x)dx=\int_p^{b+p}\frac{Sin.kz}{z}f(z-p)dz \quad\text{et}\quad \int_0^b\frac{Sin\ \{(p-x)k\}}{p-x}f(x)dx=\int_{-p}^{b-p}\frac{Sin.kz}{z}f(z+p)dz.$$

Mais divisons dans la dernière intégrale la distance des limites $-p$ à $b-p$ en deux parties, l'une de $-p$ à 0, l'autre de 0 à $b-p$: et substituons encore dans la première intégrale partielle $z=-v$, nous aurons:

$$\int_{-p}^{b-p}\frac{Sin.\,kz}{z}f(z+p)\,dz=\int_0^p\frac{Sin.\,k\,v}{v}f(p-v)\,dv+\int_0^{b-p}\frac{Sin.\,kz}{z}f(z+p)\,dz.$$

Par la substitution de tout ceci nous trouvons enfin:

$$\left.\begin{aligned}\int_0^k Cos\,py\,dy\int_0^b f(x)Cos.xy\,dy&=\frac{1}{2}\int_0^{b-p}\frac{Sin.kz}{z}f(z+p)dz+\frac{1}{2}\int_0^p\frac{Sin.kz}{z}f(p-z)dz+\frac{1}{2}\int_p^{b+p}\frac{Sin.kz}{z}f(z-p)dz,\\ \int_0^k Sin.py\,dy\int_0^b f(x)Sin.xy\,dy&=\frac{1}{2}\int_0^{b-p}\frac{Sin.kz}{z}f(z+p)dz+\frac{1}{2}\int_0^p\frac{Sin.kz}{z}f(p-z)dz-\frac{1}{2}\int_p^{b+p}\frac{Sin.kz}{z}f(z-p)dz.\end{aligned}\right\}(123)$$

Les intégrales doubles au premier membre de ces équations, que l'on a réduites ainsi à trois intégrales définies ordinaires, deviennent les intégrales doubles de Fourier dans la formule (122), lorsqu'on passe à la limite ∞ de k: mais pour cette limite les intégrales au second membre deviennent de la forme Lim. $\int_0^a\frac{Sin.\,kz}{z}\,\mathrm{F}(z)\,dz$ (où Lim. $k=\infty$), de sorte qu'ici on se trouve ramené à l'étude de cette intégrale, où, en opposition avec la forme de l'intégrale h des Nr. 59 et 60, l'infini se trouve sous le signe *Sin.* au lieu d'auprès la limite de l'intégration; et cette discussion est d'assez haute importance et donne lieu à des conséquences assez remarquables, pour que nous en traitions à dessein plus amplement.

Page 55.

63. Examinant l'intégrale à étudier, nous sommes conduits par la nature du facteur *Sin.* à concidérer la limite encore indéterminée a en rapport avec $\frac{1}{2}\pi$: et en effet le raisonnement suivant montrera que la distinction préalable entre un $a = \frac{1}{2}\pi$, et plus petit ou plus grand que $\frac{1}{2}\pi$ est tout-à-fait conforme aux exigences de la discussion. Donc, soit en premier lieu:

$$I = \text{Lim.} \int_0^{\frac{1}{2}\pi} \frac{Sin.\, kz}{z} F(z)\, dz,$$

et faisons-y $kz = x$, d'où $k\,dz = dx$, avec les limites 0 et $\frac{1}{2}k\pi$ pour x; par suite:

$$I = \text{Lim.} \int_0^{\frac{1}{2}k\pi} \frac{Sin.\, x}{x} F\left(\frac{x}{k}\right) dx.$$

Lorsque maintenant nous regardons k comme un nombre entier, nous pourrons diviser la distance 0 à $\frac{1}{2}k\pi$ des limites en k parties, dont chacune contient justement $\frac{1}{2}\pi$, et nous aurons ainsi:

$$I = \text{Lim.} \left[\int_0^{\frac{1}{2}\pi} \frac{Sin.\, x}{x} F\left(\frac{x}{k}\right) dx + \int_{\frac{1}{2}\pi}^{\pi} \frac{Sin.\, x}{x} F\left(\frac{x}{k}\right) dx + \ldots + \int_{(c-\frac{1}{2})\pi}^{c\pi} \frac{Sin.\, x}{x} F\left(\frac{x}{k}\right) dx + \right.$$

$$\left. + \int_{c\pi}^{(c+\frac{1}{2}\pi)} \frac{Sin\, x}{x} F\left(\frac{x}{k}\right) dx + \ldots + \int_{(k-1)\frac{1}{2}\pi}^{\frac{1}{2}k\pi} \frac{Sin.\, x}{x} F\left(\frac{x}{k}\right) dx\right].$$

Ramenons toutes ces intégrales aux mêmes limites 0 et $\frac{1}{2}\pi$; à cet effet dans les intégrales aux limites $\left(c - \frac{1}{2}\right)\pi$ et $c\pi$, prenons $x = c\pi - y$, d'où $dx = dy$ avec les limites $\frac{1}{2}\pi$ et 0 de y: dans celles au contraire qui ont les limites $c\pi$ et $\left(c + \frac{1}{2}\right)\pi$, faisons $x = c\pi + y$, d'ou $dx = dy$ avec les limites 0 et $\frac{1}{2}\pi$ de y. Alors nous trouvons:

$$\int_{(c-\frac{1}{2})\pi}^{c\pi} \frac{Sin.\, x}{x} F\left(\frac{x}{k}\right) dx = -\int_{\frac{1}{2}\pi}^{0} \frac{Sin.\,(c\pi - y)}{c\pi - y} F\left(\frac{c\pi - y}{k}\right) dy = -Cos.\, c\pi \int_0^{\frac{1}{2}\pi} \frac{Sin.\, y}{c\pi - y} F\left(\frac{c\pi - y}{k}\right) dy,$$

$$\int_{c\pi}^{(c+\frac{1}{2})\pi} \frac{Sin.\, x}{x} F\left(\frac{x}{k}\right) dx = \int_0^{\frac{\pi}{2}} \frac{Sin.\,(c\pi + y)}{c\pi + y} F\left(\frac{c\pi + y}{k}\right) dy = Cos.\, c\pi \int_0^{\frac{1}{2}\pi} \frac{Sin.\, y}{c\pi + y} F\left(\frac{c\pi + y}{k}\right) dy.$$

Lorsque maintenant on applique ces formules générales à la transformation de toutes les intégrales de l'équation précédente, elles obtiennent toutes les limites 0 et $\frac{1}{2}\pi$: dès-lors on peut les réunir sous un même signe d'intégration. De plus, en passant à la limite ∞ de k, on obtient $F\left(\frac{c\pi \pm y}{k}\right) = F\left(\frac{c\pi + y}{\infty}\right) = F(0)$; de sorte que les intégrales ont encore en commun les facteurs $Sin.\, y$ et $F(0)$, dont le dernier, étant constant, peut se mettre hors du signe d'intégration, tandis que le premier peut être considéré comme facteur général sous ce même signe. A l'aide de ces remarques on trouvera:

$$I = F(0)\int_0^{\frac{\pi}{2}} Sin.\, x\, dx \left[\frac{1}{x} + \frac{1}{\pi - x} - \frac{1}{\pi + x} - \frac{1}{2\pi - x} + \frac{1}{2\pi + x} - \ldots\right] =$$

$$= F(0)\int_0^{\frac{\pi}{2}} Sin.\, x\, dx \left[\frac{1}{x} + \frac{2x}{\pi^2 - x^2} + \frac{2\pi}{4\pi^2 - x^2} + \ldots\right] = F(0)\int_0^{\frac{\pi}{2}} Sin.\, x\, dx\, Cosec.\, x \text{ [41]}$$

$$= F(0)\int_0^{\frac{\pi}{2}} dx = \frac{\pi}{2} F(0), \text{ c'est-à-dire } Lim. \int_0^{\frac{1}{2}\pi} \frac{Sin.\, kx}{x} F(x)\, dx = \frac{\pi}{2} F(0), \; Lim.\, k = \infty \quad . \; (124)$$

Soit en second lieu $0 < a < \frac{1}{2}\pi$, alors on a par la même substitution de $kx = z$:

$$I_1 = Lim. \int_0^{a} \frac{Sin.\, kz}{z} F(z)\, dz = Lim. \int_0^{ak} \frac{Sin.\, x}{x} F\left(\frac{x}{k}\right) dx.$$

Supposons que le plus grand multiple de $\frac{1}{2}\pi$, contenu dans ak, soit $m.\frac{1}{2}\pi$, et que le reste, naturellement moindre que $\frac{1}{2}\pi$, soit f (observons toutefois que m, lorsque k diverge vers l'infini, a également l'infini pour limite); en ce cas nous aurons:

$$I_1 = Lim. \int_0^{\frac{1}{2}m\pi + f} \frac{Sin.\, x}{x} F\left(\frac{x}{k}\right) dx = Lim. \int_0^{\frac{1}{2}m\pi} \frac{Sin.\, x}{x} F\left(\frac{x}{k}\right) dx + Lim. \int_{\frac{1}{2}m\pi}^{\frac{1}{2}m\pi + f} \frac{Sin.\, x}{x} F\left(\frac{x}{k}\right) dx.$$

A présent passons à la limite ∞ de m; alors la première intégrale du second membre coïncide avec l'intégrale I et d'après (124) la valeur en est donc $\frac{\pi}{2}F(0)$. Quant à la seconde intégrale, faisons $x = \frac{1}{2}m\pi + y$, d'où $dx = dy$, et 0 et f pour limites de y; donc nous aurons:

---

[41] Ce qui est la somme de la série précédente pour un x plus petit que π; voyez SCHLÖMILCH, Handbuch der algebraischen Analysis. 2te Auflage. Jena. FROMMANN, 1851. (VIII et 344 S. 8°. und 1 Taf.) § 73. S. 282.

$$\mathrm{I}_1 = \frac{\pi}{2}\mathrm{F}(0) + \mathrm{Lim.}\int_0^f \frac{Sin.(\frac{1}{2}m\pi + x)}{\frac{1}{2}m\pi + x}\,\mathrm{F}\left(\frac{\frac{1}{2}m\pi + x}{k}\right)dx.$$

Mais dans la dernière intégrale $\mathrm{F}\left(\frac{\frac{1}{2}m\pi + x}{k}\right) = \mathrm{F}\left(\frac{ka - f + x}{k}\right) = \mathrm{F}\left(a + \frac{x - f}{k}\right)$ devient pour la limite ∞ de k égale à $\mathrm{F}(a)$, continue par hypothèse; $Sin.\left(\frac{1}{2}m\pi + x\right)$ est toujours compris entre -1 et $+1$: et le dénominateur $\frac{1}{2}m\pi + \pi$ devient infini avec m ou k; donc l'intégrale s'évanouit pour $k = \infty$; et l'on a:

$$\mathrm{I}_1 = \frac{\pi}{2}\mathrm{F}(0),\ \text{ou Lim.}\int_0^a \frac{Sin.kx}{x}\mathrm{F}(x)\,dx = \frac{\pi}{2}\mathrm{F}(0)\,,\ 0 < a < \frac{1}{2}\pi,\ \mathrm{Lim.}k = \infty\ \ .\ (125)$$

Enfin soit $\frac{1}{2}\pi < a < \infty$; alors on a encore:

$$\mathrm{I}_2 = \mathrm{Lim.}\int_0^a \frac{Sin.kz}{x}\mathrm{F}(z)\,dz = \mathrm{Lim.}\int_0^a \frac{Sin.k}{x}\mathrm{F}\left(\frac{x}{k}\right)dx\,;$$

et lorsqu'on suppose que $m.\frac{1}{2}\pi$ soit le plus grand multiple de $\frac{1}{2}\pi$ contenu dans ak, le raisonnement précédent ne change nullement, sauf que m devient ici plus grand que k, ce qui n'a aucune influence; donc aussi:

$$\mathrm{Lim.}\int_0^a \frac{Sin.kx}{x}\mathrm{F}(x)\,dx = \frac{\pi}{2}\mathrm{F}(0)\,,\ \frac{1}{2}\pi < a < \infty\ ,\ \mathrm{Lim}\,k = \infty\ .\ .\ .\ .\ .\ .\ .\ (126)$$

De ces trois dernières formules il s'ensuit enfin:

$$\mathrm{Lim.}\int_0^a \frac{Sin\ kx}{x}\mathrm{F}(x)\,dx = \frac{\pi}{2}\mathrm{F}(0)\ ,\ 0 < a < \infty\,,\ \mathrm{Lim.}\,k = \infty\ .\ .\ .\ .\ .\ .\ .\ (127)$$

et encore lorsqu'on remplace a par b et qu'on prend la différence des résultats, dont les valeurs sont les mêmes:

$$\mathrm{Lim.}\int_a^b \frac{Sin.kx}{x}\mathrm{F}(x)\,dx = 0,\ \mathrm{Lim.}\,k = \infty\ .\ .\ .\ .\ .\ .\ .\ .\ (128)$$

Dans toutes ces formules a et b sont censés être positifs.

64. On se trouve à même maintenant de déterminer les trois intégrales dans le second membre des équations (123), chacune pour soi, pourvu que les limites y soient positives: pour les deux dernières cela revient à dire que p et b doivent être positifs: mais la première exige encore que $b - p$ soit positif, par conséquent b plus grand que p. Donc, en supposant $0 < p < b$ on trouve:

Page 58.

$$\left.\begin{aligned}\int_0^\infty Cos.\,py\,dy\int_0^b f(x)\,Cos.\,xy\,dx &= \frac{1}{2}\frac{\pi}{2}f(p+0)+\frac{1}{2}\frac{\pi}{2}f(p-0)+0=\frac{\pi}{2}f(p),\\ \int_0^\infty Sin.\,py\,dy\int_0^b f(x)\,Sin.\,xy\,dx &= \frac{1}{2}\frac{\pi}{2}f(p+0)+\frac{1}{2}\frac{\pi}{2}f(p-0)-0=\frac{\pi}{2}f(p).\end{aligned}\right\}\quad(129a)$$

Voyons si ces formules valent encore pour p zéro, et à cet effet faisons p zéro dans (123); en passant à la limite ∞ de k, nous aurons:

$$\int_0^\infty Cos.\,(0\,y)\,dy\int_0^b f(x)\,Cos.\,xy\,dx=\frac{1}{2}\,\mathrm{Lim.}\int_0^b\frac{Sin.\,kz}{z}f(z)\,dz+\frac{1}{2}\,\mathrm{Lim.}\int_0^0\frac{Sin.\,kz}{z}f(z)\,dz+$$
$$+\frac{1}{2}\,\mathrm{Lim.}\int_0^b\frac{Sin.\,kz}{z}f(z)\,dz=\mathrm{Lim.}\int_0^b\frac{Sin.\,kz}{z}f(z)\,dz=\frac{\pi}{2}f(0),$$

$$\int_0^\infty Sin.(0y)dy\int_0^b f(x)Sin.xydx=\frac{1}{2}\,\mathrm{Lim.}\int_0^b\frac{Sin.kz}{z}f(z)dz+\frac{1}{2}\mathrm{Lim.}\int_0^0\frac{Sin.kz}{z}f(z)dz-\frac{1}{2}\mathrm{Lim.}\int_0^b\frac{Sin.\,kz}{z}f(z)dz=0;$$

dont la première montre que la première des formules (129a) vaut pour p zéro: tandis que la seconde, qui est identiquement nulle, puisque $Sin.\,(0\,y)$ est zéro, démontre que la seconde des formules (129a) ne vaut plus pour p zéro. Donc on a:

$$\int_0^\infty Cos\,py\,dy\int_0^b f(x)\,Cos.\,xy\,dx=\frac{\pi}{2}f(p),\,0\leqq p<b\;;\int_0^\infty Sin.\,py\,dy\int_0^b f(x)\,Sin.\,xy\,dx=\frac{\pi}{2}f(p),0<p<b.\;(129)$$

et celles-ci sont contenues dans les formules (122) lorsqu'on y fait a zéro: elles ne donnent pourtant que les dernières valeurs, puisque p tombe entre les limites.

Néanmoins il ne sera pas difficile de trouver encore par ce même raisonnement le cas, où p ne tombe pas entre les limites 0 et b. Or, retournons aux formules (123) et supposons en premier lieu $p>b>0$; alors les premières intégrales y ont les limites 0 et $-(p-b)$; faisons-y $z=-y$, et les limites deviennent positives, mais l'intégrale obtient le signe $-$: les formules (129a) nous montrent qu'alors les deux termes $-\frac{1}{2}\frac{\pi}{2}f(p+0)$ et $+\frac{1}{2}\frac{\pi}{2}f(p-0)$ se détruisent, et on a la valeur 0 correspondante des formules (122). En second lieu soit $b>0>p$, alors ce sont les deuxièmes intégrales des équations (123), qui ont pour limites 0 et $-p$, et il faut supposer $x=-y$ pour rendre les nouvelles limites positives, 0 et p; mais en ce cas ces intégrales-là obtiennent le signe $-$, et dans les formules (129a) les termes $\frac{1}{2}\frac{\pi}{2}f(p+0)$ et $-\frac{1}{2}\frac{\pi}{2}f(p-0)$ se détruisent encore. Ainsi dans les cas, où p est négatif ou que l'on ait $p>b>0$, les valeurs des intégrales (129) sont nulles.

65. Ces deux voies pour parvenir aux résultats (122) du Nr. 61 sont essentiellement différentes

tant dans leur point de départ que dans le cours de la discussion: si l'une se rattache au changement de l'ordre des intégrales et à l'intégrale $\int_0^\infty Sin.\, p\, x \frac{dx}{x}$, la dernière est la source de quelques discussions analogues à l'égard des intégrales définies, qui contiennent un facteur infini: nous en traiterons au paragraphe suivant. Auparavant il nous faut donner encore quelques autres formules, qui se rattachent aux intégrales déduites. Dans ces formules (129) il est permis de prendre b infini, puisque le résultat n'en dépend d'aucune manière, et que la déduction, qui se fonde sur la division de la distance des limites en des parties, dont chacune embrasse une amplitude de $\frac{1}{2}\pi$, ne change pas pour un b infini. Alors les formules (123) deviennent:

$$\int_0^\infty Cos.\, py\, dy \int_0^\infty f(x)\, Cos.\, xy\, dx = \frac{1}{2}\,\mathrm{Lim.}\int_0^\infty \frac{Sin.\, kz}{z} f(z+p)\, dz + \frac{1}{2}\,\mathrm{Lim.}\int_0^\infty \frac{Sin.\, kz}{z} f(p-z)\, dz +$$

$$+\frac{1}{2}\mathrm{Lim.}\int_p^\infty \frac{Sin.\, kz}{z} f(z-p)\, dz = \frac{1}{2}\,\frac{\pi}{2} f(p) + \frac{1}{2}\,\frac{\pi}{2} f(p) + 0 = \frac{\pi}{2} f(p);$$

$$\int_0^\infty Sin.\, py\, dy \int_0^\infty f(x)\, Sin.\, xy\, dx = \frac{1}{2}\,\mathrm{Lim.}\int_0^\infty \frac{Sin.\, kz}{z} f(z+p)\, dz + \frac{1}{2}\,\mathrm{Lim.}\int_0^\infty \frac{Sin.\, kz}{z} f(p-z)\, dz -$$

$$-\frac{1}{2}\mathrm{Lim.}\int_p^\infty \frac{Sin.\, kz}{z} f(z-p)\, dz = \frac{1}{2}\,\frac{\pi}{2} f(p) + \frac{1}{2}\,\frac{\pi}{2} f(p) - 0 = \frac{\pi}{2} f(p).$$

Lorsque p devient infini, les dernières intégrales s'évanouissent à cause des limites ∞ et ∞: dans les deux premières on a $f(p+z) = f(\infty) = f(p-z)$: donc, la valeur des deux intégrales doubles devient ici:

$$\frac{1}{2}\,\mathrm{Lim.} f(\infty) \left\{ 2\int_0^\infty \frac{Sin.\, kz}{z} dz \right\} = \mathrm{Lim.} f(\infty) \frac{\pi}{2}$$

(d'après la valeur de l'intégrale h au Nr. 61), et les formules précédentes valent encore pour un p infini, c'est-à dire:

$$\int_0^\infty Cos.\, py dy \int_0^\infty f(x) Cos.\, xy dx = \frac{\pi}{2} f(p),\ 0 \leqq p \leqq \infty,\ \int_0^\infty Sin.\, py\, dy \int_0^\infty f(x) Sin.\, xy dx = \frac{\pi}{2} f(p),\ 0 < p < \infty. \quad (130)$$

Lorsque dans les systèmes (122), (129) et (130) on combine les deux formules chaquefois par voie d'addition et de soustraction, on obtient:

$$\left.\begin{array}{l} \int_0^\infty dy \int_a^b f(x) Cos.\{(p-x)y\}\, dx = 0,\ \text{pour } p > b > a \text{ ou } b > a > p, = \pi f(p), \text{pour } b > p > a; \\ \int_0^\infty dy \int_a^b f(x)\, Cos.\, \{(p+x)y\}\, dx = 0\,\ldots\ldots\ldots\ldots\ldots \end{array}\right\} (131)$$

$$\int_0^\infty dy \int_0^b f(x)\, Cos.\,\{(p-x)y\}\, dx = \pi f(p)\,,\ \int_0^\infty dy \int_0^b f(x)\, Cos.\,\{(p+x)y\}\, dx = 0\,,\, 0 < p < b\ \ldots (132)$$

$$\int_0^\infty dy \int_0^\infty f(x)\, Cos.\,\{(p-x)\,y\}\, dx = \pi f(p)\,,\ \int_0^\infty dy \int_0^\infty f(x)\, Cos.\{(p+x)\,y\}\, dx = 0\,,\, 0 < p \leqq \infty\ [42].(133)$$

66. Dans ces deux derniers systèmes on peut encore doubler la distance des limites de la manière suivante. Dans les équations (129) substituons $\frac{1}{2}\{\varphi(x)+\varphi(-x)\}$ et $\frac{1}{2}\{\varphi(x)-\varphi(-x)\}$ respectivement pour $f(x)$; alors nous aurons:

$$\int_0^\infty Cos.pydy \int_0^b \{\varphi(x)+\varphi(-x)\}\, Cos.xydx = \int_0^\infty Cos.pydy \left[\int_0^b \varphi(x) Cos.xydx + \int_0^b \varphi(-x) Cos.xydx\right] = \frac{\pi}{2}\{\varphi(p)+\varphi(-p)\},$$

$$\int_0^\infty Sin.pydy \int_0^b \{\varphi(x)-\varphi(-x)\}\, Sin.xydx = \int_0^\infty Sin.pydy \left[\int_0^b \varphi(x) Sin.xydx - \int_0^b \varphi(-x) Sin.xydx\right] = \frac{\pi}{2}\{\varphi(p)-\varphi(-p)\};$$

où la forme de la substitution démontre que ces formules permettent, que p reçoive des valeurs négatives. Dans les intégrales à facteur $\varphi(-x)$ supposons $x = -z$, d'où $dx = -dz$ avec les limites 0 et $-b$ de z: ainsi dans les deux équations les fonctions à intégrer deviendront égales, tandis que les limites deviennent 0 et b, $-b$ et 0, et que les deux intégrales se trouvent être liées par le signe $+$. Dès-lors on trouve:

$$\int_0^\infty Cos.pydy \int_{-b}^b \varphi(x) Cos.xydx = \frac{\pi}{2}\{\varphi(p)+\varphi(-p)\},\ \int_0^\infty Sin.pydy \int_{-b}^b \varphi(p) Sin.xydx = \frac{\pi}{2}\{\varphi(p)-\varphi(-p)\},\, p^2 < b.^2 (134)$$

Maintenant faisons $y = -z$, $dy = -dz$, d'où 0 et $-\infty$ pour limites de z, et nous aurons:

$$\int_{-\infty}^0 Cos.pydy \int_{-b}^b \varphi(x) Cos.xydx = \frac{\pi}{2}\{\varphi(p)+\varphi(-p)\},\ \int_{-\infty}^0 Sin.pydy \int_{-b}^b \varphi(x) Sin.xydx = \frac{\pi}{2}\{\varphi(p)-\varphi(-p)\},\, p^2 < b^2.$$

Ajoutons ces intégrales aux précédentes analogues et il vient:

$$\int_{-\infty}^\infty Cos.pydy \int_{-b}^b \varphi(x) Cos.xydx = \pi\{\varphi(p)+\varphi(-p)\},\ \int_{-\infty}^\infty Sin.pydy \int_{-b}^b \varphi(x) Sin.xydx = \pi\{\varphi(p)-\varphi(-p)\},\, p^2 < b^2.(135)$$

La somme des deux intégrales dans chaque système (134) et (135) donne encore:

$$\int_0^\infty dy \int_{-b}^b \varphi(x)\, Cos.\,\{(p-x)y\}\, dx = \pi\varphi(p), p^2 < b^2\ \ldots\ldots\ldots\ (136)$$

---

[42] C'est sous cette forme que Fourier a le premier déduit les intégrales, qui à juste titre ont gardé son nom, savoir dans son ouvrage déjà rare: Théorie analytique de la chaleur. Paris. Firmin Didot. 1822. XXII. et 640 p. 12. Pl. 4°., p. 431 et 445.

Page 61.

$$\int_{-\infty}^{\infty} dy \int_{-b}^{-b} \varphi(x)\, Cos. \{(p-x)y\}\, dx = 2\pi\varphi(p), p^2 < b^2 \ldots\ldots\ldots (137)$$

Mais de la même manière, dont ces dernières formules sont déduites des équations (129), les formules (130) donneront encore:

$$\int_0^{\infty} Cos.py\, dy \int_{-\infty}^{\infty} \varphi(x) Cos.xy dx = \frac{\pi}{2}\{\varphi(p)+\varphi(-p)\}, \int_0^{\infty} Sin.py dy \int_{-\infty}^{\infty} \varphi(x) Sin.xy dx = \frac{\pi}{2}\{\varphi(p)-\varphi(-p)\}, (138)$$

$$\int_{-\infty}^{\infty} Cos\, py\, dy \int_{-\infty}^{\infty} \varphi(x) Cos\, xy dx = \pi\{\varphi(p)+\varphi(-p)\}, \int_{-\infty}^{\infty} Sin.py dy \int_{-\infty}^{\infty} \varphi(x) Sin\, xy dx = \pi\{\varphi(p)-\varphi(-p)\}, (139)$$

$$\int_0^{\infty} dy \int_{-\infty}^{\infty} \varphi(x)\, Cos. \{(p-x)y\}\, dx = \pi\varphi(p),\ [43] \ldots\ldots\ldots (140)$$

$$\int_{-\infty}^{\infty} dy \int_{-\infty}^{\infty} \varphi(x)\, Cos. \{(p-x)y\}\, dx = 2\pi\varphi(p); \ldots\ldots\ldots (141)$$

et dans ces formules p est tout-à-fait arbitraire, vu qu'il y est compris entre $-\infty$ et $+\infty$.

67. Comme il est:

$$\int_{-\infty}^{\infty} dy \int_{-b}^{b} \varphi(x)\, Sin. \{(p-x)y\}\, dx = \int_{-\infty}^{0} dy \int_{-b}^{b} \varphi(x)\, Sin. \{(p-x)y\}\, dx + \int_0^{\infty} dy \int_{-b}^{b} \varphi(x)\, Sin. \{(p-x)y\}\, dx,$$

et que la substitution de $y = -z$ dans la première intégrale au second membre la rend égale à l'intégrale suivante, sauf le signe qui devient négatif; il s'ensuit que l'on a:

$$\int_{-\infty}^{\infty} dy \int_{-b}^{b} \varphi(x)\, Sin. \{(p-x)y\}\, dx = 0.$$

Multiplions-la par i et ajoutons ce produit à l'intégrale (137) ou soustrayons-l'en; alors puisque $Cos. \{(p-x)y\} \pm i\, Sin. \{(p-x)y\} = e^{\pm(p-x)yi}$, il vient:

$$\int_{-\infty}^{\infty} dy \int_{-b}^{+b} \varphi(x)\, e^{\pm(p-x)yi}\, dx = 2\pi\varphi(p), p^2 < b^2 \ldots\ldots\ldots (142)$$

Et la formule (141) donnera de même:

$$\int_{-\infty}^{\infty} dy \int_{-\infty}^{\infty} \varphi(x)\, e^{\pm(p-x)yi}\, dx = 2\pi\varphi(p) \ldots\ldots\ldots (143)$$

---

[43] Cette forme se trouve chez FOURIER, Théorie de la chaleur, p. 449.

Page 62.

68. La méthode de déduction suivie au Nr. 63 s'accorde en partie avec celle, dont un autre savant s'est servi pour une troisième démonstration du theorème de FOURIER, par l'intermédiaire des formules de LAGRANGE, quoique le point de départ y diffère beaucoup: je parle de la démonstration de LEJEUNE-DIRICHLET [44], dont voici une légère esquisse.

Dans l'expression de la série

$$\overset{\infty}{\underset{1}{\Sigma}} \int_0^b f(x)\, Cos.\, n\, x\, dx = \int_0^b f(x)\, dx \overset{\infty}{\underset{1}{\Sigma}} Cos.\, n\, x$$

effectuons la sommation pour n termes, et ensuite passons à la limite ∞ de n: alors cette expression se trouvera transformée ainsi:

$$-\tfrac{1}{2}\int_0^b f(x)\, dx + \frac{1}{2}\,\text{Lim.} \int_0^b \frac{Sin.\, \{(n+1)\frac{1}{2}x\}}{Sin.\, \frac{1}{2}x} f(x)\, dx.$$

Cette limite peut être déterminée par une méthode analogue à celle de Nr. 63, comme nous verrons au paragraphe suivant. Ecrivant alternativement $Cos.\, \{n(x-p)\}$ et $Cos.\, \{n(x+p)\}$ au lieu de $Cos.\, n\, x$, et combinant les résultats par voie d'addition et de soustraction, on obtient:

$$\overset{\infty}{\underset{1}{\Sigma}} Cos.\, n\, p \int_0^\pi f(x)\, Cos.\, n\, x\, dx = \frac{\pi}{2} f(p) - \tfrac{1}{2}\int_0^\pi f(x)\, dx,\quad \overset{\infty}{\underset{1}{\Sigma}} Sin.\, n\, p \int_0^\pi f(x)\, Sin.\, n\, x\, dx = \frac{\pi}{2} f(p), \;.\;.\;(144)$$

les formules de LAGRANGE. Substituons enfin $p = \frac{\pi x'}{b}$, $x = \frac{\pi y'}{b}$, ce qui donne 0 et b comme limites de y' et passons ensuite à la limite ∞ de b, les signes de sommation doivent être changés en des signes d'intégration par rapport à x' et avec les limites 0 et ∞, et l'on retrouve les formules (130) [44].

---

[44] LEJEUNE-DIRICHLET, Journal von Crelle, Bd. 4, S. 157. — Id., Repertorium der Physik von DOVE u. MOSER, Bd. 1. S. 152. — Id., Journal von Crelle, Bd. 17. S. 35: Addition p. 54—56. — Id., Journal von Crelle, Bd. 17, S. 57. — Id., Abhandlungen der Berliner Akademie 1835. — SCHLÖMILCH, Grunert's Archiv, Th. 1, S. 417. — Id., Beiträge zur Theorie bestimmter Integrale, Jena. FROMMANN 1843. VIII et 103, S. 4°. — Id., Analytische Studiën, zweite Abtheilung; die FOURIER'schen Reihen und Integrale, nebst deren wichtigste Anwendungen. Leipzig, ENGELMANN, 1848. 197, S. 8°. — MEIJER, Journal von Crelle, Bd. 43, S. 60.

[45] S. D. POISSON, Théorie mathématique de la chaleur, Paris Bachelier 1835. 532 Pag. et 1 Pl. 4°. (où il a ajouté en 1837 un Supplément de 72 Pages 4°) p. 205.

§ 9. LIMITES DES INTÉGRALES DÉFINIES QUI CONTIENNENT UNE CONSTANTE INFINIE.

69. Dans le paragraphe précédent au Nr. 63 il y avait lieu de déterminer l'intégrale définie générale

$$\text{Lim.} \int_0^a \frac{\text{Sin.}\, k x}{x} \text{F}(x)\, dx, \text{ pour Lim.}\, k = \infty,$$

et au Nr. 68 on a mentionné une autre intégrale de forme semblable

$$\text{Lim.} \int_0^a \frac{\text{Sin.}\, k x}{\text{Sin.}\, x} f(x)\, dx, \text{Lim.}\, k = \infty;$$

mais outre celle-ci, il y en a encore plusieurs, qui méritent une étude particulière [46]. Nous tâcherons de les déduire de l'intégrale mentionnée en premier lieu

$$\text{Lim.} \int_0^a \frac{\text{Sin.}\, k x}{x} \text{F}(x)\, dx = \frac{\pi}{2} \text{F}(0),\ 0 < a < \infty,\ \text{Lim.}\, k = \infty. \quad (127)$$

Ainsi lorsqu'on a l'intégrale

$$\int_0^a \frac{\text{Cos.}\, kx}{x} \text{F}(x)\, dx, \text{ Lim.}\, k = \infty,$$

la substitution de $k x = y$ donne comme au Nr. 63 :

$$\text{I} = \text{Lim.} \int_0^a \frac{\text{Cos.}\, k x}{x} f(x)\, dx = \text{Lim.} \int_0^{ak} \frac{\text{Cos.}\, x}{x} \text{F}\left(\frac{x}{k}\right) dx;$$

et quand ici encore on divise la distance des limites dans des parties, qui contiennent chacune $\frac{1}{2}\pi$, et que l'on réduit toutes ces nouvelles intégrales aux mêmes limites 0 et $\frac{1}{2}\pi$, par l'intermédiaire des mêmes substitutions, on trouve:

---

[46] Voyez à ce sujet ma note dans les: Verhandelingen der Koninkl. Akademie van Wetenschappen. Deel 7.

Ces résultats ne sont pas toujours d'accord avec ceux de Schlömilch, dans ses: Beiträge, Abtheilung I, et ses: Analytische Studien, Abtheilung II, Cap. 1, ni avec ceux de Meijer, Journal von Crelle, Bd. 43, S. 60. Voyez encore Bonnet, Journal de Liouville, T. 14, p. 249.

Page 64.

$$I = F(0)\int_0^{\frac{\pi}{2}} Cos.\,x\,dx\left[\frac{1}{x}-\frac{1}{\pi-x}-\frac{1}{\pi+x}+\frac{1}{2\pi-x}+\frac{1}{2\pi+x}-\dots\right]=$$

$$= F(0)\int_0^{\frac{\pi}{2}} Sin.\,y\,dy\left[\frac{1}{\frac{1}{2}\pi-y}-\frac{1}{\frac{1}{2}\pi+y}-\frac{1}{\frac{3}{2}\pi-y}+\frac{1}{\frac{3}{2}\pi+y}+\frac{1}{\frac{5}{2}\pi-y}-\dots\right],$$

par la substitution de $x = \frac{\pi}{2} - y$, et ensuite:

$$I = F(0)\int_0^{\frac{\pi}{2}} 2\,Sin.\,y\,dy\left[\frac{4y}{\pi^2-4y^2}-\frac{4y}{9\pi^2-4y^2}+\dots\right]=2\,F(0)\int_0^{\frac{\pi}{2}} Sin.\,y\,dy\,\frac{1}{y}Sec.\,y\,[47]=2F(0)\int_0^{\frac{\pi}{2}} Tang.\,y\,\frac{dy}{y}$$

mais il est aisé à voir que cette intégrale devient infinie pour la limite supérieure $\frac{\pi}{2}$ de y; donc on a:

$$I = \text{Lim.}\int_0^a \frac{Cos.\,k\,x}{x} F(x)\,dx = F(0)\times\infty\,,\ \text{Lim.}\,k=\infty\ \dots\dots\dots\ (145)$$

70. Dans les formules (127) et (145) soit à présent $F(x) = x\,f(x)$, elles deviennent:

$$\text{Lim.}\int_0^a Sin.\,k\,x.\,f(x)\,dx = \frac{\pi}{2}\Big[x\,f(x)\Big]_{x=0} = 0\ \dots\dots\dots\dots\ (146)$$

$$\text{Lim.}\int_0^a Cos.\,k\,x.\,f(x)\,dx = \infty\,\Big[x\,f(x)\Big]_{x=0} = \infty\,.\,0,\ \text{indéterminée.}$$

Afin de déterminer cette dernière intégrale, et de découvrir en même temps quelques propriétés spéciales de la première, nous allons les soumettre à une discussion particulière.

A cet effet substituons $y = kx$ dans l'intégrale

$$\text{Lim.}\int_b^a Cos.\,kx.\,f(x)\,dx\,;$$

alors les limites par rapport à y seront ak et bk. Soit $p\pi$ le plus petit multiple de π surpassant bk, et de même $q\pi$ le plus grand multiple de π au dessous de ak; de sorte que $bk = p\pi - r$, et $ak = q\pi + s$, où r et s sont des quantités positives, moindres que π. Divisons la distance des limites bk à ak en trois parties $p\pi - r$ à $p\pi$, $p\pi$ à $q\pi$, $q\pi$ à $q\pi + s$, pour avoir:

$$I = \text{Lim.}\int_b^a Cos.\,k\,x.\,f(x)\,dx = \text{Lim.}\int_{p\pi-r}^{p\pi}\frac{1}{k}Cos.\,x.\,f\left(\frac{x}{k}\right)dx + \text{Lim.}\int_{p\pi}^{q\pi}\frac{1}{k}Cos.\,x.\,f\left(\frac{x}{k}\right)dx +$$

$$+\ \text{Lim.}\int_{q\pi}^{q\pi+s}\frac{1}{k}Cos.\,x.\,f\left(\frac{x}{k}\right)dx\ \dots\dots\dots\dots\dots\ (147a)$$

[47] Schlömilch, Handbuch der algebraischen Analysis. Zweite Auflage, § 74. Page 65.

Dans la première des intégrales au second membre faisons $x = p\pi - y$, d'où $Cos. x = Cos. p\pi. Cos\, y$ et $dx = -dy$, avec r et 0 pour limites de y: dans la dernière supposons $x = q\pi + y$, d'où $Cos. x = Cos\, q\pi. Cos. y$, $dx = dy$ et les limites 0 et s de y. Ainsi l'on trouve:

$$\mathrm{I} = \mathrm{Lim.} \int_0^r \frac{1}{k} Cos. p\pi. Cos. x. f\left(\frac{p\pi - x}{k}\right) dx + \mathrm{Lim.} \int_{p\pi}^{q\pi} \frac{1}{k} Cos. x. f\left(\frac{x}{k}\right) dx + \mathrm{Lim.} \int_0^s \frac{1}{k} Cos. q\pi. Cos. x. f\left(\frac{q\pi + x}{k}\right) dx$$

$$= Cos. p\pi. \mathrm{Lim} \int_0^r \frac{1}{k} Cos\, x. f\left(\frac{bk + r - x}{k}\right) dx + \mathrm{Lim.} \int_{p\pi}^{q\pi} \frac{1}{k} Cos. x. f\left(\frac{x}{k}\right) dx + Cos. q\pi. \mathrm{Lim.} \int_0^s \frac{1}{k} Cos. x. f\left(\frac{ak - s + x}{k}\right) dx; (147$$

où sous le signe f on a éliminé les p et les q, puisque $p\pi = bk + r$, $q\pi = ak - s$.
Lorsque à présent $f(x)$ reste continue entre les limites a et b, on déduit déjà de l'équation (147a) que chacune des trois intégrales s'annule pour la limite ∞ de k, à cause du facteur $\frac{1}{k}$, de sorte qu'alors I s'annule de même: mais la formule (147b) nous apprend plus encore. Car lorsque seulement $\mathrm{Lim.}\, \delta f(b + \delta) = 0$ (où pourtant $f(b)$ peut devenir infinie), on a pour $\delta = \frac{r - x}{k}$: $\mathrm{Lim.} \frac{r - x}{k} f\left(b + \frac{r - x}{k}\right) = 0$, d'où dans la première intégrale de (147b): $\mathrm{Lim.} \frac{1}{k} f\left(\frac{bk + r - x}{k}\right) = 0$, puisque r, comme limite supérieure, y est constamment plus grand que x et reste cependant, d'après la supposition, moindre que π, de sorte que $r - x$ tombe toujours entre 0 et π; donc l'intégrale en question s'évanouit dans ce cas. Quand on a de même $\mathrm{Lim.}\, \delta f(a - \delta) = 0$, (ce qui n'exclut nullement le cas où $f(0)$ peut devenir infinie), on trouve pour $\delta = \frac{s - x}{k}$ dans la dernière intégrale: $\mathrm{Lim.} \frac{s - x}{k} f\left(a - \frac{s - x}{k}\right) = 0$, et par suite aussi: $\mathrm{Lim.} \frac{1}{k} f\left(\frac{ak + x - s}{k}\right) = 0$, puisque $s - x$ tombe toujours entre 0 et π: donc cette intégrale s'annule encore.

Par conséquent on a:

$$\mathrm{I} = \mathrm{Lim.} \int_{p\pi}^{q\pi} \frac{1}{k} Cos. x. f\left(\frac{x}{k}\right) dx, \quad \mathrm{Lim.}\, \delta f(b + \delta) = 0, \quad \mathrm{Lim.}\, \delta f(a - \delta) = 0 \; . \; . \; . \; . \; (147c)$$

Maintenant il faut diviser la distance des limites $p\pi$ à $q\pi$ en $(q - p)$ parties, chacune égale à π; de telle sorte que, sous les mêmes conditions:

$$\mathrm{I} = \mathrm{Lim.} \left[\int_{p\pi}^{(p+1)\pi} \frac{1}{k} Cos. x. f\left(\frac{k}{x}\right) dx + \int_{(p+1)\pi}^{(p+2)\pi} \frac{1}{k} Cos. x. f\left(\frac{x}{k}\right) dx + . + \int_{c\pi}^{(c+1)\pi} \frac{1}{k} Cos. x. f\left(\frac{x}{k}\right) dx + . + \int_{(q-1)\pi}^{q\pi} \frac{1}{k} Cos. x. f\left(\frac{x}{k}\right) dx \right.$$

Dans une de ces intégrales, où les limites sont $c\pi$ et $(c + 1)\pi$, substituons $x = c\pi + y$, d'où $dx = dy$, $Cos. x = Cos. c\pi. Cos. y$, avec les limites 0 et π pour y; alors elle devient:

$$\int_{c\pi}^{(c+1)\pi} \frac{1}{k} Cos. x. f\left(\frac{x}{k}\right) dx = Cos. c\pi. \int_0^{\pi} \frac{1}{k} Cos. x. f\left(\frac{c\pi + x}{k}\right) dx.$$

Page 66.

Ainsi toutes les intégrales obtiennent les limites 0 et π, et on peut les réunir sous un même signe d'intégration; de plus on peut prendre pour facteurs généraux $Cos.\, p\pi$ et $\frac{1}{k}\, Cos.\, x$ et l'on trouvera:

$$I = Cos. p\pi . \text{Lim.} \int_0^{\pi} \frac{1}{k} Cos\, x . dx \left[f\left(\frac{p\pi + x}{k}\right) - f\left(\frac{(p+1)\pi + x}{k}\right) + .. + Cos. \{(q-p)\pi\} . f\left(\frac{(q-1)\pi + x}{k}\right) \right].$$

Lorsque $f(x)$ est une fonction décroissante entre les limites 0 et π, alors la série sous le signe d'intégration est convergente, et sera contenue entre zéro et le premier terme de la série: c'est-à-dire, quand on remet pour $p\pi$ sa valeur $bk + r$:

$$Cos. p\,\pi . \text{Lim.} \int_0^{\pi} \frac{1}{k} Cos.\, x\, dx \times 0 < I < Cos. p\,\pi . \text{Lim.} \int_0^{\pi} \frac{1}{k} Cos.\, x\, dx\, f\left(\frac{bk + r + x}{k}\right).$$

Mais la supposition $\text{Lim.}\, \delta f(b + \delta) = 0$ donne pour $\delta = \frac{r + x}{k}$: $\text{Lim.} \frac{r + x}{k} f\left(b + \frac{r + x}{k}\right) = 0$,

d'où, puisqu'on a $0 < x < r < \pi$ et aussi $0 < r + x < 2\pi$: $\text{Lim.}\, \frac{1}{k} f\left(\frac{bk + r + x}{k}\right) = 0$. Donc l'inéquation précédente devient: $0 < I < 0$, c'est-à-dire $I = 0$ . . . . (147d).

Quand au contraire $f(x)$ est une fonction croissante entre 0 et π, alors la série est convergente, lorsqu'on l'écrit en ordre inverse: elle est comprise alors entre zéro et le dernier terme; donc, quand on met pour $q\pi$ sa valeur $ak - s$:

$$Cos. p\,\pi . \text{Lim.} \int_0^{\pi} \frac{1}{k} Cos. x\, dx \times 0 < I < Cos. \{(q-p)\pi\} . \text{Lim.} \int_0^{\pi} \frac{1}{k} Cos.\, x\, dx\, f\left(\frac{ak - s - \pi + x}{k}\right),$$

Or, d'après la supposition $\text{Lim.}\, \delta f(a - \delta) = 0$ on a pour $\delta = \frac{\pi + s - x}{k}$: $\text{Lim.} \frac{\pi + s - x}{k} f\left(a - \frac{\pi + s - x}{k}\right) = 0$;

donc, puisque $0 < x < s < \pi$, et aussi $0 < \pi + s - x < 2\pi$: $\text{Lim.}\, \frac{1}{k} f\left(\frac{ak - \pi - s + x}{k}\right) = 0$: par conséquent l'inéquation précédente devient: $0 < I < 0$, d'où $I = 0$ . . . . (147e).

Lorsque enfin $f(x)$ est une fonction à divers maxima et minima entre b et a, par exemple pour $c_1, c_2 \ldots c_n$, alors on n'a qu'à diviser la distance des limites en $n + 1$ parties, de b à c_1, de c_1 à $c_2, \ldots$ de c_n à a, et à considérer chaque intégrale séparément: d'après les remarques précédentes elles deviendront toutes nulles; donc I s'évanouira de même.

Quand $f(x)$ devenait négative, il faudrait supposer $x = -y$, et la conclusion précédente ne cesserait de subsister. Par suite on a toujours:

$$\text{Lim.} \int_b^a Cos.\, kx\, f(x)\, dx = 0, \text{ si } \text{Lim.}\, \delta f(b + \delta) = 0,\ \text{Lim.}\, \delta f(a - \delta) = 0, \text{ pour } \text{Lim.}\, k = \infty\,; \quad (147)$$

où pourtant $f(x)$ est toujours supposée continue entre les limites b et a.

Page 67.

71. Lorsque la fonction $f(x)$ devient discontinue pour une valeur h de x, située entre les limites b et a, il faut considérer l'intégrale singulière;

$$\Delta = \text{Lim.} \int_{h-\varepsilon}^{h+\varepsilon} Cos.\, kx.f(x)\, dx = \text{Lim.} \int_{kh-k\varepsilon}^{kh+k\varepsilon} \frac{1}{k}\, Cos.\, x.f\left(\frac{x}{k}\right) dx;$$

où l'on a substitué $y = kx$: quant aux limites, $k\varepsilon$ est $\infty\,.\,0$, indéterminé: si ce produit est nul, l'intégrale s'évanouit, mais encore en cas qu'il ne soit pas nul, on a ici une intégrale comme la formule (147), et elle s'annule ainsi, pourvu qu'on ait Lim. $\delta f(h \pm \delta) = 0$. Rassemblant tout ceci, nous trouvons que:

$$\text{Lim.} \int_b^a Cos.\, kx.f(x)\, dx = 0 \quad , \quad \text{Lim.}\, k = \infty\,.$$

Si $f(x)$ devient infinie pour b ou a, il faut que l'on ait Lim. $\delta f(b + \delta) = 0$, Lim. $\delta f(a - \delta) = 0$ respectivement. Si $f(x)$ devient infinie pour une valeur h entre a et b, il faut avoir Lim. $\delta f(h \pm \delta) = 0$. . . (148)

Mais lorsqu'on reprend la discussion précédente en y remplaçant *Cos. kx* par *Sin. kx*, on voit que ce changement n'a aucune influence sur le raisonnement, de sorte que l'on trouve sous les mêmes conditions que ci-dessus:

$$\text{Lim.} \int_b^a Sin.\, kx.\, f(x)\, dx = 0 \quad , \quad \text{Lim.}\, k = \infty \, \ldots\ldots\ldots\ldots \quad (149)$$

Quand b est nul, comme on se le proposait primitivement, on a le théorème:

$$\text{Lim.} \int_0^a Sin.\, kx.f(x)\, dx = 0, \ldots\ldots\ldots\ldots \quad (150)$$

$$\text{Lim.} \int_0^a Cos.\, kx.f(x)\, dx = 0, \ldots\ldots\ldots\ldots \quad (151)$$

où partout $0 < a < \infty$, Lim. $k = \infty$.

Si $f(x)$ devient infinie pour les valeurs 0, a ou c $(0 < c < a)$ de x, il faut avoir respectivement:

Lim. $\delta f(\delta) = 0$, Lim. $\delta f(a - \delta) = 0$, Lim. $\delta f(c \pm \delta) = 0$;

ce qui satisfait à ce que nous avions énoncé au commencement du Nr. précédent.

72. A présent dans la formule (127) faisons $F(x) = \frac{x}{Sin.\, x} f(x)$. Comme $F(x)$ y est supposée continue entre les limites 0 et a, il faut voir en premier lieu si cette supposition est permise. Pour la limite zéro de x on a Lim. $\frac{x}{Sin.\, x} = 1$, donc il faut que $f(x)$ soit continue pour cette valeur zéro de x: mais le facteur $\frac{x}{Sin.\, x}$ perd sa continuité pour la valeur π de x, et devient infini alors. On a donc pour $a < \pi$:

Page 68.

$$\text{Lim.} \int_0^a \frac{Sin.\,k\,x}{Sin.\,x} f(x)\,dx = \frac{\pi}{2} f(0)\;,\quad 0 < a < \pi\;,\quad \text{Lim.}\,k = \infty\;;\;\ldots\ldots \quad (152)$$

et il est besoin d'une nouvelle recherche pour le cas où a est $\geqq \pi$: nous y distinguerons les trois cas de $a = \pi$, $a = b\,\pi$, $a = b\pi + c$, où $0 < c < \pi$.

En premier lieu soit $a = \pi$, et divisons la distance des limites en deux parties: 0 à $\frac{1}{2}\pi$ et $\frac{1}{2}\pi$ à π, nous aurons:

$$\text{Lim.} \int_0^\pi \frac{Sin.\,k\,x}{Sin.\,x} f(x)\,dx = \text{Lim.} \int_0^{\frac{\pi}{2}} \frac{Sin.\,k\,x}{Sin.\,x} f(x)\,dx + \int_{\frac{\pi}{2}}^{\pi} \frac{Sin.\,k\,x}{Sin.\,x} f(x)\,dx.$$

Dans la dernière intégrale faisons $x = \pi - y$, d'où $dx = -dy$, $Sin.\,x = Sin.\,y$, $Sin.\,kx = -Cos.\,k\pi.\,Sin.\,ky = Cos.\,\{(k-1)\pi\}.\;Sin.\,k\,y$, donc:

$$\text{Lim.} \int_0^\pi \frac{Sin.\,k\,x}{Sin.\,x} f(x)\,dx = \text{Lim.} \int_0^{\frac{\pi}{2}} \frac{Sin.\,k\,x}{Sin.\,x} f(x)\,dx + Cos.\,\{(k-1)\pi\}.\,\text{Lim.} \int_0^{\frac{\pi}{2}} \frac{Sin.\,k\,x}{Sin.\,x} f(\pi - x)\,dx$$

$$= \frac{\pi}{2}\left[f(0) + Cos.\,\{(k-1)\pi\}.\,f(\pi)\right]\;,\quad \text{Lim.}\,k = \infty\;\ldots\ldots\ldots \quad (153)$$

par l'intermédiaire de la formule (152), que l'on peut employer, puisque $a = \frac{1}{2}\pi$ est plus petit que π. On voit que le résultat dépend de k en tant que le facteur $Cos.\,\{(k-1)\pi\}$ devient -1 ou $+1$ pour un k pair ou impair; aussitôt donc que l'on connaît k comme limite d'une quantité paire ou impaire, on a:

$$\text{Lim.} \int_0^\pi \frac{Sin.\,\{(2k+1)x\}}{Sin.\,x} f(x)\,dx = \frac{\pi}{2}\{f(0) + f(\pi)\},\ \text{Lim.}\,k = \infty\;;\;. \quad (154)$$

$$\text{Lim.} \int_0^\pi \frac{Sin.\,2\,k\,x}{Sin.\,x} f(x)\,dx = \frac{\pi}{2}\{f(0) - f(\pi)\}\;,\ \text{Lim.}\,k = \infty.\;\ldots\ldots \quad (155)$$

Lorsque au contraire l'origine de k n'est pas connue. cette intégrale est indéterminée, à moins que $f(\pi)$ ne soit zéro: c'est-à-dire

$$\left.\begin{aligned}\text{Lim.} \int_0^\pi \frac{Sin.\,k\,x}{Sin.\,x} f(x)\,dx &= \frac{\pi}{2} f(0),\ \text{si } f(\pi) = 0\;;\\ &= \text{indéterminée, si } f(\pi) \text{ n'est pas zéro.}\end{aligned}\right\}\;\ldots\ldots \quad (156)$$

Ensuite soit $a = b\pi$: si l'on divise la distance des limites en b parties, chacune de π, on a:

$$\text{Lim.} \int_0^{b\pi} \frac{Sin.\,k\,x}{Sin.\,x} f(x)\,dx = \text{Lim.} \int_0^\pi \frac{Sin.\,k\,x}{Sin.\,x} f(x)\,dx + \text{Lim.} \int_\pi^{2\pi} \frac{Sin.\,k\,x}{Sin.\,x} f(x)\,dx + \ldots$$

$$+ \int_{c\pi}^{(c+1)\pi} \frac{Sin.\,k\,x}{Sin.\,x} f(x)\,dx + \ldots + \int_{(b-1)\pi}^{b\pi} \frac{Sin.\,k\,x}{Sin.\,x} f(x)\,dx.$$

Maintenant dans quelque intégrale à limites $c\pi$ et $(c+1)\pi$ substituons $x = c\pi + y$, alors $dx = dy$, $Sin.\,x = Cos.\,c\pi.\,Sin.\,y$, $Sin.\,kx = Cos.\,ck\pi.\,Sin.\,ky = Cos.\,\{(k-1)c\pi\}.\,Cos.\,c\pi.\,Sin.\,ky$, tandis que les limites de y deviennent 0 et π; et il vient:

$$\int_{c\pi}^{(c+1)\pi} \frac{Sin.\,kx}{Sin.\,x} f(x)\,dx = Cos.\,\{(k-1)c\pi\}.\int_0^{\pi} \frac{Sin.\,kx}{Sin.\,x} f(c\pi + x)\,dx.$$

Substituons ce résultat dans les intégrales de l'équation précédente, observons que $Cos.\,\{(k-1)2c\pi\} = 1$, $Cos.\,\{(k-1)(2c-1)\pi\} = Cos.\,\{(k-1)\pi\}$, et faisons usage des résultats de la formule (153); nous obtiendrons:

$$Lim.\int_0^{b\pi} \frac{Sin.kx}{Sin.x} f(x)dx = \frac{\pi}{2}\left[f(0) + Cos.\{k-1)\pi\}.f(\pi)\right] + \frac{\pi}{2} Cos.\{(k-1)\pi\}.\left[f(\pi) + Cos.\{(k-1)\pi\}\,f(2\pi)\right] +$$

$$+ \frac{\pi}{2}\left[f(2\pi) + Cos.\{(k-1)\pi\}.f(3\pi)\right] + \ldots + \frac{\pi}{2} Cos.\{(b-1)(k-1)\pi\}.\left[f\{(b-1)\pi\} + Cos.\{(k-1)\pi\}.f(b\pi)\right],$$

ou puisque $Cos.\,\{b(k-1)\pi\}.\,Cos.\,\{(k-1)\pi\} = Cos.\,\{(b-1)(k-1)\pi\}$:

$$Lim.\int_0^{b\pi} \frac{Sin.\,kx}{Sin.\,x} f(x)\,dx = \frac{\pi}{2}\left[f(0) + 2\,Cos.\{(k-1)\pi\}f(\pi) + 2f(2\pi) + 2\,Cos.\{(k-1)\pi\}.f(3\pi) + \ldots\right.$$

$$\left. + 2\,Cos.\{(b-1)(k-1)\pi\}.f\{b-1)\pi\} + Cos.\{b(k-1)\pi\}.f(b\pi)\right] = \frac{\pi}{2}\left[\{f(0) + 2f(2\pi) + 2f(4\pi) + \ldots\} + \right.$$

$$\left. + 2\,Cos.\,\{(k-1)\pi\}.\{f(\pi) + f(3\pi) + \ldots\} + Cos.\,\{b(k-1)\pi\}.f(b\pi)\right],\ Lim.\,k = \infty \quad . \ . \ (157)$$

Or, pour k impair de la forme $2k'+1$, on a $Cos.\,\{(k-1)\pi\} = Cos.\,2k'\pi = 1$. Mais pour k pair de la forme $2k'\pi$, on a $Cos.\,\{(k-1)\pi\} = Cos.\,\{(2k'-1)\pi = -1$, et $Cos.\,\{b(k-1)\pi\} = Cos.\,\{b(2k'-1)\pi\} = Cos.\,b\pi$, donc $+1$ ou -1, selon que b est pair ou impair; de sorte que dans ce cas-ci il faut distinguer ces deux formes de b. On trouve donc en ôtant l'accent aux k:

$$Lim.\int_0^{b\pi} \frac{Sin.\{(2k-1)x\}}{Sin.\,x} f(x)dx = \frac{\pi}{2}\left[f(0) + 2f(\pi) + 2f(2\pi) + \ldots + 2f\{(b-1)\pi\} + f(b\pi)\right], Lim.k = \infty \ .(158)$$

$$Lim.\int_0^{2b\pi} \frac{Sin.2kx}{Sin\ x} f(x)dx = \frac{\pi}{2}\left[f(0) - 2f(\pi) + 2f(2\pi) - \ldots - 2f\{(2b-1)\pi\} + f(2b\pi)\right], Lim.k = \infty \ .(159)$$

$$Lim.\int_0^{(2b+1)\pi} \frac{Sin.2kx}{Sin.\,x} f(x)dx = \frac{\pi}{2}\left[f(0) - 2f(\pi) + 2f(2\pi) - \ldots + 2f(2b\pi) - f\{(2b+1)\pi\}\right], Lim.k = \infty.(160)$$

Lorsqu'on ne sait pas d'avance si k est pair ou impair, alors l'intégrale est indéterminée à moins que l'on n'ait toujours $f\{(2h+1)\pi\} = 0$ pour $2h+1 > b$. On trouve par conséquent:

$$Lim.\int_0^{2b\pi} \frac{Sin.\,kx}{Sin.\,x} f(x)\,dx = \frac{\pi}{2}\left[f(0) + f(2\pi) + \ldots + 2f\{(2b-2)\pi\} + f(2b\pi)\right], Lim.\,k = \infty \ .(161)$$

$$\text{Lim.} \int_0^{(2b+1)\pi} \frac{\text{Sin. } k\,x}{\text{Sin. } x} f(x)\,dx = \frac{\pi}{2}\left[f(0) + 2f(2\pi) + \ldots + 2f(2b\pi)\right], \text{ Lim. } k = \infty \quad \ldots\ldots (162)$$

si toujours $f\{(2h+1)\pi\} = 0$, pour $h < b$ et $h \leqq b$ respectivement;

$$\text{Lim.} \int_0^{b\pi} \frac{\text{Sin. } kx}{\text{Sin. } x} f(x)\,dx = \text{indéterminée, Lim. } k = \infty \quad \ldots\ldots (163)$$

lorsqu'on n'a pas toujours $f\{(2h+1)\pi\} = 0$, $2h+1 < b$.

Enfin soit $a = b\pi + c$, où $c < \pi$; alors on a par la division de la distance des limites:

$$\text{Lim.} \int_0^{b\pi+c} \frac{\text{Sin. } k\,x}{\text{Sin. } x} f(x)\,dx = \text{Lim.} \int_0^{b\pi} \frac{\text{Sin. } k\,x}{\text{Sin. } x} f(x)\,dx + \text{Lim.} \int_{b\pi}^{b\pi+c} \frac{\text{Sin. } k\,x}{\text{Sin. } x} f(x)\,dx.$$

Dans la dernière intégrale soit $x = b\pi + y$, elle devient par la même substitution de plus haut:

$$\text{Cos. } \{(k-1)\,b\,\pi\}. \int_0^{c} \frac{\text{Sin. } k\,x}{\text{Sin. } x} f(b\pi + x)\,dx,$$

et elle tombe dans le cas de la formule (152), puisque $c < \pi$; donc la valeur en est $\text{Cos. } \{(k-1)\,b\,\pi\}.\frac{\pi}{2} f(b\pi)$. Quant à la première intégrale au second membre, le résultat des recherches se trouve dans les formules (157) à (163). Par suite on a ici, en distinguant les mêmes cas:

$$\text{Lim.} \int_0^{b\pi+c} \frac{\text{Sin. } \{(2k+1)\,x\}}{\text{Sin. } x} f(x)\,dx = \frac{\pi}{2}\left[f(0) + 2f(\pi) + 2f(2\pi) + \ldots + 2f(b\pi)\right] \quad .. (164)$$

$$\text{Lim.} \int_0^{2b\pi+c} \frac{\text{Sin. } 2\,k\,x}{\text{Sin. } x} f(x)\,dx = \frac{\pi}{2}\left[f(0) - 2f(\pi) + 2f(2\pi) - \ldots + 2f(2b\pi)\right] \quad \ldots\ldots (165)$$

$$\text{Lim.} \int_0^{(2b+1)\pi+c} \frac{\text{Sin. } 2\,k\,x}{\text{Sin. } x} f(x)\,dx = \frac{\pi}{2}\left[f(0) - 2f(\pi) + 2f(2\pi) - \ldots - 2f\{(2b+1)\pi\}\right] \; . (166)$$

$$\text{Lim.} \int_0^{2b\pi+c} \frac{\text{Sin. } k\,x}{\text{Sin. } x} f(x)\,dx = \frac{\pi}{2}\left[f(0) + 2f(2\pi) + \ldots + 2f(2b\pi)\right] \quad \ldots\ldots (167)$$

$$\text{Lim.} \int_0^{(2b+1)\pi+c} \frac{\text{Sin. } k\,x}{\text{Sin. } x} f(x)\,dx = \frac{\pi}{2}\left[f(0) + 2f(2\pi) + \ldots + 2f(2b\pi)\right] \ldots\ldots (168)$$

Les deux dernières valent lorsque toujours $f\{(2h+1)\pi\} = 0$ pour $h < b$, $h \leqq b$, respectivement; si cela n'est pas toujours le cas on a:

Page 71.

$$\text{Lim.} \int_0^{b\pi+c} \frac{Sin.\,k\,x}{Sin.\,x} f(x)\,dx = \text{indéterminée} \quad \ldots\ldots \quad (169)$$

où partout Lim. $k = \infty$.

Ainsi l'intégrale se trouve évaluée pour tous les cas, qui peuvent se présenter, et il est évident que la valeur n'en diffère pas seulement pour les valeurs de $a < \pi, = \pi, b\pi, b\pi + c$, mais aussi selon qu'on peut supposer la quantité k, qui diverge vers l'infini, comme étant paire ou impaire, ou en cas que l'on n'en connaisse pas l'origine.

Lorsque encore on voulait calculer notre intégrale pour un a infini, on ne sait pas si a est un multiple exact de π ou non, c'est-à-dire s'il a la forme $b\pi$ ou $b\pi + c$: mais alors les formules (157) à (169) mènent toutes aux mêmes résultats:

$$\text{Lim.} \int_0^{\infty} \frac{Sin.\,\{(2k+1)x\}}{Sin.\,x} f(x)\,dx = \frac{\pi}{2}\left[f(0) + 2f(\pi) + 2f(2\pi) + \ldots\right] \quad \ldots \quad (170)$$

$$\text{Lim} \int_0^{\infty} \frac{Sin.\,2\,k\,x}{Sin.\,x} f(x)\,dx = \frac{\pi}{2}\left[f(0) - 2f(\pi) + 2f(2\pi) - \ldots\right] \quad \ldots \quad (171)$$

$$\text{Lim.} \int_0^{\infty} \frac{Sin.\,k\,x}{Sin.\,x} f(x)\,dx = \frac{\pi}{2}\left[f(0) + 2f(2\pi) + 2f(4\pi) + \ldots\right] \quad \ldots \quad (172)$$

$$\text{ou} = \text{indéterminée} \quad \ldots\ldots \quad (173)$$

suivant qu'on a toujours $f\{(2h+1)\pi\} = 0,\ 0 < h < \infty$ ou non.

où partout Lim. $k = \infty$.

Dans toutes les formules de ce numéro on a supposé que $f(x)$ reste continue entre les limites de l'intégration.

73. Passons maintenant à l'intégrale $\text{Lim.}\int_0^a \frac{Cos.\,k\,x}{Cos.\,x} f(x)\,dx$, analogue à celle, que nous venons d'étudier, et tâchons de la déduire de celle-ci. A cet effet faisons $x = \frac{\pi}{2} + y$, d'où $dx = dy$, $Cos.\,x = -Sin.\,y$, $Cos.\,kx = Cos.\left(\frac{1}{2}k\pi + ky\right)$ avec les limites $-\frac{\pi}{2}$ et $a - \frac{\pi}{2}$ de y. Or, l'expression de $Cos.\,k\,x$ nous indique qu'il y aura à distinguer quatre valeurs de k suivant qu'il a la forme $4k'$, $4k'+1$, $4k'+2$, $4k'-1$: alors on aura respectivement $Cos.\,k\,x = Cos.\,\{2k'\pi + 4k'y\} = Cos.\,4k'y$, $= Cos.\,\{2k'\pi + \frac{1}{2}\pi + (4k'+1)y\} = -Sin.\,\{(4k'+1)y\}$, $= Cos.\,\{(2k'+1)\pi + (4k'+2)y\} = -Cos.\,\{(4k'+2)y\}$, $= Cos.\,\{2k'\pi - \frac{1}{2}\pi + (4k'-1)y\} = Sin.\,\{(4k'-1)y\}$. Occupons-nous en premier lieu du deuxième et du quatrième de ces quatre cas, et divisons-y la distance des limites dans deux parties, l'une de $-\frac{1}{2}\pi$ à 0, l'autre de 0 à $a - \frac{1}{2}\pi$;

observons en outre que par l'intermédiaire du double signe $\pm$ on peut admettre ces deux cas dans une même formule:

$$\text{Lim.}\int_0^a \frac{Cos.\{(4k\pm 1)x\}}{Cos.x} f(x)\,dx = \text{Lim.}\int_{-\frac{\pi}{2}}^{a-\frac{\pi}{2}} \frac{\mp Sin.\{(4k\pm 1)x\}}{-Sin.x} f\left(\frac{\pi}{2}+x\right)dx =$$

$$=\pm\text{Lim.}\int_{-\frac{1}{2}\pi}^{0}\frac{Sin.\{(4k\pm 1)x\}}{Sin.x} f\left(\frac{\pi}{2}+x\right)dx \pm \text{Lim.}\int_0^{a-\frac{1}{2}\pi}\frac{Sin.\{(4k\pm 1)x\}}{Sin.x} f\left(\frac{\pi}{2}+x\right)dx.$$

Dans la première intégrale au second membre faisons $x = -y$, $dx = -dy$, avec $\frac{1}{2}\pi$ et 0 pour limites de y, alors elle rentre dans le cas de la formule (152); substituons donc ce résultat, et nous aurons:

$$\text{Lim.}\int_0^a \frac{Cos.\{(4k\pm 1)x\}}{Cos.x} f(x)\,dx = \pm\frac{\pi}{2}f\left(\frac{\pi}{2}\right) \pm \text{Lim.}\int_0^{a-\frac{1}{2}\pi}\frac{Sin.\{(4k\pm 1)x\}}{Sin\ x} f\left(\frac{\pi}{2}+x\right)dx\,.\quad(174a)$$

Pour que la dernière intégrale puisse se réduire à celle, que nous avons étudiée au Nr. 72, il faut que la limite supérieure en soit positive; et encore faut-il supposer successivement $\frac{\pi}{2} < a < \frac{3\pi}{2}$, $a = \frac{3\pi}{2}$, $a = \frac{2b+1}{2}\pi$, $a = \frac{2b+1}{2}\pi + c$, $a = \infty$ afin d'obtenir des valeurs pour la limite $a - \frac{1}{2}\pi$ égales à celles que nous avons distinguées au Nr. cité. Encore pour le cas de $a = \frac{1}{2}\pi$ la dernière intégrale de l'équation (174a) est nulle et nous trouvons:

$$\text{Lim.}\int_0^{\frac{1}{2}\pi}\frac{Cos.\{(4k\pm 1)x\}}{Cos\ x} f(x)\,dx = \pm\frac{\pi}{2}f\left(\frac{\pi}{2}\right);\ \ldots\ldots\ldots\ (174)$$

tandis que les cinq cas mentionnés nous donnent par l'introduction des résultats du Nr. précédent, qui valent pour des k impairs, c'est-à-dire des formules (152), (154), (158), (164), (170):

$$\text{Lim.}\int_0^a \frac{Cos.\{(4k\pm 1)x\}}{Cos.x} f(x)\,dx = \pm\frac{\pi}{2}f\left(\frac{\pi}{2}\right) \pm \frac{\pi}{2}f\left(\frac{\pi}{2}+0\right) = \pm\,\pi f\left(\frac{\pi}{2}\right), \frac{\pi}{2} < a < \frac{3\pi}{2}, .\ (175)$$

$$\text{Lim.}\int_0^{\frac{3\pi}{2}} \frac{Cos.\{(4k\pm 1)x\}}{Cos.x} f(x)\,dx = \pm\frac{\pi}{2}f\left(\frac{\pi}{2}\right) \pm \frac{\pi}{2}\left[f\left(\frac{\pi}{2}\right)+f\left(\frac{3\pi}{2}\right)\right] = \pm\frac{\pi}{2}\left[2f\left(\frac{\pi}{2}\right)+f\left(\frac{3\pi}{2}\right)\right], (176)$$

$$\text{Lim.}\int_0^{\frac{2b+1}{2}\pi} \frac{Cos.\{(4k\pm 1)x\}}{Cos.x} f(x)\,dx = \pm\frac{\pi}{2}f\left(\frac{\pi}{2}\right) \pm \frac{\pi}{2}\left[f\left(\frac{\pi}{2}\right)+2f\left(\frac{3\pi}{2}\right)+2f\left(\frac{5\pi}{2}\right)+\ldots\right.$$

$$\left.+2f\left(\frac{2b-1}{2}\pi\right)+f\left(\frac{2b+1}{2}\pi\right)\right] = \pm\frac{\pi}{2}\left[2f\left(\frac{\pi}{2}\right)+2f\left(\frac{3\pi}{2}\right)+\ldots+2f\left(\frac{2b-1}{2}\pi\right)+f\left(\frac{2b+1}{2}\pi\right)\right], (177)$$

$$\text{Lim.}\int_0^{\frac{2b+1}{2}\pi+c}\frac{Cos.\{(4k\pm1)x\}}{Cos.\,x}f(x)\,dx=\pm\frac{\pi}{2}f\left(\frac{\pi}{2}\right)\pm\frac{\pi}{2}\left[f\left(\frac{\pi}{2}\right)+2f\left(\frac{3\pi}{2}\right)+2f\left(\frac{5\pi}{2}\right)+\ldots\right.$$

$$\left.+2f\left(\frac{2b+1}{2}\pi\right)\right]=\pm\pi\left[f\left(\frac{\pi}{2}\right)+f\left(\frac{3\pi}{2}\right)+\ldots+f\left(\frac{2b+1}{2}\pi\right)\right],\ .\ (178)$$

$$\text{Lim.}\int_0^{\infty}\frac{Cos.\{(4k\pm1)x\}}{Cos.\,x}f(x)\,dx=\pm\frac{\pi}{2}f\left(\frac{\pi}{2}\right)\pm\frac{\pi}{2}\left[f\left(\frac{\pi}{2}\right)+2f\left(\frac{3\pi}{2}\right)+2f\left(\frac{5\pi}{2}\right)+\ldots\right]=$$

$$=\pm\pi\left[f\left(\frac{\pi}{2}\right)+f\left(\frac{3\pi}{2}\right)+\ldots\right]\ .\ .\ .\ .\ .\ .\ .\ .\ .\ .\ .\ .\ (179)$$

où partout Lim. $k=\infty$.

Pour le premier et le troisième cas, que nous avons distingués au commencement de cette discussion, on se trouverait réduit, en suivant la même voie, à l'intégrale :

$$\text{Lim.}\int_0^a\frac{Cos.\,k\,x}{Sin.\,x}f(x)\,dx\,;$$

et celle-ci sera l'objet de notre examen au Numéro suivant: donc ici il faut agir autrement. Or, d'après les formules de Goniométrie: $Cos.\,4\,k\,x=Cos.\{(4\,k+1)\,x\}.\,Cos.\,x+Sin.\{(4\,k+1)\,x\}.\,Sin.\,x$, $Cos.\{(4\,k+2)\,x\}=Cos.\{(4\,k+1)\,x\}.\,Cos.\,x-Sin.\{(4\,k+1)\,x\}.\,Sin.\,x$, il s'ensuit en premier lieu:

$$\text{Lim.}\int_0^a\frac{Cos.\,4\,k\,x}{Cos.\,x}f(x)\,dx=\text{Lim.}\int_0^a Cos.\{(4k+1)\,x\}.f(x)\,dx+\text{Lim.}\int_0^a\frac{Sin.\{(4\,k+1)\,x\}}{Cos.\,x}Sin.\,x.f(x)\,dx,$$

$$\text{Lim.}\int_0^a\frac{Cos.\{(4k+2)x\}}{Cos.\,x}f(x)dx=\text{Lim.}\int_0^a Cos.\{(4k+1)x\}.f(x)dx-\text{Lim.}\int_0^a\frac{Sin.\{(4k+1)x\}}{Cos.\,x}Sin.x.f(x)dx.$$

Mais la première intégrale au second membre de ces équations n'est autre chose que l'intégrale (151) et s'annule par conséquent pour tout a positif, entre zéro et l'infini. Pour trouver la seconde intégrale, il faut s'adresser à l'intégrale du Nr. 72 et y supposer $f(x)=Sin.\,x\dfrac{Sin.\,x}{Cos.\,x}f_1(x)=\dfrac{Sin.^2\,x}{Cos.\,x}f\ (x)$, afin d'obtenir celle que l'on a ici. Or on a $f(c\,\pi)=\dfrac{Sin.^2\,c\,\pi}{Cos.\,c\,\pi}f(c\,\pi)=0$; mais pour une valeur de $a=\dfrac{2\,c+1}{2}\pi$, on a $f(a\,x)=\dfrac{Sin.^2\left(\frac{2\,c+1}{2}\pi\right)}{Cos.\left(\frac{2\,c+1}{2}\pi\right)}f\left(\dfrac{2\,c+1}{2}\pi\right)=\dfrac{1}{0}f\left(\dfrac{2\,c+1}{2}\pi\right)=\infty$: on trouve donc, puisque les cas de $4\,k$ en $2\,k+2$ coïncident ici, en général pour un k pair:

$$\text{Lim.}\int_0^a\frac{Cos.\,2\,k\,x}{Cos.\,x}f(x)\,dx=0\,,\ \text{pour}\ a<\frac{1}{2}\pi,$$

Page 74.

$= \infty$, pour $\frac{1}{2}\pi < a < \infty$, si $f\left(\frac{2c+1}{2}\pi\right)$ ne s'annule pas toujours.

Encore devons-nous discuter le cas, où $f\left(\frac{2c+1}{2}\pi\right)$ s'évanouit toujours: alors employons encore la formule (151), supposant $f(x) = \frac{1}{Cos.\,x} f_1(x)$. Ici se présente le cas, où la fonction devient discontinue pour $c_1 = \frac{2c+1}{2}\pi$: donc, pour avoir la valeur zéro de cette formule, on doit satisfaire à la condition ajoutée: elle devient ici:

$$\text{Lim.}\,\delta\frac{1}{Cos.\left(\frac{2c+1}{2}\pi\pm\delta\right)}f\left(\frac{2c+1}{2}\pi\pm\delta\right) = \text{Lim.}\frac{\delta}{\mp Sin.\left\{\frac{2c+1}{2}\pi\right\}.Sin.\delta}f\left(\frac{2c+1}{2}\pi\pm\delta\right) =$$

$$= \frac{1}{\mp Cos.\,c\pi}\text{Lim.}\frac{\delta}{Sin.\,\delta}f\left(\frac{2c+1}{2}\pi\pm\delta\right) = 0.$$

Or on a: $\text{Lim.}\frac{\delta}{Sin.\,\delta} = 1$, par suite il faut que $\text{Lim.}f\left(\frac{2c+1}{2}\pi\pm\delta\right)$ soit zéro, c'est-à-dire $f\left(\frac{2c+1}{2}\pi\right) = 0$.
Rassemblant ce que l'on a trouvé, on aura:

$$\text{Lim.}\int_0^a \frac{Cos.\,2kx}{Cos.\,x}f(x)\,dx = 0,\ 0 < a < \frac{1}{2}\pi, \quad \ldots \quad (180)$$

$$= 0\,, \ldots (181) \qquad \text{ou} = \infty\,,\ \frac{1}{2}\pi < a < \infty, \ldots (182)$$

suivant que $f\left(\frac{2c+1}{2}\pi\right)$ est toujours zéro ou non; $2c+1 < 2a$. $\text{Lim.}\,k = \infty$.

On voit ainsi que le premier et le troisième cas, que l'on distinguait au commencement, ne donnent lieu en dernière analyse à aucune différence dans le résultat.

Toujours faut-il que la fonction $f(x)$ reste continue entre les limites de l'intégration; sinon les raisonnement précédents ne seraient plus valables.

74. Les considérations précédentes nous ramenaient à l'intégrale $\text{Lim.}\int_0^a \frac{Cos.\,kx}{Sin.\,x}f(x)\,dx$: celle-ci et son analogue $\text{Lim.}\int_0^a \frac{Sin.\,kx}{Cos.\,x}f(x)\,dx$ nous occuperont ici.

Comme on a en premier lieu:

$$\text{Lim.}\int_0^a \frac{Sin.\,kx}{Cos.\,x}f(x)\,dx = \text{Lim.}\int_0^a \frac{Sin.\{(k-1)x\}.Cos.\,x + Cos.\{(k-1)x\}.Sin.\,x}{Cos.\,x}f(x)\,dx =$$

$$= \text{Lim.}\int_0^a Sin.\{(k-1)x\}.f(x)\,dx + \text{Lim.}\int_0^a \frac{Cos.\,\{(k-1)x\}}{Cos.\,x}Sin.x.f(x)dx,$$

et que la première intégrale au dernier membre tombe sous la forme de l'intégrale (150), elle est zéro pour chaque a positif. Quant à la dernière intégrale, elle est de celles, dont on a traité au Numéro précédent: on n'a qu'à supposer là: $f(x) = Sin.\, x . f_1(x)$ et alors $f\left(\frac{2c+1}{2}\pi\right)$ devient $Sin.\left(\frac{2c+1}{2}\pi\right).f_1\left(\frac{2c+1}{2}\pi\right) = Cos. c\pi . f_1\left(\frac{2c+1}{2}\pi\right)$. Par conséquent il faut distinguer ici encore trois cas, correspondant aux formes $4k-1$, $4k+1$, et $2k$, c'est-à-dire qu'il faut prendre ici $k = 4k'$, $= 4k'+2$, $= 2k'+1$: alors on trouve par l'intermédiaire des résultats du numéro cité:

$$\text{Lim.} \int_0^a \frac{Sin.\{(4k+2)x\}}{Cos.\, x} f(x)\,dx = -\text{Lim.} \int_0^a \frac{Sin. 4kx}{Cos. x} f(x)\,dx = \frac{\pi}{2} f\left(\frac{\pi}{2}\right), a = \frac{1}{2}\pi\,; \;.\;.\; (183)$$

$$= \pi f\left(\frac{\pi}{2}\right), \frac{\pi}{2} < a < \frac{3\pi}{2}\,; \;.\;.\; (184) \qquad = \frac{\pi}{2}\left[2f\left(\frac{\pi}{2}\right) - f\left(\frac{3\pi}{2}\right)\right], a = \frac{3\pi}{2}\,; \;.\;.\;.\;.\;.\; (185)$$

$$= \frac{\pi}{2}\left[2f\left(\frac{\pi}{2}\right) - 2f\left(\frac{3\pi}{2}\right) + \ldots + 2 Cos. b\pi . f\left(\frac{2b-1}{2}\pi\right) + Cos. b\pi . f\left(\frac{2b+1}{2}\pi\right)\right], a = \frac{2b+1}{2}\pi\,; \;.\;.\; (186)$$

$$= \pi\left[f\left(\frac{\pi}{2}\right) - f\left(\frac{3\pi}{2}\right) + \ldots + Cos. b\pi . f\left(\frac{2b+1}{2}\pi\right)\right], a = \frac{2b+1}{2}\pi + c\,; \;.\;.\;.\;.\;.\;.\;.\; (187)$$

$$= \pi\left[f\left(\frac{\pi}{2}\right) - f\left(\frac{3\pi}{2}\right) + \ldots\right], a = \infty\,; \;.\; (188)$$

$$\text{Lim.} \int_0^a \frac{Sin.\{(2k \pm 1)x\}}{Cos. x} f(x)\,dx = 0, a < \frac{1}{2}\pi\,; \;.\; (189)$$

$$= 0\,, \;.\;.\; (190) \quad \text{ou} = \pm\infty\,, \;.\;.\; \frac{1}{2}\pi < a < \infty\,; \;.\; (191)$$

suivant que $f\left(\frac{2c+1}{2}\pi\right)$ s'annule toujours ou non. Partout ici on a Lim. $k = \infty$.

Quand on traite l'autre intégrale de la même manière, il vient d'abord:

$$\text{Lim.} \int_0^a \frac{Cos. kx}{Sin\, x} f(x)\,dx = \text{Lim.} \int_0^a \frac{Cos.\{(k+1)x\}. Cos. x + Sin.\{(k+1)x\}. Sin. x}{Sin. x} f(x)\,dx =$$

$$= \text{Lim.} \int_0^a Sin.\{(k+1)x\}.f(x)\,dx + \text{Lim.} \int_0^a \frac{Cos.\{(k+1)x\}}{Sin. x} Cos. x . f(x)\,dx\,;$$

où la première intégrale du dernier membre s'annule encore d'après la formule (151). La dernière appartient de même à celles, que l'on a étudiées au Numéro précédent, lorsqu'on y suppose $f(x) = \frac{Cos.^2 x}{Sin. x} f(x)$: il est vrai qu'on trouve alors $f\left(\frac{2c+1}{2}\pi\right) = \frac{Cos.^2\left(\frac{2c+1}{2}\pi\right)}{Sin.\left(\frac{2c+1}{2}\pi\right)} f\left(\frac{2c+1}{2}\pi\right) = \frac{0}{Cos. c\pi} f\left(\frac{2c+1}{2}\pi\right) = 0$, mais la fonction $\frac{Cos.^2 x}{Sin. x} f(x)$ devient discontinue pour chaque valeur $c\pi$ de x, à raison du dénominateur $Sin.\, c\pi = 0$. On a donc:

$$\text{Lim.} \int_0^a \frac{Cos.\, k x}{Sin.\, x} f(x)\, dx = 0\,,\ a < \pi,\ = \infty\,,\ \pi < a < \infty, \text{ si } f(c\pi) \text{ ne s'évanouit pas toujours.}$$

Pour le cas où $f(c\pi)$ est toujours zéro, retournons à l'intégrale (151), où l'on devra changer $f(x)$ en $\frac{1}{Sin.\, x} f(x)$, fonction qui devient discontinue pour $x = c\pi$. Pour que nous puissions faire la valeur de l'intégrale zéro, il faut que la condition ajoutée y soit remplie: elle devient ici:

$$\text{Lim.}\, \delta \frac{1}{Sin.(c\pi \pm \delta)} f(c\pi \pm \delta) = \text{Lim.} \frac{\delta}{\pm Cos.\, c\pi .\, Sin.\, \delta} f(c\pi \pm \delta) = \frac{1}{\pm\, Cos.\, c\pi} \text{Lim.} \frac{\delta}{Sin.\, \delta} f(c\pi \pm \delta) = 0.$$

Or Lim. $\frac{\delta}{Sin.\, \delta}$ est l'unité, donc il faut que Lim. $f(c\pi \pm \delta) = 0$, c'est-à-dire $f(c\pi) = 0$. Rassemblant les résultats obtenus, on a:

$$\text{Lim.} \int_0^a \frac{Cos.\, k x}{Sin.\, x} f(x)\, dx = 0\,,\ 0 < a < \pi\,;\ .\ (192)\ = 0\ ,\ (193),\ \text{ou} = \infty\,;\ \pi < a < \infty,\ (194),$$

suivant que $f(c\pi)$ est toujours zéro ou non; partout Lim. $k = \infty$.

La fonction $f(x)$ est supposée toujours continue entre les limites de l'intégration.

75. Jusqu'à présent on n'a traité que des intégrales, où se trouvait le facteur $Sin.\, k x$ ou $Cos.\, k x$. Il est évident que l'introduction d'un facteur de la forme $Tang.\, k x$, $Sec.\, k x$, $Cot.\, k x$, $Cosec.\, k x$ nous conduirait à une valeur infinie. Auprès des deux premiers pourtant, lorsque k augmente vers l'infini, il y aura toujours des cas où $k x$ obtiendrait une valeur $\left(\frac{2c+1}{2}\pi\right)$, quelque petite que l'on prenne la limite supérieure a de l'intégration; et dès-lors ces facteurs deviennent infinis; pour les deux autres formes le même cas se présente, quand $k x$ acquiert la forme $c\pi$. Cet inconvénient ne cesserait d'exister que pour a zéro: mais alors toute l'intégrale s'évanouirait, puisque les limites seraient égales.

D'un autre côté cependant à chaque intégrale trouvée au facteur $Cos.\, k x$, il en correspond une autre au facteur $Sin.\, kx$, que l'on a déduite aussi: donc, eu égard à la formule $e^{\pm kxi} = Cos.\, k x \pm i\, Sin.\, k x$, ces formules donnent lieu à d'autres analogues au facteur $e^{\pm kxi}$. Ainsi des formules (150), (151) on tire:

$$\text{Lim.} \int_0^a e^{\pm kxi} f(x)\, dx = 0,\ 0 < a < \infty,\ \text{Lim.}\, k = \infty\,; \qquad (195)$$

Quand $f(x)$ devient infinie pour les valeurs $0, a$, ou $c\ (0 < c < a)$ de x, il faut encore que les conditions respectives Lim. $\delta f(\delta) = 0$, Lim. $\delta f(a - \delta) = 0$, Lim. $\delta f(c \pm \delta) = 0$ soient remplies.

Des formules (192) à (194) et (152) à (173) on déduit:

Page 77.

$$\text{Lim.}\int_0^a e^{\pm kxi} f(x) \frac{dx}{Sin.\, x} = \pm \frac{1}{2}\pi i f(0), 0 < a < \pi, \ldots\ldots\ldots\ldots (196)$$

$$= \pm \frac{1}{2}\pi i f(0) \ldots (197), \qquad \text{ou} = \infty\,;\ \pi < a < \infty \ldots (198)$$

suivant que $f(c\,\pi)$ est toujours nulle ou non ($c \leqq a$). Lim. $k = \infty$.

Enfin les formules (183) à (191) et (174) à (182) donnent lieu à la suivante:

$$\text{Lim.}\int_0^a e^{\pm kxi} f(x) \frac{dx}{Cos.\, x} = 0 \ldots (199) \qquad \text{ou} = \infty, 0 < a < \infty. \ (200)$$

suivant que $f\left(\frac{2c+1}{2}\pi\right)$ s'évanouit toujours ou non pour un $c < a$. Lim. $k = \infty$.

Il est remarquable que les cas différents, qu'introduiraient les intégrales au facteur $Sin.\, k\, x$ et $Cos.\, k\, x$, se trouvent tous réduits à zéro à cause de la condition sous laquelle existe la formule correspondante aux facteurs $Cos.\, k\, x$ et $Sin.\, k\, x$ respectivement. Et voilà pourquoi ici le résultat est toujours si simple et n'exige aucune des distinctions par rapport à k ou à a, nécessaires auparavant.

---

§ 10. INTÉGRALES À FONCTIONS PÉRIODIQUES ET AUX LIMITES 0 ET ∞.

76. A l'égard de ces intégrales on a énoncé des opinions très-diverses, et par suite on est arrivé à des resultats très-différents, reposant en général sur des notions erronées des intégrales définies et sur l'emploi illégitime de séries divergentes [48]. De la manière suivante on évite des séries divergentes et par conséquent la fausseté, du moins l'incertitude des résultats [49]. D'après la définition de l'intégrale définie, formule (3), on a, en prenant δ pour la limite inférieure de l'intégration:

$$\int_\delta^q f(x)\, dx = \text{Lim.}\, \delta \left[f(\delta) + f(2\,\delta) + f(3\,\delta) + \ldots + f([n-1]\,\delta)\right], \text{ où } q = n\,\delta.$$

Supposons que $f(x)$ soit de la forme $f(x) = r^{\frac{x}{\delta}} \varphi(Sin.\, \alpha\, x, Cos.\, \beta\, x)$, alors il vient:

$$\int_\delta^q r^{\frac{x}{\delta}} \varphi(Sin.\, \alpha\, x, Cos.\, \beta\, x)\, dx = \text{Lim.}\, \delta \left[r\, \varphi(Sin.\, \alpha\, \delta, Cos.\, \beta\, \delta) + r^2\, \varphi(Sin.\, 2\, \alpha\, \delta, Cos.\, 2\, \beta\, \delta) + \ldots \right.$$
$$\left. + r^{n-1} \varphi\left(Sin.\, \{[n-1]\, \alpha\, \delta\}, Cos.\, \{[n-1]\, \beta\, \delta\}\right)\right].$$

[48] Voyez par exemple RAABE, qui a traité de ces intégrales en particulier dans le Journal von Crelle, Bd. 15, S. 355; Bd. 23, S. 105; Bd. 25, S. 160.

[49] Comme j'ai tâché de démontrer dans la seconde partie de ma note insérée au Tome 7 des Verhandelingen der Koninkl. Akademie van Wetenschappen.

Page 78.

Faisons $n = 2ab\pi + 1$, et donc $q = 2ab\pi\delta + \delta$: mettons-y $b\delta = c$, de sorte que b devient infini, alors $q = 2\pi ac + \delta$, et notre intégrale devient:

$$\int_{\delta}^{2\pi ac+\delta} r^{\frac{x}{\delta}} \varphi(Sin.\,\alpha x, Cos\,\beta x)\,dx = \text{Lim.}\,\delta r\big[\varphi(Sin.\,\alpha\delta, Cos.\,\beta\delta) + r\varphi(Sin.\,2\alpha\delta, Cos.\,2\beta\delta) + \ldots$$
$$+ r^{2ab\pi-1}\varphi(Sin.\,2ab\pi\alpha\delta, Cos.\,2ab\pi\beta\delta)\big].$$

Maintenant prenons a, qui est encore une quantité tout-à-fait arbitraire, tel que $a\alpha$ et $a\beta$ deviennent des nombres entiers; ce qui est toujours possible, pourvu que α et β ne soient pas des nombres irrationnels: alors la périodicité des fonctions $Sin.\,x$ et $Cos.\,x$ donnera:

$$Sin.\,\{(2\pi ea + f)\alpha\delta\} = Sin.f\alpha\delta \quad , \quad Cos.\,\{(2\pi ea + f)\beta\delta\} = Cos.f\beta\delta;$$

et par conséquent:

$$\varphi\big(Sin.\,\{(2\pi ea + f)\alpha\delta\}, Cos.\,\{(2\pi ea + f)\beta\delta\}\big) = \varphi(Sin.f\alpha\delta, Cos.f\beta\delta).$$

On pourra ainsi diviser la série de l'équation précédente en plusieurs périodes:

$$\int_{\delta}^{2\pi ac+\delta} r^{\frac{x}{\delta}} \varphi(Sin.\,\alpha x, Cos.\,\beta x)\,dx = \text{Lim.}\,\delta r\big[\varphi(Sin.\,\alpha\delta, Cos.\,\beta\delta) + r\varphi(Sin.\,2\alpha\delta, Cos.\,2\beta\delta) + \ldots$$
$$+ r^{2a\pi-1}\varphi(Sin.\,2a\pi\alpha\delta, Cos.\,2a\pi\beta\delta)$$
$$+ r^{2a\pi}\varphi(Sin.\,\alpha\delta, Cos.\,\beta\delta) + r^{2a\pi+1}\varphi(Sin.\,2\alpha\delta, Cos.\,2\beta\delta) + \ldots + r^{4a\pi-1}\varphi(Sin.\,2a\pi\alpha\delta, Cos.\,2a\pi\beta\delta)$$
$$+ \ldots\ldots\ldots\ldots\ldots\ldots\ldots\ldots\ldots\ldots\ldots\ldots$$
$$+ r^{(c-1)2a\pi}\varphi(Sin.\,\alpha\delta, Cos.\,\beta\delta) + r^{(c-1)2a\pi+1}\varphi(Sin.\,2\alpha\delta, Cos.\,2\beta\delta) + \ldots$$
$$+ r^{2ca\pi-1}\varphi(Sin.\,2a\pi\alpha\delta, Cos.\,2a\pi\beta\delta)\big] \quad \ldots . \; (201a)$$
$$= \text{Lim.}\,\delta r(1 + r^{2a\pi} + r^{4a\pi} + \ldots + r^{(c-1)2a\pi})\big[\varphi(Sin.\,\alpha\delta, Cos.\,\beta\delta) + r\varphi(Sin.\,2\alpha\delta, Cos.\,2\beta\delta) + \ldots$$
$$+ r^{2a\pi-1}\varphi(Sin.\,2a\pi\alpha\delta, Cos.\,2a\pi\beta\delta)\big] \quad \ldots . \; (201b)$$
$$= \text{Lim.}\,\delta r\frac{1 - r^{2ca\pi}}{1 - r^{2a\pi}}\big[\varphi(Sin.\,\alpha\delta, Cos.\,\beta\delta) + r\varphi(Sin.\,2\alpha\delta, Cos.\,2\beta\delta) + \ldots$$
$$+ r^{2a\pi-1}\varphi(Sin.\,2a\pi\alpha\delta, Cos.\,2a\pi\beta\delta)\big] \quad \ldots . \; (201c)$$

Pour pouvoir employer la dernière équation sans crainte, il faut que c soit fini. Dans ce cas supposons $r = 1$, alors $r^{\frac{x}{\delta}} = 1$ et la fonction $\frac{1 - r^{2ac\pi}}{1 - r^{2a\pi}} = \frac{0}{0} = \frac{-2ac\pi r^{2ac\pi-1}}{-2a\pi r^{2a\pi-1}} = c$, d'après la règle usuelle pour les fonctions indéterminées; donc nous aurons:

$$\int_{0}^{2\pi ac} \varphi(Sin.\,\alpha x, Cos.\,\beta x)\,dx = c\,\text{Lim.}\,\delta\big[\varphi(Sin.\,\alpha\delta, Cos.\,\beta\delta) + \varphi(Sin.\,2\alpha\delta, Cos.\,2\beta\delta) + \ldots$$
$$+ \varphi(Sin.\,2a\pi\alpha\delta, Cos.\,2a\pi\beta\delta)\big] = c\int_{0}^{2a\pi} \varphi(Sin.\,\alpha x, Cos.\,\beta x)\,dx \;, \; \ldots \; (201)$$

où l'on a transformé la série en intégrale définie, d'après la formule (3). Ce résultat est entièrement conforme à la supposition de périodicité, servant de base à la discussion précédente.

Page 79.

77. Mais ce résultat ne vaut que pour un c fini, et quand $a\alpha$ et $a\beta$ sont des nombres entiers. Gardons cette dernière condition et passons au cas de c infini. Alors le passage de (201b) à (201c) n'est plus permis en général, quand r devient l'unité: car dans la première on distingue deux facteurs, dont le premier devient infini: donc pour que l'intégrale ne devienne pas infinie, il faut du moins que le second facteur soit zéro pour r l'unité, c'est-à-dire, que l'on ait:

$$\varphi(Sin.\alpha\delta, Cos.\beta\delta)+\varphi(Sin\,2\alpha\delta, Cos\,2\beta\delta)+\ldots+\varphi(Sin.2a\pi\alpha\delta, Cos.2a\pi\beta\delta)=\int_0^{2a\pi}\varphi(Sin.\alpha x, Cos.\beta x)dx=0\,.\;(202)$$

La différence du second facteur mentionné et de cette série donnera:

$$S=\varphi(Sin.\alpha\delta, Cos.\beta\delta)+r\varphi(Sin.2\alpha\delta, Cos.2\beta\delta)+r^2\varphi(Sin.3\alpha\delta, Cos.3\beta\delta)+\ldots+r^{2a\pi-1}\varphi(Sin.2a\pi\alpha\delta, Cos.2a\pi\beta\delta)$$

$$=-(1-r)\varphi(Sin.2\alpha\delta, Cos.2\beta\delta)-(1-r^2)\varphi(Sin.3\alpha\delta, Cos.3\beta\delta)-\ldots-(1-r^{2a\pi-1})\varphi(Sin.2a\pi\alpha\delta, Cos.2a\pi\beta\delta)$$

$$=-(1-r)\Big[\varphi(Sin.2\alpha\delta, Cos.2\beta\delta)+\frac{1-r^2}{1-r}\varphi(Sin.3\alpha\delta, Cos.3\beta\delta)+\ldots+\frac{1-r^{2a\pi-1}}{1-r}\varphi(Sin.2a\pi\alpha\delta, Cos.2a\pi\beta\delta)\Big]$$

ou, en ajoutant sous les crochets la série (202), zéro par hypothèse:

$$I=-(1-r)\Big[\varphi(Sin.\alpha\delta, Cos.\beta\delta)+2\varphi(Sin.2\alpha\delta, Cos.2\beta\delta)+\left(1+\frac{1-r^2}{1-r}\right)\varphi(Sin.3\alpha\delta, Cos.3\beta\delta)+\ldots$$
$$+\left(1+\frac{1-r^{2a\pi-1}}{1-r}\right)\varphi(Sin.2a\pi\alpha\delta, Cos.2a\pi\beta\delta)\Big].$$

Voilà donc la valeur de la seconde série de la formule (201b); et son facteur $1-r$ rend la première série convergente, car $(1-r)(1-r^{2a\pi}+r^{4a\pi}+\ldots+r^{(c-1)2a\pi})=\frac{1-r}{1-r^{2a\pi}}(1-r^{2ca\pi})$ a une valeur déterminée, encore pour c infini. Donc la formule (201b) devient sous la condition (202):

$$\int_\delta^{2\pi ac+\delta} r^{\frac{x}{\delta}}\varphi(Sin\,\alpha x, Cos.\beta x)dx=-\text{Lim.}\,\delta r\frac{1-r}{1-r^{2a\pi}}(1-r^{2ca\pi})\Big[\varphi(Sin.\alpha\delta, Cos.\beta\delta)+2\varphi(Sin.2\alpha\delta, Cos\,2\beta\delta)+$$
$$+\left(1+\frac{1-r^2}{1-r}\right)\varphi(Sin.3\alpha\delta, Cos.3\beta\delta)+\ldots+\left(1-\frac{1-r^{2a\pi-1}}{1-r}\right)\varphi(Sin.\,2a\pi\alpha\delta, Cos.\,2a\pi\beta\delta)\Big],\;.(203)$$

équation, qui vaut encore pour un c infini.

Lorsqu'on a $r=1$, il vient en premier lieu pour c fini, puisque $\frac{1-r}{1-r^{2a\pi}}(1-r^{2ca\pi})=\frac{1}{2a\pi}(1-r^{2ca\pi})=0$.

$$\int_0^{2\pi ac}\varphi(Sin.\,\alpha x, Cos.\,\beta x)\,dx=0\;\ldots\ldots\ldots\ldots\ldots\;(204)$$

qui coïncide avec l'application de la formule (201).

Maintenant supposons:

$$r=1-\frac{\delta}{c},\text{ alors Lim. } r^{\frac{x}{\delta}}=\text{Lim.}\left(1-\frac{\delta}{c}\right)^{\frac{x}{\delta}}=\text{Lim.}\left\{\left(1-\frac{\delta}{c}\right)^{\frac{c}{\delta}}\right\}^{\frac{x}{c}}=(e^{-1})^{\frac{x}{c}}=e^{-\frac{x}{c}};$$

$$\text{Lim.}\frac{1-r}{1-r^{2a\pi}}=\text{Lim.}\frac{1-\left(1-\frac{\delta}{c}\right)}{1-\left(1-\frac{\delta}{c}\right)^{2a\pi}}=\frac{\frac{\delta}{c}}{2a\pi\frac{\delta}{c}-\frac{2a\pi}{1}\frac{2a\pi-1}{2}\frac{\delta^2}{c^2}+\ldots}=\frac{1}{2a\pi-\frac{2a\pi}{1}\frac{2a\pi-1}{2}\frac{\delta}{c}+\ldots}=\frac{1}{2a\pi},$$

$\text{Lim.}\frac{1-r^{2ca\pi}}{\delta}=\text{Lim.}\frac{1-r^{2ba\pi\delta}}{\delta}=\frac{0}{0}$ pour chaque r, lorsque δ devient zéro: donc $=\frac{-2ba\pi\, r^{2ba\pi\delta}\, lr}{1}=$

$=-2\,b\,a\,\pi\, r^{2ba\pi\delta}\, l\, r$; mais on a ici: $\text{Lim.}\, r^{2ba\pi\delta}=\left(1-\frac{\delta}{c}\right)^{2ba\pi\delta}=1-\frac{2\,b\,a\,\pi\,\delta}{1}\frac{\delta}{c}+\ldots=1,$

$$\text{Lim.}\, b\, l\, r=\text{Lim.}\frac{c}{\delta}l\left(1-\frac{\delta}{c}\right)=\text{Lim.}\, c\frac{l\left(1-\frac{\delta}{c}\right)}{\delta}=\text{Lim.}\, c\frac{\left(-\frac{1}{c}\right)}{\left(1-\frac{\delta}{c}\right)}:1=\text{Lim.}\frac{-1}{1-\frac{\delta}{c}}=-1:$$

et par conséquent: $\text{Lim.}\frac{1-r^{2ca\pi}}{\delta}=-2a\pi\, 1(-1)=2a\pi$: donc, puisque en général $1-\frac{1-r^{s-1}}{1-r}=1+s-1=s$:

$$\int_0^{2\pi ac}e^{-\frac{x}{c}}\varphi\,(Sin.\,\alpha\, x, Cos.\,\beta\, x)\, dx=-\text{Lim.}\,\delta\,.\,\delta\left[\varphi\,(Sin.\,\alpha\,\delta, Cos.\,\beta\,\delta)+2\,\varphi\,(Sin.\,2\,\alpha\,\delta, Cos.\,2\,\beta\,\delta)+\right.$$

$$+3\varphi\,(Sin.\,3\alpha\delta, Cos.\,3\beta\delta)+\ldots+\left.2a\pi\varphi\,(Sin.\,2a\pi\alpha\delta, Cos.\,2a\pi\beta\delta)\right]=-\text{Lim.}\,\delta\left[\delta\varphi\,(Sin.\,\alpha\delta, Cos.\,\beta\delta)+\right.$$

$$+2\delta\varphi\,(Sin.2\alpha\delta, Cos.\beta\delta)+\ldots+\left.2a\pi\delta\varphi\,(Sin.2a\pi\alpha\delta, Cos.2a\pi\beta\delta)\right]=-\int_0^{2a\pi}x\varphi\,(Sin.\alpha x, Cos.\beta x)dx, \quad (205)$$

lorsqu'on transforme la dernière série en intégrale définie: on a ici c fini et la condition (202).

78. Pour c infini le raisonnement précédent ne change pas, si ce n'est par rapport à

$\text{Lim.}\, r^{\frac{x}{\delta}}$; mais alors on a: $\text{Lim.}\, r^{\frac{x}{\delta}}=\text{Lim.}\left(1-\frac{\delta}{c}\right)^{\frac{x}{\delta}}=\text{Lim.}\,(1-\delta^2)^{\frac{x}{\delta}}=\text{Lim.}(1+\delta)^{\frac{x}{\delta}}(1-\delta)^{\frac{x}{\delta}}=e^x e^{-x}=1,$

comme on aurait pu déduire de la relation $e^{-\frac{x}{c}}=e^{-0}=1$, pour c infini. On a donc toujours sous la condition (202):

$$\int_0^{2\pi ac}\varphi\,(Sin.\,\alpha\, x, Cos.\,\beta\, x)\, dx=-\int_0^{2a\pi}\varphi\,(Sin.\,\alpha\, x, Cos.\,\beta\, x)\, x\, dx, \text{ pour } c \text{ infini} \ldots\ldots\ldots \quad (206)$$

Mais quand on suppose b quelque quantité positive, moindre que $2\,a\,\pi$, on peut prendre ces intégrales entre les limites 0 et $2\,\pi\,a\,c+b$ et diviser la distance des limites en deux parties, l'une de 0 à $2\,\pi\,a\,c$, pour laquelle valent les formules trouvées, l'autre de $2\,\pi\,a\,c$ à $2\,\pi\,a\,c+b$, où l'on peut faire $x=2\,\pi\,a\,c+y$, et où donc $\varphi\,(Sin.\,\alpha x, Cos.\,\beta x)$ devient de nouveau $\varphi\,(Sin.\,\alpha y, Cos.\,\beta y)$, tandis que les limites de y deviennent 0 et α. Les formules (201), (204), (205), (206) donnent ainsi:

$$\int_0^{2\pi ac+b}\varphi\,(Sin.\,\alpha x, Cos.\,\beta x)\, dx=c\int_0^{2a\pi}\varphi\,(Sin.\,\alpha x, Cos.\beta x)\, dx+\int_0^b\varphi\,(Sin.\,\alpha x, Cos.\,\beta x)\, dx, c \text{ fini} \quad . \quad (207)$$

$$\int_0^{2\pi ac+b} \varphi(Sin.\,\alpha x, Cos.\,\beta x)\,dx = \int_0^b \varphi(Sin.\,\alpha x, Cos.\,\beta x)\,dx,\ c \text{ fini} \ldots\ldots\ldots\ldots\ldots\ (208)$$

$$\int_0^{2\pi ac+b} e^{-\frac{x}{c}}\varphi(Sin.\,\alpha x, Cos.\,\beta x)dx = -\int_0^{2a\pi} x\varphi(Sin.\,\alpha x, Cos.\,\beta x)dx + e^{-2a\pi}\int_0^b e^{-\frac{x}{c}}\varphi(Sin.\,\alpha x, Cos.\,\beta x)dx,\ c \text{ fini}.\ (209)$$

$$\int_0^{2\pi ac+b} \varphi(Sin.\,\alpha x, Cos.\,\beta x)\,dx = -\int_0^{2a\pi} x\varphi(Sin.\,\alpha x, Cos.\,\beta x)\,dx + \int_0^b \varphi(Sin.\,\alpha x, Cos.\,\beta x)\,dx,\ c \text{ infini}.\ (210)$$

Les trois dernières intégrales exigent la condition (202).

Les deux intégrales (206) et (210) ont toutes deux ∞ pour limite supérieure, et pourtant les valeurs en diffèrent essentiellement: donc il est évident que l'intégrale $\int_0^\infty \varphi(Sin.\,\alpha x, Cos.\,\beta x)\,dx$, où l'on ne connaît pas l'origine de la limite supérieure, est nécessairement indéterminée, et que les résultats contraires, qu'ont obtenus Poisson, Cisa de Grésy, Plana, Raabe, Boncompagni, Oettinger, ne peuvent valoir [50].

---

[50] Poisson, Journal de l'Ecole Polytechnique, Cah. 16, p. 215, N°. 2. — Le chevalier Cisa de Grésy, Mémoires de Turin, 1821, p. 209. — Plana, Mémoires de Bruxelles, T. 10, Mém. Corr. p. 1. — Raabe, Journal von Crelle, Bd. 15, S. 355. — Ibid., Bd. 16, S. 219. — Boncompagni, Journal von Crelle, Bd. 25, S. 74. — Oettinger, Journal von Crelle, Bd. 38, S. 216.

PARTIE DEUXIÈME.

FORMULES DE TRANSFORMATION GÉNÉRALES.

1. Les principes exposés de la théorie des intégrales définies nous fournissent les moyens nécessaires de déduire plusieurs théorèmes généraux de transformation au sujet de ces fonctions, où il se trouve sous le signe d'intégration définie une fonction, ou tout-à-fait arbitraire, ou soumise à quelques conditions plus ou moins restrictives. Dans les discussions, auxquelles les diverses transformations donnent lieu, il faudra presque à chaque instant faire usage des diverses remarques, que contient la Première Partie: de sorte qu'on peut déja considérer cette Partie-ci comme une application de la théorie des intégrales définies, contenue dans la première.

Il y a quatre genres de ces théorèmes de transformation. En premier lieu ceux, qui mènent à une évaluation finie d'une intégrale définie générale, en fonction ordinairement des coefficients, qui se présentent dans un développement de la fonction intégrée. En deuxième lieu ceux, dans lesquels on est conduit à une autre intégrale définie générale, qui est plus simple sous quelque point de vue, ou qui offre plus d'avantages pour la réduction dans chaque cas spécial, lorsque la forme de la fonction est connue. En troisième lieu les théorèmes, qui conduisent à des sommations de séries; ces théorèmes peuvent de même servir inversément à la sommation des suites par des intégrales définies. Enfin les théorèmes, où il se trouve encore des intégrations doubles, que l'on ne peut réduire à une seule intégration qu'après la substitution d'une forme spéciale pour la fonction arbitraire: il dépend donc en ce cas de cette forme, si l'intégration double est irréductible ou non à une seule intégration.

Dans le cours de cette Partie il faudra souvent employer les valeurs d'intégrales définies spéciales, valeurs qu'on ne trouvera déduites que dans la troisième Partie. Ceci pourtant ne pourra donner lieu à des objections fondées, pourvu qu'on se garde de faire usage de telles formules que l'on aurait obtenues peut-être à l'aide du théorème en discussion; ce dont on pourra toujours facilement s'assurer par l'inspection du lieu cité, où se trouve l'évaluation de l'intégrale définie employée. Dans le cas contraire, où l'on voudrait faire usage de la valeur d'une intégrale définie, découlant d'un théorème, qu'on s'occupe de démontrer ou de déduire, on tomberait nécessairement dans la faute grave de raisonnement en cercle vicieux.

CHAPITRE PREMIER.

ÉVALUATION D'UNE INTÉGRALE DÉFINIE GÉNÉRALE.

2. Commençons par une application de la formule (18) de la première Partie. Elle nous apprend à diviser la distance des limites d'une intégrale définie en plusieurs parties, qui seront les limites d'autant d'intégrales définies nouvelles, auprès desquelles la fonction intégrée ne subit aucun changement. Ainsi nous avons la formule:

$$\int_0^\infty f(x^p + x^{-p})\, lx \frac{dx}{x} = \int_0^1 f(x^p + x^{-p})\, lx \frac{dx}{x} + \int_1^\infty f(x^p + x^{-p})\, lx \frac{dx}{x}.$$

Dans la dernière intégrale faisons $x = \frac{1}{y}$, donc $\frac{dx}{x} = \frac{-dy}{y^2} : \frac{1}{y} = \frac{-dy}{y}$, tandis que les limites pour y deviennent 1 et 0; alors nous avons:

$$\int_1^\infty f(x^p + x^{-p})\, lx \frac{dx}{x} = \int_1^0 f\left(\frac{1}{y^p} + y^p\right) l\frac{1}{y} \frac{-dy}{y} = \int_0^1 f(y^p + y^{-p})\, l\frac{1}{y} \frac{dy}{y},$$

d'après l'équation (P. I, 24) *). Donc aussi par la substitution de cette valeur:

$$\int_0^\infty f(x^p+x^{-p})\, lx \frac{dx}{x} = \int_0^1 f(x^p+x^{-p})\, lx \frac{dx}{x} + \int_0^1 f(x^p+x^{-p})\, l\frac{1}{x} \frac{dx}{x} = \int_0^1 f(x^p+x^{-p}) \left(lx + l\frac{1}{x}\right) \frac{dx}{x}$$

$$= 0; \text{ [1] } \qquad (1)$$

d'abord puisque nous avons employé la formule (16, P. I) et ensuite parce que $lx + l\frac{1}{x}$ est identiquement zéro. Toutefois il faut observer que cette division de la distance des limites, ou plutôt, que le changement de la variable dans une des intégrales partielles n'est plus permis, lorsque celles-ci seraient toutes deux infinies: donc la fonction intégrée $f(x^p + x^{-p}) \frac{lx}{x}$ ne doit pas devenir infinie pour la valeur l'unité de x, c'est-à-dire que la fonction $f(x^p + x^{-p})\, lx$ doit satisfaire à cette condition.

Lorsque dans l'intégrale peu différente

$$\int_0^\infty f(x^p + x^{-p})\, lx \frac{dx}{1+x^2} = \int_0^1 f(x^p + x^{-p})\, lx \frac{dx}{1+x^2} + \int_1^\infty f(x^p + x^{-p})\, lx \frac{dx}{1+x^2}$$

---

*) La notation P. I, P. III désigne les formules, qui se trouvent dans la première, ou dans la troisième Partie.

[1] Schlömilch, Grunert's Archiv, Bd. 4, S. 316. Page 84.

on introduit la même substitution de $x = \frac{1}{y}$, on a ici: $\frac{dx}{1+x^2} = \frac{-dy}{y^2} : \left(1 + \frac{1}{y^2}\right) = \frac{-dy}{1+y^2}$;

donc tout comme plus haut:

$$\int_0^\infty f(x^p + x^{-p})\, lx \frac{dx}{1+x^2} = \int_0^1 f(x^p + x^{-p})\, lx \frac{dx}{1+x^2} + \int_0^1 f(x^p + x^{-p})\, l\frac{1}{x} \frac{dx}{1+x^2} = 0 \,; \quad \ldots (2)$$

par le même raisonnement et sous la même restriction que l'équation (1).

Lorsque dans les équations (1) et (2) on fait $x = e^{-y}$, $lx = -y$, $\frac{dy}{x} = -dy$, avec les limites $-\infty$ et ∞ de y, elles deviennent:

$$\int_{-\infty}^\infty f(e^{px} + e^{-px})\, x\, dx = 0, \quad \ldots \ldots (3)$$

$$\int_{-\infty}^\infty f(e^{px} + e^{-px}) \frac{x\, dx}{e^x + e^{-x}} = 0. \quad \ldots \ldots (4)$$

Dans l'équation (2) on peut faire $x = Tang. y$, donc $\frac{dx}{1+x^2} = \frac{dy}{Cos.^2 y} : Sec.^2 y = dy$; alors les limites de y seront 0 et $\frac{\pi}{2}$, et l'on obtient:

$$\int_0^{\frac{\pi}{2}} f(Tang.^p x + Cot.^p x)\, Tang. x\, dx = 0 \quad \ldots \ldots (5)$$

3. Soit dans une intégrale définie

$$\int_0^\infty \{f(px) - f(qx)\} \frac{dx}{x}$$

la fonction $f(x)$ tellement constituée, qu'on peut la développer dans une série suivant les *Cosinus* des multiples de x, c'est-à-dire:

$$f(x) = A_0 + A_1\, Cos. x + A_2\, Cos. 2x + \ldots = \sum_0^n A_n\, Cos. nx,$$

— série, qui reste convergente pour toute valeur de x entre 0 et ∞, — on peut alors en trouver la valeur de la manière suivante. On déduira P. III Méth. 1, N°. 9 que $\frac{1}{x} = \int_0^\infty e^{-xy}\, dy$, donc on pourra écrire au lieu de l'intégrale en question l'intégrale double:

$$\int_0^\infty \{f(px) - f(qx)\}\, dx \int_0^\infty e^{-xy} dy = \int_0^\infty dy \int_0^\infty \{f(px) - f(qx)\}\, e^{-yx} dx = \int_0^\infty dy \left\{ \int_0^\infty f(px) e^{-yx} dx - \int_0^\infty f(qx) e^{-yx} dx \right\},$$

où le changement dans l'ordre des intégrations est légitime, d'après la supposition à l'égard de la fonction $f(x)$.

Page 85.

Mais on a:

$$\int_0^\infty f(ax)\, e^{-yx}\, dx = \int_0^\infty e^{-yx}\, dx \sum_0^n A_n \, Cos.\, n\,a\,x = \sum_0^n A_n \int_0^\infty e^{-yx}\, Cos.\, n\,a\,x\, dx = \sum_0^n A_n \frac{y}{n^2 a^2 + y^2},$$

lorsqu'on substitue la valeur de l'intégrale définie, trouvée P. III. Méth. 4, N°. 11. Donc on a aussi:

$$\int_0^\infty \{f(px) - f(qx)\} \frac{dx}{x} = \int_0^\infty dy \left\{ \sum_0^n A_n \frac{y}{n^2 p^2 + y^2} - \sum_0^n A_n \frac{y}{n^2 q^2 + y^2} \right\} = \sum_0^n A_n \int_0^\infty \left\{ \frac{y\,dy}{n^2 p^2 + y^2} - \frac{y\,dy}{n^2 q^2 + y^2} \right\}$$

$$= \sum_0^n A_n \int_0^\infty \left\{ \frac{1}{2} d.\, l\,(n^2 p^2 + y^2) - \frac{1}{2} d.\, l\,(n^2 q^2 + y^2) \right\} = \sum_0^n \frac{1}{2} A_n \int_0^\infty d.\, l \frac{n^2 p^2 + y^2}{n^2 q^2 + y^2} =$$

$$= \frac{1}{2} \sum_0^n A_n \left\{ l \frac{0+1}{0+1} - l \frac{n^2 p^2 + 0}{n^2 q^2 + 0} \right\} = \frac{1}{2} \sum_0^n A_n \, l \frac{n^2 q^2}{n^2 p^2}.$$

Nous y avons effectué l'intégration d'après la formule (6, P. I), et nous y avons gardé à dessein le coefficient n^2 dans le numérateur et dans le dénominateur sous le Logarithme, afin de faire voir que dans le premier terme de la série pour la valeur zéro de n, on aura le logarithme de l'unité, c'est-à-dire que ce terme deviendra zéro lui-même: ainsi l'on pourra commencer la sommation avec la valeur unité de n, et ôter dès-lors les facteurs n^2 sous le Logarithme, qui par suite sortira du signe de sommation. On aura ainsi:

$$\int_0^\infty \{f(px) - f(qx)\} \frac{dx}{x} = \frac{1}{2} l \frac{q^2}{p^2} \sum_1^\infty A_n = \frac{1}{2} l \frac{q^2}{p^2} \{f(0) - A_0\}; \text{ [2] } \ldots\ldots (6)$$

puisque $f(0)$ n'est autre chose, d'après la supposition, que

$$A_0 + A_1 + A_2 + \ldots = \sum_0^n A_n = \sum_1^n A_n + A_0.$$

Il faut donc pour la validité du résultat (6) que la fonction $f(x)$ puisse se développer comme il a été supposé: mais on verra sans peine que le raisonnement ne change pas, que ce développement soit une série finie ou infinie.

4. Appliquons maintenant la méthode de différentiation successive sous le signe d'intégration définie, d'après l'équation (59, P. I), à l'intégrale définie générale $I = \int_0^{2\pi} f(p\, e^{xi})\, e^{-axi}\, dx$, où a soit un nombre entier quelconque. Différentions a fois à l'égard de p, et désignons l'effet de cette opération sur la fonction $f(y)$ par la notation connue $f^{(a)}(y)$, de sorte que:

$$\frac{d^a.f(p\,e^{xi})}{dp^a} = \frac{d^a.f(p\,e^{xi})}{(d.\,p\,e^{xi})^a} \cdot \left(\frac{d.\,p\,e^{xi}}{dp} \right)^a = f^{(a)}(p\,e^{xi}).\,(e^{xi})^a;$$

---

[2] SCHLÖMILCH, Grunert's Archiv, Bd. 5, S. 152. Page 86.

et par suite :

$$\frac{d^a.\text{I}}{dp^a} = \int_0^{2\pi} f^{(a)}(p\,e^{xi})\,e^{axi}\,e^{-axi}\,dx = \int_0^{2\pi} f^{(a)}(p\,e^{xi})\,dx \,.\;.\;.\;.\;.\;.\;.\;.\;.\;.\;.\;.\;(\alpha)$$

On a supposé tacitement qu' entre les limites 0 et 2π de x et des limites quelconques de p les a quotients différentiels successifs de $f(p\,e^{xi})$ ne deviennent pas infinis. Séparons dans la fonction $f(p\,e^{xi})$ la partie imaginaire, et soit $f(p\,e^{xi}) = \varphi(p,x) + i\,\chi(p,x)$; alors on obtient :

$$f^{(a)}(p\,e^{xi}) = e^{-axi}\frac{d^a.f(p\,e^{xi})}{dp^a} = e^{-axi}\left\{\frac{d^a.\varphi(p,x)}{dp^a} + i\frac{d^a.\chi(p,x)}{dp^a}\right\}$$

$$= \left\{Cos.\,a\,x\,\frac{d^a.\varphi(p,x)}{dp^a} + Sin.\,a\,x\,\frac{d^a.\chi(p,x)}{dp^a}\right\} + i\left\{Cos.\,a\,x\,\frac{d^a.\chi(p,x)}{dp^a} - Sin.\,a\,x\,\frac{d^a.\varphi(p,x)}{dp^a}\right\}$$

$$= \Phi(p,x) + i\,\text{X}(p,x).$$

Supposons encore que la fonction $(p\,e^{xi})$ acquière les mêmes valeurs pour les valeurs zéro et 2π de x, c'est-à-dire, qu'elle soit périodique ; alors la même chose arrivera auprès des fonctions $\varphi(p,x)$ et $\chi(p,x)$ et même auprès des autres $\Phi(p,x)$ et $\text{X}(p,x)$, donc aussi auprès de $f^{(a)}(pe^{xi})$. A présent on a :

$$\frac{d.}{dx}f^{(a)}(p\,e^{xi}) = f^{(a+1)}(p\,e^{xi})\frac{d.p\,e^{xi}}{dx} = f^{(a+1)}(p\,e^{xi})\,p\,i\,e^{xi};$$

donc aussi par l'intégration par rapport à x entre les limites 0 et 2π :

$$p\,i\int_0^{2\pi} e^{xi}f^{(a+1)}(p\,e^{xi})\,dx = \int_0^{2\pi}\frac{d.}{dx}f^{(a)}(p\,e^{xi})\,dx = f^{(a)}(p\,e^{xi})\Big\}_0^{2\pi},$$

c'est-à-dire prise de 0 à 2π : mais d'après la supposition que les valeurs de cette fonction sont égales pour ces deux limites, le second membre de cette équation s'annule. En outre puisque

$$\frac{d.}{dp}f^{(a)}(p\,e^{xi}) = f^{(a+1)}(p\,e^{xi})\frac{d.p\,e^{xi}}{dp} = e^{xi}f^{(a+1)}(p\,e^{xi}),$$

l'équation précédente prend la forme :

$$0 = \int_0^{2\pi} dx\,\frac{d.}{dp}f^{(a)}(p\,e^{xi}) = \frac{d.}{dp}\int_0^{2\pi} f^{(a)}(p\,e^{xi})\,dx,$$

comme il résulte de la formule (59, P. I). Dès-lors il s'ensuit que l'intégrale

$$\int_0^{2\pi} f^{(a)}(p\,e^{xi})\,dx = \text{Constante par rapport à } p = \text{C}.$$

Pour la déterminer, soit $p = 0$: alors il vient :

$$\text{C} = \int_0^{2\pi} f^{(a)}(0)\,dx = f^{(a)}(0)\int_0^{2\pi} dx = 2\pi f^{(a)}(0).$$

Ainsi l'on obtient d'après l'équation (α):

$$\int_0^{2\pi} f^{(a)}(p\,e^{xi})\,dx = \frac{d^a.\mathrm{I}}{d\,p^a} = 2\,\pi f^{(a)}(0);$$

et lorsqu'on intègre celle-ci a fois de suite par rapport à p:

$$\mathrm{I} = \int_0^{2\pi} f(p\,e^{xi})\,e^{-axi}\,dx = 2\,\pi f^{(a)}(0)\,\frac{p^a}{1^{a/1}}\ [3]; \ldots\ldots\ldots\ (7)$$

lorsque $f(p\,e^{\pi i}) = f(p\,e^0) = f(p)$, et que cette fonction $f(p\,e^{xi})$, ainsi que les a premières dérivées, ne devient pas infinie entre les limites 0 et 2π de x et certaines limites de p: observons toutefois que celles-ci doivent contenir la valeur zéro de p, puisque autrement la manière dont nous avons déterminé la constante C ne serait plus légale.

5. On trouve P. III, Méth. 37, N°. 12 l'intégrale définie:

$$\int_0^{\frac{1}{2}\pi} \frac{(Cos.\,x.\,e^{xi})^p + (Cos.\,x.\,e^{-xi})^p}{Cos.^2\,x + q^2\,Sin^2.\,x}\,dx = \frac{\pi}{q}\left(\frac{q}{q+1}\right)^p.$$

Elle donne lieu à une application très-simple: car soit $f(x)$ une fonction, qui peut se développer selon les puissances de x, savoir

$$f(x) = \sum_1^c \mathrm{A}_n\,x^n;$$

prenons successivement pour x: $Cos.\,x.\,e^{xi}$ et $Cos.\,x.\,e^{-xi}$; et pour p successivement les nombres entiers de 1 à c: multiplions chaque intégrale par la valeur correspondante de A_n: et nous aurons par l'addition de tous ces résultats:

$$\int_0^{\frac{1}{2}\pi} \frac{dx}{Cos.^2 x + q^2 Sin.^2 x} \sum_1^c \mathrm{A}_n (Cos.x.e^{xi})^n + \int_0^{\frac{1}{2}\pi} \frac{dx}{Cos.^2 x + q^2 Sin.^2 x} \sum_1^c \mathrm{A}_n (Cos.x.e^{-xi})^n = \frac{\pi}{q} \sum_1^c \mathrm{A}_n \left(\frac{q}{q+1}\right)^n.$$

Mais les sommations dans la première et dans la seconde intégrale du premier membre de cette équation ne sont autre chose que $f(Cos.\,x.\,e^{xi})$ et $f(Cos.\,x.\,e^{-xi})$ respectivement: ainsi l'on pourra de nouveau mettre les deux fonctions sous un même signe d'intégration. De plus, la sommation dans le second membre de notre équation est aussi $f\left(\frac{q}{q+1}\right)$; ainsi l'on obtient:

$$\int_0^{\frac{1}{2}\pi} \frac{f(Cos.\,x.\,e^{xi}) + f(Cos.\,x.\,e^{-xi})}{Cos.^2\,x + q^2\,Sin.^2\,x}\,dx = \frac{\pi}{q} f\left(\frac{q}{q+1}\right) \ldots\ldots\ldots\ (8)$$

formule, qui pour la valeur 1 de q se réduit à

[3] LAMARLE, Journal de Liouville, T. 11, p. 129. — DIENGER, Grunert's Archiv, Bd. 15, S. 119. Page 88.

$$\int_0^{\frac{1}{2}\pi} \{f(Cos.\,x.\,e^{xi}) + f(Cos.\,x.\,e^{-xi})\}\,dx = \pi f\left(\frac{1}{2}\right) \text{ [4]} \ldots\ldots\ldots\ldots (9)$$

6. Les deux fonctions $f_1(x)$ et $f_2(x)$, qui sont développables, l'une suivant les *Cosinus*, l'autre suivant les *Sinus* des multiples de x,

$$f_1(x) = A_0 + \sum_1^c A_n Cos.\,n\,x \quad , \quad f_2(x) = \sum_1^c B_n Sin.\,n\,x,$$

peuvent être employées ici en vertu du raisonnement suivant. On a identiquement d'après la supposition:

$$\int_0^{\pi} f_1(x)\,Cos.\,a\,x\,dx = A_0 \int_0^{\pi} Cos.\,a\,x\,dx + \sum_1^c A_n \int_0^{\pi} Cos.\,n\,x.\,Cos.\,a\,x\,dx, \ldots\ldots (\alpha)$$

$$\int_0^{\pi} f_2(x)\,Sin.\,a\,x\,dx = \sum_1^c B_n \int_0^{\pi} Sin.\,n\,x.\,Sin.\,a\,x\,dx.$$

Mais on trouve, P. III, Méth. 2, N°. 15 que la valeur de ces intégrales définies est:

$$\left.\begin{aligned} &\int_0^{\pi} Cos.\,n\,x.\,Cos.\,a\,x\,dx = 0\ ,\ \text{ou} = \frac{1}{2}\pi; \\ &\int_0^{\pi} Sin.\,n\,x.\,Sin.\,a\,x\,dx = 0\ ,\ \text{ou} = \frac{1}{2}\pi; \end{aligned}\right\} \text{selon que } n \text{ est } \lessgtr a, \text{ ou que } n = a.$$

Ainsi tous les termes des deux sommations s'évanouissent, outre ceux où l'on aurait $n = a$: de même l'intégrale, qui a A_0 pour coefficient, s'annule aussi. Donc on a enfin:

$$\left.\begin{aligned} &\int_0^{\pi} f_1(x)\,Cos.\,a\,x\,dx = \frac{1}{2}\pi A_a; \ldots\ldots\ldots\ldots (10) \\ &\int_0^{\pi} f_2(x)\,Sin.\,a\,x\,dx = \frac{1}{2}\pi B_a; \ldots\ldots\ldots\ldots (11) \end{aligned}\right\} \text{où } a \text{ est un nombre entier [5].}$$

Il y a encore un cas d'exception: c'est celui où a est zéro: alors la seconde des intégrales citées devient identiquement nulle, et par suite aussi la formule (11). $Cos.\,a\,x$ au contraire devient l'unité, et pour $n = a = 0$, $Cos.\,n\,x$ est aussi égal à l'unité; donc tous les termes de la sommation dans l'équation (α) s'évanouissent, mais le premier terme au contraire devient:

$$A_0 \int_0^{\pi} Cos.\,a\,x\,dx = A_0 \int_0^{\pi} dx = \pi A_0;$$

---

[4] SERRET, Journal de Liouville, T. 8, p. 489.

[5] SCHLÖMILCH, Beiträge zur Theorie bestimmter Integrale. Jena. FROMMANN, 1843. 4°. (103 S.) II. S. 31.

ainsi la formule (10) devient:

$$\int_0^\pi f_1(x)\,dx = \pi A_0 \ldots\ldots\ldots\ldots \quad (12)$$

7. Par l'intermédiaire des mêmes intégrales définies on trouvera encore les théorèmes suivants. Soit une fonction $f(x)$ développable suivant les puissances de x, c'est-à-dire $f(x) = A_0 + \sum_1^c A_n x^n$, alors on aura, à l'aide de la formule $e^{xi} = Cos.\,x \pm i\,Sin.\,x$:

$$f(p\,e^{xi}) = A_0 + \sum_1^c A_n p^n e^{nxi} = A_0 + \sum_1^c A_n p^n\,Cos.\,n\,x + i\sum_1^c A_n p^n\,Sin.\,n\,x,$$

$$f(p\,e^{-xi}) = A_0 + \sum_1^c A_n p^n e^{-nxi} = A_0 + \sum_1^c A_n p^n\,Cos.\,n\,x - i\sum_1^c A_n p^n\,Sin.\,n\,x;$$

dont la somme et la différence, divisées respectivement par 2 et $2\,i$, donnent:

$$\frac{f(p\,e^{xi}) + f(p\,e^{-xi})}{2} = A_0 + \sum_1^c A_n p^n\,Cos.\,n\,x,$$

$$\frac{f(p\,e^{xi}) - f(p\,e^{-xi})}{2\,i} = \sum_1^c A_n p^n\,Sin.\,n\,x.$$

Multiplions la première par $Cos.\,ax\,dx$, la seconde par $Sin.\,ax\,dx$, et intégrons par rapport à x entre les limites 0 et π, nous aurons:

$$\int_0^\pi \frac{f(p\,e^{xi}) + f(p\,e^{-xi})}{2}\,Cos.\,ax\,dx = A_0\int_0^\pi Cos.\,ax\,dx + \sum_1^c A_n p^n \int_0^\pi Cos.\,nx.\,Cos.\,ax\,dx,$$

$$\int_0^\pi \frac{f(p\,e^{xi}) - f(p\,e^{-xi})}{2\,i}\,Sin.\,ax\,dx = \sum_1^c A_n p^n \int_0^\pi Sin.\,nx.\,Sin.\,ax\,dx.$$

Ici les seconds membres dépendent de nouveau des mêmes intégrales définies, que l'on rencontrait dans le numéro précédent: les mêmes conclusions valent donc ici quant aux termes des sommations, qui s'évanouissent, et il restera enfin:

$$\left.\begin{aligned}&\int_0^\pi \frac{f(p\,e^{xi}) + f(p\,e^{-xi})}{2}\,Cos.\,ax\,dx = \frac{\pi}{2}A_a p^a; \quad \ldots\ldots\ldots \quad (13)\\ &\int_0^\pi \frac{f(p\,e^{xi}) - f(p\,e^{-xi})}{2\,i}\,Sin.\,ax\,dx = \frac{\pi}{2}A_a p^a; \quad \ldots\ldots\ldots \quad (14)\end{aligned}\right\}$$ où a est un nombre entier [6].

Lorsque a est zéro, il vient tout comme plus haut:

$$\int_0^\pi \frac{f(p\,e^{xi}) + f(p\,e^{-xi})}{2}\,dx = \pi A_0 \ldots\ldots\ldots \quad (15)$$

---

[6] Smaasen, Journal von Crelle, Bd. 42, S. 222.
Page 90.

Ces dernières formules sont un peu plus générales que celles du Numéro précédent, en ce qu'elles se réduisent aisément à celles-là, lorsqu'on prend l'unité pour la valeur de p. Il est bon de remarquer, que dans les discussions la valeur de c n'a eu aucune influence: de sorte que la valeur en peut être infinie, c'est-à-dire que les développements peuvent être des séries infinies.

8. Lorsqu'une fonction peut être développée selon les puissances paires de $Cos.\, x$, et que l'on a

$$f(x) = A_0 + A_1\, Cos.^2\, x + A_2\, Cos.^4\, x + A_3\, Cos.^6\, x + \ldots = \sum_0^c A_n\, Cos.^{2n}\, x,$$

on peut transformer cette série dans une série double, en faisant usage d'une formule de M. Kummer [7]:

$$Cos.^{2h}\, x = \frac{1^{h/2}}{2^{h/2}} \sum_0^{\infty} \frac{2\, h^{n/1}}{(h+1)^{n/1}} \frac{Cos.\, n\, x}{(2\, Cos.\, x)^n}.$$

Cette série double pourra ensuite se réduire à une autre suivant les coefficients de $\frac{Cos.\, n\, x}{(2\, Cos.\, x)^n}$; on trouve:

$$\begin{aligned}
f(x) = {} & A_0 \\
& + \frac{1}{2} A_1 \left(1 + \frac{2}{2} \frac{Cos.\, x}{2\, Cos. x} + \frac{2.3}{2.3} \frac{Cos.\, 2\, x}{(2\, Cos. x)^2} + \frac{2\,.\,3\,.\,4}{2\,.\,3\,.\,4} \frac{Cos.\, 3\, x}{(2\, Cos. x)^3} + \frac{2\,.\,3\,.\,4\,.\,5}{2\,.\,3\,.\,4\,.\,5} \frac{Cos.\, 4\, x}{(2\, Cos. x)^4} + \ldots\right) \\
& + \frac{1\,.\,3}{2\,.\,4} A_2 \left(1 + \frac{4}{3} \frac{Cos.\, x}{2\, Cos. x} + \frac{4.5}{3.4} \frac{Cos.\, 2\, x}{(2\, Cos. x)^2} + \frac{4\,.\,5\,.\,6}{3\,.\,4\,.\,5} \frac{Cos.\, 3\, x}{(2\, Cos. x)^3} + \frac{4\,.\,5\,.\,6\,.\,7}{3\,.\,4\,.\,5\,.\,6} \frac{Cos.\, 4\, x}{(2\, Cos. x)^4} + \ldots\right) \\
& + \frac{1\,.\,3\,.\,5}{2\,.\,4\,.\,6} A_3 \left(1 + \frac{6}{4} \frac{Cos.\, x}{2\, Cos. x} + \frac{6.7}{4.5} \frac{Cos.\, 2\, x}{(2\, Cos. x)^2} + \frac{6\,.\,7\,.\,8}{4\,.\,5\,.\,6} \frac{Cos.\, 3\, x}{(2\, Cos. x)^3} + \frac{6\,.\,7\,.\,8\,.\,9}{4\,.\,5\,.\,6\,.\,7} \frac{Cos.\, 4\, x}{(2\, Cos. x)^4} + \ldots\right) \\
& + \frac{1.3.5.7}{2.4.6.8} A_4 \left(1 + \frac{8}{5} \frac{Cos.\, x}{2\, Cos. x} + \frac{8.9}{5.6} \frac{Cos.\, 2\, x}{(2\, Cos\, x)^2} + \frac{8.9.10}{5\,.\,6\,.\,7} \frac{Cos.\, 3\, x}{(2\, Cos. x)^3} + \frac{8.9.10.11}{5\,.\,6\,.\,7\,.\,8} \frac{Cos.\, 4\, x}{(2\, Cos\, x)^4} + \ldots\right) \\
& + \ldots\ldots\ldots\ldots\ldots\ldots \\
= {} & A_0 + \frac{1}{2} A_1 + \frac{1\,.\,3}{2\,.\,4} A_2 + \frac{1\,.\,3\,.\,5}{2\,.\,4\,.\,6} A_3 + \frac{1\,.\,3\,.\,5\,.\,7}{2\,.\,4\,.\,6\,.\,8} A_4 + \ldots \\
& + \frac{Cos.\, x}{2\, Cos.\, x} \left(\frac{1}{2} \cdot \frac{2}{2} A_1 + \frac{1.3}{2.4} \cdot \frac{4}{3} A_2 + \frac{1.3.5}{2.4.6} \cdot \frac{6}{4} A_3 + \frac{1.3.5.7}{2.4.6.8} \cdot \frac{8}{5} A_4 + \ldots\right) \\
& + \frac{Cos.\, 2\, x}{(2\, Cos.\, x)^2} \left(\frac{1}{2} \cdot \frac{2.3}{2.3} A_1 + \frac{1.3}{2.4} \cdot \frac{4.5}{3.4} A_2 + \frac{1.3.5}{2.4.6} \cdot \frac{6.7}{4.5} A_3 + \frac{1.3.5.7}{2.4.6.8} \cdot \frac{8.9}{5.6} A_4 + \ldots\right) \\
& + \frac{Cos.\, 3\, x}{(2\, Cos.\, x)^3} \left(\frac{1}{2} \cdot \frac{2\,.\,3\,.\,4}{2\,.\,3\,.\,4} A_1 + \frac{1.3}{2.4} \cdot \frac{4\,.\,5\,.\,6}{3\,.\,4\,.\,5} A_2 + \frac{1.3.5}{2.4.6} \cdot \frac{6\,.\,7\,.\,8}{4\,.\,5\,.\,6} A_3 + \frac{1.3.5.7}{2.4.6.8} \cdot \frac{8\,.\,9\,.\,10}{5\,.\,6\,.\,7} A_4 + \ldots\right) \\
& + \frac{Cos.\, 4\, x}{(2\, Cos.\, x)^4} \left(\frac{1}{2} \cdot \frac{2.3.4.5}{2.3.4.5} A_1 + \frac{1.3}{2.4} \cdot \frac{4.5.6.7}{3.4.5.6} A_2 + \frac{1.3.5}{2.4.6} \cdot \frac{6.7.8.9}{4.5.6.7} A_3 + \frac{1.3.5.7}{2.4.6.8} \cdot \frac{8.9.10.11}{5\,.\,6\,.\,7\,.\,8} A_4 + \ldots\right) \\
& + \ldots\ldots\ldots\ldots\ldots\ldots
\end{aligned}$$

---

[7] Kummer, Journal von Crelle, Bd. 15, S. 161, Form. (3).
Page 91.

L'inspection de cette dernière série donne pour la série B_k, qui est le coefficient du terme général *Cos kx*: $(2\,Cos.\,x)^k$:

$$B_k = \frac{1}{2}A + \frac{1.3}{2.4}\,\frac{k+3}{3}A_2 + \frac{1.3.5}{2.4.6}\,\frac{k+4.k+5}{4.\quad 5}A_3 + \frac{1.3.5.7}{2.4.6.8}\,\frac{k+5.k+6.k+7}{5.\quad 6.\quad 7}A_4 + \ldots$$

$$= \sum_1^\infty \frac{1^{n/2}}{2^{n\,2}}\,\frac{(k+n+1)^{n-1/1}}{(n+1)^{n-1/1}}A_n = \sum_1^\infty \frac{1^{n/2}(k+n+1)^{n-1/1}}{2^n.1^{n/1}(n+1)^{n-1/1}}A_n = \sum_1^\infty \frac{1^{n/2}(k+n+1)^{n-1/1}}{2^n\,1^{2n-1/1}}A_n$$

$$= \sum_1^\infty \frac{(k+n+1)^{n-1/1}}{2^n\,2^{n-1/2}}A_n = \sum_1^\infty \frac{(k+n+1)^{n-1/1}}{2^{2n-1}\,1^{n-1/1}}A_n,$$

par la réduction successive, facile d'ailleurs, des facultés numériques.

Tâchons à présent de transformer cette sommation en intégrale définie: à cet effet nous ferons usage de l'intégrale définie, qui se trouve évaluée P. III, Méth. 23, N°. 24:

$$\int_0^{\frac{1}{2}\pi} \varphi(x)\,Cos.^{p-1}x.\,Cos.\,qx\,dx = \frac{\pi\,\Gamma(p)}{2^p\,\Gamma\left(\frac{p+q+1}{2}\right)\Gamma\left(\frac{p-q+1}{2}\right)}\sum_0^c \frac{p^{2n|1}}{(p+q+1)^{n/2}(p-q+1)^{n/2}}C_n,$$

où $\varphi(x) = \sum_0^c C_n\,Cos.^{2n}x$. Faisons $p = k+2$, $q = k+1$, alors $p+q+1 = 2k+4$, $p-q+1 = 2$; de sorte que cette intégrale devient ici:

$$\int_0^{\frac{1}{2}\pi} \varphi(x)\,Cos.^{k+1}x.\,Cos.\,\{(k+1)x\}\,dx = \frac{\pi\,\Gamma(k+2)}{2^{k+2}\Gamma(k+2)\Gamma(1)}\sum_0^c \frac{(k+2)^{2n/1}}{(2k+4)^{n/2}\,2^{n/2}}C_n$$

$$= \frac{\pi}{2^{k+2}}\sum_0^c \frac{(k+2)^{2n/1}}{2^n(k+2)^{n/1}\,2^n\,1^{n/1}}C_n = \frac{\pi}{2^{k+1}}\sum_0^c \frac{(k+n+2)^{n/1}}{2^{2n+1}\,1^{n/1}}C_n = \frac{\pi}{2^{k+1}}\sum_1^{c+1} \frac{(k+n+1)^{n-1/1}}{2^{2n-1}\,1^{n-1/1}}C_{n-1};$$

où l'on a réduit successivement les facultés numériques. La comparaison de cette sommation avec celle, qui se trouve dans la valeur du coefficient B_k, nous apprend qu'elles sont identiques à l'indice près des constantes A et C, qui est n auprès de A_n, et $n-1$ auprès de C_{n-1}: ou en d'autres mots, que pour avoir ici A_n au lieu de C_{n-1}, il faut faire

$$\varphi(x) = A_1 + A_2\,Cos.^2x + A_3\,Cos.^4x + \ldots = \frac{f(x) - A_0}{Cos.^2x}.$$

Il s'ensuit donc que

$$B_k = \frac{2^{k+1}}{\pi}\int_0^{\frac{1}{2}\pi} Cos.^{k+1}x.\,Cos.\,\{(k+1)x\}\,\frac{f(x)-A_0}{Cos.^2x}$$

$$= \frac{2^{k+1}}{\pi}\int_0^{\frac{1}{2}\pi} Cos.^{k-1}x.\,Cos.\,\{(k+1)x\}.f(x)\,dx - \frac{2^{k+1}}{\pi}A_0\int_0^{\frac{1}{2}\pi} Cos.^{k-1}x.\,Cos.\,\{(k+1)x\}\,dx.$$

D'après P. III, Méth. 14, N°. 8 la dernière intégrale définie a une valeur nulle: donc on a enfin le théorème suivant:

Page 92.

$$\int_0^{\frac{1}{2}\pi} Cos.^{a-1} x.\, Cos.\,\{(a+1)x\}.f(x)\,dx = \frac{\pi}{2^{k+1}}B_a, \text{ où } a \text{ est un nombre entier;} \ldots (16)$$

pourvu que la fonction $f(x)$ permette deux développements, et que l'on ait simultanément:

$$f(x) = \sum_0^\infty A_n\, Cos.^{2n} x$$

$$\text{et } f(x) = \sum_0^\infty \frac{Cos.\,n\,x}{(2\,Cos.\,x)^n} B_n \text{ [8].}$$

9. Souvenons-nous encore de la formule (114, P. I)

$$\int_{-\infty}^{\infty} F(yi)\,dy = -\Delta\,,\ \Delta = \int_{r-\varepsilon}^{r+\varepsilon} dy\,[F(c+\delta+yi)-F(c-\delta+yi)],\ -\infty < r < \infty\,,\ 0 < c < \infty.$$

Sous les conditions $F(x+\infty i) = 0$, $F(x-\infty i) = 0$, $F(\infty + yi) = 0$, pour $0 < x < \infty$, $-\infty < y < \infty$, cette valeur de Δ a lieu lorsque $F(x+yi)$ devient discontinue pour les valeurs $x = c$, $y = r$; en cas de continuité Δ a une valeur nulle.

Lorsque nous substituons dans cette formule en premier lieu $F(y) = \frac{f(y)}{q+y}$, il faut que $f(x+yi)$ soit une fonction qui reste finie et continue entre les limites respectives 0 et ∞ de x, $-\infty$ et ∞ de y. Dans cette supposition on a naturellement:

$$F(x+\infty i) = \frac{f(x+\infty i)}{q+(x+\infty i)} = 0\,,\ F(x-\infty i) = \frac{f(x-\infty i)}{q+(x-\infty i)} = 0\,,\ F(\infty+yi) = \frac{f(\infty+yi)}{q+(\infty+yi)} = 0,$$

de sorte que les conditions se trouvent satisfaites: puisqu'il n'y a ici aucune discontinuité, la correction Δ est nulle et l'on a:

$$\int_{-\infty}^{\infty} \frac{f(yi)}{q+yi}\,dy = 0 \ldots\ldots\ldots (17)$$

Substituons ensuite $F(y) = \frac{f(y)}{q-y}$ avec les mêmes conditions pour $f(x+yi)$ que plus haut; les conditions éxigées au commencement de ce Numéro seront encore vérifiées, et l'on peut employer le théorème. Mais ici il y a un cas de discontinuité pour la fonction $F(x+yi) = \frac{f(x+yi)}{q-x-yi}$, c'est-à-dire pour les valeurs simultanées $x = q$ et $y = 0$: on a donc ici:

$$\Delta = -\int_{0-\varepsilon}^{0+\varepsilon} dy \left[\frac{f(q-\delta+yi)}{q-(q-\delta+yi)} - \frac{f(q+\delta+yi)}{q-(q+\delta+yi)}\right] - \int_{-\varepsilon}^{\varepsilon} dy \left[\frac{f(q-\delta+yi)}{\delta-yi} + \frac{f(q+\delta+yi)}{\delta+yi}\right] =$$

$$= -\int_{-\varepsilon}^{\varepsilon} \frac{\delta\,dy}{\delta^2+y^2}[f(q-\delta+yi)+f(q+\delta+yi)] - i\int_{-\varepsilon}^{\varepsilon} \frac{y\,dy}{\delta^2+y^2}[f(q-\delta+yi)-f(q+\delta+yi)];$$

---

[8] KUMMER, Journal von Crelle, Bd. 17, S. 210.
Page 93.

lorsqu'on ramène les deux fractions au dénominateur commun $(\delta - yi)(\delta + yi) = \delta^2 + y^2$ et que l'on sépare la partie imaginaire de la partie réelle. Maintenant passons à la limite zéro de δ: alors on a en premier lieu:

$$f(q - \delta + yi) = f(q + \delta + yi) = f(q + yi);$$

parce que d'après la supposition $f(x + yi)$ doit rester finie et continue. Donc la dernière intégrale s'évanouit et l'on a:

$$\Delta = -2 \operatorname{Lim.} \int_{-\varepsilon}^{\varepsilon} \frac{\delta\, dy}{\delta^2 + y^2} f(q + yi), \ \operatorname{Lim.} \delta = 0.$$

Mais il s'ensuit encore de la continuité supposée de $f(x + yi)$ que:

$$f(q + yi) = f(q) + yif'(q + \theta yi), \ \theta < i;$$

donc:

$$\Delta = -\operatorname{Lim.} \left[2f(q) \int_{-\varepsilon}^{\varepsilon} \frac{\delta\, dy}{\delta^2 + y^2} + 2i\delta \int_{-\varepsilon}^{\varepsilon} \frac{y\, dy}{\delta^2 + y^2} f'(q + \theta yi)\right], \ \operatorname{Lim.} \delta = 0.$$

La dernière intégrale est nécessairement finie, puisque $f(q + \theta yi)$ reste continue; par suite elle s'évanouit à cause de son coefficient δ. Quant à la première intégrale définie, on a:

$$\int_{-\varepsilon}^{\varepsilon} \frac{\delta\, dy}{\delta^2 + y^2} = \int_{-\varepsilon}^{\varepsilon} d.\, Arctang. \frac{y}{\delta} = Arctang. \frac{\varepsilon}{\delta} - Arctang. \frac{-\varepsilon}{\delta} = \frac{\pi}{2} - \left(-\frac{\pi}{2}\right) = \pi;$$

donc:

$$\Delta = -2f(q)\pi + 0 = -2\pi f(q),$$

c'est-à-dire:

$$\int_{-\infty}^{\infty} \frac{f(yi)\, dy}{q - yi} = 2\pi f(q) \quad \ldots\ldots \quad (18)$$

Combinons les équations trouvées (17) et (18) par voie d'addition et de soustraction:

$$\int_{-\infty}^{\infty} f(yi) \frac{dy}{q^2 + y^2} = \frac{\pi}{q} f(q), \quad \ldots\ldots \quad (19)$$

$$\int_{-\infty}^{\infty} f(yi) \frac{y\, dy}{q^2 + y^2} = \frac{\pi}{i} f(q). \quad \ldots\ldots \quad (20)$$

Divisons encore la distance des limites $-\infty$ à ∞ de ces intégrales définies en deux parties, savoir de $-\infty$ à 0 et de 0 à ∞, nous obtenons:

$$\int_{-\infty}^{0} f(yi) \frac{dy}{q^2 + y^2} + \int_{0}^{\infty} f(yi) \frac{dy}{q^2 + y^2} = \frac{\pi}{q} f(q), \quad \int_{-\infty}^{0} f(yi) \frac{y\, dy}{q^2 + y^2} + \int_{0}^{\infty} f(yi) \frac{y\, dy}{q^2 + y^2} = \frac{\pi}{i} f(q).$$

Dans les premières intégrales de ces équations changeons y en $-x$, par conséquent $dy = -dx$, avec les limites ∞ et 0 pour x; alors:

$$\int_{-\infty}^{0} f(yi)\frac{dy}{q^2+y^2} = \int_{\infty}^{0} f(-xi)\frac{-dx}{q^2+x^2} = \int_{0}^{\infty} f(-xi)\frac{dx}{q^2+x^2}\,,$$

$$\int_{-\infty}^{0} f(yi)\frac{y\,dy}{q^2+y^2} = \int_{\infty}^{0} f(-xi)\frac{(-x).(-dx)}{y^2+x^2} = -\int_{0}^{\infty} f(-xi)\frac{x\,dx}{q^2+x^2};$$

ainsi les limites sont les mêmes que celles des deux autres intégrales: on peut donc réunir les deux fonctions intégrées sous un seul signe d'intégration définie, c'est-à-dire:

$$\int_{0}^{\infty}\left[f(yi)+f(-yi)\right]\frac{dy}{q^2+y^2} = \frac{\pi}{q}f(q) \quad \ldots\ldots\ldots\ldots (21)$$

$$\int_{0}^{\infty}\left[f(yi)-f(-yi)\right]\frac{y\,dy}{q^2+y^2} = \frac{\pi}{i}f(q).\ [9] \quad \ldots\ldots\ldots\ldots (22)$$

10. On peut différentier ces deux dernières intégrales par rapport à la constante q, et cela plusieurs fois de suite. M. Grunert [10] a donné les deux formules:

$$\frac{d^a.}{dy^a}\frac{q}{q^2+x^2} = (-1)^a 1^{a/1}\frac{Cos.\left\{(a+1)\,Arctg.\frac{x}{q}\right\}}{(x^2+q^2)^{\frac{1}{2}(a+1)}}\,,\quad \frac{d^a.}{dq^a}\frac{x}{q^2+x^2} = (-1)^a 1^{a/1}\frac{Sin.\left\{(a+1)\,Arctg.\frac{x}{q}\right\}}{(x^2+q^2)^{\frac{1}{2}(a+1)}};$$

qui nous seront utiles ici: car sous la forme qu'ont les équations (21) et (22) elles rentrent sous l'application de la dernière différentiation: tandis que la première y sera applicable, lorsqu'on les aura multipliées toutes deux par q. Ainsi l'on trouve en différentiant a fois de suite:

$$\int_{0}^{\infty}\frac{Sin.\left\{(a+1)\,Arctang.\frac{x}{q}\right\}}{(x^2+q^2)^{\frac{1}{2}(a+1)}}\frac{f(xi)+f(-xi)}{x}dx = \frac{(-1)^a}{1^{a/1}}\pi\frac{d}{dq^a}.\frac{f(q)}{q}, \quad \ldots\ldots\ldots (23)$$

$$\int_{0}^{\infty}\frac{Sin.\left\{(a+1)\,Arctang.\frac{x}{q}\right\}}{(x^2+q^2)^{\frac{1}{2}(a+1)}}\frac{f(-xi)-f(xi)}{i}dx = \frac{(-1)^a}{1^{a/1}}\pi f^{(a)}(q) \quad \ldots\ldots\ldots (24)$$

$$\int_{0}^{\infty}\frac{Cos.\left\{(a+1)\,Arctang.\frac{x}{q}\right\}}{(x^2+q^2)^{\frac{1}{2}(a+1)}}\left[f(xi)+f(-xi)\right]dx = \frac{(-1)^a}{1^{a/1}}\pi f^{(a)}(q) \quad \ldots\ldots\ldots (25)$$

$$\int_{0}^{\infty}\frac{Cos.\left\{(a+1)\,Arctang.\frac{x}{q}\right\}}{(x^2+q^2)^{\frac{1}{2}(a+1)}}\frac{f(-xi)-f(xi)}{i}x\,dx = \frac{(-1)^a}{1^{a/1}}\pi\frac{d.}{dq^a}\{qf(q)\} \quad \ldots\ldots\ldots (26)$$

où a désigne toujours un nombre entier.

[9] Schlömilch, Journal von Crelle, Bd. 42, S. 125. — Le même, Grunerts Archiv, Bd. 12, S. 130. — Voyez sur ces formules encore la Troisième Partie, Méthode 43, N°. 13.

[10] Grunert, Journal von Crelle, Bd. 8, S. 146.

Page 95.

11. Voici encore un théorème, qui peut souvent nous servir à décider auprès des intégrales définies, contenant des Logarithmes au dénominateur, si la valeur en est assignable ou non. Soit $f(x)$ une fonction, qui se laisse développer en série selon les puissances de x: donc

$$f(x) = \mathrm{A}\,x^a + \mathrm{B}\,x^b + \mathrm{C}\,x^c + \ldots$$

où A, B, C,... $a, b, c, \ldots$ sont des quantités tout-à-fait arbitraires, les dernières seulement positives. Alors on aura identiquement:

$$\int_0^1 f(x)\frac{dx}{lx} = \int_0^1 \frac{\mathrm{A}x^a + \mathrm{B}x^b + \mathrm{C}x^c \ldots}{lx}\,dx = \int_0^1 \frac{\mathrm{A}(x^a - 1) + \mathrm{A} + \mathrm{B}(x^b - 1) + \mathrm{B} + \mathrm{C}(x^c - 1) + \mathrm{C} + \ldots}{lx}\,dx$$

Nous avons changé le numérateur à dessein, afin de pouvoir en séparer diverses intégrales de la forme $\int_0^1 \frac{x^p - 1}{lx}\,dx$, dont la valeur est $l(1+p)$, ainsi qu'on le déduit P. III, Méth. 10, N°. 5. Cette remarque nous donne donc:

$$\int_0^1 f(x)\frac{dx}{lx} = \int_0^1 \frac{\mathrm{A} + \mathrm{B} + \mathrm{C} + \ldots}{lx}\,dx + \mathrm{A}\,l(1+a) + \mathrm{B}\,l(1+b) + \mathrm{C}\,l(1+c) + \ldots$$

Attendu que la première intégrale définie est infinie, cette équation nous apprend peu, à moins qu'on n'ait la relation $\mathrm{A} + \mathrm{B} + \mathrm{C} + \ldots = 0$: car alors cette intégrale acquiert un coefficient nul et s'évanouit par conséquence. Or, cette équation de condition ne dit autre chose que celle-ci; il faut que la fonction $f(x)$ ait un facteur $x - 1$, ou mieux encore, que cette fonction s'évanouisse pour la valeur l'unité de x. Dans ce cas l'équation précédente devient:

$$\int_0^1 f(x)\frac{dx}{lx} = \mathrm{A}\,l(1+a) + \mathrm{B}\,l(1+b) + \mathrm{C}\,l(1+c) + \ldots \text{ [11] } \ldots\ldots\ldots (27)$$

CHAPITRE DEUXIÈME.

RÉDUCTION D'UNE INTÉGRALE DÉFINIE GÉNÉRALE À UNE AUTRE FONCTION DE CE GENRE.

12. Dans le chapitre précédent on trouve toujours le résultat de l'analyse tout-à-fait dépourvu d'intégrales définies, et cela en général, parce que ces intégrales acquéraient des coefficients nuls, et s'évanouissaient ensuite. Mais il n'en est pas toujours ainsi: dans la plupart des cas les raisonnements, analogues à ceux du chapitre mentionné, auront pour résultat une équation, qui contient dans son second membre aussi une ou plusieurs intégrales définies, et qui par conséquent ne nous mène pas directement au but que nous nous proposions en général: celui de trouver la valeur évaluée d'une intégrale définie.

---

[11] Euler, Institutiones Calculi Integralis, IV Vol. Petrop. 1792—1794. 4°. Vol. 4. S. 5. § 27. Page 96.

Mais pourtant une telle formule peut nous faire approcher de ce but: soit qu'en vérité pour une valeur spéciale d'une constante, ou que pour une certaine forme donnée de la fonction générale, l'intégration dans ce second membre puisse avoir lieu; soit que cette intégrale définie se distingue par une plus grande simplicité, par l'absence d'une fonction, qui incommode le calcul lors de l'évaluation, ou enfin de quelque autre manière.

13. La discussion relative à des intégrales définies de fonctions trigonométriques, prises entre les limites 0 et ∞, donne lieu à la simplification suivante, qui a pour fondement la méthode, où l'on divise la distance des limites en plusieurs parties. Dans le cas actuel, les fonctions trigonométriques intiment une division suivant les multiples de $\frac{1}{2}\pi$: supposons donc, pour garder à l'infini toute sa généralité, que $\infty = \text{Lim.}\left(k.\frac{1}{2}\pi + \varrho\right)$, $\text{Lim.}\, k = \infty$, $\varrho < \frac{1}{2}\pi$: ainsi pourtant la fonction $k.\frac{1}{2}\pi + \varrho$, où k est un nombre entier, désigne un nombre tout-à-fait arbitraire. A présent nous pouvons prendre $\frac{1}{2}\pi$ pour la distance des limites successives des intégrales définies partielles: il en résultera l'équation identique:

$$\int_0^\infty f(x)\frac{dx}{x} = \int_0^{\frac{1}{2}\pi} f(x)\frac{dx}{x} + \int_{\frac{1}{2}\pi}^{\pi} f(x)\frac{dx}{x} + \int_{\pi}^{\frac{3}{2}\pi} f(x)\frac{dx}{x} + \ldots + \int_{(a-\frac{1}{2})\pi}^{a\pi} f(x)\frac{dx}{x} + \int_{a\pi}^{(a+\frac{1}{2})\pi} f(x)\frac{dx}{x} + \ldots + \int_{\frac{1}{2}(k-1)\pi}^{\frac{1}{2}k\pi} f(x)\frac{dx}{x} + \int_{\frac{1}{2}k\pi}^{\frac{1}{2}k\pi+\varrho} f(x)\frac{dx}{x},$$

où $\text{Lim.}\, k = \infty$. Maintenant on peut transformer toutes ces intégrales définies partielles, de telle sorte que leurs limites coïncident avec celles de la première intégrale dans le second membre de l'équation précédente; c'est-à-dire qu'elles deviennent 0 et $\frac{1}{2}\pi$. A cet effet, dans une intégrale définie de la forme $\int_{(a-\frac{1}{2})\pi}^{a\pi} f(x)\frac{dx}{x}$, il faut faire $x = a\pi - y$, donc $dx = -dy$, avec les limites $\frac{1}{2}\pi$ et 0 pour y; et pour $\int_{a\pi}^{(a+\frac{1}{2})\pi} f(x)\frac{dx}{x}$ il faut faire $x = a\pi + y$, $dx = dy$, avec 0 et $\frac{1}{2}\pi$ pour limites de y: substituant tout cela, et recueillant toutes les intégrales, qui désormais ont reçu les mêmes limites, sous un même signe d'intégration, nous aurons pour l'équation précédente:

$$\int_0^\infty f(x)\frac{dx}{x} = \int_0^{\frac{1}{2}\pi} f(x)\frac{dx}{x} + \int_{\frac{1}{2}\pi}^{0} f(\pi - x)\frac{-dx}{\pi - x} + \int_0^{\frac{1}{2}\pi} f(\pi + x)\frac{dx}{\pi + x} + \int_{\frac{1}{2}\pi}^{0} f(2\pi - x)\frac{-dx}{2\pi - x} + \ldots + \int_0^{\varrho} f(\tfrac{1}{2}k\pi + x)\frac{dx}{\frac{1}{2}k\pi + x}$$

$$= \int_0^{\frac{1}{2}\pi} f(x)\frac{dx}{x} + \int_0^{\frac{1}{2}\pi} f(\pi - x)\frac{dx}{\pi - x} + \int_0^{\frac{1}{2}\pi} f(\pi + x)\frac{dx}{\pi + x} + \int_0^{\frac{1}{2}\pi} f(2\pi - x)\frac{dx}{2\pi - x} + \ldots + \int_0^{\varrho} f(\tfrac{1}{2}k\pi + x)\frac{dx}{\frac{1}{2}k\pi + x}$$

$$= \int_0^{\frac{1}{2}\pi} dx \left\{\frac{f(x)}{x} + \frac{f(\pi - x)}{\pi - x} + \frac{f(\pi + x)}{\pi + x} + \frac{f(2\pi - x)}{2\pi - x} + \ldots\right\} + \int_0^{\varrho} f(\tfrac{1}{2}k\pi + x)\frac{dx}{\frac{1}{2}k\pi + x}, \text{Lim}\; k = \infty.$$

Soit maintenant $f(x)$ le produit de deux autres fonctions, telles que l'un des facteurs ne change pas par la substitution de $a\pi \pm x$ au lieu de x: par exemple $f(x) = \varphi(x) \,.\, \mathrm{F}(Sin.^2 x)$; où $\mathrm{F}(Sin.^2 \{a\pi \pm x\}) = \mathrm{F}(\{\pm Sin. x\}^2) = \mathrm{F}(Sin.^2 x)$, ce qui satisfait à la condition: — alors cette équation peut s'écrire:

$$\int_0^\infty \varphi(x) \,.\, \mathrm{F}(Sin.^2 x) \frac{dx}{x} = \int_0^{\frac{1}{2}\pi} \mathrm{F}(Sin.^2 x)\, dx \left\{\frac{\varphi(x)}{x} + \frac{\varphi(\pi - x)}{\pi - x} + \frac{\varphi(\pi + x)}{\pi + x} + \frac{\varphi(2\pi - x)}{2\pi - x} + \ldots\right\} +$$

$$+ \int_0^\rho f(\tfrac{1}{2} k\pi + x) \frac{dx}{\frac{1}{2} k\pi + x}, \ \mathrm{Lim.}\ k = \infty \ldots \ldots \ldots \ldots \quad (28^*)$$

Lorsque $\varphi(x)$ est une fonction trigonométrique, alors $f(\frac{1}{2}k\pi + x)$ est une fonction de même nature, qui reste finie avec $f(x)$ entre les limites 0 et ϱ (plus petit que $\frac{1}{2}\pi$) de x: le dénominateur $\frac{1}{2}k\pi + x$ au contraire devient infini pour la limite, l'infini, de x: par conséquence cette dernière intégrale définie s'évanouit nécessairement pour cette limite de k; et l'on a enfin, avec les déterminations précédentes:

$$\int_0^\infty \varphi(x) . \mathrm{F}(Sin.^2 x) \frac{dx}{x} = \int_0^{\frac{1}{2}\pi} \mathrm{F}(Sin.^2 x)\, dx \left\{\frac{\varphi(x)}{x} + \frac{\varphi(\pi - x)}{\pi - x} + \frac{\varphi(\pi + x)}{\pi + x} + \frac{\varphi(2\pi - x)}{2\pi - x} + \ldots\right\} . \quad (28)$$

14. Des suppositions spéciales quant à la forme de $\varphi(x)$, qui doit être trigonométrique, comme on a dû le supposer, nous permettront de réduire la série infinie dans le dernier membre de cette équation à une quantité finie.

Soit $\varphi(x) = 1$; alors la série $1\left\{\frac{1}{x} + \frac{1}{\pi - x} + \frac{1}{\pi + x} + \frac{1}{2\pi - x} + \ldots\right\} = 1\left(-\frac{\pi}{x^2} Cot. x + \frac{\pi}{x^2} - \frac{1}{x}\right)$, [12]

donc:

$$\int_0^\infty \mathrm{F}(Sin.^2 x) \frac{dx}{x} = \int_0^{\frac{1}{2}\pi} \mathrm{F}(Sin.^2 x) \left(-\frac{\pi}{x^2}\, Cot.\, x + \frac{\pi}{x^2} - \frac{1}{x}\right) dx. \ldots \ldots \ldots \ldots \quad (29)$$

Soit $\varphi(x) = Sin. x$, alors $\varphi(x) = \varphi(\pi - x) = -\varphi(\pi + x) = -\varphi(2\pi - x) = +\varphi(2\pi + x) = + \ldots$

et la série $Sin. x \left\{\frac{1}{x} + \frac{1}{\pi - x} - \frac{1}{\pi + x} - \frac{1}{2\pi - x} + \frac{1}{2\pi + x} + \ldots\right\} = Sin. x \frac{1}{Sin. x} = 1$, [13]

donc:

$$\int_0^\infty \mathrm{F}(Sin.^2 x) \frac{Sin\, x\, dx}{x} = \int_0^{\frac{1}{2}\pi} \mathrm{F}(Sin.^2 x)\, dx. \ldots \ldots \ldots \ldots \ldots \ldots \quad (30)$$

---

[12] Schlömilch, Handbuch der algebraischen Analysis, 2e Aufl. Jena. Frommann. 1851. 8o. (344 S.) S. 281. La formule (2) fournit après une legère réduction celle dont nous avons besoin ici.

[13] Schlömilch, ibid. S. 282. Form. (8).

Page 98.

Soit $\varphi(x) = Cos.x$, alors $\varphi(x) = -\varphi(\pi-x) = -\varphi(\pi+x) = +\varphi(2\pi-x) = +\varphi(2\pi-x) = -\ldots$,

et la série $Cos.x\left\{\frac{1}{x}-\frac{1}{\pi-x}-\frac{1}{\pi+x}+\frac{1}{2\pi-x}+\frac{1}{2\pi+x}-\ldots\right\} = Cos.x\left\{-\frac{\pi}{x\,Sin.x}+\frac{\pi}{x^2}+\frac{1}{x}\right\}$,

comme il suit immédiatement de la série précédente; donc:

$$\int_0^\infty F(Sin.^2 x)\frac{Cos.x\,dx}{x} = \int_0^{\frac{1}{2}\pi} F(Sin.^2 x)\left(-\frac{\pi}{x}Cot.x+\frac{\pi}{x^2}Cos.x+\frac{1}{x}Cos.x\right)dx \;\ldots\ldots (31)$$

Soit $\varphi(x) = Tang.x$, alors $\varphi(x) = -\varphi(\pi-x) = +\varphi(\pi+x) = -\varphi(2\pi-x) = +\varphi(2\pi+x) = -\ldots$,

et la série $Tang.x\left(\frac{1}{x}-\frac{1}{\pi-x}+\frac{1}{\pi+x}-\frac{1}{2\pi-x}+\frac{1}{2\pi+x}-\ldots\right) = Tang.x\,\frac{1}{Tang.x} = 1$, [14]

comme il suit de la série pour $\varphi(x) = 1$; donc:

$$\int_0^\infty F(Sin.^2 x)\frac{Tang.x\,dx}{x} = \int_0^{\frac{1}{2}\pi} F(Sin.^2 x)\,dx \;\ldots\ldots (32)$$

Soit $\varphi(x) = Cosec.x$, alors $\varphi(x) = \varphi(\pi-x) = -\varphi(\pi+x) = -\varphi(2\pi-x) = +\varphi(2\pi+x) = +\ldots$,

et la série $Cosec.x\left(\frac{1}{x}+\frac{1}{\pi-x}-\frac{1}{\pi+x}-\frac{1}{2\pi-x}+\frac{1}{2\pi+x}+\ldots\right) = Cosec.x\,\frac{1}{Sin.x} = \frac{1}{Sin.^2 x}$,

comme plus haut; donc:

$$\int_0^\infty F(Sin.^2 x)\frac{dx}{x\,Sin.x} = \int_0^{\frac{1}{2}\pi} F(Sin.^2 x)\frac{dx}{Sin.^2 x} \;\ldots\ldots (33)$$

Soit $\varphi(x) = Sec.x$, alors $\varphi(x) = -\varphi(\pi-x) = -\varphi(\pi+x) = +\varphi(2\pi-x) = +\varphi(2\pi+x) = -\ldots$,

et la série $Sec.x\left(\frac{1}{x}-\frac{1}{\pi-x}-\frac{1}{\pi+x}+\frac{1}{2\pi-x}+\frac{1}{2\pi+x}-\ldots\right) = Sec.x\left(-\frac{\pi}{x\,Sin.x}+\frac{\pi}{x^2}+\frac{1}{x}\right)$,

comme précédemment; donc:

$$\int_0^\infty F(Sin.^2 x)\frac{dx}{x\,Cos.x} = \int_0^{\frac{1}{2}\pi} F(Sin.^2 x)\left(-\frac{2\pi}{x}Cosec.2x+\frac{\pi}{x^2}Sec.x+\frac{1}{x}Sec.x\right)dx. \;\ldots (34)$$

Soit enfin $\varphi(x) = Cot.x$, alors $\varphi(x) = -\varphi(\pi-x) = +\varphi(\pi+x) = -\varphi(2\pi-x) = +\varphi(2\pi+x) = -\ldots$,

et la série $Cot.x\left(\frac{1}{x}-\frac{1}{\pi-x}+\frac{1}{\pi+x}-\frac{1}{2\pi-x}+\frac{1}{2\pi+x}-\ldots\right) = Cot.x\,\frac{1}{Tang.x} = Cot.^2 x$,

comme auparavant; donc:

$$\int_0^\infty F(Sin.^2 x)\frac{dx}{x.\,Tang.x} = \int_0^{\frac{1}{2}\pi} F(Sin.^2 x)\frac{dx}{Tang.^2 x} \;\ldots\ldots (35)$$

---

[14] Schlömilch, ibid. S. 281. Form. (2).
Page 99.

De ces sept théorèmes, les formules (29), (31) et (34) sont de moindre importance en ce qu'elles contiennent au second membre des facteurs trinômes algébriques: les autres sont composées tout-à-fait de fonctions trigonométriques. Les équations (33) et (35) peuvent être combinées par addition et soustraction, lorsqu'on se souvient que d'un côté $Cosec. x + Cot. x = Cot. \frac{1}{2} x$, $Cosec. x - Cot. x = Tang. \frac{1}{2} x$, et que d'un autre côté

$$\frac{1}{Sin.^2 x} + \frac{1}{Tg.^2 x} = \frac{1}{Sin.^2 x}(1 + Cos.^2 x)\,,\ \frac{1}{Sin.^2 x} - \frac{1}{Tg.^2 x} = \frac{1}{Sin.^2 x}(1 - Cos.^2 x) = \frac{Sin.^2 x}{Sin.^2 x} = 1:$$

$$\int_0^\infty \mathrm{F}(Sin.^2 x) \frac{dx}{x\, Tang. \frac{1}{2} x} = \int_0^{\frac{1}{2}\pi} \mathrm{F}(Sin.^2 x) \frac{1 + Cos.^2 x}{Sin.^2 x} dx, \quad \ldots\ldots \quad (36)$$

$$\int_0^\infty \mathrm{F}(Sin.^2 x) \frac{dx}{x\, Cot. \frac{1}{2} x} = \int_0^{\frac{1}{2}\pi} \mathrm{F}(Sin.^2 x)\, dx. \quad \ldots\ldots \quad (37)$$

De même la différence des formules (33) et (30), ainsi que la somme des autres (32) et (35), donne, puisque $\frac{1}{Sin. x} - Sin. x = \frac{1 - Sin.^2 x}{Sin. x} = \frac{Cos.^2 x}{Sin. x} = \frac{Cos. x}{Tang. x}$, $Tang. x + Cot. x = 2\, Cosec. 2x$ $= \frac{1}{Sin. x. Cos. x}$, $\frac{1}{Sin.^2 x} - 1 = \frac{1 - Sin.^2 x}{Sin.^2 x} = \frac{Cos.^2 x}{Sin.^2 x} = Cot.^2 x$, $1 + Cot.^2 x = Cosec.^2 x$:

$$\int_0^\infty \mathrm{F}(Sin.^2 x) \frac{Cos. x\, dx}{x\, Tang. x} = \int_0^{\frac{1}{2}\pi} \mathrm{F}(Sin.^2 x) \frac{dx}{Tang.^2 x}, \quad \ldots\ldots \quad (38)$$

$$\int_0^\infty \mathrm{F}(Sin.^2 x) \frac{dx}{x\, Sin. x. Cos. x} = \int_0^{\frac{1}{2}\pi} \mathrm{F}(Sin.^2 x) \frac{dx}{Sin.^2 x}. \quad \ldots\ldots \quad (39)$$

Par la comparaison de toutes ces équations (29) jusqu' à (39) l'on s'aperçoit que les intégrales définies générales, se trouvant dans les formules (30), (32) et (37), ont la même valeur, de même que celles des formules (33) et (39) et encore celles des équations (35) et (38).

Soit encore $\varphi(x) = \mathrm{F}_1(Sin. x)$, de telle nature que $\mathrm{F}_1(-y) = -\mathrm{F}_1(y)$, alors le même raisonnement, qui nous a conduit à la formule (30), donnera encore:

$$\int_0^\infty \mathrm{F}(Sin.^2 x) . \mathrm{F}_1(Sin. x) \frac{dx}{x} = \int_0^{\frac{1}{2}\pi} \mathrm{F}(Sin.^2 x) . \mathrm{F}_1(Sin. x) \frac{dx}{Sin. x}. \quad \ldots\ldots \quad (40)$$

Et soit $\varphi(x) = \mathrm{F}_1(Tang. x)$, de la même nature que la fonction F_1 précédente; lorsqu'on raisonne de la même manière qu'on l'a fait pour obtenir l'équation (32), on aura ici:

$$\int_0^\infty \mathrm{F}(Sin.^2 x) . \mathrm{F}_1(Tang. x) \frac{dx}{x} = \int_0^{\frac{1}{2}\pi} \mathrm{F}(Sin.^2 x) . \mathrm{F}_1(Tang. x) \frac{dx}{Tang. x}. \quad \ldots\ldots \quad (41)$$

La fonction F_1 est ici ce que l'on nomme une fonction impaire; c'est-à-dire que, tout comme les fonctions algébriques, où il n'entre que des puissances impaires, la fonction change de signe avec l'élément x.

Il va presque sans dire que dans ces formules on pourrait mettre au lieu de $F(Sin.^2 x)$ tout aussi bien $F(Cos.^2 x)$, $F(Tang.^2 x)$, . . . [15].

15. La même méthode peut servir à la réduction des deux autres intégrales définies générales

$$\int_0^\infty f(x)\frac{p\,dx}{p^2+x^2} \quad \text{et} \quad \int_0^\infty f(x)\frac{x\,dx}{p^2+x^2}$$

dans le cas, où $f(x)$ est une fonction trigonométrique. En effet la même division de la distance des limites, et ensuite les mêmes substitutions pour la réduction des limites aux autres 0 à $\frac{1}{2}\pi$ peuvent s'effectuer ici: alors on voit aisément que le résultat en sera auprès de nos deux intégrales:

$$\int_0^\infty f(x)\frac{p\,dx}{p^2+x^2} = \int_0^{\frac{1}{2}\pi}\left\{\frac{p}{p^2+x^2}f(x)+\frac{p}{p^2+(\pi-x)^2}f(\pi-x)+\frac{p}{p^2+(\pi+x)^2}f(\pi+x)+\right.$$
$$\left.+\frac{p}{p^2+(2\pi-x)^2}f(2\pi-x)+\ldots\right\}dx+\int_0^\rho f(\tfrac{1}{2}k\pi+x)\frac{p}{p^2+(\frac{1}{2}k\pi+x)^2}dx,$$

$$\int_0^\infty f(x)\frac{x\,dx}{p^2+x^2} = \int_0^{\frac{1}{2}\pi}\left\{\frac{x}{p^2+x^2}f(x)+\frac{\pi-x}{p^2+(\pi-x)^2}f(\pi-x)+\frac{\pi+x}{p^2+(\pi+x)^2}f(\pi+x)+\right.$$
$$\left.+\frac{2\pi-x}{p^2+(2\pi-x)^2}f(2\pi-x)+\ldots\right\}dx+\int_0^\rho f(\tfrac{1}{2}k\pi+x)\frac{\frac{1}{2}k\pi+x}{p^2+(\frac{1}{2}k\pi+x)^2}dx,$$

où Lim. $k=\infty$. Encore si $f(x)$ est une fonction purement trigonométrique, $f(\frac{1}{2}k\pi+x)$ reste finie entre les limites 0 et ρ (plus petit que $\frac{1}{2}\pi$) de x, si $f(x)$ reste finie: mais le dénominateur $p^2+(\frac{1}{2}k\pi+x)^2$ devient au contraire infini avec k: donc les deux intégrales de correction s'évanouissent aussi. Enfin prenons pour $f(x)$ le produit de $\varphi(x)$ et $F(Sin.^2 x)$, et nous aurons les équations:

$$\int_0^\infty \varphi(x).F(Sin.^2 x)\frac{p\,dx}{p^2+x^2} = \int_0^{\frac{1}{2}\pi}F(Sin.^2 x)\,dx\left\{\frac{p}{p^2+x^2}\varphi(x)+\frac{p}{p^2+(\pi-x)^2}\varphi(\pi-x)+\right.$$
$$\left.+\frac{p}{p^2+(\pi+x)^2}\varphi(\pi+x)+\frac{p}{p^2+(2\pi-x)^2}\varphi(2\pi-x)+\ldots\right\}, \ldots\ldots (42)$$

$$\int_0^\infty \varphi(x).F(Sin.^2 x)\frac{x\,dx}{p^2+x^2} = \int_0^{\frac{1}{2}\pi}F(Sin.^2 x)\,dx\left\{\frac{x}{p^2+x^2}\varphi(x)+\frac{\pi-x}{p^2+(\pi-x)^2}\varphi(\pi-x)+\right.$$
$$\left.+\frac{\pi+x}{p^2+(\pi+x)^2}\varphi(\pi+x)+\frac{2\pi-x}{p^2+(2\pi-x)^2}\varphi(2\pi-x)+\ldots\right\}\ldots\ldots (43)$$

[15] Sur quelques-unes de ces formules voyez SCHLÖMILCH, Grunert's Archiv, Bd. 4, S. 316. Page 101.

Dans ces deux formules, où suivant la supposition la fonction $\varphi(x)$ doit être trigonométrique, on pourra prendre pour $\varphi(x)$: 1, *Sin.* x, *Cos.* x, *Tang.* x, *Cosec.* x, *Sec.* x, *Cot.* x, successivement, tout comme dans le Numéro précédent; mais alors on tombera aussi sur des équations telles que (29), (31) et (34), qui seraient composées de fonctions algébriques, outre de fonctions trigonométriques: on les laissera de côté, et l'on aura alors les suppositions suivantes.

Soit dans l'équation (42), $\varphi(x) = 1$, alors la série

$$1\left(\frac{p}{p^2+x^2}+\frac{p}{p^2+(\pi-x)^2}+\frac{p}{p^2+(\pi+x)^2}+\frac{p}{p^2+(2\pi-x)^2}+\frac{p}{p^2+(2\pi+x)^2}+\ldots\right)=\frac{gh}{h^2\,Cos.^2 x+g^2\,Sin.^2 x},\text{[16]}$$

où les quantités auxiliaires g et h ont pour valeur: $2g = e^p + e^{-p}$, $2h = e^p - e^{-p}$ (a); donc:

$$\int_0^\infty F(Sin.^2 x)\frac{dx}{p^2+x^2} = \frac{gh}{p}\int_0^{\frac{1}{2}\pi} F(Sin.^2 x)\frac{dx}{h^2\,Cos.^2 x+g^2\,Sin.^2 x} \quad \ldots\ldots (44)$$

Soit dans la même équation encore $\varphi(x) = Cos. x$, alors, d'après les valeurs de $\varphi(a\pi \pm x)$, — trouvées au numéro précédent, et que l'on pourra y voir réduites tant pour ce cas, que pour les suppositions suivantes, — la série devient:

$$Cos. x. \left(\frac{p}{p^2+x^2}-\frac{p}{p^2+(\pi-x)^2}-\frac{p}{p^2+(\pi+x)^2}+\frac{p}{p^2+(2\pi-x)^2}+\frac{p}{p^2+(2\pi+x)^2}-\ldots\right)$$

$$= Cos. x\,\frac{h\,Cos. x}{h^2+Sin.^2 x} = \frac{h\,Cos.^2 x}{h^2+Sin.^2 x};\text{[17]}$$

donc:

$$\int_0^\infty F(Sin.^2 x)\frac{Cos. x\,dx}{p^2+x^2} = \frac{h}{p}\int_0^{\frac{1}{2}\pi} F(Sin.^2 x)\frac{Cos.^2 x}{h^2+Sin.^2 x}dx \quad \ldots\ldots\ldots\ldots (45)$$

Soit enfin dans cette équation $\varphi(x) = Sec. x$, donc la série:

$$Sec. x. \left(\frac{p}{p^2+x^2}-\frac{p}{p^2+(\pi-x)^2}-\frac{p}{p^2+(\pi+x)^2}+\frac{p}{p^2+(2\pi-x)^2}+\frac{p}{p^2+(2\pi+x)^2}-\ldots\right)$$

$$= Sec. x\,\frac{h\,Cos. x}{h^2+Sin.^2 x} = \frac{h}{h^2+Sin.^2 x},$$

et

$$\int_0^\infty F(Sin.^2 x)\frac{Sec. x\,dx}{p^2+x^2} = \frac{h}{p}\int_0^{\frac{1}{2}\pi} F(Sin.^2 x)\frac{dx}{h^2+Sin.^2 x} \quad \ldots\ldots\ldots\ldots (46)$$

Dans l'équation (43) faisons $\varphi(x) = Sin. x$, la série devient:

---

[16] SCHLÖMILCH, Grunert's Archiv, Bd. 10, S. 441. Form. (4).

[17] SCHLÖMILCH, Journal von Crelle, Bd. 36, S. 276. Form. (γ). Page 102.

$$Sin.\,x.\left(\frac{x}{p^2+x^2}+\frac{\pi-x}{p^2+(\pi-x)^2}-\frac{\pi+x}{p+(\pi+x)^2}-\frac{2\pi-x}{p^2+(2\pi-x)^2}+\frac{2\pi+x}{p^2+(2\pi+x)^2}+\dots\right)$$

$$=Sin.\,x\,\frac{g\,Sin.\,x}{g^2-Cos.^2\,x}=\frac{g\,Sin.^2\,x}{g^2-Cos.^2\,x};\ [18]$$

et l'on a:

$$\int_0^\infty F\,(Sin.^2\,x)\frac{x\,Sin.\,x\,dx}{p^2+x^2}=g\int_0^{\frac{1}{2}\pi}F\,(Sin.^2\,x)\frac{Sin.^2\,x\,dx}{g^2-Cos.^2\,x}\ \dots\dots\dots\dots\ (47)$$

Soit dans la même équation $\varphi\,(x)=Cosec.\,x$; la série sera:

$$Cosec.\,x.\left(\frac{x}{p^2+x^2}+\frac{\pi-x}{p^2+(\pi-x)^2}-\frac{\pi+x}{p^2+(\pi+x)^2}-\frac{2\pi-x}{p^2+(2\pi-x)^2}+\frac{2\pi+x}{p^2+(2\pi+x)^2}+\dots\right)$$

$$=Cosec.\,x\,\frac{g\,Sin.\,x}{g^2-Cos.^2\,x}=\frac{g}{g^2-Cos.^2\,x};$$

donc:

$$\int_0^\infty F\,(Sin.^2\,x)\frac{x\,Cosec.\,x\,dx}{p^2+x^2}=g\int_0^{\frac{1}{2}\pi}F\,(Sin.^2\,x)\frac{dx}{g^2-Cos.^2\,x}\ \dots\dots\dots\dots\ (48)$$

Soit encore $\varphi\,(x)=Tang.\,x$; donc la série:

$$Tang.\,x.\left(\frac{x}{p^2+x^2}-\frac{\pi-x}{p^2+(\pi-x)^2}+\frac{\pi+x}{p^2+(\pi+x)^2}-\frac{2\pi-x}{p^2+(2\pi-x)^2}+\frac{2\pi+x}{p^2+(2\pi+x)^2}-\dots\right)$$

$$=Tang.\,x\,\frac{Tang.\,x}{h^2+g^2\,Tang.^2\,x}=\frac{Tang.^2\,x}{h^2+g^2\,Tang.^2\,x},\ [19]$$

et

$$\int_0^\infty F\,(Sin.^2\,x)\frac{x\,Tang.\,x\,dx}{p^2+x^2}=\int_0^{\frac{1}{2}\pi}F\,(Sin.^2\,x)\frac{Tang.^2\,x\,dx}{h^2+g^2\,Tang.^2\,x}\ \dots\dots\dots\ (49)$$

Soit enfin dans cette équation $\varphi\,(x)=Cot.\,x$, et la série

$$Cot.\,x.\left(\frac{\pi}{p^2+x^2}-\frac{\pi-x}{p^2+(\pi-x)^2}+\frac{\pi+x}{p^2+(\pi+x)^2}-\frac{2\pi-x}{p^2+(2\pi-x)^2}+\frac{2\pi+x}{p^2+(2\pi+x)^2}-\dots\right)$$

$$=Cot.\,x\,\frac{Tang.\,x}{h^2+g^2\,Tang.^2\,x}=\frac{1}{h^2+g^2\,Tang.^2\,x};$$

et donc:

$$\int_0^\infty F\,(Sin.^2\,x)\frac{x\,Cot.\,x\,dx}{p^2+x^2}=\int_0^{\frac{1}{2}\pi}F\,(Sin.^2\,x)\frac{dx}{h^2+g^2\,Tang.^2\,x}\ \dots\dots\dots\dots\ (50)$$

---

[18] Schlömilch, Journal von Crelle, Bd. 36, S. 276. Form. (δ).

[19] Schlömilch, Grunert's Archiv, Bd. 10, S. 442. Form. (6).

Page 103.

Si pour $\varphi(x)$ au lieu de *Cos. x*, *Sin. x*, *Tang. x*, on prenait respectivement F_1 (*Cos. x*), F_1 (*Sin. x*), F_1 (*Tang. x*), avec la condition de $F_1(y) = -F_1(y)$, les formules (45), (47) et (49) se changeraient dans les suivantes:

$$\int_0^\infty F(Sin.^2 x).F_1(Cos.x)\frac{dx}{p^2+x^2} = \frac{h}{p}\int_0^{\frac{1}{2}\pi} F(Sin.^2 x).F_1(Cos.x)\frac{Cos.x\,dx}{h^2+Sin.^2 x}, \quad (51)$$

$$\int_0^\infty F(Sin.^2 x).F_1(Sin.x)\frac{x\,dx}{p^2+x^2} = g\int_0^{\frac{1}{2}\pi} F(Sin.^2 x).F_1(Sin.x)\frac{Sin.x\,dx}{h^2+Sin.^2 x}, \quad (52)$$

$$\int_0^\infty F(Sin.^2 x).F_1(Tang.x)\frac{x\,dx}{p^2+x^2} = \int_0^{\frac{1}{2}\pi} F(Sin.^2 x).F_1(Tang.x)\frac{Tang.x\,dx}{h^2+g^2\,Tang.^2 x}. \quad (53)$$

Dans toutes ces formules les quantités auxiliaires gardent les valeurs, qui leur ont été assignées par les équations (a). Comme auparavant il faut observer, que F (*Sin.*^{2} *x*) pourvait tout aussi bien être remplacée par F (*Cos.*^{2} *x*), F (*Tang.*^{2} *x*), etc.

16. Les formules (44), (45) et (46) se prêtent aisément à la méthode d'intégration par parties, si l'on considère que $\frac{p\,dx}{p^2+x^2} = -d.Arctg.\left(\frac{p}{x}\right)$. En effet, on a alors:

$$p\int_0^\infty F(Sin.^2 x)\frac{dx}{p^2+x^2} = -\int_0^\infty F(Sin.^2 x).d.Arctg.\left(\frac{p}{x}\right) = -Arctg.\left(\frac{p}{x}\right).F(Sin.^2 x)\Big\}_0^\infty + \int_0^\infty Arctg.\left(\frac{x}{p}\right).F'(Sin.^2 x)\frac{d.Sin.^2 x}{dx},$$

$$p\int_0^\infty F(Sin.^2 x)\frac{Cos.x\,dx}{p^2+x^2} = -\int_0^\infty Cos.x.F(Sin.^2 x).d.Arctg\left(\frac{p}{x}\right) = -Cos.x.Arctg.\left(\frac{p}{x}\right).F(Sin.^2 x)\Big\}_0^\infty +$$
$$+\int_0^\infty Arctg.\left(\frac{p}{x}\right).\frac{d.}{dx}\{Cos.x.F(Sin.^2 x)\}\,dx,$$

$$p\int_0^\infty F(Sin.^2 x)\frac{Sec.x\,dx}{p^2+x^2} = -\int_0^\infty Sec.x.F(Sin.^2 x).d.Arctg.\left(\frac{p}{x}\right) = -Sec.x.Arctg.\left(\frac{p}{x}\right).F(Sin.^2 x)\Big\}_0^\infty +$$
$$+\int_0^\infty Arctg.\left(\frac{p}{x}\right).\frac{d.}{dx}\{Sec.x.F(Sin.^2 x)\}\,dx.$$

Quant aux termes intégrés, pour la limite supérieure ∞, le facteur $Arctg.\left(\frac{p}{x}\right)$ est $Arctg.\left(\frac{p}{\infty}\right)$ ou *Arctg.* (0), donc nul lui-même: les autres facteurs F (*Sin.*^{2} *x*), *Cos. x*, *Sec. x*, sont tout-à-fait indéterminés pour cette limite, mais on sait au moins, qu'ils ne peuvent devenir infinis; donc leur produit par le facteur premier, c'est-à-dire le terme entier, est zéro pour cette limite. A l'autre limite zéro de x, le facteur $Arctg.\left(\frac{p}{x}\right)$ devient $Arctg.\left(\frac{p}{0}\right)$ ou *Arctg.* (∞), c'est-à-dire, $+\frac{1}{2}\pi$, puisque ici il n'y a aucun doute sur le signe de cette limite zéro de x: les coefficients *Cos. x* et $Sec. x$ deviennent l'unité pour la valeur zéro de x, et la fonction $F(Sin.^2 x)$ devient $F(0)$. On a donc par l'intermédiaire des formules citées (44), (45) et (46), puisque

$$\frac{d. Sin.^2 x}{dx} = 2\, Sin. x. Cos. x\, dx = Sin. 2\, x\, dx:$$

$$\int_0^\infty Arctang.\left(\frac{p}{x}\right).F'(Sin.^2 x). Sin. 2\, x\, dx = -\frac{\pi}{2}F(0) + gh\int_0^{\pi} F(Sin.^2 x)\frac{dx}{h^2\, Cos.^2 x + g^2\, Sin.^2 x}, \quad (54)$$

$$\int_0^\infty Arctang.\left(\frac{p}{x}\right).\frac{d.}{dx}\{Cos. x. F(Sin.^2 x)\}\, dx = -\frac{\pi}{2}F(0) + h\int_0^{\frac{1}{2}\pi} F(Sin.^2 x)\frac{Cos.^2 x\, dx}{h^2 + Sin.^2 x}, \quad (55)$$

$$\int_0^\infty Arctang.\left(\frac{p}{x}\right).\frac{d.}{dx}\{Sec. x. F(Sin.^2 x)\}\, dx = -\frac{\pi}{2}F(0) + h\int_0^{\frac{1}{2}\pi} F(Sin.^2 x)\frac{dx}{h^2 + Sin.^2 x} \quad (56)$$

17. Toutes les intégrales des N°. 14, 15 sont réduites à des intégrales de fonctions trigonométriques seulement, prises entre les limites 0 et $\frac{1}{2}\pi$. Rien n'est plus aisé que de transformer celles-ci en des intégrales algébriques, mais alors il arriverait souvent que des quantités irrationnelles les rendraient trop compliquées: en quelques cas pourtant les résultats sont assez simples pour que nous les offrions ici comme exercices de calcul.

Pour $Sin. x = y$, $Cos. x\, dx = dy$, $dx = \frac{dy}{\sqrt{(1-y^2)}}$, avec les limites 0 et 1 de y, les équations (30), (32), (37) donnent:

$$\int_0^\infty F(Sin.^2 x)\frac{Sin. x\, dx}{x} = \int_0^\infty F(Sin.^2 x)\frac{Tang. x\, dx}{x} = \int_0^\infty F(Sin.^2 x)\frac{dx}{x\, Cot. \frac{1}{2} x} = \int_0^1 F(x^2)\frac{dx}{\sqrt{(1-x^2)}}; \quad (57)$$

les équations (33) et (39):

$$\int_0^\infty F(Sin.^2 x)\frac{dx}{x\, Sin. x} = \int_0^\infty F(Sin.^2 x)\frac{dx}{x\, Sin. x. Cos. x} = \int_0^1 F(x^2)\frac{dx}{x^2\sqrt{(1-x^2)}}; \quad (58)$$

et les équations (45) et (51):

$$\int_0^\infty F(Sin.^2 x)\frac{Cos. x\, dx}{p^2 + x^2} = \frac{h}{p}\int_0^1 F(x^2)\frac{dx\sqrt{(1-x^2)}}{h^2 + x^2}, \quad (59)$$

$$\int_0^\infty F(Sin.^2 x). F_1(Cos. x)\frac{dx}{p^2 + x^2} = \frac{h}{p}\int_0^1 F(x^2). F_1\{\sqrt{(1-x^2)}\}\frac{dx}{h^2 + x^2} \quad (60)$$

Pour $Cos. x = y$, $-Sin. x\, dx = dy$, $dx = \frac{-dy}{\sqrt{(1-y^2)}}$, avec les limites 1 et 0 pour y, les équations (30), (32), (37) donnent:

$$\int_0^\infty F(Cos.^2 x)\frac{Sin.\,x\,dx}{x} = \int_0^\infty F(Cos.^2 x)\frac{Tang.\,x\,dx}{x} = \int_0^\infty F(Cos.^2 x)\frac{dx}{x\,Cot.\,\frac{1}{2}x} = \int_0^1 F(x^2)\frac{dx}{\sqrt{(1-x^2)}}. \quad (61)$$

On voit que nous avons profité ici de la permission évidente d'écrire, dans les N°. 14 et 15, par exemple $F(Cos.^2 x)$, afin d'obtenir $F(x^2)$ dans le dernier membre de cette équation. Dans ce numéro donc, les substitutions faites, un tel changement n'est plus permis. De même les équations (33) et (39) donnent:

$$\int_0^\infty F(Cos.^2 x)\frac{dx}{x\,Sin.\,x} = \int_0^\infty F(Cos.^2 x)\frac{dx}{x\,Sin.\,x.\,Cos.\,x} = \int_0^1 F(x^2)\frac{dx}{(1-x^2)\sqrt{1-x^2}}; \quad (62)$$

encore les équations (47) et (52):

$$\int_0^\infty F(Cos.^2 x)\frac{x\,Sin.\,x\,dx}{p^2+x} = g\int_0^1 F(x^2)\frac{dx\sqrt{(1-x^2)}}{g^2-x^2}, \quad (63)$$

$$\int_0^\infty F(Cos.^2 x).F_1(Sin.\,x)\frac{x\,dx}{p^2+x^2} = g\int_0^1 F(x^2).F_1\{\sqrt{(1-x^2)}\}\frac{dx}{g^2-x^2}; \quad (64)$$

puisque $h^2 = g^2 - 1$.

Pour $Tang.\,x = y$, $\frac{dx}{Cos.^2 x} = dy$, $dx = \frac{dy}{1+y^2}$, avec 0 et ∞ pour limites de y, on a par les équations (30), (32), (37):

$$\int_0^\infty F(Tang.^2 x)\frac{Sin.\,x dx}{x} = \int_0^\infty F(Tang.^2 x)\frac{Tang.\,x\,dx}{x} = \int_0^\infty F(Tang.^2 x)\frac{dx}{x\,Cot.\,\frac{1}{2}x} = \int_0^\infty F(x^2)\frac{dx}{1+x^2}. \quad (65)$$

Les équations (33) et (39) donnent:

$$\int_0^\infty F(Tang.^2 x)\frac{dx}{x\,Sin.\,x} = \int_0^\infty F(Tang.^2 x)\frac{dx}{x\,Sin.\,x.\,Cos.\,x} = \int_0^\infty F(x^2)\frac{dx}{x^2}; \quad (66)$$

et (35) et (38):

$$\int_0^\infty F(Tang.^2 x)\frac{dx}{x\,Tang.\,x} = \int_0^\infty F(Tang.^2 x)\frac{Cos.\,x\,dx}{x\,Tang.\,x} = \int_0^\infty F(x^2)\frac{dx}{x^2(1+x^2)}; \quad (67)$$

encore (41):

$$\int_0^\infty F(Tang.^2 x).F_1(Tang.\,x)\frac{dx}{x} = \int_0^\infty F(x^2).F_1(x)\frac{dx}{x(1+x^2)}. \quad (68)$$

Pour les applications dans le N°. 15 on a $h^2\,Cos.^2.x + g^2\,Sin.^2 x = h^2 + Sin.^2 x = g^2 - Cos.^2 x = g^2 - \frac{1}{1+y^2} = \frac{g^2+g^2y^2-1}{1+y^2} = \frac{h^2+g^2y^2}{1+y^2}$; donc par les équations (44), (46), (48):

Page 106.

$$\frac{p}{gh}\int_0^\infty F(Tg.^2 x)\frac{dx}{p^2+x^2}=\frac{p}{h}\int_0^\infty F(Tg.^2 x)\frac{Sec.x\,dx}{p^2+x^2}=\frac{1}{g}\int_0^\infty F(Tg.^2 x)\frac{x\,Cosec.x\,dx}{p^2+x^2}=\int_0^\infty F(x^2)\frac{dx}{h^2+g^2x^2};\quad(69)$$

et par (45), (49), (50) et (53):

$$\int_0^\infty F(Tang.^2 x)\frac{Cos.x\,dx}{p^2+x^2}=\frac{h}{p}\int_0^\infty F(x^2)\frac{dx}{(1+x^2)(h^2+g^2x^2)},\quad\ldots\ldots\quad(70)$$

$$\int_0^\infty F(Tang.^2 x)\frac{x\,Tang.x\,dx}{p^2+x^2}=\int_0^\infty F(x^2)\frac{x^2\,dx}{(1+x^2)(h^2+g^2x^2)},\quad\ldots\ldots\quad(71)$$

$$\int_0^\infty F(Tang.^2 x)\frac{x\,Cot.x\,dx}{p^2+x^2}=\int_0^\infty F(x^2)\frac{dx}{(1+x^2)(h^2+g^2x^2)},\quad\ldots\ldots\quad(72)$$

$$\int_0^\infty F(Tang.^2 x).F_1(Tang.x)\frac{x\,dx}{p^2+x^2}=\int_0^\infty F(^2)x.F_1(x)\frac{x\,dx}{(1+x^2)(h^2+g^2x^2)}\ [20]\ .\quad(73)$$

18. La division de la distance des limites (formule 18, P. I) peut encore s'appliquer à l'intégrale définie suivante

$$\int_0^\infty f(x^p+x^{-p})\,Arctang.x\frac{dx}{x}=\int_0^1 f(x^p+x^{-p})\,Arctang.x\frac{dx}{x}+\int_1^\infty f(x^p+x^{-p})\,Arctang.x\frac{dx}{x}\quad\ldots\quad(\alpha)$$

Faisons dans la dernière de ces intégrales $x=\frac{1}{y}$, donc $\frac{dx}{x}=\frac{-dy}{y}$, avec les limites 1 et 0 pour y; elle devient:

$$\int_1^\infty f(x^p+x^{-p})\,Arctang.x\frac{dx}{x}=\int_1^0 f\left(\frac{1}{y^p}+y^p\right)Arctang.\left(\frac{1}{y}\right)\frac{-dy}{y}=\int_0^1 f(y^p+y^{-p})\,Arctang.\left(\frac{1}{y}\right)\frac{dy}{y}.$$

Les limites sont donc les mêmes que dans la première intégrale du second membre de la formule (α), savoir 0 et 1; de plus le facteur $f(x^p-x^{-p})\frac{dx}{x}$ se trouve aussi dans les deux intégrales: elles ne diffèrent que par les facteurs $Arctang.x$ et $Arctang.\left(\frac{1}{x}\right)$. Or puisque la somme en est:

$$Arctg.x+Arctg.\left(\frac{1}{x}\right)=Arctg.\left\{\frac{x+\frac{1}{x}}{1-x\frac{1}{x}}\right\}=Arctg.\left\{\frac{x+\frac{1}{x}}{1-1}\right\}=Arctg.(\infty)=\frac{\pi}{2},$$

---

[20] Sur les équations (60), (64), (69) et (73) voyez Schlömilch, Grunert's Archiv, Bd. 10, S. 440. et le même, Journal von Crelle, Bd. 36, S. 271.

l'équation (α) se trouve réduite à:

$$\int_0^\infty f(x^p + x^{-p})\, Arctg.\, x \frac{dx}{x} = \frac{\pi}{2}\int_0^1 f(x^p + x^{-p}) \frac{dx}{x} \text{ [21]} \quad \ldots\ldots\ldots \quad (74)$$

Lorsqu'on aurait eu à transformer l'intégrale

$$\int_0^\infty f(x^p + x^{-p})\, Arctg.\, x \frac{dx}{1+x^2}$$

la même substitution donnerait $\frac{dx}{1+x^2} = \frac{-dy}{y^2} : \left(1 + \frac{1}{y^2}\right) = \frac{-dy}{1+y^2}$: par conséquent le raisonnement précédent ne subit aucun changement et l'on trouve:

$$\int_0^\infty f(x^p + x^{-p})\, Arctg.\, x \frac{dx}{1+x^2} = \frac{\pi}{2}\int_0^1 f(x^p + x^{-p}) \frac{dx}{1+x^2} \quad \ldots\ldots\ldots \quad (75)$$

19. Introduisons encore dans l'intégrale définie

$$\int_0^\infty f(x^p + x^{-p}) \frac{dx}{x(1 \pm x^2)} = \int_0^1 f(x^p + x^{-p}) \frac{dx}{x(1 \pm x^2)} + \int_1^\infty f(x^p + x^{-p}) \frac{dx}{x(1 \pm x^2)}$$

la substitution $x = \frac{1}{y}$ dans la dernière intégrale: alors on a $\frac{dx}{x(1 \pm x^2)} = \frac{-dy}{y^2} : \left\{\frac{1}{y}\left(1 \pm \frac{1}{y^2}\right)\right\} = \frac{\mp y\, dy}{1 \pm y^2}$, tandis que les limites de y deviennent 1 et 0: en renversant ces limites on obtient:

$$\int_0^\infty f(x^p + x^{-p}) \frac{dx}{x(1 \pm x^2)} = \int_0^1 f(x^p + x^{-p}) \frac{dx}{x(1 \pm x^2)} + \int_0^1 f(x^p + x^{-p}) \frac{\pm x\, dx}{1 \pm x^2}.$$

Or, les deux intégrales dans le dernier membre n'ont pas seulement les limites mais encore l'expression $f(x^p + x^{-p})\, dx$ en commun: il faut donc prendre la somme des facteurs différents: c'est-à-dire $\frac{1}{x(1 \pm x^2)} + \frac{\pm x}{1 \pm x^2} = \frac{1 \pm x^2}{x(1 \pm x^2)} = \frac{1}{x}$; par conséquent:

$$\int_0^\infty f(x^p + x^{-p}) \frac{dx}{x(1 \pm x^2)} = \int_0^1 f(x^p + x^{-p}) \frac{dx}{x}. \quad \ldots\ldots\ldots\ldots \quad (76)$$

Cette formule contient proprement la réduction de deux intégrales très-différentes: on pourra les combiner par voie d'addition et de soustraction, en remarquant que

$$\frac{1}{x(1+x^2)} + \frac{1}{x(1-x^2)} = \frac{(1-x^2)+(1+x^2)}{x(1-x^4)} = \frac{2}{x(1-x^4)} \text{ et } \frac{1}{x(1-x^2)} - \frac{1}{x(1+x^2)} = \frac{(1+x^2)-(1-x^2)}{x(1-x^4)} = \frac{2x}{1-x^4}:$$

---

[21] Schlömilch, Grunert's Archiv, Bd. 4, S. 316.
Page 108.

$$\int_0^\infty f(x^p + x^{-p}) \frac{dx}{x(1-x^4)} = \int_0^1 f(x^p + x^{-p}) \frac{dx}{x}, \ldots\ldots\ldots\ldots (77)$$

$$\int_0^\infty f(x^p + x^{-p}) \frac{x\,dx}{1-x^4} = 0 \ldots\ldots\ldots\ldots\ldots\ldots\ldots\ldots (78)$$

Encore cette dernière devient pour $x^2 = y$, $2\,x\,dx = dy$, lorsqu'on y met $2\,p$ au lieu de p:

$$\int_0^\infty f(x^p + x^{-p}) \frac{dx}{1-x^2} = 0 \ldots\ldots\ldots\ldots\ldots\ldots\ldots\ldots (79)$$

Puisque $\frac{1}{x(1-x^2)} \pm \frac{1}{1-x^2} = \frac{1 \pm x}{x(1-x^2)} = \frac{1}{x(1 \mp x)}$, la somme et la différence de l'équation (79) et de la dernière des équations (76) donnent:

$$\int_0^\infty f(x^p + x^{-p}) \frac{dx}{x(1 \pm x)} = \int_0^1 f(x^p + x^{-p}) \frac{dx}{x}. \ldots\ldots\ldots\ldots (80)$$

20. Lorsque dans l'intégrale définie

$$\int_0^\infty f(x^p + x^{-p}) \frac{dx}{x} = \int_0^1 f(x^p + x^{-p}) \frac{dx}{x} + \int_1^\infty f(x^p + x^{-p}) \frac{dx}{x}$$

n substitue dans la dernière intégrale encore une fois $x = \frac{1}{y}$, elle devient identique avec celle qui la précède; donc:

$$\int_0^\infty f(x^p + x^{-p}) \frac{dx}{x} = 2 \int_0^1 f(x^p + x^{-p}) \frac{dx}{x}. \ldots\ldots\ldots\ldots (81)$$

A présent on peut prendre la différence de celle-ci et de la formule (80) ou de (76) en remarquant que $\frac{1}{x} - \frac{1}{x(1 \pm x)} = \frac{(1 \pm x) - 1}{x(1 \pm x)} = \frac{\pm 1}{1 \pm x}$, $\frac{1}{x} - \frac{1}{x(1 \pm x^2)} = \frac{(1 \pm x^2) - 1}{x(1 \pm x^2)} = \frac{\pm x}{1 \pm x^2}$:

$$\int_0^\infty f(x^p + x^{-p}) \frac{dx}{1 \pm x} = \pm \int_0^1 f(x^p + x^{-p}) \frac{dx}{x}, \ldots\ldots\ldots\ldots (82)$$

$$\int_0^\infty f(x^p + x^{-p}) \frac{x\,dx}{1 \pm x^2} = \pm \int_0^1 f(x^p + x^{-p}) \frac{dx}{x}. \ldots\ldots\ldots\ldots (83)$$

où les deux dernières intégrales peuvent facilement se déduire l'une de l'autre.

Les résultats de ces deux numéros subsisteront encore pour le cas où l'on aurait $f(x^p - x^{-p})$, pourvu que cette fonction fût impaire.

Ajoutons que l'intégrale (75) donne encore un résultat remarquable par l'intégration par parties. Puisque $\frac{dx}{1+x^2} = d.\, Arctg.\, x$ on a: $2\, Arctg.\, x \frac{dx}{1+x^2} = d.\, \{Arctg.\, x\}^2$, et par conséquent:

$$\pi\int_0^1 f(x^p+x^{-p})\frac{dx}{1+x^2} = \int_0^\infty f(x^p+x^{-p})Arctg.x\frac{2\,dx}{1+x^2} = f(x^p+x^{-p})(Arctg.x)^2\Big\}_0^\infty - \int_0^\infty (Arctg.x)^2\frac{d.}{dx}f(x^p+x^{-p})dx.$$

Or, le terme intégré devient pour $x = \infty : f(\infty)\left(\frac{\pi}{2}\right)^2$ et pour $x = 0 : f(\infty)\, 0$; donc:

$$\pi\int_0^1 f(x^p+x^{-p})\frac{dx}{1+x^2} = \frac{1}{4}\pi^2 f(\infty) - \int_0^\infty (Arctg.x)^2\frac{d.}{dx}f(x^p+x^{-p})\,dx, \quad \ldots (84)$$

pourvu que $f(\infty)$ ne devienne pas infinie.

21. D'une manière un peu plus générale l'on pourra diviser la distance des limites de la manière suivante:

$$\int_0^\infty f(x)\,dx = \int_0^p f(x)\,dx + \int_p^\infty f(x)\,dx.$$

Alors il faut faire dans la première intégrale du second membre

$x = py,\ dx = p\,dy,$ avec 0 et 1 pour limites de y;

et de même dans la seconde intégrale de ce membre

$x = \frac{p}{z},\ dx = \frac{-p\,dz}{z^2}$, avec 1 et 0 pour limites de z.

Donc

$$\int_0^\infty f(x)\,dx = \int_0^1 f(px)\,p\,dx + \int_1^0 f\left(\frac{p}{x}\right)\frac{-p\,dx}{x^2} = \int_0^1 f(px)\,p\,dx + \int_0^1 f\left(\frac{p}{x}\right)\frac{p\,dx}{x^2}$$

$$= p\int_0^1 dx\left\{f(px) + \frac{1}{x^2}f\left(\frac{p}{x}\right)\right\}\ [22] \quad \ldots (85)$$

22. Pour l'intégrale définie

$$\int_0^1 f(x)\,dx = \int_0^p f(x)\,dx + \int_p^1 f(x)\,dx$$

on doit employer une autre substitution pour la dernière intégrale, tandis que celle pour l'avant-dernière reste tout comme au numéro précédent. Faisons $x - p = (1-p)\,y$, donc $dx = (1-p)\,dy$, alors les limites de y seront $\frac{p-p}{1-p} = 0,\ \frac{1-p}{1-p} = 1$; et l'on a:

---

[22] Legendre, Exercices de Calcul Intégral, T. 2, Paris, Courcier, 1817. 544 Pag. 4°. Partie 4. N°. 136.
Page 110.

$$\int_0^1 f(x)dx = \int_0^1 f(px)pdx + \int_0^1 f\{p+(1-p)x\}(1-p)dx = \int_0^1 \big[pf(px)+(1-p)f\{p+(1-p)x\}\big]dx \text{ [23]}. \quad (86)$$

On aurait pu supposer $1-x=(1-p)y$, $-dx=(1-p)\,dy$: alors les limites de y deviennent $\frac{1-p}{1-p}=1$, $\frac{1-1}{1-p}=0$, et il en résulte:

$$\int_0^1 f(x)dx = \int_0^1 f(px)pdx + \int_1^0 f\{1-(1-p)x\}(1-p)(-dx) = \int_0^1 \big[pf(px)+(1-p)f\{1-(1-p)x\}\big]dx. \quad (87)$$

23. Quelques-unes des intégrales définies précédentes se prêtent encore à la substitution d'une autre variable. Soit par exemple: $x=e^{-y}$, donc $\frac{dx}{x}=-dy$, tandis qu'aux valeurs 0, 1, ∞ de x correspondent les valeurs ∞, 0, $-\infty$ de y. Ainsi les formules (74) et (81) deviennent:

$$\int_{-\infty}^{\infty} f(e^{px}+e^{-px}).\,Arctg.\,(e^{-x})\,dx = \frac{\pi}{2}\int_0^1 f(x^p+x^{-p})\frac{dx}{x} \ldots\ldots\ldots \quad (88)$$

$$\int_{-\infty}^{\infty} f(e^{px}+e^{-px})\,dx = 2\int_0^1 f(x^p+x^{-p})\frac{dx}{x}. \ldots\ldots\ldots \quad (89)$$

Soit encore $x=Tang.\,y$, $dx=\frac{dy}{Cos.^2 y}$, $\frac{dx}{1+x^2}=dy$, avec les limites 0 et $\frac{1}{2}\pi$ pour y: alors on a par les formules (74), (75), (76), (81):

$$\int_0^{\frac{1}{2}\pi} f(Tang.^p x+Cot.^p x)\frac{x\,dx}{Sin.\,2\,x} = \frac{\pi}{4}\int_0^1 f(x^p+x^{-p})\frac{dx}{x}, \ldots\ldots\ldots \quad (90)$$

$$\int_0^{\frac{1}{2}\pi} f(Tang.^p x+Cot.^p x)\,x\,dx = \frac{\pi}{2}\int_0^1 f(x^p+x^{-p})\frac{dx}{1+x^2}, \ldots\ldots\ldots \quad (91)$$

$$\int_0^{\frac{1}{2}\pi} f(Tang.^p x+Cot.^p x)\frac{dx}{Tang.\,x} = \int_0^1 f(x^p+x^{-p})\frac{dx}{x}, \ldots\ldots\ldots \quad (92)$$

$$\int_0^{\frac{1}{2}\pi} f(Tang.^p x+Cot.^p x)\frac{dx}{Sin.\,2\,x} = \int_0^1 f(x^p+x^{-p})\frac{dx}{x}; \ldots\ldots\ldots \quad (93)$$

et ainsi de suite.

---

[23] LEGENDRE, Exercices, Partie 4, N°. 140. Page 111.

24. Dans l'intégrale définie

$$\int_0^{\frac{1}{2}\pi} f(Sin.\,2\,x).\,Cos.\,x\,dx = \int_0^{\frac{1}{4}\pi} f(Sin.\,2\,x).\,Cos.\,x\,dx + \int_{\frac{1}{4}\pi}^{\frac{1}{2}\pi} f(Sin.\,2\,x).\,Cos.\,x\,dx$$

mettez dans la dernière intégrale $x = \frac{\pi}{2} - y$, $dx = -dy$, $Cos.\,x = Sin.\,y$, $Sin.\,2\,x = Sin.\,2\,y$, avec les limites $\frac{\pi}{4}$ et 0 pour y; renversez les limites et substituez le résultat, alors:

$$\int_0^{\frac{1}{2}\pi} f(Sin.\,2x).\,Cos.\,x\,dx = \int_0^{\frac{1}{4}\pi} f(Sin.\,2x).\,Cos.\,x\,dx + \int_0^{\frac{1}{4}\pi} f(Sin.\,2x).\,Sin.\,x\,dx = \int_0^{\frac{1}{4}\pi} f(Sin.\,2x).(Sin.\,x + Cos.\,x)\,dx.$$

Mettez dans la dernière intégrale encore $Sin.\,2\,x = Cos.^2\,y$, $2\,Cos.\,2\,x\,dx = -2\,Sin.\,y.\,Cos.\,y\,dy$; mais $Cos.\,2\,x = \sqrt{(1 - Cos.^4\,y)} = \sqrt{(1 + Cos.^2\,y)(1 - Cos.^2\,y)} = Sin.\,y.\sqrt{(1 + Cos.^2\,y)}$, et

$$(Sin.\,x + Cos.\,x)^2 = 1 + Sin.\,2\,x = 1 + Cos.^2\,y, \text{ donc } Sin.\,x + Cos.\,x = \sqrt{(1 + Cos.^2\,y)};$$

ensuite les limites de y seront: $Cos.^2\,y = 0$, donc $y = \frac{1}{2}\pi$; et $Cos.^2\,y = 1$, donc $y = 0$. Par conséquent:

$$\int_0^{\frac{1}{2}\pi} f(Sin.\,2x).\,Cos.\,x\,dx = \int_{\frac{1}{2}\pi}^0 f(Cos.^2\,y).\sqrt{(1 + Cos.^2\,y)}\frac{-2\,Sin.\,y.\,Cos.\,y\,dy}{2\,Sin.\,y.\sqrt{(1 + Cos.^2\,y)}} = \int_0^{\frac{1}{2}\pi} f(Cos.^2\,x).\,Cos.\,x\,dx \text{ [24]} \;.\; (94)$$

25. Lorsque dans l'intégrale tout-à-fait générale

$$\int_0^a f(x)\,dx$$

on met $a - y$ au lieu de x, alors $dx = -dy$ et les limites de y sont a et 0: donc

$$\int_0^a f(x)\,dx = \int_a^0 f(a - x)\,(-dx) = \int_0^a f(a - x)\,dx. \text{ [25]} \;.\;.\;.\;.\;.\;.\;. \;(95)$$

Cette équation si simple peut être quelquefois d'une grande utilité. Par exemple dans le cas de fonctions trigonométriques, quand a est un multiple de $\frac{1}{2}\pi$: car alors, la fonction étant périodique, il faut que a ait une telle valeur que $f(a - x)$ est égale à $f(x)$; dès-lors cette équation pourra offrir la réduction d'une intégrale plus compliquée à une autre plus simple. En effet soit $a = \pi$, et $f(x) = x f(Sin.\,x, Cos.^2\,x)$, alors $f(a - x) = f(\pi - x) = (\pi - x) f\{Sin.\,(\pi - x), Cos.^2\,(\pi - x)\} = (\pi - x) f(Sin.\,x, Cos.^2\,x)$. La formule (95) devient donc:

---

[24] Besge, Journal de Liouville, T. 18, p. 112, 168. — Grunert, Grunert's Archiv, Bd. 21. S. 359.

[25] Cambridge Mathematical Journal, T. 3, N. 16, p. 168, Nov. 1842. — Grunert, Grunert's Archiv, Bd. 4, S. 113.

$$\int_0^{\pi} x f(Sin. x, Cos.^2 x)\, dx = \int_0^{\pi} (\pi - x) f(Sin. x, Cos.^2 x)\, dx,$$

d'où $\int_0^{\pi} x f(Sin. x, Cos.^2 x)\, dx = \frac{1}{2}\pi \int_0^{\pi} f(Sin. x, Cos.^2 x)\, dx$. [26]. . . . . . . (96)

On voit que la quantité algébrique, contenue dans la première intégrale, ne se trouve plus dans l'autre, et qu'ainsi la dernière est beaucoup plus simple.

26. Supposons $x = \frac{py}{1+py}$, $py = \frac{x}{1-x}$, $1 - x = \frac{1}{1+py}$, $-dx = \frac{-p\,dy}{(1+py)^2}$: alors aux valeurs 0 et 1 de x correspondent les valeurs: $py = \frac{0}{1-0} = 0$ et $py = \frac{1}{1-1} = \infty$; donc on a la relation:

$$\int_0^1 f(x)\, dx = \int_0^{\infty} f\left(\frac{py}{1+py}\right) \frac{p\,dy}{(1+py)^2} = p \int_0^{\infty} f\left(\frac{py}{1+py}\right) \frac{dy}{(1+py)^2}. \text{ [27]. . . (97)}$$

Cette équation peut servir à la transformation de la dernière intégrale dans la première, dont l'évaluation est toujours plus simple.

Quant à cette substitution comme à celles qui vont suivre, il ne faut pas perdre de vue la remarque faite dans le N°. 25 de la première Partie, savoir que la recherche d'un maximum ou d'un minimum de la nouvelle variable entre les limites de l'ancienne, est absolument nécessaire, et influence directement sur la marche à suivre. Il s'en présentera dans la suite quelques exemples: toutefois il est aisé de voir qu'un tel cas n'a pas encore eu lieu dans les substitutions précédentes: aussi nous abstiendrons-nous de la recherche mentionnée, lorsque l'inutilité en sera assez clairement visible.

27. Soit dans l'intégrale à transformer $\int_0^{\frac{1}{2}\pi} f(1 - p^2 Sin.^2 x) \frac{dx}{\sqrt{(1-p^2 Sin.^2 x)}}$, où $p < 1$, $Cot. x = Tang. y. \sqrt{(1-p^2)}$, d'où $\frac{-dx}{Sin.^2 x} = \frac{dy\sqrt{(1-p^2)}}{Cos.^2 y}$; mais $Sin.^2 x = \frac{1}{1+(1-p^2)\, Tang.^2 y} = \frac{Cos.^2 y}{1-p^2 Sin.^2 y}$ et $1 - p^2 Sin.^2 x = \frac{(1-p^2 Sin.^2 y) - p^2 Cos.^2 y}{1-p^2 Sin.^2 y} = \frac{1-p^2}{1-p^2 Sin.^2 y}$: tandis que les limites de y seront $\frac{1}{2}\pi$ et 0. Donc, en renversant les limites:

$$\int_0^{\frac{1}{2}\pi} f(1-p^2 Sin.^2 x) \frac{dx}{\sqrt{(1-p^2 Sin.^2 x)}} = \int_0^{\frac{1}{2}\pi} f\left(\frac{1-p^2}{1-p^2 Sin.^2 x}\right) \frac{dx\sqrt{(1-p^2)}}{Cos.^2 x} \frac{Cos.^2 x}{1-p^2 Sin.^2 x} \sqrt{\frac{1-p^2 Sin.^2 x}{1-p^2}} =$$

$$= \int_0^{\frac{1}{2}\pi} f\left(\frac{1-p^2}{1-p^2 Sin.^2 x}\right) \frac{dx}{\sqrt{(1-p^2 Sin.^2 x)}} \text{ . . . . (98)}$$

---

[26] Cette formule a été donnée à démontrer par WERNER, Grunerts Archiv, Bd. 24, S. 110.

[27] LEGENDRE, Exercices, Partie 4, N°. 144.

Page 113.

A présent faisons $1-p^2\,Sin.^2\,x = q^2\,Cot.^2\,z$, alors

pour $x=0$, on a $q^2\,Cot.^2\,z_1 = 1-p^2.0 = 1$; faisons $q^2 = Tg.^2\,\alpha$, alors $z_1 = \alpha$;

pour $x=\frac{1}{2}\pi$ on a $q^2\,Cot.^2\,z_2 = 1-p^2.1 = 1-p^2$; faisons $\frac{1-p^2}{q^2} = Cot.^2\,\beta$, alors $z_2 = \beta$;

d'où $1-p^2 = q^2\,Cot.^2\,\beta = Tang.^2\,\alpha.\,Cot.^2\,\beta$. Différentions ensuite l'équation entre x et z: $-p^2\,2Sin.x.\,Cos.x\,dx = -q^2\,\frac{2\,Cot.\,z\,dz}{Sin.^2\,z}$, alors nous aurons, puisque aussi $1-p^2+p^2\,Cos.^2 x = q^2\,Cot.^2 z$:

$$dx = \frac{2\,q^2\,Cot.\,z\,dz}{2\,Sin.^2\,z.p\,Sin.\,x.p\,Cos.\,x} = \frac{q^2\,Cot.\,z\,dz}{Sin.^2\,z\sqrt{(1-q^2\,Cot.^2\,z)(q^2\,Cot.^2\,z+p^2-1)}}$$

$$= \frac{q^2\,Cot.\,z\,dz}{\sqrt{(Sin.^2\,z-q^2\,Cos.^2\,z)\,\{q^2\,Cos.^2\,z-(1-p^2)\,Sin.^2\,z\}}}$$

$$= \frac{q^2\,Cot.\,z\,dz}{\sqrt{\{(1+q^2)\,Sin.^2\,z-q^2\}\,\{q^2-(q^2\,Cot.^2\,\beta+q^2)\,Sin.^2\,z\}}}$$

$$= \frac{Tang.^2\,\alpha.\,Cot.\,z\,dz}{\sqrt{\{Sec.^2\,\alpha.Sin.^2\,z-Tang.^2\,\alpha\}\,\{Tang.^2\,\alpha-Cosec.^2\,\beta.\,Tang.^2\,\alpha.\,Sin.^2\,z\}}}$$

$$= \frac{Sin.\,\alpha.\,Sin.\,\beta.\,Cot.\,z\,dz}{\sqrt{(Sin.^2\,z-Sin.^2\,\alpha)\,(Sin.^2\,\beta-Sin.^2\,z)}}.$$

Substituons ces résultats dans l'équation (98) et nous obtiendrons la formule:

$$\int_\alpha^\beta f(Tang.^2\,\alpha.\,Cot.^2\,x)\,\frac{Sin.\,\alpha.\,Sin.\,\beta.\,Cot.\,x\,dx}{\sqrt{(Sin.^2\,x-Sin.^2\,\alpha)\,(Sin.^2\,\beta-Sin.^2\,x)}}\,\frac{1}{Tang.\,\alpha.\,Cot.x} =$$

$$= \int_\alpha^\beta f\left(\frac{Tang.^2\alpha.\,Cot.^2\,\beta}{Tang.^2\alpha.\,Cot.^2\,x}\right)\frac{Sin.\,\alpha.\,Sin.\,\beta.\,Cot.\,x\,dx}{\sqrt{(Sin.^2\,x-Sin.^2\,\alpha)\,(Sin.^2\,\beta-Sin.^2\,x)}}\,\frac{1}{Tang.\,\alpha.\,Cot.x},$$

ou en ôtant de part et d'autre les facteurs égaux:

$$\int_\alpha^\beta \frac{f(Tang.^2\,\alpha.\,Cot.^2\,x.)\,dx}{\sqrt{(Sin.^2\,x-Sin.^2\,\alpha)\,(Sin.^2\,\beta-Sin.^2\,x)}} = \int_\alpha^\beta \frac{f(Cot.^2\,\beta.\,Tang.^2\,x)\,dx}{\sqrt{(Sin.^2\,x-Sin.^2\,\alpha)\,(Sin.^2\,\beta-Sin.^2\,x)}}\,[28]\,.\quad(99)$$

28. Lorsque dans l'intégrale

$$\int_{-\infty}^{\infty} f(x^2)\,dx$$

on écrit $py-\frac{q}{y}$ pour x, on a $dx = \left(p+\frac{q}{y^2}\right)dy$, et de plus $y = \frac{x\pm\sqrt{(x^2+4pq)}}{2p}$: donc y sera constamment négatif ou positif, selon qu'on fait usage du signe inférieur ou du signe

[28] W. Roberts, Journal de Liouville, T. 11, p. 157.
Page 114.

supérieur: cela donne lieu à croire, qu'ici il y aura quelque maximum ou minimum pour y, mais l'équation $dy = \frac{1}{2p}\left\{1 \pm \frac{x}{\sqrt{(x^2+4pq)}}\right\} dx$ nous apprend qu'il n'y en a pas; donc, on peut employer les deux valeurs de y, et cela n'influencera que sur les limites, qui selon qu'on fait usage du signe supérieur ou du signe inférieur seront respectivement 0 et ∞, ou bien $-\infty$ et 0. Dans le premier cas on a:

$$\int_{-\infty}^{\infty} f(x^2)dx = \int_0^{\infty} f\left(p^2x^2 - 2pq + \frac{q^2}{x^2}\right)\left(p + \frac{q^2}{x^2}\right)dx = p\int_0^{\infty} f\left(p^2x^2 - 2pq + \frac{q^2}{x^2}\right)dx + q\int_0^{\infty} f\left(p^2x^2 - 2pq + \frac{q^2}{x^2}\right)\frac{dx}{x^2}.$$

Pour réduire la dernière intégrale définie faisons $x = \frac{q}{py}$, donc $\frac{dx}{x^2} = -d.\frac{1}{x} = -\frac{p\,dy}{q}$, et $p^2x^2 - 2pq + \frac{q^2}{x^2} = p^2\frac{q^2}{p^2y^2} - 2pq + q^2 : \frac{q^2}{p^2y^2} = \frac{q^2}{y^2} - 2pq + p^2y^2$: les limites de y seront ∞ et 0; de sorte qu'en renversant les limites cette intégrale devient identique à la précédente et a de plus le même coefficient: par conséquent

$$\int_{-\infty}^{\infty} f(x^2)\,dx = 2p \cdot \int_0^{\infty} f\left(p^2x^2 - 2pq + \frac{q^2}{x^2}\right) dx. \ldots\ldots\ldots\ldots (100)$$

En changeant le signe de x dans la dernière intégrale, ce qui revient à prendre la seconde valeur précédente de y, on obtient:

$$\int_{-\infty}^{\infty} f(x^2)\,dx = 2p\int_{-\infty}^{0} f\left(p^2x^2 - 2pq + \frac{q^2}{x^2}\right) dx. \text{ [29]} \ldots\ldots\ldots (101)$$

La demi-somme des deux équations (100) et (101) nous donne:

$$\int_{-\infty}^{\infty} f(x^2)\,dx = p\int_{-\infty}^{\infty} f\left(p^2x^2 - 2pq + \frac{q^2}{x^2}\right) dx \ldots\ldots\ldots\ldots (102)$$

On peut encore écrire:

$$\int_{-\infty}^{\infty} f(x^2)\,dx = \int_{-\infty}^{0} f(x^2)\,dx + \int_0^{\infty} f(x^2)\,dx = 2\int_0^{\infty} f(x^2)\,dx,$$

lorsque, après la division de la distance des limites, on suppose dans la première intégrale $x = -y$; car alors elle devient identique à la suivante: à l'aide de celle-ci la formule (100) donne:

$$\int_0^{\infty} f(x^2)\,dx = p\int_0^{\infty} f\left(p^2x^2 - 2pq + \frac{q^2}{x^2}\right) dx. \text{ [30]} \ldots\ldots\ldots (103)$$

---

[29] SCHLÖMILCH, Analytische Studien, Abth. I. Leipzig, ENGELMANN, 1848, (211. S. 8°.) S. 85.

[30] CAUCHY, Exercices de Mathématique.— Le même, Journal de l'Ecole Polytechn., Cah. 19, p. 510. f. 25. Page 115.

On peut y donner une autre forme par la supposition d'une fonction F telle, que $f(x^2) = \mathrm{F}(x^2 + 2pq)$, car alors $f\left(p^2x^2 - 2pq + \frac{q^2}{x^2}\right)$ devient $\mathrm{F}\left(p^2x^2 + \frac{q^2}{x^2}\right)$: en substituant ceci, et en changeant le signe F en f on a:

$$\int_0^\infty f(x^2 + 2pq)\,dx = p\int_0^\infty f\left(p^2x^2 + \frac{q^2}{x^2}\right)dx. \text{ [31]} \quad \ldots\ldots\ldots (104)$$

Mettez encore dans celle-ci $x^2 = y$, donc $2\,dx = \frac{dy}{\sqrt{y}}$: alors

$$\int_0^\infty f(x + 2pq)\frac{dx}{\sqrt{x}} = p\int_0^\infty f\left(p^2x + \frac{q^2}{x}\right)\frac{dx}{\sqrt{x}}. \text{ [32]} \ldots\ldots\ldots (105)$$

Pour $f(x) = \mathrm{F}\left(\frac{1}{r+x}\right)$, les deux dernières formules deviennent:

$$\int_0^\infty f\left(\frac{1}{x^2 + 2pq + r}\right)dx = p\int_0^\infty f\left(\frac{x^2}{p^2x^4 + q^2 + rx^2}\right)dx = \frac{1}{2p}\int_0^\infty f\left(\frac{x}{p^2x^2 + q^2 + rx}\right)\frac{dx}{\sqrt{x}}, (106)$$

d'où en particulier pour $r = -2pq$:

$$\int_0^\infty f\left(\frac{1}{x^2}\right)dx = p\int_0^\infty f\left\{\left(\frac{x}{px^2 - q}\right)^2\right\}dx = \frac{1}{2p}\int_0^\infty f\left\{\frac{x}{(px - q)^2}\right\}\frac{dx}{\sqrt{x}} \ldots (107)$$

29. Par une voie, en quelque sorte contraire à la précédente, nous pourrons encore trouver des résultats analogues à ceux du Numéro précédent: et nous nous y engageons de préférence, puisque nous trouverons l'occasion de faire usage de la remarque à l'égard d'un maximum ou d'un minimum de la nouvelle variable. Soit l'intégrale à transformer:

$$\int_0^\infty f\left(px + \frac{q}{x}\right)dx,$$

et supposons $y = px + \frac{q}{x}$, d'où $dy = \left(p - \frac{q}{x^2}\right)dx$: il suit immédiatement qu'il y a une telle valeur singulière de y pour les valeurs de x, racines de l'équation $p - \frac{q}{x^2} = 0$, c'est-à-dire pour $x = \pm\sqrt{\frac{q}{p}}$. L'une de ces racines $-\sqrt{\frac{q}{p}}$ tombe hors de la distance des limites 0 et ∞, et par con-

---

[31] Raabe, Differenzial- und Integralrechnung, Bd. 3. Zurich, Orell, 1847. (618 S. 8°.) N. 163. — Schlömilch, Grunert's Archiv, Bd. 9, S. 379.

[32] Schlömilch, Journal von Crelle, Bd. 33, S. 268.

séquent n'a aucune influence ici: l'autre $+\sqrt{\frac{q}{p}}$ au contraire tombe entre les deux limites: donc il faut en diviser la distance en deux parties de 0 à $\sqrt{\frac{q}{p}}$ et de $\sqrt{\frac{q}{p}}$ à ∞; à ces trois valeurs de x correspondent les valeurs de y: ∞, $2\sqrt{pq}$ et ∞. Ensuite on trouve pour la valeur de x: $\frac{1}{2p}\{y \pm \sqrt{(y^2-4pq)}\}$, d'où $dx = \frac{dy}{2p}\left\{1 \mp \frac{y}{\sqrt{(y^2-4pq)}}\right\}$, deux valeurs, dont chacune doit valoir séparément pour les deux intégrales partielles. Pour en décider considérons l'équation, où la distance des limites quant à x est déjà séparée en deux parties,

$$\int_0^\infty f\left(px+\frac{q}{x}\right)dx = \int_0^{\sqrt{\frac{q}{p}}} f\left(px+\frac{q}{x}\right)dx + \int_{\sqrt{\frac{q}{p}}}^\infty f\left(px+\frac{q}{x}\right)dx.$$

Dans la dernière intégrale il faut que x soit $> \sqrt{\frac{q}{p}}$, donc $> \frac{1}{2p}.2\sqrt{pq}$, donc $> \frac{1}{2p}y$, puisque $2\sqrt{pq}$ est la plus petite limite de y, correspondant à cette intégrale: par conséquent dans la valeur de dx il faut employer le signe $+$. Au contraire dans l'avant-dernière intégrale on a toujours $x < \sqrt{\frac{q}{p}}$, donc $< \frac{1}{2p}.2\sqrt{pq}$, donc $< \frac{1}{2p}y$, puisque $2\sqrt{pq}$ y est la plus grande limite de y, par suite dans cette intégrale il faut faire usage du signe $-$ dans la valeur de dx. Ainsi l'équation précédente devient:

$$\int_0^\infty f\left(px+\frac{q}{x}\right)dx = \int_\infty^{2\sqrt{pq}} f(x)\left\{1-\frac{x}{\sqrt{(x^2-4pq)}}\right\}\frac{dx}{2p} + \int_{2\sqrt{pq}}^\infty f(x)\left\{1+\frac{x}{\sqrt{(x^2-4pq)}}\right\}\frac{dx}{2p}.$$

Dans la première intégrale du second membre on peut renverser les limites, qui deviennent alors les mêmes que dans l'intégrale suivante: elles peuvent dès-lors entrer sous un même signe d'intégration définie: en outre elles ont l'expression $f(x)\frac{dx}{2p}$ en commun; par suite:

$$\int_0^\infty f\left(px+\frac{q}{x}\right)dx = \frac{1}{2p}\int_{2\sqrt{pq}}^\infty f(x)\left\{-\left(1-\frac{x}{\sqrt{(x^2-4pq)}}\right)+\left(1+\frac{x}{\sqrt{(x^2-4pq)}}\right)\right\}dx = \frac{1}{p}\int_{2\sqrt{pq}}^\infty f(x)\frac{x\,dx}{\sqrt{(x^2-4pq)}}. \quad (108)$$

Soit dans la dernière intégrale $x^2-4pq=y^2$, d'où $2x\,dx = 2y\,dy$, $x=\sqrt{(y^2+4pq)}$, tandis que les limites de y deviennent: 0 et ∞; alors:

$$\int_0^\infty f\left(px+\frac{q}{x}\right)dx = \frac{1}{p}\int_0^\infty f\{\sqrt{(x^2+4pq)}\}\,dx \text{ [33]} \ldots\ldots\ldots \quad (109)$$

---

[33] SCHLÖMILCH, Grunert's Archiv, Bd. 18, S. 391.

Page 117.

Quand on supposait dans cette intégrale $f(x) = F(x^2 - 2pq)$, on retomberait sur l'intégrale (104); mais la supposition de $f(x) = F\left(\frac{1}{r+x}\right)$ donnerait ici:

$$\int_0^\infty f\left\{\frac{1}{r+px+\frac{q}{x}}\right\} dx = \int_0^\infty f\left(\frac{x}{px^2+rx+q}\right) dx = \frac{1}{p}\int_0^\infty f\left\{\frac{1}{r+\sqrt{(x^2+4pq)}}\right\} dx \;. \quad (110)$$

30. Soit l'intégrale

$$\int_{-\infty}^{\infty} f(x^2+2px+q^2)\, dx,$$

et faisons $x^2 + 2px + q^2 = y$, d'où $(2x+2p)\,dx = dy$: il y aura donc un maximum ou un minimum pour y, correspondant à la valeur de x, qui satisfait à l'équation $2x + 2p = 0$, c'est-à-dire à $x = -p$, d'où pour y la valeur correspondante $q^2 - p^2$. On en conclut encore que dans l'intervalle de $x = -\infty$ à $x = -p$, $\frac{dy}{dx}$ doit être négatif, tandis que cette expression est positive pour les valeurs de x depuis $-p$ jusques à ∞. A présent on a $x = -p \pm \sqrt{(p^2 - q^2 + y)}$, d'où $dx = \frac{\mp dy}{2\sqrt{(p^2-q^2+y)}}$; donc dans le premier intervalle il faut employer le signe $-$ dans cette formule, tandis que le signe $+$ vaut pour le second intervalle. On a donc, puisque en outre on trouve toujours $y = \infty$ tant pour $x = +\infty$ que pour $x = -\infty$,

$$\int_{-\infty}^{\infty} f(x^2+2px+q^2)dx = \int_{\infty}^{q^2-p^2} f(x)\frac{-dx}{2\sqrt{(p^2-q^2+x)}} + \int_{q^2-p^2}^{\infty} f(x)\frac{+dx}{2\sqrt{(p^2-q^2+x)}} = \int_{q^2-p^2}^{\infty} f(x)\frac{dx}{\sqrt{(p^2-q^2+x)}};(111)$$

parce que la première intégrale du deuxième membre de cette équation devient identique à la suivante, lorsqu'on en renverse les limites. On peut rendre la dernière intégrale plus simple, quand on suppose $x = (p^2 - q^2)(z^2 - 1)$, d'où $p^2 - q^2 + x = (p^2 - q^2) z^2$, $dx = (p^2 - q^2)\, 2z\, dz$, tandis que pour les limites $q^2 - p^2$ et ∞ de x on trouve respectivement $z^2 - 1 = 1$, d'où $z = 0$, et $z^2 - 1 = \infty$, d'où $z = \pm\infty$; donc:

$$\int_{-\infty}^{\infty} f(x^2+2px+q^2)\, dx = \pm 2\sqrt{(p^2-q^2)}. \int_0^{\pm\infty} f\{(p^2-q^2)(x^2-1)\}\, dx \ldots (112)$$

Dans la dernière on peut employer arbitrairement les deux limites supérieures, pourvu que l'on fasse usage en même temps du signe correspondant comme coefficient; l'origine de ce signe sera claire, lorsqu'on observe que dans l'équation de substitution

$$\frac{dx}{\sqrt{(p^2-q^2+x)}} = \frac{(p^2-q^2)\, 2z\, dz}{\pm\sqrt{\{(p^2-q^2)z^2\}}} = \pm 2\, dz \sqrt{(p^2-q^2)},$$

où dx est toujours positif, il faut que dz ait le signe $+$ ou $-$ selon que z est toujours positif ou toujours négatif, ce qui a lieu dans la formule (112).

Page 118.

31. Dans l'intégrale

$$\int_0^{2\pi} f(p\ Sin.\,x + q\ Cos.\,x)\,dx$$

faisons $y = p\ Sin.\,x + q\ Cos.\,x$, d'où il résulte $dy = (p\ Cos.\,x - q\ Sin.\,x)\,dx$. Il y aura donc un maximum ou un minimum de y pour $p\ Cos.\,x - q\ Sin.\,x = 0$, d'où $x = Arctg.\left(\frac{p}{q}\right)$. Des diverses valeurs de x qui satisfont à cette équation il en tombe deux entre les limites 0 et 2π de x, savoir: $x = Arctg.\left(\frac{p}{q}\right)$ et $x = \pi + Arctg.\left(\frac{p}{q}\right)$. Il faut donc diviser la distance des limites en trois parties et écrire

$$\int_0^{2\pi} f(pSin.x + qSin.x)dx = \int_0^{Arctg.\left(\frac{p}{q}\right)} f(pSin.x + qCos.x)dx + \int_{Arctg.\left(\frac{p}{q}\right)}^{\pi + Arctg.\left(\frac{p}{q}\right)} f(pSin.x + qCos.x)dx + \int_{\pi + Arctg.\left(\frac{p}{q}\right)}^{2\pi} f(pSin.x + qCos.x)dx.$$

Or, la valeur de y peut s'écrire $\frac{p\ Tang.\,x + q}{Sec.\,x} = \frac{p\ Tang.\,x + q}{\sqrt{(1 + Tang.^2\,x)}}$. Donc aux valeurs

de x: $0,\ Arctg.\left(\frac{p}{q}\right),\ \pi + Arctg.\left(\frac{p}{q}\right),\ 2\pi,$

correspondent les valeurs de

$$y:\ q,\ \frac{p.\frac{p}{q} + q}{\sqrt{\left(1 + \frac{p^2}{q^2}\right)}} = +\sqrt{(p^2 + q^2)},\ \frac{p.\frac{p}{q} + q}{-\sqrt{\left(1 + \frac{p^2}{q^2}\right)}} = -\sqrt{(p^2 + q^2)},\ q;$$

comme les limites des intégrales partielles relatives à y. On en conclut en même temps, que dans le premier et le troisième intervalle les valeurs de y croissent, et que par conséquent dy doit être positif; au contraire dy doit être négatif dans le deuxième intervalle, parce que les valeurs de y y décroissent. Enfin nous avons $y^2 = (p\ Sin.\,x + q\ Cos.\,x)^2 = p^2\ Sin.^2\,x + 2pq\ Sin.\,x.\ Cos.\,x + q^2\ Cos.^2\,x = p^2 + q^2 - (p\ Cos.\,x - q\ Sin.\,x)^2$, donc $p\ Cos.\,x - q\ Sin.\,x = \pm\sqrt{(p^2 + q^2 - y^2)}$ et encore, d'après ce qui a été déduit précédemment, $dx = \frac{dy}{\pm\sqrt{(p^2 + q^2 - y^2)}}$. Or, puisque dx est constamment positif, il faut employer le signe $+$ dans le premier et le troisième intervalle, et le signe $-$ dans le deuxième. Donc enfin:

$$\int_0^{2\pi} f(pSin.x + qCos.x)dx = \int_q^{+\sqrt{(p^2+q^2)}} f(x)\frac{dx}{\sqrt{(p^2 + q^2 - x^2)}} + \int_{+\sqrt{(p^2+q^2)}}^{-\sqrt{(p^2+q^2)}} f(x)\frac{-dx}{\sqrt{(p^2 + q^2 - x^2)}} + \int_{-\sqrt{(p^2+q^2)}}^{q} f(x)\frac{dx}{\sqrt{(p^2 + q^2 - x^2)}}.$$

Dans ces trois intégrales la fonction intégrée est partout la même: les distances des limites sont respectivement, après que nous avons renversé ces limites dans l'intégrale au milieu

Page 119.

de q à $+\sqrt{(p^2+q^2)}$, de $-\sqrt{(p^2+q^2)}$ à $+\sqrt{(p^2+q^2)}$, et de $-\sqrt{(p^2+q^2)}$ à q; la somme de la première distance et de la troisième est justement égale à la deuxième, donc:

$$\int_0^{2\pi} f(p\, Sin.\, x + q\, Cos.\, x)\, dx = 2\int_{-\sqrt{(p^2+q^2)}}^{+\sqrt{(p^2+q^2)}} f(x)\frac{dx}{\sqrt{(p^2+q^2-x^2)}} \quad \ldots\ldots (113)$$

Faisons encore $x = y\sqrt{(p^2+q^2)}$, $dx = dy\sqrt{(p^2+q^2)}$, $p^2+q^2-x^2 = (p^2+q^2)(1-y^2)$; avec les limites -1 et $+1$ de y; par suite:

$$\int_0^{2\pi} f(p\, Sin.\, x + q\, Cos.\, x)\, dx = 2\int_{-1}^{+1} f\{x\sqrt{(p^2+q^2)}\}\frac{dx}{\sqrt{(1-x^2)}} \quad \ldots\ldots (114)$$

Substituons encore $x = Cos.\, y$, $\dfrac{dx}{\sqrt{(1-x^2)}} = -dy$; alors les limites de y deviennent π et 0, et l'on a, après avoir renversé les limites:

$$\int_0^{2\pi} f(p\, Sin.\, x + q\, Cos.\, x)\, dx = 2\int_0^{\pi} f\{Cos.\, x\,.\sqrt{(p^2+q^2)}\}\, dx. \ [34] \ldots. (115)$$

32. Comme dernière application de cette méthode transformons l'intégrale

$$\int_0^{\pi} f(Cos.\, x + p\, Sin.^2\, x)\, dx$$

et soit à cet effet

$Cos.\varphi = Cos.\, x + p\, Sin.^2\, x$, d'où $-Sin.\,\varphi\, d\varphi = (-Sin.\, x + 2p\, Sin.\, x.\, Cos.\, x)\, dx = -(1-2p\, Cos.\, x)\, Sin.\, x\, dx$.

Mais

$1-4p Cos.\varphi + 4p^2 = 1+4p^2-4p(Cos.x+pSin.^2x) = 1-4pCos.x+4p^2(1-Sin.^2x) = (1-2pCos.x)^2$,

et $\sqrt{(1-4p\, Cos.\varphi+4p^2)} - (1-2p\, Cos.\varphi) = (1-2p\, Cos.x) - 1 + 2p(Cos.x + p\, Sin.^2x) = 2p^2\, Sin.^2 x$.

Donc

$$dx = \frac{Sin.\,\varphi\, d\varphi}{(1-2p\, Cos.\, x)\, Sin.\, x} = \frac{Sin.\,\varphi}{\sqrt{(1-4p\, Cos.\varphi+4p^2)}}\;\frac{d\varphi\,.\, p\sqrt{2}}{\sqrt{\{\sqrt{(1-4p\, Cos.\,\varphi+4p^2)}-1+2p\, Cos.\,\varphi\}}};$$

pour rendre cette expression plus simple, réduisons les Cosinus en exponentielles par la formule identique $2\, Cos.\,\varphi = e^{\varphi i} + e^{-\varphi i}$,

alors $\quad 1-4p\, Cos.\,\varphi + 4p^2 = 1 + 4p^2 - 2p(e^{\varphi i}+e^{-\varphi i}) = (1-2p\, e^{\varphi i})(1-2p e^{-\varphi i})$

et $\sqrt{(1-4p\, Cos.\,\varphi+4p^2)} - 1 + 2p\, Cos.\,\varphi = \sqrt{(1-2p\, e^{\varphi i})(1-2p\, e^{-\varphi i})} - 1 + p(e^{\varphi i}+e^{-\varphi i}) =$

$$= -\tfrac{1}{2}\left[(1-2p\, e^{\varphi i}) + (1-2p\, e^{-\varphi i}) - 2\sqrt{(1-2p\, e^{\varphi i})(1-2p\, e^{-\varphi i})}\right]$$

---

[34] SCHLÖMILCH, Grunert's Archiv, Bd. 18, S. 391.
Page 120.

$$= -\tfrac{1}{2}\left[\sqrt{(1-2pe^{\varphi i})} - \sqrt{(1-2pe^{-\varphi i})}\right]^2 = -\tfrac{1}{2}\left[\frac{(1-2pe^{\varphi i})-(1-2pe^{-\varphi i})}{\sqrt{(1-2pe^{\varphi i})}+\sqrt{(1-2pe^{-\varphi i})}}\right]^2$$

$$= -\tfrac{1}{2}\left[\frac{-2p(e^{\varphi i}-e^{-\varphi i})}{\sqrt{(1-2pe^{\varphi i})}+\sqrt{(1-2pe^{-\varphi i})}}\right]^2 = -\tfrac{1}{2}\left[\frac{-4pi\,Sin.\varphi}{\sqrt{(1-2pe^{\varphi i})}+\sqrt{(1-2pe^{-\varphi i})}}\right]^2$$

$$= \frac{8p^2\,Sin.^2\varphi}{\{\sqrt{(1-2pe^{\varphi i})}+\sqrt{(1-2pe^{-\varphi i})}\}^2};$$

donc

$$dx = \frac{Sin.\varphi}{\sqrt{(1-2pe^{\varphi i})(1-2pe^{-\varphi i})}}\;\frac{d\varphi.p\sqrt{2}}{p\,Sin.\varphi\sqrt{8}}\{\sqrt{(1-2pe^{\varphi i})}+\sqrt{(1-2pe^{-\varphi i})}\}$$

$$= \frac{d\varphi}{2}\left\{\frac{1}{\sqrt{(1-2pe^{\varphi i})}}+\frac{1}{\sqrt{(1-2pe^{-\varphi i})}}\right\}.$$

Lorsque la valeur de x croît de 0 à π, il résulte de l'équation, trouvée dès le commencement pour la valeur de $d\varphi$, qu'elle reste constamment positive avec l'expression $1-2p\,Cos.x$; donc il faut que $2p$ reste moindre que l'unité: aussi dans le cas contraire serait-il facile de déduire, que l'équation pour dx pourrait contenir un terme infini: la raison en est qu'alors, entre les limites 0 et π de x, $Cos.\varphi$ deviendrait d'après la supposition plus grande que l'unité, ce qui en effet est impossible. Sous cette condition, comme alors il n'y a aucun maximum, on trouve donc, lorsqu'on change p en $\tfrac{1}{2}p$:

$$\int_0^{\pi} f(Cos.x+\tfrac{1}{2}p\,Sin.^2x)\,dx = \tfrac{1}{2}\int_0^{\pi} f(Cos.x)\,dx\left\{\frac{1}{\sqrt{(1-pe^{xi})}}+\frac{1}{\sqrt{(1-pe^{-xi})}}\right\},\ \text{où } p<1;\ [35].(116)$$

car pour les deux limites 0 et π de x, on a $Sin.^2x=0$, donc $Cos.\varphi = Cos.x$: de sorte que les limites de la variable dans la seconde intégrale coïncident avec celles de la variable d'origine.

34. A présent nous allons nous servir d'une méthode différente, qui est basée sur l'usage de la série de Taylor, et qui par conséquent n'est applicable que dans les cas où cette série n'offre pas de difficultés.

Par exemple, lorsque l'expression $f(x)$ sous le signe d'intégration dans l'intégrale définie

$$I = \int_{-\frac{1}{2}\pi}^{\frac{1}{2}\pi} f(2p\,Cos.x.e^{xi})\,e^{2qxi}\,dx$$

peut se développer au moyen de la série mentionnée

$$f(p+h) = f(p) + \frac{h}{1}\frac{d.f(p)}{dp} + \frac{h^2}{1.2}\frac{d^2.f(p)}{dp^2} + \ldots, \qquad (a)$$

on a $2p\,Cos.x.e^{xi} = p\,e^{xi}(e^{xi}+e^{-xi}) = p + p\,e^{2xi}$, donc $h = p\,e^{2xi}$ et par suite, en développant actuellement la fonction sous le signe d'intégration:

[35] Jacobi, Journal von Crelle, Bd. 15, S. 1.

$$\mathrm{I} = \int_{-\frac{1}{2}\pi}^{\frac{1}{2}\pi} e^{2qxi}\,dx \left\{f(p) + \frac{p}{1} e^{2xi} \frac{d.f(p)}{dp} + \frac{p^2}{1.2} e^{4xi} \frac{d^2.f(p)}{dp^2} + \dots\right\}$$

$$= \int_{-\frac{1}{2}\pi}^{\frac{1}{2}\pi} dx \left\{e^{q.2xi} f(p) + \frac{p}{1} e^{(q+1).2xi} \frac{d.f(p)}{dp} + \frac{p^2}{1.2} e^{(q+2)2xi} \frac{d^2.f(p)}{dp} + \dots\right\}.$$

Mais on trouve Partie III, Méth. I, N°. 11 l'intégrale définie

$$\int_{-\frac{1}{2}\pi}^{\frac{1}{2}\pi} e^{a.2xi}\,dx = \frac{1}{a} Sin.\, a\,\pi:$$

en dissolvant donc l'intégrale de la série trouvée dans une série d'intégrales, et en effectuant l'intégration définie d'après la formule citée, on trouvera:

$$\mathrm{I} = f(p)\frac{1}{q} Sin.\, q\pi + \frac{p}{1}\frac{d.f(p)}{dp}\frac{1}{q+1} Sin.\,\{(q+1)\pi\} + \frac{p^2}{1.2}\frac{d^2.f(p)}{dp^2}\frac{1}{q+2} Sin.\,\{(q+2)\pi\} + \dots;$$

mais en remarquant que $Sin.\,\{(q+2a)\pi\} = Sin.\, q\pi$, $Sin.\{(q+2a+1)\pi\} = -Sin.\, q\pi$, on aura:

$$\mathrm{I} = Sin.\, q\pi.\left\{f(p)\frac{1}{q} - \frac{p}{1}\frac{d.f(p)}{dp}\frac{1}{q+1} + \frac{p^2}{1.2}\frac{d^2.f(p)}{dp^2}\frac{1}{q+2} - \dots\right\} \dots\dots\dots \quad (b)$$

Encore trouve-t-on Partie III, Méth. I, N°. 2 l'intégrale définie

$$\int_0^1 y^{a-1}\,dy = \frac{1}{a};$$

substituons-la pour les valeurs de $\frac{1}{q}, \frac{1}{q+1}, \dots$ alors:

$$\mathrm{I} = Sin.\, q\pi.\left\{f(p)\int_0^1 y^{q-1}\,dy - \frac{p}{1}\frac{d.f(p)}{dp}\int_0^1 y^q\,dy + \frac{p^2}{1.2}\frac{d^2.f(p)}{dp^2}\int_0^1 y^{q+1}\,dy - \dots\right\}.$$

Lorsqu'on fait entrer les coefficients sous les intégrales respectives, et qu'ensuite, en considérant que les limites sont partout les mêmes, on met tous les termes sous le même signe d'intégration, la formule précédente devient:

$$\mathrm{I} = Sin.\, q\pi.\int_0^1 dy \left\{f(p) y^{q-1} - \frac{p}{1}\frac{d.f(p)}{dp} y^q + \frac{p^2}{1.2}\frac{d^2.f(p)}{dp^2} y^{q+1} - \dots\right\}$$

$$= Sin.\, q\pi.\int_0^1 y^{q-1}\,dy \left\{f(p) - \frac{py}{1}\frac{d.f(p)}{dp} + \frac{p^2y^2}{1.2.}\frac{d^2.f(p)}{dp^2} - \dots\right\}.$$

Mais cette série n'est autre chose, d'après le théorème de Taylor (voir la formule (*a*)), que le développement de $f(p-py)$; donc:

Page 122.

$$\mathrm{I} = Sin.\,q\,\pi.\int_0^1 f(p - p\,y)\,y^{q-1}\,dy$$

c'est-à-dire:

$$\int_{-\frac{1}{2}\pi}^{\frac{1}{2}\pi} f(2\,p\,Cos.\,x.\,e^{xi})\,e^{2qxi}\,dx = Sin.\,q\,\pi.\int_0^1 f\,\{p\,(1 - x)\}\,x^{q-1}\,dx\,; \quad \ldots\ldots\ldots (117)$$

ou encore, quand on fait dans la dernière intégrale $1 - x = y$, $-dx = dy$, avec 1 et 0 comme limites de y, et qu'on renverse les limites:

$$\int_{-\frac{1}{2}\pi}^{\frac{1}{2}\pi} f(2\,p\,Cos.\,x.\,e^{xi})\,e^{2qxi}\,dx = Sin.\,q\,\pi.\int_0^1 f(p\,x)\,(1 - x)^{q-1}\,dx\,.\ [36] \quad \ldots\ldots (118)$$

où q arbitraire. Quand q devient un nombre entier a, $Sin.\,a\,\pi$ devient zéro, et l'on a:

$$\int_{-\frac{1}{2}\pi}^{\frac{1}{2}\pi} f(2\,p\,Cos.\,x.\,e^{xi})\,e^{2axi}\,dx = 0,\ a \text{ nombre entier.} \quad \ldots\ldots\ldots\ldots (119)$$

Mais si l'on divise les deux membres de l'équation (118) par $Sin.\,q\,\pi$, on obtient sous l'intégrale du premier membre la fraction e^{2qxi}: $Sin.\,q\,\pi$; pour q égal à un nombre entier, cette fraction doit être $\frac{0}{0}$; donc, pour en avoir la valeur, il faut en différentier le numérateur et le dénominateur individuellement par rapport à q, c'est-à-dire:

$$\frac{e^{2axi}}{Sin.\,a\,\pi} = \frac{2\,x\,i\,e^{2axi}}{\pi\,Cos.\,a\,\pi} = \frac{2\,i}{\pi\,Cos.\,a\,\pi}\,x\,e^{2axi};$$

donc, après la division par $\dfrac{-2}{\pi}$:

$$\int_{-\frac{1}{2}\pi}^{\frac{1}{2}\pi} f(2\,p\,Cos.\,x.\,e^{xi})\,\frac{1}{i}\,e^{2axi}\,x\,dx = -\frac{\pi}{2}\,Cos.\,a\,\pi.\int_0^1 f(p\,x)\,(1 - x)^{a-1}\,dx\,; \quad \ldots\ldots (120)$$

d'où pour $a = 1$:

$$\int_{-\frac{1}{2}\pi}^{\frac{1}{2}\pi} f(2\,p\,Cos.\,x.\,e^{xi})\,\frac{1}{i}\,e^{2xi}\,x\,dx = \frac{\pi}{2}\int_0^1 f(px)\,dx\,;\ [37] \quad \ldots\ldots\ldots\ldots\ldots (121)$$

toujours dans la supposition que $f(x)$ soit développable suivant la série de TAYLOR.

35. Traitons de la même manière l'intégrale

$$\mathrm{I} = \int_0^{\frac{1}{2}\pi} f(p\,Cos.\,x.\,e^{xi})\,e^{(q+1)xi}\,Sin.^{q-1}\,x\,dx\,,$$

---

[36] La déduction de KUMMER, Journal von Crelle, Bd. 20, S. 1, est fautive.

[37] KUMMER, Journal von Crelle, Bd. 20, S. 1.

c'est-à-dire, remarquons que

$$p \, Cos.x.e^{xi} = pe^{xi}.\tfrac{1}{2}(e^{xi}+e^{-xi}) = \tfrac{1}{2}p(1+e^{2xi}) = p+\tfrac{1}{2}p(e^{2xi}-1) = p+\tfrac{1}{2}pe^{xi}(e^{xi}-e^{-xi}) = p+pie^{xi}Sin.x\,;$$

et que dans l'équation (a) (N°. 34) h est par conséquent $pi\,e^{xi}Sin.x$, alors le développement sous le signe d'intégration suivant le théorème de TAYLOR donnera:

$$\mathrm{I} = \int_0^{\frac{1}{2}\pi} e^{(q+1)xi}\,Sin.^{q-1}x\,dx \left\{ f(p) + \frac{pi\,e^{xi}\,Sin.x}{1}\frac{d.f(p)}{dp} + \frac{p^2\,i^2\,e^{2xi}Sin.^2x}{1.2}\frac{d^2.f(p)}{dp^2} + \ldots \right\}$$

$$= \int_0^{\frac{1}{2}\pi} dx \left\{ f(p)\,e^{(q+1)xi}\,Sin.^{q-1}x + \frac{pi}{1}\frac{d.f(p)}{dp}e^{(q+2)xi}Sin.^q x + \frac{p^2\,i^2}{1.2}\frac{d^2.f(p)}{dp^2}e^{(q+3)xi}Sin.^{q+1}x + \ldots \right\}.$$

Mais on trouve Partie III, Méth. 3, N°. 10 l'intégrale définie

$$\int_0^{\frac{1}{2}\pi} e^{(a+1)xi}\,Sin.^{a-1}x\,dx = \frac{1}{a}\,e^{\frac{1}{2}a\pi i}\,;$$

donc, quand on sépare tous les termes de la série précédente, et qu'on les évalue selon la formule citée:

$$\mathrm{I} = f(p)\,\frac{1}{q}\,e^{\frac{1}{2}q\pi i} + \frac{pi}{1}\,\frac{d.f(p)}{dp}\,\frac{1}{q+1}\,e^{\frac{1}{2}(q+1)\pi i} + \frac{p^2\,i^2}{1.2}\,\frac{d^2.f(p)}{dp^2}\,\frac{1}{q+2}\,e^{\frac{1}{2}(q+2)\pi i} + \ldots$$

Mais d'un côté i^a est $e^{\frac{1}{2}a\pi i}$ et d'un autre côté $e^{2a\pi i} = i^{4a} = +1$, $e^{(2a+1)\pi i} = i^{(2a+1)2} = -1$, donc:

$$\mathrm{I} = e^{\frac{1}{2}q\pi i}\left\{\frac{1}{q}f(p) + \frac{p}{1}\,\frac{1}{q+1}\,e^{\pi i}\frac{d.f(p)}{dp} + \frac{p^2}{1.2}\,\frac{1}{q+2}\,e^{2\pi i}\frac{d^2.f(p)}{dp^2} + \ldots\right\} =$$

$$= e^{\frac{1}{2}q\pi i}\left\{\frac{1}{q}f(p) - \frac{p}{1}\,\frac{1}{q+1}\,\frac{d.f(p)}{dp} + \frac{p^2}{1.2}\,\frac{1}{q+2}\,\frac{d^2.f(p)}{dp^2} - \ldots\right\}$$

Comparant à présent cette série-ci à la série (b), que l'on a obtenue dans le Numéro précédent, on voit qu'elles sont identiques; donc, en conséquence de la formule (118), on peut en conclure immédiatement que

$$\int_0^{\frac{1}{2}\pi} f(p\,Cos.x.e^{xi})\,e^{(q+1)xi}\,Sin.^{q-1}x.\,dx = e^{\frac{1}{2}q\pi i}\int_0^1 f(px)\,(1-x)^{q-1}\,dx. \text{ [38]} \quad \ldots\ldots (122)$$

36. Soient p et q des fonctions quelconques de x: alors on verra tout de suite la validité des équations suivantes, obtenues au moyen de l'intégration par parties:

$$\int_k^l p\,\frac{d^a q}{dx^a}\,dx = p\,\frac{d^{a-1}q}{dx^{a-1}}\Big\}_k^l - \int_k^l \frac{d^{a-1}q}{dx^{a-1}}\,\frac{dp}{dx}\,dx,$$

---

[38] KUMMER, Journal von Crelle, Bd. 20, S. 1. Page 124.

$$\int_k^l \frac{dp}{dx}\frac{d^{a-1}q}{dx^{a-1}}dx = \left.\frac{dp}{dx}\frac{d^{a-2}q}{dx^{a-2}}\right\}_k^l - \int_k^l \frac{d^{a-2}q}{dx^{a-2}}\frac{d^2p}{dx^2}dx,$$

. . . .

$$\int_k^l \frac{d^{a-1}p}{dx^{a-1}}\frac{dq}{dx}dx = \left.\frac{d^{a-1}p}{dx^{a-1}}q\right\}_k^l - \int_k^l q\frac{d^a p}{dx^a}dx.$$

En cas que q, $\frac{dq}{dx}$, $\frac{d^2 q}{dx^2}$,... $\frac{d^{a-1}q}{dx^{a-1}}$, s'évanouissent tous entre les limites k et l de x, la combinaison de toutes ces équations donnera nécessairement:

$$\int_k^l p\frac{d^a q}{dx^a}dx = (-1)^a \int_k^l q\frac{d^a p}{dx^a}dx, \dots\dots\dots\dots \quad (123)$$

équation, qui peut être regardée elle-même comme une extension de la méthode mentionnée d'intégration par parties.

Soit à présent $p = f(x)$, $q = (1-x^2)^{\frac{2a-1}{2}}$, $k = -1$, $l = +1$, alors cette équation devient:

$$\int_{-1}^{+1} f(x)\frac{d^a.}{dx^a}\left\{(1-x^2)^{\frac{2a-1}{2}}\right\}dx = (-1)^a \int_{-1}^{+1}(1-x^2)^{\frac{2a-1}{2}}\frac{d^a.f(x)}{dx^a}dx \quad \dots\dots \quad (124)$$

où les conditions sont satisfaites, puisque q et ses $a-1$ différentielles s'évanouissent tant pour $x = -1$ que pour $x = +1$. Mais M. JACOBI a trouvé le théorème:

$$\frac{d^{a-1}.}{dy^{a-1}}\left\{(1-y^2)^{\frac{2a-1}{2}}\right\} = (-1)^{a-1}1^{a/2}\frac{Sin.\,a\,x}{a}, \text{ lorsque } y = Cos.\,x; \text{ [39]}$$

différentions cette équation encore une fois: le résultat

$$\frac{d^a.}{dy^a}\left\{(1-y^2)^{\frac{2a-1}{2}}\right\}\frac{dy}{dx} = -Sin.\,x\frac{d^a.}{dy^a}\left\{(1-y^2)^{\frac{2a-1}{2}}\right\}dx = (-1)^{a-1}1^{a/2}Cos.\,a\,x\,dx$$

est le facteur de la première intégrale dans l'équation (124), pourvu qu'on y change x en $Cos.\,x$, dx en $-Sin.\,x\,dx$, et que l'on prenne pour les limites de x, π et 0. Renversons encore les limites dans les deux membres de cette équation et nous aurons:

$$\int_0^\pi f(Cos.\,x)(-1)^{a-1}1^{a/2}Cos.\,ax\,dx = (-1)^a\int_0^\pi(Sin.^2\,x)^{\frac{2a-1}{2}}\frac{d^a.f(Cos.x)}{(d.\,Cos.\,x)^a}(-Sin.\,x\,dx),$$

ou bien

---

[39] JACOBI, Journal von Crelle, Bd. 15, S. 1. — LIOUVILLE, Journal de Liouville, T. 6, p. 69. — GRUNERT, Grunert's Archiv, Bd. 4, S. 104.
Page 125.

$$\int_0^{\pi} \frac{d^a. f(Cos. x)}{(d\, Cos. x)^a} Sin.^{2a} x\, dx = 1^{a/2} \int_0^{\pi} f(Cos. x)\, Cos. a\, x\, dx \text{ [40]} \quad \ldots\ldots\ldots (125)$$

Dans ce raisonnement, on a supposé tacitement que ni $f(Cos. x)$, ni ses a premières différentielles ne deviennent infinies entre les limites 0 et π de x; car $f(Cos. x)$ étant ce que p était au commencement de ce numéro, la conclusion à la formule (123) serait illégale dans ce cas, puisqu'il pourrait arriver que les termes intégrés, — que nous avons supposés s'évanouir à cause des suppositions particulières à l'égard de q et de ses coefficients différentiels — ne devinssent plus zéro, mais acquissent au contraire la forme au moins indéterminée $\infty \times 0$. Aussi cette restriction se déduit nécessairement du résultat lui-même, valant pour chaque valeur entière de a, et où donc il faut que tous les coefficients différentiels sous le signe d'intégration dans le premier membre restent finis, puisque c'est toujours le cas avec l'intégrale du second membre.

CHAPITRE TROISIÈME.

RÉDUCTION D'UNE INTÉGRALE DÉFINIE GÉNÉRALE À UNE SÉRIE.

37. Lorsque d'une manière ou d'autre dans la réduction d'une intégrale définie générale on est conduit à une série, il se peut qu'on ait à sommer des quantités finies ou bien des intégrales définies, contenant encore la fonction indéterminée entièrement ou partiellement, et par conséquent ne pouvant être evaluées, que lorsque cette fonction est connue. Il se peut encore que l'on puisse attribuer à ces fonctions, encore inconnues, des propriétés, qui rendent cette évaluation possible. C'est pourquoi nous diviserons ce chapitre en trois paragraphes; dans le premier nous traiterons des intégrales qui se réduisent à des séries de quantités finies; dans le deuxième de celles où l'on doit sommer des intégrales définies; et enfin dans le troisième nous étudierons quelques théorèmes généraux, qui conduiront à divers théorèmes spéciaux, correspondant à des suppositions spéciales à l'égard des fonctions générales.

§ 1. SÉRIES DE QUANTITÉS FINIES.

38. Il y a quelques raisonnements dans le Chapitre I, que nous pourrons poursuivre plus loin, et qui alors donneront lieu à des séries. De ce nombre est le Numéro 7: car on peut l'étendre comme suit.

---

[40] Jacobi, Journal von Crelle, Bd. 15, S. 1. — Le même, Journal de Liouville, T. 1, p. 195. — Binet, Journal de Liouville, T. 5, p. 373. — Liouville, Journal de Liouville, T. 6, p. 69. — Grunert, Grunert's Archiv, Bd. 4, S. 104.

Page 126.

Soit une fonction $\varphi(y)$ telle qu'on puisse la développer selon les puissances de y; c'est-à-dire, que l'on ait

$$\varphi(y) = B_0 + \sum_1^{c'} B_n y^n;$$

alors, tout comme dans le numéro cité, on aura aussi:

$$\frac{\varphi\left(\frac{q}{p}e^{xi}\right) + \varphi\left(\frac{q}{p}e^{-xi}\right)}{2} = B_0 + \sum_1^{c'} B_n \left(\frac{q}{p}\right)^n Cos.\, n\, x, \quad \frac{\varphi\left(\frac{q}{p}e^{xi}\right) - \varphi\left(\frac{q}{p}e^{-xi}\right)}{2i} = \sum_1^{c'} B_n \left(\frac{q}{p}\right)^n Sin.\, n\, x.$$

Multiplions ces deux équations respectivement par les expressions

$$\frac{f(pe^{xi}) + f(pe^{-xi})}{2} dx \quad \text{et} \quad \frac{f(pe^{xi}) - f(pe^{-xi})}{2i} dx,$$

où la fonction $f(y)$ est supposée la même qui a été considérée au Numéro 7; intégrons ensuite entre les limites 0 et π par rapport à x; on trouve:

$$\int_0^\pi \frac{\varphi\left(\frac{q}{p}e^{xi}\right) + \varphi\left(\frac{q}{p}e^{-xi}\right)}{2} \cdot \frac{f(pe^{xi}) + f(pe^{-xi})}{2} dx = B_0 \int_0^\pi \frac{f(pe^{xi}) + f(pe^{-xi})}{2} dx +$$

$$+ \sum_1^{c'} B_n \left(\frac{q}{p}\right)^n \int_0^\pi \frac{f(pe^{xi}) + f(pe^{-xi})}{2} Cos.\, n\, x\, dx,$$

$$\int_0^\pi \frac{\varphi\left(\frac{q}{p}e^{xi}\right) - \varphi\left(\frac{q}{p}e^{-xi}\right)}{2i} \cdot \frac{f(pe^{xi}) - f(pe^{-xi})}{2i} dx = \sum_1^{c'} B_n \left(\frac{q}{p}\right)^n \int_0^\pi \frac{f(pe^{xi}) - f(pe^{-xi})}{2i} Sin.\, n\, x\, dx.$$

Or, les intégrales définies qui nous restent encore aux seconds membres de ces deux équations ne sont autres que les intégrales générales, trouvées respectivement dans les équations (15), (13) et (14) du Numéro 7, si l'on y change a en n. Donc, après la substitution de ces valeurs:

$$\int_0^\pi \frac{\varphi\left(\frac{q}{p}e^{xi}\right) + \varphi\left(\frac{q}{p}e^{-xi}\right)}{2} \cdot \frac{f(pe^{xi}) + f(pe^{-xi})}{2} dx = B_0 \pi A_0 + \sum_1^{c'} B_n \left(\frac{q}{p}\right)^n \cdot \frac{\pi}{2} A_n p^n$$

$$= \pi A_0 B_0 + \frac{\pi}{2} \sum_1^{c'} A_n B_n q^n, \quad \ldots\ldots\ldots (126)$$

$$\int_0^\pi \frac{\varphi\left(\frac{q}{p}e^{xi}\right) - \varphi\left(\frac{q}{p}e^{-xi}\right)}{2i} \cdot \frac{f(pe^{xi}) - f(pe^{-xi})}{2i} dx = \sum_1^{c'} B_n \left(\frac{q}{p}\right)^n \frac{\pi}{2} A_n p^n = \frac{\pi}{2} \sum_1^{c'} A_n B_n q^n. \text{ [41]}. \; (127)$$

---

[41] SMAASEN, Journal von Crelle, Bd. 42, S. 222.
Page 127.

39. Nous pouvons trouver des résultats plus généraux. On a pour la même fonction que dans le Numéro 7:

$$\frac{f(p^a e^{axi}) + f(p^a e^{-axi})}{2} = A_0 + \sum_1^c A_n p^{an} \, Cos.\, a n x \, ,$$

$$\frac{f(p^a e^{axi}) - f(p^a e^{-axi})}{2i} = \sum_1^c A_n p^{an} \, Sin.\, a n x.$$

Donc, tout comme dans le numéro cité

$$\left.\begin{aligned}
&\int_0^\pi \frac{f(p^a e^{axi}) + f(p^a e^{-axi})}{2} dx = A_0 \int_0^\pi dx + \sum_1^c A_n p^{an} \int_0^\pi Cos.\, a n x \, dx = \pi A_0 \, , \\
&\int_0^\pi \frac{f(p^a e^{axi}) + f(p^a e^{-axi})}{2} Cos.\, a b x \, dx = A_0 \int_0^\pi Cos.\, a b x \, dx + \\
&\qquad + \sum_1^c A_n p^{an} \int_0^\pi Cos.\, a n x . \, Cos.\, a b x \, dx = \frac{\pi}{2} A_b p^{ab} , \\
&\int_0^\pi \frac{f(p^a e^{axi}) + f(p^a e^{-axi})}{2} Cos.\, \{(a b + c) x\} \, dx = A_0 \int_0^\pi Cos.\, \{(a b + c) x\} \, dx + \\
&\qquad + \sum_1^c A_n p^{an} \int_0^\pi Cos.\, a n x . \, Cos.\, \{(a b + c) x\} \, dx = 0 , \\
&\int_0^\pi \frac{f(p^a e^{axi}) - f(p^a e^{-axi})}{2i} Sin.\, a b x \, dx = A_0 \int_0^\pi Sin.\, a b x \, dx + \\
&\qquad + \sum_1^c A_n p^{an} \int_0^\pi Sin.\, a n x . \, Sin.\, a b x \, dx = \frac{\pi}{2} A_b p^{ab} , \\
&\int_0^\pi \frac{f(p^a e^{axi}) - f(p^a e^{-axi})}{2i} Sin.\, \{(a b + c) x\} \, dx = A_0 \int_0^\pi Sin.\, \{(a b + c) x\} \, dx + \\
&\qquad + \sum_1^c A_n p^{an} \int_0^\pi Sin.\, a n x . \, Sin.\, \{(a b + c) x\} \, dx = 0.
\end{aligned}\right\} \ldots (128)$$

où c est partout plus petit que a. [42]

Or, dans la première équation la première intégrale est π, et toutes les intégrales dans la sommation s'évanouissent. Dans les quatre dernières équations les premières intégrales, qui ont A_0 pour coefficient, sont nulles. Les produits sous les signes de sommation doivent être réduits à des sommes; en effet:

---

[42] Smaasen, Journal von Crelle, Bd. 42. S. 222.
Page 128.

$$2\,Cos.\,a\,n\,x.\;Cos.\,a\,b\,x = Cos.\,\{(n-b)\,a\,x\} + Cos.\,\{(n+b)\,a\,x\},$$
$$2\,Sin.\,a\,n\,x.\;Sin.\,a\,b\,x = Cos.\,\{(n-b)\,a\,x\} - Cos.\,\{(n+b)\,a\,x\};$$

chaque intégrale se divise donc en deux autres: dans la sommation de celles, qui correspondent aux derniers termes de ces équations trigonométriques, toutes les intégrales s'évanouissent: au contraire dans la sommation des intégrales, qui correspondent aux premiers termes respectifs, il n'y a que le terme pour la valeur b de n qui ait une valeur.

Dans la troisième et la cinquième équation (128) un tel cas ne peut se présenter; donc toutes les intégrales sous les signes de sommation s'évanouiront; et les valeurs des intégrales correspondantes seront nulles.

D'après le numéro précédent on a encore:

$$\frac{\varphi\left\{\left(\frac{q}{p}\right)^b e^{bxi}\right\}+\varphi\left\{\left(\frac{q}{p}\right)^b e^{-bxi}\right\}}{2}=\mathrm{B}_0+\sum_1^{c'}\mathrm{B}_n\left(\frac{q}{p}\right)^{bn}Cos.bnx,\quad \frac{\varphi\left\{\left(\frac{q}{p}\right)^b e^{bxi}\right\}-\varphi\left\{\left(\frac{q}{p}\right)^b e^{-bxi}\right\}}{2i}=\sum_1^{c'}\mathrm{B}_n\left(\frac{q}{p}\right)^{bn}Sin.bnx,$$

d'où l'on déduit les intégrales définies:

$$\int_0^\pi \frac{\varphi\left\{\left(\frac{q}{p}\right)^b e^{bxi}\right\}+\varphi\left\{\left(\frac{q}{p}\right)^b e^{-bxi}\right\}}{2}\cdot\frac{f(p^a e^{axi})+f(p^a e^{-axi})}{2}\,dx=$$
$$=\mathrm{B}_0\int_0^\pi\frac{f(p^a e^{axi})+f(p^a e^{-axi})}{2}\,dx+\sum_1^{c'}\mathrm{B}_n\left(\frac{q}{p}\right)^{bn}\int_0^\pi\frac{f(p^a e^{axi})+f(p^a e^{-axi})}{2}\,Cos.\,bn\,x\,dx,$$

$$\int_0^\pi \frac{\varphi\left\{\left(\frac{q}{p}\right)^b e^{bxi}\right\}-\varphi\left\{\left(\frac{q}{p}\right)^b e^{-bxi}\right\}}{2i}\cdot\frac{f(p^a e^{axi})-f(p^a e^{-axi})}{2i}\,dx=$$
$$=\sum_1^{c'}\mathrm{B}_n\left(\frac{q}{p}\right)^{bn}\int_0^\pi\frac{f(p^a e^{axi})-f(p^a e^{-axi})}{2i}\,Sin.\,b\,n\,x\,dx.$$

Mais il suit des quatres dernières des équations (128) que les intégrales sous les signes de sommation s'évanouissent, à moins que bn ne soit un multiple de a. Or, dans le cas où nous supposons b premier par rapport à a, il faut que n y soit un multiple de a: à cette condition nous pourrons satisfaire, en écrivant partout sous le signe de sommation $n\,a$ au lieu de n. Substituons alors les valeurs respectives des intégrales (128); et nous trouvons:

$$\int_0^\pi \frac{\varphi\left\{\left(\frac{q}{p}\right)^b e^{bxi}\right\}+\varphi\left\{\left(\frac{q}{p}\right)^b e^{-bxi}\right\}}{2}\cdot\frac{f(p^a e^{axi})+f(p^a e^{-axi})}{2}\,dx=\mathrm{B}_0\,\pi\,\mathrm{A}_0+\sum_1^{c'}\mathrm{B}_{an}\left(\frac{q}{p}\right)^{abn}\cdot\frac{\pi}{2}\,\mathrm{A}_{bn}\,p^{abn}$$
$$=\pi\,\mathrm{A}_0\,\mathrm{B}_0+\frac{\pi}{2}\sum_1^{c'}\mathrm{A}_{bn}\,\mathrm{B}_{an}\,q^{abn}, \quad (129)$$

$$\int_0^\pi \frac{\varphi\left\{\left(\frac{q}{p}\right)^b e^{bxi}\right\} - \varphi\left\{\left(\frac{q}{p}\right)^b e^{-bxi}\right\}}{2i} \cdot \frac{f(p^a e^{axi}) - f(p^a e^{-axi})}{2i} dx =$$

$$= \sum_1^{c'} \mathrm{B}_{an} \left(\frac{q}{p}\right)^{abn} \frac{\pi}{2} \mathrm{A}_{bn} p^{abn} = \frac{\pi}{2} \sum_1^{c'} \mathrm{A}_{bn} \mathrm{B}_{an} q^{abn}; \ [43] \ldots (130)$$

où il faut que a et b soient des nombres entiers, premiers entre eux.

40. Les équations (126) et (127) donnent lieu à quelques cas spéciaux, qui ne sont pas sans intérêt. Soit en premier lieu $\varphi(x) = \frac{1}{1-x^r}$, alors on a aussi

$$\varphi(p e^{xi}) = \frac{1}{1-(p e^{xi})^r} = \frac{1}{1-p^r e^{rxi}} = \frac{1}{1-p^r \mathit{Cos.}\, r x - p^r i \mathit{Sin.}\, r x} =$$

$$= \frac{1 - p^r \mathit{Cos.}\, r x + i p^r \mathit{Sin.}\, r x}{(1-p^r \mathit{Cos.}\, r x)^2 + (p^r \mathit{Sin.}\, r x)^2} = \frac{1 - p^r \mathit{Cos.}\, r x + i p^r \mathit{Sin.}\, r x}{1 - 2p^r \mathit{Cos.}\, r x + p^{2r}};$$

et de même

$$\varphi(p e^{-xi}) = \frac{1 - p^r \mathit{Cos.}\, r x - i p^r \mathit{Sin.}\, r x}{1 - 2p^r \mathit{Cos.}\, r x + p^{2r}};$$

donc:

$$\frac{\varphi(p e^{xi}) + \varphi(p e^{-xi})}{2} = \frac{1 - p^r \mathit{Cos.}\, r x}{1 - 2p^r \mathit{Cos.}\, r x + p^{2r}}, \quad \frac{\varphi(p e^{xi}) - \varphi(p e^{-xi})}{2i} = \frac{p^r \mathit{Sin.}\, r x}{1 - 2p^r \mathit{Cos.}\, r x + p^{2r}}.$$

Mais $\varphi(y) = \frac{1}{1-y^r} = 1 + y^r + y^{2r} + y^{3r} + \ldots (y < 1)$, donc $\mathrm{B}_0 = \mathrm{B}_r = \mathrm{B}_{2r} = \mathrm{B}_{3r} = \ldots = 1$, tandis que tous les autres B sont nuls: la condition de $y < 1$ devient dans le cas actuel $p < 1$ [44]. Pour n'admettre dans la sommation que les B_{nr}, on n'a qu'à remplacer n par nr sous le signe de sommation: donc enfin par l'intermédiaire des équations citeés (126) et (127):

$$\int_0^\pi \frac{f\left(\frac{q}{p} e^{xi}\right) + f\left(\frac{q}{p} e^{-xi}\right)}{2} \frac{1 - p^r \mathit{Cos.}\, r x}{1 - 2p^r \mathit{Cos.}\, r x + p^{2r}} dx = \pi \mathrm{A}_0 + \frac{\pi}{2} \sum_1^{c'} \mathrm{A}_{nr} q^{nr}, \ldots (131)$$

$$\int_0^\pi \frac{f\left(\frac{q}{p} e^{xi}\right) - f\left(\frac{q}{p} e^{-xi}\right)}{2i} \frac{p^r \mathit{Sin.}\, r x}{1 - 2p^r \mathit{Cos.}\, r x + p^{2r}} dx = \frac{\pi}{2} \sum_1^{c'} \mathrm{A}_{nr} q^{nr}; \ [45] \ldots (132)$$

où $p < 1$.

---

[43] SMAASEN, Journal von Crelle, Bd. 42, S. 222.

[44] On aurait pu trouver les mêmes résultats par les formules (12) et (13) de SCHLÖMILCH, Algebr. Analysis. S. 232.

[45] SMAASEN, Journal von Crelle, Bd. 42, S. 222. Page 130.

41. Soit encore $\varphi(x) = \dfrac{1-x^a}{1-x}$, donc

$$\varphi(p\,e^{xi}) = \frac{1-p^a e^{axi}}{1-p e^{xi}} = \frac{1-p^a Cos.ax - p^a i\,Sin.ax}{1-p\,Cos.\,x - pi\,Sin.\,x} = \frac{(1-p^a Cos.ax-p^a i\,Sin.ax)(1-p\,Cos.x+pi\,Sin.x)}{(1-p\,Cos.\,x)^2+(p\,Sin.\,x)^2}$$

$$= \frac{1-p\,Cos.x - p^a Cos.\,ax + p^{a+1} Cos.\{(a-1)x\}}{1-2p\,Cos.\,x+p^2} + i\frac{p\,Sin.x + p^a Sin.\,ax + p^{a+1} Sin.\{(a-1)x\}}{1-2p\,Cos.\,x+p^2},$$

$$\text{et } \varphi(pe^{-xi}) = \frac{1-p\,Cos.x - p^a Cos.\,ax + p^{a+1} Cos.\{(a-1)x\}}{1-2p\,Cos.\,x+p^2} - i\frac{p\,Sin.x + p^a Sin.\,ax + p^{a+1} Sin.\{(a-1)x\}}{1-2p\,Cos.\,x+p^2}.$$

Mais $\varphi(x) = \dfrac{1-x^a}{1-x} = 1+x+x^2+\ldots+x^{a-1}$, donc $B_0 = B_1 = B_2 = \ldots = B_{a-1} = 1$, tandis que les B suivants sont tous nuls; ainsi on n'a qu'à étendre la sommation de 1 à $a-1$ [46]. A présent la substitution de tout ceci dans les formules (126) et (127) nous donne:

$$\int_0^\pi \frac{f\left(\frac{q}{p}e^{xi}\right)+f\left(\frac{q}{p}e^{-xi}\right)}{2} \frac{1-p\,Cos.x - p^a\,Cos.\,ax + p^{a+1}\,Cos.\{(a-1)\,x\}}{1-2\,p\,Cos.x+p^2}\,dx = \pi A_0 + \frac{\pi}{2}\sum_1^{a-1} A_n q^n, . (133)$$

$$\int_0^\pi \frac{f\left(\frac{q}{p}e^{xi}\right)-f\left(\frac{q}{p}e^{-xi}\right)}{2i} \frac{p\,Sin.\,x + p^a\,Sin.\,a\,x + p^{a+1}\,Sin.\{(a-1)\,x\}}{1-2\,p\,Cos.\,x+p^2}\,dx = \frac{\pi}{2}\sum_1^{a-1} A_n q^n. \text{ [47]} . (134)$$

Les formules (126) et (127), (129) et (130), (131) et (132), (133) et (134), peuvent inversément être employées dans la sommation des séries, et cela pour quatre cas divers: savoir, quand il s'agit de connaître la somme

1° des produits des termes de même rang de deux séries;

2° des produits des termes non d'un même rang de deux séries;

3° des termes équidistants d'une série;

4° des $a-1$ premiers termes d'une série.

42. Lorsqu'on multiplie les formules (21) et (22) par $Sin.\,n\,p$ et $Cos.\,n\,p$ respectivement, après y avoir changé q en n, on obtient, en prenant la somme des divers résultats pour toutes les valeurs de n depuis 1 jusqu'à c:

$$\pi\sum_1^c f(n)\,Sin.\,pn = \sum_1^c Sin.\,pn.\int_0^\infty \left[f(xi)+f(-xi)\right]\frac{n\,dx}{n^2+x^2} = \int_0^\infty \left[f(xi)+f(-xi)\right]dx\sum_1^c \frac{n\,Sin.\,p\,n}{n^2+x^2},$$

$$\frac{\pi}{i}\sum_1^c f(n)\,Cos.\,pn = \sum_1^c Cos.\,pn.\int_0^\infty \left[f(xi)-f(-xi)\right]\frac{x\,dx}{n^2+x^2} = \int_0^\infty \left[f(xi)-f(-xi)\right]dx\sum_1^c \frac{x\,Cos.\,p\,n}{n^2+x^2}.$$

---

[46] Les formules (9) et (10) chez Schlömilch, Algebr. Analysis, S. 232 auraient conduit aux mêmes résultats.

[47] Smaasen, Journal von Crelle, Bd. 42, S. 222.

Mais on a, en prenant l'infini pour c:

$$\sum_1^\infty \frac{n\,Sin.pn}{n^2+x^2} = \frac{\pi}{2}\,\frac{e^{(\pi-p)x}-e^{(p-\pi)x}}{e^{\pi x}-e^{-\pi x}},\ \pi>p>0\,;\ \sum_1^\infty \frac{x\,Cos.pn}{n^2+x^2} = -\frac{1}{2x}+\frac{\pi}{2}\,\frac{e^{(\pi-p)x}+e^{(p-\pi)x}}{e^{\pi x}-e^{-\pi x}},\ \pi \geqq p \geqq 0. \text{[48]}$$

La première de ces formules de réduction peut être employée, sans transformation, dans notre première équation: il n'en est pas de même quant à la seconde: pour transformer notre équation, nous pourrons y ajouter membre à membre l'équation

$$\frac{\pi}{2i}f(0) = \int_0^\infty \big[f(xi)-f(-xi)\big]\,dx\,\frac{1}{2x},$$

qui se déduit de la formule (22), lorsqu'on y suppose q égal à zéro; alors elle admet l'application immédiate de la seconde formule de réduction. Appliquons-les à présent, et divisons de part et d'autre par π, alors nous aurons:

$$\int_0^\infty \frac{f(xi)+f(-xi)}{2}\,\frac{e^{(\pi-p)x}-e^{(p-\pi)x}}{e^{\pi x}-e^{-\pi x}}\,dx = \sum_1^\infty f(n)\,Sin.pn\ ,\ 0<p<\pi\,;\ \ldots\ldots\ldots \quad (135)$$

$$\int_0^\infty \frac{f(xi)-f(-xi)}{2i}\,\frac{e^{(\pi-p)x}+e^{(p-\pi)x}}{e^{\pi x}-e^{-\pi x}}\,dx = -\frac{1}{2}f(0)-\sum_1^\infty f(n)\,Cos.pn\ ,\ 0\leqq p\leqq\pi\ \ldots \quad (136)$$

Faisons dans la formule (136) $p=0$ et $p=\pi$, ce qui n'est pas permis dans la précédente; tandis que nous pouvons prendre dans l'une et dans l'autre $p=\frac{1}{2}\pi$, donc:

$$\int_0^\infty \frac{f(xi)-f(-xi)}{2i}\,\frac{e^{\pi x}+e^{-\pi x}}{e^{\pi x}-e^{-\pi x}}\,dx = -\frac{1}{2}f(0)-\sum_1^\infty f(n)\,Cos.0 = -\frac{1}{2}f(0)-\sum_1^\infty f(n),\ \ldots \quad (137)$$

$$\int_0^\infty \frac{f(xi)-f(-xi)}{2i}\,\frac{2\,dx}{e^{\pi x}-e^{-\pi x}} = -\frac{1}{2}f(0)-\sum_1^\infty f(n)\,Cos.n\pi = -\frac{1}{2}f(0)-\sum_1^\infty (-1)^n f(n),\ldots \quad (138)$$

$$\int_0^\infty \frac{f(xi)-f(-xi)}{2i}\,\frac{e^{\frac{1}{2}\pi x}+e^{-\frac{1}{2}\pi x}}{e^{\pi x}-e^{-\pi x}}\,dx = \int_0^\infty \frac{f(xi)-f(-xi)}{2i}\,\frac{dx}{e^{\frac{1}{2}\pi x}-e^{-\frac{1}{2}\pi x}} =$$

$$= -\frac{1}{2}f(0)-\sum_1^\infty f(n)\,Cos.\frac{1}{2}n\pi = -\frac{1}{2}f(0)-\sum_1^\infty (-1)^n f(2n),\ \ldots\ldots \quad (139)$$

$$\int_0^\infty \frac{f(xi)+f(-xi)}{2}\,\frac{e^{\frac{1}{2}\pi x}-e^{-\frac{1}{2}\pi x}}{e^{\pi x}-e^{-\pi x}}\,dx = \int_0^\infty \frac{f(xi)+f(-xi)}{2}\,\frac{dx}{e^{\frac{1}{2}\pi x}+e^{-\frac{1}{2}\pi x}} =$$

$$= \sum_1^\infty f(n)\,Sin.\frac{1}{2}n\pi = \sum_1^\infty (-1)^{n-1} f(2n-1).\ \ldots\ldots\ldots \quad (140)$$

---

[48] SCHLÖMILCH, Neue Methode zur Summirung endlicher und unendlicher Reihen. Greifswald. KOCH. 1849. (37 S. 8°.) S. 16, 17. — Le même, Grunerts Archiv, Bd. 12, S. 130.
Page 132.

Enfin la somme et la différence des intégrales (137) et (138) donnent, parce que $e^{\pi x}+e^{-\pi x}\pm 2=(e^{\frac{1}{2}\pi x}\pm e^{-\frac{1}{2}\pi x})^2$:

$$\int_0^\infty \frac{f(xi)-f(-xi)}{2i}\,\frac{e^{\frac{1}{2}\pi x}+e^{-\frac{1}{2}\pi x}}{e^{\frac{1}{2}\pi x}-e^{-\frac{1}{2}\pi x}}dx=-f(0)-\sum_1^\infty\{1+(-1)^n\}f(n)=-f(0)-2\sum_1^\infty f(2n), \quad (141)$$

$$\int_0^\infty \frac{f(xi)-f(-xi)}{2i}\,\frac{e^{\frac{1}{2}\pi x}-e^{-\frac{1}{2}\pi x}}{e^{\frac{1}{2}\pi x}+e^{-\frac{1}{2}\pi x}}dx=\sum_1^\infty\{(-1)^n-1\}f(n)=-2\sum_1^\infty f(2n-1) \quad . \; . \; . \; . \; . \; (142)$$

Toutes les équations de ce numéro peuvent aussi servir inversément à la sommation des suites, selon que les termes procèdent suivant les nombres entiers ou qu'ils ont seulement les nombres pairs ou les nombres impairs pour indices, et encore selon que ces termes sont tous positifs ou qu'alternativement ils sont négatifs. [49]

43. Soient les intégrales

$$\int_0^\infty \frac{f(pe^{xi})+f(pe^{-xi})}{2}\,\frac{Sin.\,ax\,dx}{x}\;,\qquad \int_0^\infty \frac{f(pe^{xi})-f(pe^{-xi})}{2i}\,\frac{Cos.\,ax\,dx}{x},$$

où $f(x)$ est supposée développable suivant les puissances de x, c'est-à-dire $f(x)=A_0+\sum_1^c A_n x^n$, comme au Numéro 7 ; dès-lors on peut y substituer les valeurs trouvées dans ce numéro pour les premiers facteurs sous le signe d'intégration :

$$\int_0^\infty \frac{f(pe^{xi})+f(pe^{-xi})}{2}\,\frac{Sin.\,ax\,dx}{x}=\int_0^\infty\left\{A_0+\sum_1^c A_n p^n\,Cos.\,nx\right\}\frac{Sin.\,ax\,dx}{x}=$$

$$=A_0\int_0^\infty\frac{Sin.\,ax\,dx}{x}+\sum_1^c A_n p^n\int_0^\infty\frac{Cos.\,nx.\,Sin.\,ax\,dx}{x},$$

$$\int_0^\infty \frac{f(pe^{xi})-f(pe^{-xi})}{2i}\,\frac{Cos.\,ax\,dx}{x}=\int_0^\infty\left\{\sum_1^c A_n p^n\,Sin.\,nx\right\}\frac{Cos.\,ax\,dx}{x}=\sum_1^c A_n p^n\int_0^\infty\frac{Sin.\,nx.\,Cos.\,ax\,dx}{x}.$$

Mais on trouve Partie III, Méth. 21, N°. 3 l'intégrale définie

$$\int_0^\infty\frac{Sin.\,ax\,dx}{x}=\frac{1}{2}\pi\,;$$

et Partie III, Méth. 9, N°. 16 l'autre

$$\int_0^\infty\frac{Cos.\,qx.\,Sin.\,rx}{x}dx=\frac{\pi}{2},\ \text{pour}\ q\leqq r\,,$$

$$=0\,,\ \text{pour}\ q>r.$$

---

[49] Schlömilch, Grunert's Archiv, Bd. 12, S. 130. — Le même, Journal von Crelle, Bd. 42, S. 125. Page 133.

Par conséquent dans la première de nos équations l'intégrale a une valeur constante depuis $n = 1$ à $n = a$, et dans la seconde seulement pour $n \geqq a$; hors de ces limites elle est nulle; donc la première sommation doit aller de $n = 1$ à $n = a$, la seconde de $n = a$ à $n = c$, et l'on a:

$$\int_0^\infty \frac{f(pe^{xi}) + f(pe^{-xi})}{2} \frac{Sin.\, ax\, dx}{x} = \frac{\pi}{2} A_0 + \frac{\pi}{2} \sum_1^a A_n p^n = \frac{\pi}{2} \sum_0^a A_n p^n, \quad \ldots \quad (143)$$

$$\int_0^\infty \frac{f(pe^{xi}) - f(pe^{-xi})}{2i} \frac{Cos.\, ax\, dx}{x} = \frac{\pi}{2} \sum_a^c A_n p^n. \text{ [50] } \ldots \quad (144)$$

Lorsqu'on met $a - 1$ au lieu de a, il viendra sous la sommation de la première équation un terme de moins, et sous celle de la seconde au contraire un terme de plus. La différence des deux résultats, correspondant à a et $a - 1$, donne donc:

$$\int_0^\infty \frac{f(pe^{xi}) + f(pe^{-xi})}{2} \frac{Sin.\, ax - Sin.\, \{(a-1)x\}}{x} dx = \frac{\pi}{2} A_a p^a, \quad \ldots \quad (145)$$

$$\int_0^\infty \frac{f(pe^{xi}) - f(pe^{-xi})}{2i} \frac{Cos.\, \{(a-1)x\} - Cos.\, ax}{x} dx = \frac{\pi}{2} A_a p^a \quad \ldots \quad (146)$$

44. Quand on veut différentier une intégrale définie

$$\int_0^\infty f(x) \frac{x\, dx}{p^2 + x^2} = \varphi(p)$$

a fois par rapport à p, il faut écrire q au lieu de p^2; de sorte qu'on obtient:

$$\int_0^\infty f(x)\, x\, dx \frac{(-1)^a 1^{a/1}}{(q + x^2)^{a+1}} = \frac{d^a}{dq^a} \cdot \varphi(\sqrt{q}) = \frac{1}{2^a} \sum_0^\infty (-1)^n \frac{(a-n)^{2n/1}}{2^{n/2}} \frac{1}{(\sqrt{q})^{a+n}} \frac{d^{(a-n)} \cdot \varphi(\sqrt{q})}{\{d(\sqrt{q})\}^{a-n}}; \text{ [51]}$$

ou en remettant pour q sa valeur p^2:

$$\int_0 f(x) \frac{x\, dx}{(q^2 + x^2)^{a+1}} = \frac{(-1)^a}{1^{a/1}} \frac{1}{2^a} \frac{1}{p^a} \sum_0^\infty (-1)^n \frac{(a-n)^{2n/1}}{2^n . 1^{n/1}} \frac{1}{p^n} \frac{d^{(a-n)} . \varphi(p)}{dp^{a-n}}$$

$$= \frac{1}{1^{a/1}(-2p)^a} \sum_0^\infty \frac{(a-n)^{2n/1}}{1^{n/1}(-2p)^n} \frac{d^{(a-n)} . \varphi(p)}{dp^{a-n}} \quad \ldots \quad (147)$$

Lorsqu'on veut appliquer cette méthode à l'intégrale

$$\int_0^\infty f(x) \frac{p\, dx}{p^2 + x^2} = \psi(p),$$

---

[50] SMAASEN, Journal von Crelle, Bd. 42, S. 222.

[51] SCHLÖMILCH, Handbuch der Differenzial- und Integralrechnung. Th. I. Differenzialrechnung. Greifswald. OTTE. 1847. (327. S. 8°.) S. 92.

il faut en premier lieu la transformer en prenant p^2 pour q:

$$\int_0^\infty f(x)\frac{dx}{q+x^2}=\frac{\psi\sqrt{(q)}}{\sqrt{(q)}}.$$

Soit à présent $\psi(r)=\frac{d.\varphi(r)}{dr}$, donc $\psi(\sqrt{q})=\frac{d.\varphi(\sqrt{q})}{dq}\frac{dq}{d.(\sqrt{q})}=\frac{d.\varphi(\sqrt{q})}{dq}(2\sqrt{q})$, donc:

$$\int_0^\infty f(x)\frac{dx}{q+x^2}=2\frac{d.\varphi(\sqrt{q})}{dq};$$

de sorte qu'à présent on peut employer la même reduction que ci-dessus:

$$\int_0^\infty f(x)\,dx\frac{(-1)^a 1^{a/1}}{(q+x^2)^{a+1}}=2\frac{d^{a+1}.\varphi(\sqrt{q})}{dq^{a+1}}=2\frac{1}{2^{a+1}}\sum_0^\infty(-1)^n\frac{(a+1-n)^{2n/1}}{2^{n/2}(\sqrt{q})^{a+n+1}}\cdot\frac{d^{(a+1-n)}.\varphi(\sqrt{q})}{(d.\sqrt{q})^{a+1-n}};$$

ou en remettant p^2 pour q:

$$\int_0^\infty f(x)\frac{dx}{(p^2+x^2)^{a+1}}=\frac{1}{1^{a/1}(-2p)^a p}\sum_0^\infty\frac{(a-n+1)^{2n/1}}{1^{n/1}(-2p)^n}\frac{d^{(a+1-n)}.\varphi(p)}{dp^{a+1-n}}.$$

Mais comme on a supposé $\psi(p)=\frac{d.\varphi(p)}{dp}$, on a aussi $\frac{d^{(a-n)}.\psi(p)}{dp^{a-n}}=\frac{d^{(a-n+1)}.\varphi(p)}{dp^{a-n+1}}$, donc:

$$\int_0^\infty f(x)\frac{dx}{(p^2+x^2)^{a+1}}=\frac{1}{1^{a/1}(-2p)^a p}\sum_0^\infty\frac{(a-n+1)^{2n/1}}{1^{n/1}(-2p)^n}\frac{d^{(a-n)}.\psi(p)}{dp^{a-n}}.\ [52]\ldots\ (148)$$

De la même manière les deux intégrales

$$\int_0^\infty f(x)\frac{x\,dx}{p^2-x^2}=\varphi_1(p)\quad\text{et}\quad\int_0^\infty f(x)\frac{p\,dx}{p^2-x^2}=\psi_1(p)\ \text{donneront:}$$

$$\int_0^\infty f(x)\frac{x\,dx}{(p^2-x^2)^{a+1}}=\frac{1}{1^{a/1}(-2p)^a}\sum_0^\infty\frac{(a-n)^{2n/1}}{1^{n/1}(-2p)^n}\frac{d^{(a-n)}.\varphi_1(p)}{dp^{a-n}},\ \ldots\ldots\ (149)$$

$$\int_0^\infty f(x)\frac{dx}{(p^2-x^2)^{a+1}}=\frac{1}{1^{a/1}(-2p)^a p}\sum_0^\infty\frac{(a-n+1)^{2n/1}}{1^{n/1}(-2p)^n}\frac{d^{(a-n)}.\psi_1(p)}{dp^{a-n}}\ \ldots\ldots\ (150)$$

---

§ 2. SÉRIES D'INTÉGRALES DÉFINIES.

45. Par la méthode de division de la distance des limites (form. 18, P. I) on a:

$$\int_0^\infty x^{2a}f\left(\frac{2x}{1+x^2}\right)dx=\int_0^1 x^{2a}f\left(\frac{2x}{1+x^2}\right)dx+\int_1^\infty x^{2a}f\left(\frac{2x}{1+x^2}\right)dx.$$

---

[52] SCHLÖMILCH, Journal von Crelle, Bd. 33, S. 268.
Page 135.

Faisons dans la dernière intégrale $x = \frac{1}{y}$, donc $dx = \frac{-dy}{y^2}$, $\frac{2x}{1+x^2} = \frac{2}{y} : \left(1 + \frac{1}{y^2}\right) = \frac{2y}{1+y^2}$, avec 1 et 0 pour les limites de y: renversons ces limites pour obtenir les mêmes que dans l'intégrale précédente, alors on pourra les réunir sous un même signe d'intégration, c'est-à-dire :

$$\int_0^\infty x^{2a} f\left(\frac{2x}{1+x^2}\right) dx = \int_0^1 \left(x^{2a} + \frac{1}{x^{2a+2}}\right) f\left(\frac{2x}{1+x^2}\right) dx = \int_0^1 \left(x^{2a+1} + \frac{1}{x^{2a+1}}\right) f\left(\frac{2x}{1+x^2}\right) \frac{dx}{x}.$$

Mais on a $x^{2a+1} + \frac{1}{x^{2a+1}} = \frac{2a+1}{(-1)^a} \sum_0^{a+1} (-1)^n \frac{(a+n)^{2n/-1}}{1^{2n+1/1}} \left(x + \frac{1}{x}\right)^{2n+1}$ [53], donc :

$$\int_0^\infty x^{2a} f\left(\frac{2x}{1+x^2}\right) dx = \frac{2a+1}{(-1)^a} \sum_0^{a+1} (-1)^n \frac{(a+n)^{2n/-1}}{1^{2n+1/1}} \int_0^1 f\left(\frac{1+x^2}{2x}\right) \left(x + \frac{1}{x}\right)^{2n+1} \frac{dx}{x}.$$

Soit à présent $\frac{2x}{1+x^2} = y$, donc $x + \frac{1}{x} = \frac{2}{y}$, $\frac{1-x^2}{(1+x^2)^2} 2\,dx = dy$, $1 \pm y = \frac{(1 \pm x)^2}{1+x^2}$, donc $1 - y^2 = \left(\frac{1-x^2}{1+x^2}\right)^2$, donc $\frac{dx}{x} = \frac{1}{2} dy \frac{1+x^2}{1-x^2} \frac{1+x^2}{x} = \frac{1}{2} dy \frac{2}{y} \frac{1}{\sqrt{(1-y^2)}} = \frac{dy}{y\sqrt{(1-y^2)}}$.

Quant aux limites, il faut d'abord nous assurer s'il y a peut-être un maximum ou un minimum pour y entre les limites de x. Parce que pour $dy = 0$, on a $1 - x^2 = 0$, il y a deux telles valeurs de y, correspondant aux valeurs $+1$ et -1 de x; mais comme ces deux valeurs ne tombent pas entre les limites 0 et 1 de x, on n'a pas à y faire attention ici. Aux valeurs limites 0 et 1 de x correspondent les valeurs 0 et 1 de y; donc :

$$\int_0^\infty x^{2a} f\left(\frac{2x}{1+x^2}\right) dx = \frac{2a+1}{(-1)^a} \sum_0^{a+1} \frac{(a+n)^{2n/-1}}{1^{2n+1/1}} \int_0^1 (-1)^n f(x) \left(\frac{2}{x}\right)^{2n+1} \frac{dx}{x\sqrt{(1-x^2)}} =$$

$$= \frac{2a+1}{(-1)^a} \sum_0^{a+1} (-1)^n \frac{(a+n)^{2n/-1}}{1^{2n+1/1}} 2^{2n+1} \int_0^1 f(x) \frac{dx}{x^{2n+2}\sqrt{(1-x^2)}}. \text{ [54]} \quad \ldots \quad (151)$$

45*. Dans l'intégrale

$$\mathrm{I} = \int_0^\infty x^{2a} f\left\{\left(x - \frac{1}{x}\right)^2\right\} dx$$

faisons $x = \frac{1}{y}$, donc $dx = \frac{-dy}{y^2}$, avec ∞ et 0 pour les limites de y; alors on a aussi :

---

[53] Cauchy, Cours d'Analyse. 1e Partie. Paris. Debure, 1821. (XVI et 576 p. 8°.) Note 8, p. 551, l'indique comme résultante de la formule (12), page 235.

[54] Schlömilch, Beiträge, Abth. 3, § 14.

$$I = \int_\infty^0 \frac{1}{x^{2a}} f\left\{\left(x-\frac{1}{x}\right)^2\right\} \frac{dx}{x^2}, \text{ donc } 2I = \int_0^\infty \left(x^{2a+1} + \frac{1}{x^{2a+1}}\right) f\left\{\left(x-\frac{1}{x}\right)^2\right\} \frac{dx}{x}.$$

Mais on a: $x^{2a+1} + \frac{1}{x^{2a+1}} = \left(x+\frac{1}{x}\right) \sum_0^{a+1} \frac{(a+n)^{2n/-1}}{1^{2n/1}} \left(x-\frac{1}{x}\right)^{2n}$ [55];

donc par la substitution de cette série:

$$\int_0^\infty x^{2a} f\left\{\left(x-\frac{1}{x}\right)^2\right\} dx = \frac{1}{2}\int_0^\infty f\left\{\left(x-\frac{1}{x}\right)^2\right\} \frac{dx}{x}\left(x+\frac{1}{x}\right) \sum_0^{a+1} \frac{(a+n)^{2n/-1}}{1^{2n/1}} \left(x-\frac{1}{x}\right)^{2n}$$

$$= \sum_0^{a+1} \frac{(a+n)^{2n/-1}}{1^{2n/1}} \frac{1}{2} \int_0^\infty f\left\{\left(x-\frac{1}{x}\right)^2\right\}\left(x+\frac{1}{x}\right)\left(x-\frac{1}{x}\right)^{2n} \frac{dx}{x}.$$

Quoique à présent la réduction nous ait fourni une intégrale plus compliquée, il nous sera facile de la simplifier. Car si nous y supposons $x - \frac{1}{x} = y$, nous trouvons $\left(1+\frac{1}{x^2}\right) dx = \left(x+\frac{1}{x}\right)\frac{dx}{x} = dy$, et alors les limites de y seront $-\infty$ et $+\infty$. Or, comme dy ne s'annule pour aucune valeur de x, il n'y a pas de maximum pour y, et nous pouvons sans crainte faire usage de cette substitution dans l'intégrale, qui entre au dernier membre de l'équation précédente; elle devient dès-lors

$$\int_{-\infty}^\infty f(y^2)\, y^{2n}\, dy.$$

Mais on peut diviser la distance des limites en deux autres de $-\infty$ à 0 et de 0 à ∞: lorsque dans la première de ces intégrales (aux limites $-\infty$ et 0) on prend y négatif, elle devient égale à la seconde, de sorte que l'intégrale depuis $-\infty$ jusques à $+\infty$ est double de celle-ci. Donc on a enfin:

$$\int_0^\infty x^{2a} f\left\{\left(x-\frac{1}{x}\right)^2\right\} dx = \sum_0^{a+1} \frac{(a+n)^{2n/-1}}{1^{2n/1}} \int_0^\infty f(x^2)\, x^{2n}\, dx. \text{ [56]} \quad \ldots\ldots (152)$$

46. Lorsque nous traitons l'équation (105), qui peut s'écrire ainsi:

$$\int_0^\infty f\left(px+\frac{q}{x}\right)\frac{dx}{\sqrt{x}} = \frac{1}{\sqrt{p}}\int_0^\infty f(x+2\sqrt{pq})\frac{dx}{\sqrt{x}},$$

par la méthode, employée au Numéro 44, la différentiation par rapport à q, a fois répétée, nous donne:

---

[55] Cauchy, Cours d'Analyse, Note 8, p. 551, Form. (9).

[56] Cauchy, Exercices de Mathématique, 1826, p. 54.

$$\int_0^\infty \frac{1}{x^a}\frac{d^a.f\left(px+\frac{q}{x}\right)}{\left\{d.\left(px+\frac{q}{x}\right)\right\}^a}\frac{dx}{\sqrt{x}} = \frac{1}{\sqrt{p}}\int_0^\infty \frac{dx}{\sqrt{x}}\frac{d^a.f(x+2\sqrt{pq})}{(dq)^a}$$

$$= \frac{1}{\sqrt{p}}\int_0^\infty \frac{dx}{\sqrt{x}}\frac{1}{2^a}\sum_0^\infty(-1)^n\frac{(a-n)^{2n/1}}{2^{n/2}}\frac{(2\sqrt{p})^{a-n}}{(\sqrt{q})^{a+n}}\frac{d^{(a-n)}.f(x+2\sqrt{pq})}{\{d.(x+2\sqrt{pq})\}^{a-n}};$$

puisque

$$\frac{1}{(d.\sqrt{q})^{a-n}} = \frac{(2\sqrt{p})^{a-n}}{(d.2\sqrt{pq})^{a-n}} = \frac{(2\sqrt{p})^{a-n}}{\{d.(x+2\sqrt{pq})\}^{a-n}};$$

donc:

$$\int_0^\infty \frac{d^a.f\left(px+\frac{q}{x}\right)}{\left\{d.\left(px+\frac{q}{x}\right)\right\}^a}\frac{dx}{x^{a+\frac{1}{2}}} = \left(\frac{p}{q}\right)^{\frac{1}{2}a}\frac{1}{\sqrt{p}}\sum_0^\infty(-1)^n\frac{(a-n)^{2n/1}}{2^{n/2}(2\sqrt{pq})^n}\int_0^\infty\frac{d^{(a-n)}.f(x+2\sqrt{pq})}{\{d.(x+2\sqrt{pq})\}^{a-n}}\frac{dx}{\sqrt{x}}. \quad (153)$$

Pour effectuer la différentiation de la formule citée (105) par rapport à p, il convient de changer q en p et réciproquement. Mettons en même temps dans l'intégrale du premier membre $\frac{1}{y}$ au lieu de x, d'où $dx = \frac{-dy}{y^2}$, avec les limites ∞ et 0 de y: changeons ces limites, alors l'équation (105) devient:

$$\int_0^\infty f\left(px+\frac{q}{x}\right)\frac{dx}{x\sqrt{x}} = \frac{1}{\sqrt{q}}\int_0^\infty f(x+2\sqrt{pq})\frac{dx}{\sqrt{x}}.$$

A présent différentions a fois à l'égard de p; cette différentiation aura dans le second membre le même résultat, que produirait dans le dernier membre de l'équation (153) le changement de p en q et réciproquement: dans le premier membre on acquiert un facteur x^a. Donc on aura:

$$\int_0^\infty \frac{d^a.f\left(px+\frac{q}{x}\right)}{\left\{d.\left(px+\frac{q}{x}\right)\right\}^a}\frac{x^a dx}{x\sqrt{x}} = \left(\frac{q}{p}\right)^{\frac{1}{2}a}\frac{1}{\sqrt{q}}\sum_0^\infty(-1)^n\frac{(a-n)^{2n/1}}{2^{n/2}(2\sqrt{pq})^n}\int_0^\infty\frac{d^{(a-n)}.f(x+2\sqrt{pq})}{\{d.(x+2\sqrt{pq})\}^{a-n}}\frac{dx}{\sqrt{x}}. \quad (154)$$

47. Dans la Partie III, Méthode 22, N°. 7 on trouve:

$$\int_0^{2b\pi} x^a l(1-2p\,Cos.\,x+p^2)\,dx = \frac{p}{a+1}\int_0^\infty\frac{dy}{e^y-p}\Big[(2b\pi+yi)^{a+1}+(2b\pi-yi)^{a+1}-$$

$$-2(2b\pi)^{a+1}-(yi)^{a+1}-(-yi)^{a+1}\Big].$$

On peut faire usage de cette formule dans le cas, où une fonction quelconque $f(x)$ peut être développée suivant le théorème de MACLAURIN; c'est-à-dire, quand

$$f(x)-f(0) = \frac{x}{1}f'(0)+\frac{x^2}{1.2}f^{(2)}(0)+\ldots+\frac{x^{k-1}}{1^{k-1/1}}f^{(k-1)}(0)+\frac{x^k}{1^{k/1}}f^k(\theta x) = \sum_0^{k-2}\frac{x^{n+1}}{1^{n+1/1}}f^{(n+1)}(0)+\frac{x^k}{1^{k/1}}f^k(\theta x);$$

d'où:

$$f'(x)=f'(0)+\frac{x}{1}f^{(2)}(0)+\frac{x^2}{1.2}f^{(3)}(0)+\dots+\frac{x^{k-2}}{1^{k-2/1}}f^{(k-1)}(0)+\frac{x^{k-1}}{1^{k-1/1}}f^{(k)}(\theta x)+\frac{x^k}{1^{k/1}}\theta f^{(k+1)}(\theta x)=$$

$$=\sum_0^{k-2}\frac{x^n}{1^{n/1}}f^{(n+1)}(0)+\frac{x^{k-1}}{1^{k-1/1}}f^{(k)}(\theta x)+\frac{\theta x^k}{1^{k/1}}f^{(k+1)}(\theta x).$$

Car alors on peut multiplier cette formule de part et d'autre par $\frac{1}{1^{n/1}}f^{(n+1)}(0)$, y changer a en n, sommer les résultats de $n=0$ jusques à $n=k-2$; et puisque $(n+1)\,1^{n/1}=1^{n+1/1}$, il viendra:

$$\int_0^{2b\pi}l(1-2p\,Cos.x+p^2)\,dx\sum_0^{k-2}\frac{x^n}{1^{n/1}}f^{(n+1)}(0)=p\int_0^{\infty}\frac{dx}{e^x-p}\Big[\sum_0^{k-2}\frac{(2b\pi+xi)^{n+1}}{1^{n+1/1}}f^{(n+1)}(0)+$$

$$+\sum_0^{k-2}\frac{(2b\pi-xi)^{n+1}}{1^{n+1/1}}f^{(n+1)}(0)-2\sum_0^{k-2}\frac{(2b\pi)^{n+1}}{1^{n+1/1}}f^{(n+1)}(0)-\sum_0^{k-2}\frac{(xi)^{n+1}}{1^{n+1/1}}f^{(n+1)}(0)-\sum_0^{k-2}\frac{(-xi)^{n+1}}{1^{n+1/1}}f^{(n+1)}(0)\Big];$$

ou par la série citée de Maclaurin:

$$\int_0^{2b\pi}l(1-2p\,Cos.x+p^2)\,dx f'(x)-\int_0^{2b\pi}l(1-2p\,Cos.x+p^2)\,dx\Big[\frac{x^{k-1}}{1^{k-1/1}}f^{(k)}(\theta x)+\frac{\theta x^k}{1^{k/1}}f^{(k+1)}(\theta x)\Big]=$$

$$=p\int_0^{\infty}\frac{dx}{e^x-p}\Big[f(2b\pi+xi)-f(2b\pi)+f(2b\pi-xi)-f(2b\pi)-2\sum_0^{k-2}\frac{(2b\pi)^{n+1}}{1^{n+1/1}}f^{(n+1)}(0)-f(xi)+f(0)-f(-xi)+f(0)\Big]$$

$$+p\int_0^{\infty}\frac{dx}{e^x-p}\Big[\frac{(2b\pi+xi)^k}{1^{k/1}}f^{(k)}\{\theta(2b\pi+xi)\}+\frac{(2b\pi-xi)^k}{1^{k/1}}f^{(k)}\{\theta(2b\pi-xi)\}-\frac{(xi)^k}{1^{k/1}}f^{(k)}(\theta xi)-\frac{(-xi)^k}{1^{k/1}}f^{(k)}(-\theta xi)\Big]$$

$$=2\Big\{f(2b\pi)-f(0)-2\sum_0^{k-2}\frac{(2b\pi)^{n+1}}{1^{n+1/1}}f^{(n+1)}(0)\Big\}l(1-p)+p\int_0^{\infty}\frac{dx}{e^x-p}\Big[f(2b\pi+xi)+f(2b\pi-xi)-f(xi)-f(-xi)\Big]-$$

$$+\frac{p}{1^{k/1}}\int_0^{\infty}\frac{dx}{e^x-p}\Big[(2b\pi+xi)^k f^{(k)}\{\theta(2b\pi+xi)\}+(2b\pi-xi)^k f^{(k)}\{\theta(2b\pi-xi)\}-$$

$$-(xi)^k f^{(k)}(\theta xi)-(-xi)^k f^{(k)}(-\theta xi)\Big];\quad\dots\quad(155)$$

où l'on a introduit la valeur, trouvée Partie III, Méth. I, N°. 11, de l'intégrale

$$\int_0^{\infty}\frac{dx}{e^x-p}=-\frac{1}{p}l(1-p).$$

Sous cette forme l'équation (155) est exactement vraie; néanmoins elle ne pourra servir que lorsque les intégrales, qui contiennent k, s'évanouissent avec une valeur infinie de k [57].

---

[57] Hoppe, Journal von Crelle, Bd. 40, S. 139, où pourtant la déduction n'est ni complète, ni rigoureuse.

Page 139.

§ 3. THÉORÈMES GÉNÉRAUX.

48. Comme c'est notre but de parcourir autant que possible toutes les méthodes de réduction, employées dans la théorie des intégrales définies, il n'est pas inutile de prendre ici une autre voie dans la discussion, et d'envisager cette partie d'un point de vue plus général; on verra dans le cours de l'exposition que plusieurs des raisonnements précédents s'y rattachent, ou en découlent facilement, quand on les prend de ce côté-là: néanmoins il valait mieux les laisser à la place qu'ils occupent, afin de mieux faire ressortir la diversité des méthodes.

Ici nous regarderons les fonctions intégrées comme un produit de deux facteurs, dont l'un reste constamment arbitraire, tandis que nous supposons à l'autre divers développements: ainsi l'on réduit des classes entières d'intégrales compliquées à des sommes d'intégrales plus simples, et en dernier lieu enfin à des séries ordinaires ou à des séries doubles. Cette manière de voir se trouve exprimée dans la formule

$$\int_a^b f(x).\varphi(x)\,dx = \sum_0^c \alpha_n \int_a^b f(x).\chi(x,n)\,dx, \quad \ldots\ldots\ldots \quad (156)$$

$$\text{quand } \varphi(x) = \sum_0^c \alpha_n \chi(x,n); \quad \ldots\ldots\ldots \quad (a)$$

mais cette réduction est soumise à quelques conditions nécessaires.

En premier lieu, quant au développement de $\varphi(x)$, c peut être un nombre fini, ou bien l'infini; dans le premier cas c'est une série finie que nous avons à considérer, dans l'autre c'est une série infinie. Lorsqu'elle est infinie, il faut qu'elle soit convergente pour toutes les valeurs de x, situées entre les limites a et b de x, puisque autrement il ne serait pas permis d'en faire usage dans l'intégration entre ces limites. En second lieu, dans le cas de c infini, l'existence de l'équation (156) exige, que la série des termes après les intégrations soit encore convergente: autrement l'on ne pourrait considérer une somme de ces termes comme la valeur de la première intégrale. Lorsque au contraire c est un nombre fini, il n'est pas nécessaire ici, ni dans le développement supposé, de faire attention à la convergence, puisque alors les deux séries sont finies. On a vu que la série représentante de $\varphi(x)$ devait converger *entre* les limites a et b de x: pour ces limites elles-mêmes la convergence n'est pas toujours nécessaire; en effet il peut très-bien arriver, que dans un tel cas l'intégrale à sommer $\int^b f(x).\chi(x,n)\,dx$, acquière pourtant une valeur finie déterminée.

L'équation (156), comme théorème général, donne lieu à plusieurs théorèmes spéciaux, où il faut distinguer trois cas, qui peuvent se présenter: ou l'intégrale $\int^b f(x).\chi(x,n)\,dx$ est immédiatement connue, ou elle est réductible à l'autre plus simple $\int_a^b f(x).\chi(x,0)\,dx$; ou enfin le développement de $\varphi(x)$ peut se faire d'après le théorème de MACLAURIN.

Page 140.

49. Dans le cas, où l'on connaît tout de suite l'intégrale

$$\int_a^b f(x).\chi(x,n)\,dx = \beta_n\,, \qquad \ldots\ldots\ldots\ldots (b)$$

la formule (156) devient:

$$\int_a^b f(x).\varphi(x)\,dx = \sum_0^c \alpha_n\beta_n\,; \qquad \ldots\ldots\ldots\ldots (157)$$

où naturellement le développement (a) est sous-entendu. Plusieurs cas de cette équation sont remarquables; ils diffèrent suivant les formes différentes de la fonction $\chi(x,n)$.

Soit $\chi(x,n) = x^n$: alors en séparant le terme premier de la sommation, qui quelquefois a une autre forme que le terme général, nous aurons:

$$\int_a^b f(x).\varphi(x)\,dx = A_0\int_a^b f(x)\,dx + \sum_1^c A_n\int_a^b f(x)\,x^n\,dx\,; \qquad \ldots\ldots (158)$$

$$\text{lorsque} \quad \varphi(x) = A_0 + \sum_1^c A_n x^n. \qquad \ldots\ldots\ldots\ldots (c)$$

Pour qu'on puisse faire un emploi utile de cette formule, il faut connaître les deux intégrales définies

$$\int_a^b f(x)\,dx \quad \text{et} \quad \int_a^b f(x)\,x^n\,dx\,;$$

et il y a beaucoup de cas où cela a lieu.

Applications. Soit $f(x) = e^{-x^2}$, $a = 0$, $b = \infty$; on sait par Méth. 38, N°. 2, Méth. 4, N°. 7 et Méth. 3, N°. 7 (Partie III) respectivement, que:

$$\int_0^\infty e^{-x^2}dx = \frac{1}{2}\sqrt{\pi}, \quad \int_0^\infty e^{-x^2}x^{2n}\,dx = \frac{1^{n/2}}{2^{n+1}}\sqrt{\pi}, \quad \int_0^\infty e^{-x^2}x^{2n+1}\,dx = \frac{1}{2^{n+1}}1^{n/1}.$$

D'abord on doit observer ici que la valeur de l'intégrale, pour une valeur générale de n, diffère selon que n est pair ou impair; dès-lors il faut séparer la sommation en deux parties, dont l'une ne contient que les n pairs, l'autre au contraire les n impairs, de sorte que l'on a:

$$\int_a^b f(x).\varphi(x)\,dx = A_0\int_a^b f(x)\,dx + \sum_1^{c'} A_{2n}\int_a^b f(x)\,x^{2n}\,dx + \sum_1^{c'} A_{2n-1}\int_a^b f(x)\,x^{2n-1}\,dx\,; \quad \ldots (159)$$

où c' est le plus grand nombre entier contenu dans $\frac{1}{2}c$; (avec l'équation de condition (c).)

Une telle séparation de la sommation se présentera encore souvent dans la suite.

Pour l'application actuelle, cette équation donne:

Page 141.

$$\int_0^\infty \varphi(x)\, e^{-x^2} dx = A_0 \frac{1}{2}\sqrt{\pi} + \sum_1^{c'} A_{2n} \frac{1^{n/2}}{2^{n+1}}\sqrt{\pi} + \sum_1^{c'+1} A_{2n-1} \frac{1}{2^{n+1}} 1^{n/1} =$$

$$= \frac{1}{2}\sqrt{\pi}\left\{A_0 + \sum_1^{c'} A_{2n}\frac{1^{n/2}}{2^n}\right\} + \sum_1^{c'+1} A_{2n-1}\frac{1^{n/1}}{2^{n+1}}. \text{ [58] } \ldots (160)$$

Lorsque à présent la série (c), qui représente le développement de $\varphi(x)$, est telle que tous les coefficients à l'indice pair A_{2n}, ou tous ceux à l'indice impair A_{2n-1} s'annulent, alors les sommations correspondantes s'évanouissent et la formule gagne encore en simplicité.

50. Soit encore $f(x) = x^{p-1}\, Cos.\, x$, ou $f(x) = x^{p-1}\, Sin. x$: alors on trouve P. III, Méth. 18, N°. 6:

$$\int_0^\infty x^{p-1}\, Cos.\, x\, dx = \Gamma(p)\, Cos.\, \tfrac{1}{2} p\pi\ ,\quad \int_0^\infty x^{p-1}\, Sin.\, x\, dx = \Gamma(p)\, Sin.\, \tfrac{1}{2} p\pi\ ,\quad p < 1\ ;$$

donc on a aussi:

$$\int_0^\infty x^{p+n-1}\, Cos.\, x\, dx = \Gamma(p+n)\, Cos.\left(\frac{p+n}{2}\pi\right)\ ,\quad \int_0^\infty x^{p+n-1}\, Sin\, x\, dx = \Gamma(p+n)\, Sin.\left(\frac{p+n}{2}\pi\right);$$

mais ici

$$Cos.\left(\frac{p+4n}{2}\pi\right) = -Cos.\left(\frac{p+4n+2}{2}\pi\right) = Cos.\, \tfrac{1}{2}p\pi,\ -Cos.\left(\frac{p+4n+1}{2}\pi\right) = Cos.\left(\frac{p+4n+3}{2}\pi\right) = Sin.\, \tfrac{1}{2}p\pi,$$

$$Sin.\left(\frac{p+4n}{2}\pi\right) = -Sin.\left(\frac{p+4n+2}{2}\pi\right) = Sin.\, \tfrac{1}{2}p\pi,\ Sin.\left(\frac{p+4n+1}{2}\pi\right) = -Sin.\left(\frac{p+4n+3}{2}\pi\right) = Cos.\, \tfrac{1}{2}p\pi,$$

et encore $\Gamma(p+n) = p^{n/1}\,\Gamma(p)$, d'après la théorie des facultés numériques. Ici donc il faut de nouveau distinguer entre les cas de n pair et de n impair, et par conséquent séparer la sommation en deux parties et faire usage de la formule (159): ainsi l'on a:

$$\int_0^\infty \varphi(x)\, x^{p-1}\, Cos. x dx = A_0\Gamma(p)\, Cos.\, \tfrac{1}{2}p\pi + \sum_1^{c'} A_{2n}(-1)^n Cos.\tfrac{1}{2}p\pi . p^{2n/1}\Gamma(p) + \sum_1^{c'+1} A_{2n-1}(-1)^n Sin.\tfrac{1}{2}p\pi . p^{2n-1/1}\Gamma(p)$$

$$= \Gamma(p)\, Cos.\tfrac{1}{2}p\pi . \left\{A_0 + \sum_1^{c'}(-1)^n A_{2n}p^{2n/1}\right\} + \Gamma(p) Sin.\, \tfrac{1}{2}p\pi . \sum_1^{c'+1}(-1)^n A_{2n-1}p^{2n-1/1}, . (161)$$

$$\int_0^\infty \varphi(x)\, x^{p-1}\, Sin. x dx = A_0\Gamma(p) Sin.\, \tfrac{1}{2}p\pi + \sum_1^{c'} A_{2n}(-1)^n Sin.\tfrac{1}{2}p\pi . p^{2n/1}\Gamma(p) + \sum_1^{c'+1} A_{2n-1}(-1)^{n-1} Cos.\tfrac{1}{2}p\pi . p^{2n-1/1}\Gamma(p)$$

$$= \Gamma(p) Sin.\tfrac{1}{2}p\pi . \left\{A_0 + \sum_1^{c'}(-1)^n A_{2n}p^{2n/1}\right\} - \Gamma(p) Cos.\tfrac{1}{2}p\pi . \sum_1^{c'+1}(-1)^n A_{2n-1}p^{2n-1/1}. \text{ [59] } (162)$$

Lorsqu'on multiplie ces deux équations respectivement par $Cos.\, \tfrac{1}{2}p\pi$ et $Sin.\, \tfrac{1}{2}p\pi$, et qu'on prend la somme des résultats, les sommations par rapport à A_{2n-1} se détruisent et il reste:

---

[58] Fautive chez BONCOMPAGNI, Journal von Crelle, Bd. 25, S. 74.

[59] BONCOMPAGNI, Journal von Crelle, Bd. 25, S. 74.

$$\int_0^\infty \varphi(x)\, x^{p-1}\, Cos. (\tfrac{1}{2} p\pi - x)\, dx = \Gamma(p) \left\{ A_0 + \sum_1^{c'} (-1)^n A_{2n} p^{2n/1} \right\} \quad \ldots\ldots (163)$$

Lorsque au contraire on multiplie ces deux équations par $Sin. \frac{1}{2} p\pi$ et $Cos. \frac{1}{2} p\pi$ respectivement et qu'on en prend la différence, on élimine tant la sommation par rapport à A_{2n} qu'en même temps le terme A_0; il vient alors:

$$\int_0^\infty \varphi(x)\, x^{p-1}\, Sin. (\tfrac{1}{2} p\pi - x)\, dx = \Gamma(p) \sum_1^{c'+1} (-1)^n A_{2n-1} p^{2n-1/1} \quad \ldots\ldots (164)$$

51. Pour $f(x) = e^{-qx} x^{p-1} Cos. x$ et $f(x) = e^{-qx} x^{p-1} Sin. x$, la Méth. 18, N°. 3, P. III. donne:

$$\int_0^\infty e^{-qx} x^{p-1}\, Cos. x\, dx = \frac{\Gamma(p)\, Cos. p\lambda}{(1+q^2)^{\frac{1}{2}p}}, \quad \int_0^\infty e^{-qx} x^{p-1}\, Sin. x\, dx = \frac{\Gamma(p)\, Sin. p\lambda}{(1+q^2)^{\frac{1}{2}p}}, \text{ où } \lambda = Arccot.\, q;$$

donc de même:

$$\int_0^\infty e^{-qx} x^{p+n-1}\, Cos. x\, dx = \frac{\Gamma(p+n) Cos. \{(p+n)\lambda\}}{(1+q^2)^{\frac{1}{2}(p+n)}}, \quad \int_0^\infty e^{-qx} x^{p+n-1}\, Sin. x\, dx = \frac{\Gamma(p+n) Sin. \{(p+n)\lambda\}}{(1+q^2)^{\frac{1}{2}(p+n)}}.$$

Ici il n'y a plus de distinction à faire entre les cas de n pair et de n impair; aussi l'on peut tout de suite employer la formule (158); donc, puisque $\Gamma(p+n) = p^{n/1} \Gamma(p)$ [60]:

$$\int_0^\infty \varphi(x)\, e^{-qx} x^{p-1}\, Cos. x\, dx = A_0 \frac{\Gamma(p)\, Cos\, p\lambda}{(1+q^2)^{\frac{1}{2}p}} + \sum_1^c A_n \frac{\Gamma(p)\, p^{n/1}\, Cos. \{(p+n)\lambda\}}{(1+q^2)^{\frac{1}{2}(p+n)}} =$$

$$= \frac{\Gamma(p)}{(1+q^2)^{\frac{1}{2}p}} \left\{ A_0\, Cos. p\lambda + \sum_1^c A_n \frac{p^{n/1}\, Cos. \{(p+n)\lambda\}}{(1+q^2)^{\frac{1}{2}n}} \right\}, \quad \ldots (165)$$

$$\int_0^\infty \varphi(x)\, e^{-qx} x^{p-1}\, Sin. x\, dx = A_0 \frac{\Gamma(p)\, Sin. p\lambda}{(1+q^2)^{\frac{1}{2}p}} + \sum_1^c A_n \frac{\Gamma(p)\, p^{n/1}\, Sin. \{(p+n)\lambda\}}{(1+q^2)^{\frac{1}{2}(p+n)}} =$$

$$= \frac{\Gamma(p)}{(1+q^2)^{\frac{1}{2}p}} \left\{ A_0\, Sin. p\lambda + \sum_1^c A_n \frac{p^{n/1}\, Sin. \{(p+n)\lambda\}}{(1+q^2)^{\frac{1}{2}n}} \right\} \quad \ldots (166)$$

Multiplions ces équations respectivement par $Cos. p\lambda$ et $Sin. p\lambda$, et sommons les résultats, alors:

$$\int_0^\infty \varphi(x)\, e^{-qx} x^{p-1}\, Cos. (x - p\lambda)\, dx = \frac{\Gamma(p)}{(1+q^2)^{\frac{1}{2}p}} \left\{ A_0 + \sum_1^c A_n \frac{p^{n/1}\, Cos. n\lambda}{(1+q^2)^{\frac{1}{2}n}} \right\} \quad \ldots (167)$$

De même multiplions-les respectivement par $Sin. p\lambda$ et $Cos. p\lambda$, la différence de résultats nous donne:

$$\int_0^\infty \varphi(x)\, e^{-qx} x^{p-1}\, Sin. (x - p\lambda)\, dx = \frac{\Gamma(p)}{(1+q)^{\frac{1}{2}p}} \sum_1^c A_n \frac{p^{n/1}\, Sin. n\lambda}{(1+q^2)^{\frac{1}{2}n}} \quad \ldots\ldots (168)$$

---

[60] BONCOMPAGNI, Journal von Crelle, Bd. 25, S. 74.
Page 143.

52. Enfin supposons $f(x) = \frac{x^{p-1} - x^{q-1}}{lx}$, alors on trouve Partie III, Méth. 10, N°. 5:

$$\int_0^1 \frac{x^{p-1} - x^{q-1}}{lx}\, dx = l\frac{p}{q}, \text{ donc } \int_0^1 \frac{x^{p-1} - x^{q-1}}{lx}\, x^n\, dx = \int_0^1 \frac{x^{p+n-1} - x^{q+n-1}}{lx}\, dx = l\frac{p+n}{q+n}.$$

Ici le théorème (158) donne pour les limites $a = 0$, $b = 1$:

$$\int_0^1 \varphi(x) \frac{x^{p-1} - x^{q-1}}{lx}\, dx = A_0\, l\frac{p}{q} + \sum_1^c A_n\, l\frac{p+n}{q+n}. \text{ [61]} \quad \ldots\ldots\ldots (169)$$

53. Retournons au Numéro 49, et supposons à présent $\chi(x, n) = Sin.^n x$ ou $\chi(x, n) = Cos.^n x$. Puisque en général les intégrales définies, dont il faut faire usage, ont des valeurs différentes selon que les puissances des *Sinus* ou *Cosinus* sont paires ou impaires, il convient de les distinguer d'avance. Ainsi soient:

$$\left.\begin{array}{ll} \varphi_1(x) = B_0 + \sum_1^c B_{2n}\, Sin.^{2n} x, & \text{et } \varphi_3(x) = C_0 + \sum_1^c C_{2n}\, Cos.^{2n} x, \\ \text{ou } \varphi_2(x) = \sum_1^c B_{2n-1}\, Sin.^{2n-1} x, & \text{ou } \varphi_4(x) = \sum_1^c C_{2n-1}\, Cos.^{2n-1} x; \end{array}\right\} \quad \ldots\ldots (d)$$

où l'on suppose toutes ces séries convergentes entre les limites a et b de x: dès-lors le théorème général (156) devient ici successivement:

$$\int_a^b f(x).\varphi_1(x)\, dx = B_0 \int_a^b f(x)\, dx + \sum_1^c B_{2n} \int_a^b f(x)\, Sin.^{2n} x\, dx, \quad \ldots\ldots\ldots (170)$$

$$\int_a^b f(x).\varphi_2(x)\, dx = \sum_1^c B_{2n-1} \int_a^b f(x)\, Sin.^{2n-1} x\, dx, \quad \ldots\ldots\ldots (171)$$

$$\int_a^b f(x).\varphi_3(x)\, dx = C_0 \int_a^b f(x)\, dx + \sum_1^c C_{2n} \int_a^b f(x)\, Cos.^{2n} x\, dx, \quad \ldots\ldots\ldots (172)$$

$$\int_a^b f(x).\varphi_4(x)\, dx = \sum_1^c C_{2n-1} \int_a^b f(x)\, Cos.^{2n-1} x\, dx \quad \ldots\ldots\ldots (173)$$

Ces théorèmes peuvent nous servir, aussitôt que les intégrales sous les signes de sommation sont connues: dans le cas des formules (170) et (172) il faut encore connaître les valeurs des intégrales hors de ce signe.

Applications. On trouve Partie III, Méth. 3, N°. 5, les intégrales définies:

---

[61] Kummer, Journal von Crelle, Bd. 20, S. 210.
Page 144.

$$\int_0^{\frac{1}{2}\pi} Sin.^{2a}x.Cos.^{2b}x dx = \frac{1^{a/2}1^{b/2}}{2^{a+b/2}}\frac{\pi}{2}, \int_0^{\frac{1}{2}\pi} Sin.^{2a+1}x.Cos.^{2b}x dx = \frac{2^{a/2}1^{b/2}}{1^{a+b+1/2}}, \int_0^{\frac{1}{2}\pi} Sin.^{a}x.Cos.^{2b+1}x dx = \frac{2^{b/2}}{(a+1)^{b+1/2}},$$

et encore:

$$\int_0^{\frac{1}{2}\pi} Cos.^{2a} x\, dx = \int_0^{\frac{1}{2}\pi} Sin.^{2a} x\, dx = \frac{1^{a/2}}{2^{a/2}}\frac{\pi}{2}, \int_0^{\frac{1}{2}\pi} Cos.^{2a+1} x\, dx = \int_0^{\frac{1}{2}\pi} Sin.^{2a+1} x\, dx = \frac{2^{a/2}}{3^{a/2}}.$$

Or, puisque la première des intégrales citées est symétrique par rapport à a et b, on voit tout de suite qu'on aura le même résultat en mettant pour $f(x)$ dans le théorème (170) $Cos.^{2a} x$, et $Sin.^{2a} x$ dans le théorème (172): car aussi les intégrales, facteurs de B_0 et C_0, deviennent égales; donc pour $a = 0$, $b = \frac{1}{2}\pi$:

$$\int_0^{\frac{1}{2}\pi} \varphi_1(x).Cos.^{2a} x\, dx = \int_0^{\frac{1}{2}\pi} \varphi_3(x).Sin.^{2a} x\, dx = B_0 \frac{1^{a/2}}{2^{a/2}}\frac{\pi}{2} + \sum_1^c B_{2n} \frac{1^{a/2}\,1^{n/2}}{2^{a+n/2}}\frac{\pi}{2}$$

$$= 1^{a/2}\frac{\pi}{2}\left\{\frac{B_0}{2^{a/2}} + \sum_1^c B_{2n}\frac{1^{n/2}}{2^{a+n/2}}\right\} \quad \ldots\ldots\ldots\ldots (174)$$

Pareillement la deuxième et la troisième des intégrales citées, appliquées aux théorèmes (171) et (173), dans la supposition de $f(x) = Cos.^{2a} x$ et $f(x) = Sin.^{2a} x$ respectivement, donnent aussi le même résultat; par conséquent:

$$\int_0^{\frac{1}{2}\pi} \varphi_2(x).Cos.^{2a} x\, dx = \int_0^{\frac{1}{2}\pi} \varphi_4(x).Sin.^{2a} x\, dx = \sum_1^c B_{2n-1}\frac{2^{n-1/2}\,1^{a/2}}{1^{a+n/2}} = 1^{a/2}\sum_1^c B_{2n-1}\frac{2^{n-1/2}}{1^{a+n/2}} \quad .\;. (175)$$

Lorsqu'on suppose que $f(x)$ a les formes $Cos.^{2a+1} x$ et $Sin.^{2a+1} x$ dans les théorèmes (170) et (171) respectivement, la troisième et la deuxième des intégrales nous apprennent que les termes à sommer acquièrent la même forme; de plus les intégrales hors des sommations ont encore les mêmes valeurs, donc:

$$\int_0^{\frac{1}{2}\pi} \varphi_1(x).Cos.^{2a+1}x\, dx = \int_0^{\frac{1}{2}\pi} \varphi_3(x).Sin.^{2a+1}x\, dx = B_0\frac{2^{a/2}}{3^{a/2}} + \sum_1^c B_{2n}\frac{2^{a/2}\,1^{n/2}}{1^{a+n+1/2}}$$

$$= 2^{a/2}\left\{\frac{B_0}{3^{a/2}} + \sum_1^c\frac{B_{2n}}{(2n+1)^{a+1/2}}\right\} \quad \ldots\ldots (176)$$

Enfin par l'intermédiaire de la troisième intégrale citée, on verra que les suppositions de $f(x) = Cos.^{2a+1} x$ dans le théorème (171), et de $f(x) = Sin.^{2a+1} x$ dans le théorème (173) donnent toutes les deux:

$$\int_0^{\frac{1}{2}\pi} \varphi_2(x).Cos.^{2a+1} x\, dx = \int_0^{\frac{1}{2}\pi} \varphi_4(x).Sin.^{2a+1} x\, dx = \sum_1^c B_{2n-1}\frac{2^{a/2}}{(2n)^{a+1/2}} = 2^{a/2}\sum_1^c\frac{B_{2n-1}}{(2n)^{a+1/2}} \quad . (177)$$

Les théorèmes (174) à (177) sont doubles, mais on n'a pu y donner à chaque paire d'intégrales la même valeur qu'en mettant les coefficients B_n au lieu de C_n: donc quand on cherche la valeur de la seconde des intégrales réduites dans chaque théorème, il faut prendre la peine d'y substituer C_n au lieu de B_n.

54. Soit dans les intégrales (170) et (171) e^{-px} la forme de $f(x)$, et soient 0 et ∞ les valeurs des limites a et b; alors, puisque suivant Partie III, Méth. 3, N°. 9:

$$\int_0^\infty e^{-px} Sin.^{2a} x\, dx = \frac{1^{2a/1}}{p.(2^2+p^2)(4^2+p^2)\dots(4a^2+p^2)},$$

$$\int_0^\infty e^{-px} Sin.^{2a+1} x\, dx = \frac{1^{2a+1/1}}{(1^2+p^2)(3^2+p^2)\dots\{(2a+1)^2+p\}},$$

et qu'encore suivant Partie III, Méth. 1, N°. 9:

$$\int_0^\infty e^{-px}\, dx = \frac{1}{p},$$

on trouve:

$$\int_0^\infty \varphi_1(x).e^{-px}\, dx = B_0 \frac{1}{p} + \sum_1^c B_{2n} \frac{1^{2n/1}}{p(2^2+p^2)(4^2+p^2)\dots(4n^2+p^2)} =$$

$$= \frac{1}{p}\left\{B_0 + \sum_1^c B_{2n} \frac{1^{2n/1}}{(2^2+p^2)(4^2+p^2)\dots(4n^2+p^2)}\right\}, \quad \dots \quad (178)$$

$$\int_0^\infty \varphi_2(x).e^{-px}\, dx = \sum_1^c B_{2n-1} \frac{1^{2n-1/1}}{(1^2+p^2)(1^2+p^2)\dots\{(2n-1)^2+p^2\}} . \text{[62]} \quad \dots\dots \quad (179)$$

Puisque la valeur de l'intégrale

$$\int_0^\infty e^{-px} Cos.^a x\, dx$$

implique des sommations, on obtiendrait en l'employant dans les théorèmes (172) et (173) des sommations doubles, qu'il ne serait pas à propos de calculer ici.

55. Lorsqu'on suppose que la fonction $\chi(x, n)$ soit de la forme $Cos.\, nsx$, ou $Sin.\, nsx$, c'est à dire quand on a:

$$\varphi_5(x) = D_0 + \sum_1^c D_n\, Cos.\, nsx \quad , \quad \varphi_6(x) = \sum_1^c E_n\, Sin.\, nsx, \quad \dots\dots\dots \quad (e)$$

et que ces séries restent convergentes entre les limites a et b de x, alors on a au moyen du théorème général (156):

$$\int_a^b f(x).\varphi_5(x)\, dx = D_0 \int_a^b f(x)\, dx + \sum_1^c D_n \int_a^b f(x).Cos.\, nsx\, dx, \quad \dots\dots \quad (180)$$

$$\int_a^b f(x).\varphi_6(x)\, dx = \sum_1^c E_n \int_a^b f(x).Sin.\, nsx\, dx. \quad \dots\dots\dots\dots \quad (181)$$

---

[62] Schlömilch, Grunert's Archiv, Bd. 7, S. 38.
Page 146.

Pour l'application de ces théorèmes, il faut que les valeurs des intégrales

$$\int_a^b f(x)\,dx\,,\quad \int_a^b f(x).\,Cos.\,n\,s\,x\,dx\,,\quad \int_a^b f(x).\,Sin.\,n\,s\,x\,dx$$

soient connues: or, c'est ce qui arrive dans un grand nombre de cas: donc nous pouvons nous attendre ici à plusieurs

Applications. Soit en premier lieu $f(x)=\frac{q}{(q^2+x^2)}$ et $f(x)=\frac{x}{q^2+x^2}$ dans les deux théorèmes respectivement, et soient 0 et ∞ les valeurs de a et de b; alors on trouve Partie III, Méth. 1, N°. 8 et Méth. 18, N°. 8 les intégrales définies, dont il faut faire usage ici:

$$\int_0^\infty \frac{q\,dx}{q^2+x^2}=\frac{\pi}{2},\ \int_0^\infty \frac{q\,Cos.\,n\,s\,x\,dx}{q^2+x^2}=\frac{\pi}{2}e^{-nqs},\ \int_0^\infty \frac{x\,Sin.\,n\,s\,x\,dx}{q^2+x^2}=\frac{\pi}{2}e^{-nqs};$$

donc les théorèmes (180) et (181) deviennent par cette supposition:

$$\int_0^\infty \varphi_5(x)\frac{q\,dx}{q^2+x^2}=\frac{\pi}{2}\mathrm{D}_0+\frac{\pi}{2}\sum_1^c \mathrm{D}_n e^{-nqs}=\frac{\pi}{2}\sum_0^c \mathrm{D}_n e^{-nqs},\ \ldots\ldots\ldots \quad (182)$$

$$\int_0^\infty \varphi_6(x)\frac{x\,dx}{q^2+x^2}=\frac{\pi}{2}\sum_1^c \mathrm{E}_n e^{-nqs}\,\ldots\ldots\ldots\ldots \quad (183)$$

où dans la formule (182) nous avons admis le terme $\frac{\pi}{2}\mathrm{D}_0$ sous la sommation, qui donc doit commencer par la valeur zéro de n.

Soit en second lieu inversément $f(x)=\frac{x}{q^2+x^2}$ et $f(x)=\frac{q}{q^2+x^2}$ dans les deux théorèmes (180) et (181), avec les mêmes valeurs 0 et ∞ pour a et b; alors il faut chercher les intégrales définies, dont nous avons besoin ici, Partie III, Méth. 1, N°. 8 et Méth. 18, N°. 9:

$$\int_0^\infty \frac{x\,dx}{q^2+x^2}=\infty\,,\ \int_0^\infty \frac{x\,Cos.\,n\,s\,x\,dx}{q^2+x^2}=-\frac{1}{2}\{e^{nqs}Ei.(-n\,q\,s)+e^{-nqs}Ei.(n\,q\,s)\},$$

$$\int_0^\infty \frac{q\,Sin.\,n\,s\,x\,dx}{q^2+x^2}=\frac{1}{2}\{e^{-nqs}Ei.(n\,q\,s)-e^{nqs}Ei.(-n\,q\,s)\};$$

et l'on trouve par les théorèmes cités:

$$\int_0^\infty \varphi_1(x)\frac{x\,dx}{q^2+x^2}=\infty\,,\ \ldots\ldots\ldots\ldots \quad (184)$$

$$\int_0^\infty \varphi_6(x)\frac{q\,dx}{q^2+x^2}=\frac{1}{2}\sum_1^c \mathrm{E}_n\{e^{-nqs}Ei.(n\,q\,s)-e^{nqs}Ei.(-n\,q\,s)\}\ \ldots\ldots \quad (185)$$

La formule (184) nous aide peu: on en peut trouver pourtant une autre plus utile, qui lui correspond. En effet soit une fonction

$$\varphi'_5(x) = D_0 + \sum_1^{c'} D'_n\, Cos.\, n s' x, \qquad \ldots \qquad (f)$$

telle, que le premier terme D_0 en est égal au premier terme du développement de $\varphi_4(x)$ dans les formules (e): alors on a:

$$\varphi_5(x) - \varphi'_5(x) = \sum_1^{c} D_n\, Cos.\, n s x - \sum_1^{c'} D'_n\, Cos.\, n s' x.$$

Lorsque à présent on emploie cette formule, la cause qui donnait un résultat infini, c'est-à-dire le terme isolé D_0, n'existe plus; dès-lors on trouve:

$$\int_0^\infty \{\varphi_5(x) - \varphi'_5(x)\} \frac{x\,dx}{q^2 + x^2} = -\frac{1}{2}\sum_1^{c} D_n \{e^{nqs} Ei.(-nqs) + e^{-nqs} Ei.(nqs)\} +$$

$$+ \frac{1}{2}\sum_1^{c'} D'_n \{e^{nqs'} Ei.(-nqs') + e^{-nqs'} Ei.(nqs')\} \ldots \ldots \quad (186)$$

56. La considération de la manière, dont les intégrations s'effectuent ici, nous fait voir que dans les valeurs supposées à $f(x)$ on aurait pû admettre aussi un facteur $Sin.\, p x$ ou $Cos.\, p x$, et qu'alors les formules obtenues seraient du même genre que les précédentes. Soient donc $\frac{q\, Sin.\, p x}{q^2 + x^2}$ et $\frac{q\, Cos.\, p x}{q^2 + x^2}$ successivement les valeurs de $f(x)$ dans les théorèmes (180) et (181), et soient a et b de nouveau 0 et ∞. Les intégrales à employer ici se trouvent évaluées Partie III, Méth. 9, N°. 18 et 17:

$$\int_0^\infty \frac{q\, Sin.\, p x.\, Cos.\, n s x\, dx}{q^2 + x^2} = \frac{1}{4}\left[e^{-(p+ns)q} Ei.\{q(p+ns)\} - e^{(p+ns)q} Ei.\{-q(p+ns)\}\right] +$$

$$+ \frac{1}{4}\left[e^{-(p-ns)q} Ei.\{q(p-ns)\} - e^{(p-ns)q} Ei.\{-q(p-ns)\}\right]$$

$$= \frac{1}{4} e^{-pq}\left[e^{nsq} Ei.\{q(p-ns)\} + e^{-nsq} Ei.\{q(p+ns)\}\right] -$$

$$- \frac{1}{4} e^{pq}\left[e^{nsq} Ei.\{-q(p+ns)\} + e^{-nsq} Ei.\{-q(p-ns)\}\right];$$

$$\int_0^\infty \frac{q\, Sin.\, p x.\, Sin.\, n s x\, dx}{q^2 + x^2} = \frac{\pi}{4} e^{-pq}(e^{nsq} - e^{-nsq}), \text{ pour } ns < p,$$

$$= \frac{\pi}{4}(e^{pq} - e^{-pq})\, e^{-nsq}, \text{ pour } ns > p,$$

$$= \frac{\pi}{4}(1 - e^{-2pq}), \text{ pour } ns = p;$$

$$\int_0^\infty \frac{q\, Cos.\, p\, x.\, Cos.\, n\, s\, x\, dx}{q^2 + x^2} = \frac{\pi}{4} e^{-pq}(e^{nsq} + e^{-nsq}) \quad , \text{ pour } ns < p,$$

$$= \frac{\pi}{4}(e^{pq} + e^{-pq})\, e^{nsq} \quad , \text{ pour } ns > p,$$

$$= \frac{\pi}{4}(1 + e^{-2pq}) \quad , \text{ pour } ns = p;$$

$$\int_0^\infty \frac{q\, Cos.\, p\, x.\, Sin.\, n\, s\, x\, dx}{q^2 + x^2} = \frac{1}{4}\left[e^{-(p+ns)q} Ei.\, \{q(p+ns)\} - e^{(p+ns)q} Ei.\, \{-q(p+ns)\}\right] -$$

$$- \frac{1}{4}\left[e^{-(p-ns)q} Ei.\, \{q(p-ns)\} - e^{(p-ns)q} Ei.\, \{-q(p-ns)\}\right]$$

$$= -\frac{1}{4} e^{pq}\left[e^{nsq} Ei.\, \{q(p-ns)\} - e^{-nsq} Ei.\, \{q(p+ns)\}\right] -$$

$$- \frac{1}{4} e^{-pq}\left[e^{nsq} Ei.\, \{-q(p+ns)\} - e^{-nsq} Ei.\, \{-q(p-ns)\}\right].$$

Il faut encore y ajouter les intégrales citées au numéro précédent:

$$\int_0^\infty \frac{q\, Sin.\, p\, x\, dx}{q^2 + x^2} = \frac{1}{2}\{e^{-pq} Ei.\,(pq) - e^{pq} Ei.\,(-pq)\}, \quad \int_0^\infty \frac{q\, Cos.\, p\, x\, dx}{q^2 + x^2} = \frac{\pi}{2} e^{-pq}.$$

Lorsqu'on veut appliquer ces intégrales définies aux théorèmes (180) et (181), on s'aperçoit facilement que dans les sommations il faut surtout prendre garde à la valeur de $ns - p$, aussitôt qu'il s'agit de la deuxième et de la troisième des intégrales définies citées; car les valeurs de ces intégrales diffèrent suivant que la différence $ns - p$ est négative, positive ou nulle, c'est-à-dire, suivant que la valeur de ns est plus petite ou plus grande que p, ou qu'elle y est égale. Toutefois dans les intégrales en ce cas-ci, les valeurs, qui existent sous les conditions respectives de ns plus petit ou plus grand que p, donnent toutes les deux, lorsqu'on y fait ns égal à p, la même valeur que celle, qui vaut pour ns égal à p; c'est-à-dire que ces premières valeurs valent pour les cas respectifs de $ns \leqq p$, et de $ns \geqq p$, de sorte qu'on peut considérer la troisième valeur pour $ns = p$ sous-entendue arbitrairement dans une des précédentes. Dès-lors il peut se présenter dans ces sommations deux cas différents: ou ns est toujours plus petit ou du moins pas plus grand que p: alors la différence $ns - p$ est toujours positive, et la seule première valeur des intégrales en question doit servir dans les sommations; (pourqu'il en soit ainsi, il faut que la plus grande valeur de ns, c'est-à-dire cs, soit $\leqq p$) — ou ns peut devenir plus grand que p, c'est-à-dire que sa plus grande valeur cs est plus grande que p: soit alors $p = ds + p'$, où d est un nombre entier naturellement plus petit que c, et de plus p' plus petit que s; ou en d'autres mots supposons que s soit contenu dans p un nombre de d fois, et qu'il y ait encore un reste p': dans ce cas il faut diviser la sommation de 1 à c en deux autres, dont l'une va de 1 à d, pour laquelle on a toujours ns plus petit que p, et où il faut donc faire usage de la première valeur des intégrales définies en question; et dont la seconde va de $d + 1$ à c, pour laquelle au contraire ns est toujours plus grand que p, et où donc la seconde valeur des mêmes intégrales doit être admise. Dans le cas où p serait exactement égal à ds, la discussion de la sommation resterait la même pour les formules que nous considérons ici: il est bon d'insister sur ce cas particulier, puisque nous verrons bientôt auprès d'autres intégrales définies, que l'on sera conduit à un autre résultat, dans ce cas de p exactement égal à ds. — Toutes ces discussions ne sont pas nécessaires pour les autres intégrales définies, puisque celles-ci ne changent pas de forme ni de valeur avec le signe de l'expression $ns-p$.

L'application de ces considérations nous donne à présent les formules suivantes comme résultat de l'application des intégrales définies citées aux théorèmes (180) et (181):

$$\int_0^\infty \varphi_5(x)\frac{q\,Sin.\,p\,x\,dx}{q^2+x^2} = \frac{1}{4}e^{-pq}\sum_0^c D_n\left[e^{nsq}\,Ei.\{q(p-ns)\}+e^{-nsq}\,Ei.\{q(p+ns)\}\right]-$$

$$-\frac{1}{4}e^{pq}\sum_0^c D_n\left[e^{nsq}\,Ei.\{-q(p+ns)\}+e^{-nsq}\,Ei.\{-q(p-ns)\}\right]$$

$$=\frac{1}{4}e^{-pq}\sum_{-c}^c D_n e^{nsq}\,Ei.\{q(p-ns)\}-\frac{1}{4}e^{pq}\sum_{-c}^c D_n e^{-nsq}\,Ei.\{q(ns-p)\},\ \ldots (187)$$

$$\int_0^\infty \varphi_6(x)\frac{q\,Sin.\,p\,x\,dx}{q^2+x^2} = \frac{\pi}{4}e^{-pq}\sum_1^c E_n(e^{nsq}-e^{-nsq})\ ,\ \text{pour } p \geqq cs;\ \ldots (188)$$

$$=\frac{\pi}{4}e^{-pq}\sum_1^d E_n(e^{nsq}-e^{-nsq})+\frac{\pi}{4}(e^{pq}-e^{-pq})\sum_{d+1}^c E_n e^{-nsq}=$$

$$=\frac{\pi}{4}(e^{pq}-e^{-pq})\sum_0^c E_n e^{-nsq}-\frac{\pi}{4}e^{pq}\sum_0^d E_n e^{-nsq}+\frac{\pi}{4}e^{-pq}\sum_0^d E_n e^{nsq},\ \ldots (189)$$

$$\text{pour } p=ds+p',\ p'\leqq s,\ d<c;$$

$$\int_0^\infty \varphi_5(x)\frac{q\,Cos.\,p\,x\,dx}{q^2+x^2} = \frac{\pi}{4}e^{-pq}\sum_0^c D_n(e^{nsq}+e^{-nsq})\ ,\ \text{pour } p\geqq cs;\ \ldots (190)$$

$$=\frac{\pi}{2}e^{-pq}+\frac{\pi}{4}e^{-pq}\sum_1^d D_n(e^{nsq}+e^{-nsq})+\frac{\pi}{4}(e^{pq}+e^{-pq})\sum_{d+1}^c D_n e^{-nsq}=$$

$$=\frac{\pi}{4}(e^{pq}+e^{-pq})\sum_0^c D_n e^{-nsq}-\frac{\pi}{4}e^{pq}\sum_0^d D_n e^{-nsq}+\frac{\pi}{4}e^{-pq}\sum_0^d D_n e^{nsq},\ \ldots (191)$$

$$\text{pour } p=ds+p',\ p'\leqq s,\ d<c;$$

$$\int_0^\infty \varphi_6(x)\frac{q\,Cos.\,p\,x\,dx}{q^2+x^2} = -\frac{1}{4}e^{-pq}\sum_1^c E_n\left[e^{nsq}\,Ei.\{q(p-ns)\}-e^{-nsq}\,Ei.\{q(p+ns)\}\right]-$$

$$-\frac{1}{4}e^{pq}\sum_1^c E_n\left[e^{nsq}\,Ei.\{-q(p+ns)\}-e^{-nsq}\,Ei.\{-q(p-ns)\}\right]$$

$$=-\frac{1}{4}e^{-pq}\sum_{-c}^c E_n e^{nsq}Ei.\{q(p-ns)\}\frac{n}{+\sqrt{n^2}}+\frac{1}{4}e^{pq}\sum_{-c}^c E_n e^{-nsq}Ei.\{q(ns-p)\}\frac{n}{+\sqrt{n^2}};.(192)$$

pourvu qu'on change D_{-n} en D_n, E_{-n} en E_n.

Page 150.

Quant à la réduction des sommations, il faut remarquer que dans les formules (187) et (190) on a tout de suite admis le terme solitaire sous le signe de sommation, ce qui était permis dans ce cas; en conséquence de cette admission les sommations à présent ne commencent pas à $n = 1$ mais à la valeur zéro de n. Dans les équations (189) et (191) on a transformé la sommation de $d+1$ à c dans la différence de deux autres qui vont de zéro à c et à d respectivement: de plus dans l'équation (191) le terme solitaire a été admis dans la sommation de 1 à d, pour laquelle il vaut pour la valeur zéro de n, donc par suite cette sommation doit commencer à zéro. Dans les sommations de la formule (187) on observe qu'à un terme quelconque répond un autre pour n négatif: donc au lieu de sommer les deux termes de 0 à c, on peut tout aussi bien n'en sommer qu'un seul de $-c$ à $+c$. Cette transformation ne vaut plus pour l'équation (192) parce que là on n'a pas une somme mais une différence de deux termes correspondants; cependant on peut obvier à cette difficulté par l'addition du facteur $\frac{n}{+\sqrt{n^2}}$, qui devient négatif pour des valeurs négatives de n: le terme correspondant à la valeur zéro de n doit toutefois disparaître du résultat. Ainsi les sommations obtiennent uniformément la forme la plus simple.

57. Mais on aurait pu donner à $f(x)$ dans les théorèmes (180) et (181) successivement les valeurs $\frac{x\,Sin.\,p\,x}{q^2+x^2}$ et $\frac{x\,Cos.\,p\,x}{q^2+x^2}$, et cela à bon droit et avec le même succès. Alors il faut faire usage des intégrales définies, évaluées Partie III, Méth. 9, N°. 17 et 18:

$$\int_0^\infty \frac{x\,Sin.\,p\,x.\,Cos.\,n\,s\,x\,dx}{q^2+x^2} = \frac{\pi}{4}e^{-pq}\left\{e^{nsq}+e^{-nsq}\right\}\ ,\ \text{pour } ns < p,$$

$$= \frac{\pi}{4}\left(e^{-pq}-e^{pq}\right)e^{-nsq}\ ,\ \text{pour } ns > p,$$

$$= \frac{\pi}{4}e^{-2pq}\ ,\ \text{pour } ns = p;$$

$$\int_0^\infty \frac{x\,Sin.\,p\,x.\,Sin.\,n\,s\,x\,dx}{q^2+x^2} = -\frac{1}{4}\left[e^{(p-ns)q}Ei.\left\{-q(p-ns)\right\}+e^{-(p-ns)q}Ei.\left\{q(p-ns)\right\}\right]+$$

$$+\frac{1}{4}\left[e^{(p+ns)q}Ei.\left\{-q(p+ns)\right\}+e^{-(p+ns)q}Ei.\left\{q(p+ns)\right\}\right]$$

$$=\frac{1}{4}e^{pq}\left[e^{nsq}Ei.\left\{-q(p+ns)\right\}-e^{-nsq}Ei.\left\{-q(p-ns)\right\}\right]-\frac{1}{4}e^{-pq}\left[e^{nsq}Ei.\left\{q(p-ns)\right\}-e^{-nsq}Ei.\left\{q(p+ns)\right\}\right],$$

$$\int_0^\infty \frac{x\,Cos.\,p\,x.\,Cos.\,n\,s\,x\,dx}{q^2+x^2} = -\frac{1}{4}\left[e^{(p-ns)q}Ei.\left\{-q(p-ns)\right\}+e^{-(p-ns)q}Ei.\left\{q(p-ns)\right\}\right]-$$

$$-\frac{1}{4}\left[e^{(p+ns)q}Ei.\left\{-q(p+ns)\right\}+e^{-(p+ns)q}Ei.\left\{q(p+ns)\right\}\right]$$

$$=-\frac{1}{4}e^{pq}\left[e^{nsq}Ei.\left\{-q(p+ns)\right\}-e^{-nsq}Ei.\left\{-q(p-ns)\right\}\right]-\frac{1}{4}e^{-pq}\left[e^{nsq}Ei.\left\{q(p-ns)\right\}-e^{-nsq}Ei.\left\{q(p+ns)\right\}\right],$$

Page 151.

$$\int_0^\infty \frac{x\,Cos.\,p\,x.\,Sin.\,n\,s\,x\,dx}{q^2+x^2} = \frac{\pi}{4}e^{-pq}(e^{-nsq}-e^{nsq})\ ,\ \text{pour}\ ns<p,$$

$$= \frac{\pi}{4}(e^{pq}+e^{-pq})\,e^{-nsq}\ ,\ \text{pour}\ ns>p,$$

$$= \frac{\pi}{4}e^{-2pq}\ ,\ \text{pour}\ ns=p;$$

tandis que les intégrales définies

$$\int_0^\infty \frac{x\,Sin.\,p\,x\,dx}{q^2+x^2} = \frac{\pi}{2}e^{-pq}\ ,\ \int_0^\infty \frac{x\,Cos.\,p\,x\,dx}{q^2+x^2} = -\frac{1}{2}\left\{e^{pq}Ei.(-pq)+e^{-pq}Ei.(pq)\right\}$$

ont déjà été citées au Numéro 55.

Ici comme au numéro précédent l'emploi de la première et de la quatrième intégrale donne lieu à quelques remarques, en grande partie analogues à celles du numéro cité. C'est de nouveau le signe de $ns-p$, qui doit nous guider ici dans les discussions, mais en contraste avec ce qui a été observé là, la forme pour la valeur ns égale à p ne se laisse pas réduire ici aux formes qui ont lieu, lorsque ns est égal à p; donc il faut considérer ici quatre cas. Lorsque ns est toujours plus petit que p, alors il faut employer seulement la première valeur des intégrales définies: c'est ce qui arrive lorsque la plus grande valeur de ns, savoir cs, est plus petite que p. Lorque cs est égal à p, il faut prendre la somme de la première valeur de 1 à $c-1$ et y ajouter la troisième valeur de l'intégrale pour le cas de n égal à c. Encore ns peut devenir plus grand que p: alors il peut se présenter deux cas pour la valeur de p, savoir: ou p sera exactement un multiple de s, supposons ds, (où donc d doit être plus petit que c) ou l'on aura $p=ds+p'$, c'est-à-dire que p est égal à un multiple de s, augmenté d'une quantité p', plus petite que s; tout comme au numéro précédent. Dans ce dernier cas il faut prendre la première valeur des intégrales en question pour la sommation de n l'unité jusques à la valeur d de n, et au contraire, de n égal à $d+1$ jusques à sa valeur extrême c, il faut employer la deuxième valeur de ces intégrales, qui vaut dans le cas de ns plus grand que p. Mais lorsque p est un multiple exact ds de s, il faut séparer le terme, qui correspond à la valeur d de n: dès-lors il faut sommer la première forme des intégrales en question entre les limites 1 et $d-1$ de n, admettre ensuite la troisième forme pour la seule valeur d de n, et enfin étendre la seconde sommation de $n=d+1$ à $n=c$ pour la deuxième valeur des mêmes intégrales. A l'aide de toutes ces observations, on obtient enfin par les théorèmes (180) et (181) les formules:

$$\int_0^\infty \varphi_5(x)\frac{x\,Sin.\,px\,dx}{q^2+x^2} = \frac{\pi}{4}e^{-pq}\sum_0^c D_n(e^{nsq}+e^{-nsq}) = \frac{\pi}{4}e^{-pq}\sum_{-c}^c D_n e^{nsq}\ ,\ \text{pour}\ p<cs.\ (193)$$

$$= \frac{\pi}{4}e^{-pq}\sum_0^{c-1} D_n(e^{nsq}+e^{-nsq}) + \frac{\pi}{4}D_c\,e^{-2pq} = \frac{\pi}{4}e^{-pq}\sum_{-c}^{c-1} D_n e^{nsq}\ ,\ \text{pour}\ p=cs.\ (194)$$

Page 152.

$$\int_0^\infty \varphi_5(x)\frac{x\,Sin.\,p\,x\,dx}{q^2+x^2}=\frac{\pi}{2}e^{-pq}D_0+\frac{\pi}{4}e^{-pq}\sum_1^d D_n(e^{nsq}+e^{-nsq})+\frac{\pi}{4}(e^{-pq}-e^{pq})\sum_{d+1}^c D_n e^{-nsq}=$$

$$=\frac{\pi}{4}(e^{-pq}-e^{pq})\sum_0^c D_n e^{-nsq}+\frac{\pi}{4}e^{pq}\sum_0^d D_n e^{-nsq}+\frac{\pi}{4}e^{-pq}\sum_0^d D_n e^{nsq}, \;..\;(195)$$

pour $p=ds+p'$, $d<c$, $p'<s$;

$$\left.\begin{aligned}&=\frac{\pi}{2}e^{-pq}D_0+\frac{\pi}{4}e^{-pq}\sum_1^{d-1}D_n(e^{nsq}+e^{-nsq})+\frac{\pi}{4}D_d e^{-2pq}+\frac{\pi}{4}(e^{-pq}-e^{pq})\sum_{d+1}^c D_n e^{-nsq}=\\&=\frac{\pi}{4}(e^{-pq}-e^{pq})\sum_0^c D_n e^{-nsq}+\frac{\pi}{4}e^{pq}\sum_0^{d-1}D_n e^{-nsq}+\frac{\pi}{4}e^{-pq}\sum_0^{d-1}D_n e^{nsq}+\frac{\pi}{4}D_d\end{aligned}\right\}\text{, pour } p=ds,\; d<c;\;.(196)$$

$$\int_0^\infty \varphi_6(x)\frac{x\,Sin.\,p\,x\,dx}{q^2+x^2}=\frac{1}{4}e^{pq}\sum_1^c E_n\left[e^{nsq}Ei.\{-q(p+ns)\}-e^{-nsq}Ei.\{-q(p-ns)\}\right]-$$

$$-\frac{1}{4}e^{-pq}\sum_1^c E_n\left[e^{nsq}Ei.\{q(p-ns)\}-e^{-nsq}Ei.\{q(p+ns)\}\right]$$

$$=-\frac{1}{4}e^{pq}\sum_{-c}^c E_n e^{-nsq}Ei.\{q(ns-p)\}\frac{n}{+\sqrt{n^2}}-\frac{1}{4}e^{-pq}\sum_{-c}^c E_n e^{nsq}Ei.\{q(p-ns)\},(197)$$

$$\int_0^\infty \varphi_5(x)\frac{x\,Cos.\,p\,x\,dx}{q^2+x^2}=-\frac{1}{4}e^{pq}\sum_0^c D_n\left[e^{nsq}Ei.\{-q(p+ns)\}+e^{-nsq}Ei.\{-q(p-ns)\}\right]-$$

$$-\frac{1}{4}e^{-pq}\sum_0^c D_n\left[e^{nsq}Ei.\{q(p-ns)\}+e^{-nsq}Ei.\{q(p+ns)\}\right]$$

$$=-\frac{1}{4}e^{pq}\sum_{-c}^c D_n e^{-nsq}Ei.\{q(ns-p)\}-\frac{1}{4}e^{-pq}\sum_{-c}^c D_n e^{nsq}Ei.\{q(p-ns)\}, \;.\;(198)$$

$$\int_0^\infty \varphi_6(x)\frac{x\,Cos.\,p\,x\,dx}{q^2+x^2}=\frac{\pi}{4}e^{-pq}\sum_0^c E_n(e^{-nsq}-e^{nsq})=\frac{\pi}{4}e^{-pq}\sum_{-c}^c E_n e^{-nsq}\frac{n}{+\sqrt{n^2}}\text{, pour } p>cs;\;.(199)$$

$$=\frac{\pi}{4}e^{-pq}\sum_0^{c-1}E_n(e^{-nsq}-e^{nsq})+\frac{\pi}{4}E_c e^{-2pq}=-\frac{\pi}{4}e^{-pq}\sum_{-c}^{c-1}E_n e^{nsq}\frac{n}{+\sqrt{n^2}}\text{, pour } p=cs;\;.(200)$$

$$=\frac{\pi}{4}e^{-pq}\sum_0^d E_n(e^{-nsq}-e^{nsq})+\frac{\pi}{4}(e^{pq}+e^{-pq})\sum_{d+1}^c E_n e^{-nsq}=$$

$$=\frac{\pi}{4}(e^{pq}+e^{-pq})\sum_0^c E_n e^{-nsq}-\frac{\pi}{4}e^{pq}\sum_0^d E_n e^{-nsq}-\frac{\pi}{4}e^{-pq}\sum_0^d E_n e^{nsq}, \;....\;(201)$$

pour $p=ds+p'$, $d<c$, $p'<s$;

$$\left.\begin{aligned}&=\frac{\pi}{4}e^{-pq}\sum_0^{d-1}E_n(e^{-nsq}-e^{nsq})+\frac{\pi}{4}E_d e^{-2pq}+\frac{\pi}{4}(e^{pq}+e^{-pq})\sum_{d+1}^c E_n e^{-nsq}=\\&=\frac{\pi}{4}(e^{pq}+e^{-pq})\sum_0^c E_n e^{-nsq}-\frac{\pi}{4}e^{pq}\sum_0^{d-1}E_n e^{-nsq}-\frac{\pi}{4}e^{-pq}\sum_0^{d-1}E_n e^{nsq}-\frac{\pi}{4}E_d\end{aligned}\right\}\text{, pour } p=ds,\; d<s:\;.(202)$$

où $D_n=D_{-n}$, $E_n=E_{-n}$.

Page 153.

Encore quelques observations sur les réductions, que l'on a faites ici. Dans les équations (193), (194) et (198) on a admis tout de suite le terme isolé sous les signes de sommation, parce qu'il pouvait y entrer pour la valeur zéro de n; donc ces sommations commencent à la valeur zéro de n. Dans les équations (195) et (201) on a transformé la sommation de $d+1$ à c dans la différence de deux autres, qui vont de 0 à c et de 0 à d respectivement; en outre dans la formule (195) on a considéré le premier terme séparé comme la valeur du terme à sommer, correspondant à la valeur zéro de n. Il en est de même dans la formule (196), tandis que dans les formules (201) et (202) les sommations de 1 à d ou de 1 à $d-1$ sont étendues à la valeur zéro de n, puisque alors le terme à sommer s'évanouit et par suite n'altère pas la valeur originale des sommations. Dans les équations (196) et (202) la sommation de 1 à $d-1$ est divisée en trois parties, suivant l'équation identique

$$\sum_{d+1}^{c} \mathrm{P}_n = \sum_{0}^{c} \mathrm{P}_n - \sum_{0}^{d-1} \mathrm{P}_n - \mathrm{P}_d.$$

Mais on observe que plusieurs des fonctions sommées contiennent des termes, qui ne diffèrent que par le signe de n; dans ces formules, c'est-à-dire (193), (194), (196), on peut donc simplifier l'expression finale par l'observation, que l'on a identiquement, pourvu que $f(n) = f(-n)$:

$$\sum_{1}^{h} \{f(n) + f(-n)\} = \sum_{1}^{h} f(n) + \sum_{-h}^{-1} f(n) = \sum_{-h}^{h} f(n);$$

une fois, dans l'équation un terme détaché venait se joindre de lui-même à cette forme. En d'autres cas, comme dans les équations (197), (199), (200), une difficulté s'opposait à cette notation, les termes étant liés par le signe $-$: néanmoins on a pu se servir encore là de cette transformation, sauf d'ajouter sous le signe de sommation un facteur $\frac{n}{+\sqrt{n^2}}$, qui donc est positif ou négatif avec le signe de n. Il va sans dire que dans ces sommations, comme dans celles qui y correspondent dans les formules (187) à (192), les indices de D_n et de E_n ne peuvent devenir négatifs, ou en d'autres mots que D_{-n} et E_{-n} ne sont autre chose que D_n et E_n respectivement.

Ce qui a été observé dans ces deux derniers Numéros peut servir de guide dans des discussions analogues; dans les méthodes où il s'agit de sommations, il faut toujours avoir égard au changement, qui peut s'opérer dans la valeur des intégrales définies, employées en suite de certaines valeurs de l'argument n de sommation [63].

58. En vertu de ces observations on peut être plus bref dans l'application qui résulte des formules (180) et (181): elle ne diffère de celle, qu'on a étudiée dans les Numéros 55 à 57, que par la forme du dénominateur, qui au lieu de $q^2 + x^2$ sera ici $q^2 - x^2$.

Pour la supposition de $f(x) = \frac{q}{q^2 - x^2}$ et de $f(x) = \frac{x}{q^2 - x^2}$ respectivement dans ces deux

---

[63] Il y a quelques théorèmes de ce genre chez BONCOMPAGNI, Journal von Crelle, Bd. 25, S. 74, mais ils sont fautifs. — Voyez mon Mémoire, Verh. der Kon. Akad. van Wetensch. Deel 5, Page 154.

intégrales, il faut employer pour les limites 0 et ∞ les intégrales définies, évaluées Partie III, Méth. 9, N°. 10:

$$\int_0^\infty \frac{q\,Cos.\,n\,s\,x\,dx}{q^2-x^2} = \frac{\pi}{2}\,Sin.\,n\,q\,s, \quad \int_0^\infty \frac{x\,Sin.\,n\,s\,x\,dx}{q^2-x^2} = -\frac{\pi}{2}\,Cos.\,n\,q\,s,$$

et celle de la Méth. 2, N°. 3 (Partie III):

$$\int_0^\infty \frac{q\,dx}{q^2-x^2} = 0;$$

et l'on trouve:

$$\int_0^\infty \varphi_5(x)\frac{q\,dx}{q^2-x^2} = 0 + \frac{\pi}{2}\sum_1^c D_n\,Sin.\,n\,q\,s = \frac{\pi}{2}\sum_0^c D_n\,Sin.\,n\,q\,s, \quad \ldots\ldots\ldots (203)$$

$$\int_0^\infty \varphi_6(x)\frac{x\,dx}{q^2-x^2} = -\frac{\pi}{2}\sum_1^c E_n\,Cos.\,n\,q\,s \quad \ldots\ldots\ldots (204)$$

Dans la première on a commencé la sommation à la valeur zéro de n, puisque alors le terme général s'évanouit.

On peut changer les suppositions de $f(x)$: alors les intégrales à employer

$$\int_0^\infty \frac{xCos.nsxdx}{q^2-x^2} = Ci.(nqs).Cos.nqs + Si.(nqs).Sin.nqs, \quad \int_0^\infty \frac{qSin.nsxdx}{q^2-x^2} = Ci.(nqs).Sin.nqs - Si.(nqs).Cos.nqs$$

se trouvent évaluées Partie III, Méth. 9, N°. 10. On sait en outre, Partie III, Méth. 2, N°. 7 que

$$\int_0^\infty \frac{x\,dx}{q^2-x^2} = \infty.$$

Donc par l'intermédiaire des formules (180) et (181):

$$\int_0^\infty \varphi_5(x)\frac{xdx}{q^2-x^2} = \infty, \quad \ldots\ldots\ldots (205)$$

$$\int_0^\infty \varphi_6(x)\frac{q\,dx}{q^2-x^2} = \sum_1^c E_n\left\{Ci.(n\,q\,s).Sin.\,n\,q\,s - Si.(n\,q\,s).Cos.\,n\,q\,s\right\} \quad \ldots\ldots (206)$$

Or, tout comme au Numéro 55, on peut changer la formule (205) dans une autre plus utile au moyen de la supposition (f):

$$\int_0^\infty \left\{\varphi_5(x) - \varphi'_5(x)\right\}\frac{x\,dx}{q^2-x^2} = \sum_1^c D_n\left\{Ci.(n\,q\,s).\,Cos.\,n\,q\,s + Si.(n\,q\,s).\,Sin.\,n\,q\,s\right\} -$$

$$-\sum_1^{c'} D'_n\left\{Ci.(n\,q\,s').\,Cos.\,n\,q\,s' + Si.(n\,q\,s').\,Sin.\,n\,q\,s'\right\} \ldots\ldots (207)$$

Mais encore la considération au commencement du Numéro 56 vaut également ici: on peut prendre dans chacune des formules (180) et (181)

$$\frac{q\, Sin.\, p\, x}{q^2 - x^2},\quad \frac{q\, Cos.\, p\, x}{q^2 - x^2},\quad \frac{x\, Sin.\, p\, x}{q^2 - x^2} \quad \text{et} \quad \frac{x\, Cos.\, p\, x}{q^2 - x^2}$$

pour la valeur de $f(x)$: cependant de ces huit suppositions il en y a quatre qui donnent des résultats assez simples, tandis que les quatre autres donnent des sommations, contenant deux fonctions $Ci.(nqs)$ et deux autres $Si.(nqs)$: elles deviennent donc assez compliquées, et comme leur déduction n'est pas plus difficile que les formules précédentes de ce Numéro et qu'elles ne donnent pas lieu à des considérations particulières, nous nous contenterons ici des quatre premières substitutions.

Commençons par supposer $\frac{q\, Cos.\, p\, x}{q^2 - x^2}$ et $\frac{q\, Sin.\, p\, x}{q^2 - x^2}$ respectivement comme les valeurs de $f(x)$ dans les deux théorèmes (180) et (181); alors les intégrales définies

$$\int_0^\infty \frac{q\, Cos.\, p\, x.\, Cos.\, n\, s\, x}{q^2 - x^2}\, dx = \frac{\pi}{2} Sin.\, p\, q.\, Cos.\, q\, n\, s, \text{ pour } p > n\, s,$$

$$= \frac{\pi}{2} Cos.\, p\, q.\, Sin.\, q\, n\, s, \text{ pour } p < n\, s,$$

$$= \frac{\pi}{4} Sin.\, 2\, p\, q \quad , \text{ pour } p = n\, s,$$

$$\int_0^\infty \frac{q\, Sin.\, p\, x.\, Sin.\, n\, s\, x}{q^2 - x^2}\, dx = -\frac{\pi}{2} Cos.\, p\, q.\, Sin.\, q\, n\, s, \text{ pour } p > n\, s,$$

$$= -\frac{\pi}{2} Sin.\, p\, q.\, Cos.\, q\, n\, s, \text{ pour } p < n\, s,$$

$$= -\frac{\pi}{4} Sin.\, 2\, p\, q \quad , \text{ pour } p = n\, s,$$

évaluées Partie III, Méth. 9, N°. 19 doivent être employées.

On s'aperçoit tout de suite qu'en conséquence des valeurs différentes de ces intégrales il faut prendre garde aux valeurs que peut acquérir la différence $p - n\, s$, selon qu'elle est positive, négative ou nulle; mais en même temps on voit que ce dernier cas, où p est égal à ns, peut se déduire des deux valeurs précédentes, où p est plus grand ou plus petit que $n\, s$. Dès-lors il faut distinguer quatre cas auprès des sommations. Premièrement soit la différence $p - n\, s$ toujours positive: cela aura lieu lorsque p est plus grand que $c\, s$; dans ce cas il ne faut employer que les premières valeurs des intégrales définies citées. En second lieu soit la moindre valeur de $p - n\, s$ zéro: c'est-à-dire, soit p égal à $c\, s$; alors il faut également employer ces mêmes valeurs. Enfin p peut avoir une telle valeur que la différence $p - n\, s$ est tantôt positive, tantôt négative: alors il faut faire usage tantôt de la première, tantôt de la seconde valeur des intégrales citées; pour en décider, supposons que le plus grand multiple de s, contenu dans p, soit $d\, s$, d'où il suit que d doit être plus petit que c; alors il peut encore y avoir ou non un reste p', toujours plus petit que s.

En premier lieu lorsque p est de la forme $ds+p'$, le cas où $p-ns$ est zéro ne saurait se présenter; alors il faut diviser la sommation en deux autres, dont la première, allant de 1 à d, exige l'emploi de la première valeur des intégrales citeés, puisque ns y reste toujours plus petit que p; et dont au contraire la seconde, allant de $d+1$ à c, où donc ns est toujours plus grand que p, demande l'usage de la deuxième valeur. Dans le second des deux cas mentionnés ci-dessus, celui où p a exactement la forme ds, on n'a rien à changer dans la seconde des sommations partielles; mais la première ne saurait s'étendre maintenant de 1 à d, et ne pourra aller que de 1 à $d-1$, afin que toujours ns y reste plus petit que p, et que l'on y puisse employer la première valeur des intégrales définies en question; pour le terme, qui doit encore venir en considération, et qui correspond à la valeur d de n, on peut faire usage arbitrairement de la première ou de la deuxième valeur respective de ces intégrales.

Eu égard aux observations précédentes, les formules (180) et (181) donnent:

$$\int_0^\infty \psi_5 \frac{q\, Cos.px\, dx}{q^2-x^2}=\frac{\pi}{2}\mathrm{D}_0\, Sin.pq+\frac{\pi}{2}Sin.pq.\sum_1^c \mathrm{D}_n\, Cos.qns=\frac{\pi}{2}Sin.pq.\sum_0^c \mathrm{D}_n\, Cos.qns\,,\ p \geqq cs;\ .\ (208)$$

$$=\frac{\pi}{2}Sin.pq.\sum_0^d \mathrm{D}_n\, Cos.qns+\frac{\pi}{2}Cos.pq.\sum_{d+1}^c \mathrm{D}_n\, Sin.qns\,,\ p=ds+p',\ d<c,\ 0\leqq p'<s;\ .\ (209)$$

$$\int_0^\infty \varphi_6 \frac{q\, Sin.px\, dx}{q^2-x^2}=-\frac{\pi}{2}Cos.pq.\sum_1^c \mathrm{E}_n\, Sin.qns=-\frac{\pi}{2}Cos.pq.\sum_0^c \mathrm{E}_n\, Sin.qns,\ p\geqq cs;\ \ldots\ .\ (210)$$

$$=-\frac{\pi}{2}Cos.pq.\sum_0^d \mathrm{E}_n Sin.qns-\frac{\pi}{2}Sin.pq.\sum_{d+1}^c \mathrm{E}_n\, Cos.qns,\ p=ds+p',\ d<c,\ 0\leqq p'<s.\ .\ (211)$$

Mais on peut supposer avec le même succès $\dfrac{x\, Sin.px}{q^2-x^2}$ et $\dfrac{x\, Cos.px}{q^2-x^2}$ comme les valeurs de $f(x)$ dans les formules (180), (181); alors il faut employer les intégrales:

$$\int_0^\infty \frac{x\, Sin.px.\, Cos.nsx}{q^2-x^2}dx=-\frac{\pi}{2}Cos.pq.\, Cos.qns,\ \text{pour } p>ns,$$

$$=-\frac{\pi}{2}Sin.pq.\, Sin.qns,\ \text{pour } p<ns,$$

$$=-\frac{\pi}{4}Cos.2pq\qquad,\ \text{pour } p=ns,$$

$$\int_0^\infty \frac{x\, Cos.px.\, Sin.nsx}{q^2-x^2}dx=-\frac{\pi}{2}Sin.pq.Sin.qns,\ \text{pour } p>ns,$$

$$=-\frac{\pi}{2}Cos.pq.\, Cos.qns,\ \text{pour } p<ns,$$

$$=-\frac{\pi}{4}Cos.2pq\qquad,\ \text{pour } p=ns,$$

Page 157.

évaluées Partie III, Méth. 9, N°. 19. Quant à l'emploi de ces diverses valeurs, elles donnent lieu ici exactement à la même discussion, qui a fait établir les formules (208) à (215); seulement ici la valeur des intégrales, qui répond à $p = ns$, est irréductible à celle qui a lieu pour $p > ns$ ou $p < ns$; donc on a immédiatement:

$$\int_0^\infty \varphi_5 \frac{x \, Sin. px \, dx}{q^2 - x^2} = -\frac{\pi}{2} D_0 \, Cos. pq - \frac{\pi}{2} Cos. pq. \sum_1^c D_n \, Cos. qns = -\frac{\pi}{2} Cos. pq. \sum_0^c D_n Cos. qns, \; p > cs; \quad (212)$$

$$= -\frac{\pi}{2} Cos. pq. \sum_0^{c-1} D_n \, Cos. q n s - \frac{\pi}{4} D_c \, Cos. 2 pq \qquad , p = cs; \quad (213)$$

$$= -\frac{\pi}{2} Cos. pq. \sum_0^d D_n \, Cos. qns + \frac{\pi}{2} Sin \, pq. \sum_{d+1}^c D_n \, Sin. qns, p = ds + p', d < c, p' < s; \quad (214)$$

$$= -\frac{\pi}{2} Cos. pq. \sum_0^{d-1} D_n \, Cos. qns - \frac{\pi}{4} D_d \, Cos. 2pq + \frac{\pi}{2} Sin. pq. \sum_{d+1}^c D_n \, Sin. qns, p = ds, \; d < c; \quad (215)$$

$$\int_0^\infty \varphi_6 \frac{x \, Cos. px \, dx}{q^2 - x^2} = \frac{\pi}{2} Sin. pq. \sum_1^c E_n \, Sin. qns = \frac{\pi}{2} Sin. pq. \sum_0^c E_n \, Sin. qns \qquad , p > cs; \quad (216)$$

$$= \frac{\pi}{2} Sin. pq. \sum_0^{c-1} E_n \, Sin. qns - \frac{\pi}{4} E_c \, Cos \; 2 \, pq \qquad , p = cs; \quad (217)$$

$$= \frac{\pi}{2} Sin. pq. \sum_0^d E_n \, Sin. qns - \frac{\pi}{2} Cos. pq. \sum_{d+1}^c E_n \, Cos. qns, p = ds + p', d < c, p' < s; \quad (218)$$

$$= \frac{\pi}{2} Sin. pq. \sum_0^{d-1} E_n \, Sin. qns - \frac{\pi}{4} E_d \, Cos. 2 \, pq - \frac{\pi}{2} Cos. pq. \sum_{d+1}^c E_n \, Cos. qns, p = ds, \; d < c. \quad (219)$$

Quant aux réductions dans ces formules (208) à (219), on a admis dans les équations (208) et (212) le terme solitaire sous la sommation, qui commence par conséquent par la valeur zéro de n; pour la symétrie, on a commencé de même les sommations dans (210) et (216) par $n = 0$, le terme ajouté étant nul.

59. A la fin du Numéro 48 on a distingué trois cas d'application du théorème général, et dans les Numéros suivants 49 à 57 on a traité du premier de ces cas. Passons maintenant au second, c'est-à-dire au cas où l'intégrale générale $\int_a^b f(x) . \chi(x, n) \, dx$, qui se trouve sous la sommation dans l'équation (156), se laisse réduire de quelque manière générale à l'autre intégrale spéciale, d'ordinaire plus simple, $\int_a^b f(x) . \chi(x, 0) \, dx$. Quand on suppose alors:

$$\int_a^b f(x) . \chi(x, n) \, dx = \gamma_n \int_a^b f(x) . \chi(x, 0) \, dx \, , \quad \ldots \ldots \quad (g)$$

où γ_n est quelque fonction dépendante de n et indépendante de x, cette formule (156) devient:

Page 158.

$$\int_a^b f(x).\varphi(x)\,dx = \sum_0^c \alpha_n\gamma_n \int_a^b f(x).\chi(x,0)\,dx = \int_a^b f(x).\chi(x,0)\,dx \times \sum_0^c \alpha_n\gamma_n\,; \;\ldots\; (220)$$

où l'on a supposé de nouveau le développement (a) de $\varphi(x)$ dans le Numéro 48.

Nous allons donner diverses applications de ce théorème à l'évaluation des intégrales définies générales ou à leur réduction à des séries; mais il convient d'observer auparavant, que ce théorème (220) est très-utile dans la théorie des suites. En effet l'on en déduit la sommation $\sum_0^c \alpha_n\gamma_n$ comme le rapport de deux intégrales définies; dès-lors chaque série — car cette sommation n'est autre chose que le symbole général d'une série quelconque — subsiste comme un tel rapport de deux intégrales définies: donc il importe seulement de trouver auprès de la sommation d'une série, une séparation convenable du terme général, de sorte qu'on soit conduit à deux intégrales définies, dont la valeur est connue ou peut être évaluée ailleurs.

Retournons à la méthode en question, et distinguons comme précédemment les divers développements de $\varphi(x)$, ou en d'autres mots les diverses formes de $\chi(x,n)$.

60. Soit en premier lieu $\chi(x,n)$ de la forme x^n, c'est-à-dire

$$\varphi(x) = A_0 + \sum_1^c A_n x^n\,, \;\ldots\ldots\ldots\ldots\; (c)$$

alors on a pour l'intégrale définie:

$$\int_a^b f(x).\chi(x,0)\,dx = \int_a^b f(x)\,x^0\,dx = \int_a^b f(x)\,dx\,,$$

intégrale définie, d'ordinaire beaucoup plus simple que l'autre

$$\int_a^b f(x).\chi(x,n)\,dx.$$

Soit encore, suivant notre supposition générale au Numéro précédent:

$$\int_a^b f(x)\,x^n\,dx = G_n \int_a^b f(x)\,dx\,, \;\ldots\ldots\ldots\ldots\; (h)$$

alors il vient:

$$\int_a^b f(x).\varphi(x)\,dx = \int_a^b f(x)\,dx \sum_0^c A_n G_n. \;\ldots\ldots\ldots\ldots\; (221)$$

Maintenant il y a beaucoup d'intégrales, pour lesquelles on peut employer l'équation de réduction (h): entr'autres et spécialement toutes celles, dont la valeur s'exprime au moyen des fonctions Eulériennes, et dont le nombre n'est pas petit, comme on le sait. Nous en employerons quelques-unes pour parvenir à diverses

Applications. On trouve Partie III, Méth. 4, N°. 6:

Page 159.

$$\int_0^1 x^{n+p-1}(1-x)^{q-1}\,dx = \mathrm{B}(p+n,q) = \frac{p^{n/1}}{(p+q)^{n/1}}\mathrm{B}(p,q) = \frac{p^{n/1}}{(p+q)^{n/1}}\int_0^1 x^{0+p-1}(1-x)^{q-1}\,dx,$$

comme il résulte de la valeur de l'intégrale citée, et comme aussi le comporte la définition de la fonction Eulérienne $\mathrm{B}(p,q)$. La formule (221) nous donne donc ici:

$$\int_0^1 \varphi(x)\,x^{p-1}(1-x)^{q-1}\,dx = \mathrm{B}(p,q)\sum_0^c \frac{p^{n/1}}{(p+q)^{n/1}}\mathrm{A}_n. \text{ [64]} \ldots\ldots (222)$$

Encore trouve-t-on Partie III, Méth. 3, N°. 7:

$$\int_0^\infty e^{-qx}x^{n+p-1}\,dx = \frac{1}{q^{n+p}}\Gamma(n+p) = \frac{p^{n/1}}{q^n}\frac{1}{q^p}\Gamma(p) = \frac{p^{n/1}}{q^n}\int_0^\infty e^{-qx}x^{0+p-1}\,dx,$$

comme définition de la fonction Eulérienne Γ: donc par la formule (221):

$$\int_0^\infty \varphi(x)\,e^{-qx}x^{p-1}\,dx = \frac{1}{q^p}\Gamma(p)\sum_0^c \frac{p^{n/1}}{q^n}\mathrm{A}_n. \text{ [65]} \ldots\ldots (223)$$

Soit encore suivant Partie III, Méth. 33, N°. 7:

$$\int_0^1 \left(l\frac{1}{x}\right)^{q-1} x^{n+p-1}\,dx = \frac{1}{(p+n)^q}\Gamma(q) = \left(\frac{p}{p+n}\right)^q \frac{1}{p^q}\Gamma(q) = \left(\frac{p}{p+n}\right)^q \int_0^1 \left(l\frac{1}{x}\right)^{q-1} x^{p-1}\,dx,$$

suivant l'intégrale citée. Alors nous trouvons par le théorème (221):

$$\int_0^\infty \varphi(x)\left(l\frac{1}{x}\right)^{q-1} x^{p-1}\,dx = \frac{1}{p^q}\Gamma(q)\sum_0^c\left(\frac{p}{p+n}\right)^q \mathrm{A}_n = \Gamma(q)\sum_0^c\left(\frac{1}{p+n}\right)^q \mathrm{A}_n. \text{ [66]} \ldots (224)$$

L'équation (222) donne lieu à un résultat remarquable, lorsqu'on y substitue $Sin.^2\, y$ pour x; car alors on a $dx = 2\, Sin.y.\, Cos.y\, dy$, et 0 et $\pm\frac{1}{2}\pi$ comme limites de y: on trouve donc au lieu de la formule (222):

$$\int_0^{\pm\frac{1}{2}\pi} \varphi(Sin.^2 y)\, Sin.^{2p-2} y.\, Cos.^{2q-2} y.\, 2\, Sin.y.\, Cos.y.\, dy = \mathrm{B}(p,q)\sum_0^c \frac{p^{n/1}}{(p+q)^{n/1}}\mathrm{A}_n;$$

mais comme on déjà supposé plus haut:

$$\varphi_1(x) = \sum_0^c \mathrm{B}_{2n}\, Sin.^{2n} x, \ldots\ldots (d)$$

---

[64] Kummer, Journal von Crelle, Bd. 12, S. 144. — Boncompagni, Journal von Crelle, Bd. 25, S. 74.

[65] Fautive chez Boncompagni, Journal von Crelle, Bd. 25, S. 74.

[66] Kummer, Journal von Crelle, Bd. 17, S. 210.
Page 160.

on a, en posant B_{2n} au lieu de A_n: $\varphi(Sin.^2 y) = \varphi_1(y)$, et par conséquent:

$$\int_0^{\pm\frac{1}{2}\pi} \varphi_1(x)\, Sin.^{2p-1} x .\, Cos.^{2q-1} x\, dx = \frac{1}{2} B(p,q) \sum_0^c \frac{p^{n/1}}{(p+q)^{n/1}} B_{2n}; \quad \ldots\ldots (225)$$

où $B(p,q)$ ne désigne pas un coefficient de développement, comme B_{2n}, mais la fonction Eulérienne.

61. Maintenant supposons à $\chi(x,n)$ la forme $Sin.^n s x$ ou $Cos.^n s x$, alors on doit reprendre les suppositions (d) du Numéro (53), un peu généralisées, où de nouveau l'on a fait distinction entre les valeurs paires et les valeurs impaires de n; c'est-à-dire:

$$\left.\begin{array}{ll} \varphi_1(x) = \sum_0^c B_{2n}\, Sin.^{2n} s x \quad , & \varphi_3(x) = \sum_0^c C_{2n}\, Cos.^{2n} s x, \\ \varphi_2(x) = \sum_0^c B_{2n+1}\, Sin.^{2n+1} s x \quad , & \varphi_4(x) = \sum_0^c C_{2n+1}\, Cos.^{2n+1} s x; \end{array}\right\} , \ldots\ldots (d')$$

toutes convergentes entre les limites a et b de x. Supposons de plus pour la condition (g):

$$\int_a^b f(x)\, Sin.^n s x\, dx = H_n \int_a^b f(x)\, dx \quad , \quad \int_a^b f(x)\, Cos.^n s x\, dx = I_n \int_a^b f(x)\, dx; \quad \ldots . (i)$$

de sorte que le théorème (220) fournit les formules:

$$\int_a^b f(x) .\, \varphi_1(x)\, dx = \int_a^b f(x)\, dx \sum_0^c B_{2n} \quad H_{2n} \quad , \ldots\ldots\ldots (226)$$

$$\int_a^b f(x) .\, \varphi_2(x)\, dx = \int_a^b f(x)\, dx \sum_0^c B_{2n+1}\, H_{2n+1} \ , \ldots\ldots\ldots (227)$$

$$\int_a^b f(x) .\, \varphi_3(x)\, dx = \int_a^b f(x)\, dx \sum_0^c C_{2n} \quad I_{2n} \quad , \ldots\ldots\ldots (228)$$

$$\int_a^b f(x) .\, \varphi_4(x)\, dx = \int_a^b f(x)\, dx \sum_0^c C_{2n+1}\, I_{2n+1} \ \ldots\ldots\ldots (229)$$

Applications. On trouve Partie III, Méth. 37, N°. 12 l'intégrale définie

$$\int_0^{\frac{1}{2}\pi} Cos.^{p-1} x .\, Cos. q x\, dx = \frac{\pi \Gamma(p)}{2^p \Gamma\left(\frac{p+q+1}{2}\right) \Gamma\left(\frac{p-q+1}{2}\right)},$$

donc:

$$\int_0^{\frac{1}{2}\pi} Cos.^{2n+p-1} x .\, Cos. q x\, dx = \frac{\pi \Gamma(p+2n)}{2^{p+2n} \Gamma\left(n+\frac{p+q+1}{2}\right) \Gamma\left(n+\frac{p-q+1}{2}\right)} =$$

$$= \frac{\pi p^{2n/1} \Gamma(p)}{2^{p+2n} \left(\frac{p+q+1}{2}\right)^{n/1} \Gamma\left(\frac{p+q+1}{2}\right) . \left(\frac{p-q+1}{2}\right)^{n/1} \Gamma\left(\frac{p-q+1}{2}\right)}$$

$$\int_0^{\frac{1}{2}\pi} Cos.^{2n+p-1} x.\, Cos.\, q\, x\, dx = \frac{p^{2n/1}}{2^{2n}\left(\frac{p+q+1}{2}\right)^{n/1}\left(\frac{p-q+1}{2}\right)^{n/1}} \cdot \frac{\pi\,\Gamma(p)}{2^p\,\Gamma\left(\frac{p+q+1}{2}\right)\Gamma\left(\frac{p-q+1}{2}\right)} =$$

$$= \frac{p^{2n/1}}{(p+q+1)^{n/2}(p-q+1)^{n/2}} \int_0^{\frac{1}{2}\pi} Cos.^{p-1} x.\, Cos.\, q\, x\, dx;$$

et par conséquent:

$$\int_0^{\frac{1}{2}\pi} \varphi_3(x)\, Cos.^{p-1} x.\, Cos.\, q x dx = \frac{\pi\,\Gamma(p)}{2^p\,\Gamma\left(\frac{p+q+1}{2}\right)\Gamma\left(\frac{p-q+1}{2}\right)} \sum_0^c \frac{p^{2n/1}}{(p+q+1)^{n/2}(p-q+1)^{n/2}} C_{2n}. \text{ [67]} \,.\, (230)$$

Dans cet exemple on voit que la distinction des n pairs et des n impairs est absolument nécessaire, car pour n impair, la réduction de l'intégrale définie suivant l'équation de condition (i) n'aurait plus lieu de la même manière.

62. Soit ensuite dans le théorème (220) la fonction $\chi\,(x, n)$ égale à $Sin.\,\{(r+n)\,s\,x\}$ ou à $Cos.\,\{(r+n)\,s\,x\}$, d'où ici:

$$\int_a^b f(x).\,\chi\,(x, 0)\, dx = \int_a^b f(x)\, Sin.\, r\, s\, x\, dx, \text{ ou } \int_a^b f(x).\,\chi\,(x, 0)\, dx = \int_a^b f(x)\, Cos.\, r\, s\, x\, dx,$$

où dans la première supposition il faut que $r\,s$ soit plus grand que zéro, ce qui n'est pas nécessaire dans la seconde. Alors supposons les fonctions:

$$\varphi_7(x) = \sum_0^c K_n\, Sin.\,\{(r+n)\,s\,x\}\ ,\ r > 0\ \ ,\ \ \varphi_8(x) = \sum_0^c L_n\, Cos.\,\{(r+n)\,s\,x\}\ ,\ r \geqq 0, \ldots (k)$$

convergentes entre les limites a et b de x, et encore au lieu de l'équation de condition générale (g):

$$\int_a^b f(x)\, Sin.\,\{(r+n)\,s x\}\, dx = M_n \int_a^b f(x)\, Sin. r s x\, dx\ ,\ \int_a^b f(x)\, Cos.\,\{(r+n)\,s x\}\, dx = N_n \int_a^b f(x)\, Cos.\, r s x\, dx, .\ (l)$$

alors on trouve par l'intermédiaire du théorème (220):

$$\int_a^b f(x).\,\varphi_7(x)\, dx = \int_a^b f(x)\, Sin.\, r\, s\, x\, dx \sum_0^c K_n M_n, \ldots\ldots\ldots\ldots (231)$$

$$\int_a^b f(x).\,\varphi_8(x)\, dx = \int_a^b f(x)\, Cos.\, r\, s\, x\, dx \sum_0^c L_n N_n. \ldots\ldots\ldots\ldots (232)$$

Applications. Employons l'intégrale citée au Numéro précédent: elle donne:

---

[67] KUMMER, Journal von Crelle, Bd. 17, S. 210.
Page 162.

$$\int_0^{\frac{1}{2}\pi} Cos.^{p-1} x \, Cos. \{(q+2n)x\} \, dx = \frac{\pi \Gamma(p)}{2^p \Gamma\left(n+\frac{p+q+1}{2}\right) \Gamma\left(-n+\frac{p-q+1}{2}\right)} =$$

$$= \frac{\pi \Gamma(p)}{2^p \left(\frac{p+q+1}{2}\right)^{n/1} \Gamma\left(\frac{p+q+1}{2}\right) \left\{1:\left(\frac{p-q+1}{2}-1\right)^{n/-1}\right\} \Gamma\left(\frac{p-q+1}{2}\right)}$$

$$= \frac{\left(\frac{p-q-1}{2}\right)^{n/-1}}{\left(\frac{p+q+1}{2}\right)^{n/1}} \frac{\pi \Gamma(p)}{2^p \Gamma\left(\frac{p+q+1}{2}\right) \Gamma\left(\frac{p-q+1}{2}\right)} = \frac{(p-q-1)^{n/-2}}{(p+q+1)^{n/2}} \int_0^{\frac{1}{2}\pi} Cos.^{p-1} x . Cos. qx \, dx;$$

et donc en conséquence du théorème (232):

$$\int_0^{\frac{1}{2}\pi} \varphi_8(x) \, Cos.^{p-1} x . Cos. qx \, dx = \frac{\pi \Gamma(p)}{2^p \Gamma\left(\frac{p+q+1}{2}\right) \Gamma\left(\frac{p-q+1}{2}\right)} \sum_0^c \frac{(p-q-1)^{n/-2}}{(p+q+1)^{n/2}} L_n \quad \ldots\ldots \quad (233)$$

Soit encore l'intégrale définie, évaluée Partie III, Méth. 23, N°. 3

$$\int_0^{\infty} e^{-x^2} Cos. qx \, dx = \frac{1}{2} e^{-\frac{1}{4}q^2} \sqrt{\pi};$$

donc:

$$\int_0^{\infty} e^{-x^2} Cos. \{(q+2n)x\} \, dx = \frac{1}{4} e^{-\frac{1}{4}(q+2n)^2} \sqrt{\pi} = \frac{1}{2} e^{-\frac{1}{4}q^2 - qn - n^2} \sqrt{\pi} = e^{-qn-n^2} \int_0^{\infty} e^{-x^2} Cos. qx \, dx;$$

dès-lors on a par le même théorème (232):

$$\int_0^{\infty} \varphi_8(x) \, e^{-x^2} Cos. qx \, dx = \frac{1}{2} e^{-\frac{1}{4}q^2} \sqrt{\pi} \sum_0^c L_n e^{-n^2-nq} \quad \ldots\ldots\ldots \quad (234)$$

63. Supposons enfin comme dernière application de la formule (220) que l'on ait $\left(x\,l\frac{1}{x}\right)^n$ pour la valeur de $\chi(x,n)$: elle devient l'unité, quand n devient zéro: la condition (g) contient donc l'intégrale simple $\int_a^b f(x)\,dx$. Ainsi, lorsqu'on suppose le développement

$$\varphi_9(x) = \sum_0^c O_n \left(x\,l\frac{1}{x}\right)^n \quad \ldots\ldots\ldots\ldots\ldots \quad (m)$$

convergent entre les limites a et b de l'intégration, et de plus l'équation de condition,

$$\int_a^b f(x) \left(x\,l\frac{1}{x}\right)^n dx = P_n \int_a^b f(x)\,dx, \quad \ldots\ldots\ldots\ldots\ldots \quad (n)$$

le théorème (220) donnera la formule:

Page 163.

$$\int_a^b f(x).\varphi_0(x)\,dx = \int_a^b f(x)\,dx \sum_0^c O_n P_n \quad \ldots\ldots\ldots\ldots \quad (235)$$

Application. L'intégrale définie

$$\int_0^1 \left(l\frac{1}{x}\right)^{q-1} x^{p-1}\,dx = \frac{1}{p^q}\Gamma(q),$$

qu'on trouve évaluée Partie III, Méth. 29, N°. 2 donne aussi :

$$\int_0^1 \left(x\,l\frac{1}{x}\right)^n \left(l\frac{1}{x}\right)^{q-1} x^{p-1}\,dx = \int_0^1 \left(l\frac{1}{x}\right)^{n+q-1} x^{n+p-1}\,dx = \frac{\Gamma(q+n)}{(p+n)^{q+n}} =$$

$$= \frac{p^q}{(p+n)^{q+n}} q^{n|1} \frac{1}{p^q}\Gamma(q) = \frac{p^q.\,q^{n/1}}{(p+n)^{q+n}} \int_0^1 \left(l\frac{1}{x}\right)^{q-1} x^{p-1}dx;$$

donc par la formule (235):

$$\int_0^1 \varphi(x)\left(l\frac{1}{x}\right)^{q-1} x^{p-1}\,dx = \frac{1}{p^q}\Gamma(q)\sum_0^c O_n \frac{p^q.\,q^{n|1}}{(p+n)^{q+n}} = \Gamma(q)\sum_0^c O_n \frac{q^{n/1}}{(p+n)^{q+n}}.\text{[68]} \quad \ldots\ldots \quad (236)$$

64. Nous voilà parvenus au troisième et dernier cas de l'application de la formule générale (156), dont nous avons fait mention à la fin du Numéro 48, et où l'on suppose que le développemement de $\varphi(x)$ puisse se faire suivant le théorème de Maclaurin. Ce théorème pour les deux fonctions $f(p\,x)$ et $f(q+p\,x)$ s'énonce ainsi :

$$\varphi(p\,x) = \sum_0^\infty \frac{(p\,x)^n}{1^{n/1}}\varphi^{(n)}(0) \quad , \quad \varphi(q+p\,x) = \sum_0^\infty \frac{(p\,x)^n}{1^{n/1}}\varphi^{(n)}(q); \quad \ldots\ldots\ldots \quad (o)$$

pourvu qu'aucune des fonctions $\varphi^{(n)}(0)$, $\varphi^{(n)}(q)$, c'est-à-dire des dérivées successives de $\varphi(x)$, pour les valeurs 0 ou q de x ne devienne infinie ou indéterminée. Lorsque en outre ces séries sont convergentes entre les limites de l'intégration par rapport à x, elles peuvent servir à la réduction des intégrales

$$\int_a^b f(x).\varphi(2\,p\,x)\,dx \quad , \quad \int_a^b f(x).\varphi(q+2\,p\,x)\,dx,$$

par la méthode, exposée au Numéro 48 : en effet on trouve les théorèmes :

$$\int_a^b f(x).\varphi(p\,x)\,dx = \sum_0^\infty \frac{\varphi^{(n)}(0)}{1^{n/1}} p^n \int_a^b f(x)\,x^n\,dx, \quad \ldots\ldots\ldots\ldots \quad (237)$$

$$\int_a^b f(x).\varphi(q+p\,x)\,dx = \sum_0^\infty \frac{\varphi^n(q)}{1^{n/1}} p^n \int_a^b f(x)\,x^n\,dx; \quad \ldots\ldots\ldots\ldots \quad (238)$$

pourvu que les développements (o) vaillent entre les limites a et b de x.

---

[68] Kummer, Journal von Crelle, Bd. 17, S. 210.
Page 164.

Donc si l'on veut être conduit à une série, qui n'offre pas trop de difficultés dans son usage, il importe auprès de cette méthode, que l'intégrale définie sous le signe de sommation puisse être évaluée, de sorte que la sommation ne porte que sur des quantités finies. Or, il arrive souvent que des intégrales d'une telle forme aient une valeur connue: nous n'en prendrons que quelques-unes, qui serviront à des transformations faciles et simples.

65. *Applications.* Soit $f(x) = \sqrt{(1-x^2)}$, alors on trouve Partie III, Méth. 3, N°. 4 les deux valeurs de l'intégrale définie, qu'il faut employer dans le cas de n pair ou impair:

$$\int_0^1 x^{2n}\,dx\,\sqrt{(1-x^2)} = \frac{1^{n/2}}{2^{n+1/2}}\frac{\pi}{2} \quad , \quad \int_0^1 x^{2n+1}\,dx\,\sqrt{(1-x^2)} = \frac{2^{n/2}}{3^{n+1/2}}.$$

Ici donc il faut distinguer entre ces deux valeurs de n, de sorte que, au lieu de la formule (237) on a la suivante:

$$\int_a^b f(x).\varphi(px)\,dx = \sum_0^\infty \frac{\varphi^{(2n)}(0)}{1^{2n/1}}p^{2n}\int_a^b f(x)\,x^{2n}\,dx + \sum_0^\infty \frac{\varphi^{(2n+1)}(0)}{1^{2n+1/1}}p^{2n+1}\int_a^b f(x)\,x^{2n+1}\,dx \quad \ldots (239)$$

A l'aide des intégrales définies citées, — pourvu que les fonctions $\varphi(x)$ et $x^n\varphi(x)\sqrt{(1-x^2)}$ soient finies entre les limites 0 et 1 de x, — on trouvera maintenant:

$$\int_0^1 \varphi(px)\,dx\,\sqrt{(1-x^2)} = \sum_0^\infty \frac{\varphi^{(2n)}(0)}{1^{2n/1}}p^{2n}\frac{1^{n/2}}{2^{n+1/2}}\frac{\pi}{2} + \sum_0^\infty \frac{\varphi^{(2n+1)}(0)}{1^{2n+1/1}}p^{2n+1}\frac{2^{n/2}}{3^{n+1/2}} =$$

$$= \frac{\pi}{2}\sum_0^\infty \frac{\varphi^{(2n)}(0)}{(n+1)\{1^{n/1}\}^2}\left(\frac{p}{2}\right)^{2n} + \sum_0^\infty \frac{\varphi^{(2n+1)}(0)}{(2n+3)\{3^{n/2}\}^2}p^{2n+1} \quad \ldots (240)$$

Soit encore $f(x) = \dfrac{1}{\sqrt{(1-x^2)}}$, alors il faudra employer les intégrales définies, évaluées Partie III, Méth. 3, N°. 4, également distinctes pour les valeurs paires et les valeurs impaires de n:

$$\int_0^1 \frac{x^{2n}\,dx}{\sqrt{(1-x^2)}} = \frac{1^{n/2}}{2^{n/2}}\frac{\pi}{2} \quad , \quad \int_0^1 \frac{x^{2n+1}\,dx}{\sqrt{(1-x^2)}} = \frac{2^{n/2}}{3^{n/2}},$$

Ici donc il faut encore prendre la formule (239), et l'on trouve, pourvu que les fonctions $\varphi(x)$ et $\dfrac{x^n\varphi(x)}{\sqrt{(1-x^2)}}$ restent toujours finies entre les limites 0 et 1 de x:

$$\int_0^1 \frac{\varphi(px)\,dx}{\sqrt{(1-x^2)}} = \sum_0^\infty \frac{\varphi^{(2n)}(0)}{1^{2n/1}}p^{2n}\frac{1^{n/2}}{2^{n/2}}\frac{\pi}{2} + \sum_0^\infty \frac{\varphi^{(2n+1)}(0)}{1^{2n+1/1}}p^{2n+1}\frac{2^{n/2}}{3^{n/2}} =$$

$$= \frac{\pi}{2}\sum_0^\infty \frac{\varphi^{(2n)}(0)}{\{1^{n/1}\}^2}\left(\frac{p}{2}\right)^{2n} + \sum_0^\infty \frac{\varphi^{(2n+1)}(0)}{\{3^{n/2}\}^2}p^{2n+1} \quad \ldots (241)$$

Lorsque dans une des équations (240) ou (241) la fonction $\varphi(x)$ est de telle nature que toutes les derivées d'un ordre pair $\varphi^{(2n)}(x)$, ou toutes celles d'un ordre impair $\varphi^{(2n+1)}(x)$ s'évanouissent pour la valeur zéro de x, alors ces équations deviennent beaucoup plus simples en ce que la sommation, correspondant à ces dérivées évanouies, disparaît elle-même: et cette supposition se vérifie souvent.

Par exemple soit $f(x) = e^{-x^2}$, alors on trouve Partie III, Méth. 6, N°. 8:

$$\int_{-\infty}^{\infty} e^{-x^2} x^{2n+1}\, dx = 0 \quad , \quad \int_{-\infty}^{\infty} e^{-x^2} x^{2n}\, dx = \frac{1^{n/2}}{2^n} \sqrt{\pi},$$

avec la valeur spéciale

$$\int_{-\infty}^{\infty} e^{-x^2}\, dx = \sqrt{\pi}.$$

Pourvu donc que $\varphi(x)$ et à plus forte raison la fonction $e^{-x^2}\varphi(x)$, soient finies pour toute valeur de x (entre les limites $-\infty$ et $+\infty$), nous pouvons faire usage du théorème (239). Mais ici la sommation répondant aux $\varphi^{(2n+1)}(0)$ disparaît, puisque l'intégrale qu'elles contiennent, s'évanouit: donc on a:

$$\int_{-\infty}^{\infty} \varphi(px)\, e^{-x^2}\, dx = \sum_0^{\infty} \frac{\varphi^{(2n)}(0)}{1^{2n/1}} p^{2n} \frac{1^{n/2}}{2^n} \sqrt{\pi} = \sqrt{\pi} \sum_0^{\infty} \frac{\varphi^{(2n)}(0)}{1^{n/1}} \left(\frac{p}{2}\right)^{2n} \ldots\ldots (242)$$

Supposons encore $f(x) = x e^{-x^2}$, alors on peut employer les mêmes intégrales que ci-dessus pour n général, avec la valeur particulière

$$\int_{-\infty}^{\infty} e^{-x^2} x\, dx = 0.$$

Lorsqu'on veut y appliquer le théorème (239), on observe qu'ici toutes les intégrales s'évanouissent sous la sommation qui comprend la dérivée $\varphi^{(2n)}(0)$, et que par conséquent cette sommation disparaît de l'équation. Donc lorsque les fonctions $\varphi(x)$, et à plus forte raison la fonction $x e^{-x^2}\varphi(x)$, restent finies pour toutes les valeurs de x entre les limites $-\infty$ et $+\infty$, la formule (239) donne:

$$\int_{-\infty}^{\infty} \varphi(px)\, e^{-x^2} x\, dx = \sum_0^{\infty} \frac{\varphi^{(2n+1)}(0)}{1^{2n+1/1}} p^{2n+1} \frac{1^{n/2}}{2^n} \sqrt{\pi} = \sqrt{\pi} \sum_0^{\infty} \frac{\varphi^{(2n+1)}(0)}{1^{n/1}} \frac{p^{2n+1}}{2n+1}. \text{ [69]} \ldots (243)$$

66. Mais en général il n'y a pas lieu de faire distinction entre les valeurs paires et les valeurs impaires de n. Car soit $f(x) = e^{-x}$, on trouve Partie III, Méth. 3, N°. 7 l'intégrale définie

$$\int_0^{\infty} e^{-x} x^n\, dx = 1^{n/1};$$

supposons que $\varphi(x)$ reste continue entre les limites 0 et ∞ de x, alors il en sera de même à plus forte raison de $e^{-x}\varphi(x)$. La formule (237) nous donne ici:

---

[69] Voyez sur ces théorèmes DIENGER, Journal von Crelle, Bd. 46, S. 119.
Page 166.

$$\int_0^\infty \varphi(px)\,e^{-x}\,dx = \sum_0^\infty \frac{\varphi^{(n)}(0)}{1^{n/1}}\,p^n\,1^{n/1} = \sum_0^\infty p^n\,\varphi^n(0)\,\ldots\ldots\ldots\ldots \quad (244)$$

Pour le cas de $f(x) = e^{-x}\sqrt{x}$ on trouve Partie III, Méth. 3, N°. 7:

$$\int_0^\infty e^{-x}\,x^n\,dx\,\sqrt{x} = \frac{1^{n+1/2}}{2^{n+1}}\sqrt{\pi}\,.$$

Lorsque les fonctions $\varphi(px)$ et $e^{-x}\varphi(px)\sqrt{x}$ sont finies entre les limites 0 et ∞ de x, il en résulte d'après le théorème (237):

$$\int_0^\infty \varphi(px)\,e^{-x}\,dx\sqrt{x} = \sum_0^\infty \frac{\varphi^{(n)}(0)}{1^{n/1}}\,p^n\,\frac{1^{n+1/2}}{2^{n+1}}\sqrt{\pi} = \frac{1}{2}\sqrt{\pi}\sum_0^\infty \frac{3^{n/2}}{2^{n/2}}\,p^n\,\varphi^{(n)}(0) \quad \ldots (245)$$

Soit encore $f(x) = \frac{e^{-x}}{\sqrt{x}}$, alors on trouve Partie III, Méth. 3, N°. 7, l'intégrale définie:

$$\int_0^\infty \frac{e^{-x}\,x^n}{\sqrt{x}}\,dx = \frac{1^{n/2}}{2^n}\sqrt{\pi},$$

dont le cas spécial

$$\int_0^\infty \frac{e^{-x}\,dx}{\sqrt{x}} = \sqrt{\pi} \text{ (Partie III, Méth. 4, N°. 6)}$$

résulte pour la valeur zéro de n, qu'il est permis d'y prendre. Donc, pourvu que $\varphi(x)$ et $\frac{e^{-x}\varphi(x)}{\sqrt{x}}$ soient des fonctions qui restent finies entre les limites 0 et ∞ de x, le théorème (237) donne ici:

$$\int_0^\infty \varphi(px)\,\frac{e^{-x}\,dx}{\sqrt{x}} = \sum_0^\infty \frac{\varphi^{(n)}(0)}{1^{n/1}}\,p^n\,\frac{1^{n\,2}}{2^n}\sqrt{\pi} = \sqrt{\pi}\sum_0^\infty \frac{1^{n/2}}{2^{n,2}}\,p^n\,\varphi^{(n)}(0)\,\ldots\ldots \quad (246)$$

Enfin supposons $f(x) = lx$, alors la Méth. 29, N°. 2 (Partie III), nous donne:

$$\int_0^1 lx.\,x^n\,dx = -\frac{1}{(n+1)^2}.$$

Sous la double condition que $\varphi(x)$, et donc à plus forte raison $e^{-x}\varphi(x)\sqrt{x}$ soient finies entre les limites 0 et 1 de x, nous trouvons à l'aide de la formule (237):

$$\int_0^1 \varphi(px)\,l\,x\,dx = \sum_0^\infty \frac{\varphi^{(n)}(0)}{1^{n,1}}\,p^n\,\frac{-1}{(n+1)^2} = -\sum_0^\infty \frac{\varphi^{(n)}(0)}{1^{n+1/1}}\,\frac{p^n}{n+1}.\ [70]\ldots\ldots \quad (247)$$

---

[70] Voyez sur ces théorèmes DIENGER, Journal von Crelle, Bd. 46, S. 119.
Page 167.

Dans ces deux Numéros nous avons seulement employé le théorème (237) et celui qui y correspond (239). L'usage de la formule (238) mènera aux mêmes résultats: c'est-à-dire, que pour $\varphi(q+px)$ au lieu de $\varphi(px)$ on n'a qu'à prendre sous les sommations $q^{(n)}(q)$ au lieu de $q^{(n)}(0)$.

67. Au commencement du paragraphe actuel, au Numéro 48, nous nous étions proposé de traiter d'une manière générale la question du développement en série d'un facteur quelconque d'une intégrale définie générale: et nous pouvons regarder la discussion relative si-non épuisée, du moins assez étendue pour y mettre fin. De plus nous avons obtenu dans les paragraphes et dans les chapitres précédents de cette Partie Deuxième diverses autres méthodes. Donc on ne doit pas s'étonner si par ces méthodes si différentes il nous arrive quelquefois de trouver les valeurs d'une même intégrale définie évaluée sous diverses formes, par exemple sous celle d'une série et celle d'un produit infini. L'identité nécessaire de tels résultats donne encore lieu à une nouvelle méthode de réduction.

Par exemple, par le rapprochement des résultats de Méth. 3, N°. 9, et de Méth. 22, N°. 3 de la Partie III, on déduit la relation suivante:

$$\frac{1}{(1^2+x^2)(3^2+x^2)\ldots\{(2a+1)^2+x^2\}} = \frac{(-1)^a}{2^{2a}\,1^{2a+1/1}} \sum_0^a (-1)^n \binom{2a+1}{n} \frac{2a+1-2n}{(2a+1-2n)^2+x^2},$$

$$\frac{x}{x^2(2^2+x^2)(4^2+x^2)\ldots(4a^2+x^2)} = \frac{(-1)^a}{2^{2a-1}\,1^{2a/1}} \sum_0^a (-1)^n \binom{2a}{n} \frac{x}{(2a-2n)^2+x^2}.$$

Multiplions de part et d'autre par $f(x)\,dx$ et intégrons entre les limites b et c de x, alors il vient:

$$\int_b^c \frac{f(x)\,dx}{(1+x^2)(3^2+x^2)\ldots\{(2a+1)^2+x^2\}} = \frac{(-1)^a}{2^{2a}1^{2a+1/1}} \sum_0^a (-1)^n \binom{2a+1}{n} (2a+1-2n) \int_c^b \frac{f(x)\,dx}{(2a+1-2n)^2+x^2}, \quad (248)$$

$$\int_b^c \frac{f(x)\,x\,dx}{x^2.(2^2+x^2)(4^2+x^2)\ldots(4a^2+x^2)} = \frac{(-1)^a}{2^{2a-1}\,1^{2a/1}} \sum_0^a (-1)^n \binom{2a}{n} \int_c^b \frac{f(x)\,x\,dx}{(2a-2n)^2+x^2}. \text{ [71] } \quad (249)$$

CHAPITRE QUATRIÈME.

RÉDUCTION DE QUELQUES INTÉGRATIONS DOUBLES.

68. Quoique la considération des intégrales doubles n'entre pas en général dans le but qu'on se propose ici, il arrive néanmoins souvent, que les transformations de ces fonctions donnent lieu à des relations, qui peuvent servir dans la théorie des intégrales définies ordinaires. Mais par-là

---

[71] Schlömilch, Grunert's Archiv, Bd. 7, S. 38.
Page 168.

même c'est essentiellement d'une manière très-indirecte, que l'on parvient à de tels résultats dans le cours de la discussion à l'égard de quelque intégrale double. Nous nous contenterons donc ici de l'exposition de quelques-unes de ces réductions, où l'on pourra juger en même temps de la diversité des méthodes, qui servent à les faire trouver.

69. Dans l'intégrale double, très-renommée à cause des discussions et des objections auxquelles elle a donné lieu,

$$\int_0^\infty dy \int_0^a \frac{y^2 - x^2}{(y^2 + x^2)^2} f(x)\, dx,$$

il y a discontinuité dans le cas, où x et y deviennent simultanément zéro et seulement dans ce cas; et l'on a vu (N°. 46, P. I) que dans une telle occasion il n'est pas permis d'invertir l'ordre des intégrations, sans qu'on ait égard à la correction qu'il faut y ajouter. Mais lorsqu'on effectue l'intégration par rapport à y entre les limites δ et ∞, où δ peut avoir pour limite définitive une quantité aussi petite que l'on veut, cette difficulté disparaît, vu que dès-lors le point de discontinuité ne se trouve plus entre les limites de l'intégration double. Il est donc permis d'écrire:

$$\mathrm{I} = \int_\delta^\infty dy \int_0^a \frac{y^2 - x^2}{(y^2 + x^2)^2} f(x)\, dx = \int_0^a f(x)\, dx \int_\delta^\infty \frac{y^2 - x^2}{(y^2 + x^2)^2}\, dy,$$

où l'ordre des intégrations est inverti maintenant. L'intégrale par rapport à y peut être évaluée en premier lieu comme intégrale indéfinie. Car

$$\int \frac{y^2 - x^2}{(y^2 + x^2)^2}\, dy = -\int \frac{y^2 + x^2}{(y^2 + x^2)^2}\, dy - \int y \frac{-d.y^2}{y^2 + x^2} = -\int \frac{dy}{y^2 + x^2} - \int y d \frac{1}{y^2 + x^2} =$$

$$= -\int \frac{dy}{y^2 + x^2} - \frac{y}{y^2 + x^2} + \int \frac{1}{y^2 + x^2}\, dy = \frac{-y}{y^2 + x^2}.$$

Celle-ci donne pour la limite supérieure ∞ de y $\dfrac{-1}{\infty + \dfrac{x^2}{\infty}} = 0$, et pour la limite inférieure δ elle devient $\dfrac{-\delta}{\delta^2 + x^2}$, donc:

$$\mathrm{I} = \int_0^a f(x)\, dx \frac{\delta}{\delta^2 + x^2}.$$

Maintenant développons la fonction $f(x)$ suivant le théorème de MACLAURIN dans la somme $f(0) + x f'(\theta x)$, où $0 < \theta < 1$; alors on trouvera successivement:

$$\mathrm{I} = \int_0^a \{f(0) + x f'(\theta x)\} \frac{\delta\, dx}{\delta^2 + x^2} = f(0) \int_0^a \frac{\delta\, dx}{\delta^2 + x^2} + \int_0^a f'(\theta x) \frac{\delta\, x\, dx}{\delta^2 + x^2} = f(0) \int_0^a d.\, Arctg. \frac{x}{\delta} +$$

$$+ \frac{1}{2} \delta \int_0^a f'(\theta x)\, d.\, l(\delta^2 + x^2) = f(0) \left\{Arctg. \frac{a}{\delta} - Arctg. 0\right\} + \frac{1}{2} \int_0^a f'(\theta x) . d. \delta\, l(\delta^2 + x^2) \;.\;.\; (250)$$

Jusqu'ici la valeur de δ est considérée comme entièrement arbitraire: voyons si, après les développements et les transformations que notre formule a déjà subis, il y a lieu d'attendre quelque résultat défini pour la valeur 0 de δ. A priori on peut l'espérer, puisque l'on fait usage ici du même développement, qui dans la Première Partie N°. 30 nous a conduit à la correction à faire dans le cas de discontinuité. Or, puisque $f'(x)$ doit être finie entre les limites 0 et a de x, afin que la fonction $f(x)$ soit continue dans l'intégrale en question entre ces mêmes limites, — et il va sans dire que cela est supposé tacitement dans la discussion précédente, parce qu'autrement l'intégrale définie I n'aurait pas de valeur finie, — la valeur $f'(\theta x)$ doit rester finie de même: il reste par suite à décider de la valeur que la fonction $\delta\, l(\delta^2+x^2)$ acquiert pour la limite zéro de δ. Elle est toujours $0.\, l(x^2)$ c'est-à-dire zéro, excepté dans le cas où x est aussi zéro, car alors l'expression mentionnée devient: $0.\, l\, 0 = 0.\, \infty$, c'est-à-dire indéterminée; il faut donc en déterminer la valeur de la manière ordinaire:

$$\frac{l(\delta^2+x^2)}{\delta^{-1}} = \frac{\dfrac{2\delta}{\delta^2+x^2}}{-\delta^{-2}} = \frac{-\delta^2}{\delta^2+x^2}\,\delta.$$

Or, la fraction devient l'unité pour la valeur zéro de x: l'autre facteur δ, diminuant vers zéro, annonce donc que la fonction $\delta\, l(\delta^2+x^2)$ s'évanouit avec δ, même pour la valeur spéciale zéro de x.

Maintenant, passons à la limite zéro de δ dans la formule (250), alors dans la double intégrale l'intégration par rapport à y se fait entre les limites 0 et ∞. D'une autre part, au dernier membre de l'équation l'intégrale définie doit s'annuler, comme il a été prouvé précédemment, tandis que le facteur $Arctg.\frac{a}{\delta}$ devient $Arctg.\,\infty$ ou $\frac{\pi}{2}$. Par conséquent on a enfin:

$$\int_0^\infty dy \int_0^a \frac{y^2-x^2}{(y^2+x^2)^2} f(x)\, dx = \frac{\pi}{2} f(0)\ ,\ 0 < a \leqq \infty\ ;\ [72] \ldots\ldots (251)$$

et ici la valeur de a est indéterminée et peut être tout-aussi bien l'infini, vu que cela n'influe en rien sur la discussion précédente. La condition, que $f(x)$, aussi bien que $f'(x)$, est continue entre les limites 0 et a de x, était nécessaire, comme on l'a vu.

70. La même méthode peut s'appliquer à l'intégrale double

$$\int_0^\infty dy \int_0^a (p\, e^{-pxy} - q\, e^{-qxy}) f(x)\, dx.$$

La fonction intégrée reste continue et finie avec $f(x)$ pour toutes les valeurs de x et de y entre les limites de ces variables; mais pour la limite supérieure de y elle-même e^{-pxy} et e^{-qxy} s'annulent tous deux; ainsi le changement dans l'ordre des intégrations pourrait donner lieu ici à des

[72] Schlömilch, Grunert's Archiv, Bd. 11, S. 63.
Page 170.

objections, lorsqu'on ne voudrait pas employer la correction nécessaire dans un tel cas. On peut aller à l'encontre de ces objections en changeant la limite supérieure de y l'infini en k, sauf d'examiner plus tard si, les transformations faites, ce k pourrait devenir l'infini. Soit donc:

$$I = \int_0^k dy \int_0^a (p\,e^{-pxy} - q\,e^{-qxy}) f(x)\,dx = \int_0^a f(x)\,dx \int_0^k (p\,e^{-pxy} - q\,e^{-qxy})\,dy$$

$$= \int_0^a f(x)\,dx \left\{ p\frac{1-e^{-pkx}}{px} - q\frac{1-e^{-qkx}}{qx} \right\} = \int_0^a f(x)\frac{e^{-qkx}-e^{-pkx}}{x}\,dx.$$

Au lieu de $f(x)$, il est permis de mettre ici, suivant le théorème de MACLAURIN $f(0) + xf'(\theta x)$, où $0 < \theta < 1$; par la substitution de cette valeur on obtient:

$$I = \int_0^a \{f(0) + xf'(\theta x)\} \frac{e^{-qkx}-e^{-pkx}}{x}\,dx = f(0)\int_0^a \frac{e^{-qkx}-e^{-pkx}}{x}\,dx + \int_0^a (e^{-qkx}-e^{-pkx}) f'(\theta x)\,dx .\,. \;(252)$$

Lorsque maintenant $f'(x)$ et par conséquent $f'(\theta x)$ sont finies entre les limites 0 et a de x, — ce qui est une condition nécessaire pour que $f(x)$ reste continue entre ces mêmes limites, comme il faut le supposer dans l'intégrale double en discussion, — alors, pour la limite ∞ de k la fonction $e^{-qkx}-e^{-pkx}$ disparaît tout-à-fait, et avec elle toute l'intégrale dernière de la formule (252). On trouve dès-lors:

$$\int_0^k dy \int_0^a (p\,e^{-pxy} - q\,e^{-qxy}) f(x)\,dx = f(0)\int_0^a \frac{e^{-qkx}-e^{-pkx}}{x}\,dx, \text{ Lim. } k = \infty.$$

Mais on trouve Partie III, Méth. 16, N°. 3, que la dernière intégrale a pour valeur, lorsque k diverge vers l'infini, $l\frac{p}{q}$. Donc:

$$\int_0^\infty dy \int_0^a (p\,e^{-pxy} - q\,e^{-qxy}) f(x)\,dx = f(0)\,l\frac{p}{q}; \quad \ldots\ldots\ldots \quad (253)$$

où a est une quantité positive tout-à-fait arbitraire, c'est-à-dire $0 < a \leqq \infty$. On y a supposé que $f(x)$, aussi bien que $f'(x)$, soit continue entre les limites 0 et a de l'intégration. [73].

71. Au Numéro 65 de cette Partie on a trouvé la formule (242), qui devient par le changement de p en $2y$ et en $2\sqrt{y}$ successivement:

$$\int_{-\infty}^{\infty} e^{-x^2}\varphi(2xy)\,dx = \sqrt{\pi}\sum_0^\infty \frac{y^{2n}}{1^{n/1}}\varphi^{(2n)}(0), \qquad \int_{-\infty}^{\infty} e^{-x^2}\varphi(2x\sqrt{y})\,dx = \sqrt{\pi}\sum_0^\infty \frac{y^n}{1^{n/1}}\varphi^{(2n)}(0);$$

où l'on a supposé qu'on puisse développer $\varphi(x)$ suivant le théorème de MACLAURIN. On peut

[73] SCHLÖMILCH, Grunert's Archiv, Bd. 11, S. 63.

intégrer ces expressions par rapport à y entre les limites 0 et p et changer l'ordre des intégrations. Alors, puisqu'on trouve Partie III, Méth. 1, N°. 2, que

$$\int_0^p y^a\,dx = \frac{p^{a+1}}{a+1},$$

il s'ensuit qu'on a:

$$\int_{-\infty}^{\infty} e^{-x^2}dx\int_0^p \varphi(2xy)\,dy = \sqrt{\pi}\sum_0^{\infty}\frac{p^{2n+1}}{2n+1}\,\frac{\varphi^{(2n)}(0)}{1^{n/1}}, \quad\ldots\ldots (254)$$

$$\int_{-\infty}^{\infty} e^{-x^2}dx\int_0^p \varphi(2x\sqrt{y})\,dy = \sqrt{\pi}\sum_0^{\infty}\frac{p^{n+1}}{n+1}\,\frac{\varphi^{(2n)}(0)}{1^{n/1}} = \sqrt{\pi}\sum_0^{\infty}\frac{p^{n+1}}{1^{n+1/1}}\varphi^{(2n)}(0);\ldots (255)$$

d'où pour la valeur particulière l'unité de p:

$$\int_{-\infty}^{\infty} e^{-x^2}dx\int_0^1 \varphi(2xy)\,dy = \sqrt{\pi}\sum_0^{\infty}\frac{\varphi^{(2n)}(0)}{(2n+1)\,.\,1^{n/1}}, \quad\ldots\ldots (256)$$

$$\int_{-\infty}^{\infty} e^{-x^2}dx\int_0^1 \varphi(2x\sqrt{y})\,dy = \sqrt{\pi}\sum_0^{\infty}\frac{\varphi^{(2n)}(0)}{1^{n+1/1}}.\ [74] \quad\ldots\ldots (257)$$

72. Si l'on change l'ordre des intégrations dans les deux intégrales doubles suivantes, qui n'ont aucun cas de discontinuité, — ce qui pourrait rendre une correction nécessaire, — et qu'on suppose $f(y)$ continue entre les limites a et c de y, on aura:

$$\left.\begin{aligned}\int_0^{\infty}\frac{Cos.px}{q^2+x^2}dx\int_a^c f(y)\,Cos.xy\,dy &= \frac{1}{q}\int_a^c f(y)\,dy\int_0^{\infty} q\,\frac{Cos.px.Cos.xy}{q^2+x^2}dx,\\ \int_0^{\infty}\frac{Sin.px}{q^2+x^2}dx\int_a^c f(y)\,Sin.xy\,dy &= \frac{1}{q}\int_a^c f(y)\,dy\int_0^{\infty} q\,\frac{Sin.px.Sin.xy}{q^2+x^2}dx;\end{aligned}\right\},c>a;\ldots (\alpha)$$

on peut y faire usage des intégrales définies, trouvées Partie III, Méth. 9, N°. 17:

$$\begin{aligned}\int_0^{\infty}\frac{q\,Cos.px.Cos.yx}{q^2+x^2}dx &= \frac{\pi}{4}e^{-pq}(e^{yq}+e^{-yq}) \text{ , pour } y<p,\\ &= \frac{\pi}{4}(e^{pq}+e^{-pq})e^{-yq} \text{ , pour } y>p,\\ &= \frac{\pi}{4}(1+e^{-2pq}) \text{ , pour } y=p;\end{aligned}$$

---

[74] Dienger, Journal von Crelle, Bd. 46, S. 119.
Page 172.

$$\int_0^\infty \frac{q\,Sin.p\,x.\,Sin.y\,x}{q^2+x^2}\,dx = \frac{\pi}{4}e^{-pq}(e^{yq}-e^{-yq}) \text{ , pour } y<p,$$

$$= \frac{\pi}{4}(e^{pq}-e^{-pq})\,e^{-yq} \text{ , pour } y>p,$$

$$= \frac{\pi}{4}(1-e^{-2pq}) \qquad \text{, pour } y=p.$$

Il faut donc faire attention ici à la différence $p-y$, car les valeurs de l'intégrale employée seront différentes, selon qu'elle est positive, négative ou nulle: mais on voit en même temps que cette dernière valeur se tire des deux autres, quand on y suppose que y et p soient égaux, de sorte que celles-ci valent respectivement pour les valeurs de $y \leqq p$, et de $y \geqq p$. Il faut donc distinguer trois cas dans l'application aux formules (α): 1° p est toujours plus grand que y ou au plus y est égal, c'est-à-dire $\geqq$ que sa plus grande valeur c; alors il faut faire usage de la formule première; 2° p est toujours plus petit que y, ou au moins n'est pas plus grand, c'est-à-dire que p est $\leqq$ que sa plus petite valeur a; alors il faut employer la deuxième valeur des intégrales mentionnées; 3° enfin la valeur de p est telle, que y devient tantôt plus grand tantôt plus petit que p, c'est-à-dire, qu'on a $a<p<c$: alors on doit diviser l'intégration à l'égard de y en deux parties, l'une de a à p, où il faut faire usage de la première valeur des intégrales, puisqu'on y a toujours $y \leqq p$, et l'autre de p à c, où la deuxième valeur des mêmes intégrales doit être employée, puisqu'on y a toujours $y \geqq p$. Donc:

$$\int_0^\infty \frac{Cos.p\,x}{q^2+x^2}dx\int_a^c f(y)\,Cos.x\,y\,dy = \frac{\pi}{4q}e^{-pq}\int_a^c (e^{qy}+e^{-qy})f(y)\,dy \text{ , } p \geqq c \text{ . . . . (258)}$$

$$= \frac{\pi}{4q}(e^{pq}+e^{-pq})\int_a^c e^{-qy}f(y)\,dy \text{ , } p \leqq a \text{ . . . . (259)}$$

$$= \frac{\pi}{4q}e^{-pq}\int_a^p (e^{qy}+e^{-qy})f(y)\,dy + \frac{\pi}{4q}(e^{pq}+e^{-pq})\int_p^c e^{-qy}f(y)\,dy = \frac{\pi}{4q}(e^{pq}+e^{-pq})\int_a^c e^{-qy}f(y)\,dy +$$

$$+\frac{\pi}{4q}\int_a^p (e^{(y-p)q}-e^{(p-y)q})f(y)dy = \frac{\pi}{4q}(e^{pq}+e^{-pq})\int_a^c e^{-qy}f(y)dy - \frac{\pi}{4q}\int_0^{p-a}(e^{qy}-e^{-qy})f(p-y)\,dy \text{ , } a \leqq p \leqq c; \text{ . (260)}$$

$$\int_0^\infty \frac{Sin.p\,x\,dx}{q^2+x^2}\int_a^c f(y)\,Sin.x\,y\,dy = \frac{\pi}{4q}e^{-pq}\int_a^c (e^{qy}-e^{-qy})f(y)\,dy \text{ , } p \geqq c; \text{ . . . . (261)}$$

$$= \frac{\pi}{4q}(e^{pq}-e^{-pq})\int_a^c e^{-qy}f(y)\,dy \text{ , } p \leqq a; \text{ . . . . (262)}$$

$$=\frac{\pi}{4q}e^{-pq}\int_a^p(e^{qy}-e^{-qy})f(y)\,dy+\frac{\pi}{4q}(e^{pq}-e^{-pq})\int_p^c e^{-qy}f(y)\,dy=\frac{\pi}{4q}(e^{pq}-e^{-pq})\int_a^c e^{-qy}f(y)\,dy+$$

$$+\frac{\pi}{4q}\int_a^p\{e^{q(y-p)}-e^{q(p-y)}\}f(y)\,dy=\frac{\pi}{4q}(e^{pq}-e^{-pq})\int_a^c e^{-qy}f(y)\,dy-\frac{\pi}{4q}\int_0^{p-a}(e^{qy}-e^{-qy})f(p-y)\,dy,\ a\leqq p\leqq c;\ .\ ($$

La réduction successive des formules (260) et (263) est très-facile: en premier lieu l'intégrale entre les limites p et c est remplacée par la différence de deux autres, avec les limites a et c et a et p, suivant la formule (18, P. I): alors on obtient une intégrale entre les limites a et c, et une différence de deux intégrales entre les mêmes limites a et p, qui peuvent entrer par conséquent sous un signe d'intégration unique: dans cette intégrale prenez $p-y=z$, donc $-dy=dz$, avec $p-a$ et 0 comme limites de z, et vous aurez la forme définitive des formules (260) et (263). [75].

73. Dans les deux intégrales doubles

$$\left.\begin{aligned}\int_0^\infty\frac{x\,Cos.px}{q^2+x^2}dx\int_a^c f(y)\,Sin.xy\,dy&=\int_a^c f(y)\,dy\int_0^\infty\frac{x\,Cos\,px.Sin.xy}{q^2+x^2}dx,\\ \int_0^\infty\frac{x\,Sin.px}{q^2+x^2}dx\int_a^c f(y)\,Cos.xy\,dy&=\int_a^c f(y)\,dy\int_0^\infty\frac{x\,Sin.px.Cos.xy}{q^2+x^2}dx:\end{aligned}\right\},\ c>a;\ .\ .\ (\beta)$$

on a inverti l'ordre des intégrations, parce que la supposition de $f(y)$ continue pour toute valeur de y entre les limites a et c, rend impossible un cas de discontinuité de la fonction intégrée; donc il n'y a pas lieu de considérer la correction, qui n'est nécessaire que dans un tel cas. Maintenant il faut employer pour la réduction de ces formules les intégrales évaluées Partie III, Méth. 9, N°. 17:

$$\begin{aligned}\int_0^\infty\frac{x\,Cos.px.Sin.yx}{q^2+x^2}dx&=\frac{\pi}{4}e^{-pq}(e^{-qy}-e^{qy})\ ,\ \text{pour } y<p,\\ &=\frac{\pi}{4}(e^{pq}+e^{-pq})e^{-qy}\ ,\ \text{pour } y>p,\\ &=\frac{\pi}{4}e^{-2pq}\qquad ,\ \text{pour } y=p,\end{aligned}$$

$$\begin{aligned}\int_0^\infty\frac{x\,Sin.px.Cos.yx}{q^2+x^2}dx&=\frac{\pi}{4}e^{-pq}(e^{qy}+e^{-qy})\ ,\ \text{pour } y<p,\\ &=\frac{\pi}{4}(e^{-pq}-e^{pq})e^{-qy}\ ,\ \text{pour } y>p,\\ &=\frac{\pi}{4}e^{-2pq}\qquad ,\ \text{pour } y=p.\end{aligned}$$

---

[75] SCHLÖMILCH, Grunert's Archiv, Bd. 11, S. 174. Page 174.

La valeur de $y - p$ doit de nouveau nous guider ici dans les discussions: car selon qu'elle est négative, positive ou nulle, il y aura une autre valeur à substituer pour l'intégrale définie à réduire: mais ici le cas où y est égal à p n'est pas réductible à ceux, où y n'est pas égal à p: par conséquent, outre les cas du Numéro précédent, il faudra encore distinguer ceux, où p peut devenir exactement égal à une valeur de y. Donc il ne faudra employer que la première valeur des intégrales citées, lorsque p est toujours plus grand qu'une valeur quelconque de y, c'est-à-dire, lorsque p est plus grand que c, la valeur maximum de y. Au contraire il ne faudra faire usage que de la deuxième valeur de ces intégrales, lorsque y reste constamment plus grand que p; alors p doit être plus petit que a, la valeur minimum de y. Mais lorsque p est égal à c, alors l'intégration par rapport à y, qui contient la première valeur des intégrales citées, ne saurait atteindre la limite c, parce qu'alors cette valeur ne serait plus légale, mais devra s'arrêter à la limite $c - \varepsilon$ où ε est une quantité, qui après l'intégration doit converger vers zéro: mais encore faut-il ajouter alors une intégrale singulière de $c - \varepsilon$ à c qui doit contenir la troisième des valeurs de l'intégrale définie citée. De même lorsque p est égal à a, l'intégration par rapport à y, quand on emploie la deuxième valeur de ces intégrales, ne doit commencer qu'à la limite $a + \varepsilon$; tandis qu'il faut employer la troisième valeur dans une intégrale singulière de a à $a + \varepsilon$, qui doit être ajoutée au résultat. Lorsque la valeur de p est située entre les limites a et c de y, il faut diviser la distance de a à c des limites par rapport à y dans trois parties de a à $p - \varepsilon$, de $p - \varepsilon$ à $p + \varepsilon$ et de $p + \varepsilon$ à c: dans ces trois intégrations, dont la deuxième est une intégration singulière, il faut substituer la première, la troisième et la deuxième valeur des intégrales définies citées respectivement.

Ainsi l'on trouve les formules suivantes:

$$\int_0^\infty \frac{x \, Cos. p\, x}{q^2 + x^2} dx \int_a^c f(y) \, Sin. \, x\, y \, dy = \frac{\pi}{4} e^{-pq} \int_a^c (e^{-qy} - e^{qy}) f(y) \, dy \quad , p > c; \ldots\ldots . (264)$$

$$= \frac{\pi}{4} (e^{pq} + e^{-pq}) \int_a^c e^{-qy} f(y) \, dy \quad , p < a; \ldots\ldots . (265)$$

$$= \frac{\pi}{4} e^{-pq} \int_a^{c-\varepsilon} (e^{-qy} - e^{qy}) f(y) \, dy + \frac{\pi}{4} e^{-2pq} \int_{c-\varepsilon}^c f(y) \, dy = \frac{\pi}{4} e^{-pq} \int_a^c (e^{-qy} - e^{qy}) f(y) \, dy +$$

$$+ \frac{\pi}{4} e^{-pq} \int_{c-\varepsilon}^c (e^{qy} - e^{-qy} + e^{-pq}) f(y) \, dy \quad , p = c; \ldots\ldots . (266)$$

$$= \frac{\pi}{4} (e^{pq} + e^{-pq}) \int_{a+\varepsilon}^c e^{-qy} f(y) \, dy + \frac{\pi}{4} e^{-2pq} \int_a^{a+\varepsilon} f(y) \, dy = \frac{\pi}{4} (e^{pq} + e^{-pq}) \int_a^c e^{-qy} f(y) \, dy +$$

$$+ \frac{\pi}{4} \int_a^{a+\varepsilon} \{ e^{-2pq} - e^{(p-y)q} - e^{-(p+y)q} \} f(y) \, dy \quad , p = a; \ldots\ldots . (267)$$

Page 175.

$$= \frac{\pi}{4} e^{-pq} \int_a^{p-\varepsilon} (e^{-qy} - e^{qy}) f(y)\,dy + \frac{\pi}{4} e^{-2pq} \int_{p-\varepsilon}^{p+\varepsilon} f(y)\,dy + \frac{\pi}{4}(e^{pq}+e^{-pq}) \int_{p+\varepsilon}^{c} e^{-qy} f(y)\,dy$$

$$= \frac{\pi}{4}(e^{pq}+e^{-pq}) \int_a^c e^{-qy} f(y)\,dy - \frac{\pi}{4} \int_a^{p-\varepsilon} \{e^{(p-y)q} + e^{(y-p)q}\} f(y)\,dy -$$

$$- \frac{\pi}{4}(e^{pq}+e^{-pq}) \int_{p-\varepsilon}^{p+\varepsilon} e^{-qy} f(y)\,dy + \frac{\pi}{4} e^{-2pq} \int_{p-\varepsilon}^{p+\varepsilon} f(y)\,dy \quad \ldots (268)\quad , a<p<c;$$

$$= \frac{\pi}{4}(e^{pq}+e^{-pq}) \int_a^c e^{-qy} f(y)\,dy - \frac{\pi}{4} \int_0^{p-a} (e^{qy}+e^{-qy}) f(p-y)\,dy +$$

$$+ \frac{\pi}{4} \int_0^{\varepsilon} e^{-qy} \{f(p-y) - f(p+y)\}\,dy + \frac{\pi}{4} e^{-2pq} \int_{-\varepsilon}^{+\varepsilon} (1-e^{-qy}) f(p+y)\,dy;$$

$$\int_0^\infty \frac{x\,Sin.\,p\,x}{q^2+x^2}\,dx \int_a^c f(y)\,Cos.\,x\,y\,dy = \frac{\pi}{4} e^{-pq} \int_a^c (e^{qy}+e^{-qy}) f(y)\,dy \quad , p>c; \quad \ldots\ldots\ldots (269)$$

$$= \frac{\pi}{4}(e^{-pq}-e^{pq}) \int_a^c e^{-qy} f(y)\,dy \quad , p<a; \quad \ldots\ldots\ldots (270)$$

$$= \frac{\pi}{4} e^{-pq} \int_a^{c-\varepsilon} (e^{qy}+e^{-qy}) f(y)\,dy + \frac{\pi}{4} e^{-2pq} \int_{c-\varepsilon}^{c} f(y)\,dy = \frac{\pi}{4} e^{-pq} \int_a^c (e^{qy}+e^{-qy}) f(y)\,dy +$$

$$+ \frac{\pi}{4} e^{-pq} \int_{c-\varepsilon}^{c} (e^{-pq} - e^{qy} - e^{-qy}) f(y)\,dy \quad , p=c; \quad \ldots\ldots\ldots (271)$$

$$= \frac{\pi}{4}(e^{-pq}-e^{pq}) \int_{a+\varepsilon}^{c} e^{-qy} f(y)\,dy + \frac{\pi}{4} e^{-2pq} \int_a^{a+\varepsilon} f(y)\,dy = \frac{\pi}{4}(e^{-pq}-e^{pq}) \int_a^c e^{-qy} f(y)\,dy +$$

$$+ \frac{\pi}{4} \int_a^{a+\varepsilon} \{e^{-2pq} + e^{(p-y)q} - e^{-(p+y)q}\} f(y)\,dy \quad , p=a; \quad \ldots\ldots\ldots (272)$$

$$= \frac{\pi}{4} e^{-pq} \int_a^{p-\varepsilon} (e^{qy}+e^{-qy}) f(y)\,dy + \frac{\pi}{4} e^{-2pq} \int_{p-\varepsilon}^{p+\varepsilon} f(y)\,dy + \frac{\pi}{4}(e^{-pq}-e^{pq}) \int_{p+\varepsilon}^{c} e^{-qy} f(y)\,dy$$

$$= \frac{\pi}{4}(e^{-pq}-e^{pq}) \int_a^c e^{-qy} f(y)\,dy + \frac{\pi}{4} \int_a^{p-\varepsilon} (e^{(y-p)q} + e^{(p-y)q}) f(y)\,dy +$$

$$+ \frac{\pi}{4}(e^{pq}-e^{-pq}) \int_{p-\varepsilon}^{p+\varepsilon} e^{-qy} f(y)\,dy + \frac{\pi}{4} e^{-2pq} \int_{p-\varepsilon}^{p+\varepsilon} f(y)\,dy \quad \ldots (273)\quad , a<p<c;$$

$$= \frac{\pi}{4}(e^{-pq}-e^{pq}) \int_a^c e^{-qy} f(y)\,dy + \frac{\pi}{4} \int_0^{p-a} (e^{qy}+e^{-qy}) f(p-y)\,dy +$$

$$+ \frac{\pi}{4} \int_0^{\varepsilon} e^{-qy} \{f(p+y) - f(p-y)\}\,dy + \frac{\pi}{4} e^{-2pq} \int_{-\varepsilon}^{\varepsilon} (1-e^{-qy}) f(p+y)\,dy.$$

Page 176.

La réduction de quelques-unes de ces formules ne donne pas lieu à des difficultés; dans les formules (266), (267), (271) et (272) on a réduit la limite $c-\varepsilon$ ou $a+\varepsilon$ de la première intégrale à la limite c ou a; de telle sorte on acquiert en outre une intégrale singulière de $c-\varepsilon$ à c ou de a à $a+\varepsilon$, qui en conséquence de l'égalité des limites peut se réunir à l'intégrale singulière, déjà présente dans la formule. Dans les formules (268) et (273) on a transformé l'intégrale de $p+\varepsilon$ à c dans une autre de a à c moins la somme de deux autres de a à $p-\varepsilon$ et de $p-\varepsilon$ à $p+\varepsilon$; alors on obtient le second résultat; dans celui-ci, l'intégrale de a à $p-\varepsilon$ est de nouveau réduite à la différence de deux autres qui ont respectivement a et p, et $p-\varepsilon$ et p comme limites; maintenant on réduit encore les limites de $p-\varepsilon$ à p et de $p-\varepsilon$ à $p+\varepsilon$ aux distances 0 à ε et $-\varepsilon$ à ε par la substitution de $p-z$ ou de $p+z$ pour y, comme il suit de la forme de chaque intégrale en particulier.

74. Passons aux deux intégrales doubles

$$\int_0^\infty \frac{Cos.px}{q^2-x^2}dx\int_a^c f(y)\,Cos.xy\,dy = \int_a^c f(y)\,dy\int_0^\infty \frac{Cos.px.\,Cos.xy}{q^2-x^2}dx,$$

$$\int_0^\infty \frac{Sin.px}{q^2-x^2}dx\int_a^c f(y)\,Sin.xy\,dy = \int_a^c f(y)\,dy\int_0^\infty \frac{Sin.px.\,Sin.xy}{q^2-x^2}dx;$$

et employons les intégrales définies de la Méth. 9, N°. 19, Partie III:

$$\int_0^\infty \frac{Cos.px.\,Cos.xy}{q^2-x^2}dx = \frac{\pi}{2q}Sin.pq.Cos.qy\ ,\ \text{pour}\ p>y;$$

$$= \frac{\pi}{2q}Cos.pq.Sin.qy\ ,\ \text{pour}\ p<y;$$

$$= \frac{\pi}{4q}Sin.2pq\ ,\ \text{pour}\ p=y;$$

$$\int_0^\infty \frac{Sin.px.\,Sin.xy}{q^2-x^2}dx = -\frac{\pi}{2q}Cos.pq.Sin.qy\ ,\ \text{pour}\ p>y;$$

$$= -\frac{\pi}{2q}Sin.pq.\,Cos.qy\ ,\ \text{pour}\ p<y;$$

$$= -\frac{\pi}{4q}Sin.2pq\ ,\ \text{pour}\ p=y.$$

Puisque ici les valeurs des intégrales définies pour p égal à y peuvent se tirer des deux autres valeurs des mêmes intégrales, valant pour un p plus grand ou plus petit que y, il y a ici exactement les mêmes observations à faire qu'au commencement du Numéro 72; nous ne les répèterons pas ici. On a donc:

$$\int_0^\infty \frac{Cos.\,px}{q^2-x^2}\,dx\int_a^c f(y)\,Cos.\,xy\,dy = \frac{\pi}{2q}Sin.\,pq.\int_a^c f(y)\,Cos.\,qy\,dy \quad , p \geqq c; \ldots\ldots (274)$$

$$= \frac{\pi}{2q}Cos.\,pq.\int_a^c f(y)\,Sin.\,qy\,dy \quad , p \leqq a; \ldots\ldots (275)$$

$$\left.\begin{aligned}
&= \frac{\pi}{2q}Sin.\,pq.\int_a^{p-\varepsilon} f(y)\,Cos.\,qy\,dy + \frac{\pi}{2q}Sin.\,2pq.\int_{p-\varepsilon}^{p+\varepsilon} f(y)\,dy + \frac{\pi}{2q}Cos.\,pq.\int_{p+\varepsilon}^{c} f(y)\,Sin.\,qy\,dy \\
&= \frac{\pi}{2q}Sin.\,pq.\int_a^c f(y)\,Cos.\,qy\,dy + \frac{\pi}{2q}\int_{p+\varepsilon}^{c} f(y)\,Sin.\,\{(y-p)q\}\,dy - \\
&\qquad - \frac{\pi}{2q}Sin.\,pq.\int_{p-\varepsilon}^{p+\varepsilon} f(y)\,Cos.\,qy\,dy + \frac{\pi}{2q}Sin.\,2pq.\int_{p-\varepsilon}^{p+\varepsilon} f(y)\,dy \\
&= \frac{\pi}{2q}Sin.\,pq.\int_a^c f(y)\,Cos.\,qy\,dy + \frac{\pi}{2q}\int_0^{c-p} f(y+p)\,Sin.\,qy\,dy + \\
&+ \frac{\pi}{2q}Sin.\,pq.\int_{-\varepsilon}^{+\varepsilon}\left[2\,Cos.\,pq - Cos.\,\{q(y+p)\}\right] f(y+p)\,dy;
\end{aligned}\right\} \ldots (276),\ a<p<c;$$

$$\int_0^\infty \frac{Sin.\,px}{q^2-x^2}\,dx\int_a^c f(y)\,Sin.\,qy\,dy = -\frac{\pi}{2q}Cos.\,pq.\int_a^c f(y)\,Sin.\,qy\,dy \quad , p \geqq c; \ldots\ldots (277)$$

$$= -\frac{\pi}{2q}Sin.\,pq.\int_a^c f(y)\,Cos.\,qy\,dy \quad , p \leqq a; \ldots\ldots (278)$$

$$\left.\begin{aligned}
&= -\frac{\pi}{2q}Cos.pq.\int_a^{p-\varepsilon} f(y)\,Sin.\,qy\,dy - \frac{\pi}{2q}Sin.\,2pq.\int_{p-\varepsilon}^{p+\varepsilon} f(y)\,dy - \frac{\pi}{2q}Sin.pq.\int_{p+\varepsilon}^{c} f(y)\,Cos.\,qy\,dy \\
&= -\frac{\pi}{2q}Cos.\,pq.\int_a^c f(y)\,Sin.\,qy\,dy + \frac{\pi}{2q}\int_{p+\varepsilon}^{c} f(y)\,Sin.\,\{(y-p)q\}\,dy + \\
&\qquad + \frac{\pi}{2q}Cos.\,pq.\int_{p-\varepsilon}^{p+\varepsilon} f(y)\,Sin.\,qy\,dy - \frac{\pi}{2q}Sin.\,2pq.\int_{p-\varepsilon}^{p+\varepsilon} f(y)\,dy \\
&= -\frac{\pi}{2q}Cos.\,pq.\int_a^c f(y)\,Sin.\,qy\,dy + \frac{\pi}{2q}\int_0^{c-p} f(y+p)\,Sin.\,qy\,dy \\
&- \frac{\pi}{2q}Cos.\,pq.\int_{-\varepsilon}^{+\varepsilon}\left[2\,Sin.\,pq - Sin.\,\{q(y+p)\}\right] f(y+p)\,dy.
\end{aligned}\right\} \ldots (279),\ a<p<c;$$

75. Encore a-t-on les intégrales doubles

$$\int_0^\infty \frac{x\,Cos.px}{q^2-x^2}dx\int_a^c f(y)\,Sin.\,xy\,dy = \int_a^c f(y)\,dy\int_0^\infty \frac{x\,Cos.px.\,Sin.\,xy}{q^2-x^2}dx,$$

$$\int_0^\infty \frac{x\,Sin\;px}{q^2-x^2}dx\int_a^c f(y)\,Cos.\,xy\,dy = \int_a^c f(y)\,dy\int_0^\infty \frac{x\,Sin.px.\,Cos.\,xy}{q^2-x^2}dx;$$

auprès desquelles il faut faire usage des intégrales définies de Méth. 9, N°. 19, Partie III:

$$\int_0^\infty \frac{x\,Cos.px.\,Sin.\,xy}{q^2-x^2}dx = \frac{\pi}{2}Sin.pq.\,Sin.\,qy \quad, \text{ pour } p > y;$$

$$= -\frac{\pi}{2}Cos.pq.\,Cos.\,qy \quad, \text{ pour } p < y;$$

$$= -\frac{\pi}{4}Cos.\,2\,pq \quad, \text{ pour } p = y;$$

$$\int_0^\infty \frac{x\,Sin.px.\,Cos.\,xy}{q^2-x^2}dx = -\frac{\pi}{2}Cos.pq.\,Cos.\,qy \quad, \text{ pour } p > y;$$

$$= \frac{\pi}{2}Sin.pq.\,Sin.\,qy \quad, \text{ pour } p < y;$$

$$= -\frac{\pi}{4}Cos.\,2\,pq \quad, \text{ pour } p = y.$$

Les circonstances sont ici les mêmes qu'aux deux Numéros précédents. Donc les mêmes considérations conduiront aux résultats suivants:

$$\int_0^\infty \frac{x\,Cos.px}{q^2-x^2}dx\int_a^c f(y)\,Sin.\,xy\,dy = \frac{\pi}{2}Sin.p\,q.\int_a^c f(y)\,Sin.\,qy\,dy \quad, p > c; \quad \ldots\ldots\ldots \quad (280)$$

$$= -\frac{\pi}{2}Cos.\,pq.\int_a^c f(y)\,Cos.\,qy\,dy \quad, p < a; \quad \ldots\ldots\ldots \quad (281)$$

$$= \frac{\pi}{2}Sin.pq.\int_a^{c-\varepsilon} f(y)\,Sin.\,qy\,dy - \frac{\pi}{4}Cos.\,2\,pq.\int_{c-\varepsilon}^c f(y)\,dy = \frac{\pi}{2}Sin.pq.\int_a^c f(y)\,Sin.\,qy\,dy -$$

$$-\frac{\pi}{4}\int_{c-\varepsilon}^c (2\,Sin.\,pq.\,Sin.\,qy + Cos.\,2\,pq)\,f(y)\,dy \quad, p = c; \quad \ldots\ldots\ldots \quad (282)$$

$$= -\frac{\pi}{2} Cos. pq. \int_{a+\varepsilon}^{c} f(y)\, Cos. qy\, dy - \frac{\pi}{4} Cos. 2pq. \int_{a}^{a+\varepsilon} f(y)\, dy = -\frac{\pi}{2} Cos. pq. \int_{a}^{c} f(y)\, Cos. qy\, dy +$$

$$+ \frac{\pi}{4} \int_{a}^{a+\varepsilon} (2\, Cos. pq. Cos. qy - Cos. 2pq) f(y)\, dy \quad , p = a; \ldots \ldots \ldots (283)$$

$$\left.\begin{aligned} &= \frac{\pi}{2} Sin. pq. \int_{a}^{p-\varepsilon} f(y)\, Sin. qy\, dy - \frac{\pi}{4} Cos. 2pq. \int_{p-\varepsilon}^{p+\varepsilon} f(y)\, dy - \frac{\pi}{2} Cos\, pq. \int_{p+\varepsilon}^{c} f(y)\, Cos. qy\, dy \\ &= \frac{\pi}{2} Sin. pq. \int_{a}^{c} f(y)\, Sin. qy\, dy - \frac{\pi}{2} \int_{p+\varepsilon}^{c} f(y)\, Cos. \{q(y-p)\}\, dy - \\ &\qquad - \frac{\pi}{2} Sin. pq. \int_{p-\varepsilon}^{p+\varepsilon} f(y)\, Sin. qy\, dy - \frac{\pi}{4} Cos. 2pq. \int_{p-\varepsilon}^{p+\varepsilon} f(y)\, dy \\ &= \frac{\pi}{2} Sin. pq. \int_{a}^{c} f(y)\, Sin. qy\, dy - \frac{\pi}{2} \int_{0}^{c-p} f(y+p)\, Cos. qy\, dy - \\ &\quad - \frac{\pi}{4} \int_{-\varepsilon}^{\varepsilon} \left[Cos. 2pq + 2\, Sin. pq. Sin. \{q(y+p)\}\right] f(y+p)\, dy\, ; \end{aligned}\right\} \ldots (284) \;, a < p < c;$$

$$\int_{0}^{\infty} \frac{x\, Sin. px}{q^2 - x^2}\, dx \int_{a}^{c} f(y)\, Cos. xy\, dy = -\frac{\pi}{2} Cos. pq. \int_{a}^{c} f(y)\, Cos. qy\, dy \quad , p > c; \ldots \ldots \ldots (285)$$

$$= \frac{\pi}{2} Sin. pq. \int_{a}^{c} f(y)\, Sin. qy\, dy \quad , p < a; \ldots \ldots \ldots (286)$$

$$= -\frac{\pi}{2} Cos. pq. \int_{a}^{c-\varepsilon} f(y)\, Cos. qy\, dy - \frac{\pi}{4} Cos. 2pq. \int_{c-\varepsilon}^{c} f(y)\, dy = -\frac{\pi}{2} Cos. pq. \int_{a}^{c} f(y)\, Cos. qy\, dy +$$

$$+ \frac{\pi}{4} \int_{c-\varepsilon}^{c} (2\, Cos. pq. Cos. qy - Cos. 2pq) f(y)\, dy \quad , p = c; \ldots \ldots \ldots (287)$$

$$= \frac{\pi}{2} Sin. pq. \int_{a+\varepsilon}^{c} f(y)\, Sin. qy\, dy - \frac{\pi}{4} Cos. 2pq. \int_{a}^{a+\varepsilon} f(y)\, dy = \frac{\pi}{2} Sin. pq. \int_{a}^{c} f(y)\, Sin. qy\, dy -$$

$$- \frac{\pi}{4} \int_{a}^{a+\varepsilon} (2\, Sin. pq. Sin. qy + Cos. 2pq) f(y)\, dy \quad , p = a; \ldots \ldots \ldots (288)$$

Page 180.

$$
\left.\begin{aligned}
&= -\frac{\pi}{2}\,Cos.pq.\int_{a}^{p-\varepsilon} f(y)\,Cos.qy\,dy - \frac{\pi}{4}\,Cos.2pq.\int_{p-\varepsilon}^{p+\varepsilon} f(y)\,dy + \frac{\pi}{2}\,Sin.pq.\int_{p+\varepsilon}^{c} f(y)\,Sin.qy\,dy \\
&= -\frac{\pi}{2}\,Cos.pq.\int_{a}^{c} f(y)\,Cos.qy\,dy + \frac{\pi}{2}\int_{p+\varepsilon}^{c} f(y)\,Cos.\,\{q(y-p)\}\,dy + \\
&\qquad + \frac{\pi}{2}\,Cos.pq.\int_{p-\varepsilon}^{p+\varepsilon} f(y)\,Cos.qy\,dy - \frac{\pi}{4}\,Cos.2pq.\int_{p+\varepsilon}^{p+\varepsilon} f(y)\,dy \\
&= -\frac{\pi}{2}\,Cos.pq.\int_{a}^{c} f(y)\,Cos.qy\,dy + \frac{\pi}{2}\int_{0}^{c-p} f(y+p)\,Cos.qy\,dy - \\
&\quad - \frac{\pi}{4}\int_{-\varepsilon}^{\varepsilon}\Big[Cos.2pq - 2\,Cos.pq.Cos.\,\{q(y+p)\}\Big]\,f(y+p)\,dy.
\end{aligned}\right\}\;\ldots (289)\;,\; a<p<c;
$$

Dans ces quatre derniers Numéros on a supposé que $f(y)$ soit continue entre les limites a et c de y.

PARTIE TROISIÈME.

ÉVALUATION DES INTÉGRALES DÉFINIES.

CONSIDÉRATIONS PRÉLIMINAIRES.

1. Lorsqu'on veut évaluer une intégrale définie quelconque, c'est-à-dire en trouver la valeur, soit sous une forme finie, soit sous celle d'une série, il faut s'adresser nécessairement à la Partie Première, où se trouvent exposés les principes de la théorie de ces fonctions. En effet on en a déduit plusieurs méthodes toutes plus ou moins indirectes, et entre lesquelles, éparses par-ci et par-là, il n'existait aucune sorte de lien ni de conséquence logique: quelquefois même elles semblaient être en contradiction. On a déjà eu différents exemples de ces méthodes dans la Partie Deuxième, mais dans cette Partie-ci on va les réunir et tâcher d'en faire en quelque sorte un corps entier. Il s'ensuit déjà que le but et la méthode de la Deuxième et de la Troisième Partie diffèrent essentiellement: là, le but principal consistait dans les résultats, d'après lesquels se réglait la division, et l'on n'avait pas besoin de faire attention à la méthode, qui y avait conduit: ici au contraire ce sont les méthodes elles-mêmes, que nous avons à considérer, de telle sorte qu'elles doivent régir la division, et que l'on n'aura pas besoin de savoir quelle espèce de résultat elles produiront: or, il arrive souvent, que la même méthode donne lieu tantôt à une expression finie, tantôt à une série, suivant les circonstances particulières de chaque application spéciale.

Pour obtenir quelque ordre dans ces méthodes si différentes, et pour en donner un aperçu bien ordonné, il fallait absolument les ranger sous des titres distincts. Il m'a semblé qu'on pourrait convenablement admettre les Sections suivantes: on y a rassemblé les méthodes,

Section 1, qui sont directes.
 " 2, qui ramènent à des intégrales définies.
 " 3, qui réduisent à des intégrales définies doubles.
 " 4, qui mènent à des séries.
 " 5, qui donnent lieu à des équations différentielles.
 " 6, qui font déduire de nouveaux résultats d'intégrales définies connues.
 " 7, qui n'appartiennent pas proprement aux précédentes.

Il ne reste encore que les méthodes, qui font évaluer une intégrale définie par approximation: mais comme ces résultats ne sont pas des évaluations proprement dites, en ce qu'ils ne sont jamais exacts, j'ai cru devoir les supprimer ici, d'autant plus que ces méthodes appartiennent plutôt au calcul des intégrales indéfinies.

Mais ces méthodes ne donnent pas toujours des résultats finis: car par exemple dans la Section

Deuxième l'intégrale définie, dont on se proposait de chercher la valeur, est réduite à une autre fonction de ce genre: lorsque la valeur de celle-ci est connue d'une manière quelconque, on a atteint le but proposé; mais lorsque cette valeur n'est pas connue, on a obtenu une relation entre deux intégrales, et ces relations souvent ne manquent pas d'utilité. Encore se peut-il que l'intégrale, à laquelle on est conduit par la réduction, soit de tant d'importance, qu'elle constitue une transcendante particulière; et alors il y a aussi évaluation, pourvu qu'elle soit une de ces transcendantes, dont les valeurs sont déposées dans des tables calculées: mais il n'y a encore que peu de ces fonctions, qui se réjouissent d'une étude particulière et profonde. Ce qui a été observé ici à l'égard des intégrales définies, auxquelles on est ramené, vaut de même des intégrales doubles et des séries, qui se trouveront d'après les méthodes des autres Sections.

2. Mais avant de passer à l'étude de ces différentes méthodes il faut que nous fassions précéder deux remarques.

La première concerne les valeurs multiples de certaines fonctions; et c'est ici surtout qu'il faut diriger l'attention sur ces fonctions, puisque en général elles ne se trouvent que dans la valeur d'une intégrale définie, et qu'alors il faudra décider de la valeur qu'il faut attribuer à ces fonctions, comme il sera plus amplement exposé dans la Méthode Première. Contentons-nous ici de donner les résultats des recherches relatives. On pourra consulter à se sujet: CAUCHY, Cours d'Analyse Algébrique. Paris. Debure, 1821. Préliminaires. Chap. 1, 9. — Le même, Exercices de Mathématiques. T. 1. Année 1826, p. 1. — Le même, Leçons sur le Calcul Différentiel. — Le même Exercices d'Analyse. T. 1, 3 et 4. — Le même, Journal de Liouville, T. 11, p. 313. — BJÖRLING, Act. Stockh. 1845, 1847, 1852. — Le même, Grunert's Archiv, Bd. 9, S. 383. — Le même, Grunert's Archiv, Bd. 11, S. 39. — Le même, Grunerts Archiv, Bd. 21. S. 1. — LAMARLE, Journal de Liouville, T. 11, p. 129.

Soit r un nombre entier quelconque, positif ou négatif, zéro non excepté; q une quantité finie réelle, positive ou négative; écrivons la valeur générale multiple pour un r quelconque entre de doubles crochets, d'après la notation de CAUCHY, la valeur ordinaire entre des crochets simples, où donc r sera zéro, alors on a:

$$((x))^q = x^q \left[Cos.\, 2\, r\, q\, \pi + i\, Sin.\, 2\, r\, q\, \pi\right], \ldots \quad (1)$$

$$((-x))^q = x^q \left[Cos.\, \{(2\, r + 1)\, q\, \pi\} + i\, Sin.\, \{(2\, r + 1)\, q\, \pi\}\right], \ldots \quad (2)$$

$$((1))^q = Cos.\, 2\, r\, q\, \pi + i\, Sin.\, 2\, r\, q\, \pi = e^{2rq\pi i}, \ldots \quad (3)$$

$$((-1))^q = Cos.\, \{(2\, r + 1)\, q\, \pi\} + i\, Sin.\, \{(2\, r + 1)\, q\, \pi\} = e^{(2r+1)q\pi i}, \ldots \quad (4)$$

$$l((x)) = lx + 2\, r\, \pi\, i, \ldots \quad (5)$$

$$l((-x)) = lx + (2\, r + 1)\, \pi\, i, \ldots \quad (6)$$

$$l((1)) = 2\, r\, \pi\, i, \ldots \quad (7)$$

$$l((-1)) = (2\, r + 1)\, \pi\, i, \ldots \quad (8)$$

$$Arcsin.\, ((x)) = r\, \pi + (-1)^r Arcsin.\, x, \quad -1 < x < 1; \ldots \quad (9)$$

$$= (2\, r + \tfrac{1}{2})\, \pi + il\, \{x + \sqrt{(x^2 - 1)}\}, \quad 1 < x < \infty; \ldots \quad (10)$$

Page 184.

$$= (2r - \tfrac{1}{2})\pi + il\,\{-x + \sqrt{(x^2-1)}\}\ ,\ -\infty < x < -1; \ldots \quad (11)$$

$$Arccos.((x)) = 2r\pi \pm Arccos.x\ ,\ -1 < x < 1; \ldots \quad (12)$$

$$= 2r\pi + il\,\{x + \sqrt{(x^2-1)}\}\ ,\ 1 < x < \infty; \ldots \quad (13)$$

$$= (2r+1)\pi + il\,\{-x + \sqrt{(x^2-1)}\},\ -\infty < x < -1; \ldots \quad (14)$$

$$Arctang.((x)) = r\pi + Arctang.x, \ldots \quad (15)$$

$$Arccot.((x)) = r\pi + Arccot.x \ldots \quad (16)$$

3. En second lieu observons que ces résultats sont intimement liés aux valeurs que ces mêmes fonctions reçoivent pour des arguments imaginaires, et même que l'étude de ce dernier cas conduit aux résultats déjà notés. Mais dans les transformations il arrive fréquemment que nous aurons besoin des valeurs mêmes pour des arguments imaginaires, et à cet effet nous les ferons suivre ici. Les observations et les notations du N°. précédent valent ici, et l'on pourrait citer aussi les mêmes auteurs. L'équation fondamentale est:

$$x+yi = \varrho(Cos.\varphi + iSin.\varphi) = \varrho e^{\varphi i}, \varrho = +\sqrt{(x^2+y^2)}, Tg.\varphi = \frac{y}{x}, Cos.\varphi = \frac{x}{\varrho}, Sin.\varphi = \frac{y}{\varrho}, -\pi \leqq \varphi < \pi; . \quad (17)$$

par suite:
$$(x+yi)^q = \varrho^q(Cos.q\varphi + iSin.q\varphi)\ , \ldots \quad (18)$$

d'où:
$$\frac{(x-yi)^{-q} + (x+yi)^{-q}}{2} = \frac{Cos.q\varphi}{\varrho^q} = \frac{Cos.q\varphi.Cos.^q\varphi}{x^q}, \ldots \quad (19)$$

$$\frac{(x-yi)^{-q} - (x+yi)^q}{2i} = \frac{Sin.q\varphi}{\varrho^q} = \frac{Sin.q\varphi.Cos.^q\varphi}{x^q}, \ldots \quad (20)$$

$$((x+yi))^q = \varrho^q(Cos.q\varphi + iSin.q\varphi)((1))^q = \varrho^q\left[Cos\{q(2r\pi+\varphi)\} + iSin.\{q(2r\pi+\varphi)\}\right], . \quad (21)$$

$$((-x+yi))^q = \varrho^q(Cos.q\varphi + iSin.q\varphi)((-1))^q = \varrho^q\left[Cos.\{q(2r\pi+\varphi)\} - iSin.\{q(2r\pi+\varphi)\}\right], . \quad (22)$$

$$((yi))^q = y^q e^{\frac{1}{2}q\pi i}, \ldots \quad (23)$$

$$e^{x+yi} = e^x(Cos.y + iSin.y), \ldots \quad (24)$$

$$e^{yi} = Cos.y + iSin.y, \ldots \quad (25)$$

$$e^{2r\pi i} = 1, \ldots \quad (26)$$

$$e^{(2r+1)\pi i} = -1, \ldots \quad (27)$$

$$l(x+yi) = l\varrho + \varphi i, \ldots \quad (28)$$

$$l(yi) = \tfrac{1}{2}\pi i + ly, \ldots \quad (29)$$

$$l((x+yi)) = 2r\pi i + l\varrho + \varphi i, \ldots \quad (30)$$

$$l((-x+yi)) = (2r+1)\pi i + l\varrho + \varphi i, \ldots \quad (31)$$

$$l((yi)) = (2r+\tfrac{1}{2})\pi i + ly, \ldots \quad (32)$$

$$Sin.(x+yi) = \tfrac{1}{2}(e^y + e^{-y})Sin.x + \tfrac{1}{2}i(e^y - e^{-y})Cos.x, \ldots \quad (33)$$

$$Sin.(yi) = \tfrac{1}{2}i(e^y - e^{-y}), \ldots \quad (34)$$

$$Cos.(x+yi)=\frac{1}{2}(e^{y}+e^{-y})\,Cos.\,x-\frac{1}{2}i\,(e^{y}-e^{-y})\,Sin.\,x, \qquad (35)$$

$$Cos.(yi)=\frac{1}{2}(e^{y}+e^{-y}), \qquad (36)$$

$$Tang.(x+yi)=\frac{2\,Sin.\,2\,x}{e^{2y}+e^{-2y}+2\,Cos.\,2\,x}+i\frac{e^{2y}-e^{-2y}}{e^{2y}+e^{-2y}+2\,Cos.\,2\,x}, \qquad (37)$$

$$Tang.(yi)=i\frac{e^{2y}-1}{e^{2y}+1}, \qquad (39)$$

$$Cot.(x+yi)=\frac{2\,Sin.\,2\,x}{e^{2y}+e^{-2y}-2\,Cos.\,2\,x}-i\frac{e^{2y}-e^{-2y}}{e^{2y}+e^{-2y}-2\,Cos.\,2\,x}, \qquad (39)$$

$$Cot.(yi)=i\frac{1+e^{2y}}{1-e^{2y}}. \qquad (40)$$

Pour les formules suivantes admettons les quantités auxiliaires :

$$\alpha=\sqrt{\frac{1}{2}\left[x^2+y^2+1+\sqrt{\{(x^2+y^2+1)^2-4x^2\}}\right]},\ \beta=\sqrt{\frac{1}{2}\left[x^2+y^2-1+\sqrt{\{(x^2+y^2-1)^2+4y^2\}}\right]},$$

$$\gamma=\frac{1}{2x}\left[x^2+y^2-1+\sqrt{\{(x^2+y^2-1)^2+4x^2\}}\right]; \qquad (a)$$

alors on a :

$$Arcsin.(x+yi)=Arcsin.\frac{x}{\alpha}+il\left(\alpha+\frac{y\beta}{\sqrt{y^2}}\right), \qquad (41)$$

$$Arcsin.(yi)=il\,\{y+\sqrt{(y^2+1)}\}, \qquad (42)$$

$$Arcsin.((x+yi))=r\pi+(-1)^r\left\{Arcsin.\frac{x}{\alpha}+il\left(\alpha+\frac{y\beta}{\sqrt{y^2}}\right)\right\}, \qquad (43)$$

$$Arcsin.((yi))=r\pi+(-1)^r il\,\{y+\sqrt{(y^2+1)}\}, \qquad (44)$$

$$Arccos.(x+yi)=Arccos.\frac{x}{\alpha}-il\left(\alpha+\frac{y\beta}{\sqrt{y^2}}\right), \qquad (45)$$

$$Arccos.(yi)=\frac{1}{2}\pi-il\{y+\sqrt{(y^2+1)}\}, \qquad (46)$$

$$Arccos.((x+yi))=2r\pi\pm\left\{Arccos.\frac{x}{\alpha}-il\left(\alpha+\frac{y\beta}{\sqrt{y^2}}\right)\right\}, \qquad (47)$$

$$Arccos.((yi))=\left(2r\pm\frac{1}{2}\right)\pi\mp il\,\{y+\sqrt{(y^2+1)}\}, \qquad (48)$$

$$Arctg.(x+yi)=Arctg.\,\gamma+\frac{1}{4}il\frac{x^2+(1+y)^2}{x^2+(1-y)^2}, \qquad (49)$$

$$Arctg.(yi) = \frac{1}{2} i l \frac{1+y}{1-y}, (-1 < y < 1), = \frac{1}{2}\pi + \frac{1}{2} i l \frac{y+1}{y-1}, (1 < y^2 < \infty), \quad (50)$$

$$Arctg.((x+yi)) = r\pi + Arctg.\gamma + \frac{1}{4} i l \frac{x^2+(1+y)^2}{x^2+(1-y)^2}, \quad (51)$$

$$Arctg.((yi)) = r\pi + \frac{1}{2} i l \frac{1+y}{1-y}, (-1<y<1), = \left(2r+\frac{1}{2}\right)\pi + \frac{1}{2} i l \frac{y+1}{y-1}, (1<y^2<\infty), \quad (52)$$

$$Arccot.(x+yi) = Arccot.\gamma + \frac{1}{4} i l \frac{x^2+(1-y)^2}{x^2+(1+y)^2}, \quad (53)$$

$$Arccot.(yi) = \frac{1}{2}\pi + \frac{1}{2} i l \frac{1-y}{1+y}, (-1<y<1), = \frac{1}{2} i l \frac{y-1}{y+1}, (1<y^2<\infty), \quad (54)$$

$$Arccot.((x+yi)) = r\pi + Arccot.\gamma + \frac{1}{4} i l \frac{x^2+(1-y)^2}{x^2+(1+y)^2}, \quad (55)$$

$$Arccot.((yi)) = \left(2r+\frac{1}{2}\right)\pi + \frac{1}{2} i l \frac{1-y}{1+y}, (-1<y<1), = r\pi + \frac{1}{2} i l \frac{y-1}{y+1}, (1<y^2<\infty). \quad (56)$$

Dans ces formules la notation $\frac{y\beta}{\sqrt{y^2}}$ exprime que le signe de β doit être le même que celui de y. Les relations trouvées entre les fonctions logarithmiques et les fonctions cyclométriques imaginaires, peuvent encore être écrites comme suit:

$$Arcsin.x = \frac{1}{i} l \{-xi + \sqrt{(1-x^2)}\}, \quad (57)$$

$$Arccos.x = \frac{\pi}{2} - \frac{1}{i} l \{-xi + \sqrt{(1-x^2)}\}, \quad (58)$$

$$Arctg.x = \frac{1}{2} i l \frac{1+xi}{1-xi}, (-1<x<1), = \frac{1}{2}\pi + \frac{1}{2} i l \frac{xi+1}{xi-1}, (1<x^2<\infty), \quad (59)$$

$$Arccot.x = \frac{1}{2} i l \frac{x+i}{x-i}, (-1<x<1), = \frac{1}{2}\pi + \frac{1}{2} i l \frac{x+i}{x-i}, (1<x^2<\infty), \quad (60)$$

où toutes les expressions ne sont imaginaires qu'en apparence.

4. Comme dans les transformations le développement en série joue un rôle principal, on trouve ici les développements les plus simples, qui ont été déduits à la page (indiquée entre les crochets [ ]) de SCHLÖMILCH, Handbuch der algebraischen Analysis. 2te Auflage. Jena. FROMMANN. 1851. VIII. 2. 344 S. 8°. 1 Taf. Les limites entre lesquelles les formules ont lieu y sont toujours indiquées. Dans la suite on renverra à cette table sous les numéros des formules entre les crochets ( ), qui les devancent respectivement, et avec l'addition de (C. P.).

$$(61) \quad (1+p)^a = \sum_0^{\infty} \binom{a}{n} p^n = \sum_0^{\infty} \frac{a^{n/-1}}{1^{n/1}} p^n, \; p^2 < 1; \; [150, 151]$$

Page 187.

$$(62)\quad (1+p)^{-a} = \sum_0^\infty \frac{a^{n/1}}{1^{n/1}}(-p)^n \;,\; p^2 < 1\;;\quad [150,\ 151]$$

d'où:

$$(63)\quad \frac{(1-p)^{-a}+(1+p)^{-a}}{2} = \sum_0^\infty \frac{a^{2n/1}}{1^{2n/1}} p^{2n} \;,\; p^2 < 1\;;$$

$$(64)\quad \frac{(1-p)^{-a}-(1+p)^{-a}}{2p} = \sum_0^\infty \frac{a^{2n+1/1}}{1^{2n+1/1}} p^{2n};\; p^2 < 1\;;$$

$$(65)\quad e^p = \sum_0^\infty \frac{1}{1^{n/1}} p^n \;,\; p^2 < \infty;\quad [160]$$

$$(66)\quad l(1+p) = -\sum_0^\infty \frac{1}{n}(-p)^n \;,\; p^2 < 1\;;\quad [166]$$

$$(67)\quad Cos.p = \sum_0^\infty \frac{(-1)^n}{1^{2n/1}} p^{2n},\quad [174]$$

$$(68)\quad Sin.p = \sum_0^\infty \frac{(-1)^n}{1^{2n+1/1}} p^{2n+1},\quad [174]$$

$$(69)\quad Cot.p = \frac{1}{p} - 2p\sum_1^\infty \frac{1}{(n\pi)^2-p^2} = \frac{1}{p} - \sum_1^\infty \frac{p^{2n-1}}{1^{2n/1}} 2^{2n} B_{2n-1},\quad (70)$$

$$(71)\quad Cosec.p = \frac{1}{p} - 2p\sum_1^\infty \frac{(-1)^n}{(n\pi)^2-p^2} = \frac{1}{p} + 2\sum_1^\infty \frac{2^{2n-1}-1}{1^{2n/1}} p^{2n-1} B_{2n-1},\quad (72)$$

$$(73)\quad Tang.\frac{1}{2}p = 4p\sum_1^\infty \frac{1}{(2n+1)\pi^2-p^2} = 2\sum_1^\infty \frac{2^{2n}-1}{1^{2n/1}} p^{2n-1} B_{2n-1},\quad (74)$$

$$(75)\quad Sec.\frac{1}{2}p = 4\pi\sum_1^\infty \frac{(-1)^{n-1}(2n-1)}{(2n+1)^2\pi^2-p^2} = \sum_1^\infty \frac{p^{2n}}{1^{2n/1}} 2^{-2n} B_{2n},\quad (76)$$

[281—288]

$$(77)\quad Arcsin.p = \sum_0^\infty \frac{1^{n/2}}{2^{n/2}} \frac{p^{2n+1}}{2n+1},$$

$$(78)\quad Arctg.p = \sum_0^\infty \frac{(-1)^n}{2n+1} p^{2n+1},$$

$, p^2 \leqq 1;$ [182, 184]

$$(79)\quad (1+p^2)^{\frac{1}{2}a}\, Cos.(a\, Arctg.p) = \sum_0^\infty (-1)^n \binom{a}{2n} p^{2n},$$

$$(80)\quad (1+p^2)^{\frac{1}{2}a}\, Sin.(a\, Arctg.p) = \sum_0^\infty (-1)^n \binom{a}{2n+1} p^{2n+1},$$

$, p^2 < 1;$ [35]

$$(81)\quad (Arcsin.p)^2 = \sum_1^\infty \frac{2^{n/2}}{3^{n/2}} \frac{p^{2n}}{n} \;,\; p^2 \leqq 1\;;\quad [255]$$

$$(82)\quad l\frac{p}{Sin.p} = \sum_1^\infty \frac{2^{2n-1}p^{2n}}{1^{2n/1}} B_{2n-1} \;,\; p < \pi\;;\quad [274]$$

Page 188.

(83) $Cos.\,a p = \sum_0^\infty \frac{a^{n|2}.\, a^{n|-2}}{1^{2n|1}} (- Sin.^2 p)^n$, ($a$ pair),

(84) $= Cos.\,p \sum_0^\infty \frac{(a+1)^{n|2}(a-1)^{n|-2}}{1^{2n|1}} (- Sin.^2 p)^n$, ($a$ impair),

(85) $Sin.\,a p = a \sum_0^\infty \frac{(a+1)^{n|2}(a-1)^{n|-2}}{1^{2n+1|1}} (-1)^n (Sin.\,p)^{2n+1}$, ($a$ impair),

(86) $= \frac{Cos.\,p}{a} \sum_0^\infty \frac{a^{n+1|2}\, a^{n+1|-2}}{1^{2n+1|1}} (-1)^n (Sin.\,p)^{2n+1}$, ($a$ pair),

[244—247] Ces formules valent toujours lorsque $p^2 < \left(\frac{\pi}{4}\right)^2$.

(87) $Cos.\,a p = Cos.^a p \sum_0^\infty \binom{a}{2n} (- Tang.^2 p)^n$,

(88) $Sin.\,a p = Sin.^a p \sum_0^\infty \binom{a}{2n+1} (-1)^n (Tang.\,p)^{2n+1}$,

$p^2 < \left(\frac{\pi}{4}\right)^2$; [243]

(89) $2^{2a-1} Cos.^{2a} p = \sum_0^a \binom{2a}{n} Cos.\,\{(2a-2n)p\} - \frac{1}{2}\binom{2a}{a}$,

(90) $2^{2a} Cos.^{2a+1} p = \sum_0^a \binom{2a+1}{n} Cos.\,\{(2a+1-2n)p\}$,

(91) $2^{2a-1} Sin.^{2a} p = \sum_0^a (-1)^{n+a} \binom{2a}{n} Cos.\,\{(2a-2n)p\} - \frac{1}{2}\binom{2a}{a}$,

(92) $2^{2a} Sin.^{2a+1} p = \sum_0^a (-1)^{n+a} \binom{2a+1}{n} Sin.\,\{(2a+1-2n)p\}$,

[218]

(93) $\left(2\, Cos.\,\frac{1}{2}p\right)^a Cos.\,\frac{1}{2} a p = \sum_0^a \binom{a}{n} Cos.\,n p$, [235]

(94) $\left(2\, Cos.\,\frac{1}{2}p\right)^a Sin.\,\frac{1}{2} a p = \sum_0^a \binom{a}{n} Sin.\,n p$, [235]

(95) $\frac{1 - p\, Cos.\,q - p^a Cos.\,a q + p^{a+1} Cos.\,\{(a-1)q\}}{1 - 2p\, Cos.\,q + p^2} = \sum_0^{a-1} p^n Cos.\,n q$,

(96) $\frac{p\, Sin.\,q - p^a Sin.\,a q + p^{a+1} Sin.\,\{(a-1)q\}}{1 - 2p\, Cos.\,q + p^2} = \sum_0^{a-1} p^n Sin.\,n q$,

(97) $\frac{1 - p\, Cos.\,q}{1 - 2p\, Cos.\,q + p^2} = \sum_0^\infty p^n Cos.\,n q\ ,\ p^2 < 1$;

(98) $\frac{p\, Sin.\,q}{1 - 2p\, Cos.\,q + p^2} = \sum_0^\infty p^n Sin.\,n q\ ,\ p^2 < 1$;

[232]

d'où: (99) $\frac{Cos.\,a q - p\, Cos.\,\{(a-1)q\}}{1 - 2p\, Cos.\,q + p^2} = \sum_a^\infty p^{n-a} Cos.\,n q\ ,\ p^2 < 1$;

Page 189.

$$\left.\begin{array}{ll}
(100) & \dfrac{Sin.\,a\,q - p\,Sin.\,\{(a-1)\,q\}}{1-2\,p\,Cos.\,q+p^2} = \sum_a^\infty p^{n-a}\,Sin.\,n\,q, \\[2ex]
(101) & \dfrac{1}{1-2\,p\,Cos.\,q+p^2} = \dfrac{1}{1-p^2}\left[-1+2\sum_0^\infty p^n\,Cos.\,n\,q\right], \\[2ex]
(102) & \dfrac{Cos.\,q}{1-2\,p\,Cos.\,q+p^2} = \dfrac{1}{p\,(1-p^2)}\left[-1+(1+p^2)\sum_0^\infty p^n\,Cos.\,n\,q\right];
\end{array}\right\}, \; p^2<1;$$

$$(103) \quad e^{p\,Cos.\,q}\,Cos.\,(p\,Sin.\,q) = \sum_0^\infty \frac{p^n}{1^{n/1}}\,Cos.\,n\,q, \; [137]$$

$$(104) \quad e^{p\,Cos.\,q}\,Sin.\,(p\,Sin.\,q) = \sum_0^\infty \frac{p^n}{1^{n/1}}\,Sin.\,n\,q, \; [137]$$

d'où:

$$(105) \quad \frac{e^{p\,Sin.\,q}+e^{-p\,Sin.\,q}}{2}\,Cos.\,(p\,Cos.\,q) = \sum_0^\infty (-1)^n \frac{p^{2n}}{1^{2n/1}}\,Cos.\,2\,n\,q,$$

$$(106) \quad \frac{e^{p\,Sin.\,q}-e^{-p\,Sin.\,q}}{2}\,Cos.\,(p\,Cos.\,q) = \sum_0^\infty (-1)^n \frac{p^{2n+1}}{1^{2n+1/1}}\,Sin.\,\{(2\,n+1)\,q\},$$

$$(107) \quad \frac{e^{p\,Sin.\,q}+e^{-p\,Sin.\,q}}{2}\,Sin.\,(p\,Cos.\,q) = \sum_0^\infty (-1)^n \frac{p^{2n+1}}{1^{2n+1/1}}\,Cos.\,\{(2\,n+1)\,q\},$$

$$(108) \quad \frac{e^{p\,Sin.\,q}-e^{-p\,Sin.\,q}}{2}\,Sin.\,(p\,Cos.\,q) = \sum_0^\infty (-1)^{n-1} \frac{p^{2n}}{1^{2n/1}}\,Sin.\,2\,n\,q;$$

$$(109) \quad \frac{1}{2}\,l\,(1+2\,p\,Cos.\,q+p^2) = -\sum_1^\infty \frac{(-p)^n}{n}\,Cos.\,n\,q \;, \; p^2 \leqq 1; \; [239]$$

d'où:

$$\left.\begin{array}{ll}
(110) & \dfrac{1}{4}\,l\,\dfrac{1+2\,p\,Cos.\,q+p^2}{1-2\,p\,Cos.\,q+p^2} = \sum_0^\infty \dfrac{p^{2n+1}}{2\,n+1}\,Cos.\,\{(2\,n+1)\,q\}, \\[2ex]
(111) & \dfrac{1}{4}\,l\,\dfrac{1+2\,p\,Sin.\,q+p^2}{1-2\,p\,Sin.\,q+p^2} = \sum_0^\infty (-1)^n \dfrac{p^{2n+1}}{2\,n+1}\,Sin.\,\{(2n+1)\,q\};
\end{array}\right\}, \; p^2 \leqq 1;$$

$$(112) \quad Arctang.\,\frac{p\,Sin.\,q}{1+p\,Cos.\,q} = -\sum_1^\infty \frac{(-p)^n}{n}\,Sin.\,n\,q \;, \; p^2 \leqq 1; \; [240]$$

d'où:

$$\left.\begin{array}{ll}
(113) & \dfrac{1}{2}\,Arctg.\,\dfrac{2\,p\,Sin.\,q}{1-p^2} = \sum_0^\infty \dfrac{p^{2n+1}}{2\,n+1}\,Sin.\,\{(2\,n+1)\,q\}, \\[2ex]
(114) & \dfrac{1}{2}\,Arctg.\,\dfrac{2\,p\,Cos.\,q}{1-p^2} = \sum_0^\infty (-1)^n \dfrac{p^{2n+1}}{2\,n+1}\,Cos.\,\{(2\,n+1)\,q\};
\end{array}\right\}, \; p^2 \leqq 1;$$

$$\left.\begin{array}{ll}
(115) & (1+2\,p\,Cos.\,q+p^2)^{\frac{1}{2}a}\,Cos.\left(a\,Arctg.\,\dfrac{p\,Sin.\,q}{1+p\,Cos.\,q}\right) = \sum_0^a \dbinom{a}{n} p^n\,Cos.\,nq, \\[2ex]
(116) & (1+2\,p\,Cos.\,q+p^2)^{\frac{1}{2}a}\,Sin.\left(a\,Arctg.\,\dfrac{p\,Sin.\,q}{1+p\,Cos.\,q}\right) = \sum_1^a \dbinom{a}{n} p^n\,Sin.\,nq.
\end{array}\right\}, \; p^2 < 1; \; [234]$$

Page 190.

SECTION PREMIÈRE.

MÉTHODES DIRECTES.

---

§ 1. MÉTHODE 1. DÉDUCTION D'INTÉGRALES INDÉFINIES.

1. Dans la Première Partie on a trouvé la formule (6):

$$\int_a^b f(x)\,dx = \mathrm{F}(b) - \mathrm{F}(a), \text{ où } \frac{d.\mathrm{F}(x)}{dx} = f(x). \quad \ldots\ldots\ldots\ldots\ldots (a)$$

Elle donne lieu à une méthode directe d'évaluation, mais seulement dans le cas peu fréquent, où l'intégrale indéfinie est connue: encore celle-ci est supposée continue entre les limites de l'intégration. En général cette méthode ne donne pas lieu à des observations, sauf les cas, où F (x) appartient à une classe de fonctions, qui ont une valeur multiple. Car en général la valeur de la fonction intégrée, et par suite celle de l'intégrale définie, sera complètement déterminée; donc le second membre de l'équation (a) doit être déterminé aussi, et il faut absolument de quelque manière lui ôter son caractère de généralité, qui ne lui convient pas. Souvent ce caractère se perdra comme de soi-même: quelquefois il faudra avoir recours à quelque artifice; on ne manquera pas d'en trouver des exemples dans la suite.

Mais il se peut aussi que $f(x)$ soit elle-même une de ces fonctions à valeur multiple: alors il faut exprimer le résultat de telle manière, qu'à chaque valeur de la fonction intégrée corresponde une valeur déterminée dans le second membre de l'équation (a).

Il va sans dire que premièrement il faut toujours prendre la même des valeurs multiples dans les fonctions F (x), F (a) et F (b). Comme ensuite

$$\frac{d.\mathrm{F}(x)}{dx} = f(x), \quad \ldots\ldots\ldots\ldots\ldots\ldots\ldots (b)$$

il peut arriver de deux choses l'une: ou la quantité indéterminée (r), qui caractérise les valeurs multiples, ne se trouve plus dans le coefficient différentiel; et alors on peut prendre quelque valeur de r à volonté; — ou cette quantité se trouve encore dans ce coefficient, et alors cette équation (b) doit servir à déterminer la valeur ou les valeurs, qu'il est permis d'employer. Et comme ceci vaut de même, soit que cette quantité r se trouve ou non dans la fonction $f(x)$, on pourra encore faire usage de cette méthode dans l'observation précédente.

2. *De l'intégrale* $\int x^p\,dx$. On a: $\int x^p\,dx = \dfrac{1}{p+1}\,x^{p+1}\,dx + \mathrm{C}$.

Donc, tant que $p+1$ reste plus grand que zéro :

$$\int_0^1 x^p\,dx = \frac{1^{p+1}}{p+1} - \frac{0^{p+1}}{p+1} = \frac{1}{p+1}\,,\ p > -1;\ \text{(T. 1, N°. 1—3). [1]}$$

car pour p plus grand que -1 on a $0^{p+1} = 0$: lorsque au contraire p devient plus petit que -1, on trouve $F(0) = \frac{0^{p+1}}{p+1} = \frac{1}{(p+1)0^{-1-p}} = -\infty$: alors pour $-p$ au lieu de p, on a :

$$\int_0^1 x^{-p}\,dx = \int_0^1 \frac{dx}{x^p} = \infty\ \ ,\ p > 1;\ \text{(T. 2, N°. 1).}$$

Encore a-t-on :

$$\int_{-1}^{+1} x^p\,dx = \frac{1}{p+1}\{(1)^{p+1} - (-1)^{p+1}\}, \ldots\ldots\ldots\ldots \quad (1)$$

donc $= 0$, ou $= \frac{2}{p+1}$, selon que p est impair ou pair (T. 17, N°. 5, 6). (Ici p peut être positif et négatif).

Encore :

$$\int_0^\infty \frac{dx}{x^p} = \frac{1}{1-p}\{\infty^{-p+1} - 0^{-p+1}\} = \infty\ \text{, pour } -\infty < p < \infty\ ; \ldots\ldots \quad (2)$$

car pour p positif, on a $F(0) = \infty$, et pour p négatif $F(\infty) = \infty$.

Il nous reste encore le cas de $p = 1$; alors on a :

$$\int \frac{dx}{x} = \frac{1}{2}\,l\,((x^2)) + C,$$

donc:

$$\int_a^b \frac{dx}{x} = \frac{1}{2}l((b^2)) - \frac{1}{2}l((a^2)) = \frac{1}{2}\{2r\pi i + lb^2 - 2r\pi i - la^2\} = \frac{1}{2}\{lb^2 - la^2\} = l\frac{b}{a};\ \text{(T. 35, N°. 20, 21)}$$

puisque a et b sont tous deux positifs: lorsqu'un des deux est négatif, la fonction devient discontinue pour la valeur intermédiaire zéro de x, [2] mais si a et b sont tous deux négatifs, on a le même résultat

$$\int_{-a}^{-b} \frac{dx}{x} = l\frac{b}{a}. \ldots\ldots\ldots\ldots\ldots \quad (3)$$

On voit que dans ces cas la quantité arbitraire r est éliminée de soi-même.

---

[1] Rappelons, que la notation T. N. renvoie à une intégrale définie, qui se trouve à tel numéro dans telle Table de mes Tables d'intégrales définies. (Verh. Kon. Akad. Deel IV).

[2] Voyez Méthode 2, N°. 2. Page 192.

3. *De l'intégrale* $\int \frac{dx}{q^2+x^2}$. On a $\int \frac{dx}{q^2+x^2} = \frac{1}{q} Arctg.\left(\left(\frac{x}{q}\right)\right) + C$; donc:

$$\int_0^p \frac{dx}{q^2+x^2} = \frac{1}{q}\left\{Arctg.\left(\left(\frac{p}{q}\right)\right) - Arctg.\left(\left(\frac{0}{q}\right)\right)\right\} = \frac{1}{q}\left\{r\pi + Arctg.\frac{p}{q} - r\pi - Arctg.0\right\} = \frac{1}{q} Arctg.\frac{p}{q}; \quad (4)$$

(pour $q = 1$, on trouve T. 34, N°. 1). Ici de même comme au N°. 2 les deux quantités $r\pi$ se détruisent, et r ne se trouve plus dans le résultat. On a encore:

$$\int_1^\infty \frac{dx}{q^2+x^2} = \frac{1}{q}\left\{Arctg.\frac{\infty}{q} - Arctg.\frac{1}{q}\right\} = \frac{1}{q}\left(\frac{\pi}{2} - Arctg.\frac{1}{q}\right) = \frac{1}{q} Arctg.q, \quad \ldots \quad (5)$$

$$\int_0^\infty \frac{dx}{q^2+x^2} = \frac{1}{q}\left\{Arctg.\frac{\infty}{q} - Arctg.\frac{0}{q}\right\} = \frac{\pi}{2q}. \quad \text{(T. 19, N°. 2).}$$

Quelquefois on peut déterminer la quantité r par l'intermédiaire d'une autre intégrale connue. Par exemple on a:

$$\int_0^1 \frac{dx}{1+x^2} = r\pi + \frac{1}{4}\pi, \quad \int_1^\infty \frac{dx}{1+x^2} = Arctg.((\infty)) - Arctg.((1)) = r'\pi + \frac{1}{4}\pi.$$

Mais d'un autre côté:

$$\int_0^1 \frac{dx}{1+x^2} < \int_0^1 \frac{dx}{1} < 1, \text{ donc } r = 0, \quad \int_1^\infty \frac{dx}{1+x^2} < \int_1^\infty \frac{dx}{x^2} < \int_1^\infty -d.\frac{1}{x} < -0+1, \text{ donc } r' = 0;$$

et par suite:

$$\int_0^1 \frac{dx}{1+x^2} = \frac{\pi}{4}, \text{ (T. 3, N°. 12)}, \quad \int_1^\infty \frac{dx}{1+x^2} = \frac{\pi}{4}, \text{ (T. 31, N°. 16)},$$

résultats que l'on obtiendrait aussi par les intégrales (4) et (5). Toutefois, pour déterminer r, il faut donner la préférence à la méthode exposée au N°. 1.

Lorsque q est imaginaire, de la forme $\pm p + qi$, il est:

$$\int_a^b \frac{dx}{(\pm p+qi)^2+x^2} = \frac{1}{\pm p+qi}\left[Arctg.\left(\left(\frac{b}{\pm p+qi}\right)\right) - Arctg.\left(\left(\frac{a}{\pm p+qi}\right)\right)\right] =$$

$$= \frac{1}{\pm p+qi}\left[Arctg.\left(\left(\pm\frac{bp}{p^2+q^2} + i\frac{-bq}{p^2+q^2}\right)\right) - Arctg.\left(\left(\pm\frac{ap}{p^2+q^2} + i\frac{-aq}{p^2+q^2}\right)\right)\right].$$

Employons la transformation (C. P. (51)) d'*Arctg.* $((x+yi)$, alors on trouve ici pour le premier *Arctg.*:

$$\frac{i}{4} l \frac{x^2+(1+y^2)^2}{x^2+(1-y^2)^2} = \frac{i}{4} l \frac{b^2p^2+(p^2+q^2-bq)^2}{b^2p^2+(p^2+q^2+bq)^2} = \frac{i}{4} l \frac{p^2+\left(\frac{p^2+q^2}{b}-q\right)^2}{p^2+\left(\frac{p^2+q^2}{b}+q\right)^2};$$

et

$$Arctg.\,\gamma = Arctg.\frac{b^2p^2+b^2q^2-(p^2+q^2)^2+\sqrt{[\{b^2p^2+b^2q^2-(p^2+q^2)^2\}^2+4b^2p^2(p^2+q^2)^2]}}{\pm 2bp(p^2+q^2)}$$

$$= Arctg.\frac{\pm 2bp(p^2+q^2)}{-b^2p^2-b^2q^2+(p^2+q^2)^2+\sqrt{[\{b^2p^2+b^2q^2-(p^2+q^2)^2\}^2+4b^2p^2(p^2+q^2)^2]}};$$

donc, dans le cas de $b=\infty$, la seconde valeur du logarithme devient $\frac{i}{4}l\frac{p^2+q^2}{p^2+q^2}=0$, et la première valeur de l'*Arctg.* est *Arctg.* $(\pm\infty)=\pm\frac{\pi}{2}$; par conséquent:

$$Arctg.\left(\!\left(\pm\frac{bp}{p^2+q^2}+i\frac{-bq}{p^2+q^2}\right)\!\right)=r\pi\pm\frac{\pi}{2}+0.$$

Pour a ou $b=0$ au contraire, la première valeur du logarithme est $\frac{i}{4}l\frac{(p^2+q^2)^2}{(p^2+q^2)^2}=0$, et la seconde valeur de l'*Arctg.* devient *Arctg.* $\frac{0}{2(p^2+q^2)}=$ *Arctg.* $0=0$, donc:

$$Arctg.\left(\!\left(\pm\frac{ap}{p^2+q^2}+i\frac{-aq}{p^2+q^2}\right)\!\right)=r\pi+0+0.$$

Par suite on trouve:

$$\int_0^\infty\frac{dx}{(\pm p+qi)^2+x^2}=\frac{\pm\pi}{2(\pm p+qi)}=\frac{\pi}{2(p\pm qi)},\ \text{(T. 19, N°. 18)},$$

ce qui revient à dire, que dans T. 19, N°. 2 (voyez plus haut), q peut être imaginaire. Mais la dernière formule, comme toutes celles qui renferment des imaginaires, correspond à deux autres, car la partie réelle de l'intégrale doit être égale à la partie réelle de la valeur, tandis qu'à la partie imaginaire de l'intégrale correspond la partie imaginaire de la valeur. On trouve donc, lorsqu'on rend les dénominateurs réels:

$$\int_0^\infty\frac{x^2+p^2-q^2\mp 2pqi}{x^4+2(p^2-q^2)x^2+(p^2+q^2)^2}dx=\frac{p\mp qi}{2(p^2+q^2)}\pi,\ \text{donc}\int_0^\infty\frac{x^2+p^2-q^2}{x^4+2(p^2-q^2)x^2+(p^2+q^2)^2}dx=$$

$$=\frac{\pi}{2}\frac{p}{p^2+q^2},\ \text{(T. 25, N°. 21)},\ \int_0^\infty\frac{2pq\,dx}{x^4+2(p^2-q^2)x^2+(p^2+q^2)^2}=\frac{\pi}{2}\frac{q}{p^2+q^2},$$

d'où:

$$\int_0^\infty\frac{dx}{x^4+2(p^2-q^2)x^2+(p^2+q^2)^2}=\frac{\pi}{4p}\frac{1}{p^2+q^2},\ \text{(T. 25, N°. 22)}$$

$$\int_0^\infty\frac{x^2\,dx}{x^4+2(p^2-q^2)x^2+(p^2+q^2)^2}=\frac{\pi}{4p}.\ \ldots\ldots\ldots\ldots\ (6)$$

Page 194.

4. On vérifie aisément les intégrales indéfinies (où l'on a omis la constante C):

$$\int\frac{1}{p^2+x^2}\frac{dx}{q+x}=\frac{1}{p^2+q^2}\left\{\frac{q}{p}Arctg.\frac{x}{p}+\frac{1}{2}l\frac{(q+x)^2}{p^2+x^2}\right\},\int\frac{x}{p^2+x^2}\frac{dx}{q+x}=\frac{1}{p^2+q^2}\left\{p\,Arctg.\frac{x}{p}+\frac{q}{2}l\frac{p^2+x^2}{(q+x)^2}\right\},$$

$$\int\frac{x^2}{p^2+x^2}\frac{dx}{q+x}=\frac{1}{p^2+q^2}\left\{q^2\,l(q+x)-pq\,Arctg.\frac{x}{p}+\frac{1}{2}p^2\,l(p^2+x^2)\right\}.$$

Comme elles ne deviennent pas discontinues entre 0 et ∞, on peut les prendre entre ces limites; donc:

$$\int_0^\infty\frac{1}{p^2+x^2}\frac{dx}{q+x}=\frac{1}{p^2+q^2}\left\{\frac{q}{p}Arctg.((\infty))+\frac{1}{2}l1-\frac{q}{p}Arctg.((0))-\frac{1}{2}l\frac{q^2}{p^2}\right\}=\frac{1}{p^2+q^2}\left(\frac{q\pi}{2p}+l\frac{p}{q}\right),\,.(7)$$

$$\int_0^\infty\frac{x}{p^2+x^2}\frac{dx}{q+x}=\frac{1}{p^2+q^2}\left\{p\,Arctg.((\infty))+\frac{q}{2}l1-p\,Arctg.((0))-\frac{q}{2}l\frac{p^2}{q^2}\right\}=\frac{1}{p^2+q^2}\left(\frac{1}{2}p\pi-ql\frac{p}{q}\right),.(8)$$

$$\int_0^\infty\frac{x^2}{p^2+x^2}\frac{dx}{q+x}=\frac{1}{p^2+q^2}\left\{q^2l\infty-pqArctg.((\infty))+\frac{1}{2}p^2l\infty-q^2l0+pqArctg.((0))-\frac{1}{2}p^2lp^2\right\}=\infty\,;.(9)$$

puisque on a vu qu'$Arctg.((\infty))-Arctg.((0))=\frac{\pi}{2}$. Les formules (7) et (8) pour $q=1$ se trouvent T. 24, N°. 3, 1.

5. *De l'intégrale* $\int\frac{dx}{p+qx+rx^2}$. On a $\int\frac{dx}{p+qx+rx^2}=\frac{2}{\sqrt{(4pr-q^2)}}Arctg.\frac{2rx+q}{\sqrt{(4pr-q^2)}}+$ $+\,C,(4pr>q^2),=\frac{1}{\sqrt{(q^2-4pr)}}\,l\frac{2rx+q-\sqrt{(q^2-4pr)}}{2rx+q+\sqrt{(q^2-4pr)}}+C,(4pr<q^2)$; [3] donc:

$$\int_0^1\frac{dx}{p+qx+rx^2}=\frac{2}{\sqrt{(4pr-q^2)}}\left\{Arctg.\frac{2r+q}{\sqrt{(4pr-q^2)}}-Arctg.\frac{q}{\sqrt{(4pr-q^2)}}\right\}=$$

$$=\frac{2}{\sqrt{(4pr-q^2)}}Arctg.\frac{\sqrt{(4pr-q^2)}}{2p+q}\quad,\ 4pr>q^2;\ \ldots\ldots\ldots\ (10)$$

$$=\frac{1}{\sqrt{(q^2-4pr)}}\left\{l\frac{2r+q-\sqrt{(q^2-4pr)}}{2r+q+\sqrt{(q^2-4pr)}}-l\frac{q-\sqrt{(q^2-4pr)}}{q+\sqrt{(q^2-4pr)}}\right\}=$$

$$=\frac{1}{\sqrt{(q^2-4pr)}}\,l\frac{q+2p+\sqrt{(q^2-4pr)}}{q+2p-\sqrt{(q^2-4pr)}}\quad,\ 4pr<q^2;\ \ldots\ldots\ (11)$$

La réduction des *Arctg.* n'est permise, qu'autant que $\frac{(2r+q)q}{4pr-q^2}>-1$, c. à d. $2r(q+2p)>0$, ou, r (et donc également p) étant supposé toujours positif, $q>-2p$.— Encore trouve-t-on:

---

[3] Voyez F. MINDING, Sammlung von Integraltafeln. (Berlin, REIMARUS, 1849. VI et 186, S. 4°.) S. 60. Taf. 52.
Page 195.

$$\int_0^\infty \frac{dx}{p+qx+rx^2} = \frac{2}{\sqrt{(4pr-q^2)}}\left\{Arctg.\,\infty - Arctg.\frac{q}{\sqrt{(4pr-q^2)}}\right\} =$$

$$= \frac{2}{\sqrt{(4pr-q^2)}} Arctg.\frac{\sqrt{(4pr-q^2)}}{q}, \quad 4pr > q^2; \quad \ldots\ldots\ldots (12)$$

$$= \frac{1}{\sqrt{(q^2-4pr)}}\left\{l\frac{2r}{2r} - l\frac{q-\sqrt{(q^2-4pr)}}{q+\sqrt{(q^2-4pr)}}\right\} = \frac{1}{\sqrt{(q^2-4pr)}}\, l\frac{q+\sqrt{(q^2-4pr)}}{q-\sqrt{(q^2-4pr)}}, 4pr<q^2; (13)$$

Puisque aussi $\int \frac{dx}{1\pm 2x\,Cos.\lambda + x^2} = \frac{1}{Sin.\lambda} Arctg.\frac{x\,Sin.\lambda}{1\pm x\,Cos.\lambda}$, on aura:

$$\int_0^1 \frac{dx}{1\pm 2x\,Cos.\lambda + x^2} = \frac{1}{Sin.\lambda}\left\{Arctg.\frac{Sin.\lambda}{1\pm Cos.\lambda} - 0\right\} = \frac{1}{Sin.\lambda}Arctg.\frac{Sin.\lambda}{1\pm Cos.\lambda}. \text{ (T. 7, N°. 3).}$$

Mais pour chaque signe en particulier on a: $Arctg.\left(Tang.\frac{1}{2}\lambda\right) = \frac{1}{2}\lambda$, ou $Arctg.\left(Cot.\frac{1}{2}\lambda\right) =$ $= Arctg.\left\{Tang.\left(\frac{\pi}{2}-\frac{1}{2}\lambda\right)\right\} = \frac{\pi}{2}-\frac{1}{2}\lambda$; donc:

$$\int_0^1 \frac{dx}{1+2x\,Cos.\lambda+x^2} = \frac{\lambda}{2\,Sin.\lambda}, \text{ (T. 7, N°. 4)}, \quad \int_0^1 \frac{dx}{1-2x\,Cos.\lambda+x^2} = \frac{\pi-\lambda}{2\,Sin.\lambda}. \quad (14)$$

De même:

$$\int_1^\infty \frac{dx}{1\pm 2x\,Cos.\lambda+x^2} = \frac{1}{Sin.\lambda}\left\{Arctg.\left(\frac{Sin.\lambda}{\pm Cos.\lambda}\right) - Arctg.\frac{Sin.\lambda}{1\pm Cos.\lambda}\right\}; \quad \ldots\ldots (15)$$

mais dans le cas de chaque signe en particulier la différence des *Arctg.* se réduit à $Arctg.(Tg.\lambda) -$ $- Arctg.\left(Tg.\frac{1}{2}\lambda\right) = \lambda - \frac{1}{2}\lambda = \frac{1}{2}\lambda$, ou à $Arctg.(-Tg.\lambda) - Arctg.\left(Cot.\frac{1}{2}\lambda\right) = (\pi-\lambda) - \left(\frac{1}{2}\pi - \frac{1}{2}\lambda\right) =$ $= \frac{1}{2}\pi - \frac{1}{2}\lambda$; donc:

$$\int_1^\infty \frac{dx}{1+2x\,Cos.\lambda+x^2} = \frac{\lambda}{2\,Sin.\lambda}, \quad \ldots\ldots\ldots (16)$$

$$\int_1^\infty \frac{dx}{1-2x\,Cos.\lambda+x^2} = \frac{\pi-\lambda}{2\,Sin.\lambda}. \text{ [4]}. \quad \ldots\ldots\ldots (17)$$

Enfin:

$$\int_0^\infty \frac{dx}{1\pm 2x\,Cos.\lambda+x^2} = \frac{1}{Sin.\lambda}\left\{Arctg.\frac{Sin.\lambda}{0\pm Cos.\lambda} - Arctg.\,0\right\} = \frac{1}{Sin.\lambda}Arctg.(\pm Tang.\lambda); \quad (18)$$

or, ici on a pour les deux signes $Arctg.\ (\pm Tang.\lambda) = \lambda$ ou $= \pi - \lambda$, donc:

---

[4] Pour la vérifier, on pourra substituer dans l'intégrale (14) $x = \frac{1}{y}$.

$$\int_0^\infty \frac{dx}{1+2x\,Cos.\lambda+x^2}=\frac{\lambda}{Sin.\lambda},\ \text{(T. 25, N°. 3)},\int_0^\infty \frac{dx}{1-2x\,Cos.\lambda+x^2}=\frac{\pi-\lambda}{Sin.\lambda}.\ \text{[5]. (T. 25, N°. 2)}.$$

Cette discussion fait voir qu'il faut être prudent dans la réduction des *Arctg.*; on aurait pu garder l'expression générale d'*Arctg.* $((x))$, pour arriver aux mêmes résultats.

6. *De l'intégrale* $\int\frac{dx}{\sqrt{(q^2-x^2)}}$. On a $\int\frac{dx}{\sqrt{(q^2-x^2)}}=Arcsin.\left(\left(\frac{x}{q}\right)\right)+C$; donc:

$$\int_0^p\frac{dx}{\sqrt{(q^2-x^2)}}=Arcsin.\left(\left(\frac{p}{q}\right)\right)-Arcsin.((0))=\left\{r\pi+(-1)^r Arcsin.\frac{p}{q}\right\}-$$

$$-\left\{r\pi+(-1)^r Arcsin.\,0\right\}=(-1)^r Arcsin.\frac{p}{q}=Arcsin.\frac{p}{q},\quad q>p;\ \ldots\ldots (19)$$

puisque l'intégrale, où la fonction intégrée reste toujours positive entre les limites, a elle-même une valeur positive (P. 1, N°. 12): (pour $q=1$. T. 34, N°. 5). Donc on voit que le r arbitraire s'élimine du résultat: on en déduit:

$$\int_0^1\frac{dx}{\sqrt{(q^2-x^2)}}=Arcsin.\frac{1}{q},\quad q>1;\ [6]\ \ldots\ldots (20)$$

$$\int_0^q\frac{dx}{\sqrt{(q^2-x^2)}}=\frac{\pi}{2},\ \text{(T. 34, N°. 6)},\ \int_0^1\frac{dx}{\sqrt{(1-x^2)}}=\frac{\pi}{2}.\ \text{(T. 12, N°. 10)}.$$

Pour $q<x$ on a: $\int\frac{dx}{\sqrt{(x^2-q^2)}}=\frac{1}{i}Arcsin.\left(\left(\frac{x}{q}\right)\right)+C$, donc à l'aide de (C. P. 10):

$$\int_1^p\frac{dx}{\sqrt{(x^2-q^2)}}=\frac{1}{i}\left\{Arcsin.\left(\left(\frac{p}{q}\right)\right)-Arcsin.\left(\left(\frac{1}{q}\right)\right)\right\}=\frac{1}{i}\left\{\left(2r+\frac{1}{2}\right)\pi+il\frac{p+\sqrt{(p^2-q^2)}}{q}-\right.$$

$$\left.-\left(2r+\frac{1}{2}\right)\pi-il\frac{1+\sqrt{(1-q^2)}}{q}\right\}=l\frac{p+\sqrt{(p^2-q^2)}}{1+\sqrt{(1-q^2)}},\quad q<1<p\ \ldots\ldots (21)$$

---

[5] Elle se vérifie comme la somme des intégrales (14) et (17). — OHM, Die Auswerthungs-Methoden bestimmter Integrale, (System der Mathematik, IX^{ter} Theil), Nürnberg. Korn. 1852, XII et 437 S. 8°., la trouve (S. 13) égale à $\frac{-\lambda}{Sin.\lambda}$, puisqu'il prend $Arctg.\,(-\lambda)=-\lambda$. Par ce qui a été dit au N°. 12 de la Première Partie il est encore évident que ce résultat est fautif. Car $1-2x\,Cos.\lambda+x^2$ est toujours $>1-2x+x^2$, donc $>(1-x)^2$, donc positif: or, une telle intégrale, où la fonction integrée reste constamment positive entre les limites de l'intégration, doit nécessairement avoir une valeur positive, d'après le théorème cité.

[6] Au moyen des substitutions $x^2=1-y^2$ et $q^2=1+p^2$ on en déduit:

$$\int_1^0\frac{-y\,dy}{\sqrt{(1-y^2)}}\frac{1}{\sqrt{\{1+p^2-(1-y^2)\}}}=\int_0^1\frac{x\,dx}{\sqrt{(p^2+x^2)(1-x^2)}}=Arcsin.\left\{\frac{1}{\sqrt{(1+p^2)}}\right\}=Arccot.\,p.$$

(T. 16, N°. 6).

Page 197.

7. *De l'intégrale* $\int \frac{dx}{(x+s)\sqrt{(p+qx+rx^2)}}$. Pour $a = p - qs + rs^2$, $b = q - 2rs$, on a:

$$\int \frac{dx}{(x+s)\sqrt{(p+qx+rx^2)}} = \frac{-1}{\sqrt{a}} l \left\{ \frac{\sqrt{(p+qx+rx^2)} + \sqrt{a}}{x+s} + \frac{b}{2\sqrt{a}} \right\}, \ (a>0),$$

$$= \frac{1}{\sqrt{-a}} \textit{Arcsin.} \frac{b(x+s)+2a}{(x+s)\sqrt{(q^2-4pr)}}, (a<0), = \frac{-2}{b} \frac{\sqrt{(p+qx+rx^2)}}{x+s}. \ (a=0). \ [7].$$

Donc:

$$\int_0^1 \frac{dx}{(x+s)\sqrt{(p+qx+rx^2)}} = \frac{1}{\sqrt{(p-qs+rs^2)}} l \left[\frac{1+s}{s} \frac{2p-qs+2\sqrt{p(p-qs+rs^2)}}{2p+q-(2r+q)s+2\sqrt{(p+q+r)(p-qs+rs^2)}} \right], p+rs^2 > qs; .(2$$

$$= \frac{1}{\sqrt{(qs-p-rs^2)}} \textit{Arcsin.} \left[\frac{\{2p+q-(2r+q)s\}\sqrt{p}-(2p-qs)\sqrt{(p+q+r)}}{s(1+s)(q^2-4pr)} 2\sqrt{(qs-p-rs^2)} \right], p+rs^2 < qs; .(2$$

$$= \frac{2}{q-2rs} \left[\frac{\sqrt{p}}{s} - \frac{\sqrt{(p+q+r)}}{1+s} \right], \ p+rs^2 = qs. \ldots\ldots (2$$

Pour $q = 0$, $r = -r$, on a:

$$\int_0^1 \frac{dx}{(x+s)\sqrt{(p-rx^2)}} = \frac{1}{\sqrt{(p-rs^2)}} l \left[\frac{1+s}{s} \frac{p+\sqrt{p(p-rs^2)}}{p+rs+\sqrt{(p-r)(p-rs^2)}} \right], p > rs^2; . (25)$$

$$= \frac{1}{\sqrt{(rs^2-p)}} \textit{Arcsin.} \left[\frac{(p+rs)\sqrt{p}-p\sqrt{(p-r)}}{s(1+s)pr} \sqrt{(rs^2-p)} \right], p < rs^2; . (26)$$

$$= \frac{1}{rs} \left\{ \frac{\sqrt{p}}{s} - \frac{\sqrt{(p-r)}}{1+s} \right\}, \ p = rs^2. \ldots\ldots (27)$$

Pour $p = r = 1$, les deux premières donnent:

$$\int_0^1 \frac{dx}{(x+s)\sqrt{(1-x^2)}} = \frac{1}{\sqrt{(1-s^2)}} l \frac{1+\sqrt{(1-s^2)}}{s}, \ s^2 < 1; \ldots\ldots (28)$$

$$= \frac{1}{\sqrt{(s^2-1)}} \textit{Arcsin.} \frac{\sqrt{(s^2-1)}}{s}, \ s^2 > 1; \ldots\ldots (29)$$

Supposons $s = -s$, ce qui est permis; la différence des résultats donnera enfin:

$$\int_0^1 \frac{dx}{(x^2-s^2)\sqrt{(1-x^2)}} = 0, \ s^2 < 1; \ldots\ldots (30)$$

$$= \frac{-\pi}{2\sqrt{(s^2-1)}}, \ s^2 > 1; \ldots\ldots (31)$$

---

[7] Voyez Minding, Samml. von Integraltafeln, S. 97, Taf. 11. Page 198.

ou pour $s = \frac{1}{p}$:

$$\int_0^1 \frac{dx}{(1-p^2x^2)\sqrt{(1-x^2)}} = \frac{\pi}{2p\sqrt{(1-p^2)}}, \; p^2 < 1; \ldots\ldots (32)$$

$$= 0, \; p^2 > 1; \ldots\ldots (33)$$

8. *Exercices.* Fonctions algébriques.

$$\int_1^\infty \frac{dx}{x^p} = \frac{1}{p-1}, (p>1), = \infty, (-\infty < p < 1), (\text{T. 31, N°. 3, 4}), \int_0^1 \frac{dx}{q^2+x^2} = \frac{1}{q} \, Arccot.\, q, . (34)$$

$$\int_0^q \frac{dx}{q^2+x^2} = \frac{\pi}{4q}, \ldots (35), \quad \int_0^\infty \frac{dx}{1+x^2} = \frac{\pi}{2}, (\text{T. 19, N°. 1}), \int_q^\infty \frac{dx}{q^2+x^2} = \frac{\pi}{4q}, \ldots (36)$$

$$\int_{-r}^{+r} \frac{dx}{p^2+q^2x^2} = \frac{2}{pq} \, Arctg. \frac{qr}{p}, \ldots\ldots (37), \quad \int_0^\infty \frac{dx}{p+qx^2} = \frac{\pi}{2\sqrt{pq}}, \ldots\ldots (38)$$

$$\int_0^\infty \frac{dx}{r^4+2r^2x^2\, Cos.\, 2\lambda + x^4} = \frac{1}{4r^3\, Cos.\, \lambda}, (39), \int_0^\infty \frac{x^2\,dx}{r^4+2r^2x^2\, Cos.\, 2\lambda+x^4} = \frac{1}{4r\, Cos.\, \lambda}, (40)$$

$$\int_0^1 \frac{dx}{1+x+x^2} = \frac{\pi}{3\sqrt{3}}, (\text{T. 7, N°. 2}), \int_1^\infty \frac{dx}{1+x+x^2} = \frac{\pi}{3\sqrt{3}}, \ldots\ldots (41)$$

$$\int_0^\infty \frac{dx}{1+x+x^2} = \frac{2\pi}{3\sqrt{3}}, (\text{T. 25, N°.1}), \int_0^1 \frac{dx}{1-x+x^2} = \frac{2\pi}{3\sqrt{3}}, (\text{T. 7, N°.1}), \int_1^\infty \frac{dx}{1-x+x^2} = \frac{2\pi}{3\sqrt{3}}, . (42)$$

$$\int_0^\infty \frac{dx}{1-x+x^2} = \frac{4\pi}{3\sqrt{3}}, \ldots (43), \quad \int_0^1 \frac{Cos.\,\lambda - x}{1-2x\,Cos.\,\lambda+x^2}\,dx = -\,l\left(2\,Sin.\,\frac{1}{2}\lambda\right), (\text{T. 7, N°. 5}),$$

$$\int_0^1 \frac{Cos.\,\lambda+x}{1+2x\,Cos.\,\lambda+x^2}\,dx = l\left(2\,Cos.\frac{1}{2}\lambda\right), . (44), \int_0^1 \frac{x\,dx}{1+2x\,Cos.\,\lambda+x^2} = l\left(2\,Cos.\frac{1}{2}\lambda\right) - \frac{1}{2}\lambda\,Cot.\,\lambda, . (45)$$

$$\int_0^1 \frac{dx}{p+qx} = \frac{1}{q}\, l\, \frac{p+q}{p}, (\text{T. 3, N°. 9}), \int_0^1 \frac{x\,dx}{1-2x\,Cos.\,\lambda+x^2} = l\left(2\,Sin.\,\frac{1}{2}\lambda\right) + \frac{1}{2}(\pi-\lambda)\,Cot.\,\lambda, . (46)$$

$$\int_{-p}^p \frac{x\,dx}{q^2+x^2} = 0, \ldots (47), \quad \int_{-\infty}^\infty \frac{x\,dx}{q^2+x^2} = 0, (\text{T. 29, N°. 4}), \int_0^\infty \frac{x\,dx}{q^2+x^2} = \infty, \ldots\ldots (48)$$

$$\int_1^\infty \frac{dx}{x(1+x^2)} = \frac{1}{2}\,l\,2, . (49), \int_p^\infty \frac{dx}{x(1+x)} = l\,\frac{1+p}{p}, .. (50), \int_0^\infty \frac{dx}{(p+qx)^{r+1}} = \frac{1}{rq}\,p^{-r}, . (51)$$

Page 199.

$$\int_{-\infty}^{\infty}\frac{dx}{(x-p)^2+q^2}=\frac{\pi}{q},\int_{-\infty}^{\infty}\frac{x-p}{(x-p)^2+q^2}dx=0,\text{(T. 30, N°. 14, 13)},\int_0^1\frac{xdx}{\sqrt{(1-x^2)}}=1,\text{ (T. 12, N°. 11)},$$

$$\int_0^q\frac{xdx}{\sqrt{(q^2-x^2)}}=q,\text{ (T. 34, N°. 7)},\ \int_0^1\frac{xdx}{\sqrt{(q^2-x^2)}}=q-\sqrt{(q^2-1)}\ ,\ q>1;\ \ldots\ (52)$$

$$\int_1^p\frac{dx}{\sqrt{(x^2-1)}}=l\{\sqrt{(p^2-1)}+p\},\text{ (T.35, N°. 6)},\int_0^1\frac{dx}{\sqrt{(q-x)}}=2q-2\sqrt{(q^2-1)},q>1;.(53)$$

$$\int_p^q\frac{dx}{(r+x)\sqrt{(1-x)}}=\frac{1}{\sqrt{(1-r)}}l\frac{\sqrt{(1+r)}-\sqrt{(1-q)}}{\sqrt{(1+r)}+\sqrt{(1-q)}}\cdot\frac{\sqrt{(1+r)}+\sqrt{(1-p)}}{\sqrt{(1+r)}-\sqrt{(1-p)}},p<q<1;\text{ (T. 35, N°. 22)}$$

$$\int_0^{\infty}\frac{dx}{(q^2+x^2)\sqrt{(p^2+x^2)}}=\frac{1}{q\sqrt{(p^2-q^2)}}Arctang.\frac{\sqrt{(p^2-q^2)}}{q},\ (p>q),=$$

$$=\frac{1}{q\sqrt{(q^2-p^2)}}l\frac{q+\sqrt{(q^2-p^2)}}{p},\ (p<q),\text{(T.28, N°.9,10)},\int_0^1\frac{dx}{\sqrt{(p-qx^2)}}=\frac{1}{\sqrt{q}}Arcsin.\left(\sqrt{\frac{q}{p}}\right),\ .(54)$$

$$\int_0^1\frac{dx}{\sqrt{(p+rx^2)}}=\frac{1}{\sqrt{r}}l\frac{\sqrt{(p+r)}+\sqrt{r}}{\sqrt{p}},\text{ (pour } p=1:\text{ T. 12, N°. 25)},\ \ldots\ldots\ (55)$$

$$\int_0^1\frac{dx}{\sqrt{(p+qx+rx^2)}}=\frac{1}{\sqrt{r}}l\frac{2\sqrt{r(p+q+r)}+q+2r}{2\sqrt{pr}+q},\ \ldots\ldots\ (56)$$

$$\int_0^1\frac{dx}{\sqrt{(p+qx-rx^2)}}=\frac{1}{\sqrt{r}}Arcsin.\left[2\frac{(2r-q)\sqrt{pr}+q\sqrt{r(p+q-r)}}{q^2+4pr}\right],\ \ldots\ldots\ (57)$$

$$\int_1^p\frac{dx}{(q+x)\sqrt{(x-1)}}=\frac{1}{\sqrt{(1+q)}}Arctg.\frac{\sqrt{(p-1)}}{\sqrt{(1+q)}},\text{ (T. 35, N°. 7)},$$

$$\int_0^1 dx\sqrt{(p+qx^2)}=\frac{1}{2}\sqrt{(p+q)}+\frac{p}{2\sqrt{q}}l\frac{\sqrt{(p+q)}+\sqrt{q}}{\sqrt{p}},\ \ldots\ldots\ (58)$$

$$\int_0^1 x^2\,dx\sqrt{(p+qx^2)}=\frac{(p+2q)\sqrt{(p+q)}}{8q}-\frac{p^2}{8q\sqrt{q}}l\frac{\sqrt{(p+q)}+\sqrt{q}}{\sqrt{p}}\ \ldots\ldots\ (59)$$

Plusieurs de ces intégrales nous serviront dans la suite.

9. *De l'intégrale* $\int e^{\pm px}dx$. On a $\int e^{\pm px}dx=\frac{1}{\pm p}e^{\pm px}+C$; donc, dans la supposition de p positif:

$$\int_a^b e^{px}dx=\frac{1}{p}(e^{bp}-e^{ap}),\ \ldots\ldots\ (60)$$

Page 200.

$$\int_0^1 e^{px}\,dx = \frac{1}{p}(e^p - e^0) = \frac{1}{p}(e^p - 1), \quad \ldots\ldots\ldots\ldots \quad (61)$$

$$\int_{-\infty}^0 e^{px}\,dx = \frac{1}{p}(e^0 - e^{-\infty}) = \frac{1}{p}. \quad \ldots\ldots\ldots\ldots \quad (62)$$

Pour $p = 1$ les formules (61) et (62) deviennent: T. 41, N°. 6 et N°. 21.

$$\int_0^\infty e^{-px}\,dx = -\frac{1}{p}(e^{-\infty} - e^{-0}) = -\frac{1}{p}(0-1) = \frac{1}{p}.\ \text{(T. 36, N°. 2).}$$

Encore l'intégrale plus générale $\int q^{px}\,dx = \frac{q^{px}}{p\,l\,q} + \mathrm{C}$ donne:

$$\int_0^1 q^{px}\,dx = \frac{1}{p\,l\,q}(q^p - q^0) = \frac{q^p - 1}{p\,l\,q},\ \text{(T. 41, N°. 5)},$$

$$\int_0^\infty q^{px}\,dx = \frac{1}{p\,l\,q}(q^\infty - q^0) = \frac{-1}{p\,l\,q},\ q < 1;\ \ldots (63),\quad = \infty,\ q > 1;\ \ldots\ldots (64)$$

puisque q^∞ est infini, lorsque q est plus grand que l'unité, tandis que pour une valeur inférieure q^∞ s'évanouit. En général p ne peut changer de signe dans ces réductions, sans que la validité du résultat s'altère. Lorsque p devient imaginaire, on a encore:

$$\int e^{-(p+qi)x}\,dx = \frac{-1}{p+qi}e^{-(p+qi)x} + \mathrm{C} = -\frac{p-qi}{p^2+q^2}e^{-px}(Cos.\,q\,x - i\,Sin.\,q\,x) + \mathrm{C} =$$

$$= \frac{-e^{-px}}{p^2+q^2}\{(p\,Cos.\,q\,x - q\,Sin.\,q\,x) - i\,(p\,Sin.\,q\,x + q\,Cos.\,q\,x)\} + \mathrm{C}$$

en y substituant la valeur de l'exponentielle imaginaire (C. P. 24). Donc:

$$\int_0^\infty e^{-(p+qi)x}\,dx = -\frac{e^{-\infty}}{p^2+q^2}(\ldots) + \frac{e^{-0}}{p^2+q^2}\{p\,Cos.\,0 - i\,q\,Cos.\,0\}.$$

Or, la fonction $e^{-\infty}$ est zéro, tandis que son coefficient (...) qui ne dépend que de *Sinus* et de *Cosinus* ne saurait devenir infini: par suite ce terme s'évanouit; dans l'autre terme e^{-0} et *Cos.* 0 sont tous deux égaux à l'unité; donc enfin:

$$\int_0^\infty e^{-(p+qi)x}\,dx = \frac{1}{p^2+q^2}(p - q\,i) = \frac{1}{p+q\,i},\ \text{(T. 36, N°. 6), [8]}$$

---

[8] L'évaluation des fonctions imaginaires donne:

$$\int_0^\infty e^{-px}(Cos.\,q\,x - i\,Sin.\,q\,x)\,dx = \frac{p-qi}{p^2+q^2},$$

de sorte que la formule précédente (T. 36, N°. 2) vaut encore pour un p imaginaire, pourvu qu'alors la partie réelle soit positive.

On a encore:

$$\int_a^b e^{qxi}\,dx = \frac{1}{qi}\int_a^b d.\,e^{qxi} = \frac{1}{qi}(e^{bqi} - e^{aqi}), \ldots \ldots \ldots \ldots (65)$$

d'où

$$\int_{-a}^{a} e^{qxi}\,dx = \frac{1}{qi}(e^{aqi} - e^{-aqi}) = \frac{2}{q}\,Sin.\,a\,q, \ldots \ldots \ldots \ldots (66)$$

et

$$\int_0^{2\pi} e^{qxi}\,dx = \frac{1}{qi}(e^{2\pi qi} - 1), \ldots \ldots \ldots \ldots (67)$$

$$= 0, \text{ pour } q \text{ entier.} \ldots \ldots \ldots \ldots (68)$$

Lorsque dans l'intégrale indéfinie $\int e^{-(p+qi)x}$ on prend q négatif, et qu'alors on ajoute ou soustrait les résultats, on pourra exprimer les exponentielles imaginaires en *Sinus* et en *Cosinus*: cela nous donne:

$$\int e^{-px}\,Cos.\,qx\,dx = -\,e^{-px}\frac{p\,Cos.\,qx - q\,Sin.\,qx}{p^2+q^2},\quad \int e^{-px}\,Sin.\,qx\,dx = -\,e^{-px}\frac{p\,Sin.\,qx + q\,Cos.\,qx}{p^2+q^2},$$

formules, qui nous donneraient aussi les intégrales de la dernière note. A présent nous les intègrerons de $\frac{\pi}{2}$ à ∞; alors il est évident que pour la limite supérieure de x la valeur s'annule, puisque le facteur $e^{-px} = e^{-\infty}$ est zéro et que l'autre, quoique indéterminé, reste toujours fini et même toujours plus petit que $\frac{p+q}{p^2+q^2}$: donc il ne reste que la valeur pour la limite $\frac{\pi}{2}$ de x:

$$\int_{\frac{\pi}{2}}^{\infty} e^{-px}\,Sin.\,qx\,dx = e^{-\frac{1}{2}p\pi}\frac{p\,Sin.\,\frac{1}{2}q\pi + q\,Cos.\,\frac{1}{2}q\pi}{p^2+q^2}, \ldots \ldots \ldots (69)$$

$$\int_{\frac{\pi}{2}}^{\infty} e^{-px}\,Cos.\,qx\,dx = e^{-\frac{1}{2}p\pi}\frac{p\,Cos.\,\frac{1}{2}q\pi - q\,Sin.\,\frac{1}{2}q\pi}{p^2+q^2}. \ldots \ldots \ldots (70)$$

---

et la séparation des parties réelles et des parties imaginaires nous fait trouver:

$$\int_0^{\infty} e^{-px}\,Cos.\,q\,x\,dx = \frac{p}{p^2+q^2},\quad \int_0^{\infty} e^{-px}\,Sin.\,q\,x\,dx = \frac{q}{p^2+q^2}.\quad \text{(T. 278, N°. 9 et 8).}$$

On déduira ces mêmes intégrales Méth. 4, N°. 11, sans l'intermédiaire toujours épineux des imaginaires.

Page 202.

10. *De l'intégrale* $\int l(x+p)\,dx$. On a $\int l(x+p)\,dx = (x+p)\{l((x+p))-1\}+C$, donc (C. P. 5):

$$\int_0^1 l(x+p)dx = (1+p)\{l(1+p)+r\pi i-1\}-p\{lp+r\pi i-1\} = (1+p)l(1+p)-plp+r\pi i-1\,.(71)$$

Ici se présente le cas que la quantité d'indétermination r n'a pas été éliminée, et qu'il faut la déterminer séparément. A cet effet différentions:

$$\frac{d.}{dx}\left[(x+p)\,\{l((x+p))-1\}+C\right] = \frac{d}{dx}\left[(x+p)\,\{l(x+p)+r\pi i-1\}+C\right] =$$

$$= l(x+p)+r\pi i-1+(x+p)\frac{1}{x+p} = l(x+p)+r\pi i;$$

et comme cette valeur doit être égale à la fonction intégrée $l(x+p)$, il s'ensuit que la formule (71) vaut pour le logarithme général sous le signe d'intégration: tandis que pour sa valeur réelle, il faut prendre zéro pour r, c'est-à-dire:

$$\int_0^1 l(x+p)\,dx = (1+p)\,l(1+p)-p\,l\,p-1. \text{ (T. 42, N°. 9).}$$

On tire encore de cette intégrale $\int l(p+qx)\,dx = \left(x+\frac{p}{q}\right)l(p+qx)-x+C$, donc:

$$\int_0^r l(p+qx)\,dx = r\,\{l(p+qr)-1\}+\frac{p}{q}\,l\frac{p+qr}{p} \ldots\ldots\ldots\ldots (72)$$

11. *Exercices.* $\int_0^\infty e^{px}\,dx = \infty$, (T. 36, N°. 4), $\int_{-\infty}^\infty e^{px}\,dx = \infty$, (T. 40, N°. 1),

$$\int_{-\infty}^\infty e^{-px}\,dx = \infty, \ldots (73), \quad \int_{\frac{\pi}{2}}^\infty e^{-px}\,dx = \frac{1}{p}\,e^{-\frac{1}{2}p\pi}, \ldots (74), \quad \int_{-1}^{+1} q^{px}\,dx = \frac{q^2-1}{pq\,l\,p}, \ldots (75)$$

$$\int_0^r q^{px}\,dx = \frac{q^r-1}{p\,l\,q}, \ldots (76),$$ (pour $p=1$, 75 et 76 se trouvent: T. 41, N°. 11, 10),

$$\int_0^\infty e^{-qxi}\,dx = \frac{1}{qi}, \text{ (T. 36, N°. 5)}, \quad \int_{-\frac{1}{2}\pi}^{\frac{1}{2}\pi} e^{qxi}\,dx = \frac{2}{q}\,Sin.\,\frac{1}{2}q\pi, \ldots\ldots\ldots\ldots (77)$$

$$\int_{\frac{\pi}{2}}^\infty e^{-px}\,Sin.\,x\,dx = e^{-\frac{1}{2}p\pi}\frac{p}{p^2+1}, \ldots (78), \quad \int_{\frac{\pi}{2}}^\infty e^{-px}\,Cos.\,x\,dx = -e^{-\frac{1}{2}p\pi}\frac{1}{p^2+1}, \ldots (79)$$

$$\int_0^\infty e^{-px}\,Sin.\,q\,x\,i\,dx = \frac{qi}{p^2-q^2}, \ldots (80), \quad \int_0^\infty e^{-px}\,Cos.\,q\,x\,i\,dx = \frac{p}{p^2-q^2}, \ldots (81)$$

Page 203.

$$\int_0^q \frac{dx}{e^x - p} = \frac{1}{p} l \frac{1-pe^{-q}}{1-p}, \;(82), \int_q^\infty \frac{dx}{e^x - p} = -\frac{1}{p} l(1-pe^{-q}), \;(83), \int_0^\infty \frac{dx}{e^x-p} = -\frac{1}{p} l(1-p), \;.\;(84)$$

$$\int_0^1 e^{-x^2} x\,dx = \frac{e-1}{2e}, \text{ (T. 112, N°. 2)}, \int_0^1 dx\, l(p+qx) = \frac{p+q}{q} l(p+q) - \frac{p}{q} lp - 1. \;.\;.\;(85)$$

12. *Des intégrales* $\int Sin.px\,dx$, $\int Cos.px\,dx$. Comme $\int Sin.px\,dx = -\frac{1}{p} Cos.px + C$, $\int Cos.px\,dx = \frac{1}{p} Sin.px + C$, on a:

$$\int_0^1 Sin.px dx = -\frac{1}{p}(Cos.p - Cos.0) = \frac{1}{p}(1 - Cos.p), \int_0^1 Cos.px dx = \frac{1}{p}(Sin.p - Sin.0) = \frac{1}{p} Sin.p, \text{ (T.95, N°.2, 1)},$$

et aussi:

$$\int_0^{\frac{\pi}{2}} Sin.px\,dx = \frac{1}{p}\left(1 - Cos.\frac{1}{2}p\pi\right), \;.\;.\;.\;.\;.\; (86), \quad \int_0^{\frac{\pi}{2}} Cos.px\,dx = \frac{1}{p} Sin.\frac{1}{2}p\pi. \;.\;.\;.\;.\;.\; (87)$$

Ces deux dernières formules valent pour un p quelconque; mais lorsque p est un nombre entier, il se présente quatre cas, savoir $p = 4a$, $= 4a+1$, $= 4a+2$, ou $= 4a+3$, (où a est un nombre entier): alors on a $Cos.\frac{1}{2}p\pi = 1$, $= 0$, $= -1$, ou $= 0$, $Sin.\frac{1}{2}p\pi = 0$, $= 1$, $= 0$, ou $= -1$: de sorte que nos intégrales auront pour valeurs correspondantes:

$$\int_0^{\frac{\pi}{2}} Sin.px\,dx = 0, = \frac{1}{4a+1}, = \frac{1}{2a+1}, \text{ ou } = \frac{1}{4a+3}, \text{ (T. 53, N°. 1—4)},$$

$$\int_0^{\frac{\pi}{2}} Cos.px\,dx = 0, = \frac{1}{4a+1}, = 0, \text{ ou } = \frac{-1}{4a+3}. \text{ (T. 53, N°. 5—8)},$$

Dans le cas de $p = 1$ on a en particulier:

$$\int_0^{\frac{\pi}{2}} Sin.x\,dx = 1, \text{ (T. 53, N°. 9)}, \quad \int_0^{\frac{\pi}{2}} Cos.x\,dx = 1, \text{ (T. 53, N°. 10)},$$

Ensuite on a:

$$\int_0^\pi Sin.px\,dx = -\frac{1}{p}(Cos.p\pi - Cos.0) = \frac{1}{p}(1 - Cos.p\pi), \;.\;.\;.\;.\;.\;.\;.\;.\;.\;.\;.\;.\;.\;.\;.\;.\;.\;.\; (88)$$

$$= 0, (p \text{ nombre pair}), \;.\;.\;.\;.\;.\; (89), \quad = \frac{2}{p} \;(p \text{ nombre impair}), \;.\;.\;.\;.\;.\;.\;.\; (90)$$

Page 204.

$$\int_0^\pi Cos.\,px\,dx = \frac{1}{p}(Sin.\,p\pi - Sin.\,0) = \frac{1}{p}Sin.\,p\pi,\ \ldots (91),\quad = 0,\ (p \text{ un nombre entier}).\ .\ (92)$$

On voit qu'ici les cas à distinguer diffèrent chez les formules (88) et (91). Lorsque p est l'unité, on a :

$$\int_0^\pi Sin.\,x\,dx = 2,\ (\text{T. 78, N}^\circ.\ 1),\quad \int_0^\pi Cos.\,x\,dx = 0.\ \ldots\ldots\ldots\ (93)$$

13. *De l'intégrale* $\int \frac{dx}{p+q\,Cos.\,x}$. L'intégrale indéfinie a une valeur différente, selon que $p<q, =q, >q$.

$$\int \frac{dx}{p+q\,Cos.\,x} = \frac{2}{p\sqrt{\left(1-\frac{q^2}{p^2}\right)}} Arctg.\left(Tang.\,\frac{1}{2}x.\sqrt{\frac{p-q}{p+q}}\right) + \text{C},\ (p^2>q^2),$$

$$= \frac{1}{2\sqrt{(q^2-p^2)}}\, l\left\{\frac{1+Tg.\frac{1}{2}x.\sqrt{\frac{q-p}{q+p}}}{1-Tg.\frac{1}{2}x.\sqrt{\frac{q-p}{q+p}}}\right\}^2 + \text{C},\ (p^2<q^2), = \frac{1}{p}Tg.\frac{1}{2}x + \text{C},\ (q=p), = \frac{1}{p}Cot.\frac{1}{2}x + \text{C},\ (q=-p).\text{[9]}.$$

Donc :

$$\int_0^{\frac{\pi}{2}} \frac{dx}{p+q\,Cos.\,x} = \frac{2}{p\sqrt{\left(1-\frac{q^2}{p^2}\right)}} Arctg.\left(\sqrt{\frac{p-q}{p+q}}\right) = \frac{2}{p\sqrt{\left(1-\frac{q^2}{p^2}\right)}} Arccos.\,\frac{q}{p},\ (p^2>q^2),$$

$$= \sqrt{\frac{1}{(q^2-p^2)}}\, l\,\frac{\sqrt{(q+p)}+\sqrt{(q-p)}}{\sqrt{(q+p)}-\sqrt{(q-p)}} = \frac{1}{\sqrt{(q^2-p^2)}}\, l\,\frac{q+\sqrt{(q^2-p^2)}}{p},\ (p^2<q^2), = \frac{1}{p},\ (p=q),$$

$$= \infty,\ (p=-q),\ (\text{T. 65, N}^\circ.\ 9-13);\ \text{et} \int_0^\pi \frac{dx}{p+q\,Cos.\,x} = \frac{\pi}{p\sqrt{\left(1-\frac{q^2}{p^2}\right)}},\ (p^2>q^2), = 0,\ (p^2<q^2),$$

$$(\text{T. 82, N}^\circ.\ 6-9),\ = \infty,\ (p^2=q^2)\ \ldots\ldots\ldots\ (94)$$

Toutes ces expressions valent de même pour p négatif; c'est pourquoi on a mis $p\sqrt{\left(1-\frac{q^2}{p^2}\right)}$ au lieu de $\sqrt{(p^2-q^2)}$, afin d'exprimer que cette expression devient négative avec p. Comme la substitution $x = 2a\pi + y$ donne :

$$\int_{2a\pi}^{2(a+1)\pi} \frac{dx}{p+q\,Cos.\,x} = \int_0^{2\pi} \frac{dx}{p+q\,Cos.\,x},\quad \int_{2a\pi}^{(2a+1)\pi} \frac{dx}{p+q\,Cos.\,x} = \int_0^{\pi} \frac{dx}{p+q\,Cos.\,x},$$

on a en général :

---

[9] Björling, Grunert's Archiv, Bd. 21, S. 26. Page 205.

$$\int_0^{a\pi} \frac{dx}{p+q\,Cos.\,x} = a\int_0^{\pi} \frac{dx}{p+q\,Cos.\,x} = \frac{a\pi}{p\sqrt{\left(1-\frac{q^2}{p^2}\right)}}, (p^2 > q^2), . (95), \quad = 0, (p^2 < q^2) . (96)$$

(Pour $a = 2$ on trouve: T. 88, N°. 9—12). Lorsqu'on substitue $x = y + a\pi$, on a:

$$\int_{a\pi}^{(a+\frac{1}{2})\pi} \frac{dx}{p+q\,Cos.\,x} = \int_0^{\frac{1}{2}\pi} \frac{dx}{p+q\,Cos.\,x.\,Cos.\,a\pi} = \int_0^{\frac{1}{2}\pi} \frac{dx}{p \pm q\,Cos.\,x},$$

dont la valeur se trouve exprimée plus haut: qu'on l'ajoute à l'intégrale (95), (96), on a:

$$\int_0^{(a+\frac{1}{2})\pi} \frac{dx}{p+q\,Cos.\,x} = \frac{a\pi}{p\sqrt{\left(1-\frac{q^2}{p^2}\right)}} + \frac{1}{p\sqrt{\left(1-\frac{q^2}{p^2}\right)}} Arccos.\frac{q}{p}, \; p^2 > q^2, \ldots \ldots \quad (97)$$

$$= \frac{1}{\sqrt{(q^2-p^2)}}\, l\, \frac{q+\sqrt{(q^2-p^2)}}{p}, \; p^2 < q^2 \ldots \ldots \quad (98)$$

14. Ces intégrales donnent lieu à quelques corollaires intéressants. On a:

$$q\int \frac{Cos.\,x\,dx}{p+q\,Cos.\,x} = \int dx - p\int \frac{dx}{p+q\,Cos.\,x}, \text{ donc:}$$

$$\int_0^{\frac{\pi}{2}} \frac{Cos.\,x\,dx}{p+q\,Cos.\,x} = \frac{\pi}{2q} - \frac{p}{q\sqrt{(p^2-q^2)}} Arccos.\frac{q}{p}, \; p^2 > q^2; \ldots \ldots \quad (99)$$

$$= \frac{\pi}{2q} - \frac{p}{q\sqrt{(q^2-p^2)}}\, l\, \frac{q+\sqrt{(q^2-p^2)}}{p}, \; p^2 < q^2; \ldots \ldots \quad (100)$$

$$= \frac{\pi-2}{2q}, \; p = q, \ldots \ldots (101), \qquad = -\infty, \; p = -q, \ldots \ldots (102)$$

$$\int_0^{\pi} \frac{Cos.\,x\,dx}{p+q\,Cos.\,x} = \frac{\pi}{q} - \frac{p\pi}{q\sqrt{(p^2-q^2)}}, (p^2 > q^2), (103), = \frac{\pi}{q}, (p^2 < q^2), (104), = -\infty, (p^2 = q^2). (105)$$

Lorsqu'on suppose $q = \pm 2r$, $p = 1 + r^2$, on a $p^2 - q^2 = (1+r^2)^2 - 4r^2 = (1-r^2)^2$, toujours positif, donc:

$$\int_0^{\frac{\pi}{2}} \frac{dx}{1 \pm 2r\,Cos.\,x + r^2} = \frac{2}{1-r^2} Arctg.\left(\frac{1 \mp r}{1 \pm r}\right), \ldots \ldots \quad (106)$$

$$\int_0^{\frac{\pi}{2}} \frac{Cos.\,x\,dx}{1 \pm 2r\,Cos.\,x + r^2} = \pm \frac{1}{r}\left\{\frac{\pi}{4} - \frac{1+r^2}{1-r^2} Arctg.\left(\frac{1 \mp r}{1 \pm r}\right)\right\}, \ldots \ldots \quad (107)$$

$$\int_0^{\pi} \frac{dx}{1 \pm 2r\,Cos.\,x + r^2} = \frac{2}{1-r^2} Arctg.\left(\frac{1 \mp r}{1 \pm r}\infty\right).$$

Ici $\frac{1 \mp r}{1 \pm r}$ est toujours positif lorsque $r < 1$, et au contraire toujours négatif lorsque $r < 1$; donc:

$$\int_0^{\pi} \frac{dx}{1 \pm 2r\, Cos.x + r^2} = \frac{2}{1-r^2}\frac{\pi}{2} = \frac{\pi}{1-r^2},\ r^2 < 1,\ (\text{T. 84. N}^\circ.\ 1,\ 9),$$

$$= \frac{2}{1-r^2}\frac{-\pi}{2} = \frac{\pi}{r^2-1},\ r^2 > 1;\ (\text{T. 84, N}^\circ.\ 2),\ [10]$$

$$\int_0^{\pi} \frac{Cos.x\, dx}{1 \pm 2r\, Cos.x + r^2} = \frac{\pm\pi}{2r} \mp \frac{1+r^2}{1-r^2}\frac{1}{r}\frac{\pi}{2} = \mp\frac{r\pi}{1-r^2},\ r^2 < 1;\ (\text{T. 84, N}^\circ.\ 10),$$

$$= \frac{\pm\pi}{2r} \mp \frac{1+r^2}{1-r^2}\frac{1}{r}\frac{-\pi}{2} = \pm\frac{\pi}{r(1-r^2)},\ r^2 > 1 \ldots\ldots (108)$$

15. *De l'intégrale* $\int \frac{dx}{(p+q\,Cos.x)^2}$. On a: $\int \frac{dx}{(p+q\,Cos.x)^2} =$

$$= \frac{1}{p^2-q^2}\left\{\frac{-q\,Sin.x}{p+q\,Cos.x} + \frac{2p}{\sqrt{(p^2-q^2)}}\,Arctg.\left(Tang.\tfrac{1}{2}x.\sqrt{\frac{p-q}{p+q}}\right)\right\} + \text{C},\ (p^2 > q^2),$$

$$= \frac{1}{q^2-p^2}\left\{\frac{q\,Sin.x}{p+q\,Cos.x} + \frac{p}{\sqrt{(q^2-p^2)}}\,l\frac{1+Tang.\tfrac{1}{2}x.\sqrt{\frac{q-p}{q+p}}}{1-Tang.\tfrac{1}{2}x.\sqrt{\frac{q-p}{q+p}}}\right\} + \text{C},\ (p^2 < q^2).$$

Donc: $\int_0^{\frac{\pi}{2}} \frac{dx}{(p+q\,Cos.x)^2} = \frac{1}{p^2-q^2}\left\{\frac{-q}{p} + \frac{2p}{\sqrt{(p^2-q^2)}}\,Arctg.\sqrt{\frac{p-q}{p+q}}\right\} =$

$$= \frac{1}{p^2-q^2}\left\{\frac{-q}{p} + \frac{p}{\sqrt{(p^2-q^2)}}\,Arccos.\frac{q}{p}\right\},\ p^2 > q^2;\ \ldots (109)$$

$$= \frac{1}{q^2-p^2}\left\{\frac{q}{p} + \frac{p}{\sqrt{(q^2-p^2)}}\,l\frac{\sqrt{(q+p)}+\sqrt{(q-p)}}{\sqrt{(q+p)}-\sqrt{(q-p)}}\right\} =$$

$$= \frac{1}{q^2-p^2}\left\{\frac{q}{p} + \frac{p}{\sqrt{(q^2-p^2)}}\,l\frac{q+\sqrt{(q^2-p^2)}}{p}\right\},\ p^2 < q^2;\ (110)$$

$$\int_0^{\pi} \frac{dx}{(p+q\,Cos.x)^2} = \frac{1}{p^2-q^2}\left(0 + \frac{\pi p}{\sqrt{(p^2-q^2)}}\right) = \frac{p\pi}{\sqrt{(p^2-q^2)^3}},\ p^2 > q^2;\ \ldots (111)$$

$$= 0,\ p^2 < q^2 \ldots\ldots\ldots\ldots (112)$$

---

[10] Déduite d'une autre manière Méth. 31, N°. 7, et Méth. 32, N°. 6.

Comme dans le N°. 13, on aura encore:

$$\int_0^{2a\pi}\frac{dx}{(p+q\,Cos.\,x)^2}=\frac{2\,a\,p\,\pi}{\sqrt{(p^2-q^2)^3}},\ p^2>q^2;\ \ldots\ (113),\quad =0\ ,\ p^2<q^2\ \ldots\ (114)$$

Lorsque p devient $\pm q$, l'intégrale indéfinie devient infinie, donc toujours:

$$\int_0^s\frac{dx}{(1\pm Cos.\,x)^2}=\infty\ \ldots\ldots\ (115)$$

16. *De l'intégrale* $\int\frac{dx}{p+q\,Cos.\,x+r\,Sin.\,x}$. Cette intégrale indéfinie a des valeurs différentes suivant que p^2 est $<,>,$ ou $=q^2+r^2$, c'est-à-dire, quand on suppose $a=\sqrt{(q^2+r^2)}$, $Tang.\,\lambda=\frac{r}{q}$:

$$\int\frac{dx}{p+q\,Cos.\,x+r\,Sin.\,x}=\frac{2}{p\sqrt{\left(1-\frac{q^2+r^2}{p^2}\right)}}Arctg.\left\{Tang.\left(\frac{x-\lambda}{2}\right).\sqrt{\frac{p-a}{p+a}}\right\}+C\ ,\ (p^2>q^2+r^2);$$

$$=\frac{1}{2\sqrt{(-p^2+q^2+r^2)}}\,l\left\{\frac{1+Tang.\left(\frac{x-\lambda}{2}\right).\sqrt{\frac{a-p}{a+p}}}{1-Tang.\left(\frac{x-\lambda}{2}\right).\sqrt{\frac{a-p}{a+p}}}\right\}^2+C\ ,\ (p^2<q^2+r^2);$$

$$=\frac{1}{\sqrt{(q^2+r^2)}}Tg.\left(\frac{x-\lambda}{2}\right)+C,\ (p=+\sqrt{(q^2+r^2)});=\frac{1}{\sqrt{(q^2+r^2)}}Cot.\left(\frac{x-\lambda}{2}\right)+C,(p=-\sqrt{(q^2+r^2)}).\ [1$$

Intégrons depuis 0 jusques à $\frac{\pi}{2}$, en employant en premier lieu la formule $Arctg.\,cy-Arctg.\,cz=Arctg.\frac{c(y-z}{1+c^2y}$ alors on trouve: $Tg.\left(\frac{\pi}{4}-\frac{1}{2}\lambda\right)-Tg.\left(-\frac{1}{2}\lambda\right)=\frac{2}{1+Sin.\,\lambda+Cos.\,\lambda}$, $Tg.\left(\frac{\pi}{4}-\frac{1}{2}\lambda\right).Tg.\left(-\frac{1}{2}\lambda\right)=$ $\frac{1-Sin.\lambda-Cos.\lambda}{1+Sin.\lambda+Cos.\lambda}$; encore: $Tg.\left(\frac{\pi}{4}-\frac{1}{2}\lambda\right)=\frac{1-Sin.\lambda+Cos.\lambda}{1+Sin.\lambda+Cos.\lambda}$, $Cot.\left(\frac{\pi}{4}-\frac{1}{2}\lambda\right)-Cot.\left(-\frac{1}{2}\lambda\right)=\frac{2}{-1+Sin.\lambda+Cos.\lambda}$

Lorsqu'on fait usage de ces réductions et que l'on substitue ensuite $a\,Sin.\,\lambda=r$, $a\,Cos.\,\lambda=q$, on obtient:

$$\int_0^{\frac{\pi}{2}}\frac{dx}{p+q\,Cos.\,x+r\,Sin.\,x}=\frac{2}{p\sqrt{\left\{1-\frac{q^2+r^2}{p^2}\right\}}}Arctg.\left(\frac{\sqrt{(p^2-q^2-r^2)}}{p+q+r}\right),\ p^2>q^2+r^2;\ .\ (116)$$

$$=\frac{1}{2\sqrt{(q^2+r^2-p^2)}}\,l\left[\frac{p+q+r+\sqrt{(q^2+r^2-p^2)}}{p+q+r-\sqrt{(q^2+r^2-p^2)}}\right]^2,\ p^2<q^2+r^2;\ \ldots\ldots\ (117)$$

---

[11] BJÖRLING, Grunert's Archiv, Bd. 21. S. 26.
Page 208.

$$\int_0^{\frac{\pi}{2}} \frac{dx}{p + q\, Cos.\, x + r\, Sin.\, x} = \frac{2}{q + r + \sqrt{(q^2 + r^2)}}\,,\; p = +\sqrt{(q^2 + r^2)}; \;\ldots (118)$$

$$= \frac{2}{q + r - \sqrt{(q^2 + r^2)}}\,,\; p = -\sqrt{(q^2 + r^2)}.$$

Mais cette dernière ne vaut que pour un r négatif, puisque autrement pour $x = \lambda$ la fonction à intégrer deviendrait discontinue; car alors le dénominateur $-\sqrt{(q^2 + r^2)} + q\, Cos.\, \lambda + r\, Sin.\, \lambda$ serait zéro. Dès-lors on a:

$$\int_0^{\frac{\pi}{2}} \frac{dx}{-\sqrt{(q^2 + r^2)} + q\, Cos.\, x - r\, Sin.\, x} = \frac{2}{q - r - \sqrt{(q^2 + r^2)}}, \;[12] \;. . (119)$$

$$\int_0^{\frac{\pi}{2}} \frac{dx}{-\sqrt{(q^2 + r^2)} + q\, Cos.\, x + r\, Sin.\, x} = \infty \;\ldots\ldots\ldots\ldots (120)$$

Pour l'intégration de 0 à π, on a: $Tg.\, \{\frac{1}{2}(\pi - \lambda)\} - Tg.\, (-\frac{1}{2}\lambda) = \frac{2}{Sin.\, \lambda}$,
et $Tang.\, \{\frac{1}{2}(\pi - \lambda)\}\,.\, Tg.\, (-\frac{1}{2}\lambda) = -1$, donc:

$$\int_0^{\pi} \frac{dx}{p + q\, Cos.\, x + r\, Sin.\, x} = \frac{2}{p\sqrt{\left(1 - \frac{q^2 + r^2}{p^2}\right)}} Arctg.\left(\sqrt{\frac{(p^2 - q^2 - r^2)}{r^2}}\right), p^2 > q^2 + r^2, r > 0; .(123)$$

$$= \frac{2}{p\sqrt{\left(1 - \frac{q^2 + r^2}{p^2}\right)}}\left\{\pi - Arctg.\left(\sqrt{\frac{(p^2 - q^2 - r^2)}{r^2}}\right)\right\}, p^2 > q^2 + r^2, r < 0; . (124)$$

$$= \frac{1}{2\sqrt{(q^2 + r^2 - p^2)}}\, l\left[\frac{r - \sqrt{(q^2 + r^2 - p^2)}}{r + \sqrt{(q^2 + r^2 - p^2)}}\right]^2, \; p^2 < q^2 + r^2; \ldots (125)$$

$$= \frac{2}{r}, p = \pm\sqrt{(q^2 + r^2)}, r > 0 \;;\; (126), \qquad = \infty \;,\; p = \pm\sqrt{(q^2 + r^2)}, r < 0 \;. (127)$$

Quant à la différence entre les valeurs (123) et (124), elle vient de ce qu'on trouve r pour le dénominateur sous le signe *Arctg.*; donc son argument devient positif et négatif avec r. Quant à la valeur (127), il s'ensuit de l'intégrale (120) qu'elle est infinie pour $\sqrt{(q^2 + r^2)}$ négatif, mais ici la

---

[12] Prenez r négatif dans (118); et combinez ce résultat avec l'intégrale (118) par voie d'addition et de soustraction, vous aurez:

$$\int_0^{\frac{\pi}{2}} \frac{q\, Cos.\, x - r\, Sin.\, x}{(q\, Sin.\, x + r\, Cos.\, x)^2} dx = 2\frac{q - r}{q\, r}, \ldots (121), \qquad \int_0^{\frac{\pi}{2}} \frac{dx}{(q\, Sin.\, x + r\, Cos.\, x)^2} = \frac{2}{q\, r} \;\ldots (122)$$

fonction devient aussi discontinue pour $x=\pi-\lambda$ et $\sqrt{(q^2+r^2)}$ positif, à cause de $+\sqrt{(q^2+r^2)}-q\,Cos.\,\lambda+(-r)\,Sin.\,\lambda$: donc l'intégrale (127) est infinie, que $\sqrt{(q^2+r^2)}$ soit positif ou négatif.

Lorsqu'on veut intégrer de 0 à 2π, on a:

$$\int_\pi^{2\pi}\frac{dx}{p+q\,Cos.\,x+r\,Sin.\,x}=\int_\pi^0\frac{-dy}{p+q\,Cos.\,y-r\,Sin.\,y}=\int_0^\pi\frac{dy}{p+q\,Cos.\,y-r\,Sin.\,y};$$

où l'on a substitué $y=2\pi-x$, donc:

$$\int_0^{2\pi}\frac{dx}{p+q\,Cos.\,x+r\,Sin.\,x}=\int_0^\pi\frac{dx}{p+q\,Cos.\,x+r\,Sin.\,x}+\int_0^\pi\frac{dx}{p+q\,Cos.\,x-r\,Sin.\,x}.$$

A l'aide des résultats (123) à (127) on a:

$$\int_0^{2\pi}\frac{dx}{p+q Cos.x+r Sin.x}=\frac{2}{p\sqrt{\left(1-\frac{q^2+r^2}{p^2}\right)}}\left\{Arctg.\frac{\sqrt{(p^2-q^2-r^2)}}{r}+Arctg.\frac{\sqrt{(p^2-q^2-r^2)}}{-r}\right\}=$$

$$=\frac{2\pi}{p\sqrt{\left(1-\frac{q^2+r^2}{p^2}\right)}},\ (p^2>q^2+r^2),\ (\text{T. }90,\ \text{N}^\circ.\ 1,5),\ =\frac{1}{\sqrt{(q^2+r^2-p^2)}}\left[l\left(\frac{r-\sqrt{(q^2+r^2-p^2)}}{r+\sqrt{(q^2+r^2-p^2)}}\right)^2+\right.$$

$$\left.+\,l\left(\frac{-r-\sqrt{(q^2+r^2-p^2)}}{-r+\sqrt{(q^2+r^2-p^2)}}\right)^2\right]=\frac{1}{2\sqrt{(q^2+r^2-p^2)}}\,l\,1=0,\ (p^2<q^2+r^2),\ (\text{T. }90,\ \text{N}^\circ.\ 2,6),$$

$=\infty$, $(p^2=q^2+r^2)$ (T. 90, N°. 4, 7).

Il ne faut pas s'étonner, que l'*Arctg.* s'élimine dans la première de ces intégrales: car si l'on emploie ici la valeur multiple de l'*Arctg.*, la formule aura pour valeur $\frac{2}{p\sqrt{\left(1-\frac{q^2+r^2}{p^2}\right)}}\,r'''\,\pi$, où r''' est la différence des deux quantités r' et r'' dans chaque intégrale (123) ou (124). Or, ces formules-ci donnent $\int_0^\pi\frac{dx}{p+q\,Cos.\,x+r\,Sin.\,x}<\frac{2}{p\sqrt{\left(1-\frac{q^2+r^2}{p^2}\right)}}\frac{\pi}{2}$,

$\int_0^\pi\frac{dx}{p+q\,Cos\,x-r\,Sin.\,x}<\frac{2}{p\sqrt{\left(1-\frac{q^2+r^2}{p^2}\right)}}\pi$: donc notre intégrale $<\frac{2}{p\sqrt{\left(1-\frac{q^2+r^2}{p^2}\right)}}\frac{3}{2}\pi$,

et dès-lors $r'''=1$, comme on a trouvé ci-dessus. Quant à la dernière intégrale, il faut remarquer qu'il y a ici plusieurs cas de discontinuité: pour $p=-\sqrt{(q^2+r^2)}$, auprès de $x=\lambda$, ou de $x=2\pi-\lambda$, suivant que r est positif ou négatif; de même pour $p=+\sqrt{(q^2+r^2)}$, auprès de $x=\pi+\lambda$, ou de $x=\pi-\lambda$, suivant que r est positif ou négatif.

De la même manière qu'au N°. 13 on aura encore:

$$\int_0^{2a\pi}\frac{dx}{p+q\,Cos.\,x+r\,Sin.\,x}=\frac{2a\pi}{p\sqrt{\left(1-\frac{q^2+r^2}{p^2}\right)}},\ (p^2>q^2+r^2),=0,\ (p^2<q^2+r^2),\ (\text{T.}94,\ \text{N}^\circ.6,7),$$

$$=\infty,\ (p^2=q^2+r^2)\ \ldots\ldots\ldots\ldots\ (128)$$

Comme $\int \frac{p^2-q^2-r^2}{(p+q\,Cos.\,x+r\,Sin.\,x)^2}\,dx = \frac{-a\,Sin.\,(x-\lambda)}{p+a\,Cos.\,(x-\lambda)} + p\int\frac{dx}{p+q\,Cos.\,x+r\,Sin.\,x}$,

les formules (116) à (120) nous donnent:

$$\int_0^{\frac{\pi}{2}}\frac{dx}{(p+q\,Cos.x+r\,Sin\,x)^2} = -\frac{q^2+r^2+p\,(q+r)}{(p+q)(p+r)(p^2-q^2-r^2)} + \frac{2}{\sqrt{(p^2-q^2-r^2)^3}}Arctg.\left(\frac{\sqrt{(p^2-q^2-r^2)}}{p+q+r}\right),\ p^2>q^2+r^2, . (129)$$

$$= \frac{q^2+r^2+p(q+r)}{(p+q)(p+r)(q^2+r^2-p^2)} + \frac{p}{2\sqrt{(q^2+r^2-p^2)^3}}\,l\left[\frac{p+q+r+\sqrt{(q^2+r^2-p^2)}}{p+q+r-\sqrt{(q^2+r^2-p^2)}}\right]^2,\ p^2<q^2+r^2, . (130)$$

$$= \infty,\ p^2 = q^2+r^2 \ldots\ldots\ldots\ldots\ldots\ldots (131)$$

17. On a: $\int\frac{dx}{1+p^2\,Tang.^2\,x} = \frac{1}{1-p^2}\int dx\,(1-p^2)\frac{1+Tang.^2\,x}{1+p^2\,Tang.^2\,x} = \frac{x}{1-p^2} -$

$- \frac{p}{1-p^2}\int\frac{d.\,p\,Tang.\,x}{1+p^2\,Tang.^2\,x} = \frac{x}{1-p^2} - \frac{p}{1-p^2}\,Arctg.\,(p\,Tang.\,x)$, donc:

$$\int_0^{\frac{\pi}{2}}\frac{dx}{1+p^2\,Tg.^2x} = \frac{1}{1-p^2}\left(\frac{\pi}{2}-0\right) - \frac{p}{1-p^2}\left\{Arctg.\,\infty - Arctg.0\right\} = \frac{1}{1-p^2}\frac{\pi}{2} - \frac{p}{1-p^2}\frac{\pi}{2} = \frac{\pi}{2(1+p)}.$$

(T. 66, N°. 2). Mais par la substitution de $x = \pi - y$, il vient:

$$\int_0^{\frac{\pi}{2}}\frac{dx}{1+p^2\,Tg.^2x} = \int_\pi^{\frac{\pi}{2}}\frac{-dy}{1+p^2\,Tg.^2x} = \int_{\frac{\pi}{2}}^{\pi}\frac{dy}{1+p^2\,Tg.^2y};\ \text{donc:}\int_0^{\pi}\frac{dx}{1+p^2\,Tg.^2x} = 2\int_0^{\frac{\pi}{2}}\frac{dx}{1+p^2\,Tg.^2x} = \frac{\pi}{1+p}.\ (132)$$

Encore a-t-on: $\int\frac{Sin.\,x\,dx}{\sqrt{(1+p^2-2p\,Cos.\,x)}} = \frac{1}{p}\sqrt{(1+p^2-2p\,Cos.\,x)}$, $\int\frac{Sin.\,x\,dx}{\sqrt{(1+p^2-2p\,Cos.\,x)^3}} =$

$= \frac{-1}{p\sqrt{(1+p^2-2p\,Cos.\,x)}}$, $\int\frac{p-Cos.\,x}{\sqrt{(1+p^2-2p\,Cos.\,x)^3}}\,Sin.\,x\,dx = \frac{1-p\,Cos.\,x}{p^2\sqrt{(1+p^2-2p\,Cos.\,x)}}$;

l'intégration depuis 0 à π devra toujours rendre les quantités irrationelles positives: donc il faut avoir égard à la valeur de p pour savoir si $\sqrt{(1+p^2-2p)}$ est $1-p$ (si $p<1$), ou bien $p-1$ (si $p>1$); alors on trouve:

$$\int_0^{\pi}\frac{Sin\,x\,dx}{\sqrt{(1+p^2-2p\,Cos.x)}} = \frac{1+p}{p} - \frac{1-p}{p} = 2,(p<1), = \frac{1+p}{p} - \frac{p-1}{p} = \frac{2}{p},(p>1), \text{(T.86,N°.3,4)}, = 2,(p=1) . (133)$$

$$\int_0^{\pi}\frac{Sin.\,x\,dx}{\sqrt{(1+p^2-2p\,Cos.\,x)^3}} = \frac{-1}{p(1+p)} + \frac{1}{p(1-p)} = \frac{2}{1-p^2},(p<1), = \frac{-1}{p(1+p)} + \frac{1}{p(p-1)} =$$

$$= \frac{2}{p(p^2-1)},\ (p>1),\ = \infty,\ (p=1).\ \text{(T. 86, N°. 8—10)}.$$

Page 211.

$$\int_0^{\pi} \frac{p - Cos.\,x}{\sqrt{(1+p^2-2p\,Cos.\,x)^3}} Sin.\,x\,dx = \frac{1+p}{p^2(1+p)} - \frac{1-p}{p^2(1-p)} = 0 \;,\; (p<1)\;,$$

$$= \frac{1+p}{p^2(1+p)} - \frac{1-p}{p^2(p-1)} = \frac{2}{p^2} \;,\; (p>1)\;,\; (\text{T. 86, N°. 11, 12}),\; = \infty \;,\; (p=1)\;. \quad (134)$$

18. *Exercices.* Fonctions circulaires directes.

$$\int_0^{\frac{\pi}{2}} \frac{dx}{1+Cos.\,x} = 1, \ldots (135), \quad \int_0^{\frac{\pi}{2}} \frac{dx}{1-Cos.\,x} = -\infty, \ldots (136), \quad \int_0^{\pi} \frac{dx}{1+Cos.\,x} = \infty, \ldots (137)$$

$$\int_{\frac{\pi}{2}}^{\pi} \frac{dx}{1-Cos.\,x} = -1, \ldots (138), \quad \int_0^{\frac{\pi}{4}} \frac{dx}{1+p^2\,Tang.^2\,x} = \frac{1}{1-p^2}\left\{\frac{\pi}{4} - p\,Arctg\,p\right\}, \ldots (139)$$

$$\int_0^{\frac{\pi}{2}} \frac{dx}{p^2+Tang.^2\,x} = \frac{\pi}{2p(1+p)},\; (\text{T. 66, N°. 11}), \quad \int_0^{\frac{\pi}{2}} \frac{Tang.^2\,x\,dx}{p^2+Tang.^2\,x} = \frac{\pi}{2(1+p)}, \ldots (140)$$

$$\int_0^{\frac{\pi}{2}} \frac{Tg.^2\,x\,dx}{1+p^2\,Tg.^2\,x} = \frac{\pi}{2p(1+p)}, (\text{T.66, N°.3}), \int_0^{\frac{\pi}{4}} Tg.x\,dx = \frac{1}{2}\,l\,2, (\text{T.46, N°.1}), \int_0^{\frac{\pi}{2}} \frac{dx}{Cos.x} = l(1+\sqrt{2}), . (141)$$

$$\int_0^{\frac{\pi}{4}} \frac{dx}{Cos.^2\,x} = 1, \ldots (142), \quad \int_a^b \frac{dx}{Sin.\,x.\,Cos.\,x} = l(Cot.\,a\,Tang.\,b)\;,\; a<b<\frac{\pi}{2}; \ldots (143)$$

$$\int_a^b \frac{dx}{Sin.^2\,x.\,Cos.^2\,x} = 2\,(Cot.\,2a - Cot.\,2b),\, a<b<\frac{\pi}{2}; \;. (144), \quad \int_{\frac{\pi}{4}}^{\frac{\pi}{2}} \frac{dx}{Sin.\,x} = -l(\sqrt{2}-1)\;. (145)$$

19. *De l'intégrale* $\int \frac{l((x))^p dx}{x}$. On a $\int \frac{l((x))^p}{x} dx = \frac{1}{p+1} l((x))^{p+1} + C = \frac{1}{p+1}\{lx + 2r\pi i\}^{2p+1} + C$, lorsqu'on y substitue la valeur multiple de $l((x))$ (C. P. 5). Quand à présent on différentie le second membre de cette équation, il vient $(lx + 2r\pi i)^p \frac{dx}{x}$: donc il faut prendre le zéro pour r, ou il faut écrire sous le signe d'intégration $2r\pi i + lx$ au lieu de lx, afin d'obtenir l'égalité des deux fonctions. On a donc $\int \frac{(2r\pi i + lx)^p}{x} dx = \frac{1}{p+1}(lx + 2r\pi i)^{p+1} + C$, ou bien, comme il suit facilement de l'intégrale primitive $\int \frac{(q+lx)^p}{x} dx = \frac{1}{p+1}(q+lx)^{p+1} + C$, où q peut être à présent toute quantité imaginaire ou réelle. Donc on a:

Page 212.

$$\int_t^s \frac{l((x))^p}{x} dx = \frac{1}{p+1} \left[l((s))^{p+1} - l((t))^{p+1} \right], \ldots\ldots\ldots\ldots (146)$$

$$\int_t^s \frac{(lx+q)^p}{x} dx = \frac{1}{p+1} \left[(ls+q)^{p+1} - (lt+q)^{p+1} \right]. \text{ (T. 189, N°. 14).}$$

Pour p négatif, ces formules valent encore, à moins que p ne soit inégal à l'unité négative:

$$\int_t^s \frac{dx}{x\,l((x))^p} = \frac{1}{1-p} \left\{ l((s))^{1-p} - l((t))^{1-p} \right\}, \ldots\ldots\ldots\ldots (147)$$

$$\int_t^s \frac{dx}{x(q+lx)^p} = \frac{1}{1-p} \left\{ (q+ls)^{1-p} - (q+lt)^{1-p} \right\}. \ldots\ldots\ldots\ldots (148)$$

Pour $p = -1$ dans l'intégrale primitive on a $\int \frac{dx}{x\,l((x))} = l\,l((x)) + C$. La différentiation prouve de nouveau, que les deux valeurs générales de $l((x))$ valent pour le même r, et encore, que l'on peut écrire $q+lx$ au lieu de lx: c'est-à-dire $\int \frac{dx}{x(q+lx)} = l(q+lx) + C$. Donc:

$$\int_t^s \frac{dx}{x(q+lx)} = l\frac{q+ls}{q+lt}. \text{ (T. 189, N°. 16)}, \qquad \int_t^s \frac{dx}{x\,l((x))} = l\frac{l((s))}{l((t))}, \ldots\ldots (149).$$

20. *De l'intégrale* $\int \frac{Arctg.((x))^p}{1+x^2} dx$. On a: $\int \frac{Arctg.((x))^p}{1+x^2} dx = \frac{1}{p+1} Arctg.((x))^{p+1} + C$ $= \frac{1}{p+1} \{Arctg.x + r\pi\}^{p+1} + C$, après la substitution de la valeur multiple d'*Arctg. x.* (C. P. 15). Lorsqu'on différentie le second membre de cette équation, r ne s'élimine pas; donc il faut, tout comme au N°. précédent, prendre r zéro, ou il faut écrire $r\pi + Arctg.x$ sous le signe d'intégration au lieu d'*Arctg. x*: encore peut-on mettre une quantité q quelconque au lieu de $r\pi$ simultanément dans l'intégrale et dans sa valeur: $\int \frac{(q+Arctg.x)^p}{1+x^2} dx = \frac{1}{p+1}(q+Arctg.x)^{p+1} + C.$ Donc on trouve:

$$\int_t^s \frac{Arctg.((x))^p}{1+x^2} dx = \frac{1}{p+1} \left[Arctg.((s))^{p+1} - Arctg.((t))^{p+1} \right], \ldots\ldots\ldots\ldots (150)$$

$$\int_0^1 \frac{Arctg.((x))^p}{1+x^2} dx = \frac{1}{p+1} \left\{ (r\pi + \tfrac{1}{4}\pi)^{p+1} - (r\pi)^{p+1} \right\}, \ldots\ldots\ldots\ldots (151)$$

$$\int_1^\infty \frac{Arctg.((x))^p}{1+x^2} dx = \left\{ (r\pi + \tfrac{1}{2}\pi)^{p+1} - (r\pi + \tfrac{1}{4}\pi)^{p+1} \right\}, \ldots\ldots\ldots\ldots (152)$$

$$\int_0^\infty \frac{Arctg.((x))^p}{1+x^2}dx = \frac{1}{p+1}\{(r\pi+\tfrac{1}{2}\pi)^{p+1}-(r\pi)^{p+1}\}, \quad (153), \text{ (pour } r=0: \text{ T. 265, N°. 21)},$$

$$\int_t^s \frac{(q+Arctg.x)^p}{1+x^2}dx = \frac{1}{p+1}\left[(q+Arctg.s)^{p+1}-(q+Arctg.t)^{p+1}\right], \quad \ldots \quad (154)$$

$$\int_0^\infty \frac{(q+Arctg.x)^p}{1+x^2}dx = \frac{1}{p+1}\left[\left(q+\frac{\pi}{2}\right)^{p+1}-q^{p+1}\right]. \text{ (T. 265, N°. 22)}.$$

Dans toutes ces formules on a $-\infty < p < -1$, $-1 < p < \infty$. Pour $p=-1$, on obtient:

$$\int \frac{1}{Arctg.((x))}\frac{dx}{1+x^2} = l\{Arctg.((x))\}+C, \int \frac{1}{q+Arctg.x}\frac{dx}{1+x^2} = l(q+Arctg.x),$$

ce qui se déduit aisément des considérations précédentes. Donc:

$$\int_t^s \frac{1}{Arctg.((x))}\frac{dx}{1+x^2} = l\frac{Arctg.((s))}{Arctg.((t))}, \quad (155), \quad \int_t^s \frac{1}{q+Arctg.x}\frac{dx}{1+x^2} = l\frac{q+Arctg.s}{q+Arctg.t}, \ldots (156)$$

$$\int_0^1 \frac{1}{Arctg.((x))}\frac{dx}{1+x^2} = l\frac{4r+1}{4r}, \ldots (157), \quad \int_1^\infty \frac{1}{Arctg.((x))}\frac{dx}{1+x^2} = l\frac{4r+2}{4r+1}, \ldots (158)$$

$$\int_0^\infty \frac{1}{Arctg.((x))}\frac{dx}{1+x^2} = l\frac{2r+1}{2r}, \ldots (159), \quad \int_0^\infty \frac{1}{q+Arctg.x}\frac{dx}{1+x^2} = l\frac{2q+\pi}{2q} \ldots (160)$$

On voit que dans plusieurs des formules de N°. 19 et de N°. 20, la quantité arbitraire r se trouve encore dans la valeur, et qu'on satisfait ainsi au caractère de multiplicité, qui doit lui appartenir.

21. $$\int \frac{x e^x dx}{(1+x)^2} = \frac{e^x}{1+x}, \text{donc}: \int_0^1 \frac{x e^x dx}{(1+x)^2} = \frac{e}{2}-\frac{1}{1} = \frac{e-2}{2}, \text{ (T. 112, N°. 5)};$$

$$\int x Sin.qx\,dx = \frac{1}{q^2}(Sin.qx - qx\,Cos.qx), \text{ donc: } \int_0^{\frac{\pi}{4}} x\,Sin.qx\,dx = \frac{1}{q^2}Sin.\frac{1}{4}q\pi - \frac{\pi}{4q}Cos.\frac{1}{4}q\pi, \ . \ (161)$$

$$\int_0^{\frac{\pi}{2}} x\,Sin.\,qx\,dx = \frac{1}{q^2}Sin.\frac{1}{2}q\pi - \frac{\pi}{2q}Cos.\frac{1}{2}q\pi, \ldots \ldots (162)$$

$$\int_0^\pi x\,Sin.\,qx\,dx = \frac{1}{q^2}Sin.\,q\pi - \frac{\pi}{q}Cos.\,q\pi, \ldots (163), = \frac{\pi}{q}(-1)^{q+1}, \ q \text{ entier, (T. 244, N°. 2)}$$

$$\int x\,Cos.qx\,dx = \frac{1}{q^2}(Cos.qx + qx\,Sin.qx), \text{donc}: \int_0^{\frac{\pi}{4}} x\,Cos.qx\,dx = \frac{1}{q^2}\left(Cos.\frac{1}{4}q\pi - 1\right) + \frac{\pi}{4q}Sin.\frac{1}{4}q\pi, (164)$$

$$\int_0^{\frac{\pi}{2}} x\, Cos.\, q\, x\, dx = \frac{1}{q^2}\left(Cos.\frac{1}{2} q\pi - 1\right) + \frac{\pi}{2q} Sin.\frac{1}{2} q\pi, \ldots\ldots\ldots (165)$$

$$\int_0^{\pi} x\, Cos.\, qx\, dx = \frac{1}{q^2}(Cos. q\pi - 1) + \frac{\pi}{q} Sin. q\pi,\ (166),\ = \frac{1}{q^2}\{(-1)^q - 1\}, q \text{ entier}; \text{(T. 244, N°. 1)},$$

donc la valeur de cette dernière intégrale est 0 ou $-\frac{2}{q^2}$, selon que q est pair ou impair.

22. *Exercices.* $\int_0^1 \frac{1}{(q + l\, x)^p} \frac{dx}{x} = \frac{q^{1-p}}{1-p}, \ldots (167),\ \int_1^\infty \frac{1}{(q + l\, x)^p} \frac{dx}{x} = \frac{q^{1-p}}{p-1}, \ldots (168)$

$$\int_0^\infty \frac{1}{(q + l\, x)^p} \frac{dx}{x} = 0, \ldots (169),\ \int_0^1 \frac{(q + Arctg.\, x)^p}{1 + x^2}\, dx = \frac{1}{p+1}\left[\left(q + \frac{\pi}{4}\right)^{p+1} - q^{p+1}\right], \ldots (170)$$

$$\int_1^\infty \frac{(q + Arctg. x)^p}{1 + x^2} dx = \frac{1}{p+1}\left[\left(q + \frac{\pi}{2}\right)^{p+1} - \left(q + \frac{\pi}{4}\right)^{p+1}\right], (171),\ \int_0^1 \frac{1}{q + Arctg. x} \frac{dx}{1 + x^2} = l\frac{4q + \pi}{4q}, (172)$$

$$\int_0^\infty \frac{1}{q + Arctg. x} \frac{dx}{1 + x^2} = l\frac{4q + 2\pi}{4q + \pi}, \ldots (173),\ \int_0^p \frac{x e^{-x} dx}{(1-x)^2} = 1 - \frac{e^{-p}}{1-p},\ p < 1; \ldots (174)$$

$$\int_0^{\frac{\pi}{4}} x\, Sin.\, x\, dx = \frac{4 - \pi}{4\sqrt{2}}, \ldots (175),\ \int_0^{\frac{\pi}{2}} x\, Sin.\, x\, dx = 1, \ldots (176),\ \int_0^\pi x\, Sin.\, x\, dx = \pi, \ldots (177)$$

$$\int_0^{\frac{\pi}{4}} x\, Cos. x\, dx = \frac{4 + \pi}{4\sqrt{2}} - 1, . (178),\ \int_0^{\frac{\pi}{2}} x\, Cos.\, x\, dx = \frac{\pi - 2}{2}, \text{(T. 238, N°. 1)},\ \int_0^\pi x\, Cos.\, x\, dx = -2, . (179)$$

$$\int_0^{\frac{\pi}{4}} \frac{x\, dx}{Cos.^2\, x} = \frac{\pi}{4} - \frac{1}{2} l\, 2,\ \text{(T. 237, N°. 5)},\ \int_{\frac{\pi}{4}}^{\frac{\pi}{2}} \frac{x\, dx}{Sin.^2\, x} = -\frac{\pi}{4} - \frac{1}{2} l\, 2. \ldots\ldots\ldots (180)$$

23. Lorsque dans l'équation (a) de N°. 1, $F(x)$ est de la forme $F\{\varphi(x)\}$, où $\varphi(x)$ est quelque fonction multiple de x, et que $\varphi(x)$ change une ou plusieurs fois de signe entre les limites a et b de x, (où en général les valeurs générales de $\varphi(x)$ sont autres pour des x positifs que pour des x négatifs), par exemple pour les valeurs c et d de x, alors on peut prendre:

$$F(b) - F(a) = F(b) - F(c + \delta) + F(c - \delta) - F(d + \delta) + F(d - \delta) - \ldots - F(a),\ \text{Lim.}\, \delta = 0.\ [13]. (c)$$

[13] Raabe, Journal von Crelle, Bd. 37, S. 356, ou le même, Journal von Crelle, Bd. 41, S. 54 (le même Mémoire).

Cette observation peut souvent rendre le calcul plus facile, lorsque dans ce calcul on garde δ et qu'à la fin on prend le zéro pour δ. Soit par exemple $\mathrm{F}(x) = Arctg.\, x$, alors on a $\int f(x)\,dx = Arctg.\left[\varphi(x)\right] + \mathrm{C}$. Lorsque à présent l'équation $\varphi(x) = 0$ a plusieurs racines réelles $c_1, c_2 \ldots c_n$, (toutes comprises entre les limites a et b de l'intégration, car les autres ne nous regardent pas), elle passe du positif au négatif ou inversément pour chacune de ces racines; donc on trouve alors:

$$\int_a^b f(x)\,dx = \int_a^{c_1-\delta} f(x)\,dx + \int_{c_1+\delta}^{c_2-\delta} f(x)\,dx + \ldots + \int_{c_n+\delta}^{b} f(x)\,dx.$$

Mais comme $Arctg.\left[((\varphi(x)))\right] = r\pi + Arctg.\left[\varphi(x)\right]$, ou $= r\pi - Arctg.\left[(-\varphi x)\right]$, selon que $\varphi(x)$ est positif ou négatif, et que dans ces intégrales ces cas ont lieu alternativement, on aura en supposant la première positive:

$$\int_a^b f(x)dx = \left\{Arctg.\left[\varphi(c_1-\delta)\right] - Arctg.\left[\varphi(a)\right]\right\} + \left\{-Arctg.\left[-\varphi(c_2-\delta)\right] + Arctg.\left[-\varphi(c_1+\delta)\right]\right\} + \ldots$$
$$+ \left\{(-1)^n Arctg.\left[(-1)^n\varphi(b)\right] + (-1)^{n-1} Arctg.\left[(-1)^n\varphi(c_n+\delta)\right]\right\};$$

ou quand elle est négative:

$$\int_a^b f(x)dx = \left\{-Arctg.\left[-\varphi(c_1-\delta)\right] + Arctg.\left[-\varphi(a)\right]\right\} + \left\{Arctg.\left[\varphi(c_2-\delta)\right] - Arctg.\left[\varphi(c_1+\delta)\right]\right\} + \ldots$$
$$+ \left\{(-1)^{n-1} Arctg.\left[(-1)^{n-1}\varphi(b)\right] + (-1)^n Arctg.\left[(-1)^{n-1}\varphi(c_n+\delta)\right]\right\}.$$

Mais on a $+ Arctg.\left[-\varphi(c_k-\delta)\right] = - Arctg.\left[\varphi(c_k+\delta)\right]$, puisque la fonction doit rester continue; par suite:

$$\left.\begin{array}{rl} \displaystyle\int_a^b f(x)\,dx = & (-1)^{n-1} Arctg.\left[(-1)^n\varphi(b)\right] - Arctg.\left[\varphi(a)\right] + \\ & + 2\left\{Arctg.\left[\varphi(c_1-\delta)\right] - Arctg.\left[\varphi(c_2+\delta)\right] + Arctg.\varphi\left[(c_3-\delta)\right] - \ldots\right\}; \\ \text{ou} \quad = & (-1)^{n-1} Arctg.\left[(-1)^{n-1}\varphi(b)\right] - Arctg.\left[-\varphi(a)\right] - \\ & - 2\left\{Arctg.\left[\varphi(c_1-\delta)\right] - Arctg.\left[\varphi(c_2+\delta)\right] + Arctg.\varphi\left[(c_3-\delta)\right] - \ldots\right\}; \end{array}\right\} \quad . \; . \; (d)$$

selon que $\varphi(x)$ est positive ou négative de a jusques à c_1.

24. Soit par exemple l'intégrale:

$$\int_{-r}^{+r} \frac{dx}{x^2+q^2} = \int_{-r}^{+r} \frac{1}{q} d.\, Arctg.\frac{x}{q};$$

ici le signe de $\varphi(x)$ change avec celui de x, donc pour $r > q$:

$$\int_{-r}^{+r} \frac{dx}{x^2+q^2} = \frac{1}{q}\left\{+ Arctg.\left[\varphi(r)\right] - Arctg.\left[-\varphi(-r)\right] - 2\,Arctg.\left[\varphi(0+\delta)\right]\right\} =$$

$$= \frac{1}{q} Arctg.\frac{r}{q} + Arctg.\frac{r}{q} - 2\,Arctg.\,0 = \frac{2}{q} Arctg.\frac{r}{q}; \quad \ldots\ldots\ldots\ldots \quad (181)$$

donc:

Page 216.

$$\int_{-q}^{q}\frac{dx}{x^2+q^2}=\frac{\pi}{2q}, . (182), \int_{-1}^{+1}\frac{dx}{x^2+q^2}=\frac{2}{q}\,Arccot.\,q, . (183), \int_{-\infty}^{\infty}\frac{dx}{x^2+q^2}=\frac{\pi}{q}, \text{ (T. 29, N°. 3).}$$

Soit encore:

$$\int\frac{dx}{1-2px+x^2}=\frac{1}{\sqrt{(1-p^2)}}\,Arctg.\left(\frac{x-p}{\sqrt{(1-p^2)}}\right)+\mathrm{C}, (p^2<1), =\frac{2}{\sqrt{(p^2-1)}}\,l\,\frac{x-p-\sqrt{(p^2-1)}}{x-p+\sqrt{(p^2-1)}}, (p^2>1)$$

le dénominateur de la fonction à intégrer s'évanouit pour les deux racines $x=p\pm\sqrt{(p^2-1)}$, donc, entre les limites 0 et 1, la fonction reste continue dans le cas de $p^2>1$; elle devient discontinue dans le cas de $p^2<1$. Par conséquent on aura:

$$\int_0^1\frac{dx}{1-2px+x^2}=\frac{1}{\sqrt{(1-p^2)}}\left\{Arctg.\left(\frac{1-p}{\sqrt{(1-p^2)}}\right)-Arctg.\left(\frac{-p}{\sqrt{(1-p^2)}}\right)+2\,Arctg.\left(\frac{\delta}{\sqrt{(1-p^2)}}\right)\right\}=$$

$$=\frac{1}{\sqrt{(1-p^2)}}\,Arctg.\left(\sqrt{\frac{1+p}{1-p}}\right), (p^2<1), (184), =\frac{2}{\sqrt{(p^2-1)}}\,l\,\frac{\sqrt{(p+1)}-\sqrt{(p-1)}}{\sqrt{(p+1)}+\sqrt{(p-1)}}, (p^2>1)\ :\ .\ (185)$$

Encore: $$\int_0^{\infty}\frac{dx}{1-2px+x^2}=\frac{1}{\sqrt{(1-p^2)}}\left\{Arctg.\,\infty-Arctg.\left(\frac{-p}{\sqrt{(1-p^2)}}\right)+2\,Arctg.\left(\frac{\delta}{\sqrt{(1-p^2)}}\right)\right\}=$$

$$=\frac{1}{\sqrt{(1-p^2)}}\,Arctg.\left(\frac{-p}{\sqrt{(1-p)}}\right), (p^2<1);\ .\ .\ (186), =\frac{2}{\sqrt{(p^2-1)}}\,l\,\frac{p-\sqrt{(p^2-1)}}{p+\sqrt{(p^2-1)}}.\ (p^2>1);.\ (187)$$

On a: $$\int\frac{p+rx^2}{p^2+2qx^2+r^2x^4}\,dx=\frac{1}{2Sin.\frac{1}{2}\varphi.\sqrt{pr}}\,Arctg.\left(\frac{2x\,Sin.\frac{1}{2}\varphi.\sqrt{pr}}{p-rx^2}\right), q^2<p^2r^2;\ \text{où } Cos.\varphi=\frac{-q}{pr}.$$

Ici $\varphi(x)=\dfrac{2x\,Sin.\frac{1}{2}\varphi.\sqrt{pr}}{p-rx^2}$ a trois racines: $x=-\sqrt{\dfrac{p}{r}}$, $x=0$, $x=+\sqrt{\dfrac{p}{r}}$, qui seront toutes à considérer, lorsqu'on intègre de $-\infty$ à ∞; donc:

$$2\,Sin.\tfrac{1}{2}\varphi.\sqrt{pr}\int_{-\infty}^{\infty}\frac{p+rx^2}{p^2+2qx^2+r^2x^4}\,dx=(-1)^3\,Arctg.\left[(-1)^3\,\varphi(\infty)\right]-Arctg.\left[\varphi(-\infty)\right]+$$

$$+2\left\{Arctg.\left[\varphi\left(-\sqrt{\frac{p}{r}}-\delta\right)\right]-Arctg.\left[\varphi(0+\delta)\right]+Arctg.\left[\varphi\left(\sqrt{\frac{p}{r}}-\delta\right)\right]\right\}$$

$$=-Arctg.0-Arctg.(-0)+2\left\{Arctg.\left(\frac{-2pSin.\frac{1}{2}\varphi-2\delta Sin.\frac{1}{2}\varphi.\sqrt{pr}}{p-p-2\delta\sqrt{pr}-r\delta^2}\right)-Arctg.\left(\frac{2\delta\,Sin.\frac{1}{2}\varphi.\sqrt{pr}}{p-r\delta^2}\right)+\right.$$

$$\left.+\,Arctg.\left(\frac{2\,p\,Sin.\frac{1}{2}\varphi-2\,\delta\,Sin.\frac{1}{2}\varphi.\sqrt{pr}}{p-p+2\delta\sqrt{pr}-r\delta^2}\right)\right\}$$

$$=-Arctg.\,0-Arctg.\,0+2\,(Arctg.\,\infty-Arctg.\,0+Arctg.\,\infty)=4\,Arctg.\,\infty=4\,\frac{\pi}{2}=2\,\pi,\ \text{donc:}$$

$$\int_{-\infty}^{\infty}\frac{p+rx^2}{p^2+2qx^2+r^2x^4}\,dx=\frac{\pi}{Sin.\frac{1}{2}\varphi.\sqrt{pr}},\ \text{où } Cos.\varphi=\frac{-q}{pr},\ q^2<p^2r^2.\ .\ .\ (188)$$

Page 217.

Pour $p = r = 1$ on a:

$$\int_{-\infty}^{\infty} \frac{1+x^2}{1+2qx^2+x^4} dx = \frac{\pi}{Sin. \{\frac{1}{2} Arccos. (-q)\}} \quad \ldots\ldots\ldots\ldots \quad (189)$$

Pour $q = \pm \frac{1}{2}$ cette dernière donne, puisque $Arccos. \left\{-\left(-\frac{1}{2}\right)\right\} = \frac{\pi}{3}$, $Sin. \left\{Arccos. \left(+\frac{1}{2}\right)\right\} = \frac{1}{2}$, $Arccos. \left(-\frac{1}{2}\right) = \frac{2\pi}{3}$, $Sin. \left\{Arccos. \left(-\frac{1}{2}\right)\right\} = \sqrt{\frac{1}{2}}$:

$$\int_{-\infty}^{\infty} \frac{1+x^2}{1-x^2+x^4} dx = 2\pi, \text{ (T. 30, N°. 16)}, \int_{-\infty}^{\infty} \frac{1+x^2}{1+x^2+x^4} dx = \pi\sqrt{2}. \text{ [14]} \quad \ldots\ldots \quad (190)$$

---

[14] Pour vérifier ces résultats on a:

$$\int_{-\infty}^{\infty} \frac{1+x^2}{1+2qx^2+x^4} dx = \int_0^{\infty} \frac{1+x^2}{1+2qx^2+x^4} dx + \int_{-\infty}^{0} \frac{1+x^2}{1+2qx^2+x^4} dx.$$

Lorsque dans la dernière intégrale on pose $x = -y$, elle devient égale à la précédente: donc

$$\int_{-\infty}^{\infty} \frac{1+x^2}{1+2qx^2+x^4} dx = 2\int_0^{\infty} \frac{1+x^2}{1+2qx^2+x^4} dx = 2\int_0^1 \frac{1+x^2}{1+2qx^2+x^4} dx + 2\int_1^{\infty} \frac{1+x^2}{1+2qx^2+x^4} dx.$$

Dans la dernière intégrale prenez $x = \frac{1}{y}$, d'où $dx = \frac{-dy}{y}$, avec les limites correspondantes 1 et 0 pour y, elle devient égale à la précédente; donc enfin:

$$\int_{-\infty}^{\infty} \frac{1+x^2}{1+2qx^2+x^4} dx = 4\int_0^1 \frac{1+x^2}{1+2qx^2+x^4} dx.$$

Or, ici les cas de discontinuité pour $x = 0$ et $x = \pm\sqrt{\frac{p}{r}} = \pm 1$ ne tombent pas entre les limites de l'intégration. On trouve donc tout de suite:

$$\int_0^1 \frac{1+x^2}{1+2qx^2+x^4} dx = \frac{1}{2\,Sin. \frac{1}{2}\varphi} \left(Arctg. \frac{2\,Sin. \frac{1}{2}\varphi}{1-1} - Arctg. 0\right) = \frac{\pi}{4\,Sin. \frac{1}{2}\varphi} = \quad \ldots \quad (191)$$

$$= \int_1^{\infty} \frac{1+x^2}{1+2qx^2+x^4} dx \quad \ldots\ldots\ldots\ldots\ldots\ldots \quad (192)$$

d'après ce qu'on a obtenu plus haut. Donc ensuite:

$$\int_0^{\infty} \frac{1+x^2}{1+2qx^2+x^4} dx = \frac{\pi}{2\,Sin. \frac{1}{2}\varphi}, \quad \ldots\ldots\ldots\ldots\ldots \quad (193)$$

et enfin l'intégrale (189). Partout ici on a pour l'auxiliaire $Cos. \varphi = -q$.

Page 218.

25. *Exercices.*

$$\int_0^1 \frac{x\,dx}{1-2px+x^2} = \frac{1}{2}l(2-2p) + \frac{p}{\sqrt{(1-p^2)}} Arctg.\left(\sqrt{\frac{1+p}{1-p}}\right), \; p^2 < 1; \text{ (T. 7, N°. 11)},$$

$$\int_{-\infty}^{\infty} \frac{dx}{1 \pm x\sqrt{3} + x^2} = 2\pi, \text{ (T. 30, N°. 15), (pour la première il faut considérer la racine } x = -\frac{1}{2}\sqrt{3},$$

et pour la seconde $x = +\frac{1}{2}\sqrt{3}$); $\int_0^1 \frac{1+x^2}{1+x^2+x^4}\,dx = \frac{1}{4}\pi\sqrt{2}$, (194), $= \int_1^\infty \frac{1+x^2}{1+x^2+x^4}\,dx$, (195),

$\int_0^\infty \frac{1+x^2}{1+x^2+x^4}\,dx = \frac{1}{2}\pi\sqrt{2}$, ... (196), $\int_0^\infty \frac{1+x^2}{1-x^2+x^4}\,dx = \pi$, (T. 25, N°. 16),

$\int_0^1 \frac{1+x^2}{1-x^2+x^4}\,dx = \frac{1}{2}\pi$, (T. 7, N°. 19), $= \int_1^\infty \frac{1+x^2}{1-x^2+x^4}\,dx$. (T. 31, N°. 19).

26. Il se peut encore que l'intégrale indéfinie change de forme, selon que x a une valeur inférieure ou supérieure à une certaine limite. Alors il faut diviser la distance des limites en deux parties, dont l'une finit à cette limite et dont l'autre y commence, et pour lesquelles vaut respectivement la valeur qui est propre à la valeur correspondante de x. Lorsque à présent la valeur de l'intégrale définie ne devient pas discontinue pour la dite limite intermédiaire de x, la somme des deux intégrales partielles sera la valeur de l'intégrale cherchée. On acquiert toujours dans ces cas un terme imaginaire, puisque en général la fonction sous le signe d'intégration devient imaginaire d'un côté ou d'autre de la limite. Supposons, par exemple, que nous ayons l'intégrale indéfinie:

$$\int f(x)\,dx = \varphi(x) \;,\; (x<a) \;,\; = \chi(x) \;,\; (x>a)\,; \;. \;. \;. \;. \;. \;. \;. \;. \;. \;. \;(e)$$

et que nous devions calculer l'intégrale définie:

$$\int_c^b f(x)\,dx, \text{ où } c<a<b, \text{ on aurait: } \int_c^b f(x)\,dx = \int_c^a f(x)\,dx + \int_a^b f(x)\,dx. \;. \;. \;. \;. \;(f)$$

Lorsque à présent la fonction $f(x)$ ne devient pas discontinue pour la valeur a de x, il faut employer dans la première intégrale, qui se trouve au second membre de (f), la première valeur $\varphi(x)$ de l'intégrale indéfinie (e), qui vaut entre ces limites de x: dans la seconde intégrale au contraire il faut faire usage de la seconde valeur $\chi(x)$ dans (e), puisque celle-ci vaut seule entre ces limites de x; de sorte que:

$$\int_c^b f(a)\,dx = \varphi(a) - \varphi(c) + \chi(b) - \chi(a). \;. \;. \;. \;. \;. \;. \;. \;. \;. \;. \;. \;. \;. \;. \;. \;(g)$$

Mais en général, lorsque la fonction ne devient pas discontinue entre les limites c et b de x, il faudra que l'on ait $\varphi(a) = \chi(a)$; par conséquent:

Page 219.

$$\int_c^b f(x)\,dx = \chi(b) - \varphi(c), \quad \ldots \ldots \quad (h)$$

et ici l'une des fonctions χ ou φ sera imaginaire, selon que $f(x)$ devient imaginaire entre les limites a et b ou entre c et a. [15].

27. *De l'intégrale* $\int Arcsin.x \frac{x\,dx}{\sqrt{(1-x^2)}}$. Soit l'intégrale indéfinie $\int Arcsin.((x)) \frac{x\,dx}{\sqrt{(1-x^2)}} =$
$= x - Arcsin.((x)).\sqrt{(1-x^2)}, (x<1), = x-(2r+\frac{1}{2})\pi i\sqrt{(x^2-1)}+\sqrt{(x^2-1)}l\{x+\sqrt{(x^2-1)}\}, (x>1)$.
Ici il y a une fonction $\varphi(x)$ qui vaut pour $x<1$, et une autre $\chi(x)$ qui vaut pour $x>1$. Donc on a:

$$\int_0^1 Arcsin.((x)) \frac{x\,dx}{\sqrt{(1-x^2)}} = 1 - 0 - 0 - Arcsin.((0)) = 1 - r\pi \,.\,.\,.\,. \quad (197)$$

Mais lorsqu'on veut intégrer de 0 à p (où $p>1$) il faut s'adresser à la formule (g), qui nous fournira:

$$\int_0^p Arcsin.((x)) \frac{x\,dx}{\sqrt{(1-x^2)}} = [1-0]-[0-Arcsin.((0))]+[p-(2r-\tfrac{1}{2})\pi i\sqrt{(p^2-1)}+\sqrt{(p^2-1)}l\{p+\sqrt{(p^2-1)}\}]-$$

$$-[1-0+0] = p - r\pi - (2r-\tfrac{1}{2})\pi i\sqrt{(p^2-1)}+\sqrt{(p^2-1)}\,l\,\{p+\sqrt{(p^2-1)}\}, \; p>1 \,.\,. \quad (198)$$

Pour $r = 0$ on a:

$$\int_0^1 Arcsin.x \frac{x\,dx}{\sqrt{(1-x^2)}} = 1, \quad \ldots \ldots \quad (199)$$

$$\int_0^p Arcsin.x \frac{x\,dx}{\sqrt{(1-x^2)}} = p + \tfrac{1}{2}\pi i\sqrt{(p^2-1)} + \sqrt{(p^2-1)}\,l\,\{p+\sqrt{(p^2-1)}\}, \; p>1 \,. \quad (200)$$

Ici l'on avait $\varphi(1) = \chi(1) = 1$, comme il a été dit plus haut; on voit encore que dans les intégrales (198) et (200) il se trouve une partie imaginaire, et aussi que $\sqrt{(1-x^2)}$ sous le signe d'intégration devient imaginaire depuis $x = 1$ jusques à $x = p$.

28. Lorsque les limites sont 0 et ∞ ou bien $-\infty$ et ∞, on peut traiter la transition des intégrales indéfinies à des intégrales définies d'une manière générale, qui en même temps nous mettra à l'abri de commettre des fautes dans les circonstances critiques, auxquelles cette transition est parfois sujette. Ecrivons la fonction à intégrer sous la forme d'un quotient de deux autres fonctions entières et rationelles:

$$f(x) = \frac{\varphi(x)}{\chi(x)}; \quad \ldots \ldots \quad (i)$$

alors en premier lieu il faut que le degré de la fonction χ surpasse celui de $\varphi(x)$ au moins de deux unités: car soit $n+m$ le degré de $\varphi(x)$ et n celui de $\chi(x)$: alors la division nous donnera

---

[15] Sur cette observation voyez HEINE, Journal von Crelle, Bd. 51, S. 382; ce mémoire est un complément du travail de Puiseux, Journal de Liouville, T. 15, p. 385.
Page 220.

$f(x) = Ax^m + Bx^{m-1} + \ldots + C + \frac{D}{x} + \frac{E}{x^2} + \ldots$, et l'intégration nous donnera une valeur infinie, à moins que les coefficiens A, B,…C, D ne s'annulent, c'est-à-dire à moins que m ne soit $= -2$ tout au plus; donc, si le degré de $\varphi(x)$ est n', et celui de $\chi(x)$ est $n' + m'$, m' doit être plus grand que 2.

En second lieu la fonction $\chi(x)$ ne doit pas avoir des racines positives auprès de l'intégration entre les limites 0 et ∞, car alors le facteur $x - p$ p. e. la rendrait discontinue: et par la même raison, il ne se peut pas qu'elle ait des racines négatives, lorsqu'on intègre de $-\infty$ à ∞. Encore suppose-t-on qu'il n'y ait pas des racines multiples, puisque alors la décomposition à mentionner ne serait plus valable. Il s'ensuit dès-lors, que la fonction $\chi(x)$ peut se diviser dans des facteurs de la forme: $x^2 + qx + r^2$, et à présent, sous les conditions précédentes, on peut réduire suivant des règles connues la fonction $f(x)$ à une somme de fractions partielles, à dénominateur de la forme $x^2 + qx + r^2$ et à numérateur de la forme $Qx + R$,

$$f(x) = \Sigma \frac{Qx + R}{x^2 + qx + r^2}, \quad \ldots\ldots\ldots\ldots (k)$$

où il faut que l'on ait $\Sigma Q = 0$, afin que le degré du dénominateur surpasse celui du numérateur au moins de deux unités, comme on a dû le supposer. On a par suite:

$$\int f(x)dx = \Sigma \int \frac{Qx + R}{x^2 + qx + r^2} dx + C = \Sigma \left[\tfrac{1}{4} Q l (x^2 + qx + r^2)^2 + \frac{R - \frac{1}{2}qQ}{\sqrt{(r^2 - \frac{1}{4}q^2)}} Arctg. \left\{ \frac{x + \frac{1}{2}q}{\sqrt{(r^2 - \frac{1}{4}q^2)}} \right\} \right] =$$

$$= \tfrac{1}{4} \Sigma Q l (x^2 + qx + r^2)^2 + \Sigma \frac{R - \frac{1}{2}qQ}{\sqrt{(r^2 - \frac{1}{4}q^2)}} Arctg. \left\{ \frac{x + \frac{1}{2}q}{\sqrt{(r^2 - \frac{1}{4}q^2)}} \right\}. \quad \ldots\ldots (l)$$

Or, pour la limite ∞ de x tous les logarithmes $l(x^2 + qx + r^2)^2$ deviennent $= l\,\infty$: on pourra donc le mettre hors du signe de sommation, comme étant toujours de la même valeur; mais il reste alors comme facteur ΣQ, qui est zéro d'après la supposition; donc le terme s'évanouit pour la limite ∞ de x. Encore pour cette même limite l'*Arctg.* devient *Arctg.* $\infty = \frac{\pi}{2}$.

Donc nous trouvons pour l'intégrale entre 0 et ∞:

$$\int_0^\infty f(x)\,dx = -\tfrac{1}{4} \Sigma Q l r^4 + \Sigma \frac{R - \frac{1}{2}qQ}{\sqrt{(r^2 - \frac{1}{4}q^2)}} \left\{ \frac{\pi}{2} - Arctg. \left(\frac{\frac{1}{2}q}{\sqrt{(r^2 - \frac{1}{4}q^2)}} \right) \right\} =$$

$$= -\tfrac{1}{2} \Sigma Q l r^2 + \Sigma \frac{R - \frac{1}{2}qQ}{\sqrt{(r^2 - \frac{1}{4}q^2)}} Arctg. \left(\frac{2\sqrt{(r^2 - \frac{1}{4}q^2)}}{q} \right) \quad \ldots\ldots\ldots (m)$$

Lorsqu'on veut intégrer de $-\infty$ à $+\infty$, le logarithme devient égal pour ces deux limites: donc la sommation correspondante s'évanouit: on aurait pu considérer que ce terme s'évanouit de même pour la limite inférieure $-\infty$ de x tout comme pour la limite supérieure $+\infty$ de x.

Quant à l'*Arctg.* dans la seconde sommation, il devient $+\frac{\pi}{2}$ pour la limite $+\infty$ de x, et $-\frac{\pi}{2}$ pour la limite inférieure $-\infty$; donc la différence en est π et l'on a:

$$\int_{-\infty}^{\infty} f(x)\,dx = \pi \Sigma \frac{R - \frac{1}{2} q Q}{\sqrt{(r^2 - \frac{1}{4} q^2)}} \dots\dots\dots\dots\dots\dots (n)$$

Toutefois il faut observer que les formules (m) et (n) ne valent que sous les conditions énoncées plus haut.

29. *De l'intégrale* $\int \frac{x^a\,dx}{1+x^b}$. Appliquons tout ceci à un exemple, et soit $f(x) = \frac{x^a}{1+x^b}$, donc $\varphi(x) = x^a$, $\chi(x) = 1 + x^b$. Alors on a la condition $a < b - 1$. La fonction $\chi(x)$ n'a pas des racines réelles entre 0 et ∞, et les facteurs en sont compris dans l'expression $x - \sqrt[b]{-1} = x - e^{\pm\frac{2n+1}{b}\pi i}$, où l'on doit prendre n égal à 0, 1, 2,... jusques à $\frac{1}{2} b - 1$ ou à $\frac{1}{2}(b-1)$, selon que b est pair ou impair. Or, on sait qu'après la réduction de la fraction $f(x)$ en fractions partielles, qui toutes ont les divers facteurs de $\chi(x)$ pour dénominateur, — dans notre cas, où il n'y a pas des racines égales, — le numérateur, correspondant à une forme $x - c$ du dénominateur, se trouve être $\frac{\varphi(c)}{\chi'(c)} = \left.\frac{x^a}{b\,x^{b-1}}\right\}_{x=c} = \left.\frac{1}{b} x^{a-b+1}\right\}_{x=c} = \frac{1}{b} c^{a-b+1}$, et que par conséquent une telle fraction partielle devient ici $\frac{1}{b}\frac{c^{a-b+1}}{x-c}$, où $c = e^{\pm\frac{2n+1}{b}\pi i}$, $n = 0, 1, \dots$ Or les deux fractions, où les puissances de e ne diffèrent que de signe, et où donc les dénominateurs sont des fonctions imaginaires conjuguées, c'est-à-dire les fractions

$$\frac{1}{b}\frac{\left(e^{\frac{2n+1}{b}\pi i}\right)^{a-b+1}}{x - e^{\frac{2n+1}{b}\pi i}} \quad \text{et} \quad \frac{1}{b}\frac{\left(e^{-\frac{2n+1}{b}\pi i}\right)^{a-b+1}}{x - e^{-\frac{2n+1}{b}\pi i}},$$

peuvent être ajoutées; alors l'imaginaire disparaît et, eu égard à la formule identique $e^{zi} + e^{-zi} = 2\,Cos.\,z$, on trouve pour leur somme:

$$\frac{-2}{b}\cdot\frac{x\,Cos.\left\{\frac{(2n+1)(a+1)}{b}\pi\right\} - Cos.\left\{\frac{2n+1}{b}a\pi\right\}}{x^2 - 2x\,Cos.\left(\frac{2n+1}{b}\pi\right) + 1}.$$

A présent on peut faire usage de la formule (m), où l'on a:

$$Q = -\frac{2}{b}Cos.\left\{\frac{(2n+1)(a+1)}{b}\pi\right\}, R = +\frac{2}{b}Cos.\left(\frac{2n+1}{b}a\pi\right), q = -2\,Cos.\left(\frac{2n+1}{b}\pi\right), r = +1.$$

On a donc $lr = l1 = 0$, et $\Sigma Q\,lr^2 = 0$. Ensuite $\sqrt{(r^2 - \frac{1}{4}q^2)} = Sin.\left(\frac{2n+1}{b}\pi\right)$, $R - \frac{1}{2}qQ =$

$$= \frac{2}{b}Sin.\left(\frac{2n+1}{b}\pi\right).Sin.\left\{\frac{(2n+1)(a+1)}{b}\pi\right\}, Arctg.\left(\frac{2\sqrt{(r^2 - \frac{1}{4}q^2)}}{q}\right) = -\frac{2n-b+1}{b}\pi, \text{donc:}$$

$$\int_0^\infty \frac{x^a\,dx}{1+x^b}=0+\Sigma\frac{2\,Sin.\left\{\frac{(2n+1)(a+1)}{b}\pi\right\}}{b}\left(-\frac{2n-b+1}{b}\pi\right)=\frac{2\pi}{b^2}\Sigma(b-2n-1)Sin.\left\{\frac{(2n+1)(a+1)}{b}\pi\right\};$$

où la sommation doit s'étendre de $n=0$ à $n=\frac{1}{2}b-1$, ou à $n=\frac{1}{2}(b-1)$, selon que b est pair ou impair. Soit cette valeur supérieure de n en général z et $\frac{a+1}{b}\pi=y$, on aura:

$$\frac{b^2}{2\pi}\int_0^\infty \frac{x^a\,dx}{1+x^b}=\sum_0^z (b-2n-1)Sin.\{(2n+1)y\}=b\sum_0^z Sin.\{(2n+1)y\}-\sum_0^z (2n+1)Sin.\{(2n+1)y\}.$$

Or, on sait que: $\qquad \sum_0^z Sin.\{(2n+1)y\}=\frac{1-Cos.\{(z+1)2y\}}{2\,Sin.y},$

$$\sum_0^z (2n+1)\,Sin.\{(2n+1)y\}=\frac{Sin.\{(z+1)2y\}.\,Cos.y-2(z+1)\,Cos.\{(z+1)2y\}.Sin.y}{2\,Sin.^2 y}.\ [16]$$

On a donc après une réduction facile:

$$\frac{b^2}{2\pi}\int_0^\infty \frac{x^a\,dx}{1+x^b}=\frac{b}{2\,Sin.y}+\frac{(2z-b+2)\,Sin.y.\,Cos.\{(z+1)\,2y\}-Cos.y.\,Sin.\{(z+1)\,2y\}}{2\,Sin.^2 y}\ \ldots\ (o)$$

$$=\frac{b}{2Sin.y}+\frac{(2z-b+1)Sin.y.Cos.y.Cos.\{(2z+1)y\}-(2z-b+1)Sin.^2y.Sin.\{(2z+1)y\}-Sin.\{(2z+1)y\}}{2\,Sin.^2 y}.(p)$$

On a besoin de ces deux transformations (o) et (p), de l'une dans le cas où b est pair, de l'autre dans le cas de b impair. Car soit b pair $=2\,d$, on a $z=\frac{1}{2}b-1=d-1$ et $2z-b+2=0$; encore $Sin.\{(z+1)2y\}=Sin.\left\{\frac{(2d-2+2)(a+1)}{2d}\pi\right\}=Sin.\{(a+1)\pi\}=0$; donc les deux termes du second numérateur de (o) sont égaux à zéro et il nous reste:

$$\frac{b^2}{2\pi}\int_0^\infty \frac{x^a\,dx}{1+x^b}=\frac{b}{2\,Sin.y},\quad b \text{ pair.}$$

---

[16] On a: *)

$$\sum_0^z Sin.\{(2n+1)y\}=\frac{1-Cos.\{(z+1)2y\}}{2\,Sin.y},\quad \sum_0^z Cos.\{(2n+1)y\}=\frac{Sin.\{(z+1)2y\}}{2\,Sin.y}$$

ce que l'on vérifie aisément de la manière suivante: développez les sommations, multipliez par 2 *Sin.* y: changez chaque produit de deux *Sinus* dans une différence de *Cosinus* et le produit d'un *Sinus* par un *Cosinus* dans une différence de *Sinus*: tout cela suivant les règles bien connues de la goniométrie: vous trouverez des formules identiques. A présent différentiez la seconde formule à l'égard de y et vous trouverez la seconde des formules dans le texte.

---

*) Voyez p. e. SCHLÖMILCH, Beiträge zur Theorie bestimmter Integrale. S. 96.

Lorsque au contraire b est impair $= 2d - 1$, on a $z = \frac{1}{2}(b-1) = d-1$, $2z - b + 1 = 0$, $Sin. \{(2z+1)y\} = Sin. \left\{\frac{(2d-2+1)(a+1)}{2d-1}\pi\right\} = Sin. \{(a+1)\pi\} = 0$, de sorte que dans le dernier numérateur de (p) les trois termes s'évanouissent séparément et qu'on a:

$$\frac{b^2}{2\pi}\int_0^\infty \frac{x^a\,dx}{1+x^b} = \frac{b}{2\,Sin.y}, \quad b \text{ impair,}$$

la même que pour b pair. Donc toujours, en prenant $a-1$ pour a:

$$\int_0^\infty \frac{x^{a-1}\,dx}{1+x^b} = \frac{\pi}{b\,Sin.\frac{a\pi}{b}}, \quad a < b; \text{ (T. 20, N°. 1).}$$

Le raisonnement précédent se fonde entièrement sur la supposition. que a et b soient entiers: néanmoins il est facile à présent d'étendre la formule au cas où cette condition n'a plus lieu. Supposons $x^c = y$, on a: $cx^{c-1}\,dx = dy$, avec 0 et ∞ pour limites de y; prenons en outre $a = pc$, $b = qc$, et nous trouvons:

$$\int_0^\infty \frac{x^{p-1}\,dx}{1+x^q} = \frac{c\pi}{q\,c\,Sin.\frac{p\pi}{q}} = \frac{\pi}{q\,Sin.\frac{p\pi}{q}}, \quad p < q.$$

Cette formule, identique avec la précédente, vaut à présent pour toute valeur, entière, fractionnaire et même irrationnelle de p et q, puisque la valeur de c est tont-à-fait arbitraire, et peut être irrationnelle [17].

Exercices. $\int_0^\infty \frac{x^{p-1}\,dx}{1+x} = \frac{\pi}{Sin.p\pi}, p<1$; (T. 18, N°. 2), $\int_0^\infty \frac{x^{a-1}dx}{p+qx^b} = \frac{1}{bp}\left(\frac{p}{q}\right)^{\frac{a}{b}} \frac{\pi}{Sin.\frac{a\pi}{b}}, a<b$; (201)

30. C'est ici le lieu de mentionner une observation de Poisson [18] regardant le cas, où la valeur d'une intégrale définie ne dépend que des racines d'une certaine équation et du nombre π. Ceci a lieu lorsque la fonction à intégrer entre les limites 0 et ∞ est une fraction rationnelle, dont le dénominateur ne contient que des puissances paires de x: dès-lors aussi dans le numérateur on ne rencontrera que des puissances paires de x, parce que autrement la supposition $x^2 = y$ réduirait le degré du dénominateur et du numérateur à la moitié. Soient auprès d'une telle intégrale

$$\int_0^\infty \frac{\varphi(x^2)}{\chi(x^2)}dx$$

$-p^2, -q^2, -r^2, \ldots$ les racines de l'équation $\chi(x^2) = 0$, où $p, q, r, \ldots$ peuvent être réels ou

[17] On trouvera d'autres déductions de cette intégrale Méth. 22, N°. 12, Méth. 27, N°. 3 et Méth. 38, N°. 4.

[18] Poisson, Journal de Liouville, T. 2, p. 224.
Page 224.

imaginaires, alors on peut réduire cette intégrale à la somme de plusieurs intégrales partielles, ayant pour numérateurs les diviseurs correspondants de $\chi(x^2)$; c'est-à-dire:

$$\int_0^\infty \frac{\varphi(x^2)}{\chi(x^2)}dx = A\int_0^\infty \frac{dx}{x^2+p^2} + B\int_0^\infty \frac{dx}{x^2+q^2} + C\int_0^\infty \frac{dx}{x^2+r^2} + \ldots,$$

où A, B, C,... sont les coefficients, produits par la réduction en fractions partielles, et dépendant de p, q, r,... et des coefficiens de la fonction $\varphi(x^2)$. Par l'intermédiaire de l'intégrale au N°. 3 on trouve:

$$\int_0^\infty \frac{\varphi(x^2)}{\chi(x^2)}dx = \frac{\pi}{2}\left(\frac{A}{p}+\frac{B}{q}+\frac{C}{r}+\ldots\right).$$

Suivant les raisonnements précédents cette fonction doit être une fonction symétrique de $p, q, r,\ldots$ lorsqu'on l'aura réduite à une seule fraction: donc elle peut être considérée et calculée comme une fonction de $y = p+q+r+\ldots$ Par conséquent la combinaison des fonctions symétriques $\Sigma p, \Sigma pq,\ldots$ avec les coefficiens de la fonction $\chi(x^2)$ donnera lieu à une autre équation $f(y) = 0$. Puisque à présent y reçoit d'autres valeurs, lorsqu'on prend p, ou q, ou r,... négatif, et que d'un autre côté les relations entre les coefficients de $\chi(x^2)$, qui ne dépendent que de $p^2, q^2, r^2,\ldots$ ne seront point affectées par un tel changement, et que par suite l'équation $f(y) = 0$ reste la même, — il s'ensuit naturellement, que ces diverses valeurs de y sont les racines de cette dernière équation. Et puisque $y = p+q+r+\ldots$ est la plus grande de ces racines, c'est elle qu'il faut employer auprès du calcul de notre intégrale. Remarquons encore que $f(y)$ sera en général d'un degré plus élevé que $\chi(x)$.

31. Comme application soit $\chi(x^2) = x^6+kx^4+lx^2+m = (x^2+p^2)(x^2+q^2)(x^2+r^2)$. Alors:

$$\int_0^\infty \frac{dx}{\chi(x^2)} = \frac{1}{(p^2-q^2)(p^2-r^2)}\int_0^\infty \frac{dx}{x^2+p^2} + \frac{1}{(q^2-p^2)(q^2-r^2)}\int_0^\infty \frac{dx}{x^2+q^2} + \frac{1}{(r^2-p^2)(r^2-q^2)}\int_0^\infty \frac{dx}{x^2+r^2} =$$

$$= \left\{\frac{1}{p(p^2-q^2)(p^2-r^2)} + \frac{1}{q(q^2-p^2)(q^2-r^2)} + \frac{1}{r(r^2-p^2)(r^2-q^2)}\right\}\frac{\pi}{2} = \frac{p+q+r}{pqr(p+q)(p+r)(q+r)}\frac{\pi}{2};$$

et de même:

$$\int_0^\infty \frac{x^2\,dx}{\chi(x^2)} = \frac{1}{(p+q)(p+r)(q+r)}\frac{\pi}{2}, \quad \int_0^\infty \frac{x^4\,dx}{\chi(x^2)} = \frac{pq+qr+rp}{(p+q)(p+r)(q+r)}\frac{\pi}{2};$$

toutes fonctions symétriques de p, q et r, comme il a été annoncé. Pour avoir l'équation en y, supposons $y = p+q+r$. En outre nous savons que $p^2+q^2+r^2 = k$, $p^2q^2+p^2r^2+q^2r^2 = l$, $p^2q^2r^2 = m$. Éliminons entre ces quatre équations les quantités p, q, r, nous trouvons:

$$4l = 4(pq+qr+pr)^2 - 8pqr(p+q+r) = \{(p+q+r)^2 - (p^2+q^2+r^2)\}^2 -$$
$$- 8pqr(p+q+r) = (y^2-k)^2 - 8y\sqrt{m},$$

pour l'équation, qui aura pour racines $p+q+r$, (la plus grande, dont nous aurons besoin),

$-p+q+r, p-q+r$, et $p+q-r$. On a dès-lors $(p+q)(p+r)(q+r)=(p+q+r)(pq+qr+pr)-pqr=$ $=y\frac{1}{2}(y^2-k)-\sqrt{m}$ (eu égard à la valeur de $(pq+qr+pr)$ trouveé ci-dessus), et donc:

$$\int_0^\infty \frac{dx}{\chi(x^2)}=\frac{y}{y(y^2-k)-2\sqrt{m}}\frac{\pi}{\sqrt{m}},\int_0^\infty \frac{x^2\,dx}{\chi(x^2)}=\frac{\pi}{y(y^2-k)-2\sqrt{m}},\int_0^\infty \frac{x^4\,dx}{\chi(x^2)}=\frac{y^2-k}{y(y^2-k)-2\sqrt{m}}\frac{\pi}{2},$$

(T. 26, N°. 13—15), où y est la plus grande racine de $(y^2-k)^2-8y\sqrt{m}=4l$.

Dans le cas particulier de $k=l=3$, $m=1$, on a $\chi(x^2)=(1+x^2)^3$ et $y^4-6y^2-8y-3=$ $=(y-3)(y+1)^3$, où $y=3$ la plus grande racine, donc:

$$\int_0^\infty \frac{dx}{(1+x^2)^3}=\frac{3\pi}{16},\int_0^\infty \frac{x^2\,dx}{(1+x^2)^3}=\frac{\pi}{16},\int_0^\infty \frac{x^4\,dx}{(1+x^2)^3}=\frac{3\pi}{16}. \text{ (T. 21, N°. 4—6).}$$

32. Voyons enfin comment quelquefois des fonctions plus compliquées se soumettent à notre méthode d'évaluation.

Soit
$$I=\int_0^1\left(\frac{1+p\,l\,x}{1-x}+\frac{x\,l\,x}{(1-x)^2}\right)x^{p-1}\,dx.$$

Posons $x^p\,l\,x=y$, d'où $(p\,x^{p-1}\,lx+x^{p-1})\,dx=(1+p\,l\,x)\,x^{p-1}\,dx=dy$: alors

$$I=\int_0^1\left\{\frac{dy}{1-x}+\frac{y\,dx}{(1-x)^2}\right\}=\int_0^1 d.\frac{y}{1-x}=\int_0^1 d.\frac{x^p\,lx}{1-x}.$$

Pour les deux limites de x, la fonction devient indéterminée: donc il faut y appliquer les règles usuelles dans ces cas.

Pour $x=1: x^p\dfrac{l\,x}{1-x}=x^p\dfrac{\frac{1}{x}}{-1}=-x^{p-1}=-1$. Pour $x=0: \dfrac{1}{1-x}.\dfrac{l\,x}{x^{-p}}=$

$$=\frac{1}{1-x}\,\frac{\frac{1}{x}}{-p\,x^{-p-1}}=\frac{1}{1-x}\,\frac{-x^p}{p}=0, \text{ donc:}$$

$$\int_0^1\left(\frac{1+p\,l\,x}{1-x}+\frac{x\,l\,x}{(1-x)^2}\right)x^{p-1}\,dx=-1. \text{ (T. 153, N°. 21).}$$

Soit
$$\int_0^\infty\left(\frac{1}{1+x}-e^{-x}\right)\frac{dx}{x}=\int_0^\infty\left\{\frac{dx}{x}-\frac{dx}{1+x}-\frac{e^{-x}dx}{x}\right\}=\int_0^\infty\{d.lx-d.l(1+x)-e^{-x}d.lx\}=$$

$$=\int_0^\infty\left\{d.l\frac{x}{1+x}-d.(e^{-x}\,l\,x)-e^{-x}\,l\,x\,dx\right\}.$$

Or, la dernière intégrale est la constante $-$A du Logarithme Intégral, (Voyez Méth. 12, N°. 3) Page 226.

et la première différence devient indéterminée: le calcul ordinaire nous donne ici pour $x=\infty$:

$l\frac{x}{1+x}-e^{-x}lx=l1-\frac{lx}{e^x}=0-\frac{\frac{1}{x}}{e^x}=0-\frac{1}{xe^{-x}}=0-0=0$; pour $x=0: l\frac{x}{1+x}-e^{-x}lx=$

$-l(1+x)+(1-e^{-x})lx=l1+\frac{lx}{(1-e^{-x})^{-1}}=0+\frac{\frac{1}{x}}{-(1-e^{-x})^{-2}e^{-x}}=-e^x\frac{(1-e^{-x})^2}{x}=$

$-e^x\frac{2(1-e^{-x})e^{-x}}{1}=0$. Donc:

$$\int_0^\infty\left(\frac{1}{1+x}-e^{-x}\right)\frac{dx}{x}=\mathrm{A}.\ (\mathrm{T}.\ 133,\ \mathrm{N}^\circ.\ 1).\ [19].$$

---

§ 2. MÉTHODE 2. DÉDUCTION D'INTÉGRALES INDÉFINIES. CAS DE DISCONTINUITÉ.

1. Dans la Première Partie N°. 8 on a trouvé la formule:

$$\int_a^b f(x)\,dx=\mathrm{F}(b)-\mathrm{F}(a)-\Delta,\ \frac{d.\mathrm{F}(x)}{dx}=f(x),\ \Delta=\int_{c-\delta}^{c+\delta}f(x)\,dx;\ \ldots\ldots\ (a)$$

lorsque la fonction devient discontinue pour quelque valeur c de x, qui se trouve entre les limites a et b de l'intégration. S'il y a plusieurs cas de discontinuité, il faut calculer la correction Δ pour chacun d'eux, et enfin en prendre la somme. Cette correction est une intégrale singulière.

2. *De l'intégrale* $\int\frac{dx}{x\pm q}$. Elle devient discontinue pour $x=\mp q$, puisque $\int\frac{dx}{x\pm q}=\frac{1}{2}l(x\pm q)^2+\mathrm{C}$.

Il vient: $\int_0^1\frac{dx}{x-q}=\frac{1}{2}\{l(1-q)^2-lq^2\}-\Delta$, dans le cas de $1>q$.

Pour la correction on a:

$\Delta=\int_{q-\delta}^{q+\delta}\frac{dx}{x-q}=\frac{1}{2}\{l(\delta)^2-l(-\delta)^2\}=0$, donc: $\int_0^1\frac{dx}{x-q}=\frac{1}{2}l\left(\frac{1-q}{q}\right)^2=l\frac{1-q}{q}$, $q<1$; (T. 3, N°. 3).

Encore $\int_{-r}^{+r}\frac{dx}{x\pm q}=\frac{1}{2}\{l(r\pm q)^2-l(-r\pm q)^2\}-\Delta$, lorsque $r^2>q^2$.

---

[19] Voyez une autre déduction Méth. 37, N°. 3 et Méth. 44, N°. 3.
Page 227.

Pour le cas de $x+q$ on a:

$$\Delta = \int_{-q-\delta}^{-q+\delta} \frac{dx}{q+x} = \frac{1}{2}\{l(\delta^2) - l(-\delta^2)\} = 0,$$

et pour celui de $x-q$:

$$\Delta = \int_{q-\delta}^{q+\delta} \frac{dx}{x-q} = \frac{1}{2}\{l(\delta^2) - l(-\delta)^2\} = 0 \text{ de même.}$$

Donc toujours:

$$\int_{-r}^{+r} \frac{dx}{x \pm q} = \frac{1}{2} l \left(\frac{r \pm q}{-r \pm q}\right)^2 = \pm l \frac{r+q}{r-q}, \; r^2 > q^2; \; \ldots\ldots\ldots \; (202)$$

Lorsque $q=0$, on trouve de même:

$$\int_{-p}^{q} \frac{dx}{x} = \frac{1}{2}\{l q^2 - l(-p)^2\} - \Delta,$$

puisque la discontinuité a lieu ici pour la valeur zéro de x, on trouve:

$$\Delta = \int_{-\delta}^{\delta} \frac{dx}{x} = \frac{1}{2}\{l(\delta^2) - l(-\delta)^2\} = 0, \text{ donc: } \int_{-p}^{q} \frac{dx}{x} = l\frac{q}{p}, \; (203), \; \int_{-p}^{p} \frac{dx}{x} = 0. \; \text{(T. 35, N}^{o}\text{. 15).}$$

3. *De l'intégrale* $\int \frac{dx}{q^2 - x^2}$. On a: $\int \frac{dx}{q^2 - x^2} = \frac{1}{4q} l \left(\frac{x+q}{x-q}\right)^2 + C$; donc elle devient discontinue pour $x = \pm q$. Lorsqu'on intègre de 0 à ∞, il n'y a que la valeur $+q$ de x, que l'on ait à considérer; dès-lors:

$$\int_0^{\infty} \frac{dx}{q^2 - x^2} = \frac{1}{4q}\left\{l\frac{q^2}{q^2} - l1 - \Delta\right\}, \; \Delta = \int_{q-\delta}^{q+\delta} \frac{dx}{q^2 - x^2} = \frac{1}{4q}\left\{l\left(\frac{2q+\delta}{\delta}\right)^2 - l\left(\frac{2q-\delta}{-\delta}\right)^2\right\} =$$

$$= \frac{1}{4q} l 1 = 0, \text{ donc: } \int_0^{\infty} \frac{dx}{q^2 - x^2} = 0. \; \text{(T. 19, N}^{o}\text{. 4).} \; [20]$$

---

[20] Cette intégrale a donné lieu à bien des difficultés et à des observations contradictoires. Quelques-uns, comme POISSON, Journal de l'Ecole Polytechnique, Cah. 18, p. 295; CISA DE GRÉSY, Mémoires de Turin, 1821, p. 209; PLANA, Journal von Crelle, Bd. 17, S. 1; trouvent pour sa valeur $\frac{1}{2b} l(-1)$; ils ont été conduits à ce résultat parce qu'ils ont pris $\int \frac{dy}{y} = ly$ et non $= \frac{1}{2} ly^2$; or, tant que y reste positif, ces valeurs coïncident, mais ceci n'a plus lieu lorsque y devient négatif; alors, d'après ce que l'on a vu Méthode 1, N°. 2, il faut employer la seconde fonction, et non la première, qui ici nous donnerait à tort une valeur imaginaire. — D'autres, comme ARNDT, Grunert's Archiv, Bd. 10, S. 240, la supposent arbitraire, à cause de la discontinuité de la fonction intégrée pour la valeur q de x: mais on a vu dans le texte que la correction Δ pour ce cas de discontinuité s'annule ici, de sorte que cette indétermination n'a pas lieu dans ce cas. Page 228.

Lorsque au contraire on intègre de $-\infty$ à ∞, il y a les deux cas de discontinuité pour $x=+q$ et pour $x=-q$; pour la première la correction est nulle, pour la seconde elle devient:

$$\Delta=\int_{-q-\delta}^{-q+\delta}\frac{dx}{q^2-x^2}=\frac{1}{4q}\left\{l\left(\frac{\delta}{-2q+\delta}\right)^2-l\left(\frac{-\delta}{-2q-\delta}\right)^2\right\}=\frac{1}{4q}l\left(\frac{-2q-\delta}{-2q+\delta}\right)^2=$$

$$=\frac{1}{4q}l1=0,\text{donc}:\int_{-\infty}^{\infty}\frac{dx}{q^2-x^2}=\frac{1}{4q}\{l1-l1\}=0.\ \text{(T. 29, N°. 6)}.$$

4. *De l'intégrale* $\int\frac{dx}{q^3-x^3}$. On a: $\int\frac{dx}{q^3-x^3}=\frac{-1}{3q^2}\left\{\frac{1}{2}l\frac{(x-q)^2}{x^2+qx+q^2}+\sqrt{3}.Arctg.\frac{-x\sqrt{3}}{2q+x}\right\}+C$;

elle devient discontinue pour $x=q$, donc:

$$\int_0^{\infty}\frac{dx}{q^3-x^3}=\frac{-1}{3q^2}\left\{\frac{1}{2}l1+\sqrt{3}\,Arctg.(-\sqrt{3})\right\}+\frac{1}{3q^2}\left\{\frac{1}{2}l1+\sqrt{3}\,Arctg.(-0)\right\}+\Delta=$$

$$=\frac{\sqrt{3}}{3q^2}Arctg.(-\sqrt{3})+\Delta=\frac{\pi}{3q^2\sqrt{3}}+\Delta,\ \text{et}$$

$$\Delta=\int_{q-\delta}^{q+\delta}\frac{dx}{q^3-x^3}=\frac{-1}{3q^2}\left\{\frac{1}{2}l\frac{\delta^2}{3q^2+3q\delta+\delta^2}+\sqrt{3}.Arctg.\left(-\frac{q+\delta}{3q+\delta}\sqrt{3}\right)\right\}+$$

$$+\frac{1}{3q^2}\left\{\frac{1}{2}l\frac{(-\delta)^2}{3q^2-3q\delta+\delta^2}+\sqrt{3}.Arctg.\left(-\frac{q-\delta}{3q-\delta}\sqrt{3}\right)\right\}=\frac{1}{3q^2}\left\{\frac{1}{2}l\frac{3q^2+3q\delta+\delta^2}{3q^2-3q\delta+\delta^2}+\sqrt{3}Arctg.\frac{-\delta}{2q}\right\}=0,$$

donc:
$$\int_0^{\infty}\frac{dx}{q^3-x^3}=\frac{\pi}{2q^2\sqrt{3}}.\ [21]\ \ldots\ldots\ldots\ldots\ (204)$$

5. *De l'intégrale* $\int\frac{dx}{1-2px+x^2}$. On a: $\int\frac{dx}{1-2px+x^2}=\frac{1}{2\sqrt{(p^2-1)}}l\frac{x-p-\sqrt{(p^2-1)}}{x-p+\sqrt{(p^2-1)}},p>1.$

Le dénominateur $1-2px+x^2$ devient zéro pour les valeurs $p\pm\sqrt{(p^2-1)}$ de x, valeurs qui sont réelles pour $p>1$, imaginaires au contraire lorsque $p<1$, de sorte qu'il n'y a discontinuité que pour $p>1$. Avec cette condition on trouve:

$$\int_0^1\frac{dx}{1-2px+x^2}=\frac{1}{2\sqrt{(p^2-1)}}\left\{l\frac{1-p-\sqrt{(p^2-1)}}{1+p+\sqrt{(p^2-1)}}-l\frac{-p-\sqrt{(p^2-1)}}{-p+\sqrt{(p^2-1)}}\right\}-\Delta=$$

$$=\frac{1}{2\sqrt{(p^2-1)}}l\frac{1-p+\sqrt{(p^2-1)}}{1-p-\sqrt{(p^2-1)}}-\Delta=\frac{1}{2\sqrt{(p^2-1)}}l\{p-\sqrt{(p^2-1)}\}-\Delta.$$

[21] On voit que le résultat (T. 19, N°. 12), que Plana a trouvé dans les Mémoires de Turin pour 1820, est fautif: et cela parce qu'il prend ly au lieu de $\frac{1}{2}ly^2$, ce qui n'est pas admissible lorsque y est négatif, comme il a été remarqué précédemment.

Mais $\Delta = \int_{p-\delta-\sqrt{(p^2-1)}}^{p+\delta-\sqrt{(p^2-1)}} \frac{dx}{1-2px+x^2} = \frac{1}{\sqrt{(p^2-1)}}\left\{l\frac{\delta-2\sqrt{(p^2-1)}}{\delta+2\sqrt{(p^2-1)}} - l\frac{-\delta-2\sqrt{(p^2-1)}}{-\delta+2\sqrt{(p^2-1)}}\right\} =$

$$= \frac{1}{\sqrt{(p^2-1)}}\left\{l\frac{-\{\delta-2\sqrt{(p^2-1)}\}^2}{-\{\delta+2\sqrt{(p^2-1)}\}^2}\right\} = \frac{1}{\sqrt{(p^2-1)}}\, l1 = 0;$$

c'est la correction à calculer ici, puisque l'autre valeur de $x, p+\sqrt{(p^2-1)}$, est plus grande que l'unité, et par conséquent ne tombe pas entre les limites de l'intégration. On a donc:

$$\int_0^1 \frac{dx}{1-2px+x^2} = \frac{1}{2\sqrt{(p^2-1)}}\, l\{p-\sqrt{(p^2-1)}\}, \; p^2 > 1; \; \ldots\ldots \quad (205)$$

Pour l'intégrale entre les limites 0 et $+\infty$, on aura à calculer encore la correction relative à la valeur $p+\sqrt{(p^2-1)}$ de x; elle est:

$$\Delta = \int_{p-\delta+\sqrt{(p^2-1)}}^{p+\delta+\sqrt{(p^2+1)}} \frac{dx}{1-2px+x^2} = \frac{1}{\sqrt{(p^2-1)}}\left\{l\frac{\delta}{-\delta} - l\frac{-\delta}{\delta}\right\} = 0, \text{ donc:}$$

$$\int_0^\infty \frac{dx}{1-2px+x^2} = \frac{1}{2\sqrt{(p^2-1)}}\left\{l1 - l\frac{-p-\sqrt{(p^2-1)}}{-p+\sqrt{(p^2-1)}}\right\} + \Delta = \frac{-1}{2\sqrt{(p^2-1)}}\, l\frac{p+\sqrt{(p^2-1)}}{p-\sqrt{(p^2-1)}} =$$

$$= \frac{-1}{\sqrt{(p^2-1)}}\, l\{p+\sqrt{(p^2-1)}\}, \; p^2 > 1; \; \ldots\ldots\ldots\ldots \quad (206)$$

6. *De l'intégrale* $\int \frac{x^a}{p^2+x^2}\frac{dx}{q-x}, 0 < a < 2$. On a: $\int \frac{1}{p^2+x^2}\frac{dx}{q-x} = \frac{1}{p^2+q^2}\int dx\left(\frac{1}{q-x} + \frac{q+x}{p^2+x^2}\right)$,

$\int \frac{x}{p^2+x^2}\frac{dx}{q-x} = \frac{1}{p^2+q^2}\int dx\left(\frac{q}{q-x} + \frac{-p^2+qx}{p^2+x^2}\right)$, $\int \frac{x^2}{p^2+x^2}\frac{dx}{q-x} = \frac{1}{p^2+q^2}\int dx\left(\frac{q^2}{q-x} - p^2\frac{q+x}{p^2+x^2}\right)$.

Lorsqu'on veut intégrer de $x=0$ à $x=\infty$, on voit que toutes les premières des intégrales partielles deviennent discontinues pour $x=q$; mais parce qu'on trouve au N°. 2 que la correction correspondante est zéro, on pourra dès-lors les traiter comme continues. Ainsi l'on trouve:

$\int \frac{1}{p^2+x^2}\frac{dx}{q-x} = \frac{1}{p^2+q^2}\left\{\frac{q}{p}Arctg.\frac{x}{p} + \frac{1}{2}l\frac{p^2+x^2}{(q-x)^2}\right\}$, $\int \frac{x}{p^2+x^2}\frac{dx}{q-x} = \frac{1}{p^2+q^2}\left\{-p\,Arctg.\frac{x}{p} + \frac{q}{2}l\frac{p^2+x^2}{(q-x)^2}\right\}$,

$\int \frac{x^2}{p^2+x^2}\frac{dx}{q-x} = \frac{1}{p^2+q^2}\left\{-\frac{1}{2}q^2\, l(q-x)^2 - pq\,Arctg.\frac{x}{p} - \frac{p^2}{2}\, l(p^2+x^2)\right\}$. Donc:

$$\int_0^\infty \frac{1}{p^2+x^2}\frac{dx}{q-x} = \frac{1}{p^2+q^2}\left\{\frac{q}{p}Arctg.\infty + \frac{1}{2}l1 - \frac{q}{p}Arctg.0 - \frac{1}{2}l\frac{p^2}{q^2}\right\} = \frac{1}{p^2+q^2}\left(\frac{q\pi}{2p} - l\frac{p}{q}\right), . (207)$$

$$\int_0^\infty \frac{x}{p^2+x^2}\frac{dx}{q-x} = \frac{1}{p^2+q^2}\left\{-p\,Arctg.\infty + \frac{q}{2}l1 + p\,Arctg.0 - \frac{q}{2}l\frac{p^2}{q^2}\right\} = \frac{1}{p^2+q^2}\left\{-\frac{1}{2}p\pi - ql\frac{p}{q}\right\}, (208)$$

$$\int_0^\infty \frac{x^2}{p^2+x^2}\frac{dx}{q-x} = \frac{1}{p^2+q}\{l\,\infty - \ldots\} = \infty. \;\ldots\ldots\ldots\; (209)$$

Pour $q=1$ les intégrales (207) et (208) se trouvent T. 24, N°. 4 et 2.

7. *De l'intégrale* $\int \frac{Sin.\,x \text{ ou } Cos.\,x}{Cos.\,2\,x \text{ ou } Cos.\,3\,x}dx$. On a: $\int \frac{Sin.\,x\,dx}{Cos.\,2\,x} = \frac{1}{2\sqrt{2}}\,l\,\frac{1+Cos.\,x\sqrt{2}}{1-Cos.\,x\sqrt{2}}$, et $\int \frac{Cos.\,x\,dx}{Cos.\,2\,x} = \frac{1}{2\sqrt{2}}\,l\,\frac{1+Sin.\,x\sqrt{2}}{1-Sin.\,x\sqrt{2}}$. Ces intégrales deviennent discontinues pour $x=\pm\frac{\pi}{4}$. Intégrons-les de $-a$ à a, $\left(\text{où } a^2<\frac{\pi}{4}\right)$ alors il y aura continuité entre ces limites; ainsi:

$$\int_{-a}^{a}\frac{Sin.\,x\,dx}{Cos.\,2\,x} = \frac{1}{2\sqrt{2}}\left\{l\frac{1+Cos.\,a\sqrt{2}}{1-Cos.\,a\sqrt{2}} - l\frac{1+Cos.\,a\sqrt{2}}{1-Cos.\,a\sqrt{2}}\right\} = 0,\, a<\frac{\pi}{4};\;\ldots\; (210)$$

donc pour $a=\frac{1}{4}\pi$ et même pour $a>\frac{1}{4}\pi$ elle restera nulle:

$$\int_{-a}^{a}\frac{Sin.\,x\,dx}{Cos.\,2\,x} = 0,\, a \geqq \frac{\pi}{4};\;\ldots\ldots\; (211)$$

$$\int_{-a}^{a}\frac{Cos.\,x\,dx}{Cos.\,2\,x} = \frac{1}{2\sqrt{2}}\left\{l\frac{1+Sin.\,a\sqrt{2}}{1-Sin.\,a\sqrt{2}} - l\frac{1-Sin.\,a\sqrt{2}}{1+Sin.\,a\sqrt{2}}\right\} = \frac{1}{\sqrt{2}}\,l\,\frac{1+Sin.\,a\sqrt{2}}{1-Sin.\,a\sqrt{2}},\, a<\frac{\pi}{4};\; . \;(212)$$

mais celle-ci devient infinie pour $a=\frac{1}{4}\pi$ et à plus forte raison pour $a>\frac{1}{4}\pi$, donc:

$$\int_{-a}^{a}\frac{Cos.\,x\,dx}{Cos.\,2\,x} = \infty\;,\; a\geqq\frac{\pi}{4}\;\ldots\ldots\; (213)$$

Encore a-t-on: $\int\frac{Sin.\,x\,dx}{Cos.\,3\,x} = \frac{1}{6}\,l\,\frac{Cos.^2\,x}{Cos.^2\,x-\frac{3}{4}}$, $\int\frac{Cos.\,x\,dx}{Cos.\,3\,x} = \frac{1}{2\sqrt{3}}\,l\,\frac{Cos.\left(\frac{\pi}{3}-x\right)}{Cos.\left(\frac{\pi}{3}+x\right)}$. Comme ces deux intégrales deviennent discontinues pour $x=\pm\frac{1}{6}\pi$, on pourra les intégrer de $-a$ à a, pourvu que l'on suppose $a<\frac{1}{6}\pi$, et de-là on pourra décider pour le cas où a serait $=$ ou $>\frac{\pi}{6}$.

$$\int_{-a}^{a}\frac{Sin.\,x\,dx}{Cos.\,3\,x} = \frac{1}{6}\,l\,\frac{Cos.^2\,a}{Cos.^2\,a-\frac{3}{4}} - \frac{1}{6}\,l\,\frac{Cos.^2\,a}{Cos.^2\,a-\frac{3}{4}} = 0\,,\, a<\frac{\pi}{6},\ (214),\ \text{donc aussi} = 0,\ \text{pour } a\geqq\frac{\pi}{6};\ (215)$$

$$\int_{-a}^{a}\frac{Cos.\,x\,dx}{Cos.\,3\,x} = \frac{1}{2\sqrt{3}}\left\{l\frac{Cos.\left(\frac{\pi}{3}-a\right)}{Cos.\left(\frac{\pi}{3}+a\right)} - l\frac{Cos.\left(\frac{\pi}{3}+a\right)}{Cos.\left(\frac{\pi}{3}-a\right)}\right\} = \frac{1}{\sqrt{3}}\,l\,\frac{Cos.\left(\frac{\pi}{3}-a\right)}{Cos.\left(\frac{\pi}{3}+a\right)},\, a<\frac{\pi}{6}.\,(216)$$

Mais cette valeur est ∞ pour $a = \frac{1}{6}\pi$; donc:

$$\int_{-a}^{a} \frac{Cos.\,x\,dx}{Cos.\,3\,x} = \infty \;,\; a \geqq \frac{\pi}{6} \quad \ldots\ldots\ldots\ldots\ldots\ldots (217)$$

8. *Exercices.* $\int_0^\infty \frac{dx}{x} = \infty$, (T. 18, N°. 1), $\int_{-1}^0 \frac{dx}{x} = -\infty$, (T. 35, N°. 1),

$$\int_{-\infty}^{\infty} \frac{dx}{x \pm q} = 0, \text{(T. 29, N°. 1)}, \int_0^q \frac{dx}{q^2 - x^2} = \infty, \text{(T. 34, N°. 3)}, \int_q^\infty \frac{dx}{q^2 - x^2} = -\infty, \text{(T. 35, N°. 11)},$$

$$\int_0^1 \frac{xdx}{1-2px+p^2} = \frac{1}{2} l\{2(p-1)\} - \frac{p}{2\sqrt{(p^2-1)}} l\{p + \sqrt{(p^2-1)}\}, p>1, \text{(T. 7, N°. 12)}, \int_0^\infty \frac{x\,dx}{q^2-x^2} = \infty \,. (218)$$

9. Il se peut encore que $F(x)$ soit réelle entre les limites a et c de x, mais imaginaire pour les valeurs de x entre c et b, c'est-à-dire que l'on ait:

$$\int f(x)\,dx = F(x) + C \;,\; a < x < c \;,\; \int f(x)\,dx = F_1(x) + C_1 \;,\; c < x < b.$$

Alors on peut éliminer l'imaginaire en écrivant l'équation (a) de cette manière:

$$\int_a^b f(x)\,dx = F(c - \varepsilon) - F(a) + F_1(b) - F_1(c + \varepsilon), \ldots\ldots\ldots\ldots (b)$$

où la correction est déjà admise dans les fonctions elles-mêmes [22].

Pour donner un exemple de ce calcul, reprenons l'intégrale du N°. 2, et écrivons ly au lieu de $\frac{1}{2}ly^2$; alors on aurait:

$$\int \frac{dx}{x - q} = l(q - x) + C \;,\; q > x \;,\; = l(x - q) + C \;,\; q < x.$$

Supposons à présent $q < 1$, alors l'intégrale, prise entre les limites 0 et 1 de x, devient discontinue pour $x = q$: donc, pour les valeurs de x depuis 0 à q, il faut employer la première fonction $F(x) = l(q - x)$ et pour les valeurs de x entre q et 1, la seconde $F_1(x) = l(x - q)$; ainsi nous trouvons:

$$\int_0^1 \frac{dx}{x-q} = l\{q-(q-\varepsilon)\} - l(q-0) + l(1-q) - l\{(q+\varepsilon)-q\} = l\varepsilon - lq + l(1-q) - l\varepsilon = l\frac{1-q}{q},$$

---

[22] Cette règle est en opposition avec ce que PLANA trouve, Journal von Crelle, Bd. 17, S. 1. Page 232.

tout comme dans le N°. 2 nous l'a donné le calcul ordinaire. Aussi pourra-t-on en général s'y borner, et ne regarder cette observation que comme une élucidation du procédé ordinaire. [23].

---

§ 3. MÉTHODE 3. PAR LES FORMULES DE RÉDUCTION D'INTÉGRALES INDÉFINIES.

1. Il arrive souvent, qu'à l'aide de l'intégration par parties ou de quelque autre manière, on parvient à réduire quelque intégrale indéfinie à un terme déjà intégré et à une autre intégrale, qui est plus simple pour avoir par exemple un numérateur ou un dénominateur d'un moindre degré: c'est sur ce raisonnement que reposent l'arrangement et le calcul des tables ordinaires d'intégrales indéfinies: il peut nous venir en aide aussi pour les intégrales définies. Car lorsqu'on intègre une telle formule de réduction entre deux limites définies, il se peut en premier lieu que le terme intégré s'évanouisse entre ces limites: alors la répétition du même procédé donnera lieu à un produit de fractions, dont les numérateurs et les dénominateurs seront en général des facteurs équidifférents; par conséquent ce produit peut être exprimé par des facultés numériques, ou par les fonctions Gamma. Mais en second lieu il peut arriver aussi que le terme intégré ne s'évanouisse pas entre les limites de l'intégration, mais se réduise à une valeur déterminée: alors on obtiendra, par la répétition du même procédé, une série, auprès des termes de laquelle les facultés numériques joueront un rôle principal. Enfin il se peut encore, que le même terme intégré devienne indéterminé ou même infini entre les limites de l'intégration: dès-lors cette méthode ne sert plus à rien. Dans tous les cas, il faut absolument examiner si le terme intégré devient discontinu entre les limites de l'intégration: car dès-lors on doit y ajouter une correction correspondante qui sera représentée par une intégrale singulière, d'après ce qui a été observé dans la Première Partie.

2. *Fonctions rationnelles algébriques.* On a:

$$d.x^p(1-x^q)^a = x^{p-1}dx\{p(1-x^q)^a - qa(1-x^q)^{a-1}x^q\} = x^{p-1}dx\{(p+qa)(1-x^q)^a - qa(1-x^q)^{a-1}\};$$

donc, — puisque la fonction différentiée s'évanouit pour $x = 0$ et pour $x = 1$ — pour un a entier:

$$\int_0^1 x^{p-1}(1-x^q)^a\,dx = \frac{qa}{p+qa}\int_0^1 x^{p-1}(1-x^q)^{a-1}\,dx = \frac{q^a\,1^{a/1}}{(p+q)^{a/q}}\int_0^1 x^{p-1}(1-x^q)^0\,dx =$$

$$= \frac{q^a\,1^{a/1}}{p\,(p+q)^{a/q}} = \frac{q^a\,1^{a/1}}{p^{a+1/q}}, \text{ (T. 1, N°. 20)},$$

d'après la valeur de l'intégrale, Méth. 1, N°. 2. [24].

---

[23] Suivant la règle de Plana cette intégrale aurait une valeur imaginaire: et ce résultat, fautif en soi-même, démontre en même temps que la règle mentionnée ne saurait valoir.

[24] On aurait aussi:

$$d.\,x^p(1-x^q)^a = (1-x^q)^{a-1}dx\,\{p\,x^{p-1} - (p+qa)\,x^{p+q-1}\},$$

On a: $p\int\frac{x^{p-1}\,dx}{(1+x)^a}=\frac{x^p}{(1+x)^a}-\int x^p\frac{-a\,dx}{(1+x)^{a+1}}=\frac{x^p}{(1+x)^a}+a\int\frac{x^{p-1}\,dx}{(1+x)^a}-a\int\frac{x^{p-1}\,dx}{(1+x)^{a+1}}$;
donc: $\int\frac{x^{p-1}\,dx}{(1+x)^{a+1}}=\frac{x^p}{a(1+x)^a}+\frac{a-p}{a}\int\frac{x^{p-1}\,dx}{(1+x)^a}$.

Or, pour les limites 0 et ∞, le terme intégré s'évanouit, pourvu que $0<p<a$; car pour $p<0$ on aurait $\left[x^p\right]_{x=0}=\infty$, et pour $p>a$ on aurait $\left[\frac{x^p}{(1+x)^a}\right]_{x=\infty}=\infty$; donc:

$$\int_0^\infty\frac{x^{p-1}\,dx}{(1+x)^{a+1}}=\frac{a-p}{a}\int_0^\infty\frac{x^{p-1}\,dx}{(1+x)^a}=\frac{(a-p)^{a|-1}}{a^{a|-1}}\int_0^\infty\frac{x^{p-1}\,dx}{1+x}=\frac{(1-p)^{a|1}}{1^{a|1}}\frac{\pi}{Sin.\,p\pi},\ 0<p<a;$$

après la substitution de la dernière intégrale, que l'on trouvera Méth. 22, N°. 12; ou, comme

---

résultat identique avec celui du N°. 2, mais disposé autrement. L'intégration entre les limites 0 et 1 fait disparaître la fonction différentiée au premier membre; donc:

$$\int_0^1 x^{p-1}(1-x^q)^{a-1}\,dx=\frac{p+qa}{p}\int_0^1 x^{p+q-1}(1-x^q)^{a-1}\,dx=\frac{p+qa}{p}\cdot\frac{p+qa+q}{p+q}\cdot\frac{p+qa+2q}{p+2q}\cdots\cdots$$
$$\times\int_0^1 x^{p+nq-1}(1-x^q)^{a-1}\,dx.$$

De cette formule de réduction EULER (*) fait l'application ingénieuse suivante. Il remarque qu'on a tout de même:

$$\int_0^1 x^{s-1}(1-x^q)^{a-1}\,dx=\frac{s+qa}{s}\cdot\frac{s+qa+q}{s+q}\cdot\frac{s+qa+2q}{s+2q}\cdots\cdots\int_0^1 x^{s+nq-1}(1-x^q)^{a-1}\,dx.$$

Or, lorsqu'on fait diverger n vers l'infini, les deux facteurs x^{p+nq-1} et x^{s+nq-1} deviendront sensiblement égaux: donc les deux intégrales dans les seconds membres des deux dernières équations finiront par devenir identiquement égales. Dans ce cas les produits de facteurs équidifférents acquerront en même temps un nombre infini de termes, et la comparaison des deux équations en question donne enfin:

$$\int_0^1 x^{p-1}(1-x^q)^{a-1}\,dx=\frac{s(p+qa)}{p(s+qa)}\cdot\frac{(s+q)(p+qa+q)}{(p+q)(s+qa+q)}\cdot\frac{(s+2q)(p+qa+2q)}{(p+2q)(s+qa+2q)}\cdots\cdots\int_0^1 x^{s-1}(1-x^q)^{a-1}\,dx.$$

Pour $s=q$ on a:

$$\int_0^1 x^{q-1}(1-x^q)^{a-1}\,dx=\frac{-1}{qa}\int_0^1 d.(1-x^q)^a=\frac{1}{qa},\ \text{(T. 1, N°. 24); donc:}$$

$$\int_0^1 x^{p-1}(1-x^q)^{a-1}\,dx=\frac{1}{qa}\,\frac{1(p+qa)}{p(a+1)}\cdot\frac{2(p+qa+q)}{(p+q)(a+2)}\cdot\frac{3(p+qa+2q)}{(p+2q)(a+3)}\cdots\cdots\ \ldots\ (219)$$

Pour $a=\frac{c}{q}$ et pour $q=1$ on trouve respectivement T. 10, N°. 1 et T. 1, N°. 11.

(*) EULER, Institutiones Calculi Integralis, Vol. primum, Sect. I, Cap. 9, § 360.

$(1-p)^{a/1}\,\Gamma(1-p) = \Gamma(a+1-p)$ (N°. 14 formule A) et $\Gamma(p)\Gamma(1-p) = \dfrac{\pi}{Sin.\,p\,\pi}$ (Méth. 4, N°. 6, form. B, Note 43):

$$\int_0^\infty \frac{x^{p-1}\,dx}{(1+x)^{a+1}} = \frac{\Gamma(a-p+1)\Gamma(p)}{1^{a/1}}\;,\; 0<p<a;\; (\text{T. 18, N°. 12}).$$

Encore: $\displaystyle\int \frac{x^{a+p-1}}{(1+x)^{2a}}dx = \frac{-x^{a+p-1}}{(2a-1)(1+x)^{2a-1}} + \frac{1}{2a-1}\int \frac{(a+p-1)\,x^{a+p-2}\,dx}{(1+x)^{2a-1}}$. Pour $x=0$ le terme intégré s'évanouit, lorsque $a+p-1>0$, et pour $x=\infty$, lorsque $a+p-1<2a-1$, d'où $p<a$. Donc:

$$\int_0^\infty \frac{x^{a+p-1}\,dx}{(1+x)^{2a}} = \frac{a+p-1}{2a-1}\int_0^\infty \frac{x^{a+p-2}\,dx}{(1+x)^{2a-1}} = \frac{(a+p-1)^{a/-1}}{(2a-1)^{a/-1}}\int_0^\infty \frac{x^{p-1}\,dx}{(1+x)^{a}} =$$

$$= \frac{(a+p-1)^{a/-1}}{a^{a/1}}\,\frac{(p-a+1)^{a/1}}{1^{a-1/1}}\,\frac{(-1)^{a+1}\pi}{Sin.\,p\,\pi},$$

par la substitution de l'intégrale précédente: mais $(a+p-1)^{a/-1} = p+a-1\,.\,p+a-2\ldots p+1\,.\,p$, et $(p-a+1)^{a/1} = p-a+1\,.\,p-a+2\ldots p-1$; or, comme les facteurs respectifs y sont de la forme $p+q$ et $p-q$, (le facteur p de la première faculté excepté) et comme $a^{a/1}.\,1^{a-1/1} = 1^{2a-1/1}$, on trouve:

$$\int_0^\infty \frac{x^{a+p-1}\,dx}{(1+x)^{2a}} = \frac{(-1)^{a+1}\pi}{Sin.\,p\,\pi}\,\frac{p.p^2-1^2.p^2-2^2\ldots p^2-(a-1)^2}{1^{2a-1/1}}\;,\; p<a;\quad (\text{T. 18, N°. 19}).$$

On a: [25] $\displaystyle\int \frac{x^a\,dx}{(p+qx)^b} = \frac{1}{q^{a+1}}\sum_0^a \binom{a}{n}\frac{(-p)^n(p+qx)^{a-b+1-n}}{a-b-n+1}$, $a<b-1$; donc:

$$\int_0^1 \frac{x^a\,dx}{(p+qx)^b} = \frac{1}{q^{a+1}}\sum_0^a \binom{a}{n}\frac{(-p)^n}{a-b-n+1}\{(p+q)^{a-b+1-n} - p^{a-b+1-n}\}\;,\; a<b-1;\,.\,(220)$$

Pour $a=b-1$ le terme de la sommation, répondant à la valeur zéro de x, reçoit une autre forme puisqu'il devient indéterminé; la règle ordinaire donne:

$$\int_0^1 \frac{x^a\,dx}{(p+qx)^{a+1}} = l\frac{p+q}{p} - \frac{1}{q^{a+1}}\sum_1^a \binom{a}{n}\frac{(-1)^n}{n}\left\{\left(\frac{p}{p+q}\right)^n - 1\right\}.\;.\;.\;.\;.\;.\; (221)$$

Encore a-t-on: $\displaystyle\int \frac{dx}{(p+qx^2)^a} = \frac{x}{(p+qx^2)^a} - \int x\frac{-a.q\,2\,x\,dx}{(p+qx^2)^{a+1}} = \frac{x}{(p+qx^2)^a} + 2a\left\{\int\frac{dx}{(p+qx^2)^a} - p\int\frac{dx}{(p+qx^2)^{a+1}}\right\}$; donc: $\displaystyle 2ap\int\frac{dx}{(p+qx^2)^{a+1}} = \frac{x}{(p+qx^2)^a} + (2a-1)\int\frac{dx}{(p+qx^2)^a}$; par suite:

$$\int_0^\infty \frac{dx}{(p+qx^2)^{a+1}} = \frac{2a-1}{2ap}\int_0^\infty \frac{dx}{(p+qx^2)^a} = \frac{1^{a/2}}{(2p)^a\,1^{a/1}}\int_0^\infty \frac{dx}{p+qx^2} = \frac{1^{a/2}}{(2p)^a\,1^{a/1}}\,\frac{\pi}{2\sqrt{pq}}\;,\; (222)$$

---

[25] MINDING, Sammlung von Integraltafeln, (Berlin. REIMARUS. 1849. VI et 186, S. 4°.) Abth. I. Taf. 1.

Page 235.

d'après Méth. 1, form. (38). Pour $q = 1$, voyez T. 21, N°. 3. Ensuite:

$$(2b-1)\int\frac{x^{2b-2}\,dx}{(p+qx^2)^a}=\frac{x^{2b-1}}{(p+qx^2)^a}-\int x^{2b-1}\frac{-a\,.\,2qx\,dx}{(p+qx^2)^{a+1}}=\frac{x^{2b-1}}{(p+qx^2)^a}+2aq\int\frac{x^{2b}\,dx}{(p+qx^2)^{a+1}},$$

donc, pourvu que $a \geqq b$:

$$\int_0^\infty\frac{x^{2b}\,dx}{(p+qx^2)^{a+1}}=\frac{2b-1}{2aq}\int_0^\infty\frac{x^{2b-2}\,dx}{(p+qx^2)^a}=\frac{1^{b/2}}{(a-b+1)^{b/1}}\frac{1}{(2q)^b}\int_0^\infty\frac{dx}{(p+qx^2)^{a-b+1}},$$

ou, lorsqu'on substitue l'intégrale (222):

$$\int_0^\infty\frac{x^{2b}\,dx}{(p+qx^2)^{a+1}}=\frac{1^{b/2}\,1^{a-b/2}}{1^{a/1}}\,\frac{\pi}{2^{a+1}q^b p^{a-b}\sqrt{pq}},\quad a\geqq b;\quad\ldots\ldots\ (223)$$

$$g\int\frac{x^{g-1}\,dx}{(p+qx^c)^h}=\frac{x^g}{(p+qx^c)^h}-\int x^g\frac{-hq\,cx^{c-1}\,dx}{(p+qx^c)^{h+1}}=\frac{x^g}{(p+qx^c)^h}+ch\int dx\left\{\frac{x^{g-1}}{(p+qx^c)^h}-p\frac{x^{g-1}}{(p+qx^c)^{h+1}}\right\},$$

donc, puisque le terme intégré s'évanouit pour $x=0$ et encore toujours pour $x=\infty$, pourvu que $g<c$, on trouve:

$$\int_0^\infty\frac{x^{g-1}\,dx}{(p+qx^c)^{h+1}}=\frac{ch-g}{ch\,p}\int_0^\infty\frac{x^{g-1}\,dx}{(p+qx^c)^h}=\frac{(c-g)^{h/c}}{1^{h/1}}\frac{1}{(cp)^h}\int_0^\infty\frac{x^{g-1}dx}{p+qx^c}=\frac{(c-g)^{h/c}}{1^{h/1}}\frac{1}{(cp)^h}\frac{1}{p}\left(\frac{p}{q}\right)^{\frac{g}{c}}\frac{\pi}{c\,Sin.\frac{g\pi}{c}},g<c,(22$$

à l'aide de la formule (201).

On a [26]:

$$\int\frac{x^{ac+g-1}\,dx}{(p+qx^c)^{b+1}}=(-1)^a\frac{p^{a-1}x^g}{q^a}\sum_0^{a-1}\frac{\alpha}{p^n(p+qx^c)^{b-n}}+\frac{(ac-c+g)^{a/-c}}{b^{a/-1}}\frac{1}{(cq)^a}\int\frac{x^{g-1}\,dx}{(p+qx^c)^{b-a+1}},\ b+1>a.$$

Ici le premier terme, où α sous la sommation est un produit de coefficients d'un binôme, s'évanouit pour la valeur zéro de x. Lorsque x devient infini, le plus grand terme sous la sommation est celui qui correspond à la valeur $a-1$ de n, et qui par suite a pour dénominateur $(p+qx^c)^{b-a+1}$, où le degré devient $\geqq 1$ d'après la supposition $b+1>a$: donc la plus grande valeur de la fraction est $\frac{1}{p+qx^c}$: mais dans ce cas encore le terme correspondant $\frac{x^g}{p+qx^c}$ s'évanouit pour $x=\infty$, lorsque $g<c$. Lorsque cela arrive pour ce terme maximum, il va sans dire que les autres termes, à dénominateur d'un plus haut degré, seront nuls à plus forte raison: et encore que les coefficiens constants, que nous avons omis dans la discussion, ne changent en rien le résultat. Donc:

$$\int_0^\infty\frac{x^{ac+g-1}\,dx}{(p+qx^c)^{b+1}}=\frac{(ac-c+g)^{a/-c}}{b^{a/-1}(cq)^a}\int_0^\infty\frac{x^{g-1}\,dx}{(p+qx^c)^{b-a+1}}=\frac{g^{a/c}(c-g)^{b-a/c}}{1^{b/1}}\frac{1}{c^b p^{b-a}q^a}\frac{1}{p}\left(\frac{p}{q}\right)^{\frac{g}{c}}\frac{\pi}{c\,Sin.\frac{g\pi}{c}},b+1>a,g<c,(22$$

par la substitution de la dernière intégrale (224).

[26] Minding, Sammlung von Integraltafeln, Abth. I, Taf. 49. Page 236.

3. *Fonctions algébriques irrationnelles.*

$$a\int\frac{px^{a-1}+qx^a}{(p+qx)^{b+\frac{1}{2}}}dx=a\int\frac{x^{a-1}\,dx}{(p+qx)^{b-\frac{1}{2}}}=\frac{x^a}{(p+qx)^{b-\frac{1}{2}}}-\int x^a\frac{-(b-\frac{1}{2})q\,dx}{(p+qx)^{b+\frac{1}{2}}},$$ donc, pourvu que $a<b-\frac{1}{2}$:

$$\int_0^\infty\frac{x^a\,dx}{(p+qx)^{b+\frac{1}{2}}}=-\frac{2a}{2a-2b+1}\frac{p}{q}\int_0^\infty\frac{x^{a-1}\,dx}{(p+qx)^{b+\frac{1}{2}}}=\frac{1^{a/1}}{(2b-3)^{a/-2}}\left(\frac{2p}{q}\right)^a\int_0^\infty\frac{dx}{(p+qx)^{b+\frac{1}{2}}}=$$

$$=\frac{1^{a/1}}{(2b-1)^{a+1/-2}}\frac{2^{a+1}}{q^{a+1}p^{b-a-\frac{1}{2}}},\ a<b-\tfrac{1}{2},\ \ldots\ldots\ (226)$$

lorsqu'on fait usage de l'intégrale que l'on déduira Méth. 7, N°. 2.

$$\int dx\sqrt{(p^2-x^2)^a}=x\sqrt{(p^2-x^2)^a}-\int x.\tfrac{1}{2}a\sqrt{(p^2-x^2)^{a-2}}(-2x\,dx)=x\sqrt{(p^2-x^2)^a}-$$

$-a\int dx\left\{\sqrt{(p^2-x^2)^a}-p^2\sqrt{(p^2-x^2)^{a-2}}\right\}$; donc, puisque le terme intégré s'annule tant pour $x=0$ que pour $x=p$:

$$\int_0^p dx\sqrt{(p^2-x^2)^a}=\frac{ap^2}{a+1}\int_0^p dx\sqrt{(p^2-x^2)^{a-2}}.$$

Ici il faut distinguer entre deux cas, suivant que a est pair ou impair; car pour a pair $=2b$, on a:

$$\int_0^p dx\sqrt{(p^2-x^2)^{2b}}=\frac{2b}{2b+1}p^2\frac{2(b-1)}{2b-1}p^2\ldots\frac{2}{3}p^2\int_0^p dx=\frac{1^{b/1}}{3^{b/2}}2^b p^{2b+1},\ \text{(T. 33, N°. 6)};$$

mais pour a impair $=2b-1$, on trouve:

$$\int_0^p dx\sqrt{(p^2-x^2)^{2b-1}}=\frac{2b-1}{2b}p^2\frac{2b-3}{2(b-1)}p^2\ldots\frac{p^2}{2}\int_0^p\frac{dx}{\sqrt{(p^2-x^2)}}=\frac{1^{b/2}}{1^{b/1}}\frac{p^{2b}}{2^b}\frac{\pi}{2},\ \text{(T. 33, N°. 7)},$$

à l'aide de Méth. 1, N°. 6.

$$(b-1)\int x^{b-2}dx\sqrt{(p^2-x^2)^{a+2}}=(b-1)\int dx\left\{p^2x^{b-2}\sqrt{(p^2-x^2)^a}-x^b\sqrt{(p^2-x^2)^a}\right\}$$

$=x^{b-1}\sqrt{(p^2-x^2)^{a+2}}-\int x^{b-1}\frac{a+2}{2}\sqrt{(p^2-x^2)^a}(-2x\,dx)$; donc:

$$\int_0^p x^b dx\sqrt{(p^2-x^2)^a}=\frac{b-1}{a+b+1}p^2\int_0^p x^{b-2}\sqrt{(p^2-x^2)^a}\,dx,$$

parce que le terme intégré s'évanouit pour les deux limites de l'intégration. Dans le cas où b est pair, et qu'on doit bien distinguer de celui où b serait impair, on a:

$$\int_0^p x^{2b}\sqrt{(p^2-x^2)^a}=\frac{2b-1}{a+2b+1}p^2\frac{2b-3}{a+2b-1}p^2\ldots\frac{p^2}{a+3}\int_0^p\sqrt{(p^2-x^2)^a}\,dx,$$

Page 237.

et donc, suivant les intégrales précédentes, dans les cas différents de a pair ou impair:

$$\int_0^p x^{2b}\,dx \sqrt{(p^2-x^2)^{2a}}\,dx = \frac{1^{a/2}\,1^{b/2}}{1^{a+b+1/2}}\,2^a p^{2a+2b+1};\ \int_0^p x^{2b}\,dx \sqrt{(p^2-x^2)^{2a-1}}\,dx = \frac{1^{a/2}\,1^{b/2}}{1^{a+b/1}}\,\frac{p^{2a+2b}}{2^{a+b}}\,\frac{\pi}{2};$$

(T. 33, N°. 11 et 10). Lorsque au contraire b est impair, on a:

$$\int_0^p x^{2b+1}\,dx \sqrt{(p^2-x^2)^a} = \frac{2b}{a+2b+2}\,p^2\,\frac{2(b-1)}{a+2b}\,p^2 \dots \frac{2}{a+4}\,p^2 \int_0^p x\,dx \sqrt{(p^2-x^2)^a} =$$

$$= \frac{a^{b/1}}{(a+2)^{b+1/2}}\,2^b\,p^{2b+a+2}.$$ [27]. (T. 33, N°. 9).

Ensuite: $$-\int \frac{x^a\,dx}{\sqrt{(p^2-x^2)}} = x^{a-1}\sqrt{(p^2-x^2)} - \int \sqrt{(p^2-x^2)}\,(a-1)\,x^{a-2}\,dx,$$

où la dernière intégrale vient d'être trouvée entre les limites 0 et p; donc:

$$\int_0^p \frac{x^a\,dx}{\sqrt{(p^2-x^2)}} = (a-1)\int_0^p x^{a-2}\,dx \sqrt{(p^2-x^2)};$$

et par conséquent:

$$\int_0^p \frac{x^{2a}\,dx}{\sqrt{(p^2-x^2)}} = \frac{1^{a/2}}{1^{a/1}}\,\frac{p^{2a}}{2^{a+1}}\,\pi;\ \int_0^p \frac{x^{2a+1}\,dx}{\sqrt{(p^2-x^2)}} = \frac{1^{a/1}}{3^{a/2}}\,2^a p^{2a+1}.$$ (T. 34, N°. 10 et 11).

4. *Exercices.* $\int_0^1 x^{p-1}(1-x)^{p-1}\,dx = 2\,\frac{1^{p-1/1}}{(p+1)^{p/1}}$, (T. 1, N°. 6), $\int_0^1 x^{bq-1}(1-x^q)^{b-1}\,dx =$

$= \frac{2}{q}\,\frac{1^{b-1/1}}{(b+1)^{b/1}}$, (T. 1, N°. 23), $\int_0^\infty \frac{x^{p-1}\,dx}{(1+qx)^{a+1}} = \frac{\Gamma(a-p+1)\,\Gamma(p)}{1^{a/1}\,q^p}$, ... (228)

$\int_0^1 \frac{x^{p-1}\,dx}{1+qx} = \frac{\pi}{q^p\,Sin.\,p\pi}$, (T. 18, N°. 7), $\int_0^1 x^{2b}\,dx \sqrt{(1-x^2)^{2a}} = \frac{1^{a/2}\,1^{b/2}}{1^{a+b+1/2}}\,2^a$, (T. 1, N°. 18),

$\int_0^1 x^{2b}\,dx \sqrt{(1-x^2)^{2a-1}} = \frac{1^{a/2}\,1^{b/2}}{1^{a+b/1}}\,\frac{\pi}{2^{a+b+1}}$, (T. 9, N°. 8), $\int_0^1 x^{2b}\,dx \sqrt{(1-x^2)} = \frac{1^{b/2}}{1^{b+1/2}}\,\frac{\pi}{2^{b+2}}$, (T. 9, N°. 7),

$\int_0^1 x^{2b+1}\,dx \sqrt{(1-x^2)^{2a-1}} = \frac{1^{b/1}}{(2a+1)^{b+1/2}}\,2^b$, (T. 9, N°. 11), $\int_0^1 x^{2b+1}\,dx \sqrt{(1-x^2)^a} = \frac{1^{b/1}}{(a+2)^{b+1/2}}\,2^b$, (229),

$\int_0^1 x^{2b+1}(1-x^2)^a\,dx = \frac{1^{b/1}}{2(a+1)^{b+1/1}}$, (T. 1, N°. 19), $\int_0^1 x^{2b+1}\,dx \sqrt{(1-x^2)} = \frac{1^{b/1}}{3^{b+1/2}}\,2^b$, (T. 9, N°. 6),

---

[27] Car on a par la substitution de $x^2 = y$,

$$\int_0^p x\,dx \sqrt{(p^2-x^2)^a} = \frac{1}{2}\,\frac{-1}{\frac{1}{2}a+1}\int_0^p d.\,(p^2-y^2)^{\frac{1}{2}a+1} = \frac{p^{a+1}}{a+2}$$ . . . . . . (227)

$$\int_0^1 \frac{x^{2a}\,dx}{\sqrt{(1-x^2)}} = \frac{1^{a/2}}{1^{a/1}}\frac{\pi}{2^{a+1}},\ \text{(T. 12, N°. 12)},\ \int_0^1 \frac{x^{2a+1}\,dx}{\sqrt{(1-x^2)}} = \frac{1^{a/1}}{3^{a/2}}2^a.\ \text{(T. 12, N°. 13)}.$$

5. *Fonctions circulaires directes.*

On a: $\int Cos.^a x\,dx = Cos.^{a-1} x.\,Sin.\,x - \int Sin.\,x.\,(a-1)\,Cos.^{a-2} x.\,(-Sin.\,x\,dx) =$

$= Cos.^{a-1} x.\,Sin.x.-(a-1)\int dx\,(Cos.^a x - Cos.^{a-2} x)$, et de même: $-\int Sin.^a x dx = Sin.^{a-1} x.\,Cos.x -$

$-\int Cos.\,x.\,(a-1)\,Sin.^{a-2} x.\,Cos.\,x\,dx = Sin.^{a-1} x.\,Cos.\,x + (a-1)\int dx\,(Sin.^a x - Sin.^{a-2} x)$.

Comme pour $x = 0$ on a $Sin.\,x = 0$, et pour $x = \frac{\pi}{2}$ au contraire $Cos.\,x = 0$, les deux termes intégrés s'annulent pour l'intégration entre 0 et $\frac{\pi}{2}$; et l'on trouve:

$$\int_0^{\frac{\pi}{2}} Cos.^a x\,dx = \frac{a-1}{a}\int_0^{\frac{\pi}{2}} Cos.^{a-2} x\,dx,\qquad \int_0^{\frac{\pi}{2}} Sin.^a x = \frac{a-1}{a}\int_0^{\frac{\pi}{2}} Sin.^{a-2} x\,dx.$$

On voit de suite que leurs formes les plus simples diffèrent selon que a est pair ou impair; l'introduction de cette distinction donne, à l'aide aussi de Méth. 1, N°. 12:

$$\int_0^{\frac{\pi}{2}} Cos.^{2a} x\,dx = \frac{1^{a/2}}{2^{a/2}}\int_0^{\frac{\pi}{2}} dx = \frac{1^{a/2}}{2^{a/2}}\frac{\pi}{2} = \int_0^{\frac{\pi}{2}} Sin.^{2a} x\,dx,\ \text{(T. 53, N°. 16 et 12)},\ \int_0^{\frac{\pi}{2}} Cos.^{2a+1} x\,dx =$$

$$= \frac{2^{a/2}}{3^{a/2}}\int_0^{\frac{\pi}{2}} Cos.x dx = \frac{2^{a/2}}{3^{a/2}},\ \text{[28],(T.53, N°.17)},\ \int_0^{\frac{\pi}{2}} Sin.^{2a+1} x dx = \frac{2^{a/2}}{3^{a/2}}\int_0^{\frac{\pi}{2}} Sin.\,x dx = \frac{2^{a/2}}{3^{a/2}}.\ \text{(T.53, N°.13)}.$$

Pour la limite π de x on a encore $Sin.\,x = 0$, donc les termes intégrés s'évanouissent et l'on trouve:

$$\int_0^{\pi} Cos.^{2a} x\,dx = \frac{1^{a/2}}{2^{a/2}}\int_0^{\pi} dx = \frac{1^{a/2}}{2^{a/2}}\pi,\ \text{(T. 78, N°. 8)},\ = \int_0^{\pi} Sin.^{2a} x\,dx,\ \text{[29]},\ \ldots\ (230)$$

---

[28] La supposition de $Sin.\,x = y$, $Cos.\,x\,dx = dy$, avec les limites 0 et 1 de y, donne:

$$\int_0^1 (1-x^2)^a\,dx = \frac{2^{a/2}}{3^{a/2}} = \frac{(2^{a/2})^2}{1^{2a+1/1}}.\ \text{(T. 1, N°. 4)}.$$

[29] Les deux dernières sont déduites d'une autre manière, Méth. 5, N°. 6.

$$\int_0^{\pi} Cos.^{2a+1} x\, dx = \frac{2^{a/2}}{3^{a/2}} \int_0^{\pi} Cos.\, x\, dx = 0, \text{ (T. 78, N°. 7), [30]},$$

on a: $$\int_0^{\pi} Sin.^{2a+1} x\, dx = \frac{2^{a/2}}{3^{a/2}} \int_0^{\pi} Sin.\, x\, dx = 2\,\frac{2^{a/2}}{3^{a/2}}, \text{ (T. 78, N°. 3), [31]},$$

à l'aide de l'intégrale (93) et de Méth. 1, N°. 12.

$$(a+1)\int Sin.^a x.\, Cos.^b x dx = Sin.^{a+1} x.\, Cos.^{b-1} x - \int Sin.^{a+1} x.\,(b-1)\, Cos.^{b-2} x.(-Sin. x dx) =$$

$$= Sin.^{a+1} x.\, Cos.^{b-1} x - (b-1) \int dx\, (Sin.^a x.\, Cos.^b x - Sin.^a x.\, Cos.^{b-2} x);$$

donc: $$\int Sin.^a x.\, Cos.^b x\, dx = \frac{1}{a+b} Sin.^{a+1} x.\, Cos.^{b-1} x + \frac{b-1}{a+b} \int Sin.^a x.\, Cos.^{b-2} x\, dx.$$

Quant à la valeur de b, on voit qu'il y a ici deux cas à distinguer, suivant que b est pair ou impair. En premier lieu supposons b pair, alors $\frac{1}{2} b$ réductions successives ramènent notre intégrale à $\int Sin.^a x dx$: or, d'après les résultats précédents il faut de nouveau prendre a pair ou impair séparément: donc il y aura deux cas distincts. Pour les deux limites 0 et $\frac{\pi}{2}$ de x le terme intégré s'évanouit, par conséquent:

$$\int_0^{\frac{\pi}{2}} Sin.^a x.\, Cos.^{2b} x\, dx = \frac{2b-1}{a+2b} \int_0^{\frac{\pi}{2}} Sin.^a x.\, Cos.^{2b-2} x\, dx = \frac{1^{b/2}}{(a+2)^{b/2}} \int_0^{\frac{\pi}{2}} Sin.^a x\, dx, \text{ et par suite:}$$

$$\int_0^{\frac{\pi}{2}} Sin.^{2a} x.\, Cos.^{2b} x\, dx = \frac{1^{a/2}\, 1^{b/2}}{2^{a+b/2}}\, \frac{\pi}{2}, \quad \int_0^{\frac{\pi}{2}} Sin.^{2a+1} x.\, Cos.^{2b} x\, dx = \frac{2^{a/2}\, 1^{b/2}}{3^{a+b/2}}, \text{ (T. 56, N°. 1 et 4)},$$

d'après les résultats précédents.

---

[30] De celle-ci on aura une autre déduction Méth. 4, N°. 11 et Méth. 5, N°. 6.

[31] Pour $x = 2y$ on a:

$$\int_0^{\frac{\pi}{2}} Sin.^{2a+1} 2\, y\, dy = 2^{2a} \frac{(1^{a/1})^2}{1^{2a+1/1}}, \text{ (T. 53, N°. 24)};$$

celle-ci devient pour $Sin.^2 y = z$, $Sin.\, 2y\, dy = dz$, et 0 et 1 pour limites de z:

$$\int_0^1 (1-x)^a x^a\, dx = \frac{(1^{a/1})^2}{1^{2a+1/1}}, \text{ (T. 1, N°. 6)},$$

expression identique à celle de N°. 4.

Page 240.

Lorsque en second lieu b est impair on a:

$$\int_0^{\frac{\pi}{2}} Sin.^a x.\, Cos.^{2b+1} x\, dx = \frac{2^{b/2}}{(a+3)^{b/2}} \int_0^{\frac{\pi}{2}} Sin.^a x.\, Cos.\, x\, dx = \frac{2^{b/2}}{(a+1)^{b+1/2}},$$ [32], (T. 56, N°. 8),

d'où en particulier:

$$\int_0^{\frac{\pi}{2}} Sin.^{2a} x.\, Cos.^{2b+1} x\, dx = \frac{1^{a/2}\, 2^{b/2}}{(2a+1)\, 1^{a+b+1/2}}, \quad \int_0^{\frac{\pi}{2}} Sin.^{2a+1} x.\, Cos.^{2b+1} x\, dx = \frac{1^{a/1}\, 1^{b/1}}{2\,.\, 1^{a+b+1/1}}.$$

(T. 56, N°. 3 et 5).

Pour la limite π de x le terme intégré dans la dernière intégrale indéfinie s'évanouit, donc:

$$\int_0^{\pi} Sin.^a x.\, Cos.^{2b} x\, dx = \frac{1^{b/2}}{(a+2)^{b/2}} \int_0^{\pi} Sin.^a x\, dx, \text{ d'où: } \int_0^{\pi} Sin.^{2a} x.\, Cos.^{2b} x\, dx = \frac{1^{a/2}\, 1^{b/2}}{2^{a+b/2}}\pi, \quad (232)$$

$$\int_0^{\pi} Sin.^{2a+1} x.\, Cos.^{2b} x\, dx = \frac{2^{a/2}\, 1^{b/2}}{2\,.\, 1^{a+b+1/2}}, \quad (233)$$

et

$$\int_0^{\pi} Sin.^a x.\, Cos.^{2b+1} x\, dx = \frac{2^{b/2}}{(a+3)^{b/2}} \int_0^{\pi} Sin.^a x.\, Cos.\, x\, dx = 0. \text{ [33]} \quad (234)$$

(Pour $a = 2a-1$ on a: T. 78, N°. 23).

On a encore: $\int Tg.^a x\, dx = \int Tg.^{a-2} x \frac{dx}{Cos.^2 x} - \int Tg.^{a-2} x\, dx = \frac{1}{a-1} Tg.^{a-1} x - \int Tg.^{a-2} x dx.$

Pour $x = 0$ le terme intégré est nul, pour $x = \frac{\pi}{4}$ il devient $\frac{1}{a-1}$, donc:

$$\int_0^{\frac{\pi}{4}} Tg.^{2a} x\, dx = \frac{1}{2a-1} - \frac{1}{2a-3} + \frac{1}{2a-5} - \ldots + (1)^{a-1} + (1)^a \int_0^{\frac{\pi}{4}} dx = (-1)^a \frac{\pi}{4} + \sum_1^a \frac{(-1)^{n-1}}{2a+1-2n},$$

(T. 46, N°. 3), lorsque a est pair; mais lorsque a est impair, on a:

$$\int_0^{\frac{\pi}{4}} Tg.^{2a+1} x dx = \frac{1}{2a} - \frac{1}{2a-2} + \frac{1}{2a-4} + (-1)^{a-1}\frac{1}{2} + (-1)^a \int_0^{\frac{\pi}{4}} Tg.\, x dx = (-1)^a \frac{1}{2} l2 + \sum_0^{a-1} \frac{(-1)^n}{2a-2n},$$

(T. 46, N°. 5), d'après Méth. 1, N°. 18.

---

[32] Puisque $\int_0^{\frac{\pi}{2}} Sin.^a x.\, Cos.\, x\, dx = \frac{1}{a+1} \int_0^{\frac{\pi}{2}} d.\, Sin.^{a+1} x = \frac{1}{a+1}$. . . . . (231)

[33] Parce que $\int_0^{\pi} Sin.^a x.\, Cos.\, x\, dx = \frac{1}{a+1} \int_0^{\pi} d.\, Sin.^{a+1} x = 0.$ . . . . (235)

6. On a : $-a^2\int Sin.\,ax.\,Sin.^b x\,dx = a\,Sin.^b x.\,Cos.\,ax - a\int Cos.\,ax.\,b\,Sin.^{b-1} x.\,Cos.\,x\,dx =$

$a\,Sin.^b x.\,Cos.ax - b Sin.ax.Sin.^{b-1}x.Cos.x + b\int Sin.ax.\{(b-1)Sin.^{b-2}x.\,Cos.x.Cos.x\,dx - Sin.^{b-1}x.Sin.x dx\}$

$= a Sin.^b x.\,Cos.ax - b\,Sin.ax.Sin.^{b-1}x.\,Cos.x - b\int Sin.ax.dx\{(b-1)Sin.^b x - (b-1)\,Sin.^{b-2}x + Sin.^b x\}$;

donc : $\int Sin.ax.\,Sin.^b x\,dx = \frac{a\,Cos.ax.\,Sin.^b x - b\,Sin.ax.\,Sin.^{b-1}x.\,Cos.\,x}{b^2-a^2} + \frac{b(b-1)}{b^2-a^2}\int Sin.\,ax.\,Sin.^{b-2}x\,dx.$

De la même manière on trouve:

$$\int Sin.\,ax.\,Cos.^b x\,dx = \frac{aCos.\,ax.\,Cos.^b x + b\,Sin.\,ax.\,Cos.^{b-1}x.\,Sin.\,x}{b^2-a^2} + \frac{b\,(b-1)}{b^2-a^2}\int Sin.\,ax.\,Cos.^{b-2}x dx,$$

$$\int Cos.\,ax.\,Sin.^b x\,dx = \frac{-aSin.\,ax.\,Sin.^b x - b\,Cos.ax.\,Sin.^{b-1}x.\,Cos.x}{b^2-a^2} + \frac{b\,(b-1)}{b^2-a^2}\int Cos.\,ax.\,Sin.^{b-2}x dx,$$

$$\int Cos.\,ax.\,Cos.^b x\,dx = \frac{-aSin.\,ax.\,Cos.^b x + b\,Cos.ax.\,Cos.^{b-1}x.\,Sin.x}{b^2-a^2} + \frac{b\,(b-1)}{b^2-a^2}\int Cos.\,ax.\,Cos.^{b-2}x dx.$$

L'intégration entre les limites 0 et $\frac{\pi}{2}$ fait évanouir partiellement les termes intégrés, puisque $Cos.\,\frac{\pi}{2} = 0$, mais au contraire $Sin.\,\frac{\pi}{2} = 1$, donc:

$$\int_0^{\frac{\pi}{2}} Sin.\,ax.\,Sin.^b x\,dx = \frac{a\,Cos.\,\frac{1}{2}a\pi}{b^2-a^2} + \frac{b(b-1)}{b^2-a^2}\int_0^{\frac{\pi}{2}} Sin.\,ax.\,Sin.^{b-2}x\,dx, \quad \ldots\ldots\ldots (a)$$

$$\int_0^{\frac{\pi}{2}} Sin.\,ax.\,Cos.^b x\,dx = \frac{-a}{b^2-a^2} + \frac{b\,(b-1)}{b^2-a^2}\int_0^{\frac{\pi}{2}} Sin.\,ax.\,Cos.^{b-2}x\,dx, \quad \ldots\ldots\ldots (b)$$

$$\int_0^{\frac{\pi}{2}} Cos.\,ax.\,Sin.^b x\,dx = \frac{-a\,Sin.\,\frac{1}{2}a\pi}{b^2-a^2} + \frac{b\,(b-1)}{b^2-a^2}\int_0^{\frac{\pi}{2}} Cos.\,ax.\,Sin.^{b-2}x\,dx, \ldots\ldots\ldots (c)$$

$$\int_0^{\frac{\pi}{2}} Cos.\,ax.\,Cos.^b x\,dx = \qquad 0 + \frac{b\,(b-1)}{b^2-a^2}\int_0^{\frac{\pi}{2}} Cos.\,ax.\,Cos.^{b-2}x\,dx. \ldots\ldots (d)$$

A l'exception de la dernière toutes ces formules de réduction donnent lieu en général à des séries assez compliquées, puisqu'il s'y trouve encore des termes hors des signes d'intégration; mais les résultats deviendront beaucoup plus simples, lorsqu'on assemble ces termes: cela se peut en effet, quand on pose a impair dans (a) et a pair dans (c), mais la formule (b) ne s'y prête pas. Dans ces cas spéciaux on trouve à l'aide de Méth. 1, N°. 12, pour b pair en premier lieu:

Page 242.

$$\int_0^{\frac{\pi}{2}} Sin. \{(2a+1)x\}.Sin.^{2b} x\,dx = \frac{2b(2b-1)}{4b^2-(2a+1)^2}\int_0^{\frac{\pi}{2}} Sin. \{(2a+1)x\}.Sin.^{2b-2} x\,dx =$$

$$= \frac{2b(2b-1)}{4b^2-(2a+1)^2}\cdot\frac{(2b-2)(2b-3)}{4(b-2)^2-(2a+1)^2}\cdots\frac{2.1}{2^2-(2a+1)^2}\int_0^{\frac{\pi}{2}} Sin. \{(2a+1)x\}\,dx$$

$$= \frac{1^{2b/1}}{\{2^2-(2a+1)^2\}.\{4^2-(2a+1)^2\}\ldots\{4b^2-(2a+1)^2\}}\frac{1}{2a+1}, \text{ (T. 54, N°. 5)},$$

$$\int_0^{\frac{\pi}{2}} Cos.\,2ax.Sin.^{2b} x\,dx = \frac{2b(2b-1)}{4b^2-4a^2}\int_0^{\frac{\pi}{2}} Cos.\,2ax.\,Sin.^{2b-2} x\,dx =$$

$$= \frac{1^{2b/1}}{(2^2-4a^2).(4^2-4a^2)\ldots(4b^2-4a^2)}\int_0^{\frac{\pi}{2}} Cos.\,2ax\,dx = 0\ ,\ a > b;\ \text{(T. 54, N°. 11)};$$

car si a était $\leqq b$, un des facteurs dans le dénominateur du coefficient serait zéro et l'intégrale deviendrait $0:0$, c'est-à-dire indéterminée par conséquent.

$$\int_0^{\frac{\pi}{2}} Cos.ax.Cos.^{2b} x dx = \frac{2b(2b-1)}{4b^2-a^2}\int_0^{\frac{\pi}{2}} Cos.ax.Cos.^{2b-2} x dx = \frac{1^{2b/1}}{(2^2-a^2).(4^2-a^2)\ldots(4b^2-a^2)}\int_0^{\frac{\pi}{2}} Cos.ax\,dx =$$

$$= \frac{1^{2b/1}}{(2^2-a^2).(4^2-a^2)\ldots(4b^2-a^2)}\frac{1}{a}\,Sin.\tfrac{1}{2}a\pi.\ \text{(T. 55, N°. 19)}.$$

Celle-ci a lieu toujours lorsque a est impair; mais lorsque a est pair, il faut que $a > 2b$, puisque pour un $a \leqq 2b$, il y aurait dans le dénominateur hors du signe d'intégration un des facteurs qui s'annule: alors la valeur de l'intégrale est indéterminée.

Soit en second lieu b impair, on trouve [34]:

---

[34] Car on a:

$$\int_0^{\frac{\pi}{2}} Cos.ax.\,Cos.x\,dx = \frac{1}{2}\int_0^{\frac{\pi}{2}} dx\left[Cos.\{(a-1)x\} + Cos.\{(a+1)x\}\right] = \frac{1}{1-a^2}Cos.\frac{1}{2}a\pi,. \quad (236)$$

$$\int_0^{\frac{\pi}{2}} Sin.\{(2a+1)x\}.Sin.x\,dx = \frac{1}{2}\int_0^{\frac{\pi}{2}} dx\left[Cos.\,2ax - Cos.\{2(a+1)x\}\right] = 0, \ldots\ldots \quad (237)$$

d'après l'intégrale (87), et encore suivant l'autre (86):

$$\int_0^{\frac{\pi}{2}} Cos.\,2ax.\,Sin.x\,dx = \frac{1}{2}\int_0^{\frac{\pi}{2}} dx\left[Sin.\{(2a+1)x\} - Sin.\{(2a-1)x\}\right] = \frac{1}{1-4a^2}.\ . \quad (238)$$

Page 243.

$$\int_0^{\frac{\pi}{2}} Cos.\,ax.\,Cos.^{2b+1}x\,dx = \frac{1^{2b+1/1}}{\{3^2-a^2\}.\{5^2-a^2\}...\{(2b+1)^2-a^2\}}\int_0^{\frac{\pi}{2}} Cos.\,ax.\,Cos.\,x\,dx =$$

$$= \frac{1^{2b+1/1}.\,Cos.\,\tfrac{1}{2}a\pi}{\{1^2-a^2\}.\{3^2-a^2\}...\{(2b+1)^2-a^2\}};$$

elle vaut toujours lorsque a est pair: pour un a impair, il faut qu'on ait $a > 2b+1$. (T. 55, N°. 20).

$$\int_0^{\frac{\pi}{2}} Sin.\,\{(2a+1)x\}.\,Sin.^{2b+1}x\,dx = \frac{1^{2b+1/1}}{\{3^2-(2a+1)^2\}.\{5^2-(2a+1)^2\}...\{(2b+1)^2-(2a+1)^2\}}$$

$$\times \int_0^{\frac{\pi}{2}} Sin.\,\{(2a+1)x\}.\,Sin.\,x\,dx = 0\ ,\ a > b;\ \text{(T. 54, N°. 4)};$$

car pour $a < b$, un des dénominateurs devient nul et l'intégrale par conséquent indéterminée.

$$\int_0^{\frac{\pi}{2}} Cos.\,2ax.\,Sin.^{2b+1}x\,dx = \frac{1^{2b+1/1}}{\{3^2-4a^2\}.\{5^2-4a^2\}...\{(2b+1)^2-4a^2\}}\int_0^{\frac{\pi}{2}} Cos.\,2ax.\,Sin.\,x\,dx =$$

$$= \frac{1^{2b+1/1}}{\{1^2-4a^2\}.\{3^2-4a^2\}...\{(2b+1)^2-4a^2\}}.\ \text{(T. 54, N°. 12)}.$$

Mais lorsqu'on omet les suppositions spéciales qui annulent les termes intégrés dans les équations de réduction générales (a) et (c), et qu'à présent on fait usage de l'équation (b) aussi, on acquiert des valeurs plus compliquées; les voici:

$$\int_0^{\frac{\pi}{2}} Sin.\,2ax.\,Sin.^{2b}x\,dx = \frac{1^{2b/1}}{(2^2-4a^2).(4^2-4a^2)...(4b^2-4a^2)}\,\frac{1}{2a}\left[1-Cos.\,a\pi.\left\{1-\frac{4a^2}{1.2}-\right.\right.$$

$$\left.\left.-\frac{4a^2.(2^2-4a^2)}{1.2.3.4}-...-\frac{4a^2.(2^2-4a^2)...\{(2b-2)^2-4a^2\}}{1^{2b/1}}\right\}\right], \ldots \quad (239)$$

$$\int_0^{\frac{\pi}{2}} Cos.\{(2a+1)x\}.\,Sin.^{2b}x\,dx = \frac{1^{2b/1}}{\{2^2-(2a+1)^2\}.\{4^2-(2a+1)^2\}...\{4b^2-(2a+1)^2\}}\,\frac{1}{2a+1}\,Sin.\left(\frac{2a+1}{2}\pi\right)$$

$$\left[1-\frac{(2a+1)^2}{1.2}-\frac{(2a+1)^2.\{2^2-(2a+1)^2\}}{1.2.3.4}-...-\frac{(2a+1)^2.\{2-(2a+1)^2\}...\{(2b-2)^2-(2a+1)^2\}}{1^{2b/1}}\right], .\ (240)$$

$$\int_0^{\frac{\pi}{2}} Sin.\,2ax.\,Sin.^{2b+1}x\,dx = \frac{1^{2b+1/1}}{\{1^2-4a^2\}.\{3^2-4a^2\}...\{(2b+1)^2-4a^2\}}\,2a\,Cos.\,a\pi.\left[1+\frac{1^2-4a^2}{1.2.3}+\right.$$

$$\left.+...+\frac{\{1^2-4a^2\}.\{3^2-4a^2\}...\{(2b-1)^2-4a^2\}}{1^{2b+1/1}}\right], \ldots \quad (241)$$

$$\int_0^{\frac{\pi}{2}} Cos.\{(2a+1)x\}.Sin.^{2b+1}x dx = \frac{1^{2b+1|1}}{\{1^2-(2a+1)^2\}.\{3^2-(2a+1)^2\}...\{(2b+1)^2-(2a+1)^2\}}\Big[1-(2a+1)$$

$$Sin.\left(\frac{2a+1}{2}\pi\right).\left\{1+\frac{1^2-(2a+1)^2}{1.2.3}+...+\frac{\{1^2-(2a+1)^2\}.\{3^2-(2a+1)^2\}...\{(2b-1)^2-(2a+1)^2\}}{1^{2b+1|1}}\right\}\Big].(242)$$

Dans les intégrales (239) et (242) a doit être $> b$, puisque pour $a \leqq b$, il se trouve dans le dénominateur général toujours un des facteurs qui s'annule et qui dès-lors rend l'intégrale indéterminée.

$$\int_0^{\frac{\pi}{2}} Sin.ax.Cos.^{2b}x dx = \frac{-1^{2b|1}}{(2^2-a^2).(4^2-a^2)...(4b^2-a^2)}\frac{1}{a}\Big[Cos.\tfrac{1}{2}a\pi - 1 + \frac{a^2}{1.2}+\frac{a^2.(2^2-a^2)}{1.2.3.4}+$$

$$+...+\frac{a^2.\{2^2-a^2\}...\{(2b-2)^2-a^2\}}{1^{2b|1}}\Big]. \text{ (T. 55, N°. 4).}$$

Elle vaut toujours pour a impair, mais lorsque a est pair, on doit avoir de plus $a > 2b$.

$$\int_0^{\frac{\pi}{2}} Sin.ax.Cos.^{2b+1}x dx = \frac{1^{2b+1|1}}{\{1^2-a^2\}.\{3^2-a^2\}...\{(2b+1)^2-a^2\}}\Big[Sin.\tfrac{1}{2}a\pi - a\Big(1+\frac{1^2-a^2}{1.2.3}+$$

$$+...+\frac{\{1^2-a^2\}.\{3^2-a^2\}...\{(2b-1)^2-a^2\}}{1^{2b+1|1}}\Big)\Big]. \text{ (T. 55, N°. 5).}$$

Celle-ci vaut toujours pour a pair, pour a impair seulement lorsque $a > 2b+1$.

Il faut observer encore que ces intégrales valent également pour un nombre non-entier p, quand elles sont exprimées sous la même forme que les intégrales (239) à (242), si l'on y substitue ce p respectivement pour $2a$ et pour $2a+1$; et puisque alors aucun des dénominateurs ne peut s'évanouir, il n'y a plus de conditions entre p et b. C'est pour cette valeur p qu'elles se trouvent (T. 54, N°. 6, 13, 7 et 14. [35].

7. *Fonctions algébriques et exponentielles.*

On a: $-p\int e^{-px}x^a dx = e^{-px}x^a - \int e^{-px}ax^{a-1}dx$; donc, comme pour $x=0$ et pour $x=\infty$ le terme intégré s'évanouit, pourvu que $p>0$, on obtient:

---

[35] Raabe (*) déduit encore ces mêmes intégrales entre les limites 0 et ∞, et aussi entre les autres $\frac{\pi}{2}$ et ∞: mais celles-ci ne sauraient valoir, car suivant la Partie Première N°. 78 les expressions intégrées dans les intégrales indéfinies au commencement de ce numéro deviennent nécessairement indéterminées pour la valeur ∞ de x. Ce n'est que pour les limites $2\pi k$ (où Lim. $k=\infty$) qu'elles s'annuleraient.

(*) Raabe, Differenzial- und Integralrechnung, Th. I, S. 237.

$$\int_0^\infty e^{-px} x^a dx = \frac{a}{p}\int_0^\infty e^{-px} x^{a-1} dx = \frac{1^{a|1}}{p^a}\int_0^\infty e^{-px} dx = \frac{1^{a|1}}{p^{a+1}}, \text{ (T. 113, N°. 4)},$$

suivant Méth. 1, N°. 9. [36].

Encore: $-2q^2\int e^{-q^2x^2} x^a dx = x^{a-1} e^{-q^2x^2} - \int e^{-q^2x^2}(a-1)x^{a-2} dx$, donc:

$$\int_0^\infty e^{-q^2x^2} x^a dx = \frac{a-1}{2q^2}\int_0^\infty e^{-q^2x^2} x^{a-2} dx,$$

puisque le terme intégré devient nul, tant pour la valeur 0 de x que pour l'autre limite ∞; mais on voit, que la réduction successive donnera lieu à des intégrales finales différentes selon que a est pair ou impair. On trouve donc:

$$\int_0^\infty e^{-q^2x^2} x^{2a+1} dx = \frac{2^{a|2}}{(2q^2)^a}\int_0^\infty e^{-q^2x^2} x\, dx = \frac{1^{a|1}}{q^{2a}}\int_0^\infty e^{-q^2x^2} x\, dx = \frac{1^{a|1}}{2q^{2a+2}}, \text{ (T. 114, N°. 9)}, \text{ [36]}$$

---

[36] On a tout de même:

$$\int_0^\infty e^{-px} x^{a+q-1} dx = \frac{a+q-1}{p}\int_0^\infty e^{-px} x^{a+q-2} dx = \frac{(a+q-1)^{a|-1}}{p^a}\int_0^\infty e^{-px} x^{q-1} dx.$$

Or, on a par définition:

$$\int_0^\infty e^{-x} x^{q-1} dx = \Gamma(q), \text{ (T. 113, N°. 3)},$$

d'où, quand on pose $x = py$:

$$\int_0^\infty e^{-px} x^{q-1} dx = \frac{\Gamma(q)}{p^q}, \text{ (T. 113, N°. 5), et aussi: } \int_0^\infty e^{-px} x^{a+q-1} dx = \frac{\Gamma(a+q)}{p^{a+q}}.$$

Mais cette même intégrale est à présent suivant la réduction précédente:

$$\int_0^\infty e^{-px} x^{a+q-1} dx = \frac{q^{a|1}\Gamma(q)}{p^{a+q}}, \text{ (T. 113, N°. 6)};$$

et la comparaison de ces deux résultats donne la formule:

$$\Gamma(a+q) = q^{a|1}\Gamma(q), \ldots\ldots \text{(A)}$$

qui exprime une des propriétés fondamentales de la fonction Gamma.

[37] Puisque $\int_0^\infty e^{-q^2x^2} x\, dx = \frac{-1}{2q^2}\int_0^\infty d.e^{-q^2x^2} = \frac{1}{2q^2}$. (T. 114, N°. 10).

Page 246.

$$\int_0^\infty e^{-q^2x^2} x^{2a}\, dx = \frac{1^{a|2}}{(2q^2)^a}\int_0^\infty e^{-q^2x^2}\, dx = \frac{1^{a|2}}{2^{a+1}q^{2a+1}}\sqrt{\pi},$$ (T. 114, N°. 8), [38] à l'aide de Méth. 4, N°. 7.

On a: $-(p+qi)\int e^{-(p+qi)x}x^a\,dx = e^{-(p+qi)x}x^a - \int e^{-(p+qi)x}\,ax^{a-1}\,dx$. Or, pour $x=0$ le terme intégré est nul; pour $x=\infty$, son facteur $e^{-qxi} = Cos.\, qx - i\, Sin.\, qx$ est indéterminé, mais la valeur numérique en est toujours plus petite que $1 \pm i$; l'autre facteur $e^{-px}x^a$ est nul pour $x=\infty$, comme précédemment, donc le terme s'évanouit tout-à-fait, pourvu que l'on ait $p>0$. Car pour $p<0$, p. e. égal à $-s$, le facteur devient $e^{+sx}x^a$, et la valeur à présent en est infinie pour $x=\infty$, parce que l'autre facteur e^{-qxi} est en général indéterminé pour cette valeur de x, comme on vient de le voir. Dans le cas de p égal à zéro, le terme entier est $e^{-qxi}x^a$, dont le dernier facteur devient infini, tandis que le premier est indéterminé; sa valeur donc sera encore infinie en général. De telles considérations se présentent fréquemment, et d'après les discussions précédentes il faut bien se garder de prendre un facteur de la forme $e^{-p\pm qxi}$ égal à zéro, lorsqu'il n'est pas certain que p soit positif.

Ici l'on a:

$$\int_0^\infty e^{-(p+qi)x}x^a\,dx = \frac{a}{p+qi}\int_0^\infty x^{a-1}e^{-(p+qi)x}\,dx = \frac{1^{a|1}}{(p+qi)^{a+1}},$$ (T. 113, N°. 16),

d'après Méth. 1, N°. 11. Donc l'intégrale T. 113, N°. 4, vaut encore pour un p imaginaire. [39].

---

[38] Voyez une autre déduction de cette intégrale Méth. 44, N°. 2. On trouve encore par la substitution de $x^2=y$ et $q^2=p$:

$$\int_0^\infty e^{-py}y^a\frac{dy}{\sqrt{y}} = \frac{1^{a|2}}{(2p)^a}\sqrt{\frac{\pi}{p}}.$$ (T. 139, N°. 4).

[39] Maintenant on peut développer les fonctions imaginaires suivant C. P. form. (18), en écrivant $a-1$ au lieu de a:

$$\int_0^\infty e^{-px}(Cos.qx - i\,Sin.qx)x^{a-1}\,dx = 1^{a-1|1}\varrho^{-a}(Cos.\,a\varphi - i\,Sin.\,a\varphi),$$ où $\varrho=\sqrt{(p^2+q^2)}$, $\varphi = Arctg.\frac{q}{p}$;

donc par la séparation des fonctions réelles et des fonctions imaginaires:

$$\int_0^\infty e^{-px}x^{a-1}Cos.qx\,dx = \frac{1^{a-1|1}}{\sqrt{(p^2+q^2)^a}}Cos.\left(a\,Arctg.\frac{q}{p}\right),\quad \int_0^\infty e^{-px}x^{a-1}Sin.qx\,dx = \frac{1^{a-1|1}}{\sqrt{(p^2+q^2)^a}}Sin.\left(a\,Arctg.\frac{q}{p}\right).$$

(T. 386, N°. 12 et 13). Plus tard, Méth. 33, N°. 5, nous déduirons ces mêmes intégrales sans la considération des imaginaires. Sur les mêmes intégrales, (mais pour le cas, où la puissance a de x devient fractionnaire) voyez encore Méth. 18, N°. 2, 3 et Méth. 26, N°. 2.

8. *Fonctions Algébriques et Circulaires Directes.*

On a: $\int x Cos.^{2a} x dx = x Cos.^{2a-1} x . Sin. x - \int Sin. x dx \{Cos.^{2a-1} x - x (2a-1) Cos.^{2a-2} x . Sin. x\} =$

$= x Cos.^{2a-1} x . Sin. x + \frac{1}{2a} Cos.^{2a} x + (2a-1) \int x dx (Cos.^{2a+2} x - Cos.^{2a} x)$. Pour l'intégration entre $b\pi$ et $c\pi$, le premier terme intégré s'évanouit, parce que toujours $Sin. x = 0$; il en sera de même quant au second terme intégré, où $Cos.^{2a} x$ sera pour les deux limites toujours égal à l'unité positive, de sorte que la différence des deux valeurs respectives $\frac{+1}{2a} - \frac{+1}{2a}$ sera nulle; donc il vient:

$$\int_{b\pi}^{c\pi} x Cos.^{2a} x dx = \frac{2a-1}{2a} \int_{b\pi}^{c\pi} x Cos.^{2a-2} x dx = \frac{1^{a|2}}{2^{a|2}} \int_{b\pi}^{c\pi} x dx = \frac{1^{a|2}}{2^{a|2}} \frac{c^2 - b^2}{2} \pi^2. \text{ (T. 255, N°. 2).}$$

Encore a-t-on: $\int x^a Cos. qx dx = -\frac{1}{q} x^a Cos. (qx + \frac{1}{2}\pi) + \frac{a}{q} \int x^{a-1} Cos. (qx + \frac{1}{2}\pi) dx$. Cette réduction, a fois répétée, donnera enfin: $\int x^a Cos. qx dx = -\sum_0^a \frac{1^{n|1}}{q^{n+1}} \binom{a}{n} x^{a-n} Cos. \left\{qx + \frac{n+1}{2}\pi\right\}$.

Lorsque x est zéro, tous les termes de cette série s'évanouissent, excepté le dernier pour n égal à a, où il n'y a plus de facteur x; sa valeur est: $\frac{1^{a|1}}{q^{a+1}} \binom{a}{q} Cos. \left(q.0 + \frac{a+1}{2}\pi\right) = \frac{1^{a|1}}{q^{a+1}} \binom{a}{q} Cos. \left(\frac{a+1}{2}\pi\right)$.

Lorsque x est $2b\pi$, ce dernier terme de la sommation, correspondant à la valeur a de n reçoit la même valeur, puisque $Cos. \left(q . 2b\pi + \frac{a+1}{2}\pi\right) = Cos \left(\frac{a+1}{2}\pi\right)$; donc on trouve zéro pour leur différence et la sommation pour $x = 2b\pi$ ne doit s'étendre que jusques à $a-1$; par conséquent:

$$\int_0^{2b\pi} x^a Cos. qx dx = -\sum_0^{a-1} \frac{1^{n|1}}{q^{n+1}} \binom{a}{n} (2b\pi)^{a-n} Cos. \left(\frac{n+1}{2}\pi\right). \text{ (T. 255, N°. 1).}$$

9. *Fonctions Exponentielles et Circulaires Directes.*

On a: $-p \int q^x Sin. px dx = q^x Cos. px - \int Cos. px . q^x lq dx$, et: $p \int q^x Cos. px dx = q^x Sin. px -$

$- \int Sin. px . q^x lq dx$; d'où: $\{p^2 + (lq)^2\} \int q^x Sin. px dx = (-p Cos. px + Sin. px . lq) q^x$, et

$\{p^2 + (lq)^2\} \int q^x Cos. px dx = (p Sin. px + Cos. px . lq) q^x$; donc:

$$\int_0^1 q^x Sin. px dx = \frac{-pq Cos. p + q Sin. p . lq + p}{p^2 + (lq)^2}, \text{ [pour } p = 2a\pi\text{: (T. 298, N°. 3)], . (243)}$$

Page 248.

$$\int_0^1 q^x \, Cos.\, px \, dx = \frac{pq\, Sin.\, p + q\, Cos.\, p \,.\, lq - lq}{p^2 + (lq)^2} \quad \ldots\ldots\ldots\ldots \quad (244)$$

On a: $p^2 \int e^{-px} Sin.^a x\, dx = -pe^{-px} Sin.^a x + p \int e^{-px} a Sin.^{a-1} x.\, Cos. x\, dx = -pe^{-px} Sin.^a x -$

$- a e^{-px} Sin.^{a-1} x.\, Cos.\, x + a \int e^{-px} dx \left\{ (a-1)\, Sin.^{a-2} x.\, Cos.\, x.\, Cos.\, x - Sin.^{a-1} x.\, Sin.\, x \right\} =$

$= -p e^{-px} Sin.^a x - a e^{-px} Sin.^{a-1} x.\, Cos.\, x + a \int e^{-px} dx \left\{ (a-1)\, (Sin.^{a-2} x - Sin.^a x) - Sin.^a x \right\};$

et tout de même:

$$p^2 \int e^{-px} Cos.^a x dx = -pe^{-px} Cos.^a x + ae^{-px} Cos.^{a-1} x. Sin. x + a \int e^{-px} dx \left\{ (a-1)(Cos.^{a-2} x - Cos.^a x) - Cos.^a x \right\}.$$

Dans ces deux formules de réduction les termes intégrés s'annulent pour $x = \infty$, à cause du facteur e^{-px} qui devient zéro, tandis que les autres facteurs restent indéterminés. Pour $x = 0$ ces termes s'évanouissent dans la première formule parce que $Sin.^a x = 0 = Sin.^{a-1} x$: encore, puisque pour $x = \frac{\pi}{2}$ on a $Cos.^a x = 0 = Cos.^{a-1} x$, les termes dans la seconde formule s'annulent également pour cette valeur de x. Donc:

$$\int_0^\infty e^{-px} Sin.^a x\, dx = \frac{a(a-1)}{p^2 + a^2} \int_0^\infty e^{-px} Sin.^{a-2} x\, dx, \quad \int_{\frac{\pi}{2}}^\infty e^{-px} Cos.^a x\, dx = \frac{a(a-1)}{p^2 + a^2} \int_{\frac{\pi}{2}}^\infty e^{-px} Cos.^{a-2} x\, dx.$$

Dans ces deux formules il faut distinguer les cas de a pair ou impair, car:

$$\int_0^\infty e^{-px} Sin.^{2a} x dx = \frac{1^{2a/1}}{(2^2+p^2)(4^2+p^2)\ldots(4a^2+p^2)} \int_0^\infty e^{-px} dx = \frac{1^{2a/1}}{(2^2+p^2).(4^2+p^2)\ldots(4a^2+p^2)} \frac{1}{p}, \text{(T. 279, N°. 1)},$$

$$\int_0^\infty e^{-px} Sin.^{2a+1} x dx = \frac{1^{2a+1/1}}{\{3^2+p^2\}.\{5^2+p^2\}\ldots\{(2a+1)^2+p^2\}} \int_0^\infty e^{-px} Sin. x dx = \frac{1^{2a+1/1}}{\{1^2+p^2\}.\{3^2+p^2\}\ldots\{(2a+1)^2+p^2\}},$$

(T. 279, N°. 2), [40], où dans la première intégrale on est renvoyé vers Méth. 1, N°. 9, dans la seconde vers Méth. 1, N°. 9, Note.

A l'aide des formules (74) et (70) on trouve encore:

$$\int_{\frac{\pi}{2}}^\infty e^{-px} Cos.^{2a} x\, dx = \frac{1^{2a/1}}{(2^2+p^2).(4^2+p^2)\ldots(4a^2+p^2)} \int_{\frac{\pi}{2}}^\infty e^{-px} dx =$$

$$= \frac{1^{2a/1}}{(2^2+p^2).(4^2+p^2)\ldots(4a^2+p^2)} \frac{1}{p} e^{-\frac{1}{2}p\pi}, \text{ (T. 298, N°. 19)},$$

---

[40] Méth. 22, N°. 3, nous trouverons d'autres valeurs pour ces mêmes intégrales. Page 249.

$$\int_{\frac{\pi}{2}}^{\infty} e^{-px} Cos.^{2a+1} x\,dx = \frac{1^{2a+1/1}}{\{3^2+p^2\}.\{5^2+p^2\}\dots\{(2a+1)^2+p^2\}} \int_{\frac{\pi}{2}}^{\infty} e^{-px} Cos.\,x\,dx =$$

$$= \frac{-1^{2a+1/1}}{\{1^2+p^2\}.\{3^2+p^2\}\dots\{(2a+1)^2+p^2\}} e^{-\frac{1}{2}p\pi}. \text{ (T. 298, N°. 20).}$$

Si l'on prend dans ces mêmes équations de réduction d'intégrales indéfinies $x = -b\pi$, et $= +c\pi$, ou $= -(b-\frac{1}{2})\pi$ et $= +(c+\frac{1}{2})\pi$ respectivement, les termes intégrés deviennent nuls encore: car dans la première $Sin.(-b\pi) = 0 = Sin.(+c\pi)$ (et leurs puissances de même) et dans la seconde $Cos.\{-(b-\frac{1}{2})\pi\} = 0 = Cos.\{+(c+\frac{1}{2})\pi\}$, ainsi que leurs puissances. Par conséquent:

$$\int_{-b\pi}^{c\pi} e^{-px} Sin.^a x\,dx = \frac{a(a-1)}{p^2+a^2} \int_{-b\pi}^{c\pi} e^{-px} Sin.^{a-2} x\,dx, \quad \int_{-(b-\frac{1}{2})\pi}^{(c+\frac{1}{2})\pi} e^{-px} Cos.^a x\,dx = \frac{a(a-1)}{p^2+a^2} \int_{-(b-\frac{1}{2})\pi}^{(c+\frac{1}{2})\pi} e^{-px} Cos.^{a-2} x\,dx;$$

et pour a pair et impair séparément, à l'aide de la formule (69) pour les deux premières:

$$\int_{-b\pi}^{c\pi} e^{-px} Sin.^{2a} x\,dx = \frac{1^{2a/1}}{(2^2+p^2).(4^2+p^2)\dots(4a^2+p^2)} \frac{e^{bp\pi}-e^{-cp\pi}}{p}, \quad \dots\dots\dots (245)$$

$$\int_{-(b-\frac{1}{2})\pi}^{(c+\frac{1}{2})\pi} e^{-px} Cos.^{2a} x\,dx = \frac{1^{2a/1}}{(2^2+p^2).(4^2+p^2)\dots(4a^2+p^2)} \frac{e^{(b-\frac{1}{2})p\pi}-e^{-(c+\frac{1}{2})p\pi}}{p}, \quad \dots (246)$$

$$\int_{-b\pi}^{c\pi} e^{-px} Sin.^{2a+1} x\,dx = \frac{1^{2a+1/1}}{\{1^2+p^2\}.\{3^2+p^2\}\dots\{(2a+1)^2+p^2\}} (e^{bp\pi} Cos.\,b\pi - e^{-cp\pi} Cos.\,c\pi), \quad \dots (247)$$

$$\int_{-(b-\frac{1}{2})\pi}^{(c+\frac{1}{2})\pi} e^{-px} Cos.^{2a+1} x\,dx = \frac{-1^{2a+1/1}}{\{1^2+p^2\}.\{3^2+p^2\}\dots\{(2a+1)^2+p^2\}} (e^{bp\pi} Cos.\,b\pi - e^{-cp\pi} Cos.\,c\pi) e^{-\frac{1}{2}p\pi}. \text{ [41] } . (248)$$

Mais on peut encore employer les mêmes formules d'intégrales indéfinies, sans que les termes inté-

---

[41] Puisque l'intégrale indéfinie de Méth. 1, N°. 9, donne:

$$\int e^{-px} Cos.\,qx\,dx = \frac{q\,Sin.\,qx - p\,Cos.\,qx}{p^2+q^2} e^{-px}, \quad \int e^{-px} Sin.\,qx\,dx = -\frac{p\,Sin.\,qx + q\,Cos.\,qx}{p^2+q^2} e^{-px};$$

et par conséquent:

$$\int_{-b\pi}^{c\pi} e^{-px} Sin.\,x\,dx = \frac{1}{1+p^2} (e^{bp\pi} Cos.\,b\pi - e^{-cp\pi} Cos.\,c\pi), \quad \dots\dots\dots (249)$$

$$\int_{-(b-\frac{1}{2})\pi}^{(c+\frac{1}{2})\pi} e^{-px} Cos.\,x\,dx = \frac{1}{1+p^2} e^{-\frac{1}{2}p\pi} (e^{-cp\pi} Cos.\,c\pi - e^{bp\pi} Cos.\,b\pi) \quad \dots\dots (250)$$

Page 250.

grés s'annulent, seulement les résultats se présenteront en forme de séries. Ainsi l'on trouve:

$$\int_0^{\frac{\pi}{2}} e^{-px}\, Sin.^a x\, dx = \frac{-p\, e^{-\frac{1}{2}p\pi}}{p^2+a^2} + \frac{a(a-1)}{p^2+a^2}\int_0^{\frac{\pi}{2}} e^{-px}\, Sin.^{a-2} x\, dx,$$

$$\int_0^{\frac{\pi}{2}} e^{-px}\, Cos.^a x\, dx = \frac{p}{p^2+a^2} + \frac{a(a-1)}{p^2+a^2}\int_0^{\frac{\pi}{2}} e^{-px}\, Cos.^{a-2} x\, dx;$$

et par suite pour chaque cas de a pair et impair en particulier:

$$\int_0^{\frac{\pi}{2}} e^{-px}\, Sin.^{2a} x\, dx = \frac{1^{2a/1}}{(2^2+p^2).(4^2+p^2)\dots(4a^2+p^2)}\,\frac{1}{p}\left[1 - e^{-\frac{1}{2}p\pi}\left\{1 + \frac{p^2}{1.2} + \frac{p^2.(2^2+p^2)}{1.2.3.4} + \right.\right.$$
$$\left.\left. + \dots + \frac{p^2.\{2^2+p^2\}\dots\{(2a-2)^2+p^2\}}{1^{2a/1}}\right\}\right], \dots\dots\dots (251)$$

$$\int_0^{\frac{\pi}{2}} e^{-px}\, Sin.^{2a+1} x\, dx = \frac{1^{2a+1/1}}{\{1^2+p^2\}.\{3^2+p^2\}\dots\{(2a+1)^2+p^2\}}\left[1 - p\, e^{-\frac{1}{2}p\pi}\left\{1 + \frac{1^2+p^2}{1.2.3} + \right.\right.$$
$$\left.\left. + \dots + \frac{\{1^2+p^2\}.\{3^2+p^2\}\dots\{(2a-1)^2+p^2\}}{1^{2a+1/1}}\right\}\right], \dots\dots\dots (252)$$

$$\int_0^{\frac{\pi}{2}} e^{-px}\, Cos.^{2a} x\, dx = \frac{1^{2a/1}}{(2^2+p^2).(4^2+p^2)\dots(4a^2+p^2)}\,\frac{1}{p}\left[- e^{-\frac{1}{2}p\pi} + 1 + \frac{p^2}{1.2} + \frac{p^2.\{2^2+p^2\}}{1.2.3.4} + \right.$$
$$\left. + \dots + \frac{p^2.\{2^2+p^2\}\dots\{(2a-2)^2+p^2\}}{1^{2a/1}}\right], \dots\dots\dots (253)$$

$$\int_0^{\frac{\pi}{2}} e^{-px}\, Cos.^{2a+1} x\, dx = \frac{1^{2a+1/1}}{\{1^2+p^2\}.\{3^2+p^2\}\dots\{(2a+1)^2+p^2\}}\left[e^{-\frac{1}{2}p\pi} + p\left\{1 + \frac{1^2+p^2}{1.2.3} + \right.\right.$$
$$\left.\left. + \dots + \frac{\{1^2+p^2\}.\{3^2+p^2\}\dots\{(2a-1)^2+p^2\}}{1^{2a+1/1}}\right\}\right]. \text{ [42]} \dots\dots (254)$$

---

[42] Car on se trouve ramené aux intégrales:

$$\int_0^{\frac{\pi}{2}} e^{-px}\, dx = \frac{1 - e^{-\frac{1}{2}p\pi}}{p}, \dots\dots\dots\dots\dots\dots (255)$$

(d'après Méth. 1, N°. 9) et

$$\int_0^{\frac{\pi}{2}} e^{-px}\, Sin.\, x\, dx = \frac{1 - p\, e^{-\frac{1}{2}p\pi}}{1+p^2}, \dots\dots (256), \qquad \int_0^{\frac{\pi}{2}} e^{-px}\, Cos.\, x\, dx = \frac{p + e^{-\frac{1}{2}p\pi}}{1+p^2}, \dots\dots (257)$$

d'après les intégrales indéfinies de la Note précédente.

Page 251.

Enfin il est:

$$\int_{\frac{\pi}{2}}^{\infty} e^{-px} Sin.^a x\, dx = \frac{p\, e^{-\frac{1}{2}p\pi}}{p^2+a^2} + \frac{a(a-1)}{p^2+a^2}\int_{\frac{\pi}{2}}^{\infty} e^{-px} Sin.^{a-2} x\, dx,$$

$$\int_0^{\infty} e^{-px} Cos.^a x\, dx = \frac{p}{p^2+a^2} + \frac{a(a-1)}{p^2+a^2}\int_0^{\infty} e^{-px} Cos.^{a-2} x\, dx;$$

où de nouveau il faut distinguer les cas de a pair et impair; alors au moyen des intégrales (74), (78) et (79), auxquelles on se trouve ramené en dernière analyse, on obtient:

$$\int_{\frac{\pi}{2}}^{\infty} e^{-px} Sin.^{2a} x\, dx = \frac{1^{2a/1}}{(2^2+p^2).(4^2+p^2)\ldots(4a^2+p^2)}\,\frac{1}{p}\, e^{-\frac{1}{2}p\pi}\left\{1+\frac{p^2}{1.2}+\frac{p^2.\{2^2+p^2\}}{1.2.3.4}+\right.$$

$$\left.+\ldots+\frac{p^2.\{2^2+p^2\}\ldots\{(2a-2)^2+p^2\}}{1^{2a/1}}\right\}, \ldots\ldots\ldots (258)$$

$$\int_{\frac{\pi}{2}}^{\infty} e^{-px} Sin.^{2a+1} x\, dx = \frac{1^{2a+1/1}}{\{1^2+p^2\}.\{3^2+p^2\}\ldots\{(2a+1)^2+p^2\}}\, p\, e^{-\frac{1}{2}p\pi}\left\{1+\frac{1^2+p^2}{1.2.3}+\right.$$

$$\left.+\ldots+\frac{\{1^2+p^2\}.\{3^2+p^2\}\ldots\{(2a-1)^2+p^2\}}{1^{2a+1/1}}\right\}, \ldots\ldots\ldots (259)$$

$$\int_0^{\infty} e^{-px} Cos.^{2a} x\, dx = \frac{1^{2a/1}}{(2^2+p^2).(4^2+p^2)\ldots(4a^2+p^2)}\,\frac{1}{p}\left\{1+\frac{p^2}{1.2}+\frac{p^2.\{2^2+p^2\}}{1.2.3.4}+\right.$$

$$\left.+\ldots+\frac{p^2.\{2^2+p^2\}\ldots\{(2a-2)^2+p^2\}}{1^{2a/1}}\right\}, \text{ (T. 279, N°. 3)},$$

$$\int_0^{\infty} e^{-px} Cos.^{2a+1} x\, dx = \frac{1^{2a+1/1}}{\{1^2+p^2\}.\{3^2+p^2\}\ldots\{(2a+1)^2+p^2\}}\, p\left\{1+\frac{1^2+p^2}{1.2.3}+\right.$$

$$\left.+\ldots+\frac{\{1^2+p^2\}.\{3^2+p^2\}\ldots\{(2a-1)^2+p^2\}}{1^{2a+1/1}}\right\}. \text{ (T. 279, N°. 4)}.$$

10. Occupons-nous un instant d'un cas intéressant des formules précédentes, et prenons dans la première des intégrales indéfinies du N°. précédent $-pi$ pour p, alors il vient:

$$(a^2-p^2)\int e^{pxi} Sin.^a x\, dx = e^{pxi}(p\, i\, Sin.^a x - a\, Sin.^{a-1} x.\, Cos.\, x) + a(a-1)\int e^{pxi} Sin.^{a-2} x\, dx.$$

Intégrons entre les limites 0 et $\frac{\pi}{2}$; le terme intégré s'évanouit pour $x=0$ et devient $e^{\frac{1}{2}p\pi i}\, pi$ pour $x=\frac{\pi}{2}$; alors la supposition $a=p$ fait évanouir le premier terme de l'équation précédente et donne ensuite:

Page 252.

$$\int_0^{\frac{\pi}{2}} e^{pxi} Sin.^{p-2} x\, dx = \frac{-pi}{p(p-1)} e^{\frac{1}{2}p\pi i} = \frac{-i}{p-1} e^{\frac{1}{2}p\pi i},$$

ou, comme $-i = e^{-\frac{1}{2}\pi i}$, lorsqu'on écrit $q+1$ au lieu de p:

$$\int_0^{\frac{\pi}{2}} e^{(q+1)xi} Sin.^{q-1} x\, dx = \frac{1}{q} e^{\frac{1}{2}q\pi i}. \text{ (T. 287, N°. 1). [43].}$$

11. *De quelques intégrales* $\displaystyle\int_0^{\frac{\pi}{2}} \frac{f(Sin.^2 x)\, dx}{\sqrt{(1-p^2 Sin.^2 x)}}$.

Legendre nous donna la formule de réduction: $d. \{Cos. x. Sin.^{2a-3} x. \sqrt{(1-p^2 Sin.^2 x)}\} =$
$= \frac{(2a-3) Sin.^{2a-4} x}{\sqrt{(1-p^2 Sin.^2 x)}} - \frac{(1+p^2)(2a-2) Sin.^{2a-2} x}{\sqrt{(1-p^2 Sin.^2 x)}} + \frac{p^2 (2a-1) Sin.^{2a} x}{\sqrt{(1-p^2 Sin.^2 x)}}$. [44]. Intégrons-la entre les limites 0 et $\frac{\pi}{2}$, alors la fonction différentiée disparaît au premier membre, pourvu que $a > \frac{3}{2}$; et nous aurons:

$$0 = (2a-3)\int_0^{\frac{\pi}{2}} \frac{Sin.^{2a-4} x\, dx}{\sqrt{(1-p^2 Sin.^2 x)}} - (1+p^2)(2a-2)\int_0^{\frac{\pi}{2}} \frac{Sin.^{2a-2} x dx}{\sqrt{(1-p^2 Sin.^2 x)}} + p^2(2a-1)\int_0^{\frac{\pi}{2}} \frac{Sin.^{2a} x\, dx}{\sqrt{(1-p^2 Sin.^2 x)}}.$$

Or, on a:
$$\int_0^{\frac{\pi}{2}} \frac{dx}{\sqrt{(1-p^2 Sin.^2 x)}} = F'(p), \text{ (T. 75, N°. 9),}$$

par définition; et ensuite:

$$p^2 \int_0^{\frac{\pi}{2}} \frac{Sin.^2 x\, dx}{\sqrt{(1-p^2 Sin.^2 x)}} = \int_0^{\frac{\pi}{2}} \frac{dx}{\sqrt{(1-p^2 Sin.^2 x)}} \{1-(1-p^2 Sin. x)\} = \int_0^{\frac{\pi}{2}} \frac{dx}{\sqrt{(1-p^2 Sin.^2 x)}} -$$
$$- \int_0^{\frac{\pi}{2}} dx \sqrt{(1-p^2 Sin.^2 x)} = F'(p) - E'(p), \text{ aussi par définition;}$$

---

[43] La séparation des parties réelles et des parties imaginaires donne:

$$\int_0^{\frac{\pi}{2}} Sin.^{q-1} x. Cos. \{(q+1)x\}\, dx = \frac{1}{q} Cos. \frac{1}{2} q\pi, \quad \int_0^{\frac{\pi}{2}} Sin.^{q-1} x. Sin. \{(q+1)x\} dx = \frac{1}{q} Sin. \frac{1}{2} q\pi,$$

(T. 54, N°. 8 et 1), comme on trouve encore Méth. 14, N°. 8.

[44] LEGENDRE, Exercices de Calcul Intégral, Tome I, Partie I, N°. 8. Page 253.

donc :

$$\int_0^{\frac{\pi}{2}} \frac{Sin.^2 x\, dx}{\sqrt{(1-p^2 Sin.^2 x)}} = \frac{1}{p^2}\{F'(p)-E'(p)\}, \text{ (T. 75, N°. 11)};$$

par conséquent comme différence des deux dernières intégrales :

$$\int_0^{\frac{\pi}{2}} \frac{Cos.^2 x\, dx}{\sqrt{(1-p^2 Sin.^2 x)}} = F'(p) - \frac{1}{p^2}\{F(p)-E'(p)\} = \frac{1}{p^2}E'(p) - \frac{1-p^2}{p^2}F'(p), \text{ (T. 75, N°. 12)},$$

et encore :

$$\int_0^{\frac{\pi}{2}} \frac{Cos. 2x\, dx}{\sqrt{(1-p^2 Sin.^2 x)}} = \frac{2}{p^2}E'(p) - \frac{2-p^2}{p^2}F'(p). \text{ (T. 75, N°. 14)}.$$

A présent nous pouvons faire usage de la formule de réduction pour $a = 2$. Elle donne :

$$3p^2 \int_0^{\frac{\pi}{2}} \frac{Sin.^4 x\, dx}{\sqrt{(1-p^2 Sin.^2 x)}} = 2(1+p^2)\int_0^{\frac{\pi}{2}} \frac{Sin.^2 x\, dx}{\sqrt{(1-p^2 Sin.^2 x)}} - \int_0^{\frac{\pi}{2}} \frac{dx}{\sqrt{(1-p^2 Sin.^2 x)}}; \text{ donc:}$$

$$\int_0^{\frac{\pi}{2}} \frac{Sin.^4 x\, dx}{\sqrt{(1-p^2 Sin.^2 x)}} = \frac{2+p^2}{3p^4}F'(p) - 2\frac{1+p^2}{3p^4}E'(p). \text{ (T. 75, N°. 15)}.$$

Par suite aussi :

$$\int_0^{\frac{\pi}{2}} \frac{Sin.^2 x. Cos.^2 x\, dx}{\sqrt{(1-p^2 Sin.^2 x)}} = \int_0^{\frac{\pi}{2}} \frac{dx}{\sqrt{(1-p^2 Sin.^2 x)}}(Sin.^2 x - Sin.^4 x) = \frac{2-p^2}{3p^4}E'(p) - \frac{1-p^2}{3p^4}2F'(p), \quad (260)$$

$$\int_0^{\frac{\pi}{2}} \frac{Cos.^4 x\, dx}{\sqrt{(1-p^2 Sin.^2 x)}} = \int_0^{\frac{\pi}{2}} \frac{dx}{\sqrt{(1-p^2 Sin.^2 x)}}(Cos.^2 x - Sin.^2 x. Cos.^2 x) =$$

$$= \frac{2p^2-1}{3p^4}2E'(p) + \frac{(2+3p^2)(1-p^2)}{3p^4}F'(p) \quad \ldots\ldots\ldots \quad (261)$$

Encore :

$$\int_0^{\frac{\pi}{2}} Sin.^2 x dx \sqrt{(1-p^2 Sin.^2 x)} = \int_0^{\frac{\pi}{2}} \frac{dx}{\sqrt{(1-p^2 Sin.^2 x)}}(Sin.^2 x - p^2 Sin.^4 x) = \frac{1-p^2}{3p^2}F'(p) + \frac{2p^2-1}{3p^2}E'(p),$$

(T. 72, N°. 4), d'où :

$$\int_0^{\frac{\pi}{2}} Cos.^2 x\, dx \sqrt{(1-p^2 Sin.^2 x)} = \int_0^{\frac{\pi}{2}} (1-Sin.^2 x)dx\sqrt{(1-p^2 Sin.^2 x)} = \frac{1+p^2}{3p^2}E'(p) - \frac{1-p^2}{3p^2}F'(p);$$

(T. 72, N°. 5) et :

$$\int_0^{\frac{\pi}{2}} Cos. 2\,x\,dx \sqrt{(1-p^2\,Sin.^2\,x)} = \frac{2-p^2}{3\,p^2}\,E'(p) - \frac{1-p^2}{3\,p^2}\,2\,F'(p), \quad \ldots\ldots (262)$$

$$\int_0^{\frac{\pi}{2}} dx \sqrt{(1-p^2\,Sin.^2\,x)^3} = \int_0^{\frac{\pi}{2}} (1-p^2\,Sin.^2\,x)\,dx \sqrt{(1-p^2\,Sin.^2\,x)} = \frac{2-p^2}{3}\,2\,E'(p) - \frac{1-p^2}{3}\,F'(p).$$

(T. 72, N°. 10). Partout ici on a $p^2 < 1$.

12. *Exercices.* $\int_0^{\frac{\pi}{2}} dx \sqrt{(1-p^2\,Cos.^2\,x)} = E'(p)$, (263), $\int_0^{\frac{\pi}{2}} Sin.^2\,x\,dx \sqrt{(1-p^2\,Cos.^2\,x)} =$

$= \frac{1+p^2}{3\,p^2}\,E'(p) - \frac{1-p^2}{3\,p^2}\,F'(p)$, (264), $\int_0^{\frac{\pi}{2}} Cos.^2\,x\,dx \sqrt{(1-p^2\,Cos.^2\,x)} = \frac{1-p^2}{3\,p^2}\,F'(p) - \frac{1-2p^2}{3\,p^2}\,E'(p)$, (265)

$\int_0^{\frac{\pi}{2}} dx \sqrt{(1-p^2\,Cos.^2\,x)^3} = \frac{2-p^2}{3}\,2\,E'(p) - \frac{1-p^2}{3}\,F'(p)$, (266), $\int_0^{\frac{\pi}{2}} \frac{dx}{\sqrt{(1-p^2\,Cos.^2\,x)}} = F'(p)$, (267)

$\int_0^{\frac{\pi}{2}} \frac{Sin.^2\,x\,dx}{\sqrt{(1-p^2\,Cos.^2\,x)}} = \frac{1}{p^2}\,E'(p) - \frac{1-p^2}{p^2}\,F'(p)$, (268), $\int_0^{\frac{\pi}{2}} \frac{Cos.^2\,x\,dx}{\sqrt{(1-p^2\,Cos.^2\,x)}} = \frac{1}{p^2}\{F'(p)-E'(p)\}$, (269)

$\int_0^{\frac{\pi}{2}} \frac{Sin.^4\,x\,dx}{\sqrt{(1-p^2\,Cos.^2\,x)}} = \frac{2\,p^2-1}{3\,p^4}\,2\,E'(p) + \frac{(2-3\,p^2)(1-p^2)}{3\,p^4}\,F'(p)$, (270), $\int_0^{\frac{\pi}{2}} \frac{Sin.^2\,x.\,Cos.^2\,x\,dx}{\sqrt{(1-p^2\,Cos.^2\,x)}} =$

$= \frac{2-p^2}{3\,p^4}\,E'(p) - \frac{1-p^2}{3\,p^4}\,2\,F'(p)$, (271), $\int_0^{\frac{\pi}{2}} \frac{Cos.^4\,x\,dx}{\sqrt{(1-p^2\,Cos.^2\,x)}} = \frac{2+p^2}{3\,p^4}\,F'(p) - \frac{1+p^2}{3\,p^4}\,2\,E'(p)$. (272)

Partout il est $p^2 < 1$.

---

§ 4. MÉTHODE 4. RÉSOLUTION D'UNE ÉQUATION OBTENUE.

1. Quelquefois on réussit par différentes réductions à obtenir une équation, où une intégrale définie à calculer figure comme inconnue, et d'où elle peut être tirée. Commençons par le cas le plus simple d'une seule inconnue, et nous verrons que les moyens de trouver l'équation requise sont très-différents.

2. Soit $I = \int_0^{\pi} x\,Sin.^a\,x\,dx$ et posons $x = \pi - y$, $dx = -dy$ avec les limites π et 0 pour y, donc:

$$I=\int_\pi^0(\pi-x)\,Sin.^a x(-dx)=\pi\int_0^\pi Sin.^a x dx-\int_0^\pi x\,Sin^a x dx=\pi\int_0^\pi Sin.^a x dx-I,\ \text{d'où}\ I=\tfrac{1}{2}\pi\int_0^\pi Sin.^a x dx;$$

ou suivant Méth. 3, N°. 5 :

$$\int_0^\pi x\,Sin.^{2a} x\,dx=\frac{1}{2}\pi^2\frac{1^{a/2}}{2^{a/2}},\ \ldots\ldots\ (273)\ ,\quad \int_0^\pi x\,Sin.^{2a+1} x\,dx=\pi\frac{2^{a/2}}{3^{a/2}}\ \ldots\ldots\ (274)$$

Pour $I_1=\int_0^\pi x\,Cos.^a x\,dx$, cette transformation donne $I_1=(-1)^a\pi\int_0^\pi Cos.^a x dx-(-1)^a I_1$.

Lorsque à présent a est pair, on trouve par Méth. 3, N°. 5 :

$$\int_0^\pi x\,Cos.^{2a} x\,dx=\frac{1}{2}\int_0^\pi Cos.^{2a} x\,dx=\frac{1}{2}\pi^2\frac{1^{a/2}}{2^{a/2}};\ \ldots\ldots\ldots\ldots\ (275)$$

mais lorsque a est impair, on a $I_1=-\pi\int_0^\pi Cos.^{2a+1} x\,dx+I_1$, de sorte que l'on ne saurait en tirer I_1 ; seulement elle nous donne : $\int_0^\pi Cos.^{2a+1} x\,dx=0$, (T. 78, N°. 7), comme Méth. 3, N°. 5.

3. Soit $I=\int_0^{\frac{\pi}{2}} l Sin.x dx$. Posons $x=\frac{1}{2}\pi-y$ et nous trouvons : $I=\int_0^{\frac{\pi}{2}} l\,Cos.\,x\,dx$, dont la somme est : $2I=\int_0^{\frac{\pi}{2}} l\,(Sin.\,x\,Cos.\,x)\,dx=\int_0^{\frac{\pi}{2}}(l\,Sin.\,2x-l\,2)\,dx$. Par la substitution $2x=y$ on trouve en outre :

$$\int_0^{\frac{\pi}{2}} l\,Sin.\,2\,x\,dx=\frac{1}{2}\int_0^\pi l\,Sin.\,x\,dx=\frac{1}{2}\left\{\int_0^{\frac{\pi}{2}} l\,Sin.\,x\,dx+\int_{\frac{\pi}{2}}^\pi l\,Sin.\,x\,dx\right\},$$ où nous avons divisé la distance des limites dans deux parties de 0 à $\frac{\pi}{2}$ et de $\frac{\pi}{2}$ à π: substituons dans la dernière intégrale $\pi-y$ au lieu de x, d'où $dx=-dy$, et $\frac{\pi}{2}$ et 0 les limites de y, cette intégrale devient égale à la précédente : par conséquent $\int_0^{\frac{\pi}{2}} l\,Sin.2x dx=\frac{1}{2}.\,2\int_0^{\frac{\pi}{2}} l\,Sin.\,x\,dx=I$. Donc notre équation primitive deviendra :

$$2\,I=I-l\,2\int_0^{\frac{\pi}{2}} dx,\ \text{ou}\ I=-\frac{\pi}{2}l\,2=\int_0^{\frac{\pi}{2}} l Sin.x dx=\int_0^{\frac{\pi}{2}} l\,Cos.x dx.\ \text{(T. 330, N°. 1 et T. 331, N°. 1). [45].}$$

---

[45] Comme on déduit autrement Méth. 28, N°. 7.
Page 256.

On en tire encore: $\int_0^\pi l\,Sin.x\,dx = 2\,I = -\pi l 2$, (T. 353, N°. 1), et: $\int_0^{\frac{\pi}{2}} l\,Tg.x\,dx = \int_0^{\frac{\pi}{2}} l\,Sin.x - \int_0^{\frac{\pi}{2}} l\,Cos.x\,dx = 0$. (T. 333, N°. 1). Pour avoir $\int_0^\pi l\,Cos.x\,dx$, il faut observer que $Cos.x$ devient négatif de $x = \frac{1}{2}\pi$ à $x = \pi$, donc: $\int_0^\pi \frac{1}{2} l\,Cos.^2 x\,dx = \int_0^{\frac{\pi}{2}} \frac{1}{2} l\,Cos.^2 x\,dx + \int_{\frac{\pi}{2}}^\pi \frac{1}{2} l\,Cos.^2 x\,dx = 2\int_0^{\frac{\pi}{2}} \frac{1}{2} l\,Cos.^2 x\,dx = -\pi l 2$, (T. 353, N°. 6), par les mêmes réductions que précédemment pour $l\,Sin.x$. On a enfin: $\int_0^\pi \frac{1}{2} l\,Tg.^2 x = 0$. (T. 353, N°. 5).

Pour $I_1 = \int_0^\pi x\,l\,Sin.x\,dx$ on suppose $x = \pi - y$, donc: $I_1 = \int_0^\pi (\pi - x)\,l\,Sin.x\,dx = \pi\int_0^\pi l\,Sin.x\,dx - I_1$, d'où $I_1 = \int_0^\pi x\,l\,Sin.x\,dx = \frac{\pi}{2}(-\pi l 2) = -\frac{1}{2}\pi^2 l 2$. (T. 413, N°. 1). [46].

Mais de cette manière on ne pourra déterminer l'intégrale analogue $\int_0^\pi x^a\,l\,Sin.x\,dx$ pour $a > 1$, car on trouve par la substitution $x = \pi - y$: $\int_0^\pi x^a\,l\,Sin.x\,dx = \int_0^\pi (\pi - x)^a\,l\,Sin.x\,dx$. Pour $a = 2$ on a: $\int_0^\pi x^2\,l\,Sin.x\,dx = \int_0^\pi (\pi^2 - 2\pi x + x^2)\,l\,Sin.x\,dx$, d'où $0 = \int_0^\pi (\pi^2 - 2\pi x)\,l\,Sin.x\,dx$, équation qui donne de nouveau l'intégrale précédente. Pour $a = 3$ et $a = 4$ au contraire:

---

[46] Puisque $\int_0^{2\pi} x\,l\,Sin.^2 x\,dx = \int_0^\pi x\,l\,Sin.^2 x\,dx + \int_\pi^{2\pi} x\,l\,Sin.^2 x\,dx = \int_0^\pi x\,l\,Sin.^2 x\,dx + \int_0^\pi (2\pi - x)\,l\,Sin.^2 x\,dx$ (en y posant $x = 2\pi - y$). Cette dernière somme devient: $2\pi\int_0^\pi l\,Sin.^2 x\,dx = -4\pi^2 l 2$. Mais d'un autre côté pour $x = 2y$ on a: $\int_0^{2\pi} x\,l\,Sin^2 x\,dx = 4\int_0^\pi x\,l\,Sin.^2 2x\,dx = 4\int_0^\pi x\,dx\{l 4 + l\,Sin.^2 x + l\,Cos.^2 x\} = = 4\frac{1}{2}\pi^2 l 4 + 4(-\pi^2 l 2) + 4\int_0^\pi x\,l\,Cos.^2 x\,dx$. La combinaison de ces deux résultats nous donne: $\int_0^\pi x\,l\,Cos.^2 x\,dx = \frac{1}{4}\int_0^{2\pi} x\,l\,Sin.^2 x\,dx = -\pi l 2$, et par suite: $\int_0^\pi x\,l\,Tang.^2 x\,dx = 0$. (T. 413, N°. 4, 5.).

$$\int_0^\pi x^3 l Sin.x dx = \int_0^\pi (\pi^3 - 3\pi^2 x + 3\pi x^2 - x^3) l Sin.x dx, \text{ d'où: } 0 = \int_0^\pi (\pi^3 - 3\pi^2 x + 3\pi x^2 - 2x^3) l Sin.x dx,$$

$$\int_0^\pi x^4 \, l Sin.x \, dx = \int_0^\pi (\pi^4 - 4\pi^3 x + 6\pi^2 x^2 - 4\pi x^3 + x^4) \, l Sin.x \, dx,$$

$$\text{d'où: } 0 = \int_0^\pi (\pi^4 - 4\pi^3 x + 6\pi^2 x^2 - 4\pi x^3) \, l Sin.x \, dx.$$

Par la substitution des deux intégrales trouvées pour $a = 0$ et $a = 1$, ces deux équations conduisent au même résultat, savoir:

$$\int_0^\pi (2x^3 - 3\pi x^2) \, l Sin.x \, dx = \pi^4 \, l 4, \quad \ldots \ldots \ldots \ldots \ldots (276)$$

et il ne sera pas possible de séparer les deux parties de cette intégrale.

Pour la valeur multiple générale de $l Sin.x$ on trouve par C. P. (5) et (6):

$$\int_0^{\frac{\pi}{2}} l((Sin.x)) dx = -\frac{1}{2}\pi l 2 + r\pi^2 i, \int_0^{\frac{\pi}{2}} l((-Sin.x)) dx = -\frac{1}{2}\pi l 2 + \frac{2r+1}{2}\pi^2 i, \text{(T. 330, N°. 3 et 4)},$$

$$\int_0^\pi l((Sin.x)) dx = -\pi l 2 + 2r\pi^2 i, \int_0^\pi l((-Sin.x)) dx = -\pi l 2 + (2r+1)\pi^2 i, \text{(T. 353, N°. 3 et 4)},$$

$$\int_0^\pi x l((Sin.x)) dx = -\frac{1}{2}\pi^2 l 2 + r\pi^3 i, \int_0^\pi x l((-Sin.x)) dx = -\frac{1}{2}\pi^2 l 2 + \frac{2r+1}{2}\pi^3 i. \text{(T. 413, N°. 6 et 7)}.$$

4. Soit $I = \int_0^\pi l(1 - 2p\,Cos.x + p^2) dx$; pour $x = \pi - y$ on a: $I = \int_0^\pi l(1 + 2p\,Cos.x + p^2) dx$;

donc leur somme: $2I = \int_0^\pi l\{1 + 2p^2 + p^4 - 4p^2 Cos.^2 x\} dx = \int_0^\pi l\{1 + 2p^2 + p^4 - 2p^2(1 + Cos.2x)\} dx =$

$$= \int_0^\pi l(1 + p^4 - 2p^2 Cos.2x) dx = \frac{1}{2}\int_0^{2\pi} l(1 + p^4 - 2p^2 Cos.y) dy = \frac{1}{2}\left\{\int_0^\pi l(1 - 2p^2 Cos.y + p^4) dy + \right.$$

$$\left. + \int_\pi^{2\pi} l(1 - 2p^2 Cos.y + p^2) dy\right\};$$ d'abord on y a substitué $2x = y$ et ensuite on y a divisé la distance des limites en deux parties 0 à π et π à 2π: substituons encore dans la dernière $2\pi - y = x$, alors elle devient égale à la précédente et l'on a: $2I = \int_0^\pi l(1 - 2p^2 Cos.x + p^4) dx$.

Représentons I, comme étant nécessairement une fonction quelconque de p, par $\varphi(p)$; cette der-

Page 258.

nière équation donne la relation $\varphi(p^2) = 2\varphi(p)$: donc de même $\varphi(p^4) = 2\varphi(p^2)$, $\varphi(p^8) = 2\varphi(p^4)$; le produit de n équations de ce genre donne $\varphi(p^{2^n}) = 2^n\varphi(p)$, d'où $\varphi(p) = \frac{1}{2^n}\varphi(p^{2^n}) = \text{I}$. Ici l'on peut faire diverger n vers l'infini, et il s'agit de savoir ce que deviendra alors $\varphi(p^{2^n})$ ou l'intégrale $\int_0^\pi l(1 - 2p^{2^n} \mathit{Cos.}\, x + p^{2^{n+1}})\,dx$. Lorsque p est plus petit que l'unité, p^{2^n} et $p^{2^{n+1}}$ convergent tous deux vers zéro et $\varphi(p^{2^n})$ vers $\int_0^\pi l(1)\,dx = 0$; par suite $\varphi(p)$ est nul. Mais quand p est plus grand que l'unité, on peut écrire $\varphi(p^{2^n}) = \int_0^\pi \{l(p^{2^{n+1}}) + l(p^{-2^{n+1}} - 2p^{-2^n} \mathit{Cos.}\, x + 1)dx\}$; or, à présent c'est p^{-2^n} et $p^{-2^{n+1}}$ qui convergent vers zéro, donc aussi $\varphi(p) = 2\pi lp + \frac{1}{2^n}\int_0^\pi l(1)\,dx = 2\pi lp$. Par suite les deux expressions de I donnent: $\int_0^\pi l(1 \pm 2p\,\mathit{Cos.}\, x + p^2)\,dx = 0, p^2 < 1, = 2\pi lp, p^2 > 1$, (T. 353, N°. 17 à 20), [47]. Quand p est égal à l'unité, on a $p^{2^n} = p$, $p^{2^{n+1}} = p^2$, donc $\varphi(p^{2^n}) = \varphi(p)$, ou d'après l'équation obtenue $\varphi(p) = \frac{1}{2^n}\varphi(p)$, c'est-à-dire nécessairement $\varphi(p) = 0$. Mais parce que pour $p = 1$, on a: $l(1 + 2p\,\mathit{Cos.}\, x + p^2) = l(2 + 2\mathit{Cos.}\, x) = l4\,\mathit{Cos.}^2 \tfrac{1}{2}x = l4 + l\,\mathit{Cos.}^2 \tfrac{1}{2}x$, et de même: $l(1 - 2p\,\mathit{Cos.}\, x + p^2) = l4 + l\,\mathit{Sin.}^2 \tfrac{1}{2}x$, il vient:

$$\int_0^\pi (l4 + l\,\mathit{Cos.}^2 \tfrac{1}{2}x)\,dx = 0 = \int_0^\pi (l4 + l\,\mathit{Sin.}^2 \tfrac{1}{2}x)dx,\ \text{d'où} \int_0^\pi l\,\mathit{Cos.}^2 \tfrac{1}{2}x\,dx = -2\pi l2 = \int_0^\pi l\,\mathit{Sin.}^2 \tfrac{1}{2}x\,dx,$$

intégrales identiques avec celles, que l'on a trouvées au N°. 3.

5. Soit: $$\text{I} = \int_0^q \mathit{Arcsin.}((2x - q))\frac{dx}{x^2 - (q-x)^2} = \int_0^q \mathit{Arcsin.}((q - 2x))\frac{dx}{(q-x)^2 - x^2}$$

par la substitution $x = q - y$. Or, quel que soit le signe de $2x - q$ (et il est négatif de $x = 0$ à $x = \frac{1}{2}q$ et positif de $x = \frac{1}{2}q$ à $x = q$) on a toujours (C. P. form. (9)), $\mathit{Arcsin.}((q - 2x)) = 2r\pi - \mathit{Arcsin.}(2x - q) = (2r + 1)\pi + \mathit{Arcsin.}(2x - q)$. On obtient par conséquent:

$$\text{I} = 2r\pi\int_0^q \frac{dx}{(q-x)^2 - x^2} + \text{I} \quad \text{et} \quad \text{I} = (2r+1)\pi\int_0^q \frac{dx}{(q-x)^2 - x^2} - \text{I}.$$

Dans la première de ces équations I s'élimine et il reste:

---

[47] On déduit ces intégrales encore autrement Méth. 21, N°. 4.
Page 259.

$$\int_0^q \frac{dx}{(q-x)^2-x^2} = 0, \text{ [48]}; \qquad (277)$$

substituons ce résultat dans la seconde, il vient:

$$\mathrm{I} = \int_0^q Arcsin.((2x-q))\frac{dx}{(q-x)^2-x^2} = \frac{2r+1}{2}\pi\int_0^q \frac{dx}{(q-x)^2-x^2} = 0. \qquad (278)$$

Soit: $\mathrm{I}_1 = \int_0^q Arccos.((2x-q))\frac{dx}{x^2-(q-x)^2} = \int_0^q Arccos.((q-2x))\frac{dx}{(q-x)^2-x^2}$,

comme plus haut. La substitution (C. P. form. (12)) $Arccos.((q-2x)) = (2r+1)\pi - Arccos.(2x-q)$ donnerait de nouveau l'intégrale (277): mais l'autre $Arccos.((q-2x)) = (2r+1)\pi + Arccos.(2x-q)$ donne ici, comme pour l'intégrale précédente:

$$\int_0^q Arccos.((2x-q))\frac{dx}{x^2-(q-x)^2} = 0. \qquad (279)$$

Pour $\mathrm{I}_2 = \int_0^q Arcsin.((2x-q))\frac{dx}{x^2+(q-x)^2} = \int_0^q Arcsin.((q-2x))\frac{dx}{(q-x)^2+x^2}$

et $\mathrm{I}_3 = \int_0^q Arccos.((2x-q))\frac{dx}{x^2+(q-x)^2} = \int_0^q Arccos.((x-2q))\frac{dx}{(q-x)^2+x^2}$,

où l'on a substitué $x = q - y$, on trouve par les reductions $Arcsin.((q-2x)) = 2r\pi - Arcsin.(2x-q)$, $Arccos.((q-2x)) = (2r+1)\pi - Arccos.(2x-q)$:

$$\int_0^q Arcsin.((2x-q))\frac{dx}{x^2+(q-x)^2} = \frac{2r\pi}{2}\int_0^q \frac{dx}{x^2+(q-x)^2} = \frac{r\pi^2}{2q} \text{ [49]}, \qquad (280)$$

$$\int_0^q Arccos.((2x-q))\frac{dx}{x^2+(q-x)^2} = \frac{2r+1}{2}\pi\int_0^q \frac{dx}{x^2+(q-x)^2} = \frac{2r+1}{4q}\pi^2 \qquad (282)$$

---

[48] On peut la vérifier par la substitution $x = y + \frac{1}{2}q$, car alors:

$$\int_0^q \frac{dx}{(q-x)^2-x^2} = \int_{-\frac{1}{2}q}^{\frac{1}{2}q} \frac{dy}{(\frac{1}{2}q-y)^2-(\frac{1}{2}q+y)^2} = \frac{-1}{2q}\int_{-\frac{1}{2}q}^{\frac{1}{2}q}\frac{dx}{x} = 0,$$

d'après Méth. 2, N°. 2.

[49] La substitution $2x = q + y$ donne:

$$\int_0^q \frac{dx}{(q-x)^2+x^2} = \frac{1}{2}\int_{-q}^q \frac{dy}{(\frac{1}{2}y-\frac{1}{2}q)^2+(\frac{1}{2}y+\frac{1}{2}q)^2} = \int_{-q}^q \frac{dy}{q^2+y^2} = \frac{\pi}{2q} \qquad (281)$$

d'après l'intégrale (182).

Page 260.

Pour les valeurs ordinaires de l'*Arcsin.* et de l'*Arccos.* on trouve, en prenant $r = 0$:

$$\int_0^q Arcsin.(2x-q)\frac{dx}{x^2+(q-x)^2} = 0, \quad \ldots \ldots \quad (283)$$

$$\int_0^q Arccos.(2x-q)\frac{dx}{x^2+(q-x)^2} = \frac{1}{4q}\pi^2 \quad \ldots \ldots \quad (284)$$

6. Soit $\Gamma(p) = \int_0^\infty e^{-x} x^{p-1}\,dx$ une intégrale encore inconnue et prenons $x = (1+q)y$, (où $1+q>0$), alors $\frac{\Gamma(p)}{(1+q)^p} = \int_0^\infty e^{-(1+q)y} y^{p-1}\,dy$. Multiplions de part et d'autre par $q^{r-1}\,dq$ et intégrons par rapport à q de $q=0$ à $q=\infty$ (où donc $1+q>0$, conformément à la supposition), il vient: $\int_0^\infty \frac{\Gamma(p)}{(1+q)^p} q^{r-1}\,dq = \int_0^\infty q^{r-1}\,dq \int_0^\infty e^{-(1+q)y} y^{p-1}\,dy$, ou, lorsqu'on change l'ordre des intégrations dans l'intégrale double:

$$\Gamma(p)\int_0^\infty \frac{q^{r-1}\,dq}{(1+q)^p} = \int_0^\infty e^{-q} y^{p-1}\,dy \int_0^\infty e^{-qy} q^{r-1}\,dq = \int_0^\infty e^{-q} y^{p-1}\,dy \int_0^\infty e^{-z}\frac{z^{r-1}\,dz}{y^r} =$$

$$= \int_0^\infty e^{-q} y^{p-r-1}\,dy \int_0^\infty e^{-z} z^{r-1}\,dz,$$

où l'on a substitué z au lieu de qy. Dans l'intégrale double à présent les variables sont séparées, c'est-à-dire que dans la première integration il n'entre pas de y et que par conséquent son résultat sera indépendant de y; de plus on voit qu'elle est égale à $\Gamma(r)$; encore l'intégrale par rapport à y est de même $\Gamma(p-r)$; donc:

$$\Gamma(p)\int_0^\infty \frac{q^{r-1}\,dq}{(1+q)^p} = \Gamma(p-r)\,\Gamma(r), \text{ [50]}. \quad \ldots \ldots \quad (a)$$

---

[50] On peut en déduire quelques relations d'un grand intérêt, dont nous avons besoin dans les réductions, en ce qu'elles appartiennent à la théorie des Fonctions Gamma, qui jouent un rôle éminent auprès des intégrales définies. Car on trouve Méth. I, N°. 29 d'une tout autre manière:

$$\int_0^\infty \frac{x^{r-1}\,dx}{1+x} = \frac{\pi}{Sin.\,r\pi};$$

mais cette même intégrale peut aussi se tirer de l'équation (a) au moyen de la supposition $p=1$, et alors, puisque $\Gamma(1) = 1$, comme on le sait, et comme encore on le déduit dans le texte:

Page 261.

une des formules fondamentales dans la théorie des fonctions Γ, et qui, écrite ainsi:

$$\int_0^\infty \frac{x^{r-1}\,dx}{(1+x)^p} = \frac{\Gamma(p-r)\,\Gamma(r)}{\Gamma(p)}, \text{ (T. 18, N°. 12)},$$

donne l'expression de l'intégrale Eulérienne de la première espèce dans les intégrales Eulériennes de la seconde espèce [51]. Revenons à l'équation (a), où la fonction Γ est encore considérée comme

---

$$\int_0^\infty \frac{x^{r-1}\,dx}{1+x} = \Gamma(1-r)\,\Gamma(r).$$

La comparaison de ces deux valeurs d'une même intégrale définie fournit:

$$\Gamma(r)\,\Gamma(1-r)\,\pi = \frac{\pi}{Sin.\, r\pi}, \quad \ldots\ldots \quad \text{(B)}$$

une des intégrales mentionées. Pour $r = \frac{1}{2}$ on trouve:

$$\Gamma(\tfrac{1}{2})\,\Gamma(\tfrac{1}{2}) = \pi, \quad \text{d'où} \quad \Gamma(\tfrac{1}{2}) = \sqrt{\pi}, \quad \ldots\ldots \quad \text{(C)}$$

identique avec l'intégrale T. 140, N°. 1, dans le texte. Encore a-t-on Méth. 3, N°. 7, Note [36] pag. 246: $\Gamma(a+q) = q^{a/1}\,\Gamma(q)$ (A), équation qui donne ici pour $q = \frac{1}{2}$, à l'aide de (C):

$$\Gamma(a+\tfrac{1}{2}) = \tfrac{1}{2}^{a/1}\,\Gamma(\tfrac{1}{2}) = \frac{1^{a/2}}{2^a}\sqrt{\pi}. \quad \ldots\ldots \quad \text{(D)}$$

Les formules (B), (C), (D) expriment ces propriétés fondamentales de la fonction Gamma que nous avons annoncées.

[51] On la connaît encore sous une autre forme. Substituons $1+x = \frac{1}{y}$, d'où $x = \frac{1-y}{y}$, $dx = \frac{-dy}{y^2}$, alors les limites de y deviennent 1 et 0, et l'on a:

$$\frac{\Gamma(r)\,\Gamma(p-r)}{\Gamma(p)} = \int_1^0 \left(\frac{1-y}{y}\right)^{r-1} y^p \,\frac{-dy}{y^2} = \int_0^1 (1-y)^{r-1}\, y^{p-r-1}\, dy,$$

ou pour $p - r = q$:

$$\int_0^1 (1-x)^{r-1}\, x^{q-1}\, dx = \frac{\Gamma(q)\,\Gamma(r)}{\Gamma(q+r)}, \text{ (T. 1, N°. 8)},$$

l'intégrale Eulérienne de la première espèce; elle est ordinairement exprimée par une des notations $B(p, q)$ ou $\begin{bmatrix} p \\ q \end{bmatrix}$: ses propriétés sont intimement liées à celles des fonctions Γ.

Tout comme précédemment on a encore:

$$\int_0^1 (1-x)^{r-1}\, x^{a+q-1}\, dx = \frac{\Gamma(a+q)\,\Gamma(r)}{\Gamma(a+q+r)} = \frac{q^{a/1}}{(q+r)^{a/1}}\,\frac{\Gamma(q)\,\Gamma(r)}{\Gamma(q+r)}, \text{ (T. 1, N°. 12)},$$

d'après la formule A, Méth. 3, N°. 7 Note; et de la même manière:

$$\int_0^1 (1-x)^{a+r-1}\, x^{b+q-1}\, dx = \frac{\Gamma(a+r)\,\Gamma(b+q)}{\Gamma(a+b+q+r)} = \frac{r^{a/1}\, q^{b/1}}{(q+r)^{a+b/1}}\,\frac{\Gamma(q)\,\Gamma(r)}{\Gamma(q+r)}, \quad \ldots \quad (285)$$

Page 262.

inconnue, et posons $p=1$, $r=\frac{1}{2}$, alors: $\Gamma(1)\int_0^\infty \frac{x^{-\frac{1}{2}}dx}{(1+x)} = \{\Gamma(\frac{1}{2})\}^2$. Or, $\Gamma(1)=\int_0^\infty e^{-x}dx = 1$,

(Méth. 1, N°. 9) et $\int_0^\infty \frac{dx}{(1+x)\sqrt{x}} = \int_0^\infty \frac{2y\,dy}{(1+y^2)y} = 2\int_0^\infty \frac{dy}{1+y^2} = 2.\frac{\pi}{2} = \pi$, (T. 28, N°. 1),

où l'on a pris $x=y^2$ et employé la valeur de l'intégrale de Méth. 1, N°. 8. Donc $\{\Gamma(\frac{1}{2})\}^2 = \pi$,

d'où $\Gamma(\frac{1}{2}) = \int_0^\infty e^{-x}\frac{dx}{\sqrt{x}} = \sqrt{\pi}$. (T. 140, N°. 1).

7. Pour trouver l'intégrale $\mathrm{I} = \int_0^\infty e^{-px^2}dx$, qui dépend de la dernière, on peut la multiplier par $e^{-p}dp$ et intégrer ensuite par rapport à p, entre les limites 0 et ∞ de p. Or, dans cette intégrale double il est permis en premier lieu de changer l'ordre des intégrations, donc: $\int_0^\infty e^{-p}dp\int_0^\infty e^{-px^2}dx = \int_0^\infty dx\int_0^\infty e^{-p(1+x^2)}dp = \int_0^\infty dx\frac{1}{1+x^2} = \frac{\pi}{2}$, d'après Méth. 1. N°. 9 et 8.

Mais d'un autre côté, on peut prendre dans la même intégrale double $px^2 = y$, d'où $dx = \frac{dy}{2\sqrt{py}}$;

donc: $\int_0^\infty e^{-p}dp\int_0^\infty e^{-y}\frac{dx}{2\sqrt{py}} = \frac{1}{2}\int_0^\infty \frac{e^{-p}dp}{\sqrt{p}}\int_0^\infty \frac{e^{-y}dy}{\sqrt{y}}$: mais comme les variables sont séparées, on peut considérer l'intégrale double comme un produit, et dans ce cas-ci comme une puissance $\frac{1}{2}\left[\int_0^\infty e^{-y}\frac{dy}{\sqrt{y}}\right]^2$. Supposez-y $y=px^2$, elle change en $\frac{1}{2}\left[2\sqrt{p}\int_0^\infty e^{-px^2}dx\right]^2 = 2p\left[\int_0^\infty e^{-px^2}dx\right]^2$.

Les deux résultats doivent donc être égaux, c'est-à-dire:

$$\frac{\pi}{2} = 2p\left[\int_0^\infty e^{-px^2}dx\right]^2, \text{ d'où } \int_0^\infty e^{-px^2}dx = \frac{1}{2}\sqrt{\frac{\pi}{p}}, \text{ (T. 36, N°. 8), [52],}$$

ou encore, d'après ce que l'on vient de trouver, $\int_0^\infty e^{x}\frac{dx}{\sqrt{x}} = \sqrt{\pi}$, comme au Nr. précédent.

On peut aussi d'une autre manière acquérir une équation pour notre intégrale; car puisqu'on a également: $\mathrm{I} = \int_0^\infty e^{-py^2}dy$, on a: $\mathrm{I}^2 = \int_0^\infty e^{-px^2}dx\int_0^\infty e^{-py^2}dy = \int_0^\infty dx\int_0^\infty e^{-p(x^2+y^2)}dy$. Supposons $y=xz$, alors $dy = x\,dz$, puisque x est supposé constant dans l'intégration par rapport à y; donc:

---

[52] Sur une autre déduction voyez Méth. 38, N°. 2, Méth. 44, N°. 2.

$$\mathrm{I}^2 = \int_0^\infty dx \int_0^\infty e^{-p(x^2+x^2z^2)}\, x\, dz = \int_0^\infty dz \int_0^\infty e^{-px^2(1+z^2)}\, x\, dx = \int_0^\infty dz \frac{1}{2p}\,\frac{1}{1+z^2} = \frac{1}{2p}\int_0^\infty \frac{dz}{1+z^2} = \frac{\pi}{4p},$$

d'après Méth. 3, N°. 7, et Méth. 1, N°. 8. On en tire: $\mathrm{I} = \int_0^\infty e^{-px^2}\, dx = \frac{1}{2}\sqrt{\frac{\pi}{p}}$, comme auparavant, et par la substitution $x^2 = y$, encore: $\int_0^\infty e^{-px}\frac{dx}{\sqrt{x}} = \sqrt{\frac{\pi}{p}}$. (T. 140, N°. 2).

8. Soit $\mathrm{I} = \int_0^{\frac{\pi}{2}} \frac{l\, Tang.\, x\, dx}{\sqrt{(1-p^2\, Sin.^2\, x)}}$. Substituez $Tang.\, x = \frac{Cot.\, y}{\sqrt{(1-p^2)}}$, d'où (Méth. 7, N°. 23)

$$\frac{dx}{\sqrt{(1-p^2\, Sin.^2\, x)}} = \frac{-dy}{\sqrt{(1-p^2\, Sin.^2\, y)}}$$ avec $\frac{\pi}{2}$ et 0 comme limites de y; donc:

$$\mathrm{I} = \int_0^{\frac{\pi}{2}} \frac{-l\, Tg.\, y - \frac{1}{2}l(1-p^2)}{\sqrt{(1-p^2\, Sin.^2\, y)}}\, dy, \text{ ou: } 2\mathrm{I} = -\tfrac{1}{2}l(1-p^2)\int_0^{\frac{\pi}{2}} \frac{dy}{\sqrt{(1-p^2\, Sin.^2\, y)}} = -\tfrac{1}{2}\,\mathrm{F}'(p).l(1-p^2).$$

(T. 347, N°. 13) d'après la définition [53].

9. $\mathrm{I} = \int_0^1 \frac{1}{1-x}\,\frac{dx}{lx}$. Posons $x = y^2$, alors: $\mathrm{I} = \int_0^1 \frac{1}{1-x^2}\,\frac{x\, dx}{lx} = \int_0^1 \frac{1}{1-x}\,\frac{dx}{lx} - \int_0^1 \frac{1}{1-x^2}\,\frac{dx}{lx}$.

Or, comme cette dernière intégrale n'est pas nulle, il s'ensuit que nécessairement:

$$\int_0^1 \frac{1}{1-x}\,\frac{dx}{lx} = -\infty, \qquad (286)$$

donc aussi:

$$\int_0^1 \frac{x}{1-x^2}\,\frac{dx}{lx} = -\infty, \qquad (287)$$

et:

$$\int_0^1 \frac{1}{1+x}\,\frac{dx}{lx} = \int_0^1 \frac{1-x}{1-x^2}\,\frac{dx}{lx} = -\infty. \qquad (288)$$

$\mathrm{I} = \int_0^1 \frac{lx\, dx}{1-x} = \int_0^1 \frac{4x\, lx\, dx}{1-x^2} = 4\int_0^1 \frac{lx\, dx}{1-x} - 4\int_0^1 \frac{lx\, dx}{1-x^2}$, quand on pose $x = y^2$. Donc: $3\mathrm{I} = 4\int_0^1 \frac{lx\, dx}{1-x^2} = -\frac{1}{2}$

suivant Méth. 32, N°. 5, d'où: $\mathrm{I} = \int_0^1 \frac{lx\, dx}{1-x} = -\frac{1}{6}\pi^2$ et $\int_0^1 \frac{x\, lx\, dx}{1-x^2} = -\frac{1}{24}\pi^2$. (T. 152, N°.7 et 14).

Encore en tire-t-on: $\int_0^1 \frac{lx\, dx}{1+x} = \int_0^1 \frac{1-x}{1-x^2}\, lx\, dx = -\frac{1}{8}\pi^2 - \left(-\frac{1}{24}\pi^2\right) = -\frac{1}{12}\pi^2$. (T. 152, N°.3).

---

[53] On la déduit aussi Méth. 10, N°. 9. Page 264.

10. Mais quelquefois on tâche d'acquérir deux équations, où deux intégrales définies se trouvent comme inconnues; par la résolution de ces équations on peut alors trouver ces intégrales elles-mêmes.

Soit $$I = \int_0^1 l(1-x)\frac{dx}{x} \text{ et } K = \int_0^1 l(1+x)\frac{dx}{x}.$$

La somme en est $I+K = \int_0^1 l(1-x^2)\frac{dx}{x} = \frac{1}{2}\int_0^1 l(1-x)\frac{dx}{x} = \frac{1}{2}I$, par la substitution de $x^2 = y$: d'où $I+2K=0$. La différence au contraire en est $K-I = \int_0^1 l\frac{1+x}{1-x}\frac{dx}{x} = \int_0^1 l\frac{1+x}{1-x} d.lx$, ou moyennant l'intégration par parties: $K-I = l\frac{1+x}{1-x}.lx\Big\}_0^1 - \int_0^1 lx\,dx\left(\frac{1}{1+x} - \frac{-1}{1-x}\right) = l\frac{1+x}{1-x}.lx\Big\}_0^1 - 2\int_0^1 \frac{lx\,dx}{1-x^2}$.

Or, le terme intégré se compose des deux parties $lx.l(1+x) - lx.l(1-x)$. Pour $x=1$, le premier terme est $l1.l2 = 0$, le second $= l1.l0 = 0.\infty$, indéterminé; donc, selon les règles ordinaires: $\frac{l(1-x)}{(lx)^{-1}} = \frac{\frac{1}{1-x}}{(-lx)^{-2}\frac{1}{x}} = \frac{-x}{1-x}(lx)^2 = -x\frac{2lx.\frac{1}{x}}{-1} = 2\,lx = 0$, pour $x=1$. Pour $x=0$, les deux termes sont égaux aux valeurs, qu'on obtiendrait pour $l(z-1).lz - l(z-1).l(2-z)$ dans le cas de $z=1$: or, d'après ce qui précède, chaque terme s'annule. On a donc: $K-I = -2\int_0^1 \frac{lx\,dx}{1-x^2} = \frac{1}{4}\pi^2$, suivant Méth. 32, N°. 5. La résolution de ces deux équations par rapport à K et I donne: $K = \int_0^1 \frac{l(1+x)\,dx}{x} = \frac{1}{3}\left(\frac{1}{4}\pi^2\right) = \frac{1}{12}\pi^2$, et $I = \int_0^1 \frac{l(1-x)\,dx}{x} = \frac{1}{3}\left(-\frac{1}{2}\pi^2\right) = -\frac{1}{6}\pi^2$. (T. 160, N°. 1 et 5). [54]. La somme et la différence en donnent encore:

$$\int_0^1 l(1-x^2)\frac{dx}{x} = -\frac{1}{12}\pi^2, \int_0^1 l\frac{1+x}{1-x}\frac{dx}{x} = \frac{1}{4}\pi^2. \text{ (T. 160, N°. 10 et 15).}$$

11. Soit $I = \int_0^\infty e^{-px} Cos.qx\,dx$, $K = \int_0^\infty e^{-px} Sin.qx\,dx$. Alors l'intégration par parties nous donne: $qI = e^{-px} Sin.qx\Big\}_0^\infty - \int_0^\infty Sin.qx.(-pe^{-px}dx) = 0 + pK$, $-qK = e^{-px} Cos.qx\Big\}_0^\infty - \int_0^\infty Cos.qx.(-pe^{-px}dx) = -1 + pI$, puisque dans la première équation le terme intégré s'an-

[54] Comme on déduit d'une autre manière Méth. 22, N°. 3.
Page 265.

nule, tant pour $x = 0$ que pour $x = \infty$, et que dans la seconde il ne s'évanouit que pour $x = \infty$, tandis qu'il devient l'unité pour $x = 0$. La résolution de ces équations donne:

$$I = \int_0^\infty e^{-px} \, Cos. \, qx \, dx = \frac{p}{p^2+q^2}, \; K = \int_0^\infty e^{-px} \, Sin. \, qx \, dx = \frac{q}{p^2+q^2}. \text{ (T. 278, N°. 8 et 9). [55].}$$

12. Soit $I(\varphi) = \int_0^\varphi \frac{\Upsilon(x)\, dx}{\sqrt{(1-p^2 Sin.^2 x)}}$. Lorsque $F(p, x) + F(p, y) = F'(p)$ on a [56]:

$$\frac{-dy}{\sqrt{(1-p^2 Sin.^2 y)}} = \frac{dx}{\sqrt{(1-p^2 Sin. x)}} \text{ et } \Upsilon(p,y) = \Upsilon(p,\pi) + \Upsilon(p, \tfrac{1}{2}\pi) - E'(p)F(p,x) + \tfrac{1}{2} l(1-p^2 Sin.^2 x).$$

Multipliez ces équations membre à membre et intégrez entre les limites 0 et x de x, (donc pour y entre les limites $\frac{\pi}{2}$ et y) on trouve: $-\int d.\,I(y) + I\left(\frac{\pi}{2}\right) = I(x) + \Upsilon(p, \frac{1}{2}\pi) F(p,x) - E'(p) \int_0^x \frac{F(p,x)\, dx}{\sqrt{(1-p^2 Sin.^2 x)}} +$

$+ \frac{1}{2} \int_0^x \frac{l(1-p^2 Sin.^2 x)}{\sqrt{(1-p^2 Sin.^2 x)}} dx$. Mais on a [57]: $\Upsilon(p, \frac{1}{2}\pi) = \frac{1}{2} E'(p) F'(p) - \frac{1}{4} l(1-p^2)$, donc:

$$I(x) + I(y) - I\left(\frac{1}{2}\pi\right) = \frac{1}{2} E'(p) \{F(p,x)\}^2 - \frac{1}{2} \{E'(p)F'(p) - \tfrac{1}{2} l(1-p^2)\} F(p,x) - \frac{1}{2} \int_0^x \frac{l(1-p^2 Sin.^2 x)}{\sqrt{(1-p^2 Sin.^2 x)}} dx. \; (a)$$

Pour $x = -\frac{1}{2}\pi$ on a: $y = \pi$, et de plus: $I(x) = I(-\frac{1}{2}\pi) = -I(\frac{1}{2}\pi)$, $F(p,x) = F(p, -\frac{1}{2}\pi) = -F(p, \frac{1}{2}\pi) = -F'(p)$,

$$\int_0^{-\frac{\pi}{2}} \frac{l(1-p^2 Sin.^2 x)\, dx}{\sqrt{(1-p^2 Sin.^2 x)}} = -\int_0^{\frac{\pi}{2}} \frac{l(1-p^2 Sin.^2 x)\, dx}{\sqrt{(1-p^2 Sin.^2 x)}} = -l(1-p^2).\, F'(p), \text{ (suivant Méth. 17, N°. 16)};$$

donc la formule (a) devient:

$$-I(\tfrac{1}{2}\pi) + I(\pi) - I(\tfrac{1}{2}\pi) = \frac{1}{2} E'(p) \{F'(p)\}^2 + \frac{1}{2} F'(p) \{E'(p)F'(p) - \tfrac{1}{2} l(1-p^2)\} + \frac{1}{2} F'(p)\, l(1-p^2),$$

$$\text{ou } I(\pi) - 2\,I(\tfrac{1}{2}\pi) = E'(p)\, \{F'(p)\}^2. \dots\dots\dots\dots\dots (b)$$

Ensuite pour $F(p,y) = 2\,F(p,x)$ on a [58]: $\int \frac{dy}{\sqrt{(1-p^2 Sin.^2 y)}} = 2 \int \frac{dx}{\sqrt{(1-p^2 Sin.^2 x)}}$ et:

$\Upsilon(p, y) = 4\,\Upsilon(p,x) + l(1-p^2 Sin.^4 x)$: multipliez membre à membre et intégrez de $x = 0$ à $x = \frac{1}{2}\pi$ (et par conséquent de $y = 0$ à $y = \pi$); alors: $I(\pi) = 8\,I(\frac{1}{2}\pi) +$

---

[55] Déjà déduites Méth. 1, N°. 9, Note.

[56] ROBERTS, Journal de Liouville, T. 12, p. 449, N°. 2.

[57] VERHULST, Traité élémentaire des fonctions elliptiques. Bruxelles, Hayez, 1841, (XII et 316 p. 8°.) § 65, p. 114.

[58] VERHULST, Traité élém. des fonct. ellipt., § 66, p. 116, form. (27).

$$+2\int_0^{\pi}\frac{l(1-p^2\,Sin.^4 x)\,dx}{\sqrt{(1-p^2\,Sin.^2 x)}}=8\,\mathrm{I}(\tfrac{1}{2}\pi)+\mathrm{F}'(p)l\frac{4(1-p^2)}{p}-\frac{\pi}{2}\mathrm{F}'\{\sqrt{(1-p^2)}\},\text{(suivant Méth.10, N°.9)}.\,(c)$$

La combinaison des équations (*b*) et (*c*) conduit aux valeurs suivantes de $\mathrm{I}\left(\frac{\pi}{2}\right)$ et $\mathrm{I}(\pi)$:

$$\int_0^{\frac{\pi}{2}}\frac{\Upsilon(x)\,dx}{\sqrt{(1-p^2\,Sin.^2 x)}}=\frac{1}{6}\Big[\mathrm{E}'(p)\,\{\mathrm{F}'(p)\}^2-\mathrm{F}'(p)\,l\frac{4(1-p^2)}{p}+\frac{\pi}{2}\mathrm{F}'(\sqrt{(1-p^2)})\Big],$$

$$\int_0^{\pi}\frac{\Upsilon(x)\,dx}{\sqrt{(1-p^2\,Sin.^2 x)}}=\frac{1}{3}\Big[4\,\mathrm{E}'(p)\,\{\mathrm{F}'(p)\}^2-\mathrm{F}'(p)\,l\frac{4(1-p^2)}{p}+\frac{\pi}{2}\mathrm{F}'(\sqrt{(1-p^2)})\Big].\text{(T.375, N°.8, 9)}.$$

13. Soit $\mathrm{I}(p)=\int_0^1\left(\frac{x^{p-1}}{1-x}-\frac{q\,x^{qp-1}}{1-x^q}\right)dx$. En premier lieu on a:

$$\mathrm{I}(1)=\int_0^1\left(\frac{1}{1-x}-\frac{qx^{q-1}}{1-x^q}\right)dx=-\int_0^1\{d.l(1-x)-d.l(1-x^q)\}=\int_0^1 d.l\frac{1-x^q}{1-x}.$$

Pour $x=0$, l'intégration donne $l\frac{1}{1}=0$; pour $x=1$, au contraire $l\frac{0}{0}$, par conséquent, d'après les règles pour ce cas: $\frac{1-x^q}{1-x}=\frac{-qx^{q-1}}{-1}=q\,x^{q-1}$, donc pour $x=1:\ l\frac{1-x^q}{1-x}=l(q\,x^{q-1})=lq$, et: $\mathrm{I}(1)=\int_0^1\left(\frac{1}{1-x}-\frac{qx^{q-1}}{1-x^q}\right)dx=lq$. (T. 6, N°. 16). [59]. Ensuite on a: $\mathrm{I}(1)-\mathrm{I}(p)=$ $=\int_0^1\left(\frac{1-x^{p-1}}{1-x}-q\frac{x^{q-1}-x^{qp-1}}{1-x^q}\right)dx$. Or, puisque les deux termes dans l'intégrale $\mathrm{I}(p)$ deviennent infinis tous deux pour $x=1$, il n'est pas permis de faire usage d'une substitution quelconque dans un de ces termes à part; en effet, quand on pose ici dans le second terme $x^q=y$, il devient $\frac{q\,x^{pq-1}}{1-x^q}dx=\frac{y^{p-1}}{1-y}dy$, de sorte qu'on aurait: $\mathrm{I}(p)=\int_0^1\frac{x^{p-1}\,dx}{1-x}-\int_0^1\frac{y^{p-1}\,dx}{1-y}=0$, résultat fautif, comme on va le voir. Car lorsqu'il est possible de démontrer que les deux termes de l'expression pour $\mathrm{I}(1)-\mathrm{I}(p)$ sont finis, alors il est permis de les séparer, et de faire une substitution quelconque dans une des intégrales partielles. Or ici, lorsque p est un entier, plus grand que l'unité, l'intégrale $\int_0^1\frac{1-x^{p-1}}{1-x}dx$ reste finie, puisque pour la limite 1 de x la fonction à intégrer $\frac{1-x^{p-1}}{1-x}$ devient $p-1$. Mais lorsque p serait fractionnaire, on pourrait supposer $p=\frac{a}{b}$; alors la substitu-

[59] Sur une autre déduction de cette même intégrale voyez Méth. 10, N°. 15. Page 267.

tion de $x = y^b$ donne: $\int_0^1 \frac{1-x^{\frac{a}{b}-1}}{1-x}\,dx = \int_0^1 \frac{1-y^{a-b}}{1-y^b}\,b\,y^{b-1}\,dy$, encore finie: donc en effet la première intégrale partielle est finie, et par conséquent la seconde de même; substituons-y $x^q = y$, et nous trouvons:

$$\mathrm{I}(1)-\mathrm{I}(p) = \int_0^1 \frac{1-x^{p-1}}{1-x}\,dx - q\int_0^1 \frac{x^{q-1}-x^{pq-1}}{1-x^q}\,dx = \int_0^1 \frac{1-x^{p-1}}{1-x}\,dx - \int_0^1 \frac{1-y^{p-1}}{1-y}\,dy = 0,$$

d'où $\mathrm{I}(p) = \mathrm{I}(1) = lq$, c'est-à-dire: $\int_0^1 \left(\frac{x^{p-1}}{1-x} - \frac{qx^{qp-1}}{1-x^q}\right) dx = lq$, (T. 6, N°. 13), d'où il s'ensuit que le résultat précédent zéro était réellement fautif.

14. Dans quelques-uns des exemples précédents, on se trouve ramené à des formules de réduction, qui nous aident pour quelque cas spécial. Il en sera de même dans les considérations suivantes, où nous nous proposons d'obtenir de telles relations. Soit $\mathrm{I}(p) = \int_0^p l(1-x)\frac{dx}{x}$, et supposons $1-x = y$, $dx = -dy$ avec 1 et $1-p$ comme limites pour y; donc:

$$\mathrm{I}(p) = -\int_1^{1-p} \frac{ly\,dy}{1-y} = -\int_0^{1-p} \frac{lx\,dx}{1-x} + \int_0^1 \frac{lx\,dx}{1-x} = -\int_0^{1-p} \frac{lx\,dx}{1-x} - \frac{1}{6}\pi^2,$$ d'après ce que nous avons trouvé au N°. 9; l'intégration par parties donne ensuite:

$$-\int_0^{1-p} \frac{lx\,dx}{1-x} = \int_0^{1-p} lx\,d.l(1-x) = lx.l(1-x)\Big\}_0^{1-p} - \int_0^{1-p} l(1-x)\frac{dx}{x}.$$ Or, pour la limite supérieure le terme intégré devient $l(1-p).lp$: pour $x=0$ il s'évanouit, comme nous avons vu au N°. 10; donc: $\mathrm{I}(p) = -\frac{1}{6}\pi^2 + lp.l(1-p) - \int_0^{1-p} l(1-x)\frac{dx}{x}$, ou, d'après l'expression de I:

$$\mathrm{I}(p) + \mathrm{I}(1-p) = lp.l(1-p) - \frac{1}{6}\pi^2 \ldots\ldots\ldots\ldots\ldots (a)$$

Cette relation peut nous servir à présent à étudier l'intégrale $\mathrm{I}(p)$ et ses propriétés. Soit en premier lieu $p = \frac{1}{2}$, on a: $2\,\mathrm{I}(\tfrac{1}{2}) = l(\tfrac{1}{2})^2 - \frac{1}{6}\pi^2$, donc: $\int_0^{\frac{1}{2}} l(1-x)\frac{dx}{x} = \frac{1}{2}(l2)^2 - \frac{1}{12}\pi^2$. (T. 188, N°. 5). [60].

---

[60] Lorsqu'on suppose $x = \frac{1-y}{2}$, $dx = -\frac{1}{2}dy$ avec les limites 1 et 0 pour y, on trouve:

$$\int_0^1 l\frac{1+x}{2}\,\frac{dx}{1-x} = \frac{1}{2}(l2)^2 - \frac{1}{12}\pi^2. \ldots\ldots\ldots\ldots\ldots (289)$$

Soit ensuite $p > 1$, alors à l'aide de l'intégrale au N°. 9 : $I(p) = \int_0^1 l(1-x)\frac{dx}{x} + \int_1^p l(1-x)\frac{dx}{x}$

$= -\frac{1}{6}\pi^2 + \int_1^p \{l(-1) + l(x-1)\}\frac{dx}{x} = -\frac{1}{6}\pi^2 + l(-1)\int_1^p \frac{dx}{x} + \int_1^p l(x-1)\frac{dx}{x}$. Or,

$\int_1^p l(x-1)\frac{dx}{x} = \int_1^p lx\frac{dx}{x} + \int_1^p l\left(1-\frac{1}{x}\right)\frac{dx}{x} = \frac{1}{2}\int_1^p d.(lx)^2 - \int_1^{\frac{1}{p}} l(1-y)\frac{dy}{y}$, quand on pose $x = \frac{1}{y}$.

Donc: $I(p) = -\frac{1}{6}\pi^2 + l(-1).lp + \frac{1}{2}(lp)^2 - \int_1^{\frac{1}{p}} l(1-x)\frac{dx}{x}$; mais encore $-\int_1^{\frac{1}{p}} l(1-x)\frac{dx}{x} =$

$= \int_0^1 l(1-x)\frac{dx}{x} - \int_0^{\frac{1}{p}} l(1-x)\frac{dx}{x} = -\frac{1}{6}\pi^2 - I\left(\frac{1}{p}\right)$, d'après N°. 9 et la définition de I; donc:

$$I(p) = -I\left(\frac{1}{p}\right) - \frac{1}{3}\pi^2 + l(-1).lp + \frac{1}{2}(lp)^2 \ , \ p > 1; \quad \ldots\ldots\ldots \quad (b)$$

équation qui servira à réduire notre intégrale, dans le cas de $p > 1$, à une autre $I\left(\frac{1}{p}\right)$, où dès-lors l'argument $\frac{1}{p}$ est plus petit que l'unité. Comme pour $p = 2$, on a trouvé $I\left(\frac{1}{2}\right)$, on a par cette formule (b):

$\int_0^2 l(1-x)\frac{dx}{x} = -\frac{1}{2}(l2)^2 + \frac{1}{12}\pi^2 - \frac{1}{3}\pi^2 + (l-1).l2 + \frac{1}{2}(l2)^2 = -\frac{1}{4}\pi^2 + l(-1).l2$. (T. 188, N°.6).

On trouvera d'une manière analogue, lorsque p est < -1:

$$I(p) = \frac{1}{6}\pi^2 + \frac{1}{2}\{l(-p)\}^2 - I\left(\frac{1}{p}\right) \ , \ p < -1; \quad \ldots\ldots\ldots \quad (c)$$

et dès-lors au moyen de (a):

$$I(1-p) = I\left(\frac{1}{p}\right) - \frac{1}{3}\pi^2 - \frac{1}{2}\{l(-p)\}^2 + l(1-p).lp \ , \ p < -1; \quad \ldots\ldots \quad (d)$$

formule qui nous servira dans les mêmes cas que la formule (b). [61].

15. Soit $I(x) = \int_0^1 l\Gamma(x).Cos.p\pi x\,dx$, $K(x) = \int_0^1 l\Gamma(x).Sin.p\pi x\,dx$, où l'argument x de I a rapport à l'argument de la fonction Γ. Posons $x = 1-y$, $dx = -dy$ avec les limites 1 et 0 de y, et en outre $Cos.p\pi x = Cos.p\pi.Cos.p\pi y + Sin.p\pi.Sin.p\pi y$, $Sin.p\pi x = Sin.p\pi.Cos.p\pi y - Cos.p\pi.Sin.p\pi y$. Alors par l'emploi des notations analogues $I(1-x)$ et $K(1-x)$:

---

[61] On peut poursuivre l'étude de cette intégrale chez Schaeffer, Journal von Crelle, Bd. 30, S. 277—296.

Page 269.

$$\mathrm{I}(x)=Cos.p\pi.\int_0^1 l\Gamma(1-x).Cos.p\pi x dx+Sin.p\pi.\int_0^1 l\Gamma(1-x).Sin.p\pi x dx=Cos.p\pi.\mathrm{I}(1-x)+Sin.p\pi.\mathrm{K}(1-x),\ (a)$$

$$\mathrm{K}(x)=Sin.p\pi.\int_0^1 l\Gamma(1-x).Cos.p\pi x dx-Cos.p\pi.\int_0^1 l\Gamma(1-x).Sin\,p\pi x dx=Sin.p\pi.\mathrm{I}(1-x)-Cos.p\pi.\mathrm{K}(1-x).(b)$$

Pour obtenir deux autres équations entre les quatres variables $\mathrm{I}(x)$, $\mathrm{I}(1-x)$, $\mathrm{K}(x)$ et $\mathrm{K}(1-x)$, rappelons-nous que, d'après la relation B dans la Note du N°. 6 : $l\Gamma(x)+l\Gamma(1-x)=l(2\pi)-l(2Sin.\pi)$, ou, d'après C. P. form. (109), en y posant $p=-1$, $q=2\pi x$, $l\Gamma(x)+l\Gamma(1-x)=l2\pi+\sum_0^\infty \frac{Cos.2n\pi x}{n}$. Multiplions cette équation par $Cos.p\pi x\,dx$ et par $Sin.p\pi x\,dx$, et intégrons entre les limites 0 et 1 de x: $\int_0^1 l\Gamma(x).Cos.p\pi x dx+\int_0^1 l\Gamma(1-x).Cos.p\pi x dx=\mathrm{I}(x)+\mathrm{I}(1-x)=l2\pi.\int_0^1 Cos.p\pi x dx+$

$$+\int_0^1 Cos.p\pi x dx\sum_1^\infty\frac{Cos.2n\pi x}{n}=\frac{Sin.p\pi}{p\pi}l2\pi+\sum_1^\infty\frac{1}{2n}\int_0^1\left[Cos.\{(2n+p)\pi x\}+Cos.\{(2n-p)\pi x\}\right]dx=$$

$$=\frac{Sin.p\pi}{p\pi}l2\pi+\sum_1^\infty\frac{1}{2n}\left[\frac{Sin.\{(2n+p)\pi\}}{(2n+p)\pi}+\frac{Sin.\{(2n-p)\pi\}}{(2n-p)\pi}\right]\ \dots\dots\dots\dots\dots\ (c)$$

$$=\frac{Sin.p\pi}{p\pi}l2\pi-\frac{\pi Sin.p\pi}{\pi}\sum_1^\infty\frac{1}{n}\frac{1}{4n^2-p^2},$$

$$\int_0^1 l\Gamma(x).Sin.p\pi x dx+\int_0^1 l\Gamma(1-x).Sin.p\pi x dx=\mathrm{K}(x)+\mathrm{K}(1-x)=l2\pi.\int_0^1 Sin.p\pi x dx+$$

$$+\int_0^1 Sin.p\pi x dx\sum_1^\infty\frac{Cos.2n\pi x}{n}=\frac{1-Cos.p\pi}{p\pi}l2\pi+\sum_1^\infty\frac{1}{2n}\int_0^1\left[Sin.\{(2n+p)\pi x\}-Sin.\{(2n-p)\pi x\}\right]dx$$

$$=\frac{1-Cos.p\pi}{p\pi}l2\pi+\sum_1^\infty\frac{1}{2n}\left[\frac{1-Cos.\{(2n+p)\pi\}}{(2n+p)\pi}-\frac{1-Cos.\{(2n-p)\pi\}}{(2n-p)\pi}\right]\ \dots\dots\dots\dots\ (d)$$

$$=\frac{1-Cos.p\pi}{p\pi}l2\pi-\frac{1-Cos.p\pi}{\pi}p\sum_1^\infty\frac{1}{n}\frac{1}{4n^2-p^2},$$

ou, en dénotant $l2\pi-p\sum_1^\infty\frac{1}{n}\frac{1}{4n^2-p^2}$ par P, fonction de p, il est:

$$\mathrm{I}(x)+\mathrm{I}(1-x)=\frac{Sin.p\pi}{p\pi}\mathrm{P},\ \dots\dots\dots\dots\dots\dots\ (e)$$

$$\mathrm{K}(x)+\mathrm{K}(1-x)=\frac{1-Cos.p\pi}{p\pi}\mathrm{P}\ \dots\dots\dots\dots\dots\dots\ (f)$$

Quoique nous ayons obtenu quatre équations, elles ne nous sont d'aucun service pour le cas général, puisqu'elles forment un système identique; il est aisé de s'en assurer lorsqu'on élimine $\mathrm{I}(x)$ de (a) et de (e), $K(x)$ de (b) et de (f), car alors on obtient un même résultat. Mais on peut employer ce qui précède pour des cas spéciaux. Soit par exemple $p = 2a$, alors les équations (a) et (b) restent vraies; mais il n'en est pas de même à l'égard des formules (c) et (d), qui deviennent discontinues pour la valeur a de n; on trouve donc dans ces cas:

$$I(x) + I(1-x) = l2\pi \frac{Sin.\,2a\pi}{2a\pi} + \sum_1^\infty \frac{1}{2n} \frac{Sin.\,\{(n+a)2\pi\}}{(n+a)2\pi} + \sum_1^{a-1} \frac{1}{2n} \frac{Sin.\,\{(a-n)2\pi\}}{(a-n)2\pi} +$$

$$+ \frac{1}{2a}\int_0^1 Cos.(0)\,dx + \sum_{a+1}^\infty \frac{1}{2n} \frac{Sin.\,\{(n-a)2\pi\}}{(n-a)2\pi} = \frac{1}{2a}, \quad \ldots\ldots\ldots\ldots (e')$$

$$K(x) + K(1-x) = l2\pi \frac{1-Cos.2a\pi}{2a\pi} + \sum_1^\infty \frac{1}{2n} \frac{1-Cos.\{(n+a)2\pi\}}{(n+a)2\pi} - \sum_1^{a-1} \frac{1}{2n} \frac{1-Cos.\{(a-n)2\pi\}}{(a-n)2\pi} -$$

$$- \frac{1}{2a}\int_0^1 Sin.(0)\,dx - \sum_{a+1}^\infty \frac{1}{2n} \frac{1-Cos.\,\{(n-a)2\pi\}}{(n-a)2\pi} = 0 \quad \ldots\ldots\ldots (f')$$

Mais comme les formules (a) et (b) deviennent ici:

$$I(x) = I(1-x) \ldots\ldots (a') \quad , \quad K(x) = -K(1-x) \ldots\ldots\ldots (b')$$

les équations (a') et (e') nous donnent $I(x) = I(1-x) = \frac{1}{4a}$; donc:

$$\int_0^1 l\Gamma(x)\,Cos.\,2a\pi x\,dx = \frac{1}{4a}, \text{ (T. 444, N°. 4)}, = \int_0^1 l\Gamma(1-x)\,Cos.\,2a\pi x\,dx \quad \ldots (290)$$

Les formules (b') et (f'), étant identiques, ne peuvent donc point servir à déterminer $K(x)$ ou $K(1-x)$ dans le cas de $p = 2a$.

Mais il se peut encore que dans l'intégrale I p soit nul; dans ce cas les fonctions sous les signes de sommation dans la formule (c) s'annulent et l'on obtient:

$$I(x) + I(1-x) = l2\pi.\int_0^1 Cos.\,0\,dx = l2\pi; \ldots\ldots\ldots\ldots (e'')$$

l'équation (a) devient en même temps $I(x) = I(1-x)$; donc:

$$\int_0^1 l\Gamma(x)\,dx = \frac{1}{2}l2\pi, \text{ (T. 367, N°. 2)}, = \int_0^1 l\Gamma(1-x)\,dx \text{ [63]} \ldots\ldots (291)$$

[63] On déduira encore cette intégrale Méth. 21, N°. 5.

§ 5. MÉTHODE 5. EMPLOI DE FORMULES DE TRANSFORMATION.

1. Dans la Partie Deuxième nous sommes parvenus à diverses formules de transformation, qui conduisent immédiatement à l'évaluation d'intégrales définies, quand elles en sont des cas spéciaux. Tant que nous regardons cette partie Deuxième comme une collection de Corollaires de la Partie Première, et comme renfermant des donneés, que désormais nous pouvons employer, cette méthode-ci rentre sous la catégorie de celles qui sont directes, c'est-à-dire qui n'ont pas besoin de passage intermédiaire par une intégrale définie, une série, etc. Dans ces applications nous ne donnerons en général que les résultats, laissant au lecteur les réductions intermédiaires.

2. Dans II, 1 et II, 2 prenons $f(x) = x^{-q}$:

$$\int_0^\infty (x^p + x^{-p})^{-q} \frac{lx\,dx}{x} = \int_0^\infty \left(\frac{x^p}{1+x^{2p}}\right)^q \frac{lx\,dx}{x} = 0, \quad \ldots\ldots\ldots \quad (292)$$

$$\int_0^\infty (x^p + x^{-p})^{-q} \frac{lx\,dx}{1+x^2} = \int_0^\infty \left(\frac{x^p}{1+x^{2p}}\right)^q \frac{lx\,dx}{1+x^2} = 0. \quad \ldots\ldots\ldots \quad (293)$$

Posons $rx = y$ et $p = 1$, alors: $0 = \int_0^\infty \frac{lx - lr}{x} dx \left(\frac{rx}{r^2+x^2}\right)^q$, (T. 183, N°. 11), $= r^q \int_0^\infty \frac{lx\,dx}{x}\left(\frac{x}{r^2+x^2}\right)^q - r^q\,lr \int_0^\infty \frac{x^{q-1}\,dx}{(r^2+x^2)^q}$ et $\frac{0}{r} = r^q \int_0^\infty \frac{lx\,dx}{r^2+x^2}\left(\frac{x}{r^2+x^2}\right)^q - r^q\,lr \int_0^\infty \frac{x^q\,dx}{(r^2+x^2)^{q+1}}$, d'où suivant Méth. 28, N°. 2:

$$\int_0^\infty \frac{lx\,dx}{x}\left(\frac{x}{r^2+x^2}\right)^q = lr \frac{\{\Gamma(\frac{1}{2}q)\}^2}{2\,r^q\,\Gamma(q)}, \text{ (T. 183, N°. 10), [64],}$$

---

[64] Pour q pair $= 2a$, on a: $\frac{\{\Gamma(a)\}^2}{\Gamma(2a)} = \frac{1^{a-1/1}}{a^{a/1}}$, donc: $\int_0^\infty \frac{lx\,dx}{x}\left(\frac{x}{r^2+x^2}\right)^{2a} = \frac{1^{a-1/1}}{a^{a/1}} \frac{lr}{2\,r^{2a}}$. (T. 183, N°. 9). Pour q impair $= 2a+1$, on a: $\frac{\{\Gamma(a+\frac{1}{2})\}^2}{(2a+1)} = \frac{(1^{a/2})^2\,\pi}{2^{2a}\,1^{2a+1/1}} = \frac{1^{a/2}\,\pi}{2^{2a}\,2^{a/2}}$, donc: $\int_0^\infty \frac{lx\,dx}{x}\left(\frac{x}{r^2+x^2}\right)^{2a+1} = \frac{1^{a/2}}{2^{a/2}} \frac{\pi\,l\,r}{(2\,r)^{2a+1}}$. (T. 183, N°. 8).

Page 272.

$$\int_0^\infty \frac{lx\,dx}{r^2+x^2}\left(\frac{x}{r^2+x^2}\right)^q = lr\frac{\left\{\Gamma\left(\frac{q+1}{2}\right)\right\}^2}{2r^{q+1}\Gamma(q+1)}$$ [65], équivalente avec la précédente.

Dans II, 3 et II, 5, soit $f(x) = lx$, on a:

$$\int_{-\infty}^{\infty} l(e^{px}+e^{-px})\,x\,dx = 0, \ldots (295), \quad \int_0^{\frac{\pi}{2}} l(Tang.^p x + Cot.^p x).\,l\,Tang.\,x\,dx = 0. \ldots\ldots (296)$$

3. Pour II, 6 employons les développements C. P. form. (89) à (91), alors $f(0) = 1$, 1 et 0, et $A_0 = \frac{1}{2^{2a}}\binom{2a}{a}$, 0 et $\frac{1}{2^{2a}}\binom{2a}{a}$ respectivement; donc:

$$\int_0^\infty (Cos.^{2a}px - Cos.^{2a}qx)\frac{dx}{x} = \frac{1}{2}l\frac{q^2}{p^2}\left\{1-\frac{1}{2^{2a}}\binom{2a}{a}\right\}, \quad \int_0^\infty (Cos.^{2a+1}px - Cos.^{2a+1}qx)\frac{dx}{x} = \frac{1}{2}l\frac{q^2}{p^2},$$

(T. 196, N°. 5 et 6), $$\int_0^\infty (Sin.^{2a}px - Sin.^{2a}qx)\frac{dx}{x} = -\frac{1}{2}l\frac{q^2}{p^2}.\frac{1}{2^{2a}}\binom{2a}{a} \ldots\ldots (297)$$

De même par C. P. form. (93) et (109), où $f(0) = 1$ et $= l(1+r)^2$, $A_0 = \frac{a}{2^a}$, $A_0 = 0$ respectivement:

$$\int_0^\infty \left(Cos.^a\frac{1}{2}px.\,Cos.\frac{1}{2}apx - Cos.^a\frac{1}{2}qx.\,Cos.\frac{1}{2}aqx\right)\frac{dx}{x} = \frac{1}{2}l\frac{q^2}{p^2}\left(1-\frac{a}{2^a}\right), \ldots (298)$$

$$\int_0^\infty l\frac{1+2r\,Cos.\,px+r^2}{1+2r\,Cos.\,qx+r^2}\frac{dx}{x} = l(1+r).\,l\left(\frac{q}{p}\right)^2, \; r<1. \text{ (T. 414, N°. 9).}$$

4. Dans II. 7, posons $f(x) = l(r+x)$, alors les conditions nécessaires sont satisfaites, pourvu que l'on ait $r > 0$, donc:

$$\int_0^{2\pi} l(r+p\,e^{xi})\,e^{-axi}\,dx = 2\pi\,l\,r\frac{p^a}{1^{a/1}} \ldots\ldots\ldots\ldots (299)$$

5. Pour l'application de II. 8 soit $f(x) = l\,x$, alors:

$$\tfrac{1}{2}\int_0^{\frac{\pi}{2}} \frac{l(Cos.\,x.\,e^{xi})+l(Cos.\,x.\,e^{-xi})}{Cos.^2 x + q^2\,Sin.^2 x} = \int_0^{\frac{\pi}{2}} \frac{l\,Cos.\,x\,dx}{Cos.^2 x+q^2\,Sin.^2 x} = \frac{\pi}{2q}l\frac{q}{q+1} \ldots\ldots (300)$$

---

[65] Par la substitution $x = r\,Tang.\,y$, $dx = \frac{r\,dy}{Cos.^2 y}$, et 0 et $\frac{\pi}{2}$ comme limites de y, elle donne:

$$\int_0^{\frac{\pi}{2}} l(r\,Tang.\,x).\,Sin.^{q-1}2x\,dx = 2^{q-1}\,l\,r\frac{\{\Gamma(\frac{1}{2}q)\}^2}{\Gamma(q)} \ldots\ldots\ldots\ldots (294)$$

Divisez par p^2 et prenez q au lieu de pq, alors:

$$\int_0^{\frac{\pi}{2}} \frac{l\, Cos.\, x\, dx}{p^2\, Cos.^2\, x + q^2\, Sin.^2\, x} = \frac{\pi}{2pq}\, l\frac{q}{p+q} \ldots\ldots\ldots\ldots (301)$$

Posez $x = \frac{\pi}{2} - y$ et changez p en q et réciproquement, alors:

$$\int_0^{\frac{\pi}{2}} \frac{l\, Sin.\, x\, dx}{p^2\, Cos.^2\, x + q^2\, Sin.^2\, x} = \frac{\pi}{2pq}\, l\frac{p}{p+q} \ldots\ldots\ldots\ldots (302)$$

La différence en donne: $\int_0^{\frac{\pi}{2}} \frac{l\, Tang.\, x\, dx}{p^2\, Cos.^2\, x + q^2\, Sin.^2\, x} = \frac{\pi}{2pq}\, l\frac{p}{q}$, (T. 342, N°. 12) [66].

La somme en donne encore:

$$\int_0^{\frac{\pi}{2}} \frac{l\, (Sin.\, x.\, Cos.\, x)\, dx}{p^2\, Cos.^2\, x + q^2\, Sin.^2\, x} = \frac{\pi}{2pq}\, l\frac{pq}{(p+q)^2}, \ldots\ldots\ldots\ldots 304)$$

mais lorsqu'on pose $2x = y$, $p^2 + q^2 = r$, $p^2 - q^2 = s$, à l'aide de Méth. 7, N°. 20:

$$\int_0^{\pi} \frac{l\, Sin.\, x\, dx}{r + s\, Cos.\, x} = \frac{\pi}{\sqrt{(r^2 - s^2)}}\, l\frac{\sqrt{(r^2 - s^2)}}{r + \sqrt{(r^2 - s^2)}} \ldots\ldots\ldots\ldots (305)$$

Pour $p = 1 = q$, les intégrales précédentes donnent encore les intégrales T. 331, N°. 1, T. 330, N°. 1 et T. 333, N°. 1 de Méth. 4, N°. 3. Sur l'intégrale (301) pour $q = 1$ et (302) pour $p = 1$, voyez T. 342, N°. 9 et 5.

Pour $f(x) = Sin.\, p\, x$ et $= Cos.\, p\, x$, II. 8 donne encore:

$$\int_0^{\frac{\pi}{2}} \frac{Sin.\, (p\, Cos.\, x.\, e^{xi}) + Sin.\, (p\, Cos.\, x.\, e^{-xi})}{Cos.^2\, x + q^2\, Sin.^2\, x}\, dx = \frac{\pi}{q}\, Sin.\, \frac{pq}{q+1}, \ldots\ldots\ldots (306)$$

$$\int_0^{\frac{\pi}{2}} \frac{Cos.\, (p\, Cos.\, x.\, e^{xi}) + Cos.\, (p\, Cos.\, x.\, e^{-xi})}{Cos.^2\, x + q^2\, Sin.^2\, x}\, dx = \frac{\pi}{q}\, Cos.\, \frac{pq}{q+1} \ldots\ldots\ldots (307)$$

Transformons la somme des *Sinus* ou des *Cosinus* dans un produit, alors nous obtiendrons à l'aide de C. P. form. (36), en écrivant $2p$ et $\frac{q}{r}$ pour p et q:

---

[66] Pour $Tang.\, x = y$ on obtient:

$$\int_0^{\infty} \frac{lx\, dx}{p^2 + q^2 x^2} = \frac{\pi}{2pq}\, l\frac{p}{q}, \text{ (T. 180, N}^{o}\text{. 10)}, \quad \int_0^{\infty} \frac{l(1 + x^2)\, dx}{p^2 + q^2 x^2} = \frac{\pi}{pq}\, l\frac{p+q}{q} \ldots\ldots (303).$$

Page 274.

$$\int_0^{\frac{\pi}{2}} \frac{e^{p Sin. 2x} + e^{-p Sin. 2x}}{r^2 Cos.^2 x + q^2 Sin.^2 x} Sin. \{p(1 + Cos. 2x)\} dx = \frac{\pi}{qr} Sin. \frac{2pq}{q+r}, \quad \ldots \quad (308)$$

$$\int_0^{\frac{\pi}{2}} \frac{e^{p Sin. 2x} + e^{-p Sin. 2x}}{r^2 Cos.^2 x + q^2 Sin.^2 x} Cos. \{p(1 + Cos. 2x)\} dx = \frac{\pi}{qr} Cos. \frac{2pq}{q+r} \quad \ldots \quad (309)$$

d'où encore les sommes $(Cos. p) \times (309) + (Sin. p) \times (308)$ et $(Cos. p) \times (308) - (Sin. p) \times (309)$ donnent pour $2x = y$, $q^2 + r^2 = s$, $q^2 - r^2 = t$:

$$\int_0^{\pi} \frac{e^{p Sin. x} + e^{-p Sin. x}}{s - t Cos. x} Cos. (p Cos. x) dx = \frac{\pi}{2\sqrt{(s^2 - t^2)}} Cos. \left\{p \frac{s - \sqrt{(s^2 - t^2)}}{2t}\right\}, \quad \ldots \quad (310)$$

$$\int_0^{\pi} \frac{e^{p Sin. x} + e^{-p Sin\, x}}{s - t Cos. x} Sin. (p Cos. x) dx = \frac{\pi}{2\sqrt{(s^2 - t^2)}} Sin. \left\{p \frac{s - \sqrt{(s^2 - t^2)}}{2t}\right\}, \quad \ldots \quad (311)$$

$t < s$.

Soit enfin dans II. 8 $f(x) = Arctg.\, p\, x$, alors:

$$\int_0^{\frac{1}{2}\pi} Arctg. \left(\frac{2p Cos.^2 x}{1 - p^2 Cos.^2 x}\right) \frac{dx}{Cos.^2 x + q^2 Sin.^2 x} = \frac{\pi}{q} Arctg. \left(\frac{pq}{q+1}\right). \quad \ldots \quad (312)$$

6. A l'aide des formules (89) à (92) (C. P.) les transformations II, 10 à II, 12 donnent:

$$\int_0^{\pi} Cos.^{2b} x . Cos. 2ax\, dx = \frac{\pi}{2^{2b}} \binom{2b}{b-a}, \quad \ldots \quad (313)$$

$$\int_0^{\pi} Cos.^{2b+1} x . Cos. \{(2a+1)x\} dx = \frac{\pi}{2^{2b+1}} \binom{2b+1}{b-a}, \quad \ldots \quad (314)$$

$$\int_0^{\pi} Sin.^{2b} x . Cos. 2ax\, dx = \frac{(-1)^a \pi}{2^{2b}} \binom{2b}{b-a}, \quad \ldots \quad (315)$$

$$\int_0^{\pi} Sin.^{2b+1} x . Sin. \{(2a+1)x\} dx = \frac{(-1)^a \pi}{2^{2a+1}} \binom{2b+1}{b-a}, \quad \ldots \quad (316)$$

$$\int_0^{\pi} Cos.^{2b} x\, dx = \frac{\pi}{2^{2b}} \binom{2b}{b} = \int_0^{\pi} Sin.^{2b} x\, dx, \text{ et } \int_0^{\pi} Cos.^{2b+1} x\, dx = 0. \ [67].$$

Ensuite nous trouvons par C. P. form. 93, 94, en y posant $x = 2y$:

$$\int_0^{\frac{\pi}{2}} Cos.^a x . Cos. ax . Cos. 2bx\, dx = \pi\, 2^{a-2} \binom{a}{b} = \int_0^{\frac{\pi}{2}} Cos.^a x . Sin. ax . Sin. 2bx\, dx. \text{ (T. 57, N°. 20, 21).}$$

[67] Formules déjà déduites Méth. 3, N°. 5.
Page 275.

Encore par C. P. form. 95 à 98, 101, 102:

$$\int_0^\pi \frac{1 - p\,Cos.x - p^a\,Cos.ax + p^{a+1}\,Cos.\{(a-1)x\}}{1 - 2p\,Cos.x + p^2}\,Cos.bx\,dx = \frac{\pi}{2}p^a, \;\ldots\; (317)$$

$$= \int_0^\pi \frac{p\,Sin.x - p^a\,Sin.ax - p^{a+1}\,Sin.\{(a-1)x\}}{1 - 2p\,Cos.x + p^2}\,Sin.bx\,dx, \text{ (où } b < a-1); \;\ldots\; (318)$$

$$\int_0^\pi \frac{1 - p\,Cos.x}{1 - 2p\,Cos.x + p^2}\,Cos.ax\,dx = \frac{\pi}{2}p^a, (319), = \int_0^\pi \frac{p\,Sin.x}{1 - 2p\,Cos.x + p^2}\,Sin.ax\,dx, \text{(T. 84, N°. 5), [68]},$$

$$\int_0^\pi \frac{Cos.ax\,dx}{1 - 2p\,Cos.x + p^2} = \frac{\pi}{1-p^2}p^a, \text{(T. 84, N°. 3)}, \int_0^\pi \frac{Cos.x.\,Cos.ax\,dx}{1 - 2p\,Cos.x + p^2} = \frac{\pi}{2}\frac{1+p^2}{1-p^2}p^{a-1}. \text{ (T. 84, N°. 7)}.$$

Enfin par C. P. form. 103, 104, 109, 112, 115, 116:

$$\int_0^\pi e^{p\,Cos.x}\,Cos.(p\,Sin.x).\,Cos.ax\,dx = \frac{\pi}{2}\frac{p^a}{1^{a|1}} = \int_0^\pi e^{p\,Cos.x}\,Sin.(p\,Sin.x).\,Sin.ax\,dx, \text{ (T. 296, N°. 8 et 7)},$$

$$\int_0^\pi e^{-p\,Cos.x}\,Cos.(p\,Sin.x)\,dx = \pi, \text{ (T. 296, N°. 6)}, \quad \int_0^\pi l(1 + 2p\,Cos.x + p^2)\,Cos.ax\,dx =$$

$$= (-1)^{a-1}\frac{\pi}{a}p^a, \text{(T. 354, N°. 6), [69]}, \int_0^\pi Arctg.\left(\frac{p\,Sin.x}{1 + p\,Cos.x}\right)Sin.ax\,dx = (1)^{a-1}\frac{\pi}{2}\frac{p^a}{a}. \text{ (T. 370, N°. 3). [70]}.$$

---

[68] Sur une autre déduction de ces formules voyez Méth. 32, N°. 6, Méth. 41, N°. 7.

[69] Cette intégrale se trouve déduite d'une autre manière Méth. 34, N°. 6. Il s'ensuit pour $a = 1$:

$$\int_0^{\frac{\pi}{2}} l(1 \pm 2p\,Cos.2x + p^2)\,Cos.2x\,dx = \pm\frac{\pi}{2}p; \;\ldots\ldots\ldots\; (320)$$

qui maintenant vaut aussi pour $p < 1$, comme il est facile de s'en assurer.
Mais d'après Méth. 4, N°. 4, on a encore:

$$\int_0^{\frac{\pi}{2}} l(1 \pm 2p\,Cos.2x + p^2)\,dx = 0, (p^2 < 1), = \pi\,l p, (p^2 > 1); \;\ldots\; (321)$$

donc leur somme et leur différence:

$$\int_0^{\frac{\pi}{2}} l(1 \pm 2p\,Cos.2x + p^2)\,Cos.^2 x\,dx = \pm\frac{1}{4}p\pi, (p^2 < 1), .(322), = \pm\frac{1}{4}p\pi + \frac{1}{2}\pi\,l p, (p^2 > 1), .(323)$$

$$\int_0^{\frac{\pi}{2}} l(1 \pm 2p\,Cos.2x + p^2)\,Sin.^2 x\,dx = \mp\frac{1}{4}p\pi, (p^2 < 1).(324), = \mp\frac{1}{4}p\pi + \frac{1}{2}\pi\,l p, (p^2 > 1).(325)$$

[70] On les déduit aussi Méth. 34, N°. 6.
Page 276.

$$\int_0^{\pi}(1+2p\,Cos.x+p^2)^{\frac{1}{2}a}Cos.\left\{a\,Arctg.\frac{p\,Sin.x}{1+p\,Cos.x}\right\}.Cos.bx\,dx=\frac{\pi}{2}\binom{a}{b}p^b,\;\ldots\;(326)$$

$$=\int_0^{\pi}(1+2p\,Cos.x+p^2)^{\frac{1}{2}a}Sin.\left\{a\,Arctg.\frac{p\,Sin.x}{1+p\,Cos.x}\right\}.Sin.bx\,dx\;\ldots\ldots\;(327)$$

Dans toutes ces intégrales on a $p^2<1$.

7. Par la formule 78, C. P. on a par II, 13 à II, 15 :

$$\int_0^{\pi}Arctg.\left(\frac{2p\,Cos.x}{1-p^2}\right).Cos.\{(2a+1)x\}\,dx=\pi p^{2a+1}\frac{(-1)^a}{2a+1},\;\ldots\ldots\;(328)$$

$$=\int_0^{\pi}\frac{1}{i}Arctg.\left(\frac{2p\,i\,Sin.x}{1+p^2}\right).Sin.\{(2a+1)x\}\,dx\;\ldots\ldots\;(329)$$

ou par C. P. 50, [71] :

$$\int_0^{\pi}l\frac{1+2p\,Cos.x+p^2}{1-2p\,Cos.x+p^2}Sin.\{(2a+1)x\}\,dx=2\pi p^{2a+1}\frac{(-1)^a}{2a+1}\;\ldots\ldots\;(330)$$

8. Pour $f(x)=e^{-px}$ II, 21 et II, 22 donnent:

$$\int_0^{\infty}Cos.px\frac{dx}{q^2+x^2}=\frac{\pi}{2q}e^{-pq},\quad\int_0^{\infty}Sin.px\frac{x\,dx}{q^2+x^2}=\frac{\pi}{2}e^{-pq},$$ (T. 205, N°. 5 et 6), [72];

et II, 23 à II, 26 :

$$\int_0^{\infty}\frac{Sin.\left\{(a+1)Arctg.\frac{x}{q}\right\}}{(x^2+q^2)^{\frac{1}{2}(a+1)}}\frac{Cos.px\,dx}{x}=\frac{(-1)^a}{1^{a/1}}\pi\frac{d^a.}{dq^a}\frac{e^{-q}}{q},\;\ldots\ldots\;(331)$$

$$\int_0^{\infty}\frac{Sin.\left\{(a+1)Arctg.\frac{x}{q}\right\}}{(x^2+q^2)^{\frac{1}{2}(a+1)}}Sin.px\,dx=\frac{e^{-q}}{1^{a/1}}\;(332)\;=\int_0^{\infty}\frac{Cos.\left\{(a+1)Arctg.\frac{x}{q}\right\}}{(x^2+q^2)^{\frac{1}{2}(a+1)}}Cos.pxdx\;.,(333)$$

---

[71] Il faut prendre la première formule, puisque $y=\frac{2p\,Cos.x}{1+p^2}$ est toujours moindre que l'unité, vu que $1+p^2$ est toujours plus grand que $2p$.

[72] Ces formules se présentent souvent auprès de l'application de plusieurs méthodes; voyez entre autres Méth. 18, N°. 4, 8, Méth. 24, N°. 4, Méth. 25, N°. 2, Méth. 38, N°. 3. Méth. 42, N°. 2, Méth. 43, N°. 14.

$$\int_0^\infty \frac{Cos.\left\{(a+1)\,Arctg.\frac{x}{q}\right\}}{(x^2+q^2)^{\frac{1}{2}(a+1)}}\,x\,Sin.\,p\,x\,dx = \frac{(-1)^a}{1^{a/1}}\,\pi\,\frac{d^a.}{d\,q^a}\,q\,e^{-q}. \quad \ldots\ldots (334)$$

9. Dans II, 27, prenons $f(x)=l\dfrac{1-px}{1-p}$, ce qui donne $f(1)=0$, alors par C. P. form. (66):

$$\int_0^1 l\,\frac{1-p\,x}{1-p}\,\frac{dx}{l\,x} = -\sum_1^\infty \frac{p^n}{n}\,l(1+n)\ ,\ p<1. \quad \ldots\ldots (335)$$

Encore par C. P. 77:

$$\int_0^1 Arccos.\,x\,\frac{dx}{l\,x} = -\sum_0^\infty \frac{1^{n/2}}{2^{n/2}}\,\frac{l\,(2\,n+2)}{2\,n+1} \quad \ldots\ldots (336)$$

et par C. P. 81, lorsqu'on considère que $(Arcsin.\,x)^2-\frac{1}{4}\pi^2=-\left(\frac{\pi}{2}-Arcsin.\,x\right)\left(\frac{\pi}{2}+Arcsin.\,x\right)=$ $=-(Arccos.\ x)^2$ (tant que $0\leqq x\leqq 1$):

$$\int_0^1 (Arccos.\,x)^2\,\frac{dx}{l\,x} = -\sum_1^\infty \frac{2^{n/2}}{3^{n/2}}\,\frac{l\,(1+2\,n)}{n} \quad \ldots\ldots (337)$$

Enfin pour $f(x)=(1-x)^p$, d'après C. P. form. 61:

$$\int_0^1 (1-x)^p\,\frac{dx}{l\,x} = \sum_1^\infty (-1)^n\,\frac{p^{n|-1}}{1^{n|1}}\,l\,(1+n)\ ,\ p\geqq 1; \quad \ldots\ldots (338)$$

10. Soit dans II, 79, $f(x)=x^{-q}$ et $f(x)=l\,x$, alors:

$$\int_0^\infty \left(\frac{x^p}{1+x^{2p}}\right)^q \frac{dx}{1-x^2} = 0 \ \ldots (339),\quad \int_0^\infty l\,(x^p+x^{-p})\,\frac{dx}{1-x^2} = 0. \ \ldots (340)$$

Pour $p=1$ cette dernière devient:

$$\int_0^\infty l\,\frac{1+x^2}{x}\,\frac{dx}{1-x^2} = 0 \quad \ldots\ldots (341)$$

et comme on trouve Méth. 6, N°. 6:

$$\int_0^\infty lx\,\frac{dx}{1-x^2} = -\frac{1}{4}\pi^2,\text{ il s'ensuit: }\int_0^\infty l(1+x^2)\frac{dx}{1-x^2} = -\frac{1}{4}\pi^2,\ (342),\ \int_0^\infty l\,\frac{1+x^2}{x^2}\,\frac{dx}{1-x^2} = \frac{1}{4}\pi^2\,.\ (343)$$

11. Soit dans II, 119, $f(x)=x^r$, alors:

$$\int_{-\frac{1}{2}\pi}^{\frac{1}{2}\pi} (2p)^r\,Cos.^r\,x.\,e^{rxi}\,e^{2qxi}\,dx = (2\,p)^r\int_0^{\frac{1}{2}\pi} Cos.^r\,x.\,e^{(r+2q)xi}\,dx + (2\,p)^r\int_{-\frac{1}{2}\pi}^{1} Cos.^r\,x.\,e^{(r+2q)xi}\,dx = 0;$$

prenons dans la dernière $x=-y$ et divisons tout par $(2\,p)^r$, on obtient:

$$\frac{1}{2}\int_0^{\frac{1}{2}\pi} Cos.^r x.\left\{e^{(r+2a)xi}+e^{-(r+2a)xi}\right\} dx = \int_0^{\frac{1}{2}\pi} Cos.^r x. Cos. \left\{(r+2a)x\right\} dx = 0. \text{ (T. 55, N°. 8). [73].}$$

12. Dans les formules II,145 et II, 146 prenons $f(x) = Cos.x$ et $f(x) = Sin.x$ respectivement; alors, puisque $Cos.(pe^{xi})+Cos.(pe^{-xi}) = Cos.(p\,Cos.x).(e^{pSin.x}+e^{-pSin.x})$ et $Sin.(pe^{xi})-Sin.(pe^{-xi}) = Cos.(p\,Cos.x).(e^{pSin.x}-e^{-pSin.x})$, et encore $Sin.\,2ax - Sin.\{(a-1)2x\} = 2\,Sin.x.Cos.\{(2a-1)x\}$, $Cos.\{(2a-1)x\}-Cos.\{(2a+1)x\} = 2\,Sin.x.Sin.\,2ax$, on a d'après C. P. formules (69) et (68) les intégrales suivantes:

$$\int_0^{\infty} \frac{(e^{pSin.x}+e^{-pSin.x})}{x} Cos.(p\,Cos.x).Sin.x.Cos.\left\{(2a-1)x\right\} dx = \pi p^{2a}\frac{(-1)^a}{1^{2a/1}}, \ldots (344)$$

$$\int_0^{\infty} \frac{(e^{pSin.x}-e^{-pSin.x})}{x} Cos.(p\,Cos.x).Sin.x.Cos.\,2ax\,dx = \pi p^{2a}\frac{(-1)^a}{1^{2a+1/1}} \ldots\ldots\ldots (345)$$

13. Suivent quelques applications de la formule (297, Partie II) [74] et soit $f(u) = \frac{1}{u}\frac{1}{(s+u)^r}$, d'où: $uf(u)\Big\}_0^{\infty} = \frac{1}{\infty} - \frac{1}{(s+0)^r} = -\frac{1}{s^r}$; donc:

$$\int_0^{\infty}\frac{dx}{x}\left[\frac{1}{(s+qx)^r}-\frac{1}{(s+px)^r}\right] = \left(l\frac{q}{p}\right)\left(-\frac{1}{s^r}\right) = \frac{1}{s^r}l\frac{p}{q} \ldots\ldots\ldots\ldots (346)$$

Soit $f(u) = \frac{1}{u}Arctg.e^u$, d'où $uf(u)\Big\}_0^{\infty} = Arctg.\infty - Arctg.1 = \frac{\pi}{2}-\frac{\pi}{4} = \frac{\pi}{4}$, et par suite:

$$\int_0^{\infty}\frac{dx}{x}\left[Arctg.(e^{qx})-Arctg.(e^{px})\right], [75], = \int_0^{\infty}\frac{dx}{x}Arctg.\left(\frac{e^{qx}-e^{px}}{1+e^{(p+q)x}}\right) = \frac{\pi}{4}l\frac{q}{p} \ldots (347)$$

Pour $f(u) = \frac{1}{u}\frac{Arctg.u}{1-e^{-ru}}$ on a: $uf(u)\Big\}_0^{\infty} = \frac{Arctg.\infty}{1-0} - \frac{Arctg.0}{1-1} = \frac{\pi}{2}-\frac{0}{0}$; donc, par les règles usuelles dans ces cas d'indétermination: $\dfrac{\frac{1}{1+u^2}}{+re^{-ru}} = \dfrac{\frac{1}{1}}{r} = \frac{1}{r}$, et:

$$\int_0^{\infty}\frac{dx}{x}\left[\frac{Arctg.qx}{1-e^{-qrx}}-\frac{Arctg.px}{1-e^{-prx}}\right] = \left(\frac{\pi}{2}-\frac{1}{r}\right)l\frac{q}{p} \ldots\ldots\ldots\ldots (348)$$

[73] Déduites aussi Méth. 14, N°. 8.

[74] Voir l'Addition A à la fin de cet ouvrage.

[75] Encore plus généralement Méth. 17, N°. 25.

Supposons $f(u) = \frac{1}{u} l(s + re^{-u})$, donc $u f(u)\Big\}_0^\infty = l(s + re^{-u})\Big\}_0^\infty = ls - l(s + r) = l\frac{s}{s + r}$, et par conséquent:

$$\int_0^\infty \frac{dx}{x} l\frac{s + r e^{-qx}}{s + r e^{-px}} = l\frac{s}{s + r} . l\frac{q}{p} \ldots \ldots \ldots \ldots \ldots (349)$$

Pour $f(u) = \frac{1}{u}\left(1 + \frac{k}{u}\right)^u$ on a: $u f(u)\Big\}_0^\infty = \left(1 + \frac{k}{u}\right)^u\Big\}_0^\infty = \left(1 + \frac{k}{\infty}\right)^\infty - \left(1 + \frac{k}{0}\right)^0 = e^k - 1$, donc:

$$\int_0^\infty \frac{dx}{x}\left[\left(1 + \frac{k}{qx}\right)^{qx} - \left(1 + \frac{k}{px}\right)^{px}\right] = (e^k - 1)\, l\frac{q}{p} \ldots \ldots \ldots (350)$$

SECTION DEUXIÈME.

MÉTHODES, QUI RAMÈNENT À DES INTEGRALES DEFINIES.

§ 1. MÉTHODE 6. DIVISION DE LA DISTANCE DES LIMITES.

1. Dans la Partie Première N°. 12, formule (18), nous avons trouvé la formule $\int_a^{c_1} f(x)\,dx + \int_{c_1}^{c_2} f(x)\,dx + \ldots + \int_{c_n}^b f(x)\,dx = \int_a^b f(x)\,dx$, qui nous apprend à diviser la distance des limites a et b en plusieurs parties de x à c_1, de c_1 à c_2, de c_2 à $c_3, \ldots$ de c_n à b. Lorsque les intégrales partielles, obtenues ainsi, sont de nature à se transformer aisément en d'autres, qui ont les mêmes limites, p. e. a et c_1, on se trouve ramené à une seule intégrale entre ces limites, mais où la fonction à intégrer se trouve sous la forme d'une série; toutefois, lorsque celle-ci donne lieu à une somme simple, on peut évaluer l'intégrale primitive par cette Méthode. [76].

[76] Voyez SCHLÖMILCH, Journal von Crelle, Bd. 36, S. 271. — Le même, Grunerts Archiv, Th. 4, S. 316. Page 280.

2. Soit *l'intégrale* $\int_0^{a\pi} l((Sin.\,x))\,dx$, et divisons la distance des limites de telle manière, que chaque partie soit égale à π: $\int_0^{a\pi} l((Sin.\,x))\,dx = \int_0^{\pi} l((Sin.\,x))\,dx + \int_{\pi}^{2\pi} l((Sin.\,x))\,dx + \ldots + \int_{(2c-1)\pi}^{2c\pi} l((Sin.\,x))\,dx + \int_{2c\pi}^{(2c+1)\pi} l((Sin.\,x))\,dx + \ldots + \int_{(a-1)\pi}^{a\pi} l((Sin.\,x))\,dx$. Dans toutes les intégrales de la forme $\int_{(2c-1)\pi}^{2c\pi} l((Sin.\,x))\,dx$ substituons $x = 2c\pi - y$, $dx = -dy$, $Sin.x = -Sin.\,y$, avec π et 0 pour les limites de y: dans les autres intégrales $\int_{2c\pi}^{(2c+1)\pi} l((Sin.\,x))\,dx$ au contraire mettons $x = 2c\pi + y$, $dx = dy$, $Sin.\,x = Sin.\,y$, avec les limites 0 et π de y; nous aurons: $\int_{(2c-1)\pi}^{2c\pi} l((Sin.\,x))\,dx = \int_0^{\pi} l((-Sin.\,x))\,dx$, $\int_{2c\pi}^{(2c+1)\pi} l((Sin.\,x))\,dx = \int_0^{\pi} l((+Sin.\,x))\,dx$. Donc toutes les intégrales partielles sont ramenées à deux autres différentes: mais la dernière de ces intégrales, celle qui va de $(a-1)\pi$ à $a\pi$, appartiendra à l'une ou à l'autre des ces intégrales définitives, selon que a est pair ou impair; donc il faut traiter ces deux cas séparément, mais alors aussi on peut rendre la discussion un peu plus générale en ajoutant le double signe au sinus sous le logarithme. De cette manière il vient: $\int_0^{2a\pi} l((\pm Sin.\,x))\,dx = a\int_0^{\pi} l((Sin.\,x))\,dx + a\int_0^{\pi} l((-Sin.\,x))\,dx$, $\int_0^{(2a+1)\pi} l((+Sin.\,x))\,dx = (a+1)\int_0^{\pi} l((Sin.\,x))\,dx + a\int_0^{\pi} l((-Sin.\,x))\,dx$, $\int_0^{(2a+1)\pi} l((-Sin.\,x))\,dx = a\int_0^{\pi} l((Sin.\,x))\,dx + (a+1)\int_0^{\pi} l((-Sin.\,x))\,dx$. Or, on trouve ces dernières intégrales Méth. 4, N°. 3; donc, en y prenant le même r, ce qui ne change en rien la généralité du résultat, on aura: $\int_0^{2a\pi} l((\pm Sin.\,x))\,dx = -2a\pi l2 + (4r+1)a\pi^2 i$,

$\int_0^{(2a+1)\pi} l((+Sin.\,x))\,dx = -(2a+1)\pi l2 + \{(2a+1)2r+a\}\pi^2 i$, (T. 361, N°. 2 et 3),

$$\int_0^{(2a+1)\pi} l((-Sin.\,x))\,dx = -(2a+1)\pi l2 + \{(2a+1)2r+a+1\}\pi^2 i \quad \ldots\ldots (351)$$

3. *De l'intégrale* $\int_0^{a\pi} x\,l((Sin.\,x))\,dx$. Ici l'on a par la même division de la distance des limites

$$\int_0^{a\pi} xl((Sin.x))\,dx = \int_0^{\pi} xl((Sin.x))\,dx + \int_{\pi}^{2\pi} xl((Sin.x))\,dx + \ldots + \int_{(2c-1)\pi}^{2c\pi} xl((Sin.x))\,dx + \int_{2c\pi}^{(2c+1)\pi} xl((Sin.x))\,dx + \ldots$$

$+\int_{(a-1)\pi}^{a\pi} xl((Sin.x))\,dx$. Pour $x=(2c-1)\pi+y$ on a $dx=dy, Sin.x=-Sin.y$, et $\int_{(2c-1)\pi}^{2c\pi} xl((Sin.x))\,dx =$

$$= \int_0^{\pi}\{(2c-1)\pi+y\}\,l((-Sin.y))\,dy = (2c-1)\pi\int_0^{\pi} l((-Sin.x))\,dx + \int_0^{\pi} x\,l((-Sin.x))\,dx.$$

Pour $x=2c\pi+y$, on a $dx=dy$, $Sin.x=Sin.y$ et

$$\int_{2c\pi}^{(2c+1)\pi} x\,l((Sin.x))\,dx = \int_0^{\pi}(2c\pi+y)\,l((Sin.y))\,dy = 2c\pi\int_0^{\pi} l((Sin.x))\,dx + \int_0^{\pi} x\,l((Sin.x))\,dx.$$

Donc à l'aide de Méth. 4, N°. 3, pour ces deux intégrales générales:

$$\int_{(2c-1)\pi}^{2c\pi} x\,l((Sin.x))\,dx = (2c-\tfrac{1}{2})\pi\int_0^{\pi} l((-Sin.x))\,dx = (2c-\tfrac{1}{2})\pi^3 i + \frac{4c-1}{2}\pi\int_0^{\pi} l((Sin.x))\,dx,$$

$$\int_{2c\pi}^{(2c+1)\pi} x\,l((Sin.x))\,dx = (2c+\tfrac{1}{2})\pi\int_0^{\pi} l((Sin.x))\,dx.$$

Mais pour la détermination de la dernière intégrale dans la série d'intégrales, il faut distinguer entre les cas de a pair et impair: dès-lors on trouve:

$$\int_0^{2a\pi} xl((Sin.x))\,dx = \left(\frac{1}{2}+\frac{3}{2}+\frac{5}{2}+\ldots+\frac{4a-1}{2}\right)\pi\int_0^{\pi} l((Sin.x))\,dx + \left(\frac{3}{2}+\frac{7}{2}+\ldots+\frac{4a-1}{2}\right)\pi^3 i =$$

$$= 2a^2\pi\int_0^{\pi} l((Sin.x))\,dx + \frac{2a+1}{2}a\pi^3 i,$$

$$\int_0^{(2a+1)\pi} xl((Sin.x))\,dx = \left(\frac{1}{2}+\frac{3}{2}+\frac{5}{2}+\ldots+\frac{4a+1}{2}\right)\pi\int_0^{\pi} l((Sin.x))\,dx + \left(\frac{3}{2}+\frac{7}{2}+\ldots+\frac{4a-1}{2}\right)\pi^3 i =$$

$$= \frac{1}{2}(2a+1)^2\pi\int_0^{\pi} l((Sin.x))\,dx + \frac{2a+1}{2}a\pi^3 i;$$

et enfin par l'usage des intégrales de Méth. 4, N°. 3:

$$\int_0^{2a\pi} x\,l((Sin.x))\,dx = -2a^2\pi^2 l2 + a\pi^3 i\{(4r+1)a+\tfrac{1}{2}\},\quad \int_0^{(2a+1)\pi} x\,l((Sin.x))\,dx =$$

$$= -\tfrac{1}{2}(2a+1)^2\pi^2 l2 + \tfrac{1}{4}(2a+1)\{(2a+1)(4r+1)-1\}\pi^3 i.$$ (T. 421, N°. 4 et 5.) [77].

---

[77] Ces intégrales sont dues à CLAUSEN, Journal von Crelle, Bd. 7, S. 309; mais il les déduit d'une autre manière (Méthode 22), en développant $l Sin.x$ dans une série.

Page 282.

4. *Des intégrales* $\int_0^{a\pi} l((Cos.x))\,dx$, $\int_0^{a\pi} x\,l((Cos.x))\,dx$. Dans l'intégrale du N°. 2 $\int_0^{2a\pi} l((Sin.x))\,dx$ posons $x = 2y$, $Sin.x = 2\,Sin.y.Cos.y$, avec les limites 0 et $a\pi$ de y, alors:

$$\int_0^{a\pi}\Big[l((2)) + l((Sin.x)) + l((Cos.x))\Big]\,dx = -a\pi l2 + \frac{4r+1}{2}a\pi^2 i,$$ ou, puisque $l((2)) = l2 + 2r\pi i$:

$$\int_0^{a\pi}\Big[l((Sin.x)) + l((Cos.x))\Big]\,dx = -2a\pi l2 + \frac{1}{2}a\pi^2 i.$$ La distinction entre a pair et impair et la soustraction des valeurs, tirées de N°. 2, donnent:

$$\int_0^{2a\pi} l((\pm\,Cos.x))\,dx = -2a\pi l2 - 4ar\pi^2 i, \quad\ldots\ldots\ldots\ldots (352)$$

$$\int_0^{(2a+1)\pi} l((+\,Cos.x))\,dx = -(2a+1)\pi l2 - \frac{1}{2}\pi^2 i\Big[(2a+1)(4r-1) + 2a\Big], \quad\ldots\ldots (353)$$

$$\int_0^{(2a+1)\pi} l((-\,Cos.x))\,dx = -(2a+1)\pi l2 - \frac{1}{2}\pi^2 i\Big[(2a+1)(4r-1) + 2a + 2\Big]\ldots (354)$$

Faisons encore la même substitution $x = 2y$ dans l'intégrale $\int_0^{2a\pi} x\,l((Sin.x))\,dx$ du N°. 3, on trouve:

$$\int_0^{a\pi} x\Big[l((2)) + l((Sin.x)) + l((Cos.x))\Big]\,dx = -\frac{1}{2}a^2\pi^2 l2 + \frac{1}{4}a\pi^3 i\,\{(4r+1)a + \tfrac{1}{2}\},$$ ou puisque

$$\int_0^{a\pi} x\,l((2))\,dx = \frac{1}{2}a^2\pi^2\,\{l2 + 2r\pi i\}$$ encore: $$\int_0^{a\pi} x\Big[l((Sin.x)) + l((Cos.x))\Big]dx = -a^2\pi^2 l2 + \frac{1}{4}a\pi^3 i\,\{a + \tfrac{1}{2}\}.$$

Enfin en distinguant entre a pair et impair et en soustrayant respectivement les résultats du N°. 3:

$$\int_0^{2a\pi} x\,l((Cos.x))\,dx = -2a^2\pi^2 l2 - a\pi^3 i(4ra + \tfrac{1}{4}), \quad\ldots\ldots (355)$$

$$\int_0^{(2a+1)\pi} x\,l((Cos.x))\,dx = -\frac{1}{2}(2a+1)^2\pi^2 l2 - \frac{2a+1}{4}\pi^3 i\,\{(4r)(2a+1) - \tfrac{3}{2}\}.\ [78] \quad\ldots (356)$$

---

[78] Par la substitution de $x = \frac{\pi}{2} + y$, les résultats des deux derniers numéros, combinés avec les intégrales de Méth. 4, N°. 3 et 4, donnent lieu à des intégrales analogues entre les limites 0 et $(a - \frac{1}{2})\pi$, p. e.: Page 283.

5. *De l'intégrale* $\int_0^\infty Sin.\, x \frac{dx}{x}$. Supposons $\infty = k.\frac{\pi}{2} + \varrho$, $\varrho < \pi$, Lim. $k = \infty$, et divisons la distance des limites 0 à ∞ en k parties, dont chacune égale à $\frac{\pi}{2}$:

$$\int_0^\infty Sin.\, x \frac{dx}{x} = \int_0^{\frac{\pi}{2}} Sin.\, x \frac{dx}{x} + \int_{\frac{\pi}{2}}^{\pi} Sin.\, x \frac{dx}{x} + \ldots + \int_{(a-\frac{1}{2})\pi}^{a\pi} Sin.\, x \frac{dx}{x} + \int_{a\pi}^{(a+\frac{1}{2})\pi} Sin.\, x \frac{dx}{x} + \ldots + \int_{k\frac{1}{2}\pi}^{\frac{1}{2}k\pi+\rho} Sin.\, x \frac{dx}{x}.$$

Auprès des intégrales aux limites $(a - \frac{1}{2})\pi$ et $a\pi$, $a\pi$ et $(a + \frac{1}{2})\pi$ employons respectivement

---

$$\int_0^{(2a+\frac{1}{2})\pi} l\,((+ Sin.\, x))\, dx = -(2a + \tfrac{1}{2})\pi\, l\, 2 - (4a+1)\, r\, \pi^2\, i, \ldots\ldots \quad (357)$$

$$\int_0^{(2a+\frac{1}{2})\pi} l\,((- Sin.\, x))\, dx = -(2a + \tfrac{1}{2})\pi\, l\, 2 - \left[(4a+1)\, r - \tfrac{1}{2}\right]\pi^2\, i, \ldots\ldots \quad (358)$$

$$\int_0^{(2a-\frac{1}{2})\pi} l\,((+ Sin.\, x))\, dx = -(2a - \tfrac{1}{2})\pi\, l\, 2 - \left[(4a-1)\, r - \tfrac{1}{2}\right]\pi^2\, i, \ldots\ldots \quad (359)$$

$$\int_0^{(2a-\frac{1}{2})\pi} l\,((- Sin.\, x))\, dx = -(2a - \tfrac{1}{2})\pi\, l\, 2 - (4a-1)\, r\, \pi^2\, i, \ldots\ldots \quad (360)$$

$$\int_0^{(2a+\frac{1}{2})\pi} l\,((+ Cos.\, x))\, dx = -(2a + \tfrac{1}{2})\pi\, l\, 2 + \left[(4a+1)\, r + a\right]\pi^2\, i, \ldots\ldots \quad (361)$$

$$\int_0^{(2a+\frac{1}{2})\pi} l\,((- Cos.\, x))\, dx = -(2a + \tfrac{1}{2})\pi\, l\, 2 + \left[(4a+1)\, r + a + \tfrac{1}{2}\right]\pi^2\, i, \ldots\ldots \quad (362)$$

$$\int_0^{(2a-\frac{1}{2})\pi} l\,((+ Cos.\, x))\, dx = -(2a - \tfrac{1}{2})\pi\, l\, 2 + \left[(4a-1)\, r + a\right]\pi^2\, i, \ldots\ldots \quad (363)$$

$$\int_0^{(2a-\frac{1}{2})\pi} l\,((- Cos.\, x))\, dx = -(2a - \tfrac{1}{2})\pi\, l\, 2 + \left[(4a-1)\, r + a - \tfrac{1}{2}\right]\pi^2\, i, \ldots\ldots \quad (364)$$

$$\int_{\frac{\pi}{2}}^{(2a+\frac{1}{2})\pi} x\, l\,((Sin.\, x))\, dx = -(2a+1)\, a\, \pi^2\, l\, 2 - a\, \pi^3\, i\left[(2a+1)\, 2\, r + \tfrac{1}{4})\right], \ldots\ldots \quad (365)$$

$$\int_{\frac{\pi}{2}}^{(2a-\frac{1}{2})\pi} x\, l\,((Sin.\, x))\, dx = -(2a-1)\, a\, \pi^2\, l\, 2 - \tfrac{1}{4}\pi^3\, i\left[(2a-1)\, 8\, a\, r - 3a + \tfrac{1}{2}\right] \ldots \quad (366)$$

Page 284.

les substitutions $x = a\pi - y$ ($dx = -dy$, $Sin. x = -Cos. a\pi. Sin. y$, $\frac{1}{2}\pi$ et 0 limites de y) et $x = a\pi + y$ ($dx = dy$, $Sin. x = +Cos. a\pi. Sin. y$, 0 et $\frac{1}{2}\pi$ limites de y); nous trouvons:

$$\int_0^\infty Sin. x \frac{dx}{x} = \int_0^{\frac{\pi}{2}} Sin. x \frac{dx}{x} + \int_0^{\frac{\pi}{2}} Sin. x \frac{dx}{\pi - x} - \int_0^{\frac{\pi}{2}} Sin. x \frac{dx}{\pi + x} - \int_0^{\frac{\pi}{2}} Sin. x \frac{dx}{2\pi - x} + \ldots + \int_0^{\rho} Sin. (\tfrac{1}{2}k\pi + x) \frac{dx}{\frac{1}{2}k\pi + x}.$$

Dans la dernière intégrale, — qui est ici une intégrale de correction, lorsqu'on passe à la limite ∞ de k, — le facteur $Sin. (\frac{1}{2}k\pi + x)$ reste toujours fini entre les limites -1 et $+1$; l'autre facteur $\frac{1}{\frac{1}{2}k\pi + x}$ au contraire s'annule pour la limite ∞ de k: donc on peut omettre cette correction. Comme en outre toutes les intégrales ont en commun les limites et le facteur $Sin. x$, on a

(C. P. form. (71)):
$$\int_0^\infty Sin. x \frac{dx}{x} = \int_0^{\frac{\pi}{2}} Sin. x\, dx \left\{\frac{1}{x} + \frac{1}{\pi - x} - \frac{1}{\pi + x} - \frac{1}{2\pi - x} + \ldots\right\} =$$

$$= \int_0^{\frac{\pi}{2}} Sin. x\, dx. Cosec. x = \int_0^{\frac{1}{2}\pi} dx = \frac{1}{2}\pi.$$ (T. 194, N°. 1). [79].

6. Il arrive fréquemment que la distance des limites 0 et ∞ peut être divisée avec avantage en deux parties de 0 à 1 et de 1 à ∞. Ainsi: $\int_0^\infty lx \frac{dx}{1 - x^2} = \int_0^1 lx \frac{dx}{1 - x^2} + \int_1^\infty lx \frac{dx}{1 - x^2}$. Posons dans la dernière $x = \frac{1}{y}$, $dx = -\frac{dy}{y^2}$ avec 1 et 0 comme limites de y, alors:

$\int_1^\infty lx \frac{dx}{1 - x^2} = \int_0^1 lx \frac{dx}{1 - x^2} = -\frac{1}{8}\pi^2$ (T. 187, N°. 3) suivant Méth. 32, N°. 5. Donc aussi

$\int_0^\infty lx \frac{dx}{1 - x^2} = -\frac{1}{4}\pi^2$. (T. 180, N°. 11).

De la même manière $\int_0^\infty (l\,x)^a \frac{dx}{1 + x^2} = \int_0^1 [1 + (-1)^a] (lx)^a \frac{dx}{1 + x^2}$ ou, puisque ici il faut faire distinction entre a pair et impair, à l'aide de Méth. 22, N°. 3:

$$\int_0^\infty (l\,x)^{2a+1} \frac{dx}{1 + x^2} = 0, \quad \int_0^\infty (l\,x)^{2a} \frac{dx}{1 + x^2} = 2 . 1^{2a/1} \sum_0^\infty \frac{(-1)^n}{(2n + 1)^{2a+1}},$$ (T. 180, N°. 3, 4.), [80].

---

[79] Déduite autrement Méth. 17, N°. 3, Méth. 21, N°. 3 et Méth. 34, N°. 1.

[80] La substitution de $x = e^y$ donne:

$$\int_{-\infty}^\infty \frac{x^{2a+1}\, dx}{e^x + e^{-x}} = 0, \ldots (367), \quad \int_{-\infty}^\infty \frac{x^{2a}\, dx}{e^x + e^{-x}} = 2 . 1^{2a/1} \sum_0^\infty \frac{(-1)^n}{(2n + 1)^{2a+1}}; \ldots (368)$$

Page 285.

Encore: $\int_0^\infty l\left(\frac{1+x}{1-x}\right)^2\frac{dx}{x(1+x^2)}=\int_0^1 l\left(\frac{1+x}{1-x}\right)^2\frac{dx}{x(1+x^2)}+\int_0^1 l\left(\frac{1+x}{1-x}\right)^2\frac{xdx}{1+x^2}=\int_0^1 l\left(\frac{1+x}{1-x}\right)^2\frac{dx}{x}=\frac{1}{2}\pi^2,$

(T. 183, N°. 3), d'après Méth. 4, N°. 10. [81]. On voit comment, dans ce dernier cas la transformation simplifie l'intégrale.

7. *De l'intégrale* $\int_0^\infty x^{\frac{2a-1}{2}}e^{-\frac{1+x^2}{2px}}dx$. On peut diviser la distance des limites dans les deux autres 0 à 1 et 1 à ∞, et prendre dans cette dernière $x=\frac{1}{y}$, $dx=\frac{-dy}{y^2}$, $\frac{1+x^2}{2px}=\frac{1+y^2}{2py}$; avec 1 et 0 comme limites de y; donc: $\int_0^\infty x^{\frac{2a-1}{2}}e^{-\frac{1+x^2}{2px}}dx=\int_0^1 e^{-\frac{1+x^2}{2px}}dx\left\{x^{\frac{2a-1}{2}}+\frac{1}{x^{\frac{2a+3}{2}}}\right\}$,

d'où il s'ensuit d'abord que dans l'intégrale primitive a peut devenir négatif. Prenons maintenant $\frac{1+x^2}{2x}=y$, $1+y=\frac{(1+x)^2}{2x}$, $y-1=\frac{(1-x)^2}{2x}$, $\sqrt{x}=\sqrt{\frac{y+1}{2}}-\sqrt{\frac{y-1}{2}}$, $\frac{1}{\sqrt{x}}=\sqrt{\frac{y+1}{2}}+\sqrt{\frac{y-1}{2}}$, $\frac{dx}{x}=\frac{-dy}{\sqrt{(y^2-1)}}$, tandis que les limites de y deviennent ∞ et 1, donc:

$$\int_0^\infty x^{\frac{2a-1}{2}}e^{-\frac{1+x^2}{2px}}dx=\int_1^\infty e^{-\frac{y}{p}}\frac{dy}{\sqrt{(y^2-1)}}\left[\left(\sqrt{\frac{y+1}{2}}-\sqrt{\frac{y-1}{2}}\right)^{2a+1}+\left(\sqrt{\frac{y+1}{2}}+\sqrt{\frac{y-1}{2}}\right)^{2a+3}\right].$$

A présent posons $y=1+z^2$ et développons les puissances des binômes, alors:

$$\int_0^\infty x^{\frac{2a-1}{2}}e^{-\frac{1+x^2}{2px}}dx=\frac{1}{2^{a-\frac{3}{2}}}\int_0^\infty e^{-\frac{1+z^2}{p}}z^{2a}dz\sum_0^a\binom{2a+1}{n}\left(\frac{2+z^2}{z^2}\right)^{a-n}=$$

$$=\frac{1}{2^{a-\frac{3}{2}}}e^{-\frac{1}{p}}\int_0^\infty e^{-\frac{z^2}{p}}dz\sum_0^a\binom{2a+1}{n}(2+z^2)^{a-n}z^{2n}.$$

Dans la dernière intégrale on n'aura après le développement du binôme que des intégrales de la

---

et celle de $x=Tang.\,y$, $\frac{dx}{1+x^2}=dy$ et 0 et $\frac{\pi}{2}$ comme limites de y:

$\int_0^{\frac{\pi}{2}}(l\,Tang.\,x)^{2a+1}dx=0$, $\int_0^{\frac{\pi}{2}}(l\,Tang.\,x)^{2a}dx=2.1^{2a|1}\sum_0^\infty\frac{(-1)^n}{(2n+1)^{2a+1}}$. (T. 333, N°. 14 et 15).

[81] Pour $x=Tang.\,y$ on a: $\int_0^{\frac{\pi}{2}}l\left(\frac{1+Tang.\,y}{1-Tang.\,y}\right)^2\frac{dy}{Tang.\,y}=\frac{1}{2}\pi^2$. (T. 340, N°. 14).

Page 286.

forme: $$\int_0^\infty e^{-\frac{1}{p}z^2} z^{2b}\, dz,$$ évaluées Méth. 3, N°. 7.

Dans les cas de $a = 0$ et de $a = 1$ on trouve:

$$\int_0^\infty e^{-\frac{1+x^2}{2px}} \frac{dx}{\sqrt{x}} = e^{-\frac{1}{p}} \sqrt{2p\pi}, \text{ (T. 140, N°. 5)},$$

$$\int_0^\infty e^{-\frac{1+x^2}{2px}} dx \sqrt{x} = e^{-\frac{1}{p}} \sqrt{2p}\left[\sqrt{\pi} + 2p\tfrac{1}{2}\sqrt{\pi}\right] = (1+p)e^{-\frac{1}{p}}\sqrt{2p\pi}. \text{ (T. 139, N°. 7)}.$$

8. Enfin on trouve déjà dans la Partie Première une application du principe de cette méthode dans les formules (26, 27):

$$\int_{-b}^{b} f(x)\, dx = 0 \quad , \text{ lorsque } f(-x) = -f(x),$$

$$= 2\int_0^b f(x)\, dx \text{ , lorsque } f(-x) = +f(x).$$

Ces formules sont d'un usage très-fréquent. Par exemple, à l'aide de Méth. 3, N°. 7, on trouve:

$$\int_{-\infty}^{\infty} e^{-p^2x^2} x^{2a+1}\, dx = 0, \int_{-\infty}^{\infty} e^{-p^2x^2} x^{2a}\, dx = \frac{1^{a,2}}{(2p)^a}\sqrt{\frac{\pi}{p}}, \text{ (T. 142, N°. 9 et 8)};$$

et par Méth. 4, N°. 7:

$$\int_{-\infty}^{\infty} e^{-p^2x^2}\, dx = \frac{1}{p}\sqrt{\pi}. \text{ (T. 40, N°. 4)}.$$

9. On a:

$$\int_{-\infty}^{\infty} (xi)^{p-1} e^{xi}\, dx = \int_0^\infty (xi)^{p-1} e^{xi}\, dx + \int_{-\infty}^{0} (xi)^{p-1} e^{xi}\, dx = i^{p-1}\int_0^\infty x^{p-1} e^{xi}\, dx + (-i)^{p-1}\int_0^\infty x^{p-1} e^{-xi}\, dx,$$

par la substitution de $x = -y$ dans l'intégrale entre les limites $-\infty$ et 0. Or, on a:

$$\int_0^\infty e^{\pm xi} x^{p-1}\, dx = e^{\pm\frac{1}{2}p\pi i}\,\Gamma(p), \text{ . . (369), [82], donc (C. P. 4.)}:$$

---

[82] Elle suivrait de T. 113, N°. 16, (Méth. 3, N°. 7) quand on y prend $p = 0, q = \mp 1, a = p - 1, (p < 1)$.

Car alors: $$\int_0^\infty e^{\pm xi} x^{p-1}\, dx = \frac{\Gamma(p)}{(\mp i)^p} = e^{\pm\frac{1}{2}p\pi i}\,\Gamma(p),$$ voir (C. P. 4.);

mais la supposition zéro pour p n'y est pas justifiée, et même elle ne serait plus permise, aussitôt que p serait ≥ 1. Or, plus tard, Méth. 18, N°. 6, on trouvera les valeurs de $\int_0^\infty Cos.\, x^{p-1}\, dx$ et de $\int_0^\infty Sin.\, x.\, x^{p-1}\, dx\ (p < 1)$, qui conduisent aussi à l'intégrale (369) sans donner lieu à aucune incertitude.

$$\int_{-\infty}^{\infty}(xi)^{p-1}e^{xi}dx = e^{\frac{1}{2}(p-1)\pi i}e^{\frac{1}{2}p\pi i}\Gamma(p)+e^{\frac{1}{2}(1-p)\pi i}e^{-\frac{1}{2}p\pi i}\Gamma(p)=\Gamma(p)\{e^{(p-\frac{1}{2})\pi i}+e^{(\frac{1}{2}-p)\pi i}\}=2\Gamma(p)Sin.p\pi,$$

(T. 142, N°. 1), et tout de même:

$$\int_{-\infty}^{\infty}(-xi)^{p-1}e^{xi}dx = e^{\frac{1}{2}(1-p)\pi i}e^{\frac{1}{2}p\pi i}\Gamma(p)+e^{\frac{1}{2}(p-1)\pi i}e^{-\frac{1}{2}p\pi i}\Gamma(p) = \Gamma(p)\{e^{\frac{1}{2}\pi i}+e^{-\frac{1}{2}\pi i}\} =$$

$$= \Gamma(p)\,Cos.\tfrac{1}{2}\pi = 0, \text{ (T. 142, N°. 2)},$$

$$\int_{-\infty}^{\infty}(xi)^{p-1}(-xi)^{q-1}e^{xi}dx = e^{\frac{1}{2}(p-1)\pi i}e^{\frac{1}{2}(1-q)\pi i}e^{\frac{1}{2}(p+q-1)\pi i}\Gamma(p+q-1)+$$

$$+e^{\frac{1}{2}(1-p)\pi i}e^{\frac{1}{2}(q-1)\pi i}e^{-\frac{1}{2}(p+q-1)\pi i}\Gamma(p+q-1)=\Gamma(p+q-1)\{e^{(p-\frac{1}{2})\pi i}+e^{(\frac{1}{2}-p)\pi i}\}=2Sin.p\pi.\Gamma(p+q-1),$$

(T. 142, N°. 5); ici l'on a partout $p < 1$.

---

§ 2. MÉTHODE 7. CHANGEMENT DE LA VARIABLE.

1. Quelquefois on peut rendre une intégrale définie plus simple ou la ramener à quelque autre intégrale connue, par un changement convenable de la variable; on a imaginé dans le cours des opérations transformatives plusieurs artifices de calcul de ce genre, que l'on trouvera exposés ici. Les résultats heureux se fondent en général sur la circonstance, que par un tel changement les limites de l'intégrale définie par rapport à la nouvelle variable changent en même temps, mais qu'au contraire, après l'introduction de la nouvelle variable, on peut donner à celle-ci le même nom qu'auparavant, ou, en d'autre mots, que la variable elle-même n'entre en rien dans la valeur de l'intégrale définie. Déjà dans la Méthode précédente nous nous sommes souvent occupés de ces substitutions, et l'on a pu y remarquer tout l'avantage que nous retirons de cette dernière circonstance.

Observons que d'après la Première Partie N°. 25, on ne doit pas perdre de vue les cas de maximum ou de minimum de la nouvelle variable, qui peuvent parfois se présenter, et qui donneraient lieu à des mesures de précaution.

Ces substitutions se divisent convenablement en trois Classes.

Classe I. Où x est égal à une fonction algébrique de y. *Substitutions algébriques.*

Classe II. Où x est égal à une fonction transcendante de y, (e^y, ly, $Sin.y$, $Cos.y$, $Tg.y$). *Substitutions transcendantes explicites.*

Classe III. Où quelque fonction transcendante de x est égale à une fonction transcendante de y. *Substitutions transcendantes implicites.*

Classe I. *Substitutions algébriques.*

2. Dans les intégrales $\int_0^\infty \frac{Cos.px\,dx}{q+x}$ et $\int_0^\infty \frac{Sin.px\,dx}{q+x}$, substituons $q+x=y$, $dx=dy$, avec

q et ∞ comme limites de y; alors on trouve:

$$\int_0^\infty \frac{Cos. px\, dx}{q+x} = \int_q^\infty \frac{Cos. \{p(y-q)\}\, dy}{y} = Cos. pq. \int_q^\infty \frac{Cos. py\, dy}{y} + Sin. pq. \int_q^\infty \frac{Sin. py\, dy}{y} =$$

$$- Cos. pq. Ci.(pq) + Sin. pq. \left\{\frac{\pi}{2} - Si.(pq)\right\},$$ (T. 203, N°. 8),

$$\int_0^\infty \frac{Sin. px\, dx}{q-x} = \int_q^\infty \frac{Sin. \{p(y-q)\}\, dy}{y} = - Sin. p\,q. \int_q^\infty \frac{Cos. py\, dy}{y} + Cos. pq. \int_q^\infty \frac{Sin. py\, dy}{y} =$$

$$= Sin. pq. Ci.(pq) + Cos. pq. \left\{\frac{\pi}{2} - Si.(pq)\right\}.$$ (T. 203, N°. 7). [83].

Dans les intégrales $\int_0^p \frac{x^a\, dx}{\sqrt{(p-x)}}$ et* $\int_0^p \frac{x^a\, dx}{\sqrt{x(p-x)}}$ posons $x = y^2$, $dx = 2y\, dy$, avec 0 et $\sqrt{p}$ pour les limites de y; on a par l'intermédiaire des intégrales dernières du N°. 3, Méth. 3, en y prenant $\sqrt{p}$ au lieu de p:

$$\int_0^p \frac{x^a\, dx}{\sqrt{(p-x)}} = 2\int_0^{\sqrt{p}} \frac{y^{2a+1}\, dy}{\sqrt{(p-y^2)}} = \frac{1^{a/1}}{3^{a/2}} 2^{a+1} p^a \sqrt{p}, \quad \ldots\ldots\ldots (371)$$

$$\int_0^p \frac{x^a\, dx}{\sqrt{x(p-x)}} = 2\int_0^{\sqrt{p}} \frac{y^{2a}\, dy}{\sqrt{(p-y^2)}} = \frac{1^{a|2}}{1^{a|1}} \left(\frac{p}{2}\right)^a \pi.$$ (T. 34, N°. 15).

Pour les intégrales $\int_0^1 \frac{1-\sqrt{x}}{1-x} dx$ et $\int_0^1 \frac{x^{-\frac{1}{2}}-1}{1-x} dx$ la même substitution donne:

---

[83] Comme on a par définition:

$$\int_q^\infty \frac{Cos. x\, dx}{x} = - Ci.(q),$$ (T. 254, N°. 5), $$\int_0^q \frac{Sin. x\, dx}{x} = Si.(q),$$ (T. 251, N°. 3),

la substitution de $x = py$, $q = pq$ donne:

$$\int_q^\infty \frac{Cos. px\, dx}{x} = - Ci.(pq),$$ (T. 254, N°. 7), $$\int_0^q \frac{Sin. px\, dx}{x} = Si.(pq).$$ (T. 251, N°. 4).

Mais comme on vient de trouver, Méth. 6. N°. 5, $\int_0^\infty \frac{Sin. px\, dx}{x} = \frac{\pi}{2}$, il s'ensuit:

$$\int_q^\infty \frac{Sin. px\, dx}{x} = \frac{\pi}{2} - Si.(pq), \quad \ldots\ldots\ldots\ldots (370)$$

{pour $p = 1$, (T. 254, N°. 4)}; et voilà les intégrales employées dans le texte.

$$\int_0^1 \frac{1-\sqrt{x}}{1-x}dx = 2 - 2\,l\,2,\ldots (372), \qquad \int_0^1 \frac{x^{-\frac{1}{2}}-1}{1-x}dx = 2\,l\,2. \text{ (T. 15, N°. 5).}$$

Dans l'intégrale $\int_0^\infty \frac{dx}{(p+q\,x)^{b+\frac{1}{2}}}$ mettons $p+qx=y^2$, d'où $q\,dx = 2\,y\,dy$, et $\sqrt{p}$ et ∞ pour les limites de y, donc:

$$\int_0^\infty \frac{dx}{(p+qx)^{b+\frac{1}{2}}} = \frac{1}{q}\int_{\sqrt{p}}^\infty \frac{2y\,dy}{y^{2b+1}} = \frac{2}{q}\frac{-1}{2b-1}\int_{\sqrt{p}}^\infty d.\,y^{1-2b} = \frac{-2}{q(2b-1)}\{0-p^{\frac{1}{2}-b}\} = \frac{2}{(2b-1)\,qp^{b-\frac{1}{2}}}.\ (373)$$

3. Dans *l'intégrale* $\int_{-1}^{+1} \frac{dx}{\sqrt{(1-2px+p^2)}}$ substituons $1-2px+p^2 = y^2$, alors $-2p\,dx = 2y\,dy$.

Quant aux limites de y, on trouve pour elles $\pm\sqrt{(1-p)^2}$ et $\pm\sqrt{(1+p)^2}$; la dernière est toujours $1+p$, mais la première est ici $1-p$ ou $p-1$, selon que p est plus petit ou plus grand que l'unité, puisque y ne saurait devenir négatif: car pour la valeur maximum $+1$ de x, la valeur minimum de y^2 est $(1-p)^2$, toujours positive et jamais zéro, de sorte que y ne peut s'annuler pas d'avantage. Donc:

$$\int_{-1}^{+1} \frac{dx}{\sqrt{(1-2px+p^2)}} = \frac{-1}{p}\int_{1+p}^{1-p}\frac{y\,dy}{y} = \frac{1}{p}\int_{1-p}^{1+p} dy = \frac{1}{p}\{(1+p)-(1-p)\} = 2\,,\, p<1,$$

$$\text{ou} = \frac{-1}{p}\int_{p+1}^{p-1}\frac{y\,dy}{y} = \frac{1}{p}\int_{p-1}^{p+1} dy = \frac{1}{p}\{(p+1)-(p-1)\} = \frac{2}{p},\ p>1. \text{ (T. 17, N°. 7, 8). [84].}$$

Au moyen de la même substitution on trouve, puisque $1-2\,q\,x+q^2 = \frac{1}{p}\{(p-q)(1-pq)+qy^2\}$:

$$\int_{-1}^{+1}\frac{dx}{\sqrt{\{(1-2px+p^2)(1-2qx+q^2)\}}} = \frac{1}{p}\int_{1+p}^{\sqrt{(1-p)^2}}\frac{-y\,dy}{\frac{y}{\sqrt{p}}\sqrt{\{(p-q)(1-pq)+qy^2\}}} = \frac{1}{\sqrt{p}}\int_{\sqrt{(1-p)^2}}^{1+p}\frac{dy}{\sqrt{\{(p-q)(1-pq)+qy^2\}}} =$$

$$= \frac{1}{\sqrt{pq}}\int_{\sqrt{(1-p)^2}}^{1+p} dl\left[\sqrt{\{(p-q)(1-pq)+qy^2\}}+y\sqrt{q}\right] = \frac{1}{\sqrt{pq}}\,l\,\frac{(1+q)\sqrt{p}+(1+p)\sqrt{q}}{\sqrt{(1-q)^2}\sqrt{p}+\sqrt{(1-p)^2}\sqrt{q}}.$$

Or, ici il ne faut pas seulement distinguer les cas où p est $\gtrless 1$, mais aussi ceux, où q est $\gtrless 1$, comme on pourrait déjà le conclure de la symétrie de l'intégrale par rapport à p et q. Donc on trouve:

---

[84] La différentiation par rapport à p donne:

$$\int_{-1}^{+1}\frac{x-p}{\sqrt{(1-2px+p^2)^3}}dx = 0, (p<1), = \frac{-2}{p^2}, (p<1). \text{ (T. 17, N°. 9, 10).}$$

Page 290.

$$\int_{-1}^{+1}\frac{dx}{\sqrt{\{(1-2px+p^2)(1-2qx+q^2)\}}}=\frac{1}{\sqrt{pq}}\,l\,\frac{(1+q)\sqrt{p}+(1+p)\sqrt{q}}{(1-q)\sqrt{p}+(1-p)\sqrt{q}}=\frac{1}{\sqrt{pq}}\,l\,\frac{1+\sqrt{pq}}{1-\sqrt{pq}},(p<1,q<1),$$

$$=\frac{1}{\sqrt{pq}}\,l\frac{(1+q)\sqrt{p}+(1+p)\sqrt{q}}{(1-q)\sqrt{p}+(p-1)\sqrt{q}}=\frac{1}{\sqrt{pq}}\,l\frac{\sqrt{p}+\sqrt{q}}{\sqrt{p}-\sqrt{q}},(q<1<p),=\frac{1}{\sqrt{pq}}\,l\frac{(1+q)\sqrt{p}+(1+p)\sqrt{q}}{(q-1)\sqrt{p}+(1-p)\sqrt{q}}=$$

$$=\frac{1}{\sqrt{pq}}\,l\,\frac{\sqrt{q}+\sqrt{p}}{\sqrt{q}-\sqrt{p}},(p<1<q),=\frac{1}{\sqrt{pq}}\,l\,\frac{(1+q)\sqrt{p}+(1+p)\sqrt{q}}{(q-1)\sqrt{p}+(p-1)\sqrt{q}}=\frac{1}{\sqrt{pq}}\,l\,\frac{\sqrt{pq}+1}{\sqrt{pq}-1},(p>1,q>1).$$

(T. 17, N°. 14, 15, 16, 17). Dans les valeurs extrêmes on a divisé le numérateur et le dénominateur par le facteur commun $\sqrt{p}+\sqrt{q}$, dans les valeurs moyennes par le facteur commun $1+\sqrt{pq}$.

4. La substitution $x^2=\dfrac{y^2}{1-y^2}$ donne $1+x^2=\dfrac{1}{1-y^2}$, $2x\,dx=\dfrac{2y\,dy}{(1-y^2)^2}$, $\dfrac{dx}{1+x^2}=\dfrac{dy}{\sqrt{(1-y^2)}}$. Aux limites 0 et ∞ de x correspondent les limites 0 et 1 de y, tandis qu'il n'y a aucun maximum ou minimum de y entre ces limites. Au moyen de ces données on reduit les intégrales suivantes :

$$\int_0^\infty l\,\frac{Cos.^2\lambda+x^2}{Cos.^2\mu+x^2}\,\frac{dx}{1+x^2}=\int_0^1 l\,\frac{Cos.^2\lambda+y^2\,Sin.^2\lambda}{Cos.^2\mu+y^2\,Sin.^2\mu}\,\frac{dy}{\sqrt{(1-y^2)}}=2\pi\,l\,(Cos.\tfrac{1}{2}\lambda.\ Sec.\tfrac{1}{2}\mu),\ \text{(T. 181, 14)},$$

(voir Méth. 10, N°. 12), [85];

$$\int_0^\infty l\,\frac{x^2}{1+x^2}\,\frac{x\,dx}{1+x^2}=2\int_0^1 ly\,\frac{y\,dy}{1-y^2}=-\frac{1}{12}\pi^2\ ,\ (374),\ \text{(voir Méth. 4, N°. 9), [86]};$$

$$\int_0^\infty l\,\frac{\sqrt{(1+x^2)}+p}{\sqrt{(1+x^2)}-p}\,\frac{dx}{\sqrt{(1+x^2)}}=\int_0^1 l\,\frac{1+p\sqrt{(1-y^2)}}{1-p\sqrt{(1-y^2)}}\,\frac{dy}{1-y^2}=\pi\,Arcsin.p,\ \text{(T. 186, N°. 2)},$$

(voir Méth. 34, N°. 5);

---

[85] Car de Méth. 10, N°. 12, on tire:

$$\int_0^1 l\,\frac{1+x^2\,Tg.^2\lambda}{1+x^2\,Tg.^2\mu}\,\frac{dx}{\sqrt{(1-x^2)}}=\pi l\,\frac{1+\sqrt{(1+Tg.^2\lambda)}}{1+\sqrt{(1+Tg.^2\mu)}}=\pi l\left\{\frac{Cos.\mu}{Cos.\lambda}\cdot\frac{1+Cos.\lambda}{1+Cos.\mu}\right\}=$$

$$=\pi l\left\{\frac{Cos.\mu}{Cos.\lambda}\cdot\frac{2\,Cos.^2\frac{1}{2}\lambda}{2\,Cos.^2\frac{1}{2}\mu}\right\};\text{donc:}\int_0^1 l\,\frac{Cos.^2\lambda+x^2\,Sin.^2\lambda}{Cos.^2\mu+x^2\,Sin.^2\mu}\,\frac{dx}{\sqrt{(1-x^2)}}=2\pi l\frac{Cos.\frac{1}{2}\lambda}{Cos.\frac{1}{2}\mu}.\ \text{(T. 166, N°. 4)}.$$

[86] La substitution $x=\dfrac{1}{y}$ donne:

$$\int_0^\infty l(1+x^2)\,\frac{dx}{x(1+x^2)}=\frac{1}{12}\pi^2.\ \text{(T. 184, N°. 14)}.$$

$$\int_0^\infty l\frac{x^2}{1+x^2}\frac{x^2\,dx}{(1+x^2)^2}=2\int_0^1 ly\frac{y^2\,dy}{\sqrt{(1-y^2)}}=-\frac{\pi}{2}(l2-\tfrac{1}{2})\text{ , (375), (voir Méth. 44, N°. 4). [87].}$$

5. Dans *l'intégrale* $I=\int_0^1\frac{x^{p-q-1}\,dx}{(1-x^p)^{\frac{p-q}{p}}}$ posons $1-x^p=y^p, x^p=1-y^p, +px^{p-1}\,dx=-py^{p-1}dy$; alors les limites de y deviennent 1 et 0, et l'on a : $I=\int_0^1\frac{y^{q-1}\,dy}{(1-y^p)^{\frac{q}{p}}}$. Encore supposons $\frac{x^p}{1-x^p}=z^p$, $x^p=\frac{z^p}{1+z^p}, \frac{p\,dx}{x}=p\frac{dz}{z}-\frac{pz^{p-1}\,dz}{1+z^p}, \frac{dx}{x}=\frac{dz}{z(1+z^p)}$, avec les limites 0 et ∞ de z; les deux formes précédentes de I deviennent: $I=\int_0^\infty\frac{z^{p-q-1}\,dz}{1+z^p}$ et $I=\int_0^\infty\frac{z^{q-1}\,dz}{1+z^p}$; intégrale qui a été evaluée Méth. 1, N°. 29. Donc on a:

$$\int_0^1\frac{x^{p-q-1}\,dx}{(1-x^p)^{\frac{p-q}{p}}}\text{, (T. 14, N°. 1),}=\int_0^1\frac{x^{q-1}\,dx}{(1-x^p)^{\frac{q}{p}}}\text{, (T. 14, N°. 2),}=\int_0^\infty\frac{x^{p-q-1}\,dx}{1+x^p}\text{, (T. 20, N°. 3),}=$$

$$=\int_0^\infty\frac{x^{q-1}\,dx}{1+x^p}=\frac{\pi}{p\,Sin.\frac{q\pi}{p}}.$$ Pour $q=1$ on trouve:

$$\int_0^1\frac{x^{p-2}\,dx}{\sqrt[p]{(1-x^p)^{p-1}}}\text{ , (376), }=\int_0^1\frac{dx}{\sqrt[p]{(1-x^p)}}\text{, (T. 14, N°. 4), }=\int_0^\infty\frac{x^{p-2}\,dx}{1+x^p}\text{, (377), }=$$

$$=\int_0^\infty\frac{dx}{1+x^p},\ \ldots\ (378),\ =\frac{\pi}{p}\,Cosec.\,\frac{\pi}{p}.\ [88].$$

---

[87] Par la substitution de $x=\frac{1}{y}$ on trouve:

$$\int_0^\infty l(1+x^2)\frac{dx}{(1+x^2)^2}=\frac{\pi}{2}(l\,2-\tfrac{1}{2}).\text{ (T. 182, N°. 12).}$$

[88] On en déduit pour $p=2, 3, 4, 6$: $\int_0^1\frac{dx}{\sqrt{(1-x^2)}}=\int_0^\infty\frac{dx}{1+x^2}=\frac{\pi}{2}$, intégrales déjà connues,

$$\int_0^1\frac{x\,dx}{\sqrt[3]{(1-x^3)^2}}\text{,(379),}=\int_0^1\frac{dx}{\sqrt[3]{(1-x^3)}}\text{,(380),}=\int_0^\infty\frac{x\,dx}{1+x^3}=\int_0^\infty\frac{dx}{1+x^3}\text{,(T.19,N°.11et10),}=\frac{2\pi}{3\sqrt{3}},$$

$$\int_0^1\frac{x^2\,dx}{\sqrt[4]{(1-x^4)^3}}\text{,(381),}=\int_0^1\frac{dx}{\sqrt[4]{(1-x^4)}}\text{,(382),}=\int_0^\infty\frac{x^2\,dx}{1+x^4}=\int_0^\infty\frac{dx}{1+x^4}\text{,(T.19,N°.14et13),}=\frac{\pi}{2\sqrt{2}},$$

$$\int_0^1\frac{x^4\,dx}{\sqrt[6]{(1-x^4)^5}}\text{,(383),}=\int_0^1\frac{dx}{\sqrt[6]{(1-x^6)}}\text{,(384),}=\int_0^\infty\frac{x^4\,dx}{1+x^6}=\int_0^\infty\frac{dx}{1+x^6}\text{,(T.19,N°.17et15),}=\frac{\pi}{3}.$$

Page 292.

La supposition $x^q = y^p$ donne encore:

$$\int_0^1 \frac{x^{\frac{q}{p}-1}\,dx}{\sqrt[p]{(1-x^q)}} = \frac{p}{q}\int_0^1 \frac{dy}{\sqrt[p]{(1-y^p)}} = \frac{\pi}{q}\,Cosec.\frac{\pi}{p} \quad \ldots\ldots\ldots\ldots (385)$$

6. La substitution $x - \frac{1}{x} = y$ donne $dy = \left(1+\frac{1}{x^2}\right)dx = \left(x+\frac{1}{x}\right)\frac{dx}{x}$, et $x^2 + \frac{1}{x^2} = \left(x - \frac{1}{x}\right)^2 + 2 = y^2 + 2$; aux limites 1 et ∞ de x correspondent 0 et ∞ pour y. Par conséquent on a: $\int_1^\infty \frac{\left(x-\frac{1}{x}\right)^p}{\left(x^2+\frac{1}{x^2}\right)^q}\left(x+\frac{1}{x}\right)\frac{dx}{x} = \int_0^\infty \frac{y^p\,dy}{(y^2+2)^q}$. Posons $y^2 = 2z$, $dy = \frac{dz}{\sqrt{2z}}$, avec les mêmes limites pour z, alors:

$$\int_1^\infty \frac{\left(x-\frac{1}{x}\right)^p}{\left(x^2+\frac{1}{x^2}\right)^q}\left(x+\frac{1}{x}\right)\frac{dx}{x} = 2^{\frac{1}{2}p-q-\frac{1}{2}}\int_0^\infty \frac{z^{\frac{1}{2}(p-1)}\,dz}{(1+z)^q} = 2^{\frac{1}{2}p-q-\frac{1}{2}}\frac{\Gamma\left(\frac{p+1}{2}\right)\Gamma\left(q-\frac{p+1}{2}\right)}{\Gamma(q)},$$

(T. 32, N°. 12), par l'intermédiaire de Méth. 4, N°. 6. Prenons encore $x = \frac{1}{y}$, et nous aurons:

$$\int_0^1 \frac{\left(x-\frac{1}{x}\right)^p}{\left(x^2+\frac{1}{x^2}\right)^q}\left(x+\frac{1}{x}\right)\frac{dx}{x} = 2^{\frac{1}{2}p-q-\frac{1}{2}}\,Cos.\,p\pi\,\frac{\Gamma\left(\frac{p+1}{2}\right)\Gamma\left(q-\frac{p+1}{2}\right)}{\Gamma(q)}, \quad \ldots (386)$$

puisque $(-1)^p = Cos.\,p\pi$. La somme nous en donne la même fonction intégrée entre les limites 0 et ∞: or, $1 + Cos.\,p\pi = 2\,Cos.^2\,\frac{1}{2}p\pi$, donc:

$$\int_0^\infty \frac{\left(x-\frac{1}{x}\right)^p}{\left(x^2+\frac{1}{x^2}\right)^q}\left(x+\frac{1}{x}\right)\frac{dx}{x} = 2^{\frac{1}{2}p-q+\frac{1}{2}}\,Cos.^2\,\tfrac{1}{2}p\pi\,\frac{\Gamma\left(\frac{p+1}{2}\right)\Gamma\left(q-\frac{p+1}{2}\right)}{\Gamma(q)}. \text{ [89]}.(387)$$

7. De *l'intégrale* $\int_0^\infty \frac{dx}{(1+px^2)\sqrt[3]{(1+9px^2)}}$. Substituons $x\sqrt{3p} = \frac{1-y}{1+y}$, $1+x\sqrt{3p} = \frac{2}{1+y}$,

---

[89] On en tire encore:

$$\int_0^\infty \frac{x^p\,dx}{(x^2+2)^q} = 2^{\frac{1}{2}p-q-\frac{1}{2}}\frac{\Gamma\left(\frac{p+1}{2}\right)\Gamma\left(q-\frac{p+1}{2}\right)}{\Gamma(q)}. \text{ (T. 27, N°. 12).}$$

Page 293.

$dx\sqrt{3p} = \dfrac{-2\,dy}{(1+y)^2}$, avec 1 et -1 comme limites de y. Bien que y acquière un maximum pour $x=\infty$ et pour $x=-\dfrac{1}{\sqrt{3p}}$, nous ne nous en occuperons pas, puisque ces valeurs tombent hors les limites 0 et ∞ de x. On a encore: $1+9px^2 = 4\dfrac{1+y^3}{(1+y)^3}$, $1+px^2 = \dfrac{4}{3}\dfrac{1-y^3}{(1+y)^2(1-y)}$; donc pour notre intégrale $2^{-\frac{5}{3}}\sqrt{\dfrac{3}{p}}\displaystyle\int_{-1}^{+1}\dfrac{1-y^2}{1-y^3}\dfrac{dy}{\sqrt[3]{(1+y^3)}}$. La fraction $\dfrac{1-y^2}{1-y^3}$ a une valeur déterminée, mais quand on la sépare en deux parties, aux numérateurs 1 et $-y^2$ respectivement, celles-ci deviennent infinies pour la limite $+1$ de y. Changeons donc provisoirement les limites en $-1+\delta$ et $1-\delta$, où maintenant le cas de discontinuité est exclus; séparons la fraction en deux parties aux numérateurs 1 et y^2; supposons dans la première $\dfrac{y}{\sqrt[3]{(1+y^3)}} = \dfrac{t}{\sqrt[3]{2}}$ et dans la seconde $\dfrac{1}{\sqrt[3]{(1+y^3)}} = \dfrac{u}{\sqrt[3]{2}}$; on trouve respectivement $\dfrac{1}{\sqrt[3]{2}}\displaystyle\int\dfrac{dt}{1-t^3}$ et $\dfrac{-1}{\sqrt[3]{2}}\displaystyle\int\dfrac{du}{1-u^3}$. Les limites en sont respectivement $\dfrac{-(1-\delta)\sqrt[3]{2}}{\sqrt[3]{(3\delta-3\delta^2+\delta^3)}}$ et $\dfrac{(1-\delta)\sqrt[3]{2}}{\sqrt[3]{(2-3\delta+3\delta^2-\delta^3)}}$, $\dfrac{\sqrt[3]{2}}{\sqrt[3]{(3\delta-3\delta^2+\delta^3)}}$ et $\dfrac{\sqrt[3]{2}}{\sqrt[3]{(2-3\delta+3\delta^2-\delta^3)}}$, ou quand on passe à la limite zéro de δ, afin de retourner à l'intégrale primitive, $-\infty$ et 1, ∞ et 1. On a donc:

$$\int_0^\infty \frac{dx}{(1+px^2)\sqrt[3]{(1+9px^2)}} = 2^{-\frac{5}{3}}\sqrt{\frac{3}{p}}\,\frac{1}{\sqrt[3]{2}}\left\{\int_{-\infty}^1\frac{ds}{1-t^3}+\int_\infty^1\frac{-du}{1-u^3}\right\} =$$

$$= \frac{1}{4}\sqrt{\frac{3}{p}}\int_{-\infty}^\infty\frac{dx}{1-x^3} = \frac{1}{4}\sqrt{\frac{3}{p}}\left\{\int_0^\infty\frac{dx}{1-x^3}+\int_{-\infty}^0\frac{dx}{1-x^3}\right\}.$$

La première de ces intégrales a été évaluée Méth. 2, N°. 4; dans la seconde mettons $x=-y$, elle devient $\displaystyle\int_0^\infty\frac{dy}{1+y^3}$, évaluée au N°. avant-dernier. Donc enfin:

$$\int_0^\infty\frac{dx}{(1+px^2)\sqrt[3]{(1+9px^2)}} = \frac{1}{4}\sqrt{\frac{3}{p}}\left\{\frac{\pi}{3\sqrt{3}}+\frac{2\pi}{3\sqrt{3}}\right\} = \frac{\pi}{4\sqrt{p}}.\quad \text{(T. 28, N°. 11).}$$

8. Soit *l'intégrale* $\displaystyle\int_0^\infty\frac{dx\sqrt{(1+x^4)}}{1-x^4}$. Prenons $x=\dfrac{\sqrt{(1+y^2)}+\sqrt{(1-y^2)}}{y\sqrt{2}}$, alors

$$dx = -\frac{\sqrt{(1-y^2)}+\sqrt{(1+y^2)}}{y^2\sqrt{\{2(1-y^4)\}}}dy = \frac{-x\,dy}{y\sqrt{(1-y^4)}},\ x^2=\frac{1+\sqrt{(1-y^4)}}{y^2},\ 1+x^2=\frac{x\sqrt{\{2(1+y^2)\}}}{y},$$

$$1-x^2=\frac{-x\sqrt{\{2(1-y^2)\}}}{y},\ 1-x^4=\frac{-2x^2\sqrt{(1-y^2)}}{y^2},\ 1+x^4=\frac{1}{2}\{(1+x^2)^2+(1-x^2)^2\}=\frac{2x^2}{y^2}.$$

Mais cette substitution suppose $y \leqq 1$, puisque autrement $\sqrt{(1-y^2)}$ deviendrait imaginaire: pour $y=1$ on a $x=1$, et il faut diviser notre intégrale en deux autres $\int_0^1 \frac{dx\sqrt{(1+x^4)}}{1-x^4}+\int_1^\infty \frac{dx\sqrt{(1+x^4)}}{1-x^4}$.

C'est pour la dernière de ces intégrales que vaut la substitution mentionnée, où encore les limites de y sont respectivement 1 et 0; elle devient dès-lors: $\int_1^0 \frac{-x\,dy}{y\sqrt{(1-y^4)}}\,\frac{x\sqrt{2}}{y}\,\frac{y^2}{-2x^2\sqrt{(1-y^4)}}=\frac{-1}{\sqrt{2}}\int_0^1 \frac{dy}{1-y^4}$.

Pour la première il faut prendre au contraire $x=\frac{\sqrt{(y^2+1)}-\sqrt{(y^2-1)}}{\sqrt{2}}$, d'où $dx=\frac{-xy\,dy}{\sqrt{(y^4-1)}}$, $1+x^2=x\sqrt{\{2(y^2+1)\}}$, $1-x^2=x\sqrt{\{2(y^2-1)\}}$, $1-x^4=2x^2\sqrt{(y^4-1)}$, $1+x^4=2x^2y^2$. Il résulte des valeurs de $1+x^2$, $1-x^2$, qu'à la valeur zéro de x correspond une valeur ∞ de y, tandis que pour $x=1$ on trouve encore $y=1$: donc notre première intégrale devient: $\int_\infty^1 \frac{-xy\,dy}{\sqrt{(y^4-1)}}\,xy\sqrt{2}\,\frac{1}{2x^2\sqrt{(y^4-1)}}=\frac{1}{\sqrt{2}}\int_1^\infty \frac{y^2\,dy}{y^4-1}=\frac{1}{\sqrt{2}}\int_0^1 \frac{dz}{1-z^4}$, lorsqu'on y suppose $y=\frac{1}{z}$.

Comme par conséquent ces intégrales partielles sont égales, mais de signes contraires, on trouve:

$$\int_0^\infty \frac{dx\sqrt{(1+x^4)}}{1-x^4}=0.\ [90]. \quad \ldots\ldots \quad (388)$$

9. *Exercices.* Dans $\int_0^1 \frac{x^{p-1}dx}{(1+x)^{2p}}$ soit $x=\frac{1-\sqrt{y}}{1+\sqrt{y}}$, $1+x=\frac{2}{1+\sqrt{y}}$, $dx=\frac{-dy}{(1+\sqrt{y})^2\sqrt{y}}$, avec 1 et 0 comme limites de y; alors $\int_0^1 \frac{x^{p-1}dx}{(1+x)^{2p}}=\frac{1}{2^{2p}}\int_0^1 (1-y)^{p-1}y^{-\frac{1}{2}}dy=\frac{1}{2^{2p}}\frac{\Gamma(p)\sqrt{\pi}}{\Gamma(p+\frac{1}{2})}$.

(T. 4, N°. 3). [91].

Lorsque dans $\int_0^\infty \left[1-\frac{ax^2+c}{\sqrt{\{a^2x^4+2(ac-2b^2)x^2+c^2\}}}\right]\frac{dx}{x}$ on prend $ax^2+c=y$, $2ax\,dx=dy$, avec les limites c et ∞ de y, on trouve:

---

[90] Voyez sur la première substitution de ce N°.: EULER Instit. Calc. Intégr. Vol. IV. Suppl. I. § 57—61. Il s'étonne lui-même de cet artifice „a scopo prorsus aliena visa": mais il lui échappe, que cet artifice se confond avec la „methodus prorsus planior" des § 62, 63, puisqu'elles donnent toutes les deux: $\frac{1+x^4}{x^2}=2y^2$.

[91] Car dans l'intégrale T. 1, N°. 8, (Méth. 4, N°. 6, Note) prenez $q=\frac{1}{2}$, alors, puisque $\Gamma(\frac{1}{2})=\sqrt{\pi}$, on a:

$$\int_0^1 (1-x)^{r-1}\frac{dx}{\sqrt{x}}=\frac{\Gamma(r)}{\Gamma(r+\frac{1}{2})}\sqrt{\pi}. \quad \ldots\ldots \quad (389)$$

$$\int_0^\infty \left[1-\frac{ax^2+c}{\sqrt{\{a^2x^4+2(ac-2b^2)x^2+c^2\}}}\right]\frac{dx}{x}=l\frac{ac-b^2}{ac}. \text{ (T. 28, N°. 13).}$$

Dans $I=\int_0^p \frac{2x^2-b^2-p^2}{\sqrt{[(b^2+p^2-x^2)\{b^2p^2-(b^2+p^2)x^2+x^4\}]}}dx$, soit $x^2=p^2(1-y)$,

et vous aurez : $I=\int_0^1 \frac{p^2-b^2-2p^2y}{\sqrt{[(b^2+p^2y)(b^2-p^2+p^2y)y(1-y)]}}dy$: prenez $2p^2y+b^2-p^2=2pz$,

alors $I=\int_{\frac{b^2-p^2}{2p}}^{\frac{b^2+p^2}{2p}} \frac{-2z\,dz}{\sqrt{\left[\left\{\frac{(b^2+p^2)^2}{4p^2}-z^2\right\}\left\{z^2-\frac{(b^2-p^2)^2}{4p^2}\right\}\right]}}$; soit encore $z^2-\frac{(b^2-p^2)^2}{4p^2}=b^2v^2$,

alors $I=\int_0^1 \frac{-dv}{\sqrt{(1-v^2)}}=-\frac{\pi}{2}$. (T. 34, N°. 19).

Classe II. *Substitutions transcendantes explicites.*

10. On a $\int_0^1 \frac{x^{p+q}\pm x^{p-q}}{1\pm x^{2p}}\frac{dx}{x}=\int_0^1 \frac{x^q\pm x^{-q}}{x^{-p}\pm x^p}\frac{dx}{x}$. Pour $x^p=y$ et $q=pr$ elles deviennent $\frac{1}{p}\int_0^1 \frac{y^r\pm y^{-r}}{y^{-1}\pm y}\frac{dy}{y}=\frac{1}{p}\int_0^1\frac{y^r\pm y^{-r}}{1\pm y^2}dy$. Prenons $y=e^{-\pi z}$, $dy=-\pi e^{-\pi z}dz$, avec les limites ∞ et 0 de z, alors la transformation donne: $\frac{\pi}{p}\int_0^\infty \frac{e^{-r\pi z}\pm e^{r\pi z}}{e^{\pi z}\pm e^{-\pi z}}dz$, intégrales que l'on trouvera déduites Méth. 22, N°. 14. Donc il est:

$$\int_0^1 \frac{x^r+x^{-r}}{1+x^2}dx=\frac{\pi}{2}Sec.\tfrac{1}{2}r\pi,\int_0^1\frac{x^r-x^{-r}}{1-x^2}dx=-\frac{\pi}{2}Tg.\tfrac{1}{2}r\pi,\text{[92]},\int_0^1\frac{x^{p+q}+x^{p-q}}{1+x^{2p}}\frac{dx}{x}=\frac{\pi}{2p}Sec.\frac{q\pi}{2p},$$

$$\int_0^1 \frac{x^{p+q}-x^{p-q}}{1-x^{2p}}\frac{dx}{x}=-\frac{\pi}{2p}Tang.\frac{q\pi}{2p}. \text{ (T. 5, N°. 11, 13, 17, 18).}$$

11. Dans l'intégrale $\int_0^\infty \frac{dx}{e^{px}+e^{-px}}$ prenons $e^{-px}=y$, $-pe^{-px}dx=dy$; les limites de y

[92] Voyez en outre Méth. 27, N°. 3.

Page 296.

seront 1 et 0, et $\int_0^\infty \frac{dx}{e^{px}+e^{-px}} = \int_1^0 \frac{-dx}{px}\frac{1}{x+\frac{1}{x}} = \frac{1}{p}\int_0^1 \frac{dx}{1+x^2} = \frac{\pi}{4p}$, (T. 38, N°. 8), suivant Méth. 1, N°. 3.

Lorsque p est imaginaire de la forme $p+qi$, on peut agir comme suit. La substitution $e^{(p+qi)x} = y$ donne $\int_0^\infty \frac{dx}{e^{(p+qi)x}+e^{-(p+qi)x}} = \int_0^\infty \frac{e^{(p+qi)x}\,dx}{1+e^{(p+qi)2x}} = \frac{1}{p+qi}\int_{x=0}^{x=\infty} \frac{dy}{1+y^2} =$

$$= \frac{1}{p+qi}\int_{x=0}^{x=\infty} d.\,Arctg.\,y = \frac{1}{p+qi}\left\{Arctg.\,(e^{(p+qi)x})\right\}_0^\infty$$

Or, à l'aide de C. P. 24 et 51, $Arctg.(e^{(p+qi)x}) = r\pi + Arctg.\gamma + \frac{1}{4}il\frac{1+2\,e^{px}\,Sin.\,qx+e^{2px}}{1-2\,e^{px}\,Sin.\,qx+e^{2px}}$, où $\gamma = \frac{e^{px}+e^{-px}+\sqrt{\{e^{2px}+2\,Cos.\,2\,qx+e^{-2px}\}}}{2\,Cos.\,qx}$. Pour les limites 0 et ∞ de x, l'*Arctg.* devient $\frac{\pi}{4}$ et $\frac{\pi}{2}$, et le logarithme s'annule dans les deux cas; donc $Arctg.\,(e^{(p+qi)x})\Big\}_0^\infty = r\pi$ $+\frac{\pi}{2}+0-\left(r\pi+\frac{\pi}{4}+0\right) = \frac{\pi}{2}$ et

$$\int_0^\infty \frac{dx}{e^{(p+qi)x}+e^{-(p+qi)x}} = \frac{1}{p+qi}\,\frac{\pi}{4} \;\ldots\ldots\; (390)$$

$$= \frac{1}{2}\int_0^\infty \frac{dx}{Cos.\{(q-pi)x\}} \;..\; (391), = \int_0^\infty \frac{dx}{(e^{px}+e^{-px})\,Cos.\,qx+(e^{px}-e^{-px})\,i\,Sin.\,qx} \;..\; (392)$$

par le calcul des exponentielles imaginaires.

12. Dans les intégrales $\int_0^\infty \frac{e^{-px}\,dx}{q\pm x}$ substituez $e^{-px}=y$, $-px = ly$, $-p\,dx = \frac{dy}{y}$, alors $\int_0^\infty \frac{e^{-px}\,dx}{q\pm x} = \int_0^1 \frac{dy}{pq\mp ly} = \int_0^1 \frac{dy}{\mp l.\,ye^{\mp pq}} = \mp e^{\pm pq}\int_0^1 \frac{d.\,ye^{\mp pq}}{l\,ye^{\mp pq}} = \mp e^{\pm pq}\int_0^{e^{\mp pq}} \frac{dz}{lz}$ par la substitution $ye^{\mp pq} = z$; mais cette dernière intégrale est par définition $li.\,(e^{\mp pq})$, donc: $\int_0^\infty \frac{e^{-px}\,dx}{q+x} = -e^{pq}\,li.(e^{-pq})$, $\int_0^\infty \frac{e^{-px}\,dx}{q-x} = e^{-pq}\,li.\,(e^{pq})$. (T. 129, N°. 3, 9). Leur combinaison par voie d'addition et de soustraction donne encore:

$$\int_0^\infty \frac{e^{-px}\,dx}{q^2-x^2} = \frac{1}{2q}\left\{e^{-pq}\,li.\,(e^{pq})-e^{pq}\,li.\,(e^{-pq})\right\}, \int_0^\infty \frac{e^{-px}\,x\,dx}{q^2-x^2} = \frac{1}{2}\left\{e^{-pq}\,li.\,(e^{pq})+e^{pq}\,li.\,(e^{-pq})\right\}.$$

(T. 130, N°. 10, 12).

13. Pour $x = p\,Sin.y$, $dx = p\,Cos.y\,dy$, $p^2 - x^2 = p^2\,Cos.^2 y$, on trouve: $\int_0^p \frac{dx}{\sqrt{(p^2-x^2)(q^2-x^2)}} =$

$$= \int_0^{\frac{\pi}{2}} \frac{p\,Cos.y\,dy}{p\,Cos.y.\sqrt{(q^2-p^2\,Sin.^2 y)}} = \int_0^{\frac{\pi}{2}} \frac{dy}{q\sqrt{\left(1-\frac{p^2}{q^2}Sin.^2 y\right)}} = \frac{1}{q}F'\left(\frac{p}{q}\right),$$ (T. 34, N°. 12), par définition. De même: $\int_0^p \frac{x^2\,dx}{\sqrt{(p^2-x^2)(q^2-x^2)}} = q^2\int_0^p \frac{dx}{\sqrt{(p^2-x^2)(q^2-x^2)}} - \int_0^p dx\sqrt{\frac{q^2-x^2}{p^2-x^2}} =$

$$= q^2.\frac{1}{q}F'\left(\frac{p}{q}\right) - \int_0^{\frac{\pi}{2}} p\,Cos.y\,dy\,\frac{\sqrt{(q^2-p^2\,Sin.^2 y)}}{p\,Cos.y} = q\,F'\left(\frac{p}{q}\right) - q\int_0^{\frac{\pi}{2}} dy\sqrt{\left(1-\frac{p^2}{q^2}Sin.^2 y\right)} =$$

$$= q\left[F'\left(\frac{p}{q}\right) - E'\left(\frac{p}{q}\right)\right],$$ (T. 34, N°. 13), par définition. Il va sans dire que p doit être plus petit que q, afin que la fonction $q^2 - x^2$ sous le signe du radical reste constamment positive. De la même manière on trouve encore:

$$\int_0^p \frac{x^4\,dx}{\sqrt{(p^2-x^2)(q^2-x^2)}} = q\frac{2q^2+p^2}{3}F'\left(\frac{p}{q}\right) - 2q\frac{p^2+q^2}{3}E'\left(\frac{p}{q}\right).$$ (T. 34, N°. 14). (voir Méth. 3, N°. 11).

14. Dans *l'intégrale* $\int_0^1 \frac{dx}{\sqrt{(1-x^4)}}$ prenons $x = Cos.y$, $\frac{dx}{\sqrt{(1-x^2)}} = -dy$, donc $\int_0^1 \frac{dx}{\sqrt{(1-x^4)}} =$

$$= \int_0^{\frac{\pi}{2}} \frac{dx}{\sqrt{(1+Cos.^2 x)}} = \int_0^{\frac{\pi}{2}} \frac{dx}{\sqrt{(2-Sin.^2 x)}} = \frac{1}{\sqrt{2}}\int_0^{\frac{\pi}{2}} \frac{dx}{\sqrt{(1-\frac{1}{2}Sin.^2 x)}} = \frac{1}{\sqrt{2}}F'(\sqrt{\tfrac{1}{2}}) = \frac{1}{\sqrt{2}}F'\left(Sin.\frac{\pi}{4}\right).$$

(T. 13, N°. 6). [93]. Mais lorsqu'on prend $x = Tang.y$ dans l'intégrale primitive, on a $\frac{dx}{1+x^2} = dy$, avec les limites 0 et $\frac{\pi}{4}$ pour y: donc $\int_0^1 \frac{dx}{\sqrt{(1-x^4)}} = \int_0^{\frac{\pi}{4}} dy\sqrt{\frac{Sec.^2 y}{1-Tg.^2 y}} = \int_0^{\frac{\pi}{4}} \frac{dx}{\sqrt{Cos.2x}} =$

$$= \frac{1}{2}\int_0^{\frac{\pi}{2}} \frac{dx}{\sqrt{Cos.x}} = \frac{1}{\sqrt{2}}F'\left(Sin.\frac{\pi}{4}\right),$$ (T. 73, N°. 3), où l'on a pris $2x = y$.

---

[93] On en tire $\int_0^{\frac{\pi}{2}} \frac{dx}{\sqrt{(1+Cos.^2 x)}}$, (393), $= \frac{1}{\sqrt{2}}F'\left(Sin.\frac{\pi}{4}\right) = \int_0^{\frac{\pi}{2}} \frac{dy}{\sqrt{(1+Sin.^2 y)}}$, (T. 75, N°. 1), par la substitution $x = \frac{\pi}{2} - y$.

Page 298.

15. De *l'intégrale* $\int_p^q \frac{dx}{\sqrt{(x^2-p^2)(q^2-x^2)}}$. Supposons $\frac{q^2-x^2}{x^2-p^2} = Tang.^2\, y$, $x^2 = q^2\, Cos.^2\, y + p^2\, Sin.^2\, y = q^2 - (q^2-p^2)\, Sin.^2\, y$, $q^2-x^2 = (q^2-p^2)\, Sin.^2\, y$, $x^2-p^2 = (q^2-p^2)\, Cos.^2\, y$, $2\,x\,dx = (p^2-q^2)\, 2\, Sin.\, y.\, Cos.\, y\, dy$, tandis que les limites de y sont ici $\frac{\pi}{2}$ et 0; par suite:

$$\int_p^q \frac{dx}{\sqrt{(x^2-p^2)(q^2-x^2)}} = \int_0^{\frac{\pi}{2}} \frac{dy}{\sqrt{\{q^2-(q^2-p^2)\, Sin.^2\, y\}}} = \frac{1}{q}\int_0^{\frac{\pi}{2}} \frac{dy}{\sqrt{\left\{1-\frac{q^2-p^2}{q^2}\, Sin.^2\, y\right\}}} =$$

$$= \frac{1}{q}\, \mathrm{F}'\left\{\sqrt{\frac{q^2-p^2}{q^2}}\right\}.$$ (T. 35, N°. 8). De même encore: $\int_p^q \frac{x^2\, dx}{\sqrt{(x^2-p^2)(q^2-x^2)}} =$

$$= q^2\int_p^q \frac{dx}{\sqrt{(x^2-p^2)(q^2-x^2)}} - \int_p^q dx\sqrt{\frac{q^2-x^2}{x^2-p^2}} = q^2\frac{1}{q}\mathrm{F}'\left\{\sqrt{\frac{q^2-p^2}{q^2}}\right\} - \int_0^{\frac{\pi}{2}} \frac{(q^2-p^2)\, Sin.^2\, y\, dy}{\sqrt{\{q^2-(q^2-p^2) Sin.^2 y\}}} =$$

$$= q\,\mathrm{F}'\left\{\sqrt{\frac{q^2-p^2}{q^2}}\right\} - q^2\int_0^{\frac{\pi}{2}} \frac{dx}{\sqrt{\{q^2-(q^2-p^2)\, Sin.^2\, y\}}} + \int_0^{\frac{\pi}{2}} dy\sqrt{\{q^2-(q^2-p^2)\, Sin.^2\, y\}} =$$

$$= q\,\mathrm{F}'\left\{\sqrt{\frac{q^2-p^2}{q^2}}\right\} - q^2\frac{1}{q}\,\mathrm{F}'\left\{\sqrt{\frac{q^2-p^2}{q^2}}\right\} + q\,\mathrm{E}'\left\{\sqrt{\frac{q^2-p^2}{q^2}}\right\} = q\,\mathrm{E}'\left\{\sqrt{\frac{q^2-p^2}{q^2}}\right\}.$$ (T. 35, N°. 9).

Les mêmes considérations donnent encore à l'aide de Méth. 3, N°. 11:

$$\int_p^q \frac{x^4\, dx}{\sqrt{(x^2-p^2)(q^2-x^2)}} = 2q\frac{p^2+q^2}{3}\mathrm{E}'\left(\sqrt{\frac{q^2-p^2}{p^2}}\right) - \frac{p^2 q}{3}\,\mathrm{F}'\left\{\sqrt{\frac{q^2-p^2}{q^2}}\right\}.$$ (T. 35, N°. 10).

16. Pour *l'intégrale* $\int_p^q \frac{lx\, dx}{\sqrt{(x^2-p^2)(q^2-x^2)}}$ il faut prendre $x^2 = \frac{p^2\, q^2}{q^2\, Cos.^2\, y + p^2\, Sin.^2\, y}$, d'où

$$x^2-p^2 = \frac{(q^2-p^2)\, p^2\, Sin.^2 y}{q^2-(q^2-p^2) Sin.^2 y},\; q^2-x^2 = \frac{(q^2-p^2)\, q^2\, Cos.^2 y}{q^2-(q^2-p^2) Sin.^2 y},\; 2x\, dx = p^2 q^2 \frac{(q^2-p^2) 2 Sin. y. Cos. y\, dy}{\{q^2-(q^2-p^2) Sin.^2 y\}^2}.$$

De plus pour $x = p$, on a $Sin.\, y = 0$, $y = 0$, et pour $x = q$ on a $Cos.\, y = 0$, $y = \frac{\pi}{2}$; donc on trouve pour notre intégrale: $\int_0^{\frac{\pi}{2}} \frac{lpq - \frac{1}{2}\, l\, \{q^2-(q^2-p^2)\, Sin.^2\, y\}}{\sqrt{\{q^2-(q^2-p^2)\, Sin.^2\, y\}}}\, dy$, ou quand $q^2-p^2 = r^2\, q^2$:

$$\frac{1}{q}\int_0^{\frac{\pi}{2}} \frac{lp - \frac{1}{2}\, l\, (1-r^2\, Sin.^2\, y)}{\sqrt{(1-r^2\, Sin.^2\, y)}}\, dy = \frac{1}{q}\, lp\int_0^{\frac{\pi}{2}} \frac{dy}{\sqrt{(1-r^2\, Sin.^2\, y)}} - \frac{1}{2q}\int_0^{\frac{\pi}{2}} \frac{l\,(1-r^2\, Sin.^2\, y)\, dy}{\sqrt{(1-r^2\, Sin.^2\, y)}}.$$ Or,

comme la première intégrale est $\mathrm{F}'(x)$ et que la seconde sera évaluée Méth. 17, N°. 16, on a enfin:

Page 299.

$$\int_p^q \frac{lx\,dx}{\sqrt{(x^2-p^2)(q^2-x^2)}} = \frac{1}{q} lp.\mathrm{F}'(r) - \frac{1}{2q}\frac{1}{2}\mathrm{F}'(r).l(1-r^2) = \frac{1}{2q} lpq.\mathrm{F}'\left\{\sqrt{\frac{q^2-p^2}{q^2}}\right\}. \text{ (T. 189, N°. 18).}$$

17. Des *intégrales* $\mathrm{I}_1 = \int_0^1 \frac{dx \sqrt[3]{x}}{\sqrt{(1-x^2)}}, \mathrm{I}_2 = \int_0^1 \frac{dx}{\sqrt{(1-x^2)}\sqrt[3]{x}}$. Soit $x^2 = (1-y^2)^3$, $\frac{dx}{\sqrt[3]{x}} = -3y\,dy$, $dx\sqrt[3]{x} = -3y(1-y^2)\,dy$, $1-x^2 = y^2(3-3y^2+y^4)$, avec 1 et 0 comme limites de y; on a $\mathrm{I}_1 = 3\int_0^1 \frac{1-y^2}{\sqrt{(3-3y^2+y^4)}}dy$, $\mathrm{I}_2 = 3\int_0^1 \frac{dy}{\sqrt{(3-3y^2+y^4)}}$. Prenons maintenant $3-3y^2+y^4 = 3\left(\frac{16z^4+1}{16z^2}\right)^2$, d'où $y^2 = \frac{\sqrt{3}}{z^2}\left(z^2+\frac{2+\sqrt{3}}{4}\right)\left(z^2-\frac{2-\sqrt{3}}{4}\right)$, $2y\,dy = dz\sqrt{3}.\frac{16z^4+1}{8z^3}$, $2z^2\sqrt{3} = y - \frac{3}{2} + \sqrt{(3-3y^2+y^4)}$. Aux valeurs 0 et 1 de y correspondent les équations $2z^2\sqrt{3} = -\frac{3}{2}+\sqrt{3}$, $2z^2\sqrt{3} = -\frac{1}{2}+1$, d'où $z^2 = \frac{2-\sqrt{3}}{4}$ et $z^2 = \frac{1}{4\sqrt{3}}$ respectivement. Dès-lors

$$\mathrm{I}_1 = \frac{3\sqrt{3}}{\sqrt[4]{3}} \int_{\sqrt{\frac{2-\sqrt{3}}{4}}}^{\frac{1}{2\sqrt[4]{3}}} \frac{-\frac{1}{2\sqrt{3}} - z^2 + \frac{1}{16z^2}}{\sqrt{\left(z^2+\frac{2+\sqrt{3}}{4}\right)\left(z^2-\frac{2-\sqrt{3}}{4}\right)}}dz,$$

$$\mathrm{I}_2 = \frac{3}{\sqrt[4]{3}} \int_{\sqrt{\frac{2-\sqrt{3}}{4}}}^{\frac{1}{2\sqrt[4]{3}}} \frac{dz}{\sqrt{\left(z^2+\frac{2+\sqrt{3}}{4}\right)\left(z^2-\frac{2-\sqrt{3}}{4}\right)}}.$$

A présent supposons $z^2\,Cos.^2\varphi = \frac{2-\sqrt{3}}{4}$, $z^2 - \frac{2-\sqrt{3}}{4} = z^2\,Sin.^2\varphi$, $z^2+\frac{2+\sqrt{3}}{4} = 1+z^2\,Sin.^2\varphi = \left(1-\frac{2+\sqrt{3}}{4}Sin.^2\varphi\right)Sec.^2\varphi$, $dz = \frac{2\,Sin.\varphi\,d\varphi}{Cos.\varphi}$. La valeur $\sqrt{\frac{2-\sqrt{3}}{4}}$ de z donne $Cos.^2\varphi = 1$, $\varphi = 0$; la valeur $\frac{1}{2\sqrt[4]{3}}$ de z au contraire $Cos.^2\varphi = 2\sqrt{3}-3$, $\varphi = Arccos.\sqrt{(2\sqrt{3}-3)}$. En substituant ces résultats on aurait dans la valeur de I_1 un terme au facteur $Sec.^2\varphi$: pour nous en débarrasser, (ce qui est nécessaire afin que nous ayons une intégrale toujours palpablement finie), retournons vers son expression en y; ôtons-en un terme $-3\int_0^1 dy$, puis introduisons la substitution de z; alors:

$$\mathrm{I}_1 = -3\int_0^1 dy + 3\int_0^1 \frac{(1-y^2)+\sqrt{(3-3y^2+y^4)}}{\sqrt{(3-3y^2+y^4)}}dy = -3 + \frac{3\sqrt{3}}{\sqrt[4]{3}} \int_{\sqrt{\frac{2-\sqrt{3}}{4}}}^{\frac{1}{2\sqrt[4]{3}}} \frac{-\frac{1}{2\sqrt{3}}+\frac{1}{8}z^2}{\sqrt{\left(z^2+\frac{2+\sqrt{3}}{4}\right)\left(z^2-\frac{2-\sqrt{3}}{4}\right)}}$$

Substituons à présent la variable φ dans les deux intégrales, il vient:

$$I_1 = -3 + \frac{3\sqrt{3}}{\sqrt[4]{3}} \int_0^{Arccos.\sqrt{(2\sqrt{3}-3)}} \frac{2\left(1-\frac{2+\sqrt{2}}{4}Sin.^2\varphi\right)-\left(\frac{1}{2\sqrt{3}}+\frac{2-\sqrt{3}}{2}\right)}{\sqrt{\left(1-\frac{2+\sqrt{3}}{4}Sin.^2\varphi\right)}}d\varphi,$$

$$I_2 = \frac{3}{\sqrt[4]{3}} \int_0^{Arccos.\sqrt{(2\sqrt{3}-3)}} \frac{d\varphi}{\sqrt{\left(1-\frac{2+\sqrt{3}}{4}Sin.^2\varphi\right)}},$$ ou comme $\frac{2+\sqrt{3}}{4} = Cos.^2\frac{\pi}{12}$, enfin:

$$I_1 = -3 + \frac{6\sqrt{3}}{\sqrt[4]{3}} E\left\{Cos.\frac{\pi}{12}, Arccos.\sqrt{(2\sqrt{3}-3)}\right\} + \frac{3-3\sqrt{3}}{\sqrt[4]{3}} F\left\{Cos.\frac{\pi}{12}, Arccos.\sqrt{(2\sqrt{3}-3)}\right\} =$$

$$= \frac{2\sqrt{3}}{\sqrt[4]{3}} E'\left(Cos.\frac{\pi}{12}\right) + \frac{1-\sqrt{3}}{\sqrt[4]{3}} F'\left(Cos.\frac{\pi}{12}\right),$$ (T. 12, N°. 15),

$$I_2 = \frac{3}{\sqrt[4]{3}} F\left\{Cos.\frac{\pi}{12}, Arccos.\sqrt{(2\sqrt{3}-3)}\right\} = \frac{1}{\sqrt[4]{3}} F'\left(Cos.\frac{\pi}{12}\right).$$ (T. 15, N°. 12). [94].

Les intégrales analogues $I_3 = \int_0^1 \frac{dx\sqrt[3]{x^2}}{\sqrt{(1-x^2)}}$, $I_4 = \int_0^1 \frac{dx}{\sqrt{(1-x^2)}\sqrt[3]{x^2}}$, nécessitent une autre transformation. Supposons-y: $x^2 = \frac{1}{(1+y^2)^3}$, d'où $\frac{dx}{\sqrt[3]{x^2}} = -3xydy, dx\sqrt[3]{x^2} = \frac{-3xy\,dy}{(1+y^2)^2}$, $1-x^2 = \frac{3+3y^2+y^4}{(1+y^2)^3}y^2$, avec ∞ et 0 comme limites de y. Mais ainsi il y a une circonstance gênante, analogue à ce qui arrivait auprès de I_1: car I_3 acquiert un facteur $(1+y^2)^2$ dans le dénominateur; pour le chasser, transformons I_3 comme suit. On a identiquement:

---

[94] En égard aux formules:

$$F\{p, Arccos.\sqrt{(2\sqrt{3}-3)}\} = \frac{1}{3}F'(p), E\{p, Arccos.\sqrt{(2\sqrt{3}-3)}\} = \frac{1}{3}E'(p) + \frac{1}{2\sqrt[4]{3}},$$

que l'on trouve chez Legendre, Exercices de Calcul Intégral T. 1. Partie 1, N°. 24. On tire encore de la discussion:

$$\frac{1}{3}(I_2 - I_1) = \int_0^1 \frac{y^2\,dy}{\sqrt{(3-3y^2+y^4)}} = \frac{\sqrt{3}}{3\sqrt[4]{3}}\left\{F'\left(Cos.\frac{\pi}{12}\right) - 2E'\left(Cos.\frac{\pi}{12}\right)\right\}, \;.\;.\;(394)$$

$$\frac{1}{3}I_1 = \int_0^1 \frac{dy}{\sqrt{(3-3y^2+y^4)}} = \frac{1}{3\sqrt[4]{3}}F'\left(Cos.\frac{\pi}{12}\right) \;.\;.\;.\;.\;.\;.\;.\;.\;.\;.\;.\;.\;.\;.\;.\;.\;.\;.\;(395)$$

Page 301.

$$d.\frac{\sqrt{(1-x^2)}}{\sqrt[3]{x^2}} = \frac{-dx}{x\sqrt{(1-x^2)}\sqrt[3]{x^2}}\left\{x^2+\frac{1}{3}(1-x^2)\right\} = \frac{-dx}{3x\sqrt{(1-x^2)}\sqrt[3]{x}} - \frac{2\,dx\sqrt[3]{x^2}}{3\sqrt{(1-x^2)}};$$ donc

$$I_3 = -\frac{3}{2}\frac{\sqrt{(1-x^2)}}{\sqrt[3]{x^2}}\Bigg\}_0^1 - \frac{1}{2}\int_0^1\frac{dx}{x\sqrt{(1-x^2)}\sqrt[3]{x}};$$ et enfin comme $\frac{dx}{x\sqrt[3]{x}} = -3y\,dy\sqrt[3]{x}$:

$$I_3 = -\frac{3}{2}\frac{\sqrt{(3+3y^2+y^4)}-(1+y^2)}{1+y^2}y\Bigg\}_0^\infty + \frac{3}{2}\int_0^\infty\left\{1-\frac{1+y^2}{\sqrt{(3+3y^2+y^4)}}\right\}dy,\ I_4 = 3\int^\infty\frac{dy}{\sqrt{(3+3y^2+y^4)}}.$$

Pour $y=0$ le terme intégré s'annule: pour en avoir la valeur dans le cas de $y=\infty$, posons $1+y^2=z$, alors ce terme devient $-\frac{3}{2}\frac{\sqrt{(z^3-1)}-z\sqrt{(z-1)}}{z} = -\frac{3}{2}\left\{\sqrt{\left(z-\frac{1}{z^2}\right)}-\sqrt{(z-1)}\right\}$,

donc nul pour z infini; par suite ce terme s'évanouit. Soit maintenant $3+3y^2+y^4 = 3\left(\frac{16z^4+1}{16z^2}\right)^2$, d'où

$$y^2 = \frac{\sqrt{3}}{z^2}\left(z^2+\frac{2-\sqrt{3}}{4}\right)\left(z^2-\frac{2+\sqrt{3}}{4}\right),\ 2y\,dy = dz\sqrt{3}\frac{16z^4+2}{8z^3},\ 2z^2\sqrt{3} = y^2+\frac{3}{2}+\sqrt{(3+3y^2+y^4)}.$$

Pour $y=0$ on a $2z^2\sqrt{3} = \frac{3}{2}+\sqrt{3}$, $z^2 = \frac{2+\sqrt{3}}{4}$; pour $y=\infty$ on a $z=\infty$, donc:

$$I_3 = \frac{3}{2\sqrt[4]{3}}\int_{\sqrt{\frac{2+\sqrt{3}}{4}}}^\infty\frac{\frac{1}{2}+\frac{\sqrt{3}}{8z^2}}{\sqrt{\left(z^2+\frac{2-\sqrt{3}}{4}\right)\left(z^2-\frac{2+\sqrt{3}}{4}\right)}},\ I_4 = \frac{3}{\sqrt[4]{3}}\int_{\sqrt{\frac{2+\sqrt{3}}{4}}}^\infty\frac{dz}{\sqrt{\left(z^2+\frac{2-\sqrt{3}}{4}\right)\left(z^2-\frac{2+\sqrt{3}}{4}\right)}}.$$

A présent supposons $z^2\,Cos.^2\varphi = \frac{2+\sqrt{3}}{4}$, d'où $z^2-\frac{2+\sqrt{3}}{4} = z^2\,Sin.^2\varphi$, $z^2+\frac{2-\sqrt{3}}{4} =$

$= 1+z^2\,Sin.^2\varphi = \left(1-\frac{2-\sqrt{3}}{4}Sin.^2\varphi\right)Sec.^2\varphi$, $dz = \frac{2\,Sin.\varphi\,d\varphi}{Cos.\varphi}$. Aux valeurs limites de z correspondent les valeurs $Cos.^2\varphi = 1$, $Cos.^2\varphi = 0$, ou $\varphi = 0$, $\varphi = \frac{\pi}{2}$; donc, puisque $\frac{2-\sqrt{3}}{4} = Sin.^2\frac{\pi}{12}$:

$$I_3 = \frac{3}{2\sqrt[4]{3}}\int_0^{\frac{\pi}{2}}\frac{2\sqrt{3}\left(1-\frac{2-\sqrt{3}}{4}Sin.^2\varphi\right)-(1+\sqrt{3})}{\sqrt{\left(1-\frac{2-\sqrt{3}}{4}Sin.^2\varphi\right)}}d\varphi = \frac{3\sqrt{3}}{\sqrt[4]{3}}E'\left(Sin.\frac{\pi}{12}\right) - \frac{3+3\sqrt{3}}{2\sqrt[4]{3}}F'\left(Sin.\frac{\pi}{12}\right).$$

(T. 12, N°. 16).
Page 302.

$$I_4 = \frac{3}{\sqrt[4]{3}} \int_0^{\frac{\pi}{2}} \frac{d\varphi}{\sqrt{\left(1 - \frac{2-\sqrt{3}}{4} Sin.^2 \varphi\right)}} = \frac{3}{\sqrt[4]{3}} F'\left(Sin. \frac{\pi}{12}\right).$$ (T. 15, N°. 11). [95].

18. *Exercices.* Pour $x = Sin. y$ on a: $\int_0^1 \frac{dx}{(1+q^2x^2)\sqrt{(1-x^2)}} = \int_0^{\frac{\pi}{2}} \frac{dy}{1+q^2 Sin.^2 y} = \frac{\pi}{2\sqrt{(1+q^2)}}$, . (398) suivant N°. 20, formule 406.

Classe III. *Substitutions transcendantes implicites.*

19. On a par la division de la distance des limites: $I = \int_\alpha^{\pi-\alpha} \frac{dx}{\sqrt{(Sin. x - Sin. \alpha)}} =$
$= \int_\alpha^{\frac{\pi}{2}} \frac{dx}{\sqrt{(Sin. x - Sin. \alpha)}} + \int_{\frac{\pi}{2}}^{\pi-\alpha} \frac{dx}{\sqrt{(Sin. x - Sin. \alpha)}} = 2\int_\alpha^{\frac{\pi}{2}} \frac{dx}{\sqrt{(Sin. x - Sin. \alpha)}}$, puisque pour $x = \pi - y$ la dernière intégrale du second membre devient égale à celle qui précède. Sup-

[95] Ces transformations donnent encore lieu aux intégrales suivantes:

$$\frac{1}{3} I_4 = \int_0^\infty \frac{dy}{\sqrt{(3+3y^2+y^4)}} = \frac{1}{\sqrt[4]{3}} F'\left(Sin. \frac{\pi}{12}\right), \quad \ldots \quad (396)$$

$$\frac{1}{3} I_3 = \int_0^\infty \frac{dy}{(1+y^2)^2 \sqrt{(3+3y^2+y^4)}} = \frac{\sqrt{3}}{\sqrt[4]{3}} E'\left(Sin. \frac{\pi}{12}\right) - \frac{1+\sqrt{3}}{2\sqrt[4]{3}} F'\left(Sin. \frac{\pi}{12}\right). \quad (397)$$

Lorsque dans les intégrales I_1, I_2, I_3, I_4 on suppose $x = Sin. y$ ou $x = Cos. y$, on obtient:

$$\int_0^{\frac{\pi}{2}} dx \sqrt[3]{Sin. x} = \frac{2\sqrt{3}}{\sqrt[4]{3}} E'\left(Cos. \frac{\pi}{12}\right) + \frac{1-\sqrt{3}}{\sqrt[4]{3}} F'\left(Cos. \frac{\pi}{12}\right) = \int_0^{\frac{\pi}{2}} dx \sqrt[3]{Cos. x},$$ (T. 72, N°. 20, 22),

$$\int_0^{\frac{\pi}{2}} \frac{dx}{\sqrt[3]{Sin. x}} = \frac{1}{\sqrt[4]{3}} F'\left(Cos. \frac{\pi}{12}\right) = \int_0^{\frac{\pi}{2}} \frac{dx}{\sqrt[3]{Cos. x}},$$ (T. 73, N°. 7, 9),

$$\int_0^{\frac{\pi}{2}} dx \sqrt[3]{Sin.^2 x} = \frac{3\sqrt{3}}{\sqrt[4]{3}} E'\left(Sin. \frac{\pi}{12}\right) - \frac{3+3\sqrt{3}}{2\sqrt[4]{3}} F'\left(Sin. \frac{\pi}{12}\right) = \int_0^{\frac{\pi}{2}} dx \sqrt[3]{Cos.^2 x},$$ (T. 72, N°. 21, 23),

$$\int_0^{\frac{\pi}{2}} \frac{dx}{\sqrt[3]{Sin.^2 x}} = \frac{3}{\sqrt[4]{3}} F'\left(Sin. \frac{\pi}{12}\right) = \int_0^{\frac{\pi}{2}} \frac{dx}{\sqrt[3]{Cos.^2 x}}.$$ (T. 73, N°. 8, 10).

Page 303.

posons ensuite $Sin.\,x = y\,Sin.\,\alpha$, $dx = \dfrac{Sin.\,\alpha\,dy}{\sqrt{(1-y^2\,Sin.^2\,\alpha)}}$ d'où 1 et $Cosec.\,\alpha$ pour les limites de y; nous aurons: $I = 2\displaystyle\int_1^{Cosec.\alpha}\dfrac{dy\sqrt{Sin.\,\alpha}}{\sqrt{\{(y-1)(1-y^2\,Sin.^2\,\alpha)\}}}$. Soit maintenant $y-1 = z^2$, $dy = 2z\,dz$, avec 0 et $\sqrt{(Cosec.\,\alpha-1)}$ comme limites de z, alors: $I = 2\sqrt{Sin.\,\alpha}.\displaystyle\int_0^{\sqrt{(Cosec.\alpha-1)}}\dfrac{2z\,dz}{z\sqrt{\{1+(1+z^2)Sin.\alpha\}\{1-(1+z^2)Sin.\alpha\}}} =$

$$= \frac{4}{\sqrt{Sin.\,\alpha}}\int_0^{\sqrt{(Cosec.\alpha-1)}}\frac{dz}{\sqrt{\left(\dfrac{1+Sin.\,\alpha}{Sin.\,\alpha}+z^2\right)\left(\dfrac{1-Sin.\,\alpha}{Sin.\,\alpha}-z^2\right)}}.$$ Posons $z^2 = \dfrac{1-Sin.\,\alpha}{Sin.\,\alpha}v^2$, $dz = dv\sqrt{\dfrac{1-Sin.\,\alpha}{Sin.\,\alpha}}$,

alors les limites de v sont 0 et 1, et par conséquent:

$$I = \frac{4\sqrt{(1-Sin.\,\alpha)}}{Sin.\,\alpha}\int_0^1\frac{dv}{\sqrt{\left[\dfrac{1+Sin.\,\alpha}{Sin.\,\alpha}\,\dfrac{1-Sin.\,\alpha}{Sin.\,\alpha}\left(1+\dfrac{1-Sin.\,\alpha}{1+Sin.\,\alpha}v^2\right)(1-v^2)\right]}} =$$

$$= \frac{2\sqrt{2}}{Cos.\left(\dfrac{\pi-2\alpha}{4}\right)}\int_0^1\frac{dv}{\sqrt{\left[(1-v^2)\left\{1+v^2\,Tang.^2\left(\dfrac{\pi-2\alpha}{4}\right)\right\}\right]}},$$ où l'on a employé les relations identiques $1+Sin.\,\alpha = 2^2\,Cos.^2\left(\dfrac{\pi-2\alpha}{4}\right)$, $\dfrac{1-Sin.\,\alpha}{1+Sin.\,\alpha} = Tang.^2\left(\dfrac{\pi-2\alpha}{4}\right)$. Substituons enfin $v = Cos.\,\varphi$, $dv = -Sin.\,\varphi\,d\varphi$ avec les limites $\dfrac{\pi}{2}$ et 0 pour φ, alors $1+v^2\,Tang.^2\left(\dfrac{\pi-2\alpha}{4}\right) = Sec.^2\dfrac{\pi-2\alpha}{4}\left\{1-Sin.^2\left(\dfrac{\pi-2\alpha}{4}\right).Sin.^2\varphi\right\}$, et:

$$I = 2\sqrt{2}\int_0^{\frac{\pi}{2}}\frac{d\varphi}{\sqrt{\left\{1-Sin.^2\left(\dfrac{\pi-2\alpha}{4}\right).Sin.^2\varphi\right\}}} = 2\sqrt{2}.F'\left(Sin.\frac{\pi-2\alpha}{4}\right). \text{ [96] } \ldots\ldots (399)$$

---

[96] On en tire encore:

$$\int_\alpha^{\frac{\pi}{2}}\frac{dx}{\sqrt{(Sin.\,x-Sin.\,\alpha)}} = \sqrt{2}.F'\left(Sin.\frac{\pi-2\alpha}{4}\right), \ldots\ldots (400)$$

$$\int_1^{Cosec.\,\alpha}\frac{dy}{\sqrt{(y-1)(1-y^2\,Sin.^2\,\alpha)}} = \sqrt{\frac{2}{Sin.\,\alpha}}.F'\left(Sin.\frac{\pi-2\alpha}{4}\right), \ldots (401)$$

$$\int_0^1\frac{dx}{\sqrt{(1-x^2)(1-p^2+p^2x^2)}} = F'(p) \ldots\ldots (402)$$

20. La substitution de *Tang.* $x = y$ donne $dx = \frac{dy}{1+y^2}$, $Cos.^2 x = \frac{1}{1+y^2}$, $Sin.^2 x = \frac{1+y^2}{y^2}$, tandis qu'aux limites 0 et $\frac{\pi}{2}$ de x correspondent les limites 0 et ∞ de y. Ainsi l'on a:

$$\int_0^{\frac{\pi}{2}} \frac{dx}{p^2\, Cos.^2 x + q^2\, Sin.^2 x} = \int_0^{\infty} \frac{dy}{p^2 + q^2 x^2} = \frac{\pi}{2pq},$$ (T. 66, N°. 18), d'après Méth. 1. N°. 8. [97].

Encore, à l'aide des intégrales de Méth. 18, N°. 10 et 11:

$$\int_0^{\frac{\pi}{2}} Cos.\, px.\, Cos.^{p-2} x.\, Cot.^q x\, dx = \int_0^{\infty} \frac{Cos.\,(p\, Arctg.\, y)}{(1+y^2)^{\frac{1}{2}p}} \frac{dy}{y^q} = \frac{\Gamma(p+q-1)}{\Gamma(p)\,\Gamma(q)} \frac{\pi}{2\, Cos.\, \frac{1}{2} q\pi}, 1 > q > 0;$$

(T. 63, N°. 10),

$$\int_0^{\frac{\pi}{2}} Sin.\, px.\, Cos.^{p-2} x.\, Cot.^q x\, dx = \int_0^{\infty} \frac{Sin.\,(p\, Arctg.\, y)}{(1+y^2)^{\frac{1}{2}p}} \frac{dy}{y^q} = \frac{\Gamma(p+q-1)}{\Gamma(p)\,\Gamma(q)} \frac{\pi}{2\, Sin.\, \frac{1}{2}\pi q}, 2 > q > 0;$$ [98],

(T. 63, N°. 9),

---

[97] On en déduit: $\int_0^{\frac{\pi}{2}} \frac{Sin.^2 x\, dx}{p^2\, Cos.^2 x + q^2\, Sin.^2 x} = \frac{1}{p^2-q^2} \int_0^{\frac{\pi}{2}} dx \left\{ \frac{p^2}{p^2\, Cos.^2 x + q^2\, Sin.^2 x} - 1 \right\} =$

$$= \frac{1}{p^2-q^2} \left(\frac{p^2 \pi}{2pq} - \frac{\pi}{2} \right) = \frac{\pi}{2q} \frac{p-q}{p^2-q^2} = \frac{\pi}{2q(p+q)}, \quad \ldots\ldots (403)$$

et de la même manière:

$$\int_0^{\frac{\pi}{2}} \frac{Cos.^2 x\, dx}{p^2\, Cos.^2 x + q^2\, Sin.^2 x} = \frac{\pi}{2p(p+q)}, \quad (404), \quad \int_0^{\frac{\pi}{2}} \frac{Cos.\, 2x\, dx}{p^2\, Cos.^2 x + q^2\, Sin.^2 x} = \frac{\pi}{2pq} \frac{q-p}{q+p}, \quad (405)$$

$$\int_0^{\frac{\pi}{2}} \frac{dx}{p^2 + q^2\, Sin.^2 x} = \int_0^{\frac{\pi}{2}} \frac{dx}{p^2\, Cos.^2 x + (p^2+q^2)\, Sin.^2 x} = \frac{\pi}{2p\sqrt{(p^2+q^2)}}, \quad \ldots\ldots (406)$$

$$= \int_0^{\frac{\pi}{2}} \frac{dx}{p^2 + q^2\, Cos.^2 x}, (407), \int_0^{\frac{\pi}{2}} \frac{dx}{p^2 - q^2\, Sin.^2 x} = \frac{\pi}{2p\sqrt{(p^2-q^2)}}, (408), = \int_0^{\frac{\pi}{2}} \frac{dx}{p^2 - q^2\, Cos.^2 x}, (409)$$

$$\int_0^{\frac{\pi}{2}} \frac{dx}{r + p\, Sin.^2 x + q\, Cos.^2 x} = \int_0^{\frac{\pi}{2}} \frac{dx}{(q+r)\, Cos.^2 x + (p+r)\, Sin.^2 x} = \frac{\pi}{2\sqrt{(p+r)(q+r)}}.$$ (T. 69, N°. 8).

[98] Pour $p = 2$ on a: $\Gamma(p+q-1) = \Gamma(q+1) = q\,\Gamma(q)$, donc: $\int_0^{\frac{\pi}{2}} \frac{Cos.\, 2x\, dx}{Tang.^q x} = \frac{\pi q}{2\, Cos.\, \frac{1}{2} q\pi}$, $(1 > q > 0)$,

$$\int_0^{\frac{\pi}{2}} Cos.^{p+2a} x.\, Cos.\, px\, dx = \int_0^{\infty} \frac{Cos.\,(p\, Arctg.\, y)}{(1+y^2)^{\frac{1}{2}p+a+1}}\, dy = \frac{\pi}{2^{2a+p+1}} \frac{p^{a/1}}{1^{a/1}} \sum_0^{\infty} \frac{(a+n)^{2n/-1}}{1^{n/1}(a+p-1)^{n/-1}}, \ldots (410)$$

$$\int_0^{\frac{\pi}{2}} Cos.^{p+2a}x. Cos.px. Tg.x dx = \int_0^{\infty} \frac{Sin.\,(p\, Arctg.\, y)}{(1+y^2)^{\frac{1}{2}p+a+1}} y dy = \frac{\pi}{2^{2a+p+1}} \frac{p^{a/1}}{1^{a/1}} \sum_0^{\infty} \frac{(a+n-1)^{2n/-1}}{1^{n/1}(a+p-1)^{n/-1}}, \text{(T. 58, N°. 1)};$$

et à l'aide de Méth. 33, N°. 4:

$$\int_0^{\frac{\pi}{2}} Cos.\, px.\, Cos.\, \{(a+1)\, x\}.\, Cos.^{a+p-1} x\, dx =$$

$$= \int_0^{\infty} Cos.\,(p\, Arctg.\, y).\, Cos.\, \{(a+1)\, Arctg.\, y\} \frac{dy}{(1+y^2)^{\frac{1}{2}(a+p+1)}} = \frac{\pi}{2^{p+a+1}} \frac{p^{a/1}}{1^{a/1}}, . (411)$$

$$\int_0^{\frac{\pi}{2}} Sin.\, px.\, Sin.\, \{(a+1)\, x\}.\, Cos.^{a+p-1} x\, dx =$$

$$= \int_0^{\infty} Sin.\,(p\, Arctg.\, y).\, Sin.\, \{(a+1)\, Arctg.\, y\} \frac{dy}{(1+y^2)^{\frac{1}{2}(a+p+1)}} = \frac{\pi}{2^{p+a+1}} \frac{p^{a/1}}{1^{a/1}}, . (412)$$

$\int_0^{\frac{\pi}{2}} \frac{Sin.\, 2\, x\, dx}{Tang.^q\, x} = \frac{\pi\, q}{2\, Sin.\, \frac{1}{2}\, q\, \pi}, (2 > q > 0)$. (T. 63, N°. 6, 5). Pour $p = 1$ on a:

$\int_0^{\frac{\pi}{2}} \frac{dx}{Tg.^q x} = \frac{\pi}{2 Cos.\, \frac{1}{2}\, q\pi}, (1 > q > 0)$, (T. 63, N°. 4), $\int_0^{\frac{\pi}{2}} \frac{dx}{Tg.^{q+1}\, x} = \frac{\pi}{2\, Sin.\, \frac{1}{2}\, q\pi}, (2 > q > 0)$; qui ne diffère pas,

de la précédente. Pour $p = 2 - q$ on a: $\frac{\Gamma(p+q-1)}{\Gamma(p)\,\Gamma(q)} = \frac{\Gamma(1)}{\Gamma(2-q)\,\Gamma(q)} = \frac{1}{(1-q)\,\Gamma(1-q)\,\Gamma(q)} = \frac{Sin.\, q\pi}{(1-q)\,\pi}$,

d'après la formule B, Méth. 4, N°. 6, Note; donc:

$\int_0^{\frac{\pi}{2}} \frac{Cos.\, \{(2-q)\, x\}}{Sin.^q\, x}\, dx = \frac{Sin.\, \frac{1}{2}\, q\pi}{1-q}, (1 > q > 0)$, $\int_0^{\frac{\pi}{2}} \frac{Sin.\, \{(2-q)\, x\}\, dx}{Sin.^q\, x} = \frac{Cos.\, \frac{1}{2}\, q\pi}{1-q}, (2 > q > 0)$.

(T. 62, N°. 11, 10). Dans le cas de $q = 1$ la dernière intégrale du texte donne encore: $\int_0^{\frac{\pi}{2}} \frac{Sin.\, px}{Sin.\, x}\, Cos.^{p-1}\, x dx = \frac{\pi}{2}$,

(T. 62, N°. 1), puisque alors $\frac{Cos.\, \frac{1}{2}\, q\pi}{1-q} = \frac{0}{0} = \frac{\frac{1}{2}\, \pi\, Sin.\, \frac{1}{2}\, q\pi}{-1} = \frac{1}{2}\, \pi$: mais on déduit la même intégrale autrement, Méth. 38, N°. 5.

Page 306.

$$\int_0^{\frac{\pi}{2}} Sin.px.Cos.\{(a+1)x\}.Cos.^{a+p-1}x.Sin.x\,dx =$$
$$= \int_0^{\infty} Sin.(p\,Arctg.y).Cos.\{(a+1)\,Arctg.y\}\frac{y\,dy}{(1+y^2)^{\frac{1}{2}(a+p+1)}} = \frac{\pi}{2^{p+a+1}}\frac{p^{a/1}}{1^{a/1}}, \text{[99]}, .(413)$$

$$\int_0^{\frac{\pi}{2}} Cos.px.\,Sin.\{(a+1)x\}.Cos.^{a+p}x\frac{dx}{Sin.x} =$$
$$= \int_0^{\infty} Cos.(p\,Arctg.y).Sin.\{(a+1)\,Arctg.y\}\frac{dy}{y(1+y^2)^{\frac{1}{2}(a+p+1)}} = \frac{\pi}{2^{p+a+1}\,1^{a/1}}\sum_0^a \binom{a}{n} 2^{n|2}p^{a-n|1}, \;. (414)$$

$$\int_0^{\frac{\pi}{2}} Sin.px.\,Cos.\{(a+1)x\}.\,Cos.^{a+p}x\frac{dx}{Sin.x} =$$
$$= \int_0^{\infty} Sin.(p\,Arctg.y).Cos.\{(a+1)Arctg.y\}\frac{dy}{y(1+y^2)^{\frac{1}{2}(a+p+1)}} = \frac{\pi}{2.1^{a/1}}\left\{p^{a/1} - \frac{1}{2^{p+a}}\sum_0^a\binom{a}{n}2^{n/2}p^{a-n/1}\right\}. (415)$$

21. On a: $\int_0^p \frac{Sin.x\,dx}{\sqrt{(Sin.^2 p - Sin.^2 x)}} = \int_0^p \frac{Sin.x\,dx}{\sqrt{(Cos.^2 x - Cos.^2 p)}}$. Prenons $Cos.x = \frac{Cos.p}{Cos.\varphi}$, alors $Cos.^2 x - Cos.^2 p = Cos.^2 p.\,Tang.^2\varphi, - Sin.x\,dx = Cos.p\frac{Sin.\varphi\,d\varphi}{Cos.^2\varphi}$, tandis que $x=0$ donne $Cos.\varphi = Cos.p$, $\varphi = p$; et $x=p$ donne $Cos.\varphi = 1, \varphi = 0$; donc: $\int_0^p \frac{Sin.x\,dx}{\sqrt{(Sin.^2 p - Sin.^2 x)}} = \int_0^p \frac{d\varphi}{Cos\,\varphi}$.

Posons à présent $Tg.\frac{1}{2}\varphi = y$, $Cos.\varphi = \frac{1-y^2}{1+y^2}$, $dy = d\varphi\frac{1+y^2}{2}$, avec 0 et $Tang.\frac{1}{2}p$ comme limites de y, alors nous trouvons:

$$\int_0^p \frac{d\varphi}{Cos.\varphi} = \int_0^{Tg.\frac{1}{2}p}\frac{2\,dy}{1-y^2} = \int_0^{Tg.\frac{1}{2}p} dl\frac{1+y}{1-y} = l\frac{1+Tg.\frac{1}{2}p}{1-Tg.\frac{1}{2}p} = \tfrac{1}{2}l\frac{1+Sin.p}{1-Sin.p}, \;.\;. (416)$$

et par conséquent: $\int_0^p \frac{Sin.x\,dx}{\sqrt{(Cos.^2x - Cos.^2p)}} = \frac{1}{2}\,l\frac{1+Sin.p}{1-Sin.p}$. (T. 104, N°. 1).

22. Dans l'intégrale $I = \int_0^{\frac{\pi}{2}} \frac{dx}{p^2\,Cos.^2x + q^2\,Sin.^2x}\sqrt{(1-p^2\,Cos.^2x - q^2\,Sin.^2x)}$ supposons

---

[99] Ces intégrales (411) à (413) coïncident avec T. 58, N°. 5 à 7, après la correction nécessaire. Page 307.

$Tang.\,x = Tang.\,y.\sqrt{\dfrac{1-p^2}{1-q^2}}$, d'où $p^2\, Cos.^2 x = \dfrac{p^2(1-q^2)}{(1-q^2)+(1-p^2)\,Tang.^2 y}$, $q^2\, Sin.^2 x =$

$= \dfrac{q^2(1-p^2)\,Tang.^2 y}{(1-q^2)+(1-p^2)\,Tang.^2 y}$, $p^2\, Cos.^2 x + q^2\, Sin.^2 x = \dfrac{p^2(1-q^2)-(p^2-q^2)\,Sin.^2 y}{(1-q^2)-(p^2-q^2)\,Sin.^2 y}$,

$dx = \dfrac{Cos.^2 x\, dy}{Cos.^2 y}\sqrt{\dfrac{1-p^2}{1-q^2}} = \dfrac{dy\sqrt{(1-p^2)(1-q^2)}}{(1-q^2)-(p^2-q^2)\,Sin.^2 y}$; les limites de y sont 0 et $\dfrac{\pi}{2}$, et l'on trouve:

$$I = \frac{1-p^2}{p^2\sqrt{(1-q^2)}}\int_0^{\frac{\pi}{2}} \frac{dx}{1-\dfrac{p^2-q^2}{p^2(1-q^2)}\,Sin.^2 x}\;\frac{1}{\sqrt{\left\{1-\dfrac{p^2-q^2}{1-q^2}\,Sin.^2 x\right\}}}.$$

Afin que cette dernière forme reste réelle, il faut que $\dfrac{p^2-q^2}{1-q^2} < 1$, $p^2-q^2 < 1-q^2$, $p^2 < 1$, et aussi, à cause du facteur $\sqrt{(1-q^2)}$, que $q^2 < 1$; on a encore $p^2-q^2 > 0$, $p^2 > q^2$, donc $0 < q^2 < p^2 < 1$. Mais à présent l'intégrale est une fonction elliptique, spécialement de la troisième espèce: $I = \dfrac{1-p^2}{p^2\sqrt{(1-q^2)}}\,\Pi'\left(-\dfrac{p^2-q^2}{p^2(1-q^2)}, \sqrt{\dfrac{p^2-q^2}{1-q^2}}\right)$, donc par les transformations ordinaires [100]:

$$\int_0^{\frac{\pi}{2}} \frac{dx}{p^2 Cos.^2 x+q^2 Sin.^2 x}\sqrt{(1-p^2\, Cos.^2 x-q^2\, Sin.^2 x)} = \frac{\pi}{2pq} + F'\left(\sqrt{\frac{p-q^2}{1-q^2}}\right)\left\{\frac{1-p^2}{p^2\sqrt{(1-q^2)}} - \right.$$

$$\left. -\frac{1}{pq}E\left(\sqrt{\frac{1-p^2}{1-q^2}}, Arcsin.\frac{q}{p}\right)\right\} + \frac{1}{pq}F\left(\sqrt{\frac{1-p^2}{1-q^2}}, Arcsin.\frac{q}{p}\right)\left\{F'\left(\sqrt{\frac{p^2-q^2}{1-q^2}}\right) - E'\left(\sqrt{\frac{p^2-q^2}{1-q^2}}\right)\right\}. \quad (417)$$

23. La substitution $Tang.\,x.\,Tang.\,y = \dfrac{1}{\sqrt{(1-p^2)}}$ donne: $1-p^2\, Sin.^2 x = \dfrac{1-p^2}{1-p^2\, Sin.^2 y}$,

$dx = \dfrac{Cos.^2 x}{\sqrt{(1-p^2)}}\,\dfrac{-dy}{Cos.^2 y}\,\dfrac{1}{Tang.^2 y} = \dfrac{-dy\sqrt{(1-p^2)}}{1-p^2\, Sin.^2 y}$, d'où $\dfrac{dx}{\sqrt{(1-p^2\, Sin.^2 x)}} = \dfrac{-dy}{\sqrt{(1-p^2\, Sin.^2 y)}}$,

tandis qu'aux limites 0 et $\dfrac{\pi}{2}$ de x correspondent les limites $\dfrac{\pi}{2}$ et 0 de y. Elle donne lieu aux formules de transformation suivantes :

---

[100] A l'aide de la formule: $\dfrac{b^2\, Sin.\,\varphi.\, Cos.\,\varphi}{\sqrt{(1-b^2\, Sin.^2 \varphi)}}\{\Pi'(-1+b^2\, Sin.^2\varphi, c) - F'(c)\} = \dfrac{\pi}{2} +$ $+ F'(c).F(b,\varphi) - E'(c).F(b,\varphi) - F'(c).E(b,\varphi)$; voyez VERHULST, Traité élém. des Fonctions elliptiques, p. 103. Ici il est $c^2 = \dfrac{p^2-q^2}{1-q^2}$, $b^2 = \dfrac{1-p^2}{1-q^2}$, $Sin.^2\varphi = \dfrac{q^2}{p^2}$.

Page 308.

$$\int_0^{\frac{\pi}{2}} Arctang.\{r\surd(1-p^2 Sin.^2 x)\}\, dx\,(1-p^2 Sin.^2 x)^{a-\frac{1}{2}} =$$

$$= (1-p^2)^a \int_0^{\frac{\pi}{2}} Arccot.\left\{\frac{\surd(1-p^2 Sin.^2 y)}{r\surd(1-p^2)}\right\} \frac{dy}{(1-p^2 Sin.^2 y)^{a+\frac{1}{2}}},$$

$$\int_0^{\frac{\pi}{2}} Arccot.\{r\surd(1-p^2 Sin.^2 x)\}\, dx\,(1-p^2 Sin.^2 x)^{a-\frac{1}{2}} =$$

$$= (1-p^2)^a \int_0^{\frac{\pi}{2}} Arctang.\left\{\frac{\surd(1-p^2 Sin.^2 y)}{r\surd(1-p^2)}\right\} \frac{dy}{(1-p^2 Sin.^2 y)^{a+\frac{1}{2}}}.$$

Mais comme on trouve Méth. 10, N°. 2, les dernières intégrales pour le cas de $a = 1$, ($r\surd(1-p^2)$ y est q) on a ici:

$$\int_0^{\frac{\pi}{2}} Arctg.\{r\surd(1-p^2 Sin.^2 x)\}\, dx\surd(1-p^2 Sin.^2 x) = \frac{\pi}{2}\{-E(p, Arctg.r)\} - \frac{\pi}{2r} + \frac{\pi}{2r}\surd\frac{1+r^2-p^2r^2}{1+r^2},$$

$$\int_0^{\frac{\pi}{2}} Arccot.\{r\surd(1-p^2 Sin.^2 x)\}dx\surd(1-p^2 Sin.^2 x) = \frac{\pi}{2r} + \frac{\pi}{2}E\left[p, Arccot.\{r\surd(1-p^2)\}\right] - \frac{\pi}{2r}\surd\frac{1+r^2}{1+r^2-p^2r^2}.$$

(T. 368, N^{s}. 11, 13.)

24. Dans les intégrales

$$\int_\alpha^\beta \frac{x\,dx}{\surd(Sin.^2 x - Sin.^2 \alpha)(Sin.^2 \beta - Sin.^2 x)}, \quad \int_\alpha^\beta \frac{x\,Tang.^2 x\,dx}{\surd(Sin.^2 x - Sin.^2 \alpha)(Sin.^2 \beta - Sin.^2 x)},$$

$$\int_\alpha^\beta \frac{x\,Cot.^2 x\,dx}{\surd(Sin.^2 x - Sin.^2 \alpha)(Sin.^2 \beta - Sin.^2 x)},$$ supposons $Cot.^2 x = q^2(1-p^2 Sin.^2 y)$, où $q^2 = Cot.^2 \alpha$, $p^2 = 1 - Tg.^2\alpha.\, Cot.^2\beta$, alors pour $x = \alpha$ on a: $p^2 Sin.^2 y = 0$, $y = 0$, et pour $x = \beta$, $Sin.^2 y = 1$, $y = \frac{\pi}{2}$; de plus: $dy = \frac{dx}{2p^2q^2 Sin.y. Cos.y. Sin.^2 x} = \frac{Cot.x\,dx}{\surd\{(q^2+1)Sin^2 x - 1\}\left[1-\{1+(1-p^2)q^2\}Sin.^2 x\right]} = \frac{Sin.\alpha. Sin.\beta. Cot.x\,dx}{\surd(Sin.^2 x - Sin.^2\alpha)(Sin.^2\beta - Sin.^2 x)}$. Par ces transformations les intégrales en question deviennent:

$$Sec.\alpha.\, Cosec.\beta. \int_0^{\frac{\pi}{2}} \frac{Arccot.\{q\surd(1-p^2 Sin.^2 y)\}\, dy}{\surd(1-p^2 Sin.^2 y)}, \quad \frac{Tang.^2\alpha}{Cos.\alpha\ Sin\beta}\int_0^{\frac{\pi}{2}} \frac{Arccot.\{q\surd(1-p^2 Sin.^2 y\}\, dy}{\surd(1-p^2 Sin.^2 y)},$$

$\frac{Cos.\alpha}{Sin.^2\alpha. Sin.\beta}\int_0^{\frac{\pi}{2}} Arccot.\ \{q\surd(1-p^2 Sin.^2 y)\}\, dy\surd(1-p^2 Sin.^2 y)$, et ce sont les mêmes in-

Page 309.

tégrales de la Méth. 10, N°. 2, citées au Nr. précédent, avec la dernière intégrale de ce Numéro. On trouve donc:

$$\int_\alpha^\beta \frac{x\,dx}{\sqrt{(Sin.^2 x - Sin.^2 \alpha)(Sin.^2 \beta - Sin.^2 x)}} = \frac{\pi}{2\,Cos.\alpha.\,Sin.\beta}\,\mathrm{F}(p,\beta),$$

$$\int_\alpha^\beta \frac{x\,Tang^2 x\,dx}{\sqrt{(Sin.^2 x - Sin.^2 \alpha)(Sin.^2 \beta - Sin.^2 x)}} = \frac{\pi}{2\,Cos.\alpha.\,Sin.\beta}\left\{Tg.^2\beta.\,\mathrm{E}(p,\beta) + \frac{Cos.\beta - Cos.\alpha}{Cos.\alpha}\,Tang.\beta\right\},$$

$$\int_\alpha^\beta \frac{x\,Cot.^2 x\,dx}{\sqrt{(Sin^2 x - Sin.^2 \alpha)(Sin.^2 \beta - Sin.^2 x)}} = \frac{\pi}{2\,Cos.\alpha.\,Sin.\beta}\left\{Cot.^2\alpha.\,\mathrm{E}(p,\beta) + \frac{Sin.\alpha - Sin.\beta}{Tang.\alpha.\,Sin.\alpha}\right\}.$$

(T. 253, N°. 1, 11, 12). [101]. De la même manière on obtient:

$$\int_\alpha^\beta \frac{dx}{\sqrt{(Sin.^2 x - Sin.^2 \alpha)(Sin.^2 \beta - Sin.^2 x)}} = \frac{1}{Cos.\alpha.Sin.\beta}\int_0^{\frac{\pi}{2}} \frac{dx}{\sqrt{(1 - p^2 Cos.^2 x)}} = \frac{1}{Cos.\alpha.Sin.\beta}\,\mathrm{F}\left(1 - \frac{Tg.^2\alpha}{Tg.^2\beta}\right),$$

(T. 107, N°. 13),

$$\int_0^\beta \frac{Tang^2.\,x\,dx}{\sqrt{(Sin.^2 x - Sin.^2 \alpha)(Sin.^2 \beta - Sin.^2 x)}} = \frac{Tang.^2\alpha}{Cos.\alpha.\,Sin.\beta}\int_0^{\frac{\pi}{2}} \frac{dx}{\sqrt{(1 - p^2\,Sin.^2 x)^3}} =$$

$$= \frac{Tang.\beta}{Cos.\alpha.\,Cos.\beta}\,\mathrm{E}'\left(1 - \frac{Tang.^2\alpha}{Tang.^2\beta}\right), \quad \ldots\ldots\ldots\ldots\ldots \quad (418)$$

(d'après Méth. 9, N°. 12);

$$\int_\alpha^\beta \frac{Cot.^2 x\,dx}{\sqrt{(Sin.^2 x - Sin.^2 \alpha)(Sin.^2 \beta - Sin.^2 x)}} = \frac{Cos.\alpha}{Sin.^2\alpha.\,Sin.\beta}\int_0^{\frac{\pi}{2}} dx\sqrt{(1 - p^2\,Sin.^2 x)} =$$

$$= \frac{Cos.\alpha}{Sin.^2\alpha.\,Sin.\beta}\,\mathrm{E}'\left(1 - \frac{Tang.^2\alpha}{Tang.^2\beta}\right) \quad \ldots\ldots\ldots\ldots\ldots \quad (419)$$

---

[101] Sur une autre déduction de la première intégrale voyez Méth. 37, N°. 15. La somme de celle-ci avec chacune des deux autres donne respectivement:

$$\int_\alpha^\beta \frac{x\,dx}{Sin.^2 x.\sqrt{(Sin.^2 x - Sin.^2 \alpha)(Sin.^2 \beta - Sin.^2 x)}} = \frac{\pi}{2\,Cos.\alpha.Sin.\beta}\left\{\mathrm{F}(p,\beta) + Cot.^2\alpha.\mathrm{E}(p,\beta) + \frac{Sin.\alpha - Sin.\beta}{Sin.\alpha.\,Tg.\alpha}\right\},$$

$$\int_\alpha^\beta \frac{x\,dx}{Cos.^2 x.\sqrt{(Sin.^2 x - Sin.^2 \alpha)(Sin.^2 \beta - Sin.^2 x)}} = \frac{\pi}{2\,Cos.\alpha.\,Sin.\beta}\left\{\mathrm{F}(p,\beta) + Tg.^2\beta.\,\mathrm{E}(p,\beta) + \right.$$

$$\left. + \frac{Cos.\beta - Cos.\alpha}{Cos.\alpha}\,Tang.\beta\right\}. \text{ (T. 253, N°. 2, 4).}$$

25. Dans *l'intégrale* $\int_\alpha^\beta l\frac{1+r\,Sin.\,x}{1-r\,Sin.\,x}\frac{Cos.\,x\,dx}{\sqrt{(Sin.^2 x - Sin.^2 \alpha)(Sin.^2 \beta - Sin.^2 x)}}$ $(r<1)$ substituons $Sin.^2 x = q^2(1-p^2 Sin.^2 y)$, où $q^2 = Sin.^2 \beta$; $p^2 = 1 - Sin.^2 \alpha.\,Cosec.^2 \beta$; alors pour $x=\beta$ on a: $p^2 q^2 Sin.^2 y = 0, y = 0$, et pour $x=\alpha$ on a: $Sin.^2 y = 1, y = \frac{\pi}{2}$; et $dy = \frac{2\,Sin.\,x.\,Cos.\,x\,dx}{-p^2 q^2.\,2\,Sin.\,y.\,Cos.\,y} =$ $= \frac{-Sin.\,x.\,Cos.\,x\,dx}{\sqrt{(Sin.^2\beta - Sin.^2 x)(Sin.^2 x - Sin.^2\alpha)}}$. Dès-lors notre intégrale devient, au moyen de Méth. 10, N°. 3:

$$\int_\alpha^\beta l\frac{1+r\,Sin.x}{1-r\,Sin.x}\frac{Cos.\,x\,dx}{\sqrt{(Sin.^2 x - Sin.^2\alpha)(Sin.^2\beta - Sin.^2 x)}} = \frac{1}{q}\int_0^{\frac{\pi}{2}} l\frac{1+qr\sqrt{(1-p^2 Sin.^2 x)}}{1-qr\sqrt{(1-p^2 Sin.^2 x)}}\frac{dx}{\sqrt{(1-p^2 Sin.^2 x)}} =$$

$= \frac{\pi}{Sin.\beta}\,\mathrm{F}\left\{\frac{Sin.\alpha}{Sin.\beta}, Arcsin.(r Sin.\beta)\right\}$. (T. 361, N°. 16). Par la même substitution on trouve encore la formule de transformation: $\int_\alpha^\beta \frac{Sin.^{2a+1} x.\,Cos.\,x\,dx}{\sqrt{(Sin.^2 x - Sin.^2\alpha)(Sin.^2\beta - Sin.^2 x)}} = \int_0^{\frac{\pi}{2}} dy(Sin.^2\alpha.Cos.^2 y + Sin.^2\beta.Sin.^2 y)^a$, d'où pour $a=0$: $\int_\alpha^\beta \frac{Sin.\,x.\,Cos.\,x\,dx}{\sqrt{(Sin.^2 x - Sin.^2\alpha)(Sin.^2\beta - Sin.^2 x)}} = \frac{\pi}{2}$. (T. 107, N°. 1). [102].

26. Soit *l'intégrale* $\int_\alpha^\beta \frac{Cos.\,x\,dx}{Sin.^{2a+1}x.\sqrt{(Sin.^2 x - Sin.^2\alpha)(Sin.^2\beta - Sin.^2 x)}}$ et prenons $Sin.^2 x = \frac{Sin.^2\alpha.\,Sin.^2\beta}{Sin.^2\alpha.Cos.^2 y + Sin.^2\beta.Sin.^2 y}$, d'où $Sin.^2 x - Sin.^2\alpha = Sin.^2\alpha.Cos.^2 y\frac{Sin.^2\beta - Sin.^2\alpha}{Sin.^2\alpha.Cos.^2 y + Sin.^2\beta.Sin.^2 y}$, $Sin.^2\beta - Sin.^2 x = Sin.^2\beta.\,Sin.^2 y\frac{Sin.^2\beta - Sin.^2\alpha}{Sin.^2\alpha.\,Cos.^2 y + Sin.^2\beta.\,Sin.^2 y}$, $2\,Sin.\,x.\,Cos.\,x\,dx =$ $= -2\,Sin.^2\alpha\,Sin.^2\beta.Sin.y.\,Cos.y\,dy\frac{Sin.^2\beta - Sin.^2\alpha}{(Sin.^2\alpha.\,Cos.^2 y + Sin.^2\beta.\,Sin.^2 y)^2}$; aux valeurs α et β de x correspondent les équations $Cos.^2 y = 0$, $Sin.^2 y = 0$, ou $y = \frac{\pi}{2}$ et $y = 0$; donc:

$$\int_\alpha^\beta \frac{Cos.\,x\,dx}{Sin.^{2a+1}x.\sqrt{(Sin.^2 x - Sin.^2\alpha)(Sin.^2\beta - Sin.^2 x)}} = \frac{1}{(Sin.\alpha.Sin.\beta)^{2a+1}}\int_0^{\frac{\pi}{2}} dy(Sin.^2\alpha.Cos.^2 y + Sin.^2\beta.Sin.^2 y)^a.$$

---

[102] Par la substitution de $Sin.\,x = y$ elles donnent encore, si l'on fait $Sin.\,\alpha = p$, $Sin.\,\beta = q$: $\int_p^q l\frac{1+ry}{1-ry}\frac{dy}{\sqrt{(y^2-p^2)(q^2-y^2)}} = \frac{\pi}{q}\,\mathrm{F}\left\{\frac{p}{q}, Arcsin.(rp)\right\}, (r<1)$..(420), $\int_p^q \frac{y\,dy}{\sqrt{(y^2-p^2)(q^2-y^2)}} = \frac{\pi}{2}$..(421) intégrale qu'on pourrait aisément déduire au moyen de Méth. 1.

Cette formule de transformation donne pour $a = 0$ et $a = 1$, par exemple:

$$\int_\alpha^\beta \frac{Cos.\,x\,dx}{Sin.\,x.\sqrt{(Sin.^2 x - Sin.^2 \alpha)(Sin.^2 \beta - Sin.^2 x)}} = \frac{1}{Sin.\alpha.\,Sin.\beta}\int_0^{\frac{\pi}{2}} dy = \frac{\pi}{2Sin.\,\alpha.\,Sin.\,\beta},$$

$$\int_\alpha^\beta \frac{Cos.\,x\,dx}{Sin.^3 x.\sqrt{(Sin.^2 x - Sin.^2\alpha)(Sin.^2\beta - Sin.^2 x)}} = \frac{1}{Sin.^3\alpha.Sin.^3\beta}\int_0^{\frac{\pi}{2}} dy(Sin.^2\alpha.Cos.^2 y + Sin.^2\beta.\,Sin.^2 y) =$$

$$= \frac{\pi}{4}\,\frac{Sin.^2\alpha + Sin.^2\beta}{Sin.^3\alpha.\,Sin.^3\beta}.$$ (T. 107, N°. 5 et 6). [103].

27. Pour *l'intégrale* $\int_0^p \frac{dx}{Cos.^{2a}x.\sqrt{(Cos.^2 x - Cos.^2 p)(1 - Cos.^2 q.Cos.^2 x)}}$ soit $Cos.^2 x = \frac{Cos.^2 p}{1 - Sin.^2 p.Sin.^2 y}$,

$Cos.^2 x - Cos.^2 p = \frac{Sin.^2 p.\,Cos.^2 p.\,Sin.^2 y}{1 - Sin.^2 p.\,Sin.^2 y}$, $-2\,Cos.\,x.\,Sin.\,x\,dx = \frac{2Sin.^2 p.\,Cos.^2 p.\,Sin.y.\,Cos.y\,dy}{(1 - Sin.^2 p.\,Sin.^2 y)^2}$,

$Sin.\,x = \frac{Sin.p.\,Cos.y}{\sqrt{(1 - Sin.^2 p.\,Sin.^2 y)}}$; tandis que pour $x = 0$ et $x = p$ on a: $Sin.^2 y = 1$, $y = \frac{\pi}{2}$ et $Sin^2 y = 0$, $y = 0$; donc:

$$\int_0^p \frac{dx}{Cos.^{2a}x.\sqrt{(Cos.^2 x - Cos.^2 p)(1 - Cos.^2 q.Cos.^2 x)}} = \frac{1}{Cos.^{2a}p}\int_0^{\frac{\pi}{2}} \frac{dy\,(1 - Sin.^2 p.\,Sin.^2 y)^a}{\sqrt{(1 - Sin.^2 p.\,Sin.^2 y - Cos.^2 p.Cos.^2 q)}}.$$

Dans le cas le plus simple de $a = 0$, elle donne, puisque toujours $\sqrt{(1 - Sin^2 p.Sin^2 y - Cos.^2 p.\,Cos.^2 q)} =$

$$= \sqrt{(1 - Cos.^2 p.Cos.^2 q)}\sqrt{\left(1 - \frac{Sin.^2 p}{1 - Cos.^2 p.Cos.^2 q}Sin.^2 y\right)}: \int_0^p \frac{dx}{\sqrt{(Cos.^2 x - Cos.^2 p)(1 - Cos.^2 q.Cos.^2 x)}} =$$

$$= \frac{1}{\sqrt{(1 - Cos.^2 p.\,Cos.^2 q)}}\,F'\left\{\frac{Sin.\,p}{\sqrt{(1 - Cos^2 p.\,Cos^2 q)}}\right\}.$$ (T. 104, N°. 13). [104].

28. On a: $I = \int_0^{2\pi} \frac{\{p - Cos.(x - \alpha).\sqrt{(p^2 - 1)}\}^r}{\{q - Cos.x.\sqrt{(q^2 - 1)}\}^{r+1}}dx = \int_0^\pi \frac{\{p - Cos.(x - \alpha).\sqrt{(p^2 - 1)}\}^r}{\{q - Cos.\,x.\sqrt{(q^2 - 1)}\}^{r+1}}dx +$

---

[103] La supposition de $Sin.\,x = y$ nous ferait trouver:

$$\int_p^q \frac{dx}{x\sqrt{(x^2 - p^2)(q^2 - x^2)}} = \frac{\pi}{2pq},\ (422),\quad \int_p^q \frac{dx}{x^3\sqrt{(x^2 - p^2)(q^2 - x^2)}} = \frac{\pi}{4}\,\frac{p^2 + q^2}{p^3 q^3}.\ (423)$$

[104] Effectuant la substitution $Sin.\,x = y$, et faisant $Sin.p = p$, on trouve par suite:

$$\int_0^p \frac{dx}{\sqrt{[(1 - x^2)(p^2 - x^2)(x^2 + Tang.^2 q)]}} = \frac{1}{\sqrt{(p^2 + Tang.^2 q)}}F'\left(\frac{p}{\sqrt{(Sin.^2 q + p^2\,Cos.^2 q)}}\right).\ (424)$$

Page 312.

$+\int_{\pi}^{2\pi}\frac{\{p-Cos.(x-\alpha).\sqrt{(p^2-1)}\}^r}{\{q-Cos.x.\sqrt{(q^2-1)}\}^{r+1}}dx.$ Prenons dans la dernière intégrale $x=2\pi-y$, $Cos.x=Cos.y$, $Cos.(x-\alpha)=Cos.(y+\alpha)$, avec les limites π et 0 pour y; donc: $I=\int_0^{\pi}\frac{\{p-Cos.(x-\alpha).\sqrt{(p^2-1)}\}^r+\{p-Cos.(x+\alpha).\sqrt{(p^2-1)}\}^r}{\{q-Cos.x.\sqrt{(q^2-1)}\}^{r+1}}dx.$ La substitution $q-Cos.x.\sqrt{(q^2-1)}=\frac{1}{q+Cos.y.\sqrt{(q^2-1)}}$ donnera: $Cos.x=\frac{qCos.y+\sqrt{(q^2-1)}}{q+Cos.y.\sqrt{(q^2-1)}}$, $Sin.x=\frac{Sin.y}{q+Cos.y.\sqrt{(q^2-1)}}$, $Cos.x\,dx=\frac{Cos.x\,dy}{q+Cos.y.\sqrt{(q^2-1)}}$, $Cos.(x\mp\alpha)=\frac{q\,Cos.\alpha.Cos.y\pm Sin.\alpha.Sin.y+Cos.\alpha.\sqrt{(q^2-1)}}{q+Cos.y.\sqrt{(q^2-1)}}$. Les valeurs 0 et π de x donnent $Cos.y=1$, $y=0$ et $Cos\,y=-1$, $y=\pi$. Par conséquent:

$$I=\int_0^{\pi}\Big[\{pq-Cos.\alpha.\sqrt{(p^2-1)(q^2-1)}+[p\sqrt{(q^2-1)}-qCos.\alpha.\sqrt{(p^2-1)}]Cos.x-Sin.x.Sin\,\alpha.\sqrt{(p^2-1)}\}^r+$$

$$+\{pq-Cos.\alpha.\sqrt{(p^2-1)(q^2-1)}+[p\sqrt{(q^2-1)}-qCos.\alpha.\sqrt{(p^2-1)}]Cos.x+Sin.x.Sin.\alpha.\sqrt{(p^2-1)}\}^r\Big]dx.$$

Introduisons les auxiliaires $k=pq-Cos.\alpha.\sqrt{(p^2-1)(q^2-1)}$, $l Cos.\varphi=p\sqrt{(q^2-1)}-qCos.\alpha.\sqrt{(p^2-1)}$, $l\,Sin.\varphi=Sin.\alpha.\sqrt{(p^2-1)}$, alors: $l^2=k^2-1$, et après l'élimination de l l'intégrale devient $I=\int_0^{\pi}\Big[\{k+Cos.(x+\varphi).\sqrt{(k^2-1)}\}^r+\{k+Cos.(x-\varphi).\sqrt{(k^2-1)}\}^r\Big]dx.$ Mais elle peut encore être simplifiée de beaucoup, car dans le premier terme on peut écrire évidemment $\int_0^{\pi}=\int_{-\varphi}^{\pi}-\int_{-\varphi}^{0}$ et dans le second $\int_0^{\pi}=\int_0^{\varphi}+\int_{\varphi}^{\pi}$; de sorte que $I=\int_{-\varphi}^{\pi}\{k+Cos.(x+\varphi).\sqrt{(k^2-1)}\}^r dx-$

$$-\int_{-\varphi}^{0}\{k+Cos\,(x+\varphi).\sqrt{(k^2-1)}\}^r dx+\int_0^{\varphi}\{k+Cos.(x-\varphi).\sqrt{(k^2-1)}\}^r dx+$$

$\int_{\varphi}^{\pi}\{k+Cos.(x-\varphi).\sqrt{(k^2-1)}\}^r dx.$ Dans ces quatres intégrales à présent effectuons les substitutions respectives suivantes: $x+\varphi=y$, $dx=dy$, avec 0 et $\pi+\varphi$ comme limites de y; $x+\varphi=-y$, $dx=-dy$, avec 0 et $-\varphi$ comme limites de y; $x-\varphi=y$, $dx=dy$, avec $-\varphi$ et 0 comme limites de y; $x-\varphi=2\pi-y$, $dx=-dy$, avec 2π et $\pi+\varphi$ comme limites de y. Ainsi les fonctions à intégrer deviennent toujours $\{k+Cos\,y.\sqrt{(k^2-1)}\}^r$; pour les deux intégrales de milieu on a les limites 0 et $-\varphi$, $-\varphi$ et 0, par conséquent elles se détruisent: pour les deux intégrales extrêmes au contraire on a les limites 0 et $\pi+\varphi$, $\pi+\varphi$ et 2π, par suite leur somme est une intégrale qui va de 0 à 2π. On a donc: $I=\int_0^{2\pi}\frac{\{p-Cos.(x-\alpha).\sqrt{(p^2-1)}\}^r dx}{\{q-Cos\,x.\sqrt{(q^2-1)}\}^{r+1}}=\int_0^{2\pi}\{k+Cos.x.\sqrt{(k^2-1)}\}^r dx,$

où $k = pq - Cos.\alpha.\sqrt{(p^2-1)(q^2-1)}$. Dans le cas de $r = 1$ on trouve:

$$\int_0^{2\pi} \frac{p - Cos.(x-\alpha).\sqrt{(p^2-1)}}{\{q - Cos.x.\sqrt{(q^2-1)}\}^2} dx = 2\pi k = 2\pi\{pq - Cos.\alpha.\sqrt{(p^2-1)(q^2-1)}\} \quad . . (425)$$

29. *Des intégrales* $\int_0^{\frac{\pi}{2}} Sin.x\,dx\sqrt{(1-p^2 Sin.^2 x)}$, $\int_0^{\frac{\pi}{2}} Sin.^3 x\,dx\sqrt{(1-p^2 Sin.^2 x)}$. Faisons $\frac{p^2 Cos.^2 x}{1-p^2 Sin.^2 x} = Sin.^2 y$, ce qui est permis, puisque pour $p < 1$, $1-p^2 Sin.^2 x > p^2 - p^2 Sin.^2 x$ ou $p^2 Cos.^2 x$; alors $Sin.^2 x = \frac{p^2 - Sin.^2 y}{p^2 Cos.^2 y}$, $Cos.^2 x = \frac{(1-p^2) Sin.^2 y}{p^2 Cos.^2 y}$, $-2\,Sin.x.\,Cos.x\,dx =$ $= 2\frac{1-p^2}{p^2}\frac{Sin.y\,dy}{Cos.^3 y}$, $\sqrt{(1-p^2 Sin.^2 x)} = \frac{\sqrt{(1-p^2)}}{Cos.y}$; $x = 0$ donne: $Sin.^2 y = p^2$, $y = Arcsin.p$, $x = \frac{\pi}{2}$ au contraire: $Sin^2.y = \frac{0}{1-p^2}$, $y = 0$. Par la substitution de ces valeurs on obtient:

$$\int_0^{\frac{\pi}{2}} Sin.x\,dx\sqrt{(1-p^2 Sin.^2 x)} = \frac{1-p^2}{p}\int_0^{Arcsin.p}\frac{dy}{Cos.^3 y},\quad \int_0^{\frac{\pi}{2}} Sin.^3 x\,dx\sqrt{(1-p^2 Sin.^2 x)} =$$

$$= \frac{1-p^2}{p^3}\left[(p^2-1)\int_0^{Arcsin.p}\frac{dy}{Cos.^5 y} + \int_0^{Arcsin.p}\frac{dy}{Cos.^3 y}\right].$$ Quoique nous puissions réduire ces intégrales comme nous l'avons fait au N°. 21, nous retournerons aux intégrales primitives, et nous y ferons $Cos.\,x = y$; alors elles deviennent: $\int_0^1 dx\sqrt{\{(1-p^2)+p^2 x^2\}}$ et $\int_0^1 (1-x^2)dx\sqrt{\{(1-p^2)+p^2 x^2\}}$, intégrales qui sont de la forme des formules (58) et (59), Méth. 1, N°. 8. On a donc:

$$\int_0^{\frac{\pi}{2}} Sin.x dx\sqrt{(1-p^2 Sin.^2 x)} = \frac{1}{2} + \frac{1-p^2}{4p} l\frac{1+p}{1-p},\quad \int_0^{\frac{\pi}{2}} Sin.^3 x dx\sqrt{(1-p^2 Sin.^2 x)} = \frac{3p^2-1}{8p^2} +$$

$$+ \frac{(3p^2+1)(1-p^2)}{16p^3} l\frac{1+p}{1-p},\ \text{(T. 72, N°. 3 et 6)},$$

et par le retour aux intégrations de $\frac{dy}{Cos.^5 y}$ et $\frac{dy}{Cos.^3 y}$, en y posant 0 et q pour limites:

$$\int_0^q \frac{dy}{Cos.^3 y} = \frac{1}{2}\frac{Sin.q}{Cos.^2 q} + \frac{1}{4} l\frac{1+Sin.q}{1-Sin.q}, \quad . . . . (426)$$

$$\int_0^q \frac{dy}{Cos.^5 y} = \frac{5Sin.q - 3\,Sin.^3 q}{8\,Cos.^4 q} + \frac{3}{16} l\frac{1+Sin.q}{1-Sin.q} \quad . . . . (427)$$

30. La substitution $\frac{Sin.x}{\sqrt{(1+2pCos.x+p^2)}}=Sin.y, (p<1)$ donne $1-p^2 Sin.^2 y=\frac{(1+p\,Cos.x)^2}{1+2pCos.x+p^2}$, $dy=\frac{1+p\,Cos.x}{1+2p\,Cos.x+p^2}dx$. Quand x croît de 0 à $\frac{1}{2}\pi$, $Sin.y$ doit croître un même temps de 0 à $\frac{1}{\sqrt{(1+p^2)}}$, parce que le numérateur devient plus grand, le dénominateur au contraire plus petit. Pour la valeur de x de $\frac{\pi}{2}$ à π, $Sin.\,y$ retourne continûment à zéro: donc y croît de 0 à π: la valeur de dy raffermit cette conclusion, puisque l'existence d'un maximum ou d'un minimum de y entraînerait la condition $1+p\,Cos.x=0$, $Cos.x=-\frac{1}{p}$, plus grand que l'unité, chose impossible. Par suite: $\int_0^\pi \frac{Sin.^{2a}x\,dx}{\sqrt{(1+2p\,Cos.x+p^2)^{2a+1}}}=\int_0^\pi \frac{Sin.^{2a}y\,dy}{\sqrt{(1-p^2\,Sin.^2 y)}}$, (I)

équation de réduction, qui est souvent employée. Pour $a=0$ et $a=1$ elle donne successivement:

$$\int_0^\pi \frac{dx}{\sqrt{(1+2p\,Cos.x+p^2)}}, \ldots\ldots (428), \quad = \int_0^\pi \frac{dy}{\sqrt{(1-p^2\,Sin.^2 y)}}=2F'(p), \ldots\ldots (429)$$

$$\int_0^\pi \frac{Sin.^2 x\,dx}{\sqrt{(1+2p\,Cos.x+p^2)^3}}, . (430), = \int_0^\pi \frac{Sin.^2 y\,dy}{\sqrt{(1-p^2\,Sin.^2 y)}}=\frac{2}{p^2}\{F(p)-E'(p)\}, . (431)$$

d'après Méth. 3, N°. 11, puisque dans l'intégration par rapport à y on a évidemment: $\int_0^\pi = 2\int_0^{\frac{\pi}{2}}$.

31. L'introduction d'une variable imaginaire donne encore lieu à quelques observations d'après la Première Partie N°. 27. Dans les intégrales

$$I_1=\int_{-1}^{+1}\frac{(1-x)^p(1+x)^q+(1-x)^q(1+x)^p}{(Cos.\lambda\pm xi\,Sin.\lambda)^{p+q}}\frac{dx}{1-x} \text{ et } I_2=\int_{-1}^{+1}\frac{(1-x)^p(1+x)^q-(1-x)^q(1+x)^p}{i(Cos.\lambda\pm xi\,Sin.\lambda)^{p+q}}\frac{dx}{1-x}$$

on peut en premier lieu séparer la distance des limites -1 et $+1$ dans deux parties de -1 à 0 et de 0 à 1; lorsque maintenant dans la première nous prenons $-y$ au lieu de x, les limites en seront 0 et 1, et la fonction à intégrer aura le même numérateur que la seconde intégrale partielle: le dénominateur au contraire est différent à raison des signes contraires, qui lient les deux termes du binôme. Dès-lors on peut prendre la somme et la différence de I_1 et $i\times I_2$, et écrire:

$$I_1\pm iI_2=2\int_0^1\frac{(1-x)^p(1+x)^q}{(Cos.\lambda\pm xi\,Sin.\lambda)^{p+q}}\frac{dx}{1-x^2}+2\int_0^1\frac{(1-x)^q(1+x)^p}{(Cos.\lambda\mp xi\,Sin.\lambda)^{p+q}}\frac{dx}{1-x^2}.$$

Dans la première de ces intégrales posons $x=\frac{y-1}{y+1}$, $1-x=\frac{2}{y+1}$, $1+x=\frac{2y}{y+1}$,

$y = \frac{1+x}{1-x}$, $\frac{dy}{y} = \frac{2\,dx}{1-x^2}$, avec les limites 1 et ∞ de y; et dans la seconde intégrale $x = \frac{1-y}{1+y}$, $1-x = \frac{2y}{1+y}$, $1+x = \frac{2}{1+y}$, $y = \frac{1-x}{1+x}$, $\frac{dy}{y} = \frac{-2\,dx}{1-x^2}$, avec 1 et 0 comme limites de y; donc:

$$I_1 \pm i I_2 = 2^{p+q}\int_1^\infty \frac{y^{q-1}\,dx}{[(y+1)\,Cos.\lambda \pm (y-1)\,i\,Sin.\lambda]^{p+q}} - 2^{p+q}\int_1^0 \frac{y^{q-1}\,dy}{[(1+y)\,Cos.\lambda \mp (1-y)\,i\,Sin.\lambda]^{p+q}}.$$

Or, comme $\pm(y-1) = \mp(1-y)$ et $-\int_1^0 = +\int_0^1$, les deux fonctions à intégrer sont identiquement égales et on peut les comprendre dans une seule de $x=0$ à $x=\infty$, c'est-à-dire:

$I_1 \pm i I_2 = 2^{p+q}\int_0^\infty \frac{y^{q-1}\,dy}{[(y+1)\,Cos.\lambda \pm (y-1)\,i\,Sin.\lambda]^{p+q}}$. Afin de rendre le dénominateur réel, multiplions-le par $(e^{\pm\lambda i})^{p+q} = [Cos\,\lambda \pm i\,Sin.\lambda]^{p+q}$, il devient $(1+y\,e^{\pm 2\lambda i})^{p+q}$, donc:

$$I_1 \pm i I_2 = 2^{p+q} e^{\pm\lambda i(p+q)} \int_0^\infty \frac{y^{q-1}\,dy}{(1+y\,e^{\pm 2\lambda i})^{p+q}} = 2^{p+q} e^{\pm\lambda i(p-q)} \int_0^\infty \frac{(y\,e^{\pm 2\lambda i})^{q-1} d.(y\,e^{\pm 2\lambda i})}{(1+y\,e^{\pm 2\lambda i})^{p+q}}.$$

Maintenant la dernière intégrale se trouve dans le cas, que nous avons étudié Partie Première, N°. 27, pourvu que $e^{\pm 2\lambda i}$ reste plus grand que -1, c'est-à-dire que $(2\lambda)^2$ soit plus petit que π^2 ou $\lambda^2 < \frac{1}{4}\pi^2$; dès-lors on peut prendre la valeur intermédiaire zéro de λ pour simplifier l'intégrale, et l'on a:

$I_1 \pm i I_2 = 2^{p+q} e^{\pm\lambda i(p-q)} \int_0^\infty \frac{y^{q-1}\,dy}{(1+y)^{p+q}} = 2^{p+q} e^{\pm\lambda i(p-q)} \frac{\Gamma(p)\,\Gamma(q)}{\Gamma(p+q)}$, d'après Méth. 4, N°. 6.

Puisque $e^{\pm\lambda i(p-q)} = Cos.\{(p-q)\lambda\} \pm i\,Sin.\{(p-q)\lambda\}$, on peut séparer les parties réelles et les parties imaginaires, et l'on obtient:

$$I_1 = \int_{-1}^{+1} \frac{(1-x)^p(1+x)^q + (1-x)^q(1+x)^p}{(Cos.\lambda \pm x\,i\,Sin.\lambda)^{p+q}} \frac{dx}{1-x^2} = 2^{p+q}\frac{\Gamma(p)\,\Gamma(q)}{\Gamma(p+q)}\,Cos.\{(p-q)\lambda\}, \quad . . \ (432)$$

$$I_2 = \int_{-1}^{+1} \frac{(1-x)^p(1+x)^q - (1-x)^q(1+x)^p}{i(Cos.\lambda \pm x\,i\,Sin.\lambda)^{p+q}} \frac{dx}{1-x^2} = \pm\, 2^{p+q}\frac{\Gamma(p)\,\Gamma(q)}{\Gamma(p+q)}\,Sin.\{(p-q)\lambda\} \quad . \ (433)$$

Dans I_1 prenons $p = r+\frac{1}{2}$, $q = r-\frac{1}{2}$, on aura encore:

$$\int_{-1}^{+1} \frac{(1-x^2)^{r-\frac{3}{2}}\,dx}{(Cos.\lambda \pm x i\,Sin.\lambda)^{2r}} = 2^{2r-1}\frac{\Gamma(r-\frac{1}{2})\,\Gamma(r+\frac{1}{2})}{\Gamma(2r)}\,Cos.\lambda \quad . \ . \ . \ . \ . \ . \ . \ (434)$$

§ 3. MÉTHODE 8. EMPLOI DE LA FORMULE:

$$\int_a^b \varphi(x).f(x)\,dx = \varphi\{a+(b-a)\theta\}\int_a^b f(x)\,dx\,,\ 0<\theta<1.$$

1. Cette formule, qui a été déduite Partie Première N°. 13, trouve son application usuelle dans la détermination des valeurs qui doivent surpasser une intégrale définie cherchée; détermination qui souvent a pour but de décider si l'intégrale en question reste finie ou non. On en a surtout besoin auprès de quelques méthodes, nous offrant une intégrale, qui contient une constante k, soumise à la condition de diverger vers l'infini: la question naît alors, si l'intégrale reste finie ou non.

2. Soit p. e. *l'intégrale* $\int_0^\infty \frac{e^{-kx}\,lx}{e^x+e^{-x}}\frac{dx}{\sqrt{x}}$, où $k=\infty$. Prenons $\varphi(x)=\frac{1}{e^x+e^{-x}}$, d'où, (comme ici $0<a+(b-a)\theta \leqq \infty$), $\frac{1}{2}>\varphi\{a+(b-a)\theta\}>0$. Désignons cette valeur par f, alors d'après Méth. 12, N°. 3 on trouve: $-f(lk+2l2+\Lambda)\sqrt{\frac{\pi}{k}}=-\frac{lk}{\sqrt{k}}f\sqrt{\pi}-f(2l2\Lambda)\sqrt{\frac{\pi}{k}}$. La dernière partie s'annule, lorsque k devient infini: la première partie, qui est indéterminée, donne par la règle ordinaire $\frac{1}{k}:\frac{1}{2\sqrt{k}}=\frac{2}{\sqrt{k}}=0$ pour $k=\infty$, donc:

$$\int_0^\infty \frac{e^{-kx}\,lx}{e^x+e^{-x}}\frac{dx}{\sqrt{x}}=0,\ k=\infty \quad \ldots\ldots\ldots\ldots\ldots\ldots \quad (435)$$

Si le dénominateur était $e^x+e^{-x}+1$, la valeur de f changerait bien, mais n'influerait point sur le résultat; donc:

$$\int_0^\infty \frac{e^{-kx}\,lx}{e^x+e^{-x}+1}\frac{dx}{\sqrt{x}}=0,\ k=\infty \quad \ldots\ldots\ldots\ldots\ldots \quad (436)$$

3. Si on avait *l'intégrale* $\int_0^\infty \frac{e^{-kx}}{e^x+e^{-x}}\frac{dx}{\sqrt{x}}$, pour $\varphi(p)=\frac{1}{e^x+e^{-x}}$, la valeur de f resterait la même; donc comme Méth. 4, N°. 7, $\int_0^\infty \frac{e^{-kx}\,dx}{\sqrt{x}}=\sqrt{\frac{\pi}{k}}$, qui s'annule pour un k infini:

$$\int_0^\infty \frac{e^{-kx}}{e^x+e^{-x}}\frac{dx}{\sqrt{x}}=0,\ k=\infty, \quad \ldots\ldots\ldots\ldots\ldots\ldots \quad (437)$$

et de même:

$$\int_0^\infty \frac{e^{-kx}}{e^x+e^{-x}+1}\frac{dx}{\sqrt{x}}=0,\ k=\infty \quad \ldots\ldots\ldots\ldots\ldots \quad (438)$$

Page 317.

4. Encore pour les *intégrales* $\int_0^\infty \frac{e^{-kx}\,Cos.\,px}{e^x+e^{-x}}\frac{dx}{\sqrt{x}}$ et $\int_0^\infty \frac{e^{-kx}\,Sin.\,px}{e^x+e^{-x}}\frac{dx}{\sqrt{x}}$, on obtiendra toujours la même valeur. En outre, d'après Méth. 26. N°. 2 on a: $\int_0^\infty \frac{e^{-kx}\,Cos.\,px\,dx}{\sqrt{x}} = \sqrt{\left[\frac{\pi}{2}\frac{\sqrt{(p^2+k^2)}+k}{p^2+k^2}\right]}$ et $\int_0^\infty \frac{e^{-kx}\,Sin.\,px\,dx}{\sqrt{x}} = \sqrt{\left[\frac{\pi}{2}\frac{\sqrt{(p^2+k^2)}-k}{p^2+k^2}\right]}$. Lorsque k devient infini, ces intégrales convergent vers $\sqrt{\frac{\pi}{k}}$ et $\sqrt{\frac{0}{2k}}$, c'est-à-dire toutes deux vers zéro. Par conséquent on a:

$$\int_0^\infty \frac{e^{-kx}\,Cos.\,px}{e^x+e^{-x}}\frac{dx}{\sqrt{x}} = 0, \ldots\ldots (439), \qquad \int_0^\infty \frac{e^{-kx}\,Sin.\,px}{e^x+e^{-x}}\frac{dx}{\sqrt{x}} = 0, \ldots\ldots (440)$$

$$\int_0^\infty \frac{e^{-kx}\,Cos.\,px}{e^x+e^{-x}+1}\frac{dx}{\sqrt{x}} = 0, \ldots\ldots (441), \qquad \int_0^\infty \frac{e^{-kx}\,Sin.\,px}{e^x+e^{-x}+1}\frac{dx}{\sqrt{x}} = 0. \ldots\ldots (442)$$

Dans les deux dernières on a changé le dénominateur en $e^x+e^{-x}+1$, où la valeur de f, quoique différente, ne changera en rien la conclusion. Partout nous avons ici $k=\infty$.

5. Soit *l'intégrale* $\int_0^1 \left(\frac{x^{k-1}}{lx}+\frac{x^{p+k}}{1-x}\right)dx = \int_0^1 \left(\frac{1}{lx}+\frac{x^{p+1}}{1-x}\right)x^{k-1}\,dx$, et prenons $\varphi(x) = \frac{1}{lx}+\frac{a^{p+1}}{1-x}$. Ici on a: $a+(b-a)\theta = \theta$ et $\varphi\,\theta = \frac{1}{l\theta}+\frac{\theta^{p+1}}{1-\theta}$; d'autre part $\int_0^1 x^{k-1}\,dx = \frac{1}{k}$. Or, comme le premier facteur reste toujours fini, et que le dernier $\frac{1}{k}$ est zéro, lorsque k devient infini, il faut qu'on ait:

$$\int_0^1 \left(\frac{x^{k-1}}{lx}+\frac{x^{p+k}}{1-x}\right)dx = 0\ ,\ k=\infty \ldots\ldots (443)$$

6. Pour *l'intégrale* $\int_0^\infty \frac{e^{px}-e^{-px}}{e^{qx}-e^{-qx}}\frac{e^{-krx}}{x^s}dx$, soit $\varphi(x) = \frac{e^{px}-e^{-px}}{e^{qx}-e^{-qx}}$, facteur qui reste toujours fini pour chaque valeur de x plus grande que zéro et moindre que l'infini. L'autre facteur $\int_0^\infty \frac{e^{-krx}\,dx}{x^s}$ est $\frac{\Gamma(1-s)}{(kr)^{1-s}}$ d'après Méth. 18, N°. 2. Donc pour $s<1$ et $k=\infty$ elle s'annule et l'on a:

$$\int_0^\infty \frac{e^{px}-e^{-px}}{e^{qx}-e^{-qx}}\frac{e^{-krx}\,dx}{x^s} = 0\ ,\ k=\infty\ ,\ s<1. \ldots\ldots (444)$$

Dans *l'intégrale* $\int_0^1 \frac{x^k(lx)^{p-1}\,dx}{1+2x\,Cos.\,\lambda+x^2}$ le facteur $\frac{1}{1+2x\,Cos.\,\lambda+x^2}$ ne devient jamais infini pour les valeurs de x, $0 < x < \infty$, et on a l'intégrale $\int_0^1 x^k (lx)^{p-1} dx = (-1)^{p-1} \frac{\Gamma(p)}{(k+1)^p}$; voyez Méth. 29, N°. 2. Celle-ci s'évanouit pour $k = \infty$ et l'on obtient:

$$\int_0^1 \frac{x^k (lx)^{p-1} dx}{1 + 2x \, Cos. \lambda + x^2} = 0 \, , k = \infty \, . \, . \, . \, . \, . \, . \, . \, . \, . \, . \, . \, . \, . \, . \quad (445)$$

7. Mais c'est aussi dans le cas où une constante converge vers zéro que cette méthode est employée avec succès pour la détermination d'une intégrale proposée. Évaluons $\int_1^q e^{\pm px} \frac{dx}{x}$ pour Lim. $p = 0$. Alors il est: $\int_1^q e^{\pm px} \frac{dx}{x} = e^{\pm \theta p} \int_1^q \frac{dx}{x} = e^{\pm \theta p} \, l q \; , \; 0 < \theta < 1$. Or, puisque $e^{\pm \theta p} = (e^{\pm p})^{\theta} = 1^{\theta} = 1$ pour la limite 0 de p, on a enfin:

$$\int_1^q e^{\pm px} \frac{dx}{x} = lq \; , \text{ Lim. } p = 0 \, . \, . \, . \, . \, . \, . \, . \, . \, . \, . \, . \, . \, . \, . \, . \, . \quad (446)$$

8. Quelquefois déjà il a été fait usage de notre formule, là où il s'agissait de restreindre la valeur inconnue d'une intégrale à quelque fonction multiple entre des limites resserrées, afin de pouvoir décider quelle valeur de l'indéterminée convenait au cas discuté.

---

§ 4. MÉTHODE 9. DIVISION DE LA FONCTION A INTÉGRER.

1. Comme en général il est: $\int_a^b [f(x) \pm F(x)] dx = \int_a^b f(x) dx \pm \int_a^b F(x) dx$, ... (a)

on peut transformer le second membre de cette équation au lieu du premier, ce qui est souvent d'une grande utilité, puisqu'il y a deux termes qui peuvent être transformés, chacun à part, soit de la même manière, soit d'une manière différente. Or, dans le premier cas la transformation sera en général beaucoup plus simple qu'elle ne le serait dans l'intégrale primitive: dans le second cas cette transformation y serait impossible. On s'aperçoit aisément de quelle utilité peut être une division judicieuse de la fonction à intégrer.

2. On a: $\int_0^1 (1-x) x^{p-1} dx = \int_0^1 x^{p-1} dx - \int_0^1 x^p dx = \frac{1}{p} - \frac{1}{p+1} = \frac{1}{p(p+1)}$, (T. 1, N°.5), d'après Méth. 1, N°. 2. [105].

---

[105] Substituez $1 - x = y$, alors il est: $\int_0^1 (1-y)^{p-1} y \, dy = \frac{1}{p(p+1)}$ . . . . (447)

$$\int_0^1 \frac{1-x^a}{1-x}dx = \int_0^1 \{1+x+x^2+\ldots+x^{a-1}\}\,dx = \int_0^1 dx + \int_0^1 x\,dx + \int_0^1 x^2\,dx + \ldots +$$

$$+\int_0^1 x^{a-1}\,dx = 1+\frac{1}{2}+\frac{1}{3}+\ldots+\frac{1}{a} = \sum_1^a \frac{1}{n},\ (\text{T. 3, N}^\circ.\ 5).$$

$$\int_0^\infty \frac{x^{p-1}\,dx}{1+x+x^2+\ldots+x^{a-1}} = \int_0^\infty \frac{(1-x)\,x^{p-1}\,dx}{1-x^a} = \int_0^\infty \frac{x^{p-1}\,dx}{1-x^a} - \int_0^\infty \frac{x^p\,dx}{1-x^a} =$$

$$= \frac{\pi}{a}\,Cot.\frac{p\pi}{a} - \frac{\pi}{a}\,Cot.\left(\frac{p+1}{a}\pi\right) = \frac{\pi\,Sin.\frac{\pi}{a}}{a\,Sin.\frac{p\pi}{a}.\,Sin.\left(\frac{p+1}{a}\pi\right)},\ p<a;\ \ldots\ldots\ (449)$$

d'après Méth. 22, N°. 11, et aussi de la même manière (voyez encore Méth. 22, N°. 12):

$$\int_0^\infty \frac{x^{p-1}\,dx}{1-x+x^2-\ldots-x^{2a-1}} = \frac{\pi\,Sin.\left(\frac{2p+1}{2a}\pi\right)}{2a\,Sin.\frac{p\pi}{2a}.\,Sin.\left(\frac{p+1}{2a}\pi\right)},\ p<2a;\ \ldots\ldots\ (450)$$

$$\int_0^\infty \frac{x^{p-1}\,dx}{1-x+x^2-\ldots+x^{2a}} = \frac{\pi\,Sin.\left(\frac{2p+1}{2a+1}\frac{\pi}{2}\right).\,Cos.\left(\frac{1}{2}\frac{\pi}{2a+1}\right)}{(2a+1)\,Sin.\left(\frac{p\pi}{2a+1}\right).\,Sin.\left(\frac{p+1}{2a+1}\pi\right)},\ p<2a+1\,..\ (451)$$

3. $\int_0^1 \frac{x^{p-1}+x^{a-p-1}}{(1+x)^a}dx = \int_0^1 \frac{x^{p-1}\,dx}{(1+x)^a} + \int_0^1 \frac{x^{a-p-1}\,dx}{(1+x)^a}$. Dans la dernière intégrale substituons $x=\frac{1}{y}$, $dx=\frac{-dy}{y^2}$ avec ∞ et 1 comme limites de y: alors la fonction à intégrer coïncide avec celle de l'intégrale précédente; mais les limites sont devenues 1 et ∞: on peut donc comprendre ces intégrales dans une seule aux limites 0 et ∞: or, la valeur de celle-ci a été trouvée Méth. 4, N°. 6; donc: $\int_0^1 \frac{x^{p-1}+x^{a-p-1}}{(1+x)^a}dx = \frac{\Gamma(p)\,\Gamma(a-p)}{1^{a/1}}$. (T. 4, N°. 4).

$$\int_0^1 \frac{x^p+x^{-p}}{1+2x\,Cos.\lambda+x^2}dx = \int_0^1 \frac{x^p\,dx}{1+2x\,Cos.\lambda+x^2} + \int_0^1 \frac{x^{-p}\,dx}{1+2x\,Cos.\lambda+x^2}.$$ Ici encore la

---

Prenez encore $y^2=z$, alors: $\int_0^1 (1-\sqrt{z})^{p-1}\,dz = \frac{2}{p(p+1)}$. . . . . (448)

Page 320.

substitution de $x = \frac{1}{y}$ rend la dernière intégrale égale à l'avant-dernière, aux limites près, qui ici sont 1 et ∞: donc on peut rassembler ces deux intégrales dans une seule aux limites 0 et ∞, dont la valeur sera trouvée Méth. 22, N°. 2. Donc:

$$\int_0^1 \frac{x^p + x^{-p}}{1 + 2x\,Cos.\lambda + x^2}\,dx = \frac{\pi\,Sin.p\lambda}{Sin.p\pi.\,Sin.\lambda},\ p < 1.\ \text{(T. 7, N°. 7).}$$

4. $\int_0^1 dx\sqrt{\frac{1-x^2}{1+x^2}} = \int_0^1 \frac{1-x^2}{\sqrt{(1-x^4)}}dx = \int_0^1 \frac{dx}{\sqrt{(1-x^4)}} - \int_0^1 \frac{x^2\,dx}{\sqrt{(1-x^4)}}$. La première a été trouvée Méth. 7, N°. 14. La seconde a pour valeur $\sqrt{2}.E'\left(Sin.\frac{\pi}{4}\right) - \frac{1}{\sqrt{2}}F'\left(Sin.\frac{\pi}{4}\right)$, [106], donc: $\int_0^1 dx\sqrt{\frac{1-x^2}{1+x^2}} = \sqrt{2}\left[F'\left(Sin.\frac{\pi}{4}\right) - E'\left(Sin.\frac{\pi}{4}\right)\right]$. (T. 12, N°. 9). [107].

5. La substitution $x = Tang.y$ donne: $\int_0^1 l(1+x)\frac{dx}{1+x^2} = \int_0^{\frac{\pi}{4}} l(1 + Tang.y)\,dy =$

---

[106] Car pour la même substitution $x = Cos.y$, on a:

$$\int_0^1 \frac{x^2\,dx}{\sqrt{(1-x^4)}} = \int_0^{\frac{\pi}{2}} \frac{Cos.^2 y\,dy}{\sqrt{(1+Cos.^2 y)}} = \int_0^{\frac{\pi}{2}} \frac{2 - Sin.^2 y - 1}{\sqrt{(2 - Sin.^2 y)}}dy = \int_0^{\frac{\pi}{2}} dy\sqrt{(2 - Sin.^2 y)} -$$

$$- \int_0^{\frac{\pi}{2}} \frac{dy}{\sqrt{(2 - Sin.^2 y)}} = \sqrt{2}.E'\left(Sin.\frac{\pi}{4}\right) - \frac{1}{\sqrt{2}}F'\left(Sin.\frac{\pi}{4}\right);\ \ldots\ldots\ (452)$$

d'où encore:

$$\int_0^{\frac{\pi}{2}} \frac{Cos.^2 x\,dx}{\sqrt{(1+Cos.^2 x)}},\ (453),\ = \sqrt{2}.E'\left(Sin.\frac{\pi}{4}\right) - \frac{1}{\sqrt{2}}F'\left(Sin.\frac{\pi}{4}\right) = \int_0^{\frac{\pi}{2}} \frac{Sin.^2 x\,dx}{\sqrt{(1+Sin.^2 x)}}.\ \text{(T. 75, N°.3).}$$

[107] Posons successivement $x = Tang.y, = Sin.y, = Cos.y$, et nous aurons:

$$\int_0^{\frac{\pi}{4}} dx\sqrt{(1 - Tang.^4 x)} = \int_0^{\frac{\pi}{4}} \frac{dx\sqrt{Cos.2x}}{Cos.^2 x},\ \text{(T. 50, N°. 1, 3)},\ = \int_0^{\frac{\pi}{2}} \frac{Cos.^2 x\,dx}{\sqrt{(1+Sin.^2 x)}},\ \text{(T. 75, N°. 2)},\ =$$

$$= \int_0^{\frac{\pi}{2}} \frac{Sin.^2 x\,dx}{\sqrt{(1+Cos.^2 x)}},\ \ldots\ (454),\ = \sqrt{2}.\left[F'\left(Sin.\frac{\pi}{4}\right) - E'\left(Sin.\frac{\pi}{4}\right)\right].$$

$\int_0^{\frac{\pi}{2}} l\frac{Cos.\left(\frac{\pi}{4}-x\right).\sqrt{2}}{Cos.x}dx = \int_0^{\frac{\pi}{4}} l\,Cos.\left(\frac{\pi}{4}-x\right)dx + l(\sqrt{2}).\int_0^{\frac{\pi}{4}} dx - \int_0^{\frac{\pi}{4}} l\,Cos.x\,dx.$ Dans la première intégrale du dernier membre soit $\frac{\pi}{4}-x=y$, alors elle devient égale à la dernière intégrale de ce même membre mais à signe contraire: ces deux intégrales se détruisent par conséquent, et il vient:

$\int_0^1 l(1+x)\frac{dx}{1+x^2}$,(T.160,N°.2),$=\int_0^{\frac{\pi}{4}} l(1+Tg.y)dy$,(T.306,N°.1),$=l(\sqrt{2}).\int_0^{\frac{\pi}{4}} dx=\frac{\pi}{4}l(\sqrt{2})=\frac{\pi}{8}l2.$ [108].

6. De *l'intégrale* $\int_0^1 l\Gamma(x+p)\,dx$. On a trouvé (Méth. 3, N°. 7, Note) la formule $\Gamma(x+p)=x^{p/1}\Gamma(x)=x(x+1)\ldots(x+p-1)\Gamma(p)$. Prenons les logarithmes de part et d'autre, et intégrons entre les limites 0 et 1: $\int_0^1 l\Gamma(x+p)dx=\int_0^1\left[lx+l(x+1)+\ldots+l(x+p-1)+l\Gamma(x)\right]dx=$ $=\sum_0^{p-1}\int_0^1 l(x+n)\,dx+\int_0^1 l\Gamma(x)dx$. L'intégrale sous le signe de sommation est la formule (71) (ou T.42, N°.9); l'autre a été trouvée Méth. 4, N°.15. Donc: $\int_0^1 l(x+p)dx=\frac{1}{2}l2\pi+\sum_0^{p-1}\{(1+n)l(1+n)-nln-1\}$.

Mais la sommation se laisse réduire de beaucoup, car, en posant m au lieu de $1+n$ dans la première des sommations partielles, on la trouve égale à $\sum_0^{p-1}(1+n)l(1+n)-\sum_0^{p-1}nln-\sum_0^{p-1}1=$ $=\sum_1^{p}mlm-\sum_0^{p-1}nln-p$, puisque la dernière de ces sommations n'est autre que p fois l'unité. Or, $\sum_1^{p}mlm=\sum_1^{p-1}nln+plp$ et $\sum_0^{p-1}nln=\sum_1^{p-1}nln$, parce que pour $n=0$, l'argument nln s'annule; donc enfin: $\sum_0^{p-1}\{(1+n)l(1+n)-nln-1\}=plp-p$ et: $\int_0^1 l\Gamma(x+p)\,dx=\frac{1}{2}l2\pi+plp-p.$ (T. 367, N°. 4).

7. Aussitôt que l'on a un dénominateur à plusieurs facteurs, il faut faire usage des règles connues pour la réduction en fractions partielles; alors on est ramené à plusieurs intégrales partielles, qui seront toujours d'une forme plus simple que l'intégrale primitive. Dans la suite le

---

[108] On déduira cette intégrale d'une autre manière Méth. 19, N°. 1. Page 322.

calcul des fonctions partielles sera entièrement omis, et les résultats seuls de ces calculs seront regardés comme donnés: en général pourtant on pourra aisément les vérifier.

$$\int_0^\infty \frac{1-x}{1+x}\frac{dx}{1+x^2} = \int_0^\infty \left\{\frac{dx}{1+x} - \frac{x\,dx}{1+x^2}\right\} = \int_0^\infty \left(d.l\,(1+x) - \frac{1}{2}\,d.l\,(1+x^2)\right) =$$

$$= \int_0^\infty \frac{1}{2} d.l\,\frac{(1+x)^2}{1+x^2} = 0, \text{ (T. 24, N°. 5)},$$

$$\int_0^1 \frac{x}{1+x^2}\frac{dx}{1+px} = \frac{1}{1+p^2}\int_0^1 dx\left\{\frac{p+x}{1+x^2} - \frac{p}{1+px}\right\} = \frac{1}{1+p^2}\int_0^1 \left[pd.Arctg.x + \frac{1}{2}d.l(1+x^2) - d.l(1+px)\right] =$$

$$= \frac{1}{1+p^2}\left[p\frac{\pi}{4} + \frac{1}{2}\,l\,2 - l(1+p)\right] = \frac{1}{1+p^2}\left\{\frac{p\,\pi}{4} - l\frac{1+p}{\sqrt{2}}\right\}, \text{ (T. 6, N°. 1)},$$

$$\int_0^1 \frac{dx}{1-p^2x^2} = \frac{1}{2}\int_0^1\left(\frac{dx}{1+px} + \frac{dx}{1-px}\right) = \frac{1}{2p}\int_0^1 d.l\frac{1+px}{1-px} = \frac{1}{2p}\,l\,\frac{1+p}{1-p}. \text{ [109]}. \quad (455)$$

8. $$\int_0^\infty \frac{x^q - x^r}{(x-1)(x+p)}dx = \frac{1}{1+p}\int_0^\infty (x^q - x^r)\,dx\left\{\frac{1}{x-1} - \frac{1}{x+p}\right\} = \frac{1}{1+p}\left[\pi\,Cot.\,r\pi - \pi\,Cot.\,q\pi - \right.$$

$$\left. - \frac{\pi p^q}{Sin.\{(q+1)\pi\}} + \frac{\pi p^r}{Sin.\{(r+1)\pi\}}\right] = \frac{\pi}{1+p}\left[\frac{p^q - Cos.q\pi}{Sin.\,q\pi} - \frac{p^r - Cos.r\pi}{Sin.\,r\pi}\right], q<1, r<1; \text{ (T. 23, N°. 15.)},$$

d'après les intégrales trouvées Méth. 22, N°. 11 et 12. Rien n'empêche de prendre zéro pour r, mais alors le dernier terme dans la valeur devient indéterminé. Or, la règle ordinaire donne: $\frac{p^r - Cos.r\pi}{Sin.\,r\pi} = \frac{p^r lp + \pi\,Sin.\,r\pi}{\pi\,Cos.\,r\pi} = \frac{lp}{\pi}$, par conséquent: $\int_0^\infty \frac{x^q - 1}{(x-1)(x+p)}dx = \frac{\pi}{1+p}\left(\frac{p^q - Cos.q\pi}{Sin.\,q\pi} - \frac{lp}{\pi}\right)$, $q^2 < 1$. (T. 23, N°. 16). [110].

De la même manière, et à l'aide de la même intégrale de la Méth. 22 on obtient:

---

[109] Pour $x = Sin.y, p = Cos.\lambda$, on a: $\int_0^{\frac{\pi}{2}} \frac{Cos.\,x\,dx}{Sin.^2\lambda - Cos.^2\lambda.Cos.^2 x} = Sec.\,\lambda\,l\,Cot.\,\tfrac{1}{2}\lambda$. (T. 66, N°. 17).

[110] Primitivement on a $0 < q < 1$, mais lorsque dans cette intégrale on suppose $x = \frac{1}{y}$ et $p = \frac{1}{p}$, on obtient: $-p\int_0^\infty \frac{y^{-q} - 1}{(y-1)(y+p)}dy = \frac{-p\pi}{1+p}\left\{\frac{p^{-q}\,Cos.(-q\pi)}{Sin.(-q\pi)} - \frac{lp}{\pi}\right\}$, d'où il s'ensuit que la valeur de q peut être négative aussi; donc: $-1 < q < 1$, ou $q^2 < 1$.

Page 323.

$$\int_0^\infty \frac{x^p - x^{p-q}}{x-1}\,\frac{x^q - r^q}{x-r}\,dx = \frac{1}{r-1}\int_0^\infty (x^p - x^{p-q})\,(x^q - r^q)\,dx\left(\frac{1}{x-r} - \frac{1}{x-1}\right) =$$

$$= \frac{1}{r-1}\int_0^\infty \frac{(x^p - x^{p-q})\,(x^q - r^q)}{x-r}\,dx - \frac{1}{r-1}\int_0^\infty \frac{(x^p - x^{p-q})\,(x^q - r^q)}{x-1}\,dx.$$

Dans la première de ces intégrales supposons $x = ry$, alors on trouve pour l'intégrale primitive:

$$\frac{1}{r-1}\int_0^\infty \frac{(r^{p+q}-1)\,x^{p+q} + (1-r^p)\,(1+r^q)\,x^p + (r^p - r^q)\,x^{p-q}}{x-1}\,dx =$$

$$= \frac{\pi}{r-1}\,\frac{Sin.\,q\pi}{Sin.\,p\pi}\left[\frac{r^{p+q}-1}{Sin.\,\{(p+q)\,\pi\}} + \frac{r^q - r^p}{Sin.\,\{(p-q)\,\pi\}}\right],\ p+q<1.\ \text{(T. 23, N}^\circ\text{. 17).}$$

Pour le cas de $q = p$ on a: $\dfrac{r^q - r^p}{Sin.\,\{(p-q)\,\pi\}} = r^q\,\dfrac{-r^{p-q}\,l\,r}{\pi\,Cos.\,\{(p-q)\,\pi\}} = -\dfrac{r^p}{\pi}\,l\,r$, donc:

$$\int_0^\infty \frac{x^p - 1}{x-1}\,\frac{x^p - r^p}{x-r}\,dx = \frac{\pi}{r-1}\left[\frac{r^{2p}-1}{Sin.\,2\,p\pi} - \frac{r^p\,lr}{\pi}\right],\ 2p<1.\ \text{(T. 23, N}^\circ\text{. 18).}$$

Pour le cas de $p = 0$, il faut en premier lieu transformer la valeur de T. 23, N$^\circ$. 17 ainsi:

$$\frac{\pi}{r-1}\,\frac{Sin.\,q\,\pi}{Sin.\,\{(p+q)\,\pi\}.\,Sin.\,\{(p-q)\,\pi\}}\left[(r^q-1)\,(1+r^p)\,Cos.\,q\,\pi + Sin.\,q\,\pi.\,(r^q+1)\,\frac{1-r^p}{Tang.\,p\,\pi}\right].$$

Or, $\dfrac{1-r^p}{Tg.\,p\pi} = \dfrac{-r^p\,lr}{\pi\,Sec.^2\,p\pi} = -\dfrac{lr}{\pi}$ donc: $\displaystyle\int_0^\infty \frac{1-x^{-q}}{x-1}\,\frac{x^q-r^q}{x-r}\,dx = \frac{-\pi}{r-1}\left\{2(r^q-1)\,Cot.\,q\pi - (r^q+1)\,\frac{lr}{\pi}\right\}$.

(T. 22, N$^\circ$. 19). Prenons enfin dans celle-ci $r = 1$, d'où $\dfrac{r^q-1}{r-1} = \dfrac{q r^{q-1}}{1} = q$, $\dfrac{lr}{r-1} = \dfrac{1:r}{1} = 1$ et

$$\int_0^\infty \frac{1-x^{-q}}{x-1}\,\frac{x^q-1}{x-1}\,dx\ ,\ (456),\ = \int_0^\infty \frac{(x^{\frac{1}{2}q} - x^{-\frac{1}{2}q})^2}{(x-1)^2}\,dx = 2 - 2q\,\pi\,Cot.\,q\pi.\ \text{(T. 28, N}^\circ\text{. 7).}$$

9. $$\int_0^{r\pi} \frac{Cos.\,x\,dx}{(p+q\,Cos.\,x)^2} = \frac{1}{q}\int_0^{r\pi}\left\{\frac{dx}{p+q\,Cos.\,x} - \frac{p\,dx}{(p+q\,Cos.\,x)^2}\right\}.$$

Mais encore: $\displaystyle\int_0^{r\pi} \frac{dx}{(p+q\,Cos.\,x)^2} = \frac{1}{p^2-q^2}\int_0^{r\pi}\left\{\frac{p\,dx}{p+q\,Cos.\,x} - \frac{p\,Cos.\,x+q}{(p+q\,Cos.\,x)^2}\,q\,dx\right\}$, et enfin:

$$\int_0^{r\pi} \frac{p\,Cos.\,x+q}{(p+q\,Cos.\,x)^2}\,dx = \frac{1}{q}\int_0^{r\pi} \frac{p\,Cos.\,x+q}{Sin.\,x}\,d.\,\frac{1}{p+q\,Cos\,x} = \frac{1}{q}\,\frac{p\,Cos.\,x+q}{p+q\,Cos.\,x}\,\frac{1}{Sin.\,x}\Big\}_0^{r\pi} -$$

$$-\frac{1}{q}\int_0^{r\pi} \frac{1}{p+q\,Cos.\,x}\,\frac{Sin.\,x\,(-p\,Sin.\,x) - (p\,Cos.\,x+q)\,Cos.\,x}{Sin.^2\,x}\,dx = \frac{1}{q}\,\frac{p\,Cos.\,x+q}{p+q\,Cos.\,x}\,\frac{1}{Sin.\,x}\Big\}_0^{r\pi} +$$

$$+\frac{1}{q}\int_0^{r\pi}\frac{dx}{Sin.^2 x}=\frac{1}{q}\frac{p\,Cos.x+q}{p+q\,Cos.x}\frac{1}{Sin.x}\Big\}_0^{r\pi}-\frac{1}{q}\,Cot.x\Big\}_0^{r\pi}=\frac{Sin.x}{p+q\,Cos.x}\Big\}_0^{r\pi}.$$ Quoique ici à l'aide de l'intégration par parties on obtienne d'abord une partie intégrée qui devient infinie pour la valeur zéro de x, il n'en résulte aucune difficulté, puisque la seconde intégrale donne un résultat également infini: ce n'est que par la combinaison de ces deux résultats que le facteur $Sin.x$, qui se trouvait dans le dénominateur, est détruit par un autre $Sin.x$ dans le numérateur. On trouve donc:

$$\int_0^{r\pi}\frac{p\,Cos\,x+q}{(p+q\,Cos.x)^2}\,dx=\frac{Sin.r\pi}{p+q\,Cos.r\pi},\ \ldots\ (457),\qquad =0,\ (r=a),\ \ldots\ (458)$$

$$=\frac{1}{p}(r=2a+\tfrac{1}{2})\ .\ (459),\qquad =-\frac{1}{p}(r=2a-\tfrac{1}{2})\ .\ (460).$$ Donc à l'aide de Méth. 1, N°. 13:

$$\int_0^{r\pi}\frac{dx}{(p+q\,Cos.x)^2}=\frac{1}{p^2-q^2}\frac{a\pi}{\sqrt{\left(1-\frac{q^2}{p^2}\right)}},\ (p^2<q^2);\quad =0\,(p^2<q^2),\ (r=a),\ \ldots\ (461)$$

$$=\frac{1}{p^2-q^2}\left\{\frac{2a\pi}{\sqrt{\left(1-\frac{q^2}{p^2}\right)}}-\frac{q}{p}+\frac{1}{\sqrt{\left(1-\frac{q^2}{p^2}\right)}}Arccos.\frac{q}{p}\right\},\left(p^2>q^2\right),=\frac{1}{q^2-p^2}\left\{\frac{q}{p}+\frac{p}{\sqrt{(q^2-p^2)}}\,l\frac{p}{q+\sqrt{(q^2-p^2)}}\right\},$$

$$(p^2<q^2),\ (r=2a+\tfrac{1}{2}),\ (462),\ =\frac{1}{p^2-q^2}\left\{\frac{(2a-1)\pi}{\sqrt{\left(1-\frac{q^2}{p^2}\right)}}+\frac{q}{p}+\frac{1}{\sqrt{\left(1-\frac{q^2}{p^2}\right)}}Arccos.\frac{p}{q}\right\},(p^2>q^2),$$

$$=\frac{1}{q^2-p^2}\left\{-\frac{q}{p}+\frac{p}{\sqrt{(q^2-p^2)}}\,l\frac{p}{q+\sqrt{(q^2-p^2)}}\right\},\ (p^2<q^2),\ (r=2a-\tfrac{1}{2}),\ \ldots\ (463)$$

$$\int_0^{r\pi}\frac{Cos.x\,dx}{(p+q\,Cos.x)^2}=\frac{-1}{p^2-q^2}\frac{qa\pi}{p\sqrt{\left(1-\frac{q^2}{p^2}\right)}},\ (p^2>q^2),=0,\ (p^2<q^2),\ (r=a),\ \ldots\ (464)$$

$$=\frac{1}{p^2-q^2}\left\{\frac{-2aq\pi}{p\sqrt{\left(1-\frac{q^2}{p^2}\right)}}+1-\frac{q}{p\sqrt{\left(1-\frac{q^2}{p^2}\right)}}Arccos.\frac{q}{p}\right\},(p^2>q^2),=\frac{1}{q^2-p^2}\left\{-1+\frac{q}{\sqrt{(q^2-p^2)}}\,l\frac{q+\sqrt{(q^2-p^2)}}{p}\right\},$$

$$(p^2<q^2),\ (r=2a+\tfrac{1}{2}),\ (465),\ =\frac{-1}{p^2-q^2}\left\{\frac{(2a-1)q\pi}{p\sqrt{\left(1-\frac{q^2}{p^2}\right)}}+1+\frac{q}{p\sqrt{\left(1-\frac{q^2}{p^2}\right)}}Arccos.\frac{q}{p}\right\},(p^2>q^2),$$

$$=\frac{1}{q^2-p^2}\left\{1+\frac{q}{\sqrt{(q^2-p^2)}}\,l\frac{q+\sqrt{(q^2-p^2)}}{p}\right\},\ (p^2<q^2),\ (r=2a-\tfrac{1}{2}).\ \ldots\ (466)$$

10. $\int_0^{\infty}\frac{x\,Sin.px\,dx}{q^2-x^2}=\frac{1}{2}\int_0^{\infty}Sin.px\frac{dx}{q-x}-\frac{1}{2}\int_0^{\infty}Sin.px\frac{dx}{q+x}$. Dans la dernière intégrale posons

Page 325.

$q+x=y$, alors: $\int_0^\infty Sin.px\frac{dx}{q+x}=\int_q^\infty Sin.\{p(y-q)\}\frac{dy}{y}=\int_0^\infty Sin.\{p(y-q)\}\frac{dy}{y}-\int_0^q Sin.\{p(y-q)\}\frac{dy}{y}$.

La première des intégrales partielles dans l'équation primitive devient discontinue pour la valeur q de x: par conséquent il faut (Méth. 2) chercher la correction Δ correspondante. Elle est:

$$\Delta=\int_{q-\varepsilon}^{q+\varepsilon}Sin.px\frac{dx}{q-x}=\int_{-\varepsilon}^{+\varepsilon}Sin.\{p(x+q)\}\frac{dx}{x}\text{ (par l'introduction de }y=q-x)=Sin.pq.\int_{-\varepsilon}^{+\varepsilon}Cos.px\frac{dx}{x}+$$

$$+Cos.pq.\int_{-\varepsilon}^{+\varepsilon}Sin.px\frac{dx}{x}=Sin.pq.\int_{-\varepsilon}^{+\varepsilon}dx\sum_0^\infty\frac{(-1)^n}{1^{2n|1}}\frac{(px)^{2n}}{x}+Cos.pq.\int_{-\varepsilon}^{+\varepsilon}dx\sum_0^\infty\frac{(-1)^n}{1^{2n+1|1}}\frac{(px)^{2n+1}}{x}=$$

$$=Sin.pq.\left\{\frac{1}{2}l(x^2)+\sum_1^\infty\frac{(-1)^n}{1^{2n|1}}\frac{(px)^{2n}}{2n}\right\}_{-\varepsilon}^{+\varepsilon}+Cos.pq.\sum_1^\infty\frac{(-1)^n}{1^{2n+1|1}}\frac{(px)^{2n+1}}{2n+1}\Big\}_{-\varepsilon}^{\varepsilon}=$$

$$=Sin.pq.\left\{\frac{1}{2}l\frac{(-\varepsilon)^2}{\varepsilon^2}+\sum_1^\infty\frac{(-1)^n}{1^{2n|1}}\frac{(p\varepsilon)^{2n}-(-p\varepsilon)^{2n}}{2n}\right\}+Cos.pq.\sum_1^\infty\frac{(-1)^n}{1^{2n+1|1}}\frac{2(p\varepsilon)^{2n+1}}{2n+1}.$$

Or, comme le facteur de $Sin.pq$ est identiquement zéro, que celui de $Cos.pq$ est une série de ε à puissances positives, et s'évanouit ainsi pour la limite zéro de ε, la correction est nulle. Substituons maintenant dans cette même intégrale $q-x=y$, alors elle est:

$\int_0^\infty Sin.px\frac{dx}{q-x}=-\int_q^{-\infty}Sin.\{p(q-y)\}\frac{dy}{y}=-\int_0^{-\infty}Sin.\{p(q-y)\}\frac{dy}{y}+\int_0^q Sin.\{p(q-y)\}\frac{dy}{y}$, et par conséquent l'intégrale primitive: $\int_0^\infty\frac{x\,Sin.px\,dx}{q^2-x^2}=\frac{1}{2}\Big[-\int_0^{-\infty}Sin.\{p(q-y)\}\frac{dy}{y}+\int_0^q Sin.\{p(q-y)\}\frac{dy}{y}-$

$-\int_0^\infty Sin.\{p(y-q)\}\frac{dy}{y}+\int_0^q Sin.\{p(y-q)\}\frac{dy}{y}\Big]$. Comme $Sin.\{p(y-q)\}=-Sin.\{p(q-y)\}$, les deux intégrales prises entre 0 et q se détruisent. Substituons $y=-z$ dans la première intégrale, au second membre, qui va de 0 à $-\infty$. On obtient: $\int_0^\infty\frac{x\,Sin.px\,dx}{q^2-x^2}=-\frac{1}{2}\Big[\int_0^\infty Sin.\{p(x+q)\}\frac{dx}{x}+$

$+\int_0^\infty Sin.\{p(x-q)\}\frac{dx}{x}\Big]=-\frac{1}{2}\int_0^\infty\frac{dx}{x}\big[Sin.\{p(x+q)\}+Sin.\{p(x-q)\}\big]=-Cos.pq.\int_0^\infty\frac{Sin.px\,dx}{x}=$

$=-\frac{\pi}{2}Cos.pq$, (T. 206, N$^{\circ}$. 1), d'après Méth. 6, N$^{\circ}$. 5. De la même manière on trouverait:

$$\int_0^\infty Cos.px\frac{dx}{q^2-x^2}=\frac{\pi}{2q}Sin.pq.\text{ (T. 206, N}^{\circ}\text{. 2). [111].}$$

---

[111] Ces intégrales seront déduites d'une autre manière Méth. 24, N°. 5, Méth. 25, N°. 3, Méth. 43, N°. 14. Page 326.

11. $\int_0^\pi \frac{x\,dx}{p^2-Cos.^2 x} = \frac{1}{2p}\int_0^\pi\left(\frac{x\,dx}{p-Cos.x}+\frac{x\,dx}{p+Cos.x}\right)$. Dans la première intégrale partielle substituez $x=\pi-y$, vous aurez: $\int_0^\pi \frac{x\,dx}{p^2-Cos.^2 x} = \frac{1}{2p}\int_0^\pi \frac{\pi-x}{p+Cos.x}dx + \frac{1}{2p}\int_0^\pi \frac{x\,dx}{p+Cos.x} =$

$= \frac{\pi}{2p}\int_0^\pi \frac{dx}{p+Cos.x} = \frac{\pi}{2p\sqrt{(p^2-1)}}$, $(p>1)$, $=0$, $(p<1)$, (T. 246, N°. 14, 15), d'après Méth. 1, N°. 13.

12. $\int_0^{\frac{\pi}{2}} \frac{dx}{\sqrt{(1-p^2 Sin.^2 x)^3}} =$

$$= \frac{1}{1-p^2}\int_0^{\frac{\pi}{2}} \frac{(1-2p^2 Sin.^2 x+p^4 Sin.^4 x)-p^2\{(Cos.^2 x-Sin.^2 x)(1-p^2 Sin.^2 x)+Sin.^2 x.Cos.^2 x\}}{\sqrt{(1-p^2 Sin.^2 x)^3}}dx =$$

$$= \frac{1}{1-p^2}\int_0^{\frac{\pi}{2}} dx\sqrt{(1-p^2 Sin.^2 x)} - \frac{p^2}{1-p^2}\int_0^{\frac{\pi}{2}} d.\frac{Sin.x.Cos.x}{\sqrt{(1-p^2 Sin.^2 x)}} = \frac{1}{1-p^2}\,\mathrm{E}'(p).\ \text{(T. 75, N°. 18)}.$$

De même: $\int_0^{\frac{\pi}{2}} \frac{Sin.^2 x\,dx}{\sqrt{(1-p^2 Sin.^2 x)^3}} = \frac{1}{p^2}\int_0^{\frac{\pi}{2}}\left\{\frac{dx}{\sqrt{(1-p^2 Sin.^2 x)^3}} - \frac{dx}{\sqrt{(1-p^2 Sin.^2 x)}}\right\} =$

$= \frac{1}{p^2}\left\{\frac{1}{1-p^2}\mathrm{E}'(p)-\mathrm{F}'(p)\right\}$. (T. 75, N°. 20). Encore:

La première peut encore se déduire de la seconde moyennant la différentiation par rapport à p. — A l'aide des premières intégrales de Méth. 7, N°. 2 on obtient encore:

$$\int_0^\infty \frac{Sin.px\,dx}{q-x} = 2\int_0^\infty Sin.px\frac{x\,dx}{q^2-x^2} + \int_0^\infty \frac{Sin.px\,dx}{q+x} = Sin.pq.\,Ci.(pq) - Cos.pq\left\{\frac{\pi}{2}+Si.(pq)\right\},\ \text{(T. 203, N°. 11)},$$

$$\int_0^\infty \frac{Cos.px\,dx}{q-x} = 2q\int_0^\infty Cos.px\frac{dx}{q^2-x^2} - \int_0^\infty \frac{Cos.px\,dx}{q+x} = Cos.pq.\,Ci.(pq) + Sin.pq\left\{\frac{\pi}{2}+Si.(pq)\right\},\ \text{(T. 203, N°. 12)},$$

$$\int_0^\infty Sin.px\frac{q\,dx}{q^2-x^2} = \int_0^\infty Sin.px\frac{x\,dx}{q^2-x^2} - \int_0^\infty \frac{Sin.px\,dx}{q+x} = Sin.pq.\,Ci.(pq) - Cos.pq.\,Si.(pq),\ \text{(T. 206, N°. 9)},$$

$$\int_0^\infty \frac{x\,Cos.px\,dx}{q^2-x^2} = q\int_0^\infty \frac{Cos.px\,dx}{q^2-x^2} - \int_0^\infty \frac{Cos.px\,dx}{q+x} = Cos.pq.\,Ci.(pq) + Sin.pq.\,Si.(pq),\ \text{(T. 206, N°. 10)}.$$

$$\int_0^{\frac{\pi}{2}} \frac{Cos.^2 x\,dx}{\sqrt{(1-p^2 Sin.^2 x)^3}} = \frac{1}{p^2}\int_0^{\frac{\pi}{2}}\left\{\frac{dx}{\sqrt{(1-p^2 Sin.^2 x)}} - \frac{1-p^2}{\sqrt{(1-p^2 Sin.^2 x)^3}}\right\}dx = \frac{1}{p^2}\{F'(p) - E'(p)\}. [112]. \quad (467)$$

13. *Des intégrales* $\int_0^{\frac{\pi}{2}} \frac{dx}{\sqrt{(p \pm q\,Cos.\,x)}}$, $\int_0^{\frac{\pi}{2}} \frac{Cos.\,x\,dx}{\sqrt{(p \pm q\,Cos.\,x)}}$. Soit $x = 2y$, d'où $Cos.\,x =$ $= Cos.\,2y = 1 - 2\,Sin.^2 y$, et l'on a: $\int_0^{\frac{\pi}{2}} \frac{dx}{\sqrt{(p + q\,Cos.\,x)}} = 2\int_0^{\frac{\pi}{4}} \frac{dy}{\sqrt{(p + q - 2q\,Sin.^2 y)}} =$

$$= \frac{2}{\sqrt{(p+q)}}\int_0^{\frac{\pi}{4}} \frac{dy}{\sqrt{\left(1 - \frac{2q}{p+q}Sin.^2 y\right)}} = \frac{2}{\sqrt{(p+q)}} F\left(\frac{\pi}{4}, \sqrt{\frac{2q}{p+q}}\right). \text{ (T. 74, N°. 1).}$$

$$\int_0^{\frac{\pi}{2}} \frac{Cos.\,x\,dx}{\sqrt{(p + q\,Cos.\,x)}} = 2\int_0^{\frac{\pi}{4}} \frac{1 - 2\,Sin.^2 y}{\sqrt{(p + q - 2q\,Sin.^2 y)}}\,dy = \frac{1}{q}\int_0^{\frac{\pi}{4}}\{dy\sqrt{(p+q-2q\,Sin.^2 y)}\} -$$

$$-\frac{2p}{q}\int_0^{\frac{\pi}{4}} \frac{dy}{\sqrt{(p+q-2q Sin.^2 y)}} = \frac{2\sqrt{(p+q)}}{q}\int_0^{\frac{\pi}{2}} dy\sqrt{\left(1 - \frac{2q}{p+q}Sin.^2 y\right)} - \frac{2p}{q\sqrt{(p+q)}}\int_0^{\frac{\pi}{4}} \frac{dy}{\sqrt{\left(1 - \frac{2q}{p+q}Sin.^2 y\right)}} =$$

$$= \frac{2}{q\sqrt{(p+q)}}\left\{(p+q)\,E\left(\frac{\pi}{4}, \sqrt{\frac{2q}{p+q}}\right) - p\,F\left(\frac{\pi}{4}, \sqrt{\frac{2q}{p+q}}\right)\right\}. \text{ (T. 74, N°. 4).}$$

Pour les deux autres intégrales au contraire soit $x = \pi - 2z$, $Cos.\,x = -Cos.\,2z = 2\,Sin.^2 z - 1$, avec $\frac{\pi}{2}$ et $\frac{\pi}{4}$ comme limites de z; on trouve:

$$\int_0^{\frac{\pi}{2}} \frac{dx}{\sqrt{(p - q\,Cos.\,x)}} = 2\int_{\frac{\pi}{4}}^{\frac{\pi}{2}} \frac{dz}{\sqrt{(p - 2q\,Sin.^2 z + q)}} = \frac{2}{\sqrt{(p+q)}}\int_{\frac{\pi}{4}}^{\frac{\pi}{2}} \frac{dz}{\sqrt{\left(1 - \frac{2q}{p+q}Sin.^2 z\right)}} =$$

$$= \frac{2}{\sqrt{(p+q)}}\left\{F'\left(\sqrt{\frac{2q}{p+q}}\right) - F\left(\frac{\pi}{4}, \sqrt{\frac{2q}{p+q}}\right)\right\}, \text{ (T. 74, N°. 2),}$$

[112] On trouverait de même:

$$\int^{\frac{\pi}{2}} \frac{dx}{\sqrt{(1 - p^2 Cos.^2 x)^3}} = \frac{1}{1-p^2}E'(p), . (468), \quad \int_0^{\frac{\pi}{2}} \frac{Sin.^2 x\,dx}{\sqrt{(1 - p^2\,Cos.^2 x)^3}} = \frac{1}{p^2}\{F'(p) - E'(p)\}, . (469)$$

$$\int_0^{\frac{\pi}{2}} \frac{Cos.^2 x\,dx}{\sqrt{(1 - p^2\,Cos.^2 x)^3}} = \frac{1}{p^2}\left\{\frac{1}{1-p^2}E'(p) - F'(p)\right\} \quad \ldots\ldots\ldots \quad (470)$$

Page 328.

$$\int_0^{\frac{\pi}{2}} \frac{Cos.\,x\,dx}{\sqrt{(p-q\,Cos.\,x)}} = 2\int_{\frac{\pi}{4}}^{\frac{\pi}{2}} \frac{2\,Sin.^2 z - 1}{\sqrt{(p-2q\,Sin.^2 z+q)}}dz = -\frac{2}{q}\int_{\frac{\pi}{4}}^{\frac{\pi}{2}} dz\sqrt{(p+q-2q\,Sin.^2 z)} +$$

$$+\frac{2p}{q}\int_{\frac{\pi}{4}}^{\frac{\pi}{2}} \frac{dz}{\sqrt{(p+q-2q\,Sin.^2 z)}} = -\frac{2}{q}\sqrt{(p+q)}\int_{\frac{\pi}{4}}^{\frac{\pi}{2}} dz\sqrt{\left(1-\frac{2q}{p+q}Sin.^2 z\right)} +$$

$$+\frac{2p}{q\sqrt{(p+q)}}\int_{\frac{\pi}{4}}^{\frac{\pi}{2}} \frac{dz}{\sqrt{\left(1-\frac{2q}{p+q}Sin.^2 z\right)}} = \frac{-2\sqrt{(p+q)}}{q}\left\{E'\left(\sqrt{\frac{2q}{p+q}}\right)-E\left(\frac{\pi}{4},\sqrt{\frac{2q}{p+q}}\right)\right\} +$$

$$+\frac{2p}{q\sqrt{(p+q)}}\left\{F'\left(\sqrt{\frac{2q}{p+q}}\right)-F\left(\frac{\pi}{4},\sqrt{\frac{2q}{p+q}}\right)\right\}.$$ (T. 74, N°. 3). [113]. Mais on a encore:

$$\int_0^{2\pi}\frac{dx}{\sqrt{(p-q Cos.x)}}=\int_0^{\frac{\pi}{2}}\frac{dx}{\sqrt{(p-q Cos.x)}}+\int_{\frac{\pi}{2}}^{\pi}\frac{dx}{\sqrt{(p-q Cos.x)}}+\int_{\pi}^{\frac{3\pi}{2}}\frac{dx}{\sqrt{(p-q Cos.x)}}+\int_{\frac{3\pi}{2}}^{2\pi}\frac{dx}{\sqrt{(p-q Cos.x)}}$$ et

$$\int_0^{2\pi}\frac{Cos.x dx}{\sqrt{(p-q Cos.x)}}=\int_0^{\frac{\pi}{2}}\frac{Cos.x dx}{\sqrt{(p-q Cos.x)}}+\int_{\frac{\pi}{2}}^{\pi}\frac{Cos.x dx}{\sqrt{(p-q Cos.x)}}+\int_{\pi}^{\frac{3\pi}{2}}\frac{Cos.x\,dx}{\sqrt{(p-q Cos\,x)}}+\int_{\frac{3\pi}{2}}^{2\pi}\frac{Cos.x dx}{\sqrt{(p-q Cos.x)}}.$$

Dans les quatres intégrales du second membre de chaque équation posons $x = y, = \pi - y,$

[113] Par la substitution de $Cos.\,x = y$ on trouve:

$$\int_0^1 \frac{dx}{\sqrt{(1-x^2)(p+qx)}} = \frac{2}{\sqrt{(p+q)}}F\left(\frac{\pi}{4},\sqrt{\frac{2q}{p+q}}\right), \ldots\ldots\ldots\ldots (471)$$

$$\int_0^1 \frac{x\,dx}{\sqrt{(1-x^2)(p+qx)}} = \frac{2}{q\sqrt{(p+q)}}\left\{(p+q)E\left(\frac{\pi}{4},\sqrt{\frac{2q}{p+q}}\right)-pF\left(\frac{\pi}{4},\sqrt{\frac{2q}{p+q}}\right)\right\}, \ldots\ldots (472)$$

$$\int_0^1 \frac{dx}{\sqrt{(1-x^2)(p-qx)}} = \frac{2}{\sqrt{(p+q)}}\left\{F'\left(\sqrt{\frac{2q}{p+q}}\right)-F\left(\frac{\pi}{4},\sqrt{\frac{2q}{p+q}}\right)\right\}, \ldots (473)$$

$$\int_0^1 \frac{x\,dx}{\sqrt{(1-x^2)(p-qx)}} = -\frac{2\sqrt{(p+q)}}{q}\left\{E'\left(\sqrt{\frac{2q}{p+q}}\right)-E\left(\frac{\pi}{4},\sqrt{\frac{2q}{p+q}}\right)\right\} +$$

$$+\frac{2p}{q\sqrt{(p+q)}}\left\{F'\left(\sqrt{\frac{2q}{p+q}}\right)-F\left(\frac{\pi}{4},\sqrt{\frac{2q}{p+q}}\right)\right\}. \ldots\ldots\ldots\ldots (474)$$

$\left(Cos.x = -Cos.y,\right.$ avec $\frac{\pi}{2}$ et 0 comme limites de $\left.y\right)$, $x = \pi + y$ $\left(Cos.x = -Cos.y,\right.$ avec 0 et $\frac{\pi}{2}$ comme limites de $\left.y\right)$, $x = 2\pi - y$ $\left(Cos.x = Cos.y,\right.$ avec $\frac{\pi}{2}$ et 0 comme limites de $\left.y\right)$, alors les deux intégrales du milieu, comme aussi celles qui se trouvent aux extrémités, sont égales. On trouve donc à l'aide des résultats déja obtenus :

$$\int_0^{2\pi} \frac{dx}{\sqrt{(p-qCos.x)}} = 2\int_0^{\frac{\pi}{2}} \frac{dx}{\sqrt{(p-qCos.x)}} + 2\int_0^{\frac{\pi}{2}} \frac{dx}{\sqrt{(p+qCos.x)}} = \frac{4}{\sqrt{(p+q)}} F'\left(\sqrt{\frac{2q}{p+q}}\right), \int_0^{2\pi} \frac{Cos.x\,dx}{\sqrt{(p-qCos.x)}}$$

$$= 2\int_0^{\frac{\pi}{2}} \frac{Cos.x\,dx}{\sqrt{(p-qCos.x)}} - 2\int_0^{\frac{\pi}{2}} \frac{Cos.x\,dx}{\sqrt{(p+qCos.x)}} = \frac{4}{q\sqrt{(p+q)}}\left\{p\,F'\left(\sqrt{\frac{2q}{p+q}}\right) - (p+q)E'\left(\sqrt{\frac{2q}{p+q}}\right)\right\}. \text{ (T. 91, N°. 1,}$$

De la même manière on aura aussi : $\int_0^{2\pi} \frac{dx}{\sqrt{(p+q\,Cos.x)}} = \frac{q}{\sqrt{(p+q)}} F'\left(\sqrt{\frac{2q}{p+q}}\right)$,

$$\int_0^{2\pi} \frac{Cos.x\,dx}{\sqrt{(p+q\,Cos.x)}} = \frac{4}{q\sqrt{(p+q)}}\left\{(p+q)\,E'\left(\sqrt{\frac{2q}{p+q}}\right) - p\,F'\left(\sqrt{\frac{2q}{p+q}}\right)\right\}. \text{ (T. 91, N°. 3, 4).}$$

14 Quelquefois les décompositions en fractions partielles

$$\frac{1}{(p^2+x^2)(q^2+x^2)} = \frac{1}{p^2-q^2}\left\{\frac{1}{q^2+x^2} - \frac{1}{p^2+x^2}\right\}$$

$$\frac{x^2}{(p^2+x^2)(q^2+x^2)} = \frac{1}{p^2-q^2}\left\{\frac{p^2}{p^2+x^2} - \frac{q^2}{q^2+x^2}\right\}.$$

peuvent servir à la réduction d'intégrales définies :

$$\int_0^\infty \frac{dx}{(p^2+x^2)(q^2+x^2)} = \frac{1}{p^2-q^2}\int_0^\infty\left(\frac{dx}{q^2+x^2} - \frac{dx}{p^2+x}\right) = \frac{1}{p^2-q^2}\left(\frac{\pi}{2q} - \frac{\pi}{2p}\right) = \frac{\pi}{2pq(p+q)}, \quad (475)$$

$$\int_0^\infty \frac{x^2\,dx}{(p^2+x^2)(q^2+x^2)} = \frac{1}{p^2-q^2}\int_0^\infty\left(\frac{p^2\,dx}{p^2+x^2} - \frac{q^2\,dx}{q^2+x^2}\right) = \frac{1}{p^2-q^2}\left(\frac{1}{2}\pi p - \frac{1}{2}\pi q\right) = \frac{\pi}{2(p+q)},$$

(T. 24, N°. 8), par l'intermédiaire de Méth. 1. N°. 3. De même par Méth. 5, N°. 8:

$$\int_0^\infty \frac{x\,Sin.px\,dx}{(q^2+x^2)(r^2+x^2)} = \frac{\pi}{2(q^2-r^2)}(e^{-pr} - e^{-pq}), \quad \ldots \ldots \ldots \ldots (476),$$

$$\int_0^\infty \frac{x^3\,Sin.px\,dx}{(q^2+x^2)(r^2+x^2)} = \frac{\pi}{2(q^2-r^2)}(q^2 e^{-pq} - r^2 e^{-pr}), \quad \ldots \ldots \ldots (477)$$

Page 330.

$$\int_0^\infty \frac{Cos.px\,dx}{(q^2+x^2)(r^2+x^2)} = \frac{\pi}{2p(q^2-r^2)}(e^{-pr}-e^{-pq}), \quad \ldots\ldots\ldots\ldots \quad (478)$$

$$\int_0^\infty \frac{x^2\,Cos.px\,dx}{(q^2+x^2)(r^2+x^2)} = \frac{\pi}{2p(q^2-r^2)}(q^2 e^{-pq}-r^2 e^{-pr}). \quad \ldots\ldots\ldots \quad (479)$$

Encore: $$\int_0^\infty l(1+q^2x^2)\frac{dx}{(p^2+r^2x^2)(s^2+t^2x^2)} = \frac{\pi}{p^2t^2-s^2r^2}\left\{\frac{t}{s}\,l\left(1+\frac{qs}{t}\right)-\frac{r}{p}\,l\left(1+\frac{pq}{r}\right)\right\}, \quad (480)$$

$$\int_0^\infty l(1+q^2x^2)\frac{x^2\,dx}{(p^2+r^2x^2)(s^2+t^2x^2)} = \frac{\pi}{p^2t^2-s^2r^2}\left\{\frac{p}{r}\,l\left(1+\frac{pq}{r}\right)-\frac{s}{t}\,l\left(1+\frac{qs}{t}\right)\right\}, \quad (481)$$

d'après Méth. 37, N°. 6. Ainsi les intégrales trouvées au N°. 10 ci-devant donnent lieu aux suivantes:

$$\int_0^\infty \frac{x\,Sin.px\,dx}{(q^2-x^2)(r^2-x^2)} = \frac{\pi}{2(q^2-r^2)}(Cos.pq-Cos.pr), \quad \ldots\ldots\ldots\ldots \quad (482)$$

$$\int_0^\infty \frac{x^3\,Sin.px\,dx}{(q^2-x^2)(r^2-x^2)} = \frac{\pi}{2(q^2-r^2)}(r^2\,Cos.pr-q^2\,Cos.pq), \quad \ldots\ldots \quad (483)$$

$$\int_0^\infty \frac{Cos.px\,dx}{(q^2-x^2)(r^2-x^2)} = \frac{\pi}{2(q^2-r^2)}(Sin.pr-Sin.pq), \quad \ldots\ldots\ldots\ldots \quad (484)$$

$$\int_0^\infty \frac{x^2\,Cos.px\,dx}{(q^2-x^2)(r^2-x^2)} = \frac{\pi}{2(q^2-r^2)}(q^2\,Sin.pq-r^2\,Sin.pr). \quad \ldots\ldots \quad (485)$$

15. Les formules fondamentales de Goniométrie $2\,Sin.px.\,Sin.qx = Cos.\{(p-q)x\} - Cos.\{(p+q)x\}$, $2\,Sin.px.\,Cos.qx = Sin.\{(p+q)x\} - Sin.\{(p-q)x\}$, $2\,Cos.px.\,Cos.qx = Cos.\{(p-q)x\} + Cos.\{(p+q)x\}$ sont encore très-propres à effectuer une division de la fonction à intégrer: aussi en fait-on un usage fréquent et heureux.

Ainsi l'on a: $$\int_0^{\frac{\pi}{2}} Sin.ax.\,Sin.bx\,dx = \frac{1}{2}\int_0^{\frac{\pi}{2}} Cos.\{(a-b)x\}\,dx - \frac{1}{2}\int_0^{\frac{\pi}{2}} Cos.\{(a+b)x\}\,dx =$$

$$= \frac{1}{a^2-b^2}\left(b\,Sin.\frac{a\pi}{2}.\,Cos.\frac{b\pi}{2} - a\,Cos.\frac{a\pi}{2}.\,Sin.\frac{b\pi}{2}\right), \quad \ldots\ldots\ldots \quad (486)$$

$$\int_0^{\frac{\pi}{2}} Cos.ax.\,Cos.bx\,dx = \frac{1}{2}\int_0^{\frac{\pi}{2}} Cos.\{(a-b)x\}\,dx + \frac{1}{2}\int_0^{\frac{\pi}{2}} Cos.\{(a+b)x\}\,dx =$$

$$= \frac{1}{a^2-b^2}\left(a\,Sin.\frac{a\pi}{2}.\,Cos.\frac{b\pi}{2} - b\,Cos.\frac{a\pi}{2}.\,Sin.\frac{b\pi}{2}\right), \quad \ldots\ldots\ldots \quad (487)$$

Page 331.

$$\int_0^{\frac{\pi}{2}} Sin.\,ax.\,Cos.\,bx\,dx = \frac{1}{2}\int_0^{\frac{\pi}{2}} Sin.\{(a-b)\,x\}\,dx + \frac{1}{2}\int_0^{\frac{\pi}{2}} Sin.\{(a+b)\}\,x\,dx =$$

$$= \frac{1}{a^2-b^2}\left(a - a\,Cos.\frac{a\pi}{2}.Cos.\frac{b\pi}{2} - b\,Sin.\frac{a\pi}{2}.Sin.\frac{b\pi}{2}\right), \quad \ldots\ldots \quad (488)$$

d'après Méth. 1, N°. 12. Pour a (ou b) de la forme $2a$ on obtient:

$$\int_0^{\frac{\pi}{2}} Sin.\,2ax.\,Sin.\,bx\,dx = \frac{(-1)^{a-1}\,2a}{4a^2-b^2}\,Sin.\frac{b\pi}{2}, \quad \ldots\ldots \quad (489)$$

$$\int_0^{\frac{\pi}{2}} Cos.\,2ax.\,Cos.\,bx\,dx = \frac{(-1)^{a-1}\,b}{4a^2-b^2}\,Sin.\frac{b\pi}{2}, \quad \ldots\ldots \quad (490)$$

$$\int_0^{\frac{\pi}{2}} Sin.\,2ax.\,Cos.\,bx\,dx = \frac{2a}{4a^2-b^2}\left\{1-(-1)^a\,Cos.\frac{b\pi}{2}\right\}, \quad \ldots\ldots \quad (491)$$

$$\int_0^{\frac{\pi}{2}} Sin.\,ax.\,Cos.\,2bx\,dx = \frac{a}{a^2-4b^2}\left\{1-(-1)^b\,Cos.\frac{a\pi}{2}\right\}. \quad \ldots\ldots \quad (492)$$

Dans les intégrales (489) à (492) on a supposé a et b entiers, tandis que dans les intégrales (486) à (488) ces valeurs étaient tout-a-fait arbitraires.

Lorsque les limites sont 0 et π et que les valeurs de a et b sont supposées entières, les intégrales partielles s'évanouissent toujours, à moins que les coefficients $(a-b)$ ou $(a+b)$ ne s'annulent {voir Méth. 1, N°. 12, form. (92)}, car pour un coefficient nul l'intégrale devient: $\int_0^{\pi} dx = \pi$. Dès-lors on a:

$$\int_0^{\pi} Cos.\,ax.\,Cos.\,bx\,dx = 0,\ (a \lessgtr b),\ = \frac{1}{2}\pi,\ (a=b),\ = \int_0^{\pi} Sin.\,ax.\,Sin.\,bx\,dx. \quad \text{(T. 78, N°. 12 et 11).}$$

16. On trouve de même à l'aide de Méth. 4, N°. 11:

$$\int_0^{\infty} e^{-px}\,Sin.\,qx.\,Sin.\,rx\,dx = \frac{1}{2}\int_0^{\infty} e^{-px}\,Cos.\,\{(q-r)\,x\}\,dx - \frac{1}{2}\int_0^{\infty} e^{-px}\,Cos.\{(q+r)\,x\}\,dx =$$

$$= \frac{2p\,qr}{\{p^2+(q+r)^2\}\,\{p^2+(q-r)^2\}},\ \int_0^{\infty} e^{-px}\,Cos.\,qx.\,Cos\,rx\,dx = p\frac{p^2+q^2+r^2}{\{p^2+(q+r)^2\}\,\{p^2+(q-r)^2\}},$$

$$\int_0^{\infty} e^{-px}\,Sin.\,qx.\,Cos.\,rx\,dx = q\frac{p^2+q^2-r^2}{\{p^2+(q+r)^2\}\,\{p^2+(q-r)^2\}}. \quad \text{(T. 279, N°. 11, 7 et 10).}$$

Page 332.

Encore: $\int_0^\infty Sin.px.Cos.qx\frac{dx}{x}=\frac{1}{2}\int_0^\infty Sin.\{(p+q)x\}\frac{dx}{x}+\frac{1}{2}\int_0^\infty Sin.\{(p-q)x\}\frac{dx}{x}=\frac{1}{2}\int_0^\infty Sin.\{(p+q)x\}\frac{dx}{x}-$ $-\frac{1}{2}\int_0^\infty Sin.\{(q-p)x\}\frac{dx}{x}$. Cette intégrale a été trouvée Méth. 6, N°. 5, $\int_0^\infty Sin.rx\frac{dx}{x}=\frac{\pi}{2}$: mais alors on a supposé r positif; dans la seconde des intégrales partielles précédentes, il faut donc prendre la formule à $Sin.\{(p-q)x\}$ ou celle à $Sin.\{(q-p)x\}$, suivant que p est plus grand ou plus petit que q, afin que le coefficient de x sous le signe *Sinus* reste constamment positif. Dans le cas de $p=q$ la seconde des intégrales partielles s'évanouit. On trouve donc: $\int_0^\infty Sin.px.Cos.qx\frac{dx}{x}=\frac{\pi}{2}, (p>q)$, $=0, (p<q), =\frac{1}{4}\pi, (p=q)$, (T. 195, N°. 5, 6, 7), où le dernier cas est proprement identique avec l'intégrale employée de la Méth. 6.

17. La même remarque vaut quant aux intégrales suivantes. D'après Méth. 5, N°. 8, on trouve: $\int_0^\infty \frac{xSin\,px.Cos.rxdx}{q^2+x^2}=\frac{1}{2}\int_0^\infty\frac{xSin.\{(p+r)x\}}{q^2+x^2}dx+\frac{1}{2}\int_0^\infty\frac{xSin.\{(p-r)x\}}{q^2+x^2}dx=\frac{\pi}{4}e^{-(p+r)q}+\frac{\pi}{4}e^{-(p-r)q}=$ $=\frac{\pi}{4}e^{-pq}(e^{qr}+e^{-qr}), (p>r), =\frac{\pi}{4}e^{-(p+r)q}-\frac{\pi}{4}e^{-(r-p)q}=\frac{\pi}{4}e^{-rq}(e^{-pq}-e^{pq}), (p<r)$, $=\frac{\pi}{4}e^{-(p+r)q}=\frac{\pi}{4}e^{-2pq}, (p=r)$, (T. 209, N°. 2, 3), où pour la seconde valeur on a substitué $-Sin.\{(r-p)x\}$ au lieu de $Sin.\{(p-r)x\}$ dans la seconde intégrale partielle; tandis que pour la troisième valeur (où $p=r$) cette intégrale s'évanouissait. D'après le même N°. de Méth. 5 on a encore: $\int_0^\infty\frac{Cos.px.Cos.rx}{q^2+x^2}dx=\frac{1}{2}\int_0^\infty\frac{Cos.\{(p+r)x\}}{q^2+x^2}dx+\frac{1}{2}\int_0^\infty\frac{Cos.\{(p-r)x\}}{q^2+x^2}dx=\frac{\pi}{4q}e^{-(p+r)q}+\frac{\pi}{4q}e^{-(p-r)q}=$ $=\frac{\pi}{4q}e^{-pq}(e^{qr}+e^{-qr}),(p>r),=\frac{\pi}{4q}e^{-(p+r)q}+\frac{\pi}{4q}e^{-(r-p)q}=\frac{\pi}{4q}e^{-rq}(e^{pq}+e^{-pq}),(p<r)$,(T. 209, N°. 4, 5), $\int_0^\infty\frac{Sin.px.Sin.rx}{q^2+x^2}dx=\frac{1}{2}\int_0^\infty\frac{Cos.\{(p-r)x\}}{q^2+x^2}dx-\frac{1}{2}\int_0^\infty\frac{Cos.\{(p+r)x\}}{q^2+x^2}dx=\frac{\pi}{4q}e^{-(p-r)q}-\frac{\pi}{4q}e^{-(p+r)q}=$ $=\frac{\pi}{4q}e^{-pq}(e^{rq}-e^{-rq}),(p>r),=\frac{\pi}{4q}e^{-(r-p)q}-\frac{\pi}{4q}e^{-(r+p)q}=\frac{\pi}{4q}e^{-rq}(e^{pq}-e^{-pq}),(p<r)$, (T.209, N°.1), où l'on voit que $Cos.\{(p-r)x\}$ a été remplacé par $Cos.\{(r-p)x\}$ dans le cas où r était plus grand que p. Traitons maintenant du cas de $p=r$, alors on a $Cos.\{(p-r)x\}=Cos.0=1$, et donc par Méth. 1, N°. 3: $\int_0^\infty\frac{dx}{q^2+x^2}=\frac{\pi}{2q}$ et $\int_0^\infty\frac{Cos.^2px\,dx}{q^2+x^2}=\frac{\pi}{4q}(e^{-2pq}+1),\int_0^\infty\frac{Sin.^2px\,dx}{q^2+x^2}=\frac{\pi}{4q}(1-e^{-2pq})$. (T. 205, N°. 23 et 21).

Page 333.

18. On a ensuite: $\int_0^\infty \frac{x\, Cos.\, px.\, Cos.\, rx\, dx}{q^2+x^2} = \frac{1}{2}\int_0^\infty \frac{x\, Cos. \{(p-r)x\}}{q^2+x^2}dx + \frac{1}{2}\int_0^\infty \frac{x\, Cos. \{(p+r)x\}}{q^2+x^2}dx$,

$\int_0^\infty \frac{x\, Sin.\, px.\, Sin.\, rx\, dx}{q^2+x^2} = \frac{1}{2}\int_0^\infty \frac{x\, \{Cos. (p-r)x\}}{q^2+x^2}dx - \frac{1}{2}\int_0^\infty \frac{x\, Cos. \{(p+r)x\}}{q^2+x^2}$, et l'on se trouve réduit à l'intégrale de la Méth. 42, N°. 2: $\int_0^\infty \frac{x\, Cos.\, hx\, dx}{q^2+x^2}$: or, comme elle vaut pour un h négatif tout comme pour un h positif; il n'est plus besoin ici de distinguer les cas, où $p-r$ serait positif et négatif; donc on trouve après une réduction évidente:

$$\int_0^\infty \frac{x\, Cos.\, px.\, Cos.\, rx\, dx}{q^2+x^2} = \frac{1}{4}e^{pq}\left[e^{rq} Ei. \{-q(p+r)\} + e^{-rq} Ei. \{q(r-p)\}\right] -$$
$$- \frac{1}{4}e^{-pq}\left[e^{rq} Ei. \{q(p-r)\} + e^{-rq} Ei. \{q(p+r)\}\right], \ldots\ldots\ldots \quad (493)$$

$$\int_0^\infty \frac{x\, Sin.\, px.\, Sin.\, rx\, dx}{q^2+x^2} = \frac{1}{4}e^{pq}\left[e^{rq} Ei \{-q(p+r)\} - e^{-rq} Ei. \{q(r-p)\}\right] -$$
$$- \frac{1}{4}e^{-pq}\left[e^{rq} Ei. \{q(p-r)\} - e^{-rq} Ei. \{q(p+r)\}\right]. \ldots\ldots\ldots \quad (494)$$

Dans le cas de $p=r$, les premières des intégrales partielles sont infinies, — puisque $Cos. (p-r)x = Cos. 0 = 1$, — d'après l'intégrale (48); donc:

$$\int_0^\infty \frac{x\, Cos.^2\, px\, dx}{q^2+x^2} = \infty, \ldots (495), \qquad = \int_0^\infty \frac{x\, Sin.^2\, px\, dx}{q^2+x^2} \ldots\ldots\ldots \quad (496)$$

Encore: $\int_0^\infty \frac{Sin.\, px.\, Cos.\, rx\, dx}{q^2+x^2} = \frac{1}{2}\int_0^\infty \frac{Sin. \{(p+r)x\}}{q^2+x^2}dx + \frac{1}{2}\int_0^\infty \frac{Sin. \{(p-r)x\}}{q^2+x^2}dx$. Cette intégrale, voir Méth. 42, N°. 2 vaut de même pour un coefficient négatif sous le signe *Sinus*. Donc on a:

$$\int_0^\infty \frac{Sin.\, px.\, Cos.\, rx\, dx}{q^2+x^2} = -\frac{1}{4q}e^{pq}\left[e^{rq} Ei. \{-q(p+r)\} + e^{-rq} Ei. \{q(r-p)\}\right] +$$
$$+ \frac{1}{4q}e^{-pq}\left[e^{rq} Ei. \{q(p-r)\} + e^{-rq} Ei. \{q(p+r)\}\right]. \ldots\ldots\ldots \quad (497)$$

19. Pour les intégrales analogues à celles du N°. 17, mais au dénominateur q^2-x^2, les intégrales auxiliaires se trouvent déduites précédemment au N°. 10. Il faut de nouveau avoir égard au signe de la différence $p-r$. On trouvera:

$$\int_0^\infty \frac{Cos.\,px.\,Cos.\,rx\,dx}{q^2-x^2} = \frac{1}{2}\frac{\pi}{2q} Sin.\{q(p-r)\} + \frac{1}{2}\frac{\pi}{2q} Sin.\{q(p+r)\} = \frac{\pi}{2q} Sin.\,pq.\,Cos.\,qr\,,\ (p>r), =$$

$$= \frac{1}{2}\frac{\pi}{2q} Sin.\{q(r-p)\} + \frac{1}{2}\frac{\pi}{2q} Sin.\{q(p+r)\} = \frac{\pi}{2q} Cos.\,pq.\,Sin.\,qr\,,(p<r), = \frac{\pi}{4q} Sin.\,2\,pq,(p=r), . \quad (498)$$

$$\int_0^\infty \frac{Sin.\,px.\,Sin.\,rx\,dx}{q^2-x^2} = -\frac{\pi}{2q} Cos.\,pq.\,Sin.\,qr,(p>r), = -\frac{\pi}{2q} Sin.\,pq.\,Cos.\,qr,(p<r), = -\frac{\pi}{4q} Sin\ 2pq,(p=r),. \quad (499)$$

$$\int_0^\infty \frac{x\,Cos.\,px.\,Sin.\,rx\,dx}{q^2-x^2} = \frac{1}{2}\frac{-\pi}{2} Cos.\{(p+r)q\} - \frac{1}{2}\frac{-\pi}{2} Cos.\{(p-r)q\} = \frac{\pi}{2} Sin.\,pq.\,Sin\ qr,\ (p>r), =$$

$$= \frac{1}{2}\frac{-\pi}{2} Cos.\{(p+r)q\} + \frac{1}{2}\frac{-\pi}{2} Cos\{(p-r)q\} = -\frac{\pi}{2} Cos.\,pq.\,Cos.\,qr,(p<r), = -\frac{\pi}{4} Cos.\,2\,pq,(p=r). \quad (500)$$

20. Quelquefois on peut effectuer une division de la fonction à l'aide d'expressions imaginaires. Ainsi l'on trouve: $\int_0^{2\pi} e^{pxi} Sin.\,qx\,dx = \int_0^{2\pi} e^{pxi}\frac{e^{qxi}-e^{-qxi}}{2\,i}dx = \frac{1}{2i}\int_0^{2\pi} dx\,\{e^{(p+q)xi} - e^{(p-q)xi}\}$,

$\int_0^{2\pi} e^{pxi}\,Cos.\,qx\,dx = \frac{1}{2}\int_0^{2\pi} dx\,\{e^{(p+q)xi} + e^{(p-q)xi}\}$. Suivant l'intégrale (68) les intégrales partielles sont toutes deux nulles: seulement dans le cas de $p=q$, l'intégrale à la fonction $e^{(p-q)xi}$ sera changée dans celle-ci: $\int_0^{2\pi} dx = 2\,\pi$; donc on trouve:

$$\int_0^{2\pi} e^{pxi}\,Sin.\,qx\,dx = 0,\,(p \gtrless q)\ ,\ = -\frac{2\pi}{2i} = \pi i\ ,\ (p=q),\ \ldots\ldots\ (501)$$

$$\int_0^{2\pi} e^{pxi}\,Cos.\,qx\,dx = 0,\,(p \gtrless q)\ ,\ = \frac{2\pi}{2} = \pi\ ,\ (p=q)\ \ldots\ldots\ (502)$$

On serait parvenu au même but par le chemin contraire, en posant $e^{pxi} = Cos.\,px + i\,Sin.\,px$.

Par l'introduction des expressions imaginaires de $Cos.\,qx$ et de $Sin.\,qx$ on trouve encore:

$$\int_0^\infty \frac{e^{px}+e^{-px}}{e^{2px}+2\,Cos.\,2\,qx+e^{-2px}} Cos.\,qx\,dx = \frac{1}{2}\int_0^\infty \frac{(e^{px}+e^{-px})\,(e^{qxi}+e^{-qxi})}{e^{2px}+e^{-2px}+e^{2qxi}+e^{-2qxi}}dx =$$

$$= \frac{1}{2}\int_0^\infty dx\left\{\frac{1}{e^{(p-qi)x}+e^{-(p-qi)x}} + \frac{1}{e^{(p+qi)x}+e^{-(p+qi)x}}\right\} = \frac{1}{2}\left\{\frac{1}{p-qi}\frac{\pi}{4} + \frac{1}{p+qi}\frac{\pi}{4}\right\} = \frac{\pi}{4}\frac{p}{p^2+q^2},$$

$$\int_0^\infty \frac{e^{px}-e^{-px}}{e^{2px}+2\,Cos.\,2\,qx+e^{-2px}}\,Sin.\,qx\,dx=\frac{1}{2i}\int_0^\infty \frac{(e^{px}-e^{-px})\,(e^{qxi}-e^{-qxi})}{e^{2px}+e^{-2px}+e^{2qxi}+e^{-2qxi}}\,dx=$$

$$=\frac{1}{2i}\int_0^\infty dx\left\{\frac{1}{e^{(p-qi)x}+e^{-(p-qi)x}}-\frac{1}{e^{(p+qi)x}-e^{-(p+qi)x}}\right\}=\frac{1}{2i}\left\{\frac{1}{p-qi}\frac{\pi}{4}-\frac{1}{p+qi}\frac{\pi}{4}\right\}=\frac{\pi}{4}\frac{q}{p^2+q^2},$$

(T. 284, N°. 7, 6), en raison des identicités:

$$e^{2px}+e^{-2px}+e^{2qxi}+e^{-2qxi}=\left\{e^{(p+qi)x}+e^{-(p+qi)x}\right\}\left\{e^{(p-qi)x}+e^{-(p-qi)x}\right\},$$

$$(e^{px}\pm e^{-px})\,(e^{qxi}\pm e^{-qxi})=\left\{e^{(p+qi)x}+e^{-(p+qi)x}\right\}\pm\left\{e^{(p-qi)x}+e^{-(p-qi)x}\right\}.$$

21. Mais il peut se présenter ici un cas, qui mérite d'être étudié plus en détail. Il a été remarqué par Lejeune-Dirichlet [114], que dans l'intégrale (a) du N°. 1 il n'est pas permis d'introduire une substitution différente pour chaque terme, lorsque ces termes sont tous deux infinis. Or, il se peut très-bien que les intégrales dans le second membre soient infinies, et que, pourvu qu'elles soient liées par le signe —, leur différence $\infty-\infty$, c'est-à-dire l'intégrale au premier membre, ait une valeur déterminée. Pour démontrer la vérité de la remarque mentionnée, supposons que chacune des deux intégrales en question contienne quelque constante p, et que leurs valeurs soient respectivement représentées par $a+\varphi(p)$ et $b+\varphi(p)$, où a et b sont des valeurs constantes: la valeur de l'intégrale à gauche sera $a-b$. Tant que $\varphi(p)$ sera finie, la substitution d'une autre variable quelconque, au lieu de x, ne pourra changer le résultat qui restera toujours le même, de sorte que $\varphi(p)$, a, b ne changeront pas. Mais lorsque $\varphi(p)$ est infinie, cette conclusion ne vaut plus. Alors posons la condition que les $\varphi(p)$ soient identiques avant aucune substitution; et cette condition est nécessaire, puisque autrement leur différence serait tout-à-fait indéterminée, et par conséquent aussi l'intégrale dans le premier membre. Lorsque à présent dans les deux intégrales on fait la même substitution, les deux $\varphi(p)$ auront la même origine et se détruisent comme auparavant: mais quand on y effectue des substitutions diverses, l'origine des deux $\varphi(p)$ ne peut plus être considérée la même, et par suite la différence $\varphi(p)-\varphi(p)$ est devenue indéterminée. Prenons comme exemple $\varphi(p)=\frac{1}{1-p}$, qui devient infinie pour $p=1$; lorsque à présent par quelque substitution l'autre $\varphi(p)$ serait devenue $\frac{1}{1-p^2}$, également infinie pour $p=1$, leur différence $\frac{1}{1-p}-\frac{1}{1-p^2}=\frac{p}{1-p^2}$ ne serait plus nulle, mais bien infinie pour cette valeur 1 de p; donc cette substitution n'est pas permise. On verra dans la suite, quelle influence un traitement illégitime aurait eu sur les intégrales à étudier.

22. Lorsque la fonction à intégrer devient infinie pour une des limites de l'intégration, on peut y substituer une autre limite, qui en diffère de δ, pour faire converger δ vers zéro après toutes les transformations nécessaires; de cette manière on se soustrait à la difficulté du

---

[114] Lejeune-Dirichlet, Journal von Crelle, Bd. 15, S. 258.
Page 336.

Nr. précédent, car dès-lors les deux intégrales partielles n'étant plus infinies séparément, on peut les traiter, chacune pour soi, comme on jugera convenable.

Soit l'intégrale $\int_0^\infty \frac{e^{-x}-e^{-px}}{x}dx$, où les deux parties $\int_0^\infty \frac{e^{-x}dx}{x}$ et $\int_0^\infty \frac{e^{-px}dx}{x}$ sont nécessairement infinies; on les remplacera par $\int_\delta^\infty \frac{e^{-x}-e^{-px}}{x}dx = \int_\delta^\infty \frac{e^{-x}dx}{x} - \int_\delta^\infty \frac{e^{-px}dx}{x}$. Supposons dans la dernière $px = y$, il vient: $\int_\delta^\infty \frac{e^{-x}dx}{x} - \int_{p\delta}^\infty \frac{e^{-y}dy}{y} = \int_\delta^{p\delta} \frac{e^{-y}dy}{y} = \int_1^p \frac{e^{-\delta z}dz}{z}$, par la substitution de $y = \delta z$. Pour la limite 0 de δ, cette dernière intégrale a pour valeur lp, d'après Méth. 8, N$^{\circ}$. 7, donc: $\int_0^\infty \frac{e^{-x}-e^{-px}}{x}dx = lp$. (T. 127, N$^{\circ}$. 3). Ecrivons q au lieu de p et soustrayons ce résultat de l'intégrale précédente, on trouve: $\int_0^\infty \frac{e^{-qx}-e^{-px}}{x}dx = l\frac{p}{q}$. (T. 127, N$^{\circ}$. 4). [115].

Soit encore $\int_0^\infty \frac{Cos.x - Cos.px}{x}dx$, remplacée par $\int_\delta^\infty \frac{Cos.x - Cos.px}{x}dx = \int_\delta^\infty \frac{Cos.x\,dx}{x} - \int_\delta^\infty \frac{Cos.px\,dx}{x}$. Supposons dans la dernière $px = y$, alors il est: $\int_\delta^\infty \frac{Cos.x\,dx}{x} - \int_{p\delta}^\infty \frac{Cos.y\,dy}{y} = \int_\delta^{p\delta} \frac{Cos.y\,dy}{y} = \int_1^p \frac{Cos.\delta z\,dz}{z}$, où l'on a substitué $y = \delta z$. Pour la limite 0 de δ on a tout comme précédemment:

$$\int_1^p \frac{Cos.\delta z\,dz}{z} = \int_1^p \frac{dz}{z} = lp, \quad \ldots\ldots\ldots\ldots \quad (503)$$

donc: $\int_0^\infty \frac{Cos.x - Cos.px}{x}dx = lp$, (T. 196, N$^{\circ}$. 1), et par la différence avec la même intégrale pour q: $\int_0^\infty \frac{Cos.qx - Cos.px}{x}dx = l\frac{p}{q}$. (T. 196, N$^{\circ}$. 2). [116]. Lorsqu'on aurait substitué

---

[115] Autrement déduite Méth. 10, N$^{\circ}$. 14, et Méth. 18, N$^{\circ}$. 5. — Faisons-y $p = p + qi$, $q = r + si$, et séparons les parties réelles et les parties imaginaires, alors nous aurons:

$$\int_0^\infty \frac{dx}{x}(e^{-px}Cos.qx - e^{-rx}Cos.sx) = \frac{1}{2}l\frac{r^2+s^2}{p^2+q^2},$$

$$\int_0^\infty \frac{dx}{x}(e^{-px}Sin.qx - e^{-rx}Sin.sx) = Arctg.\frac{q}{p} - Arctg.\frac{s}{r}. \quad \text{(T. 393, N}^{\circ}\text{. 19, 18).}$$

[116] On la déduira d'une autre manière Méth. 18, N$^{\circ}$. 5.

directement $px=y$ dans les dernières intégrales de ces deux exemples, on aurait obtenu: $\int_0^\infty \frac{e^{-x}dx}{x} - \int_0^\infty \frac{e^{-y}dy}{y}$ et $\int_0^\infty \frac{Cos.x\,dx}{x} - \int_0^\infty \frac{Cos.y\,dy}{y}$, toutes deux nulles, et par conséquent fautives.

23. *Exercices.* $\int_0^1 \frac{1-x^2}{1+2x\,Cos.\lambda+x^2}dx = -1+\lambda Sin.\lambda + 2\,Cos.\lambda.\,l\left(2\,Cos.\frac{1}{2}\lambda\right)$, (T. 7, N°. 6), [117],

$\int_0^{\frac{\pi}{2}} \frac{Sin.^4 x\,dx}{1+p\,Sin.^2 x} = \frac{p-2}{4p^2}\pi + \frac{\pi}{2p^2\sqrt{(1+p)}}$, (T. 66, N°. 1), (par Méth. 7, N°. 20);

$\int_0^\infty \frac{dx}{(ax+b)(cx+d)} = \frac{1}{ad-bc}l\frac{ad}{bc}$, (T. 23, N°. 2), avec le cas spécial:

$\int_0^\infty \frac{dx}{(1+x)(ax+b)} = \frac{1}{a-b}l\frac{a}{b}$, (505); $\int_0^\infty \frac{p-x}{p+x}\frac{dx}{q^2+x^2} = \frac{p}{p^2+q^2}\left\{l\frac{q^2}{p^2}+\frac{p^2-q^2}{pq}\frac{\pi}{2}\right\}$, (506)

$\int_0^1 \frac{x^{r-1}}{(1-x)^r}\frac{dx}{(1+px)(1+qx)} = \frac{\pi\,Cosec.r\pi}{p-q}\left\{\frac{p}{(1+p)^r}-\frac{q}{(1+q)^r}\right\}$, (T. 6, N°. 8), (par Méth. 39, N°. 2),

$\int_0^{\frac{\pi}{2}} \frac{Cos.^2 x\,dx}{(p^2 Cos.^2 x+q^2 Sin.^2 x)^2} = \frac{\pi}{4p^3 q}$, (T. 67, N°. 9), $\int_0^{\frac{\pi}{2}} \frac{dx}{(p^2 Cos.^2 x+q^2 Sin.^2 x)^2} = \pi\frac{p^2+q^2}{4p^3q^3}$,

(T. 67, N°. 7), [118], $\int_0^{\frac{\pi}{2}} \frac{Cos.2x\,dx}{(p^2 Cos.^2 x+q^2 Sin.^2 x)^2} = \frac{\pi}{4}\frac{q^2-p^2}{p^3q^3}$, (T. 67, N°. 19), (par Méth. 7, N°. 20),

$\int_0^r \frac{x\,dx}{Cos.x.\,Cos.(r-x)}$ (par $\frac{1}{2}r-y=x$) $= 2\int_{-\frac{1}{2}r}^{\frac{1}{2}r} \frac{\frac{1}{2}r-y}{Cos.r+Cos.2y}dy = \int_0^{\frac{1}{2}r}\frac{r-2y}{Cos.r+Cos.2y}dy +$

$+\int_{-\frac{1}{2}r}^0 \frac{r-2y}{Cos.r+Cos.2y}dy$ (dans celle-ci soit $y=-z$) $= \int_0^r \frac{r\,dz}{Cos.r+Cos.z} = \frac{r}{Sin.r}l\,Sec.r.$

(T. 251, N°. 11). [119].

[117] Puisque: $\int_0^1 \frac{1+x\,Cos.\lambda}{1+2x\,Cos.\lambda+x^2}dx = \frac{1}{2}\lambda\,Sin.\lambda + Cos.\lambda.\,l\left(2\,Cos.\frac{1}{2}\lambda\right)$, ... (504)

d'après l'intégrale indéfinie.

[118] Sur ces deux intégrales voyez une autre déduction Méth. 32. N°. 3.

[119] Parce que $\int_0^r \frac{dx}{Cos.r+Cos.x} = \frac{1}{Sin.r}l\left\{\frac{Cos.\frac{x-r}{2}}{Cos.\frac{x+r}{2}}\right\}_0^r = \frac{1}{Sin.r}l\,Sec.r.$ . . . . (507)

§ 5. MÉTHODE 10. RÉDUCTION À UNE AUTRE INTÉGRALE DÉFINIE, AU MOYEN DE LA DIFFÉRENTIATION PAR RAPPORT À UNE CONSTANTE.

---

1. Dans la Première Partie, N°. 28 à 30, on a trouvé de quelle manière il faut agir pour différentier une intégrale définie par rapport à quelque constante qu'elle peut contenir, et quelle est la condition nécessaire pour l'exactitude de ces calculs. On peut maintenant en faire l'application suivante pour l'évaluation de quelque intégrale définie $I = \int_a^b F(c,x)\,dx$. Dans la supposition que a et b ne dépendent aucunément de la constante c, et que la condition mentionnée soit remplie, différentions par rapport à cette constante, alors $\frac{dI}{dc} = \int_a^b \frac{d.F(c,x)}{dc}\,dx$, suivant les règles citées. Lorsque la dernière intégrale est connue, p. e. $f(c)$, on en déduit $\frac{dI}{dc} = f(c)$ et par conséquent $I = \int^c f(c)\,dc + C$. De telle sorte l'intégrale I est ramenée à une autre intégrale $\int^c f(c)\,dc$, en général fort différente: pour le succès de cette méthode, il faut que cette intégrale indéfinie soit connue afin qu'on puisse l'évaluer entre des limites convenables: mais en outre il faut déterminer la constante C. A cet effet, il faut chercher quelque valeur spéciale de c, pour laquelle l'intégrale I reçoit une valeur, connue à priori: alors pour cette valeur de c on aura une équation entre I, $\int^c f(c)\,dc$ et la constante C, qui pourra servir à déterminer la dernière. Dès-lors on a trouvé la valeur de l'intégrale I, comme on se le proposait.

2. Soit $I = \int_0^{\frac{1}{2}\pi} \frac{Arctg.\{q\sqrt{(1-p^2 Sin.^2 x)}\}}{\sqrt{(1-p^2 Sin.^2 x)}}\,dx, (p^2 < 1)$; et différentions par rapport à la constante q, ce qui est permis ici, puisque la fonction à intégrer reste continue pour chaque valeur de q: il vient $\frac{dI}{dq} = \int_0^{\frac{1}{2}\pi} \frac{dx}{1+q^2-p^2q^2 Sin.^2 x} = \frac{\pi}{2\sqrt{(1+q^2)(1+q^2-p^2q^2)}}$, d'après Méth. 7, N°. 20: donc $I = \frac{\pi}{2}\int_0^q \frac{dq}{\sqrt{(1+q^2)(1+q^2-p^2q^2)}}$.

On a commencé l'intégration à la valeur 0 de q, parce que pour cette valeur I s'évanouit, et que par conséquent la constante à ajouter est nulle; donc [120]:

$$\int_0^{\frac{1}{2}\pi} \frac{Arctg. \{q\sqrt{(1-p^2 Sin. x)}\}}{\sqrt{(1-p^2 Sin.^2 x)}} dx = \frac{\pi}{2} F(p, Arctg. q).$$ (T. 369, N°. 14). De la même manière

on trouve pour $I = \int_0^{\frac{1}{2}\pi} \frac{Arctg. \{q\sqrt{(1-p^2 Sin.^2 x)}\}}{\sqrt{(1-p^2 Sin.^2 x)^3}} dx : \frac{dI}{dq} = \int_0^{\frac{\pi}{2}} \frac{1}{1-p^2 Sin.^2 x} \frac{dx}{1+q^2(1-p^2 Sin.^2 x)} =$

$$= \int_0^{\frac{\pi}{2}} dx \left\{\frac{1}{1-p^2 Sin.^2 x} - \frac{q^2}{1+q^2(1-p^2 Sin.^2 x)}\right\} = \frac{\pi}{2}\left\{\frac{1}{\sqrt{(1-p^2)}} - \frac{q^2}{\sqrt{(1+q^2)(1+q^2-q^2p^2)}}\right\},$$

d'après Méth. 7, N°. 20. Lorsque maintenant on intègre ici de 0 à q par rapport à q, la constante C devient nulle, comme pour l'intégrale précédente, et l'on trouve:

$$\int_0^{\frac{1}{2}\pi} \frac{Arctg. \{q\sqrt{(1-p^2 Sin.^2 x)}\}}{\sqrt{(1-p^2 Sin.^2 x)^3}} dx = \frac{\pi}{2\sqrt{(1-p^2)}} \int_0^q dq - \frac{\pi}{2} \int_0^q \frac{q^2\, dq}{\sqrt{(1+q^2)(1+q^2-q^2p^2)}} =$$

$$= \frac{q\pi}{2\sqrt{(1-p^2)}} + \frac{\pi}{2(1-p^2)} E(p, Arctg. q) - \frac{q\pi}{2(1-p^2)} \sqrt{\frac{1+q^2-p^2q^2}{1+q^2}}.$$ (T. 369, N°. 16). [121].

---

[120] Car par la substitution de $q = Tang.\, \varphi$ on trouve: $\int_0^q \frac{dq}{\sqrt{(1+q^2)(1+q^2-p^2q^2)}} =$

$= \int_0^\varphi \frac{d\varphi}{\sqrt{(1-p^2 Sin.^2 \varphi)}} = F(p, \varphi)$, d'où encore:

$$\int_0^1 \frac{dx}{\sqrt{(1+x^2)(1+x^2-p^2x^2)}} = F\left(p, \frac{\pi}{4}\right), . (508), \quad \int_0^\infty \frac{dx}{\sqrt{(1+x^2)(1+x^2-p^2x^2)}} = F'(p) . (509)$$

[121] Pour $q = Tang.\, \varphi$ on obtient: $\int_0^q \frac{q^2\, dq}{\sqrt{(1+q^2)(1+q^2-p^2q^2)}} = \int_0^\varphi \frac{Tang.^2 \varphi\, d\varphi}{\sqrt{(1-p^2 Sin.^2 \varphi)}} =$

$$= \frac{1}{1-p^2} \int_0^\varphi d\varphi \frac{-Cos.^2 \varphi. (1-p^2 Sin.^2 \varphi) + (1-p^2 Sin.^2 \varphi) - p^2 Sin.^2 \varphi. Cos.^2 \varphi)}{Cos.^2 \varphi. \sqrt{(1-p^2 Sin.^2 \varphi)}} =$$

$$= \frac{1}{1-p^2} \int_0^\varphi \{-d\varphi\sqrt{(1-p^2 Sin.^2 \varphi)} + \sqrt{(1-p^2 Sin.^2 \varphi)}\, d.\, Tg.\varphi + Tg.\varphi.\, d.\sqrt{(1-p^2 Sin.^2 \varphi)}\} =$$

$= \frac{1}{1-p^2} \{-E(p, \varphi) + Tang.\varphi. \sqrt{(1-p^2 Sin.^2 \varphi)}\}$; pour l'usage dans le texte on a en outre:

$$1 - p^2 Sin.^2 \varphi = \frac{1+(1-p^2)q}{1+q^2}.$$

Soit l'intégrale générale $I=\int_0^{\frac{1}{2}\pi}\frac{Arctg.\{q\sqrt{(1-p^2\,Sin.^2\,x)}\}}{(1-p^2\,Sin.^2\,x)^{\frac{2a+1}{2}}}\,dx$, et différentions encore par rapport

---

On en tire: $$\int_0^1\frac{x^2\,dx}{\sqrt{(1+x^2)(1+x^2-p^2\,x^2)}}=\frac{1}{1-p^2}\left\{-E\left(p,\frac{\pi}{4}\right)+\sqrt{\frac{2-p^2}{2}}\right\},\ \ldots\ (510)$$

$$\int_0^\infty\frac{x^2\,dx}{\sqrt{(1+x^2)(1-x^2-p^2\,x^2)}}=\infty\ \ldots\ldots\ldots\ldots\ (511)$$

A l'aide de la relation $Arccot.\,\alpha=\frac{\pi}{2}-Arctang.\,\alpha$ et de l'intégrale Méth. 9, N°. 2, il vient encore:

$$\int_0^{\frac{\pi}{2}}\frac{Arccot.\{q\sqrt{(1-p^2\,Sin.^2\,x)}\}}{\sqrt{(1-p^2\,Sin.^2\,x)}}dx=\frac{\pi}{2}F'(p)-\frac{\pi}{2}F(p,Arctg.\,q)=\frac{\pi}{2}F\left[p,Arccot.\{q\sqrt{(1-p^2)}\}\right]\ (*).$$

$$\int_0^{\frac{\pi}{2}}\frac{Arccot.\{q\sqrt{(1-p^2\,Sin.^2\,x)}\}}{\sqrt{(1-p^2\,Sin.^2\,x)^3}}\,dx=\frac{\pi}{2(1-p^2)}E'(p)-\frac{q\pi}{2\sqrt{(1-p^2)}}-\frac{\pi}{2\sqrt{(1-p^2)}}E(p,Arctg.\,q)+$$
$$+\frac{q\pi}{2(1-p^2)}\sqrt{\frac{1+q^2-p^2q^2}{1+q^2}}=\frac{\pi}{2(1-p^2)}E\left[p,Arccot.\{q\sqrt{(1-p^2)}\}\right]-\frac{q\pi}{2\sqrt{(1-p^2)}}+$$
$$+\frac{q\pi}{2}\sqrt{\frac{1+q^2}{1+q^2-p^2\,q^2}},$$ (†); T. 369, N°. 15 et 17).

On peut encore combiner ces intégrales du Nr. 2 et de cette Note avec celles de Méth. 7, N°. 23. A cet effet posons $q=Tang.\,\lambda$, et $q\sqrt{(1-p^2)}=Tang.\,\lambda.\sqrt{(1-p^2)}=Cot.\,\varphi$, pour obtenir des expressions plus simples, et considérons que: $\frac{p^2\,Sin.^2\,x}{(1-p^2\,Sin.^2\,x)^{\frac{2a+1}{2}}}=\frac{1}{(1-p^2\,Sin.^2\,x)^{\frac{2a+1}{2}}}-\frac{1}{(1-p^2\,Sin.^2\,x)^{\frac{2a-1}{2}}}$,

$\frac{p^2\,Cos.^2\,x}{(1-p^2\,Sin.^2\,x)^{\frac{2a+1}{2}}}=\frac{1}{(1-p^2\,Sin.^2\,x)^{\frac{2a-1}{2}}}-\frac{1-p^2}{(1-p^2\,Sin.^2\,x)^{\frac{2a+1}{2}}}$; alors il vient:

$$\int_0^{\frac{\pi}{2}}Arctg.\left\{Tang.\,\lambda.\sqrt{(1-p^2\,Sin.^2\,x)}\right\}\frac{Sin.^2\,x\,dx}{\sqrt{(1-p^2\,Sin.^2\,x)}}=\frac{\pi}{2p^2}\{F(p,\lambda)-E(p,\lambda)\}+$$
$$+\frac{\pi}{2\,p^2}Cot.\lambda.\{1-\sqrt{(1-p^2\,Sin.^2\,\lambda)}\},\ \ldots\ldots\ldots\ldots\ (512)$$

(*) VERHULST, Traité des Fonct. Elliptiques, p. 40.

(†) Id., p. 70.

à q; on a: $\frac{dI}{dq}=\int_0^{\frac{1}{2}\pi}\frac{1}{(1-p^2 Sin.^2 x)^a}\frac{dx}{1+q^2(1-p^2 Sin.^2 x)}$, intégrale d'une forme rationelle $\frac{1}{c^a(1+q^2 c)}$.

$$\int_0^{\frac{\pi}{2}} Arctg.\{Tang.\lambda.\sqrt{(1-p^2 Sin.^2 x)}\}\frac{Cos.^2 x\,dx}{\sqrt{(1-p^2 Sin.^2 x)}}=\frac{\pi}{2p^2}\{E(p,\lambda)-(1-p^2)F(p,\lambda)\}-$$
$$-\frac{\pi}{2p^2}Cot.\lambda.\{1-\sqrt{(1-p^2 Sin.^2\lambda)}\}, \ldots \quad (513)$$

$$\int_0^{\frac{\pi}{2}} Arccot.\{Tang.\lambda.\sqrt{(1-p^2 Sin.^2 x)}\}\frac{Sin.^2 x\,dx}{\sqrt{(1-p^2 Sin.^2 x)}}=\frac{\pi}{2p^2}\{F(p,\varphi)-E(p,\varphi)\}+$$
$$+\frac{\pi}{2p^2}\frac{Cot.\lambda}{\sqrt{(1-p^2)}}\{\sqrt{(1-p^2 Sin.^2\varphi)}-\sqrt{(1-p^2)}\}, \ldots \quad (514)$$

$$\int_0^{\frac{\pi}{2}} Arccot.\{Tang.\lambda.\sqrt{(1-p^2 Sin.^2 x)}\}\frac{Cos.^2 x\,dx}{\sqrt{(1-p^2 Sin.^2 x)}}=\frac{\pi}{2p^2}\{E(p,\varphi)-(1-p^2)F(p,\varphi)\}-$$
$$-\frac{\pi\, Cot.\lambda}{2p^2\sqrt{(1-p^2)}}\{\sqrt{(1-p^2 Sin.^2\varphi)}-\sqrt{(1-p^2)}\}, \ldots \quad (515)$$

$$\int_0^{\frac{\pi}{2}} Arctg.\{Tang.\lambda.\sqrt{(1-p^2 Sin.^2 x)}\}\frac{Sin.^2 x\,dx}{\sqrt{(1-p^2 Sin.^2 x)^3}}=\frac{\pi}{2p^2}\left\{\frac{1}{1-p^2}E(p,\lambda)-F(p,\lambda)\right\}-$$
$$-\frac{\pi\, Tang.\lambda}{2p^2(1-p^2)}\{\sqrt{(1-p^2 Sin.^2\lambda)}-\sqrt{(1-p^2)}\}, \ldots \quad (516)$$

$$\int_0^{\frac{\pi}{2}} Arctg.\{Tang.\lambda.\sqrt{(1-p^2 Sin.^2 x)}\}\frac{Cos.^2 x\,dx}{\sqrt{(1-p^2 Sin.^2 x)^3}}=\frac{\pi}{2p^2}\{F(p,\lambda)-E(p,\lambda)\}+$$
$$+\frac{\pi\, Tang.\lambda}{2p^2}\{\sqrt{(1-p^2 Sin.^2\lambda)}-\sqrt{(1-p^2)}\}, \ldots \quad (517)$$

$$\int_0^{\frac{\pi}{2}} Arccot.\{Tang.\lambda.\sqrt{(1-p^2 Sin.^2 x)}\}\frac{Sin.^2 x\,dx}{\sqrt{(1-p^2 Sin.^2 x)^3}}=\frac{\pi}{2p^2}\left\{\frac{1}{1-p^2}E(p,\varphi)-F(p,\varphi)\right\}-$$
$$-\frac{\pi\, Tang.\lambda}{2p^2\sqrt{(1-p^2)}}\{1-\sqrt{(1-p^2 Sin.^2\varphi)}\}, \ldots \quad (518)$$

$$\int_0^{\frac{\pi}{2}} Arccot.\{Tang.\lambda.\sqrt{(1-p^2 Sin.^2 x)}\}\frac{Cos.^2 x\,dx}{\sqrt{(1-p^2 Sin.^2 x)^3}}=\frac{\pi}{2p^2}\{F(p,\varphi)-E(p,\varphi)\}+$$
$$+\frac{\pi\, Tang.\lambda.\sqrt{(1-p^2)}}{2p^2}\{1-\sqrt{(1-p^2 Sin.^2\varphi)}\}. \ldots \quad (519)$$

Page 342.

Pour, la décomposer suivant la Méthode précédente en fractions partielles, qui ont pour dénominateurs $1+q^2c$ et les diverses puissances ascendantes de c, il faut considérer que nous avons identiquement: $\frac{1}{c^a(1+q^2c)}=\frac{1}{c^a}\left\{\frac{1-(-q^2c)^a}{1-(-q^2c)}+\frac{(-q^2c)^a}{1+q^2c}\right\}=\frac{(-q^2)^a}{1+q^2c}+\frac{1}{c^a}\sum_0^{a-1}(-q^2c)^n=\frac{(-q^2)^a}{1+q^2c}+$ $+\sum_0^{a-1}\frac{(-q^2)^n}{c^{a-n}}$, c'est-à-dire, en retournant à notre intégrale: $\frac{dI}{dq}=\int_0^{\frac{\pi}{2}}\frac{(-q^2)^a dx}{1+q^2(1-p^2 Sin.^2 x)}+$

$$+\sum_0^{a-1}(-q^2)^n\int_0^{\frac{\pi}{2}}\frac{dx}{(1-p^2Sin.^2x)^{a-n}}=\frac{\pi}{2}\frac{(-q^2)^a}{\sqrt{(1+q^2)(1+q^2-q^2p^2)}}+\sum_0^{a-1}(-q^2)^n\int_0^{\frac{\pi}{2}}\frac{dx}{(1-p^2Sin.^2x)^{a-n}},$$

d'après Méth. 7, N°. 20. Or, l'intégrale sous le signe de sommation Σ est indépendante de q: donc on peut aisément intégrer l'équation précédente par rapport à q: lorsqu'on prend 0 et q pour limites, il n'y aura pas de constante à ajouter, parce que pour $q=0$ l'intégrale I s'évanouit. Par conséquent:

$$I=\frac{\pi}{2}(-1)^a\int_0^q\frac{q^{2a}dq}{\sqrt{(1+q^2)(1+q^2-q^2p^2)}}+\sum_0^{a-1}(-1)^n\frac{q^{2n+1}}{2n+1}\int_0^{\frac{\pi}{2}}\frac{dx}{(1-p^2 Sin.^2 x)^{a-n}}\ .\ (a)$$

Or, suivant Méth. 7, N°. 20 on a: $\int_0^{\frac{\pi}{2}}\frac{dx}{1-p^2 Sin.^2 x}=\frac{\pi}{2\sqrt{(1-p^2)}}$, d'où pour $p^2=\frac{1}{r}$:

$$\int_0^{\frac{\pi}{2}}\frac{dx}{r-Sin.^2 x}=\frac{\pi}{2\sqrt{r(r-1)}}\ .\ (r>1)\ldots\ldots\ldots\ldots\ (520)$$

Différentions-la c fois par rapport à r, nous avons: $(-1)^c 1^{c/1}\int_0^{\frac{\pi}{2}}\frac{dx}{(r-Sin.^2 x)^{c+1}}=\frac{\pi}{2}\frac{d^c}{dr^c}.\{r(r-1)\}^{-\frac{1}{2}}$,

d'où: $\int_0^{\frac{\pi}{2}}\frac{dx}{(1-p^2Sin.^2x)^{a-n}}=r^{a-n}\int_0^{\frac{\pi}{2}}\frac{dx}{(r-Sin.^2x)^{a-n}}=\frac{r^{a-n}}{(-1)^{a-n-1}1^{a-n-1/1}}\frac{\pi}{2}\frac{d^{a-n-1}}{dr^{a-n-1}}.\{r(r-1)\}^{-\frac{1}{2}}$;

donc la sommation dans (a) devient: $(-1)^{a-1}\frac{\pi}{2}\sum_0^{a-1}\frac{r^{a-n}q^{2n+1}}{(2n+1)1^{a-n-1/1}}\frac{d^{a-n-1}}{dr^{a-n-1}}.\{r(r-1)\}^{-\frac{1}{2}}_{(r=p^{-2})}$.

Substituons en outre $q=Tang.\varphi$ dans la première intégrale du second membre de l'équation (a), nous aurons, en changeant n dans $n-1$: $\int_0^{\frac{1}{2}\pi}\frac{Arctg.\{q\sqrt{(1-p^2 Sin.^2 x)}\}}{(1-p^2 Sin.^2 x)^{\frac{2a+1}{2}}}dx=$

$$=(-1)^a\frac{\pi}{2}\int_0^{\varphi}\frac{Tang.^{2a}\varphi\, d\varphi}{\sqrt{(1-p^2 Sin.^2\varphi)}}+(-1)^{a-1}\frac{\pi}{2}\sum_1^a\frac{r^{a-n+1}}{(2n-1)}\frac{q^{2n-1}}{1^{a-n/1}}\frac{d^{a-n}}{dr^{a-n}}.\{r(r-1)\}^{-\frac{1}{2}}_{(r=p^{-2})},$$

où la première intégrale est exprimée en fonctions elliptiques, et où la sommation donne lieu à une série assez compliquée.

3. *L'intégrale* $\mathrm{I} = \int_0^{\frac{\pi}{2}} l\frac{1+q\sqrt{(1-p^2\,Sin.^2 x)}}{1-q\sqrt{(1-p^2\,Sin.^2 x)}}\frac{dx}{\sqrt{(1-p^2\,Sin.^2 x)}}$ donne par la différentiation par rapport à q: $\frac{d\mathrm{I}}{dq} = 2\int_0^{\frac{\pi}{2}}\frac{dx}{1-q^2+p^2q^2\,Sin.^2 x} = \frac{\pi}{\sqrt{(1-q^2)(1-q^2+p^2q^2)}}$, à l'aide de la même intégrale de Méth. 7, N°. 20, employée au N°. précédent. On trouve donc: [122]

$$\int_0^{\frac{\pi}{2}} l\frac{1+q\sqrt{(1-p^2\,Sin.^2 x)}}{1-q\sqrt{(1-p^2\,Sin.^2 x)}}\frac{dx}{\sqrt{(1-p^2\,Sin.^2 x)}} = \int_0^q \frac{\pi\,dq}{\sqrt{(1-q^2)(1-q^2+p^2q^2)}} =$$

$= \pi\,\mathrm{F}\left\{\sqrt{(1-p^2)}, Arcsin.\,q\right\}$, (T. 348, N°. 22), où l'on a commencé l'intégration à la valeur zéro de q, puisqu'elle annule l'intégrale I, et que par suite il n'y a pas de constante à ajouter.

4. Soit *l'intégrale* $\mathrm{I} = \int_0^\infty \frac{e^{-px}\,Sin.\,qx\,dx}{x}$ et différentions-la par rapport à q, nous aurons: $\frac{d\mathrm{I}}{dq} = \int_0^\infty e^{-px}\,Cos.\,qx\,dx = \frac{p}{p^2+q^2}$, suivant Méth. 4, N°. 11; donc, comme l'intégrale s'évanouit pour $q=0$, nous avons sans constante ajoutée: $\mathrm{I} = \int_0^q \frac{p\,dq}{p^2+q^2} = Arctg.\frac{q}{p}$. (T. 392, N°. 3). On aurait pu différentier par rapport à p: $\frac{d\mathrm{I}}{dp} = -\int_0^\infty e^{-px}\,Sin.\,qx\,dx = \frac{-q}{p^2+q^2}$, d'après Méth. 4, N°. 11; donc: $\mathrm{I} = -\int_0^p \frac{q\,dp}{p^2+q^2} + \mathrm{C} = \mathrm{C} - Arctg.\frac{p}{q}$. Il s'agit maintenant de déterminer la constante C: or, pour p zéro l'intégrale I devient: $\int_0^\infty \frac{Sin.\,qx\,dx}{x}$, dont la valeur $\frac{1}{2}\pi$ a été trouvée

---

[122] La substitution $q = Sin.\,\varphi$ nous donne:

$\int_0^q \frac{dq}{\sqrt{(1-q^2)(1-q^2+p^2q^2)}} = \int_0^\varphi \frac{d\varphi}{\sqrt{\{1-(1-p^2)\,Sin.^2\varphi\}}} = \mathrm{F}\left\{\sqrt{(1-p^2)},\varphi\right\}$, d'où encore:

$$\int_0^1 \frac{dx}{\sqrt{(1-x^2)(1-x^2+p^2x^2)}} = \mathrm{F}'\left\{\sqrt{(1-p^2)}\right\} \ldots\ldots\ldots\ldots \quad (521)$$

Page 344.

Méth. 6, N°. 5. Pour ce cas on a donc $\frac{\pi}{2} = C - 0$, et par conséquent $I = \frac{\pi}{2} - Arctg.\frac{p}{q} = Arctg.\frac{q}{p}$, comme auparavant. [123].

Différentions l'intégrale $I = \int_0^\infty e^{-px} Sin.qx.Sin.rx \frac{dx}{x^2}$ par rapport à q, alors:

$$\frac{dI}{dx} = \int_0^\infty e^{-px} Sin.rx.Cos.qx \frac{dx}{x} = \frac{1}{2}\int_0^\infty e^{-px} dx \frac{Sin.\{(r+q)x\} + Sin.\{(r-q)x\}}{x} =$$

$$= \frac{1}{2}\left\{Arctang.\left(\frac{r+q}{p}\right) + Arctang.\left(\frac{r-q}{p}\right)\right\}, \text{[124]} \quad \ldots\ldots\ldots (522)$$

en substituant l'intégrale trouvée précédemment. Donc, lorsqu'on intègre cette équation entre les limites 0 et q, puisque l'intégrale I s'évanouit pour $q = 0$: [125]

$$\int_0^\infty e^{-px} Sin.qx.Sin.rx \frac{dx}{x^2} = \frac{r+q}{2} Arctg.\left(\frac{r+q}{p}\right) - \frac{p}{4} l\left\{1 + \left(\frac{r+q}{p}\right)^2\right\} + \frac{q-r}{2} Arctg.\left(\frac{r-q}{p}\right) + \frac{p}{4} l\left\{1 + \left(\frac{r-q}{p}\right)^2\right\}$$

$$= \frac{q}{2} Arctg.\left(\frac{2pr}{p^2+q^2-r^2}\right) + \frac{r}{2} Arctg.\left(\frac{2pq}{p^2-q^2+r^2}\right) + \frac{p}{4} l \frac{p^2+(r-q)^2}{p^2+(r+q)^2}, \quad \ldots (523)$$

et pour $q = r$: $\int_0^\infty e^{-px} Sin.^2 qx \frac{dx}{x} = q\, Arctg.\frac{2q}{p} - \frac{p}{4} l \frac{p^2+4q^2}{p^2}$. (T. 394, N°. 4). [126].

De la même manière on déduira:

$$\int_0^\infty e^{-px} Sin.^3 qx \frac{dx}{x^3} = \frac{9q^2-p^2}{8} Arctg.\frac{3q}{p} - \frac{p^2-q^2}{8} 3\, Arctg.\frac{q}{p} + \frac{3pq}{8} l \frac{p+q^2}{p^2+9q^2}, \quad \ldots (524)$$

$$\int_0^\infty e^{-px} Sin.^2 qx.Sin.rx \frac{dx}{x^3} = \frac{(2q+r)^2-p^2}{8} Arctg.\left(\frac{2q+r}{p}\right) - \frac{(2q-r)^2-p^2}{4} Arctg.\left(\frac{2q-r}{p}\right) +$$

$$+ \frac{p^2-r^2}{4} Arctg.\frac{r}{p} + \frac{2q-r}{8} pl\{p^2+(2q-r)^2\} - \frac{2q+r}{8} pl\{p^2+(2q+r)^2\} + \frac{pr}{4} l(p^2+r^2), \,. (525)$$

---

[123] Sur une autre déduction de cette intégrale voyez Méth. 18, N°. 21, Méth. 34, N°. 3.

[124] Pour $r = 1$ on a T. 392, N°. 12.

[125] Car on a: $\pm \int Arctg.\left(\frac{r\pm q}{p}\right) dq = (r\pm q)\, Arctg.\left(\frac{r\pm q}{p}\right) - \int (r\pm q)\left(\pm\frac{1}{p}\right)\frac{dq}{1+\left(\frac{r\pm q}{p}\right)^2} =$

$= (r\pm q)\, Arctg.\left(\frac{r\pm q}{p}\right) - \frac{p}{2} l\left\{1+\left(\frac{r\pm q}{p}\right)^2\right\}$.

[126] Voyez aussi Méth. 34, N°. 3.

et à l'aide de $\int_0^\infty e^{-px} Sin.\, qx.\, Sin.\, sx.\, Cos.\, qx \frac{dx}{x^2} = \frac{q+r+s}{4} Arctg.\left(\frac{q+r+s}{p}\right) - \frac{q-r+s}{4} Arctg.\left(\frac{q-r+s}{p}\right) -$

$$-\frac{q+r-s}{4} Arctg.\left(\frac{q+r-s}{p}\right) + \frac{q-r-s}{4} Arctg.\left(\frac{q-r-s}{p}\right) + \frac{p}{8} l \frac{p^2+(q-r+s)^2}{p^2+(q+r+s)^2} - \frac{p}{8} l \frac{p^2+(q-r-s)^2}{p^2+(q+r-s)^2}, \;.. \;(526)$$

qui se déduit aisément de (523) : $\int_0^\infty e^{-px} Sin.\, qx.\, Sin.\, rx.\, Sin.\, sx \frac{dx}{x^3} = \frac{(q+r+s)^2-p^2}{8} Arctg.\left(\frac{q+r+s}{p}\right) -$

$$-\frac{(q-r+s)^2-p^2}{8} Arctg.\left(\frac{q-r+s}{p}\right) - \frac{(q+r-s)^2-p^2}{8} Arctg.\left(\frac{q+r-s}{p}\right) + \frac{(q-r-s)^2-p}{8} Arctg.\left(\frac{q-r-s}{p}\right) +$$

$$+\frac{q-r+s}{8} pl\{p^2+(q-r+s)^2\} + \frac{q+r-s}{8} pl\{p^2+(q+r-s)^2\} + \frac{q+r+s}{8} pl\{p^2+(q+r+s)^2\} -$$

$$-\frac{q-r-s}{8} pl\{p^2+(q-r-s)^2\}. \;[127] \ldots\ldots\ldots\ldots (527)$$

5. $I = \int_0^1 \frac{x^{p-1} - x^{q-1}}{lx} dx$. Différentions par rapport à p, alors $\frac{dI}{dp} = \int_0^1 x^{p-1} dx = \frac{1}{p}$, donc: $I = \int \frac{dp}{p} + C = lp + C$. Pour déterminer cette constante C, observons que pour la valeur q de p l'intégrale I s'annule, donc on a: $0 = lq + C$ et par conséquent: $\int_0^1 \frac{x^{p-1} - x^{q-1}}{lx} dx = l\frac{p}{q}$. (T.167, N°.4).

Elle donne lieu à des corollaires qui ne manquent pas d'intérêt. Pour $p = p+1$ et $q = 1$, elle devient: $\int_0^1 \frac{x^p - 1}{lx} dx = l(p+1)$. (T. 167, N°. 3). Mettons-y $p+q$ au lieu de p et prenons

[127] Sur les intégrales, que l'on a traitées dans ce N°. on peut voir une Note dans le „Archief van het Genootschap: „Een onvermoeide arbeid, enz." Deel 1, Stuk 2, 3," où je trouve enfin pour la valeur de l'intégrale générale $I_{n+1} = \int_0^\infty e^{-px} Sin.\, qx.\, Sin.\, rx. \ldots Sin.\, vx \frac{dx}{x^{n+1}}$ (à $n+1$ facteurs *Sinus*) la formule symbolique:

$$I_{n+1} = \frac{1}{2^n 1^{n/1}} (cy - p)^n, \ldots\ldots\ldots\ldots (528)$$

où toutes les puissances n, $n-2$, $n-4$,... de y doivent être remplacées par $Arctg.\frac{c}{p}$, les autres puissances $n-1$, $n-3$, $n-5$,... au contraire par $\frac{1}{2} l(p^2+c^2)$. Pour c il faut mettre successivement toutes les sommes possibles des $n+1$ éléments $q, r, s \ldots v$, (où par une somme nous entendons toute combinaison avec les signes $+$ et $-$).

Page 346.

la différence, alors $\int_0^1 \frac{x^q-1}{lx} x^p\,dx = l\frac{p+q+1}{p+1}$, (T. 167, N°. 5); mais lorsque nous y posons q au lieu de p et que nous soustrayons ce résultat de la dernière, nous trouvons:

$$\int_0^1 \left(\frac{x^q-1}{lx} x^p - \frac{x^q-1}{lx}\right)dx = \int_0^1 \frac{(x^p-1)(x^q-1)dx}{lx} = l\frac{p+q+1}{(p+1)(q+1)} \quad \ldots\ldots (529)$$

Posons-y $p+r$ au lieu de p et soustrayons, alors: $\int_0^1 \frac{(x^r-1)(x^q-1)}{lx} x^p\,dx = l\frac{(p+q+r+1)(p+1)}{(p+q+1)(p+r+1)}$.

(T. 167, N°. 7). Dans l'intégrale avant-dernière mettons r pour p et prenons-en la différence avec la dernière, il vient:

$$\int_0^1 \frac{(x^r-1)(x^q-1)(x^p-1)}{lx}dx = l\frac{(p+q+r+1)(p+1)(q+1)(r+1)}{(p+q+1)(p+r+1)(q+r+1)} \ldots\ldots (530)$$

Prenons-y $p+s$ pour p et soustrayons, alors:

$$\int_0^1 \frac{(x^s-1)(x^r-1)(x^q-1)}{lx} x^p\,dx = l\frac{(p+q+r+s+1)(p+q+1)(p+r+1)(p+s+1)}{(p+q+r+1)(p+q+s+1)(p+r+s+1)(p+1)}. (531)$$

On voit à présent clairement comment on pourrait procéder de la même manière; mais on est déjà en état de trouver une formule générale pour quelques cas. Or, il résulte de ce qui précède:

$$\int_0^1 \frac{(x^p-1)^a}{lx}dx = l(ap+1) + \binom{a}{2} l\{(a-2)p+1\} + \binom{a}{4} l\{(a-4)p+1\} + \ldots - \binom{a}{1} l\{(a-1)p+1\} -$$

$$- \binom{a}{3} l\{(a-3)p+1\} - \ldots\ldots = \sum_0^a (-1)^n \binom{a}{n} l\{(a-n)p+1\}, \ldots\ldots (532)$$

$$\int_0^1 \frac{(x^q-1)^a}{lx} x^p\,dx = l(p+aq+1) - \binom{a}{1} l\{p+(a-1)q+1\} + \binom{a}{2} l\{p+(a-2)q+1\} -$$

$$- \binom{a}{3} l\{p+(a-3)q+1\} + \ldots = \sum_0^a (-1)^n \binom{a}{n} l\{p+(a-n)q+1\} \ldots (533)$$

Dans (532) prenez q pour p, la différence du résultat avec (533) sera:

$$\int_0^1 \frac{(x^p-1)(x^q-1)^a}{lx}dx = \sum_0^a (-1)^n \binom{a}{n} l\frac{p+(a-n)q+1}{(a-n)q+1} \ldots\ldots (534)$$

Posez $p+r$ au lieu de p et soustrayez, alors il est:

$$\int_0^1 \frac{(x^r-1)(x^q-1)^a}{lx} x^p\,dx = \sum_0^a (-1)^n \binom{a}{n} l\frac{p+r+(a-n)q+1}{p+(a-n)q+1} \ldots\ldots (535)$$

Page 347.

La différence de celle-ci et de (534), après qu'on y aura substitué r pour p, donne:

$$\int_0^1 \frac{(x^r-1)(x^p-1)(x^q-1)^a}{lx}\,dx = \sum_0^a (-1)^n \binom{a}{n} \, l\frac{p+r+(a-n)q+1}{p+(a-n)q+1}\cdot\frac{(a-n)q+1}{r+(a-n)q+1} \quad \ldots (536)$$

On peut continuer avec l'application des mêmes réductions successives, mais on voit d'abord que la discussion, qui a mené aux intégrales (532) et (533), donnera ici:

$$\int_0^1 \frac{(x^p-1)^a(x^q-1)^b}{lx}\,dx = \sum_0^a (-1)^n \binom{a}{n} \sum_0^b (-1)^m \binom{b}{m} \, l\,\{(b-m)q+(a-n)p+1\}, \quad \ldots (537)$$

$$\int_0^1 \frac{(x^p-1)^a(x^q-1)^b}{lx}\,x^r\,dx = \sum_0^a (-1)^n \binom{a}{n} \sum_0^b (-1)^m \binom{b}{m} \, l\{r+(b-m)q+(a-n)p+1\} \quad . (538)$$

6. $\mathrm{I} = \int_0^1 \frac{(x^p-1)(x^q-1)}{(lx)^2}\,dx$, d'où $\frac{d\mathrm{I}}{dp} = \int_0^1 \frac{x^q-1}{lx}\,x^p\,dx = l\frac{p+q+1}{p+1}$, d'après le numéro précédent, et par conséquent [128], puisque l'intégrale I s'annule pour la valeur zéro de p:

$$\int_0^1 \frac{(x^p-1)(x^q-1)}{(lx)^2}\,dx = \int_0^p l(p+q+1)\,dp - \int_0^p l(p+1)\,dp = (p+q+1)\,l(p+q+1) -$$
$$-(q+1)\,l(q+1) - (p+1)\,l(p+1). \quad \ldots\ldots\ldots\ldots (539)$$

La comparaison de ce résultat avec T. 167, N°. 7 au Nr. précédent montre qu'on trouve partout ici $y\,ly$ au lieu de ly. On peut donc conclure tout de suite aux formules suivantes:

$$\int_0^1 \frac{(x^p-1)^a}{(lx)^2}\,dx = \sum_0^a (-1)^n \binom{a}{n} \{(a-n)p+1\}\, l\,\{(a-n)p+1\},$$

$$\int_0^1 \frac{(x^q-1)^a}{(lx)^2}\,x^p\,dx = \sum_0^a (-1)^n \binom{a}{n} \{p+(a-n)q+1\}\, l\,\{p+(a-n)q+1\}, \text{ (T. 168, N°. 9, 10)},$$

$$\int_0^1 \frac{(x^p-1)^a(x^q-1)^b}{(lx)^2}\,dx = \sum_0^a (-1)^n \binom{a}{n} \sum_0^b (-1)^m \binom{b}{m} \{(b-m)q +$$
$$+(a-n)p+1\}\, l\,\{(b-m)q+(a-n)p+1\}, \quad \ldots\ldots (540)$$

$$\int_0^1 \frac{(x^p-1)^a(x^q-1)^b}{(lx)^2}\,x^r\,dx = \sum_0^a (-1)^n \binom{a}{n} \sum_0^b (-1)^m \binom{b}{m} \{r+(b-m)q +$$
$$+(a-n)p+1\}\, l\,\{r+(b-m)q+(a-n)p+1\} \quad \ldots\ldots\ldots\ldots (541)$$

---

[128] Car $\int_0^p l(p+q)\,dp = (p+q)\,l(p+q) - q\,lq - p$.

Page 348.

7. On pourra différentier l'intégrale $I = \int_0^1 \frac{(1-x^p)(1-x^q)}{1-x}\frac{dx}{lx}$ par rapport à p pour avoir $\frac{dI}{dp} = -\int_0^1 \frac{x^p(1-x^q)}{1-x}dx = -d.\,l\frac{\Gamma(p+q+1)}{\Gamma(p+1)}$, comme on trouve Méth. 37, N°. 3. Pour $p=0$ cette intégrale s'évanouit: intégrons donc par rapport à p entre les limites 0 et p, nous obtiendrons: $\int_0^1 \frac{(1-x^p)(1-x^q)}{1-x}\frac{dx}{lx} = -l\frac{\Gamma(p+q+1)}{\Gamma(p+1)} + l\frac{\Gamma(q+1)}{\Gamma(1)} = l\frac{\Gamma(p+1)\Gamma(q+1)}{\Gamma(p+q+1)}$. (T. 171, N°. 17). Remplaçons p par $p+r$ et prenons la différence, alors: $\int_0^1 \frac{(1-x^r)(1-x^q)}{1-x}x^p\frac{dx}{lx} = l\frac{\Gamma(p+q+1)\Gamma(p+r+1)}{\Gamma(p+q+r+1)\Gamma(p+1)}$. (T. 171, N°. 18). [129]. Dans l'intégrale avant-dernière mettons r pour p, et soustrayons, alors: $\int_0^1 \frac{(1-x^p)(1-x^r)(1-x^q)}{1-x}\frac{dx}{lx} = l\frac{\Gamma(p+q+r+1)\Gamma(p+1)\Gamma(q+1)\Gamma(r+1)}{\Gamma(p+q+1)\Gamma(p+r+1)\Gamma(q+r+1)}$. (T. 171, N°. 20). On pourra aisément continuer à admettre de nouveaux facteurs $1-x^t$ dans le numérateur. Lorsque toutes les puissances p, q, r deviennent égales, on trouve encore:

$$\int_0^1 \frac{(1-x^p)^a}{1-x}\frac{dx}{lx} = \sum_0^a (-1)^{n-1}\, l\Gamma\{(a-n)p+1\}, \ldots\ldots \quad (542)$$

$$\int_0^1 \frac{(1-x^p)^a}{1-x}\frac{x^q\,dx}{lx} = \sum_0^a (-1)^{n-1}\, l\Gamma\{q+(a-n)p+1\}. \ldots\ldots \quad (543)$$

8. Soit $I = \int_0^1 \frac{x^{p+q}-x^{p-q}}{1+x^{2p}}\frac{dx}{x\,lx}$. Différentions par rapport à q, alors $\frac{dI}{dq} = \int_0^1 \frac{x^{p+q}+x^{p-q}}{1+x^{2p}}\frac{dx}{x} = \frac{\pi}{2p}Sec.\frac{q\pi}{2p}$, suivant Méth. 7, N°. 10. Lorsqu'on intègre maintenant entre les limites 0 et q,

---

[129] Pour $p = -\frac{1}{2}$, $q = \frac{1}{2}q$, $r = \frac{q+1}{2}$, $x = y^2$ elle donne:

$$\int_0^1 \frac{(1-x^q)(1-x^{q+1})}{1-x^2}\frac{dx}{lx} = -ql2. \text{ (T. 172, N°. 3).}$$

Page 349.

on obtient, puisque pour $q = 0$ l'intégrale s'évanouit et que par conséquent alors il n'y aura pas de constante à ajouter: [130]

$$\int_0^1 \frac{x^{p+q}-x^{p-q}}{1+x^{2p}}\frac{dx}{x lx} = \frac{\pi}{2p}\int_0^q Sec.\frac{q\pi}{2p}dq = \int_0^{\frac{\pi q}{2p}} Sec.y\,dy\left(\text{pour}\, y=\frac{q\pi}{2p}\right) = l\,Tg.\left(\frac{p+q}{p}\,\frac{\pi}{4}\right). \text{ (T. 175, N}^o\text{. 11).}$$

Lorsqu'on avait $I = \int_0^1 \frac{x^{p+q}+x^{p-q}}{1-x^{2p}}\frac{dx}{x\,lx}$, la différentiation par rapport à q donnerait

$\frac{dI}{dq} = \int_0^1 \frac{x^{p+q}-x^{p-q}}{1-x^{2p}}\frac{dx}{x} = -\frac{\pi}{2p}Tang.\frac{q\pi}{2p}$, d'après Méth. 7, N°. 10: mais l'intégration entre les limites 0 et q ne fait point évanouir la constante à ajouter C, puisque l'intégrale I ne s'annule pas pour cette valeur zéro de q: au contraire elle devient dans ce cas: $\int_0^1 \frac{2x^p}{1-x^{2p}}\frac{dx}{x lx}$, la valeur de C par conséquent: donc en retranchant cette intégrale de l'intégrale I, on aura:

$$\int_0^1 \frac{x^{p+q}+x^{p-q}-2x^p}{1-x^{2p}}\frac{dx}{x\,lx} = -\int_0^q \frac{\pi}{2p}Tang.\frac{q\pi}{2p}dq = \int_0^q d.l\,Cos.\frac{q\pi}{2p} = l\,Cos.\frac{q\pi}{2p}, \text{ (T. 175, N}^o\text{. 10),}$$

qu'on pourra écrire aussi sous la forme suivante:

$$\int_0^1 \frac{(x^q-x^{-q})^2}{x^p-x^{-p}}\frac{dx}{x\,lx} = l\,Sec.\frac{q\pi}{p}. \text{ [131]} \ldots\ldots\ldots\ldots\ldots (544)$$

La méthode employée nous a indiqué que l'intégrale proposée ne saurait être évaluée, c'est-à-dire qu'elle est infinie: et c'est le cas en effet.

---

[130] Parce que par la substitution $x = \frac{\pi}{2} - 2y$ on a:

$$\int_0^p Sec.x\,dx = \int_{\frac{\pi-2p}{4}}^{\frac{\pi}{4}} \frac{dy}{2\,Sin.y.\,Cos.y} = \frac{1}{2}\int_{\frac{\pi-2p}{4}}^{\frac{\pi}{4}} d.l\,Tang.y = -\frac{1}{2}\,l\,Tang.\frac{\pi-2p}{4} = \frac{1}{2}\,l\,Tang.\frac{\pi+2p}{4}.$$

[131] Pour $q = 1$ et $p = 2$, elle donne:

$$\int_0^1 \frac{1-x}{(1+x)(1+x^2)}\frac{dx}{lx} = -\frac{1}{2}l2. \ldots\ldots\ldots\ldots\ldots (545)$$

Une détermination exacte de la constante a été quelquefois oubliée et c'est pourquoi l'on a parfois obtenu par cette Méthode des résultats fautifs: voyez entre autres EULER, Novi Commentarii Petropolitani, T. 19, p. 30—64, p. 66—102, deux dissertations, qui ont été recueillies dans ses Institutiones Calculi Integralis, Tom. 4, Suppl. III, §, 2, p. 122 et Suppl. V. § 1, p. 260.

Page 350.

9. Quand on veut évaluer l'intégrale $I = \int_0^{\frac{\pi}{2}} l(1 + a\,Sin.^2 x)\frac{dx}{\sqrt{(1-p^2\,Sin.^2 x)}}$ suivant cette méthode, en la différentiant par rapport à a, on voit tout de suite que l'on retombe sur une fonction elliptique de troisième espèce: donc il faut distinguer ici trois suppositions relatives à la valeur de a: 1°. $-p^2\,Sin.^2\alpha$, 2°. $Cot.^2\alpha$, 3°. $-1+(1-p^2)\,Sin.^2\alpha$. — Dans le premier cas on trouve:

$$\frac{dI}{d\alpha} = \frac{d}{d\alpha}\int_0^{\frac{\pi}{2}}\frac{l(1-p^2\,Sin.^2\alpha.\,Sin.^2 x)\,dx}{\sqrt{(1-p^2\,Sin.^2 x)}} = \int_0^{\frac{\pi}{2}}\frac{-p^2\,2\,Sin.\alpha.\,Cos.\alpha.\,Sin.^2 x\,dx}{(1-p^2\,Sin.^2\alpha.\,Sin.^2 x)\sqrt{(1-p^2\,Sin.^2 x)}} =$$

$$= 2\,Cot.\alpha.\int_0^{\frac{\pi}{2}}\left\{\frac{dx}{\sqrt{(1-p^2\,Sin.^2 x)}} - \frac{dx}{(1-p^2\,Sin.^2\alpha.\,Sin.^2 x)\sqrt{(1-p^2\,Sin.^2 x)}}\right\} =$$

$$= 2\,Cot.\alpha.\left[F'(p) - \Pi'(-p^2\,Sin.^2\alpha, p)\right] = \frac{-2}{\sqrt{(1-p^2\,Sin.^2\alpha)}}\left[F'(p).\,E(p,\alpha) - E'(p).\,F(p,\alpha)\right],$$

en y substituant la valeur de la fonction elliptique de troisième espèce [132]. Comme pour $\alpha = 0$ l'intégrale I s'évanouit, il faut intégrer ici depuis 0 à α et il vient: $I = 2\,E'(p).\int_0^{\alpha}\frac{F(p,\alpha)\,d\alpha}{\sqrt{(1-p^2\,Sin.^2\alpha)}} - 2\,F'(p).\int_0^{\alpha}\frac{E(p,\alpha)\,d\alpha}{\sqrt{(1-p^2\,Sin.^2\alpha)}}$, ou, comme $2\int_0^{\alpha}\frac{F(p,\alpha)\,d\alpha}{\sqrt{(1-p^2\,Sin.^2\alpha)}} =$ $= \int_0^{\alpha} 2\,F(p,\alpha)\,d.\,F(p,\alpha) = \{F(p,\alpha)\}^2 \ldots (a)$, et que l'autre intégrale est $\Upsilon(p,\alpha)$ par définition:

$$\int_0^{\frac{\pi}{2}}\frac{l(1-p^2\,Sin.^2\alpha.\,Sin.^2 x)\,dx}{\sqrt{(1-p^2\,Sin.^2 x)}} = E'(p).\left[F(p,\alpha)\right]^2 - 2\,F'(p).\Upsilon(p,\alpha).\quad \text{(T. 348, N°. 17).}$$

En second lieu soit l'intégrale: $I = \int_0^{\frac{1}{2}\pi}\frac{l(1+Cot^2\alpha.\,Sin.^2 x)\,dx}{\sqrt{(1-p^2\,Sin.^2 x)}}$, d'où $\frac{dI}{d\alpha} =$

$$= \int_0^{\frac{\pi}{2}}\frac{-2\,Cot.\alpha.\,Cosec.^2\alpha.\,Sin.^2 x\,dx}{(1+Cot.^2\alpha.Sin.^2 x)\sqrt{(1-p^2\,Sin.^2 x)}} = \frac{2}{Sin.\alpha.\,Cos.\alpha}\int_0^{\frac{\pi}{2}}\left\{\frac{dx}{(1+Cot.^2\alpha.Sin.^2 x)\sqrt{(1-p^2\,Sin.^2 x)}} - \right.$$

$$\left. - \frac{dx}{\sqrt{(1-p^2\,Sin.^2 x)}}\right\} = \frac{2}{Sin.\alpha.\,Cos.\alpha}\left[\Pi'(Cot.^2\alpha, p) - F'(p)\right] = \frac{-2\,F'(p)}{Sin.\alpha.\,Cos.\alpha} +$$

[132] Car suivant VERHULST, Traité élém. des Fonctions Ellipt., p. 105, on a:

$$\Pi'(-p\,Sin.\alpha, p) = F'(p) + \frac{Tang.\alpha}{\sqrt{(1-p^2\,Sin.^2\alpha)}}\left[F'(p).\,E(p,\alpha) - E'(p).\,F(p,\alpha)\right].$$

$+\dfrac{2}{\sqrt{\{1-(1-p^2)Sin.^2\alpha\}}}\Big[\dfrac{\pi}{2}+F'(p).\big(Tang.\alpha.\sqrt{\{1-(1-p^2)Sin.^2\alpha\}}-E\{\sqrt{(1-p^2)},\alpha\}\big)-$ $-\{E'(p)-F'(p)\}\,F\{\sqrt{(1-p^2)},\alpha\}\Big]$, en substituant la valeur de la fonction elliptique de troisième espèce [133]. Eu égard à la formule identique (a), et vu que $\int\dfrac{d\alpha}{Sin.\alpha.Cos.\alpha}-\int Tg.\alpha\,d\alpha=\int\dfrac{Cos.\alpha\,d\alpha}{Sin.\alpha}=$ $=l\,Sin.\alpha$, l'intégration donne maintenant: $I=-2F'(p).\,l\,Sin.\alpha+\pi F\{\sqrt{(1-p^2)},\alpha\}-$ $-2F'(p).\Upsilon\{\sqrt{(1-p^2)},\alpha\}-\{E'(p)-F'(p)\}\,[F\{\sqrt{(1-p^2)},\alpha\}]^2+C.$ Or, l'intégrale I s'évanouit ici pour la valeur $\dfrac{\pi}{2}$ de α; par conséquent:

$$\int_0^{\frac{\pi}{2}}\frac{l(1+Cot.^2\alpha.Sin.^2x)\,dx}{\sqrt{(1-p^2Sin.^2x)}}=-2F'(p).\,l\,Sin.\alpha+\pi F\{\sqrt{(1-p^2)},\alpha\}-2F'(p).\Upsilon\{\sqrt{(1-p^2)},\alpha\}-$$

$$-\{E'(p)-F'(p)\}[F\{\sqrt{(1-p^2)},\alpha\}]^2-\frac{\pi}{2}F'\{\sqrt{(1-p^2)}\}-l\,p.F'(p),$$ (T. 348, N$^{\circ}$. 14);

où dans la réduction on a fait usage des formules $\Upsilon\left\{\sqrt{(1-p^2)},\dfrac{\pi}{2}\right\}=\dfrac{1}{2}F'\{\sqrt{(1-p^2)}\}.$ $E'\{\sqrt{(1-p^2)}\}-\dfrac{1}{2}l\,p$, [134], et $\dfrac{\pi}{2}=F'(p).E'\{\sqrt{(1-p^2)}\}+E'(p).F'\{\sqrt{(1-p^2)}\}-$ $-F'(p).F'\{\sqrt{(1-p^2)}\}$. [135].

En dernier lieu on a:

$$\int_0^{\frac{1}{2}\pi}\frac{l[1-\{1-(1-p^2)Sin.^2\alpha\}Sin.^2x]}{\sqrt{(1-p^2Sin.^2x)}}dx,\ \text{donc:}\ \frac{dI}{d\alpha}=\int_0^{\frac{\pi}{2}}\frac{(1-p^2)\,2\,Sin.\alpha.Cos.\alpha.Sin.^2x}{1-\{1-(1-p^2)Sin.^2\alpha\}Sin.^2x}\,\frac{dx}{\sqrt{(1-p^2Sin.^2x)}}=$$

$$=\frac{2(1-p^2)Sin.\alpha.Cos.\alpha}{1-(1-p^2)Sin.^2\alpha}\int_0^{\frac{\pi}{2}}\left\{\frac{-dx}{\sqrt{(1-p^2Sin.^2x)}}+\frac{dx}{[1-\{1-(1-p^2)Sin.^2\alpha\}Sin.^2x]\sqrt{(1-p^2Sin.^2x)}}\right\}=$$

$$=\frac{2(1-p^2)Sin.\alpha.Cos\,\alpha}{1-(1-p^2)Sin.^2\alpha}[-F'(p)+\Pi'\{-1+(1-p^2)Sin.^2\alpha,p\}]=\frac{2}{\sqrt{[1-(1-p^2)Sin.^2\alpha]}}\Big[\frac{\pi}{2}-$$

$-F'(p).E\{\sqrt{(1-p^2)},\alpha\}-\{E'(p)-F'(p)\}\,F\{\sqrt{(1-p^2)},\alpha\}\Big]$, par l'élimination de la fonction elliptique de troisième espèce [136]. L'intégration par rapport à α donne maintenant: $I=\pi F\{\sqrt{(1-p^2)},\alpha\}-2F'(p).\Upsilon\{\sqrt{(1-p^2)},\alpha\}-\{E'(p)-F'(p)\}[F\{\sqrt{(1-p^2)},\alpha\}]^2+C.$

---

[133] Voyez sur cette valeur VERHULST, Fonct. Ellipt., p. 103.

[134] VERHULST trouve cette formule dans ses Fonct. Ellipt., p. 115.

[135] Sur cette formule voyez VERHULST, Fonct. Ellipt., p. 73.

[136] Suivant la formule de VERHULST, Fonct. Ellipt., p. 103.

Page 352.

Pour déterminer la constante C posons $\alpha = \frac{\pi}{2}$; alors l'intégrale devient: $\int_0^{\frac{\pi}{2}} \frac{l(1-p^2 Sin.^2 x)}{\sqrt{(1-p^2 Sin.^2 x)}} dx =$

$= \frac{1}{2} F'(p).l(1-p^2)$, (T. 348, N°. 12), comme on la déduira à l'instant de la première intégrale de ce numéro; dès-lors on aura l'équation: $\frac{1}{2} l(1-p^2).\ F'(p) = \pi F'\{\sqrt{(1-p^2)}\} -$
$- F'(p).\big[F'\{\sqrt{(1-p^2)}\}.E'\{\sqrt{(1-p^2)}\} - lp\big] - \{E'(p) - F'(p)\}\big[F'\{\sqrt{(1-p^2)}\}\big]^2 + C$

pour calculer C, et par conséquent l'intégrale: $\int_0^{\frac{\pi}{2}} \frac{l\big[1 - \{1-(1-p^2)Sin.^2 \alpha\} Sin.^2 x\big]}{\sqrt{(1-p^2 Sin.^2 x)}} dx =$

$= \pi F\{\sqrt{(1-p^2)}, \alpha\} - 2F'(p)\, \Upsilon\{\sqrt{(1-p^2)}, \alpha\} - \{E'(p) - F'(p)\}\big[F\{\sqrt{(1-p^2)}, \alpha\}\big]^2 +$
$+ \frac{1}{2} F'(p).l\frac{1-p^2}{p^2} - \frac{\pi}{2} F'\{\sqrt{(1-p^2)}\}$. (T. 348, N°. 15).

Pour $x = \frac{\pi}{2}$ la première intégrale donne: $\int_0^{\frac{\pi}{2}} \frac{l(1-p^2 Sin.^2 x)\,dx}{\sqrt{(1-p^2 Sin.^2 x)}} = \frac{1}{2} l(1-p^2).\ F'(p)$,[137], que nous venons d'employer. Dans la seconde intégrale prenons $Cot.^2 \alpha = p$, alors on a par la substitution $p\ Tang.^2 x = y$:

$$F\{\sqrt{(1-p^2)}, \alpha\} = \int_0^{Arctg.\left(\sqrt{\frac{1}{p}}\right)} \frac{dx}{\sqrt{\{1-(1-p^2)Sin.^2 x\}}} = \int_0^1 \frac{dy}{2\sqrt{y(p+y)(1+py)}} \ldots (546)$$

$= \frac{1}{1+p} \int_0^{\frac{\pi}{2}} \frac{dz}{\sqrt{\left\{1-\left(\frac{1-p}{1+p}\right)^2 Sin.^2 z\right\}}} = \frac{1}{1+p} F'\left(\frac{1-p}{1+p}\right)$, en y substituant $y = \frac{1-Sin.z}{1+Sin.z}$. Or, cette fonction elliptique se réduit à $\frac{1}{2} F'\{\sqrt{(1-p^2)}\}$,[138], donc: $F\{\sqrt{(1-p^2)}, \alpha\} = \frac{1}{2} F'\{\sqrt{(1-p^2)}\}$.

De même: $\Upsilon\{\sqrt{(1-p^2)}, \alpha\} = \frac{1}{8} F'\{\sqrt{(1-p^2)}\}.E'\{\sqrt{(1-p^2)}\} - \frac{1}{4} l\frac{2p\sqrt[4]{(1-p^2)}}{1+p}$, donc:

$$\int_0^{\frac{\pi}{2}} \frac{l(1+p\ Sin.^2 x)\,dx}{\sqrt{(1-p^2 Sin.^2 x)}} = \frac{1}{2} F'(p).l\frac{2(1+p)}{\sqrt{p}} - \frac{\pi}{8} F'\{\sqrt{(1-p^2)}\}. \text{ (T. 348, N°. 10).}$$

---

[137] Elle est déduite d'une autre manière Méth. 17, N°. 16.

[138] Voyez VERHULST, Fonct. Ellipt., p. 118. — Il s'ensuit encore:

$$\int_0^1 \frac{dx}{\sqrt{x(p+x)(1+px)}} = F'\{\sqrt{(1-p^2)}\} \ldots\ldots\ldots\ldots (547)$$

La troisième intégrale ensuite donnera pour $Sin.^2\,\alpha = \frac{1}{1+p}$:

$$\int_0^{\frac{\pi}{2}} \frac{l(1-p\,Sin.^2\,x)\,dx}{\sqrt{(1-p^2\,Sin.^2\,x)}} = \frac{1}{2}F'(p).l\frac{2(1-p)}{\sqrt{p}} - \frac{\pi}{8}F'\{\sqrt{(1-p^2)}\}. \text{ (T. 348, N°. 11).}$$

La somme de ces dernières intégrales sera encore:

$$\int_0^{\frac{\pi}{2}} \frac{l(1-p^2\,Sin.^4\,x)\,dx}{\sqrt{(1-p^2\,Sin.^2\,x)}} = \frac{1}{2}F'(p).l\frac{4(1-p^2)}{p^2} - \frac{\pi}{4}F'\{\sqrt{(1-p^2)}\}. \text{ (T. 348, N°. 16).}$$

Enfin dans le troisième cas soit $\alpha = 0$, alors:

$$\int_0^{\frac{1}{2}\pi} \frac{l(1-Sin.^2 x)}{\sqrt{(1-p^2\,Sin.^2\,x)}}dx = \int_0^{\frac{1}{2}\pi} \frac{l\,Cos.^2\,x}{\sqrt{(1-p^2\,Sin.^2\,x)}}dx = \frac{1}{2}F'(p).l\frac{1-p^2}{p^2} - \frac{\pi}{2}F'\{\sqrt{(1-p^2)}\},$$

(T. 347, N°. 11), d'où, suivant Méth. 4, N°. 8:

$$\int_0^{\frac{1}{2}\pi} \frac{l\,Sin.\,x}{\sqrt{(1-p^2\,Sin.^2\,x)}}dx = -\frac{1}{2}F'(p).lp - \frac{\pi}{4}F'\{\sqrt{(1-p^2)}\}. \text{ (T. 347, N°. 4).}$$

10. Soit $I = \int_0^\infty \frac{Arctang.\,px}{q^2+x^2}\frac{dx}{x}$, alors la différentiation par rapport à p donne:

$\frac{dI}{dp} = \int_0^\infty \frac{dx}{(1+p^2x^2)(q^2+x^2)} = \frac{1}{1+pq}\frac{\pi}{2q}$, suivant l'intégrale (475). Puisque l'intégrale s'évanouit pour un p zéro, il faudra intégrer de 0 à p, ainsi:

$$\int_0^\infty \frac{Arctg.\,px}{q^2+x^2}\frac{dx}{x} = \frac{\pi}{2q}\int_0^p \frac{dp}{1+pq} = \frac{\pi}{2q^2}l(1+pq). \text{ [139] } \ldots\ldots\ldots (548)$$

Soit $I = \int_0^1 Arctg.\,qx\frac{dx}{x\sqrt{(1-x^2)}}$, alors: $\frac{dI}{dq} = \int_0^1 \frac{dx}{(1+q^2x^2)\sqrt{(1-x^2)}} = \frac{\pi}{2\sqrt{(1+q^2)}}$,

suivant l'intégrale (398). Ici encore l'intégrale s'évanouit pour $q = 0$, donc:

$$\int_0^1 Arctg.\,qx\frac{dx}{x\sqrt{(1-x^2)}} = \int_0^q \frac{\pi\,dq}{2\sqrt{(1+q^2)}} = \frac{\pi}{2}l\{q+\sqrt{(1+q^2)}\}. \text{ (T. 261, N°. 15).}$$

Soit $I = \int_0^\infty Arccot.\frac{x}{p}\frac{x\,dx}{x^2-q^2}$ et différentions par rapport à p, alors il vient: $\frac{dI}{dp} =$

---

[139] Elle est déduite autrement Méth. 37, N°. 5. Pour $p = 1$ on a T. 266, N°. 2. Page 354.

$$= -\int_0^\infty \frac{x}{p^2+x^2}\frac{dx}{q^2-x^2} = \frac{\pi}{2}\frac{p}{p^2+q^2},$$ d'après Méth. 27, N°. 2. Pour $p=0$ on a: $Arccot.\frac{x}{p} = Arccot.\infty = 0$, donc il faut intégrer depuis $p=0$, et dès-lors: $\int_0^\infty Arccot.\frac{x}{p}\frac{x\,dx}{x^2-q^2} =$

$$= \int_0^p \frac{\pi}{2}\frac{p\,dp}{p^2+q^2} = \frac{\pi}{4}\int_0^p d.l(p^2+q^2) = \frac{\pi}{4}l\frac{p^2+q^2}{q^2}.$$ (T. 265, N°. 13). Pour $p=q=1$ on en tire:

$\frac{\pi}{4}l\,2 = \int_0^\infty Arccot.x\frac{x\,dx}{x^2-1}$, (T. 265, N°. 11), $= \int_0^1 Arccot.x\frac{x\,dx}{x^2-1} + \int_1^\infty Arccot.x\frac{x\,dx}{x^2-1}$. Dans la dernière intégrale supposons $x=\frac{1}{y}$, alors il vient: $\int_0^1 \frac{x\,Arccot.x - \frac{1}{x}Arctg.x}{x^2-1}dx = \frac{\pi}{4}l\,2.$ (T.258, N°.28).

Soit $I = \int_{-\infty}^\infty Arctg.(a+bx)\frac{dx}{1+x^2}$ et différentions par rapport à b, alors: $\frac{dI}{db} = \int_{-\infty}^\infty \frac{x}{1+(a+bx)^2}\frac{dx}{1+x^2} =$

$$= \frac{1}{(1+a^2-b^2)^2+4a^2b^2}\left[\int_{-\infty}^\infty \frac{2ab+(1+a^2-b^2)x}{1+x^2}dx - \int_{-\infty}^\infty \frac{(1+a^2)2ab+(1+a^2-b^2)b^2x}{1+(a+bx)^2}dx\right]:$$

dans la dernière intégrale prenons $a+bx=y$, où les limites de y deviennent $-\infty$ et ∞, et où le dénominateur devient $1+x^2$ et le numérateur $(1+a^2+b^2)a+(1+a^2-b^2)x$; par conséquent la réunion des deux intégrales sous un seul signe d'intégration fait évanouir dans le numérateur le terme qui dépend de x, et il est:

$$\frac{dI}{db} = \frac{-1}{(1+a^2-b^2)^2+4a^2b^2}\int_{-\infty}^\infty \frac{(1+a^2+b^2-2b)a}{1+x^2}dx = \frac{1+a^2+b^2-2b}{(1+a^2-b^2)^2+4a^2b^2}a\pi \quad . \; . \; . \; (549)$$

Lorsqu'on intègre maintenant de $b=0$ à $b=b$, on a pour la valeur de la constante à ajouter ce que devient l'intégrale I dans le cas de $b=0$, c'est-à-dire: $\int_{-\infty}^\infty Arctg.a\frac{dx}{1+x^2} = \pi\,Arctg.a$, donc:

$$\int_{-\infty}^\infty Arctg(a+bx)\frac{dx}{1+x^2} = \pi Arctg.a - \frac{1}{2}\pi\int_0^b\left\{d.Arctg.\left(\frac{2ab}{a^2-b^2+1}\right) + d.Arctg.\left(\frac{2a}{a^2+b^2-1}\right)\right\} =$$

$$= \pi\,Arctg.a - \frac{\pi}{2}Arctg.\left(\frac{2ab}{a^2-b^2+1}\right) - \frac{\pi}{2}Arctg.\left(\frac{2a}{a^2+b^2-1}\right) + \frac{\pi}{2}Arctg.\left(\frac{2a}{a^2-1}\right) =$$

$$= \frac{\pi}{2}\left\{Arctg.\left(\frac{2a}{1-a^2-b^2}\right) - Arctg.\left(\frac{2ab}{1+a^2-b^2}\right)\right\}.$$ (T. 271, N°. 1).

11. Pour $I = \int_0^\pi l(1\pm p\,Cos.x)\,dx$, on aura: $\frac{dI}{dp} = \pm\int_0^\pi \frac{Cos.x\,dx}{1\pm p\,Cos.x} = \frac{\pi}{p}\left\{1 - \frac{1}{\sqrt{(1-p^2)}}\right\}$,

d'après Méth. 1, N°. 13. Intégrons depuis la valeur zéro de p, puisque alors l'intégrale I s'évanouit, nous aurons: $\int_0^\pi l(1 \pm p\, Cos.x)\, dx = \pi \int_0^p \left\{\frac{dp}{p} - \frac{dp}{p\sqrt{(1-p^2)}}\right\}$, (ou par la substitution de $y^2 = 1-p^2$ dans la dernière intégrale) $= \pi \int_0^p d.lp + \pi \int_1^{\sqrt{(1-p^2)}} \frac{dy}{1-y^2} = \pi \int_0^p d.lp + \frac{\pi}{2}\int_1^{\sqrt{(1-p^2)}} d.l\frac{1+y}{1-y} =$

$= \pi \int_0^p d.lp + \frac{\pi}{2}\int_0^p d\,l \frac{\{1+\sqrt{(1-p^2)}\}^2}{p^2}$, (en retournant vers la variable primitive p),

$= \pi \int_0^p d.l\{1+\sqrt{(1-p^2)}\} = \pi\, l\frac{1+\sqrt{(1-p^2)}}{2}$, (T. 353, N°. 9), où l'on doit avoir $p^2 < 1$, d'après l'intégrale employée. [140].

Pour $\frac{1}{p} = q$, d'où $q^2 > 1$, on trouve après la soustraction de l'intégrale $\int_0^\pi lp\, dx = \pi\, lp$:

$\int_0^\pi l(q \pm Cos.x)\, dx = \pi\, l\frac{q+\sqrt{(q^2-1)}}{2}$, $(q^2 > 1)$; (T. 353, N°. 11, 13), d'où pour $q = 1$ on obtient de nouveau les intégrales de la note précédente. — Mais pour déduire cette même intégrale dans le cas de $q^2 < 1$, on a: $\frac{d\text{I}}{dq} = \int_0^\pi \frac{dq}{q \pm Cos.x} = 0$ pour $q^2 < 1$, voir Méth. 1, N°. 13; donc: $\int_0^\pi l(q \pm Cos.x)^2\, dx = \text{C}$. Pour déterminer C supposons $q = 0$, alors la valeur de l'intégrale est trouvée être (Méth. 4, N°. 4) $-2\pi l 2$, donc: $\int_0^\pi l(q \pm Cos.x)^2\, dx = -2\pi l 2$, $(q^2 < 1)$; (T. 353, N°. 10, 12). [141]. Pour $q = \frac{1}{p}$ elle donne encore:

---

[140] Pour $p = 1$ ces intégrales valent encore, car les intégrales $\int_0^\pi l(1 \pm Cos.x)\, dx = -\pi l 2$, (T. 353, N°. 7, 8), coïncident avec celles, que l'on a trouvées Méth. 4 à la fin du N°. 4 et au N°. 3. — La somme des intégrales dans le texte donne encore pour $p^2 < 1$:

$$\int_0^\pi l(1-p^2\, Cos.^2 x)\, dx = 2\pi\, l\frac{1+\sqrt{(1-p^2)}}{2} \quad \ldots\ldots\ldots\ldots \quad (550)$$

[141] On en déduit encore:

$\int_0^\pi l(q^2 - Cos.^2 x)^2\, dx = -4\pi l 2$, $(q^2 < 1)$, $= 2\pi\, l\frac{p+\sqrt{(p^2-1)}}{2}$, $(q^2 > 1)$. (T. 353, N°. 14 et 15).

Page 356.

$$\int_0^\pi l(1 \pm p\, Cos.\, x)^2\, dx = -2\pi l 2 p\,,\ (p^2 > 1).\ [142] \ldots\ldots\ldots (551)$$

L'intégrale $I = \int_0^\pi l(1 \pm p\, Cos.\, x)\frac{dx}{Cos.\, x}$ donne par la différentiation par rapport à p:

$\frac{dI}{dp} = \pm \int_0^\pi \frac{dx}{1 \pm p\, Cos.\, x} = \frac{\pm\pi}{\surd(1-p^2)}$, d'après Méth. 1, N'. 13. Donc, comme l'intégrale I s'évanouit avec la valeur zéro de p on trouve (encore avec la restriction $p^2 < 1$):

$$\int_0^\pi l(1 \pm p Cos. x)\frac{dx}{Cos.\, x} = \int_0^p \frac{\pm\pi\, dp}{\surd(1-p^2)} = \pm\pi\, Arcsin.\, p.\ (T.\ 355,\ N^o.\ 1).$$

12. Soit $I = \int_0^1 l(1+qx^2)\frac{dx}{\surd(1-x^2)}$, alors on trouve: $\frac{dI}{dq} = \int_0^1 \frac{x^2}{1+qx^2}\frac{dx}{\surd(1-x^2)} =$ $= \frac{1}{q}\left\{\frac{\pi}{2} - \frac{\pi}{2\surd(1+q)}\right\}$. [143]. L'intégrale s'annule pour $q = 0$; intégrons donc depuis cette valeur de q, alors: $\int_0^1 l(1+qx^2)\frac{dx}{\surd(1-x^2)} = \frac{\pi}{2}\int_0^q \frac{\surd(1+q)-1}{q\surd(1+q)}dq = \pi\int_0^q d.l\{1+\surd(1+q)\} =$

$$= \pi\, l\frac{1+\surd(1+q)}{2},\ (T.\ 165,\ N^o.\ 6),\ = \int_0^{\frac{\pi}{2}} l(1+q\, Sin.^2\, y)\, dy\,, \ldots\ldots\ldots (554)$$

$= \int_0^{\frac{\pi}{2}} l(1+q\, Cos.^2\, z)\, dz$, (T. 334, N'. 8), par la substitution de $x = Sin.\, y$ ou de $x = Cos.\, z$.

Soit encore $I = \int_0^1 l(1+qx^2)\frac{x^2\, dx}{\surd(1-x^2)}$, d'où: $\frac{dI}{dq} = \int_0^1 \frac{x^2}{1+qx^2}\frac{x^2 dx}{\surd(1-x^2)} = \left\{\frac{1}{2q} - \frac{1}{q^2} + \frac{1}{q^2\surd(1+q)}\right\}$. [144].

---

[142] D'où: $\int_0^\pi l(1-p^2\, Cos.^2\, x)\, dx = -4\pi l 2 p.\ (p^2 > 1) \ldots\ldots\ldots (552)$

[143] Car par la substitution de $x = Cos.\, y$ on a:

$$\int_0^1 \frac{x^2}{1+qx^2}\frac{dx}{\surd(1-x^2)} = \int_0^{\frac{\pi}{2}} \frac{Cos.^2\, y\, dy}{1+q\, Cos.^2\, y} = \frac{1}{q}\int_0^{\frac{\pi}{2}}\left(dy - \frac{dy}{1+q\, Cos.^2\, y}\right) = \frac{\pi}{q}\left\{\frac{\pi}{2} - \frac{\pi}{2\surd(1+q)}\right\}. (553)$$

[144] Car on a:

$$\int_0^1 \frac{x^4}{1+qx^2}\frac{dx}{\surd(1-x^2)} = \frac{1}{q^2}\int_0^1\left\{qx^2 - q\frac{x^2}{1+qx^2}\right\}\frac{dx}{\surd(1-x^2)} = \frac{1}{q^2}\left\{\frac{q\pi}{4} - \frac{\pi}{2} + \frac{\pi}{2\surd(1+q)}\right\}, . (555)$$

par l'intermédiaire de l'intégrale (553).

Page 357.

Puisque pour $q = 0$ l'intégrale I s'évanouit, il faut intégrer entre les limites 0 et q; dès-lors:

$$\int_0^1 l(1+qx^2)\frac{x^2\,dx}{\sqrt{(1-x^2)}} = \frac{\pi}{2}\int_0^q dq\left\{\frac{q-2}{2q^2}+\frac{1}{q^2\sqrt{(1+q)}}\right\} = \frac{\pi}{2}\int_0^q d.l\left\{1+\sqrt{(1+q)}\right\} -$$

$$-\frac{1}{2}d.\frac{1-\sqrt{(1+q)}}{1+\sqrt{(1+q)}}\Bigg\} = \frac{\pi}{2}\left\{l\frac{1+\sqrt{(1+q)}}{2}-\frac{1}{2}\frac{1-\sqrt{(1+q)}}{1+\sqrt{(1+q)}}\right\}, \text{ (T. 165, N°. 8)}, =$$

$$= \int_0^{\frac{\pi}{2}} l(1+q\,Sin.^2 x)\,Sin.^2 x\,dx = \int_0^{\frac{\pi}{2}} l(1+q\,Cos.^2 x)\,Cos.^2 x\,dx, \text{ (T. 335, N°. 5 et 7)}.$$

Par voie de soustraction on peut combiner ces intégrales avec celles qui précèdent et l'on trouvera:

$$\int_0^1 l(1+qx^2)\,dx\sqrt{(1-x^2)} = \frac{\pi}{2}\left\{l\frac{1+\sqrt{(1+q)}}{2}+\frac{1}{2}\frac{1-\sqrt{(1+q)}}{1+\sqrt{(1+q)}}\right\}, \text{ (T. 162, N°. 5)},$$

$$= \int_0^{\frac{\pi}{2}} l(1+q\,Sin.^2 x)\,Cos.^2 x\,dx, \ldots (556), \quad = \int_0^{\frac{\pi}{2}} l(1+q\,Cos.^2 x)\,Sin.^2 x\,dx. \text{ (T. 335, N°. 6)}.$$

13. Lorsqu'on différentie l'intégrale $\mathrm{I} = \int_0^\infty Arctg.\frac{x}{p}\frac{Cos.\,x\,dx}{x}$ par rapport à p, on trouve:

$$\frac{d\mathrm{I}}{dp} = \int_0^\infty \frac{Cos.\,x\,dx}{x}\cdot\frac{-x}{p^2+x^2} = -\int_0^\infty\frac{Cos.\,x\,dx}{p^2+x^2} = -\frac{\pi}{2p}e^{-p},$$

suivant Méth. 5, N°. 8. Mais ici l'intégrale ne s'évanouit que pour une valeur infinie de p; par conséquent il faut intégrer depuis ∞ jusque à p, et l'on aura: $\int_0^\infty Arctg.\frac{x}{p}\frac{Cos.\,x\,dx}{x} = -\int_\infty^p\frac{\pi}{2p}e^{-p}\,dp = -\frac{\pi}{2}li.(e^{-p})$. (T. 431, N°. 2).

Changeons p dans $\frac{1}{p}$, alors par la formule connue $Arctg\,px \pm Arctg.\frac{x}{p} = Arctg.\frac{px\mp\frac{x}{p}}{1\pm px\frac{x}{p}} = Arctg.\frac{\left(p\mp\frac{1}{p}\right)x}{1\mp x^2}$, qui vaut pour chaque x positif, on trouve:

$$\int_0^\infty Arctg.\left\{\frac{\left(p\pm\frac{1}{p}\right)x}{1\mp x^2}\right\}\frac{Cos.\,x\,dx}{x} = -\frac{\pi}{2}\left\{li.\left(e^{-\frac{1}{p}}\right)\pm li.(e^{-p})\right\}. \text{ (557 et T. 431, N°. 3)}.$$

14. Différentions l'intégrale $\mathrm{I} = \int_0^\infty\frac{e^{-qx}-e^{-rx}}{x}Sin.\,px\,dx$ par rapport à q, il vient: $\frac{d\mathrm{I}}{dq} =$ $= \int_0^\infty -e^{-qx}Sin.\,px\,dx = -\frac{p}{p^2+q^2}$, d'après Méth. 4, N°. 11. Nous voyons tout de suite que l'intégrale

Page 358.

s'évanouit lorsque nous prenons q égal à r, pour ne pas avoir à ajouter de constante; intégrons donc depuis r jusqu'à q et nous aurons:

$$\int_0^\infty \frac{e^{-qx}-e^{-rx}}{x} Sin.\, px\, dx = \int_r^q -\frac{p\, dq}{p^2+q^2} = \int_r^q -d.\, Arctg.\frac{q}{p} = Arctg.\frac{r}{p} - Arctg.\frac{q}{p}. \text{ (T. 393, N°. 3).}$$

Traitons de la même manière l'intégrale $I = \int_0^\infty \frac{e^{-qx}-e^{-rx}}{x} Cos.px dx$, alors: $\frac{dI}{dq} = -\int_0^\infty e^{-qx} Cos\, px\, dx =$

$= -\frac{q}{p^2+q^2}$, d'après Méth. 4, N°. 4; intégrons aussi, et par la même raison, depuis r à q, alors:

$$\int_0^\infty \frac{e^{-qx}-e^{-rx}}{x} Cos.\, px\, dx = -\int_r^q \frac{q\, dq}{p^2+q^2} = -\int_r^q \frac{1}{2} d.l\,(p^2+q^2) = \frac{1}{2} l \frac{p^2+r^2}{p^2+q^2}. \text{ (T. 393, N°. 5).}$$

Comme cette réduction subsiste encore dans le cas de p nul, il est: $\int_0^\infty \frac{e^{-qx}-e^{-rx}}{x} dx = l\frac{r}{q}$.

(T. 127, N°. 4). [145].

15. Pour $I = \int_0^1 \left(\frac{x^{p-1}}{1-x} - \frac{qx^{pq-1}}{1-x^q}\right) dx$ on a: $\frac{dI}{dq} = -\int_0^1 \frac{x^{pq-1}dx}{(1-x^q)^2}\{(1-x^q)+pq\, lx(1-x^q)+qx^q lx\} = +\frac{1}{q}$,

(par la substitution de $x^q = y$, et suivant Méth. 1, N°. 32). Or, comme l'intégrale I s'évanouit pour q égal à l'unité, intégrons de 1 à q; dès-lors:

$$\int_0^1 \left(\frac{x^{p-1}}{1-x} - \frac{qx^{pq-1}}{1-x^q}\right) dx = +\int_1^q \frac{dq}{q} = lq. \text{ [146]. (T. 6, N°. 13).}$$

16. $I = \int_0^{2\pi} \frac{pe^{xi}dx}{pe^{xi} \pm qe^{ri}}$, $\frac{dI}{dp} = \int_0^{2\pi} \frac{\pm qe^{(r+x)i}dx}{(pe^{xi} \pm qe^{ri})^2} = \pm \frac{q}{p} e^{ri} \int_0^{2\pi} d.\frac{1}{pe^{xi} \pm qe^{-ri}} = 0$, donc

$I = C$. Afin de déterminer C, considérons que l'intégrale I devient discontinue lorsque p est égal à q; donc il faut distinguer le cas de $p < q$ (posons alors $p = 0$, d'où $I = 0$) et celui de $p > q$

(prenons alors $p = \infty$, d'où $I = \int_0^{2\pi} dx = 2\pi$); par suite: $\int_0^{2\pi} \frac{pe^{xi} dx}{pe^{xi} \pm qe^{ri}} = 0,\ (p < q),\ = 2\pi, (p > q)$.

(T. 41, N°. 8, 9). Tout de même: $\int_{-\pi}^{\pi} \frac{dx}{(qe^{ri}+pe^{xi})^a} = \frac{2\pi}{(qe^{ri})^a}$, $(p < q)$, $= 0, (p > q)$. (T. 41, N°. 17, 18).

[145] Déjà déduite autrement Méth. 9, N°. 22; voyez aussi Méth. 18, N°. 5.

[146] Comme on a trouvé Méth. 4, N°. 13.

17. *Exercices.* $\int_0^\infty l\frac{p^2+x^2}{x^2}\frac{dx}{q^2-x^2}=\frac{\pi}{q}Arctg.\frac{p}{q}$, (T. 181, N°. 11),

$\int_0^\infty l\frac{1+p^2x^2}{x^2}\frac{dx}{q-x^2}=\frac{\pi}{q}Arccot.pq$, . (558), [147], $\int_0^1 l(1+2x\,Cos.\lambda+x^2)\frac{dx}{x}=\frac{1}{6}\pi^2-\frac{1}{2}\lambda^2$,.(561)

$\int_0^1 l(1-2x\,Cos.\lambda+x^2)\frac{dx}{x}=-\frac{1}{3}\pi^2+\pi\lambda-\frac{1}{2}\lambda^2$. (T. 160, N°. 14).

---

§ 6. MÉTHODE 11. RÉDUCTION À UNE AUTRE INTÉGRALE DÉFINIE PAR LA DIFFÉRENTIATION RÉITÉRÉE PAR RAPPORT À UNE CONSTANTE.

1. Il se peut qu'une seule différentiation par rapport à une constante ne suffise pas pour ramener quelque intégrale définie à une autre assez simple; dans ce cas on peut différentier une seconde fois, ou même plusieurs fois, soit par rapport à la même constante, soit aussi par rapport à une autre. Mais il ne faut pas perdre de vue que chaque différentiation nécessite une intégration postérieure, qui de nouveau donne lieu à une constante indépendante: donc il y aura autant de constantes à déterminer, qu'il y a de différentiations effectuées. Il y a deux moyens pour déterminer ces constantes. Le premier, c'est d'attribuer plusieurs valeurs spéciales aux constantes, par rapport auxquelles on vient de différentier, de telle sorte que l'intégrale primitive reçoive une valeur déterminée et connue pour chacune d'elles: alors on a autant d'équations que de constantes à déterminer, et la résolution en fera connaître chacune de ces constantes en particulier. Mais en général cette voie ne mènera pas au but, parce qu'il sera difficile, si-non impossible, de trouver l'intégrale primitive dans tous ces cas spéciaux. Alors il faut faire usage d'un autre moyen, qui sera toujours possible; c'est-à-dire qu'il faut prendre en discussion aussi les diverses intégrales, nées par les différentiations successives, et y supposer une valeur spéciale à quelque constante: ainsi l'on pourra toujours acquérir autant d'équations que de différentiations, c'est-à-dire, que de constantes.

---

[147] Dans ces deux intégrales substituons $x=Tang.y$ et $x=Cot.z$; alors pour $q=1$:

$\int_0^{\frac{\pi}{2}} l(1+p^2\,Cot.^2x)\frac{dx}{Cos.2x}=\pi\,Arctg.p=-\int_0^{\frac{\pi}{2}} l(1+p^2\,Tang.^2x)\frac{dx}{Cos.2x}$, (T. 339, N°. 31 et 30),

$\int_0^{\frac{\pi}{2}} l(p^2+Cot.^2x)\frac{dx}{Cos.2x}$, (559), $=\pi\,Arccot.p=-\int_0^{\frac{\pi}{2}} l(p^2+Tang.^2x)\frac{dx}{Cos.2x}$ . . . . (560)

Page 360.

2. Soit $I = \int_0^\infty \frac{e^{-px} Cos.^2 qx}{x^2} dx$: différentions deux fois par rapport à q, alors: $\frac{dI}{dq} = - \int_0^\infty \frac{e^{-px} Sin. 2qx\, dx}{x}$, $\frac{d^2 I}{dq^2} = -2 \int_0^\infty e^{-px} Cos. 2qx\, dx = \frac{-2p}{p^2 + 4q^2}$, d'après Méth. 4, N°. 11.

Intégrons une fois par rapport q, alors: $\frac{dI}{dq} = -\int \frac{2p\, dq}{p^2 + 4q^2} + C = - Arctg. \frac{2q}{p} + C$: or, suivant la valeur de $\frac{dI}{dq}$, elle s'évanouit pour $q = 0$; ceci nous donne $C = 0$ et par conséquent: $\frac{dI}{dq} = - Arctang. \frac{2q}{p}$. Intégrons encore une fois par rapport à q, et nous aurons:

$$\int_0^\infty \frac{e^{-px} Cos.^2 qx}{x^2} dx = \int Arctg. \frac{2q}{p} dq + C_1 = - q\, Arctg. \frac{2q}{p} + \frac{p}{4} l (p^2 + 4q^2) + C_1.$$

Mais l'intégrale ne s'évanouit pas pour $q = 0$, au contraire elle devient alors infinie: d'où il s'ensuit que l'intégrale proposée est elle-même infinie. Toutefois on peut en tirer un résultat intéressant en posant $q = r$ dans la dernière équation et en la soustrayant ensuite de l'autre; dès-lors C est éliminé et l'on a:

$$\int_0^\infty \frac{Cos.^2 qx - Cos.^2 rx}{x^2} e^{-px} dx = r\, Arctg. \frac{2r}{p} - q\, Arctg. \frac{2q}{p} + \frac{p}{4} l \frac{p^2 + 4q^2}{p^2 + 4r^2} \quad . . . (562)$$

Mais on aurait pu la traiter d'une autre manière en la différentiant une fois par rapport à q, et une seconde fois par rapport à p; dans ce cas on aurait eu: $\frac{dI}{dq} = - \int_0^\infty \frac{e^{-px} Sin. 2qx\, dx}{x}$ et $\frac{d^2 I}{dp\, dq} = \int_0^\infty e^{-px} Sin. 2qx\, dx = \frac{2q}{p^2 + 4q^2}$, voir Méth. 4, N°. 11. Intégrons maintenant par rapport à p et nous aurons: $\frac{dI}{dq} = \int \frac{2q\, dp}{p^2 + 4q^2} + C = Arctg. \frac{2q}{p} + C$; mais comme l'intégrale $\frac{dI}{dq}$ s'annule pour $q = 0$, il vient: $0 = Arctg. \frac{p}{0} + C = \frac{\pi}{2} + C$; par conséquent: $\frac{dI}{dq} = Arctg. \frac{p}{2q} - \frac{\pi}{2} = - Arctg. \frac{2q}{p}$, comme ci-dessus; et dès-à-présent, nous pourrons continuer comme précédemment.

3. Soit encore $I = \int_0^1 \frac{x^p\, dx}{(l x)^2}$, et différentions deux fois par rapport à p, nous obtenons: $\frac{dI}{dp} = \int_0^1 \frac{x^p\, dx}{lx}$, $\frac{d^2 I}{dp^2} = \int_0^1 x^p\, dx = \frac{1}{p+1}$; intégrons par rapport à p, alors: $\frac{dI}{dq} = \int \frac{dp}{1+p} = l(p+1) + C$; intégrons encore une fois par rapport à p, alors: $I = (p+1)\{l(p+1) - 1\} + Cp + C_1$. Mais

ici encore il n'y a aucune valeur finie de p, qui fasse évanouir l'intégrale primitive: car pour $p = 0$ elle devient infinie, d'où $C_1 = \infty$ et l'intégrale elle-même est infinie aussi. Par l'introduction de deux autres constantes pourtant on peut éliminer les constantes C et C_1; car désignons l'intégrale proposée par $I(p)$, nous avons trouvé: $I(p) = (p+1)\{l(p+1)-1\} + Cp + C_1$. Donc de même: $I(q) = (q+1)\{l(q+1)-1\} + Cq + C_1$, $I(r) = (r+1)\{l(r+1)-1\} + Cr + C_1$: soustrayons les deux autres de la première, il vient: $I(p) - I(q) = (p+1)l(p+1) - (q+1)l(q+1) - (p-q) + C(p-q)$, $I(p) - I(r) = (p+1)l(p+1) - (r+1)l(r+1) - (p-r) + C(p-r)$, où déjà la constante C_1 est éliminée: or, il est facile maintenant d'éliminer aussi la constante C, puisque dans les deux dernières équations on trouve $(C-1)$ multiplié par $(p-q)$ et par $(p-r)$ respectivement: on trouve par cette élimination: $(p-r)\{I(p) - I(q)\} - (p-q)\{I(p) - I(r)\} = (p-r)\{(p+1)l(p+1) - (q+1)l(q+1)\} - (p-q)\{(p+1)l(p+1) - (r+1)l(r+1)\}$, d'où enfin par la substitution des intégrales pour $I(p)$, $I(q)$, $I(r)$: $\int_0^1 \frac{(q-r)x^p + (r-p)x^q + (p-q)x^r}{(lx)^2} dx =$
$= (q-r)(p+1)l(p+1) + (r-p)(q+1)l(q+1) + (p-q)(r+1)l(r+1)$. (T. 168, N°. 6).

---

§ 7. MÉTHODE 12. RÉDUCTION À UNE AUTRE INTÉGRALE DÉFINIE PAR L'INTÉGRATION PAR RAPPORT À UNE CONSTANTE.

1. Comme dans la Méthode 10 la différentiation par rapport à une constante ramenait quelque intégrale définie proposée à une autre plus simple, de même on peut quelquefois atteindre ce but au moyen d'une intégration par rapport à une constante: dès-lors il entre dans le résultat une constante indépendante, qui cependant ne nous gêne aucunement, parce que elle devra nécessairement être éliminée dans la différentiation postérieure.

2. Pour l'intégrale $I = \int_0^1 e^{-qx} x\, dx$, intégrons par rapport à q, il vient: $\int I\, dq + C = -$
$- \int_0^1 e^{-qx} dx = \frac{e^{-q}-1}{q}$, suivant l'intégrale (61). Différentions par rapport à q, nous aurons:
$I = \frac{1-(1+q)e^{-q}}{q^2}$. (T. 112, N°. 1).

Soit $I = \int_0^{2\pi} e^{qxi} x\, dx$, d'où par l'intégration par rapport à q: $\int I\, dq + C = \frac{1}{i}\int_0^{2\pi} e^{qxi} dx =$
$= \frac{-1}{q}(e^{2q\pi i} - 1)$, d'après l'intégrale (67). Maintenant différentions par rapport à q, et il vient:

$$\int_0^{2\pi} e^{qxi} x\, dx = \frac{(1-2q\pi i)e^{2q\pi i} - 1}{q^2}, \quad \ldots\ldots\ldots\ldots\ldots (563)$$

d'où pour un q entier: $$\int_0^{2\pi} e^{axi}\, x\, dx = \frac{-2\pi i}{a}. \quad \ldots\ldots (564)$$

3. Soit $I = \int_0^\infty e^{-x} lx.x^{p-1}\, dx$ et intégrons par rapport à p, alors: $\int I\, dp + C = \int_0^\infty e^{-x} x^{p-1}\, dx = \Gamma(p)$, suivant la définition de la fonction Γ; la différentiation nous donne: $\int_0^\infty e^{-x} lx.\, x^{p-1}\, dx = \frac{d\Gamma(p)}{dp} = Z'(p)\Gamma(p)$, (T. 377, N°. 1), d'où pour $p = 1$, puisque alors $\Gamma(1) = 1$, $Z'(1) = -A$: $\int_0^\infty e^{-x} lx\, dx = -A$. (T. 273, N°. 1). On peut au contraire rendre l'intégrale encore plus générale, en y supposant $x = qy$, d'où: $\int_0^\infty e^{-qx}\, l(qx)\, x^{p-1}\, dx = \frac{\Gamma(p)}{q^p} Z'(p)$. Mais on a: $\int_0^\infty e^{-qx} lq.\, x^{p-1}\, dx = \frac{\Gamma(p)}{q^p} lq$, donc: $\int_0^\infty e^{-qx} lx.x^{p-1}\, dx = \frac{\Gamma(p)}{q^p}\{Z'(p) - lq\}$. (T. 377, N°. 2). [148]

4. $I = \int_0^1 x\, Sin.px\, dx$, d'où: $\int I\, dp = -\int_0^1 Cos.px\, dx = -\frac{1}{p} Sin.p$; donc par la différentiation par rapport à p: $\int_0^1 x\, Sin.px\, dx = \frac{Sin.p - p\, Cos.p}{p^2}$. (T. 192, N°. 1).

---

[148] On trouve Méth. 37, N°. 3: $Z'(p) = -A + \int_0^1 \frac{1 - x^{p-1}}{1-x}\, dx$, donc: $\int_0^\infty e^{-qx} lx.\, x^{p-1}\, dx = \frac{\Gamma(p)}{q^p}\left\{-A - lq + \int_0^1 \frac{1 - x^{p-1}}{1-x}\, dx\right\}$. Supposez-y $p = \frac{1}{2}$ et $p = \frac{3}{2}$ successivement, alors: $\int_0^\infty e^{-qx} lx \frac{dx}{\sqrt{x}} = \frac{\Gamma(\frac{1}{2})}{q^{\frac{1}{2}}}\left\{-A - lq + \int_0^1 \frac{1 - x^{-\frac{1}{2}}}{1-x}\, dx\right\} = -(A + lq + 2l2)\sqrt{\frac{\pi}{q}}$, $\int_0^\infty e^{-qx} lx\, dx\sqrt{x} = \frac{\Gamma(\frac{3}{2})}{q^{\frac{3}{2}}}\left\{-A - lq + \int_0^1 \frac{1-\sqrt{x}}{1-x}\, dx\right\} = -(A + lq - 2 + 2l2)\frac{1}{2q}\sqrt{\frac{\pi}{q}}$, (T. 381, N°. 6, 2), d'après Méth. 7, N°. 2. Dans la première de ces intégrales prenez encore $x = y^2$, alors:
$$\int_0^\infty e^{-qx^2} lx\, dx = -\frac{1}{4}\{A + lq + 2l2\}\sqrt{\frac{\pi}{q}}.\ \text{(T. 273, N°. 4).}$$

---

§ 8. MÉTHODE 13. RÉDUCTION À UNE AUTRE INTÉGRALE DÉFINIE PAR L'INTÉGRATION RÉITÉRÉE PAR RAPPORT À UNE CONSTANTE.

1. Après l'exposition de la méthode précédente, le cas, où l'on aurait besoin de plusieurs intégrations successives, n'aura plus besoin de beaucoup de paroles ni d'exemples. Seulement il faut observer en premier lieu, que chaque intégration successive fera entrer dans l'équation une constante indépendante, mais aussi qu'ensuite les différentiations, nécessaires pour retourner à l'intégrale primitive élimineront toutes ces constantes, qui n'appartiennent pas au résultat cherché: et cela de la même manière qu'auprès de la méthode précédente.

2. Soit l'intégrale $\mathrm{I} = \int_0^1 e^{-qx} x^a dx$, et intégrons par rapport à q, il vient: $\int \mathrm{I}\, dq + \mathrm{C} = - \int_0^1 e^{-qx} x^{a-1} dx$. Intégrons encore une fois par rapport à q, et nous aurons: $\int^{(2)} \mathrm{I}\, dq^2 + \mathrm{C}q + \mathrm{C}_1 = + \int_0^1 e^{-qx} x^{a-2} dx$. Continuons de la même manière a fois, et nous tomberons sur l'intégrale continue: $\int_0^1 e^{-qx} dx = \frac{1 - e^{-q}}{q}$; de sorte que nous obtiendrons:

$$\int^{(a)} \mathrm{I}\, dq^a = \frac{1}{a} \frac{q^{a-1}}{1^{a-1/1}} \mathrm{C} + \frac{1}{a-1} \frac{q^{a-1}}{1^{a-2/1}} \mathrm{C}_1 + \ldots + \mathrm{C}_{a-1} + (-1)^a \frac{1 - e^{-q}}{q}.$$

Maintenant différentions a fois par rapport à q, toutes les constantes indépendantes $\mathrm{C}_{a-1}, \mathrm{C}_{a-2} \ldots \mathrm{C}_1, \mathrm{C}$ s'éliminent et nous trouvons:

$$\int_0^1 e^{-qx} x^a dx = (-1)^a \frac{d^a}{dq^a} . \frac{1 - e^{-q}}{q} = \frac{1^{a/1}}{q^{a+1}} + (-1)^{a-1} \frac{d^a}{dq^a} . \frac{e^{-q}}{q} =$$

$$= \frac{1^{a/1} (1 - e^{-q})}{q^{a+1}} - e^{-q} \sum_1^a a^{n/-1} \frac{1}{q^n} \quad \ldots\ldots\ldots \quad (565)$$

§ 9. MÉTHODE 14. EMPLOI DE L'INTÉGRATION PAR PARTIES.

1. On a vu dans la Première Partie N°. 41, comment la méthode dite d'intégration par parties peut être appliquée aux intégrales définies, et l'on a trouvé la formule: Page 364.

$\int_r^R f(x)\frac{d.F(x)}{dx}dx = f(x).F(x)\Big\}_r^R - \int_r^R F(x)\frac{d.f(x)}{dx}$. Il en résulte que l'on pourra faire usage de cette méthode toutes les fois que la fonction à intégrer, entre des limites quelconques, peut être divisée en deux facteurs, dont l'un soit la dérivée de quelque fonction connue; l'intégrale est ramenée dès-lors à une autre qui doit être connue ou qui au moins doit être plus simple à évaluer, pour que la méthode soit utile dans le cas présent. Mais en outre il est nécessaire que la fonction déjà intégrée, qui doit être prise entre les deux limites de l'intégration, ne donne lieu à aucune difficulté dans sa détermination, c'est-à-dire qu'elle soit continue entre ces limites, ou que, dans un cas de discontinuité, la correction respective puisse être trouvée, et que par conséquent ce terme ait toujours une valeur déterminée. [149].

2. Soit $I = \int_0^\infty Sin.px.Sin.qx\frac{dx}{x^2} = -\int_0^\infty Sin.px.Sin.qxd.\frac{1}{x} = \frac{-Sin.px.Sin.qx}{x}\Big\}_0^\infty + \int_0^\infty \frac{1}{x}d.Sin.px.Sin.qx.$

Or, ici le terme intégré a pour $x = \infty$ un numérateur indéterminé, mais plus petit que l'unité; le dénominateur au contraire étant infini, le terme s'annule. Pour $x = 0$ le facteur $\frac{Sin.px}{x}$ est égal à p et l'autre facteur $Sin.qx$ est zéro; donc le terme est également nul, et s'évanouit par conséquent entre les limites 0 et ∞. Ensuite on a: $d.Sin.px.Sin.qx = \frac{1}{2}d.\left[Cos.\{(p-q)x\} - Cos.\{(p+q)x\}\right] = -\frac{p-q}{2}Sin.\{(p-q)x\} + \frac{p+q}{2}Sin.\{(p+q)x\}$. Donc $I = 0 - \frac{p-q}{2}\int_0^\infty Sin.\{(p-q)x\}\frac{dx}{x} + \frac{p+q}{2}\int_0^\infty Sin.\{(p+q)x\}\frac{dx}{x}$. Comme on a trouvé Méth. 6, N°. 5: $\int_0^\infty Sin.rx\frac{dx}{x} = \frac{\pi}{2}$ pour un r positif, il faut distinguer ici les cas où $p - q$ est positif ou négatif, et l'on trouve: $\int_0^\infty Sin.px.Sin.qx\frac{dx}{x^2} = \frac{p+q}{2}\frac{\pi}{2} - \frac{p-q}{2}\frac{\pi}{2} = \frac{1}{2}q\pi, (p>q), = \frac{p+q}{2}\frac{\pi}{2} + \frac{p-q}{2}\frac{\pi}{2} = \frac{1}{2}p\pi. (p<q).$ (T. 198, N°. 1, 2). Dans le cas spécial de $p = q$ on trouve:

$$\int_0^\infty Sin.^2 px\frac{dx}{x^2} = \frac{p+q}{2}\frac{\pi}{2} - 0 = \frac{1}{2}p\pi. \text{ (T. 197, N°. 7).}$$

On a encore: $\int_0^\infty Sin.px.Sin.qx.Sin.rx\frac{dx}{x^3} = -\frac{1}{2}\int_0^\infty Sin.px.Sin.qx.Sin.rx\, d.\frac{1}{x^2} =$

[149] Sur ce sujet on peut consulter une Note dans les Verhandelingen der Kon. Akad. v. Wetenschappen, Deel 2, où j'ai traité de cette méthode.
Page 365.

$=\left.\frac{-Sin.px.Sin.qx.Sin.rx}{2x^2}\right\}_0^\infty+\frac{1}{2}\int_0^\infty\frac{1}{x^2}d.Sin.px.Sin.qx.Sin.rx$. Ici pour les mêmes raisons que précédemment le terme intégré s'évanouit. De plus on a: $d.Sin.px.Sin.qx.Sin.rx=pCos.px.Sin.qx.Sin.rx+$ $+qSin.px.Cos.qx.Sin.rx+rSin.px.Sin.qx.Cos.rx=pSin.qx\frac{Sin.\{(r+p)x\}+Sin.\{(r-p)x\}}{2}+$ $+qSin.rx\frac{Sin.\{(q+p)x\}-Sin.\{(q-p)x\}}{2}+rSin.px\frac{Sin.\{(r+q)x\}-Sin.\{(r-q)x\}}{2}$.

On pourra donc employer ici l'intégrale précédente, mais dès-lors il faut connaître auparavant les relations de grandeur, qui existent entre p, q et r; soit en premier lieu, comme il est évidemment permis de supposer, $r>q>p$; d'où toujours $r+p>r>q$, $q-p<q<r$, $q+r>r>p$. Encore faut-il distinguer trois cas spéciaux: $r>p+q$, d'où $r-p>q$, $p+q<r$, $r-q>p$; $r=p+q$, d'où $r-p=q$, $p+q=r$, $r-q=p$; et $r<p+q$, d'où $r-p<q$, $p+q>r$, $r-q<p$. Maintenant il n'y aura pas d'incertitude sur la valeur à prendre pour chaque intégrale partielle et l'on a: $\int_0^\infty Sin.px.Sin.qx.Sin.rx\frac{dx}{x^3}=\frac{1}{2}\int_0^\infty\Big[pSin.qx.\frac{Sin.\{(r+p)x\}+Sin.\{(r-p)x\}}{2}+$ $+qSin.rx.\frac{Sin.\{(p+q)x\}-Sin.\{(q-p)x\}}{2}+rSin.px.\frac{Sin.\{(q+r)x\}-Sin.\{(r-q)x\}}{2}\Big]\frac{dx}{x^2}=$ $=\frac{1}{2}\Big[\frac{p}{2}\Big(\frac{q\pi}{2}+\frac{q\pi}{2}\Big)+\frac{q}{2}\Big(\frac{p+q}{2}\pi-\frac{q-p}{2}\pi\Big)+\frac{r}{2}\Big(\frac{p\pi}{2}-\frac{p\pi}{2}\Big)\Big]=\frac{1}{2}pq\pi,(r>q+p),=\frac{1}{2}\Big[\frac{p}{2}\Big(\frac{q\pi}{2}+\frac{q\pi}{2}\Big)+$ $+\frac{q}{2}\Big(\frac{p+q}{2}\pi-\frac{q-p}{2}\pi\Big)+\frac{r}{2}\Big(\frac{p\pi}{2}-\frac{p\pi}{2}\Big)\Big]=\frac{1}{2}pq\pi,(r=q+p),=\frac{1}{2}\Big[\frac{p}{2}\Big(\frac{q\pi}{2}+\frac{r-p}{2}\pi\Big)+\frac{q}{2}\Big(\frac{r\pi}{2}-\frac{q-p}{2}\pi\Big)+$ $+\frac{r}{2}\Big(\frac{p\pi}{2}-\frac{r-q}{2}\pi\Big)\Big]=\frac{\pi}{4}(pq+qr+rp)-\frac{\pi}{8}(p^2+q^2+r^2),(r<q+p)$. (T. 198, N°. 8, 9). [150].

3. On a: $\int_0^\infty\frac{Sin.px\,dx}{x^{a+1}\sqrt{x}}=-\frac{2}{2a+1}\left.\frac{Sin.px}{x^a\sqrt{x}}\right\}_0^\infty+\frac{2}{2a+1}\int_0^\infty\frac{1}{x^a\sqrt{x}}p\,Cos.px\,dx$. Or, comme le terme intégré s'évanouit pour la limite ∞ de x, et que pour la limite zéro ce terme devient

---

[150] Pour $q=p$ on a: $\int_0^\infty\frac{Sin.^2qx.Sin.rx}{x^3}dx=\frac{1}{2}q^2\pi,(r\geqq 2q),=\frac{1}{8}(4q-r)r\pi,(r<2q)$. (T. 198, N°. 6 et 7). Mettons-y $r=q$, alors il faut employer la dernière valeur, qui nous fournit:

$$\int_0^\infty\frac{Sin.^3qx}{x^3}dx=\frac{3}{8}q^2\pi.\text{ (T. 197, N°. 13).}$$

Page 366.

infini à moins que l'on n'ait $a = 0$, l'équation précédente ne nous donnera rien que pour cette valeur zéro de a. Dès-lors on trouve: $\int_0^\infty \frac{Sin.px\,dx}{x\sqrt{x}} = \frac{-2\,Sin.px}{\sqrt{x}}\Big\}_0^\infty + 2\int_0^\infty \sqrt{\frac{1}{x}}\,p\,Cos.px\,dx =$

$= 2p\int_0^\infty Cos.px\frac{dx}{\sqrt{x}} = \sqrt{2p\pi}$, (T. 225. N°. 2), d'après Méth. 18, N°. 6. De même on trouverait:

$\int_0^\infty \frac{Cos.px\,dx}{x\sqrt{x}} = \infty$, $\int_0^\infty \frac{Sin.^2 px\,dx}{x\sqrt{x}} = \sqrt{p\pi}$, $\int_0^\infty \frac{Sin.^2 px\,dx}{x^2\sqrt{x}} = \frac{4p}{3}\sqrt{p\pi}$. (T. 225, N°. 23, 11, 12).

4. Il est: $\int_1^\infty Arctg.qx\frac{dx}{x^2} = -\frac{Arctg.qx}{x}\Big\}_1^\infty + \int_1^\infty \frac{1}{x}\frac{q\,dx}{1+q^2x^2} = Arctg.q + \frac{q}{2}l\left(\frac{1+q^2}{q^2}\right)$, [151],. (566)

où le terme intégré est nul pour x infini et égal à $Arctg.\,q$ pour $x = 1$. — Lorsqu'on aurait eu à intégrer entre les limites 0 et ∞, on se serait trouvé ramené à une intégrale infinie, donc: $\int_0^\infty Arctg.qx\frac{dx}{x^2} = \infty$. (T. 264, N°. 2). [152].

Afin de déterminer ainsi l'intégrale $\int_0^\infty Arctg.x\,dx$, intégrons premièrement de 0 à p; alors:

$I = \int_0^p Arctg.x\,dx = x\,Arctg.x\Big\}_0^p - \int_0^p x\frac{dx}{1+x^2} = p\,Arctg.p - \frac{1}{2}l(1+p^2)$. Pour $p = \infty$ cette valeur devient $\infty - \infty$, indéterminée; les règles usuelles donnent donc:

$$e^{2I} = \frac{e^{2p\,Arctg.p}}{1+p^2} = \frac{e^{2p\,Arctg.p}\left(2\,Arctg.p + \frac{2p}{1+p^2}\right)}{2p} = \frac{e^{2p\,Arctg.p}}{2p\,Arctg.p}\left(Arctg.p + \frac{p}{1+p^2}\right)2\,Arctg.p.$$

Pour $p = \infty$ on a: $\left(Arctg.p + \frac{p}{1+p^2}\right) = \frac{\pi}{2}$, $2\,Arctg.p = \pi$, mais la première fraction est encore $\frac{\infty}{\infty}$;

---

[151] Puisque: $\int_1^\infty \frac{1}{x}\frac{dx}{1+q^2x^2} = \int_1^\infty dx\left\{\frac{1}{x} - \frac{q^2x}{1+q^2x^2}\right\} = \int_1^\infty \left\{d.lx - \frac{1}{2}d.l(1+q^2x^2)\right\} =$

$$= \frac{1}{2}\int_1^\infty d.l\frac{x^2}{1+q^2x^2} = \frac{1}{2}\left\{l\frac{1}{q^2} - l\frac{1}{1+q^2}\right\} = \frac{1}{2}l\frac{1+q^2}{q^2} \; \ldots\ldots \quad (567)$$

Dans l'intégrale du texte prenez $q = 1$, alors:

$$\int_1^\infty Arctg.x\frac{dx}{x^2} = \frac{\pi}{4} + \frac{1}{2}l2. \; \ldots\ldots\ldots\ldots \quad (568)$$

[152] D'où il s'ensuit que la valeur trouvée par CAUCHY (Savants Étrangers, Académie de Paris. T. 1. An. 1827, p. 599. Partie II, § 5) est fautive.

or, puisque en général pour r infini $\frac{e^r}{r} = \frac{e^r}{1} = \infty$, on a enfin: $e^{2I} = \infty$ et $\int_0^\infty Arctg\, dx = \infty$. (T. 109, N°. 1).

5. Encore est-il:

$$\int_0^1 Arctg.px\, dx = x\, Arctg.px\Big\}_0^1 - \int_0^1 x\frac{p\,dx}{1+p^2x^2} = Arctg.p - \frac{1}{2p}\,l(1+p^2),\ [153],\ (\text{T. 108, N}^{\circ}.\ 2),$$

$$\int_0^1 Arcsin.px\,dx = x\,Arcsin.px\Big\}_0^1 - \int_0^1 x\frac{p\,dx}{\sqrt{(1-p^2x^2)}} = Arcsin.p + \frac{1}{p}\sqrt{(1-p^2)} - \frac{1}{p}.\ (\text{T.108, N}^{\circ}.4).\ [154].$$

Dans ces deux équations les termes intégrés s'annulent pour x zéro et prennent une valeur déterminée pour $x = 1$.

6. Soit: $\int_0^{\frac{\pi}{2}} F(p\,,x)\,\frac{Sin.x.\,Cos.x\,dx}{1-p^2\,Sin.^2x} = \frac{-1}{2p^2}\int_0^{\frac{\pi}{2}} F(p\,,x)\,d.\,l(1-p^2\,Sin.^2x) =$

$$= \frac{-1}{2p^2}F(p,x).\,l(1-p^2\,Sin.^2x)\Big\}_0^{\frac{\pi}{2}} + \frac{1}{2p^2}\int_0^{\frac{\pi}{2}} l(1-p^2\,Sin.^2x)\frac{dx}{\sqrt{(1-p^2\,Sin.^2x)}} =$$

$= \frac{-1}{2p^2}\Big[F'(p).\,l(1-p^2) - 0 - \frac{1}{2}\,l(1-p^2).\,F'(p)\Big] = -\frac{1}{4p^2}\,l(1-p^2).\,F'(p)$, (T. 375, N°. 4), à l'aide de l'intégrale de Méth. 17, N°. 16. De même:

$$\int_0^{\frac{\pi}{2}} E(p,x)\frac{Sin.x.\,Cos.x\,dx}{\sqrt{(1-p^2Sin.^2x)}} = -\frac{1}{2p^2}\int_0^{\frac{\pi}{2}} E(p,x)\,d.l(1-p^2Sin.^2x) = -\frac{1}{2p^2}E(p,x).\,l(1-p^2Sin.^2x)\Big\}_0^{\frac{\pi}{2}} +$$

$$+ \frac{1}{2p^2}\int_0^{\frac{\pi}{2}} l(1-p^2\,Sin.^2x)\,dx\sqrt{(1-p^2\,Sin.^2x)} = -\frac{1}{2p^2}\Big[E'(p).\,l(1-p^2) - 0 - (2-p^2)\,F'(p) +$$

$$+ \Big\{2 - \frac{1}{2}\,l(1-p^2)\Big\}\,E'(p)\Big] = \frac{-1}{2p^2}\Big[(p^2-2)\,F'(p) + \Big\{2+\frac{1}{2}\,l(1-p^2)\Big\}\,E'(p)\Big], \;..\; (571)$$

d'après Méth. 17, N°. 16.

---

[153] Puisque: $\int_0^1 \frac{x\,dx}{1+p^2x^2} = \frac{1}{2p^2}\int_0^1 d.l(1+p^2x^2) = \frac{1}{2p^2}\,l(1+p^2).\;.........\;(569)$

[154] Car: $\int_0^1 \frac{x\,dx}{\sqrt{(1-p^2x^2)}} = -\frac{1}{p}\int_0^1 d.\sqrt{(1-p^2x^2)} = \frac{1}{p^2}\{1-\sqrt{(1-p^2)}\}....\;(570)$

Page 368.

Encore: $\int_0^{\frac{\pi}{2}} \frac{F(p,x)\,Sin.x.Cos.x\,dx}{Cos.^2x+Sin.^2x.\sqrt{(1-p^2)}} = \frac{-1}{2\{1-\sqrt{(1-p^2)}\}} \int_0^{\frac{\pi}{2}} F(p,x)\,d.l\{Cos.^2x+Sin.^2x.\sqrt{(1-p^2)}\} =$

$= \frac{-1}{2\{1-\sqrt{(1-p^2)}\}}\left[F(p,x).l\{Cos.^2x+Sin.^2x.\sqrt{(1-p^2)}\}\Big|_0^{\frac{\pi}{2}} - \int_0^{\frac{\pi}{2}} l\{Cos.^2x+Sin.^2x.\sqrt{(1-p^2)}\}\frac{dx}{\sqrt{(1-p^2Sin.^2x)}}\right] =$

$= \frac{-1}{2\{1-\sqrt{(1-p^2)}\}}\left[F'(p).l\{\sqrt{(1-p^2)}\} - 0 - \frac{1}{2}l\frac{2\sqrt[4]{(1-p^2)^3}}{1+\sqrt{(1-p^2)}}.F'(p)\right] =$

$= \frac{1}{4}\frac{F'(p)}{1-\sqrt{(1-p^2)}}l\frac{2}{\{1+\sqrt{(1-p^2)}\}\sqrt[4]{(1-p^2)}}$, (T. 375, N°. 5), d'après Méth. 28, N°. 11.

On trouve de même: $\pm 2p\int_0^{\frac{\pi}{2}} F(p,x)\frac{Sin\ x.Cos.x\,dx}{1\pm p\,Sin.^2x} = \int_0^{\frac{\pi}{2}} F(p,x)\,d.l(1\pm p\,Sin.^2x) =$

$= F(p,x).l(1\pm p\,Sin.^2x)\Big|_0^{\frac{\pi}{2}} - \int_0^{\frac{\pi}{2}} l(1\pm p\,Sin.^2x)\frac{dx}{\sqrt{(1-p^2Sin.^2x)}}$. Or, comme cette dernière intégrale a déjà été déduite Méth. 10, N°. 9, il vient:

$$\int_0^{\frac{\pi}{2}} F(p,x)\frac{Sin.x.Cos.x\,dx}{1+p\,Sin.^2x} = \frac{1}{2p}F'(p).l(1+p) - \frac{1}{2p}\left[\frac{1}{2}l\frac{2+2p}{\sqrt{p}}.F'(p) - \frac{\pi}{8}F'\{\sqrt{(1-p^2)}\}\right] =$$

$$= \frac{1}{4p}F'(p).l\frac{(1+p)\sqrt{p}}{2} + \frac{\pi}{16p}F'\{\sqrt{(1-p^2)}\}, \quad\ldots\ldots\ldots (572)$$

$$\int_0^{\frac{\pi}{2}} F(p,x)\frac{Sin.x.Cos.x\,dx}{1-p\,Sin.^2x} = -\frac{1}{2p}F'(p).l(1-p) + \frac{1}{2p}\left[\frac{1}{2}l\frac{2-2p}{\sqrt{p}}.F'(p) - \frac{\pi}{8}F'\{\sqrt{(1-p^2)}\}\right] =$$

$$= \frac{1}{4p}F'(p).l\frac{2}{(1-p)\sqrt{p}} - \frac{\pi}{16p}F'\{\sqrt{(1-p^2)}\}; \quad\ldots\ldots\ldots (573)$$

d'où nous déduisons en prenant la somme et la différence:

$$\int_0^{\frac{\pi}{2}} F(p,x)\frac{Sin.x.Cos.x\,dx}{1-p^2\,Sin.^4x} = \frac{1}{8p}F'(p).l\frac{1+p}{1-p}, \quad\ldots\ldots\ldots (574)$$

$$\int_0^{\frac{\pi}{2}} F(p,x)\frac{Sin.^3x.Cos.x\,dx}{1-p^2\,Sin.^4x} = \frac{1}{8p^2}F'(p).l\frac{4}{(1-p^2)p} - \frac{\pi}{16p^2}F'\{\sqrt{(1-p^2)}\}. \quad . (575)$$

Enfin: $\int_0^{\frac{\pi}{2}} \mathrm{F}(p,x)\frac{Sin.x.Cos.x}{1-p^2 Sin.^2\lambda.Sin.^2 x}\frac{dx}{\sqrt{(1-p^2 Sin.^2 x)}} = \frac{-1}{p^2 Sin.\lambda.Cos.\lambda}\int_0^{\frac{\pi}{2}} \mathrm{F}(p,x)\, d.Arctg.\{Tg.\lambda.\sqrt{(1-p^2 Sin.^2 x)}\} =$

$$= \frac{-1}{p^2 Sin.\lambda.Cos.\lambda}\left[\mathrm{F}(p,x).Arctg.\{Tg.\lambda.\sqrt{(1-p^2 Sin.^2 x)}\}\Big\}_0^{\frac{\pi}{2}} - \int_0^{\frac{\pi}{2}} Arctg.\{Tg.\lambda.\sqrt{(1-p^2 Sin.^2 x)}\}\frac{dx}{\sqrt{(1-p^2 Sin.^2 x)}}\right] =$$

$$= \frac{-1}{p^2 Sin.\lambda.Cos.\lambda}\left[\mathrm{F}'(p).Arctg.\{Tang.\lambda.\sqrt{(1-p^2)}\} - \frac{\pi}{2}\mathrm{F}(p,\lambda)\right], \quad \ldots \quad (576)$$

à l'aide de Méth. 10, N°. 2; et par Méth. 7, N°. 23 encore:

$$\int_0^{\frac{\pi}{2}} \mathrm{E}(p,x)\frac{Sin.x.Cos.x}{1-p^2 Sin.^2\lambda.Sin.^2 x}\frac{dx}{\sqrt{(1-p^2 Sin.^2 x)}} = \frac{-1}{p^2 Sin.\lambda.Cos.\lambda}\left[\mathrm{E}(p,x).Arctg.\{Tang.\lambda.\sqrt{(1-p^2 Sin.^2 x)}\}\Big\}_0^{\frac{\pi}{2}} - \right.$$

$$\left. - \int_0^{\frac{\pi}{2}} Arctg.\{Tg.\lambda.\sqrt{(1-p^2 Sin.^2 x)}\}\, dx\sqrt{(1-p^2 Sin.^2 x)}\right] = \frac{-1}{p^2 Sin.\lambda.Cos.\lambda}\left[\mathrm{E}'(p).Arctg.\{Tg.\lambda.\sqrt{(1-p^2)}\} - \right.$$

$$\left. - \frac{\pi}{2}\mathrm{E}(p,\lambda) + \frac{\pi}{2}Cot.\lambda.\{1-\sqrt{(1-p^2 Sin.^2\lambda)}\}\right] \quad \ldots \quad (577)$$

7. $\int_0^p x(p-x)^{q-1}dx = -\frac{1}{q}\int_0^p x\, d.(p-x)^q = -\frac{1}{q}x(p-x)^q\Big\}_0^p + \frac{1}{q}\int_0^p (p-x)^q dx =$

$$= 0 + \frac{1}{q}\frac{-1}{q+1}\int_0^p d.(p-x)^{q+1} = \frac{1}{q(q+1)}p^{q+1}. \text{ (T. 35, N°. 23).}$$

8. $\int_0^{\frac{\pi}{2}} Cos.^p x.Cos.qx\,dx = -\frac{1}{p+1}\int_0^{\frac{\pi}{2}}\frac{Cos.qx}{Sin.x}d.Cos.^{p+1}x.$ Mais ainsi le terme intégré devient infini pour la limite 0 de x; donc il vaut mieux raisonner de la manière suivante:

$$\int_0^{\frac{\pi}{2}} Cos.^p x.Cos.qx\,dx - \int_0^{\frac{\pi}{2}} Cos^{p+2}x.Cos.qx\,dx = \int_0^{\frac{\pi}{2}} Cos.^p x.Cos.qx.Sin.^2 x\,dx =$$

$$= -\frac{1}{p+1}\int_0^{\frac{\pi}{2}} Cos.qx.Sin.x\,d.Cos.^{p+1}x = -\frac{1}{p+1}\left[Cos.qx.Sin.x.Cos.^{p+1}x\Big\}_0^{\frac{\pi}{2}} - \int_0^{\frac{\pi}{2}} Cos.^{p+1}x\,dx\right.$$

$$\left.\{-q\,Sin.qx.Sin.x + Cos.qx.Cos.x\}\right] = \frac{1}{p+1}\int_0^{\frac{\pi}{2}} dx\,\{Cos.^{p+2}x.Cos.qx - q\,Cos^{p+1}x.Sin.qx.Sin.x\},$$

d'où l'on déduit: $\frac{p+1}{q}\int_0^{\frac{\pi}{2}}Cos.^p x.\,Cos.\,qx dx-\frac{p+2}{q}\int_0^{\frac{\pi}{2}}Cos.^{p+2}x.\,Cos.\,qx\,dx=$

$$=-\int_0^{\frac{\pi}{2}}Sin.qx.\,Cos.^{p+1}x.\,Sin.x\,dx=\frac{1}{p+2}\int_0^{\frac{\pi}{2}}Sin.\,qx\,d.\,Cos.^{p+2}x=\frac{1}{p+2}\Big[\Big\{Sin.\,qx.\,Cos.^{p+2}x\Big\}_0^{\frac{\pi}{2}}-$$

$$-\int_0^{\frac{\pi}{2}}Cos.^{p+2}x.qCos.qx\,dx\Big]=\frac{-q}{p+2}\int_0^{\frac{\pi}{2}}Cos.^{p+2}x.\,Cos.\,qx\,dx,$$ d'où enfin: $\int_0^{\frac{\pi}{2}}Cos.^p x.\,Cos.\,qx\,dx=$

$=\frac{(p+2)^2-q^2}{(p+1)(p+2)}\int_0^{\frac{\pi}{2}}Cos^{p+2}x.\,Cos.\,qx\,dx\ldots.\ (a)$. Le succès de la méthode repose sur la circonstance favorable, que les termes intégrés s'évanouissent toujours pour les deux limites de x. Nous pouvons utiliser la relation que nous avons trouvée, et en tirer quelques résultats; ainsi pour $q=p+2$, le coëfficient dans le second membre s'annule et l'on a: $\int_0^{\frac{\pi}{2}}Cos.^p x.\,Cos.\,\{(p+2)\,x\}\,dx=0$. (T. 55, N°. 14).

Lorsqu'on répète cette réduction a fois, il vient: $\int_0^{\frac{\pi}{2}}Cos.^p x.\,Cos.\,qx\,dx=\frac{(p+2)^2-q^2}{(p+1)(p+2)}\cdot\frac{(p+4)^2-q^2}{(p+3)(p+4)}\cdots$

$\frac{(p+2a)^2-q^2}{(p+2a-1)(p+2a)}\int_0^{\frac{\pi}{2}}Cos.^{p+2a}x.\,Cos.qx dx$; donc pour $q=p+2a$: $\int_0^{\frac{\pi}{2}}Cos.^p x.\,Cos.\,\{(p+2a)x\}\,dx=0$. (T. 55, N°. 8). [155]. De la même manière on a: $\int_0^{\frac{\pi}{2}}Cos.^p x.\,Sin.\,qx\,dx-\int_0^{\frac{\pi}{2}}Cos.^{p+2}x.\,Sin.\,qx\,dx=$

$$=\int_0^{\frac{\pi}{2}}Cos.^p x.\,Sin.\,qx.\,Sin.^2 x dx=\frac{-1}{p+1}\int_0^{\frac{\pi}{2}}Sin.\,qx.\,Sin.x d.\,Cos.^{p+1}x=\frac{-1}{p+1}\Big[\Big\{Sin.qx.\,Sin.x.\,Cos.^{p+1}x\Big\}_0^{\frac{\pi}{2}}-$$

$$-\int_0^{\frac{\pi}{2}}Cos.^{p+1}x dx\{qCos.qx.Sin.x+Sin.qx.Cos.x\}\Big]=\frac{1}{p+1}\int_0^{\frac{\pi}{2}}dx\{Cos.^{p+2}x.Sin\,qx+qCos.^{p+1}x.Cos.qx.Sin.x\}.$$

---

[155] Comme on a déduit déjà Méth. 5, N°. 11.
Page 371.

Il s'ensuit: $\frac{p+1}{q}\int_0^{\frac{\pi}{2}} Cos.^p x.\, Sin.qx dx - \frac{p+2}{q}\int_0^{\frac{\pi}{2}} Cos.^{p+2}x.Sin.qx dx = \int_0^{\frac{\pi}{2}} Cos.^{p+1}x.Cos.qx.Sin.x dx =$

$= \frac{-1}{p+2}\int_0^{\frac{\pi}{2}} Cos.\, qx\, d.\, Cos.^{p+2}x = \frac{-1}{p+2}\left[\left\{Cos.\, qx.\, Cos.^{p+2}x\right\}_0^{\frac{\pi}{2}} - \int_0^{\frac{\pi}{2}} Cos.^{p+2}x\,(-q\, Sin.\, qx\, dx)\right] =$

$= \frac{1}{p+2} - \frac{q}{p+2}\int_0^{\frac{\pi}{2}} Cos.^{p+2}x.\, Sin.\, qx\, dx$, d'où encore: $\int_0^{\frac{\pi}{2}} Cos.^p x.\, Sin.\, qx\, dx = \frac{q}{(p+1)(p+2)} +$

$+ \frac{(p+2)^2 - q^2}{(p+1)(p+2)}\int_0^{\frac{\pi}{2}} Cos.^{p+1}x.\, Sin.\, qx\, dx \ldots.$ (b), qui donne de nouveau pour $q = p+2$:

$\int_0^{\frac{\pi}{2}} Cos.^p x.\, Sin.\, \{(p+2)x\}\, dx = \frac{1}{p+1}$. (T. 55, N°. 1). [156]. Lorsque au contraire on répète la réduction (b) a fois, il est: $\int_0^{\frac{\pi}{2}} Cos.^p x.\, Sin.\, qx\, dx = q\left[\frac{1}{(p+1)(p+2)} + \frac{(p+2)^2 - q^2}{(p+1)(p+2)(p+3)(p+4)} + \ldots\right.$

$\left. + \frac{(p+2)^2 - q^2 \ldots (p+2a-2)^2 - q^2}{(p+1)(p+2)\ldots(p+2a-2)}\right] + \frac{(p+2)^2 - q^2 \ldots (p+2a)^2 - q^2}{(p+1)(p+2)\ldots p+2a}\int_0^{\frac{\pi}{2}} Cos.^{p+2a}x.\, Sin.\, qx\, dx,$

qui donne pour $q = p+2a$: $\int_0^{\frac{\pi}{2}} Cos^p x.\, Sin.\, \{(p+2a)x\}\, dx = (p+2a)\sum_0^{a-1}(-1)^n 2^{2n}\frac{(p+a+1)^{n/1}(a-1)^{n/1}}{(p+1)^{2n/1}}$.

(T. 55, N°. 3).

Maintenant soit d'après ce qui précède: $I = \int_0^{\frac{\pi}{2}} Cos.^p x.\, Cos.\, \{(p+2)x\}\, dx = 0,$

$K = \int_0^{\frac{\pi}{2}} Cos.^p x.\, Sin.\, \{(p+2)x\}\, dx = \frac{1}{p+1}$ et substituons la variable $y = \frac{\pi}{2} - x$, nous aurons:

$I = \int_0^{\frac{\pi}{2}} Sin.^p x.\, Cos.\left\{\frac{p+2}{2}\pi - (p+2)x\right\} dx = Cos.\left(\frac{p+2}{2}\pi\right).\int_0^{\frac{\pi}{2}} Sin.^p x.\, Cos.\, \{(p+2)x\}\, dx +$

---

[156] Trouvée d'une autre manière Méth. 38, N°. 6.

Page 372.

$$+ Sin.\left(\frac{p+2}{2}\pi\right).\int_0^{\frac{\pi}{2}} Sin.^p x. Sin.\{(p+2)x\}\, dx,\ K = \int_0^{\frac{\pi}{2}} Sin.^p x. Sin.\left\{\frac{p+2}{2}\pi - (p+2)x\right\} dx =$$

$$= Sin.\left(\frac{p+2}{2}\pi\right).\int_0^{\frac{\pi}{2}} Sin.^p x. Cos.\{(p+2)x)\}\, dx - Cos.\left(\frac{p+2}{2}\pi\right).\int_0^{\frac{\pi}{2}} Sin.^p x. Sin.\{(p+2)x\}\, dx.$$

Or, $Cos.\left(\frac{p+2}{2}\pi\right) = - Cos.\frac{1}{2}p\pi,\ Sin.\left(\frac{p+2}{2}\pi\right) = - Sin.\frac{1}{2}p\pi$; donc: $\int_0^{\frac{\pi}{2}} Sin.^p x. Cos.\{(p+2)x\}\, dx =$

$$- I Cos.\frac{1}{2}p\pi - K Sin.\frac{1}{2}p\pi = \frac{-Sin.\frac{1}{2}p\pi}{p+1},\ \int_0^{\frac{\pi}{2}} Sin.^p x. Sin.\{(p+2)x\}dx = - I Sin.\frac{1}{2}p\pi + K Cos.\frac{1}{2}p\pi = \frac{Cos\frac{1}{2}p\pi}{p+1}.$$

(T. 54, N°. 8, 1). [157].

Puisque $Cos.\left(\frac{p+2a}{2}\pi\right) = Cos.\frac{1}{2}p\pi. Cos. a\pi,\ Sin.\left(\frac{p+2a}{2}\pi\right) = Sin.\frac{1}{2}p\pi. Cos. a\pi$, le même raisonnement appliqué aux intégrales (T. 55, N°. 8, 3) donnera:

$$\int_0^{\frac{\pi}{2}} Sin.^p x. Cos.\{(p+2a)x\}\, dx = \frac{p+2a}{Cos. a\pi} Sin.\frac{1}{2}p\pi. \sum_0^{a-1} (-1)^n 2^{2n} \frac{(p+a+1)^{n|1} (a-1)^{n|1}}{(p+1)^{2n|1}} \quad , . (578)$$

$$\int_0^{\frac{\pi}{2}} Sin.^p x. Sin.\{(p+2a)x\}\, dx = \frac{p+2a}{Cos\{(a-1)\pi\}} Cos.\frac{1}{2}p\pi. \sum_0^{a-1} (-1)^n 2^{2n} \frac{(p+a+1)^{n|1} (a-1)^{n|1}}{(p+1)^{2n|1}} \quad . (579)$$

---

§ 10. MÉTHODE 15. CAS, OÙ DANS LA FONCTION À INTÉGRER IL SE TROUVE UNE CONSTANTE, QUI DEVIENT INFINIE.

1. Comme au § 9 de la Première Partie nous avons trouvé quelques théorèmes généraux sur les intégrales définies qui contiennent une constante infinie, il est à propos d'en donner ici quelques applications: nous choisirons celles dont nous aurons besoin dans la suite auprès de quelques méthodes qui nécessitent la considération de telles intégrales. [158].

---

[157] Sur une autre déduction voyez Méth. 3, N°. 10.

[158] Voyez à ce sujet la première partie de ma Note, publiée dans les Verhandelingen der Kon. Akad., Deel 7.

2. L'intégrale $Lim. \int_0^a \frac{Cos. x. Cos. kx\, dx}{1 - 2p\, Cos. x + p^2} = Lim. \int_0^a \frac{Cos.^2 x}{1 - 2p\, Cos. x + p^2} \frac{Cos. kx}{Cos. x} dx$, est de la forme de l'intégrale de I, N°. 73, lorsqu'on y prend $f(x) = \frac{Cos.^2 x}{1 - 2p\, Cos. x + p^2}$; mais comme ici toujours $f\left(\frac{2c+1}{2}\pi\right) = \frac{0}{1 - 0 + p^2} = 0$, il est pour chaque a:

$$Lim. \int_0^a \frac{Cos. x. Cos. kx\, dx}{1 - 2p\, Cos. x + p^2} = 0\ ,\ 0 < a < \infty\ ,\ \text{Lim.}\, k = \infty \quad \ldots\ldots (580)$$

De même l'intégrale $Lim. \int_0^a \frac{Sin. x. Sin. kx\, dx}{1 - 2p\, Cos. x + p^2} = Lim. \int_0^a \frac{Sin.^2 x}{1 - 2p\, Cos. x + p^2} \frac{Sin. kx\, dx}{Sin. x}$ est comprise dans les intégrales de I, N°. 72, pour $f(x) = \frac{Sin.^2 x}{1 - 2p\, Cos. x + p^2}$: ainsi on a toujours $f(c\pi) = \frac{0}{1 \pm 2p + p^2} = 0$, et l'on en tire pour toute valeur de a:

$$Lim. \int_0^a \frac{Sin. x. Sin. kx\, dx}{1 - 2p\, Cos. x + p^2} = 0\ ,\ 0 < a < \infty\ ,\ \text{Lim.}\, k = \infty \quad \ldots\ldots (581)$$

La somme de ces deux résultats donne, quand nous remplaçons k par $k + 1$:

$$Lim. \int_0^a \frac{Cos. kx\, dx}{1 - 2p\, Cos. x + p^2} = 0,\ 0 < a < \infty\ ,\ \text{Lim.}\, k = \infty \quad \ldots\ldots (582)$$

Pour $a = \pi$ elle donne l'intégrale T. 84, N°. 11, et par la substitution de $x = 2y$ on en déduit encore par voie d'addition et de soustraction la formule T. 69, N°. 14, 15.

On aurait trouvé ces mêmes résultats en prenant dans I, form. 151, $f(x) = \frac{1}{1 - 2p\, Cos. x + p^2}$ et $k = k \pm 1$. Pour cette supposition la formule I, 150 donne:

$$Lim. \int_0^a \frac{Sin. \{(k \pm 1)x\}}{1 - 2p\, Cos. x + p^2} dx = Lim. \int_0^a \frac{Sin. kx. Cos. x \pm Cos. kx. Sin. x}{1 - 2p\, Cos. x + p^2} dx =$$

$$= 0,\ 0 < a < \infty\ ,\ \text{Lim.}\, k = \infty; \quad \ldots\ldots (583)$$

ou, en prenant la somme et la différence des deux intégrales qu'elle contient:

$$Lim. \int_0^a \frac{Cos. x. Sin. kx\, dx}{1 - 2p\, Cos. x + p^2} = 0\ ,\ 0 < a < \infty\ ,\ \text{Lim.}\, k = \infty, \quad \ldots\ldots (584)$$

$$Lim. \int_0^a \frac{Sin. x. Cos. kx\, dx}{1 - 2p\, Cos. x + p^2} = 0\ ,\ 0 < a < \infty\ ,\ \text{Lim}\, k = \infty. \quad \ldots\ldots (585)$$

Page 374.

Si l'on avait au contraire: $Lim. \int_0^a \frac{Cos. kx}{1 - 2p\,Cos. x + p^2} \frac{dx}{Cos. x}$, alors les formules I, 174—182 nous fourniraient pour $f(x) = \frac{1}{1 - 2p\,Cos. x + p^2}$, d'où $f\left(\frac{2c+1}{2}\pi\right) = \frac{1}{1+p^2}$:

$$Lim. \int_0^a \frac{Cos. \{(4k \pm 1)x\}}{1 - 2p\,Cos. x + p^2} \frac{dx}{Cos. x} = \pm \frac{\pi}{2} \frac{1}{1+p^2}, \left(a = \frac{1}{2}\pi\right), = \pm \frac{\pi}{1+p^2}, \left(\frac{\pi}{2} < a < \frac{3\pi}{2}\right),$$

$$= \pm \frac{3}{2} \frac{\pi}{1+p^2}, \left(a = \frac{3\pi}{2}\right), = \pm \frac{2b+1}{2} \frac{\pi}{1+p^2}, \left(a = \frac{2b+1}{2}\pi\right), =$$

$$= \pm \frac{b\pi}{1+p^2}, \left(a = \frac{2b-1}{2}\pi + c\right), (c < \pi), \quad \ldots\ldots\ldots \quad (586)$$

$$Lim. \int_0^a \frac{Cos. 2kx}{1 - 2p\,Cos. x + p^2} \frac{dx}{Cos. x} = 0, \left(0 < a < \frac{\pi}{2}\right), . (587), = \infty, \left(\frac{\pi}{2} < a < \infty\right), (T.85, N°.32),$$

où partout $Lim.\ k = \infty$. On voit ainsi que le résultat de SCHLÖMILCH [159] ne saurait valoir.

Pour $Lim. \int_0^a \frac{Sin. kx}{1 - 2p\,Cos. x + p^2} \frac{dx}{Sin. x}$ posons dans l'intégrale de I, N°. 72: $f(x) = \frac{1}{1 - 2p\,Cos. x + p^2}$, alors $f(o) = f(2c\pi) = \frac{1}{(1-p)^2}$, $f(\pi) = f\{(2c+1)\pi\} = \frac{1}{(1+p)^2}$ et

$$Lim. \int_0^a \frac{Sin. kx}{1 - 2p\,Cos. x + p^2} \frac{dx}{Sin. x} = \frac{\pi}{2} \frac{1}{(1-p)^2}, \ (0 < a < \pi), \quad \ldots\ldots \quad (588)$$

$$Lim. \int_0^a \frac{Sin. \{(2k+1)x\}}{1 - 2p\,Cos. x + p^2} \frac{dx}{Sin. x} = \frac{\pi}{2} \left\{\frac{1}{(1-p)^2} + \frac{1}{(1+p)^2}\right\} = \pi \frac{1+p^2}{(1-p^2)^2}, \ (a = \pi),$$

$$= b\pi \frac{1+p^2}{(1-p^2)^2}, (a = b\pi), = b\pi \frac{1+p^2}{(1-p^2)^2} + \frac{1}{(1 - p\,Cos. b\pi)^2}, (a = b\pi + c, c < \pi), \quad \ldots\ldots \quad (589)$$

$$Lim. \int_0^a \frac{Sin. 2kx}{1 - 2p\,Cos. x + p^2} \frac{dx}{Sin. x} = \frac{\pi}{2} \left\{\frac{1}{(1-p)^2} - \frac{1}{(1+p)^2}\right\} = \frac{2p\pi}{(1-p^2)^2}, \ (a = \pi),$$

$$= \frac{2b\pi}{(1-p^2)^2}, (a = b\pi), = \frac{2bp\pi}{(1-p^2)^2} + \frac{Cos. b\pi}{(1 - p\,Cos. b\pi)^2}, (a = b\pi + c, c < \pi), Lim. k = \infty \ . \ (590)$$

Encore peut-on réduire l'intégrale $Lim. \int_0^a \frac{Sin. kx . Tang. x\,dx}{1 - 2p\,Cos. x + p^2} = Lim. \int_0^a \frac{Sin. x}{1 - 2p\,Cos. x + p^2} \frac{Sin. kx\,dx}{Cos. x}$

[159] Voyez SCHLÖMILCH, Beiträge II, § 1.
Page 375.

aux formules I, 183—191 au moyen de la supposition $f(x) = \frac{Sin.x}{1 - 2p\,Cos.x + p^2}$: comme $f\left(\frac{2c+1}{2}\pi\right) = \frac{Cos.c\pi}{1+p^2}$ n'est pas nul, on trouve:

$$Lim. \int_0^a \frac{Sin.\{(2k+1)x\}.Tang.x\,dx}{1 - 2p\,Cos.x + p^2} = 0, \left(a < \frac{\pi}{2}\right), = \infty, \left(\frac{1}{2}\pi < a < \infty\right), \dots . (591)$$

$$Lim. \int_0^a \frac{Sin.\{(4k+2)x\}.Tang.x\,dx}{1 - 2p\,Cos.x + p^2} .. (592) = - Lim. \int_0^a \frac{Sin.4kx.Tang.x\,dx}{1 - 2p\,Cos.x + p^2} .. (593) =$$

$$= \frac{\pi}{2}\frac{1}{1-p^2}, \left(a = \frac{1}{2}\pi\right), = \frac{\pi}{1-p^2}, \left(\frac{1}{2}\pi < a < \frac{3\pi}{2}\right), = \frac{3\pi}{2}\frac{1}{1-p^2}, \left(a = \frac{3\pi}{2}\right), =$$

$$= \frac{2b+1}{2}\frac{\pi}{1-p^2}, \left(a = \frac{2b+1}{2}\pi\right), = \frac{b+1}{1-p^2}\pi, \left(a = \frac{2b+1}{2}\pi + c, c < \pi\right), Lim. k = \infty,$$

d'où il s'ensuit que le résultat de MEIJER [160] (T. 84, N°. 12) est fautif.

3. Un autre système d'intégrales, dont nous aurons besoin, est celui au dénominateur $p^2 + x^2$. Les intégrales $Lim. \int_0^a \frac{Sin.kx}{Cos.x}\frac{dx}{p^2+x^2}$ et $Lim. \int_0^a \frac{Sin.kx}{Cos.x}\frac{x\,dx}{p^2+x^2}$ se tirent des formules I, 183—191 par les suppositions respectives $f(x) = \frac{1}{p^2+x^2}$ et $f(x) = \frac{x}{p^2+x^2}$: mais comme les $f\left(\frac{2c+1}{2}\pi\right)$ ne s'annulent point ici, on a: $Lim. \int_0^a \frac{Sin.\{(2k+1)x\}}{Cos.x}\frac{dx}{p^2+x^2} = 0, \left(a < \frac{1}{2}\pi\right), = \infty, \left(a > \frac{1}{2}\pi\right)$, . (594)

$$Lim. \int_0^a \frac{Sin.\{(4k+2)x\}}{Cos.x}\frac{dx}{p^2+x^2} \dots (595) = - Lim. \int_0^a \frac{Sin.4kx}{Cos.x}\frac{dx}{p^2+x^2} = .. (596)$$

$$= \frac{2\pi}{4p^2+\pi^2}, \left(a = \frac{1}{2}\pi\right), = \frac{4\pi}{4p^2+\pi^2}, \left(\frac{\pi}{2} < a < \frac{3}{2}\pi\right), = \frac{4\pi}{4p^2+\pi^2} - \frac{2\pi}{4p^2+9\pi^2}, \left(a = \frac{3}{2}\pi\right), =$$

$$= \frac{4\pi}{4p^2+\pi^2} - \frac{4\pi}{4p^2+9\pi^2} + \dots - \frac{4\pi\,Cos.b\pi}{4p^2+(2b-1)^2\pi^2} + \frac{2\pi\,Cos.b\pi}{4p^2+(2b+1)^2\pi^2}, \left(a = \frac{2b+1}{2}\pi\right), =$$

$$= \frac{4\pi}{4p^2+\pi} - \frac{4\pi}{4p^2+9\pi^2} + \dots + \frac{4\pi\,Cos.b\pi}{4p^2+(2b+1)^2\pi^2}, \left(a = \frac{2b+1}{2}\pi + c, c < \pi\right);$$

$$Lim. \int_0^a \frac{Sin.\{(2k+1)x\}}{Cos.x}\frac{x\,dx}{p^2+x^2} = 0, \left(a < \frac{1}{2}\pi\right), = \infty, \left(a > \frac{1}{2}\pi\right), \dots . (597)$$

$$Lim. \int_0^a \frac{Sin.\{(4k+2)x\}}{Cos.x}\frac{x\,dx}{p^2+x^2} .. (598) = - Lim. \int_0^a \frac{Sin.4kx}{Cos.x}\frac{x\,dx}{p^2+x^2} = .. (599)$$

[160] Voyez MEIJER, Exposé élémentaire des Intégrales Définies. (Bruxelles. MUQUARDT 1851. IV, 520 et IV Pages 8°). p. 220.

$$= \frac{\pi^2}{4p^2+\pi^2}, \left(a=\frac{1}{2}\pi\right), = \frac{2\pi^2}{4p^2+\pi^2}, \left(\frac{1}{2}\pi<a<\frac{3}{2}\pi\right), = \frac{2\pi^2}{4p^2+\pi^2}-\frac{\pi^2}{4p^2+9\pi^2}, \left(a=\frac{3}{2}\pi\right), =$$

$$= \frac{2\pi^2}{4p^2+\pi^2}-\frac{2\pi^2}{4p^2+9\pi^2}+\ldots-\frac{2\pi^2 \, Cos.\, b\pi}{4p^2+(2b-1)^2\pi^2}+\frac{\pi^2 \, Cos.\, b\pi}{4p^2+(2b+1)^2\pi^2}, \left(a=\frac{2b+1}{2}\pi\right), =$$

$$= \frac{2\pi^2}{4p^2+\pi^2}-\frac{2\pi^2}{4p^2+9\pi^2}+\ldots+\frac{2\pi^2 \, Cos.\, b\pi}{4p^2+(2b+1)^2\pi^2}, \left(a=\frac{2b+1}{2}\pi+c,\ c<\pi\right). \ Lim.\ k=\infty.$$

Auprès de l'intégrale $Lim. \int_0^a \frac{Sin.\, kx.\, Tang.\, x}{p^2+x^2}dx = Lim. \int_0^a \frac{Sin.\, x dx}{p^2+x^2}\frac{Sin.\, kx}{Cos.\, x}$ on a: $f(x)=\frac{Sin.\, x}{p^2+x^2}$;

donc: $f\left(\frac{2c+1}{2}\pi\right)=\frac{4\, Cos.\, c\pi}{4p^2+(2c+1)^2\pi^2}$, pas zéro, et par ces mêmes formules I, 183—191:

$$Lim. \int_0^a \frac{Sin.\, \{(2k+1)x\}.\, Tang.\, x}{p^2+x^2}dx = 0, \left(a<\frac{1}{2}\pi\right), = \infty, \left(a>\frac{1}{2}\pi\right). \quad \ldots\ldots (600)$$

$$Lim. \int_0^a \frac{Sin.\, \{(4k+2)x\}.\, Tang.\, x\, dx}{p^2+x^2} \quad \ldots (601) \quad = - Lim. \int_0^a \frac{Sin.\, 4kx.\, Tang.\, x}{p^2+x^2}dx = . \ (602)$$

$$= \frac{2\pi}{4p^2+\pi^2}, \left(a=\frac{1}{2}\pi\right), = \frac{4\pi}{4p^2+\pi^2}, \left(\frac{1}{2}\pi<a<\frac{3}{2}\pi\right), = \frac{4\pi}{4p^2+\pi^2}+\frac{2\pi}{4p^2+9\pi^2}, \left(a=\frac{3}{2}\pi\right), =$$

$$= \frac{4\pi}{4p^2+\pi^2}+\frac{4\pi}{4p^2+9\pi^2}+\ldots+\frac{4\pi}{4p^2+(2b-1)^2\pi^2}+\frac{2\pi}{4p^2+(2b+1)^2\pi^2}, \left(a=\frac{2b+1}{2}\pi\right), =$$

$$= \frac{4\pi}{4p^2+x^2}+\frac{4\pi}{4p^2+9\pi^2}+\ldots+\frac{4\pi}{4p^2+(2b+1)^2\pi^2}, \left(a=\frac{2b+1}{2}\pi+c, c<\pi\right), = \frac{\pi}{2p}\frac{e^p-e^{-p}}{e^p+e^{-p}}, (a=\infty),$$

(d'après C. P. form. 73, quand on y prend $p=2p^2 i$). $Lim.\ k=\infty$.

L'intégrale $Lim. \int_0^a \frac{Cos.\, kx}{Cos.\, x}\frac{dx}{p^2+x^2}$ se déduit pour $f(x)=\frac{1}{p^2+x^2}$ de I, N°. 73 et l'on a:

$$Lim. \int_0^a \frac{Cos.\, 2kx}{Cos.\, x}\frac{dx}{p^2+x^2} = 0, \left(a<\frac{1}{2}\pi\right), = \infty, \left(a>\frac{1}{2}\pi\right), \quad \ldots\ldots\ldots (603)$$

$$Lim. \int_0^a \frac{Cos.\, \{(4k\pm 1)x\}}{Cos.\, x}\frac{dx}{p^2+x^2} = \frac{\pm 2\pi}{4p^2+\pi^2}, \left(a=\frac{1}{2}\pi\right), = \frac{\pm 4\pi}{4p^2+\pi^2}, \left(\frac{1}{2}\pi<a<\frac{3}{2}\pi\right), =$$

$$= \pm\frac{4\pi}{4p^2+\pi^2}\pm\frac{2\pi}{4p^2+9\pi^2}, \left(a=\frac{3}{2}\pi\right), = \pm\left[\frac{4\pi}{4p^2+\pi^2}+\frac{4\pi}{4p^2+9\pi^2}+\ldots+\frac{4\pi}{4p^2+(2b-1)^2\pi^2}+\right.$$

$$\left.+\frac{2\pi}{4p^2+(2b+1)^2\pi^2}\right], \left(a=\frac{2b+1}{2}\pi\right), = \pm\left[\frac{4\pi}{4p^2+\pi^2}+\frac{4\pi}{4p^2+9\pi^2}+\ldots+\frac{4\pi}{4p^2+(2b+1)^2\pi^2}\right],$$

$\left(a=\frac{2b+1}{2}\pi+c\right), = \frac{e^p-e^{-p}}{e^p+e^{-p}}$, $(a=\infty)$, (comme ci-devant), (604), $Lim.\ k=\infty$.

Enfin l'intégrale $Lim. \int_0^a \frac{Cos. kx}{Sin. x} \frac{x\, dx}{p^2+x^2}$ se range sous celles des formules I, 192 à 194, et comme $f(c\pi)$ ne s'y évanouit pas, il est:

$$Lim. \int_0^a \frac{Cos. kx}{Sin. x} \frac{x\, dx}{p^2+x^2} = 0, \left(a < \frac{1}{2}\pi\right), = \infty, \left(a > \frac{1}{2}\pi\right), Lim. k = \infty \ldots\ldots (605)$$

Encore les intégrales $Lim. \int_0^a \frac{Sin. kx}{(p^2+x^2)^r} dx$ et $Lim. \int_0^a \frac{Cos. kx}{(p^2+x^2)^r} dx$ peuvent se déduire de I, N°. 72, 73, quand on y suppose respectivement $f(x) = \frac{Sin. x}{(p^2+x^2)^r}$, d'où $f(c\pi) = 0$, et $f(x) = \frac{Cos. x}{(p^2+x^2)^r}$, d'où $f\left(\frac{2c+1}{2}\pi\right) = 0$; donc: $Lim \int_0^a \frac{Sin. kx}{(p^2+x^2)^r} = 0, (0 < a < \infty), \ldots\ldots (606),$

$$Lim. \int_0^a \frac{Cos. kx\, dx}{(p^2+x^2)^r} = 0, (0 < a < \infty), Lim. k = \infty \ldots\ldots (607)$$

4. On peut réduire les intégrales $Lim. \int_0^a \frac{e^{px}+e^{-px}}{e^{rx}-e^{-rx}} \frac{Sin. kx\, dx}{q^2+x^2}$ et $Lim. \int_0^a \frac{e^{px}-e^{-px}}{e^{rx}-e^{-rx}} \frac{Cos. kx\, dx}{q^2+x^2}$ à celles de I, N°. 72, 73; mais tout aussi bien on peut les tirer de la formule I, 150 et 151, en y supposant respectivement $f(x) = \frac{e^{px}+e^{-px}}{e^{rx}-e^{-rx}} \frac{1}{q^2+x^2}$ et $f(x) = \frac{e^{px}-e^{-px}}{e^{rx}-e^{-rx}} \frac{1}{q^2+x^2}$, fonctions qui restent finies pour toute valeur sauf pour la limite inférieure zéro de x: mais alors la condition $Lim. \delta f(\delta) = 0$ donne ici, quand on ôte le facteur $\frac{1}{q^2+x^2}$ qui devient $\frac{1}{q^2}$, fini: $Lim. \frac{\delta(e^{p\delta} \pm e^{-p\delta})}{e^{r\delta}-e^{-r\delta}} = \delta \frac{p(e^{p\delta} \mp e^{-p\delta})}{r(e^{r\delta}+e^{-r\delta})} = \frac{p\delta}{r} \frac{1 \mp 1}{1+1} = \frac{1 \mp 1}{2r} p\delta$, donc toujours zéro, et par suite:

$$Lim. \int_0^a \frac{e^{px}+e^{-px}}{e^{rx}-e^{-rx}} \frac{Sin. kx\, dx}{q^2+x^2} = 0, (0 < a < \infty), \ldots\ldots (608)$$

$$Lim. \int_0^a \frac{e^{px}-e^{-px}}{e^{rx}-e^{-rx}} \frac{Cos. kx\, dx}{q^2+x^2} = 0, (0 < a < \infty); Lim. k = \infty \ldots\ldots (609)$$

5. D'après I, form. 192 à 194 on a:

$$Lim. \int_0^a e^{p\, Cos. x} Sin. (p\, Sin. x). \frac{Cos. kx\, dx}{Sin. x} = 0, (0 < a < \infty), Lim. k = \infty \ldots (610)$$

puisque $Sin.(p\, Sin.\, c\pi) = Sin.\ 0$, le facteur de $f(c\pi)$, est toujours 0. De même les formules I, 180 à 182 donnent:

$$Lim.\int_0^a e^{p\,Cos.x}\, Cos.(p\,Sin.\,x).\frac{Cos.\,2\,kx\,dx}{Cos.\,x} = 0, \left(a<\frac{1}{2}\pi\right), = \infty, \left(\frac{1}{2}\pi<a<\infty\right). \; Lim.\ k=\infty\,; \quad (611)$$

puisque ici $f\left(\frac{2c+1}{2}\pi\right) = e^0\, Cos.(\pm p) = Cos.(\pm p)$ n'est pas zéro. Encore à l'aide des formules I, 174—179:

$$Lim.\int_0^a e^{p\,Cos.x}\, Cos.(p\,Sin.\,x)\frac{Cos.\{(4k\pm 1)x\}}{Cos.\,x}\,dx = \pm\frac{\pi}{2}e^0\,Cos.\,p = \pm\frac{\pi}{2}Cos.\,p, \left(a=\frac{\pi}{2}\right), =$$

$$= \pi\, Cos.\,p, \left(\frac{\pi}{2}<a<\frac{2\pi}{2}\right), = \pm\frac{\pi}{2}(2\,Cos.\,p+Cos.\,p) = \pm\frac{3\pi}{2}Cos.\,p, \left(a=\frac{3\pi}{2}\right), =$$

$$= \pm\frac{2b+1}{2}\pi\,Cos.\,p, \left(a=\frac{2b+1}{2}\pi\right), = \pm b\pi\,Cos.\,p, \left(a=\frac{2b-1}{2}\pi+c,\ c<\pi\right), \; Lim.\ k=\infty \quad (612)$$

6. L'intégrale $Lim.\int_0^a l(1-2p\,Cos.\,x+p^2)\frac{Cos.\,kx\,dx}{Cos.\,x}$ appartient à I, N°. 73, pour $f(x) = l(1-2p\,Cos.\,x+p^2)$, d'où $f\left(\frac{2c+1}{2}\pi\right) = l(1+p^2)$, donc pas zéro; par conséquent:

$$Lim.\int_0^a l(1-2p\,Cos.\,x+p^2)\frac{Cos.\,2k\,x\,dx}{Cos.\,x} = 0, \left(a<\frac{1}{2}\pi\right), = \infty, \left(\frac{1}{2}\pi<a<\infty\right), \quad \ldots \quad (613)$$

$$Lim.\int_0^a l(1-2p\,Cos.\,x+p^2)\frac{Cos.\{(4k\pm 1)\pi\}}{Cos.\,x}\,dx = \pm\frac{\pi}{2}\,l(1+p^2), \left(a=\frac{1}{2}\pi\right), =$$

$$=\pm\pi\, l(1+p^2), \left(\frac{\pi}{2}<a<\frac{3\pi}{2}\right), = \pm\frac{3\pi}{2}l(1+p^2), \left(a=\frac{3}{2}\pi\right), = \pm\frac{2b+1}{2}\pi l(1+p^2), \left(a=\frac{2b+1}{2}\pi\right), =$$

$$= \pm b\pi\, l(1+p^2), \left(a=\frac{2b-1}{2}\pi+c,\ c<\pi\right), = \infty, (a=\infty), \; Lim.\ k=\infty \; \ldots\ldots \quad (614)$$

Les formules I, 192—194 peuvent servir pour l'intégrale $Lim.\int_0^a Arctg.\left(\frac{p\,Sin.\,x}{1-p\,Cos.\,x}\right)\frac{Cos.\,kx\,dx}{Sin.\,x}$ à l'aide de la supposition $f(x) = Arctg.\left(\frac{p\,Sin.\,x}{1-p\,Cos.\,x}\right)$ d'où $f(c\pi) = 0$, donc:

$$Lim.\int_0^a Arctg.\left(\frac{p\,Sin.\,x}{1-p\,Cos.\,x}\right)\frac{Cos.\,kx\,dx}{Sin.\,x} = 0, \ (0<a<\infty), \; Lim.\ k=\infty \; \ldots \quad (615)$$

Enfin dans la formule I, 152, prenons $f(x) = 1$, il vient:

Page 379.

$$Lim. \int_0^a \frac{Sin.kx\,dx}{Sin.x} = \frac{\pi}{2}, (0 < a < \pi), \; Lim.\, k = \infty \quad \ldots \quad (616)$$

d'où pour $a = \frac{\pi}{2}$ et $k = 2k + 1$ on déduit l'intégrale T. 62, N°. 2.

7. Quelquefois pourtant on n'a pas besoin du § 9 de la Première Partie.

Soit l'intégrale $I = Lim. \int_0^\infty l\,Sin.kx \frac{dx}{p^2 + x^2}$ (pour $k = \infty$) et prenons-y $kx = \frac{\pi}{2} + ky$, alors $dx = dy$, et les limites de y seront $-\frac{\pi}{2k}$ et ∞, donc: $I = Lim. \int_{-\frac{\pi}{2k}}^\infty \frac{l\,Cos.ky\,dy}{p^2 + \left(\frac{\pi}{2k} + y\right)^2} = Lim. \int_0^\infty \frac{l\,Cos\,ky\,dy}{p^2 + y^2}$, quand on y suppose k infini. Mais évidemment on peut prendre dans l'intégrale primitive $2k$ au lieu de k: alors il est: $I = Lim. \int_0^\infty l\,Sin.2kx \frac{dx}{p^2 + x^2} = Lim. \int_0^\infty l2 \frac{dx}{p^2 + x^2} + Lim. \int_0^\infty l\,Sin.kx \frac{dx}{p^2 + x^2} + {}$ ${} + Lim. \int_0^\infty l\,Cos.kx \frac{dx}{p^2 + x^2} = l2 \int_0^\infty \frac{dx}{p^2 + x^2} + 2I$, donc:

$$I = -l2 \int_0^\infty \frac{dx}{p^2 + x^2} = -\frac{\pi}{2p} l2 = Lim. \int_0^\infty l\,Sin.kx \frac{dx}{p^2 + x^2}, \quad \ldots \quad (617)$$

$$= Lim. \int_0^\infty l\,Cos.kx \frac{dx}{p^2 + x^2}, \; Lim.\, k = \infty. \quad \ldots \quad (618)$$

8. Soit encore $I = Lim. \int_0^a \frac{e^{-qkx} - e^{-pkx}}{x} dx$, $(k = \infty)$, qui devient pour $kx = y$: $I = \int_0^{ak} \frac{e^{-qx} - e^{-px}}{x} dx$. Maintenant prenons k infini, alors l'intégrale a pour limites 0 et ∞ et se trouve évaluée Méth. 9, N°. 22; par suite $Lim. \int_0^a \frac{e^{-qkx} - e^{-pkx}}{x} dx = l\frac{p}{q}$, $(Lim.\, k = \infty)$. (T. 149, N°. 16).

Pour avoir enfin l'intégrale $Lim. \int_0^1 \frac{1 - x^k}{1 - x} dx$ pour k infini, employons le développement en séries suivant LEGENDRE [161],

[161] LEGENDRE, Exercices de Calcul Intégral, P. 4, N°. 63. Page 380.

$$\int_0^1 \frac{1-x^k}{1-x}\,dx = \mathrm{A} + lk + \frac{1}{2k} + \sum_1^\infty \frac{(-1)^n}{nk^{2n}}\,\mathrm{B}_{2n-1} \text{ pour chaque } k,$$

$$\text{donc: } Lim. \int_0^1 \frac{1-x^k}{1-x}\,dx = \mathrm{A} + lk,\ Lim.\ k=\infty.\ (\text{T. } 3,\ \text{N}^\circ.\ 6).$$

Prenez-y alternativement $k = ak$ et $k = bk$ et soustrayez, alors il est:

$$Lim. \int_0^1 \frac{x^{ak} - x^{bk}}{1-x}\,dx = l\frac{bk}{ak} = l\frac{b}{a},\ Lim.\ k=\infty.\ (\text{T. } 5,\ \text{N}^\circ.\ 27).$$

---

§ 11. MÉTHODE 16. CAS OÙ LA FONCTION À INTÉGRER S'ÉVANOUIT POUR UNE CERTAINE VALEUR D'UNE CONSTANTE.

1. Il arrive souvent que la méthode d'évaluation d'une intégrale définie comporte l'introduction d'une constante, qui doit être éliminée après. Une des voies les plus usitées pour parvenir à cette élimination est d'attribuer, s'il est possible, une telle valeur à une constante quelconque qui se trouve dans l'intégrale primitive, que celle-ci s'évanouit. On a déjà fait usage de cette manière d'agir dans quelques-unes des Méthodes précédentes: on l'emploiera encore souvent dans la suite. Cette méthode est donc basée sur la valeur qu'une intégrale: $\int_a^b f(c,x)\,dx = \mathrm{F}(a,b,c)$, . (a) acquiert, lorsque pour la valeur h de la constante c, on a $f(h,x) = 0$. En général on en déduit alors: $\int_a^b f(h,x)\,dx = \mathrm{F}(a,b,h) = 0$, . (b); mais cette déduction n'est pas toujours rigoureuse, comme on va le prouver: notamment elle est incertaine, quand l'intégrale définie (a) exige la condition c plus grand que h ou plus petit que h.

Retournons à la définition primitive d'une intégrale définie, c'est-à-dire à l'équation (3) Partie Première: $\int_a^b f(c,x)\,dx = Lim.\,\delta\{f(c,a)+f(c,a+\delta)+f(c,a+2\delta)+\ldots+f(c,a+[n-1]\,\delta)\}$, . (c) et supposons que la valeur h de c rende $f(h,x)$ zéro, alors il arrive de deux choses l'une: il se peut en premier lieu que $f(h,x)$ s'évanouisse pour toute valeur de x entre les limites a et b: dès-lors chaque terme dans le second membre de l'équation précédente s'évanouit séparément, et l'intégrale elle-même s'annule par conséquent; — mais en second lieu il peut se trouver entre les limites a et b des valeurs de a, par exemple g, telles que $f(c,g)$ ne s'évanouit plus, mais devient plutôt indéterminée ou même infinie: dans ce cas le terme correspondant $\delta f(c,g)$ ne s'annulera pas toujours, mais pourra acquérir une valeur déterminée et différente de zéro. — On s'aperçoit aisément, qu'ici la même chose a lieu qu'au N° 7—9 de la Première Partie, c'est-à-dire qu'il

Page 381.

s'agit ici d'une intégrale singulière. Or, on a: $\int_a^b f(h,x)\,dx = \int_a^{g-\varepsilon} f(h,x)\,dx + \int_{g-\varepsilon}^{g+\varepsilon} f(h,x)\,dx + \int_{g+\varepsilon}^b f(h,x)\,dx.$

De ces trois intégrales partielles, la première et la troisième sont dans le premier des deux cas mentionnés, c'est-à-dire que la fonction $f(h,x)$ ne devient indéterminée pour aucune des valeurs de x entre les limites a et $g-\varepsilon$, ou entre les autres $g+\varepsilon$ et b: ces intégrales sont nulles par conséquent. Quant à l'intégrale au milieu, il n'en est pas de même, et l'on doit écrire: $\int_a^b f(h,x)\,dx = \int_{g-\varepsilon}^{g+\varepsilon} f(h,x)\,dx$. . (d)

Tout dépend donc ici de l'existence d'une valeur g de x, qui, située entre les limites a et b de x, rende $f(h,x)$ indéterminée; lorsqu'elle existe, on a l'équation (d); lorsque au contraire elle n'existe pas, l'intégrale primitive est nulle. [162].

2. Soit l'intégrale $\int_{-a}^b \frac{k\,dx}{k^2+x^2}$ et $k=0$; dans ce cas, la fonction $\frac{k}{k^2+x^2}$ devient nulle avec k, hormis lorsque x est zéro aussi, car alors elle est $\frac{0}{0}$, valeur indéterminée: et comme cette valeur de x tombe entre les limites $-a$ et b de x on a l'intégrale singulière (d) pour g nul:

$$\int_{-\varepsilon}^{+\varepsilon} \frac{k\,dx}{k^2+x^2} = \int_{-\varepsilon}^{\varepsilon} d.\,Arctg.\frac{x}{k} = Arctg.\frac{\varepsilon}{k} - Arctg.\frac{-\varepsilon}{k} = Arctg.\frac{\varepsilon}{k} + \left(\pi - Arctg.\frac{\varepsilon}{k}\right) = \pi\ . \quad (619)$$

Or, l'intégration immédiate aurait mené dans ce cas-ci au même résultat: car on trouve:

$$\int_{-a}^b \frac{k\,dx}{k^2+x^2} = \int_{-a}^b d.\,Arctg.\frac{x}{k} = Arctg.\frac{b}{k} - Arctg.\frac{-a}{k} = Arctg.\frac{b}{k} + \left(\pi - Arctg.\frac{a}{k}\right) = \frac{\pi}{2} + \left(\pi - \frac{\pi}{2}\right) = \pi,$$

où l'on a supposé enfin k zéro. — Lorsque au contraire la limite inférieure était $+a$ au lieu de $-a$, il n'y aurait plus de valeur g entre les limites et l'intégrale serait nulle:

$$\int_{+a}^{+b} \frac{k\,dx}{k^2+x^2} = 0, \quad \ldots\ldots\ldots\ldots \quad (620)$$

comme il résulte aussi de l'intégration immédiate:

$$\int_{+a}^{+b} \frac{k\,dx}{k^2+x^2} = \int_{+a}^{+b} d.\,Arctg.\frac{x}{k} = Arctg.\frac{b}{k} - Arctg.\frac{a}{k} = 0, \text{ pour } k=0.$$

Si encore la limite inférieure est zéro, il faudra prendre l'intégrale singulière entre les limites 0 et ε, d'où il doit résulter une valeur moitié moindre. En effet:

$$\int_0^b \frac{k\,dx}{k^2+x^2} = \int_0^{\varepsilon} \frac{k\,dx}{k^2+x^2} = \int_0^{\varepsilon} d.\,Arctg.\frac{x}{k} = Arctg.\frac{\varepsilon}{k} = \frac{\pi}{2}.$$ (T. 34, N°. 2). [163].

---

[162] On peut consulter sur cette matière SCHLÖMILCH, Grunerts Archiv, Bd. 11. S. 63.

[163] MEIJER dans son Exposé Elémentaire de la Théorie des Intégrales Définies trouve fautivement Page 382.

Ici donc, comme souvent, on peut employer l'intégrale singulière, ou bien se borner à l'intégration immédiate en gardant la substitution $c = h$ pour la fin.

3. L'intégrale $\int_{-a}^{b} \frac{e^{-pkx} - e^{-qkx}}{x} dx$, pour $k = \infty$, se trouve dans le même cas, car en général $\frac{e^{-pkx} - e^{-qkx}}{x}$ est nul, sauf le cas de x zéro, où la fraction devient $\frac{0}{0}$, indéterminée, et cela pour une double raison; car pour cette valeur zéro de x, pkx et qkx sont $0 . \infty$, indéterminés, et par conséquent le numérateur est indéterminé aussi: mais fût-il même zéro, alors encore à cause du dénominateur zéro, la fraction serait indéterminée. On trouve donc pour l'intégrale singulière, correspondant à x zéro, $\int_{-\varepsilon}^{+\varepsilon} \frac{e^{-pkx} - e^{-qkx}}{x} dx$. Supposons $kx = y$, d'où nous déduisons $-k\varepsilon$ et $+k\varepsilon$ pour limites de y. Or, k est infini, donc ces limites sont $-\infty$ et $+\infty$, et l'intégrale égale à

$$\int_{-\infty}^{\infty} \frac{e^{-px} - e^{-qx}}{x} dx = 2\, l \frac{q}{p}, \text{ [164]}, \quad \ldots\ldots\ldots\ldots\ldots \quad (621)$$

par conséquent: $$\int_{a}^{b} \frac{e^{-pkx} - e^{-qkx}}{x} dx = 2\, l \frac{q}{p}, (a < 0 < b), = 0, (a > 0, \text{ ou } b < 0), (k = 0) \quad . \quad (622)$$

où la dernière valeur est zéro, puisque le cas de discontinuité n'y tombe plus entre les limites de l'intégration. Lorsque a est zéro, l'intégrale singulière doit être prise entre 0 et ε, et après la substitution de $kx = y$ entre 0 et ∞: de sorte que suivant Méth. 9, N°. 22 on a: $\int_{0}^{b} \frac{e^{-pkx} - e^{-qkx}}{x} dx = l \frac{q}{p}$. $(k = 0)$. (T. 149, N°. 16). L'intégration immédiate aurait conduit aux mêmes résultats. [165].

4. Étudions encore l'intégrale générale $\int_{0}^{b} f(x) \frac{k\, dx}{k^2 + (x \pm r)^2}$, pour $k = 0$, où $f(x)$ soit supposée être continue. La fonction à intégrer devient discontinue, lorsque avec $k = 0$ on a aussi $x = \mp r$, car

---

la valeur double, puisqu'il prend l'intégrale singulière de $-\varepsilon$ à ε, au lieu d'entre 0 et ε.

[164] Car on a Méth. 9, N°. 22: $\int_{0}^{\infty} \frac{e^{-px} - e^{-qx}}{x} dx = l \frac{q}{p}$. Prenez $-p$, $-q$, $-x$, au lieu de p, q, x, l'intégrale entre les limites $-\infty$ et 0 aura la même valeur et le même signe que l'intégrale citée. La somme en fournit donc l'intégrale (621).

[165] Voyez en outre Méth. 15, N°. 8.

Page 383.

dans ce cas la fraction $\frac{k}{k^2+(x\pm r)^2}$ est $\frac{0}{0}$, indéterminée. En premier lieu, comme la valeur $-r$ de x tombe hors les limites 0 et b, on a:

$$\int_0^b f(x)\frac{k\,dx}{k^2+(x+r)^2}=0\ ,\ k=0.\ \ldots\ldots\ldots\ldots\ \text{(II)}$$

Il en est autrement lorsque le dénominateur est $x-r$; car à la vérité dans le cas de r plus grand que b, on obtient le même résultat zéro, vu qu'il n'y a pas de discontinuité; mais lorsque r est plus petit que b, la fonction est discontinue et il faut calculer l'intégrale singulière $\int_{r-\delta}^{r+\delta} f(x)\frac{k\,dx}{k^2+(x-r)^2}=\int_{-\delta}^{\delta} f(r+y)\frac{k\,dy}{k^2+y^2}$, après la substitution $x=y+r$. Mais au moyen de l'intégration par parties on a:

$$\int_{-\delta}^{\delta} f(r+y)\frac{k\,dy}{k^2+y^2}=\int_{-\delta}^{\delta} f(r+y)\,d.\,Arctg.\frac{y}{k}=f(r+y)\,Arctg.\frac{y}{k}\Big\}_{-\delta}^{\delta}-\int_{-\delta}^{\delta} Arctg.\frac{y}{k}\,d.f(r+y)=$$

$$=f(r+\delta)\,Arctg.\frac{\delta}{k}-f(r-\delta)\,Arctg.\frac{-\delta}{k}-\int_{-\delta}^{\delta} Arctg.\frac{y}{k}\,d.f(r+y).$$

Passons à la limite 0 de k, on trouve pour cette valeur:

$$\frac{\pi}{2}f(r+\delta)+\frac{\pi}{2}f(r-\delta)-\frac{\pi}{2}\int_{-\delta}^{\delta} d.f(r+y)=\frac{\pi}{2}f(r+\delta)+\frac{\pi}{2}f(r-\delta)-\frac{\pi}{2}\{f(r+\delta)-f(r-\delta)\}=\pi f(r-\delta),$$

d'où, pour la limite zéro de δ, il s'ensuit $\pi f(r)$ comme valeur de l'intégrale singulière, et pour l'intégrale primitive:

$$\int_0^b f(x)\frac{k\,dx}{k^2+(x-r)^2}=\pi f(r),\ (b>r),\ =0,\ (b<r)\ \ldots\ldots\ldots\ \text{(III)}$$

Ainsi pour $f(x)=x^p$ on trouve:

$$\int_0^b \frac{kx^p\,dx}{k^2+(x+r)^2}=0,\ \ldots\ (623),\qquad \int_0^b \frac{kx^p\,dx}{k^2+(x-r)^2}=\pi r^p,\ (b>r),\ =0.\ (b<r).\ (k=0)\ .\ (624)$$

---

§ 12. MÉTHODE 17. EMPLOI DES FORMULES DE TRANSFORMATION.

1. Parmi les diverses formules de la Partie Deuxième il y en a beaucoup qui ramènent à une autre intégrale définie plus simple. Nous allons donner de celles-là quelques applications (où en général nous ne nous occuperons pas des transformations intermédiaires), en suivant l'ordre comme

elles s'y trouvent exposées, et en continuant d'accompagner leur numéro par le signe II, afin de les distinguer des formules de cette Partie Troisième.

2. De II, 28. Supposons $F(Sin.^2 x) = 1, \varphi(x) = l\dfrac{1+Sin.x}{1-Sin.x}$. Dès-lors $\varphi\{(2a+1)\pi - x\} =$ $= \varphi(2a\pi + x) = \varphi(x)$ et $\varphi(2a\pi - x) = \varphi\{(2a+1)\pi + x\} = l\dfrac{1-Sin.x}{1+Sin.x} = \varphi(-x) = -\varphi(x)$: par conséquent on trouve: $\int_0^\infty l\dfrac{1+Sin.x}{1-Sin.x}\dfrac{dx}{x} = \int_0^{\frac{1}{2}\pi} l\dfrac{1+Sin.x}{1-Sin.x}dx\left\{\dfrac{1}{x}+\dfrac{1}{\pi-x}-\dfrac{1}{\pi+x}-\dfrac{1}{2\pi-x}+\ldots\right\} =$ $= \int_0^{\frac{1}{2}\pi} l\dfrac{1+Sin.x}{1-Sin.x}\dfrac{dx}{Sin.x}$ (C. P. 72) $= \dfrac{1}{2}\pi^2$, (T. 414, N°. 4), suivant Méth. 28, N°. 7. Encore prenons $F(Sin.^2 x) = 1, \varphi(x) = l\left(\dfrac{1+Tang.x}{1-Tang.x}\right)^2$, d'où $\varphi(a\pi + x) = \varphi(x)$, et $\varphi(a\pi - x) =$ $= l\left(\dfrac{1-Tang.x}{1+Tang.x}\right)^2 = \varphi(-x) = -\varphi(x)$; donc: $\int_0^\infty l\left(\dfrac{1+Tang.x}{1-Tang.x}\right)^2\dfrac{dx}{x} =$ $= \int_0^{\frac{1}{2}\pi} l\left(\dfrac{1+Tang.x}{1-Tang.x}\right)^2 dx\left\{\dfrac{1}{x}-\dfrac{1}{\pi-x}+\dfrac{1}{\pi+x}-\dfrac{1}{2\pi-x}+\ldots\right\} = \int_0^{\frac{1}{2}\pi} l\left(\dfrac{1+Tang.x}{1-Tang.x}\right)^2\dfrac{dx}{Tang.x}$ (C. P. 69) $= \dfrac{1}{2}\pi^2$, (T. 414, N°. 5), par l'intégrale de Méth. 6, N°. 6, Note 81.

3. Du groupe II, 29 à 39. Dans II, 30, 32 soit $F(Sin.^2 x) = 1$, alors: $\int_0^\infty Sin.x\dfrac{dx}{x}$, (T. 194, N°. 1), [166] $= \int_0^\infty Tang.x\dfrac{dx}{x}$, (T. 194, N°. 12), $= \dfrac{1}{2}\pi$. — II, 30, 32, 37 donnent: $\int_0^\infty Sin.^{2a+1}x.Cos.^{2b}x\dfrac{dx}{x}$, (T. 195, N°. 25), $= \int_0^\infty Sin.^{2a+1}x.Cos.^{2b-1}x\dfrac{dx}{x}$, (T. 195, N°. 26), $=$ $= \int_0^\infty Sin.^{2a}x.Cos.^{2b}x.Cot.\dfrac{1}{2}x\dfrac{dx}{x}$, (625), $= \int_0^{\frac{1}{2}\pi} Sin.^{2a}x.Cos.^{2b}x\,dx = \dfrac{1^{a|2}1^{b|2}}{2^{a+b|2}}\dfrac{\pi}{2}$, (voir Méth. 3, N°. 5); $\int_0^\infty Cos.^{2a}x.Cos.2bx.Sin.x\dfrac{dx}{x}$, . . . (626), $= \int_0^\infty Cos.^{2a-1}x.Cos.2bx.Sin.x\dfrac{dx}{x}$, . . (627), $=$ $= \int_0^\infty Cos.^{2a}x.Cos.2bx.Tg.\dfrac{1}{2}x\dfrac{dx}{x}$, (628), $= \int_0^{\frac{\pi}{2}} Cos.^{2a}x.Cos.2bx\,dx = \dfrac{\pi}{2^{2a+1}}\dfrac{1^{2a|1}}{1^{a+b|1}1^{a-b|1}}$, (voir Méth. 38, N°. 7);

---

[166] Autrement déduite Méth. 6, N°. 5, Méth. 21, N°. 6 et Méth. 43, N°. 7.

$$\int_0^\infty (1-2p\,Cos.\,2x+p^2)^a\,Sin.\,x\,\frac{dx}{x},\ .\ (629),\quad =\int_0^\infty (1-2p\,Cos.\,2x+p^2)^a\,Tang.\,x\,\frac{dx}{x},\ .\ (630),=$$

$$=\int_0^\infty (1-2p\,Cos.2x+p^2)^a\,Tg.\frac{1}{2}x\,dx,\ .\ (631),=\int_0^{\frac{\pi}{2}}(1-2p\,Cos.2x+p^2)^a dx=\frac{1}{2}\int_0^\pi (1-2p\,Cos.x+p^2)^a dx=$$

$$=\frac{\pi}{2}\sum_0^a\binom{a}{n}^2 p^{2n},\ \text{(voir Méth. 22, N°. 9)};\int_0^\infty\frac{Sin.\,x}{\pm p+q\,Cos.2x}\frac{dx}{x},\ .\ (632),=\int_0^\infty\frac{Tang.\,x}{\pm p+q\,Cos.\,2x}\frac{dx}{x},\ .\ (633),=$$

$$=\int_0^\infty\frac{Tang.\frac{1}{2}x}{\pm p+q\,Cos.2x}\frac{dx}{x},\ .\ (634),=\int_0^{\frac{\pi}{2}}\frac{dx}{\pm p+q\,Cos.2x}=\frac{1}{2}\int_0^\pi\frac{dx}{\pm p+q\,Cos.x}=\pm\frac{\pi}{2\sqrt{(p^2-q^2)}},\ (p^2>q^2),$$

$$=0,\ (p^2<q^2),\ \text{(d'après Méth. 1, N°. 13)};\quad\int_0^\infty\frac{Cos.^{2a}x.\,Cos.\,2a\,r.\,Sin.\,x}{Cos.^2x+q^2\,Sin.^2x}\frac{dx}{x},\ .\ .\ .\ .\ .\ .\ .\ (635),=$$

$$=\int_0^\infty\frac{Cos.^{2a-1}x.\,Cos.\,2a\,x.\,Sin.\,x}{Cos.^2x+q^2\,Sin.^2x}\frac{dx}{x},\ .\ .\ (636),\quad=\int_0^\infty\frac{Cos.^{2a}x.\,Cos.\,2a\,x.\,Tang.\frac{1}{2}x}{Cos.^2x+q^2\,Sin.^2x}\frac{dx}{x},\ .\ .\ .\ (637),=$$

$$=\int_0^{\frac{\pi}{2}}\frac{Cos.^{2a}x.\,Cos.2ax\,dx}{Cos.^2x+q^2\,Sin.^2x}=\frac{\pi}{2}\frac{q^{2a-1}}{(1+q)^{2a}},\ \text{(voir Méth. 37, N°. 12)};\int_0^\infty\frac{Sin.\,x}{(1+Sin.\lambda.\,Cos.\,2x)^{a+1}}\frac{dx}{x},\ .\ (638),=$$

$$=\int_0^\infty\frac{Tang.\,x}{(1+Sin.\lambda.Cos.2x)^{a+1}}\frac{dx}{x},\ .\ (639),=\int_0^\infty\frac{Tang.\frac{1}{2}x}{(1+Sin.\lambda.Cos.2x)^{a+1}}\frac{dx}{x},\ .\ (640),=\int_0^{\frac{\pi}{2}}\frac{dx}{(1+Sin.\lambda.Cos.2x)^{a+1}}=$$

$$=\frac{1}{2}\int_0^\pi\frac{dx}{(1+Sin.\lambda.\,Cos.\,x)^{a+1}}=\frac{1^{a/2}}{1^{a/1}}\frac{\pi}{2}\sum_0^\infty(-1)^n\frac{(n+1)^{n/1}}{(2a-1)^{n/-2}}\binom{a}{2n}\frac{1}{2^n}Sec.^{2(a-n)+1}\lambda,$$

$$\int_0^\infty\frac{Cos.^a 2x.\,Sin.\,x}{(1+Sin.\lambda.\,Cos.\,2x)^{a+1}}\frac{dx}{x},\ .\ .\ .\ .\ .\ (641),=\int_0^\infty\frac{Cos.^a 2x.\,Tang.\,x}{(1+Sin.\lambda.\,Cos.\,2x)^{a+1}}\frac{dx}{x},\ .\ .\ .\ .\ .\ (642),=$$

$$=\int_0^\infty\frac{Cos.^a 2x.\,Tang.\frac{1}{2}x}{(1+Sin.\lambda.\,Cos.2x)^{a+1}}\frac{dx}{x},\ .\ (643),=\int_0^{\frac{\pi}{2}}\frac{Cos.^a 2x\,dx}{(1+Sin.\lambda.Cos.2x)^{a+1}}=\frac{1}{2}\int_0^\pi\frac{Cos.^a x\,dx}{(1+Sin.\lambda.\,Cos.\,x)^{a+1}}=$$

$$=\frac{1^{a/2}}{1^{a/1}}\frac{\pi}{2}\frac{(-1)^a}{Sin.^{a+1}\lambda}\sum_0^\infty(-1)^n\frac{(n+1)^{n/1}}{(2a-1)^{n/-2}}\binom{a}{2n}\frac{1}{2^n}Tang.^{2(a-n)+1}\lambda,\ \text{(voir Méth. 33, N°. 2)};$$

$$\int_0^\infty\frac{Cos.\,2a\,x.\,Sin.\,x}{1-2p\,Cos.\,2x+p^2}\frac{dx}{x},\ [167],\ .\ .\ .\ .\ (644),\quad=\int_0^\infty\frac{Cos.\,2a\,x.\,Tang.\,x}{1-2p\,Cos.\,2x+p^2}\frac{dx}{x},\ .\ .\ .\ (645),=$$

---

[167] Elle est déduite autrement Méth. 41, N°. 12.
Page 386.

$$= \int_0^\infty \frac{Cos.\,2\,ax.\,Tang.\,\frac{1}{2}\,x}{1-2pCos.2x+p^2}\,\frac{dx}{x},\,.(646), = \int_0^{\frac{\pi}{2}} \frac{Cos.\,2a\,x\,dx}{1-2pCos.2x+p^2} = \frac{1}{2}\int_0^\pi \frac{Cos.\,ax\,dx}{1-2pCos.x+p^2} = \frac{\pi}{2}\,\frac{p^a}{1-p^2},$$

$(p^2<1)$, (voir Méth.5, N°.6); $\int_0^\infty \frac{Sin.\,x}{(1-2pCos.2x+p^2)^{a+1}}\,\frac{dx}{x}$, .(647), $= \int_0^\infty \frac{Tang.\,x}{(1-2pCos.2x+p^2)^{a+1}}\,\frac{dx}{x}$, .(648), =

$$= \int_0^\infty \frac{Tang.\,\frac{1}{2}\,x}{(1-2pCos.2x+p^2)^{a+1}}\,\frac{dx}{x},\,.(649), = \int_0^{\frac{\pi}{2}} \frac{dx}{(1-2pCos.2x+p^2)^{a+1}} = \frac{1}{2}\int_0^\pi \frac{dx}{(1-2pCos.x+p^2)^{a+1}} =$$

$= \frac{\pi}{2\,(1-p^2)^{2a+1}} \sum_0^a \binom{a}{n}^2 p^{2n}$, (suivant Méth. 22, N°. 9); $\int_0^\infty \frac{Sin.^3\,x.\,Tang.^{2a}\,x}{1-2p\,Cos.\,2x+p^2}\,\frac{dx}{x}$, . . . (650), =

$$= \int_0^\infty \frac{Sin.^2\,x.\,Tg.^{2a+1}\,x}{1-2pCos.2x+p^2}\,\frac{dx}{x},\,.(651), = 2\int_0^\infty \frac{Sin.x.Sin.^2\,\frac{1}{2}x.Tg.^{2a}x}{1-2p\,Cos.\,2x+p^2}\,\frac{dx}{x},\,.(652), = \int_0^{\frac{\pi}{2}} \frac{Sin.^2\,x.\,Tang.^{2a}x\,dx}{1-2pCos.2x+p^2} =$$

$= \frac{1}{2}\int_0^{\frac{\pi}{2}} \frac{Sin.\,2x.\,Tang.^{2a+1}\,x\,dx}{1-2p\,Cos.\,2x+p^2} = \frac{\pi}{4}\,Sec.\,a\pi.\left[1-\left(\frac{1-p}{1+p}\right)^{2a+1}\right]$, $(p^2<1)$, (voir Méth. 43, N°. 16);

$$\int_0^\infty \frac{Cos.^{2a}\,x.\,Cos.\,2a\,x.\,Sin.\,x}{1-2p\,Cos.\,2x+p^2}\,\frac{dx}{x},\;.\;.\;.\;.\;(653), \qquad = \int_0^\infty \frac{Cos.^{2a-1}\,x.\,Cos.\,2a\,x.\,Sin.\,x}{1-2p\,Cos.\,2x+p^2}\,\frac{dx}{x},\;.\;.\;.\;.\;(654), =$$

$$= \int_0^\infty \frac{Cos.^{2a}\,x.\,Cos.\,2a\,x.\,Tang.\,\frac{1}{2}\,x}{1-2p\,Cos.\,2x+p^2}\,\frac{dx}{x},\,.\,(655), = \int_0^{\frac{\pi}{2}} \frac{Cos.^{2a}\,x.\,Cos.\,2a\,x\,dx}{1-2p\,Cos.\,2x+p^2} = \frac{\pi}{2\,(1-p^2)}\left(\frac{1+p}{2}\right)^{2a},$$

$$\int_0^\infty \frac{Cos.^{2a+1}\,x.\,Sin.\,2a\,x.\,Sin.^2\,x}{1-2p\,Cos.\,2x+p^2}\,\frac{dx}{x},\;.\;.\;.\;(656), \qquad = \int_0^\infty \frac{Cos.^{2a}\,x.\,Sin.\,2a\,x.\,Sin.^2\,x}{1-2p\,Cos.\,2x+p^2}\,\frac{dx}{x}\;.\;.\;.\;(657), =$$

$$= 2\int_0^\infty \frac{Cos.^{2a+1}\,x.\,Sin.\,2a\,x.\,Sin.^2\,\frac{1}{2}\,x}{1-2p\,Cos.\,2x+p^2}\,\frac{dx}{x},\;.\;.\;.\;.\;(658), \qquad = \int_0^{\frac{\pi}{2}} \frac{Cos.^{2a+1}\,x.\,Sin.\,2a\,x.\,Sin.\,x}{1-2p\,Cos.\,2x+p^2}\,dx =$$

$= \frac{1}{2}\int_0^{\frac{\pi}{2}} \frac{Cos.^{2a}\,x.\,Sin.\,2a\,x.\,Sin.\,2x\,dx}{1-2p\,Cos.\,2x+p^2} = \frac{\pi}{p}\,\frac{(1+p)^{2a}-1}{2^{2a+3}}$, (voir Méth. 22, N°. 5);

$$\int_0^\infty Cos.\,(p\,Tg.x).\,Sin.\,x\,\frac{dx}{x},\,.\,(659), = \int_0^\infty Cos.\,(p\,Tg.x).\,Tg.\,x\,\frac{dx}{x},\,.\,(660), = \int_0^\infty Cos.(p\,Tg.\,x).\,Tg.\,\frac{1}{2}\,x\,\frac{dx}{x},\,.\,(661), =$$

$$\int_0^{\frac{\pi}{2}} Cos.\,(p\,Tg.\,x)\,dx = \frac{\pi}{2}\,e^{-p}, \int_0^\infty Sin.\,(p\,Tg.x).\,Sin.\,x.\,Tg.\,x\,\frac{dx}{x},\,.\,(662), = \int_0^\infty Sin.\,(p\,Tg.x).\,Tg.^2\,x\,\frac{dx}{x},\,.\,(663), =$$

$=\int_0^\infty Sin.(pTg.x).Tg.\frac{1}{2}x.Tg.x\frac{dx}{x}$, . (664), $=\int_0^{\frac{\pi}{2}} Sin.(pTg.x).Tg.x dx = \frac{\pi}{2}e^{-p}$, $\int_0^\infty Cos.(pTg.x).Sin.^3 x\frac{dx}{x}$, .(665), =

$=\int_0^\infty Cos.(p\ Tang.x).\ Sin.^3 x\frac{dx}{x\ Cos.x}$, . (666), $= 2\int_0^\infty Cos.(p\ Tang.x).Sin.x.Sin.^2\frac{1}{2}x\frac{dx}{x}$, . . (667), =

$=\int_0^{\frac{\pi}{2}} Cos.(p\ Tang.x).\ Sin.^2 x dx = \frac{1-p}{4}\pi e^{-p}$, $\int_0^\infty Sin.(p\ Tang.x).\ Sin.x.\ Cos.^2 x\frac{dx}{x}$, . . . (668), =

$=\int_0^\infty Sin.(p\ Tg.x)\ Sin.x.\ Cos.x\frac{dx}{x}$, . . (669), $=\int_0^\infty Sin.(p\ Tg.x).\ Cos.^2 x.\ Tg.\frac{1}{2}x\frac{dx}{x}$, . . (670), =

$=\int_0^{\frac{\pi}{2}} Sin.(pTg.x).\ Cos.^2 x dx = \frac{1+p}{4}\pi e^{-p}$, $\int_0^\infty Sin.(pTg.x).\ Cos.x\frac{dx}{x}$, . (671), $=\int_0^\infty Sin.(p\ Tg.x)\frac{dx}{x}$, (672), =

$=\int_0^\infty Sin.(pTg\ x).\ Cot.x.Tg.\frac{1}{2}x\frac{dx}{x}$, . (673), $=\int_0^{\frac{\pi}{2}} Sin.(pTg.x).\ Cot.x dx = \frac{\pi}{2}(1-e^{-p})$, (voir Méth. 28, N°. 7);

$\int_0^\infty Sin.x.\sqrt[3]{Sin.^2 x}\frac{dx}{x}$, . (674), $=\int_0^\infty Tg.x.\sqrt[3]{Sin.^2 x}\frac{dx}{x}$, . (675), $=\int_0^\infty Tg.\frac{1}{2}x.\sqrt[3]{Sin.^2 x}\frac{dx}{x}$, . (676), =

$=\int_0^{\frac{\pi}{2}} dx\sqrt[3]{Sin.^2 x} = 3\sqrt[4]{27}.E'\left(Sin.\frac{\pi}{12}\right) - \frac{3+3\sqrt{3}}{2\sqrt[4]{3}}F'\left(Sin.\frac{\pi}{12}\right)$, $\int_0^\infty Sin.x.\sqrt[3]{Cos.^2 x}\frac{dx}{x}$, . (677), =

$=\int_0^\infty \frac{Sin.x}{\sqrt[3]{Cos.x}}\frac{dx}{x}$, . (678), $=\int_0^\infty Tg.\frac{1}{2}x.\sqrt[3]{Cos.^2 x}\frac{dx}{x}$, . (679), $=\int_0^{\frac{\pi}{2}} dx\sqrt[3]{Cos.^2 x} = 3\sqrt[4]{27}.E'\left(Sin.\frac{\pi}{12}\right) -$

$-\frac{3+3\sqrt{3}}{2\sqrt[4]{3}}F'\left(Sin.\frac{\pi}{12}\right)$, $\int_0^\infty \sqrt[3]{Sin.x}\frac{dx}{x}$, . (680), $=\int_0^\infty \frac{\sqrt[3]{Sin.x}}{Cos.x}\frac{dx}{x}$, . (681), $=\int_0^\infty \frac{Tg.\frac{1}{2}x}{\sqrt[3]{Sin.^2 x}}\frac{dx}{x}$, . (682), =

$=\int_0^{\frac{\pi}{2}} \frac{dx}{\sqrt[3]{Sin.^2 x}} = \sqrt[4]{27}.F'\left(Sin.\frac{\pi}{12}\right)$, $\int_0^\infty \frac{Sin.x}{\sqrt[3]{Cos.^2 x}}\frac{dx}{x}$, . (683), $=\int_0^\infty \frac{Tg.x}{\sqrt[3]{Cos.^2 x}}\frac{dx}{x}$, . (684), =

$=\int_0^\infty \frac{Tang.\frac{1}{2}x}{\sqrt[3]{Cos.^2 x}}\frac{dx}{x}$, . (685), $=\int_0^{\frac{\pi}{2}} \frac{dx}{\sqrt[3]{Cos.^2 x}} = \sqrt[4]{27}.F'\left(Sin.\frac{\pi}{12}\right)$, (voyez sur les valeurs employées Méth. 7, N°. 17); $\int_0^\infty \frac{Sin.x}{\sqrt{(a \pm b\ Cos.4x)}}\frac{dx}{x}$, . . (686), $=\int_0^\infty \frac{Tang.x}{\sqrt{(a \pm b\ Cos.4x)}}\frac{dx}{x}$, . . . (687), =

$$\int_0^\infty \frac{Tang.\frac{1}{2}x}{\sqrt{(a\pm bCos.4x)}}\frac{dx}{x}, .(688), =\int_0^{\frac{\pi}{2}}\frac{dx}{\sqrt{(a\pm bCos.4x)}}=\frac{1}{4}\int_0^{2\pi}\frac{dx}{\sqrt{(a\pm bCos.x)}}=\frac{1}{\sqrt{(a+b)}}\mathrm{F}'\left(\sqrt{\frac{2b}{a+b}}\right),$$

$$\int_0^\infty \frac{Sin.x.\,Cos.4x}{\sqrt{(a\pm b\,Cos.4x)}}\frac{dx}{x}, .(689), =\int_0^\infty \frac{Tang.x.Cos.4x}{\sqrt{(a\pm b\,Cos.4x)}}\frac{dx}{x}, .(690), =\int_0^\infty \frac{Tang.\frac{1}{2}x.Cos.4x}{\sqrt{(a\pm b\,Cos.4x)}}\frac{dx}{x}, .(691), =$$

$$=\int_0^{\frac{\pi}{2}}\frac{Cos.4\,x\,dx}{\sqrt{(a\pm b\,Cos.4x)}}=\frac{1}{4}\int_0^{2\pi}\frac{Cos.x\,dx}{\sqrt{(a\pm b\,Cos.x)}}=\frac{\pm 1}{b\sqrt{(a+b)}}\left[(a+b)\mathrm{E}'\left(\sqrt{\frac{2b}{a+b}}\right)-a\mathrm{F}'\left(\sqrt{\frac{2b}{a+b}}\right)\right],$$

(voir Méth. 9, N°. 13).

4. L'emploi des formules II, 30, 32, 37, II, 33, 39 et II, 35, 38 ensemble nous fournit encore les résultats suivants:

$$\int_0^\infty \frac{Sin.x}{1+p^2\,Cot.^2x}\frac{dx}{x}, .(692), =\int_0^\infty \frac{Tang.x}{1+p^2\,Cot.^2x}\frac{dx}{x}, .(693), =\int_0^\infty \frac{Tang.\frac{1}{2}x}{1+p^2\,Cot.^2x}\frac{dx}{x}, .(694), =$$

$$=\int_0^{\frac{\pi}{2}}\frac{dx}{1+p^2\,Cot.^2x}=\frac{\pi}{2}\frac{1}{1+p},$$ (voir Méth. 1, N°. 17); $$\int_0^\infty \frac{Sin.x}{p^2+Tang.^2x}\frac{dx}{x\,Cos.^2x}, ..(695), =$$

$$=\int_0^\infty \frac{Sin.x}{p^2+Tang.^2x}\frac{dx}{x\,Cos.^3x}, .(696), =\int_0^{\frac{\pi}{2}}\frac{dx}{Sin.^2x+p^2\,Cos.^2x}=\frac{\pi}{2p},$$ (voir Méth, 7, N°. 20);

$$\int_0^\infty \frac{Tang.x}{p^2+Tang.^2x}\frac{dx}{x}, .(697), =\int_0^\infty \frac{Sin.x}{p^2+Tang.^2x}\frac{dx}{x}, .(698), =\int_0^{\frac{\pi}{2}}\frac{dx}{p^2+Tang.^2x}=\frac{\pi}{2p\,(1+p)},$$

(voir Méth. 1, N°. 18); $$\int_0^\infty \frac{Sin.^3x}{Sin.^2x+p^2\,Cos.^2x}\frac{dx}{x\,Cos.2x}, .(699), =\int_0^\infty \frac{Sin.^2x.\,Tang\,x}{Sin.^2x+p^2\,Cos.^2x}\frac{dx}{x\,Cos.2x}, .(700), =$$

$$=2\int_0^\infty \frac{Sin.x.Sin.^2\frac{1}{2}x}{Sin.^2x+p^2\,Cos.^2x}\frac{dx}{x\,Cos.2x}, .(701), =\int_0^{\frac{\pi}{2}}\frac{Sin.^2x}{Sin.^2x+p^2\,Cos.^2x}\frac{dx}{Cos.2x}=-\frac{1}{2}\frac{p\pi}{1+p^2},$$

$$\int_0^\infty \frac{Sin.x}{Sin.^2x+p^2\,Cos.^2x}\frac{dx}{x\,Cos.2x}, ...(702), =\int_0^\infty \frac{Tang.x}{Sin.^2x+p^2\,Cos.^2x}\frac{dx}{x\,Cos.2x}, ...(703), =$$

$$=\int_0^{\frac{\pi}{2}}\frac{1}{Sin.^2x+p^2\,Cos.^2x}\frac{dx}{Cos.2x}=\frac{\pi}{2p}\frac{1-p^2}{1+p^2}, \quad \int_0^\infty \frac{Sin.x.\,Cos.x}{Sin.^2x+p^2\,Cos.^2x}\frac{dx}{x\,Cos.2x}, ...(704), =$$

$$=\int_0^\infty \frac{Sin.x.\,Cos.^2x}{Sin.^2x+p^2\,Cos.^2x}\frac{dx}{x\,Cos.2x}, .(705), =\int_0^{\frac{\pi}{2}}\frac{Cos.^2x}{Sin.^2x+p^2\,Cos.^2x}\frac{dx}{Cos.2x}=\frac{1}{2p}\frac{\pi}{1+p^2},$$ (voir sur Page 389.

ces valeurs Méth. 27, N°.2); $\int_0^\infty \frac{Sin.x}{a+bSin.^2x+c\,Cos.^2x}\frac{dx}{x}$,.(706), $=\int_0^\infty \frac{Tang.x}{a+bSin.^2x+cCos.^2x}\frac{dx}{x}$,.(707),=

$=\int_0^\infty \frac{Tang.\frac{1}{2}x}{a+b\,Sin.^2x+c\,Cos.^2x}\frac{dx}{x}$, . . . (708), $=\int_0^{\frac{\pi}{2}} \frac{dx}{a+b\,Sin.^2x+c\,Cos.^2x}=\frac{\pi}{2\sqrt{(a+b)(a+c)}}$,

$\int_0^\infty \frac{Sin.^3x}{p^2\,Cos.^2x+q^2\,Sin.^2x}\frac{dx}{x}$, ... (709), $=\int_0^\infty \frac{Sin.^2x.Tang.x}{p^2Cos.^2x+q^2Sin.^2x}\frac{dx}{x}$, ... (710), =

$=2\int_0^\infty \frac{Sin.x.Sin.^2\frac{1}{2}x}{p^2\,Cos.^2x+q^2\,Sin.^2x}\frac{dx}{x}$, ... (711), $=\int_0^{\frac{\pi}{2}} \frac{Sin.^2x\,dx}{p^2\,Cos.^2x+q^2\,Sin.^2x}=\frac{\pi}{2q\,(p+q)}$,

$\int_0^\infty \frac{Sin.x}{p^2\,Cos.^2x+q^2\,Sin.^2x}\frac{dx}{x}$, ... (712), $=\int_0^\infty \frac{Tang.x}{p^2\,Cos.^2x+q^2\,Sin.^2x}\frac{dx}{x}$, ... (713), =

$=\int_0^{\frac{\pi}{2}} \frac{dx}{p^2\,Cos.^2x+q^2\,Sin.^2x}=\frac{\pi}{2\,pq}$, $\int_0^\infty \frac{Sin.x.Cos.x}{p^2\,Cos.^2x+q^2\,Sin.^2x}\frac{dx}{x}$, ... (714), =

$=\int_0^\infty \frac{Sin.x.Cos.^2x}{p^2\,Cos.^2x+q^2\,Sin.^2x}\frac{dx}{x}$, ... (715), $=\int_0^{\frac{\pi}{2}} \frac{Cos.^2x\,dx}{p^2\,Cos.^2x+q^2\,Sin.^2x}=\frac{\pi}{2p\,(p+q)}$,

(voir sur les valeurs employées Méth. 7, N°. 20); $\int_0^\infty \frac{Sin.^3x}{(p^2\,Cos.^2x+q^2\,Sin.^2x)^2}\frac{dx}{x}$, ... (716), =

$=\int_0^\infty \frac{Sin.^2x.\,Tang.x}{(p^2\,Cos.^2x+q^2\,Sin.^2x)^2}\frac{dx}{x}$, . . (717), $=2\int_0^\infty \frac{Sin.x.Sin.^2\frac{1}{2}x}{(p^2\,Cos.^2x+q^2\,Sin.^2x)^2}\frac{dx}{x}$, . . (718), =

$=\int_0^{\frac{\pi}{2}} \frac{Sin.^2x\,dx}{(p^2\,Cos.^2x+q^2\,Sin.^2x)^2}=\frac{\pi}{4p\,q^3}$, $\int_0^\infty \frac{Sin.x}{(p^2\,Cos.^2x+q^2\,Sin.^2x)^2}\frac{dx}{x}$, ... (719), =

$=\int_0^\infty \frac{Tang.x}{(p^2\,Cos.^2x+q^2\,Sin.^2x)^2}\frac{dx}{x}$, . . . (720), $=\int_0^{\frac{\pi}{2}} \frac{dx}{(p^2\,Cos.^2x+q^2\,Sin.^2x)^2}=\frac{\pi}{4}\frac{p^2+q^2}{p^3\,q^3}$,

$\int_0^\infty \frac{Sin.x.\,Cos\,x}{(p^2\,Cos.^2x+q^2\,Sin.^2x)^2}\frac{dx}{x}$, . . . (721), $=\int_0^\infty \frac{Sin.x.Cos.^2x}{(p^2\,Cos.^2x+q^2\,Sin.^2x)^2}\frac{dx}{x}$, . . . (722), =

$=\int_0^{\frac{\pi}{2}} \frac{Cos.^2x\,dx}{(p^2Cos.^2x+q^2Sin.^2x)^2}=\frac{\pi}{4p^3\,q}$, (voir Méth. 9, N°.23); $\int_0^\infty \frac{Sin.^3x}{(p^2Cos.^2x+q^2Sin.^2x)^3}\frac{dx}{x}$,.(723), =

$$= \int_0^\infty \frac{Sin.^2 x. Tang. x}{(p^2 Cos.^2 x + q^2 Sin.^2 x)^3} \frac{dx}{x}, \ldots (724), \quad = 2 \int_0^\infty \frac{Sin. x. Sin.^2 \frac{1}{2} x}{(p^2 Cos.^2 x + q^2 Sin.^2 x)^3} \frac{dx}{x}, \ldots (725), =$$

$$= \int_0^{\frac{\pi}{2}} \frac{Sin.^2 x \, dx}{(p^2 Cos.^2 x + q^2 Sin.^2 x)^3} = \frac{\pi}{16} \frac{3p^2 + q^2}{p^3 q^5}, \quad \int_0^\infty \frac{Sin. x}{(p^2 Cos.^2 x + q^2 Sin.^2 x)^3} \frac{dx}{x}, \ldots (726), =$$

$$= \int_0^\infty \frac{Tang. x}{(p^2 Cos.^2 x + q^2 Sin.^2 x)^3} \frac{dx}{x}, \ldots (727), = \int_0^{\frac{\pi}{2}} \frac{dx}{(p^2 Cos.^2 x + q^2 Sin.^2 x)^3} = \frac{\pi}{16} \frac{3p^4 + 2p^2 q^2 + 3q^4}{p^5 q^5},$$

$$\int_0^\infty \frac{Sin. x. Cos. x}{(p^2 Cos.^2 x + q^2 Sin.^2 x)^3} \frac{dx}{x}, \ldots (728), \quad = \int_0^\infty \frac{Sin. x. Cos.^2 x}{(p^2 Cos.^2 x + q^2 Sin.^2 x)^3} \frac{dx}{x}, \ldots (729), =$$

$$= \int_0^{\frac{\pi}{2}} \frac{Cos.^2 x \, dx}{(p^2 Cos.^2 x + q^2 Sin.^2 x)^3} = \frac{\pi}{16} \frac{p^2 + 3q^2}{p^5 q^3}, \quad \int_0^\infty \frac{Sin.^3 x}{(p^2 Cos.^2 x + q^2 Sin.^2 x)^4} \frac{dx}{x}, \ldots (730), =$$

$$= \int_0^\infty \frac{Sin.^2 x. Tang. x}{(p^2 Cos.^2 x + q^2 Sin.^2 x)^4} \frac{dx}{x}, \ldots (731), \quad = 2 \int_0^\infty \frac{Sin. x. Sin.^2 \frac{1}{2} x}{(p^2 Cos.^2 x + q^2 Sin.^2 x)^4} \frac{dx}{x}, \ldots (732), =$$

$$= \int_0^{\frac{\pi}{2}} \frac{Sin.^2 x \, dx}{(p^2 Cos.^2 x + q^2 Sin.^2 x)^4} = \frac{\pi}{32} \frac{5p^4 + p^2 q^2 + q^4}{p^5 q^7}, \quad \int_0^\infty \frac{Sin. x}{(p^2 Cos.^2 x + q^2 Sin.^2 x)^4} \frac{dx}{x}, \ldots (733), =$$

$$= \int_0^\infty \frac{Tang. x}{(p^2 Cos.^2 x + q^2 Sin.^2 x)^4} \frac{dx}{x}, \ldots (734), = \int_0^{\frac{\pi}{2}} \frac{dx}{(p^2 Cos.^2 x + q^2 Sin.^2 x)^4} = \frac{\pi}{32} \frac{5p^6 + 3p^4 q^2 + 3p^2 q^4 + 5q^6}{p^7 q^7},$$

$$\int_0^\infty \frac{Sin. x. Cos. x}{(p^2 Cos.^2 x + q^2 Sin.^2 x)^4} \frac{dx}{x}, \ldots (735), \quad = \int_0^\infty \frac{Sin. x. Cos.^2 x}{(p^2 Cos.^2 x + q^2 Sin.^2 x)^4} \frac{dx}{x}, \ldots (736), =$$

$$= \int_0^{\frac{\pi}{2}} \frac{Cos.^2 x \, dx}{(p^2 Cos.^2 x + q^2 Sin.^2 x)^4} = \frac{\pi}{32} \frac{p^4 + 2p^2 q^2 + 5q^4}{p^7 q^5}, \quad \int_0^\infty \frac{Sin.^5 x}{(p^2 Cos.^2 x + q^2 Sin.^2 x)^4} \frac{dx}{x}, \ldots (737), =$$

$$= \int_0^\infty \frac{Sin.^4 x. Tang. x}{(p^2 Cos.^2 x + q^2 Sin.^2 x)^4} \frac{dx}{x}, \ldots (738), \quad = 2 \int_0^\infty \frac{Sin.^3 x. Sin.^2 \frac{1}{2} x}{(p^2 Cos.^2 x + q^2 Sin.^2 x)^4} \frac{dx}{x}, \ldots (739), =$$

$$= \int_0^{\frac{\pi}{2}} \frac{Sin.^4 x \, dx}{(p^2 Cos.^2 x + q^2 Sin.^2 x)^4} = \frac{\pi}{32} \frac{5p^2 + q^2}{p^3 q^7}, \quad \int_0^\infty \frac{Sin.^3 x. Cos. x}{(p^2 Cos.^2 x + q^2 Sin.^2 x)^4} \frac{dx}{x}, \ldots (740), =$$

$$= \int_0^\infty \frac{Sin.^3 x. Cos.^2 x}{(p^2 Cos.^2 x + q^2 Sin.^2 x)^4} \frac{dx}{x}, \ldots (741), \quad = \int_0^{\frac{\pi}{2}} \frac{Sin.^2 x. Cos.^2 x \, dx}{(p^2 Cos.^2 x + q^2 Sin.^2 x)^4} = \frac{\pi}{32} \frac{p^2 + q^2}{p^5 q^5},$$

Page 391.

$$\int_0^\infty \frac{Sin.x.Cos.^4 x}{(p^2 Cos.^2 x+q^2 Sin.^2 x)^4}\frac{dx}{x}, \ldots (742), = \int_0^\infty \frac{Sin.x.Cos.^3 x}{(p^2 Cos.^2 x+q^2 Sin.^2 x)^4}\frac{dx}{x}, \ldots (743), =$$

$$= \int_0^\infty \frac{Cos.^4 x.Tang.\frac{1}{2}x}{(p^2 Cos.^2 x+q^2 Sin.^2 x)^4}\frac{dx}{x}, \ldots (744), = \int_0^{\frac{\pi}{2}} \frac{Cos.^4 x\,dx}{(p^2 Cos.^2 x+q^2 Sin.^2 x)^4} = \frac{\pi}{32}\frac{p^2+5q^2}{p^7 q^3},$$

(Les intégrales employées se trouvent toutes Méth. 32, N°. 3); $\int_0^\infty \frac{Sin.^3 x}{1+2p Cos.2x+p^2}\frac{dx}{x}, . (745), =$

$$= \int_0^\infty \frac{Sin.^2 x.Tang.x}{1+2p Cos.2x+p^2}\frac{dx}{x}, \ldots (746), = 2\int_0^\infty \frac{Sin.x.Sin.^2\frac{1}{2}x}{1+2p Cos.2x+p^2}\frac{dx}{x}, \ldots (747), =$$

$$= \int_0^{\frac{\pi}{2}} \frac{Sin.^2 x\,dx}{1+2p Cos.2x+p^2} = \frac{1}{4}\frac{\pi}{1-p}, \quad \int_0^\infty \frac{Sin.x}{1+2p Cos.2x+p^2}\frac{dx}{x}, \text{ (T. 219, N°. 1)}, =$$

$$= \int_0^\infty \frac{Tang.x}{1+2p Cos.2x+p^2}\frac{dx}{x}, \text{ (T. 219, N°. 3)}, = \int_0^\infty \frac{Tang.\frac{1}{2}x}{1+2p Cos.2x+p^2}\frac{dx}{x}, \ldots (748), =$$

$$= \int_0^{\frac{\pi}{2}} \frac{dx}{1+2p Cos.2x+p^2} = \frac{1}{2}\frac{\pi}{1-p^2}, \quad \int_0^\infty \frac{Sin.x.Cos.x}{1+2p Cos.2x+p^2}\frac{dx}{x}, \text{ (T. 219, N°. 7)}, =$$

$$= \int_0^\infty \frac{Sin.x\,Cos.^2 x}{1+2p Cos.2x+p^2}\frac{dx}{x}, \ldots (749), = \int_0^{\frac{\pi}{2}} \frac{Cos.^2 x\,dx}{1+2p Cos.2x+p^2} = \frac{1}{4}\frac{\pi}{1+p},$$ (sur ces valeurs voyez Méth. 31, N°. 7 (on y a $p^2 < 1$).

5. Ces mêmes formules de transformation II, 30, 32, 37, II, 33, 39, II, 35, 38, donnent encore lieu aux intégrales suivantes, seulement à l'aide des intégrales déjà trouvées Méth. 3, N°. 11, 12.

$$\int_0^\infty \frac{Sin.^3 x\,dx}{x}\sqrt{(1-p^2 Sin.^2 x)}, . (750), = \int_0^\infty \frac{Sin.^2 x.Tang.x\,dx}{x}\sqrt{(1-p^2 Sin.^2 x)}, . (751), =$$

$$= 2\int_0^\infty \frac{dx}{x} Sin.x.Sin.^2\tfrac{1}{2}x.\sqrt{(1-p^2 Sin.^2 x)}, \ldots (752), = \int_0^{\frac{\pi}{2}} Sin.^2 x\,dx\sqrt{(1-p^2 Sin.^2 x)} =$$

$$= \frac{2p^2-1}{3p^2}E'(p) + \frac{1-p^2}{3p^2}F'(p), \quad \int_0^\infty \frac{Sin.x\,dx}{x}\sqrt{(1-p^2 Sin.^2 x)}, \ldots\ldots (753), =$$

$$\int_0^\infty \frac{Tang.x\,dx}{x}\sqrt{(1-p^2 Sin.^2 x)}, \ldots\ldots (754), = \int_0^{\frac{\pi}{2}} dx\sqrt{(1-p^2 Sin.^2 x)} = E'(p),$$

$$\int_0^\infty \frac{Sin.x.Cos.x\,dx}{x}\sqrt{(1-p^2 Sin.^2 x)}, . (755), \quad = \int_0^\infty \frac{Sin.x.Cos.^2 x\,dx}{x}\sqrt{(1-p^2 Sin.^2 x)}, . (756), =$$

$$= \int_0^{\frac{\pi}{2}} Cos^2 x dx \sqrt{(1-p^2 Sin.^2 x)} = \frac{1+p^2}{3p^2}E'(p) - \frac{1-p^2}{3p^2}F'(p), \int_0^\infty \frac{Sin.x dx}{x}\sqrt{(1-p^2 Sin.^2 x)^3}, . (757), =$$

$$= \int_0^\infty \frac{Tang.x\,dx}{x}\sqrt{(1-p^2 Sin.^2 x)^3}, . (758), \quad = \int_0^\infty \frac{Tang.\frac{1}{2}x\,dx}{x}\sqrt{(1-p^2 Sin.^2 x)^3}, . (759), =$$

$$= \int_0^{\frac{\pi}{2}} dx\sqrt{(1-p^2 Sin.^2 x)^3} = \frac{4-2p^2}{3}E'(p) - \frac{1-p^2}{3}F'(p), \int_0^\infty \frac{Sin.^3 x dx}{x}\sqrt{(1-p^2 Cos.^2 x)}, . (760), =$$

$$= \int_0^\infty \frac{Sin.^2 x.Tg.x dx}{x}\sqrt{(1-p^2 Cos.^2 x)}, . (761), = 2\int_0^\infty \frac{Sin.^2\frac{1}{2}x.Sin.x dx}{x}\sqrt{(1-p^2 Cos.^2 x)}, . (762), =$$

$$= \int_0^{\frac{\pi}{2}} Sin.^2 x dx\sqrt{(1-p^2 Cos.^2 x)} = \frac{1+p^2}{3p^2}E'(p) - \frac{1-p^2}{3p^2}F'(p), \int_0^\infty \frac{Sin.x dx}{x}\sqrt{(1-p^2 Cos.^2 x)}, . (763), =$$

$$= \int_0^\infty \frac{Tang.x\,dx}{x}\sqrt{(1-p^2 Cos.^2 x)}, \dots\dots (764), \quad = \int_0^{\frac{\pi}{2}} dx\sqrt{(1-p^2 Cos.^2 x)} = E'(p),$$

$$\int_0^\infty \frac{Sin.x.Cos.x\,dx}{x}\sqrt{(1-p^2 Cos.^2 x)}, . (765), \quad = \int_0^\infty \frac{Sin.x.Cos.^2 x\,dx}{x}\sqrt{(1-p^2 Cos.^2 x)}, . (766), =$$

$$= \int_0^{\frac{\pi}{2}} Cos.^2 x dx\sqrt{(1-p^2 Cos.^2 x)} = \frac{2p^2-1}{3p^2}E'(p) + \frac{1-p^2}{3p^2}F'(p), \int_0^\infty \frac{Sin.x dx}{x}\sqrt{(1-p^2 Cos.^2 x)^3}, . (767), =$$

$$= \int_0^\infty \frac{Tang.x\,dx}{x}\sqrt{(1-p^2 Cos.^2 x)^3}, . (768), \quad = \int_0^\infty \frac{Tang.\frac{1}{2}x\,dx}{x}\sqrt{(1-p^2 Cos.^2 x)^3}, . (769), =$$

$$= \int_0^{\frac{\pi}{2}} dx\sqrt{(1-p^2 Cos.^2 x)^3} = \frac{4-2p^2}{3}E'(p) - \frac{1-p^2}{3}F'(p), \int_0^\infty \frac{Sin.x}{\sqrt{(1-p^2 Sin.^2 x)}}\frac{dx}{x}, (T. 231, N°. 5), =$$

$$= \int_0^\infty \frac{Tang.x}{\sqrt{(1-p^2 Sin.^2 x)}}\frac{dx}{x}, \dots (770), \quad = 2\int_0^\infty \frac{Sin.^2\frac{1}{2}x}{Sin.x.\sqrt{(1-p^2 Sin.^2 x)}}\frac{dx}{x}, \dots (771), =$$

$$= \int_0^{\frac{\pi}{2}} \frac{dx}{\sqrt{(1-p^2 Sin.^2 x)}} = F'(p), \quad \int_0^\infty \frac{Sin.^3 x}{\sqrt{(1-p^2 Sin.^2 x)}}\frac{dx}{x}, \dots\dots (772), =$$

$$= \int_0^\infty \frac{Sin.x.\,Cos.x}{\sqrt{(1-p^2\,Sin.^2x)}}\frac{dx}{x},\ \text{(T. 231, N°. 7)},\quad = 2\int_0^\infty \frac{Sin.x.\,Sin.^2\tfrac{1}{2}x}{\sqrt{(1-p^2\,Sin.^2x)}}\frac{dx}{x},\ \ldots\ (773), =$$

$$= \int_0^{\frac{\pi}{2}} \frac{Sin.^2x\,dx}{\sqrt{(1-p^2\,Sin.^2x)}} = \frac{1}{p^2}\{F'(p)-E'(p)\},\quad \int_0^\infty \frac{Sin.x.\,Cos.x}{\sqrt{(1-p^2\,Sin.^2x)}}\frac{dx}{x},\ \ldots\ (774), =$$

$$= \int_0^\infty \frac{Sin.x.\,Cos.^2x}{\sqrt{(1-p^2\,Sin.^2x)}}\frac{dx}{x},\ \ldots\ (775),\quad = \int_0^{\frac{\pi}{2}} \frac{Cos.^2x\,dx}{\sqrt{(1-p^2\,Sin.^2x)}} = \frac{1}{p^2}E'(p) - \frac{1-p^2}{p^2}F'(p),$$

$$\int_0^\infty \frac{Sin.^5x}{\sqrt{(1-p^2Sin.^2x)}}\frac{dx}{x},\ (776), = \int_0^\infty \frac{Sin.^4x.\,Tang.x}{\sqrt{(1-p^2Sin.^2x)}}\frac{dx}{x},\ (777), = 2\int_0^\infty \frac{Sin.^3x.\,Sin.^2\tfrac{1}{2}x}{\sqrt{(1-p^2Sin.^2x)}}\frac{dx}{x},\ (778), =$$

$$= \int_0^{\frac{\pi}{2}} \frac{Sin.^4x\,dx}{\sqrt{(1-p^2\,Sin.^2x)}} = \frac{2}{3}\,\frac{1+p^2}{p^4}\{F'(p)-E'(p)\} - \frac{1}{3p^2}F'(p),\quad \int_0^\infty \frac{Sin.^3x.\,Cos.x}{\sqrt{(1-p^2\,Sin.^2x)}}\frac{dx}{x},\ (779), =$$

$$= \int_0^\infty \frac{Sin.^3x.\,Cos.^2x}{\sqrt{(1-p^2\,Sin.^2x)}}\frac{dx}{x},\ \ldots\ (780),\quad = \int_0^{\frac{\pi}{2}} \frac{Sin.^2x.\,Cos.^2x\,dx}{\sqrt{(1-p^2\,Sin.^2x)}} = \frac{2-p^2}{3p^4}E'(p) - \frac{1-p^2}{3p^4}2\,F'(p),$$

$$\int_0^\infty \frac{Sin.x.\,Cos.^4x}{\sqrt{(1-p^2\,Sin.^2x)}}\frac{dx}{x},\ \ldots\ (781),\quad = \int_0^\infty \frac{Sin.x.\,Cos.^3x}{\sqrt{(1-p^2\,Sin.^2x)}}\frac{dx}{x},\ \ldots\ (782), =$$

$$\int_0^{\frac{\pi}{2}} \frac{Cos.^4x\,dx}{\sqrt{(1-p^2\,Sin.^2x)}} = \frac{2p^2-1}{3p^4}2\,E'(p) + \frac{(2-3p^2)(1-p^2)}{3p^4}F'(p),$$

$$\int_0^\infty \frac{Sin.x}{\sqrt{(1-p^2\,Cos.^2x)}}\frac{dx}{x},\ \text{(T. 231, N°. 6)},\quad = \int_0^\infty \frac{Tang.x}{\sqrt{(1-p^2\,Cos.^2x)}}\frac{dx}{x},\ \ldots\ (783), =$$

$$= 2\int_0^\infty \frac{Sin.^2\tfrac{1}{2}x}{Sin.x.\sqrt{(1-p^2\,Cos.^2x)}}\frac{dx}{x},\ \ldots\ (784),\quad = \int_0^{\frac{\pi}{2}} \frac{dx}{\sqrt{(1-p^2\,Cos.^2x)}} = F'(p),$$

$$\int_0^\infty \frac{Sin.^3x}{\sqrt{(1-p^2Cos.^2x)}}\frac{dx}{x},\ (785), = \int_0^\infty \frac{Sin.x.\,Cos.x}{\sqrt{(1-p^2Cos.^2x)}}\frac{dx}{x},\ (786), = 2\int_0^\infty \frac{Sin.x.\,Sin.^2\tfrac{1}{2}x}{\sqrt{(1-p^2Cos.^2x)}}\frac{dx}{x},\ (787), =$$

$$= \int_0^{\frac{\pi}{2}} \frac{Sin.^2x\,dx}{\sqrt{(1-p^2\,Cos.^2x)}} = \frac{1}{p^2}E'(p) - \frac{1-p^2}{p^2}F'(p),\quad \int_0^\infty \frac{Sin.x.\,Cos.x}{\sqrt{(1-p^2\,Cos.^2x)}}\frac{dx}{x},\ \ldots\ (788), =$$

$$= \int_0^\infty \frac{Sin.x.\,Cos.^2x}{\sqrt{(1-p^2\,Cos.^2x)}}\frac{dx}{x},\ \ldots\ (789),\quad = \int_0^{\frac{\pi}{2}} \frac{Cos.^2x\,dx}{\sqrt{(1-p^2\,Cos.^2x)}} = \frac{1}{p^2}\{F'(p)-E'(p)\},$$

$$\int_0^\infty \frac{Sin.^5 x}{\sqrt{(1-p^2 Cos.^2 x)}}\frac{dx}{x}, .(790), = \int_0^\infty \frac{Sin.^4 x.\, Tang.\, x}{\sqrt{(1-p^2 Cos.^2 x)}}\frac{dx}{x}, .(791), = 2\int_0^\infty \frac{Sin.^3 x.\, Sin.^2 \tfrac{1}{2} x}{\sqrt{(1-p^2 Cos.^2 x)}}\frac{dx}{x}, .(792), =$$

$$\int_0^{\frac{\pi}{2}} \frac{Sin.^4 x\, dx}{\sqrt{(1-p^2 Cos.^2 x)}} = \frac{2p^2-1}{3p^4}\, 2\, E'(p) + \frac{(2-3p^2)(1-p^2)}{3p^4} F'(p), \quad \int_0^\infty \frac{Sin.^3 x.\, Cos.\, x}{\sqrt{(1-p^2 Cos.^2 x)}}\frac{dx}{x}, .(793), =$$

$$= \int_0^\infty \frac{Sin.^3 x.\, Cos.^2 x}{\sqrt{(1-p^2 Cos.^2 x)}}\frac{dx}{x}, .(794), \quad = \int_0^{\frac{\pi}{2}} \frac{Sin.^2 x.\, Cos.^2 x\, dx}{\sqrt{(1-p^2 Cos.^2 x)}} = \frac{2-p^2}{3p^4} E'(p) - \frac{1-p^2}{3p^2}\, 2\, F'(p),$$

$$\int_0^\infty \frac{Sin.\, x.\, Cos.^4 x}{\sqrt{(1-p^2 Cos.^2 x)}}\frac{dx}{x}, \ldots\ldots (795), \quad = \int_0^\infty \frac{Sin.\, x.\, Cos.^3 x}{\sqrt{(1-p^2 Cos.^2 x)}}\frac{dx}{x}, \ldots\ldots (796), =$$

$$\int_0^{\frac{\pi}{2}} \frac{Cos.^4 x\, dx}{\sqrt{(1-p^2 Cos.^2 x)}} = \frac{2}{3}\,\frac{1+p^2}{p^4}\{F'(p) - E'(p)\} - \frac{1}{3p^2} F'(p).$$

6. On trouve ensuite par ces mêmes formules:

$$\int_0^\infty \frac{Sin.^3 x}{\sqrt{(1-p^2 Sin.^2 x)^3}}\frac{dx}{x}, \ldots\ldots (797), \quad = \int_0^\infty \frac{Sin.\, x.\, Cos.\, x}{\sqrt{(1-p^2 Sin.^2 x)^3}}\frac{dx}{x}, \ldots\ldots (798), =$$

$$= 2\int_0^\infty \frac{Sin.\, x.\, Sin.^2 \tfrac{1}{2} x}{\sqrt{(1-p^2 Sin.^2 x)^3}}\frac{dx}{x}, .(799), \quad = \int_0^{\frac{\pi}{2}} \frac{Sin.^2 x\, dx}{\sqrt{(1-p^2 Sin.^2 x)^3}} = \frac{1}{p(1-p^2)} E'(p) - \frac{1}{p^2} F'(p),$$

$$\int_0^\infty \frac{Sin.\, x}{\sqrt{(1-p^2 Sin.^2 x)^3}}\frac{dx}{x}, .(800), = \int_0^\infty \frac{Tang.\, x}{\sqrt{(1-p^2 Sin.^2 x)^3}}\frac{dx}{x}, .(801), = \int_0^{\frac{\pi}{2}} \frac{dx}{\sqrt{(1-p^2 Sin.^2 x)^3}} =$$

$$= \frac{1}{1-p^2} E'(p), \quad \int_0^\infty \frac{Sin.\, x.\, Cos.\, x}{\sqrt{(1-p^2 Sin.^2 x)^3}}\frac{dx}{x}, \ldots (802), \quad = \int_0^\infty \frac{Sin.\, x.\, Cos.^2 x}{\sqrt{(1-p^2 Sin.^2 x)^3}}\frac{dx}{x}, \ldots (803), =$$

$$= \int_0^{\frac{\pi}{2}} \frac{Cos.^2 x\, dx}{\sqrt{(1-p^2 Sin.^2 x)^3}} = \frac{1}{p^2}\{F'(p) - E'(p)\}, \quad \int_0^\infty \frac{Sin.^3 x}{\sqrt{(1-p^2 Cos.^2 x)^3}}\frac{dx}{x}, \ldots\ldots (804), =$$

$$= \int_0^\infty \frac{Sin.\, x.\, Cos.\, x}{\sqrt{(1-p^2 Cos.^2 x)^3}}\frac{dx}{x}, .(805), = 2\int_0^\infty \frac{Sin.\, x.\, Sin.^2 \tfrac{1}{2} x}{\sqrt{(1-p^2 Cos.^2 x)^3}}\frac{dx}{x}, .(806), = \int_0^{\frac{\pi}{2}} \frac{Sin.^2 x\, dx}{\sqrt{(1-p^2 Cos.^2 x)^3}} =$$

$$= \frac{1}{p^2}\{F'(p) - E'(p)\}, \quad \int_0^\infty \frac{Sin.\, x}{\sqrt{(1-p^2 Cos.^2 x)^3}}\frac{dx}{x}, .(807), \quad = \int_0^\infty \frac{Tang.\, x}{\sqrt{(1-p^2 Cos.^2 x)^3}}\frac{dx}{x}, .(808), =$$

Page 395.

$$\int_0^{\frac{\pi}{2}} \frac{dx}{\sqrt{(1-p^2 \, Cos.^2 x)^3}} = \frac{1}{1-p^2} E'(p), \quad \int_0^{\infty} \frac{Sin. x. Cos. x}{\sqrt{(1-p^2 \, Cos.^2 x)^3}} \frac{dx}{x}, \ldots \ldots (809), =$$

$$= \int_0^{\infty} \frac{Sin. x. Cos.^2 x}{\sqrt{(1-p^2 \, Cos.^2 x)^3}} \frac{dx}{x}, \ . \ (810), \quad = \int_0^{\frac{\pi}{2}} \frac{Cos.^2 x \, dx}{\sqrt{(1-p^2 \, Cos.^2 x)^3}} = \frac{1}{p(1-p^2)} E'(p) - \frac{1}{p^2} F'(p),$$

(d'après les valeurs de Méth. 9, N°. 12); $\int_0^{\infty} \frac{Sin. x}{\sqrt{(1+Sin.^2 x)}} \frac{dx}{x}, . (811), = \int_0^{\infty} \frac{Tang. x}{\sqrt{(1+Sin.^2 x)}} \frac{dx}{x}, . (812), =$

$$= \int_0^{\frac{\pi}{2}} \frac{dx}{\sqrt{(1+Sin.^2 x)}} = \sqrt{\tfrac{1}{2}}. F'\left(Sin. \frac{\pi}{4}\right),$$ (voir Méth. 7, N°. 14); $\int_0^{\infty} \frac{Sin.^3 x}{\sqrt{(1+Sin.^2 x)}} \frac{dx}{x}, \ . \ (813), =$

$$= \int_0^{\infty} \frac{Sin.^2 x. Tang. x}{\sqrt{(1+Sin.^2 x)}} \frac{dx}{x}, \ . \ (814), = 2 \int_0^{\infty} \frac{Sin. x. Sin.^2 \frac{1}{2} x}{\sqrt{(1+Sin.^2 x)}} \frac{dx}{x}, \ . \ (815), = \int_0^{\frac{\pi}{2}} \frac{Sin.^2 x \, dx}{\sqrt{(1+Sin.^2 x)}} =$$

$$= \sqrt{2}. E'\left(Sin. \frac{\pi}{4}\right) - \sqrt{\tfrac{1}{2}}. F'\left(Sin. \frac{\pi}{4}\right), \int_0^{\infty} \frac{Sin. x. Cos. x}{\sqrt{(1+Sin.^2 x)}} \frac{dx}{x}, . (816), = \int_0^{\infty} \frac{Sin. x. Cos.^2 x}{\sqrt{(1+Sin.^2 x)}} \frac{dx}{x}, . (817), =$$

$$= \int_0^{\frac{\pi}{2}} \frac{Cos.^2 x \, dx}{\sqrt{(1+Sin.^2 x)}} = \sqrt{2}. \left[F'\left(Sin. \frac{\pi}{4}\right) - E'\left(Sin. \frac{\pi}{4}\right)\right], \quad \int_0^{\infty} \frac{Sin.^3 x}{\sqrt{(1+Cos.^2 x)}} \frac{dx}{x}, \ . \ . \ (818), =$$

$$= \int_0^{\infty} \frac{Tang. x. Sin.^2 x}{\sqrt{(1+Cos.^2 x)}} \frac{dx}{x}, \ . \ (819), = 2 \int_0^{\infty} \frac{Sin. x. Sin.^2 \frac{1}{2} x}{\sqrt{(1+Cos.^2 x)}} \frac{dx}{x}, \ . \ (820), = \int_0^{\frac{\pi}{2}} \frac{Sin.^2 x \, dx}{\sqrt{(1+Cos.^2 x)}} =$$

$$= \sqrt{2}. \left[F'\left(Sin. \frac{\pi}{4}\right) - E'\left(Sin. \frac{\pi}{4}\right)\right], \int_0^{\infty} \frac{Sin\, x. Cos. x}{\sqrt{(1+Cos.^2 x)}} \frac{dx}{x}, . (821), = \int_0^{\infty} \frac{Sin. x. Cos.^2 x}{\sqrt{(1+Cos.^2 x)}} \frac{dx}{x}, . (822), =$$

$$= \int_0^{\frac{\pi}{2}} \frac{Cos.^2 x \, dx}{\sqrt{(1+Cos.^2 x)}} = \sqrt{2}. E'\left(Sin. \frac{\pi}{4}\right) - \sqrt{\tfrac{1}{2}}. F'\left(Sin. \frac{\pi}{4}\right),$$ (d'après les valeurs de Méth. 9, N°. 4);

$$\int_0^{\infty} \frac{Sin. x}{\sqrt{(1+Cos.^2 x)}} \frac{dx}{x}, \ . \ (823), \quad = \int_0^{\infty} \frac{Tang. x}{\sqrt{(1+Cos.^2 x)}} \frac{dx}{x}, \ . \ (824), \quad = \int_0^{\frac{\pi}{2}} \frac{dx}{\sqrt{(1+Cos.^2 x)}} =$$

$\sqrt{\tfrac{1}{2}}. F'\left(Sin. \frac{\pi}{4}\right)$, (voir Méth. 7, N°. 14).

7. Passons à des intégrales définies d'un autre genre, mais qui se déduisent par l'application mêmes formules de transformation II, 30, 32, 37:

Page 396.

$$\int_0^\infty l(1+p\,Cos.^2 x)\frac{Sin.^3 x\,dx}{x},\ \dots (825),\ =\int_0^\infty l(1+p\,Cos.^2 x)\frac{Sin.^2 x.\,Tang.\,x\,dx}{x},\ \dots (826), =$$

$$=2\int_0^\infty l(1+p\,Cos.^2 x)\frac{Sin.x.\,Sin.^2\tfrac{1}{2}x\,dx}{x},. (827),\ =\int_0^{\frac{\pi}{2}} l(1+p\,Cos.^2 x)Sin.^2 x\,dx=\frac{\pi}{2}l\frac{1+\sqrt{(1+p)}}{2}+$$

$$+\frac{\pi}{4}\frac{\sqrt{(1+p)}-1}{\sqrt{(1+p)}+1},\ \int_0^\infty l(1+p\,Cos.^2 x)\frac{Sin.\,x\,dx}{x},. (828),\ =\int_0^\infty l(1+p\,Cos.^2 x)\frac{Tang.\,x\,dx}{x},. (829), =$$

$$=\int_0^\infty l(1+p\,Cos.^2 x)\frac{Tang.\tfrac{1}{2}x\,dx}{x},\ \dots (830),\ =\int_0^{\frac{\pi}{2}} l(1+p\,Cos.^2 x)\,dx=\pi\,l\frac{1+\sqrt{(1+p)}}{2},$$

$$\int_0^\infty l(1+p\,Cos.^2 x)\frac{Sin.\,x.\,Cos.\,x\,dx}{x},. (831),\ =\int_0^\infty l(1+p\,Cos.^2 x)\frac{Sin.\,x.\,Cos.^2 x\,dx}{x},. (832), =$$

$$=\int_0^\infty l(1+p\,Cos.^2 x)\frac{Cos.^2 x.\,Tang.\tfrac{1}{2}x\,dx}{x},\ \dots\dots (833),\ =\int_0^{\frac{\pi}{2}} l(1+p\,Cos.^2 x).\,Cos.^2 x\,dx=$$

$$=\frac{\pi}{2}l\frac{1+\sqrt{(1+p)}}{2}-\frac{\pi}{4}\frac{\sqrt{(1+p)}-1}{\sqrt{(1+p)}+1},\ \int_0^\infty l(1+p\,Sin.^2 x)\frac{Sin.^3 x\,dx}{x},\ \dots\dots (834), =$$

$$=\int_0^\infty l(1+p\,Sin.^2 x)\frac{Sin.^2 x.\,Tang.\,x\,dx}{x},. (835),\ =2\int_0^\infty l(1+p\,Sin.^2 x)\frac{Sin.\,x.\,Sin.^2\tfrac{1}{2}x\,dx}{x},. (836), =$$

$$=\int_0^{\frac{\pi}{2}} l(1+p\,Sin.^2 x).Sin.^2 x\,dx=\frac{\pi}{2}l\frac{1+\sqrt{(1+p)}}{2}-\frac{\pi}{4}\frac{\sqrt{(1+p)}-1}{\sqrt{(1+p)}+1},\int_0^\infty l(1+p\,Sin.^2 x)\frac{Sin.\,x\,dx}{x},. (837), =$$

$$=\int_0^\infty l(1+p\,Sin.^2 x)\frac{Tang.\,x\,dx}{x},\ \dots (838),\ =\int_0^\infty l(1+p\,Sin.^2 x)\frac{Tang.\tfrac{1}{2}x\,dx}{x},\ \dots (839), =$$

$$=\int_0^{\frac{\pi}{2}} l(1+p\,Sin.^2 x)\,dx=\pi\,l\frac{1+\sqrt{(1+p)}}{x},\ \int_0^\infty l(1+p\,Sin.^2 x)\frac{Sin.\,x.\,Cos.\,x\,dx}{x},\ \dots (840), =$$

$$=\int_0^\infty l(1+p\,Sin.^2 x)\frac{Sin.\,x.\,Cos.^2 x\,dx}{x},. (841),\ =\int_0^\infty l(1+p\,Sin.^2 x)\frac{Cos.^2 x.\,Tang.\tfrac{1}{2}x\,dx}{x},. (842), =$$

$$\int_0^{\frac{\pi}{2}} l(1+p\,Sin.^2 x).\,Cos.^2 x\,dx=\frac{\pi}{2}l\frac{1+\sqrt{(1+p)}}{x}+\frac{\pi}{4}\frac{\sqrt{(1+p)}-1}{\sqrt{(1+p)}+1},$$ (partout d'après Méth. 10, N°.12);

Page 397.

$$\int_0^\infty l(1 \pm p\, Cos.2x)\frac{Sin.x\,dx}{x}, \ldots . (843), \quad = \int_0^\infty l(1 \pm p\, Cos.2x)\frac{Tang.x\,dx}{x}, \ldots . (844), =$$

$$= \int_0^\infty l(1 \pm p\, Cos.2x)\frac{Tang.\frac{1}{2}x\,dx}{x}, . (845), \quad = \int_0^{\frac{\pi}{2}} l(1 \pm p\, Cos.2x)\,dx = \frac{1}{2}\int_0^\pi l(1 \pm p\, Cos.x)\,dx =$$

$$= \frac{\pi}{2} l \frac{1 + \sqrt{(1-p^2)}}{2}, (p^2 < 1), \int_0^\infty l(q \pm Cos.2x)\frac{Sin.x dx}{x}, . (846), = \int_0^\infty l(q \pm Cos.2x)\frac{Tg.xdx}{x}, . (847), =$$

$$= \int_0^\infty l(q \pm Cos.2x)\frac{Tang.\frac{1}{2}x\,dx}{x}, \ldots (848), \quad = \int_0^{\frac{\pi}{2}} l(q \pm Cos.2x)\,dx = \frac{1}{2}\int_0^\pi l(q \pm Cos.x)\,dx =$$

$= \frac{\pi}{2} l \frac{q + \sqrt{(q^2-1)}}{2}, (q^2 > 1)$, (d'après Méth. 10, N°. 11); remarquons que ces mêmes intégrales pour $p^2 > 1$ ou $q^2 < 1$ ne vaudraient plus, puisque dans ce cas elles deviendraient discontinues.

$$\int_0^\infty l(1 \pm 2p\, Cos.2x + p^2)\frac{Sin.x\,dx}{x}, . (849), \quad = \int_0^\infty l(1 \pm 2p\, Cos.2x + p^2)\frac{Tang.x\,dx}{x}, . (850), =$$

$$= \int_0^\infty l(1 \pm 2p\, Cos.2x + p^2)\frac{Tang.\frac{1}{2}x\,dx}{x}, \ldots (851), \quad = \int_0^{\frac{\pi}{2}} l(1 \pm 2p\, Cos.2x + p^2)\,dx = 0, (p^2 < 1),$$

$$= \pi\, l p, (p^2 > 1), \text{ (voir Méth. 4, N°. 4)}; \int_0^\infty l(1 \pm 2p\, Cos.2x + p^2)\frac{Sin.^3 x\,dx}{x}, \ldots \ldots (852), =$$

$$= \int_0^\infty l(1 \pm 2p Cos.2x + p^2)\frac{Sin.^2 x. Tg.x dx}{x}, . (853), = 2\int_0^\infty l(1 \pm 2p Cos.2x + p^2)\frac{Sin.x.Sin.^2\frac{1}{2}x}{x}\,dx, . (854), =$$

$$= \int_0^{\frac{\pi}{2}} l(1 \pm 2p\, Cos.2x + p^2). Sin.^2 x\,dx = \mp\frac{1}{4}p\pi, (p^2 < 1), = \mp\frac{1}{4}p\pi + \frac{\pi}{2}lp, (p^2 > 1),$$

$$\int_0^\infty l(1 \pm 2p\, Cos.2x + p^2)\frac{Sin.x.\,Cos.x dx}{x}, . (855), = \int_0^\infty l(1 \pm 2p\, Cos.2x + p^2)\frac{Sin.x.\,Cos.^2 x dx}{x}, . (856), =$$

$$= \int_0^\infty l(1 \pm 2p\, Cos.2x + p^2)\frac{Cos.^2 x.\,Tang.\frac{1}{2}x\,dx}{x}, . (857), \quad = \int_0^{\frac{\pi}{2}} l(1 \pm 2p\, Cos.2x + p^2).\,Cos.^2 x\,dx =$$

$$= \pm\frac{1}{4}p\pi, (p^2 < 1), = \pm\frac{1}{4}p\pi + \frac{1}{2}\pi l p, (p^2 > 1), \int_0^\infty l(1 \pm 2p Cos.2x + p^2)\frac{Cos.2ax.\,Sin.x\,dx}{x}, . (858), =$$

$$=\int_0^\infty l(1\pm 2p\,Cos.2x+p^2)\frac{Cos.2ax.Tg.xdx}{x},.(859),=\int_0^\infty l(1\pm 2p\,Cos.2x+p^2)\frac{Cos.2ax.Tg.\frac{1}{2}xdx}{x},.(860),=$$

$$=\int_0^{\frac{\pi}{2}} l(1\pm 2\,p\,Cos.\,2x+p^2).Cos.\,2\,ax\,dx=-\frac{\pi}{2a}(\mp p)^a,\ \text{(d'après Méth. 5, N°. 6)};$$

$$\int_0^\infty l(1\pm p\,Cos.\,2x)\frac{Sin.\,x\,dx}{x\,Cos.\,2x},\ldots.(861),\quad=\int_0^\infty l(1\pm p\,Cos.\,2x)\frac{Tang.\,x\,dx}{x\,Cos.\,2x},\ldots\ldots(862),=$$

$$=\int_0^\infty l(1\pm p\,Cos.\,2x)\frac{Tang.\,\frac{1}{2}\,xdx}{x\,Cos.\,2x},.(863),=\int_0^{\frac{\pi}{2}} l(1\pm p\,Cos.2x)\frac{dx}{Cos.\,2x}=\frac{1}{2}\int_0^\pi l(1\pm p\,Cos.x)\frac{dx}{Cos.x}=$$

$$=\frac{\pi}{2}Arcsin.p,(p^2<1),\text{(voir Méth.10, N°.11)};\int_0^\infty l(1+p^2\,Tang.^2\,x).l(1+q^2\,Cot.^2\,x)\frac{dx}{x\,Sin.\,x},.(864),=$$

$$=\int_0^\infty l(1+p^2\,Tang.^2\,x).l(1+q^2\,Cot.^2\,x)\frac{dx}{x\,Sin.\,x.\,Cos.\,x},\ldots\ldots\ldots\ldots\ldots\ldots(865),=$$

$$=\frac{1}{2}\int_0^\infty l(1+p^2Tg.^2x).l(1+q^2Cot.^2x)\frac{dx}{xSin.x.Cos.^2\frac{1}{2}x},.(866),=\int_0^{\frac{\pi}{2}} l(1+p^2Tg.^2x).l(1+q^2Cot.^2x)\frac{dx}{Sin.^2x}=$$

$$=2\pi\frac{1+pq}{q}l(1+pq)-2p\pi,\ \int_0^\infty l(1+p^2\,Tang.^2x).l(1+q^2\,Cot.^2\,x)\frac{Tang.\,x\,dx}{x\,Cos.\,x},\ldots(867),=$$

$$=\int_0^\infty l(1+p^2Tg.^2x).l(1+q^2Cot.^2x)\frac{Tg.\,xdx}{xCos.^2x},.(868),=\int_0^\infty l(1+p^2Tg.^2x).l(1+q^2Cot.^2x)\frac{Tg.\frac{1}{2}xdx}{xCos.^2x},.(869),=$$

$$=\int_0^{\frac{\pi}{2}} l(1+p^2\,Tg.^2\,x).l(1+q^2\,Cot.^2\,x)\frac{dx}{Cos.^2\,x}=2\pi\frac{1+pq}{p}l(1+pq)-2q\,\pi,\ \text{(d'après Méth. 37, N°.8)};$$

$$\int_0^\infty l(1-p^2Sin.^2x)\frac{Sin.xdx}{x}\surd(1-p^2Sin.^2x),.(870),=\int_0^\infty l(1-p^2Sin.^2x)\frac{Tg.xdx}{x}\surd(1-p^2\,Sin.^2x),.(871),=$$

$$=\int_0^\infty l(1-p^2\,Sin.^2\,x)\frac{Tg.\,\frac{1}{2}\,xdx}{x}\surd(1-p^2Sin.^2\,x),.(872),=\int_0^{\frac{\pi}{2}} l(1-p^2\,Sin.^2\,x)\,dx\,\surd(1-p^2\,Sin.^2\,x)=$$

$$=(2-p^2)\,F'(p)-\{2-\tfrac{1}{2}\,l(1-p^2)\}\,E'(p),\int_0^\infty l(1-p^2\,Cos.^2\,x)\frac{Sin.\,xdx}{x}\surd(1-p^2\,Cos.^2\,x),.(873),=$$

$$=\int_0^\infty l(1-p^2Cos.^2x)\frac{Tg.xdx}{x}\sqrt{(1-p^2Cos.^2x)},.(874),=\int_0^\infty l(1-p^2Cos.^2x)\frac{Tg\,\frac{1}{2}xdx}{x}\sqrt{(1-p^2Cos.^2x)},.(875),=$$

$$\int_0^{\frac{\pi}{2}} l(1-p^2\,Cos.^2x)dx\sqrt{(1-p^2\,Cos.^2x)}=(2-p^2)\mathrm{F}'(p)-\{2-\tfrac{1}{2}l(1-p^2)\}\mathrm{E}'(p),$$ (voir ici, N°. 16);

$$\int_0^\infty l(1-p^2\,Sin.^2x)\frac{Sin.\,x\,dx}{x\sqrt{(1-p^2\,Sin.^2x)}},.(876),=\int_0^\infty l(1-p^2\,Sin.^2x)\frac{Tang.\,x\,dx}{x\sqrt{(1-p^2\,Sin.^2x)}},.(877),=$$

$$=\int_0^\infty l(1-p^2\,Sin^2x)\frac{Tang.\frac{1}{2}x\,dx}{x\sqrt{(1-p^2\,Sin.^2x)}},\ .(878),\ =\int_0^{\frac{\pi}{2}} l(1-p^2\,Sin.^2x)\frac{dx}{\sqrt{(1-p^2\,Sin.^2x)}}=$$

$$=\frac{1}{2}l(1-p^2).\mathrm{F}'(p),$$ (voir Méth. 10, N°. 9); $$\int_0^\infty l(1-p^2Sin.^2x)\frac{Sin.^3x.dx}{x\sqrt{(1-p^2Sin.^2x)}},\ldots(879),=$$

$$=\int_0^\infty l(1-p^2\,Sin.^2x)\frac{Sin.^2x.\,Tang.\,x\,dx}{x\sqrt{(1-p^2\,Sin.^2x)}},.(880),=2\int_0^\infty l(1-p^2\,Sin.^2x)\frac{Sin.\,x.\,Sin.^2\frac{1}{2}x\,dx}{x\sqrt{(1-p^2\,Sin.^2x)}},.(881),=$$

$$=\int_0^{\frac{\pi}{2}} l(1-p^2Sin.^2x)\frac{Sin.^2x\,dx}{\sqrt{(1-p^2Sin.^2x)}}=\frac{1}{p^2}\left\{p^2-2+\frac{1}{2}l(1-p^2)\right\}\mathrm{F}'(p)+\frac{1}{p^2}\left\{2-\frac{1}{2}l(1-p^2)\right\}\mathrm{E}'(p),$$

$$\int_0^\infty l(1-p^2\,Sin.^2x)\frac{Sin.\,x.\,Cos.\,x\,dx}{x\sqrt{(1-p^2Sin.^2x)}},.(882),=\int_0^\infty l(1-p^2\,Sin.^2x)\frac{Sin.\,x.\,Cos.^2x\,dx}{x\sqrt{(1-p^2\,Sin.^2x)}},.(883),=$$

$$=\int_0^\infty l(1-p^2\,Sin.^2x)\frac{Cos.^2x.\,Tang.\,\frac{1}{2}x\,dx}{x\sqrt{(1-p^2\,Sin.^2x)}},\ .(884),\ =\int_0^{\frac{\pi}{2}} l(1-p^2\,Sin.^2x)\frac{Cos.^2x\,dx}{\sqrt{(1-p^2\,Sin.^2x)}}=$$

$$=\frac{1}{p^2}\left\{2-p^2-\frac{1}{2}(1-p^2)\,l(1-p^2)\right\}\mathrm{F}'(p)-\frac{1}{p^2}\left\{2-\frac{1}{2}l(1-p^2)\right\}\mathrm{E}'(p),$$

$$\int_0^\infty l(1-p^2\,Cos.^2x)\frac{Sin.^3x\,dx}{x\sqrt{(1-p^2\,Cos.^2x)}},.(885),=\int_0^\infty l(1-p^2\,Cos.^2x)\frac{Sin.^2x.\,Tang.\,xdx}{x\sqrt{(1-p^2\,Cos.^2x)}},.(886),=$$

$$=2\int_0^\infty l(1-p^2\,Cos.^2x)\frac{Sin.\,x.\,Sin.^2\frac{1}{2}x\,dx}{x\sqrt{(1-p^2\,Cos.^2x)}},\ .(887),\ =\int_0^{\frac{\pi}{2}} l(1-p^2\,Cos.^2x)\frac{Sin.^2x\,dx}{\sqrt{(1-p^2\,Cos.^2x)}}=$$

$$=\frac{1}{p^2}\left\{2-p^2-\frac{1}{2}(1-p^2)\,l(1-p^2)\right\}\mathrm{F}'(p)-\frac{1}{p^2}\left\{2-\frac{1}{2}l(1-p^2)\right\}\mathrm{E}'(p),$$

$$\int_0^\infty l(1-p^2\,Cos.^2x)\frac{Sin.\,x.\,Cos.\,x\,dx}{x\sqrt{(1-p^2\,Cos.^2x)}},.(888),=\int_0^\infty l(1-p^2\,Cos.^2x)\frac{Sin.\,x.\,Cos.^2x\,dx}{x\sqrt{(1-p^2\,Cos.^2x)}},.(889),=$$

$$=\int_0^\infty l(1-p^2\,Cos.^2x)\frac{Cos.^2x.\,Tang.\tfrac{1}{2}x\,dx}{x\sqrt{(1-p^2\,Cos.^2x)}},\;.\;(890),\;=\int_0^{\frac{\pi}{2}} l(1-p^2\,Cos.^2x)\frac{Cos.^2x\,dx}{\sqrt{(1-p^2\,Cos.^2x)}}=$$

$$=\frac{1}{p^2}\Big\{p^2-2+\frac{1}{2}l(1-p^2)\Big\}\,F'(p)+\frac{1}{p^2}\Big\{2-\frac{1}{2}l(1-p^2)\Big\}\,E'(p),$$ (partout suivant Méth. 32, N°. 7);

$$\int_0^\infty l(1-p^2\,Cos.^2x)\frac{Sin.\,x\,dx}{x\sqrt{(1-p^2\,Cos.^2x)}},\;.\;(891),\;=\int_0^\infty l(1-p^2\,Cos.^2x)\frac{Tang.\,x\,dx}{x\sqrt{(1-p^2\,Cos.^2x)}},\;.\;(892),\;=$$

$$=\int_0^\infty l(1-p^2\,Cos.^2x)\frac{Tang.\tfrac{1}{2}x\,dx}{x\sqrt{(1-p^2\,Cos.^2x)}},\;.\;(893),\;=\int_0^{\frac{\pi}{2}} l(1-p^2\,Cos.^2x)\frac{dx}{\sqrt{(1-p^2\,Cos.^2x)}}=$$

$$=\frac{1}{2}l(1-p^2).\,F'(p),\;\int_0^\infty l(1+p\,Sin.^2x)\frac{Sin.\,x\,dx}{x\sqrt{(1-p^2\,Sin.^2x)}},\;.\;.\;.\;.\;.\;.\;.\;.\;.\;.\;.\;.\;.\;(894),\;=$$

$$\int_0^\infty l(1+p\,Sin.^2x)\frac{Tang.\,x\,dx}{x\sqrt{(1-p^2\,Sin.^2x)}},\;.\;(895),\;=\int_0^\infty l(1+p\,Sin.^2x)\frac{Tang.\tfrac{1}{2}x\,dx}{x\sqrt{(1-p^2\,Sin.^2x)}},\;.\;(896),\;=$$

$$=\int_0^{\frac{\pi}{2}} l(1+p\,Sin.^2x)\frac{dx}{\sqrt{(1-p^2\,Sin.^2x)}}=\frac{1}{2}l\frac{2(1+p)}{\sqrt{p}}.\,F'(p)-\frac{\pi}{8}F'\{\sqrt{(1-p^2)}\},$$

$$\int_0^\infty l(1-p\,Sin.^2x)\frac{Sin.\,x\,dx}{x\sqrt{(1-p^2\,Sin.^2x)}},\;.\;(897),\;=\int_0^\infty l(1-p\,Sin.^2x)\frac{Tang.\,x\,dx}{x\sqrt{(1-p^2\,Sin.^2x)}},\;.\;(898),\;=$$

$$=\int_0^\infty l(1-p\,Sin.^2x)\frac{Tang.\tfrac{1}{2}x\,dx}{x\sqrt{(1-p^2\,Sin.^2x)}},\;.\;(899),\;=\int_0^{\frac{\pi}{2}} l(1-p\,Sin.^2x)\frac{dx}{\sqrt{(1-p^2\,Sin.^2x)}}=$$

$$=\frac{1}{2}l\frac{2(1-p)}{\sqrt{p}}.\,F'(p)-\frac{\pi}{8}F'\{\sqrt{(1-p^2)}\},\;\int_0^\infty l(1-p^2\,Sin.^4x)\frac{Sin.\,x\,dx}{x\sqrt{(1-p^2\,Sin.^2x)}},\;.\;.\;(900),\;=$$

$$=\int_0^\infty l(1-p^2\,Sin.^4x)\frac{Tang.\,x\,dx}{x\sqrt{(1-p^2\,Sin.^2x)}},\;.\;(901),\;=\int_0^\infty l(1-p^2\,Sin.^4x)\frac{Tang.\tfrac{1}{2}x\,dx}{x\sqrt{(1-p^2\,Sin.^2x)}},\;.\;(902),\;=$$

$$=\int_0^{\frac{\pi}{2}} l(1-p^2\,Sin.^4x)\frac{dx}{\sqrt{(1-p^2\,Sin.^2x)}}=\frac{1}{2}l\frac{4(1-p^2)}{p}.\,F'(p)-\frac{\pi}{4}F'\{\sqrt{(1-p^2)}\},$$

$$\int_0^\infty l(1+p\,Cos.^2x)\frac{Sin.\,x\,dx}{x\sqrt{(1-p^2\,Cos.^2x)}},\;.\;(903),\;=\int_0^\infty l(1+p\,Cos.^2x)\frac{Tang.\,x\,dx}{x\sqrt{(1-p^2\,Cos.^2x)}},\;.\;(904),\;=$$

$$=\int_0^\infty l(1+p\,Cos.^2 x)\frac{Tang.\tfrac{1}{2}x\,dx}{x\sqrt{(1-p^2\,Cos.^2 x)}}, \ldots (905), \quad =\int_0^{\frac{\pi}{2}} l(1+p\,Cos.^2 x)\frac{dx}{\sqrt{(1-p^2\,Cos.^2 x)}}=$$

$$=\frac{1}{2}l\frac{2(1+p)}{\sqrt{p}}.F'(p)-\frac{\pi}{8}F'\{\sqrt{(1-p^2)}\}, \quad \int_0^\infty l(1-p\,Cos.^2 x)\frac{Sin.\,x\,dx}{x\sqrt{(1-p^2\,Cos.^2 x)}}, \ldots (906), =$$

$$=\int_0^\infty l(1-p\,Cos.^2 x)\frac{Tang.\,x\,dx}{x\sqrt{(1-p^2\,Cos.^2 x)}}, . (907), =\int_0^\infty l(1-p\,Cos.^2 x)\frac{Tang.\tfrac{1}{2}x\,dx}{x\sqrt{(1-p^2\,Cos.^2 x)}}, . (908), =$$

$$=\int_0^{\frac{\pi}{2}} l(1-p\,Cos.^2 x)\frac{dx}{\sqrt{(1-p^2\,Cos.^2 x)}}=\frac{1}{2}l\frac{2(1-p)}{\sqrt{p}}.F(p)-\frac{\pi}{8}F'\{\sqrt{(1-p^2)}\},$$

$$\int_0^\infty l(1-p^2\,Cos.^4 x)\frac{Sin.\,x\,dx}{x\sqrt{(1-p^2\,Cos.^2 x)}}, . (909), =\int_0^\infty l(1-p^2\,Cos.^4 x)\frac{Tang.\,x\,dx}{x\sqrt{(1-p^2\,Cos.^2 x)}}, . (910), =$$

$$=\int_0^\infty l(1-p^2\,Cos.^4 x)\frac{Tang.\tfrac{1}{2}x\,dx}{x\sqrt{(1-p^2\,Cos.^2 x)}}, . (911), \quad =\int_0^{\frac{\pi}{2}} l(1-p^2\,Cos.^4 x)\frac{dx}{\sqrt{(1-p^2\,Cos.^2 x)}}=$$

$$=\frac{1}{2}l\frac{4(1-p^2)}{p}.F'(p)-\frac{\pi}{4}F'\{\sqrt{(1-p^2)}\},$$ (voir Méth. 10, N°. 9);

$$\int_0^\infty l(1-p^2\,Sin.^2 x)\frac{Sin.^3 x\,dx}{x\sqrt{(1-p^2\,Sin.^2 x)^3}}, . (912), =\int_0^\infty l(1-p^2\,Sin.^2 x)\frac{Sin.^2 x.\,Tang.\,x\,dx}{x\sqrt{(1-p^2\,Sin.^2 x)^3}}, . (913), =$$

$$=2\int_0^\infty l(1-p^2\,Sin.^2 x)\frac{Sin.\,x.\,Sin.^2\tfrac{1}{2}x\,dx}{x\sqrt{(1-p^2\,Sin.^2 x)^3}}, . (914), =\int_0^{\frac{\pi}{2}} l(1-p^2\,Sin.^2 x)\frac{Sin.^2 x\,dx}{\sqrt{(1-p^2\,Sin.^2 x)^3}}=$$

$$=\frac{-1}{p^2(1-p^2)}\left[\{2-p^2+\tfrac{1}{2}(1-p^2)\,l(1-p^2)\}\,F'(p)-\{2+\tfrac{1}{2}l(1-p^2)\}\,E'(p)\right],$$

$$\int_0^\infty l(1-p^2\,Sin.^2 x)\frac{Sin.\,x\,dx}{x\sqrt{(1-p^2\,Sin^2 x)^3}}, . (915), =\int_0^\infty l(1-p^2\,Sin.^2 x)\frac{Tang.\,x\,dx}{x\sqrt{(1-p^2\,Sin.^2 x)^3}}, . (916), =$$

$$=\int_0^\infty l(1-p^2\,Sin.^2 x)\frac{Tang.\tfrac{1}{2}x\,dx}{x\sqrt{(1-p^2\,Sin.^2 x)^3}}, \ldots (917), =\int_0^{\frac{\pi}{2}} l(1-p^2\,Sin.^2 x)\frac{dx}{\sqrt{(1-p^2\,Sin.^2 x)^3}}=$$

$$=\frac{1}{2(1-p^2)}\left[2(p^2-2)F'(p)+\{4+l(1-p^2)\}E'(p)\right], \int_0^\infty l(1-p^2\,Sin.^2 x)\frac{Sin.\,x.\,Cos.\,x\,dx}{x\sqrt{(1-p^2\,Sin.^2 x)^3}}, . (918), =$$

$$=\int_0^\infty l(1-p^2\,Sin.^2 x)\frac{Sin.\,x.\,Cos.^2 x\,dx}{x\sqrt{(1-p^2 Sin.^2 x)^3}}, . (919), =\int_0^\infty l(1-p^2\,Sin.^2 x)\frac{Cos.^2 x.\,Tg.\tfrac{1}{2}x\,dx}{x\sqrt{(1-p^2\,Sin.^2 x)^3}}, . (920), =$$

Page 402.

$$= \int_0^{\frac{\pi}{2}} l(1-p^2 Sin.^2 x) \frac{Cos.^2 x\, dx}{\sqrt{(1-p^2 Sin.^2 x)^3}} = \frac{1}{2p^2}\left[\{2(2-p^2)+l(1-p^2)\} F'(p) - \{4+l(1-p^2)\} E'(p)\right],$$

$$\int_0^{\infty} l(1-p^2 Cos.^2 x) \frac{Sin.^3 x\, dx}{x\sqrt{(1-p^2 Cos.^2 x)^3}}, . (921), = \int_0^{\infty} l(1-p^2 Cos.^2 x) \frac{Sin.^2 x. Tang. x\, dx}{x\sqrt{(1-p^2 Cos.^2 x)^3}}, . (922), =$$

$$= 2\int_0^{\infty} l(1-p^2 Cos.^2 x) \frac{Sin. x. Cos.^2 \tfrac{1}{2} x}{x\sqrt{(1-p^2 Cos.^2 x)}}, . . (923), = \int_0^{\frac{\pi}{2}} l(1-p^2 Cos.^2 x) \frac{Sin.^2 x\, dx}{\sqrt{(1-p^2 Cos.^2 x)^3}} =$$

$$= \frac{1}{2p^2}\left[\{2(2-p^2)+l(1-p^2)\} F'(p) - \{4+l(1-p^2)\} E'(p)\right], \int_0^{\infty} l(1-p^2 Cos.^2 x) \frac{Sin. x\, dx}{x\sqrt{(1-p^2 Cos.^2 x)^3}}, . (924), =$$

$$= \int_0^{\infty} l(1-p^2 Cos.^2 x) \frac{Tang. x\, dx}{x\sqrt{(1-p^2 Cos.^2 x)^3}}, . (925), = \int_0^{\frac{\pi}{2}} l(1-p^2 Cos.^2 x) \frac{Tang. \tfrac{1}{2} x\, dx}{x\sqrt{(1-p^2 Cos.^2 x)^3}}, . (926), =$$

$$= \int_0^{\frac{\pi}{2}} l(1-p^2 Cos.^2 x) \frac{dx}{\sqrt{(1-p^2 Cos.^2 x)^3}} = \frac{1}{2(1-p^2)}\left[2(p^2-2) F'(p) + \{4+l(1-p^2)\} E'(p)\right],$$

$$\int_0^{\infty} l(1-p^2 Cos.^2 x) \frac{Sin. x. Cos. x\, dx}{x\sqrt{(1-p^2 Cos.^2 x)^3}}, . (927), = \int_0^{\infty} l(1-p^2 Cos.^2 x) \frac{Sin. x. Cos.^2 x\, dx}{x\sqrt{(1-p^2 Cos.^2 x)}}, . (928), =$$

$$= \int_0^{\infty} l(1-p^2 Cos.^2 x) \frac{Cos.^2 x. Tang. \tfrac{1}{2} x\, dx}{x\sqrt{(1-p^2 Cos.^2 x)^3}}, . . (929), = \int_0^{\frac{\pi}{2}} l(1-p^2 Cos.^2 x) \frac{Cos.^2 x\, dx}{\sqrt{(1-p^2 Cos.^2 x)^3}} =$$

$$= \frac{-1}{p^2(1-p^2)}\left[\left\{2-p^2+\frac{1}{2}(1-p^2)\, l(1-p^2)\right\} F'(p) - \left\{2+\frac{1}{2} l(1-p^2)\right\} E'(p)\right],$$ (d'après Méth. 32, N°. 7); $\int_0^{\infty} l(1-p^2 Sin.^2 \lambda. Sin.^2 x) \frac{Sin. x\, dx}{x\sqrt{(1-p^2 Sin.^2 x)}}$, ... (930), =

$$= \int_0^{\infty} l(1-p^2 Sin.^2 \lambda. Sin.^2 x) \frac{Tang. x\, dx}{x\sqrt{(1-p^2 Sin.^2 x)}}, . (931), = \int_0^{\infty} l(1-p^2 Sin.^2 \lambda. Sin.^2 x) \frac{Tang. \tfrac{1}{2} x\, dx}{x\sqrt{(1-p^2 Sin.^2 x)}}, . (932), =$$

$$= \int_0^{\frac{\pi}{2}} l(1-p^2 Sin.^2 \lambda. Sin.^2 x) \frac{dx}{\sqrt{(1-p^2 Sin.^2 x)}} = E'(p)\left[F(p, \lambda)\right]^2 - 2 F'(p). \Upsilon(p, \lambda),$$

$$\int_0^{\infty} l(1+Cot.^2 \lambda. Sin.^2 x) \frac{Sin. x\, dx}{x\sqrt{(1-p^2 Sin.^2 x)}}, . (933), = \int_0^{\infty} l(1+Cot.^2 \lambda. Sin.^2 x) \frac{Tang. x\, dx}{x\sqrt{(1-p^2 Sin.^2 x)}}, . (934), =$$

$$\int_0^\infty l(1+Cot.^2\lambda.\,Sin.^2x)\frac{Tang.\frac{1}{2}x\,dx}{x\sqrt{(1-p^2Sin.^2x)}},\ .\ (935),\ =\int_0^{\frac{\pi}{2}} l(1+Cot.^2\lambda.\,Sin.^2x)\frac{dx}{\sqrt{(1-p^2Sin.^2x)}}=$$

$$=\pi F\{\sqrt{(1-p^2)},\lambda\}-2F'(p).\Upsilon\{\sqrt{(1-p^2)},\lambda\}-2F'(p).\,l Sin.\lambda-\frac{\pi}{2}F'\{\sqrt{(1-p^2)}\}-F'(p).\,lp-$$

$$-\{E'(p)-F'(p)\}.[F\{\sqrt{(1-p^2)},\lambda\}]^2,\int_0^\infty l\left[1-\{1-(1-p^2)Sin.^2\lambda\}Sin.^2x\right]\frac{Sin.x\,dx}{x\sqrt{(1-p^2Sin.^2x)}},\ .\ (936),=$$

$$=\int_0^\infty l\left[1-\{1-(1-p^2)Sin.^2\lambda\}Sin.^2x\right]\frac{Tang.x\,dx}{x\sqrt{(1-p^2Sin.^2x)}},\ \ldots\ldots\ (937),=$$

$$=\int_0^\infty l\left[1-\{1-(1-p^2)Sin.^2\lambda\}Sin.^2x\right]\frac{Tang.\frac{1}{2}x\,dx}{x\sqrt{(1-p^2Sin.^2x)}},\ \ldots\ldots\ (938),=$$

$$=\int_0^{\frac{\pi}{2}} l\left[1-\{1-(1-p^2)Sin.^2\lambda\}Sin.^2x\right]\frac{dx}{\sqrt{(1-p^2Sin.^2x)}}=\pi F\{\sqrt{(1-p^2)},\lambda\}-$$

$$-2F'(p).\Upsilon\{\sqrt{(1-p^2)},\lambda\}+\frac{1}{2}F'(p).\,l\frac{1-p^2}{p^2}-\frac{\pi}{2}F'\{\sqrt{(1-p^2)}\}-\{E'(p)-F'(p)\}.[F\{\sqrt{(1-p^2)},\lambda\}]^2,$$

$$\int_0^\infty l(1-p^2Sin.^2\lambda.\,Cos.^2x)\frac{Sin.x\,dx}{x\sqrt{(1-p^2Cos.^2x)}},\ .\ (939),=\int_0^\infty l(1-p^2Sin.^2\lambda.\,Cos.^2x)\frac{Tang.x\,dx}{x\sqrt{(1-p^2Cos.^2x)}},\ .\ (940),=$$

$$=\int_0^\infty l(1-p^2Sin.^2\lambda.\,Cos.^2x)\frac{Tang.\frac{1}{2}x\,dx}{x\sqrt{(1-p^2Cos.^2x)}},\ .\ (941),=\int_0^{\frac{\pi}{2}} l(1-p^2Sin.^2\lambda.\,Cos.^2x)\frac{dx}{\sqrt{(1-p^2Cos.^2x)}}=$$

$$=E'(p).[F(p,\lambda)]^2-2F'(p).\Upsilon(p,\lambda),\ \int_0^\infty l(1+Cot.^2\lambda.\,Cos.^2x)\frac{Sin.x\,dx}{x\sqrt{(1-p^2Cos.^2x)}},\ \ldots\ (942),=$$

$$=\int_0^\infty l(1+Cot.^2\lambda.\,Cos.^2x)\frac{Tang.x\,dx}{x\sqrt{(1-p^2Cos.^2x)}},\ .\ (943),=\int_0^\infty l(1+Cot.^2\lambda.\,Cos.^2x)\frac{Tang.\frac{1}{2}x\,dx}{x\sqrt{(1-p^2Cos.^2x)}},\ .\ (944),=$$

$$\int_0^{\frac{\pi}{2}} l(1+Cot.^2\lambda.\,Cos.^2x)\frac{dx}{\sqrt{(1-p^2Cos.^2x)}}=\pi F\{\sqrt{(1-p^2)},\lambda\}-2F'(p).\Upsilon\{\sqrt{(1-p^2)},\lambda\}-$$

$$-2F'(p).\,l Sin.\lambda-\frac{\pi}{2}F'\{\sqrt{(1-p^2)}\}-F'(p).\,lp-\{E'(p)-F'(p)\}[F\{\sqrt{(1-p^2)},\lambda\}]^2,$$

$$\int_0^\infty l\left[1-\{1-(1-p^2)Sin.^2\lambda\}Cos.^2x\right]\frac{Sin.x\,dx}{x\sqrt{(1-p^2Cos.^2x)}},\ \ldots\ldots\ (945),=$$

$$= \int_0^\infty l\left[1 - \{1 - (1 - p^2) Sin.^2 \lambda\} Cos.^2 x\right] \frac{Tang.\, x\, dx}{x\sqrt{(1 - p^2 Cos.^2 x)}}, \ldots\ldots\ldots\ldots (946), =$$

$$= \int_0^\infty l\left[1 - \{1 - (1 - p^2) Sin.^2 \lambda\} Cos.^2 x\right] \frac{Tang.\, \frac{1}{2}\, x\, dx}{x\sqrt{(1 - p^2 Cos.^2 x)}}, \ldots\ldots\ldots\ldots (947), =$$

$$= \int_0^{\frac{\pi}{2}} l\left[1 - \{1 - (1 - p^2) Sin.^2 \lambda\} Cos.^2 x\right] \frac{dx}{\sqrt{(1 - p^2 Cos.^2 x)}} = \pi F\{\sqrt{(1-p^2)},\lambda\} - 2F'(p).\Upsilon\{\sqrt{(1-p^2)},\lambda\} +$$

$$+ \frac{1}{2} F'(p).\, l\frac{1-p^2}{p^2} - \frac{\pi}{2} F'\{\sqrt{(1-p^2)}\} - \{E'(p) - F'(p)\}.\left[F\{\sqrt{(1-p^2)},\lambda\}\right]^2,$$ (d'aprés Méth. 10, N°. 9); $$\int_0^\infty l\{Cos.^2 x + Sin.^2 x.\sqrt{(1-p^2)}\} \frac{Sin.\, x\, dx}{x\sqrt{(1-p^2 Sin.^2 x)}}, \ldots\ldots\ldots\ldots (948), =$$

$$= \int_0^\infty l\{Cos.^2 x + Sin.^2 x.\sqrt{(1-p^2)}\} \frac{Tang.\, x\, dx}{x\sqrt{(1-p^2 Sin.^2 x)}}, \ldots\ldots\ldots\ldots (949), =$$

$$= \int_0^\infty l\{Cos.^2 x + Sin.^2 x.\sqrt{(1-p^2)}\} \frac{Tang.\, \frac{1}{2}\, x\, dx}{x\sqrt{(1-p^2 Sin.^2 x)}}, \ldots\ldots\ldots\ldots (950), =$$

$$= \int_0^{\frac{\pi}{2}} l\{Cos.^2 x + Sin.^2 x.\sqrt{(1-p^2)}\} \frac{dx}{\sqrt{(1-p^2 Sin.^2 x)}} = \frac{1}{2}\, l\frac{2\sqrt{(1-p^2)^3}}{1+\sqrt{(1-p^2)}}.\, F'(p),$$

$$\int_0^\infty l\{Sin.^2 x + Cos.^2 x.\sqrt{(1-p^2)}\} \frac{Sin.\, x\, dx}{x\sqrt{(1-p^2 Cos.^2 x)}}, \ldots\ldots\ldots\ldots (951), =$$

$$= \int_0^\infty l\{Sin.^2 x + Cos.^2 x.\sqrt{(1-p^2)}\} \frac{Tang.\, x\, dx}{x\sqrt{(1-p^2 Cos.^2 x)}}, \ldots\ldots\ldots\ldots (952), =$$

$$= \int_0^\infty l\{Sin.^2 x + Cos.^2 x.\sqrt{(1-p^2)}\} \frac{Tang.\, \frac{1}{2}\, x\, dx}{x\sqrt{(1-p^2 Cos.^2 x)}}, \ldots\ldots\ldots\ldots (953), =$$

$$= \int_0^{\frac{\pi}{2}} l\{Sin.^2 x + Cos.^2 x.\sqrt{(1-p^2)}\} \frac{dx}{\sqrt{(1-p^2 Cos.^2 x)}} = \frac{1}{2}\, l\frac{2\sqrt{(1-p^2)^3}}{1+\sqrt{(1-p^2)}}.\, F'(p),$$ (voir Méth. 28, N°. 11);

$$\int_0^\infty l\frac{1+q\sqrt{(1-p^2 Sin.^2 x)}}{1-q\sqrt{(1-p^2 Sin.^2 x)}} \frac{Sin.\, x\, dx}{x\sqrt{(1-p^2 Sin.^2 x)}}, (954), = \int_0^\infty l\frac{1+q\sqrt{(1-p^2 Sin.^2 x)}}{1-q\sqrt{(1-p^2 Sin.^2 x)}} \frac{Tang.\, x\, dx}{x\sqrt{(1-p^2 Sin.^2 x)}}, (955), =$$

$$= \int_0^\infty l\frac{1+q\sqrt{(1-p^2 Sin.^2 x)}}{1-q\sqrt{(1-p^2 Sin.^2 x)}} \frac{Tang\, \frac{1}{2}\, x\, dx}{x\sqrt{(1-p^2 Sin.^2 x)}}, (956), = \int_0^{\frac{\pi}{2}} l\frac{1+q\sqrt{(1-p^2 Sin.^2 x)}}{1-q\sqrt{(1-p^2 Sin.^2 x)}} \frac{dx}{\sqrt{(1-p^2 Sin.^2 x)}} =$$

$$= \pi \mathrm{F}\{\sqrt{(1-p^2)}, \mathit{Arcsin.}\, q\}, \quad \int_0^\infty l \frac{1+q\sqrt{(1-p^2 \, Cos.^2 x)}}{1-q\sqrt{(1-p^2 \, Cos.^2 x)}} \frac{Sin.\, x\, dx}{x\sqrt{(1-p^2 \, Cos.^2 x)}}, \ldots (957), =$$

$$= \int_0^\infty l \frac{1+q\sqrt{(1-p^2 Cos.^2 x)}}{1-q\sqrt{(1-p^2 Cos.^2 x)}} \frac{Tang.\, x\, dx}{x\sqrt{(1-p^2 Cos.^2 x)}}, .(958), = \int_0^\infty l \frac{1+q\sqrt{(1-p^2 Cos.^2 x)}}{1-q\sqrt{(1-p^2 Cos.^2 x)}} \frac{Tang.\, \frac{1}{2} x\, dx}{x\sqrt{(1-p^2 Cos.^2 x)}}, .(959), =$$

$$= \int_0^{\frac{\pi}{2}} l \frac{1+q\sqrt{(1-p^2 \, Cos.^2 x)}}{1-q\sqrt{(1-p^2 \, Cos.^2 x)}} \frac{dx}{\sqrt{(1-p^2 \, Cos.^2 x)}} = \pi \mathrm{F}\{\sqrt{(1-p^2)}, \mathit{Arcsin.}\, q\},$$ (voir Méth. 10, N'. 3).

8. Les intégrales de Méth. 10, N'. 2, lorsqu'on y applique les théorèmes II, 30, 32, 37, conduisent aux résultats suivants, où l'on a $Cot.\, \varphi = Tang.\, \lambda . \sqrt{(1-p^2)}$ et $p^2 < 1$:

$$\int_0^\infty \frac{Arctg.\, \{Tang.\, \lambda . \sqrt{(1-p^2 \, Sin.^2 x)}\}}{\sqrt{(1-p^2 \, Sin.^2 x)}} \frac{Sin.^3 x\, dx}{x}, \ldots (960), =$$

$$= \int_0^\infty \frac{Arctg.\, \{Tang.\, \lambda . \sqrt{(1-p^2 \, Sin.^2 x)}\}}{\sqrt{(1-p^2 \, Sin.^2 x)}} \frac{Sin.^2 x .\, Tang\, x\, dx}{x}, \ldots (961), =$$

$$= 2\int_0^\infty \frac{Arctg.\, \{Tang.\, \lambda . \sqrt{(1-p^2 \, Sin.^2 x)}\}}{\sqrt{(1-p^2 \, Sin.^2 x)}} \frac{Sin.\, x .\, Sin.^2 \frac{1}{2} x\, dx}{x}, \ldots (962), =$$

$$= \int_0^{\frac{\pi}{2}} \frac{Arctg.\{Tg.\lambda.\sqrt{(1-p^2 Sin.^2 x)}\}}{\sqrt{(1-p^2 Sin.^2 x)}} Sin.^2 x dx = \frac{\pi}{2p^2}\{\mathrm{F}(p,\lambda)-\mathrm{E}(p,\lambda)\} + \frac{\pi}{2p^2} Cot.\lambda.\{1-\sqrt{(1-p^2 Sin.^2 \lambda)}\},$$

$$\int_0^\infty \frac{Arctg.\{Tg.\lambda.\sqrt{(1-p^2 Sin.^2 x)}\}}{\sqrt{(1-p^2 Sin.^2 x)}} \frac{Sin. x dx}{x}, .(963), = \int_0^\infty \frac{Arctg.\{Tg.\lambda.\sqrt{(1-p^2 Sin.^2 x)}\}}{\sqrt{(1-p^2 Sin.^2 x)}} \frac{Tg. x dx}{x}, .(964), =$$

$$= \int_0^\infty \frac{Arctg.\{Tg.\lambda.\sqrt{(1-p^2 Sin.^2 x)}\}}{\sqrt{(1-p^2 Sin.^2 x)}} \frac{Tg.\frac{1}{2} x dx}{x}, .(965), = \int_0^{\frac{\pi}{2}} \frac{Arctg.\{Tg.\lambda.\sqrt{(1-p^2 Sin.^2 x)}\}}{\sqrt{(1-p^2 Sin.^2 x)}} dx = \frac{\pi}{2}\mathrm{F}(p,\lambda),$$

$$\int_0^\infty \frac{Arctg.\, \{Tg.\, \lambda . \sqrt{(1-p^2 \, Sin.^2 x)}\}}{\sqrt{(1-p^2 \, Sin.^2 x)}} \frac{Sin.\, x .\, Cos.^2 x\, dx}{x}, \ldots (966), =$$

$$= \int_0^\infty \frac{Arctg.\, \{Tg.\, \lambda . \sqrt{(1-p^2 \, Sin.^2 x)}\}}{\sqrt{(1-p^2 \, Sin.^2 x)}} \frac{Sin.\, x .\, Cos.\, x\, dx}{x}, \ldots (967), =$$

$$= \int_0^\infty \frac{Arctg.\, \{Tg.\, \lambda . \sqrt{(1-p^2 \, Sin.^2 x)}\}}{\sqrt{(1-p^2 \, Sin.^2 x)}} \frac{Cos.^2 x .\, Tang.\frac{1}{2} x\, dx}{x}, \ldots (968), =$$

$$=\int_0^{\frac{\pi}{2}}\frac{Arctg.\{Tang.\lambda.\sqrt{(1-p^2 Sin.^2 x)}\}}{\sqrt{(1-p^2 Sin.^2 x)}}Cos.^2 x\,dx=\frac{\pi}{2p^2}\{E(p,\lambda)-(1-p^2)F(p,\lambda)\}-$$

$$-\frac{\pi}{2p^2}Cot.\lambda\,\{1-\sqrt{(1-p^2 Sin.^2\lambda)}\},\ \int_0^{\infty}\frac{Arctg.\{Tang.\lambda.\sqrt{(1-p^2 Sin.^2 x)}\}}{\sqrt{(1-p^2 Sin.^2 x)^3}}\frac{Sin.^3 x\,dx}{x},.(969),=$$

$$=\int_0^{\infty}\frac{Arctg.\{Tang.\lambda.\sqrt{(1-p^2 Sin.^2 x)}\}}{\sqrt{(1-p^2 Sin.^2 x)^3}}\frac{Sin.^2 x.\,Tang.\,x\,dx}{x},\ \ldots\ldots\ (970),=$$

$$=2\int_0^{\infty}\frac{Arctg.\{Tang.\lambda.\sqrt{(1-p^2 Sin.^2 x)}}{\sqrt{(1-p^2 Sin.^2 x)^3}}\frac{Sin.\,x.\,Sin.^2\frac{1}{2}x\,dx}{x},\ \ldots\ldots\ (971),=$$

$$=\int_0^{\frac{\pi}{2}}\frac{Arctg.\{Tg.\lambda.\sqrt{(1-p^2 Sin.^2 x)}\}}{\sqrt{(1-p^2 Sin.^2 x)^3}}Sin.^2 x\,dx=\frac{\pi}{2p^2(1-p^2)}\{E(p,\lambda)-(1-p^2)F(p,\lambda)\}-$$

$$-\frac{\pi\,Tang.\,\lambda}{2p^2(1-p^2)}\{\sqrt{(1-p^2 Sin.^2\lambda)}-\sqrt{(1-p^2)}\},\ \int_0^{\infty}\frac{Arctg.\{Tg.\lambda.\sqrt{(1-p^2 Sin.^2 x)}}{\sqrt{(1-p^2 Sin.^2 x)^3}}\frac{Sin\,x\,dx}{x},.(972),=$$

$$=\int_0^{\infty}\frac{Arctg.\{Tang.\lambda.\sqrt{(1-p^2 Sin.^2 x)}\}}{\sqrt{(1-p^2 Sin.^2 x)^3}}\frac{Tang.\,x\,dx}{x},\ \ldots\ldots\ldots\ (973),=$$

$$=\int_0^{\infty}\frac{Arctg.\{Tang.\lambda.\sqrt{(1-p^2 Sin.^2 x)}\}}{\sqrt{(1-p^2 Sin.^2 x)^3}}\frac{Tang.\frac{1}{2}x\,dx}{x},\ \ldots\ldots\ldots\ (974),=$$

$$=\int_0^{\frac{\pi}{2}}\frac{Arctg.\{Tg.\lambda.\sqrt{(1-p^2 Sin.^2 x)}\}}{\sqrt{(1-p^2 Sin.^2 x)^3}}dx=\frac{1}{2}\frac{\pi}{1-p^2}E(p,\lambda)-\frac{\pi\,Tg.\lambda}{2(1-p^2)}\{\sqrt{(1-p^2 Sin.^2\lambda)}-\sqrt{(1-p^2)}\},$$

$$\int_0^{\infty}\frac{Arctg.\{Tang.\lambda.\sqrt{(1-p^2 Sin.^2 x)}\}}{\sqrt{(1-p^2 Sin.^2 x)^3}}\frac{Sin.\,x.\,Cos.^2 x\,dx}{x},\ \ldots\ldots\ldots\ (975),=$$

$$=\int_0^{\infty}\frac{Arctg.\{Tang.\lambda.\sqrt{(1-p^2 Sin.^2 x)}\}}{\sqrt{(1-p^2 Sin.^2 x)^3}}\frac{Sin\,x.\,Cos.\,x\,dx}{x},\ \ldots\ldots\ldots\ (976),=$$

$$=\int_0^{\infty}\frac{Arctg.\{Tang.\lambda.\sqrt{(1-p^2 Sin.^2 x)}\}}{\sqrt{(1-p^2 Sin.^2 x)^3}}\frac{Cos^2 x.\,Tang.\frac{1}{2}x\,dx}{x},\ \ldots\ldots\ (977),=$$

$$=\int_0^{\frac{\pi}{2}}\frac{Arctg.\{Tang.\lambda.\sqrt{(1-p^2 Sin.^2 x)}\}}{\sqrt{(1-p^2 Sin.^2 x)^3}}Cos.^2 x\,dx=\frac{\pi}{2p^2}\{F(p,\lambda)-E(p,\lambda)\}+$$

$$+\frac{\pi\,Tg.\lambda}{2p^2}\left\{\sqrt{(1-p^2\,Sin.^2\lambda)}-\sqrt{(1-p^2)}\right\},\quad \int_0^\infty \frac{Arctg.\{Tg.\lambda.\sqrt{(1-p^2\,Cos.^2 x)}}{\sqrt{(1-p^2\,Cos.^2 x)}}\,\frac{Sin.^3\,dx}{x},\,.\,(978),=$$

$$=\int_0^\infty \frac{Arctg.\{Tang.\lambda.\sqrt{(1-p^2\,Cos.^2 x)}\}}{\sqrt{(1-p^2\,Cos.^2 x)}}\,\frac{Sin.^2 x.\,Tang.\,x\,dx}{x},\;\ldots\ldots\,(979),=$$

$$=2\int_0^\infty \frac{Arctg.\{Tang.\lambda\sqrt{(1-p^2 Cos.^2 x)}\}}{\sqrt{(1-p^2\,Cos.^2 x)}}\,\frac{Sin.\,x.\,Sin.^2\tfrac{1}{2}x\,dx}{x},\;\ldots\ldots\ldots\,(980),=$$

$$=\int_0^{\frac{\pi}{2}} \frac{Arctg.\{Tang.\lambda.\sqrt{(1-p^2\,Cos.^2 x)}\}}{\sqrt{(1-p^2\,Cos.^2 x)}}\,Sin.^2 x\,dx=\frac{\pi}{2p^2}\left\{\mathrm{E}(p,\lambda)-(1-p^2)\,\mathrm{F}(p,\lambda)\right\}-$$

$$-\frac{\pi}{2p^2}\,Cot.\,\lambda\left\{1-\sqrt{(1-p^2\,Sin^2.\lambda)}\right\},\quad \int_0^\infty \frac{Arctg.\{Tang.\lambda.\sqrt{(1-p^2\,Cos.^2 x)}\}}{\sqrt{(1-p^2\,Cos.^2 x)}}\,\frac{Sin.\,x\,dx}{x},\,.\,(981),=$$

$$=\int_0^\infty \frac{Arctg.\{Tg.\lambda.\sqrt{(1-p^2Cos.^2x)}\}}{\sqrt{(1-p^2\,Cos.^2 x)}}\,\frac{Tg.x\,dx}{x},\,.\,(982),=\int_0^\infty \frac{Arctg.\{Tg.\lambda.\sqrt{(1-p^2Cos^2x)}\}}{\sqrt{(1-p^2\,Cos.^2x)}}\,\frac{Tg.\tfrac{1}{2}x\,dx}{x},(983),=$$

$$=\int_0^{\frac{\pi}{2}} \frac{Arctg.\{Tang.\lambda.\sqrt{(1-p^2\,Cos.^2 x)}\}}{\sqrt{(1-p^2\,Cos.^2 x)}}\,dx=\frac{\pi}{2}\mathrm{F}(p,\lambda),$$

$$\int_0^\infty \frac{Arctg.\{Tg.\lambda.\sqrt{(1-p^2\,Cos.^2 x)}\}}{\sqrt{(1-p^2\,Cos.^2 x)}}\,\frac{Sin.\,x.\,Cos.^2 x\,dx}{x},\;\ldots\ldots\ldots\,(984),=$$

$$=\int_0^\infty \frac{Arctg.\{Tang.\lambda.\sqrt{(1-p^2\,Cos.^2 x)}\}}{\sqrt{(1-p^2\,Cos.^2 x)}}\,\frac{Sin.\,x.\,Cos.\,x\,dx}{x},\;\ldots\ldots\ldots\,(985),=$$

$$=\int_0^\infty \frac{Arctg.\{Tang\,\lambda.\sqrt{(1-p^2\,Cos.^2 x)}\}}{\sqrt{(1-p^2\,Cos.^2 x)}}\,\frac{Tang.\tfrac{1}{2}x.\,Cos.^2 x\,dx}{x},\;\ldots\ldots\,(986),=$$

$$=\int_0^{\frac{\pi}{2}} \frac{Arctg.\{Tang.\lambda.\sqrt{(1-p^2\,Cos.^2 x)}\}}{\sqrt{(1-p^2\,Cos.^2 x)}}\,Cos.^2 x\,dx=\frac{\pi}{2p^2}\left\{\mathrm{F}(p,\lambda)-\mathrm{E}(p,\lambda)\right\}+$$

$$+\frac{\pi}{2p^2}\,Cot.\,\lambda.\left\{1-\sqrt{(1-p^2\,Sin.^2\lambda)}\right\},\quad \int_0^\infty \frac{Arctg.\{Tg.\lambda.\sqrt{(1-p^2\,Cos.^2 x)}\}}{\sqrt{(1-p^2\,Cos.^2 x)^3}}\,\frac{Sin.^3 x\,dx}{x},\;.\,(987),=$$

$$=\int_0^\infty \frac{Arctg.\{Tang.\lambda.\sqrt{(1-p^2\,Cos.^2 x)}\}}{\sqrt{(1-p^2\,Cos.\;\;x)^3}}\,\frac{Sin.^2 x.\,Tang.\,x\,dx}{x},\;\ldots\ldots\ldots\,(988),=$$

$$=2\int_0^\infty \frac{Arctg.\{Tang.\lambda.\sqrt{(1-p^2\,Cos.^2 x)}\}}{\sqrt{(1-p^2\,Cos.^2 x)^3}}\,\frac{Sin.\,x.\,Sin.^2\tfrac{1}{2}x\,dx}{x},\;\ldots\ldots\ldots\,(989),=$$

$$= \int_0^{\frac{\pi}{2}} \frac{Arctg.\{Tang.\lambda.\sqrt{(1-p^2 Cos.^2 x)}\}}{\sqrt{(1-p^2 Cos.^2 x)^3}} Sin.^2 x\,dx = \frac{\pi}{2p^2}\{F(p,\lambda)-E(p,\lambda)\} +$$

$$+ \frac{\pi\,Tg.\lambda}{2p^2}\{\sqrt{(1-p^2 Sin.^2\lambda)}-\sqrt{(1-p^2)}\}, \int_0^\infty \frac{Arctg.\{Tg.\lambda.\sqrt{(1-p^2 Cos.^2 x}\}}{\sqrt{(1-p^2 Cos.^2 x)^3}} \frac{Sin.\,x dx}{x}, . (990), =$$

$$= \int_0^\infty \frac{Arctg.\{Tang.\lambda.\sqrt{(1-p^2 Cos.^2 x)}\}}{\sqrt{(1-p^2 Cos.^2 x)^3}} \frac{Tang.\,x\,dx}{x}, \ldots\ldots\ldots\ldots (991), =$$

$$= \int_0^\infty \frac{Arctg.\{Tang.\lambda.\sqrt{(1-p^2 Cos.^2 x)}\}}{\sqrt{(1-p^2 Cos.^2 x)^3}} \frac{Tang.\frac{1}{2}x\,dx}{x}, \ldots\ldots\ldots\ldots (992), =$$

$$\int_0^{\frac{\pi}{2}} \frac{Arctg.\{Tg.\lambda.\sqrt{(1-p^2 Cos.^2 x)}\}}{\sqrt{(1-p^2 Cos.^2 x)^3}} dx = \frac{1}{2}\,\frac{\pi}{1-p^2} E(p,\lambda) - \frac{\pi\,Tg.\lambda}{2(1-p^2)}\{\sqrt{(1-p^2 Sin.^2\lambda)}-\sqrt{(1-p^2)}\},$$

$$\int_0^\infty \frac{Arctg.\{Tang.\lambda.\sqrt{(1-p^2 Cos.^2 x)}\}}{\sqrt{(1-p^2 Cos.^2 x)^3}} \frac{Sin.\,x.\,Cos.^2 x\,dx}{x}, \ldots\ldots\ldots (993), =$$

$$= \int_0^\infty \frac{Arctg.\{Tang.\lambda.\sqrt{(1-p^2 Cos.^2 x)}\}}{\sqrt{(1-p^2 Cos.^2 x)^3}} \frac{Sin.\,x.\,Cos.\,x\,dx}{x}, \ldots\ldots\ldots (994), =$$

$$= \int_0^\infty \frac{Arctg\,\{Tang.\lambda.\sqrt{(1-p^2 Cos.^2 x)}\}}{\sqrt{(1-p^2 Cos.^2 x)^3}} \frac{Cos.^2 x.\,Tang.\frac{1}{2}x\,dx}{x}, \ldots . (995), =$$

$$= \int_0^{\frac{\pi}{2}} \frac{Arctg.\{Tg.\lambda.\sqrt{(1-p^2 Cos.^2 x)}\}}{\sqrt{(1-p^2 Cos.^2 x)^3}} Cos.^2 x\,dx = \frac{\pi}{2p^2(1-p^2)}\{E(p,\lambda)-(1-p^2)F(p,\lambda\} -$$

$$- \frac{\pi\,Tang.\lambda}{2p^2(1-p^2)}\{\sqrt{(1-p^2 Sin.^2\lambda)}-\sqrt{(1-p^2)}\}, \int_0^\infty \frac{Arccot.\{Tg.\lambda.\sqrt{(1-p^2 Sin.^2 x)}\}}{\sqrt{(1-p^2 Sin.^2 x)}} \frac{Sin.^3 x dx}{x}, . (996), =$$

$$= \int_0^\infty \frac{Arccot.\{Tang.\lambda.\sqrt{(1-p^2 Sin.^2 x)}\}}{\sqrt{(1-p^2 Sin.^2 x)}} \frac{Sin.^2 x.\,Tang.\,x\,dx}{x}, \ldots\ldots (997), =$$

$$= 2\int_0^\infty \frac{Arccot.\{Tang.\lambda.\sqrt{(1-p^2 Sin.^2 x)}\}}{\sqrt{(1-p^2 Sin.^2 x)}} \frac{Sin.\,x.\,Sin.^2\frac{1}{2}x\,dx}{x}, \ldots\ldots (998) =$$

$$= \int_0^{\frac{\pi}{2}} \frac{Arccot.\{Tang.\lambda.\sqrt{(1-p^2 Sin.^2 x)}\}}{\sqrt{(1-p^2 Sin.^2 x)}} Sin.^2 x\,dx = \frac{\pi}{2p^2}\{F(p,\varphi)-E(p,\varphi)\} +$$

$$+ \frac{\pi\,Cot.\lambda}{2p^2\sqrt{(1-p^2)}}\{\sqrt{(1-p^2 Sin.^2\varphi)}-\sqrt{(1-p^2)}\}, \int_0^\infty \frac{Arccot\{Tg.\lambda.\sqrt{(1-p^2 Sin.^2 x)}\}}{\sqrt{(1-p^2 Sin.^2 x)}} \frac{Sin.x dx}{x}, . (999), =$$

$$=\int_0^\infty \frac{Arccot.\{Tang.\lambda.\sqrt{(1-p^2 Sin.^2 x)}\}}{\sqrt{(1-p^2 Sin.^2 x)}}\frac{Tang.x\,dx}{x}, \ldots\ldots (1000), =$$

$$=\int_0^\infty \frac{Arccot.\{Tang.\lambda.\sqrt{(1-p^2 Sin.^2 x)}\}}{\sqrt{(1-p^2 Sin.^2 x)}}\frac{Tang.\tfrac{1}{2}x\,dx}{x}, \ldots\ldots (1001), =$$

$$=\int_0^{\frac{\pi}{2}} \frac{Arccot.\{Tang.\lambda.\sqrt{(1-p^2 Sin.^2 x)}\}}{\sqrt{(1-p^2 Sin.^2 x)}}dx=\frac{\pi}{2}\mathrm{F}(p,\varphi),$$

$$\int_0^\infty \frac{Arccot.\{Tang.\lambda.\sqrt{(1-p^2 Sin.^2 x)}\}}{\sqrt{(1-p^2 Sin.^2 x)}}\frac{Sin.x.Cos.^2 x\,dx}{x}, \ldots\ldots (1002), =$$

$$=\int_0^\infty \frac{Arccot.\{Tang.\lambda.\sqrt{(1-p^2 Sin.^2 x)}\}}{\sqrt{(1-p^2 Sin.^2 x)}}\frac{Sin.x.Cos.x\,dx}{x}, \ldots\ldots (1003), =$$

$$=\int_0^\infty \frac{Arccot.\{Tang.\lambda.\sqrt{(1-p^2 Sin.^2 x)}\}}{\sqrt{(1-p^2 Sin.^2 x)}}\frac{Cos.^2 x.Tang.\tfrac{1}{2}x\,dx}{x}, \ldots\ldots (1004), =$$

$$=\int_0^{\frac{\pi}{2}} \frac{Arccot.\{Tang.\lambda.\sqrt{(1-p^2 Sin.^2 x)}\}}{\sqrt{(1-p^2 Sin.^2 x)}}Cos.^2 x\,dx=\frac{\pi}{2p^2}\{\mathrm{E}(p,\varphi)-(1-p^2)\mathrm{F}(p,\varphi)\}-$$

$$-\frac{\pi\,Cot.\lambda}{2p^2\sqrt{(1-p^2)}}\{\sqrt{(1-p^2 Sin.^2\varphi)}-\sqrt{(1-p^2)}\},\int_0^\infty \frac{Arccot.\{Tg.\lambda.\sqrt{(1-p^2 Sin.^2 x)}\}}{\sqrt{(1-p^2 Sin.^2 x)^3}}\frac{Sin.^3 x\,dx}{x}, .\ (1005), =$$

$$=\int_0^\infty \frac{Arccot.\{Tang.\lambda.\sqrt{(1-p^2 Sin.^2 x)}\}}{\sqrt{(1-p^2 Sin.^2 x)^3}}\frac{Sin.^2 x.Tang.x\,dx}{x}, \ldots\ldots (1006), =$$

$$=2\int_0^\infty \frac{Arccot.\{Tang.\lambda.\sqrt{(1-p^2 Sin.^2 x)}\}}{\sqrt{(1-p^2 Sin.^2 x)^3}}\frac{Sin.x.Sin.^2\tfrac{1}{2}x\,dx}{x}, \ldots\ldots (1007), =$$

$$=\int_0^{\frac{\pi}{2}} \frac{Arccot\{Tg.\lambda.\sqrt{(1-p^2 Sin.^2 x)}\}}{\sqrt{(1-p^2 Sin.^2 x)^3}}Sin.^2 x\,dx=\frac{\pi}{2p^2(1-p^2)}\{\mathrm{E}(p,\varphi)-(1-p^2)\mathrm{F}(p,\varphi)\}-$$

$$-\frac{\pi\,Tang.\lambda}{2p^2\sqrt{(1-p^2)}}\{1-\sqrt{(1-p^2 Sin.^2\varphi)}\},\int_0^\infty \frac{Arccot.\{Tg.\lambda.\sqrt{(1-p^2 Sin.^2 x)}\}}{\sqrt{(1-p^2 Sin.^2 x)^3}}\frac{Sin.x\,dx}{x}, .\ (1008), =$$

$$=\int_0^\infty \frac{Arccot.\{Tang.\lambda.\sqrt{(1-p^2 Sin.^2 x)}\}}{\sqrt{(1-p^2 Sin.^2 x)^3}}\frac{Tang.x\,dx}{x}, \ldots\ldots (1009), =$$

$$=\int_0^\infty \frac{Arccot.\{Tang.\lambda.\sqrt{(1-p^2 Sin.^2 x)}\}}{\sqrt{(1-p^2 Sin.^2 x)^3}}\frac{Tang.\tfrac{1}{2}x\,dx}{x}, \dots\dots\dots (1010), =$$

$$=\int_0^{\frac{\pi}{2}} \frac{Arccot.\{Tg.\lambda.\sqrt{(1-p^2 Sin.^2 x)}\}}{\sqrt{(1-p^2 Sin.^2 x)^3}}dx=\frac{1}{2}\frac{\pi}{1-p^2}E(p,\varphi)-\frac{\pi\,Tang.\lambda}{2\sqrt{(1-p^2)}}\{1-\sqrt{(1-p^2 Sin.^2\varphi)}\},$$

$$\int_0^\infty \frac{Arccot.\{Tang.\lambda.\sqrt{(1-p^2 Sin.^2 x)}\}}{\sqrt{(1-p^2 Sin.^2 x)^3}}\frac{Sin.x.Cos.^2 x\,dx}{x}, \dots\dots (1011), =$$

$$=\int_0^\infty \frac{Arccot.\{Tang.\lambda.\sqrt{(1-p^2 Sin.^2 x)}\}}{\sqrt{(1-p^2 Sin.^2 x)^3}}\frac{Sin.x.Cos.x\,dx}{x}, \dots\dots (1012), =$$

$$=\int_0^\infty \frac{Arccot.\{Tang.\lambda.\sqrt{(1-p^2 Sin.^2 x)}\}}{\sqrt{(1-p^2 Sin.^2 x)^3}}\frac{Cos.^2 x.Tang.\tfrac{1}{2}x\,dx}{x}, \dots\dots (1013), =$$

$$=\int_0^{\frac{\pi}{2}} \frac{Arccot.\{Tang.\lambda.\sqrt{(1-p^2 Sin.^2 x)}\}}{\sqrt{(1-p^2 Sin.^2 x)^3}}Cos.^2 x\,dx=\frac{\pi}{2p^2}\{F(p,\varphi)-E(p,\varphi)\}+$$

$$+\frac{\pi Tg.\lambda.\sqrt{(1-p^2)}}{2p^2}\{1-\sqrt{(1-p^2 Sin.^2\varphi)}\},\int_0^\infty \frac{Arccot.\{Tg.\lambda.\sqrt{(1-p^2 Cos.^2 x)}\}}{\sqrt{(1-p^2 Cos.^2 x)}}\frac{Sin.^3 x\,dx}{x}, .(1014), =$$

$$=\int_0^\infty \frac{Arccot.\{Tang.\lambda.\sqrt{(1-p^2 Cos.^2 x)}\}}{\sqrt{(1-p^2 Cos.^2 x)}}\frac{Sin.^2 x.Tang.x\,dx}{x}, \dots\dots (1015), =$$

$$=2\int_0^\infty \frac{Arccot.\{Tang.\lambda.\sqrt{(1-p^2 Cos.^2 x)}\}}{\sqrt{(1-p^2 Cos.^2 x)}}\frac{Sin.x.Sin.^2\tfrac{1}{2}x\,dx}{x}, \dots\dots (1016), =$$

$$=\int_0^{\frac{\pi}{2}} \frac{Arccot.\{Tang.\lambda.\sqrt{(1-p^2 Cos.^2 x)}\}}{\sqrt{(1-p^2 Cos.^2 x)}}Sin.^2 x\,dx=\frac{\pi}{2p^2}\{E(p,\varphi)-(1-p^2)F(p,\varphi)\}-$$

$$-\frac{\pi\,Cot.\lambda}{2p^2\sqrt{(1-p^2)}}\{\sqrt{(1-p^2 Sin.^2\varphi)}-\sqrt{(1-p^2)}\},\int_0^\infty \frac{Arccot.\{Tg.\lambda.\sqrt{(1-p^2 Cos.^2 x)}\}}{\sqrt{(1-p^2 Cos.^2 x)}}\frac{Sin.x\,dx}{x}, .(1017), =$$

$$=\int_0^\infty \frac{Arccot.\{Tang.\lambda.\sqrt{(1-p^2 Cos.^2 x)}\}}{\sqrt{(1-p^2 Cos.^2 x)}}\frac{Tang.x\,dx}{x}, \dots\dots\dots (1018), =$$

$$=\int_0^\infty \frac{Arccot.\{Tang.\lambda.\sqrt{(1-p^2 Cos.^2 x)}\}}{\sqrt{(1-p^2 Cos.^2 x)}}\frac{Tang.\tfrac{1}{2}x\,dx}{x}, \dots\dots\dots (1019), =$$

Page 411.

$$=\int_0^{\frac{\pi}{2}}\frac{Arccot.\{Tang.\lambda.\sqrt{(1-p^2 Cos.^2 x)}\}}{\sqrt{(1-p^2 Cos.^2 x)}}dx=\frac{\pi}{2}F(p,\varphi),$$

$$\int_0^{\infty}\frac{Arccot.\{Tang.\lambda.\sqrt{(1-p^2 Cos.^2 x)}\}}{\sqrt{(1-p^2 Cos.^2 x)}}\frac{Sin.x.Cos.^2 x\,dx}{x},\;.\;.\;.\;.\;.\;(1020),=$$

$$=\int_0^{\infty}\frac{Arccot.\{Tang.\lambda.\sqrt{(1-p^2 Cos.^2 x)}\}}{\sqrt{(1-p^2 Cos.^2 x)}}\frac{Sin.x.Cos\,x\,dx}{x},\;.\;.\;.\;.\;.\;.\;(1021),=$$

$$=\int_0^{\infty}\frac{Arccot.\{Tang.\lambda.\sqrt{(1-p^2 Cos.^2 x)}\}}{\sqrt{(1-p^2 Cos.^2 x)}}\frac{Cos.^2 x.Tang.\frac{1}{2}x\,dx}{x},\;.\;.\;.\;.\;(1022),=$$

$$=\int_0^{\frac{\pi}{2}}\frac{Arccot.\{Tang.\lambda.\sqrt{(1-p^2 Cos.^2 x)}\}}{\sqrt{(1-p^2 Cos.^2 x)}}Cos.^2 x\,dx=\frac{\pi}{2p^2}\{F(p,\varphi)-E(p,\varphi)\}+$$

$$+\frac{\pi\,Cot\,\lambda}{2p^2\sqrt{(1-p^2)}}\{\sqrt{(1-p^2Sin.^2\varphi)}-\sqrt{(1-p^2)}\},\int_0^{\infty}\frac{Arccot.\{Tg\,\lambda.\sqrt{(1-p^2Cos.^2x)}\}}{\sqrt{(1-p^2 Cos.^2 x)^3}}\frac{Sin.^3x dx}{x},.(1023),=$$

$$=\int_0^{\infty}\frac{Arccot.\{Tang.\lambda.\sqrt{(1-p^2 Cos.^2 x)}\}}{\sqrt{(1-p^2 Cos.^2 x)^3}}\frac{Sin.^2 x.Tang.x\,dx}{x},\;.\;.\;.\;.\;(1024),=$$

$$=2\int_0^{\infty}\frac{Arccot.\{Tang.\lambda.\sqrt{(1-p^2 Cos.^2 x)}\}}{\sqrt{(1-p^2 Cos.^2 x)^3}}\frac{Sin.x.Sin.^2\frac{1}{2}x\,dx}{x},\;.\;.\;.\;.\;.\;(1025),=$$

$$=\int_0^{\frac{\pi}{2}}\frac{Arccot.\{Tang.\lambda.\sqrt{(1-p^2 Cos.^2 x)}\}}{\sqrt{(1-p^2 Cos.^2 x)^3}}Sin.^2 x\,dx=\frac{\pi}{2p^2}\{F(p,\varphi)-E(p,\varphi)\}+$$

$$+\frac{\pi Tg.\lambda.\sqrt{(1-p^2)}}{2p^2}\{1-\sqrt{(1-p^2Sin.^2\varphi)}\},\int_0^{\infty}\frac{Arccot.\{Tg.\lambda.\sqrt{(1-p^2 Cos.^2 x)}\}}{\sqrt{(1-p^2 Cos^2 x)^3}}\frac{Sin.^2 x dx}{x},.(1026),=$$

$$=\int_0^{\infty}\frac{Arccot.\{Tang.\lambda.\sqrt{(1-p^2 Cos.^2 x)}\}}{\sqrt{(1-p^2 Cos.^2 x)^3}}\frac{Tang.x\,dx}{x},\;.\;.\;.\;.\;.\;.\;.\;.\;.\;(1027),=$$

$$=\int_0^{\infty}\frac{Arccot.\{Tang.\lambda.\sqrt{(1-p^2 Cos.^2 x)}\}}{\sqrt{(1-p^2 Cos.^2 x)^3}}\frac{Tang.\frac{1}{2}x\,dx}{x},\;.\;.\;.\;.\;.\;.\;.\;.\;(1028),=$$

$$=\int_0^{\frac{\pi}{2}}\frac{Arccot.\{Tg.\lambda.\sqrt{(1-p^2 Cos.^2 x)}\}}{\sqrt{(1-p^2 Cos.^2 x)^3}}dx=\frac{1}{2}\frac{\pi}{1-p^2}E(p,\varphi)-\frac{\pi\,Tang.\lambda}{2\sqrt{(1-p^2)}}\{1-\sqrt{(1-p^2 Sin.^2\varphi)}\},$$

Page 412.

$$\int_0^\infty \frac{Arccot.\{Tang.\,\lambda.\sqrt{(1-p^2 Cos.^2 x)}\}}{\sqrt{(1-p^2 Cos.^2 x)^3}} \frac{Sin.\,x.\,Cos.^2 x\,dx}{x}, \;\ldots\ldots \;(1029), =$$

$$= \int_0^\infty \frac{Arccot.\{Tang.\,\lambda.\sqrt{(1-p^2 Cos.^2 x)}\}}{\sqrt{(1-p^2 Cos.^2 x)^3}} \frac{Sin.\,x.\,Cos.\,x\,dx}{x}, \;\ldots\ldots \;(1030), =$$

$$= \int_0^\infty \frac{Arccot.\{Tang.\,\lambda.\sqrt{(1-p^2 Cos.^2 x)}\}}{\sqrt{(1-p^2 Cos.^2 x)^3}} \frac{Cos.^2 x.\,Tang.\,\frac{1}{2}x\,dx}{x}, \;\ldots\ldots \;(1031), =$$

$$\int_0^{\frac{\pi}{2}} \frac{Arccot.\{Tang.\,\lambda.\sqrt{(1-p^2 Cos.^2 x)}\}}{\sqrt{(1-p^2 Cos.^2 x)^3}} Cos.^2 x\,dx = \frac{\pi}{2p^2(1-p^2)}\{\mathrm{E}(p,\varphi)-(1-p^2)\mathrm{F}(p,\varphi)\} -$$

$$-\frac{\pi\,Tang.\,\lambda}{2p^2\sqrt{(1-p^2)}}\{1-\sqrt{(1-p^2 Sin.^2 \varphi)}\}.$$

Encore a-t-on par l'intermédiaire de Méth. 7, N°. 23, au moyen des mêmes formules de transformation les formules de même genre:

$$\int_0^\infty Arctg.\{Tang.\,\lambda.\sqrt{(1-p^2 Sin.^2 x)}\}\frac{Sin.\,x\,dx}{x}\sqrt{(1-p^2 Sin.^2 x)}, \;\ldots \;(1032), =$$

$$= \int_0^\infty Arctg.\{Tang.\,\lambda.\sqrt{(1-p^2 Sin.^2 x)}\}\frac{Tang.\,x\,dx}{x}\sqrt{(1-p^2 Sin.^2 x)}, \;\ldots \;(1033), =$$

$$= \int_0^\infty Arctg.\{Tang.\,\lambda.\sqrt{(1-p^2 Sin.^2 x)}\}\frac{Tang.\,\frac{1}{2}x\,dx}{x}\sqrt{(1-p^2 Sin.^2 x)}, \;\ldots \;(1034), =$$

$$\int_0^{\frac{\pi}{2}} Arctg.\{Tg.\,\lambda.\sqrt{(1-p^2 Sin.^2 x)}\}\,dx\sqrt{(1-p^2 Sin.^2 x)} = \frac{\pi}{2}\mathrm{E}(p,\lambda) - \frac{\pi}{2}Cot.\,\lambda.\,\{1-\sqrt{(1-p^2 Sin.^2 \lambda)}\},$$

$$\int_0^\infty Arctg.\{Tang.\,\lambda.\sqrt{(1-p^2 Cos.^2 x)}\}\frac{Sin.\,x\,dx}{x}\sqrt{(1-p^2 Cos.^2 x)}, \;\ldots \;(1035), =$$

$$= \int_0^\infty Arctg.\{Tang.\,\lambda.\sqrt{(1-p^2 Cos.^2 x)}\}\frac{Tang.\,x\,dx}{x}\sqrt{(1-p^2 Cos.^2 x)}, \;\ldots \;(1036), =$$

$$= \int_0^\infty Arctg.\{Tang.\,\lambda.\sqrt{(1-p^2 Cos.^2 x)}\}\frac{Tang.\,\frac{1}{2}x\,dx}{x}\sqrt{(1-p^2 Cos.^2 x)}, \;\ldots \;(1037), =$$

$$= \int_0^{\frac{\pi}{2}} Arctg.\{Tg.\,\lambda.\sqrt{(1-p^2 Cos.^2 x)}\}\,dx\sqrt{(1-p^2 Cos.^2 x)} = \frac{\pi}{2}\mathrm{E}(p,\lambda) - \frac{\pi}{2}Cot.\,\lambda.\{1-\sqrt{(1-p^2 Sin.^2 \lambda)}\},$$

Page 413.

$$\int_0^\infty Arccot.\left\{Tang.\lambda.\sqrt{(1-p^2 Sin.^2 x)}\right\}\frac{Sin.\,x\,dx}{x}\sqrt{(1-p^2 Sin.^2 x)}, \ldots (1038), =$$

$$=\int_0^\infty Arccot.\left\{Tang.\lambda.\sqrt{(1-p^2 Sin.^2 x)}\right\}\frac{Tang.\,x\,dx}{x}\sqrt{(1-p^2 Sin.^2 x)}, \ldots (1039), =$$

$$=\int_0^\infty Arccot.\left\{Tang.\lambda.\sqrt{(1-p^2 Sin.^2 x)}\right\}\frac{Tang.\frac{1}{2}x\,dx}{x}\sqrt{(1-p^2 Sin.^2 x)}, \ldots (1040), =$$

$$=\int_0^{\frac{\pi}{2}} Arccot.\left\{Tg.\lambda.\sqrt{(1-p^2 Sin.^2 x)}\right\}dx\sqrt{(1-p^2 Sin.^2 x)}=\frac{\pi}{2}E(p,\varphi)-\frac{\pi\,Cot.\lambda}{2\sqrt{(1-p^2)}}\left\{\sqrt{(1-p^2 Sin.^2\varphi)}-\right.$$

$$\left.-\sqrt{(1-p^2)}\right\}, \int_0^\infty Arccot.\left\{Tang.\lambda.\sqrt{(1-p^2 Cos.^2 x)}\right\}\frac{Sin.\,x\,dx}{x}\sqrt{(1-p^2 Cos.^2 x)}, \ldots (1041), =$$

$$=\int_0^\infty Arccot.\left\{Tang.\lambda.\sqrt{(1-p^2 Cos.^2 x)}\right\}\frac{Tang.\,x\,dx}{x}\sqrt{(1-p^2 Cos.^2 x)}, \ldots (1042), =$$

$$=\int_0^\infty Arccot.\left\{Tang.\lambda.\sqrt{(1-p^2 Cos.^2 x)}\right\}\frac{Tang.\frac{1}{2}x\,dx}{x}\sqrt{(1-p^2 Cos.^2 x)}, \ldots (1043), =$$

$$=\int_0^{\frac{\pi}{2}} Arccot.\left\{Tang.\lambda.\sqrt{(1-p^2 Cos.^2 x)}\right\}dx\sqrt{(1-p^2 Cos.^2 x)}=\frac{\pi}{2}E(p,\varphi)-$$

$$-\frac{\pi\,Cot.\lambda}{2\sqrt{(1-p^2)}}\left\{\sqrt{(1-p^2 Sin.^2\varphi)}-\sqrt{(1-p^2)}\right\}.$$

Dans ces formules on a partout $p^2 < 1$, tandis que la constante auxiliaire φ se détermine à l'aide de l'équation $Cot.\,\varphi = Tang.\lambda.\sqrt{(1-p^2)}$.

9. Enfin les formules de transformation II, 30, 32, 37 nous donnent encore:

$$\int_0^\infty e^{-Tang.^2 x}\frac{Tang.\,x\,dx}{x\,Cos.\,x}, \ldots (1044), \quad =\int_0^\infty e^{-Tang.^2 x}\frac{Tang.\,x\,dx}{x\,Cos.^2 x}, \ldots (1045), =$$

$$=\int_0^\infty e^{-Tang.^2 x}\frac{Tang.\frac{1}{2}x\,dx}{x\,Cos.^2 x}, \ldots (1046), \quad =\int_0^{\frac{\pi}{2}} e^{-Tang.^2 x}\frac{dx}{Cos.^2 x}=\frac{1}{2}\sqrt{\pi},$$ (voir Méth. 28, N°. 7);

$$\int_0^\infty Arctg.\left(\frac{2p\,Cos.^2 x}{1-p^2 Cos.^2 x}\right)\frac{Sin.\,x}{Cos.^2 x+q^2 Sin.^2 x}\frac{dx}{x}, \ldots (1047), =$$

$$=\int_0^\infty Arctg.\left(\frac{2p\,Cos.^2 x}{1-p^2 Cos.^2 x}\right)\frac{Tang.\,x}{Cos.^2 x+q^2 Sin.^2 x}\frac{dx}{x}, \ldots (1048), =$$

$$=\int_0^\infty Arctg.\left(\frac{2p\,Cos.^2 x}{1-p^2\,Cos.^2 x}\right)\frac{Tang.\frac{1}{2}x}{Cos.x+q^2\,Sin.^2 x}\frac{dx}{x}, \ldots\ldots\ldots\ldots (1049), =$$

$$=\int_0^{\frac{\pi}{2}} Arctg.\left(\frac{2p\,Cos.^2 x}{1-p^2\,Cos.^2 x}\right)\frac{dx}{Cos.^2 x+q^2\,Sin.^2 x}=Arctg.\left(\frac{pq}{q+1}\right),$$

$$\int_0^\infty Arctg.\left(\frac{2p\,Sin.^2 x}{1-p^2\,Sin.^2 x}\right)\frac{Sin.x}{q^2\,Cos.^2 x+Sin.^2 x}\frac{dx}{x}, \ldots\ldots\ldots\ldots (1050), =$$

$$=\int_0^\infty Arctg.\left(\frac{2p\,Sin.^2 x}{1-p^2\,Sin.^2 x}\right)\frac{Tang.x}{q^2\,Cos.^2 x+Sin.^2 x}\frac{dx}{x}, \ldots\ldots\ldots\ldots (1051), =$$

$$=\int_0^\infty Arctg.\left(\frac{2p\,Sin.^2 x}{1-p^2\,Sin.^2 x}\right)\frac{Tang.\frac{1}{2}x}{q^2\,Cos.^2 x+Sin.^2 x}\frac{dx}{x}, \ldots\ldots\ldots\ldots (1052), =$$

$$=\int_0^{\frac{\pi}{2}} Arctg.\left(\frac{2p\,Sin.^2 x}{1-p^2\,Sin.^2 x}\right)\frac{dx}{q^2\,Cos.^2 x+Sin.^2 x}=Arctg.\left(\frac{pq}{q+1}\right); \text{(Méth. 5; N}^o\text{. 6)}.$$

$$\int_0^\infty (1+2p\,Cos.2x+p^2)^{\frac{1}{2}a}(p^2+2p\,q\,Cos.2x+q^2)^{\frac{1}{2}c}\,Sin.\left[a\,Arccos.\left\{\frac{1+p\,Cos.2x}{\sqrt{(1+2p\,Cos.2x+p^2)}}\right\}\right].$$

$$Sin.\left[c\,Arccos.\left\{\frac{p+q\,Cos.2x}{\sqrt{(p^2+2p\,q\,Cos.2x+q_2)}}\right\}\right]\frac{Sin.x\,dx}{x}, \ldots\ldots\ldots\ldots (1053), =$$

$$=\int_0^\infty (1+2p\,Cos.2x+p^2)^{\frac{1}{2}a}(p^2+2p\,q\,Cos.2x+q^2)^{\frac{1}{2}c}\,Sin.\left[a\,Arccos.\left\{\frac{1+p\,Cos.2x}{\sqrt{(1+2p\,Cos.2x+p^2)}}\right\}\right].$$

$$Sin.\left[c\,Arccos.\left\{\frac{p+q\,Cos.2x}{\sqrt{(p^2+2p\,q\,Cos.2x+q^2)}}\right\}\right]\frac{Tang.x\,dx}{x}, \ldots\ldots\ldots (1054), =$$

$$=\int_0^\infty (1+2p\,Cos.2x+p^2)^{\frac{1}{2}a}(p^2+2p\,q\,Cos.2x+q^2)^{\frac{1}{2}c}\,Sin.\left[a\,Arccos.\left\{\frac{1+p\,Cos.2x}{\sqrt{(1+2p\,Cos.2x+p^2)}}\right\}\right].$$

$$Sin.\left[c\,Arccos.\left\{\frac{p+q\,Cos.2x}{\sqrt{(p^2+2p\,q\,Cos.2x+q^2)}}\right\}\right]\frac{Tang.\frac{1}{2}x\,dx}{x}, \ldots\ldots\ldots (1055), =$$

$$=\int_0^{\frac{\pi}{2}} (1+2p\,Cos.2x+p^2)^{\frac{1}{2}a}(p^2+2p\,q\,Cos.2x+q^2)^{\frac{1}{2}c}\,Sin.\left[a\,Arccos.\left\{\frac{1+p\,Cos.2x}{\sqrt{(1+2p\,Cos.x+p^2)}}\right\}\right].$$

$$Sin.\left[c\,Arccos.\left\{\frac{p+q\,Cos.2x}{\sqrt{(p^2+2p\,q\,Cos.2x+q^2)}}\right\}\right]dx=\frac{\pi}{2}p^c\sum_1^\infty\binom{a}{n}\binom{c}{n}q^n,$$

$$\int_0^\infty (1+2p\,Cos.\,2x+p^2)^{\frac{1}{2}a}(p^2+2pq\,Cos.\,2x+q^2)^{\frac{1}{2}c}\,Cos.\left[a\,Arccos.\left\{\frac{1+p\,Cos.\,2x}{\sqrt{(1+2p\,Cos.\,2x+p^2)}}\right\}\right].$$
$$Cos.\left[c\,Arccos.\left\{\frac{p+q\,Cos.\,2x}{\sqrt{(p^2+2pq\,Cos.\,2x+q^2)}}\right\}\right]\frac{Sin.\,x\,dx}{x},\ \ldots\ldots\ldots\ (1056),=$$

$$=\int_0^\infty (1+2p\,Cos.\,2x+p^2)^{\frac{1}{2}a}(p^2+2pq\,Cos.\,2x+q^2)^{\frac{1}{2}c}\,Cos.\left[a\,Arccos.\left\{\frac{1+p\,Cos.\,2x}{\sqrt{(1+2p\,Cos.\,2x+p^2)}}\right\}\right].$$
$$Cos.\left[c\,Arccos.\left\{\frac{p+q\,Cos.\,2x}{\sqrt{(p^2+2pq\,Cos.\,2x+q^2)}}\right\}\right]\frac{Tang.\,x\,dx}{x},\ \ldots\ldots\ (1057),=$$

$$=\int_0^\infty (1+2p\,Cos.\,2x+p^2)^{\frac{1}{2}a}(p^2+2pq\,Cos.\,2x+q^2)^{\frac{1}{2}c}\,Cos.\left[a\,Arccos.\left\{\frac{1+p\,Cos.\,2x}{\sqrt{(1+2p\,Cos.\,2x+p^2)}}\right\}\right].$$
$$Cos.\left[c\,Arccos.\left\{\frac{p+q\,Cos.\,2x}{\sqrt{(p^2+2pq\,Cos.\,2x+q^2)}}\right\}\right]\frac{Tang.\,\frac{1}{2}x\,dx}{x},\ \ldots\ldots\ (1058),=$$

$$=\int_0^{\frac{\pi}{2}} (1+2p\,Cos.\,2x+p^2)^{\frac{1}{2}a}(p^2+2pq\,Cos.\,2x+q^2)^{\frac{1}{2}c}\,Cos.\left[a\,Arccos.\left\{\frac{1+p\,Cos.\,2x}{\sqrt{(1+2p\,Cos.\,2x+p^2)}}\right\}\right].$$
$$Cos.\left[c\,Arccos.\left\{\frac{p+q\,Cos.\,2x}{\sqrt{(p^2+2pq\,Cos.\,2x+q^2)}}\right\}\right]dx=\frac{\pi}{2}p^c\left\{2+\sum_1^\infty\binom{a}{n}\binom{c}{n}q^n\right\},$$

$$\int_0^\infty \frac{(p^2+2pq\,Cos.\,2x+q^2)^{\frac{1}{2}a}}{1-2p^c\,Cos.\,2x+p^{2c}}\,Cos.\left[a\,Arccos.\left\{\frac{p+q\,Cos.\,2x}{\sqrt{(p^2+2pq\,Cos.\,2x+q^2)}}\right\}\right]\frac{Cos.\,2bx.\,Sin.\,x\,dx}{x},.(1059),=$$

$$=\int_0^\infty \frac{(p^2+2pq\,Cos.\,2x+q^2)^{\frac{1}{2}a}}{1-2p^c\,Cos.\,2x+p^{2c}}\,Cos.\left[a\,Arccos.\left\{\frac{p+q\,Cos.\,2x}{\sqrt{(p^2+2pq\,Cos.\,2x+q^2)}}\right\}\right]\frac{Cos.\,2bx.\,Tg.\,x\,dx}{x},.(1060),=$$

$$=\int_0^\infty \frac{(p^2+2pq\,Cos.\,2x+q^2)^{\frac{1}{2}a}}{1-2p^c\,Cos.\,2x+p^{2c}}\,Cos.\left[a\,Arccos.\left\{\frac{p+q\,Cos.\,2x}{\sqrt{(p^2+2pq\,Cos.\,2x+q^2)}}\right\}\right]\frac{Cos.\,2bx.\,Tg.\,\frac{1}{2}x\,dx}{x},.(1061),=$$

$$=\int_0^{\frac{\pi}{2}} \frac{(p^2+2pq\,Cos.\,2x+q^2)^{\frac{1}{2}a}}{1-2p^c\,Cos.\,2x+p^{2c}}\,Cos.\left[a\,Arccos.\left\{\frac{p+q\,Cos.\,2x}{\sqrt{(p^2+2pq\,Cos.\,2x+q^2)}}\right\}\right].Cos.\,2bx\,dx=\frac{\pi}{2}p^{a-c}\left\{2+\sum_1^\infty\binom{a}{nc}q^{nc}\right\},$$

$$\int_0^\infty \frac{(p^2+2pq\,Cos.\,2x+q^2)^{\frac{1}{2}a}}{1-2p^c\,Cos.\,2x+p^{2c}}\,Sin.\left[a\,Arccos.\left\{\frac{p+q\,Cos.\,2x}{\sqrt{(p^2+2pq\,Cos.\,2x+q^2)}}\right\}\right]\frac{Sin.\,2bx.\,Sin.\,x\,dx}{x},.(1062),=$$

$$=\int_0^\infty \frac{(p^2+2pq\,Cos.\,2x+q^2)^{\frac{1}{2}a}}{1-2p^c\,Cos.\,2x+p^{2c}}\,Sin.\left[a\,Arccos.\left\{\frac{p+q\,Cos.\,2x}{\sqrt{(p^2+2pq\,Cos.\,2x+q^2)}}\right\}\right]\frac{Sin.\,2bx.\,Tg.\,x\,dx}{x},.(1063),=$$

$$=\int_0^\infty \frac{(p^2+2pq\,Cos.\,2x+q^2)^{\frac{1}{2}a}}{1-2p^c\,Cos.\,2x+p^{2c}}\,Sin.\left[a\,Arccos.\left\{\frac{p+q\,Cos.\,2x}{\sqrt{(p^2+2pq\,Cos.\,2x+q^2)}}\right\}\right]\frac{Sin.\,2bx.\,Tg.\,\frac{1}{2}x\,dx}{x},.(1064),=$$

$$= \int_0^{\frac{\pi}{2}} \frac{(p^2 + 2pq\,Cos.\,2x + q^2)^{\frac{1}{2}a}}{(1 - 2p^c\,Cos.\,2x + p^{2c})}\,Sin.\left[a\,Arccos.\left\{\frac{p + q\,Cos.\,2x}{\sqrt{(p^2 + 2pq\,Cos.\,2x + q^2)}}\right\}\right].\,Sin.\,2bx\,dx =$$

$= \frac{\pi}{2} p^{a-c} \sum_1^{\infty} \binom{a}{nc} q^{nc}$, (d'après les intégrales de Méth. 41, N°. 7 et 9, après que l'on y a substitué $x = 2y$). Et encore suivant Méth. 4, N°. 12:

$$\int_0^{\infty} \frac{\Upsilon(p, x)}{\sqrt{(1 - p^2\,Sin.^2 x)}} \frac{Sin.\,x\,dx}{x}, \ldots (1065), = \int_0^{\infty} \frac{\Upsilon(p, x)}{\sqrt{(1 - p^2\,Sin.^2 x)}} \frac{Tang.\,x\,dx}{x}, \ldots (1066), =$$

$$= \int_0^{\infty} \frac{\Upsilon(p, x)}{\sqrt{(1 - p^2\,Sin.^2 x)}} \frac{Tang.\,\frac{1}{2}x\,dx}{x}, . (1067), = \int_0^{\frac{\pi}{2}} \frac{\Upsilon(p, x)\,dx}{\sqrt{(1 - p^2\,Sin^2 x)}} = \frac{\pi}{12} F'\{\sqrt{(1 - p^2)}\} +$$

$$+ \frac{1}{6} E'(p)\,[F'(p)]^2 - \frac{1}{6} F'(p)\,l\,\frac{4(1 - p^2)}{p}.$$

Les intégrales précédentes, que l'on a déduites N°. 3 à 9, démontrent assez la fécondité des formules 29 à 39 de la Deuxième Partie: et en effet elles ne manquent pas d'intérêt, parce que généralement il ne serait pas aisé de les évaluer par quelque autre méthode, comme le prouve assez la circonstance, qu'elles n'ont pas été déduites plus tôt.

10. Dans la formule II, 40, prenez $F(Sin.^2 x) = \frac{1}{1 + 2p\,Cos.\,2x + p^2}$ et $F_1(Sin.\,x) =$ $= Cos.^a x.\,Cos.\,ax.\,Sin.\,x$, fonction impaire, alors:

$$\int_0^{\infty} \frac{Cos.^a x.\,Cos.\,ax.\,Sin.\,x}{1 + 2p\,Cos.\,2x + p^2} \frac{dx}{x} = \int_0^{\frac{1}{2}\pi} \frac{Cos.^a x.\,Cos.\,ax\,dx}{1 + 2p\,Cos.\,2x + p^2} = \frac{\pi}{2(1 - p^2)} \left(\frac{1 - p}{2}\right)^a, \ldots . (1068)$$

suivant Méth. 22, N°. 5. Au moyen de cette même intégrale auxiliaire on trouve encore par la substitution dans II, 41, de la même valeur de $F(Sin.^2 x)$ et de $F_1(Sin.^2 x)$: $Cos.^a x.\,Cos.\,ax\,Tang.\,x$, fonction impaire:

$$\int_0^{\infty} \frac{Cos.^{a-1} x.\,Cos.\,ax.\,Sin.\,x}{1 + 2p\,Cos.\,2x + p^2} \frac{dx}{x} = \int_0^{\frac{\pi}{2}} \frac{Cos.^a x.\,Cos.\,ax\,dx}{1 + 2p\,Cos.\,2x + p^2} = \frac{\pi}{2(1 - p^2)} \left(\frac{1 - p}{2}\right)^a \ldots . (1069)$$

Gardons toujours la même forme de $F(Sin.^2 x)$, mais prenons successivement $F_1(Sin.\,x) =$ $= \frac{Sin.\,x}{1 + 2q\,Cos.\,2x + q^2}$ ou $= \frac{Sin.^3 x.\,Cos.^3 x}{1 + 2q\,Cos.\,2x + q^2}$, fonctions impaires, dans II, 40, et de même dans II, 41, les autres formes impaires $F_1(x) = \frac{Tang.\,x}{1 + 2q\,Cos.\,2x + q^2}$ et $F_1(x) = \frac{Sin.^3 x.\,Cos.\,x}{1 + 2q\,Cos.\,2x + q^2}$; nous obtiendrons: $\int_0^\infty \frac{1}{1+2p\,Cos.2x+p^2}\,\frac{Sin.x}{1+2q\,Cos.2x+q^2}\,\frac{dx}{x}=\int_0^{\frac{\pi}{2}}\frac{1}{1+2p\,Cos.2x+p^2}\,\frac{dx}{1+2q\,Cos.2x+q^2}=$

$=\frac{\pi}{2(1-p^2)(1-q^2)}\,\frac{1+pq}{1-pq}$, . . (1070), $\int_0^\infty \frac{Sin.^3 x}{1+2p\,Cos.2x+p^2}\,\frac{Cos.^2 x}{1+2q\,Cos.2x+q^2}\,dx=$

$=\int_0^{\frac{\pi}{2}}\frac{Sin.^2 x.\,Cos.^2 x}{1+2p\,Cos.2x+p^2}\,\frac{dx}{1+2q\,Cos.2x+q^2}=\frac{\pi}{16}\,\frac{1}{1-pq}$, ... (1071)

$\int_0^\infty \frac{1}{1+2p\,Cos.2x+p^2}\,\frac{Tang.x}{1+2q\,Cos.2x+q^2}\,\frac{dx}{x}=\int_0^{\frac{\pi}{2}}\frac{1}{1+2p\,Cos.2x+p^2}\,\frac{dx}{1+2q\,Cos.2x+q^2}=$

$=\frac{\pi}{2(1-p^2)(1-q^2)}\,\frac{1+pq}{1-pq}$, . . (1072), $\int_0^\infty \frac{Sin.^3 x}{1+2p\,Cos.2x+p^2}\,\frac{Cos.x}{1+2q\,Cos.2x+q^2}\,\frac{dx}{x}=$

$=\int_0^{\frac{\pi}{2}}\frac{Sin.^2 x.\,Cos.^2 x}{1+2p\,Cos.2x+p^2}\,\frac{dx}{1+2q\,Cos.2x+q^2}=\frac{\pi}{16}\,\frac{1}{1-pq}$, ... (1073)

d'après Méth. 31, N°. 6.

11. Supposons $F(Sin.^2 x)=l(1+q^2 Tg.^2 x)$ et $=l(1+q^2 Cot.^2 x)$ dans II, 44; nous aurons:

$\int_0^\infty l(1+q^2 Tg.^2 x)\frac{dx}{p^2+x^2}=\frac{gh}{p}\int_0^{\frac{\pi}{2}} l(1+q^2 Tg.^2 x)\frac{dx}{h^2 Cos.^2 x+g^2 Sin.^2 x}=\frac{gh}{p}\,\frac{\pi}{gh}\,l\left(1+\frac{h}{g}q\right)=\frac{\pi}{p}\,l\left(1+q\frac{e^p-e^{-p}}{e^p+e^{-p}}\right)$,

$\int_0^\infty l(1+q^2 Cot.^2 x)\frac{dx}{p^2+x^2}=\frac{gh}{p}\int_0^{\frac{\pi}{2}}\frac{l(1+q^2 Cot.^2 x)dx}{h^2 Cos.^2 x+g^2 Sin.^2 x}=\frac{gh}{p}\,\frac{\pi}{gh}\,l\left(1+\frac{gq}{h}\right)=\frac{\pi}{p}\,l\left(1+q\frac{e^p+e^{-p}}{e^p-e^{-p}}\right)$,

(T. 416, N°. 1 et 2,) d'après Méth. 37, N°. 6. [168]. Les formules II, 69 à 72 donnent pour la même supposition:

---

[168] Car supposons dans les intégrales aux limites 0 et $\frac{\pi}{2}$ respectivement $Tang.x=y$ et $Cot.x=y$, il vient:

$\int_0^{\frac{\pi}{2}} l(1+q^2 Tang.^2 x)\frac{dx}{h^2 Cos.^2 x+g^2 Sin.^2 x}=\int_0^\infty l(1+q^2 x^2)\frac{dx}{h^2+g^2 x^2}=\frac{\pi}{gh}\,l\left(1+q\frac{h}{g}\right)$, . . (1074)

$\int_0^{2} l(1+q^2 Cot.^2 x)\frac{dx}{h^2 Cos.^2 x+g^2 Sin.^2 x}=\int_0^\infty l(1+q^2 x^2)\frac{dx}{g^2+h^2 x^2}=\frac{\pi}{gh}\,l\left(1+q\frac{g}{h}\right)$ . . .(1075)

Page 418.

$$\int_0^\infty \frac{l(1+q^2\, Tang.^2\, x)}{p^2+x^2}\,\frac{dx}{Cos.\,x} = \frac{\pi}{p}\,\frac{2}{e^p+e^{-p}}\,l\left(1+q\,\frac{e^p-e^{-p}}{e^p+e^{-p}}\right), \ldots \ldots \quad (1076)$$

$$\int_0^\infty \frac{l(1+q^2\, Cot.^2\, x)}{p^2+x^2}\,\frac{dx}{Cos.\,x} = \frac{\pi}{p}\,\frac{2}{e^p+e^{-p}}\,l\left(1+q\,\frac{e^p+e^{-p}}{e^p-e^{-p}}\right), \ldots \ldots \quad (1077)$$

$$\int_0^\infty \frac{l(1+q^2\, Tang.^2\, x)}{p^2+x^2}\,\frac{x\,dx}{Sin.\,x} = \frac{2\pi}{e^p-e^{-p}}\,l\left(1+q\,\frac{e^p-e^{-p}}{e^p+e^{-p}}\right), \ldots \ldots \quad (1078)$$

$$\int_0^\infty \frac{l(1+q^2\, Cot.^2\, x)}{p^2+x^2}\,\frac{x\,dx}{Sin.\,x} = \frac{2\pi}{e^p-e^{-p}}\,l\left(1+q\,\frac{e^p+e^{-p}}{e^p-e^{-p}}\right), \ldots \ldots \quad (1079)$$

$$\int_0^\infty l(1+q^2\, Tang.^2\, x)\,\frac{Cos.\,x\,dx}{p^2+x^2} = \frac{h}{p}\,\frac{\pi}{h^2-g^2}\left\{l(1+q) - \frac{g}{h}\,l\left(1+q\frac{h}{g}\right)\right\} =$$

$$= \frac{\pi}{p}\left\{\frac{e^p+e^{-p}}{2}\,l\left(1+q\,\frac{e^p-e^{-p}}{e^p+e^{-p}}\right) - \frac{e^p-e^{-p}}{2}\,l(1+q)\right\}, \ldots \ldots \quad (1080)$$

$$\int_0^\infty l(1+q^2\, Tang.^2\, x)\,\frac{x\,Cot.\,x\,dx}{p^2+x^2} = \pi\left\{\frac{e^p+e^{-p}}{e^p-e^{-p}}\,l\left(1+q\,\frac{e^p-e^{-p}}{e^p+e^{-p}}\right) - l(1+q)\right\}. \ldots \quad (1081)$$

12. Dans les formules (54) et (55) de la deuxième Partie mettons $F(Sin.^2\,x) = Cos.^{2a}\,x$, alors nous trouvons: $2a\int_0^\infty Arctg.\frac{p}{x}.\,Cos.^{2a-1}\,x.\,Sin.\,x\,dx = -\frac{\pi}{2} + gh\int_0^{\frac{1}{2}\pi}\frac{Cos.^{2a}\,x\,dx}{h^2\,Cos.^2\,x + g^2\,Sin.^2\,x}$,

$(2a+1)\int_0^\infty Arctg.\frac{p}{x}.\,Cos.^{2a}\,x.\,Sin.\,x\,dx = -\frac{\pi}{2} + h\int_0^{\frac{1}{2}\pi}\frac{Cos.^{2a+2}\,x\,dx}{h^2+Sin.^2\,x}$. Or, par la substitution de $Cos.\,x = y$, on trouve généralement:

$$\int_0^{\frac{1}{2}\pi}\frac{Cos.^{2c}\,x\,dx}{q^2-Cos.^2\,x} = \frac{1}{q^2}\int_0^{\frac{1}{2}\pi}\frac{y^{2c}}{1-\left(\frac{y}{q}\right)^2}\,\frac{dy}{\sqrt{(1-y^2)}} = \frac{1}{q^2}\sum_0^\infty\frac{1}{q^{2n}}\int_0^1\frac{y^{2c+2n}\,dy}{\sqrt{(1-y^2)}} = \frac{\pi}{q^2}\sum_0^\infty\frac{3^{c+n/2}}{2^{c+n/2}}\,\frac{1}{q^{2n}}, \quad (1082)$$

Pour $q=1$, $x=ry$, $p=rp$ les intégrales du texte donnent encore:

$$\int_0^\infty\frac{l\,Cos.^2\,qx}{r^2+x^2}\,dx = \frac{\pi}{r}\,l\,\frac{1+e^{-2qr}}{2}, \qquad \int_0^\infty\frac{l\,Sin.^2\,qx}{r^2+x^2}\,dx = \frac{\pi}{r}\,l\,\frac{1-e^{-2qr}}{2},$$

$$\int_0^\infty\frac{l\,Tang.^2\,qx}{r^2+x^2}\,dx = \frac{\pi}{r}\,l\,\frac{e^{qr}-e^{-qr}}{e^{qr}+e^{-qr}}, \text{ (T. 415, N°. 4, 5, 11)}$$

la dernière comme la différence des deux autres.

Page 419.

$$\text{et} \int_0^{\frac{1}{2}\pi} \frac{Cos.^{2c+1}x dx}{q^2 - Cos.^2 x} = \frac{1}{q^2}\int_0^1 \frac{y^{2c+1}}{1-\left(\frac{y}{q}\right)^2}\frac{dy}{\sqrt{(1-y^2)}} = \frac{1}{q^2}\sum_1^\infty \frac{1}{q^{2n}}\int_0^1 \frac{y^{2c+2n+1}}{\sqrt{(1-y^2)}}dy = \frac{1}{q^2}\sum_0^\infty \frac{2^{c+n/2}}{1^{c+n+1/2}}\frac{1}{q^{2n}}, \quad (1083)$$

suivant Méth. 3, N°. 3; le développement employé de $\left\{1-\left(\frac{y}{q}\right)^2\right\}^{-1}$ (voir C. P. 62) est permis ici, puisque $q > 1$, donc toujours $\frac{y}{q} < 1$. Par conséquent les équations déduites donnent ici:

$$\int_0^\infty Arctg.\frac{p}{x}.\,Cos.^{2a-1}x.\,Sin.\,x\,dx = -\frac{\pi}{4a} + \frac{\pi}{2a}\frac{e^p+e^{-p}}{e^p-e^{-p}}\sum_0^\infty \frac{3^{a+n/2}}{2^{a+n/2}}\left(\frac{2}{e^p+e^{-p}}\right)^{2n}, \quad \ldots (1084)$$

$$\int_0^\infty Arctg.\frac{p}{x}.\,Cos.^{2a}x.\,Sin.\,x dx = \frac{-\pi}{2(2a+1)} + \frac{1}{2a+1}\frac{\pi}{e^p+e^{-p}}\sum_0^\infty \frac{3^{a+n+1/2}}{2^{a+n+1/2}}\left(\frac{2}{e^p+e^{-p}}\right)^{2n}. \quad (1085)$$

Dans ces mêmes formules soit $F(Sin.^2 x) = l(1+q^2\,Tang.^2 x)$, alors à l'aide de l'intégrale trouvée dans la Note précédente (168):

$$\int_0^\infty Arctg.\frac{p}{x}\frac{Tang.\,x\,dx}{Cos.^2 x + q^2\,Sin.^2 x} = \frac{\pi}{2q^2}\,l\left(1+q\frac{e^p-e^{-p}}{e^p+e^{-p}}\right), \quad \ldots\ldots (1086)$$

$$\int_0^\infty Arctg.\frac{p}{x}\left\{Cos.^2 x.l(1+q^2\,Tg.^2 x)+\frac{2q^2}{Cos.^2 x+q^2\,Sin.^2 x}\right\}\frac{Tg.\,x\,dx}{Cos.\,x} = \frac{2\pi}{e^p+e^{-p}}\,l\left\{1+q\frac{e^p-e^{-p}}{e^p+e^{-p}}\right\}. \quad (1087)$$

13. Par l'introduction de $F(x^2) = 1$, $F_1(x) = x^{2a-1}$ les formules II (60) et (64) fournissent, par le même développement qu'au numéro précédent, développement qui pour la même raison est permis ici:

$$\int_0^\infty \frac{Cos.^{2a-1}x dx}{p^2+x^2} = \frac{h}{p}\int_0^1 \frac{(1-x^2)^{a-\frac{1}{2}}}{h^2+x^2}dx = \frac{1}{ph}\int_0^1 (1-x^2)^{a-\frac{1}{2}}\sum_0^\infty\left(\frac{-x^2}{h^2}\right)^n = \frac{1}{ph}\sum_0^\infty\left(\frac{-1}{h^2}\right)^n\int_0^1 (1-x^2)^{a-\frac{1}{2}}x^{2n}dx =$$

$$= \frac{1}{ph}\sum_0^\infty\left(\frac{-1}{h^2}\right)^n\frac{1^{n/2}\,1^{a/2}}{1^{a+n/2}}\frac{\pi}{2^{a+n+1}} = \frac{\pi}{p}\frac{1^{a/2}}{2^a}\frac{1}{e^p-e^{-p}}\sum_0^\infty \frac{1^{n/2}}{1^{a+n/2}}\frac{(-2)^n}{(e^p-e^{-p})^{2n}}, \quad \ldots (1088)$$

$$\int_0^\infty \frac{x\,Sin.^{2a-1}x\,dx}{p^2+x^2} = g\int_0^1 \frac{(1-x^2)^{a-\frac{1}{2}}}{g^2-x^2}dx = \frac{\pi}{e^p+e^{-p}}\frac{1^{a/2}}{2^a}\sum_0^\infty \frac{1^{n/2}}{1^{a+n/2}}\frac{2^n}{(e^p+e^{-p})^{2n}}, \quad \ldots (1089)$$

(voir Méth. 3, N°. 4). Encore les formules II, (70), (71) et (72) deviennent pour $F(x^2) = Cos.\,qx$:

$$\int_0^\infty \frac{Cos.(q\,Tang.^2 x).Cos.\,x\,dx}{p^2+x^2} = \frac{h}{p}\int_0^\infty \frac{Cos.\,qx\,dx}{(1+x^2)(h^2+g^2x^2)} = \frac{h}{p}\frac{\pi}{2q(h^2-g^2)}\left(e^{-q}-e^{-\frac{qh}{g}}\right) =$$

$$= \frac{e^p-e^{-p}}{4pq}\,\pi\left(e^{-q\frac{e^p-e^{-p}}{e^p+e^{-p}}}-e^{-q}\right), \quad \ldots\ldots\ldots (1090)$$

$$\int_0^\infty \frac{x Cos.(q\, Tang.^2\, x).Tang.\, x\, dx}{p^2+x^2} = \int_0^\infty \frac{x^2\, Cos.\, qx\, dx}{(1+x^2)(h^2+g^2x^2)} =$$

$$= \frac{2\pi}{q(e^p+e^{-p})^2}\left\{\left(\frac{e^p+e^{-p}}{2}\right)^2 e^{-q} - \left(\frac{e^p-e^{-p}}{2}\right)^2 e^{-q\frac{e^p-e^{-p}}{e^p+e^{-p}}}\right\}, \ldots\ldots (1091)$$

$$\int_0^\infty \frac{x Cos.(q\, Tang.^2\, x).Cot.\, x\, dx}{p^2+x^2} = \frac{\pi}{2q}\left(e^{-q\frac{e^p-e^{-p}}{e^p+e^{-p}}} - e^{-q}\right), \ldots\ldots\ldots (1092)$$

à l'aide des intégrales de Méth. 9, N°. 14 [169].

De même pour $F(x^2)=1$, $F_1(x)=Sin.\, qx$, la formule de transformation II, 73 donne:

$$\int_0^\infty \frac{x\, Sin.(q\, Tang.^2\, x)\, dx}{p^2+x^2} = \int_0^\infty \frac{x\, Sin.\, qx\, dx}{(1+x^2)(h^2+g^2x^2)} = \frac{\pi}{2}\left(e^{-q\frac{e^p-e^{-p}}{e^p+e^{-p}}} - e^{-q}\right), \ldots (1095)$$

suivant Méth. 9, N°. 14.

14. Prenons $f(x)=x^{-2q}$ dans le théorème II, 74, nous aurons, en substituant ensuite $x^{2p}=y$:

$$\int_0^\infty \left(\frac{x^p}{1+x^{2p}}\right)^{2q} Arctg.\, x\frac{dx}{x} = \frac{\pi}{2}\int_0^1 \left(\frac{x^p}{1+x^{2p}}\right)^{2q}\frac{dx}{x} = \frac{\pi}{2}\frac{1}{2p}\int_0^1\left(\frac{\sqrt{y}}{1+y}\right)^{2q}\frac{dx}{y} = \frac{\pi}{4p}\int_0^1 \frac{y^{q-1}\, dx}{(1+y)^{2q}} =$$

$$= \frac{\pi}{4p}\frac{\sqrt{\pi}}{2^{2q}}\frac{\Gamma(q)}{\Gamma(q+\frac{1}{2})} = \frac{\sqrt{\pi^3}}{2^{2q+2}p}\frac{\Gamma(q)}{\Gamma(q+\frac{1}{2})}, \ldots\ldots\ldots (1096)$$

suivant Méth. 7, N°. 9. Dans le cas spécial de $q=1$ nous trouvons:

$$\int_0^\infty \frac{x^{2p}}{(1+x^{2p})^2} Arctg.\, x\frac{dx}{x} = \frac{\pi}{8p} \ldots\ldots\ldots\ldots\ldots (1097)$$

Dans la formule II, 75 soit $f(x)=lx$ et $p=\frac{1}{2}$, alors à l'aide de Méth. 27, N°. 7:

$$\int_0^\infty l\left(\frac{1+x}{\sqrt{x}}\right) Arctg.\, x\frac{dx}{1+x^2} = \frac{\pi}{2}\int_0^1 l\frac{1+x}{\sqrt{x}}\frac{dx}{1+x^2} = \frac{1}{16}\pi^2 l2 + \frac{\pi}{4}\sum_0^\infty \frac{(-1)^n}{(2n+1)^2}. \ldots (1098)$$

Pour le groupe II, (76) à (84) soit $f(x^p+x^{-p}) = x^{2a}\, l\frac{1+x^2}{x}$ pour la valeur l'unité de p:

---

[169] Quand on combine les dernières formules par voie d'addition et de soustraction on obtiendra:

$$\int_0^\infty \frac{Cos.(q\, Cos.^2\, x)}{Sin.\, 2x}\frac{x\, dx}{p^2+x^2} = \frac{\pi}{q}\frac{1}{(e^p+e^{-p})^2}e^{-q\frac{e^p-e^{-p}}{e^p+e^{-p}}}, \ldots\ldots\ldots\ldots (1093)$$

$$\int_0^\infty \frac{Cos.(q\, Tang.^2\, x)}{Tang.\, 2x}\frac{x\, dx}{p^2+x^2} = \frac{\pi}{2q}\left\{\frac{e^{2p}+e^{-2p}}{(e^p+e^{-p})^2}e^{-q\frac{e^p-e^{-p}}{e^p+e^{-p}}} + e^{-q}\right\}\ldots\ldots (1094)$$

Page 421.

dès-lors: $\int_0^1 f(x^p + x^{-p}) \frac{dx}{x} = \int_0^1 l \frac{1+x^2}{x} x^{2a-1} dx = \int_0^1 l(1+x^2) x^{2a-1} dx - \int_0^1 lx. x^{2a-1} dx.$

Or, la valeur de la première de ces dernières intégrales sera trouvée être (Méth. 36, N°. 4) $\frac{1}{2a}\left\{l2 - \sum_0^\infty \frac{(-1)^n}{a+n+1}\right\}$, tandis que pour la seconde on trouve Méth. 33, N°. 7 la valeur $\frac{-1}{4a^2}$, de sorte que l'on aura:

$$\int_0^1 f(x^p + x^{-p}) \frac{dx}{x} = \frac{1}{2a}\left\{l2 - \sum_0^\infty \frac{(-1)^n}{a+n+1}\right\} + \frac{1}{4a^2} = \int_0^1 l \frac{1+x^2}{x} x^{2a-1} dx, \quad \ldots\ldots (1099)$$

Dès-lors les formules II, (76), (77), (80), (81), (82), donnent respectivement:

$$\int_0^\infty l \frac{1+x^2}{x} \frac{x^{2a-1} dx}{1 \pm x^2} = \frac{1}{2a} l2 + \frac{1}{4a^2} - \frac{1}{2a}\sum_0^\infty \frac{(-1)^n}{a+n+1}, \quad \ldots\ldots (1100)$$

$$\int_0^\infty l \frac{1+x^2}{x} \frac{x^{2a-1} dx}{1 - x^4} = \frac{1}{2a} l2 + \frac{1}{4a^2} - \frac{1}{2a}\sum_0^\infty \frac{(-1)^n}{a+n+1}, \quad \ldots\ldots (1101)$$

$$\int_0^\infty l \frac{1+x^2}{x} \frac{x^{2a-1} dx}{1 \pm x} = \frac{1}{2a} l2 + \frac{1}{4a^2} - \frac{1}{2a}\sum_0^\infty \frac{(-1)^n}{a+n+1}, \quad \ldots\ldots (1102)$$

$$\int_0^\infty l \frac{1+x^2}{x} x^{2a-1} dx = \frac{1}{a} l2 + \frac{1}{2a^2} - \frac{1}{a}\sum_0^\infty \frac{(-1)^n}{a+n+1}, \quad \ldots\ldots (1103)$$

$$\int_0^\infty l \frac{1+x^2}{x} \frac{x^{2a} dx}{1 \pm x} = \pm \frac{1}{4a^2}\left\{2a\,l2 + 1 - 2a\sum_0^\infty \frac{(-1)^n}{a+n+1}\right\} \ldots\ldots (1104)$$

Supposons encore dans le groupe des formules de transformation II, 88 à 93, $f(x) = x^{-q}$ et employons la même intégrale de la Méth. 7, N°. 9, qu'au commencement de ce numéro, pour obtenir les résultats suivants:

$$\int_{-\infty}^\infty \frac{1}{(e^{px}+e^{-px})^q} Arctg.(e^{-x}) dx = \frac{\sqrt{\pi^3}}{2^{2q+2}p} \frac{\Gamma(q)}{\Gamma(q+\frac{1}{2})}, \ (1105), \quad \int_{-\infty}^\infty \frac{dx}{(e^{px}+e^{-px})^q} = \frac{\sqrt{\pi}}{2^{2q}p} \frac{\Gamma(q)}{\Gamma(q+\frac{1}{2})}, \ (1106)$$

$$\int_0^{\frac{1}{2}\pi} \frac{x}{(Tg.^p x + Cot.^p x)^q} \frac{dx}{Sin. 2x} = \frac{\sqrt{\pi^3}}{2^{2q+3}p} \frac{\Gamma(q)}{\Gamma(q+\frac{1}{2})}, \ (1107), \quad \int_0^{\frac{1}{2}\pi} \frac{x\,dx}{(Tg.^p x + Cot.^p x)^q} = \frac{\sqrt{\pi^3}}{2^{2q+2}p} \frac{\Gamma(q)}{\Gamma(q+\frac{1}{2})}, \ (1108)$$

$$\int_0^{\frac{1}{2}\pi} \frac{1}{(Tg.^p x + Cot.^p x)^q} \frac{dx}{Tg. x} = \frac{\sqrt{\pi}}{2^{2q+1}p} \frac{\Gamma(q)}{\Gamma(q+\frac{1}{2})}, \ (1109), \quad \int_0^{\frac{1}{2}\pi} \frac{1}{(Tg.^p x + Cot.^p x)^q} \frac{dx}{Sin. 2x} = \frac{\sqrt{\pi}}{2^{2q+1}p} \frac{\Gamma(q)}{\Gamma(q+\frac{1}{2})}. \ (111$$

-Page 422.

15. La formule II, 94 donne lieu successivement aux intégrales définies:

$$\int_0^{\frac{1}{4}\pi}\frac{Cos.\,x\,dx}{\sqrt[3]{Sin.\,2x}}=\int_0^{\frac{1}{4}\pi}\frac{Cos.\,x\,dx}{\sqrt[3]{Cos.^2\,x}}=\frac{2\sqrt{3}}{\sqrt[4]{3}}E'\left(Cos.\frac{\pi}{12}\right)-\frac{1-\sqrt{3}}{\sqrt[4]{3}}F'\left(Cos.\frac{\pi}{12}\right),\ \ldots (1111),=$$

$$=\int_0^{\frac{1}{4}\pi}\frac{Sin.\,x\,dx}{\sqrt[3]{Sin.\,2x}},\ .(1112),\ \int_0^{\frac{1}{4}\pi}\frac{Cos.\,x\,dx}{\sqrt[3]{Sin.^2\,2x}}=\int_0^{\frac{1}{4}\pi}\frac{Cos.\,x\,dx}{\sqrt[3]{Cos.^4\,x}}=\frac{1}{\sqrt[4]{3}}F'\left(Cos.\frac{\pi}{12}\right),\ldots (1113),=$$

$$=\int_0^{\frac{1}{4}\pi}\frac{Sin.\,x\,dx}{\sqrt[3]{Sin.^2\,2x}},\ \ldots\ldots\ (1114),\ \text{(d'après Méth. 7, N°. 17)};\ \int_0^{\frac{1}{4}\pi}l\,Sin.\,2x.\,Cos.\,x\,dx=$$

$$\int_0^{\frac{1}{4}\pi}l\,Cos.^2\,x.\,Cos.\,x\,dx=2\,(l2-1),.(1115),=\int_0^{\frac{1}{4}\pi}l\,Sin.\,2x.\,Sin.\,x\,dx,.(1116),\ \text{(d'après Méth. 44, N°. 4), [170]};$$

$$\int_0^{\frac{\pi}{2}}l\,(1+p\sqrt{Sin.\,2x})\frac{dx}{Sin.\,x}=2\int_0^{\frac{\pi}{2}}l\,(1+p\,Cos.\,x)\frac{dx}{Cos.\,x}=\frac{1}{4}\pi^2-(Arccos.\,p)^2,(p^2<1),\ .(1121),=$$

$$\int_0^{\frac{\pi}{2}}l\,(1+p\sqrt{Sin.\,2x})\frac{dx}{Cos.\,x},\ .(1122),\quad \int_0^{\frac{\pi}{2}}l\frac{1+p\sqrt{Sin.\,2x}}{1-p\sqrt{Sin.\,2x}}\frac{dx}{Sin.\,x}=2\int_0^{\frac{\pi}{2}}l\frac{1+p\,Cos.\,x}{1-p\,Cos.\,x}\frac{dx}{Cos.\,x}=$$

$$=2\pi\,Arcsin.\,p,\ .(1123),\ =\int_0^{\frac{1}{2}\pi}l\frac{1+p\sqrt{Sin.\,2x}}{1-p\sqrt{Sin.\,2x}}\frac{dx}{Cos.\,x},\ .(1124);\ \text{(suivant Méth. 34, N°. 5)}.$$

Suivant la formule II, 96, et par l'intermédiaire de Méth. 28, N°. 6, on a encore:

$$\int_0^{\pi}\frac{x\,Sin.\,x\,dx}{1+Cos.^2\,x}=\frac{1}{4}\pi^2,\text{(T. 245, N°. 12)},\ \int_0^{\pi}\frac{x\,Sin.\,x\,dx}{1-Cos.^2\,\lambda.\,Sin.^2\,x}=\pi\,(\pi-2\,\lambda)\,Cosec.\,2\lambda.\ .(1125)$$

16. Dans II, 98 prenons $f(x)=lx$, alors on a: $\displaystyle\int_0^{\frac{\pi}{2}}l\,(1-p^2\,Sin.^2\,x)\frac{dx}{\sqrt{(1-p^2\,Sin.^2\,x)}}=$

---

[170] De l'intégrale citée de la Méth. 44, N°. 4, en employant alternativement l'intégrale (1115) et (1116), on déduit encore par soustraction:

$$\int_0^{\frac{\pi}{2}}l\,Sin.\,x.\,Cos.\,x\,dx,\ \ldots\ldots\ (1117),\ =-1=\int_0^{\frac{\pi}{2}}l\,Cos.\,x.\,Sin.\,x\,dx,\ \ldots\ldots\ (1118)$$

$$\int_0^{\frac{\pi}{2}}l\,Tang.\,x.\,Cos.\,x\,dx,\ \ldots\ldots\ (1119),\ =-l2=\int_0^{\frac{\pi}{2}}l\,Tang.\,x.\,Sin.\,x\,dx.\ \ldots\ldots\ (1120)$$

$$=\int_0^{\frac{\pi}{2}} l\frac{1-p^2}{1-p^2 Sin.^2 x}\frac{dx}{\sqrt{(1-p^2 Sin.^2 x)}}$$ d'où, après avoir divisé par 2: $$\int_0^{\frac{\pi}{2}} l(1-p^2 Sin.^2 x)\frac{dx}{\sqrt{(1-p^2 Sin.^2 x)}}=$$

$$=\frac{1}{2}\int_0^{\frac{\pi}{2}} l(1-p^2)\frac{dx}{\sqrt{(1-p^2 Sin.^2 x)}}=\frac{1}{2}l(1-p^2).\ F'(p),$$ (T. 348, N°. 12), d'après la définition. [171].

Supposons encore dans la même formule $f(x)=\frac{1}{x}lx$, et il vient: $\int_0^{\frac{\pi}{2}}\frac{l(1-p^2 Sin.^2 x)}{\sqrt{(1-p^2 Sin.^2 x)^3}}dx=$

$$=\int_0^{\frac{1}{2}\pi}\frac{1-p^2 Sin.^2 x}{1-p^2}l\frac{1-p^2}{1-p^2 Sin.^2 x}\frac{dx}{\sqrt{(1-p^2 Sin.^2 x)}}=\frac{-1}{1-p^2}\int_0^{\frac{\pi}{2}} l\frac{1-p^2 Sin.^2 x}{1-p^2}dx\sqrt{(1-p^2 Sin.^2 x)}=$$

$$=\frac{l(1-p^2)}{1-p^2}\int_0^{\frac{\pi}{2}} dx\sqrt{(1-p^2 Sin.^2 x)}-\frac{1}{1-p^2}\int_0^{\frac{\pi}{2}} l(1-p^2 Sin.^2 x)\,dx\sqrt{(1-p^2 Sin.^2 x)}.$$

Or, l'intégrale au premier membre sera évaluée Méth. 32, N°. 7, et la première intégrale au dernier membre est $E'(p)$ par définition; par conséquent on déduit de l'équation précédente:

$$\int_0^{\frac{\pi}{2}} l(1-p^2 Sin.^2 x)\,dx\sqrt{(1-p^2 Sin.^2 x)}=l(1-p^2).E'(p)-\Big[-(2-p^2)F'(p)+$$
$$+\{2+\tfrac{1}{2}l(1-p^2)\}E'(p)\Big]=(2-p^2)F'(p)-\{2-\tfrac{1}{2}l(1-p^2)\}E'(p).$$ [172]. . (1126)

17. Applications de II, 99. Soit $f(Tang.^2\alpha.\ Cot.^2 x)=F(p,\varphi)$ (où F dénote une fonction elliptique de la première espèce) et supposez-y $Tang.\varphi=\left(\frac{Tang.\beta}{Tang.\alpha}\right)^q\frac{(Tang.\alpha.\ Cot.x)^{2q}}{\sqrt[4]{(1-p^2)}}$, pour un q quelconque. Dès-lors on a aussi: $f(Cot.^2\beta.\ Tg.^2 x)=F(p,\psi)$, avec $Tg.\psi=\left(\frac{Cot.\alpha}{Cot.\beta}\right)^q\frac{(Cot.\beta.\ Tg.x)^{2q}}{\sqrt[4]{(1-p^2)}}$,

---

[171] Déjà déduite d'une autre manière Méth. 10, N°. 9.

[172] La combinaison par voie de soustraction de celle-ci avec la précédente, eu égard à l'identité $\sqrt{(1-p^2 Sin.^2 x)}=\frac{1-p^2 Sin.^2 x}{\sqrt{(1-p^2 Sin.^2 x)}}$, nous fournit encore:

$$\int_0^{\frac{\pi}{2}} l(1-p^2 Sin.^2 x)\frac{Sin.^2 x\,dx}{\sqrt{(1-p^2 Sin.^2 x)}}=\frac{1}{p^2}\{p^2-2+\tfrac{1}{2}l(1-p^2)\}F'(p)+\frac{1}{p^2}\{2-\tfrac{1}{2}l(1-p^2)\}E'(p), \quad (1127)$$

$$\int_0^{\frac{\pi}{2}} l(1-p^2 Sin.^2 x)\frac{Cos.^2 x\,dx}{\sqrt{(1-p^2 Sin.^2 x)}}=\frac{1}{p^2}\{2-p^2-\tfrac{1}{2}(1-p^2)l(1-p^2)\}F'(p)-\frac{1}{p^2}\{2-\tfrac{1}{2}l(1-p^2)\}E'(p). \quad (1128)$$

et à l'aide de la formule de transformation citée: $\int_\alpha^\beta \frac{F(p,\varphi)\,dx}{\sqrt{(Sin.^2 x - Sin.^2 \alpha)(Sin.^2 \beta - Sin.^2 x)}} =$

$= \int_\alpha^\beta \frac{F(p,\psi)\,dx}{\sqrt{(Sin.^2 x - Sin.^2 \alpha)(Sin.^2 \beta - Sin.^2 x)}}$, (a); où l'on a gardé φ et ψ, fonctions de x. Mais leur définition donne l'équation $Tang.\varphi.\,Tang.\psi = \left(\frac{Tang.\beta.\,Cot.\alpha}{Tang.\alpha.\,Cot.\beta}\right)^q \frac{(Tang.a.\,Cot.\beta)^{2q}}{\sqrt{(1-p^2)}} = \frac{1}{\sqrt{(1-p^2)}}$,

et par conséquent [173]: $F(p,q) + F(p,\psi) = F'(p)$, (b); d'où immédiatement:

$$\int_\alpha^\beta \frac{F(p,\varphi)\,dx}{\sqrt{(Sin.^2 x - Sin.^2 \alpha)(Sin.^2 \beta - Sin.^2 x)}} + \int_\alpha^\beta \frac{F(p,\psi)\,dx}{\sqrt{(Sin.^2 x - Sin.^2 \alpha)(Sin.^2 \beta - Sin.^2 x)}} =$$

$$= F'(p).\int_\alpha^\beta \frac{dx}{\sqrt{(Sin.^2 x - Sin.^2 \alpha)(Sin.^2 \beta - Sin.^2 x)}} = F'(p)\frac{1}{Cos.\alpha.\,Sin.\beta}F'\left\{\sqrt{\left(1-\frac{Tg.^2\alpha}{Tg.^2\beta}\right)}\right\}, \quad (c)$$

(d'après Méth. 7, N°. 24). Maintenant les équations (a) et (c), où il entre deux intégrales inconnues, donnent par leur résolution:

$$\int_\alpha^\beta F\left[p, Arctg.\left\{\frac{Tang.^q\alpha.\,Tang.^q\beta.\,Cot.^{2q}x}{\sqrt[4]{(1-p^2)}}\right\}\right]\frac{dx}{\sqrt{(Sin.^2 x - Sin.^2 \alpha)(Sin.^2 \beta - Sin.^2 x)}}, \quad (1129)$$

$$= \int_\alpha^\beta F\left[p, Arctg.\left\{\frac{Cot.^q\alpha.\,Cot.^q\beta.\,Tang.^{2q}x}{\sqrt[4]{(1-p^2)}}\right\}\right]\frac{dx}{\sqrt{(Sin.^2 x - Sin.^2 \alpha)(Sin.^2 \beta - Sin.^2 x)}}, \quad (1130)$$

$= \frac{1}{2\,Cos.\alpha.\,Sin.\beta}F(p).F'\left\{\sqrt{\left(1-\frac{Tang.^2\alpha}{Tang.^2\beta}\right)}\right\}$, où la dernière intégrale (1130) n'est autre que la précédente (1129) pour un q négatif. Pour $1-p^2 = Cot.^2\alpha.\,Cot.^2\beta$ et $q = -\frac{1}{2}$ et $= +\frac{1}{2}$ successivement, la première donne:

$$\int_\alpha^\beta \frac{F(p,x)\,dx}{\sqrt{(Sin.^2x - Sin.^2\alpha)(Sin.^2\beta - Sin.^2x)}} = \frac{1}{2Cos.\alpha.Sin\beta}F'\{\sqrt{(1-Cot.^2\alpha.\,Cot.^2\beta)}\}.F'\{\sqrt{(1-Tg.^2\alpha.\,Cot.^2\beta)}\},$$

(T. 375, N°. 7), $= \int_\alpha^\beta \frac{F'\{p, Arctg.(Tang.\alpha.\,Tang.\beta.\,Cot.x)\}\,dx}{\sqrt{(Sin.^2 x - Sin.^2 \alpha)(Sin.^2 \beta - Sin.^2 x)}}$, $(p^2 = 1 - Cot.^2\alpha.Cot.^2\beta)$. (1131)

On peut supposer aussi $f(Tang.^2\alpha.\,Cot.^2 x) = E(p,\varphi)$ et $f(Cot.^2\beta.\,Tang.^2 x) = E(p,\psi)$, où φ et ψ sont les mêmes que ci-dessus; dès-lors (a) devient ici: $\int_\alpha^\beta \frac{E(p,\varphi)\,dx}{\sqrt{(Sin.^2 x - Sin.^2\alpha)(Sin.^2\beta - Sin.^2 x)}} =$

---

[173] Voir VERHULST, Traité de Fonctions Elliptiques, p. 40.
Page 425.

$= \int_\alpha^\beta \frac{E(p,\psi)\,dx}{\sqrt{(Sin.^2 x - Sin.^2 \alpha)(Sin.^2 \beta - Sin.^2 x)}}$, (d); au lieu de (b) il est: $E(p,\varphi) + E(p,\psi) =$

$= E'(p) + p^2 Sin.\varphi. Sin.\psi$, (e); donc pour obtenir une équation analogue à (c) il faudrait qu'on pusse exprimer $Sin.\varphi. Sin.\psi$ dans une fonction simple de p et de x, ce qui ne réussit pas. Simplifions donc tout de suite par la supposition de $q = \frac{1}{2}$, $1 - p^2 = Cot.^2\alpha. Cot.^2\beta$. Nous trouvons alors comme auparavant: $\varphi = x$ et $Tang.\psi = Tang.\alpha. Tang.\beta. Cot.x$; donc (e) devient: $E(p,x) + E(p,\psi) =$

$= E'(p) + \frac{p^2 Sin.x. Cos.x}{\sqrt{(1 - p^2 Sin.^2 x)}}$, et l'équation analogue à (c) est ici: $\int_\alpha^\beta \frac{E(p,x)\,dx}{\sqrt{(Sin.^2 x - Sin.^2 \alpha)(Sin.\beta - Sin.^2 x)}} +$

$$\int_\alpha^\beta \frac{E(p,\psi)\,dx}{\sqrt{(Sin.^2 x - Sin.^2 \alpha)(Sin.^2 \beta - Sin.^2 x)}} = E'(p). \int_\alpha^\beta \frac{dx}{\sqrt{(Sin.^2 x - Sin.^2 \alpha)(Sin.^2 \beta - Sin.^2 x)}} +$$

$+ p^2 \int_\alpha^\beta \frac{Sin.x. Cos.x}{\sqrt{(Sin.^2 x - Sin.^2 \alpha)(Sin.^2 \beta - Sin.^2 x)}} \frac{dx}{\sqrt{(1 - p^2 Sin.^2 x)}}$. Or, la valeur de la dernière intégrale est [174]: $\frac{Sin.\beta}{Cos.\alpha} F'\left\{\sqrt{\left(1 - \frac{Sin.^2 2\beta}{Sin.^2 2\alpha}\right)}\right\}$ et la précédente (voir Méth. 7, N°. 24)

---

[174] Car au moyen de la substitution $Cot.^2 x = Cot.^2 \alpha. Cos.^2 y + Cot.^2 \beta. Sin.^2 y$, — d'où en posant $q^2 = 1 - Tang.^2 \alpha. Tang.^2 \beta$: $\frac{Sin.\beta. Cos.\alpha\, dx}{\sqrt{(Sin.^2 x - Sin.^2 \alpha)(Sin.^2 \beta - Sin.^2 x)}} = \frac{dy}{\sqrt{(1 - q^2 Sin.^2 y)}}$, $\frac{Sin.x. Cos.x}{\sqrt{(1 - p^2 Sin.^2 x)}} = \frac{Sin.\alpha. Sin.\beta. \sqrt{(1 - q^2 Sin.^2 y)}}{\sqrt{(1 - q^2 Cos.^2\alpha. Sin.^2 y)(1 - q^2 Sin.^2\beta. Sin.^2 y)}}$, tandis qu'aux limites α et β de x correspondent les limites 0 et $\frac{\pi}{2}$ de y, — on trouve: $\int_\alpha^\beta \frac{Sin.x. Cos.x}{\sqrt{(Sin.^2 x - Sin.^2 \alpha)(Sin.^2 \beta - Sin.^2 x)}} \frac{dx}{\sqrt{(1 - p^2 Sin.^2 x)}} =$

$= Tang.\alpha. \int_0^{\frac{\pi}{2}} \frac{dy}{\sqrt{(1 - q^2 Cos.^2\alpha. Sin.^2 y)(1 - q^2 Sin.^2\beta. Sin.^2 y)}}$. Dans cette dernière intégrale substituez maintenant $Tang.y = \frac{Sin.\beta}{Sin\,\alpha} Tang.z$, $\frac{Sin.\beta}{Sin.\alpha} dz = \frac{dy}{Cos.^2 y + Sin.^2\alpha. Cosec.^2\beta. Sin.^2 y}$, avec les mêmes limites 0 et $\frac{\pi}{2}$ de y et de z; il vient: $\int_0^{\frac{\pi}{2}} \frac{dy}{\sqrt{(1 - q^2 Cos.^2\alpha. Sin.^2 y)(1 - q^2 Sin.^2\beta. Sin.^2 y)}} =$

$$= \int_0^{\frac{\pi}{2}} \frac{dy}{\sqrt{\{1 - (Cos.^2\alpha - Sin.^2\alpha. Cot.^2\beta) Sin.^2 y\}\{1 - (Sin.^2\beta - Tang.^2\alpha. Cos.^2\beta) Sin.^2 y\}}} =$$

a déjà été employée plus haut; donc il vient: $\int_\alpha^\beta \frac{E(p,x)\,dx}{\sqrt{(Sin.^2 x - Sin.^2 \alpha)(Sin.^2 \beta - Sin.^2 x)}} +$

$+\int_\alpha^\beta \frac{E(p,\psi)\,dx}{\sqrt{(Sin.^2 x - Sin.^2 \alpha)(Sin.^2 \beta - Sin.^2 x)}} = E'(p)\frac{1}{Cos.\alpha.Sin.\beta}F'\{\sqrt{(1 - Tang.^2\alpha.Cot.^2\beta)}\} +$

$+p^2\frac{Sin.\beta}{Sin.\alpha}F'\left\{\sqrt{\left(1-\frac{Sin.^2 2\beta}{Sin.^2 2\alpha}\right)}\right\}$, (g); et la résolution des équations (d) et (g) fournira:

$$\int_\alpha^\beta \frac{E(p,x)\,dx}{\sqrt{(Sin.^2x-Sin.^2\alpha)(Sin.^2\beta-Sin.^2x)}},\text{(T.375,N°.16)},=\int_\alpha^\beta \frac{E\{p,Arctg.(Tg.\alpha.Tg.\beta.Cot.x)\}\,dx}{\sqrt{(Sin.^2x-Sin.^2\alpha)(Sin.^2\beta-Sin.^2x)}},\text{.(1134)}=$$

$$=\frac{1}{2\,Cos.\alpha.Sin.\beta}E'(p).F'\left\{\sqrt{\left(1-\frac{Tang.^2\alpha}{Tang.^2\beta}\right)}\right\}+\frac{Sin.\beta}{2\,Cos.\alpha}p^2F'\left\{\sqrt{\left(1-\frac{Sin.^2 2\beta}{Sin.^2 2\alpha}\right)}\right\}.$$

18. Dans la formule II, 103, prenons en premier lieu $f(x) = e^{-x^2}$, alors $p\int_0^\infty e^{-\left(p^2x^2-2pq+\frac{q^2}{x^2}\right)}dx =$

$= \int_0^\infty e^{-x^2}dx = \frac{1}{2}\sqrt{\pi}$, (suivant Méth. 4, N°. 7), donc: $\int_0^\infty e^{-p^2x^2-\frac{q^2}{x^2}}dx = \frac{1}{2p}e^{-2pq}\sqrt{\pi}$. (T. 37, N°. 3).

Supposons ensuite $f(x) = Sin.x$ et $f(x) = Cos.x$, et nous aurons par Méth. 18, N°. 6:

$$\int_0^\infty Sin.\left(p^2x^2-2pq+\frac{q^2}{x^2}\right)dx = \frac{1}{p}\int_0^\infty Sin.(x^2)\,dx = \frac{1}{4p}\sqrt{2\pi}, \;\ldots\ldots\; (1135)$$

$$\int_0^\infty Cos.\left(p^2x^2-2pq+\frac{q^2}{x^2}\right)dx = \frac{1}{p}\int_0^\infty Cos.(x^2)\,dx = \frac{1}{4p}\sqrt{2\pi}.\; [175] \;.\; (1136)$$

$$=\frac{Sin.\beta}{Sin.\alpha}\int_0^{\frac{\pi}{2}}\frac{dz}{\sqrt{\left[1-\left(1-\frac{Sin.^2 2\beta}{Sin.^2 2a}\right)Sin.^2 z\right]}} = \frac{Sin.\beta}{Sin.\alpha}F'\left\{\sqrt{\left(1-\frac{Sin.^2 2\beta}{Sin.^2 2\alpha}\right)}\right\}, \;\ldots\ldots\; (1132)$$

et par conséquent:

$$\int_\alpha^\beta \frac{Sin.x.Cos\,x}{\sqrt{(Sin.^2x-Sin.^2\alpha)(Sin.^2\beta-Sin.^2x)}}\,\frac{dx}{\sqrt{[1-(1-Cot.^2\alpha.Cot.^2\beta)Sin.^2y]}}=\frac{Sin.\beta}{Cos.\alpha}F'\left\{\sqrt{\left(1-\frac{Sin.^2 2\beta}{Sin.^2 2\alpha}\right)}\right\}.(1133)$$

[175] Multipliez-les respectivement par $Cos.\,2pq$ et $Sin.\,2pq$; la somme des produits donne:

$$\int_0^\infty Sin.\left(p^2x^2+\frac{q^2}{x^2}\right)dx = (Cos.\,2pq + Sin.\,2pq)\frac{1}{4p}\sqrt{2\pi}. \;\ldots\ldots\; (1137)$$

Multipliez les mêmes intégrales encore par $-\,Sin.\,2pq$ et $Cos.\,2pq$ respectivement, et sommez les produits, alors:

$$\int_0^\infty Cos.\left(p^2x^2+\frac{q^2}{x^2}\right)dx = (Cos.\,2pq - Sin.\,2pq)\frac{1}{4p}\sqrt{2\pi}. \;\ldots\ldots\; (1138)$$

Pour $p = 1$, $q = \frac{1}{2}r$, on trouve ces intégrales (1135) à (1138) sous une forme plus simple (T. 98, N°. 1 à 4).
Page 427.

Mettons $f(x) = e^{-\frac{1}{x}}$ dans la formule II, 107, et nous obtiendrons: $\frac{p}{2}\int_0^\infty e^{-\frac{(px-q)^2}{x}}\frac{dx}{\sqrt{x}} =$ $= \int_0^\infty e^{-x^2}dx = \frac{1}{2}\sqrt{\pi}$, (voir Méth. 4, N°. 7), d'où: $\int_0^\infty e^{-\left(p^2x+\frac{q^2}{x}\right)}\frac{dx}{\sqrt{x}} = \frac{1}{p}e^{-2pq}\sqrt{\pi}$. (T. 140, N°. 9). [176]. La même formule de transformation donne pour les suppositions $f(x) = Sin.\left(\frac{1}{x}\right)$ et $f(x) = Cos.\left(\frac{1}{x}\right)$:

$$\int_0^\infty Sin.\frac{(px-q)^2}{x}\frac{dx}{\sqrt{x}} = \frac{2}{p}\int_0^\infty Sin.(x^2)\,dx = \frac{1}{2p}\sqrt{2\pi}, \qquad (1140)$$

$$\int_0^\infty Cos.\frac{(px-q)^2}{x}\frac{dx}{\sqrt{x}} = \frac{2}{p}\int_0^\infty Cos.(x^2)\,dx = \frac{1}{2p}\sqrt{2\pi}. \; [177] \qquad (1141)$$

---

[176] Voyez sur une autre déduction Méth. 18, N°. 12; en outre supposez-y $x = \frac{1}{y}$, changez p et q alors:

$$\int_0^\infty e^{-\left(p^2x+\frac{q^2}{x}\right)}\frac{dx}{x\sqrt{x}} = \frac{1}{q}e^{-2pq}\sqrt{\pi}. \qquad (1139)$$

[177] Par la supposition de $x = \frac{1}{y}$ et le changement de p et q, ces intégrales deviennent:

$$\int_0^\infty Sin.\left\{\frac{(px-q)^2}{x}\right\}\frac{dx}{x\sqrt{x}} = \frac{1}{2q}\sqrt{2\pi}, \; (1142), \quad \int_0^\infty Cos.\left\{\frac{(px-q)^2}{x}\right\}\frac{dx}{x\sqrt{x}} = \frac{1}{2q}\sqrt{2\pi} \; (1143)$$

Dans ces deux systèmes d'intégrales (1140), (1141) et (1142), (1143), multipliez la première par $Cos.\,2pq$ et la seconde par $Sin.\,2pq$, la somme des produits fournira:

$$\int_0^\infty Sin.\left(p^2x+\frac{q^2}{x}\right)\frac{dx}{\sqrt{x}} = (Cos.\,2pq + Sin.\,2pq)\frac{1}{2p}\sqrt{2\pi}, \qquad (1144)$$

$$\int_0^\infty Sin.\left(p^2x+\frac{q^2}{x}\right)\frac{dx}{x\sqrt{x}} = (Cos.\,2pq + Sin\;2pq)\frac{1}{2q}\sqrt{2\pi}. \qquad (1145)$$

Multipliez au contraire la première intégrale de chaque système par $-Sin.\,2pq$, et la seconde par $Cos.\,2pq$, et prenez la somme des résultats, alors:

$$\int_0^\infty Cos.\left(p^2x+\frac{q^2}{x}\right)\frac{dx}{\sqrt{x}} = (Cos.\,2pq - Sin.\,2pq)\frac{1}{2p}\sqrt{2\pi}, \qquad (1146)$$

$$\int_0^\infty Cos.\left(p^2x+\frac{q^2}{x}\right)\frac{dx}{x\sqrt{x}} = (Cos.\,2pq - Sin.\,2pq)\frac{1}{2q}\sqrt{2\pi} \qquad (1147)$$

Dans la formule II, 112, soit $f(x)=e^{-x}$, alors:

$$\int_0^\infty e^{-(x^2+2px+q^2)}dx=2\sqrt{(p^2-q^2)}.\int_0^\infty e^{-(p^2-q^2)x^2+(p^2-q^2)}dx=2\sqrt{(p^2-q^2)}.e^{p^2-q^2}\frac{\pi}{2\sqrt{(p^2-q^2)}},$$

(suivant Méth. 4, N°. 7), d'où: $\int_0^\infty e^{-(x^2+2px)}dx=e^{p^2}\sqrt{\pi}$. (T. 40, N°. 10).

19. Pour donner des applications de II, 115, soit en premier lieu $f(x)=x^{2a}$ et $f(x)=x^{2a+1}$: alors on trouve:

$$\int_0^{2\pi}(p\,Sin.x+q\,Cos.x)^{2a}dx=2\int_0^\pi Cos.^{2a}x\,(p^2+q^2)^a\,dx=\frac{1^{a/2}}{2^{a/2}}2\pi(p^2+q^2)^a,\ \ldots\ldots\ (1148)$$

$$\int_0^{2\pi}(p\,Sin.x+q\,Cos.x)^{2a+1}dx=2\int_0^{2\pi}Cos.^{2a+1}x\,(p^2+q^2)^{a+\frac12}dx=0,\ \ldots\ldots\ (1149)$$

d'après Méth. 3, N°. 5. — Soit ensuite $f(x)=l(1+x)$, donc:

$$\int_0^{2\pi}l(1+p\,Sin.x+q\,Cos.x)\,dx=2\int_0^\pi l\{1+Cos.x.\sqrt{(p^2+q^2)}\}dx=2\pi l\frac{1+\sqrt{(1-p^2-q^2)}}{2},\ \ldots\ (1150)$$

suivant Méth. 10, N°. 11, où $p^2+q^2<1$; le cas de $p^2+q^2>1$ donnerait lieu ici à une intégrale, qui serait discontinue. — Enfin soit $f(x)=l(1+p^2+q^2+2x)$; nous aurons:

$$\int_0^{2\pi}l(1+p^2+q^2+2p\,Sin.x+2q\,Cos.x)\,dx=2\int_0^\pi l\{1+p^2+q^2+2Cos.x.\sqrt{(p^2+q^2)}\}dx=0,$$

$$(p^2+q^2\leqq 1),\ =2\pi\,l(p^2+q^2),\ (p^2+q^2>1),\ \ldots\ldots\ (1151)$$

suivant Méth. 4, N°. 4.

20. Mettons $f(x)=x^r$ dans la formule II, 118, nous aurons:

$\int_{-\frac12\pi}^{\frac12\pi}(2p)^r Cos.^r x.e^{(r+2q)xi}dx=Sin.q\pi.\int_0^1 p^r x^r(1-x)^{q-1}dx$, d'où suivant Méth. 4, N°. 6:

$$\int_{-\frac12\pi}^{\frac12\pi}Cos.^r x.e^{(r+2q)xi}dx=\frac{Sin.q\pi}{2^r}\frac{\Gamma(q)\Gamma(r+1)}{\Gamma(q+r+1)},.\ (1152)=\int_0^{\frac12\pi}Cos.^r x.e^{(r+2q)xi}dx+\int_{-\frac12\pi}^0 Cos.^r x.e^{(r+2q)xi}dx,$$

où nous avons divisé la distance des limites en deux parties; dans la dernière intégrale substituons $x=-y$, et nous obtenons: $\int_0^{\frac12\pi}Cos.^r x.e^{-(r+2q)xi}dx$; donc (C. P. 36):

$$\int_0^{\frac12\pi}Cos.^r x.Cos.\{(r+2q)x\}\,dx=\frac{Sin.q\pi}{2^{r+1}}\frac{\Gamma(q)\Gamma(r+1)}{\Gamma(q+r+1)}.\ (T. 55, N°. 10).$$

Page 429.

La formule II, 120 devient pour cette même supposition de $f(x)=x^q$: $\int_{-\frac{1}{2}\pi}^{\frac{1}{2}\pi}(2p)^q Cos.^q x. e^{(q+2a)xi}\frac{1}{i}\, x dx =$

$= -\frac{\pi}{2} Cos.\, a\pi. \int_0^1 p^q x^q (1-x)^{a-1} dx$, d'où par l'intégrale de Méth. 4, N°. 6 :

$$\int_{-\frac{1}{2}\pi}^{\frac{1}{2}\pi} Cos^q x.\, e^{(q+2a)xi}\frac{x}{i}dx = \frac{-\pi\, Cos.\, a\pi}{2^{q+1}}\frac{1^{a-1/1}}{q^{a-1/1}}, . (1153), = \int_0^{\frac{1}{2}\pi} Cos.^q x. e^{(q+2a)xi}\frac{x}{i}dx + \int_{-\frac{1}{2}\pi}^0 Cos.^q x. e^{(q+2a)xi}\frac{x}{i}dx;$$

après la division de la distance des limites, substituez dans la dernière intégrale $x=-y$, alors on obtient, ici au moyen de C. P. 34:

$$\int_0^{\frac{1}{2}\pi} Cos.^q x.\, Sin.\, \{(q+2a)x\}\, x\, dx = -\frac{\pi\, Cos.\, a\pi}{2^{q+2}}\frac{1^{a-1/1}}{q^{a-1/1}}. \;\ldots\ldots\ldots (1154)$$

Dans le cas de $a=1$, on trouverait par II, 121 : $2^{a+1}\int_0^{\frac{1}{2}\pi} Cos.^q x.\, Sin.\, \{(q+2)x\}\, x\, dx = \frac{\pi}{2}\int_0^1 x^q dx = 2\,(q+1)$,

d'où en écrivant $q-1$ pour q: $\int_0^{\frac{\pi}{2}} Cos.^{q-1} x.\, Sin.\, \{(q+1)x\}\, x\, dx = \frac{\pi}{q\, 2^{q+1}}$. (T. 238, N°. 8).

Dans la formule II, 122 supposons $f(x)=x^{r-1}$, et nous trouvons:

$\int_0^{\frac{1}{2}\pi} p^{r-1} Cos.^{r-1} x.\, e^{(q+r)xi}\, Sin.^{q-1} x\, dx = e^{\frac{1}{2}q\pi i}\int_0^1 p^{r-1} x^{r-1}(1-x)^{q-1} dx$, ou suivant Méth. 4, N°. 6:

$\int_0^{\frac{1}{2}\pi} Cos.^{r-1} x.\, Sin.^{q-1} x.\, e^{(q+r)xi} dx = e^{\frac{1}{2}q\pi i}\frac{\Gamma(q)\Gamma(r)}{\Gamma(q+r)}$. (T. 287, N°. 2). [178]. La séparation des parties

réelles et des parties imaginaires nous fournit les intégrales: $\int_0^{\frac{1}{2}\pi} Cos.^{r-1} x.\, Sin.^{q-1} x.\, Cos.\, \{(q+r)x\}\, dx =$

$= \frac{\Gamma(q)\Gamma(r)}{\Gamma(q+r)} Cos.\, \tfrac{1}{2} q\pi$, $\int_0^{\frac{1}{2}\pi} Cos.^{r-1} x.\, Sin.^{q-1} x.\, Sin.\, \{(q+r)x\}\, dx = \frac{\Gamma(q)\Gamma(r)}{\Gamma(q+r)} Sin.\, \tfrac{1}{2} q\pi$. (T. 57, N°. 9, 10). [179].

21. Applications de la formule de transformation II,125. Supposons-y $f(Cos.x)=(1-2p Cos.x+p^2)^{-\frac{1}{2}}$, d'où $\frac{d^a.f(Cos.x)}{(d.\, Cos.x)^a} = (-2p)^a(-\tfrac{1}{2})^{a|-1}(1-2p\, Cos.\, x+p^2)^{-\frac{2a+1}{2}} = p^a 1^{a/2}(1-2p\, Cos.\, x+p^2)^{-\frac{2a+1}{2}}$,

et par suite:

---

[178] Voyez encore Méth. 38, N°. 5.

[179] Intégrales, que l'on obtient d'une autre manière Méth. 23, N°. 24 et Méth. 38, N°. 5. Page 430.

$$\int_0^{\pi} \frac{Cos.\, ax\, dx}{\sqrt{(1-2p\, Cos.x+p^2)}} = p^a \int_0^{\pi} \frac{Sin.^{2a} x\, dx}{(1-2p\, Cos.x+p^2)^{a+\frac{1}{2}}}, .(IV), \text{ ou } = p^a \int_0^{\pi} \frac{Sin.^{2a} x\, dx}{\sqrt{(1-p^2 Sin.^2 x)}}, [180], .(V)$$

par l'intermédiaire de l'équation I, Méth. 7, N°. 30.

Soit encore $f(Cos.x) = (1 + 2p\, Cos.x + p^2)^{-b}$, fonction plus générale; par conséquent:

$$\frac{d^a.f(Cos.x)}{(d.\, Cos.\, x)^a} = (2p)^a (-b)^{a/-1} (1+2p\, Cos.x+p^2)^{-(a+b)} = (-2p)^a b^{a/1} (1+2p\, Cos.x+p^2)^{-(a+b)};$$

supposons de plus dans les deux intégrales $x = 2y$ et nous aurons:

$$\int_0^{\frac{\pi}{2}} \frac{Cos.\, 2a\, x\, dx}{(1+2p\, Cos.\, 2x+p^2)^b} = \frac{b^{a/1}}{1^{a/2}}(-2p)^a \int_0^{\frac{\pi}{2}} \frac{Sin.^{2a}\, 2x\, dx}{(1+2p\, Cos.\, 2x+p^2)^{a+b}} \quad \ldots\ldots (VI)$$

Par la substitution $\frac{1-p}{1+p} Tg.\, x = Tg.\, y$, d'où $\frac{Sin.\, 2x}{1+2p\, Cos.\, 2x+p^2} = \frac{Sin.\, 2y}{1-p^2}$, $1+2p\, Cos.\, 2x+p^2 =$ $= \frac{(1-p^2)^2}{1-2p\, Cos.\, 2y+p^2}$, $\frac{dx}{1+2p\, Cos.\, 2x+p^2} = \frac{dy}{1-p^2}$, les limites 0 et $\frac{\pi}{2}$ étant communes à x et y, elle devient:

$$\int_0^{\frac{\pi}{2}} \frac{Cos.\, 2a\, x\, dx}{(1+2p\, Cos.\, 2x+p^2)^b} = \frac{b^{a/1}}{1^{a/2}} \frac{(-2p)^a}{(1-p^2)^{2b-1}} \int_0^{\frac{\pi}{2}} (1-2p\, Cos.\, 2y+p^2)^{b-a-1} Sin.^{2a}\, 2y\, dy. \quad . . (VII)$$

De plus dans la formule (VI) prenez p négatif et $1-b$ au lieu de b, alors:

$$\int_0^{\frac{\pi}{2}} \frac{Cos.\, 2a\, x\, dx}{(1-2p\, Cos.\, 2x+p^2)^{1-b}} = \frac{(b-1)^{a/-1}}{1^{a/2}}(-2p)^a \int_0^{\frac{\pi}{2}} (1-2p\, Cos.\, 2x+p^2)^{b-a-1} Sin.^{2a}\, 2x dx, .(VIII)$$

et comme dans les formules (VII) et (VIII) les intégrales au second membre sont égales, il s'ensuit:

$$\int_0^{\frac{\pi}{2}} \frac{Cos.\, 2a\, x\, dx}{(1+2p\, Cos.\, 2x+p^2)^b} = \frac{b^{a/1}}{(b-1)^{a-/1}} \frac{1}{(1-p^2)^{2b-1}} \int_0^{\frac{\pi}{2}} (1-2p\, Cos.\, 2x+p^2)^{b-1} Cos.\, 2a\, x\, dx \quad . . (IX)$$

Substituez dans cette dernière formule $2x = y$, alors:

$$\int_0^{\pi} \frac{Cos.\, ax\, dx}{(1+2p\, Cos.x+p^2)^b} = \frac{b^{a/1}}{(b-1)^{a/-1}} \frac{1}{(1-p^2)^{2b-1}} \int_0^{\pi} (1-2p\, Cos.\, x+p^2)^{b-1} Cos.\, ax\, dx, \quad . (X)$$

---

[180] Supposez-y $a = 1$, alors on a suivant Méth. 3, N°. 11:

$$\int_0^{\pi} \frac{Cos.\, x\, dx}{\sqrt{(1-2p\, Cos.\, x+p^2)}} = \frac{2}{p} \{F'p) - E'(p)\}. \text{ (T. 86, N°. 5).}$$

d'où encore pour a nul:

$$\int_0^\pi \frac{dx}{(1+2p\, Cos.x+p^2)^b} = \frac{1}{(1-p^2)^{2b-1}}\int_0^\pi (1-2p\, Cos.x+p^2)^{b-1}dx, \ldots\ldots (XI)$$

Toutes ces formules donnent des relations bien intéressantes dont on fera usage dans la Méthode 22. [181]. Pour le moment contentons-nous de prendre l'unité pour b et $2x=y$ dans la formule (VII), d'où: $\int_0^\pi \frac{Sin.^{2a}x\,dx}{(1-2p\,Cos.x+p^2)^a} = \frac{1^{a|2}}{1^{a|1}}\frac{1-p^2}{(-2p)^a}\int_0^\pi \frac{Cos.ax\,dx}{1+2p\,Cos.x+p^2} = \frac{1^{a|2}}{1^{a|1}}\frac{\pi}{2^a},\ (p^2<1), =$ $= \frac{1^{a|2}}{1^{a|1}}\frac{\pi}{(2p)^a},\ (p^2>1)$, (T. 85, N°. 24 et 25), suivant Méth. 5, N°. 6.

22. Applications de la formule II, 151. Soit $f(x)=e^{-\frac{p}{x}}\sqrt{(1-x^2)}$, d'où $f\left(\frac{2x}{1+x^2}\right) = e^{-\frac{p}{2}\frac{1+x^2}{x}}\sqrt{\frac{(1-x^2)^2}{(1+x^2)^2}}$, et par conséquent:

$$\int_0^\infty e^{-\frac{p}{2}\left(x+\frac{1}{x}\right)}\frac{\sqrt{(1-x^2)^a}}{1+x^2}x^{2a}dx = \frac{2a+1}{(-1)^a}\sum_0^{a+1}\frac{(a+n)^{2n|-1}}{1^{2n+1|1}}2^{2n+1}\int_0^1 e^{-\frac{p}{x}}\frac{dx}{x^{2n+2}} =$$

$$= \frac{2a+1}{(-1)^a}\sum_0^{a+1}\frac{(a+n)^{2n|-1}}{1^{2n+1|1}}2^{2n+1}\frac{d^{2n}}{dp^{2n}}.\frac{e^{-p}}{p}.\ [182]. \ldots\ldots (1155)$$

Supposez ensuite $f(x)=\frac{x\varphi(x)}{\sqrt{(1-p^2x^2)}}$ et $f(x)=\frac{\varphi(x)}{x}\sqrt{(1-p^2x^2)}$, d'où respectivement

$$f\left(\frac{2x}{1+x^2}\right)=\varphi\left(\frac{2x}{1+x^2}\right)\frac{2x}{\sqrt{\{1+2(1-2p^2)x^2+x^4\}}} \text{ et } f\left(\frac{2x}{1+x^2}\right)=\varphi\left(\frac{2x}{1+x^2}\right)\frac{\sqrt{\{1+2(1-2p^2)x^2+x^4\}}}{2x}.$$

Lorsque au second membre de l'équation II, 151 on substitue $x=Sin.\varphi$, on obtient:

---

[181] Sur ces formules, dont se sont occupés plusieurs mathématiciens célèbres, on pourra consulter entre autres: EULER, Principia Calculi Integralis, T. 4. Suppl. 4, N°. 2, p. 194, ibid. N°. 3, p. 217 et ibid. N°. 4, p. 242. — LEGENDRE, Exercices de Calcul intégral, Partie III, § 12, p. 372. — POISSON, Journal de l'École Polytechnique, Cah. 19, p. 404. — BINET, Journal de l'École Polyt., Cah. 27, p. 123. — Le même, Journal de Liouville, T. 5, p. 373. — JACOBI, Journal von Crelle, Bd. 15, S. 1. — LIOUVILLE, Journal de Liouville, T. 6, p. 69. — GRUNERT, Grunert's Archiv, Bd. 4, S. 104.

[182] Puisque la substitution $x=\frac{1}{y}$ donne:

$$\int_0^1 e^{-\frac{p}{x}}\frac{dx}{x^{2n+2}} = \int_1^\infty e^{-py}y^{2n}dy = \frac{d^{2n}}{dp^{2n}}.\int_1^\infty e^{-py}dy = \frac{d^{2n}}{dp^{2n}}.\frac{e^{-p}}{p} \ldots\ldots (1156)$$

$$\int_0^\infty \varphi\left(\frac{2x}{1+x^2}\right)\frac{x^{2a+1}\,dx}{\sqrt{\{1+2(1-2p^2)x^2+x^4\}}}=\frac{2a+1}{2(-1)^a}\sum_0^{a+1}(-1)^n\frac{(a+n)^{2n|-1}}{1^{2n+1|1}}2^{2n+1}\int_0^1\varphi(x)\frac{dx}{x^{2n+1}\sqrt{(1-x^2)(1-p^2x^2)}}=$$

$$=\frac{2a+1}{2(-1)^a}\sum_0^{a+1}(-1)^n\frac{(a+n)^{2n|-1}}{1^{2n+1|1}}2^{2n+1}\int_0^{\frac{\pi}{2}}\varphi(Sin.y)\frac{dy}{Sin.^{2n+1}y.\sqrt{(1-p^2Sin.^2y)}}, \quad \ldots \text{(XII)}$$

$$\int_0^\infty \varphi\left(\frac{2x}{1+x^2}\right)x^{2a-1}dx\sqrt{\{1+2(1-2p^2)x^2+x^4\}}=\frac{2a+1}{2(-1)^a}\sum_0^{a+1}(-1)^n\frac{(a+n)^{2n|-1}}{1^{2n+1|1}}2^{2n+1}\int_0^1\varphi(x)\frac{dx}{x^{2n+3}}\sqrt{\frac{1-p^2x^2}{1-x^2}}=$$

$$=\frac{2a+1}{2(-1)^a}\sum_0^{a+1}(-1)^n\frac{(a+n)^{2n|-1}}{1^{2n+1|1}}2^{2n+1}\int_0^{\frac{\pi}{2}}\varphi(Sin.y)\frac{dy\sqrt{(1-p^2Sin.^2y)}}{Sin.^{2n+3}y}; \quad \ldots \text{(XIII)}$$

où les dernières intégrales peuvent s'exprimer par des fonctions elliptiques. Pour en avoir un cas spécial, prenons dans (XII) $\varphi(x)=x^3$, dans (XIII) $\varphi(x)=x^5$, et de plus faisons $a=1$; alors, suivant Méth. 3, N°. 11, on aura les intégrales:

$$\int_0^\infty \frac{x^6}{(1+x^2)^3}\frac{dx}{\sqrt{\{1+2(1-2p^2)x^2+x^4\}}}=\frac{3}{8p^2}\mathrm{E}'(p)-\frac{3-4p^2}{8p^2}\mathrm{F}'(p),$$

$$\int_0^\infty \frac{x^6}{(1+x^2)^5}dx\sqrt{\{1+2(1-2p^2)x^2+x^4\}}=\frac{2p^2+1}{8p^2}-\frac{1-p^2}{8p^2}\mathrm{F}'(p). \text{ (T. 28, N°. 22, 23).}$$

23. Dans la formule II, 152 mettons $f(x^2)=e^{-qx^2}$, alors d'après Méth. 3, N°. 7:

$$\int_0^\infty e^{-q\left(x-\frac{1}{x}\right)^2}x^{2a}dx=\sum_0^{a+1}\frac{(a+n)^{2n|-1}}{a^{2n|1}}\int_0^\infty e^{-qx^2}x^{2a}dx=\sqrt{\frac{\pi}{q}}.\sum_0^{a+1}\frac{(a+n)^{2n|-1}}{1^{n|1}\,2^{n+1}(2q)^n}. \text{ (T. 116, N°. 8).}$$

La supposition $f(x)=e^{-x}$ dans les formules II, 153, 154 donne $\frac{d^c}{dx^c}.f(x)=(-1)^ce^{-x}$, et suivant Méth. 4, N°. 7: $\int_0^\infty \frac{d^{a-n}.f(x+2\sqrt{pq})}{\{d.(x+2\sqrt{pq})\}^{a-n}}\frac{dx}{\sqrt{x}}=\int_0^\infty(-1)^{a-n}e^{-(x+2\sqrt{pq})}\frac{dx}{\sqrt{x}}=$

$=(-1)^{a-n}e^{-2\sqrt{pq}}\int_0^\infty\frac{e^{-x}dx}{\sqrt{x}}=(-1)^{a-n}e^{-2\sqrt{pq}}\sqrt{\pi}$; donc, lorsque dans la dernière équation II, 154 on écrit $a+1$ pour a:

$$\int_0^\infty e^{-\left(px+\frac{q}{x}\right)}\frac{dx}{x^{a+\frac{1}{2}}}=\left(\frac{p}{q}\right)^{\frac{1}{2}a}e^{-2\sqrt{pq}}\sqrt{\frac{\pi}{p}}.\sum_0^\infty\frac{(a-n)^{2n|1}}{2^{n|2}}\frac{1}{(2\sqrt{pq})^n}, \text{ (T. 140, N°. 12),}$$

$$\int_0^\infty e^{-\left(px+\frac{q}{x}\right)}x^{a-\frac{1}{2}}dx=\left(\frac{q}{p}\right)^{\frac{1}{2}a}e^{-2\sqrt{pq}}\sqrt{\frac{\pi}{p}}.\sum_0^\infty\frac{(a-n+1)^{2n|1}}{2^{n|2}}\frac{1}{(2\sqrt{pq})^n}. \text{ (T. 139, N°. 8).}$$

Prenons dans ces mêmes formules de transformation $f(x) = \frac{1}{(r+x)^{s+\frac{1}{2}}}$, d'où:

$$\frac{d^c}{dx^c}.f(x) = (-1)^c(s+\tfrac{1}{2})(s+\tfrac{3}{2})\ldots\left(s+\frac{2c-1}{2}\right)\frac{1}{(r+x)^{s+c+\frac{1}{2}}} = \frac{\Gamma(s+c+\frac{1}{2})}{\Gamma(s+\frac{1}{2})}\frac{1}{(r+x)^{s+c+\frac{1}{2}}},\text{ et:}$$

$$\int_0^\infty \frac{d^{a-n}.f(x+2\sqrt{pq})}{\{d.(x+2\sqrt{pq})\}^{a-n}}\frac{dx}{\sqrt{x}} = \int_0^\infty \frac{\Gamma(s+a-n+\frac{1}{2})}{\Gamma(s+\frac{1}{2})}\frac{1}{(r+2\sqrt{pq}+x)^{s+a-n+\frac{1}{2}}}\frac{dx}{\sqrt{x}} =$$

$$= \frac{\Gamma(s+a-n+\frac{1}{2})}{\Gamma(s+\frac{1}{2})}\frac{\sqrt{\pi}}{(r+2\sqrt{pq})^{s+a-n}}\frac{\Gamma(s+a-n)}{\Gamma(s+a-n+\frac{1}{2})} = \frac{\Gamma(s+a-n)}{\Gamma(s+\frac{1}{2})}\frac{\sqrt{\pi}}{(r+2\sqrt{pq})^{s+a-n}},$$

d'après Méth. 4, N°. 6. Ecrivons encore $s-a$ au lieu de s, et dans la dernière II, 154, $a+1$ au lieu de a et nous obtiendrons:

$$\int_0^\infty \frac{x^{s-a}\,dx}{(px^2+rx+q)^{s+\frac{1}{2}}} = \frac{1}{\Gamma(s+\frac{1}{2})}\left(\frac{p}{q}\right)^{\frac{1}{2}a}\sqrt{\frac{\pi}{p}}.\sum_0^\infty \frac{(a-n)^{2n/1}}{2^{n/2}(2\sqrt{pq})^n}\frac{\Gamma(s-n)}{(r+2\sqrt{pq})^{s-n}},\quad \int_0^\infty \frac{x^{s+a}\,dx}{(px^2+rx+q)^{s+\frac{1}{2}}} =$$

$$= \frac{1}{\Gamma(s+\frac{1}{2})}\left(\frac{q}{p}\right)^{\frac{1}{2}a}\sqrt{\frac{\pi}{p}}.\sum_0^\infty \frac{(a-n+1)^{2n/1}}{2^{n/2}(2\sqrt{pq})^n}\frac{\Gamma(s-n)}{(r+2\sqrt{pq})^{s-n}}.\text{ (T. 28, N°. 17, 18).}$$

24. Lorsque dans la formule II, 248 on prend $f(x) = Cos.px$, on a: $\int_0^\infty \frac{q\,Cos.px\,dx}{q^2+x^2} = \frac{\pi}{2}e^{-pq}$, (Méth. 5. N°. 8), donc:

$$\int_0^\infty \frac{Cos.px\,dx}{(1^2+x^2)(3^2+x^2)\ldots\{(2a+1)^2+x^2\}} = \frac{(-1)^a\pi}{2^{2a+1}1^{2a+1/1}}\sum_0^a(-1)^n\binom{2a+1}{n}e^{-p(2a+1-2n)}.\text{ (T. 213, N°. 14).}$$

De même quand on suppose $f(x) = Sin.px$ dans la formule II, 149, on trouve, puisque (Méth. 5, N°. 8) $\int_0^\infty \frac{x\,Sin.px\,dx}{q^2+x^2} = \frac{\pi}{2}e^{-pq}$:

$$\int_0^\infty \frac{x\,Sin.px\,dx}{x(2^2+x^2)(4^2+x^2)\ldots(4a^2+x^2)} = \frac{(-1)^a\pi}{2^{2a}\,1^{2a/1}}\sum_0^a(-1)^n\binom{2a}{n}e^{-p(2a-2n)}.\text{ (T. 213, N°. 13).}$$

La supposition de $f(x) = Sin.px$ dans II, 248 et de $f(x) = \frac{Cos.px}{x}$ dans II, 249 encore nécessite les mêmes intégrales auxiliaires, et l'on trouve:

$$\int_0^\infty \frac{x\,Sin.px\,dx}{(1^2+x^2)(3^2+x^2)\ldots\{(2a+1)^2+x^2\}} = \frac{(-1)^a\pi}{2^{2a}1^{2a+1/1}}\sum_0^a(-1)^n\binom{2a+1}{n}(2a+1-2n)\,e^{-p(2a+1-2n)},.\text{ (1157)}$$

$$\int_0^\infty \frac{Cos.px\,dx}{x^2(2^2+x^2)(4^2+x^2)\ldots(4a^2+x^2)} = \frac{(-1)^a\pi}{2^{2a+1}\,1^{2a/1}}\sum_0^a(-1)^n\binom{2a}{n}\frac{1}{a-n}e^{-p(2a-2n)}.\text{ (1158)}$$

Page 434.

25. Suivent quelques applications de la formule 291, Partie II. [183].

Soit en premier lieu $\varphi(x) = x$ et $\chi(y) = y$, alors: $\int \frac{dx}{\varphi(x)} + \int \frac{dy}{\chi(y)} = lx + ly = lxy$; de de sorte que suivant la condition (β) f doit être fonction de xy, et par suite:

$$\int_p^q \frac{dy}{y}\{f(by) - f(ay)\} = \int_a^b \frac{dx}{x}\{f(xq) - f(xp)\} \dots\dots\dots\dots (\text{XIII}^a)$$

Pour $p = 0$, $q = \infty$, $f(xy) = e^{-x^r y^r}$ on a $f(xq) = e^{-\infty} = 0$, $f(xp) = e^{-0} = 1$, et par conséquent:

$$\int_0^\infty \frac{dy}{y}\{e^{-b^r y^r} - e^{-a^r y^r}\} = \int_a^b \frac{dx}{x}(-1) = -\int_a^b \frac{dx}{x} = -l\frac{b}{a} = l\frac{a}{b}, (1159), \{\text{pour } r=1\ (\text{T.127, N}^\circ.4)\}. [184].$$

Pour $p = 0$, $q = \infty$, $f(xy) = Arctg.((xy))$, on a $f(xq) = Arctg.((+\infty)) = (r + \frac{1}{2})\pi$, $f(xp) =$ $= Arctg.((q)) = r\pi$, donc:

$$\int_0^\infty \frac{dy}{y}\{Arctg.((by)) - Arctg.((ay))\} = \int_a^b \frac{dx}{x}\{(r + \tfrac{1}{2})\pi - r\pi\} = \tfrac{1}{2}\pi\int_a^b \frac{dx}{x} = \frac{\pi}{2} l\frac{b}{a} \dots (1160)$$

Pour $p = 0$, $q = \infty$, $f(xy) = Arctg.((q + xy))$, on a $f(xq) = Arctg.((+\infty)) = (r + \frac{1}{2})\pi$, $f(xp) =$ $= Arctg.((q))$, donc:

$$\int_0^\infty \frac{dy}{y}\{Arctg.((q + by)) - Arctg.((q + ay))\} = \int_a^b \frac{dx}{x}\{(r + \tfrac{1}{2})\pi - Arctg.((q))\} = (\tfrac{1}{2}\pi - Arctg.\,q)\, l\frac{b}{a} =$$

$$= Arccot.\,q.\,l\frac{b}{a} \dots\dots\dots\dots (1161)$$

Pour $p = 0$, $q = \infty$, $f(xy) = Arctg.((l[xy]))$, on a $f(xq) = Arctg.((\infty)) = (r + \frac{1}{2})\pi$, $f(xp) =$ $= Arctg.((-\infty)) = (r - \frac{1}{2})\pi$, donc:

$$\int_0^\infty \frac{dy}{y}\{Arctg.((l[by])) - Arctg.((l[ay]))\} = \int_a^b dx\,\left[(r + \tfrac{1}{2})\pi - (r - \tfrac{1}{2})\pi\right] = \pi\, l\frac{b}{a} \dots\dots (1162)$$

Lorsqu'on a $f(xy) = Arctg.((r + sl[xy]))$, les $f(xq)$ et $f(xp)$ ne changent pas: par conséquent de même:

$$\int_0^\infty \frac{dy}{y}\{Arctg.((r + sl[by])) - Arctg.((r + sl[ay]))\} = \pi\, l\frac{b}{a} \dots\dots\dots\dots (1163)$$

Pour $p = 0$, $q = \infty$, $f(xy) = Arctg.((e^{xy}))$, on a $f(xq) = Arctg.((e^\infty)) = Arctg.(\infty) = (r + \frac{1}{2})\pi$, $Arctg.((e^0)) = Arctg.((1)) = (r + \frac{1}{4})\pi$, donc:

---

[183] Voir l'addition A à la fin de cet ouvrage.

[184] Comme on trouve aussi Méth. 9, N°. 22, Méth. 10, N°. 14 et Méth. 18, N°. 5. Page 435.

$$\int_0^\infty \frac{dy}{y}\{Arctg.((e^{by}))-Arctg.((e^{ay}))\}=\int_a^b \frac{dx}{x}\{(r+\tfrac{1}{2})\pi-(r+\tfrac{1}{4})\pi\}=\tfrac{1}{4}\pi\, l\frac{b}{a}.\ [185]\ldots(1164)$$

Lorsqu'on a $f(xy)=Arctg.((q+e^{xy}))$, on a de même $f(xq)=(r+\frac{1}{2})\pi$ et $f(xp)=Arctg.((q+1))+r\pi$, donc:

$$\int_0^\infty \frac{dy}{y}\{Arctg.((q+e^{by}))-Arctg.((q+e^{ay}))\}=\{\tfrac{1}{2}\pi-Arctg.(q+1)\}\, l\frac{b}{a}=Arccot.(q+1).\, l\frac{b}{a}.(1165)$$

Pour $p=0$, $q=\infty$, $f(xy)=e^{Arctg.((xy))}$, on a $f(qx)=e^{(r+\frac{1}{2})\pi}$, $f(px)=e^{r\pi}$, donc:

$$\int_0^\infty \frac{dy}{y}\{e^{Arctg.((by))}-e^{Arctg.((ay))}\}=\int_a^b \frac{dx}{x}\{e^{(r+\frac{1}{2})\pi}-e^{r\pi}\}=e^{r\pi}(e^{\frac{1}{2}\pi}-1)\, l\frac{b}{a}\ \ldots\ldots(1166)$$

Enfin pour $p=0$, $q=\infty$, $f(xy)=\dfrac{p+qe^{-xy}}{re^{xy}+s+te^{-xy}}$, où le p et le q dans le numérateur n'ont aucune relation avec le p et le q dans le théorème employé, on a $f(qx)=\dfrac{p}{\infty}=0$, $f(px)=\dfrac{p+q}{r+s+t}$, donc:

$$\int_0^\infty \frac{dy}{y}\left\{\frac{p+qe^{-bx}}{re^{bx}+s+te^{-bx}}-\frac{p+qe^{-ax}}{re^{ax}+s+te^{-ax}}\right\}=\int_a^b \frac{dx}{x}\left(-\frac{p+q}{r+s+t}\right)=\frac{p+q}{r+s+t}\, l\frac{a}{b}\ \ldots(1167)$$

26. Quant aux formules (295) et (296), [186], supposons dans la dernière $f(u)=\dfrac{1}{e^u-e^{-u}}$, alors il vient:

$$\int_0^\infty \frac{dx}{x}\left\{\frac{q}{e^{qx}-e^{-qx}}-\frac{p}{e^{px}-e^{-px}}\right\}=(q-p)\int_0^\infty \frac{du}{u}\,\frac{d.}{du}\cdot\frac{u}{e^u-e^{-u}}=(q-p)\int_0^\infty \frac{du}{u}\,\frac{d}{du}\cdot\left\{\frac{u}{e^u-e^{-u}}-A\right\}=$$

$$=(q-p)\left[\frac{1}{u}\left(\frac{u}{e^u-e^{-u}}-A\right)\right\}_0^\infty+\int_0^\infty \frac{du}{u^2}\left\{\frac{u}{e^u-e^{-u}}-A\right\}\Bigg]\ \ldots\ldots\ldots(\alpha)$$

Nous y avons introduit la constante A avant l'intégration par parties afin de mettre le terme intégré sous a forme $\frac{0}{0}$ pour la limite 0 de u; à cet effet il faut que A soit la valeur de $\dfrac{u}{e^u-e^{-u}}$ pour $u=0$; ce terme se présente ici lui-même sous la forme $\frac{0}{0}$, donc il faut le remplacer selon les règles ordinaires par la valeur $\dfrac{1}{e^u+e^{-u}}$, qui devient $\frac{1}{2}$ pour $u=0$; donc $A=\frac{1}{2}$ et l'équation (α) devient:

$$\int_0^\infty \frac{dx}{x}\left(\frac{q}{e^{qx}-e^{-qx}}-\frac{p}{e^{px}-e^{-px}}\right)=(q-p)\left[\frac{1}{u}\left(\frac{u}{e^u-e^{-u}}-\tfrac{1}{2}\right)\right\}_0^\infty+\int_0^\infty \frac{du}{u^2}\left\{\frac{u}{e^u-e^{-u}}-\tfrac{1}{2}\right\}\Bigg].$$

---

[185] Sur une expression un peu moins générale voyez Méth. 5, N$^{\circ}$. 13.

[186] Voir l'Addition A à la fin de l'ouvrage.
Page 436.

Maintenant pour $u = \infty$ le terme intégré devient $\frac{1}{e^u - e^{-u}} - \frac{1}{2u} = 0 - 0 = 0$; pour $u = 0$ il devient indéterminé, donc comme d'ordinaire:

$$\frac{\frac{u}{e^u - e^{-u}} - \frac{1}{2}}{u} = \frac{0}{0} = \frac{\frac{1}{e^u - e^{-u}} - \frac{u(e^u + e^{-u})}{(e^u - e^{-u})^2}}{1} = \frac{e^u - e^{-u} - u(e^u + e^{-u})}{(e^u - e^{-u})^2} = \frac{0}{0} =$$

$$= \frac{e^u + e^{-u} - (e^u + e^{-u}) - u(e^u - e^{-u})}{2(e^u - e^{-u})(e^u + e^{-u})} = \frac{-u}{2(e^u + e^{-u})} = 0.$$

L'intégrale définie dernière a pour valeur $-\frac{1}{2} l 2$, [187], donc:

$$\int_0^\infty \frac{dx}{x} \left(\frac{q}{e^{qx} - e^{-qx}} - \frac{p}{e^{px} - e^{-px}} \right) = (q - p)\left[0 - \tfrac{1}{2} l 2\right] = \tfrac{1}{2}(p - q) l 2 \ldots \quad (1169)$$

SECTION TROISIÈME.

METHODES, QUI RAMÈNENT À DES INTÉGRALES DÉFINIES DOUBLES.

---

§ 1. MÉTHODE 18. REMPLACEMENT D'UN FACTEUR PAR UNE INTÉGRALE DÉFINIE.

1. Cette méthode est due à Cauchy, qui dans son „Mémoire sur diverses formules relatives „à la théorie des intégrales définies et sur la conversion des différences finies des puissances en

---

[187] Car on a l'équation identique: $\int_0^\infty \frac{du}{u^2} \left\{ \frac{u}{e^u - e^{-u}} - \frac{1}{2} \right\} = -\frac{1}{2} \int_0^\infty \frac{du}{u} (e^{-u} - e^{-2u}) +$ $+ \int_0^\infty \frac{du}{u} \left\{ \frac{1}{e^u - 1} - \frac{1}{u} + \frac{1}{2} e^{-u} \right\} - \int_0^\infty \frac{du}{u} \left\{ \frac{1}{e^{2u} - 1} - \frac{1}{2u} + \frac{1}{2} e^{-2u} \right\}$. Or, lorsque dans la dernière intégrale on prend $2u = v$, on acquiert la deuxième intégrale précisément; donc suivant Méth. 9, N°. 22:

$$\int_0^\infty \frac{dx}{x^2} \left(\frac{x}{e^x - e^{-x}} - \frac{1}{2} \right) = -\frac{1}{2} \int_0^\infty \frac{du}{u} (e^{-u} - e^{-2u}) = -\frac{1}{2} l 2 \ldots \ldots \quad (1168)$$

Page 437.

„intégrales de cette espèce," [188] en traite au long. Après avoir donné une exposition de la méthode, nous allons le suivre dans les diverses applications qu'il en fait: nous y ajouterons des exemples nouveaux, mais il faut observer la circonstance remarquable, qu'ils entrent presque tous dans le cadre tracé par CAUCHY. Les considérations suivantes servent de base à cette méthode.

Lorsque dans quelque intégrale définie:

$$\int_p^q f(x).\,\mathrm{F}(x)\,dx, \quad \ldots\ldots\ldots\ldots \quad (a)$$

il est possible de décomposer la fonction à intégrer en deux facteurs, de telle sorte que l'un des facteurs $\mathrm{F}(x)$ p. e. constitue la valeur de quelque intégrale définie connue, c'est-à-dire, que l'on ait:

$$\mathrm{F}(x) = \int_p^q \varphi(y,x)\,dy, \quad \ldots\ldots\ldots\ldots \quad (b)$$

où dans la fonction φ l'argument x doit nécessairement entrer comme constante, — on peut écrire l'équation identique:

$$\int_a^b f(x).\,\mathrm{F}(x)\,dx = \int_a^b f(x)\,dx \int_p^q \varphi(y,x)\,dy. \quad \ldots\ldots\ldots\ldots \quad (c)$$

Maintenant supposons que l'intégrale double soit de telle nature, que la fonction $f(x).\,\varphi(y,x)$ ne devienne discontinue pour aucune valeur de x et de y, située entre les limites respectives a et b, p et q: dès-lors il est permis, selon la Partie Première N°. 44, de changer l'ordre des intégrations; par conséquent:

$$\int_a^b f(x).\,\mathrm{F}(x)\,dx = \int_p^q dy \int_a^b \varphi(y,x).\,f(x)\,dx. \quad \ldots\ldots\ldots\ldots \quad (d)$$

Ensuite il est nécessaire pour le succès de notre méthode, que l'on connaisse la valeur de la dernière intégrale par rapport à x. Soit donc:

$$\int_a^b \varphi(y,x).\,f(x)\,dx = \chi(a,b,y), \ \ldots (e), \quad \text{et par suite} \quad \int_a^b f(x).\,\mathrm{F}(x)\,dx = \int_p^q \chi(a,b,y)\,dy \ \ldots (f)$$

Or, il se peut en premier lieu que la dernière intégrale par rapport à y soit connue, et dans ce cas on a évalué la première primitive; mais il se peut aussi, que l'on ne connaisse pas la valeur de cette deuxième intégrale par rapport à y: dès-lors l'équation (f) ne sera qu'une relation entre deux intégrales définies, mais dans ce cas même elle peut être d'un grand interêt et servir auprès de quelque autre réduction d'intégrales définies. — On voit qu'il y a beaucoup de conditions à

---

[188] Ce Mémoire, présenté à l'Académie des Sciences le 3 Janvier 1815, n'a été imprimé qu'en 1841 dans le 28me Cahier de Journal de l'Ecole Polytechnique, p. 147—248, où les cinquante premières pages sont consacrées à l'étude de la méthode en question.

réaliser pour l'emploi utile de cette méthode, mais on verra aussi dans la suite les résultats heureux, auxquels elle donne lieu: en effet, c'est une des méthodes qu'on pourra souvent appliquer avec le plus de succès: son sphère d'action s'élargira d'autant plus qu'on connaîtra plus d'évaluations d'intégrales définies, exprimées sous une forme finie et simple.

2. Passons maintenant aux applications de CAUCHY, que nous exposerons pourtant d'une manière un peu différente. Soit en premier lieu [189] $F(x)=\dfrac{1}{\{F_1(x)\}^p}$, et, suivant Méth. 3, N°. 7,

$$\frac{1}{\{F_1(x)\}^p}=\frac{1}{\Gamma(p)}\int_0^\infty y^{p-1}e^{-yF_1(x)}dy,\text{ donc: }\int_a^b\frac{f(x)\,dx}{\{F_1(x)\}^p}=\frac{1}{\Gamma(p)}\int_0^\infty y^{p-1}dy\int_a^b f(x)\,e^{-yF_1(x)}dx,\ .\ (\text{XIV})$$

relation, basée sur la continuité de la fonction $y^{p-1}e^{-yF_1(x)}f(x)$ pour toute valeur positive de y et toute valeur de x entre les limites a et b.

Pour $F_1(x)=x$, et $f(x)=e^{-qx}$ elle donne:

$$\int_a^b\frac{e^{-qx}dx}{x^p}=\frac{1}{\Gamma(p)}\int_0^\infty y^{p-1}dy\int_a^b e^{-qx}e^{-yx}dx=\frac{1}{\Gamma(p)}\int_0^\infty\left\{e^{-(q+y)a}-e^{-(q+y)b}\right\}\frac{y^{p-1}dy}{q+y}.$$

En outre supposons $a=0$, $b=\infty$, afin d'obtenir une intégrale connue; dès-lors:

$$\int_0^\infty\frac{e^{-qx}dx}{x^p}=\frac{1}{\Gamma(p)}\int_0^\infty(1-0)\frac{y^{p-1}dy}{q+y}=\frac{1}{\Gamma(p)}q^{p-1}\Gamma(p)\Gamma(1-p)=q^{p-1}\Gamma(1-p),p<1,\ .\ (1170)$$

{pour $q=1$: T. 126, N°. 9}, d'après Méth. 4, N°. 6. [190].

Prenons $1-p$ au lieu de p, et il vient: $\displaystyle\int_0^\infty e^{-qx}x^{p-1}dx=\frac{1}{q^p}\Gamma(p)$, $p<1$. (T. 113, N°. 5). [191].

Comme la formule employée vaut encore pour un q imaginaire, celle que l'on vient de trouver a la même propriété; remplaçons donc q par $q\pm ri$, alors on a: $\displaystyle\int_0^\infty e^{-(q\pm ri)x}x^{p-1}dx=(q\pm ri)^{-p}\Gamma(p),p<1$, (T. 113, N°. 17). [192]. Séparons encore les parties réelles et les parties imaginaires et il vient:

---

[189] Voyez CAUCHY, Journal de l'École Polyt., Cah. 27, p. 147. Partie I, § 2. P. 152—175.

[190] Par la substitution de $e^{-x}=y$, elle donne:

$$\int_0^1\frac{y^{q-1}dy}{\left(l\frac{1}{y}\right)^p}=q^{p-1}\Gamma(1-p),\ (p<1).\ \ldots\ldots\ (1171)$$

[191] Déjà déduite Méth. 3, N°. 7.

[192] Intégrale que l'on trouvera déduite d'une autre manière Méth. 24, N°. 6.

$$\int_0^\infty e^{-qx} Cos.rx.x^{p-1}dx = \frac{(q-ri)^{-p}+(q+ri)^{-p}}{2}\Gamma(p), \int_0^\infty e^{-qx} Sin.rx.x^{p-1}dx = \frac{(q-ri)^{-p}-(q+ri)^{-p}}{2i}\Gamma(p),$$

(T. 386, N°. 18 et 14), $(p<1)$; valeurs qui ne sont imaginaires qu'en apparence, et que nous trouverons à l'instant sous une autre forme.

3. Pour $F_1(x) = q + x$ et $f(x) = x^{r-1}e^{-sx}$, $a = 0$, $b = \infty$ la formule XIV fournit:

$$\int_0^\infty \frac{x^{r-1}e^{-sx}dx}{(q+x)^p} = \frac{1}{\Gamma(p)}\int_0^\infty y^{p-1}dy\int_0^\infty x^{r-1}e^{-sx}e^{-y(q+x)}dx = \frac{1}{\Gamma(p)}\int_0^\infty e^{-yq}y^{p-1}dy\int_0^\infty x^{r-1}e^{-(s+y)x}dx =$$

$$= \frac{1}{\Gamma(p)}\int_0^\infty e^{-yq}y^{p-1}dy\frac{\Gamma(r)}{(s+y)^r}, \text{ (suivant Méth. 3, N°. 7), } = \frac{\Gamma(r)}{\Gamma(p)}\int_0^\infty \frac{e^{-qy}y^{p-1}dy}{(s+y)^r}.$$ Cette dernière intégrale est de la même forme que l'intégrale primitive, et de ce côté-là elle ne nous apprend rien: mais en revanche elle fournit une propriété bien curieuse de cette intégrale quant au changement des lettres r et p, q et s.

Soit encore $F_1(x) = x$ et $f(x) = e^{-qx} Sin.rx$ ou $f(x) = e^{-qx} Cos.rx$ successivement, alors il vient, quand on prend $a = 0$, $b = \infty$:

$$\int_0^\infty \frac{e^{-qx} Sin.rx\,dx}{x^p} = \frac{1}{\Gamma(p)}\int_0^\infty y^{p-1}dy\int_0^\infty e^{-(q+y)x} Sin.rx\,dx = \frac{1}{\Gamma(p)}\int_0^\infty y^{p-1}dy\frac{r}{r^2+(q+y)^2} =$$

$$= \frac{\pi}{\Gamma(p)}\frac{(q^2+r^2)^{\frac{1}{2}(p-1)}}{Sin.p\pi} Sin.\left\{(1-p) Arctg.\frac{r}{q}\right\}, \quad \ldots\ldots\ldots\ldots \quad (1172)$$

$$\int_0^\infty \frac{e^{-qx} Cos.rx\,dx}{x^p} = \frac{1}{\Gamma(p)}\int_0^\infty y^{p-1}dy\int_0^\infty e^{-(q+y)x} Cos.rx\,dx = \frac{1}{\Gamma(p)}\int_0^\infty y^{p-1}dy\frac{q+y}{r^2+(q+y)^2} =$$

$$= \frac{\pi}{\Gamma(p)}\frac{(q^2+r^2)^{\frac{1}{2}(p-1)}}{Sin.p\pi} Cos.\left\{(1-p) Arctg.\frac{r}{q}\right\}, \; p<1; \quad \ldots\ldots \quad (1173)$$

où les premières réductions ont eu lieu suivant Méth. 4, N°. 11, et les secondes suivant Méth. 27, N°. 4. Remplaçons encore p par $1-p$, il vient: $\int_0^\infty e^{-qx} Sin.rx.x^{p-1}dx = \frac{\Gamma(p)}{(q^2+r^2)^{\frac{1}{2}p}} Sin.\left(p\,Arctg.\frac{r}{q}\right)$,

$\int_0^\infty e^{-qx} Cos.rx.x^{p-1}dx = \frac{\Gamma(p)}{(q^2+r^2)^{\frac{1}{2}p}} Cos.\left(p\,Arctg.\frac{r}{q}\right)$, (T. 386, N°. 12 et 13), [193] lorsqu'on a égard à la formule (B) Méth. 4, N°. 6: et voilà les expressions, annoncées au N°. 2.

4. Soit dans le théorème XIV, $p = 1$, $f(x) = Cos.px$, $F_1(x) = q^2 + x^2$, $a = 0$, $b = \infty$,

---

[193] Voyez en outre Méth. 3, N°. 7, Méth. 26, N°. 2, et Méth. 33, N°. 5.

alors: $\int_0^\infty \frac{Cos.px\,dx}{q^2+x^2} = \int_0^\infty dy \int_0^\infty Cos.px\,e^{-(q^2+x^2)y}\,dy = \int_0^\infty e^{-q^2y}\,dy \int_0^\infty Cos.px\,e^{-yx^2}\,dx =$

$= \int_0^\infty e^{-q^2y}\,dy \frac{1}{2} e^{-\frac{p^2}{4y}} \sqrt{\frac{\pi}{y}} = \frac{1}{2}\sqrt{\pi}.\int_0^\infty e^{-\left(q^2y+\frac{p^2}{4y}\right)} \frac{dy}{\sqrt{y}} = \frac{1}{2}\sqrt{\pi}\frac{\sqrt{\pi}}{q} e^{-pq} = \frac{\pi}{2q} e^{-pq}$, (T. 205, N°. 5), [194], où l'on a employé Méth. 23, N°. 23 pour la première réduction, et Méth. 17, N°. 18 pour la seconde.

5. Prenez encore dans la même formule XIV, $p = 1$, $f(x) = Cos.qx - e^{-px}$, $F_1(x) = x$, $a = 0$, $b = \infty$; il vient: $\int_0^\infty (Cos.qx - e^{-px})\frac{dx}{x} = \int_0^\infty dy \int_0^\infty \{e^{-yx}\,Cos.qx - e^{-(p+y)x}\}\,dx$. Remarquons que dans la première intégrale au premier membre les deux termes sont séparément infinis, de sorte qu'il n'aurait pas été permis d'y faire une substitution différente, selon ce qui a été dit à ce sujet Méth. 8, N°. 21; dans l'intégrale au second membre par rapport à x, cette circonstance n'a plus lieu: le premier terme est connu par Méth. 4, N°. 11, le second par Méth. 1, N°. 9; donc: $\int_0^\infty (Cos.qx - e^{-px})\frac{dx}{x} = \int_0^\infty dy \left(\frac{y}{q^2+y^2} - \frac{1}{p+y}\right)$. Comme l'on aurait pu s'y attendre, l'intégrale se compose de nouveau de deux termes à valeur infinie: mais ici ils se prêtent à l'intégration indéfinie; d'où:

$$\int_0^\infty (Cos.qx - e^{-px})\frac{dx}{x} = \int_0^\infty \left\{\frac{1}{2}d.l(q^2+y^2) - d.l(p+y)\right\} = \frac{1}{2}\int_0^\infty d.l\frac{(p+y)^2}{q^2+y^2} =$$

$$= \frac{1}{2}\left\{l1 - l\frac{q^2}{p^2}\right\} = \frac{1}{2}l\frac{p^2}{q^2}.\ [195]. \qquad (1174)$$

---

[194] Voyez sur des autres déductions Méth. 5, N°. 8, ci-après N°. 8, Méth. 24, N°. 4, Méth. 25, N°. 2, Méth. 38, N°. 3, Méth. 42, N°. 2, Méth. 43, N°. 14. On en déduit encore suivant Méth. 6, N°. 5: $\int_0^\infty Sin.rx \frac{dx}{x(q^2+x^2)} = \frac{1}{q^2}\int_0^\infty Sin.rx\,dx \left\{\frac{1}{x} - \frac{x}{q^2+x^2}\right\} = \frac{\pi}{2q^2}(1-e^{-qr})$, (T. 212, N°. 12), dont on trouvera une autre déduction Méth. 25, N°. 2, Méth. 43, N°. 14.

[195] Écrivons successivement r pour q et pour p, et soustrayons ces résultats de l'intégrale (1174), il vient: $\int_0^\infty (Cos.qx.-Cos.rx)\frac{dx}{x} = \frac{1}{2}l\frac{r^2}{q^2}$, (T. 196, N°. 2), $\int_0^\infty (e^{rx} - e^{px})\frac{dx}{x} = \frac{1}{2}l\frac{p^2}{r^2}$, (T. 127, N°. 4), comme on a déjà trouvé Méth. 9, N°. 22 et Méth. 9, N°. 22, Méth. 10, N°. 14, respectivement.

6. Pour $f(x) = Cos.qx$, $F_1(x) = x$, $a = 0$, $b = \infty$, le théorème XIV fournit les équations:

$$\int_0^\infty \frac{Cos.qx\,dx}{x^p} = \frac{1}{\Gamma(p)}\int_0^\infty y^{p-1}\,dy\int_0^\infty e^{-yx}Cos.qx\,dx = \frac{1}{\Gamma(p)}\int_0^\infty y^{p-1}\,dy\frac{y}{q^2+y^2} = \frac{\pi\, q^{p-1}}{2Cos.\frac{1}{2}p\pi.\Gamma(p)}, 1>p>-1;$$

(T. 201, N°. 6).

$$\int_0^\infty \frac{Sin.qx\,dx}{x^p} = \frac{1}{\Gamma(p)}\int_0^\infty y^{p-1}\,dy\int_0^\infty e^{-yx}\,Sin.px\,dx = \frac{1}{\Gamma(p)}\int_0^\infty y^{p-1}\,dy\,\frac{q}{q^2+y^2} = \frac{\pi\, q^{p-1}}{2Sin.\frac{1}{2}p\pi.\Gamma(p)}, 2>p>0;$$

(T. 200, N°. 7).

Dans les réductions premières on a employé les intégrales de Méth. 4, N°. 11, et dans les secondes la (201) de Méth. 1, N°. 29; c'est la dernière, qui a introduit les restrictions quant à la valeur de p. Lorsque dans ces intégrales on suppose $p = 1 - p$, on trouve, par l'intermédiaire de l'équation (B) Méth. 4, N°. 6:

$$\int_0^\infty x^{p-1}\,Cos.qx\,dx = \frac{Cos.\frac{1}{2}p\pi}{q^p}\Gamma(p),\quad \int_0^\infty x^{p-1}\,Sin.qx\,dx = \frac{Sin.\frac{1}{2}p\pi}{q^p}\Gamma(p),\ \text{(T. 193, N°. 15, 14)},$$

formules, qui donnent encore pour $p = \frac{1}{2}$: $\int_0^\infty Cos.qx\frac{dx}{\sqrt{x}} = \sqrt{\frac{\pi}{2q}}$, $\int_0^\infty Sin.qx\frac{dx}{\sqrt{x}} = \sqrt{\frac{\pi}{2q}}$. (T.224, N° 4,5).

Substituez-y: $x = y^2$, il vient: $\int_0^\infty Cos.(qx^2)\,dx = \frac{1}{2}\sqrt{\frac{\pi}{2q}}$, $\int_0^\infty Sin.(qx^2)\,dx = \frac{1}{2}\sqrt{\frac{\pi}{2q}}$. (T. 96, N°. 10, 9).

Prenez-y encore $x = -y$, la somme des deux intégrales analogues fournit:

$$\int_{-\infty}^\infty Cos.(qx^2)\,dx = \sqrt{\frac{\pi}{2q}} = \int_{-\infty}^\infty Sin.(qx^2)\,dx.\ \text{(T. 100, N°. 4, 3)}.$$

Lorsque maintenant on suppose $x = y \pm \frac{p}{q}$, les limites de y resteront $-\infty$ et ∞, et l'on obtient:

$$\int_{-\infty}^\infty Cos.\left(qx^2 \pm 2px + \frac{p^2}{q}\right)dx,\ .\ (1175),\ = \sqrt{\frac{\pi}{2q}} = \int_{-\infty}^\infty Sin.\left(qx^2 \pm 2px + \frac{p^2}{q}\right)dx\ \ .\ .\ (1176)$$

Retournons de nouveau aux limites 0 et ∞, en divisant la distance des limites en deux parties, l'une de 0 à ∞, l'autre de $-\infty$ à 0, et en substituant dans la dernière intégrale pour les deux cas $x = -y$: alors les deux intégrales partielles deviennent identiquement égales, puisque le signe $\pm$ ne se trouve plus dans la valeur des intégrales (1175) et (1176). Donc:

$$\int_0^\infty Cos.\left(qx^2 \pm 2px + \frac{p^2}{q}\right)dx,\ .\ (1177),\ = \frac{1}{2}\sqrt{\frac{\pi}{2q}} = \int_0^\infty Sin.\left(qx^2 \pm 2px + \frac{p^2}{q}\right)dx.\ .\ (1178)$$

Séparons les signes doubles et prenons la somme et la différence des intégrales analogues:

$$\int_0^\infty Cos.\left(qx^2+\frac{p^2}{q}\right).Cos.2px\,dx,\ .\ (1179),\ =\frac{1}{2}\sqrt{\frac{\pi}{2q}}=\int_0^\infty Sin.\left(qx^2+\frac{p^2}{q}\right).Cos.2px\,dx,\ .\ (1180),$$

$$\int_0^\infty Sin.\left(qx^2+\frac{p^2}{q}\right).Sin.2px\,dx,..(1181),\ =0=\int_0^\infty Cos.\left(qx^2+\frac{p^2}{q}\right).Sin.2px\,dx.\ [196]\ .\ .\ (1182)$$

---

[196] Les intégrales (1179) et (1180) pour $q=1$ se trouvent (T. 97, N'. 12, 11). Multiplions encore (1177) et (1178) par $Cos.\left(\frac{p^2}{q}\right)$ et $Sin.\left(\frac{p^2}{q}\right)$ ou par $-Sin.\left(\frac{p^2}{q}\right)$ et $Cos.\left(\frac{p^2}{q}\right)$ respectivement, la somme des résultats nous fournit:

$$\int_0^\infty Cos.(qx^2\pm 2px)\,dx=\left\{Cos.\left(\frac{p^2}{q}\right)+Sin.\left(\frac{p^2}{q}\right)\right\}\frac{1}{2}\sqrt{\frac{\pi}{2q}},\ .\ .\ .\ .\ .\ .\ .\ (1183)$$

$$\int_0^\infty Sin.(qx^2\pm 2px)\,dx=\left\{Cos.\left(\frac{p^2}{q}\right)-Sin.\left(\frac{p^2}{q}\right)\right\}\frac{1}{2}\sqrt{\frac{\pi}{2q}}.\ .\ .\ .\ .\ .\ .\ .\ (1184)$$

Séparons les signes doubles, et prenons la somme et la différence des intégrales analogues, il vient:

$$\int_0^\infty Sin.(qx^2).Sin.2px\,dx,\ .\ .\ .\ .\ .\ .\ (1185),\ =0=\int_0^\infty Cos.(qx^2).Sin.2px\,dx\ .\ .\ .\ .\ .\ .\ (1186)$$

$$\int_0^\infty Cos.(qx^2).Cos.2px\,dx=\left\{Cos.\left(\frac{p^2}{q}\right)+Sin.\left(\frac{p^2}{q}\right)\right\}\frac{1}{2}\sqrt{\frac{\pi}{2q}},\ \int_0^\infty Sin.(qx^2).Cos.2px\,dx=$$

$$=\left\{Cos.\left(\frac{p^2}{q}\right)-Sin.\left(\frac{p^2}{q}\right)\right\}\frac{1}{2}\sqrt{\frac{\pi}{2q}}.\ \text{(T. 97, N°. 16, 15).}$$

Différentions ces dernières intégrales par rapport à p, nous aurons:

$$\int_0^\infty Cos.(qx^2).Sin.2px.x\,dx=\left\{Sin.\left(\frac{p^2}{q}\right)-Cos.\left(\frac{p^2}{q}\right)\right\}\frac{p}{2q}\sqrt{\frac{\pi}{2q}},\ .\ .\ .\ .\ .\ (1187)$$

$$\int_0^\infty Sin.(qx^2).Sin.2px.x\,dx=\left\{Sin.\left(\frac{p^2}{q}\right)+Cos.\left(\frac{p^2}{q}\right)\right\}\frac{p}{2q}\sqrt{\frac{\pi}{2q}},.(1188);\ \text{(pour } q=1\text{: T. 193, N°. 18, 17);}$$

d'où pour $x^2=y$ encore:

$$\int_0^\infty Cos.qx.Sin.(2p\sqrt{x})\,dx=\left\{Sin.\left(\frac{p^2}{q}\right)-Cos.\left(\frac{p^2}{q}\right)\right\}\frac{p}{q}\sqrt{\frac{\pi}{2q}},\ .\ .\ .\ .\ .\ (1189)$$

$$\int_0^\infty Sin.qx.Sin.(2p\sqrt{x})\,dx=\left\{Sin.\left(\frac{p^2}{q}\right)+Cos.\left(\frac{p^2}{q}\right)\right\}\frac{p}{q}\sqrt{\frac{\pi}{2q}},.(1190);\ \text{(pour } q=1\text{: T. 99, N'. 2, 1).}$$

Page 443.

7. Pour $f(x)=\frac{1}{1+x^2}$, $F_1(x)=q-rxi$, $a=-\infty$, $b=+\infty$, on a par le théorème XIV:

$$\int_{-\infty}^{\infty}\frac{1}{1+x^2}\frac{dx}{(q-rxi)^p}=\frac{1}{\Gamma(p)}\int_0^{\infty}y^{p-1}dy\int_{-\infty}^{\infty}\frac{1}{1+x^2}e^{-y(q-rxi)}dx=\frac{1}{\Gamma(p)}\int_0^{\infty}e^{-qy}y^{p-1}dy\int_{-\infty}^{\infty}e^{rxyi}\frac{dx}{1+x^2}=$$

$$=\frac{1}{\Gamma(p)}\int_0^{\infty}e^{-qy}y^{p-1}dy.\pi e^{-ry},[197],=\frac{1}{\Gamma(p)}\frac{\pi\Gamma(p)}{(q+r)^p}=\frac{\pi}{(q+r)^p}.\ (1191).\ (\text{pour } q=1: \text{T. 30, N°. 7}).$$

8. Pour la deuxième application de Cauchy [198], il faut se servir des deux intégrales, trouvées au N°. 2, et supposer $F(x)=\frac{(q-xi)^{-p}+(q+xi)^{-p}}{2}=\frac{1}{\Gamma(p)}\int_0^{\infty}e^{-qy}Cos.xy.y^{p-1}dy$, ou $F(x)=\frac{(q-xi)^{-p}-(q+xi)^{-p}}{2i}=\frac{1}{\Gamma(p)}\int_0^{\infty}e^{-qy}Sin.xy.y^{p-1}dy$, de sorte que la méthode nous donne:

$$\int_a^b\frac{(q-xi)^{-p}+(q+xi)^{-p}}{2}f(x)dx=\frac{1}{\Gamma(p)}\int_0^{\infty}e^{-qy}y^{p-1}dy\int_a^b Cos.xy.f(x)dx,\ \ldots\ (XV)$$

et
$$\int_a^b\frac{(q-xi)^{-p}-(q+xi)^{-p}}{2i}f_1(x)dx=\frac{1}{\Gamma(p)}\int_0^{\infty}e^{-qy}y^{p-1}dy\int_a^b Sin.xy.f_1(x)dx.\ \ldots\ (XVI)$$

Soit à présent $a=0$, $b=\infty$, $f(x)=e^{-sx}Cos.rx$ et $f_1(x)=e^{-sx}Sin.rx$, et nommons les intégrales correspondantes I_1 et I_2. Leur combinaison par voie d'addition et de soustraction donnera lieu à l'équation unique, plus facile à traiter: $I_1\pm I_2=\frac{1}{\Gamma(p)}\int_0^{\infty}e^{-qy}y^{p-1}dy\int_0^{\infty}\{Cos.xy.f(x)\pm Sin.xy.f_1(x)\}dx=$

$$=\frac{1}{\Gamma(p)}\int_0^{\infty}e^{-qy}y^{p-1}dy\int_0^{\infty}e^{-sx}Cos.(xy\mp rx)dx=\frac{1}{\Gamma(p)}\int_0^{\infty}e^{-qy}y^{p-1}dy\frac{s}{s^2+(y\mp r)^2},$$

suivant Méth. 4, N°. 11. Maintenant séparons de nouveau les intégrales I_1 et I_2, nous aurons:

---

[197] Car substituons dans l'intégrale du N°. 4 pi pour p, alors: $\frac{\pi}{q}e^{-pqi}=\int_0^{\infty}\frac{e^{px}+e^{-px}}{q^2+x^2}dx=$ $=\int_0^{\infty}\frac{e^{px}dx}{q^2+x^2}+\int_0^{\infty}\frac{e^{-px}dx}{q^2+x^2}$. Prenons dans la dernière des intégrales partielles $x=-y$, et il vient, après y avois mis $-pi$ au lieu de p: $\frac{\pi}{q}e^{-pq}=\int_{-\infty}^{\infty}\frac{e^{-pxi}dx}{q^2+x^2}$. (T. 147, N°. 10).

[198] Voyez Cauchy, Journal de l'École Polytechnique, Cah. 27, p. 147. Partie I., § 3, p. 175—185. Page 444.

$$\mathrm{I}_1 = \int_0^\infty \frac{(q-xi)^{-p}+(q+xi)^{-p}}{2} e^{-sx}\, Cos.\, rx\, dx = \frac{s}{2\,\Gamma(p)} \left\{ \int_0^\infty \frac{e^{-qy} y^{p-1}\, dy}{s^2+(y-r)^2} + \int_0^\infty \frac{e^{-qy} y^{p-1}\, dy}{s^2+(y+r)^2} \right\}, \;. \; (a)$$

$$\mathrm{I}_2 = \int_0^\infty \frac{(q-xi)^{-p}-(q+xi)^{-p}}{2i} e^{-sx}\, Sin.\, rx\, dx = \frac{s}{2\Gamma(p)} \left\{ \int_0^\infty \frac{e^{-qy} y^{p-1}\, dy}{s^2+(y-r)^2} - \int_0^\infty \frac{e^{-qy} y^{p-1}\, dy}{s^2+(y+r)^2} \right\}; \;. \; (b)$$

relations, qui ne mènent pas au but d'une évaluation de I_1 et de I_2, puisque les intégrales au second membre ne sont pas généralement exprimables en quantités finies. Il en est autrement, lorsqu'on y suppose s zéro, ce qui y est permis, puisque les intégrales I_1 et I_2 ne deviennent pas infinies pour cette valeur de s. Or, dans ce cas les secondes intégrales s'évanouissent d'après le théorème II de Méth. 16, N°. 4, tandis que, suivant le théorème correspondant III, les premières intégrales auront une valeur différente de zéro, puisque r est moindre que la limite supérieure ∞ de l'intégration: pour la trouver il faut remplacer y par r dans la fonction $\mathrm{F}(e^{-qy} y^{p-1})$. On trouve donc:

$$\int_0^\infty \frac{(q-xi)^{-p}+(q+xi)^{-p}}{2} Cos.\, rx\, dx = \frac{\pi}{2\,\Gamma(p)} e^{-qr} r^{p-1}, \quad \int_0^\infty \frac{(q-xi)^{-p}-(q+xi)^{-p}}{2i} Sin.\, rx\, dx =$$

$$= \frac{\pi}{2\,\Gamma(p)} e^{-qr} r^{p-1}.$$ (T. 213, N°. 12, 11). Pour $p=1$ ces formules donnent de nouveau les intégrales connues (T. 205, N°. 5, 6). [199]. Pour $p=\frac{1}{2}a$ prenons q l'unité, et supposons $x=\frac{1}{2}\left(y-\frac{1}{y}\right)$, d'où $q \pm xi = \frac{1}{4y}\{(y+1)\pm i(y-1)\}^2$, $dx = \left(y+\frac{1}{y}\right)\frac{dy}{2y}$, tandis qu'on voit de suite que cette substitution ne donne lieu à aucun maximum ou minimum de y, et que par conséquent elle est permise. Comme elle donne $y = x \pm \sqrt{(x^2+1)}$, on a deux systèmes de limites pour y: $+1$ et $+\infty$ ou -1 et 0, correspondant aux limites 0 et ∞ de x. Le premier système nous fournit après quelques réductions, lorsqu'on aura pris, comme partout après, $2r$ au lieu de r:

$$\int_1^\infty \frac{\{(x+1)-i(x-1)\}^{-a}+\{(x+1)+i(x-1)\}^{-a}}{2} Cos.\left\{r\left(x-\frac{1}{x}\right)\right\}.\left(x+\frac{1}{x}\right) x^{\frac{1}{2}a-1} dx, \text{(T.236, N°.15)},$$

$$= \frac{\pi}{\Gamma(\frac{1}{2}a)} \frac{e^{-2r}}{2^{\frac{1}{2}a+1}} r^{\frac{1}{2}a-1} = \int_1^\infty \frac{\{(x+1)-i(x-1)\}^{-a}-\{(x+1)+i(x-1)\}^{-a}}{2i} Sin.\left\{r\left(x-\frac{1}{x}\right)\right\}.\left(x+\frac{1}{x}\right) x^{\frac{1}{2}a-1} dx,$$

(T. 235, N°. 14). Le second système aux limites -1 et 0 au contraire nous donne après la substitution de $y=-z$ et quelques réductions:

$$\int_0^1 \frac{\{(1+x)+i(1-x)\}^{-a}+\{(1+x)-i(1-x)\}^{-a}}{2} Cos.\left\{r\left(x-\frac{1}{x}\right)\right\}.\left(x+\frac{1}{x}\right) x^{\frac{1}{2}a-1} dx = \frac{-\pi}{\Gamma(\frac{1}{2}a)} \frac{e^{-2r}}{2^{\frac{1}{2}a+1}} r^{\frac{1}{2}a-1}, \;. \; (1192)$$

[199] Aussi déduites Méth. 5, N°. 8, ci-devant N°. 4, Méth. 24, N°. 4, Méth. 25, N°. 2, Méth. 42, N°. 2, Méth. 43, N°. 14, Méth. 38, N°. 3.

Page 445.

$$=\int_0^1 \frac{\{(1+x)+i(1-x)\}^{-a}-\{(1+x)-i(1-x)\}^{-a}}{2i} Sin.\left\{r\left(x-\frac{1}{x}\right)\right\}.\left(x+\frac{1}{x}\right)x^{\frac{1}{2}a-1}\,dx; \;. \; (1193)$$

et comme au fond les fonctions à intégrer dans ces dernières intégrales ne diffèrent pas des fonctions correspondantes dans les formules précédentes, il s'ensuit:

$$\int_0^\infty \frac{\{(x+1)-i(x-1)\}^{-a}+\{(x+1)+i(x-1)\}^{-a}}{2} Cos.\left\{r\left(x-\frac{1}{x}\right)\right\}.\left(x+\frac{1}{x}\right)x^{\frac{1}{2}a-1}\,dx, \;\ldots\; (1194)$$

$$=0=\int_0^\infty \frac{\{(x+1)-i(x-1)\}^{-a}-\{(x+1)+i(x-1)\}^{-a}}{2i} Sin.\left\{r\left(x-\frac{1}{x}\right)\right\}.\left(x+\frac{1}{x}\right)x^{\frac{1}{2}a-1}\,dx. \; (1195)$$

Dans ces trois systèmes d'intégrales l'imaginaire n'existe qu'en apparence et s'évanouit dans le cours du calcul pour chaque valeur entière de a. Soit par exemple $a=1$, on trouvera:

$$\frac{1}{(x+1)-i(x-1)}+\frac{1}{(x+1)+i(x-1)}=\frac{x+1}{x}\,\frac{1}{x+\frac{1}{x}},\; \frac{1}{(x+1)-i(x-1)}-\frac{1}{(x+1)+i(x-1)}=\frac{x-1}{x}\,\frac{i}{x+\frac{1}{x}},$$

de sorte que ces formules donnent successivement:

$$\int_1^\infty \frac{x+1}{x} Cos.\left\{r\left(x-\frac{1}{x}\right)\right\}\frac{dx}{\sqrt{x}}=\int_1^\infty\left(\sqrt{x}+\frac{1}{\sqrt{x}}\right)Cos.\left\{r\left(x-\frac{1}{x}\right)\right\}\frac{dx}{x}, \;\ldots\; (1196)$$

$$=e^{-2r}\sqrt{\frac{\pi}{2r}}=\int_1^\infty\left(\sqrt{x}-\frac{1}{\sqrt{x}}\right)Sin.\left\{r\left(x-\frac{1}{x}\right)\right\}\frac{dx}{x}, \;\ldots\ldots\; (1197)$$

$$\int_0^1\left(\sqrt{x}+\frac{1}{\sqrt{x}}\right)Cos.\left\{r\left(x-\frac{1}{x}\right)\right\}\frac{dx}{x}, \;\ldots\ldots\; (1198)$$

$$=-e^{-2r}\sqrt{\frac{\pi}{2r}}=\int_0^1\left(\sqrt{x}-\frac{1}{\sqrt{x}}\right)Sin.\left\{r\left(x-\frac{1}{x}\right)\right\}\frac{dx}{x}, \;\ldots\ldots\; (1199)$$

$$\int_0^\infty\left(\sqrt{x}+\frac{1}{\sqrt{x}}\right)Cos.\left\{r\left(x-\frac{1}{x}\right)\right\}\frac{dx}{x}, \; (1200), =0=\int_0^\infty\left(\sqrt{x}-\frac{1}{\sqrt{x}}\right)Sin.\left\{r\left(x-\frac{1}{x}\right)\right\}\frac{dx}{x}. \text{ [200]}. \; (1201)$$

---

[200] Dans les intégrales (1196), (1197), on peut diviser la fonction à intégrer en deux parties, et prendre $x=\frac{1}{y}$ dans la seconde, où ainsi la fonction deviendra la même que dans la première, mais prise entre les limites 0 et 1. Par conséquent:

$$\int_0^\infty Cos.\left\{r\left(x-\frac{1}{x}\right)\right\}\frac{dx}{\sqrt{x}}=e^{-2r}\sqrt{\frac{\pi}{2r}},\; \int_0^\infty Sin.\left\{r\left(x-\frac{1}{x}\right)\right\}\frac{dx}{\sqrt{x}}=e^{-2r}\sqrt{\frac{\pi}{2r}}. \text{ (T. 228, N°. 7, 1).}$$

Page 446.

9. Mais on peut aussi changer les suppositions $f(x)$ et $f_1(x)$ du N°. précédent dans les formules (XV) et (XVI). Soient alors les intégrales correspondantes I_3 et I_4, et combinons-les par voie d'addition et de soustraction afin d'obtenir une seule intégrale, plus facile à transformer; nous obtiendrons:

$$I_3 \pm I_4 = \frac{1}{\Gamma(p)}\int_0^\infty e^{-qy} y^{p-1}\, dy \int_0^\infty \{Cos.xy.f_1(x) \pm Sin.xy.f(x)\}\, dx =$$

$$= \frac{1}{\Gamma(p)}\int_0^\infty e^{-qy} y^{p-1}\, dy \int_0^\infty e^{-sx} Sin.(rx \pm xy)\, dy = \frac{1}{\Gamma(p)}\int_0^\infty e^{-qy} y^{p-1}\, dy \frac{r \pm y}{s^2 + (r \pm y)^2}.$$ A présent

nous pourrons séparer de nouveau les deux intégrales I_3 et I_4 pour acquérir:

$$I_3 = \int_0^\infty \frac{(q-xi)^{-p}+(q+xi)^{-p}}{2} e^{-sx} Sin.rx\, dx = \frac{1}{2\Gamma(p)}\left\{\int_0^\infty \frac{e^{-qy} y^{p-1}(r+y)}{s^2+(r+y)^2} dy + \int_0^\infty \frac{e^{-qy} y^{p-1}(r-y)}{s^2+(r-y)^2} dy\right\}, \quad (a)$$

$$I_4 = \int_0^\infty \frac{(q-xi)^{-p}-(q+xi)^{-p}}{2i} e^{-sx} Cos.rx\, dx = \frac{1}{2\Gamma(p)}\left\{\int_0^\infty \frac{e^{-qy} y^{p-1}(r+y)}{s^2+(r+y)^2} dy - \int_0^\infty \frac{e^{-qy} y^{p-1}(r-y)}{s^2+(r-y)^2} dy\right\}. \quad (b)$$

Supposons dans ces intégrales, comme au N°. précédent, s zéro, il vient:

$$\int_0^\infty \frac{(q-xi)^{-p}+(q+xi)^{-p}}{2} Sin.rx\, dx = \frac{1}{2\Gamma(p)}\left\{\int_0^\infty \frac{e^{-qy} y^{p-1}\, dy}{r+y} + \int_0^\infty \frac{e^{-qy} y^{p-1}\, dy}{r-y}\right\}, \quad \ldots\ldots (c)$$

$$\int_0^\infty \frac{(q-xi)^{-p}-(q+xi)^{-p}}{2i} Cos.rx\, dx = \frac{1}{2\Gamma(p)}\left\{\int_0^\infty \frac{e^{-qy} y^{p-1}\, dx}{r+y} - \int_0^\infty \frac{e^{-qy} y^{p-1}\, dy}{r-y}\right\}. \quad \ldots\ldots (d)$$

Dans ces deux systèmes de formules (*a*) et (*b*), (*c*) et (*d*), soit encore $p = 1$, et par conséquent:

$$\int_0^\infty e^{-sx} Sin.rx \frac{dx}{q^2+x^2} = \frac{1}{2q}\left\{\int_0^\infty \frac{e^{-qy}(r+y)}{s^2+(r+y)^2} dy + \int_0^\infty \frac{e^{-qy}(r-y)}{s^2+(r-y)^2} dy\right\}, \quad \ldots\ldots\ldots (e)$$

$$\int_0^\infty e^{-sx} Cos.rx \frac{x\,dx}{q^2+x^2} = \frac{1}{2}\left\{\int_0^\infty \frac{e^{-qy}(r+y)}{s^2+(r+y)^2} dy - \int_0^\infty \frac{e^{-qy}(r-y)}{s^2+(r-y)^2} dy\right\}, \quad \ldots\ldots\ldots (f)$$

$$\int_0^\infty \frac{Sin.rx\, dx}{q^2+x^2} = \frac{1}{2q}\left\{\int_0^\infty \frac{e^{-qy}\, dy}{r+y} + \int_0^\infty \frac{e^{-qy}\, dy}{r-y}\right\}, \quad \ldots\ldots\ldots (g)$$

$$\int_0^\infty \frac{x\, Cos.rx\, dx}{q^2+x^2} = \frac{1}{2}\left\{\int_0^\infty \frac{e^{-qy}\, dy}{r+y} - \int_0^\infty \frac{e^{-qy}\, dy}{r-y}\right\}; \quad \ldots\ldots\ldots (h)$$

relations, dont on fera usage dans la suite. Mais les intégrales au second membre des formules (*g*) et (*h*) ont déjà été évaluées Méth. 7, N°. 12. On a donc:

$$\int_0^\infty \frac{Sin.\, rx\, dx}{q^2+x^2} = \frac{1}{2q}\left\{e^{-qr} Ei.(qr) - e^{qr} Ei.(-qr)\right\}, \int_0^\infty \frac{x\, Cos.\, rx\, dx}{q^2+x^2} = \frac{-1}{2}\left\{e^{qr} Ei.(-qr) + e^{-qr} Ei.(qr)\right\}.$$

(T. 205, N°. 10, 11). [201].

10. Il résulte du rapprochement des deux intégrales identiques du N°. 2 et 3, où des fonctions à argument imaginaire se trouvent remplacées par des fonctions réelles, que de la même manière les théorèmes (XV) et (XVI) peuvent s'écrire comme suit:

$$\int_a^b \frac{Cos.\left(p\, Arctg.\frac{x}{q}\right)}{(q^2+x^2)^{\frac{1}{2}p}} f(x)\, dx = \frac{1}{\Gamma(p)} \int_0^\infty e^{-qy} y^{p-1}\, dy \int_a^b Cos.\, xy. f(x)\, dx, \; \ldots \; (XVII)$$

$$\int_a^b \frac{Sin.\left(p\, Arctg.\frac{x}{q}\right)}{(q^2+x^2)^{\frac{1}{2}p}} f_1(x)\, dx = \frac{1}{\Gamma(p)} \int_0^\infty e^{-qy} y^{p-1}\, dy \int_a^b Sin.\, xy. f_1(x)\, dx. \; \ldots \; (XVIII)$$

Sous cette forme les théorèmes se prêtent à mainte application.

Soit en premier lieu $f(x) = x^{-s}$, $a = 0$, $b = \infty$, alors:

$$\int_0^\infty \frac{Cos.\left(p\, Arctg.\frac{x}{q}\right)}{(q^2+x^2)^{\frac{1}{2}p}} \frac{dx}{x^s} = \frac{1}{\Gamma(p)} \int_0^\infty e^{-qy} y^{p-1}\, dy \int_0^\infty \frac{Cos.\, xy\, dx}{x^s} = \frac{1}{\Gamma(p)} \int_0^\infty e^{-qy} y^{p+s-2}\, dy \int_0^\infty \frac{Cos.\, z\, dz}{z^s},$$

$$\int_0^\infty \frac{Sin.\left(p\, Arctg.\frac{x}{q}\right)}{(q^2+x^2)^{\frac{1}{2}p}} \frac{dx}{x^s} = \frac{1}{\Gamma(p)} \int_0^\infty e^{-qy} y^{p-1}\, dy \int_0^\infty \frac{Sin\, xy\, dx}{x^s} = \frac{1}{\Gamma(p)} \int_0^\infty e^{-qy} y^{p+s-2}\, dy \int_0^\infty \frac{Sin.\, z\, dz}{z^s},$$

où l'on a fait usage de la substitution $xy = z$, ce qui donne ici $y dx = dz$, puisque y est traité comme constant dans l'intégration par rapport à x. Les intégrales doubles se trouvent à présent être telles, que les variables y sont séparées, c'est-à-dire que dans l'intégrale par rapport à y il n'y pas de z et que dans celle par rapport à z il n'entre pas de y; donc l'intégration par rapport à z donnera un résultat qui sera constant pour l'intégration par rapport à y: en un mot les intégrales doubles ne sont ici que les produits de deux intégrales définies simples. Or, la première de ces intégrales a été évaluée Méth. 3, N°. 7, et les suivantes ont été trouvées précédemment au N°. 6. Il en résulte par conséquent:

$$\int_0^\infty \frac{Cos.\left(p\, Arctg.\frac{x}{q}\right)}{(q^2+x^2)^{\frac{1}{2}p}} \frac{dx}{x^s} = \frac{\Gamma(p+s-1)}{\Gamma(p)\Gamma(s)} \frac{\pi}{2q^{p+s-1}\, Cos.\, \frac{1}{2} s\pi}, \; 1 > s > -1,$$

---

[201] Elle a été déduite autrement Méth. 42, N°. 2.
Page 448.

$$\int_0^\infty \frac{Sin.\left(p\, Arctg.\frac{x}{q}\right)}{(q^2+x^2)^{\frac{1}{2}p}}\frac{dx}{x^s}=\frac{\Gamma(p+s-1)}{\Gamma(p)\Gamma(s)}\frac{\pi}{2q^{p+s-1}\,Sin.\frac{1}{2}s\pi},\ 2>s>0.$$ (T. 433, N°. 5 et 4). [202].

11. Supposez en second lieu dans les théorèmes (XVII) et (XVIII) $f(x)=\frac{1}{s^2+x^2}$, et $f_1(x)=\frac{x}{s^2+x^2}$, $a=0$, $b=\infty$, il vient:

$$\int_0^\infty \frac{Cos.\left(p\, Arctg.\frac{x}{q}\right)}{(q^2+x^2)^{\frac{1}{2}p}}\frac{dx}{s^2+x^2}=\frac{1}{\Gamma(p)}\int_0^\infty e^{-qy}y^{p-1}dy\int_0^\infty\frac{Cos.\,xy\,dx}{s^2+x^2}\ [203] =$$

$$=\frac{1}{\Gamma(p)}\int_0^\infty e^{-qy}y^{p-1}dy\frac{\pi}{2s}e^{-sy}=\frac{\pi}{2s\Gamma(p)}\int_0^\infty e^{-(q+s)y}y^{p-1}dy=\frac{\pi}{2s(q+s)^p},\ \ldots \quad (1202)$$

$$\int_0^\infty \frac{Sin.\left(p\, Arctg.\frac{x}{q}\right)}{(q^2+x^2)^{\frac{1}{2}p}}\frac{xdx}{s^2+x^2}=\frac{1}{\Gamma(p)}\int_0^\infty e^{-qy}y^{p-1}dy\int_0^\infty\frac{x\,Sin\ xy\,dx}{s^2+x^2}\ [203] =$$

$$=\frac{1}{\Gamma(p)}\int_0^\infty e^{-qy}y^{p-1}dy\frac{\pi}{2}e^{-sy}=\frac{\pi}{2\Gamma(p)}\int_0^\infty e^{-(q+s)y}y^{p-1}dy=\frac{\pi}{2(q+s)^p};\ \ldots\ldots \quad (1203)$$

où les premières réductions ont eu lieu suivant le N°. 8 et les dernières d'après Méth. 3, N°. 7. [204].

---

[202] Pour $q=1$ elles deviennent: $\int_0^\infty \frac{Cos.(p\,Arctg.x)}{(1+x^2)^{\frac{1}{2}p}}\frac{dx}{x^s}=\frac{\Gamma(p+s-1)}{\Gamma(p)\Gamma(s)}\frac{\pi}{2\,Cos.\frac{1}{2}s\pi}$, $(1>s>-1)$,

$\int_0^\infty \frac{Sin.(p\,Arctg.x)}{(1+x^2)^{\frac{1}{2}p}}\frac{dx}{x^s}=\frac{\Gamma(p+s-1)}{\Gamma(p)\Gamma(s)}\frac{\pi}{2\,Sin.\frac{1}{2}s\pi}$, $(2>s>0)$. (T. 433, N°. 2 et 3).

[203] Lorsqu'on aurait pris ici $f(x)=\frac{x^a}{s^2+x^2}$, on aurait à cette période de la discussion: $\int_0^\infty\frac{x^a\,Cos.\,xy\,dx}{s^2+x^2}$ et $\int_0^\infty\frac{x^a\,Sin.\,xy\,dx}{s^2+x^2}$, intégrales qui sont nécessairement infinies pour $a>1$; donc leur emploi par SCHLÖMILCH ne saurait être légitimé, et les intégrales, (T. 433, N°. 8 et 9), ne valent que pour b zéro.

[204] Dans la dernière intégrale du N°. 10, prenez $s=1$, vous trouvez:

$$\int_0^\infty \frac{Sin.\left(p\, Arctg.\frac{x}{q}\right)}{(q^2+x^2)^{\frac{1}{2}p}}\frac{dx}{x}=\frac{\pi}{2q^p},\ \ldots\ldots\ldots\ldots\ldots \quad (1204)$$

résultat que donnerait la formule (1203) pour $s=0$, supposition d'ailleurs non exempte d'objection.

Soit encore plus généralement $f(x) = \dfrac{1}{(s^2+x^2)^{a+1}}$ et $f_1(x) = \dfrac{x}{(s^2+x^2)^{a+1}}$. On a par les théorèmes (XVII) et (XVIII): $\displaystyle\int_0^\infty \frac{Cos.\left(p\, Arctg.\frac{x}{q}\right)}{(q^2+x^2)^{\frac{1}{2}p}} \frac{dx}{(s^2+x^2)^{a+1}} =$

$$= \frac{1}{\Gamma(p)}\int_0^\infty e^{-qy} y^{p-1} dy \int_0^\infty \frac{Cos.\, xy\, dx}{(s^2+x^2)^{a+1}} = \frac{1}{\Gamma(p)}\int_0^\infty e^{-qy} y^{p-1} dy \frac{\pi e^{-sy}}{2^{a+1} 1^{a/1}} \sum_0^\infty \frac{(a+n)^{2n/-1}}{2^{n/2}} \frac{y^{a-n}}{s^{a+n+1}} =$$

$= \dfrac{\pi}{2^{a+1} 1^{a/1} \Gamma(p)} \displaystyle\sum_0^\infty \frac{(a+n)^{2n/-1}}{2^{n/2} s^{a+n+1}} \int_0^\infty e^{-(q+s)y} y^{a+p-n-1} dy$, où dans la réduction on a fait usage de l'intégrale de Méth. 33, N°. 3; maintenant suivant N°. 2 on trouve pour la valeur du dernier terme: $\dfrac{\pi}{2^{a+1} 1^{a/1} \Gamma(p)} \displaystyle\sum_0^\infty \frac{(a+n)^{2n/-1}}{2^{n/2} s^{a+n+1}} \cdot \frac{\Gamma(a+p-n)}{(q+s)^{a+p-n}}$. Mais on a: $\Gamma(a+p-n) = \dfrac{\Gamma(a+p)}{(a+p-1)^{n/-1}} =$ $= \dfrac{p^{a/1}\Gamma(p)}{(a+p-1)^{n/-1}}$, suivant (A) Méth. 3, N°. 7, Note; par conséquent:

$$\int_0^\infty \frac{Cos.\left(p\, Arctg.\frac{x}{q}\right)}{(q^2+x^2)^{\frac{1}{2}p}} \frac{dx}{(s^2+x^2)^{a+1}} = \frac{\pi}{2^{a+1}} \frac{p^{a/1}}{1^{a/1}} \frac{1}{s^{a+1}(q+s)^{a+p}} \sum_0^\infty \frac{(a+n)^{2n/-1}}{2^{n/2}(a+p-1)^{n/-1}} \left(\frac{q+s}{s}\right)^n . \quad (1206)$$

et de même:

$$\int_0^\infty \frac{Sin.\left(p\, Arctg.\frac{x}{q}\right)}{(q^2+x^2)^{\frac{1}{2}p}} \frac{x dx}{(s^2+x^2)^{a+1}} = \frac{\pi}{2^{a+1}} \frac{p^{a/1}}{1^{a/1}} \frac{1}{s^{a}(q+s)^{a+p}} \sum_0^\infty \frac{(a+n-1)^{2n/-1}}{2^{n/2}(a+p-1)^{n/-1}} \left(\frac{q+s}{s}\right)^n , . \quad (1207)$$

(pour $q = 1$, T. 433, N°. 15 et 14).

12. En troisième lieu Cauchy [205] se sert de l'intégrale $\displaystyle\int_0^\infty e^{-xy^2} Cos.\, 2qy\, dy = \frac{1}{2} e^{-\frac{q^2}{x}} \sqrt{\frac{\pi}{x}}$, que l'on trouvera Méth. 24, N°. 3. Elle lui donne le théorème:

Prenez en la différence avec (1203) et vous aurez:

$$\int_0^\infty \frac{Sin.\left(p\, Arctg.\frac{x}{q}\right)}{(q^2+x^2)^{\frac{1}{2}p}} \frac{dx}{x(s^2+x^2)} = \frac{\pi}{2s^2}\left\{\frac{1}{q^p} - \frac{1}{(q+1)^p}\right\} \ldots\ldots . \quad (1205)$$

Toutefois il n'est pas possible d'obtenir d'autres intégrales analogues, à cause des restrictions quant à s dans les formules du N°. 10.

[205] Voyez Cauchy, Journal de l'Ecole Polytechnique, Cah. 27, p. 147. Partie 1. § 4, p. 185—188. Page 450.

$$\int_a^b e^{-\frac{q^2}{x}} f(x) \frac{dx}{\sqrt{x}} = \frac{2}{\sqrt{\pi}} \int_0^\infty Cos.\, 2\, qy\, dy \int_a^b e^{-y^2 x} f(x)\, dx. \; \ldots\ldots\ldots \; (XIX)$$

Prenons successivement $f(x) = xe^{-p^2 x}$ et $f(x) = e^{-p^2 x}$, où toujours $a = 0$, et $b = \infty$, nous aurons:

$$\int_0^\infty e^{-\frac{q^2}{x} - p^2 x} dx \sqrt{x} = \frac{2}{\sqrt{\pi}} \int_0^\infty Cos.\, 2qy\, dy \int_0^\infty e^{-(y^2+p^2)x} x dx = \frac{2}{\sqrt{\pi}} \int_0^\infty \frac{Cos\, 2\, qy\, dy}{(p^2+y^2)^2},$$ (suivant Méth. 3, N°. 7),

$$= \frac{2}{\sqrt{\pi}} \cdot \frac{1+2pq}{4p^3} \pi e^{-2pq} = \frac{1+2pq}{2p^3} e^{-2pq} \sqrt{\pi}, \; \ldots\ldots\ldots \; (1208)$$

à l'aide de Méth. 32, N°. 2;

$$\int_0^\infty e^{-\frac{q^2}{x} - p^2 x} \frac{dx}{\sqrt{x}} = \frac{2}{\sqrt{\pi}} \int_0^\infty Cos.\, 2qy dy \int_0^\infty e^{-(y^2+p^2)x} dx = \frac{2}{\sqrt{\pi}} \int_0^\infty \frac{Cos.\, 2qy\, dy}{p^2+y^2} = \frac{2}{\sqrt{\pi}} e^{-2pq} \frac{\pi}{2p} = \frac{1}{p} e^{-2pq} \sqrt{\pi},$$

(T. 140, N°. 9), [206], où pour la première réduction on a employé Méth. 1, N°. 9, pour la seconde le N°. 8 précédent.

13. Maintenant supposons dans la formule (XIX) $f(x) = e^{-r^2 x} Sin.\, px$ et $f(x) = e^{-r^2 x} Cos\, px$ successivement, elle nous fournit, quand on y prend encore $a = 0$, $b = \infty$:

$$\int_0^\infty e^{-\left(\frac{q^2}{x} + r^2 x\right)} Sin. px \frac{dx}{\sqrt{x}} = \frac{2}{\sqrt{\pi}} \int_0^\infty Cos.\, 2qy\, dy \int_0^\infty e^{-(y^2+r^2)x} Sin.\, px\, dx = \frac{2}{\sqrt{\pi}} \int_0^\infty Cos.\, 2\, qy\, dy \frac{p}{(r^2+y^2)^2+p^2} =$$

$$= \frac{2p}{\sqrt{\pi}} \int_0^\infty \frac{Cos.\, 2qy\, dy}{(r^2+y^2)^2+p^2} = \frac{2p}{\sqrt{\pi}} \frac{\pi}{2p} \frac{e^{-2q\lambda}}{\sqrt{(r^4+p^2)}} (\mu\, Cos.\, 2q\mu + \lambda\, Sin.\, 2q\mu) =$$

$$= e^{-2q\lambda} (\mu\, Cos.\, 2q\mu + \lambda\, Sin.\, 2q\mu) \sqrt{\frac{\pi}{r^4+p^2}}, \; \ldots\ldots\ldots \; (1209)$$

$$\int_0^\infty e^{-\left(\frac{q^2}{x} + r^2 x\right)} Cos. px \frac{dx}{\sqrt{x}} = \frac{2}{\sqrt{\pi}} \int_0^\infty Cos.\, 2qy\, dy \int_0^\infty e^{-(y^2+r^2)x} Cos.\, px\, dx = \frac{2}{\sqrt{\pi}} \int_0^\infty Cos.\, 2qy\, dy \frac{r^2+y^2}{(r^2+y^2)^2+p^2} =$$

$$= \frac{2}{\sqrt{\pi}} \int_0^\infty \frac{r^2+y^2}{(r^2+y^2)^2+p^2} Cos.\, 2qy\, dy = \frac{2}{\sqrt{\pi}} \frac{\pi e^{-2q\lambda}}{2\sqrt{(r^4+p^2)}} (\lambda\, Cos.\, 2q\mu - \mu\, Sin.\, 2q\mu) =$$

$$= e^{-2q\lambda} (\lambda\, Cos.\, 2q\mu - \mu\, Sin.\, 2q\mu) \sqrt{\frac{\pi}{r^4+p^2}} \cdot \; \ldots\ldots\ldots \; (1210)$$

Dans les premières réductions on a fait usage de Méth. 4, N°. 11, et dans les dernières de Méth.

---

[206] Déduite autrement Méth. 17, N°. 18. — Pour $p = q$ on a les intégrales T. 139, N°. 6, T. 140, N°. 6.
Page 451.

25, N°. 6; d'après celle-ci on a pris $\lambda = \sqrt{\frac{\sqrt{(r^4+p^2)}+r^2}{2}}$, $\mu = \sqrt{\frac{\sqrt{(r^4+p^2)}-r^2}{2}}$. [207].

14. L'intégrale $\int_0^\infty e^{-xy} Sin.\, qy \frac{dy}{y} = Arctg.\, \frac{q}{x}$, trouvée Méth. 10, N°. 4, sert pour la quatrième application de CAUCHY: [208]

$$\int_a^b Arctg.\, \frac{q}{x}.f(x)\, dx = \int_0^\infty Sin.\, qy \frac{dy}{y} \int_a^b e^{-xy} f(x)\, dx. \quad \ldots\ldots\ldots\ldots \quad \text{(XX)}$$

Supposez-y $f(x) = Sin.\, px$, $a = 0$, $b = \infty$, il vient: $\int_0^\infty Arctg.\frac{q}{x}.Sin\; px\, dx = \int_0^\infty Sin.\, qy \frac{dy}{y} \int_0^\infty e^{-xy} Sin.\, px\, dx =$

$= \int_0^\infty Sin\; qy \frac{dy}{y} \frac{p}{p^2+y^2} = p \int_0^\infty \frac{Sin.\, qy}{y} \frac{dy}{p^2+y^2} = p.\frac{\pi}{2p^2}(1-e^{-pq}) = \frac{\pi}{2p}(1-e^{-pq})$, (T. 374, N°. 1), où Méth. 4, N°. 11 a servi pour la première réduction et le Numéro 4 précédent pour la dernière. [209].

15. On peut présenter ce théorème sous une forme un peu différente, qui dans plusieurs

---

[207] Pour $r = q$, on a T. 398, N°. 11 et 12, où la dernière était fautive. Pour $x = y^2$ on a en outre: $\int_0^\infty e^{-\left(\frac{q^2}{x^2}+r^2x^2\right)} Sin.\,(px^2)\, dx = \frac{1}{2} e^{-2q\lambda}(\mu\, Cos.\, 2q\mu + \lambda\, Sin.\, 2q\mu)\sqrt{\frac{\pi}{r^4+p^2}}$,

$\int_0^\infty e^{-\left(\frac{q^2}{x^2}+r^2x^2\right)} Cos.\,(px^2)\, dx = \frac{1}{2} e^{-2q\lambda}(\lambda\, Cos.\, 2q\mu - \mu\, Sin.\, 2q\mu)\sqrt{\frac{\pi}{r^4+p^2}}$, pour les mêmes valeurs de λ et μ. (T. 285, N°. 7, 9). Pour $r = 0$ celles-ci donnent:

$\int_0^\infty e^{-\frac{q^2}{x^2}} Sin.\,(px^2)\, dx = \frac{1}{2} e^{-q\sqrt{2p}} \{Cos.\,(q\sqrt{2p}) + Sin.\,(q\sqrt{2p})\} \sqrt{\frac{\pi}{2p}}$, $\int_0^\infty e^{-\frac{q^2}{x^2}} Cos.\,(px^2)\, dx =$

$= \frac{1}{2} e^{-q\sqrt{2p}} \{Cos.\,(q\sqrt{2p}) - Sin.\,(q\sqrt{2p})\} \sqrt{\frac{\pi}{2p}}$, (T. 285, N°. 3, 4) — et pour $q = 0$:

$\int_0^\infty e^{-r^2x^2} Sin.\,(px^2)\, dx = \frac{1}{2}\sqrt{\left\{\frac{\pi}{2} \frac{\sqrt{(r^4+p^2)}-r^2}{r^4+p^2}\right\}}$, $\int_0^\infty e^{-r^2x^2} Cos.\,(px^2)\, dx = \frac{1}{2}\sqrt{\left\{\frac{\pi}{2} \frac{\sqrt{(r^4+p^2)}+r^2}{r^4+p^2}\right\}}$,

(T. 280, N°. 23, 24), que l'on déduira autrement Méth. 26, N°. 2.

[208] Voyez CAUCHY, Journal de l'École Polytechnique, Cah. 27, p. 147. Partie I, § 5, p. 188, 189.

[209] Une autre déduction se trouve Méth. 36, N°. 6.

cas sera préférable. Pour y parvenir, écrivons la même intégrale de Méth. 10, N°. 4 ainsi: $\int_0^\infty Sin.\,rxy\, e^{-y}\frac{dy}{y} = Arctg.\,rx$, d'où résulte le théorème:

$$\int_a^b Arctg.\,rx.f(x)\,dx = \int_0^\infty e^{-y}\frac{dy}{y}\int_a^b Sin.\,rxy.f(x)\,dx \quad \ldots\ldots\ldots\ldots (XXI)$$

On voit que la différence entre ces deux théorèmes consiste dans les places qu'occupent les fonctions exponentielles et les fonctions circulaires directes, et l'on conçoit aisément que sous la dernière forme elle peut se prêter à plusieurs applications, que refuserait la première; la différence qui existe encore entre les premiers membres n'y fait rien, puisqu'il est très-aisé de la faire disparaître.

Pour en faire une application, soit $f(x) = \frac{Sin.\,px}{q^2+x^2}$, et $a = 0$, $b = \infty$, alors: $\int_0^\infty Arctg.\,rx\frac{Sin.\,px\,dx}{q^2+x^2} = \int_0^\infty e^{-y}\frac{dy}{y}\int_0^\infty \frac{Sin.px.\,Sin.ryx}{q^2+x^2}dx$. On a évalué cette intégrale Méth. 9, N°. 17, mais on y a vu que sa valeur diffère selon que p est plus grand ou plus petit que ry; il en résulte que l'on doit diviser l'intégration par rapport à y, entre les limites 0 et ∞, en deux parties, l'une de 0 à $\frac{p}{r}$ (où donc toujours ry est plus petit que p) et l'autre de $\frac{p}{r}$ à ∞, où au contraire ry reste toujours plus grand que p. Ainsi l'on a:

$$\int_0^\infty Arctg.\,rx.\frac{Sin.\,px\,dx}{q^2+x^2} = \frac{\pi}{4q}e^{-pq}\int_0^{\frac{p}{r}}\frac{e^{-y}dy}{y}(e^{rqy}-e^{-rqy}) + \frac{\pi}{4q}(e^{pq}-e^{-pq})\int_{\frac{p}{r}}^\infty \frac{e^{-y}dy}{y}e^{-rqy},\ (a), =$$

$$= \frac{\pi}{4q}e^{-pq}\int_0^\infty \frac{e^{(rq-1)y}-e^{-(rq+1)y}}{y}dy - \frac{\pi}{4q}e^{-pq}\int_{\frac{p}{r}}^\infty e^{(rq-1)}\frac{dy}{y} + \frac{\pi}{4q}e^{pq}\int_{\frac{p}{r}}^\infty e^{-(rq+1)}\frac{dy}{y} =$$

$$= \frac{\pi}{4q}\left\{\frac{1}{2}e^{-pq}\,l\left(\frac{rq+1}{rq-1}\right)^2 + e^{-pq}Ei.\left(\frac{rq-1}{r}p\right) - e^{pq}Ei.\left(-\frac{rq+1}{r}p\right)\right\},\ (T.431,\ N°.4),\ [210],$$

où l'on a substitué l'intégrale du N°. 5. Il semble évident que cette valeur devient discontinue pour le cas de $rq = 1$; néanmoins nous réussirons à en trouver l'expression finie par une autre réduction. Or, reprenons la discussion précédente à la formule (a), qui ne se ressent pas encore de cette valeur particulière $r = \frac{1}{q}$; et nous aurons:

---

[210] Car au moyen de la substitution $\pm bx = y$, on a:

$$\int_a^\infty \frac{e^{\pm bx}dx}{x} = \int_{\pm ab}^\infty \frac{e^y\,dy}{y} = -Ei.(\pm ab) \quad \ldots\ldots\ldots\ldots (1211)$$

Page 453.

$$\int_0^\infty Arctg.\frac{x}{q}.\frac{Sin.px\,dx}{q^2+x^2}=\frac{\pi}{4q}e^{-pq}\int_0^{pq}\frac{e^{-y}\,dy}{y}(e^y-e^{-y})+\frac{\pi}{4q}(e^{pq}-e^{-pq})\int_{pq}^\infty\frac{e^{-y}\,dy}{y}e^{-y}=$$

$$=\frac{\pi}{4q}e^{-pq}\int_0^{pq}\frac{dy}{y}-\frac{\pi}{4q}e^{-pq}\int_0^\infty\frac{e^{-2y}\,dy}{y}+\frac{\pi}{4q}e^{pq}\int_{pq}^\infty\frac{e^{-2y}\,dy}{y}=\frac{\pi}{4q}e^{-pq}\int_1^{pq}\frac{dy}{y}+\frac{\pi}{4q}e^{pq}\int_{pq}^\infty\frac{e^{-2y}\,dy}{y}-$$

$$-\frac{\pi}{4q}e^{-pq}\int_0^\infty\frac{e^{-2y}dy}{y}+\frac{\pi}{4q}e^{-pq}\int_0^1\frac{dy}{y}=\frac{\pi}{4q}e^{-pq}lpq-\frac{\pi}{4q}e^{pq}Ei.(-2pq)+\frac{\pi}{4q}e^{-pq}\left\{\int_0^1\frac{dy}{y}-\int_0^\infty\frac{e^{-2y}\,dy}{y}\right\}.$$

La différence des deux dernières intégrales ne peut s'évaluer que tant que les limites sont égales; substituez donc dans l'avant-dernière, aux limites 0, et 1 $y=\frac{x}{1+x}$, d'où $\frac{dy}{y}=\frac{dx}{x(1+x)}$, avec les limites 0 et ∞ de x, il vient pour la différence en question : $\int_0^\infty\left\{\frac{dy}{y(1+y)}-\frac{e^{-2y}\,dy}{y}\right\}=$ $=\int_0^\infty\left(\frac{1}{1+y}-e^{-2y}\right)\frac{dy}{y}$, intégrale dont la valeur est $A+l2$, suivant Méth. 27, N°. 7. Par conséquent il est: $\int_0^\infty Arctg.\frac{x}{q}\frac{Sin.px\,dx}{q^2+x^2}=\frac{\pi}{4q}e^{-pq}(A+l\,2pq)-\frac{\pi}{4q}e^{pq}Ei.(-2pq)$. (T. 431, N°. 5).

Pour la substitution $f(x)=\frac{x\,Cos.px}{x^2+q^2}$, $a=0$ et $b=\infty$, on a: $\int_0^\infty Arctg.rx\frac{x\,Cos.px\,dx}{q^2+x^2}=$ $=\int_0^\infty e^{-y}\frac{dy}{y}\int_0^\infty\frac{x\,Cos.px.Sin.rxy}{q^2+x^2}dx$. Ici de même la Méth. 9, N°. 17, nous apprend que l'on doit diviser la distance 0 à ∞ des limites de x en deux parties de 0 à $\frac{p}{r}$ et de $\frac{p}{r}$ à ∞; toute réduction et substitution faite, on acquiert:

$$\int_0^\infty Arctg.rx.\frac{x\,Cos.px\,dx}{q^2+x^2}=\frac{\pi}{4}\left\{\frac{1}{2}e^{-pq}l\left(\frac{qr-1}{qr+1}\right)^2-e^{-pq}Ei.\left(\frac{rq-1}{r}p\right)-e^{pq}Ei.\left(-\frac{rq+1}{r}p\right)\right\}.\ (\text{T.431, N°.6}).$$

Par la même raison que précédemment, il faut recourir à un changement dans la discussion pour le cas de $rq=1$; alors il vient:

$$\int_0^\infty Arctg.\frac{x}{q}\frac{x\,Cos.px\,dx}{q^2+x^2}=-\frac{\pi}{4}e^{-pq}(A+l\,2pq)-\frac{\pi}{4}e^{pq}Ei.(-2pq).\ (\text{T. 431, N°. 7}).$$

16. Pour la cinquième et dernière application CAUCHY [211] fait usage des intégrales

---

[211] Voyez CAUCHY, Journal de l'École Polyt. Cah. 27, p. 147. Partie I. § 6, p. 189—196. Page 454.

$\int_0^\infty \frac{e^{-xy}-e^{-y}}{y}\,dy = -lx$ et $A + \int_0^\infty \left(e^{-xy} - \frac{1}{1+y}\right)\frac{dy}{y} = -lx$, dont la première a été déduite Méth. 9, N°. 22 et dont la dernière sera trouvée Méth. 27, N°. 7; il obtient ainsi:

$$\int_a^b f(x)\, l\frac{1}{x}\,dx = \int_0^\infty \frac{dy}{y}\int_a^b e^{-xy} f(x)\,dx - \int_0^\infty \frac{e^{-y}\,dy}{y}\int_a^b f(x)\,dx, \ldots\ldots \text{(XXII)}$$

et $$\int_a^b f(x)\, l\frac{1}{x}\,dx = A\int_a^b f(x)\,dx + \int_0^\infty \frac{dy}{y}\int_a^b e^{-yx} f(x)\,dx - \int_0^\infty \frac{dy}{y(1+y)}\int_a^b f(x)\,dx. \;.\;.\; \text{(XXIII)}$$

Mais nous ne le suivrons pas dans ses considérations, qui ne donnent lieu qu'à des équations de relation. Observons seulement qu'il faut être prudent dans la réduction de ces formules, puisque ce n'est que la différence de ces intégrales qui ait une valeur déterminée, tandis qu'elles sont infinies, prises séparément: entre autres on ne doit pas perdre de vue ce qui a été dit au sujet de telles intégrales Méth. 9, N°. 21.

17. Cette même observation vaut encore dans le cas, où l'on veut employer l'intégrale $lrx = \int_0^\infty \frac{Cos.\,y - Cos.\,rxy}{y}\,dy$, évaluée N°. 5, qui nous donne:

$$\int_a^b l(rx).f(x)\,dx = \int_0^\infty \frac{Cos.\,y\,dy}{y}\int_a^b f(x)\,dx - \int_0^\infty \frac{dy}{y}\int_a^b Cos.\,rxy.f(x)\,dx. \;.\;.\;.\; \text{(XXIV)}$$

Prenons dans cette formule $f(x) = \frac{Cos.\,px}{q^2+x^2}$, il vient pour $a = 0$ et $b = \infty$:

$$\int_0^\infty l(rx)\frac{Cos.\,px\,dx}{q^2+x^2} = \int_0^\infty \frac{Cos.\,ydy}{y}\int_0^\infty \frac{Cos.\,px\,dx}{q^2+x^2} - \int_0^\infty \frac{dy}{y}\int_0^\infty \frac{Cos.\,rxy.\,Cos\,px\,dx.}{q^2+x^2}.$$

La première intégrale par rapport à x dans le second membre a été donnée au N°. 8, la seconde Méth. 9, N°. 17; mais celle-ci nous oblige à distinguer les cas de p plus grand ou plus petit que ry, d'où il resulte que la distance des limites 0 et ∞ de y dans cette dernière intégrale doit être divisée en deux parties, dont l'une va de 0 à $\frac{p}{r}$ et l'autre de $\frac{p}{r}$ à ∞; ainsi il n'y aura plus aucune incertitude sur la valeur de l'intégrale relative à x, qu'il faut employer; et l'on trouve:

$$\int_0^\infty l(rx)\frac{Cos.px dx}{q^2+x^2} = \int_0^\infty \frac{Cos.ydy}{y}\frac{\pi}{2q}e^{-pq} - \int_0^{\frac{p}{r}} \frac{dy}{y}\frac{\pi}{4q}e^{-pq}(e^{rqy}+e^{-rqy}) - \int_{\frac{p}{r}}^\infty \frac{dy}{y}\frac{\pi}{4q}e^{-rqy}(e^{pq}+e^{-pq}) =$$

$$= \frac{\pi}{4q}e^{-pq}\int_0^\infty \frac{2\,Cos.\,ydy}{y} - \frac{\pi}{4q}e^{-pq}\int_0^\infty \frac{e^{rqy}+e^{-rqy}}{y}dy + \frac{\pi}{4q}e^{-pq}\int_{\frac{p}{r}}^\infty \frac{e^{rqy}\,dy}{y} - \frac{\pi}{4q}e^{pq}\int_{\frac{p}{r}}^\infty \frac{e^{-rqy}\,dy}{y}.$$

Cette réduction a pour but de pouvoir combiner les deux premières intégrales aux limites 0 et ∞, qui sont infinies séparément et dont la différence suivant le N°. 5 a pour valeur $2lqr$ [212], tandis que les deux dernières ont été trouvées form. (1211). Donc:
$\int_0^\infty l(rx)\frac{Cos.px\,dx}{q^2+x^2}=\frac{\pi}{4q}\{2e^{-pq}lqr-e^{-pq}Ei.(pq)+e^{pq}Ei.(-pq)\}$. (T. 417, N°. 6). De la même manière, par les mêmes distinctions et les mêmes réductions et avec les mêmes précautions on obtient l'intégrale analogue: $\int_0^\infty l(rx)\frac{x\,Sin.px\,dx}{q^2+x^2}=\frac{\pi}{4}\{2e^{-pq}lqr-e^{-pq}Ei.(pq)-e^{pq}Ei.(-pq)\}$. (T. 417, N°. 5). [213].

18. Au lieu de prendre p zéro dans le premier résultat du N°. précédent, ce qui rendrait le raisonnement, dont on a fait usage, illégitime, prenons simplement $f(x)=\frac{1}{q^2+x^2}$ dans le théorème (XXIV); nous aurons: $\int_0^\infty l(rx)\frac{dx}{q^2+x^2}=\int_0^\infty\frac{Cos.y\,dy}{y}\int_0^\infty\frac{dx}{q^2+x^2}-\int_0^\infty\frac{dy}{y}\int_0^\infty\frac{Cos.rxy\,dx}{q^2+x^2}=$
$=\int_0^\infty\frac{Cos.y\,dy}{y}\frac{\pi}{2q}-\int_0^\infty\frac{dy}{y}\frac{\pi}{2q}e^{-qry}=\frac{\pi}{2q}\int_0^\infty\frac{Cos.y-e^{-qry}}{y}dy=\frac{\pi}{2q}lrq$, (T. 180, N°. 9), suivant le N°. 5. [214].

19. Soit enfin $f(x)=\frac{Sin.px}{x}$ et l'on a: $\int_0^\infty l(rx)\frac{Sin.px\,dx}{x}=\int_0^\infty\frac{Cos.y\,dy}{y}\int_0^\infty\frac{Sin.px\,dx}{x}-$
$-\int_0^\infty\frac{dy}{y}\int_0^\infty\frac{Sin.px.Cos.rxy\,dx}{x}$. Dans le second membre la première intégrale par rapport à x est $\frac{\pi}{2}$, suivant Méth. 6, N°. 5, la seconde a été trouvée Méth. 9, N°. 16 et diffère selon que p est plus petit ou plus grand que ry, de sorte que pour l'intégrale par rapport à y, il faut diviser la distance des limites 0 à ∞ en deux parties, de 0 à $\frac{p}{r}$ et de $\frac{p}{r}$ à ∞. Dès-lors on trouve:

---

[212] Car du Nr. cité il suit que l'on a aussi d'après (1174):

$$\int_0^\infty\left(\frac{2\,Cos.qx}{x}-\frac{e^{px}+e^{-px}}{x}\right)dx=2\,l\frac{p}{q}. \qquad (1212)$$

[213] Voyez sur une autre déduction Méth. 42, N°. 2.

[214] Elle a déjà été déduite Méth. 5, N°. 5.

$$\int_0^\infty l(rx)\frac{Sin.px\,dx}{x}=\int_0^\infty\frac{Cos.y\,dy}{y}\frac{\pi}{2}-\int_0^{\frac{p}{r}}\frac{dy}{y}\frac{\pi}{2}-\int_{\frac{p}{r}}^\infty\frac{dy}{y}0=\frac{\pi}{2}\int_0^\infty\frac{Cos.y}{y}dy-\frac{\pi}{2}\int_0^1\frac{dy}{y}-\frac{\pi}{2}\int_1^{\frac{p}{r}}\frac{dy}{y}.$$

Dans le second membre les deux premières intégrales sont infinies; pour en évaluer la différence il faut les ramener aux mêmes limites, et comme on a vu au N°. 15 que $\int_0^1\frac{dy}{y}=\int_0^\infty\frac{dx}{x(1+x)}$, on trouve ici:

$$\int_0^\infty l(rx)\frac{Sin\,px\,dx}{x}=\frac{\pi}{2}\int_0^\infty\left(Cos.y-\frac{1}{1+y}\right)\frac{dy}{y}-\frac{\pi}{2}l\frac{p}{r}=,[215],-\frac{\pi}{2}\left(A+l\frac{p}{r}\right).\;\ldots\;(1213)$$

20. Comme on trouve Méth. 28, N°. 12: $\int_0^1\left(\frac{1-y^{x-1}}{1-y}+1-x\right)\frac{dy}{ly}=l\Gamma(x)$, il s'ensuit le théorème

$$\int_a^b f(x)\,l\Gamma(x)\,dx=\int_0^1\frac{dy}{(1-y)ly}\int_a^b(1-y^{x-1})f(x)\,dx+\int_0^1\frac{dy}{ly}\int_a^b(1-x)f(x)\,dx.\;\ldots\;(XXV)$$

Soit par exemple $f(x)=Sin.\,2a\pi x$, alors pour $a=0$, $b=1$ il vient: $\int_0^1 Sin.\,2a\pi x.\,l\Gamma(x)\,dx=$

$=\int_0^1\frac{dy}{ly}\int_0^1\left[\left(\frac{1}{1-y}+1\right)Sin.\,2a\pi x-x\,Sin.\,2a\pi x-\frac{1}{1-y}y^{x-1}\,Sin.\,2a\pi x\right]dx$. Mais suivant Méth. 1, N°. 12, on a: $\int_0^1 Sin.\,2a\,\pi x\,dx=0$, (T. 95, N°. 8); d'après Méth. 12, N°. 4:

$$\int_0^1 x\,Sin.\,2a\pi x\,dx=-\frac{1}{2a\pi},\;\ldots\ldots\ldots\;(1214)$$

et par Méth. 3, N°. 9:

$$\int_0^1 y^{x-1}\,Sin.\,px\,dx=\int_0^1 y^{-z}\,Sin.\{p(1-z)\}\,dz=\frac{1}{y}\frac{y\,Sin.p.ly+p(1-y)\,Cos.p}{p^2+(ly)^2},\;.\;(1215)$$

d'où:

$$\int_0^1 y^{x-1}\,Sin.\,2a\,\pi x\,dx=\frac{2\,a\pi}{y}\frac{1-y}{4a^2\pi^2+(ly)^2};\;\ldots\ldots\ldots\;(1216)$$

---

[215] Puisque $\int_0^\infty\left(Cos.x-\frac{1}{1+x}\right)\frac{dx}{x}=-\int_0^\infty(e^{-x}-Cos.\,x)\frac{dx}{x}+\int_0^\infty\left(e^{-x}-\frac{1}{1+x}\right)\frac{dx}{x}=-A$, (T. 212, N°. 1), comme on déduit d'une autre manière Méth. 44, N°. 3; car la première de ces intégrales est $l1$ ou zéro, suivant le N°. 5 précédent, et la seconde est $-A$, suivant Méth. 1, N°. 32.
Page 457.

donc en substituant tous ces résultats: $\int_0^1 Sin.\, 2a\pi x.\, l\Gamma(x)\, dx = \int_0^1 \frac{dy}{ly}\left[\frac{1}{2a\pi} - \frac{2a\pi}{y}\,\frac{1}{4a^2\pi^2+(ly)^2}\right] =$

$= -\frac{1}{2a\pi}\int_0^\infty\left(e^{-2a\pi z} - \frac{1}{1+z^2}\right)\frac{dz}{z}$ (par la substitution de $ly = -2a\pi z$), $= \frac{1}{2a\pi}(A + l\,2a\pi)$,

(T. 444, N°. 3), suivant Méth. 27, N°. 7. [216].

21. Puisqu'il est: $\int_0^q Cos.\, xy\, dy = \frac{Sin.\, qx}{x}$ et $\int_0^q Sin.\, 2xy\, dy = \frac{Sin.^2\, qx}{x}$, d'après Méth. 1, N°. 12, on a les théorèmes:

$$\int_a^b Sin.\, qx. f(x)\frac{dx}{x} = \int_0^q dy \int_a^b Cos.\, xy. f(x)\, dx, \quad \ldots\ldots \quad (XXVI)$$

$$\int_a^b Sin.^2\, qx. f(x)\frac{dx}{x} = \int_0^q dy \int_a^b Sin.\, 2xy. f(x)\, dx \quad \ldots\ldots \quad (XXVII)$$

Supposons, pour en donner une application, $f(x) = e^{-px}$, alors il vient pour $a = 0$, $b = \infty$:

$\int_0^\infty e^{-px} Sin.\, qx \frac{dx}{x} = \int_0^q dy \int_0^\infty Cos.\, xy.\, e^{-px}\, dx = \int_0^q dy \frac{p}{p^2+y^2} = Arctg.\frac{q}{p}$, (T. 392, N°. 3),

$\int_0^\infty e^{-px} Sin.^2\, qx \frac{dx}{x} = \int_0^q dy \int_0^\infty Sin.\, 2xy.\, e^{-px}\, dx = \int_0^q dy \frac{2y}{p^2+4y^2} = \frac{1}{4}\int_0^q d.\, l(p^2+4y^2) = \frac{1}{4} l \frac{p^2+4q^2}{p^2}$,

(T. 392, N°. 10). [217].

22. Comme on a trouvé Méth. 7, N°. 12: $\int_0^\infty \frac{e^{-xy}\, dy}{1+y} = -e^x li.(e^{-x})$, (T. 129, N°. 1), et $\int_0^\infty \frac{e^{-xy}\, dy}{1-y} = e^{-x} li.(e^x)$, (T. 129, N°. 7), on peut énoncer les théorèmes suivants:

$$\int_a^b e^x li.(e^{-x}).f(x)\, dx = -\int_0^\infty \frac{dy}{1+y}\int_a^b e^{-xy} f(x)\, dx, \quad \ldots\ldots \quad (XXVIII)$$

---

[216] La substitution $x = 1 - y$ donne encore:

$$\int_0^1 l\Gamma(1-x).\, Sin.\, 2a\pi x\, dx = \frac{-1}{2a\pi}(A + l\,2a\pi). \quad \ldots\ldots \quad (1217)$$

[217] La première a déjà été déduite Méth. 10, N°. 4, toutes les deux le seront encore Méth. 34, N°. 3. Page 458.

$$\int_a^b e^{-x}\,li.(e^x).f(x)\,dx = \int_0^\infty \frac{dy}{1-y}\int_a^b e^{-xy} f(x)\,dx \;\ldots\ldots\ldots\; \text{(XXIX)}$$

Prenez-y: $f(x) = Sin.\,px$, $a = 0$, $b = \infty$, alors:

$$\int_0^\infty e^x\,li.(e^{-x}).Sin.\,px\,dx = -\int_0^\infty \frac{dy}{1+y}\int_0^\infty e^{-xy}\,Sin.\,px\,dx = -\int_0^\infty \frac{dy}{1+y}\,\frac{p}{p^2+y^2} = \frac{-p}{1+p^2}\left(\frac{\pi}{2p}+lp\right),$$

$$\int_0^\infty e^{-x}\,li.(e^x).Sin.\,px\,dx = \int_0^\infty \frac{dy}{1-y}\int_0^\infty e^{-xy}\,Sin.\,px\,dx = \int_0^\infty \frac{dy}{1-y}\,\frac{p}{p^2+y^2} = \frac{p}{1+p^2}\left(\frac{\pi}{2p}-lp\right),$$

(T. 442, N°. 4 et 5), où les premières réductions ont eu lieu suivant Méth. 4, N°. 11, les dernières d'après Méth. 1, N°. 4, et Méth. 2, N°. 6, respectivement. A l'aide des mêmes numéros et de la substitution $f(x) = Cos.\,px$, on obtient aussi: $\int_0^\infty e^x\,li.(e^{-x}).\,Cos.\,px\,dx = \frac{-1}{1+p^2}\left(\frac{1}{2}p\pi - lp\right)$,

$$\int_0^\infty e^{-x}\,li.(e^x).\,Cos.\,px\,dx = \frac{-1}{1+p^2}\left(\frac{1}{2}p\pi + lp\right).$$ (T. 442, N°. 6 et 7).

23. Nous pourrons aisément rendre les théorèmes (XXVIII) et (XXIX) plus généraux, lorsque dans le premier nous prenons $e^{-(q+1)x}f(x)$ et dans le dernier $e^{-(q-1)x}f(x)$ au lieu de $f(x)$; ainsi on acquiert:

$$\int_a^b e^{-qx}\,li.(e^{-x}).f(x)\,dx = -\int_0^\infty \frac{dy}{1+y}\int_a^b e^{-(y+q+1)x} f(x)\,dx, \;\ldots\ldots\; \text{(XXX)}$$

$$\int_a^b e^{-qx}\,li.(e^x).f(x)\,dx = \int_0^\infty \frac{dy}{1-y}\int_a^b e^{-(y+q-1)x} f(x)\,dx. \;\ldots\ldots\; \text{(XXXI)}$$

Pour $f(x) = x^{p-1}$ et $a = 0$, $b = \infty$, on a par le théorème (XXX):

$$\int_0^\infty e^{-qx}\,li.(e^{-x}).\,x^{p-1}\,dx = -\int_0^\infty \frac{dy}{1+y}\int_0^\infty e^{-(y+q+1)x}\,x^{p-1}\,dx, \;\ldots\ldots\; (a), =$$

$$= -\Gamma(p)\int_0^\infty \frac{dy}{(1+y)(y+q+1)^p} = -\Gamma(p)\int_0^1 \frac{z^{p-1}\,dz}{(1+qz)^p},\; (b)$$ où l'on a substitué $1+y = \frac{1}{z}$.

Dans cette relation, où d'après le membre (a) il est évident que l'on a la condition $q+1 > 0$, prenons $q = -1$, alors: $\int_0^\infty e^x\,li.(e^{-x}).\,x^{p-1}\,dx = -\Gamma(p)\int_0^1 \frac{z^{p-1}\,dz}{(1-z)^p} = -\Gamma(p)\frac{\pi}{Sin.\,p\pi}$, [218], (T. 402, N°. 2);

---

[218] Car dans la première intégrale de Note 44, Méth. 4, N°. 6, prenons $q = 1 - r$, il vient à l'aide Page 459.

pour $q=0$ elle devient: $\int_0^\infty li.(e^{-x}).x^{p-1}dx = -\Gamma(p)\int_0^1 z^{p-1}dz = -\frac{1}{p}\Gamma(p)$. (T. 402, N°. 3). Pour $p=1$ on a: $\int_0^\infty e^{-qx}li.(e^{-x})dx = -\Gamma(1)\int_0^1 \frac{dz}{1+qz} = -\frac{1}{q}l(1+q)$, (T. 300, N°. 3), suivant Méth. 1, N°. 8, et pour $p=\frac{1}{2}$: $\int_0^\infty e^{-qx}li.(e^{-x})\frac{dx}{\sqrt{x}} = -\Gamma\left(\frac{1}{2}\right)\int_0^1 \frac{dz}{\sqrt{z(1+qz)}} = -2l\{\sqrt{q}+\sqrt{(1+q)}\}.\sqrt{\frac{\pi}{q}}$. [219]. (T. 402, N°. 4). Mais il s'ensuit de la discussion qui a mené à la formule (*b*), que l'on peut prendre $q=-r$, pourvu que r reste $\leqq 1$; prenons encore $p=1$ et il vient:

$$\int_0^\infty e^{qx}li.(e^{-x})dx = -\int_0^1 \frac{dz}{1-qz} = \frac{1}{q}l(1-q); \qquad (1218)$$

pour $p=\frac{1}{2}$ au contraire nous aurons: $\int_0^\infty e^{qx}li.(e^{-x})\frac{dx}{\sqrt{x}} = -\Gamma\left(\frac{1}{2}\right)\int_0^1 \frac{dz}{\sqrt{z(1-qz)}} = -2\,Arcsin.(\sqrt{q}).\sqrt{\frac{\pi}{q}}$. [220]. (T. 402, N°. 5).

Le théorème (XXXI) nous fournit encore pour $f(x)=x^{p-1}$ la relation suivante:

$$\int_0^\infty e^{-qx}li.(e^x).x^{p-1}dx = \int_0^\infty \frac{dy}{1-y}\int_0^\infty e^{-(y+q-1)x}x^{p-1}dx = \Gamma(p)\int_0^\infty \frac{dy}{(1-y)(y+q-1)^p},$$

---

de la formule B, Note 43 dans la même Méthode: $\int_0^1 \frac{(1-x)^{r-1}}{x^r}dx = \frac{\Gamma(1-r)\Gamma(r)}{\Gamma(1)} = \frac{\pi}{Sin.\,r\pi}$, (T. 4, N°. 6), comme on déduit aussi Méth. 22, N°. 12.

[219] Car pour $x=y^2$ on a: $\int_0^1 \frac{dx}{\sqrt{x(1+qx)}} = 2\int_0^1 \frac{dy}{\sqrt{(1+qy^2)}} = \frac{2}{\sqrt{p}}l\{\sqrt{p}+\sqrt{(1+p)}\}$, (T. 15, N°. 10), d'après Méth. 1, N°. 8. — Dans l'intégrale du texte mettez encore $x=y^2$ et il vient: $\int_0^\infty e^{-qx^2}li.(e^{-x^2})dx = -l\{\sqrt{q}\pm\sqrt{(1+q)}\}.\sqrt{\frac{\pi}{q}}$. (T. 300, N°. 4).

[220] Car pour $x=y^2$ on a par formule (53):

$$\int_0^1 \frac{dy}{\sqrt{x(1-qx)}} = 2\int_0^1 \frac{dy}{\sqrt{(1-qy^2)}} = \frac{2}{\sqrt{q}}Arcsin.(\sqrt{q}) \qquad (1219)$$

Lorsque dans l'intégrale du texte on prend $x=y^2$, on obtient encore:

$\int_0^\infty e^{qx^2}li.(e^{-x^2})dx = -Arcsin.(\sqrt{q}).\sqrt{\frac{\pi}{q}}$. (T. 300, N°. 5).

Page 460.

où maintenant il faut que $q \geqq 1$. Pour $q = 1$ on trouve: $\int_0^\infty e^{-x} li.(e^x).x^{p-1}\,dx = \Gamma(p)\int_0^\infty \frac{dy}{(1-y)y^p} =$

$-\Gamma(p)\,\pi.\,Cot.p\,\pi.$ [221]. (T. 402, N°. 1). Pour $p = 1$ il vient:

$$\int_0^\infty e^{-qx} li.(e^x)\,dx = \Gamma(1)\int_0^\infty \frac{dy}{(1-y)(y+q-1)} = -\frac{1}{q}\,l(q-1), \text{ (d'après Méth. 9, N°. 23)}. \;. \;(1221)$$

24. Au moyen des définitions $\int_0^1 \frac{Sin.\,rxy}{y}\,dy = Si.(rx)$ et $\int_\infty^1 \frac{Cos.\,rxy}{y}\,dy = Ci.(rx)$, (T. 254, N°. 1),

on obtient enfin les théorèmes:

$$\int_a^b Si.(rx).f(x)\,dx = \int_0^1 \frac{dy}{y}\int_a^b f(x)\,Sin.\,rxy\,dx, \;\ldots\ldots\ldots \;(XXXII)$$

$$\int_a^b Ci.(rx).f(x)\,dx = -\int_1^\infty \frac{dy}{y}\int_a^b f(x)\,Cos.\,rxy\,dx. \;\ldots\ldots \;(XXXIII)$$

Pour en donner une application, soit dans la première $f(x) = \frac{Sin\,px}{q^2-x^2}$; il vient alors pour $a = 0$,

$b = \infty$: $\int_0^\infty Si.(rx)\frac{Sin.\,px\,dx}{q^2-x^2} = \int_0^1 \frac{dy}{y}\int_0^\infty \frac{Sin.\,rxy.\,Sin.\,px\,dx}{q^2-x^2}$. La dernière intégrale a été déduite

sous (499), et diffère de valeur selon que ry est plus petit ou plus grand que p. Lorsque p est plus grand que r, le dernier cas ne peut avoir lieu et l'on a tout de suite:

$$\int_0^\infty Si.(rx)\frac{Sin.\,px\,dx}{q^2-x^2} = \int_0^1 \frac{dy}{y}\,\frac{-\pi}{2q}\,Cos.\,pq.\,Sin.\,qry = \frac{-\pi}{2q}\,Cos.\,pq.\int_0^1 \frac{dy\;Sin.\,qry}{y} =$$

$$= -\frac{\pi}{2q}\,Cos.\,pq.\,Si.(qr)\;,\; p > r. \;\ldots\ldots\ldots\ldots\ldots \;(1222)$$

Quand au contraire p est plus petit que r, il faut diviser la distance des limites 0 et 1 de y en deux parties de 0 à $\frac{p}{r}$ et de $\frac{p}{r}$ à 1, afin qu'il n'y ait aucune incertitude sur la valeur à employer. Dès-lors on trouve:

---

[221] Car l'intégrale de Méth. 22. N°. 11 donne pour $p = 1$, $q = 1 - r$:

$$\int_0^\infty \frac{dy}{(1-y)\,y^r} = \pi\,Cot.\,\{(1-r)\,\pi\} = -\pi\,Cot.\,r\pi. \;\ldots\ldots\ldots \;(1220)$$

Page 461.

$$\int_0^\infty Si.(rx)\frac{Sin.px\,dx}{q^2-x^2}=\int_0^{\frac{p}{r}}\frac{dy}{y}\frac{-\pi}{2q}Cos.pq.Sin.qry+\int_{\frac{p}{r}}^1\frac{dy}{y}\frac{-\pi}{2q}Sin.pq.Cos.qry=$$

$$-\frac{\pi}{2q}Cos.pq.\int_0^{\frac{p}{r}}\frac{Sin.qry\,dy}{y}-\frac{\pi}{2q}Sin.pq.\left\{\int_{\frac{p}{r}}^\infty\frac{Cos.qry\,dy}{y}-\int_1^\infty\frac{Cos.\,qry\,dy}{y}\right\}=$$

$$-\frac{\pi}{2q}Cos.pq.Si.(pq)+\frac{\pi}{2q}Sin.pq.\{Ci.(pq)-Ci.(qr)\}\ ,\ q<r\ .\ .\ .\ .\ .\ (1223)$$

Soit encore dans le théorème (XXXIII): $f(x)=\frac{Cos.px}{q^2-x^2}$, $a=0$, $b=\infty$, alors il est:
$\int_0^\infty Ci.(rx)\frac{Cos.px\,dx}{q^2-x^2}=-\int_1^\infty\frac{dy}{y}\int_0^\infty\frac{Cos.px.\,Cos.rxy}{q^2-x^2}dx$. La dernière intégrale, déduite (498), a une valeur différente suivant que p est plus grand ou plus petit que ry. Ce n'est que le dernier cas qui a lieu lorsque p est plus petit que r, donc:

$$\int_0^\infty Ci.(rx)\frac{Cos.px\,dx}{q^2-x^2}=-\int_1^\infty\frac{dy}{y}\frac{\pi}{2q}Cos\,pq.Sin.qry=-\frac{\pi}{2q}Cos.pq\left\{\int_0^\infty\frac{Sin.\,qry\,dy}{y}-\int_0^1\frac{Sin.qry\,dy}{y}\right\}=$$

$$-\frac{\pi}{2q}Cos.pq.\left\{\frac{\pi}{2}-Si.(qr)\right\}\ ,\ p<r\ .\ .\ .\ .\ .\ .\ .\ .\ .\ .\ .\ .\ .\ .\ (1224)$$

Mais quand p est plus grand que r, il faut diviser la distance des limites 1 à ∞ de y dans deux parties, dont l'une va de 1 à $\frac{p}{r}$, l'autre de $\frac{p}{r}$ à ∞, de sorte qu'entre ces limites l'intégrale (498) a toujours une valeur déterminée; on trouve alors:

$$\int_0^\infty Ci.(rx)\frac{Cos.px\,dx}{q^2-a^2}=-\int_1^{\frac{p}{r}}\frac{dy}{y}\frac{\pi}{2q}Sin.pq.Cos.qry-\int_{\frac{p}{r}}^\infty\frac{dy}{y}\frac{\pi}{2q}Cos.pq.Sin\,qry=$$

$$-\frac{\pi}{2q}Sin.pq.\left\{\int_1^\infty\frac{Cos.\,qry\,dy}{y}-\int_{\frac{p}{r}}^\infty\frac{Cos.\,qry\,dy}{y}\right\}-\frac{\pi}{2q}Cos\,pq.\left\{\int_0^\infty\frac{Sin.\,qry\,dy}{y}-\int_0^{\frac{p}{r}}\frac{Sin.\,qry}{y}dy\right\}=$$

$$=\frac{\pi}{2q}Sin.pq.\{Ci.(qr)-Ci.(pq)\}-\frac{\pi}{2q}Cos.pq.\left\{\frac{\pi}{2}-Si.(pq)\right\}\ ,\ p>r.\ .\ .\ .\ .\ .\ (1225)$$

---

§ 2. MÉTHODE 19. EMPLOI DE LA FORMULE DE BERTRAND ET DE QUELQUES AUTRES FORMULES ANALOGUES.

1. Pour faire en premier lieu une application de la formule de BERTRAND, nous commencerons par celle, qui a donné lieu à ce théorème [222]. A cet effet soit dans la formule mentionnée I, N°. 39, form. 74: $\int_a^\rho F(\varrho, x)\,dx = \int_a^\rho F(x,x)\,dx + \int_a^\rho d\varrho \left\{\int_a^\rho \frac{d.F(x,\varrho)}{dx}\,d\varrho\right\}_{x=\rho}$, $F(\varrho,x) = \frac{l(1+\varrho x)}{1+x^2}$, $F(x,\varrho) = \frac{l(1+\varrho x)}{1+\varrho^2}$, $\varrho = p$, $a = 0$, alors: $\int_0^p \frac{l(1+px)}{1+x^2}dx = \int_0^p \frac{l(1+x^2)}{1+x^2}dx + \int_0^p dp \left\{\int_0^p \frac{1}{1+p^2}\frac{p}{1+px}dp\right\}_{x=p}$

Or, on a [223]: $\int_0^p \frac{1}{1+p^2}\frac{pdp}{1+px} = -\frac{l(1+px)}{1+x^2} + \frac{1}{2}\frac{l(1+p^2)}{1+x^2} + \frac{x}{1+x^2} Arctg.p$; ce qui devient pour $x = p$: $-\frac{1}{2}\frac{l(1+p^2)}{1+p^2} + \frac{p}{1+p^2}Arctg.p$; et par suite il vient: $\int_0^p \frac{l(1+px)}{1+x^2}dx =$

$$= \int_0^p \frac{l(1+x^2)}{1+x^2}dx - \frac{1}{2}\int_0^p \frac{l(1+p^2)}{1+p^2}dp + \int_0^p Arctg.p\frac{pdp}{1+p^2} = \int_0^p \frac{l(1+x^2)}{1+x^2}dx - \frac{1}{2}\int_0^p \frac{l(1+p^2)}{1+p^2}dp +$$

$$+ \frac{1}{2} Arctg.p.l(1+p^2)\Big\}_0^p - \frac{1}{2}\int_0^p l(1+p^2)\frac{dp}{1+p^2},$$ lorsqu'on applique l'intégration par parties au dernier terme dans l'avant-dernier membre. Or, dans le dernier membre les trois intégrales se détruisent et le terme intégré s'évanouit pour la limite inférieure 0 de p, donc: $\int_0^p \frac{l(1+px)}{1+x^2}dx = \frac{1}{2}Arctg.p.l(1+p^2)$. (T. 188, N°. 15). Supposons $p = \sqrt{q}$, $px = y$, il vient:

$$\int_0^q \frac{l(1+x)\,dx}{q+x^2} = \frac{1}{2\sqrt{q}} Arctg\,(\sqrt{q}).l(1+q), \ldots\ldots\ldots\ldots \quad (1226)$$

[222] On pourra consulter BERTRAND, Journal de Liouville, T. 8, p. 110 et GRUNERT, Grunerts Archiv, Bd. 4, S. 113.

[223] Puisque: $\frac{1}{1+p^2}\frac{p}{1+px} = \frac{-x}{(1+x^2)(1+px)} + \frac{x}{(1+x^2)(1+p^2)} + \frac{p}{(1+x^2)(1+p^2)}$.

et pour $q = 1$: $$\int_0^1 \frac{l(1+x)\,dx}{1+x^2} = \frac{\pi}{8} l2. \text{ (T. 160, N°. 2). [224].}$$

2. Soit au contraire $F(\varrho, x) = \dfrac{l(1-\varrho x)}{1+x^2}$, alors le théorème nous donne, pour $\varrho = p$:

$$\int_0^p \frac{l(1-px)\,dx}{1+x^2} = \int_0^p \frac{l(1-x^2)}{1+x^2} dx + \int_0^p dp \left\{ \int_0^p \frac{1}{1+p^2} \frac{-p}{1-px} dp \right\}_{x=p}.$$ Mais il est [225]:

$$\int_0^p \frac{1}{1+p^2} \frac{-p\,dp}{1-px} = \frac{l(1-px)}{1+x^2} + \frac{x}{1+x^2} Arctg.\,p - \frac{1}{2} \frac{l(1+p^2)}{1+x^2};$$ changez-y x en p et substituez, alors:

$$\int_0^p \frac{l(1-px)\,dx}{1+x^2} = \int_0^p \frac{l(1-x^2)}{1+x^2} dx + \int_0^p \frac{l(1-p^2)}{1+p^2} dp - \frac{1}{2} \int_0^p \frac{l(1+p^2)}{1+p^2} dp + \int_0^p Arctg.\,p \frac{p\,dp}{1+p^2},$$

ou, d'après la valeur de la dernière intégrale, trouvée au numéro précédent, après quelques réductions:

$$\int_0^p \frac{l(1-px)\,dx}{1+x^2} = 2\int_0^p \frac{l(1-x^2)}{1+x^2} dx - \int_0^p \frac{l(1+x^2)}{1+x^2} dx + \frac{1}{2} Arctg.\,p.l(1+p^2),$$ d'où de nouveau:

$$\int_0^p l \frac{(1-px)(1+x^2)}{(1-x^2)^2} \frac{dx}{1+x^2} = \frac{1}{2} Arctg.\,p.l(1+p^2). \quad \ldots\ldots\ldots \quad (1229)$$

Ajoutez-y la première intégrale du N°. précédent alors:

---

[224] Déjà déduite Méth. 9, N°. 5. — On peut agir encore de la manière suivante. Il est:

$$\int_0^1 \frac{x}{1+px} \frac{dx}{q^2+x^2} = \int_0^1 \frac{dx}{1+p^2q^2} \left\{ \frac{-p}{1+px} + \frac{pq^2+x}{q^2+x^2} \right\} = \frac{1}{1+p^2q^2} \left\{ -l(1+p) + pq\,Arctg.\frac{1}{q} + \frac{1}{2} l \frac{1+q^2}{q^2} \right\}. \quad (1227)$$

Multiplions de part et d'autre par dp et intégrons par rapport à p entre les limites 0 et 1, il vient:

$$\int_0^1 \frac{l(1+x)\,dx}{q^2+x^2} = -\int_0^1 \frac{l(1+p)}{1+p^2q^2} dp + \frac{1}{2q} Arctg.\left(\frac{1}{q}\right).\ l(1+q^2) + \frac{1}{2q} l \frac{1+q^2}{q^2}.\ Arctg.\,q,$$

d'où en rassemblant les intégrales sous un même signe:

$$\int_0^1 l(1+x) \frac{1+x^2}{q^2+x^2} \frac{dx}{1+q^2x^2} = \frac{1}{2q(1+q^2)} \left\{ \frac{\pi}{2} l(1+q^2) - 2Arctg.\,q.\,lq \right\}, \ldots \quad (1228)$$

celle-ci, pour $q = 1$, donne de nouveau T. 160, N°. 2.

[225] Suivant la relation de Note 223 pour un p négatif.
Page 464.

$$\int_0^p \frac{l(1-p^2x^2)(1+x^2)}{(1-x^2)^2}\frac{dx}{1+x^2} = Arctg.p.l(1+p^2).\ [226] \ldots\ldots (1230)$$

Par la substitution de $p^2 = q$ et de $px = y$ on obtient encore:

$$\int_0^q l\frac{(1-x)(q+x^2)}{(q-x^2)^2}\frac{dx}{q+x^2} = \frac{1}{2\sqrt{q}}Arctg.(\sqrt{q}).l\frac{1+q}{q^2}, \ldots\ldots (1234)$$

$$\int_0^q l\frac{(1-x^2)(q+x^2)}{(q-x^2)^2}\frac{dx}{q+x^2} = \frac{1}{\sqrt{q}}Arctg.(\sqrt{q}).l\frac{1+q}{q}. \ldots\ldots (1235)$$

3. Passons à la formule I, 75:

$$\int_r^R f(x).\varphi(x)\,dx = f(R)\int_a^R \varphi(x)\,dx - f(r)\int_a^r \varphi(x)\,dx - \int_r^R dx\frac{d.f(x)}{dx}\int_a^x \varphi(x)\,dx,$$

et substituons-y $f(x) = Arctg.x$, $\varphi(x) = \dfrac{x}{1-p^2x^2}$, $r = 0$, $R = p$, alors:

$$\int_0^p Arctg.x\frac{xdx}{1-p^2x^2} = Arctg.(p).\int_a^p \frac{xdx}{1-p^2x^2} - Arctg.(o).\int_a^0 \frac{xdx}{1-p^2x^2} - \int_0^p dx\frac{1}{1+x^2}\int_a^x \frac{xdx}{1-p^2x^2} =$$

$$= Arctg.(p)\frac{-1}{2p^2}l\frac{1-p^4}{1-a^2p^2} + \frac{1}{2p^2}\int_0^p \frac{dx}{1+x^2}l\frac{1-p^2x^2}{1-p^2a^2} = \frac{1}{2p^2}Arctg.p.l\frac{1-a^2p^2}{1-p^4} - \frac{1}{2p^2}l(1-p^2a^2)\int_0^p \frac{dx}{1+x^2} +$$

$$+ \frac{1}{2p^2}\int_0^p \frac{l(1-p^2x^2)\,dx}{1+x^2} = \frac{1}{2p^2}Arctg.p.l\frac{1-a^2p^2}{1-p^4} - \frac{1}{2p^2}l(1-p^2a^2).Arctg.p + \frac{1}{2p^2}\int_0^p \frac{l(1-p^2x^2)\,dx}{1+x^2},$$

où il est évident que la constante a, qui semble se trouver dans la formule I, 75 d'une manière entièrement arbitraire, s'évanouira d'elle-même, puisque les deux premiers termes du second membre donnent $-\dfrac{1}{2p^2}Arctg.p.l(1-p^4)$. Mais comme la dernière intégrale n'est pas connue, ce n'est pas ainsi qu'on peut trouver la première.

---

[226] Pour $p = 1$ ces formules donnent:

$$\int_0^1 l\frac{1+x^2}{(1+x)(1-x^2)}\frac{dx}{1+x^2} = \frac{\pi}{8}l2, \ldots (1231), \qquad \int_0^1 l\frac{1+x^2}{1-x^2}\frac{dx}{1+x^2} = \frac{\pi}{4}l2; \ldots (1232)$$

la combinaison de cette dernière intégrale avec la dernière du N°. 1, fournit encore:

$$\int_0^1 l\frac{1+x^2}{1-x}\frac{dx}{1+x^2} = \frac{3\pi}{8}l2 \ldots\ldots (1233)$$

4. Pour une autre application de I, 75 soit $f(x) = Arcsin. \frac{x}{p}$, $\varphi(x) = x^{b-1}$, $r = 0$, $R = p$, alors:

$$\int_0^p Arcsin\left(\frac{x}{p}\right).x^{b-1}dx = Arcsin.\left(\frac{p}{p}\right).\int_a^p x^{b-1}dx - Arcsin.\left(\frac{0}{p}\right).\int_a^0 x^{b-1}dx - \int_0^p dx\frac{1}{\sqrt{(p^2-x^2)}}\int_a^x x^{b-1}dx =$$

$$= \frac{\pi}{2b}(p^b - a^b) - \frac{1}{b}\int_0^p \frac{dx}{\sqrt{(p^2-x^2)}}(x^b - a^b) = \frac{\pi}{2b}(p^b - a^b) - \frac{1}{b}\int_0^p \frac{x^b\,dx}{\sqrt{(p^2-x^2)}} + \frac{1}{b}a^b\frac{\pi}{2}.$$

Ici encore la constante a s'élimine déjà; en outre la Méth. 3, N°. 3, nous apprend qu'il faut distinguer ici entre b pair et impair. On trouve ainsi séparément:

$$\int_0^p Arcsin.\left(\frac{x}{p}\right).\,x^{2b-1}\,dx = \frac{\pi}{4b}\,p^{2b}\left(1 - \frac{1^{b/2}}{2^{b/2}}\right), \quad \ldots \ldots \ldots \ldots \quad (1236)$$

$$\int_0^p Arcsin.\left(\frac{x}{p}\right).\,x^{2b}\,dx = \frac{1}{2b+1}\,p^{2b+1}\left(\frac{\pi}{2} - \frac{2^{b/2}}{3^{b/2}}\right). \quad \ldots \ldots \ldots \ldots \quad (1237)$$

Pour $p = 1$ on a T. 256, N°. 2, 3.

5. Enfin pour l'application de la formule I, 65*:

$$\int_r^R F(\varrho,x)\,dx = \int_0^\rho d\varrho\int_r^R \frac{d.F(\varrho,x)}{d\varrho}dx + \int_0^\rho F(\varrho,R)\frac{dR}{d\varrho}d\varrho - \int_0^\rho F(\varrho,r)\frac{d\varrho}{dr}\,d\varrho,\ \text{soit}\ \varrho = p,\ F(\varrho,x) = \frac{x\,Arcsin.\left(\frac{x}{p}\right)}{1-x^2}, r=0, R=$$

et par conséquent: $\displaystyle\int_0^p Arcsin.\left(\frac{x}{p}\right)\frac{xdx}{1-x^2} = \int_0^p dp\int_0^p \frac{x}{1-x^2}\frac{dx}{\sqrt{(p^2-x^2)}} + \int_0^p \frac{p\,Arcsin.\,1}{1-p^2}dp - 0 =$

$$= \int_0^p dp\frac{Arcsin.\,p}{\sqrt{(1-p^2)}} - \frac{1}{2}\frac{\pi}{2}l(1-p^2)\ [227] = -\frac{\pi}{4}l(1-p^2) + \frac{1}{2}(Arcsin.\,p)^2. \quad \ldots \quad (1240)$$

---

[227] Car la substitution de $p^2 - x^2 = y^2$ donne:

$$\int_0^p \frac{x}{1-x^2}\frac{dx}{\sqrt{(p^2-x^2)}} = \int_0^p \frac{dy}{1-p^2+y^2} = \frac{1}{\sqrt{(1-p^2)}}Arctg.\left(\frac{y}{\sqrt{(1-p^2)}}\right)\Bigg\}_0^p =$$

$$= \frac{1}{\sqrt{(1-p^2)}}Arctg.\left(\frac{p}{\sqrt{(1-p^2)}}\right) = \frac{1}{\sqrt{(1-p^2)}}Arcsin.\,p\,;\ .\ (1238)$$

d'où encore pour $p = 1$:

$$\int_0^1 \frac{xdx}{\sqrt{(1-x^2)^3}} = \infty \ldots \ldots \ldots \ldots \ldots \quad (1239)$$

Page 466.

Pour $p = 1$ on trouve:

$$\int_0^1 Arcsin.\, x \frac{xdx}{1-x^2} = \infty \quad \ldots\ldots\ldots\ldots\ldots\ldots \quad (1241)$$

---

§ 3. MÉTHODE 20. EMPLOI DE FORMULES DE TRANSFORMATION.

1. Pour l'intégrale $\int_0^\infty Sin.\, px.\, Si.\,(rx) \frac{dx}{q^2+x^2}$ il faut prendre les théorèmes II, 261 et 263 et y supposer $a = 0$, $c = r$, $f(x) = \frac{1}{x}$, de sorte qu'on ne peut jamais avoir $p \leqq a$; dès-lors:

$$\int_0^\infty Sin.\, px.\, Si.\,(rx) \frac{dx}{q^2+x^2} = \frac{\pi}{4q} e^{-pq} \int_0^r (e^{qy} - e^{-qy}) \frac{dy}{y} = \frac{\pi}{4q} e^{-pq} \{Ei.\,(qr) - Ei.\,(-qr)\},\ (p \geqq r); =$$

$$= \frac{\pi}{4q}(e^{pq} - e^{-pq}) \int_0^r e^{-qy} \frac{dy}{y} + \frac{\pi}{4q} \int_0^p \{e^{q(y-p)} - e^{q(p-y)}\} \frac{dy}{y} = \frac{\pi}{4q}(e^{pq} - e^{-pq})\, Ei.\,(-qr) +$$

$$+ \frac{\pi}{4q}\{e^{-pq} Ei.(pq) - e^{pq} Ei.(-pq)\} = \frac{\pi}{4q} e^{pq}\{Ei.(-qr) - Ei.(-pq)\} - \frac{\pi}{4q} e^{-pq}\{Ei.(-qr) - Ei.(pq)\},$$

$(p \leqq r)$. (T. 435, N°. 3 en 4).

Pour les mêmes suppositions on trouve à l'aide des formules II, 264, 268:

$$\int_0^\infty Cos.\, px.\, Si.\,(rx) \frac{xdx}{q^2+x^2} = \frac{\pi}{4} e^{-pq} \int_0^r (e^{-qy} - e^{qy}) \frac{dy}{y} = \frac{\pi}{4} e^{-pq}\{Ei.\,(-qr) - Ei.\,(qr)\},\ (p > r); =$$

$$= \frac{\pi}{4}(e^{pq}+e^{-pq}) \int_0^r e^{-qy} \frac{dy}{y} - \frac{\pi}{4} \int_0^r \{e^{q(p-y)} + e^{q(y-p)}\} \frac{dy}{y} + \frac{\pi}{4} \int_0^\varepsilon e^{-qy} \frac{2p\,dy}{p^2-y^2} + \frac{\pi}{4} \int_{-\varepsilon}^\varepsilon (1 - e^{-qy}) \frac{dy}{p+y} =$$

$$= \frac{\pi}{4}(e^{pq}+e^{-pq})\, Ei.\,(-qr) - \frac{\pi}{4}\{e^{pq} Ei.\,(-pq) + e^{-pq} Ei.\,(pq)\} = \frac{\pi}{4} e^{pq}\{Ei.\,(-qr) - Ei.\,(-pq)\} +$$

$+ \frac{\pi}{4} e^{-pq}\{Ei.\,(-qr) - Ei.\,(pq)\}$, $(0 < p < r)$. (T. 435, N°. 9 et 10). Encore pour les cas de $p = r$ et de $p = 0$ les équations II, 266, 267 donnent:

$$\int_0^\infty Cos.\, rx.\, Si.\,(rx) \frac{xdx}{q^2+x^2} = \frac{\pi}{4} e^{-rq} \int_0^r (e^{-qy} - e^{qy}) \frac{dy}{y} - + \frac{\pi}{4} e^{-qr} \int_{r-\varepsilon}^r (e^{qy} - e^{-qy} + e^{-qr}) \frac{dy}{y} =$$

$$= \frac{\pi}{4} e^{-qr}\{Ei.\,(-qr) - Ei.\,(qr)\}, \quad \ldots\ldots\ldots\ldots\ldots \quad (1242)$$

Page 467.

$$\int_0^\infty Si.(rx)\frac{xdx}{q^2+x^2}=\frac{\pi}{4}(e^0+e^{-0})\int_0^r e^{-qy}\frac{dy}{y}+\frac{\pi}{4}\int_0 (e^{-0}-e^{qy}-e^{-qy})\frac{dy}{y}=\frac{\pi}{2}Ei.(-qr)\ .\ (1243)$$

2. Quant à l'intégrale $\int_0^\infty Cos.px.Ci.(rx)\frac{dx}{q^2+x^2}$, il faut faire usage des formules II, 259, 260 pour $a=r$, $c=\infty$, (de sorte qu'ici p ne peut jamais devenir $\geqq c$) et pour $f(x)=\frac{1}{x}$; il vient:

$$\int_0^\infty Cos.px.Ci.(rx)\frac{dx}{q^2+x^2}=-\frac{\pi}{4q}(e^{pq}+e^{-pq})\int_r^\infty e^{-qy}\frac{dy}{y}=\frac{\pi}{4q}(e^{pq}+e^{-pq})Ei.(-qr),\ (p\leqq r);=$$

$$=-\frac{\pi}{4q}(e^{pq}+e^{-pq})\int_r^\infty e^{-qy}\frac{dy}{y}-\frac{\pi}{4q}\int_r^p\{e^{(y-p)q}-e^{(p-y)q}\}\frac{dy}{y}=\frac{\pi}{4q}(e^{pq}+e^{-pq})Ei.(-qr)-$$

$$-\frac{\pi}{4q}\left[e^{-pq}\{Ei.(pq)-Ei.(qr)\}-e^{pq}\{Ei.(-pq)-Ei.(-qr)\}\right]=\frac{\pi}{4q}e^{pq}Ei.(-pq)+$$

$$+\frac{\pi}{4q}e^{-pq}\{Ei.(-qr)+Ei.(qr)-Ei.(pq)\},\ (r\leqq p).\ (T.\ 435,\ N^o.\ 5\ et\ 6).$$

De la première on tire encore pour $p=0$:

$$\int_0^\infty Ci.(rx)\frac{dx}{q^2+x^2}=\frac{\pi}{2q}Ei.(-qr)\ \ldots\ldots\ldots\ldots\ (1244)$$

Lorsqu'on garde les mêmes substitutions, mais que l'on fait usage des théorèmes II, 270, 273, on acquiert:

$$\int_0^\infty Sin.px.Ci.(rx)\frac{xdx}{q^2+x^2}=-\frac{\pi}{4}(e^{-pq}-e^{pq})\int_r^\infty e^{-qy}\frac{dy}{y}=\frac{\pi}{4}(e^{-pq}-e^{pq})Ei.(-qr),\ (p<r);=$$

$$=-\frac{\pi}{4}(e^{-pq}-e^{pq})\int_r^\infty e^{-qy}\frac{dy}{y}-\frac{\pi}{4}\int_r^p\{e^{(y-p)q}+e^{(p-y)q}\}\frac{dy}{y}-\frac{\pi}{4}\int_0^\varepsilon e^{-qy}\frac{-2ydy}{p^2-y^2}-\frac{\pi}{4}e^{-2pq}\int_{-\varepsilon}^{+\varepsilon}(1-e^{-qy})\frac{dy}{p+y}=$$

$$=\frac{\pi}{4}(e^{-pq}-e^{pq})Ei.(-qr)-\frac{\pi}{4}\left[e^{-pq}\{Ei.(pq)-Ei.(qr)\}+e^{pq}\{Ei.(-pq)-Ei.(-qr)\}\right]=$$

$$=-\frac{\pi}{4}e^{pq}Ei.(-pq)+\frac{\pi}{4}e^{-pq}\{Ei.(-qr)+Ei.(qr)-Ei.(pq)\},\ (r<p).\ (T.\ 435,\ N^o.\ 7\ et\ 8).$$

Dans le cas de $p=r$ on trouve encore par la formule II, 272:

$$\int_0^\infty Sin.rx.Ci.(rx)\frac{xdx}{q^2+x^2}=-\frac{\pi}{4}(e^{-qr}-e^{qr})\int_r^\infty e^{-qy}\frac{dy}{y}-\frac{\pi}{4}\int_r^{r+\varepsilon}(e^{-2pq}+e^{(p-y)q}-e^{-(p+y)q})\frac{dy}{y}=$$

$$=\frac{\pi}{4}(e^{-qr}-e^{qr})Ei.(-qr)\ \ldots\ldots\ldots\ldots\ (1245)$$

Page 468.

3. Pour l'intégrale $\int_0^\infty Cos.\,px.\,Si.(rx)\dfrac{xdx}{q^2-x^2}$ il faut employer les théorèmes II, 280, 284 pour $a=0$, $c=r$, $f(x)=\dfrac{1}{x}$; donc:

$$\int_0^\infty Cos.\,px.\,Si.(rx)\frac{xdx}{q^2-x^2}=\frac{\pi}{2}Sin.\,pq.\int_0^r Sin.\,qy\frac{dy}{y}=\frac{\pi}{2}Sin.\,pq.\,Si.(qr),\ (p>r);\ \ldots\ (1246)$$

$$=\frac{\pi}{2}Sin.\,pq.\int_0^r Sin.\,qy\frac{dy}{y}-\frac{\pi}{2}\int_{p+\varepsilon}^r Cos.\,\{q(y-p)\}\frac{dy}{y}-\frac{\pi}{2}Sin.\,pq.\int_{p-\varepsilon}^{p+\varepsilon} Sin.\,qy\frac{dy}{y}-\frac{\pi}{4}Cos.\,2pq.\int_{p-\varepsilon}^{p+\varepsilon}\frac{dy}{y}=$$

$$=\frac{\pi}{2}Sin.\,pq.\,Si.(qr)-\frac{\pi}{2}\Big[-Cos.\,pq.\,\{Ci.(pq)-Ci.(qr)\}+Sin.\,pq.\,\{Si.(qr)-Si.(pq)\}\Big]=$$

$$=\frac{\pi}{2}Sin.\,pq.\,Si.(pq)-\frac{\pi}{2}Cos.\,pq.\{Ci.(qr)-Ci.(pq)\},\ (p<r).\ \ldots\ldots\ (1247)$$

En outre pour les cas de $p=r$ et de $p=0$, les formules II, 282, 283 nous donnent:

$$\int_0^\infty Cos.\,rx.\,Si.(rx)\frac{xdx}{q^2-x^2}=\frac{\pi}{2}Sin.\,pq.\int_0^r Sin.\,qy\frac{dy}{y}-$$

$$-\frac{\pi}{4}\int_{c-\varepsilon}^{c}\Big[2\,Sin.\,qr.\,Sin.\,qy+Cos.\,2rq\Big]\frac{dy}{y}=\frac{\pi}{2}Sin.\,pq.\,Si.(qr),\ \ldots\ (1248)$$

et $$\int_0^\infty Si.(rx)\frac{xdx}{q^2-x^2}=-\frac{\pi}{2}Cos.\,o.\int_0^r Cos.\,qy\frac{dy}{y}+\frac{\pi}{4}\int_0^\varepsilon(2\,Cos.\,0.\,Cos.\,qy-Cos.\,0)\frac{dy}{y}=$$

$$=-\frac{\pi}{2}\int_\varepsilon^\infty Cos.\,qy\frac{dy}{y}+\frac{\pi}{2}\int_r^\infty Cos.\,qy\frac{dy}{y}=-\frac{\pi}{2}Ci.(qr)\ \ldots\ (1249)$$

4. En substituant ces mêmes données dans les théorèmes II, 277, 279, on obtiendrait les intégrales (1222) et (1223) de Méth. 18, N°. 24. De même la supposition $a=r$, $c=\infty$, $f(x)=\dfrac{1}{x}$ nous ferait trouver par les équations II, 275, 276 les intégrales (1224) et (1225), dont nous pourrons déduire pour $p=0$ le cas special:

$$\int_0^\infty Ci.(rx)\frac{dx}{q^2-x^2}=\frac{\pi}{2q}\left\{\frac{\pi}{2}-Si.(qr)\right\}.\ \ldots\ldots\ (1250)$$

C'est encore par ces mêmes substitutions que les formules II, 286, 289 donnent:

Page 469.

$$\int_0^\infty Sin.px.\,Ci.(rx)\frac{xdx}{q^2-x^2}=\frac{\pi}{2}Sin\,pq.\int_r^\infty Sin.qy\frac{dy}{y}=\frac{\pi}{2}Sin.pq.\left\{\int_0^\infty Sin.qy\frac{dy}{y}-\int_0^r Sin.qy\frac{dy}{y}\right\}=$$

$$=\frac{\pi}{2}Sin.pq.\left\{\frac{\pi}{2}-Si.(qr)\right\},\ (p<r);\ \ldots\ldots\ (1251),=$$

$$=-\frac{\pi}{2}Cos.pq.\int_r^\infty Cos.qy\frac{dy}{y}+\frac{\pi}{2}\int_{p+\varepsilon}^\infty Cos.\{(y-p)q\}\frac{dy}{y}+\frac{\pi}{2}Cos.pq.\int_{p-\varepsilon}^{p+\varepsilon}Cos.qy\frac{dy}{y}+\frac{\pi}{4}Cos.2pq.\int_{p-\varepsilon}^{p+\varepsilon}Sin.qy\frac{dy}{y}=$$

$$=+\frac{\pi}{2}Cos.pq.Ci.(qr)-\frac{\pi}{2}Cos.pq.Ci.(pq)+\frac{\pi}{2}Sin.pq.\left\{\frac{\pi}{2}-Si.(pq)\right\}=\frac{\pi}{2}Cos.pq.\{Ci.(qr)-Ci.(pq)\}+$$

$$+\frac{\pi}{2}Sin.pq.\left\{\frac{\pi}{2}-Si.(pq)\right\},\ (p>r);\ \ldots\ldots\ (1252)$$

tandis que le théorème II, 288 nous fournit le cas spécial:

$$\int_0^\infty Sin.rx.\,Ci.(rx)\frac{xdx}{q^2-x^2}=\frac{\pi}{2}Sin.rq.\int_r^\infty Sin.qy\frac{dy}{y}-\frac{\pi}{4}\int_r^{r+\varepsilon}(2\,Sin.rq.\,Sin.qy+Cos.2rq)\frac{dy}{y}=$$

$$=\frac{\pi}{2}Sin.rq.\left\{\frac{\pi}{2}-Si.(qr)\right\}.\ \ldots\ldots\ (1253)$$

SECTION QUATRIÈME.

MÉTHODES, QUI RAMÈNENT A DES SÉRIES.

§ 1. MÉTHODE 21. PAR LA DÉFINITION DE L'INTÉGRALE DÉFINIE.

1. Au N°. 4 de la Première Partie nous avons vu que la définition de l'intégrale définie est exprimée par la formule:

$$\int_a^b f(x)\,dx=\text{Lim.}\,\delta\sum_0^{p-1}f(a+n\delta),\ p\delta=b-a,\ \text{Lim.}\,\delta=0.$$

Page 470.

Lorsque maintenant le terme général sous le signe de sommation est de telle nature que la série, qui en résulte, peut aisément être sommée, alors cette somme sera par conséquent la valeur de l'intégrale définie au premier membre; et en effet ce cas a lieu quelquefois.

2. La formule mentionnée nous donne par exemple:

$$\int_a^b q^x\,dx = \text{Lim.}\,\delta\sum_0^{p-1} q^{a+n\delta} = \text{Lim.}\,\delta\left\{q^a + q^{a+\delta} + q^{a+2\delta} + \ldots + q^{a+(p-1)\delta}\right\} =$$

$$= \text{Lim.}\,q^a\delta(1+q^\delta+q^{2\delta}+\ldots+q^{(p-1)\delta}) = q^a\text{Lim.}\,\delta\frac{1-q^{p\delta}}{1-q^\delta} = q^a\text{Lim.}\,\delta\frac{1-q^{b-a}}{1-q^\delta} = (q^a-q^b)\text{Lim.}\frac{\delta}{1-q^\delta}.$$

Or, pour Lim. $\delta = 0$, cette limite devient $\frac{0}{0}$, indéterminée, mais par les règles ordinaires:

$$\text{Lim.}\frac{\delta}{1-q^\delta} = \text{Lim.}\frac{1}{-q^\delta\, lq} = -\frac{1}{lq},\ \text{et donc:} \int_a^b q^x\,dx = \frac{q^b-q^a}{lq}. \quad\ldots\ldots\ldots\ldots\ (1254)$$

3. $$\int_0^\infty Sin.\,qx\frac{dx}{x} = \text{Lim.}\,\delta\sum_0^{p-1}\frac{Sin.\,qn\delta}{n\delta} = \text{Lim.}\sum_0^{p-1}\frac{Sin.\,qn\delta}{n} = \text{Lim.}\sum_0^\infty\frac{Sin.\,qn\delta}{n} = \text{Lim.}\frac{\pi-q\delta}{2},$$

(C. P. 112), $=\frac{\pi}{2}$. [228]. (T. 194, N°. 5).

4. $$\int_0^b l(1-2q\,Cos.x+q^2)\,dx = \text{Lim.}\,\delta\sum_0^{p-1} l(1-2q\,Cos.n\delta+q^2) = \text{Lim.}\frac{b}{p}\sum_0^{p-1} l\left(1-2q\,Cos.\frac{nb}{p}+q^2\right).$$

Mais comme d'un côté une somme de logarithmes est le logarithme du produit des fonctions respectives, et que d'autre part le théorème de COTES nous apprend que

$$(1-2q+q^2)\left(1-2q\,Cos.\frac{\pi}{p}+q^2\right)\left(1-2q\,Cos.\frac{2\pi}{p}+q^2\right)\ldots\left(1-2q\,Cos.\frac{p-1}{p}\pi+q^2\right) = \frac{1-q}{1+q}(q^{2p}-1),$$

nous pouvons profiter de cette équation pourvu que dans l'intégrale primitive b soit π. Dès-lors on trouve:

$$\int_0^\pi l(1-2q\,Cos.\,x+q^2)\,dx = \text{Lim.}\frac{\pi}{p}\,l\left\{\frac{1-q}{1+q}(q^{2p}-1)\right\} = \text{Lim.}\frac{\pi}{p}\,l\frac{1-q}{1+q} + \text{Lim.}\,l(q^{2p}-1)^{\frac{\pi}{p}}.$$

Passons maintenant à la limite zéro de δ, de sorte que la limite correspondante de p devient infinie. En premier lieu on a Lim. $\frac{\pi}{p}\,l\frac{1-q}{1+q} = 0$; mais en second lieu il faut distinguer les cas de q

---

[228] Déjà déduite Méth. 6, N°. 5 et Méth. 17, N°. 3; voyez encore Méth. 34, N°. 2. On aurait pu agir ainsi suivant Méth. 18:

$$\int_0^\infty Sin.\,px\frac{dx}{x} = \int_0^\infty Sin.\,px\,dx\int_0^\infty e^{-xy}\,dy = \int_0^\infty dy\int_0^\infty e^{-xy}\,Sin.\,py\,dy = \int_0^\infty dy\frac{p}{p^2+y^2} = \int_0^\infty d.\,Arctg.\frac{y}{p},$$

donc $=\frac{\pi}{2}$, $=0$, ou $=-\frac{\pi}{2}$, suivant que p soit $>$, $=$, ou <0. (T. 194, N°. 5 à 7). — LEGENDRE la déduit encore comme la somme des intégrales T. 204, N°. 3 et T. 212, N°. 4.

plus petit ou plus grand que l'unité; lorsque q est < 1, on a Lim. $l(q^{2p}-1)^{\frac{\pi}{p}} = l(-1)^0 = = l1 = 0$, et au contraire lorsque q est plus grand que l'unité, Lim. $l(q^{2p}-1)^{\frac{\pi}{p}} =$ Lim. $l(q^{2p})^{\frac{\pi}{p}} +$ $+$ Lim. $l(1-q^{-2p})^{\frac{\pi}{p}} =$ Lim. $l(q)^{2\pi} + l(1)^0 = l(q)^{2\pi} = 2\pi lq$. Par conséquent il est:

$$\int_0^\pi l(1-2q\,Cos.\,x+q^2)\,dx = 0,\ (q^2<1),\ = 2\pi lq,\ (q^2>1).$$ [229]. (T. 353, N°. 17 et 18).

On a écrit pour les conditions $q^2 < 1$ et $q^2 > 1$, parce que dans la discussion précédente un q négatif ne changerait en rien le raisonnement.

5. On a encore: $\int_q^{q+1} l\Gamma(x)\,dx = \text{Lim.}\,\delta\sum_0^{p-1} l\Gamma(q+n\delta) = \text{Lim.}\frac{1}{p}\sum_0^{p-1} l\Gamma\left(q+\frac{n}{p}\right)$. Mais dans la théorie des fonctions Eulériennes Gamma il est un théorème connu:

$$\Gamma(q)\,\Gamma\left(q+\frac{1}{p}\right)\Gamma\left(q+\frac{2}{p}\right)\ldots\Gamma\left(q+\frac{p-1}{p}\right) = \frac{\Gamma(pq)}{p^{pq-\frac{1}{2}}(2\pi)^{\frac{1}{2}(1-p)}}.$$ [230].

Prenons les logarithmes des deux membres de cette équation: alors le logarithme du produit dans le premier membre devient exactement égal à la somme des logarithmes dans notre équation primitive; par suite: $\int_q^{q+1} l\Gamma(x)\,dx = \text{Lim.}\frac{1}{p}l\frac{\Gamma(pq)}{p^{pq-\frac{1}{2}}(2\pi)^{\frac{1}{2}(1-p)}} = \text{Lim.}\frac{1}{p}l\Gamma(pq) - \text{Lim.}\frac{2pq-1}{2p}lp + \text{Lim.}\frac{p-1}{2p}l2\pi.$

Maintenant supposons $pq = a$, alors: $\int_{\frac{a}{p}}^{\frac{a}{p}+1} l\Gamma(x)\,dx = \text{Lim.}\frac{1}{p}l\Gamma(a) - \text{Lim.}\frac{2a-1}{2p}lp + \text{Lim.}\frac{p-1}{2p}l2\pi.$

Pour la limite 0 de δ on a Lim. $p = \infty$, donc:

$$\int_0^1 l\Gamma(x)\,dx = 0\,l\Gamma(a) - 0\,lq + \frac{1}{2}l2\pi = \frac{1}{2}l2\pi.$$ [231]. (T. 367, N°. 2).

---

§ 2. MÉTHODE 22. DÉVELOPPEMENT DE LA FONCTION À INTÉGRER OU D'UN FACTEUR DE CETTE FONCTION.

1. Cette méthode repose sur une idée, qui se présente de près, celle de développer une fraction sous le signe d'intégration dans une série, afin que nous puissions intégrer ensuite chaque terme

---

[229] Sur une autre déduction voyez Méth. 4, N°. 4.

[230] Voyez SCHLÖMILCH, Analytische Studien, I, Cap. 2, S. 38.

[231] Déduite Méth. 4, N°. 15.

séparément: de telle sorte on acquiert une nouvelle série comme la valeur de l'intégrale définie primitive; et c'est cette série qu'il faut sommer, lorsqu'on veut trouver une expression finie pour cette intégrale. Lorsque au contraire il n'est pas possible de déterminer la somme de cette série infinie, — car, lorsqu'elle serait finie, on peut la considérer comme une fonction entièrement déterminée, — il en résulte une relation entre une intégrale définie d'une part et une série de l'autre: et ces relations sont souvent d'un grand interêt tant dans la théorie des intégrales définies, que dans celle des séries. — Mais ici il ne faut pas perdre de vue, qu'en général la série, qui résulte du développement de la fonction à intégrer, doit être convergente entre les limites de l'intégration, puisque suivant N°. 4 de la Première Partie, l'argument reçoit toutes les valeurs possibles entre ces limites; et que par conséquent cette série doit continuer de valoir pour toutes ces valeurs. Mais d'un autre côté ce ne sont pas ces séries elles-mêmes, qui se présentent dans le résultat; on les intègre premièrement par rapport à la variable x entre des limites données, et il suffit, mais aussi il est absolument nécessaire, que la série intégrée soit convergente. Un exemple nous montrera qu'il est possible qu'une série non-convergente le devienne après l'intégration. Les expressions $\sum_1^\infty Cos.\, nx$ et $\sum_1^\infty Sin.\, nx$ ne convergent pas; puisque pour un x égal à une partie aliquote de π, soit $\frac{\pi}{a}$, il vient un terme qui se répètera pour la valeur $\left(2n\pi+\frac{\pi}{a}\right)$ de x: ou, en d'autres mots, les termes, dont les indices diffèrent de $2a$, seront égaux: c'est-à-dire, ces séries sont *périodiques* et il n'est pas possible d'en assigner une somme. Mais quand on les intègre par rapport à x, sans avoir égard à des limites, on obtient:

$$\int dx \sum_1^\infty Cos.\, nx = \sum_1^\infty \int Cos.\, nx\, dx = \sum_1^\infty \frac{Sin.\, nx}{n},\quad \int dx \sum_1^\infty Sin.\, nx = \sum_1^\infty \int Sin.\, nx\, dx = -\sum_1^\infty \frac{Cos.\, nx}{n},$$

et les deux résultats sont des séries convergentes. [232].

2. On a: $\int_0^\infty \frac{x^p\, dx}{1+2x Cos.\lambda+x^2} = \int_0^\infty \frac{x^p\, dx}{(1+x)^2-4x Sin.^2 \frac{1}{2}\lambda} = \int_0^\infty \frac{x^p\, dx}{(1+x)^2}\, \frac{1}{1-\frac{x}{(1+x)^2}(2Sin.\frac{1}{2}\lambda)^2} =$

$= \int_0^\infty \frac{x^p\, dx}{(1+x)^2} \sum_0^\infty \frac{x^n}{(1+x)^{2n}}(2\, Sin.\, \frac{1}{2}\lambda)^{2n} = \sum_0^\infty (2\, Sin.\, \frac{1}{2}\lambda)^{2n} \int_0^\infty \frac{x^{p+n}\, dx}{(1+x)^{2n+2}}$. Ce développement est permis ici, puisque $\frac{4x}{(1+x)^2}$ est toujours moindre que l'unité, et que $(Sin.\, \frac{1}{2}\lambda)^2$ reste toujours plus petit que l'unité. Au moyen de l'intégrale de Méth. 3, N°. 2 et ensuite par (C. P. 85) on trouve:

---

[232] Cette méthode est souvent usitée par Legendre dans ses Exercices de Calcul Intégral et par Poisson dans son Mémoire sur les intégrales définies et sur la sommation des suites dans le Journal de l'École Polytechnique, Cah. 16, p. 215—246; Cah. 17, p. 612—631; Cah. 18, p. 295—341; Cah. 19, p. 404—509; Cah. 20, p. 222—248. — Voyez encore Clausen, Journal von Crelle, Bd. 7, S. 309. — Boncompagni, Journal von Crelle, Bd. 25, S. 74. — Dienger, Journal von Crelle, Bd. 46, S. 119. — Arndt, Grunert's Archiv, Th. 6, S. 434.

$$\int_0^\infty \frac{x^p\,dx}{1+2x\,Cos.\lambda+x^2} = \sum_0^\infty (2\,Sin.\tfrac{1}{2}\lambda)^n \frac{(-1)^n\pi}{Sin\;p\pi}\frac{p(p^2-1^2)(p^2-2^2)\ldots.(p^2-n^2)}{1^{2n+1/1}} =$$

$$= \frac{\pi}{Sin.p\pi}\frac{Sin.p\lambda}{Sin.\lambda},\; \lambda^2<\pi^2,\; p^2<1.\; \text{(T. 25, N°. 5.)}$$

La condition pour λ résulte de la série, celle pour p de l'intégrale employée; mais cette dernière était proprement $p<1$: puisque pourtant pour un p négatif le raisonnement précédent ne changerait pas, et que le résultat serait: $\int_0^\infty \frac{x^{-p}\,dx}{1+2x\,Cos.\lambda+x^2} = \frac{\pi}{Sin.p\pi}\frac{Sin.p\lambda}{Sin.\lambda}$, (T. 26, N°. 2), il est évident que la condition $p^2<1$ est légitime. [233].

3. $\int_0^1 \frac{lx\,dx}{1+x^2} = \int_0^1 lx\,dx \sum_0^\infty (-x^2)^n = \sum_0^\infty (-1)^n \int_0^1 x^{2n}\,lx\,dx = \sum_0^\infty \frac{(-1)^{n-1}}{(2n+1)^2}$, (T. 152, N°. 11),

d'après Méth. 33, N°. 7. Encore: $\int_0^1 \frac{(lx)^a\,dx}{1+x^2} = \int_0^1 (lx)^a\,dx \sum_0^\infty (-x^2)^n = \sum_0^\infty (-1)^n \int_0^1 x^{2n}(lx)^a\,dx =$

$$= \sum_0^\infty (-1)^n(-1)^a \frac{1^{a/1}}{(2n+1)^{a+1}} = (-1)^a\,1^{a/1}\sum_0^\infty \frac{(-1)^n}{(2n+1)^{a+1}},\; \text{(T. 158, N°. 1), [234],}$$

$$\int_0^1 l(1-x)\frac{dx}{x} = -\int_0^1 \frac{dx}{x}\sum_1^\infty \frac{x^n}{n} = -\sum_1^\infty \frac{1}{n}\int_0^1 x^{n-1}\,dx = -\sum_1^\infty \frac{1}{n}.\frac{1}{n} = -\sum_1^\infty \frac{1}{n^2},\; \text{(T. 160, N°. 5),}$$

$$\int_0^1 l(1+x)\frac{dx}{x} = -\int_0^{-1} l(1-x)\frac{dx}{x} = \sum_1^\infty \frac{1}{n}\int_0^{-1} x^{n-1}\,dx = -\sum_0^\infty \frac{(-1)^n}{n^2},\; \text{(T. 160, N°. 1), [235],}$$

---

[233] Pour $x = \frac{y}{q}$ on trouve:

$$\int_0^\infty \frac{x^p\,dx}{q^2+2qx\,Cos.\lambda+x^2} = \frac{\pi q^{p-1}\,Sin.p\lambda}{Sin.p\pi.\,Sin.\lambda},\; (p^2<1,\lambda^2<\pi^2),\; \text{(T. 25, N°. 13), d'où pour } \lambda=\pi-\mu.$$

$$\int_0^\infty \frac{x^p\,dx}{q^2-2qx\,Cos.\mu+x^2} = \frac{\pi q^{p-1}\,Sin.\{p(\pi-\mu)\}}{Sin.p\pi.\,Sin.\mu},\; (p^2<1,\; 0<\mu<2\pi)\;\ldots\;(1255)$$

[234] D'où par la substitution $x=e^{-y}$: $\int_0^\infty \frac{x^a\,dx}{e^x+e^{-x}} = 1^{a/1}\sum_0^\infty \frac{(-1)^n}{(2n+1)^{a+1}}$. (T. 120, N°. 11).

[235] On a déjà obtenu ces intégrales Méth. 4, N°. 10, où pourtant la valeur en est donnée sous une forme finie. Pour $1-x=y$, la première donne encore T. 152, N°. 6.

Page 474.

$$\int_0^1 (1-x)^{a-1}(1+qx^b)^c x^{p-1}\,dx = \int_0^1 (1-x)^{a-1} x^{p-1}\,dx \sum_0^c \binom{c}{n} q^n x^{bn} =$$

$$= \sum_0^c \binom{c}{n} q^n \int_0^1 (1-x)^{a-1} x^{bn+p-1}\,dx = \sum_0^c \binom{c}{n} q^n \frac{1^{a-1|1}}{(p+nb)^{a|1}}, \text{ (T. 1, N°. 27), (voir Méth. 4, N°. 6)};$$

$$\int_0^1 \frac{1-x\,Cos.\,\lambda - x^{a+1}\,Cos.\,\{(a+1)\lambda\} + x^{a+2}\,Cos.\,a\lambda}{1-2x\,Cos.\,\lambda+x^2}\,dx = \int_0^1 dx \sum_0^a x^n\,Cos.\,n\lambda =$$

$$= \sum_0^a Cos.\,n\lambda \int_0^1 x^n\,dx = \sum_0^a \frac{Cos.\,n\lambda}{n+1}, \text{ (T. 7, N°. 15)},$$

$$\int_0^\infty \frac{x^{2a}\,dx}{e^x - 2\,Cos.\,2\pi\lambda + e^{-x}} = \int_0^\infty \frac{x^{2a}\,dx}{Sin.\,2\pi\lambda} \sum_1^\infty e^{-nx}\,Sin.\,2n\pi\lambda = \sum_1^\infty \frac{Sin.\,2n\pi\lambda}{Sin.\,2\pi\lambda} \int_0^\infty e^{-nx} x^{2a}\,dx =$$

$$= \sum_1^\infty \frac{Sin.\,2n\pi\lambda}{Sin.\,2\pi\lambda}\,\frac{1^{2a|1}}{n^{2a+1}} = \frac{1^{2a|1}}{Sin.\,2\pi\lambda} \sum_1^\infty \frac{Sin.\,2n\pi\lambda}{n^{2a+1}}, \ldots\ldots \quad (1256)$$

suivant Méth. 3, N°. 7;

$$\int_0^\infty Sin.^{2a+1}x.\,e^{-px}\,dx = \int_0^\infty e^{-px}\,dx \frac{(-1)^a}{2^{2a}} \sum_0^a (-1)^n \binom{2a+1}{n} Sin.\,\{(2a+1-2n)x\} =$$

$$= \frac{(-1)^a}{2^{2a}} \sum_0^a (-1)^n \binom{2a+1}{n} \int_0^\infty e^{-px}\,Sin.\,\{(2a+1-2n)x\}\,dx =$$

$$= \frac{(-1)^a}{2^{2a}} \sum_0^a (-1)^n \binom{2a+1}{n} \frac{2a+1-2n}{(2a+1-2n)^2+p^2}, \ldots\ldots \quad (1257)$$

$$\int_0^\infty Sin.^{2a}x.\,e^{-px}\,dx = \int_0^\infty e^{-px}\,dx \frac{(-1)^a}{2^{2a-1}} \sum_0^a (-1)^n \binom{2a}{n} Cos.\,\{(2a-2n)x\} =$$

$$= \frac{(-1)^a}{2^{2a-1}} \sum_0^a (-1)^n \binom{2a}{n} \int_0^\infty e^{-px} Cos.\,\{(2a-2n)x\}\,dx = \frac{(-1)^a}{2^{2a-1}} \sum_0^a (-1)^n \binom{2a}{n} \frac{p}{(2a-2n)^2+p^2}. \text{[236]}. \quad (1258)$$

4. *Exercices.* $\displaystyle\int_0^1 \frac{1-a^c x^c}{1-ax}(1-x)^p\,dx = \sum_1^c a^{n-1} \frac{1^{n-1/1}}{(p+1)^{n-1/1}}$, (T. 3, N°. 11);

$$\int_0^1 \frac{(1-x)^{q-r-1}}{1-px} x^{r-1}\,dx = \frac{\Gamma(r)\,\Gamma(q-r)}{\Gamma(q)} \sum_0^\infty \frac{r^{n|1}}{q^{n|1}} p^n, \text{ (T. 3, N°. 10)};$$

---

[236] Voyez d'autres expressions pour ces mêmes intégrales Méth. 3, N°. 9.
Page 475.

$$\int_0^1 \frac{(1-x)^{s-r-1}}{(1-qx)^p} x^{r-1}\,dx = \frac{\Gamma(r)\,\Gamma(s-r)}{\Gamma(s)} \sum_0^\infty \frac{p^{n|1}\, r^{n|1}}{1^{n|1}\, s^{n|1}} q^n, \text{ (T. 4, N°. 17)};$$

$$\int_0^1 dx \sqrt{\frac{1-p^2x^2}{1-x^2}} = \sum_0^\infty \frac{(-1)^{n|2}\, 1^{n|2}}{(2^{n|2})^2} p^{2n}, \text{ (T. 12, N°. 14)};$$

$$\int_0^1 \frac{Cos.\,\lambda - x - x^{a-1}\,Cos.\,a\lambda + x^a\,Cos.\,\{(a-1)\lambda\}}{1-2x\,Cos.\,\lambda + x^2} \frac{dx}{\sqrt{l\frac{1}{x}}} = \sum_1^{a-1} Cos.\,n\lambda.\sqrt{\frac{\pi}{n}},$$

$$\int_0^1 \frac{Sin.\,\lambda - x^{a-1}\,Sin.\,a\lambda + x^a\,Sin.\,\{(a-1)\lambda\}}{1-2x\,Cos.\,\lambda + x^2} \frac{dx}{\sqrt{l\frac{1}{x}}} = \sum_1^{a-1} Sin.\,n\lambda.\sqrt{\frac{\pi}{n}}, \text{ (T. 178, N°. 6, 7)},$$

d'après Méth. 28, N°. 4;

$$\int_0^1 \frac{Sin.\lambda - q^a x^a\,Sin.\{(a+1)\lambda\} + q^{a+1}x^{a+1}\,Sin.\,a\lambda}{1-2qx\,Cos.\,\lambda+q^2x^2}(1-x)^p\,dx = \Gamma(p+1)\sum_1^a \frac{\Gamma(n)}{\Gamma(p+n+1)} q^{n-1}\,Sin.\,n\lambda,$$

$$\int_0^1 \frac{Cos.\lambda - qx - q^a x^a Cos.\{(a+1)\lambda\} + q^{a+1}x^{a+1}Cos.a\lambda}{1-2qx\,Cos.\,\lambda+q^2x^2}(1-x)^p dx = \Gamma(p+1)\sum_1^a \frac{\Gamma(n)}{\Gamma(p+n+1)} q^{n-1}Cos.\,n\lambda,$$

$$\int_0^1 \frac{Sin.\lambda - x^a\,Sin.\{(a+1)\lambda\} + x^{a+1}\,Sin.a\lambda}{1-2x\,Cos.\,\lambda+x^2} x\,dx = \sum_1^a \frac{Sin.n\lambda}{n+1}, \int_0^1 \frac{1-x}{1-2xCos.\lambda+x^2}dx = \frac{1}{Sin.\lambda}\sum_1^\infty \frac{Sin.n\lambda}{n(n+1)},$$

(T. 7, N°. 17, 18, 16, 22);

$$\int_0^\infty \frac{Cos.\,2\pi\lambda - e^{-x}}{e^x - 2\,Cos.\,2\pi\lambda + e^{-x}} x^{2a+1}\,dx = 1^{2a+1|1} \sum_1^\infty \frac{Cos.\,2n\pi\lambda}{n^{2a+2}}, \quad\ldots\ldots\ldots \text{(1259)}$$

$$\int_0^\infty Sin.^{2a+1}px \frac{dx}{\sqrt{x}} = \frac{1}{2^{2a}} \sum_0^a \binom{2a+1}{n} (-1)^{n+a} \sqrt{\frac{\pi}{2p(2a+1-2n)}}, \int_0^\infty Cos.^{2a+1}px \frac{dx}{\sqrt{x}} =$$

$$= \frac{1}{2^{2a}} \sum_0^a \binom{2a+1}{n} \sqrt{\frac{\pi}{2p(2a+1-2n)}}.$$ [237]. (T. 224, N°. 14, 15).

---

[237] Pour $x = y^2$ on a encore:

$$\int_0^\infty Sin.^{2a+1}(px^2)\,dx = \frac{1}{2^{2a+1}} \sum_0^a \binom{2a+1}{n} (-1)^{n+a} \sqrt{\frac{\pi}{2p(2a+1-2n)}}, \quad\ldots \text{(1260)}$$

$$\int_0^\infty Cos.^{2a+1}(px^2)\,dx = \frac{1}{2^{2a+1}} \sum_0^a \binom{2a+1}{n} \sqrt{\frac{\pi}{2p(2a+1-2n)}}. \quad\ldots\ldots\ldots \text{(1261)}$$

Page 476.

5. Jusques à présent on se trouvait réduit en général à des séries soit finies, soit infinies, mais il n'en est pas toujours ainsi. Par exemple, il est au moyen de C. P. 98:

$$\int_0^\infty \frac{Sin.\,qx}{1-2p\,Cos.\,qx+p^2}\,\frac{x\,dx}{r^2+x^2}=\int_0^\infty \frac{1}{p}\,\frac{x\,dx}{r^2+x^2}\sum_1^\infty p^n\,Sin.\,nqx=\frac{1}{p}\sum_1^\infty p^n\int_0^\infty \frac{x\,Sin.\,nqx\,dx}{r^2+x^2}=$$

$$=\frac{1}{p}\sum_1^\infty p^n\,\frac{\pi}{2}\,e^{-nqr}=\frac{\pi}{2p}\sum_1^\infty (pe^{-qr})^n=\frac{\pi}{2p}\,\frac{pe^{-qr}}{1-pe^{-qr}}=\frac{\pi}{2}\,\frac{1}{e^{qr}-p},$$ (T. 221, N°. 9), où $p^2<1$; condition de la convergence de la série employée; pour la réduction on a fait usage de Méth. 18 N°. 8. [238].

Ensuite par C. P. 93 et 94: $$\int_0^{\frac{\pi}{2}} \frac{Cos.^a x.\,Cos.\,ax\,dx}{1-2p\,Cos.2x+p^2}=\frac{1}{2}\int_0^\pi \frac{dx}{1-2p\,Cos.\,x+p^2}\,\frac{1}{2^a}\sum_0^a \binom{a}{n}\,Cos.\,nx=$$

$$=\frac{1}{2^{a+1}}\sum_0^a \binom{a}{n}\int_0^\pi \frac{Cos.\,nx\,dx}{1-2p\,Cos\,x+p^2}=\frac{1}{2^{a+1}}\sum_0^a \binom{a}{n}\,\frac{\pi p^n}{1-p^2}=\frac{\pi}{2^{a+1}(1-p^2)}\sum_0^a \binom{a}{n}\,p^n=$$

$$=\frac{\pi}{2(1-p^2)}\left(\frac{1+p}{2}\right)^a,\quad \int_0^{\frac{\pi}{2}} \frac{Cos.^a x.\,Sin.\,ax.\,Sin.\,2x\,dx}{1-2p\,Cos.\,2x+p^2}=\frac{1}{2}\int_0^\pi \frac{Sin.\,x\,dx}{1-2p\,Cos.\,x+p^2}\,\frac{1}{2^a}\sum_1^a \binom{a}{n}\,Sin.\,nx=$$

$$=\frac{1}{2^{a+1}}\sum_1^a \binom{a}{n}\int_0^\pi \frac{Sin.\,nx.\,Sin.\,x\,dx}{1-2p\,Cos.\,x+p^2}=\frac{1}{2^{a+1}}\sum_1^a \binom{a}{n}\,\frac{\pi}{2}\,p^{n-1}=\frac{\pi}{2^{a+2}}\sum_1^a \binom{a}{n}\,p^n=\frac{\pi}{4p}\left\{\left(\frac{1+p}{2}\right)^a-\left(\frac{1}{2}\right)^a\right\},$$

(T. 69, N°. 5, 6), où la réduction a eu lieu suivant Méth. 5, N°. 6. — Les mêmes développements fournissent encore: $$\int_0^\infty \frac{Sin.\,px}{1-2r\,Cos.\,px+r^2}\,\frac{x\,dx}{x^4+2q^2x^2\,Cos.\,2\lambda+q^4}=$$

$$=\int_0^\infty \frac{x\,dx}{x^4+2q^2x^2\,Cos.\,2\lambda+q^4}\sum_1^\infty r^{n-1}\,Sin.\,npx=\sum_1^\infty r^{n-1}\int_0^\infty \frac{x\,Sin.\,np\,x\,dx}{x^4+2q^2x^2\,Cos.\,2\lambda+q^4}=$$

$$=\sum_1^\infty r^{n-1}\,\frac{\pi}{2q^2}\,e^{-npq\,Cos.\lambda}\,Cosec.\,2\lambda.\,Sin.\,(npq\,Sin.\,\lambda)=\frac{\pi}{2q^2\,r\,Sin.\,2\lambda}\sum_1^\infty (re^{-pq\,Cos.\lambda})^n\,Sin.\,(n.pq\,Sin.\,\lambda)=$$

$$=\frac{\pi}{2q^2\,r\,Sin.\,2\lambda}\cdot\frac{re^{-pq\,Cos.\lambda}\,Sin.\,(pq\,Sin.\,\lambda)}{1-2\,re^{-pq\,Cos.\lambda}\,Cos.\,(pq\,Sin.\,\lambda)+r^2\,e^{-2pq\,Cos.\lambda}},$$ $(r^2<1)$; (T. 222, N°. 1 et 3);

---

[238] Comme on trouve encore Méth. 23, N°. 8. Donc on a aussi:

$$\int_0^\infty \frac{Sin.\,qx}{1+2p\,Cos.\,qx+p^2}\,\frac{x\,dx}{r^2+x^2}=\frac{\pi}{2}\,\frac{1}{e^{qr}+p}.$$ (T. 220, N°. 3).

Prenez-en la somme et ecrivez p au lieu p^2, il vient:

$$\int_0^\infty \frac{Sin.\,qx}{1+2p\,Cos.\,2qx+p^2}\,\frac{x\,dx}{r^2+x^2}=\frac{\pi}{2(1+p)}\,\frac{e^{qr}}{e^{2qr}-p},$$ $p<1$. (T. 221, N°. 15).

Page 477.

à l'aide de Méth. 25, N°. 5. Et de la même manière:

$$\int_0^\infty \frac{Cos.px}{1-2r\,Cos.px+r^2}\,\frac{dx}{x^4+2q^2x^2\,Cos.2\lambda+q^4}=\frac{1}{r(1-r^2)}\int_0^\infty \frac{dx}{x^4+2q^2x^2\,Cos.2\lambda+q^4}\times$$

$$[-1+(1+r^2)\sum_0^\infty r^n Cos.npx]=\frac{-1}{4q^3r(1-r^2)Cos.\lambda}+\frac{1+r^2}{r(1-r^2)}\sum_0^\infty\frac{r^n}{2q^3}e^{-npq\,Cos.\lambda}Cosec.2\lambda.Sin.(\lambda+npq\,Sin.\lambda)=$$

$$=\frac{1}{4q^3r(1-r^2)}\left[-\frac{1}{Cos.\lambda}+\frac{1+r^2}{Cos.\lambda}\,\frac{1-re^{-pq\,Cos.\lambda}\,Cos.(pq\,Sin.\lambda)}{1-2re^{-pq\,Cos.\lambda}\,Cos.(pq\,Sin.\lambda)+r^2e^{-2pq\,Cos.\lambda}}+\right.$$

$$\left.+\frac{1+r^2}{Sin.\lambda}\,\frac{re^{-pq\,Cos.\lambda}\,Sin.(pq\,Sin.\lambda)}{1-2re^{-pq\,Cos.\lambda}\,Cos.(pq\,Sin.\lambda)+r^2e^{-2pq\,Cos.\lambda}}\right]=$$

$$=\frac{Cosec.2\lambda}{2q^3(1-r^2)}\,\frac{Cos.(pq\,Sin.\lambda).\,Sin.\lambda+r(e^{pq\,Cos.\lambda}-e^{-pq\,Cos.\lambda})+(1+r^2)\,Sin.(pq\,Sin.\lambda-\lambda)}{e^{pq\,Cos.\lambda}-2r\,Cos.(pq\,Sin.\lambda)+r^2e^{-pq\,Cos.\lambda}},\,.\,(1262)$$

$$\int_0^\infty \frac{1}{1-2r\,Cos.px+r^2}\,\frac{dx}{x^4+2q^2x^2\,Cos.2\lambda+q^4}=$$

$$=\frac{Cosec.2\lambda}{2q^3(1-r^2)}\,\frac{e^{pq\,Cos.\lambda}-r^2e^{-pq\,Cos.\lambda}+2\,Sin.(pq\,Sin.\lambda-\lambda)}{e^{pq\,Cos.\lambda}-2r\,Cos.(pq\,Sin.\lambda)+r^2e^{-pq\,Cos.\lambda}}\,.\;.\;.\;.\;(1263)$$

6. D'après C. P. 109 on a:

$$\int_0^{\frac{1}{2}a\pi} dx\,l\,Sin.x=\int_0^{\frac{1}{2}a\pi}dx\left\{-l2-\sum_1^\infty\frac{1}{n}Cos.2nx\right\}=-\frac{1}{2}a\pi\,l2-\sum_1^\infty\frac{1}{n}\int_0^{\frac{1}{2}a\pi}Cos.2nx\,dx=-\frac{1}{2}a\pi\,l2.\,[239].\,(1264)$$

Comme $\frac{E(x)}{1-x^2}=\frac{\pi}{2}+\frac{\pi}{2}\sum_1^\infty\left(\frac{1^{n/2}}{2^{n/2}}\right)^2(2n+1)\,x^{2n}$ [240], on trouve: $\int_0^p \frac{E(x)}{1-x^2}\,\frac{xdx}{\sqrt{(p^2-x^2)}}=$

$$=\frac{\pi}{2}\int_0^p\frac{xdx}{\sqrt{(p^2-x^2)}}+\frac{\pi}{2}\int_0^p\frac{xdx}{\sqrt{(p^2-x^2)}}\sum_1^\infty\left(\frac{1^{n/2}}{2^{n/2}}\right)^2(2n+1)\,x^{2n}=\frac{\pi}{2}\int_0^p\frac{xdx}{\sqrt{(p^2-x^2)}}+$$

$$+\frac{\pi}{2}\sum_1^\infty\left(\frac{1^{n/2}}{2^{n/2}}\right)^2(2n+1)\int_0^p\frac{x^{2n+1}\,dx}{\sqrt{(p^2-x^2)}}=\frac{\pi}{2}p+\frac{\pi}{2}\sum_1^\infty\left(\frac{1^{n/2}}{2^{n/2}}\right)^2(2n+1)\,\frac{2^{n/2}}{1^{n+1/2}}\,p^{2n+1},$$ (d'après Méth. 3, N°. 3),

$$=\frac{\pi}{2}p+\frac{\pi}{2}\sum_1^\infty\frac{1^{n/2}}{2^{n/2}}p^{2n+1}=\frac{p\pi}{2}\sum_0^\infty\frac{1^{n/2}}{2^{n/2}}p^{2n}=\frac{1}{2}p\pi(1-p^2)^{-\frac{1}{2}}=\frac{\pi}{2}\,\frac{p}{\sqrt{(1-p^2)}}.\,[241].\;(T.\,272,\,N°.\,3).$$

---

[239] Pour $a=1$ on retrouve les intégrales de Méth. 4, N°. 3.

[240] Car VERHULST, Traité de Fonctions Elliptiques, p. 131 trouve: $E(x)=\frac{\pi}{2}-\frac{\pi}{2}\sum_0^\infty\left\{\frac{1^{n/2}}{2^{n/2}}\right\}^2\frac{x^{2n}}{2n-1}$, ce qui résulte aussi du développement énoncé dans le texte.

[241] Pour $x=p\,Sin.y$ on acquiert: $\int_0^{\frac{\pi}{2}}\frac{E(p\,Sin.x)}{1-p^2\,Sin.^2y}Sin.y\,dy=\frac{\pi}{2\sqrt{(1-p^2)}}$. (T. 375, N°. 3).

Page 478.

7. Au moyen de C. P. 109, on a pour $p^2 \leqq 1$:

$$\int_0^{2b\pi} l(1-2p\,Cos.\,x+p^2)\,x^a\,dx = -\int_0^{2b\pi} x^a\,dx\,2\sum_1^{\infty}\frac{p^n}{n}\,Cos.\,nx = -2\sum_1^{\infty}\frac{p^n}{n}\int_0^{2b\pi} Cos.\,nx.\,x^a\,dx =$$

$$= 2\sum_1^{\infty}\frac{p^n}{n}\sum_{m=0}^{m=a-1}\frac{a^{m|-1}}{n^{m+1}}(2b\pi)^{a-m}\,Cos.\left(\frac{m+1}{2}\pi\right) = 2\sum_{m=0}^{m=a-1} a^{m|-1}(2b\pi)^{a-m}\,Cos.\left(\frac{m+1}{2}\pi\right).\sum_1^{\infty}\frac{p^n}{n^{m+2}},$$

d'après l'intégrale de Méth. 3, N°. 8. Substituons encore une autre intégrale définie de Méth. 3, N°. 7: $\frac{1}{n^{m+2}} = \frac{1}{1^{m+1|1}}\int_0^{\infty} y^{m+1} e^{-ny}\,dy$ et nous aurons: $\int_0^{2b\pi} l(1-2p\,Cos.\,x+p^2)\,x^a\,dx =$

$$= 2\sum_{m=0}^{m=a-1}\frac{a^{m|-1}}{1^{m+1|1}}(2b\pi)^{a-m}\,Cos.\left(\frac{m+1}{2}\pi\right).\int_0^{\infty} y^{m+1}\,dy\sum_1^{\infty}(pe^{-y})^n, \quad \Bigg(\text{ou, puisque } p^2<1,$$

$$\text{et } a^{m|-1} = \frac{(a+1)^{m+1|-1}}{a+1}\Bigg) = 2\sum_{m=0}^{m=a-1}\frac{(a+1)^{m+1|-1}}{(a+1)\,1^{m+1|1}}(2b\pi)^{a-m}\,Cos.\left(\frac{m+1}{2}\pi\right).\int_0^{\infty} y^{m+1}\,dy\,\frac{p}{e^y-p} =$$

$$= \frac{2p}{a+1}\sum_1^{a}\frac{(a+1)^{n|-1}}{1^{n|1}}(2b\pi)^{a-n+1}\,Cos.\,\frac{n\pi}{2}.\int_0^{\infty}\frac{y^n\,dy}{e^y-p},$$ où nous avons pris n pour $m+1$. Mais on a:

$2y^n Cos.\frac{n\pi}{2} = y^n\{(i)^n+(-i)^n\} = (yi)^n+(-yi)^n$, et d'après C.P.61: $\sum_1^{a}\frac{(a+1)^{n|-1}}{1^{n|1}}z^n = (1+z)^{a+1} - z^0 - z^{a+1}$,

$$\text{donc}: \int_0^{2b\pi} l(1-2p\,Cos.\,x+p^2)\,x^a\,dx = \frac{p}{a+1}(2b\pi)^{a+1}\int_0^{\infty}\frac{dy}{e^y-p}\sum_1^{a}\frac{(a+1)^{n|-1}}{1^{n|1}}\left[\left(\frac{yi}{2b\pi}\right)^n+\left(\frac{-yi}{2b\pi}\right)^n\right] =$$

$$= \frac{p}{a+1}(2b\pi)^{a+1}\int_0^{\infty}\frac{dy}{e^y-p}\left[\left(1+\frac{yi}{2b\pi}\right)^{a+1}-1-\left(\frac{yi}{2b\pi}\right)^{a+1}+\left(1-\frac{yi}{2b\pi}\right)^{a+1}-1-\left(\frac{-yi}{2b\pi}\right)^{a+1}\right] =$$

$$= \frac{p}{a+1}\int_0^{\infty}\frac{dy}{e^y-p}\left[(2b\pi+yi)^{a+1}+(2b\pi-yi)^{a+1}-2(2b\pi)^{a+1}-(yi)^{a+1}-(-yi)^{a+1}\right],$$ formule dont on a eu besoin au N°. 47 de la Partie Deuxième.

8. Il y a avantage quelquefois à employer les développements de fonctions complexes, et c'est ce que nous voulons démontrer par quelques exemples. Étudions l'intégrale $\int_0^{2\pi}\frac{dx}{1-p\,Cos.\,x-q\,Sin.\,x}$; que p et q y soient tous les deux imaginaires de la forme $p=g+hi$, $q=k+li$, et voyons en premier lieu s'il y a des cas de discontinuité. Le dénominateur devient par la substitution des

ROBERTS déduit encore cette même intégrale de la quadrature de l'Ellipse sphérique par Méth. 44; voyez Journal de Liouville, T. 10, p. 453.

valeurs de p et de q, $(1 - g\,Cos.\,x - k\,Sin.\,x) - i(h\,Cos.\,x + l\,Sin.\,x)$; pour l'annuler il faut d'abord que nous prenions $h\,Cos.\,x + l\,Sin.\,x = 0$, d'où $Cos.\,x = \frac{l}{\sqrt{(h^2+l^2)}}$, $Sin.\,x = \frac{-h}{\sqrt{(h^2+l^2)}}$: substituons ces valeurs dans l'autre terme $1 - g\,Cos.\,x - k\,Sin.\,x$, qui doit s'évanouir de même, il vient $\sqrt{(h^2+l^2)} = gl - hk$. Donc voici la condition du cas, quand la fonction à intégrer deviendra discontinue; par conséquent il faut considérer séparément les deux cas où $gl - hk$ est plus grand ou plus petit que $\sqrt{(h^2+l^2)}$. Maintenant afin de diviser le dénominateur en deux facteurs, substituons (d'après C. P. 34, 36) les valeurs imaginaires de $Sin.\,x$ et $Cos.\,x$, il vient: $1 - p\,Cos.\,x - q\,Sin.\,x = 1 - \frac{1}{2}(g+l+hi-ki)e^{xi} - \frac{1}{2}(g-l+hi+ki)e^{-xi} = c(1-ae^{xi})(1-be^{-xi})$, d'où $c = \frac{1}{2} + \frac{1}{2}\sqrt{(1-p^2-q^2)}$, $\left(\text{posons} = \frac{1+r}{2}\right)$, $a = \frac{p-qi}{1+r}$, $b = \frac{p+qi}{1+r}$; de sorte que le dénominateur se décompose en deux facteurs: reste à présent à trouver les fractions partielles $\frac{A}{1-ae^{xi}} + \frac{B}{1-be^{-xi}} + \frac{C}{c}$, d'où résulte l'équation $1 = \left[\frac{1+r}{2}(A+B) + C\left\{1 + \frac{p^2+q^2}{(1+r)^2}\right\}\right] - \left[\frac{1}{2}\left(A+B+\frac{4C}{1+r}\right)(p\,Cos.\,x + q\,Sin.\,x)\right] - \left[\frac{i}{2}(A-B)(q\,Cos.\,x - p\,Sin.\,x)\right]$. Le dernier de ces trois termes, étant imaginaire, doit être zéro: donc $A = B$; le second, comme il dépend de x, doit s'évanouir aussi: donc $A + B + \frac{4C}{1+r} = 0$; le premier enfin doit être égal à 1; donc puisque $p^2 + q^2 = 1 - r^2$: $1 = \frac{1+r}{2}(A+B) + C\left\{1 + \frac{1-r^2}{(1+r)^2}\right\}$. La résolution de ce système d'équations fournit $A = B = \frac{1}{r}$, $C = -\frac{1+r}{2r}$, et par conséquent enfin: $\frac{1}{1-p\,Cos.\,x - q\,Sin.\,x} = \frac{1}{r}\left\{\frac{1}{1-\frac{p-qi}{1+r}e^{xi}} + \frac{1}{1-\frac{p+qi}{1+r}e^{-xi}} - 1\right\}$. Avant de passer au développement de ces fractions en série, il faut s'assurer si le module de a et de b est plus petit que l'unité, condition nécessaire pour la validité de ce développement. Mais comme on a $1+r$ dans le dénominateur de a et de b et que r dépend des quantités imaginaires p et q, il faut prendre $r = s - ti$, ce qui donne $2s^2 = \alpha + \sqrt{(\alpha^2 + 4\beta^2)}$, $2t^2 = -\alpha + \sqrt{(\alpha^2+4\beta^2)}$, où l'on a supposé $\alpha = s^2 - b^2 = 1 - g^2 + h^2 - k^2 + l^2$, $\beta = st = gh + kl$; d'où $s^2 + t^2 = \sqrt{(\alpha^2 + 4\beta^2)}$. Donc $(\text{Mod. } a)^2 = \frac{g^2+l^2+h^2+k^2+2gl-2hk}{(1+s)^2+t^2}$, $(\text{Mod. } b)^2 = \frac{g^2+l^2+h^2+k^2-2gl+2hk}{(1+s)^2+t^2}$. Pour $(gl-hk)^2 \lesseqgtr (h^2+l^2)$ on a $(gh+kl)^2 \gtreqless (h^2+l^2)(g^2+k^2-1)$, $(s^2+t^2)^2 = \alpha^2 + 4\beta^2 \gtreqless (g^2+k^2+h^2+l^2-1)^2$, $s^2 = \frac{\alpha+\sqrt{(\alpha^2+4\beta^2)}}{2} \gtreqless (h^2+l^2) \gtreqless (gl-hk)^2$ à plus

Page 480.

forte raison; par conséquent $\{(1+s)^2+t^2\} \gtrless \{g^2+h^2+k^2+l^2+2(gl-hk)\}$ et donc (Mod. $a)^2 \lesseqgtr 1$, selon que $(gl-hk)^2 \lesseqgtr (h^2+l^2)$. Mais encore $(s^2+t^2)^2 = \alpha^2+4\beta^2 =$
$= (g^2+h^2+k^2+l^2-1)^2 - 4(gl-hk)^2 + 4(k^2+l^2) > \{(g^2+h^2+k^2+l^2-1)^2 - 4(gl-hk)^2\}$
$> \{g^2+2gl+l^2+h^2-2hk+k^2-1\}\{g^2-2gl+l^2+h^2+2hk+k^2-1\}$.

De ces deux derniers facteurs le premier ou le second est le plus grand, selon que $gl-hk$ est $>$ ou <0. Dans le premier cas on a à plus forte raison $(s^2+t^2)^2 > \{(g-l)^2+(h+k)^2-1\}^2$, d'où $1+s^2+t^2 > (g^2+l^2+h^2+k^2-2gl+2hk)$, donc (Mod. $b)^2<1$; dans le second cas on a au contraire à plus forte raison $(s^2+t^2)^2 > \{(g+l)^2+(h-k)^2-1\}^2$, d'où $1+s^2+t^2 > g^2+l^2+h^2+k^2+2gl-2hk > g^2+l^2+h^2+k^2-2gl+2hk$, donc encore (Mod. $b)^2<1$.

Maintenant on a: $\dfrac{1}{1-p\,Cos.\,x-q\,Sin.\,x} = \dfrac{1}{r}\left\{\dfrac{1}{1-ae^{xi}}+\dfrac{1}{1-be^{-xi}}-1\right\} =$

$$= \frac{1}{r}\{1+ae^{xi}+a^2e^{2xi}+\ldots+be^{-xi}+b^2e^{-2xi}+\ldots\},(gl-hk)^2<(h^2+l^2), =$$

$$= \frac{1}{r}\left\{-\frac{1}{a}e^{-xi}-\frac{1}{a^2}e^{-2xi}-\ldots+be^{-xi}+b^2e^{-2xi}+\ldots\right\},(gl-hk)^2>(h^2+l^2);$$

et il faut intégrer cette série par rapport à x entre les limites 0 et 2π: or, Méth. 1, N°. 9 on a trouvé $\int_0^{2\pi} e^{qxi}\,dx = 0$ pour chaque q entier, donc enfin:

$$\int_0^{2\pi}\frac{dx}{1-(g+hi)\,Cos.\,x-(k+li)\,Sin.\,x} = \frac{2\pi}{r} = \frac{2\pi}{\sqrt{\{1-(g+hi)^2-(k+li)^2\}}},(gl-hk)^2<(h^2+l^2), =$$
$$= 0,\ (gl-hk)^2>(h^2+l^2).\ \text{(T. 90, N°. 11, 10).}$$

Par les intégrales de Méth. 9, N°. 20 la discussion précédente donne encore:

$$\int_0^{2\pi}\frac{Cos.\,x\,dx}{1-(g+hi)\,Cos.\,x-(k+li)\,Sin.\,x} = \frac{\pi}{r}(a+b) = \frac{2p\pi}{r(1+r)},(gl-hk)^2<(h^2+l^2),\ .\ (1265)$$
$$= \frac{\pi}{r}\left(b-\frac{1}{a}\right) = \frac{-2\pi}{p-qi},(gl-hk)^2>(h^2+l^2),\ \text{(T. 90, N°. 12)};$$

$$\int_0^{2\pi}\frac{Cos.\,cx\,dx}{1-(g+hi)\,Cos.\,x-(k+li)\,Sin.\,x} = \frac{\pi}{r}(a^c+b^c) = \frac{\pi}{r}\,\frac{(p-qi)^c+(p+qi)^c}{(1+r)^c},(gl-hk)^2<(h^2+l^2), =$$
$$= \frac{\pi}{r}\left(b^c-\frac{1}{a^c}\right) = \frac{\pi}{ra^c}\,\frac{(1-r)^c-(1+r)^c}{(1+r)^c},(gl-hk)^2>(h^2+l^2),\ \text{(T. 90, N°. 17, 16)};$$

$$\int_0^{2\pi}\frac{Sin.\,x\,dx}{1-(g+hi)\,Cos.\,x-(k+li)\,Sin.\,x} = \frac{\pi i}{r}(a-b) = \frac{-2\pi q}{r(1+r)},(gl-hk)^2<(h^2+l^2),\ .\ (1266)$$

$$=\frac{-\pi i}{r}\left(b-\frac{1}{a}\right)=\frac{2\pi i}{p-qi},\ (gl-hk)^2>(h^2+l^2),\ (\text{T. }90,\ \text{N}^\circ.\ 13);$$

$$\int_0^{2\pi}\frac{Sin.\,cx\,dx}{1-(g+hi)\,Cos.\,x-(k+li)\,Sin.\,x}=\frac{\pi i}{r}(a^c-b^c)=\frac{\pi i}{r}\,\frac{(p+qi)^c-(p-qi)^c}{(1+r)^2},\ (gl-hk)^2<(h^2+l^2),$$

$$=\frac{-\pi i}{r}\left(bc-\frac{1}{a^c}\right)=\frac{-\pi i}{r}\,\frac{(1-r)^c-(1+r)^c}{(1+r)^c},(gl-hk)^2>(h^2+l^2),\ (\text{T. }90,\ \text{N}^\circ.\ 15, 14);$$

où partout $g+hi=p$, $k+li=q$, $r=\sqrt{(1-p^2-q^2)}$.

9. Puisque $(1-2p\,Cos.\,x+p^2)=(1-pe^{xi})(1-pe^{-xi})$, on a pour $p<1$:

$$\int_0^{\pi}(1-2p\,Cos.\,x+p^2)^a\,dx=\int_0^{\pi}dx\sum_0^a(-1)^n\binom{a}{n}e^{nxi}p^n\sum_{m=0}^{m=a}(-1)^m\binom{a}{m}e^{-mxi}p^m=$$

$$=\int_0^{\pi}dx\sum_{m=0}^{m=a}\sum_0^a(-1)^{m+n}\binom{a}{m}\binom{a}{n}e^{(n-m)xi}p^{m+n}.$$

Or, Méth. 1, N°. 9, chaque intégrale $\int_0^{\pi}e^{cxi}\,dx$ est zéro pour c entier, donc tous les termes s'évanouissent, excepté ceux où $n-m=0$, c'est-à-dire où $n=m$; donc:

$$\int_0^{\pi}(1-2p\,Cos.\,x+p^2)^a\,dx=\int_0^{\pi}dx\sum_0^a(-1)^{2n}\binom{a}{n}^2e^0p^{2n}=\sum_0^a\binom{a}{n}^2p^{2n}\int_0^{\pi}dx=\pi\sum_0^{\infty}\binom{a}{n}^2p^{2n}.$$

(T. 79, N°. 7). [242].

Encore a-t-on:

$$\int_0^{\pi}(1-2p\,Cos.\,x+p^2)^a\,Cos.\,bx\,dx=\int_0^{\pi}dx\sum_0^a(-1)^n\binom{a}{n}e^{-nxi}p^n\sum_{m=0}^{m=a}(-1)^m\binom{a}{m}e^{mxi}p^m\,Cos.\,bx=$$

$=\int_0^{\pi}dx\sum_{m=0}^{m=a}\sum_0^a(-1)^{m+n}\binom{a}{m}\binom{a}{n}e^{(m-n)xi}\,Cos.\,bx.p^{m+n}$. Or, Méth. 9, N°. 20 nous apprend que l'intégrale n'a une valeur différente de zéro que dans le cas où $m-n=b$; de sorte que les termes, où $m=b+n$, paraissent seuls dans le résultat; donc: $\int_0^{\pi}(1-2p\,Cos.\,x+p^2)^a\,Cos.\,bx\,dx=$

$$=\int_0^{\pi}dx\sum_0^a(-1)^{2n+b}\binom{a}{n}\binom{a}{b+n}p^{2n+b}e^{bxi}\,Cos.\,bx\,dx=\pi(-p)^b\sum_0^a\binom{a}{b+n}\binom{a}{n}p^{2n}=$$

---

[242] Par l'équation (XI) de Méth. 17, N°. 21 elle donne:

$$\int_0^{\pi}\frac{dx}{(1+2p\,Cos.\,x+p^2)^{a+1}}=\frac{\pi}{(1-p^2)^{2a+1}}\sum_0^a\binom{a}{n}^2p^n.\ (\text{T. }85,\ \text{N}^\circ.\ 12).$$

Page 482.

$$= \pi(-p)^b \frac{a^{b/-1}}{1^{b/1}} \sum_0^a \binom{a}{n} \frac{(a-b)^{n/-1}}{(b+1)^{n/1}} p^{2n},$$ (T. 79, N°. 8), après quelques réductions de facultés analytiques [243].

10. On a: $$\int_0^{2\pi} \frac{Cos.\, ax - p\, Cos.\, \{(a+1)x\}}{1 - 2p\, Cos.\, x + p^2} dx - i \int_0^{2\pi} \frac{Sin.\, ax - p\, Sin.\, \{(a+1)x\}}{1 - 2p\, Cos.\, x + p^2} dx =$$

$$= \int_0^{2\pi} \frac{e^{-axi} - pe^{-(a+1)xi}}{(1-pe^{xi})(1-pe^{-xi})} dx = \int_0^{2\pi} \frac{e^{-axi}\, dx}{1 - pe^{xi}} = \int_0^{2\pi} e^{-axi}\, dx \sum_0^\infty (pe^{xi})^n = \sum_0^\infty p^n \int_0^{2\pi} e^{(n-a)xi}\, dx;$$

or, cette intégrale est toujours nulle sauf pour $n = a$, donc la valeur est:

$$\int_0^{2\pi} \frac{e^{-axi}\, dx}{1 - pe^{xi}} = \sum_0^\infty p^n \int_0^{2\pi} e^{(n-a)xi}\, dx = 2\pi p^a \quad \ldots\ldots\ldots\ldots \quad (1267)$$

La séparation des parties réelles et des parties imaginaires fournit:

$$\int_0^{2\pi} \frac{Cos.\, ax - p\, Cos.\{(a+1)x\}}{1-2p\, Cos.\, x+p^2} dx = 2\pi p^a, \int_0^{2\pi} \frac{Sin.\, ax - p\, Sin.\{(a+1)x\}}{1-2p\, Cos.\, x+p^2} dx = 0, p^2 < 1,$$ (T.89, N°.14,13).

De la même manière on a: $$\int_0^{2\pi} \frac{Cos.\, ax - p\, Cos.\{(a+1)x\}}{1-2p\, Cos.\, x+p^2} x dx - i \int_0^{2\pi} \frac{Sin.\, ax - p Sin.\{(a+1)x\}}{1-2p\, Cos.\, x+p^2} x\, dx =$$

$$= \int_0^{2\pi} \frac{e^{-axi}\, x\, dx}{1 - pe^{xi}} = \sum_0^\infty p^n \int_0^{2\pi} e^{(n-a)xi}\, x\, dx.$$ Or, cette dernière intégrale est $\frac{-2\pi i}{n-a}$, d'après Méth. 12, N°. 2; mais pour le cas de $n = a$ elle devient $\int_0^{2\pi} x\, dx = \frac{1}{2}(2\pi)^2 = 2\pi^2$; donc:

---

[243] A l'aide de la formule (X) de Méth. 17, N°. 21 on en déduit encore:

$$\int_0^\pi \frac{Cos.\, bx\, dx}{(1 + 2p\, Cos.\, x + p^2)^{a+1}} = \frac{(a+1)^{b/1}}{a^{b/-1}} \frac{1}{(1-p^2)^{2a+1}} \pi(-p)^b \frac{a^{b/-1}}{1^{b/1}} \sum_0^a \binom{a}{n} \frac{(a-b)^{n/-1}}{(b+1)^{n/1}} p^{2n} =$$

$$= \frac{(a+1)^{b/1}}{1^{b/1}} \frac{(-p)^b \pi}{(1-p^2)^{2a+1}} \sum_0^a \binom{a}{n} \frac{(a-b)^{n/-1}}{(b+1)^{n/1}} p^{2n}.$$ (T. 85, N°. 20).

Cette intégrale et celle du texte deviennent pour $a = b$: $\int_0^\pi (1 - 2p\, Cos.\, x + p^2)^a\, Cos.\, ax\, dx = \pi(-p)^a$, (T. 79, N°. 6), $\int_0^\pi \frac{Cos.\, ax\, dx}{(1 + 2p\, Cos.\, x + p^2)^{a+1}} = \frac{(a+1)^{a/1}}{1^{a/1}} \frac{(-p)^a}{(1-p^2)^{2a+1}}$. (T. 85, N°. 22).

Page 483.

$$\int_0^{2\pi}\frac{e^{-axi}\,x\,dx}{1-pe^{xi}}=\sum_0^{a-1}\frac{-2\pi i}{n-a}p^n+p^a.2\pi^2+\sum_{a+1}^{\infty}\frac{-2\pi i}{n-a}p^n=2\pi^2p^a+2\pi i\sum_0^{a-1}\frac{p^n}{a-n}-2\pi i\sum_{a+1}^{\infty}\frac{p^n}{n-a}=$$

$$=2\pi^2p^a+2\pi i\,p^a\sum_1^a\frac{1}{np^n}-2\pi i\,p^a\sum_1^{\infty}\frac{p^n}{n}=p^a\{2\pi^2+2\pi i\sum_1^a\frac{1}{np^n}+2\pi i\,l(1-p)\},\text{(C. P. 66)};\ .\ (1268)$$

et en séparant les parties reélles et les parties imaginaires: $\int_0^{2\pi}\frac{Cos.ax-p\,Cos.\{(a+1)x\}}{1-2p\,Cos.x+p^2}x\,dx=2\pi^2p^a$,

(T. 250, N°. 15), $\int_0^{2\pi}\frac{Sin.ax-p\,Sin.\{(a+1)x\}}{1-2p\,Cos.x+p^2}x\,dx=2\pi p^a\left\{l(1-p)+\sum_1^a\frac{1}{np^n}\right\}$ . . (1269)

11. Quand dans l'application de cette méthode il y a quelque doute sur la convergence des séries, il faudra admettre dans le calcul le reste de la série, pour s'assurer à la fin du calcul si l'on peut omettre le terme correspondant; car s'il s'évanouit pour un terme situé à l'infini, le résultat est valide sans ce reste: lorsque au contraire le terme en question ne s'annule pas, il faut garder la correction, qui en général rendra la valeur sinon infinie, du moins indéterminée.

On a par exemple: $\int_0^{\infty}\frac{x^{p-1}dx}{1-x}=\int_0^1\frac{x^{p-1}dx}{1-x}+\int_1^{\infty}\frac{x^{p-1}dx}{1-x}=\int_0^1\frac{x^{p-1}dx}{1-x}-\int_0^1\frac{y^{-p}dy}{1-y}$; la division de la fonction à intégrer était nécessaire, puisqu'elle est discontinue pour la valeur 1 de x: mais comme chaque intégrale partielle est finie, il était permis de les traiter séparément et de substituer $y=\frac{1}{x}$ dans la dernière. Lorsqu'on prend (C. P. 62) le développement de $\frac{1}{1-x}$, il faut observer qu'il ne vaut plus pour $x=1$: il faut donc admettre le reste et employer l'équation identiquement vraie $\frac{1}{1-x}=\sum_0^n x^n+\frac{x^{n+1}}{1-x}$. Ainsi l'on a:

$$\int_0^{\infty}\frac{x^{p-1}dx}{1-x}=\int_0^1 x^{p-1}dx+\int_0^1(x^p-x^{-p})\,dx\left\{\sum_0^n x^n+\frac{x^{n+1}}{1-x}\right\}=\frac{1}{p}+\sum_0^n\int_0^1(x^{n+p}-x^{n-p})\,dx+$$

$$+\int_0^1\frac{x^p-x^{-p}}{1-x}x^{n+1}dx=\frac{1}{p}+\sum_0^n\left(\frac{1}{n+p+1}-\frac{1}{n-p+1}\right)+\int_0^1\frac{x^p-x^{-p}}{1-x}x^{n+1}dx.$$

Ici l'on a séparé le premier terme de la série; terme, qui répond à la première des intégrales partielles: et cela seulement par raison de symétrie: dans la sommation le terme $\frac{1}{n-p+1}$ démontre qu'il faut prendre $p<1$ pour n'avoir aucun terme infini. Maintenant pour déterminer le reste dans le cas de n infini, il est évident que cette intégrale de correction est plus grande qu'une autre à dénominateur 1, $\int_0^1(x^p-x^{-p})x^{n+1}dx=\frac{1}{n+p+1}-\frac{1}{n-p+1}=\frac{-2p}{(n+1)^2-p^2}$, nulle pour n infini. D'un autre côté, comme pour $x<1$ on a $x^p<x^{-p}$, la fonction à intégrer est négative, donc

Page 484.

suivant la Partie Première N°. 13, la valeur de l'intégrale l'est aussi. On ne peut satisfaire à ces deux conditions, qu'en prenant l'intégrale et par suite la correction zéro, et l'on a enfin en passant à la limite ∞ de n: $\int_0^\infty \frac{x^{p-1}\,dx}{1-x} = \frac{1}{p} + \sum_0^\infty \left(\frac{1}{n+p+1} - \frac{1}{n-p+1}\right) = \frac{1}{p} - \sum_0^\infty \frac{2p}{(n+1)^2-p^2} = \pi\, Cot.\, p\pi,\ (p<1)$, (T. 18, N°. 8), suivant C. P. 69 [244]. Le commencement du raisonnement nous donne encore: $\int_0^1 \frac{x^{p-1}-x^{-p}}{1-x}\,dx = \pi\, Cot.\, p\pi$. (T. 5, N°. 6). [245].

12. Dans l'intégrale analogue $I = \int_0^\infty \frac{x^{p-1}\,dx}{1+x}$ prenez $x=y^2$, alors $I = 2\int_0^\infty \frac{y^{2p-1}\,dy}{1+y^2}$; substituez maintenant $y = Tang.\, z$, alors $I = 2\int_0^{\frac{\pi}{2}} Tang.^{2p-1} z dz = 2\int_0^{\frac{\pi}{2}} Sin.^{2p-1} z.\, Cos.^{1-2p} z dz =$

$= \frac{2}{2^{2p-1}\, Cos.\left(\frac{2p-1}{2}\pi\right)} \int_0^{\frac{\pi}{2}} Cos.^{1-2p} z dz \sum_0^{p-1} (-1)^n \binom{2p-1}{n} Cos.\{(2p-2n-1)z\}$, (C. P. 91) (de sorte qu'il faut avoir $1>2p-1>0$), $= \frac{Sec.\left(\frac{2p-1}{2}\pi\right)}{2^{2p-2}} \sum_0^{p-1} (-1)^n \binom{2p-1}{n} \int_0^{\frac{\pi}{2}} Cos.^{1-2p} z.\, Cos.\{(1-2p+2n)z\}\, dz$.

Mais il s'ensuit de Méth. 5, N°. 11, que l'intégrale sous le signe de sommation s'évanouit pour toute valeur de n, sauf le cas de n zéro, où par Méth. 38, N°. 7 on obtient la valeur $\frac{\pi}{2^{2-2p}}$. Donc on a:

---

[244] Déduite autrement Méth. 38, N°. 4. Pour $x = y^q$, $pq = p$ il vient encore:

$$\int_0^\infty \frac{x^{p-1}\,dx}{1-x^q} = \frac{\pi}{2}\, Cot. \frac{p\pi}{q}. \text{ (T. 20, N°. 13).}$$

On peut intégrer et différentier cette intégrale par rapport à p, et alors il vient:

$$\int_0^\infty \frac{x^{p-1}\, lx\, dx}{1-x^q} = -\left(\frac{\pi}{q}\right)^2 Cosec.^2 \frac{p\pi}{q}, \text{ . (1270)}, \quad \int_0^\infty \frac{x^{p-1}-x^{r-1}}{1-x^q}\, \frac{dx}{lx} = l\left(Sin. \frac{p\pi}{q}.\, Cosec. \frac{r\pi}{q}\right). \text{ (1271)}$$

Pour le cas de $q = 2$ on a les deux intégrales T. 180, N°. 12, 13.

[245] Sur une autre déduction voyez Méth. 38, N°. 6.
Page 485.

$\int_0^\infty \frac{x^{p-1}\,dx}{1+x} = \frac{Sec.\left(\frac{2p-1}{2}\pi\right)}{2^{2p-2}} \frac{\pi}{2^{2-2p}} = \frac{\pi}{Sin.\,p\pi}$, (T.18, N°.2), $p<1$; [246]. Il résulte encore de la discussion précédente: $\int_0^{\frac{\pi}{2}} Tang.^{2p-1}\,x dx = \frac{\pi}{2\,Sin.\,p\pi}$, (T.53, N°. 25), $p<1$ et: $\int_0^\infty \frac{x^{2p-1}\,dz}{1+x^2} = \frac{\pi}{2\,Sin.\,p\pi}$. (T. 19, N'. 5).

13. Il est identiquement:

$$\frac{Sin.\,\frac{1}{3}\pi}{e^x+1+e^{-x}} = \sum_1^k (-1)^{n-1} e^{-nx} Sin.\frac{n\pi}{3} + (-1)^k \frac{e^{-kx}\,Sin.\left(\frac{k+1}{3}\pi\right) + e^{-(k+1)x}\,Sin.\frac{4\pi}{3}}{1+e^{-x}+e^{-2x}},$$

$\frac{1}{e^x+e^{-x}} = \sum_1^k (-1)^{n-1} e^{-(2n-1)x} + \frac{(-1)^k e^{-2kx}}{e^x+e^{-x}}$; on peut faire quelques applications utiles de ces deux développements.

Multiplions-lez par $\frac{dx}{\sqrt{x}}$ et intégrons entre les limites 0 et ∞; alors Méth. 8, N'. 3 nous apprend que les intégrales de correction s'évanouissent pour un k infini: donc par l'intermédiaire de

---

[246] Elle a déjà été obtenue Méth. 1, N°. 29, et elle le sera encore Méth. 27, N'. 2, Méth. 38, N°. 4. On peut aussi la déduire au moyen de l'intégrale $\int_0^1 \frac{x^{p-1}\,dx + x^{-p}}{1+x} dx = \frac{\pi}{Sin.\,p\pi}$, (T. 5, N°. 1), (comme ici il s'ensuit du résultat obtenu) — ou bien avec GAUSZ au moyen de sa série renommée, — ou bien avec CAUCHY par la Méthode 18. Lorsqu'on y introduit les substitutions $x = \frac{1}{y}, = \frac{1}{1-z}, = \frac{1-v}{v}$ successivement, on obtient: $\int_0^\infty \frac{x^{p-1}\,dx}{1+x} = \int_0^\infty \frac{y^{-p}\,dy}{1+y}$, (T. 22, N'. 1), $= \int_0^1 \left(\frac{z}{1-z}\right)^p \frac{dz}{z}$, (T. 4, N°. 6), (dont une autre évaluation Méth. 18, N°. 23), $= \int_0^1 \left(\frac{1-v}{v}\right)^p \frac{dv}{1-v}$, (T. 5, N°. 7), $= \frac{\pi}{Sin.\,p\pi}$. Lorsque au contraire dans l'intégrale du texte on prend $x = y^q, pq = p$, il vient: $\int_0^\infty \frac{x^{p-1}\,dx}{1+x^q} = \frac{\pi}{q}\,Cosec.\frac{p\pi}{q}$, (T. 20, N°. 1), (évaluée Méth. 1, N°. 29), d'où enfin par la différentiation et l'intégration par rapport à p: $\int_0^\infty \frac{x^{p-1}\,lx}{1+x^q} dx = -\left(\frac{\pi}{q}\right)^2 Cos\frac{p\pi}{q}.\,Cosec.^2\frac{p\pi}{q}$, . (1272), $\int_0^\infty \frac{x^{p-1}-x^{r-1}}{1+x^q}\frac{dx}{lx} = l\left(Tang.\frac{p\pi}{2q}.\,Cot.\frac{r\pi}{2q}\right)$. (T. 183, N°. 18).

Page 486.

Méth. 4, N°. 7: $\int_0^\infty \frac{1}{e^x+1+e^{-x}}\frac{dx}{\sqrt{x}} = \frac{1}{Sin.\frac{1}{3}\pi}\sum_1^\infty (-1)^{n-1} Sin.\frac{n\pi}{3}.\sqrt{\frac{\pi}{n}}$, $\int_0^\infty \frac{1}{e^x+e^{-x}}\frac{dx}{\sqrt{x}} =$

$= \sum_1^\infty (-1)^{n-1}\sqrt{\frac{\pi}{2n-1}}$. (T. 140, N°. 20 et 19).

Au moyen de la multiplication par $\frac{lx\,dx}{\sqrt{x}}$ et de l'intégration toujours entre les limites 0 et ∞, par l'emploi de Méth. 8, N°. 2, où les intégrales de correction correspondantes sont nulles pour un k infini, et de Méth. 12, N°. 3 — on a:

$$\int_0^\infty \frac{lx}{e^x+1+e^{-x}}\frac{dx}{\sqrt{x}} = \frac{1}{Sin.\frac{1}{3}\pi}\sum_1^\infty (-1)^n\, Sin.\frac{n\pi}{3}.(ln+2l2+A)\sqrt{\frac{\pi}{n}},$$

$$\int_0^\infty \frac{lx}{e^x+e^{-x}}\frac{dx}{\sqrt{x}} = \sum_1^\infty (-1)^n\,\{l(2n-1)+2l2+A\}\sqrt{\frac{\pi}{2n-1}}. \text{ (T. 381, N°. 15, 14.)}$$

Lorsque enfin nous multiplions par $\frac{Cos.px\,dx}{\sqrt{x}}$ ou par $\frac{Sin.px\,dx}{\sqrt{x}}$ et que nous avons égard à Méth. 8, N°. 4, où nous trouvons que les intégrales de correction, qui se présentent ici, s'annulent pour k infini, nous obtenons par Méth. 26, N°. 2:

$$\int_0^\infty \frac{Cos.px}{e^x+1+e^{-x}}\frac{dx}{\sqrt{x}} = \frac{1}{Sin.\frac{1}{3}\pi}\sum_1^\infty (-1)^{n-1} Sin.\frac{n\pi}{3}.\sqrt{\left\{\frac{\pi}{2}\frac{\sqrt{(p^2+n^2)}+n}{p^2+n^2}\right\}}, \quad \text{(1273)}$$

$$\int_0^\infty \frac{Cos.px}{e^x+e^{-x}}\frac{dx}{\sqrt{x}} = \sum_1^\infty (-1)^{n-1}\sqrt{\left\{\frac{\pi}{2}\frac{\sqrt{\{p^2+(2n-1)^2\}}+2n-1}{p^2+(2n-1)^2}\right\}}, \quad \text{(1274)}$$

$$\int_0^\infty \frac{Sin.px}{e^x+1+e^{-x}}\frac{dx}{\sqrt{x}} = \frac{1}{Sin.\frac{1}{3}\pi}\sum_1^\infty (-1)^{n-1} Sin.\frac{n\pi}{3}.\sqrt{\left\{\frac{\pi}{2}\frac{\sqrt{(p^2+n^2)}-n}{p^2+n^2}\right\}}, \quad \text{(1275)}$$

$$\int_0^\infty \frac{Sin.px}{e^x+e^{-x}}\frac{dx}{\sqrt{x}} = \sum_1^\infty (-1)^{n-1}\sqrt{\left\{\frac{\pi}{2}\frac{\sqrt{\{p^2+(2n-1)^2\}}+1-2n}{p^2+(2n-1)^2}\right\}}. \text{ [247].} \quad \text{(1276)}$$

---

[247] La substitution de $x=y^2$ dans les formules de ce Numéro fera trouver successivement la valeur des intégrales:

$$\int_0^\infty \frac{dx}{e^{x^2}+1+e^{-x^2}} = \frac{1}{2\,Sin.\frac{1}{3}\pi}\sum_1^\infty (-1)^{n-1} Sin.\frac{n\pi}{3}.\sqrt{\frac{\pi}{n}}, \quad \text{(1277)}$$

$$\int_0^\infty \frac{dx}{e^{x^2}+e^{-x^2}} = \frac{1}{2}\sum_1^\infty (-1)^{n-1}\sqrt{\frac{\pi}{2n-1}}, \quad \text{(1278)}$$

$$\int_0^\infty \frac{lx\,dx}{e^{x^2}+1+e^{-x^2}} = \frac{1}{2\,Sin.\frac{1}{3}\pi}\sum_1^\infty (-1)^n\, Sin.\frac{n\pi}{3}.(ln+2l2+A)\sqrt{\frac{\pi}{n}}, \quad \text{(1279)}$$

Page 487.

14. Encore avons-nous identiquement: $\dfrac{e^{px}-e^{-px}}{e^{\pi x}-e^{-\pi x}}=\sum_1^k\left[e^{-\{(2n-1)\pi-p\}x}-e^{-\{(2n-1)\pi+p\}x}\right]+$
$+\dfrac{e^{px}-e^{-px}}{e^{\pi x}-e^{-\pi x}}e^{-2k\pi x}$, $\dfrac{e^{px}+e^{-px}}{e^{\pi x}+e^{-\pi x}}=\sum_1^k(-1)^{n-1}\left[e^{-\{(2n-1)\pi-p\}x}+e^{-\{(2n-1)\pi+p\}x}\right]+$
$+(-1)^k\dfrac{e^{px}+e^{-px}}{e^{\pi x}+e^{-\pi x}}e^{-2k\pi x}$. Multiplions-les par $\dfrac{dx}{x^q}$, et intégrons entre les limites 0 et ∞; alors, d'après Méth. 8, N°. 6, les intégrales de correction deviennent zéro pour un k infini; et nous obtenons suivant Méth. 18, N°. 2:

$$\int_0^\infty\frac{e^{px}-e^{-px}}{e^{\pi x}-e^{-\pi x}}\frac{dx}{x^q}=\Gamma(1-q)\sum_1^\infty\left[\frac{1}{\{(2n-1)\pi-p\}^{1-q}}-\frac{1}{\{(2n-1)\pi+p\}^{1-q}}\right],\ \int_0^\infty\frac{e^{px}+e^{-px}}{e^{\pi x}+e^{-\pi x}}\frac{dx}{x^q}=$$
$$=\Gamma(1-q)\sum_1^\infty(-1)^{n-1}\left[\frac{1}{\{(2n-1)\pi-p\}^{1-q}}+\frac{1}{\{(2n-1)\pi+p\}^{1-q}}\right],\ q<1.\ \text{(T. 136, N°. 17, 18).}$$

Comme ces intégrales valent aussi pour $q=0$, elle donnent:

$$\int_0^\infty\frac{e^{px}-e^{-px}}{e^{\pi x}-e^{-\pi x}}dx=\sum_1^\infty\left[\frac{1}{(2n-1)\pi-p}-\frac{1}{(2n-1)\pi+p}\right]=\sum_1^\infty\frac{2p}{\{(2n-1)\pi\}^2-p^2}=\frac{1}{2}\,Tang.\,\frac{1}{2}p,$$
$$\int_0^\infty\frac{e^{px}+e^{-px}}{e^{\pi x}+e^{-\pi x}}dx=\sum_1^\infty(-1)^{n-1}\left[\frac{1}{(2n-1)\pi-p}+\frac{1}{(2n-1)\pi+p}\right]=\sum_1^\infty\frac{(-1)^{n-1}2\pi(2n-1)}{\{(2n-1)\pi\}^2-p^2}=\frac{1}{2}Sec.\frac{1}{2}p.$$

(T. 38, N°. 17, 16). [248].

$$\int_0^\infty\frac{lx\,dx}{e^{x^2}+e^{-x^2}}=\frac{1}{4}\sum_1^\infty(-1)^n\{l(2n-1)+2\,l\,2+\mathrm{A}\}\sqrt{\frac{\pi}{2n-1}},\ \ldots\ldots\ (1280)$$

$$\int_0^\infty\frac{Cos.(px^2)\,dx}{e^{x^2}+1+e^{-x^2}}=\frac{1}{2\,Sin.\frac{1}{3}\pi}\sum_1^\infty(-1)^{n-1}Sin.\frac{n\pi}{3}.\sqrt{\left\{\frac{\pi}{2}\frac{\sqrt{(p^2+n^2)}+n}{p^2+n^2}\right\}},\ .\ .\ (1281)$$

$$\int_0^\infty\frac{Cos.(px^2)\,dx}{e^{x^2}+e^{-x^2}}=\frac{1}{2}\sum_1^\infty(-1)^{n-1}\sqrt{\left\{\frac{\pi}{2}\frac{\sqrt{\{p^2+(2n-1)^2\}}+2n-1}{p^2+(2n-1)^2}\right\}},\ .\ .\ .\ (1282)$$

$$\int_0^\infty\frac{Sin.(px^2)\,dx}{e^{x^2}+1+e^{-x^2}}=\frac{1}{2Sin.\frac{1}{3}\pi}\sum_1^\infty(-1)^{n-1}Sin.\frac{n\pi}{3}.\sqrt{\left\{\frac{\pi}{2}\frac{\sqrt{(p^2+n^2)}-n}{p^2+n^2}\right\}},\ .\ .\ .\ (1283)$$

$$\int_0^\infty\frac{Sin.(px^2)\,dx}{e^{x^2}+e^{-x^2}}=\frac{1}{2}\sum_1^\infty(-1)^{n-1}\sqrt{\left\{\frac{\pi}{2}\frac{\sqrt{\{p^2+(2n-1)^2\}}+1-2n}{p^2+(2n-1)^2}\right\}}.\ .\ .\ (1284)$$

[248] Sur une autre déduction voyez Méth. 31, N°. 2. Pour $p=\pi-p$ ceci donne encore:
Page 488.

15. Les développements identiques $\frac{Sin.\,\lambda}{1+2x\,Cos.\,\lambda+x^2}=\sum_1^k(-1)^{n-1}x^{n-1}\,Sin.\,n\lambda+$ $+\frac{Sin.\{(k+1)\lambda\}+x\,Sin.\,k\lambda}{1+2x\,Cos.\lambda+x^2}(-1)^k x^k$ et $\frac{(1+x)\,Cos.\,\frac{1}{2}\lambda}{1+2x\,Cos.\,\lambda+x^2}=\sum_1^k(-1)^{n-1}x^{n-1}\,Cos.\,\{(n-\frac{1}{2})\lambda\}+$ $+\frac{Cos.\,\{(k+\frac{1}{2})\lambda\}-x\,Cos.\,\{(k-\frac{1}{2})\lambda\}}{1+2\,x\,Cos.\,\lambda+x^2}(-1)^k x^k$, multipliés par $\frac{dx}{\left(l\frac{1}{x}\right)^{1-p}}$ et intégrés entre les limites 0 et 1, — lorsqu'on observe que les intégrales de correction s'évanouissent pour k infini d'après Méth. 8, N°. 6, et que l'intégrale sous le signe de sommation a été trouvée Méth. 18, N°. 2, — nous donnent: $\int_0^1\frac{1}{1+2x\,Cos.\,\lambda+x^2}\,\frac{dx}{\left(l\frac{1}{x}\right)^{1-p}}=\frac{\Gamma(p)}{Sin.\,\lambda}\sum_1^\infty(-1)^{n-1}.\frac{Sin.\,n\lambda}{n^p}$, (T. 174, N°. 4),

$$\int_0^1\frac{1+x}{1+2x\,Cos.\,\lambda+x^2}\,\frac{dx}{\left(l\frac{1}{x}\right)^{1-p}}=\frac{\Gamma(p)}{Cos.\,\frac{1}{2}\lambda}\sum_1^\infty(-1)^{n-1}\frac{Cos.\,\{(n-\frac{1}{2})\lambda\}}{n^p}\,.\;.\;.\;.\;.\;(1285)$$

---

§ 3. MÉTHODE 23. EMPLOI DE FORMULES DE TRANSFORMATION.

1. Parmi les théorèmes, que nous avons déduits dans la Partie Deuxième, il s'en trouve beaucoup, qui mènent à des expressions, contenant des séries soit finies, soit infinies. Nous en donnerons ici quelques applications, et de préférence de telles, que l'on obtienne des séries dont la somme peut s'exprimer sous forme finie.

2. Dans les formules II, (147), (148) prenons $f(x)=Sin.\,qx$, et $f(x)=Cos.\,qx$ respectivement, alors nous avons Méth. 18, N°. 8, $\varphi(p)=\frac{\pi}{2}\,e^{-pq}$, d'où $\frac{d^c}{dp^c}.\,\varphi(p)=\frac{\pi}{2}(-q)^c\,e^{-pq}$; il vient:

$$\int_0^\infty\frac{x\,Sin.\,qx\,dx}{(p^2+x^2)^{a+1}}=\frac{1}{1^{a/1}}\left(\frac{q}{2p}\right)^a\frac{\pi}{2}\,e^{-pq}\sum_0^\infty\frac{(a-n)^{2n/1}}{1^{n/1}}\left(\frac{1}{2pq}\right)^n,\quad\int_0^\infty\frac{p\,Cos.\,qx\,dx}{(p^2+x^2)^{a+1}}=$$

$$\tfrac{1}{2}\,Cot.\,\tfrac{1}{2}\,p=\int_0^\infty\frac{e^{(\pi-p)x}-e^{(p-\pi)x}}{e^{\pi x}-e^{-\pi x}}\,dx=\int_0^\infty\frac{e^{(2\pi-p)x}-e^{px}}{e^{2\pi x}-1}dx=\int_0^\infty e^{-px}\,dx+\int_0^\infty\frac{e^{-px}-e^{px}}{e^{2\pi x}-1}\,dx,$$

d'où $\int_0^\infty\frac{e^{px}-e^{-px}}{e^{2\pi x}-1}\,dx=\frac{1}{p}-\frac{1}{2}\,Cot.\frac{1}{2}\,p$. (T. 38, N°. 13).

Page 489.

$= \frac{1}{1^{a/1}} \left(\frac{q}{2p}\right)^a \frac{\pi}{2} e^{-pq} \sum_0^\infty \frac{(a-n+1)^{2n/1}}{1^{n/1}} \left(\frac{1}{2pq}\right)^n$. (T. 208, N°. 12, 13). [249]. Lorsque de même dans la formule II, (149) on suppose $f(x) = Sin.qx$ et dans II, (150), $f(x) = Cos.qx$, on obtient Méth. 9, N°. 10, respectivement $\varphi(p) = -\frac{\pi}{2} Cos.pq$ et $\psi_1(p) = \frac{\pi}{2} Sin.pq$, d'où $\frac{d^c}{dp^c} \cdot \varphi(p) =$ $= -q^c \frac{\pi}{2} Cos.(\frac{1}{2}c\pi + pq)$ et $\frac{d^c}{dp^c} \cdot \psi_1(p) = \frac{\pi}{2} q^c Sin.(\frac{1}{2}c\pi + pq)$; par conséquent:

$$\int_0^\infty \frac{x\,Sin.qx\,dx}{(p^2-x^2)^{a+1}} = \frac{1}{1^{a/1}} \left(\frac{q}{2p}\right)^a \frac{\pi}{2} \sum_0^\infty \frac{(a-n)^{2n/1}}{1^{n/1}} \left(\frac{1}{2pq}\right)^n Cos.\left\{\frac{a-n}{2}\pi + pq\right\}, \quad (1286)$$

$$\int_0^\infty \frac{p\,Cos.qx\,dx}{(p^2-x^2)^{a+1}} = \frac{1}{1^{a/1}} \left(\frac{-q}{2p}\right)^a \frac{\pi}{2} \sum_0^\infty \frac{(a-n+1)^{2n/1}}{1^{n/1}} \left(\frac{-1}{2pq}\right)^n Sin.\left\{\frac{a-n}{2}\pi + pq\right\} \quad . (1287)$$

3. D'après C. P. 67, le théorème II, (160), fournit pour $\varphi(x) = Cos.px$, $A_{2n-1} = 0$, $A_{2n} = \frac{p^{2n}}{1^{2n/1}}$, $A_0 = 1$: $\int_0^\infty e^{-x^2} Cos.px\,dx = \frac{1}{2}\sqrt{\pi}.\left\{1 + \sum_1^\infty (-1)^n \frac{p^{2n}}{1^{2n/1}} \frac{1^{n/2}}{2^n}\right\} + \frac{1}{2}\sum_1^\infty 0 = \frac{1}{2}\sqrt{\pi}.\left\{1 + \sum_1^\infty (-1)^n \frac{(\frac{1}{2}p)^{2n}}{1^{n/1}}\right\} =$ $= \frac{1}{2}\sqrt{\pi}.e^{-\frac{1}{4}p^2}$. (T. 280, N°. 1). [250]. Pour $\varphi(x) = Sin.px$, C. P. 68 donne $A_{2n} = 0$, $A_0 = 0$, $A_{2n+1} = (-1)^n \frac{p^{2n+1}}{1^{2n+1/1}}$, donc par la formule II, (160): $\int_0^\infty e^{-x^2} Sin.px\,dx =$ $= \frac{1}{2}\sum_0^\infty (-1)^n \frac{p^{2n+1}}{1^{2n+1/1}} 1^{n+1/1} + 0 = \frac{1}{2}\sum_0^\infty (-1)^n \frac{p^{2n+1}}{(n+2)^{n+1/1}}$. (T. 280, N°. 7).

Suivant C. P. 103, 104, les suppositions $\varphi(x) = e^{px Cos.\lambda} Cos.(px\,Sin.\lambda)$ et $\varphi(x) = e^{px Cos.\lambda} Sin.(px\,Sin.\lambda)$ donnent $A_n = \frac{p^n}{1^{n/1}} Cos.n\lambda$ ou $= \frac{p^n}{1^{n/1}} Sin.n\lambda$, $A_0 = 1$ ou $= 0$ respectivement; le même théorème nous fournit par suite:

$$\int_0^\infty e^{-x^2+px Cos.\lambda} Cos.(px\,Sin.\lambda)\,dx = \frac{1}{2}\sqrt{\pi}.\sum_0^\infty \frac{Cos.2n\lambda}{1^{n/1}} \left(\frac{p}{2}\right)^{2n} + \frac{1}{2}\sum_1^\infty \frac{Cos.\{(2n-1)\lambda\}}{(n+1)^{n-1/1}} p^{2n-1} =$$

$$= \frac{1}{2}\sqrt{\pi}.e^{\frac{1}{4}p^2 Cos.2\lambda} Cos.\left(\frac{1}{4}p^2 Sin.2\lambda\right) + \frac{1}{2}\sum_0^\infty \frac{Cos.\{2n+1)\lambda\}}{(n+2)^{n/1}} p^{2n+1}, \quad (1288)$$

$$\int_0^\infty e^{-x^2+px Cos.\lambda} Sin.(px\,Sin.\lambda)\,dx = \frac{1}{2}\sqrt{\pi}.e^{\frac{1}{4}p^2 Cos.2\lambda} Sin.\left(\frac{1}{4}p^2 Sin.2\lambda\right) + \frac{1}{2}\sum_0^\infty \frac{Sin.\{(2n+1)\lambda\}}{(n+2)^{n/1}} p^{2n+1}. (1289)$$

---

[249] Autrement déduite Méth. 33, N°. 3.

[250] On l'obtient d'une autre manière Méth. 24, N°. 3 et Méth. 32, N°. 8.

4. Les théorèmes II, (161) et (162) deviennent (C. P. 65) pour $\varphi(x) = e^{-q^2x^2}$:

$$\int_0^\infty e^{-q^2x^2} Cos.\,x.\,x^{p-1}\,dx = \Gamma(p)\,Cos.\,\frac{1}{2}p\pi.\left\{1+\sum_1^\infty \frac{p^{2n/1}}{1^{n/1}}q^{2n}\right\}, \dots\dots\dots (1290)$$

$$\int_0^\infty e^{-q^2x^2} Sin.\,x.\,x^{p-1}\,dx = \Gamma(p)\,Sin.\,\frac{1}{2}p\,\pi.\left\{1+\sum_1^\infty \frac{p^{2n/1}}{1^{n/1}}q^{2n}\right\} \dots\dots\dots (1291)$$

Par C.P. 103 et 104 on obtient à l'aide des formules II, (163), (164), puisque $\frac{p^{n/1}}{1^{n/1}} = (-1)^n\binom{-p}{n}$:

$$\int_0^\infty e^{qx\,Cos.\lambda}\,Cos.(qx\,Sin.\lambda).\,Cos.\left(\frac{1}{2}p\pi-x\right).x^{p-1}\,dx = \Gamma(p)\left\{1+\sum_1^\infty(-1)^n\binom{-p}{2n}q^{2n}\,Cos.\,2n\lambda\right\}, .\ (1292)$$

$$\int_0^\infty e^{qx\,Cos.\lambda}\,Sin.(qx\,Sin.\lambda).\,Cos.\left(\frac{1}{2}p\pi-x\right).x^{p-1}\,dx = \Gamma(p)\left\{1+\sum_1^\infty(-1)^n\binom{-p}{2n}q^{2n}\,Sin.\,2n\lambda\right\}, .\ (1293)$$

$$\int_0^\infty e^{qx\,Cos.\lambda}\,Cos.(qx\,Sin.\lambda).\,Sin.\left(\frac{1}{2}p\pi-x\right).x^{p-1}dx = \Gamma(p)\sum_1^\infty(-1)^n\binom{-p}{2n-1}q^{2n-1}Cos.\{(2n-1)\lambda\}, .(1294)$$

$$\int_0^\infty e^{qx\,Cos.\lambda}\,Sin.(qx\,Sin.\lambda).\,Sin.\left(\frac{1}{2}p\pi-x\right).\,x^{p-1}dx = \Gamma(p)\sum_1^\infty(-1)^n\binom{-p}{2n-1}q^{2n-1}Sin.\{(2n-1)\lambda\}\ .\ (1295)$$

Encore d'après C. P. 65, par les théorèmes II, (165), (166), on acquiert:

$$\int_0^\infty e^{-r^2x^2-x\,Cot.\lambda}\,Cos.x.\,x^{p-1}dx = \Gamma(p)\,Sin.^p\lambda.\left[Cos.\,p\lambda+\sum_1^\infty\frac{p^{2n/1}}{1^{n/1}}(-r^2)^n\,Sin.^{2n}\lambda.\ Cos.\{(p+2n)\lambda\}\right], .(1296)$$

$$\int_0^\infty e^{-r^2x^2-x\,Cot.\lambda}\,Sin.x.\,x^{p-1}dx = \Gamma(p)\,Sin.^p\lambda.\left[Sin.\,p\lambda+\sum_1^\infty\frac{p^{2n/1}}{1^{n/1}}(-r^2)^n\,Sin.^{2n}\lambda.\ Sin.\{(p+2n)\lambda\}\right]; .(1297)$$

avec la condition $r \leqq 1$.

5. La formule II, (169) devient successivement par la substitution de C. P. 61, 62, 65, 66, 67, 68 :

$$\int_0^1 \frac{x^{p-1}-x^{q-1}}{lx}(1+rx)^a\,dx = l\frac{p}{q}+\sum_1^\infty\binom{a}{n}r^n\,l\frac{p+n}{q+n}, \dots\dots\dots (1298)$$

$$\int_0^1 \frac{x^{p-1}-x^{q-1}}{lx}\,\frac{dx}{(1-rx)^a} = l\frac{p}{q}+\sum_1^\infty\frac{a^{n/1}}{1^{n/1}}r^n\,l\frac{p+n}{q+n},\ r^2 \leqq 1; \dots\dots (1299)$$

$$\int_0^1 \frac{x^{p-1}-x^{q-1}}{lx}\,e^{rx}\,dx = l\frac{p}{q}+\sum_1^\infty\frac{r^n}{1^{n/1}}\,l\frac{p+n}{q+n}, \dots\dots\dots\dots\dots (1300)$$

$$\int_0^1 \frac{x^{p-1}-x^{q-1}}{lx}\,l(1+rx)\,dx = l\frac{p}{q}+\sum_1^\infty\frac{r^n}{n}\,l\frac{p+n}{q+n}, \dots\dots\dots\dots (1301)$$

Page 491.

$$\int_0^1 \frac{x^{p-1}-x^{q-1}}{lx} Cos.\, rx\, dx = l\frac{p}{q} + \sum_1^\infty \frac{(-1)^n}{1^{2n/1}} r^{2n}\, l\frac{p+2n}{q+2n}, \quad \ldots\ldots\ldots (1302)$$

$$\int_0^1 \frac{x^{p-1}-x^{q-1}}{lx} Sin.\, rx\, dx = \sum_1^\infty \frac{(-1)^n}{1^{2n+1/1}} r^{2n+1}\, l\frac{p+2n+1}{q+2n+1} \quad \ldots\ldots\ldots (1303)$$

6. Pour l'application des théorèmes II, (174) à (177), prenons C. P. 83 et 85, pour $\varphi_1(x)$ et $\varphi_2(x)$ et nous aurons, puisque $x < \frac{\pi}{2}$:

$$\int_0^{\frac{\pi}{2}} Cos.\, qx.\, Cos.^{2a} x\, dx = \frac{\pi}{2}\, 1^{a/2} \left\{\frac{1}{2^{a/2}} + \sum_1^\infty \frac{q^{n/2}(-q)^{n/2}}{1^{n/1}} \frac{1}{2^n.\, 2^{a+n/2}}\right\}, \quad \ldots\ldots\ldots (1304)$$

$$\int_0^{\frac{\pi}{2}} Sin.\, qx.\, Cos.^{2a} x\, dx = 1^{a/2}\, q \sum_0^\infty \frac{(1+q)^{n/2}(1-q)^{n/2}}{1^{n.2}\, 1^{a+n+1/2}}, \quad \ldots\ldots\ldots (1305)$$

$$\int_0^{\frac{\pi}{2}} Cos.\, qx.\, Cos.^{2a+1} x\, dx = 2^{a/2} \left\{\frac{1}{3^{a/2}} + \sum_1^\infty \frac{q^{n/2}(-q)^{n/2}}{1^{a+n+1/2}}\right\}, \quad \ldots\ldots\ldots (1306)$$

$$\int_0^{\frac{\pi}{2}} Sin.\, qx.\, Cos.^{2a+1} x\, dx = 2^{a/2}\, q \sum_0^\infty \frac{(1+q)^{n/2}(1-q)^{n/2}}{2^n\, 1^{n/1}\, 1^{n+a+1/2}}. \text{ [251]} \quad \ldots\ldots\ldots (1307)$$

7. Passons maintenant à l'application des théorèmes II, (182) à (202), pour diverses suppositions: nous verrons qu'en général les résultats prendront une expression finie. A l'aide de C. P. 95 on trouve par II, (182), (190) et (191), (193) à (196):

$$\int_0^\infty \frac{1-r\,Cos.\, sx - r^a\, Cos.\, asx + r^{a+1}\, Cos.\{(a-1)sx\}}{1-2r\,Cos.\, sx + r^2} \frac{dx}{q^2+x^2} = \frac{\pi}{2q}\sum_0^{a-1} r^n e^{-nqs} = \frac{\pi}{2q}\, \frac{1-r^a e^{-aqs}}{1-re^{-qs}}, . \quad (1308)$$

$$\int_0^\infty \frac{1-r\,Cos.\, sx - r^a\, Cos.\, asx + r^{a+1}\, Cos.\{(a-1)sx\}}{1-2r\,Cos.\, sx + r^2} \frac{Cos.\, px\, dx}{q^2+x^2} = \frac{\pi}{4q} e^{-pq} \sum_0^{a-1} r^n (e^{nqs}+e^{-nqs}) =$$

$$= \frac{\pi}{4q} e^{-pq} \left\{\frac{1-r^a e^{aqs}}{1-r\,e^{qs}} + \frac{1-r^a e^{-aqs}}{1-r\,e^{-qs}}\right\}, \quad [p \geqq (a-1)s], \quad \ldots\ldots (1309)$$

$$= \frac{\pi}{4q}(e^{pq}+e^{-pq})\sum_0^{a-1} r^n e^{-nqs} - \frac{\pi}{4q} e^{pq} \sum_0^d r^n e^{-nqs} + \frac{\pi}{4q} e^{-pq} \sum_0^d r^n e^{nqs} = \frac{\pi}{4q}(e^{pq}+e^{-pq})\frac{1-r^a e^{-aqs}}{1-re^{-qs}} -$$

$$- \frac{\pi}{4q} e^{pq} \frac{1-r^{d+1} e^{-(d+1)qs}}{1-r\,e^{-qs}} + \frac{\pi}{4q} e^{-pq} \frac{1-r^{d+1} e^{(d+1)qs}}{1-r\,e^{qs}}, \quad [p = ds+p',\ p' < s,\ d < a-1], \ . \quad (1310)$$

---

[251] Méth. 3, N°. 6 on a trouvé d'autres expressions pour ces mêmes intégrales. Page 492.

$$\int_0^\infty \frac{1-r\, Cos.\, sx - r^a\, Cos.\, asx + r^{a+1}\, Cos.\, \{(a-1)sx\}}{1-2r\, Cos.\, sx + r^2} \frac{x\, Sin.\, px\, dx}{q^2+x^2} = \frac{\pi}{4} e^{-pq} \sum_0^{a-1} r^n (e^{nqs} + e^{-nqs}) =$$

$$= \frac{\pi}{4} e^{-pq} \left[\frac{1-r^a e^{aqs}}{1-r e^{qs}} + \frac{1-r^a e^{-aqs}}{1-r e^{-qs}} \right], \; [p > (a-1)s], \ldots \ldots \ldots (1311)$$

$$= \frac{\pi}{4} e^{-pq} \left[\frac{1-r^{a-1} e^{(a-1)qs}}{1-r e^{qs}} + \frac{1-r^a e^{-aqs}}{1-r e^{-qs}} \right], \; [p = (a-1)s], \ldots (1312)$$

$$= \frac{\pi}{4}(e^{-pq} - e^{pq}) \frac{1-r^a e^{-aqs}}{1-r e^{-qs}} + \frac{\pi}{4} e^{pq} \frac{1-r^{d+1} e^{-(d+1)qs}}{1-r e^{-qs}} + \frac{\pi}{4} e^{-pq} \frac{1-r^{d+1} e^{(d+1)qs}}{1-r e^{qs}},$$

$$[p = ds + p',\; p' < s,\; d < a-1], \ldots \ldots \ldots (1313)$$

$$= \frac{\pi}{4}(e^{-pq} - e^{pq}) \frac{1-r^a e^{-aqs}}{1-r e^{-qs}} + \frac{\pi}{4} e^{pq} \frac{1-r^d e^{-dqs}}{1-r e^{-qs}} + \frac{\pi}{4} e^{-pq} \frac{1-r^{d+1} e^{(d+1)qs}}{1-r e^{qs}}, [p = ds, d < a-1]. (1314)$$

De même les théorèmes II, (183), (188) et (189), (199) à (202) fournissent à l'aide de C. P. 96:

$$\int_0^\infty \frac{r\, Sin.\, sx - r^a\, Sin.\, asx + r^{a+1}\, Sin.\, \{(a-1)sx\}}{1-2r\, Cos.\, sx + r^2} \frac{x dx}{q^2+x^2} = \frac{\pi}{2} \frac{re^{-q} - r^a e^{-aq}}{1-re^{-q}}, \ldots \ldots (1315)$$

$$\int_0^\infty \frac{r\, Sin.\, sx - r^a\, Sin.\, asx + r^{a+1}\, Sin.\, \{(a-1)sx\}}{1-2r\, Cos.\, sx + r^2} \frac{Sin.\, px\, dx}{q^2+x^2} =$$

$$= \frac{\pi}{4q} e^{-pq} \left\{ \frac{1-r^a e^{aqs}}{1-r e^{qs}} - \frac{1-r^a e^{-aqs}}{1-r e^{-qs}} \right\}, \; [p \geqq (a-1)s], \ldots (1316)$$

$$= \frac{\pi}{4q}(e^{pq} - e^{-pq}) \frac{1-r^a e^{-aqs}}{1-r e^{-qs}} - \frac{\pi}{4q} e^{pq} \frac{1-r^{d+1} e^{-(d+1)qs}}{1-r e^{-qs}} + \frac{\pi}{4q} e^{-pq} \frac{1-r^{d+1} e^{(d+1)qs}}{1-r e^{qs}},$$

$$[p = ds + p',\; p' < s,\; d < a-1], \ldots (1317)$$

$$\int_0^\infty \frac{r\, Sin.\, sx - r^a\, Sin.\, asx + r^{a+1}\, Sin.\, \{(a-1)sx\}}{1-2r\, Cos.\, sx + r^2} \frac{x\, Cos.\, px\, dx}{q^2+x^2} =$$

$$= \frac{\pi}{4} e^{-pq} \left\{ \frac{1-r^a e^{-aqs}}{1-r e^{-qs}} - \frac{1-r^a e^{aqs}}{1-r e^{qs}} \right\}, \; [p > (a-1)s], \ldots (1318)$$

$$= \frac{\pi}{4} e^{-pq} \left\{ \frac{1-r^{a-1} e^{(1-a)qs}}{1-r e^{-qs}} - \frac{1-r^{a-1} e^{(a-1)qs}}{1-r e^{qs}} + r^{a-1} e^{-2qs} \right\}, [p = (a-1)s], . (1319)$$

$$= \frac{\pi}{4}(e^{pq} + e^{-pq}) \frac{1-r^a e^{-aqs}}{1-r e^{-qs}} - \frac{\pi}{4} e^{pq} \frac{1-r^{d+1} e^{-(d+1)qs}}{1-r e^{-qs}} - \frac{\pi}{4} e^{-pq} \frac{1-r^{d+1} e^{(d+1)qs}}{1-r e^{qs}},$$

$$[p = ds + p',\; p' < s,\; d < a-1], \ldots \ldots \ldots \ldots (1320)$$

$$= \frac{\pi}{4}(e^{pq} + e^{-pq}) \frac{1-r^a e^{-aqs}}{1-r e^{-qs}} - \frac{\pi}{4} e^{pq} \frac{1-r^d e^{-dqs}}{1-r e^{-qs}} - \frac{\pi}{4} e^{-pq} \frac{1-r^{d+1} e^{(d+1)qs}}{1-r e^{qs}}, [p = ds, d < a-1)]. (1321)$$

où partout on a $r^2 < 1$.

Page 493.

8. Lorsqu'on emploie C. P. 101 ou C. P. 102, il est évident que p ne peut jamais devenir $\geqq c$, puisque c y est infini, de sorte que les formules qui correspondent à un tel cas ne valent pas ici; donc les suppositions $\varphi_5(x) = \frac{1-r^2}{1-2r\,Cos.\,sx+r^2}$ ou $\varphi_5(x) = \frac{r(1-r^2)\,Cos.\,sx}{1-2r\,Cos.\,sx+r^2}$ donnent par les équations II, (182), (191), (195) et (196):

$$\int_0^\infty \frac{1-r^2}{1-2r\,Cos.\,sx+r^2}\,\frac{dx}{q^2+x^2} = -\frac{\pi}{2q} + 2\frac{\pi}{2}\sum_0^\infty r^n e^{-nqs} = \frac{\pi}{2q}\,\frac{1+r\,e^{-qs}}{1-r\,e^{-qs}}, \;..\; (1322)$$

$$\int_0^\infty \frac{(1-r^2)\,r\,Cos.\,sx}{1-2r\,Cos.\,sx+r^2}\,\frac{dx}{q^2+x^2} = -\frac{\pi}{2q} + (1+r^2)\frac{\pi}{2q}\sum_0^\infty r^n e^{-nqs} = \frac{\pi}{2q}\,\frac{r^2+r\,e^{-qs}}{1-r\,e^{-qs}}, \;..\; (1323)$$

$$\int_0^\infty \frac{1-r^2}{1-2r\,Cos.\,sx+r^2}\,\frac{q\,Cos.\,px\,dx}{q^2+x^2} = -\frac{\pi}{2}e^{-pq} + \frac{\pi}{2}(e^{pq}+e^{-pq})\sum_0^\infty r^n e^{-nqs} - \frac{\pi}{2}e^{pq}\sum_0^d r^n e^{-nqs} + \frac{\pi}{2}e^{-pq}\sum_0^d r^n e^{n\cdots}$$

$$= \frac{\pi}{2}\,\frac{(1-r^2)\,e^{-pq} + r^{d+1}\left(e^{(p-ds-s)q} - e^{(ds+s-p)q}\right) - r^{d+2}\left(e^{(p-ds)q} - e^{(ds-p)q}\right)}{1-(e^{qs}+e^{-qs})\,r+r^2}, \;....\; (1$$

$$\int_0^\infty \frac{(1-r^2)\,r\,Cos.\,sx}{1-2r\,Cos.\,sx+r^2}\,\frac{q\,Cos.\,px\,dx}{q^2+x^2} =$$

$$= \frac{\pi}{4}\,\frac{2r(1-r^2)e^{-pq}(e^{qs}+e^{-qs}) + (1+r^2)r^{d+1}\left(e^{(p-ds-s)q} - e^{(ds+s-p)q}\right) - (1+r^2)r^{d+2}\left(e^{(p-ds)q} - e^{(ds-p)q}\right)}{1-(e^{qs}+e^{-qs})\,r+r^2}, .(1$$

[dans (1324), (1325) $p = ds + p',\; p' \leqq s$], $\int_0^\infty \frac{1-r^2}{1-2r\,Cos.\,sx+r^2}\,\frac{x\,Sin.\,px\,dx}{q^2+x^2} =$

$$= \frac{\pi}{2}\,\frac{(1-r^2)\,e^{-pq} - r^{d+1}\left(e^{(p-ds-s)q} + e^{(ds+s-p)q}\right) + r^{d+2}\left(e^{(p-ds)q} + e^{(ds-p)q}\right)}{1-(e^{qs}+e^{-qs})\,r+r^2}, \;.........\; (1$$

$$= \frac{\pi}{2}\,\frac{(1-r^2)\,(e^{-pq}-r^d)}{1-(e^{qs}+e^{-qs})\,r+r^2}, \;..\; (1327), \qquad \int_0^\infty \frac{(1-r^2)\,r\,Cos.\,sx}{1-2r\,Cos.\,sx+r^2}\,\frac{x\,Sin.\,px\,dx}{q^2+x^2} =$$

$$= \frac{\pi}{4}\,\frac{2(1-r^2)re^{-pq}(e^{qs}+e^{-qs}) - (1+r^2)r^{d+1}\left(e^{(p-ds-s)q} + e^{(ds+s-p)q}\right) + (1+r^2)r^{d+2}\left(e^{(p-ds)q} + e^{(ds-p)q}\right)}{1-(e^{qs}+e^{-qs})\,r+r^2}, .(13$$

$$= \frac{\pi}{4}\,\frac{r(1-r^2)\left\{2e^{-pq}(e^{qs}+e^{-qs}) - (1+r^2)\,r^{d-1}\right\}}{1-(e^{qs}+e^{-qs})\,r+r^2}, \;.....................\; (1329)$$

[dans (1326), (1328) on a $p = ds + p',\; p' < s$, et dans (1327), (1328) $p = ds,\; p' = 0$].

De même pour la supposition $\varphi_6(x) = \frac{r\,Sin.\,sx}{1-2r\,Cos.\,sx+r^2}$, (d'après C. P. 98) les théorèmes II, (183), (189), (201) et (202) nous fournissent: $\int_0^\infty \frac{r\,Sin.\,sx}{1-2r\,Cos.\,sx+r^2}\,\frac{x\,dx}{q^2+x^2} = \frac{\pi}{2}\sum_1^\infty r^n e^{-nqs} =$

$$=\frac{\pi}{2}\frac{r\,e^{-qs}}{1-r\,e^{-qs}},\ (\text{T. } 221,\ \text{N}^\circ.\ 9),\ [252],\qquad \int_0^\infty \frac{r\,Sin.\,sx}{1-2r\,Cos.\,sx+r^2}\,\frac{Sin.\,px\,dx}{q^2+x^2}=$$

$$=\frac{\pi}{4q}\frac{(e^{qs}-e^{-qs})re^{-pq}+r^{d+1}(e^{(p-ds-s)q}-e^{(ds+s-p)q})-r^{d+2}(e^{(p-ds)q}-e^{(ds-p)q})}{1-(e^{qs}+e^{-qs})r+r^2},[p=ds+p',p'<s],\ (1330)$$

$$\int_0^\infty \frac{r\,Sin.\,sx}{1-2r\,Cos.\,sx+r^2}\,\frac{x\,Cos.\,px\,dx}{q^2+x^2}=$$

$$=\frac{\pi}{4}\frac{(e^{-qs}-e^{qs})re^{-pq}+r^{d+1}(e^{(p-ds-s)q}+e^{(ds+s-p)q})-r^{d+2}(e^{(p-ds)q}+e^{(ds-p)q})}{1-(e^{qs}+e^{-qs})r+r^2},[p=ds+p',p'<s].\ (1331)$$

$$=\frac{\pi}{4}\frac{(e^{-qs}-e^{qs})\,r\,e^{-pq}+(1-r^2)\,r^d}{1-(e^{qs}+e^{-qs})\,r+r^2},\ [p=ds,\ p'=0.]\ \ldots\ldots\ (1332)$$

On y a partout $r^2<1$.

9. Lorsqu'on veut employer dans le même groupe les développements C. P. 93 et 94 (où l'on change p en $2\,sx$), il faut prendre dans les théorèmes $2s$ au lieu de s, et observer de plus qu'ici p peut surpasser de nouveau cs. Ainsi les théorèmes II, (182), (190) et (191), (193) à (196) deviennent pour la supposition $\varphi_5(x)=(Cos.\,sx)^a\,Cos.\,asx$, respectivement:

$$\int_0^\infty \frac{Cos.^a\,sx.\,Cos.\,asx\,dx}{q^2+x^2}=2^{-a}\frac{\pi}{2q}\sum_0^a\binom{a}{n}e^{-2nqs}=\frac{\pi}{q}2^{-a-1}(1+e^{-2qs})^a,\ \ldots\ldots\ (1333)$$

$$\int_0^\infty \frac{Cos.^a\,sx.\,Cos.\,asx.\,Cos.\,px\,dx}{q^2+x^2}=2^{-a-2}\frac{\pi}{q}e^{-pq}(1+e^{2aqs})(1+e^{-2qs})^a,\ [p\geqq 2as]\ \ldots\ (1334)$$

$$=2^{-a-2}\frac{\pi}{q}\left[(e^{pq}+e^{-pq})(1+e^{-2qs})^a-e^{pq}\sum_0^d\binom{a}{n}e^{-2nqs}+e^{-pq}\sum_0^d\binom{a}{n}e^{2nqs}\right],$$

$$[p=2\,ds+p',\ p'<2s,\ d<a],\ \ldots\ldots\ldots\ (1335)$$

$$\int_0^\infty \frac{x\,Cos.^a\,sx.\,Cos.\,asx.\,Sin.\,px\,dx}{q^2+x^2}=2^{-a-2}\pi\,e^{-pq}(1+e^{2aqs})(1+e^{-2qs})^a,\ [p>2as],\ \ldots\ (1336)$$

$$=2^{-a-2}\pi\left[(1+e^{-2aqs})(1+e^{-2qs})^a-1\right],\ [p=2as]\ \ldots\ (1337)$$

$$=2^{-a-2}\pi\left[(e^{-pq}-e^{pq})(1+e^{-2qs})^a+e^{pq}\sum_0^d\binom{a}{n}e^{-2nqs}+e^{-pq}\sum_0^d\binom{a}{n}e^{2nqs}\right],$$

$$[p=2\,ds+p',\ p'<2s,\ d<a]\ \ldots\ldots\ldots\ (1338)$$

$$=2^{-a-2}\pi\left[(e^{-pq}-pq)(1+e^{-2qs})^a+e^{pq}\sum_0^{d-1}\binom{a}{n}e^{-2nqs}+e^{-pq}\sum_0^d\binom{a}{n}e^{2nqs}\right],[p=2ds,d<a].\ (1339)$$

Les théorèmes II, (183), (188) et (189), (199) à (202) donnent encore pour le développement de $\varphi_6(x)=(Cos.\,sx)^a.\,Sin.\,asx$:

---

[252] Déjà déduite Méth. 22, N°. 5.

Page 495.

$$\int_0^\infty \frac{x\, Cos.^a sx.\, Sin.\, asx\, dx}{q^2+x^2} = 2^{-a-1}\pi\left\{(1+e^{-2qs})^a - 1\right\}, \quad \ldots\ldots\ldots (1340)$$

$$\int_0^\infty \frac{x Cos.^a sx.\, Sin.asx.Sin.px\, dx}{q^2+x^2} = 2^{-a-2}\frac{\pi}{q}e^{-pq}(e^{2aqs}-1)(1+e^{-2qs})^a,\ \left[p \geqq 2as\right], . (1341)$$

$$= 2^{-a-2}\frac{\pi}{q}\left[(e^{pq}-e^{-pq})(1+e^{-2qs})^a - e^{pq}\sum_0^d \binom{a}{n} e^{-2nqs} + e^{-pq}\sum_0^d \binom{a}{n} e^{2nqs}\right],$$

$$\left[p = 2ds + p',\ d < a,\ 0 < p' < 2s\right], \ldots\ldots\ldots (1342)$$

$$\int_0^\infty \frac{x Cos.^a sx.\, Sin.asx.\, Cos.px\, dx}{q^2+x^2} = 2^{-a-2}\pi e^{-pq}(1-e^{2aqs})(1+e^{-2qs})^a, \left[p > 2as\right].. (1343)$$

$$= 2^{-a-2}\pi\left[(e^{-2aqs}-1)(1+e^{-2qs})^a + 1\right],\ \left[p = 2as\right], \ldots\ldots\ldots (1344)$$

$$= 2^{-a-2}\pi\left[(e^{pq}+e^{-pq})(1+e^{-2qs})^a - e^{pq}\sum_0^d \binom{a}{n} e^{-2nqs} - e^{-pq}\sum_0^d \binom{a}{n} e^{2nqs}\right],$$

$$\left[p = 2ds + p',\ p' < 2s,\ d < a\right], \ldots\ldots\ldots (1345)$$

$$= 2^{-a-2}\pi\left[(e^{pq}+e^{-pq})(1+e^{-2qs})^a - e^{pq}\sum_0^{d-1}\binom{a}{n}e^{-2nqs} - e^{-pq}\sum_0^d \binom{a}{n} e^{2nqs}\right], \left[p=2ds,\ d<a\right]. (1346)$$

La combinaison par voie d'addition et de soustraction des intégrales (1334) et (1341), (1335) et (1342) donne: $\int_0^\infty \frac{Cos.^a sx.\, Cos.\left\{(as+p)\,x\right\} dx}{q^2+x^2} = 2^{-a-1}\frac{\pi}{q}e^{-pq}(1+e^{-2qs})^a, \left[p \geqq 2as,\right.$ $\left.p = 2ds+p',\ 0 \leqq p' < 2s, d < a\right] \int_0^\infty \frac{Cos.^a sx.\, Cos.\left\{(as-p)\,x\right\} dx}{q^2+x^2} = 2^{-a-1}\frac{\pi}{q}e^{(2as-p)q}(1+e^{-2qs})^a,$ $\left[p \geqq 2as\right] = 2^{-a-2}\frac{\pi}{q}\left[e^{pq}(1+e^{-2qs})^a - e^{pq}\sum_0^d \binom{a}{n} e^{-2nqs} + e^{-pq}\sum_0^d \binom{a}{n} e^{2nqs}\right], \left[p = 2ds+p',\ 0 \leqq p' < 2s,\right.$ $\left.d < a\right]$, d'où en général pour $as \pm p = r$:

$$\int_0^\infty \frac{Cos.^a sx.\, Cos.\, rx\, dx}{q^2+x^2} = 2^{-a-1}\frac{\pi}{q}e^{-rq}(e^{qs}+e^{-qs})^a,\ \left[r > as\right], \ldots\ldots\ldots (1347)$$

$$= 2^{-a-1}\frac{\pi}{q}\left[e^{-rq}(e^{qs}+e^{-qs})^a - e^{(as-r)q}\sum_0^d \binom{a}{n} e^{-2nqs} + e^{(r-as)q}\sum_0^d \binom{a}{n} e^{2nqs}\right],\ \left[r < as\right], . (1348)$$

où d est le plus grand nombre entier contenu dans $\frac{as-r}{2s}$.

La même combinaison des intégrales (1336) à (1339) et (1343) à (1346) respectivement fournit:

$$\int_0^\infty \frac{x\, Cos.^a sx.\, Sin.\left\{(as+p)x\right\} dx}{q^2+x^2} = 2^{-a-1}\pi e^{-pq}(1+e^{-2qs})^a,\ \left[p \geqq 2as,\ p = 2ds+p', 0 \leqq p' < 2s\right],$$

$$\int_0^\infty \frac{x\,Cos.^a sx.\,Sin.\,\{(as-p)\,x\}\,dx}{q^2+x^2} = -\,2^{-a-1}\,\pi e^{-pq}\,(1+e^{2qs})^a,\ [p>2as,]$$

$$= 2^{-a-1}\,\pi\left[e^{pq}(1+e^{-2qs})^a - e^{pq}\sum_0^d \binom{a}{n} e^{-2nqs} - e^{-pq}\sum_0^d \binom{a}{n} e^{2nqs}\right],\ [p=2ds+p',\,p'<2s,\,d<a],$$

$$= 2^{-a-1}\,\pi\left[e^{pq}(1+e^{-2qs})^a - e^{pq}\sum_0^{d-1} \binom{a}{n} e^{-2nqs} - e^{-pq}\sum_0^d \binom{a}{n} e^{2nqs}\right],\ [p=2ds,\ d<a],$$ d'où en

général pour $as \pm p = r$:

$$\int_0^\infty \frac{x\,Cos.^a sx.\,Sin.\,rx\,dx}{q^2+x^2} = 2^{-a-1}\,\pi\,e^{-rq}\,(e^{qs}+e^{-qs})^a,\ [r>as], \quad \ldots\ldots (1349)$$

$$= 2^{-a-1}\pi\left[e^{-rq}(e^{qs}+e^{-qs})^a - e^{(as-r)q}\sum_0^d \binom{a}{n} e^{-2nqs} - e^{(r-as)q}\sum_0^d \binom{a}{n} e^{2nqs}\right],\ \left[\frac{r}{s}<a,\text{fractionnaire}\right], (1350)$$

$$= 2^{-a-1}\,\pi\left[e^{-rq}(e^{qs}+e^{-qs})^a - e^{(as-r)q}\sum_0^{d-1} \binom{a}{n} e^{-2nqs} - e^{(r-as)q}\sum_0^d \binom{a}{n} e^{2nqs}\right],\ \left[\frac{r}{s}<a,\text{entier}\right]. \quad (1351)$$

où d est le plus grand nombre entier dans $\frac{as-r}{2s}$. [253].

10. Le développement C. P. 103, pour $\varphi_5(x) = e^{r\,Cos.sx}\,Cos.\,(r\,Sin.\,sx)$ exige de nouveau que p reste toujours plus petit que c (qui y est infini); donc on n'a qu'à employer les formules II, (182), (191), (195) et (196), pour acquérir les intégrales:

$$\int_0^\infty e^{r\,Cos.sx}\,Cos.\,(r\,Sin.\,sx)\,\frac{dx}{q^2+x^2} = \frac{\pi}{2q}\sum_0^\infty \frac{r^n}{1^{n,1}}\,e^{-nqs} = \frac{\pi}{2q}\,e^{re^{-qs}},\ (\text{T. } 395,\ \text{N}^\circ.\ 2),$$

$$\int_0^\infty e^{r\,Cos.sx}Cos.\,(r\,Sin.sx)\,\frac{Cos\,px\,dx}{q^2+x^2} = \frac{\pi}{4q}(e^{pq}+e^{-pq})e^{re^{-qs}} - \frac{\pi}{4q}e^{pq}\sum_0^d \frac{r^n}{1^{n/1}}e^{-nqs} + \frac{\pi}{4q}e^{-pq}\sum_0^d \frac{r^n}{1^{n/1}}e^{nqs}, \quad (1352)$$

$$\int_0^\infty e^{r\,Cos.sx}\,Cos.\,(r\,Sin.\,sx)\,\frac{x\,Sin.\,px\,dx}{q^2+x^2} = \frac{\pi}{4}(e^{-pq}-e^{pq})\,e^{re^{-qs}} + \frac{\pi}{4}e^{pq}\sum_0^d \frac{r^n}{1^{n/1}}e^{-nqs} +$$

$$+ \frac{\pi}{4}e^{-pq}\sum_0^d \frac{r^n}{1^{n/1}}e^{nqs},\ \left[\frac{p}{s}\ \text{fractionnaire}\right], \quad \ldots\ldots (1353)$$

$$= \frac{\pi}{4}(e^{-pq}-e^{pq})\,e^{re^{-qs}} + \frac{\pi}{4}e^{pq}\sum_0^{d-1} \frac{r^n}{1^{n/1}}e^{-nqs} + \frac{\pi}{4}e^{-pq}\sum_0^d \frac{r^n}{1^{n/1}}e^{nqs},\ \left[\frac{p}{s}\ \text{entier}\right]. \quad (1354)$$

De même les théorèmes II, (183), (189), (201) et (202), sont les seuls auxquels on puisse appliquer la substitution $\varphi_6(x) = e^{r\,Cos.sx}\,Sin.\,(r\,Sin.\,sx)$ suivant C. P. 104, ce qui donnera:

---

[253] Dans un Mémoire, admis dans les Verhandel. der Kon. Akad. van Wetensch. te Amsterdam, Deel 5, j'ai déduit a l'aide de ces intégrales quelques théorèmes analogues à ceux qui les ont engendrées.

$$\int_0^\infty e^{r\,Cos.sx}\,Sin.(r\,Sin.\,sx)\frac{xdx}{q^2+x^2}=\frac{\pi}{2}\sum_1^\infty\frac{r^n}{1^{n/1}}e^{-nqs}=\frac{\pi}{2}\left(e^{re^{-qs}}-1\right),\ (\text{T. 395, N°. 1}),$$

$$\int_0^\infty e^{r\,Cos.sx}\,Sin\,(r\,Sin.sx)\frac{Sin.px\,dx}{q^2+x^2}=\frac{\pi}{4q}(e^{pq}-e^{-pq})e^{re^{-qs}}-\frac{\pi}{4q}e^{pq}\sum_0^d\frac{r^n}{1^{n/1}}e^{-nqs}+\frac{\pi}{4q}e^{-pq}\sum_0^d\frac{r^n}{1^{n/1}}e^{nqs},\ .\ (1355)$$

$$\int_0^\infty e^{r\,Cos.sx}\,Sin.(r\,Sin.\,sx)\frac{x\,Cos.\,px\,dx}{q^2+x^2}=\frac{\pi}{4}(e^{pq}+e^{-pq})\,e^{re^{-qs}}-\frac{\pi}{4}e^{pq}\sum_0^d\frac{r^n}{1^{n/1}}e^{-nqs}-$$

$$-\frac{\pi}{4}e^{-pq}\sum_0^d\frac{r^n}{1^{n/1}}e^{nqs},\ \left[\frac{p}{s}\text{ fractionnaire}\right],\ \ldots\ldots\ldots\ (1356)$$

$$=\frac{\pi}{4}(e^{pq}+e^{-pq})\,e^{re^{-qs}}-\frac{\pi}{4}e^{pq}\sum_0^{d-1}\frac{r^n}{1^{n/1}}e^{-nqs}-\frac{\pi}{4}e^{-pq}\sum_0^d\frac{r^n}{1^{n/1}}e^{nqs},\ \left[\frac{p}{s}\text{ entier}\right].\ .\ (1357)$$

Partout ici d est le plus grand nombre entier qui se trouve dans $\frac{p}{s}$.

La différence de (1352) et (1355), comme la somme de (1353) et de (1356), de (1354) et de (1357) nous fournit encore:

$$\int_0^\infty e^{r\,Cos.sx}\,Cos.\,(px+r\,Sin.\,sx)\frac{q\,dx}{q^2+x^2}=\frac{\pi}{2}e^{-pq+re^{-qs}},\ \ldots\ldots\ldots\ (1358)$$

$$\int_0^\infty e^{r\,Cos.sx}\,Sin.\,(px+r\,Sin.\,sx)\frac{xdx}{q^2+x^2}=\frac{\pi}{2}e^{-pq+re^{-qs}}.\ \ldots\ldots\ldots\ (1359)$$

11. Pour $\varphi_5(x)=\frac{1}{2}l(1+2r\,Cos.\,sx+r^2)$ on a le développement (C. P. 109); il s'ensuit que p ne peut jamais surpasser n et que l'on obtient par les théorèmes II, (182), (191), (195) et (196):

$$\int_0^\infty l(1+2r\,Cos.\,sx+r^2)\frac{dx}{q^2+x^2}=-\frac{\pi}{q}\sum_1^\infty\frac{(-r)^n}{n}e^{-nqs}=\frac{\pi}{q}l(1+re^{-qs}),\ (\text{T. 416, N°. 9}),\ [254],$$

$$\int_0^\infty l(1+2r\,Cos.\,sx+r^2)\frac{Cos.\,px\,dx}{q^2+x^2}=\frac{\pi}{2q}(e^{pq}+e^{-pq})\,l(1+re^{-qs})+\frac{\pi}{2q}e^{pq}\sum_1^d\frac{(-r)^n}{n}e^{-nqs}-$$

$$-\frac{\pi}{2q}e^{-pq}\sum_1^d\frac{(-r)^n}{n}e^{nqs},\ \ldots\ldots\ldots\ldots\ldots\ldots\ (1360)$$

$$\int_0^\infty l(1+2r\,Cos.\,sx+r^2)\frac{xSin.px\,dx}{q^2+x^2}=\frac{\pi}{2}(e^{-pq}-e^{pq})\,l(1+re^{-qs})-\frac{\pi}{2}e^{pq}\sum_1^d\frac{(-r)^n}{n}e^{-nqs}-$$

$$-\frac{\pi}{2}e^{-pq}\sum_1^d\frac{(-r)^n}{n}e^{nqs},\ \left[\frac{p}{s}\text{ fractionnaire}\right],\ \ldots\ldots\ (1361)$$

---

[254] Déduite d'un autre manière Méth. 34, N°. 7, Méth. 41, N°. 13.
Page 498.

$$= \frac{\pi}{2}(e^{-pq} - e^{pq})\, l\,(1 + r e^{-qs}) - \frac{\pi}{2} e^{pq} \sum_{1}^{d-1} \frac{(-r)^n}{n} e^{-nqs} - \frac{\pi}{2} e^{-pq} \sum_{1}^{d} \frac{(-r)^n}{n} e^{nqs}, \left[\frac{p}{s} \text{ entier}\right], \quad (1362)$$

où d est le plus grand nombre entier contenu dans $\frac{p}{s}$.

Pour $\varphi_6(x) = -\, Arctg. \left(\frac{r\, Sin.\, sx}{1 + r\, Cos.\, sx}\right)$ on a de même le développement analogue C. P. 112, et les théorèmes II, (183), (189), (201) et (202) deviennent par la substitution de cette fonction :

$$\int_0^\infty Arctg. \left(\frac{r\, Sin.\, sx}{1 + r\, Cos.\, sx}\right) \frac{x\, dx}{q^2 + x^2} = -\frac{\pi}{2} \sum_{1}^{\infty} \frac{(-r)^n}{n} e^{-nqs} = \frac{\pi}{2} l\,(1 + r e^{-qs}), \text{ (T. 431, N°. 11), (corr).}$$

$$\int_0^\infty Arctg. \left(\frac{r\, Sin.\, sx}{1 + r\, Cos.\, sx}\right) \frac{Sin.\, px\, dx}{q^2 + x^2} = \frac{\pi}{4q}(e^{pq} - e^{-pq})\, l\,(1 + r e^{-qs}) - \frac{\pi}{4q} e^{pq} \sum_{1}^{d} \frac{(-r)^n}{n} e^{-nqs} +$$

$$+ \frac{\pi}{4q} e^{-pq} \sum_{1}^{d} \frac{(-r)^n}{n} e^{nqs}, \quad \ldots \ldots \ldots \quad (1363)$$

$$\int_0^\infty Arctg. \left(\frac{r\, Sin.\, sx}{1 + r\, Cos.\, sx}\right) \frac{x\, Cos.\, px\, dx}{q^2 + x^2} = \frac{\pi}{4}(e^{pq} + e^{-pq})\, l\,(1 + r e^{-qs}) - \frac{\pi}{4} e^{pq} \sum_{1}^{d} \frac{(-r)^n}{n} e^{-nqs} -$$

$$- \frac{\pi}{4} e^{-pq} \sum_{1}^{d} \frac{(-r)^n}{n} e^{nqs}, \left[\frac{p}{s} \text{ fractionnaire}\right], \ldots \ldots \quad (1364)$$

$$= \frac{\pi}{4}(e^{pq} + e^{-pq})\, l\,(1 + r e^{-qs}) - \frac{\pi}{4} e^{pq} \sum_{1}^{d-1} \frac{(-r)^n}{n} e^{-nqs} - \frac{\pi}{4} e^{-pq} \sum_{1}^{d} \frac{(-r)^n}{n} e^{nqs}, \left[\frac{p}{s} \text{ entier}\right]. \quad (1365)$$

Dans ces intégrales d est le plus grand nombre entier dans $\frac{p}{s}$, et $r^2 \leqq 1$, d'après la condition des développements.

12. Comme les développements C. P. 105 et 107 sont de la forme $\varphi_5(x)$, on peut en faire usage pour les applications suivantes des théorèmes II, (182), (191), (195) et (196) (puisque ici de nouveau p ne peut être $\geqq cs$). Alors on aura :

$$\int_0^\infty \frac{e^{r Sin. sx} + e^{-r Sin. sx}}{q^2 + x^2} Cos.\, (r\, Cos.\, sx)\, dx = \frac{\pi}{q} \sum_{0}^{\infty} \frac{r^{2n}}{1^{2n|1}} (-1)^n e^{-2nqs} = \frac{\pi}{q} Cos.\, (r e^{-qs}),$$

$$\int_0^\infty \frac{e^{r Sin. sx} + e^{-r Sin. sx}}{q^2 + x^2} Sin.\, (r\, Cos.\, sx)\, dx = \frac{\pi}{q} Sin.\, (r e^{-qs}); \text{ (T. 395, N°. 7 et 5);}$$

$$\int_0^\infty \frac{e^{r Sin. sx} + e^{-r Sin. sx}}{q^2 + x^2} Cos.\, (r\, Cos.\, sx).\, Cos.\, px\, dx = \frac{\pi}{2q}(e^{pq} + e^{-pq})\, Cos.\, (r e^{-qs}) -$$

$$- \frac{\pi}{2q} e^{pq} \sum_{0}^{d} \frac{r^{2n}}{1^{2n|1}} (-1)^n e^{-2nqs} + \frac{\pi}{2q} e^{-pq} \sum_{0}^{d} \frac{r^{2n}}{1^{2n|1}} (-1)^n e^{2nqs}, \quad \ldots \quad (1366)$$

Page 499.

$$\int_0^\infty \frac{e^{r Sin.sx} + e^{-r Sin.sx}}{q^2 + x^2} Sin.(r\, Cos.\, sx).\, Cos.\, px\, dx = \frac{\pi}{2q}(e^{pq} + e^{-pq})\, Sin.(r\, e^{-qs}) -$$

$$- \frac{\pi}{2q} e^{pq} \sum_0^d \frac{r^{2n+1}}{1^{2n+1/1}} (-1)^n e^{-(2n+1)qs} + \frac{\pi}{2q} e^{-pq} \sum_0^d \frac{r^{2n+1}}{1^{2n+1/1}} (-1)^n e^{(2n+1)qs}, \ldots (1367)$$

$$\int_0^\infty \frac{e^{r Sin.sx} + e^{-r Sin.sx}}{q^2 + x^2} x\, Cos.(r\, Cos.\, sx).\, Sin.\, px\, dx = \frac{\pi}{2}(e^{-pq} - e^{pq})\, Cos.(r\, e^{-qs}) +$$

$$+ \frac{\pi}{2} e^{pq} \sum_0^d \frac{r^{2n}}{1^{2n/1}} (-1)^n e^{-2nqs} + \frac{\pi}{2} e^{-pq} \sum_0^d \frac{r^{2n}}{1^{2n/1}} (-1)^n e^{2nqs}, \ldots . (1368)$$

$$= \frac{\pi}{2}(e^{-pq} - e^{pq})\, Cos.(r\, e^{-qs}) + \frac{\pi}{2} e^{pq} \sum_0^{d-1} \frac{r^{2n}}{1^{2n/1}} (-1)^n e^{-2nqs} + \frac{\pi}{2} e^{-pq} \sum_0^d \frac{r^{2n}}{1^{2n/1}} (-1)^n e^{2nqs}, \;. (1369)$$

$$\int_0^\infty \frac{e^{r Sin.sx} + e^{-r Sin.sx}}{q^2 + x^2} x\, Sin.(r\, Cos.\, sx).\, Sin.\, px\, dx = \frac{\pi}{2}(e^{-pq} - e^{pq})\, Sin.(r\, e^{-qs}) +$$

$$+ \frac{\pi}{2} e^{pq} \sum_0^d \frac{r^{2n+1}}{1^{2n+1/1}} (-1)^n e^{-(2n+1)qs} + \frac{\pi}{2} e^{-pq} \sum_0^d \frac{r^{2n+1}}{1^{2n+1/1}} (-1)^n e^{(2n+1)qs}, . (1370)$$

$$= \frac{\pi}{2}(e^{-pq} - e^{pq}) Sin.(re^{-qs}) + \frac{\pi}{2} e^{pq} \sum_0^{d-1} \frac{r^{2n+1}}{1^{2n+1/1}} (-1)^n e^{-(2n+1)qs} + \frac{\pi}{2} e^{-pq} \sum_0^d \frac{r^{2n+1}}{1^{2n+1/1}} (-1)^n e^{(2n+1)qs} . (1371)$$

Dans les intégrales (1366) et (1368) on a $p = 2\, ds + p', 0 \leq p' < 2s$, dans (1367) et (1370), $p = (2d + 1)s + p'$, $p' < 2s$, dans (1369), $p = 2ds$ et dans (1371) $p = (2d + 1)s$.

De même les développements C. P. 106, 108 ont la forme $\varphi_6(x)$, de sorte que par leur substitution les formules II, (183), (189), (201) et (202) deviennent:

$$\int_0^\infty \frac{e^{r Sin.sx} - e^{-r Sin.sx}}{q^2 + x^2} x\, Cos.(r\, Cos.\, sx)\, dx = \pi \sum_1^\infty \frac{r^{2n+1}}{1^{2n+1/1}} (-1)^n e^{-(2n+1)qs} = \pi \left\{ Sin.(r\, e^{-qs}) - r\, e^{qs} \right\},$$

$$\int_0^\infty \frac{e^{r Sin.sx} - e^{-r Sin.sx}}{q^2 + x^2} x\, Sin.(r\, Cos.\, sx)\, dx = \pi \left\{ 1 - Cos.(r\, e^{-qs}) \right\},$$ (T. 395, N°. 6 et 4);

$$\int_0^\infty \frac{e^{r Sin.sx} - e^{-r Sin.sx}}{q^2 + x^2} Cos.(r\, Cos.\, sx).\, Sin.\, px\, dx = \frac{\pi}{2q}(e^{pq} - e^{-pq})\, Sin.(r\, e^{-qs}) -$$

$$- \frac{\pi}{2q} e^{pq} \sum_0^d \frac{r^{2n+1}}{1^{2n+1/1}} (-1)^n e^{-(2n+1)qs} + \frac{\pi}{2q} e^{-pq} \sum_0^d \frac{r^{2n+1}}{1^{2n+1/1}} (-1)^n e^{(2n+1)qs}, \left[p = (2d+1)s + p', p' < 2s\right]. (1372)$$

$$\int_0^\infty \frac{e^{r Sin.sx} - e^{-r Sin.sx}}{q^2 + x^2} Sin.(r Sin.sx).\, Sin.\, px dx = \frac{\pi}{2q}(e^{-pq} - e^{pq})\, Cos.(re^{-qs}) + \frac{\pi}{2q} e^{pq} \sum_0^d \frac{r^{2n}}{1^{2n/1}} (-1)^n e^{-2nqs} -$$

$$- \frac{\pi}{2q} e^{-pq} \sum_0^d \frac{r^{2n}}{1^{2n/1}} (-1)^n e^{2nqs}, \left[p = 2ds + p', p' < 2s,\right] \ldots . (1373)$$

Page 500.

$$\int_0^\infty \frac{e^{r\,Sin.sx} - e^{-r\,Sin.sx}}{q^2+x^2}\, x\, Cos.(r\, Cos.\, sx).\, Cos.\, px\, dx = \frac{\pi}{2}(e^{pq}+e^{-pq})\, Sin.(r\, e^{-qs}) -$$

$$-\frac{\pi}{2}e^{pq}\sum_0^d \frac{r^{2n+1}}{1^{2n+1/1}}(-1)^n e^{-(2n+1)qs} - \frac{\pi}{2}e^{-pq}\sum_0^d \frac{r^{2n+1}}{1^{2n+1/1}}(-1)^n e^{(2n+1)qs}, \left[p=(2d+1)s+p', p'<2s\right]. (1374)$$

$$= \frac{\pi}{2}(e^{pq}+e^{-pq})\, Sin.(r\, e^{-qs}) - \frac{\pi}{2}e^{pq}\sum_0^{d-1}\frac{r^{2n+1}}{1^{2n+1/1}}(-1)^n e^{-(2n+1)qs} -$$

$$-\frac{\pi}{2}e^{-pq}\sum_0^d \frac{r^{2n+1}}{1^{2n+1/1}}(-1)^n e^{(2n+1)qs}, \left[p=(2d+1)s\right], \ldots (1375)$$

$$\int_0^\infty \frac{e^{r\,Sin.sx} - e^{-r\,Sin.sx}}{q^2+x^2}\, x\, Sin.(r\, Cos.\, sx).\, Cos.\, px\, dx = -\frac{\pi}{2}(e^{pq}+e^{-pq})\, Cos.(r\, e^{-qs}) +$$

$$+\frac{\pi}{2}e^{pq}\sum_0^d \frac{r^{2n}}{1^{2n/1}}(-1)^n e^{-2nqs} + \frac{\pi}{2}e^{-pq}\sum_0^d \frac{r^{2n}}{1^{2n/1}}(-1)^n e^{2nqs}, \left[p=2ds+p', p'<2s\right], (1376)$$

$$=-\frac{\pi}{2}(e^{pq}+e^{-pq})Cos.(re^{-qs})+\frac{\pi}{2}e^{pq}\sum_0^{d-1}\frac{r^{2n}}{1^{2n/1}}(-1)^n e^{-2nqs}+\frac{\pi}{2}e^{-pq}\sum_0^d\frac{r^{2n}}{1^{2n/1}}(-1)^n e^{2nqs}, \left[p=2ds\right]. (1377)$$

13. Employons enfin les développements C. P. 115 et 116, qui correspondent à la forme $\varphi_5(x)$ et $\varphi_6(x)$ et où l'on a $r^2<1$, et toujours $p<c$. Par la première formule les théorèmes II, (182), (191), (195) et (196) fournissent:

$$\int_0^\infty (1+2r\, Cos.sx+r^2)^{\frac{1}{2}a}\, Cos.\left\{a\, Arctg.\left(\frac{r\, Sin.\, sx}{1+r\, Cos.\, sx}\right)\right\}\frac{dx}{q^2+x^2} = \frac{\pi}{2q}\sum_0^\infty \binom{a}{n} r^n e^{-nqs} = \frac{\pi}{2q}(1+re^{-qs})^a,$$

(T. 432, N°. 2);

$$\int_0^\infty (1+2r\, Cos.sx+r^2)^{\frac{1}{2}a}\, Cos.\left\{a\, Arctg.\left(\frac{r\, Sin.\, sx}{1+r\, Cos.\, sx}\right)\right\}\frac{Cos.\, px\, dx}{q^2+x^2} = \frac{\pi}{4q}(e^{pq}+e^{-pq})(1+r\,e^{-qs})^a -$$

$$-\frac{\pi}{4q}e^{pq}\sum_0^d\binom{a}{n}r^n e^{-nqs} + \frac{\pi}{4q}e^{-pq}\sum_0^d\binom{a}{n}r^n e^{nqs}, \left[p=ds+p', 0\leqq p'<s\right], (1378)$$

$$\int_0^\infty (1+2r\, Cos.sx+r^2)^{\frac{1}{2}a}\, Cos.\left\{a\, Arctg.\left(\frac{r\, Sin.\, sx}{1+r\, Cos.\, sx}\right)\right\}\frac{x\, Sin.\, px\, dx}{q^2+x^2} = \frac{\pi}{4}(e^{-pq}-e^{pq})(1+r\,e^{-qs})^a +$$

$$+\frac{\pi}{4}e^{pq}\sum_0^d\binom{a}{n}r^n e^{-nqs} + \frac{\pi}{4}e^{-pq}\sum_0^d\binom{a}{n}r^n e^{nqs}, \left[p=ds+p', p'<s\right], \ldots (1379)$$

$$=\frac{\pi}{4}(e^{-pq}-e^{pq})(1+r\,e^{-qs})^a + \frac{\pi}{4}e^{pq}\sum_0^{d-1}\binom{a}{n}r^n e^{-nqs} + \frac{\pi}{4}e^{-pq}\sum_0^d\binom{a}{n}r^n e^{nqs}, \left[p=ds\right]. (1380)$$

Et par la seconde au moyen des théorèmes II, (183), (189), (201) et (202), on trouve encore:

$$\int_0^\infty (1+2r\, Cos.sx+r^2)^{\frac{1}{2}a}\, Sin.\left\{a\, Arctg.\left(\frac{r\, Sin.\, sx}{1+r\, Cos.\, sx}\right)\right\}\frac{x\,dx}{q^2+x^2} = \frac{\pi}{2}\left\{(1+re^{-qs})^a - 1\right\}, \text{(T. 432, N°. 1)};$$

$$\int_0^\infty (1+2r\,Cos.\,sx+r^2)^{\frac{1}{2}a} Sin.\left\{a\,Arctg.\left(\frac{r\,Sin.\,sx}{1+r\,Cos.\,sx}\right)\right\}\frac{Sin.\,px\,dx}{q^2+x^2}=\frac{\pi}{4q}(e^{pq}-e^{-pq})(1+r\,e^{-qs})^a-$$

$$-\frac{\pi}{4q}e^{pq}\sum_0^d\binom{a}{n}r^n e^{-nqs}+\frac{\pi}{4q}e^{-pq}\sum_0^d\binom{a}{n}r^n e^{nqs},\ \left[p=ds+p',\ 0\leqq p'<s\right],\ \ldots (1381)$$

$$\int_0^\infty (1+2r\,Cos.\,sx+r^2)^{\frac{1}{2}a} Sin.\left\{a\,Arctg.\left(\frac{r\,Sin.\,sx}{1+r\,Cos.\,sx}\right)\right\}\frac{x\,Cos.\,px\,dx}{q^2+x^2}=\frac{\pi}{4}(e^{pq}+e^{-pq})(1+r\,e^{-qs})^a-$$

$$-\frac{\pi}{4}e^{pq}\sum_0^d\binom{a}{n}r^n e^{-nqs}-\frac{\pi}{4}e^{-pq}\sum_0^d\binom{a}{n}r^n e^{nqs},\ \left[p=ds+p',\ p'<s\right],\ \ldots\ldots (1382)$$

$$=\frac{\pi}{4}(e^{pq}+e^{-pq})(1+r\,e^{-qs})^a-\frac{\pi}{4}e^{pq}\sum_0^{d-1}\binom{a}{n}r^n e^{-nqs}-\frac{\pi}{4}e^{-pq}\sum_0^d\binom{a}{n}r^n e^{nqs},\ \left[p=ds\right].\ (1383)$$

Le différence des intégrales (1378) et (1381), comme la somme des autres (1379) et (1382), de (1380) et de (1383), nous donnera encore:

$$\int_0^\infty (1+2r\,Cos.\,sx+r^2)^{\frac{1}{2}a} Cos.\left\{px+a\,Arctg.\left(\frac{r\,Sin.\,sx}{1+r\,Cos.\,sx}\right)\right\}\frac{dx}{q^2+x^2}=\frac{\pi}{2q}e^{-pq}(1+r\,e^{-qs})^a,\ .\ (1384)$$

$$\int_0^\infty (1+2r\,Cos.\,sx+r^2)^{\frac{1}{2}a} Sin.\left\{px+a\,Arctg.\left(\frac{r\,Sin.\,sx}{1+r\,Cos.\,sx}\right)\right\}\frac{x\,dx}{q^2+x^2}=\frac{\pi}{2}e^{-pq}(1+r\,e^{-qs})^a.\ .\ (1385)$$

14. Dans les numéros précédents 7 à 13, il y a quelques résultats, qui contiennent encore des séries finies, séries à calculer dans chaque cas spécial; toutes ces séries ont un nombre de termes égal à $d+1$ ou à d, et commencent en général par le zéro: par conséquent, aussitôt que d est zéro, les sommations de 0 à d se composent d'un seul terme pour d zéro, en général très-simple, tandis que encore les sommations de zéro à $d-1$ sont nulles. Or, ce cas se présente toujours lorsqu'on a p plus petit que s dans les N°. 10, 11, 13 et plus petit que rs dans les Numéros 9 et 12, pour des valeurs respectives de p. On obtient donc alors des résultats bien simples.

15. Passons au groupe de théorèmes II, (203) à (219), où l'on rencontre le dénominateur q^2-x^2 au lieu de q^2+x^2 qui se trouvait dans le groupe précédent, et commençons par la substitution des développements C. P. 95 dans les formules II, (203), (208) et (209), (212) à (215); il vient:

$$\int_0^\infty \frac{1-r\,Cos.\,sx-r^a\,Cos.\,asx+r^{a+1}\,Cos.\,\{(a-1)\,sx\}}{1-2r\,Cos.\,sx+r^2}\,\frac{dx}{q^2-x^2}=\frac{\pi}{2q}\sum_0^{a-1}r^n\,Sin.\,nqs=$$

$$=\frac{\pi}{2q}\,\frac{r\,Sin.\,qs-r^a\,Sin.\,aqs+r^{a+1}\,Sin.\,\{(a-1)\,qs\}}{1-2r\,Cos.\,qs+r^2},\ \ldots\ (1386)$$

$$\int_0^\infty \frac{1-r\,Cos.\,sx-r^a\,Cos.\,asx+r^{a+1}\,Cos.\,\{(a-1)\,sx\}}{1-2r\,Cos.\,sx+r^2}\,\frac{Cos.\,px\,dx}{q^2-x^2}=$$

$$=\frac{\pi}{2q}Sin.\,pq\,\frac{1-r\,Cos.\,qs-r^a\,Cos.\,aqs+r^{a+1}\,Cos.\,\{(a-1)\,qs\}}{1-2r\,Cos.\,qs+r^2},\ \left[p\geqq(a-1)\,s\right],.\ (1387)$$

$$=\frac{\pi}{2q}\frac{Sin.pq.(1-r\,Cos.qs)-r^{d+1}Sin.\{(p-ds-s)q\}+r^{d+2}Sin.\{(p-ds)q\}-r^a\,Cos.pq.Sin.aqs+r^{a+1}Cos.pq.Sin.\{(a-1)qs\}}{1-2r\,Cos.qs+r^2},$$

$$[p=ds+p',\ d<(a-1)s,\ 0\leqq p'<s],\ \ldots\ldots\ldots (1388)$$

$$\int_0^\infty \frac{1-r\,Cos.sx-r^a\,Cos.asx+r^{a+1}Cos.\{(a-1)sx\}}{1-2r\,Cos.sx+r^2}\,\frac{x\,Sin\,px\,dx}{q^2-x^2}=$$

$$=-\frac{\pi}{2}Cos.pq\frac{1-r\,Cos.qs-r^a\,Cos.aqs+r^{a+1}Cos.\{(a-1)qs\}}{1-2r\,Cos.qs+r^2},\ [p>(a-1)s],\ \ldots\ldots (1389)$$

$$=\frac{\pi}{4}r^{a-1}-\frac{\pi}{2}Cos.\{(a-1)qs\}\frac{1-r\,Cos.qs-r^a\,Cos.aqs+r^{a+1}Cos.\{(a-1)qs\}}{1-2r\,Cos.qs+r^2},\ [p=(a-1)s],\ldots (1390)$$

$$=\frac{\pi}{2}\frac{Cos.pq.(r\,Cos.qs-1)+r^{d+1}Cos.\{(p-ds-s)q\}-r^{d+2}Cos.\{(p-ds)q\}-r^aSin.pq.Sin.aqs+r^{a+1}Sin.pq.Sin.\{(a-1)qs\}}{1-2r\,Cos.qs+r^2},$$

$$[p=ds+p',\ d<a+1,\ p'<s],\ \ldots\ldots\ldots (1391)$$

$$=\frac{\pi}{4}r^d+\frac{\pi}{2}\frac{Cos.pq\,(r\,Cos.qs-1)+r^{d+1}Cos.qs-r^{d+2}-r^aSin.pq.Sin.aqs+r^{a+1}Sin.pq.Sin.\{(a-1)qs\}}{1-2r\,Cos.qs+r^2},\ \begin{bmatrix}p=ds,\\ d<a-1\end{bmatrix}.\ (1392)$$

Ainsi le développement C. P. 96 donne par les formules II, (204), (210) et (211), et (216) à (219):

$$\int_0^\infty \frac{r\,Sin.sx-r^a\,Sin.asx+r^{a+1}Sin.\{(a-1)sx\}}{1-2r\,Cos.sx+r^2}\,\frac{x\,dx}{q^2-x^2}=-\frac{\pi}{2}\sum_1^{a-1}r^n\,Cos.nqs=$$

$$=\frac{\pi}{2}\left\{1-\frac{1-r\,Cos.qs-r^a\,Cos.aqs+r^{a+1}Cos.\{(a-1)qs\}}{1-2r\,Cos.qs+r^2}\right\},\ \ldots\ldots (1393)$$

$$\int_0^\infty \frac{r\,Sin.sx-r^a\,Sin.asx+r^{a+1}Sin.\{(a-1)sx\}}{1-2r\,Cos.sx+r^2}\,\frac{q\,Sin.px\,dx}{q^2-x^2}=$$

$$=-\frac{\pi}{2}Cos.pq\frac{r\,Sin.qs-r^a\,Sin.aqs+r^{a+1}Sin.\{(a-1)qs\}}{1-2r\,Cos.qs+r^2},\ [p\geqq(a-1)s],\ .\ (1394)$$

$$=\frac{\pi}{2}\frac{-r\,Sin.qs.Cos.pq-r^{d+1}Sin.\{(p-ds-s)q\}+r^{d+2}Sin.\{(p-ds)q\}+r^aSin.pq.Cos.aqs-r^{a+1}Sin.pq.Cos.\{(a-1)qs\}}{1-2r\,Cos.qs+r^2},$$

$$[p=ds+p',\ d<a-1,\ 0\leqq p'<s],\ \ldots\ldots\ldots (1395)$$

$$\int_0^\infty \frac{r\,Sin.sx-r^a\,Sin.asx+r^{a+1}Sin.\{(a-1)sx\}}{1-2r\,Cos.sx+r^2}\,\frac{x\,Cos.px\,dx}{q^2-x^2}=$$

$$=\frac{\pi}{2}Sin.pq\frac{r\,Sin.qs-r^a\,Sin.aqs+r^{a+1}Sin.\{(a-1)qs\}}{1-2r\,Cos.qs+r^2},\ [p>(a-1)s],\ \ldots (1396)$$

$$=-\frac{\pi}{4}r^{a-1}+\frac{\pi}{2}Sin.\{(a-1)qs\}\frac{r\,Sin.qs-r^a\,Sin.aqs+r^{a+1}Sin.\{(a-1)qs\}}{1-2r\,Cos.qs+r^2},\ [p=(a-1)s],\ldots (1397)$$

$$=\frac{\pi}{2}\frac{r Sin.pq.Sin.qs-r^{d+1} Cos.\{(p-ds-s)q\}+r^{d+2} Cos.\{(p-ds)q\}-r^a Cos.aqs+r^{a+1} Cos.\{(a-1)qs\}}{1-2r Cos.qs+r^2},$$

$$[p=ds+p',\ d<a-1,\ p'<s], \dots\dots\dots\dots (1398)$$

$$=-\frac{\pi}{4}r^d+\frac{\pi}{2}\frac{r Sin.pq.Sin.qs-r^{d+1}Cos.qs+r^{d+2}-r^a Cos.aqs+r^{a+1}Cos.\{(a-1)qs\}}{1-2r Cos.qs+r^2},\left[\begin{matrix}p=ds,\\ d<a-1\end{matrix}\right]. (1399)$$

16. Supposons successivement $\varphi_5(x)=\dfrac{1-r^2}{1-2r Cos.sx+r^2}$ et $\varphi_5(x)=\dfrac{(1-r^2)r Cos.sx}{1-2r Cos.sx+r^2}$ pour employer les développements C. P. 101 et 102, de sorte qu'ici p ne saurait jamais devenir $\geqq c$, qui a une valeur infinie; ainsi les théorèmes II, (203), (209), (214) et (215) fournissent:

$$\int_0^\infty \frac{1-r^2}{1-2r Cos.sx+r^2}\frac{qdx}{q^2-x^2}=0+\pi\sum_1^\infty r^n Sin.nqs=\pi\frac{r Sin.qs}{1-2r Cos.qs+r^2}, \dots (1400)$$

$$\int_0^\infty \frac{(1-r^2)r Cos.sx}{1-2r Cos.sx+r^2}\frac{qdx}{q^2-x^2}=\pi\frac{1+r^2}{2}\frac{r Sin.qs}{1-2r Cos.qs+r^2}, \dots\dots\dots\dots (1401)$$

$$\int_0^\infty \frac{1-r^2}{1-2r Cos.sx+r^2}\frac{q Cos.px\,dx}{q^2-x^2}=$$

$$=\frac{\pi}{2}\frac{(1-r^2)Sin.pq+2r^{d+1}Sin.\{(ds+s-p)q\}+2r^{d+2}Sin.\{(p-ds)q\}}{1-2r Cos.qs+r^2}, \dots (1402)$$

$$\int_0^\infty \frac{(1-r^2)r Cos.sx}{1-2r Cos.sx+r^2}\frac{q Cos.px\,dx}{q^2-x^2}=$$

$$=\frac{\pi}{2}\frac{(1-r^2)r Cos.qs.Sin.pq+(1+r^2)r^{d+1}Sin.\{(ds+s-p)q\}+(1+r^2)r^{d+2}Sin.\{(p-ds)q\}}{1-2r Cos.qs+r^2}, . (1403)$$

(dans (1402) et (1403) on a $p=ds+p'$, $0\leqq p'<s$);

$$\int_0^\infty \frac{1-r^2}{1-2r Cos.sx+r^2}\frac{x Sin.px\,dx}{q^2-x^2}=$$

$$=-\frac{\pi}{2}\frac{(1-r^2)Cos.pq-2r^{d+1}Cos.\{(ds+s-p)q\}+2r^{d+2}Cos.\{(p-ds)q\}}{1-2r Cos.qs+r^2},[p=ds+p',p'<s],.(1404)$$

$$=-\frac{\pi}{4}r^d-\frac{\pi}{4}\frac{(1-r^2)(r^d-Cos.pq)}{1-2r Cos.qs+r^2},\ [p=ds], \dots\dots\dots (1405)$$

$$\int_0^\infty \frac{(1-r^2)r Cos.sx}{1-2r Cos.sx+r^2}\frac{x Sin.px\,dx}{q^2-x^2}=$$

$$=-\frac{\pi}{2}\frac{(1-r^2)r Cos.qs.Cos.pq-(1+r^2)r^{d+1}Cos.\{(ds+s-p)q\}+(1+r^2)r^{d+2}Cos.\{(p-ds)q\}}{1-2r Cos.qs+r^2},$$

$$[p=ds+p',\ p'<s], \dots\dots\dots\dots\dots (1406)$$

$$= \frac{\pi}{4}(1-r^2)\,r^d + \frac{\pi}{4}\,\frac{(1-r^2)(r^{d-1} - Cos.\,qs.\,Cos.pq)}{1-2r\,Cos.\,qs + r^2},\ [p = ds] \ldots\ldots\ldots (1407)$$

De même la supposition $\varphi_6(x) = \dfrac{r\,Sin.\,sx}{1-2r\,Cos.\,sx + r^2}$ donnera d'après C. P. 98 et les théorèmes II, (204), (211), (218) et (219):

$$\int_0^\infty \frac{r\,Sin.\,sx}{1-2r\,Cos.\,sx + r^2}\,\frac{x\,dx}{q^2 - x^2} = \frac{\pi}{2}\,\frac{r\,(r - Cos.\,qs)}{1-2r\,Cos.\,qs + r^2}, \ldots\ldots\ldots (1408)$$

$$\int_0^\infty \frac{r\,Sin.\,sx}{1-2r\,Cos.\,sx + r^2}\,\frac{q\,Sin.\,px\,dx}{q^2 - x^2} =$$

$$= \frac{\pi}{2}\,\frac{-r\,Sin.qs.Cos.pq + r^{d+1}\,Sin.\{(ds+s-p)q\} + r^{d+2}\,Sin.\{(p-ds)q\}}{1-2r\,Cos.\,qs + r^2},\ [p = ds+p',\ p' < s], . (1409)$$

$$\int_0^\infty \frac{r\,Sin.\,sx}{1-2r\,Cos.\,sx + r^2}\,\frac{x\,Cos.\,px\,dx}{q^2 - x^2} =$$

$$= \frac{\pi}{2}\,\frac{r\,Sin.pq.Sin.qs + r^{d+1}\,Cos.\{(ds+s-p)q\} - r^{d+2}\,Cos.\{(ds-p)q\}}{1-2r\,Cos.\,qs + r^2},\ [p = ds+p',\ p' < s], . (1410)$$

$$= \frac{\pi}{4}\,\frac{2\,r\,Sin.\,qs.\,Sin.pq - r^d(1-r^2)}{1-2r\,Cos.\,qs + r^2},\ [p = ds] \ldots\ldots\ldots (1411)$$

17. Les développements C. P. 93 et 94, (après que nous y aurons changé p en $2\,sx$) pour $\varphi_5(x) = (Cos.\,sx)^a.\,Cos.\,asx$ et $\varphi_6(x) = (Cos.\,sx)^a.\,Sin.\,asx$ peuvent être substitués avec succès; le premier d'abord dans les formules II, (203), (208) et (209), (212) à (215). Seulement il faut observer que s doit y être remplacé par $2s$, et qu'ici, en raison de la série finie des Cons. Prél, se présente de nouveau le cas que p peut surpasser cs. Dès-lors on obtient:

$$\int_0^\infty Cos.^a\,sx.\,Cos.\,asx\,\frac{q\,dx}{q^2 - x^2} = \frac{\pi}{2}\,2^{-a}\sum_0^a \binom{a}{n} Sin.\,2nqs = \frac{\pi}{2}\,Cos.^a\,qs.\,Sin.\,aqs, \ldots\ldots\ldots (1412)$$

$$\int_0^\infty Cos.^a\,sx.\,Cos.\,asx\,\frac{q\,Cos.\,px\,dx}{q^2 - x^2} = \frac{\pi}{2}\,Sin.\,pq.\,Cos.^a\,qs.\,Cos.\,aqs,\ [p \geq 2as], \ldots\ldots\ldots (1413)$$

$$= \frac{\pi}{2}\,Cos.pq.Cos.^a qs.\,Sin.aqs + \frac{\pi}{2^{a-1}}\sum_0^d \binom{a}{n} Sin.\{(p-2ns)q\},\ [p = 2ds+p',\ d < a,\ 0 \leq p < 2s], . (1414)$$

$$\int_0^\infty Cos.^a\,sx.\,Cos.\,asx\,\frac{x\,Sin.\,px\,dx}{q^2 - x^2} = -\frac{\pi}{2}\,Cos.\,pq.\,Cos.^a\,qs.\,Cos.\,aqs,\ [p > 2as], \ldots\ldots\ldots (1415)$$

$$= \frac{\pi}{2^{2a-2}} - \frac{\pi}{2}\,Cos.\,pq.\,Cos.^a\,qs.\,Cos.\,aqs,\ [p = 2as], \ldots\ldots (1416)$$

$$= \frac{\pi}{2} Sin.pq.\ Cos.^a qs.\ Sin.aqs - \frac{\pi}{2^{a+1}} \sum_0^d \binom{a}{n} Cos.\{(p-2ns)q\},\ [p=2ds+p',\ d<a,\ p'<2s],\ .\ (1417)$$

$$= \frac{\pi}{2} Sin.pq.Cos.^a qs.Sin.\ aqs + \frac{\pi}{2^{a+1}} \binom{a}{d} - \frac{\pi}{2^{a+1}} \sum_0^d \binom{a}{n} Cos.\ \{(d-n)2qs\},\ [p=2ds,\ d<a].\ (1418)$$

Le second peut être employé de même auprès des formules II, (204), (210) et (211), (216) à (219), et il vient:

$$\int_0^\infty Cos.^a sx.Sin\ asx \frac{xdx}{q^2-x^2} = \frac{\pi}{2}\left(\frac{1}{2^a} - Cos.^a qs.Cos.\ aqs\right), \dots\dots\dots (1419)$$

$$\int_0^\infty Cos.^a sx.Sin.\ asx \frac{q\ Sin.\ px\ dx}{q^2-x^2} = \frac{\pi}{2} Cos.pq.Cos.^a qs.Sin.\ aqs,\ [p \geqq 2as],\ \dots (1420)$$

$$= -\frac{\pi}{2} Sin.pq.Cos.^a qs.Cos.aqs - \frac{\pi}{2^{a+1}} \sum_0^d \binom{a}{n} Sin.\ \{(p-2ns)q\},[p=2ds+p',\ d<a,\ 0 \leqq p'<2s],.(1421)$$

$$\int_0^\infty Cos.^a sx.Sin.\ asx \frac{x\ Cos.\ px\ dx}{q^2-x^2} = \frac{\pi}{2} Sin.\ pq.Cos.^a qs.Sin.\ aqs,\ [p>2as],\ \dots\dots (1422)$$

$$= -\frac{\pi}{2^{a+2}} + \frac{\pi}{2} Sin.\ pq.Cos.^a qs.Sin.\ aqs,\ [p=2as],\ \dots (1423)$$

$$= -\frac{\pi}{2} Cos.pq.Cos.^a qs.Cos.aqs + \frac{\pi}{2^{a+1}} \sum_0^d \binom{a}{n} Cos.\{(p-2ns)q\},\ [p=2ds+p',\ d<a,\ p'<2s],.(1424)$$

$$= -\frac{\pi}{2} Cos.\ pq.Cos.^a qs.Cos.aqs - \frac{\pi}{2^{a+1}} \binom{a}{d} + \frac{\pi}{2^{a+1}} \sum_0^d \binom{a}{n} Cos.\{(d-n)\,2qs\},\ [p=2ds,\ d<a].(1425)$$

Lorsqu'on combine les intégrales (1413) et (1420), (1414) et (1421) par voie d'addition et de soustraction, on obtient:

$$\int_0^\infty Cos.^a sx \frac{q\ Cos.\ \{(as-p)x\}\ dx}{q^2-x^2} = \frac{\pi}{2} Cos.^a qs.Sin.\ \{(p-as)q\},\ [p \geqq 2as],$$

$$= -\frac{\pi}{2} Cos.^a qs.Sin.\{(as-p)q\} + \frac{\pi}{2^a} \sum_0^d \binom{a}{n} Sin.\{(p-2ns)q\},\ [p=2ds+p',\ d<a,\ 0 \leqq p'<2s],$$

$$\int_0^\infty Cos.^a sx \frac{q\ Cos.\{(as+p)x\}\ dx}{q^2-x^2} = \frac{\pi}{2} Cos.^a qs.Sin.\{(p+as)q\},[p \geqq 2as,\ \text{et}\ p=2ds+p',0 \leqq p'<2s,d<a];$$

donc en général pour $as \pm p = r$:

$$\int_0^\infty Cos.^a sx.\ Cos.\ rx \frac{qdx}{q^2-x^2} = \frac{\pi}{2} Cos.^a qs\ Sin.\ rq,\ [r>as],\ \dots\dots\dots (1426)$$

$$= -\frac{\pi}{2} Cos.^a qs.Sin.\ rq + \frac{\pi}{2^a} \sum_0^d \binom{a}{n} Sin.\ \{(as-2ns-r)q\},\ [r<as].\ \dots (1427)$$

De même la somme et la différence des intégrales (1415) à (1418), et de (1422) à (1425) donnent encore:

$$\int_0^\infty Cos.^a sx \frac{x Sin. \{(as+p)x\} dx}{q^2-x^2} = -\frac{\pi}{2} Cos.^a qs. Cos. \{(p+as)q\}, [p \geqq 2as \text{ et } p=2ds+p', p=2ds],$$

$$\int_0^\infty Cos.^a sx \frac{x Sin. \{(as-p)x\} dx}{q^2-x^2} = -\frac{\pi}{2} Cos.^a qs. Cos. \{(as-p)q\}, [p>2as],$$

$$= -\frac{\pi}{2} Cos.^a qs. Cos. \{(as-p)q\} - \frac{\pi}{2^{a+1}}, [p=2as], = -\frac{\pi}{2} Cos.^a qs. Cos. \{(as-p)q\} +$$

$$+\frac{\pi}{2^a}\sum_0^d \binom{a}{n} Cos. \{(p-2ns)q\}, [p=2ds+p', d<a, p'<2s],$$

$$= -\frac{\pi}{2} Cos.^a qs. Cos. \{(as-p)q\} - \frac{\pi}{2^{a+1}}\binom{a}{d} + \frac{\pi}{2^a}\sum_0^d \binom{a}{n} Cos. \{(d-n)2qs\}, [p=2ds, d<a];$$

d'où en général:

$$\int_0^\infty Cos.^a sx. Sin. rx \frac{x dx}{q^2-x^2} = -\frac{\pi}{2} Cos.^a qs. Cos. qr, [r>as], \ldots \ldots \quad (1428)$$

$$= -\frac{\pi}{2} Cos.^a qs. Cos. qr + \frac{\pi}{2^{a+1}}, [r=as], \ldots \ldots \quad (1429)$$

$$= -\frac{\pi}{2} Cos.^a qs. Cos. qr + \frac{\pi}{2^a}\sum_0^d \binom{a}{n} Cos. \{as-2ns-r)q\}, \left[\frac{r}{s} \text{ fractionnaire}, <a\right], (1430)$$

$$= -\frac{\pi}{2} Cos.^a qs. Cos. qr - \frac{\pi}{2^{a+1}}\binom{a}{d} + \frac{\pi}{2^a}\sum_0^d \binom{a}{n} Cos. \{(as-2ns-r)q\}, \left[\frac{r}{s} \text{ entier}, <a\right] \ldots (1431)$$

Dans ces dernières intégrales (1427), (1430), (1431) d est le plus grand nombre entier contenu dans $\frac{as-r}{2s}$. Partout on a ici $r^2<1$.

18. Pour $\varphi_5(x) = e^{r Cos. sx} Cos. (r Sin. sx)$ on a, d'après C. P. 103, en premier lieu p toujours plus petit que c, infini; par conséquent les formules II, (203), (209), (214) et (215) deviennent ici:

$$\int_0^\infty e^{r Cos. sx} Cos. (r Sin. sx) \frac{q dx}{q^2-x^2} = \frac{\pi}{2}\sum_0^\infty \frac{r^n}{1^{n/1}} Sin. nqs = \frac{\pi}{2} e^{r Cos. qs} Sin. (r Sin. qs), \ldots \ldots \quad (1432)$$

$$\int_0^\infty e^{r Cos. sx} Cos. (r Sin. sx) \frac{q Cos. px dx}{q^2-x^2} = \frac{\pi}{2} Cos. pq. e^{r Cos. qs} Sin. (r Sin. qs) + \frac{\pi}{2}\sum_0^d \frac{r^n}{1^{n/1}} Sin. \{(p-ns)q\},$$

$$[p=ds+p', 0 \leqq p' < s], \ldots \ldots \quad (1433)$$

$$\int_0^\infty e^{r Cos. sx} Cos. (r Sin. sx) \frac{x Sin. px dx}{q^2-x^2} = \frac{\pi}{2} Sin. pq. e^{r Cos. qs} Sin. (r Sin. qs) - \frac{\pi}{2}\sum_0^d \frac{r^n}{1^{n/1}} Cos. \{(p-ns)q\},$$

$$[p=ds+p', p'<s], \ldots \ldots \quad (1434)$$

$$=\frac{\pi}{2}Sin.pq.e^{r\,Cos.qs}\,Sin.(r\,Sin.qs)+\frac{\pi}{4}\frac{r^d}{1^{d|1}}-\frac{\pi}{2}\sum_0^d\frac{r^n}{1^{n|1}}Cos\,\{(p-ns)q\},\ [p=ds]\ldots\ (1435)$$

Pour $\varphi_6(x)=e^{r\,Cos.sx}\,Sin.(r\,Sin.sx)$, suivant C. P. 104, les théorèmes II, (204), (211), (218) et (219) deviennent:

$$\int_0^\infty e^{r\,Cos.sx}\,Sin.(r\,Sin.sx)\frac{xdx}{q^2-x^2}=\frac{\pi}{2}\{1-e^{r\,Cos.qs}\,Cos.(r\,Sin.qs)\},\ldots\ldots\ (1436)$$

$$\int_0^\infty e^{r\,Cos.sx}\,Sin.(r\,Sin.sx)\frac{q\,Sin.px\,dx}{q^2-x^2}=-\frac{\pi}{2}Sin.pq.e^{r\,Cos.qs}\,Cos.(r\,Sin.qs)+\frac{\pi}{2}\sum_0^d\frac{r^n}{1^{n|1}}Sin.\{(p-ns)q\},$$

$$[p=ds+p',\ 0\leqq p'<s],\ldots\ldots\ (1437)$$

$$\int_0^\infty e^{r\,Cos.sx}\,Sin.(r\,Sin.sx)\frac{x\,Cos.px\,dx}{q^2-x^2}=-\frac{\pi}{2}Cos.pq.e^{r\,Cos.qs}\,Cos.(r\,Sin\,qs)+\frac{\pi}{2}\sum_0^d\frac{r^n}{1^{n|1}}Cos.\{(p-ns)q\},$$

$$[p=ds+p',\ p'<s],\ldots\ldots\ (1438)$$

$$=-\frac{\pi}{2}Cos.pq.e^{r\,Cos.qs}\,Cos.(r\,Sin.qs)+\frac{\pi}{4}\frac{r^d}{1^{d|1}}+\frac{\pi}{2}\sum_0^d\frac{r^n}{1^{n|1}}Cos.\{(p-ns)q\},[p=ds]\ldots(1439)$$

Encore la différence de (1433) et (1437), comme la somme de (1434) et (1438), de (1435) et (1439), fournit ici:

$$\int_0^\infty e^{r\,Cos.sx}\,Cos.(px+r\,Sin.sx)\frac{qdx}{q^2-x^2}=\frac{\pi}{2}e^{r\,Cos.qs}\,Sin.(pq+r\,Sin.qs),\ldots\ (1440)$$

$$\int_0^\infty e^{r\,Cos.sx}\,Sin.(px+r\,Sin.sx)\frac{xdx}{q^2-x^2}=-\frac{\pi}{2}e^{r\,Cos.qs}\,Cos.(pq+r\,Sin.qs),\ [p=ds+p'],\ .(1441)$$

$$=\frac{\pi}{2}\frac{r^d}{1^{d|1}}-\frac{\pi}{2}e^{r\,Cos.qs}\,Cos.\{pq+r\,Sin.qs\},[p=ds]\ldots\ (1442)$$

19. Employons le développement C. P. 109, qui appartient à la forme $\varphi_5(x)$; on y a $r^2\leqq 1$, et p toujours moindre que c; donc à l'aide des théorèmes II, (203), (209), (214) et (215):

$$\int_0^\infty l(1+2r\,Cos.sx+r^2)\frac{qdx}{q^2-x^2}=-\pi\sum_1^\infty\frac{(-r)^n}{n}Sin.nqs=\pi\,Arctg.\left(\frac{r\,Sin.qs}{1+r\,Cos.qs}\right),\ [255]\ .\ (1443)$$

---

[255] Pour $r=\pm 1$, supposition permise ici, on trouve:

$$\int_0^\infty l\{2(1\pm Cos.sx)\}\frac{qdx}{q^2-x^2}=\pi\,Arctg.\left(\frac{\pm\,Sin.qs}{1\pm Cos.qs}\right)=\frac{1}{2}\pi qs\text{ ou }=\frac{1}{2}\pi(qs-\pi),\ldots(1444,\ 1445)$$

selon qu'on a le signe + ou —

Page 508.

$$\int_0^\infty l(1+2r\,Cos.sx+r^2)\frac{q\,Cos.px\,dx}{q^2-x^2}=\pi\,Cos.pq.Arctg.\left(\frac{r\,Sin.qs}{1+r\,Cos.qs}\right)-\pi\sum_1^d\frac{(-r)^n}{n}Sin.\{(p-ns)q\},\ .\ (1446)$$

$$\int_0^\infty l(1+2r\,Cos.sx+r^2)\frac{x\,Sin.px\,dx}{q^2-x^2}=\pi\,Sin.pq.\,Arctg\left(\frac{r\,Sin.qs}{1+r\,Cos.qs}\right)+$$

$$+\pi\sum_1^d\frac{(-r)^n}{n}Cos.\{(p-ns)q\},\ \left[\frac{p}{s}\text{ fractionnaire}\right],\ .\ .\ .\ .\ .\ (1447)$$

$$=\pi\,Sin.pq.\,Arctg.\left(\frac{r\,Sin.qs}{1+r\,Cos.qs}\right)+\frac{\pi}{2d}(-r)^d+\pi\sum_1^d\frac{(-r)^n}{n}Cos.\{(p-ns)q\},\ \left[\frac{p}{s}\text{ entier}\right].\ .\ (1448)$$

Au contraire le développement C. P. 112 appartient à la forme $\varphi_6(x)$ et donne par les formules II, (204), (211), (218) et (219):

$$\int_0^\infty Arctg.\left(\frac{r\,Sin.sx}{1+r\,Cos.sx}\right)\frac{xdx}{q^2-x^2}=-\frac{\pi}{4}l(1+2r\,Cos.qs+r^2),\ .\ .\ .\ .\ .\ (1449)$$

$$\int_0^\infty Arctg.\left(\frac{r\,Sin.sx}{1+r\,Cos.sx}\right)\frac{q\,Sin.px\,dx}{q^2-x^2}=-\frac{\pi}{4}Sin.pq.l(1+2r\,Cos.qs+r^2)-\frac{\pi}{2}\sum_1^d\frac{(-r)^n}{n}Sin.\{(p-qs)n\},\ .\ (1450)$$

$$\int_0^\infty Arctg.\left(\frac{r\,Sin.sx}{1+r\,Cos.sx}\right)\frac{x\,Cos.px\,dx}{q^2-x^2}=-\frac{\pi}{4}Cos.pq.l(1+2r\,Cos.qs+r^2)-$$

$$-\frac{\pi}{2}\sum_1^d\frac{(-r)^n}{n}Cos.\{(p-qs)n\},\ \left[\frac{p}{s}\text{ fractionnaire}\right],\ .\ .\ .\ .\ (1451)$$

$$=-\frac{\pi}{4}Cos.pq.l(1+2r\,Cos.qs+r^2)-\frac{\pi}{4d}(-r)^d-\frac{\pi}{2}\sum_1^d\frac{(-r)^n}{n}Cos.\{(p-qs)n\},\left[\frac{p}{s}\text{ entier}\right];\ .\ (1452)$$

où $p=ds+p'$ et aussi $r^2\leqq 1$.

20. Les développements C. P. 105 et 107 sont de la forme φ_5 et exigent que p reste toujours plus petit que c; les théorèmes II, (203), (209), (214) et (215), fournissent donc ici:

Pour $s=2p$, on a $2(1\pm Cos.sx)=4\,Cos.^2px$ ou $=4\,Sin.^2px$, donc en soustrayant l'intégrale $\int_0^\infty l4\frac{qdx}{q^2-x^2}=0$, (Méth. 2, N°. 3), il vient:

$$\int_0^\infty l\,Cos.^2px\frac{dx}{q^2-x^2}=p\pi,\ \int_0^\infty l\,Sin.^2px\frac{dx}{q^2-x^2}=p\pi-\frac{1}{2q}\pi^2,\text{ d'où encore: }\int_0^\infty l\,Tg.^2px\frac{dx}{q^2-x^2}=-\frac{1}{2q}\pi^2,$$

(T. 415, N°. 13, 14, 17). Il est curieux, que la première de ces intégrales ne dépend pas de q, ni la dernière de p.

Page 509.

$$\int_0^\infty \frac{e^{r Sin.sx}+e^{-r Sin.sx}}{q^2-x^2} Cos.(r Cos.sx) dx = \frac{\pi}{q}\sum_0^\infty \frac{r^{2n}}{1^{2n/1}} Sin.2nqs = \frac{\pi}{q}\frac{e^{-r Sin.qs}-e^{r Sin.qs}}{2} Sin.(r Cos.qs), . (1453)$$

$$\int_0^\infty \frac{e^{r Sin.sx}+e^{-r Sin.sx}}{q^2-x^2} Sin.(r Cos.sx) dx = \frac{\pi}{q}\frac{e^{r Sin.qs}-e^{-r Sin.qs}}{2} Cos.(r Cos.qs), \dots\dots (1454)$$

$$\int_0^\infty \frac{e^{r Sin.sx}+e^{-r Sin.sx}}{q^2-x^2} Cos.(r Cos.sx). Cos.px\, dx = \frac{\pi}{q}\frac{e^{-r Sin.qs}-e^{r Sin.qs}}{2} Sin.(r Cos.qs). Cos.pq +$$

$$+\frac{\pi}{q}\sum_0^d \frac{r^{2n}}{1^{2n/1}}(-1)^n Sin.\{(p-2ns)q\}, \left[p = ds+p',\ p'<s\right], \dots (1455)$$

$$\int_0^\infty \frac{e^{r Sin.sx}+e^{-r Sin.sx}}{q^2-x^2} Sin.(r Cos.sx). Cos.px\, dx = \frac{\pi}{q}\frac{e^{r Sin qs}-e^{-r Sin.qs}}{2} Cos.(r Cos.qs). Cos.pq +$$

$$+\frac{\pi}{q}\sum_0^d \frac{r^{2n+1}}{1^{2n+1/1}}(-1)^n Sin.\{(p-2ns-s)q\}, \left[p = ds+p',\ p'<s\right], . (1456)$$

$$\int_0^\infty \frac{e^{r Sin.sx}+e^{-r Sin.sx}}{q^2-x^2} x\, Cos.(r Cos.sx). Sin.px\, dx = \pi\frac{e^{-r Sin.qs}-e^{r Sin.qs}}{2} Cos.(r Cos.qs). Sin.pq -$$

$$-\pi\sum_0^d \frac{r^{2n}}{1^{2n/1}}(-1)^n Cos.\{(p-2ns)q\}, \left[p = 2ds+p',\ p'<2s\right], \dots (1457)$$

$$=\pi\frac{e^{-r Sin.qs}-e^{r Sin.qs}}{2} Cos.(r Cos.qs). Sin\, pq + \frac{\pi}{2}\frac{(-r^2)^d}{1^{2d/1}} - \pi\sum_0^d \frac{r^{2n}}{1^{2n/1}}(-1)^n Cos.\{(p-2ns)q\}, \left[p=2ds\right]. . (1458)$$

$$\int_0^\infty \frac{e^{r Sin.sx}+e^{-r Sin.sx}}{q^2-x^2} x\, Sin.(r Cos.sx). Sin.px\, dx = \pi\frac{e^{r Sin.qs}-e^{-r Sin.qs}}{2} Sin.(r Cos.qs). Sin.pq -$$

$$-\pi\sum_0^d \frac{r^{2n+1}}{1^{2n+1/1}}(-1)^n Cos.\{(p-2ns-s)q\}, \left[p=(2d+1)s+p',\ p'<2s\right], \dots (1459)$$

$$=\pi\frac{e^{r Sin.qs}-e^{-r Sin.qs}}{2} Sin.(r Cos.qs). Sin.pq + \frac{\pi r}{2}\frac{(-r^2)^d}{1^{2d+1/1}} -$$

$$-\pi\sum_0^d \frac{r^{2n+1}}{1^{2n+1/1}}(-1)^n Cos.\{(p-2ns-s)q\}, \left[p=(2d+1)s\right]. \dots (1460)$$

Encore a-t-on les développements analogues C. P. 106 et 108, qui sont de la forme $\varphi_6(x)$, de sorte que par leur usage les théorèmes II, (204), (211), (218) et (219) deviennent:

$$\int_0^\infty \frac{e^{r Sin.sx}-e^{-r Sin.sx}}{q^2-x^2} x\, Cos.(r Cos.sx) dx = \pi\left\{r Cos.qs - \frac{e^{r Sin.qs}+e^{-r Sin.qs}}{2} Sin.(r Cos.qs)\right\}, . (1461)$$

$$\int_0^\infty \frac{e^{r Sin.sx}-e^{-r Sin.sx}}{q^2-x^2} x\, Sin.(r Cos.sx) dx = \pi\left\{\frac{e^{r Sin.qs}+e^{-r Sin\, qs}}{2} Cos.(r Cos.qs) - 1\right\}, \dots (1462)$$

Page 510.

$$\int_0^\infty \frac{e^{r Sin.sx}-e^{-r Sin.sx}}{q^2-x^2} Cos.(r\, Cos.sx).Sin.px\,dx = -\frac{\pi}{q}\frac{e^{r Sin\,qs}+e^{-r Sin\,qs}}{2} Sin.(r\, Cos.qs).Sin.pq +$$
$$+\frac{\pi}{q}\sum_0^d \frac{r^{2n+1}}{1^{2n+1/1}}(-1)^n Sin.\{(p-2ns-s)q\},\ [p=(2d+1)s+p',\ p'<2s], \ldots (1463)$$

$$\int_0^\infty \frac{e^{r Sin.sx}-e^{-r Sin.sx}}{q^2-x^2} Sin.(r\, Cos.sx).Sin.px\,dx = \frac{\pi}{q}\frac{e^{r Sin.qs}+e^{-r Sin.qs}}{2} Cos.(r\, Cos.qs).Sin.pq -$$
$$-\frac{\pi}{q}\sum_0^d \frac{r^{2n}}{1^{2n|1}}(-1)^n Sin.\{(p-2ns)q\},\ [p=2ds+p',\ p'<2s], \ldots\ldots\ldots (1464)$$

$$\int_0^\infty \frac{e^{r Sin.sx}-e^{-r Sin.sx}}{q^2-x^2} x\, Cos.(r\, Cos.sx).Cos.px\,dx = -\pi\frac{e^{r Sin\,qs}+e^{-r Sin.qs}}{2} Sin.(r\, Cos.qs).Cos.pq +$$
$$+\pi\sum_0^d \frac{r^{2n+1}}{1^{2n+1/1}}(-1)^n Sin.\{(p-2ns-s)q\},\ [p=(2d+1)s+p',\ p'<2s]. \ldots (1465)$$
$$=-\pi\frac{e^{r Sin.qs}+e^{-r Sin.qs}}{2} Sin.(r Cos.qs).Cos.pq+\frac{\pi r}{2}\frac{(-r^2)^d}{1^{2d+1/1}}+\pi\sum_0^d\frac{r^{2n+1}}{1^{2n+1/1}}(-1)^n Sin.\{(p-2ns-s)q\},$$
$$[p=(2d+1)s], \ldots\ldots\ldots (1466)$$

$$\int_0^\infty \frac{e^{r Sin.sx}-e^{-r Sin.sx}}{q^2-x^2} x\, Sin.(r\, Cos.sx).Cos.px\,dx = \pi\frac{e^{r Sin.qs}+e^{-r Sin.qs}}{2} Sin.(r\, Cos.qs).Cos.pq -$$
$$-\pi\sum_0^d \frac{r^{2n}}{1^{2n/1}}(-1)^n Sin.\{(p-2ns)q\},\ [p=2ds+p',\ p'<2s], \ldots\ldots\ldots (1467)$$
$$=\pi\frac{e^{r Sin.qs}+e^{-r Sin.qs}}{2} Sin.(r Cos.qs).Cos.pq-\frac{\pi}{2}\frac{(-r^2)^d}{1^{2d/1}}-\pi\sum_0^d\frac{r^{2n}}{1^{2n/1}}(-1)^n Sin.\{(p-2ns)q\},[p=2ds]. (1468)$$

21. Enfin il nous reste encore à employer les développements C. P. 115 et 116, dont le premier prend la forme $\varphi_5(x)$, où $r^2<1$ et p toujours $<c$, qui y est infini; donc par les théorèmes II, (203), (209), (214) et (215):

$$\int_0^\infty (1+2r\, Cos.sx+r^2)^{\frac{1}{2}a} Cos.\left\{a\, Arctg.\left(\frac{r\, Sin.sx}{1+r\, Cos.sx}\right)\right\}\frac{q\,dx}{q^2-x^2}=\frac{\pi}{2}\sum_0^\infty\binom{a}{n} r^n Sin.nsq =$$
$$=\frac{\pi}{2}(1+2r\, Cos.qs+r^2)^{\frac{1}{2}a} Sin.\left\{a\, Arctg.\left(\frac{r\, Sin.qs}{1+r\, Cos.qs}\right)\right\}, \ldots\ldots (1469)$$

$$\int_0^\infty (1+2r\, Cos.sx+r^2)^{\frac{1}{2}a} Cos.\left\{a\, Arctg.\left(\frac{r\, Sin.sx}{1+r\, Cos.sx}\right)\right\}\frac{q\, Cos.px\,dx}{q^2-x^2}=$$
$$=\frac{\pi}{2}(1+2r\, Cos.qs+r^2)^{\frac{1}{2}a} Sin.\left\{a\, Arctg.\left(\frac{r\, Sin.qs}{1+r\, Cos.qs}\right)\right\}.Cos.pq+\frac{\pi}{2}\sum_0^d\binom{a}{n} r^n Sin.\{(p-ns)q\},$$
$$[p=ds+p',\ p'<s], \ldots\ldots\ldots (1470)$$

Page 511.

$$\int_0^\infty (1+2r\,Cos.sx+r^2)^{\frac{1}{2}a}\,Cos.\left\{a\,Arctg.\left(\frac{r\,Sin.sx}{1+r\,Cos.sx}\right)\right\}\frac{x\,Sin.px\,dx}{q^2-x^2}=$$

$$=\frac{\pi}{2}(1+2r\,Cos.qs+r^2)^{\frac{1}{2}a}\,Sin.\left\{a\,Arctg.\left(\frac{r\,Sin.qs}{1+r\,Cos.qs}\right)\right\}.\,Sin.pq-\frac{\pi}{2}\sum_0^d\binom{a}{n}r^n\,Cos.\{(p-ns)q\},$$

$$[p=ds+p',\ p'<s],\ \ldots\ldots\ldots\ldots \quad (1471)$$

$$=\frac{\pi}{2}(1+2r\,Cos.qs+r^2)^{\frac{1}{2}a}\,Sin.\left\{a\,Arctg.\left(\frac{r\,Sin.qs}{1+r\,Cos.qs}\right)\right\}.Sin\,pq+\frac{\pi}{4}\binom{a}{d}r^d-\frac{\pi}{2}\sum_0^d\binom{a}{n}r^n\,Cos.\{(p-ns)q\},$$

$$[p=ds].\ \ldots\ldots\ldots\ldots\ldots\ldots\ldots \quad (1472)$$

Le second développement C. 116 est de la forme $\varphi_6(x)$, où encore $r^2<1$, $p<c$, et donne au moyen des théorèmes II, (204), (211), (218) et (219):

$$\int_0^\infty (1+2r\,Cos.sx+r^2)^{\frac{1}{2}a}\,Sin.\left\{a\,Arctg.\left(\frac{r\,Sin.sx}{1+r\,Cos.sx}\right)\right\}\frac{x\,dx}{q^2-x^2}=$$

$$=\frac{\pi}{2}\left[1-(1+2r\,Cos.qs+r^2)^{\frac{1}{2}a}\,Cos.\left\{a\,Arctg.\left(\frac{r\,Sin.qs}{1+r\,Cos.qs}\right)\right\}\right],\ \ldots \quad (1473)$$

$$\int_0^\infty (1+2r\,Cos.sx+r^2)^{\frac{1}{2}a}\,Sin.\left\{a\,Arctg.\left(\frac{r\,Sin.sx}{1+r\,Cos.sx}\right)\right\}\frac{q\,Sin.px\,dx}{q^2-x^2}=$$

$$=-\frac{\pi}{2}(1+2r\,Cos.qs+r^2)^{\frac{1}{2}a}\,Cos.\left\{a\,Arctg.\left(\frac{r\,Sin.qs}{1+r\,Cos.qs}\right)\right\}.Sin.pq+\frac{\pi}{2}\sum_0^d\binom{a}{n}r^n\,Sin.\{(p-ns)q\},$$

$$[p=ds+p',\ p'<s],\ \ldots\ldots\ldots\ldots \quad (1474)$$

$$\int_0^\infty (1+2r\,Cos.sx+r^2)^{\frac{1}{2}a}\,Sin.\left\{a\,Arctg.\left(\frac{r\,Sin.sx}{1+r\,Cos.sx}\right)\right\}\frac{x\,Cos.px\,dx}{q^2-x^2}=$$

$$=-\frac{\pi}{2}(1+2r\,Cos.qs+r^2)^{\frac{1}{2}a}\,Cos.\left\{a\,Arctg.\left(\frac{r\,Sin.qs}{1+r\,Cos.qs}\right)\right\}.Cos.pq+\frac{\pi}{2}\sum_0^d\binom{a}{n}r^n\,Cos.\{(p-ns)q\},$$

$$[p=ds+p',\ p'<s],\ \ldots\ldots\ldots\ldots \quad (1475)$$

$$=-\frac{\pi}{2}(1+2r\,Cos.qs+r^2)^{\frac{1}{2}a}\,Cos.\left\{a\,Arctg.\left(\frac{r\,Sin.qs}{1+r\,Cos.qs}\right)\right\}.\,Cos.pq+\frac{\pi}{4}\binom{a}{d}r^d+$$

$$+\frac{\pi}{2}\sum_0^d\binom{a}{n}r^n\,Cos.\{(p-ns)q\},\ [p=ds].\ \ldots\ldots\ldots \quad (1476)$$

La combinaison des intégrales (1470) et (1474) par voie de soustraction et celle des intégrales (1471) et (1475), et de (1472) et (1476) par voie d'addition fournissent encore:

$$\int_0^\infty (1+2r\,Cos.sx+r^2)^{\frac{1}{2}a}\,Cos.\left\{px+a\,Arctg.\left(\frac{r\,Sin.sx}{1+r\,Cos.sx}\right)\right\}\frac{q\,dx}{q^2-x^2}=$$

$$=\frac{\pi}{2}(1+2r\,Cos.qs+r^2)^{\frac{1}{2}a}\,Sin.\left\{pq+a\,Arctg.\left(\frac{r\,Sin.qs}{1+r\,Cos.qs}\right)\right\},\ \ldots\ldots \quad (1477)$$

$$\int_0^\infty (1+2r\,Cos.\,sx+r^2)^{\frac{1}{2}a} Sin.\left\{rx+a\,Arctg.\left(\frac{r\,Sin.\,sx}{1+r\,Cos.\,sx}\right)\right\}\frac{xdx}{q^2-x^2}=$$

$$=-\frac{\pi}{2}(1+2r\,Cos.\,qs+r^2)^{\frac{1}{2}a} Cos.\left\{pq+a\,Arctg.\left(\frac{r\,Sin.\,qs}{1+r\,Cos.\,qs}\right)\right\},\left[\frac{p}{s}\text{ fractionnaire}\right], \quad (1478)$$

$$=-\frac{\pi}{2}(1+2r\,Cos.\,qs+r^2)^{\frac{1}{2}a} Cos.\left\{pq+a\,Arctg.\left(\frac{r\,Sin.\,qs}{1+r\,Cos.\,qs}\right)\right\}+\frac{\pi}{2}\binom{a}{d}r^d,\left[\frac{p}{s}\text{ entier},=d\right], \quad (1479)$$

22. Quant aux intégrales obtenues aux N°. 15 à 21, il y a la même observation à faire qu'au N°. 14, car les séries que ces valeurs contiennent parfois sont toutes finies, et peuvent ainsi aisément être calculeés: mais en outre elles s'évanouissent ou se réduisent à un seul terme, toutes les fois que l'on a p plus petit que s dans les numéros 18, 19, 21, et plus petit que $2s$ dans les numéros 17 et 20.

Les intégrales déduites ici N°. 7 à 21 sont toutes nouvelles à l'exception de quelques-unes, mais elles sont assez intéressantes pour mériter une place, surtout en ce qu'elles font connaître l'influence, que peut avoir une relation entre les constantes d'une intégrale définie: influence, qui est tout autre auprès d'intégrales de même forme, et qui même s'y annule quelquefois, sans qu'il soit facile de présager ces divers faits.

23. Applications de II, (222), (223). Pour $\varphi(x)=(1+rx)^{-a}$ on a par II, (222):

$$\int_0^1 \frac{x^{p-1}(1-x)^{q-1}}{(1+rx)^a}dx=\mathrm{B}(p,q)\sum_0^\infty\frac{a^{n/1}}{1^{n/1}}\frac{p^{n/1}}{(p+q)^{n/1}}r^n,$$ (T. 4, N°. 16), d'où pour $a=p+q$:

$$\int_0^1 \frac{x^{p-1}(1-x)^{q-1}}{(1+rx)^{p+q}}dx=\mathrm{B}(p,q)(1+r)^{-p},$$ (T. 4, N°. 15); celle-ci devient pour $p+q=1$,

comme alors $\mathrm{B}(p,q)=Sin.\,p\pi$ (voyez Méth. 4, N°. 6, Note, form. B):

$$\int_0^1 \frac{x^{p-1}}{(1-x)^p}\frac{dx}{1+rx}=\frac{\pi}{Sin.\,p\pi.(1+r)^p}.$$ (T. 6, N°. 2). Pour $q=\frac{1-s}{2}$, $p=1+\frac{1}{2}s$, $r=-r^2$, on a

encore: $$\int_0^1 \frac{x^{\frac{1}{2}s}dx}{\left[(1-r^2x)(1-x)\right]^{\frac{1}{2}(1+s)}}=\mathrm{B}\left(\frac{2+s}{2},\frac{1-s}{2}\right)\frac{(1-r)^{-s}-(1+r)^{-s}}{2rs}.$$ (T. 16, N°. 7).

Pour la même valeur de $\varphi(x)$ la formule II, (223) nous donne:

$$\int_0^\infty \frac{e^{-qx}x^{p-1}dx}{(1+rx)^a}=\frac{1}{q^p}\Gamma(p)\sum_0^\infty\frac{a^{n/1}}{1^{n/1}}\frac{p^{n/1}}{q^n}r^n. \quad (1480)$$

La substitution des développements C. P. 67 et 68 dans le théorème II, (223) fait évanouir les A_{2n+1} et les A_{2n} respectivement, et l'on obtient:

$$\int_0^\infty e^{-qx}x^{p-1}Cos.\,rx\,dx=\frac{1}{q^p}\Gamma(p)\sum_0^\infty\frac{p^{2n/1}}{1^{2n/1}}(-1)^n\left(\frac{r}{q}\right)^{2n},\int_0^\infty e^{-qx}x^{p-1}Sin.\,rx\,dx=\frac{1}{q^p}\Gamma(p)\sum_0^\infty\frac{p^{2n+1/1}}{1^{2n+1/1}}(-1)^n\left(\frac{r}{q}\right)^{2n+1}.$$ [256].

---

[256] Pour p entier on trouve cette dernière intégrale T. 386, N°. 11.

Prenez-y $r = \alpha q i$, employez les développements C. P. 63 et 64, remettez la valeur de α, il vient:

$$\int_0^\infty e^{-qx} x^{p-1} \,Cos.\, rx\, dx = \Gamma(p) \frac{(q+ri)^p + (q-ri)^p}{2(r^2+q^2)^p}, \quad \int_0^\infty e^{-qx} x^{p-1} \,Sin.\, rx\, dx = \Gamma(p) \frac{(q+ri)^p - (q-ri)^p}{2i(r^2+q^2)^p},$$

(T. 386, N$^{\circ}$. 19 et 15), d'où encore pour $r = q \,Tang.\, \alpha$:

$$\int_0^\infty e^{-qx} x^{p-1} \,Cos.\, (qx \,Tang.\, \alpha)\, dx = q^{-p} \Gamma(p) \,Cos.^p \alpha . \,Cos.\, p\alpha, \quad \int_0^\infty e^{-qx} x^{p-1} \,Sin.\, (qx \,Tang.\, \alpha)\, dx =$$

$= q^{-p} \Gamma(q) \,Cos.^p \alpha . \,Sin.\, p\alpha$. (T. 386, N$^{\circ}$. 20 et 16). [257].

Pour $\varphi(x) = Cos.(2\sqrt{rx})$ les théorèmes II, (222) et (223) deviennent:

$$\int_0^\infty x^{p-1} (1-x)^{q-1} \,Cos.\, (2\sqrt{rx})\, dx = B(p,q) \sum_0^\infty \frac{(-1)^n}{1^{2n/1}} \frac{p^{n/1}}{(p+q)^{n/1}} (4r)^n, \quad \ldots . \quad (1481)$$

$$\int_0^\infty e^{-qx} x^{p-1} \,Cos.\, (2\sqrt{rx})\, dx = \frac{1}{q^p} \Gamma(p) \sum_0^\infty \frac{(-1)^n}{1^{2n/1}} \frac{p^{n/1}}{q^n} (4r)^n . \quad \ldots . \quad (1482)$$

Pour le cas spécial de $p = \frac{1}{2}$ on acquiert:

$$\int_0^1 (1-x)^{q-1} \,Cos.\, (2\sqrt{rx}) \frac{dx}{\sqrt{x}} = B(\tfrac{1}{2}, q) \sum_0^\infty \frac{(-1)^n}{1^{n,1}} \frac{r^n}{(q+\frac{1}{2})^{n/1}}, \quad \ldots . \quad (1483)$$

$\int_0^\infty e^{-qx} \,Cos.\, (2\sqrt{rx}) \frac{dx}{\sqrt{x}} = \frac{1}{\sqrt{q}} \Gamma(\tfrac{1}{2}) \sum_0^\infty \frac{(-1)^n}{1^{n/1}} \left(\frac{r}{q}\right)^n = e^{-\frac{r}{q}} \sqrt{\frac{\pi}{q}}$, (T. 398, N$^{\circ}$. 8). Changeant r et x en r^2 et x^2 on a encore: $\int_0^1 (1-x^2)^{q-1} \,Cos.\, (2rx)\, dx = \frac{1}{2} \frac{\Gamma(q)\sqrt{\pi}}{\Gamma(q+\frac{1}{2})} \sum_0^\infty \frac{(-1)^n r^{2n}}{1^{n/1}(q+\frac{1}{2})^{n/1}}$, (T. 192, N$^{\circ}$. 7),

$\int_0^\infty e^{-qx^2} \,Cos.\, (2rx)\, dx = \frac{1}{2} e^{-\frac{r^2}{q}} \sqrt{\frac{\pi}{q}}$. (T. 280, N$^{\circ}$. 3). [258].

24. Substituez dans la formule II, (224) les développements C. P. 97 et 98 et vous aurez:

$$\int_0^\infty \frac{1 - rx \,Cos.\, \lambda}{1 - 2rx \,Cos.\, \lambda + r^2} x^{p-1} \left(l\frac{1}{x}\right)^{q-1} dx = \Gamma(q) \sum_0^\infty \frac{r^n}{(p+n)^q} \,Cos.\, n\lambda, \quad \ldots . \quad (1484)$$

$$\int_0^\infty \frac{rx \,Sin.\, \lambda}{1 - 2rx \,Cos.\, \lambda + r^2} x^{p-1} \left(l\frac{1}{x}\right)^{q-1} dx = \Gamma(q) \sum_0^\infty \frac{r^n}{(p+n)^q} \,Sin.\, n\lambda \quad \ldots . \quad (1485)$$

A l'aide des développements C. P. 83, 85 le théorème II, (225) conduit aux résultats suivants:

---

[257] On a trouvé d'autres formes de ces intégrales Méth. 18, N$^{\circ}$. 11.

[258] Sur une autre déduction voyez Méth. 24, N$^{\circ}$. 3, Méth. 32, N$^{\circ}$. 8, Méth. 43, N$^{\circ}$. 4. Page 514.

$$\int_0^{\pm\frac{1}{2}\pi} Cos.\{(p+q)2x\}.Sin.^{2p-1}x.\,Cos.^{2q-1}x\,dx = \frac{1}{2}B(p,q)\sum_0^\infty (-1)^n \frac{p^{n/1}(p+q)^{n/-1}}{(\frac{1}{2})^{n/1}1^{n/1}}\ [259], =$$

$$= \frac{1}{2}\frac{\Gamma(p)\Gamma(q)}{\Gamma(p+q)}\frac{\Gamma(q+\frac{1}{2})\sqrt{\pi}}{\Gamma(p+q+\frac{1}{2})\Gamma(\frac{1}{2}-p)}\frac{\Gamma(p+\frac{1}{2})}{\Gamma(\frac{1}{2}+p)} = \frac{\Gamma(2p)\Gamma(2q)}{\Gamma(2p+2q)}Cos.\,p\pi,\ [260],\ \text{et de même}$$

$$\int_0^{\pm\frac{1}{2}\pi} Sin.\{(p+q)2x\}.Sin.^{2p-1}x.\,Cos.^{2q-1}x\,dx = \frac{\Gamma(2p)\Gamma(2q)}{\Gamma(2p+2q)}Sin.\,pq.\ (\text{T. 57, N}^\circ.\ 9,\ 10).\ [261].$$

Pour $\varphi_1(x) = Cos.\,rx$, q au lieu de $2q$ et $2p = 1$, le même théorème fournit à l'aide des mêmes réductions: $\int_0^{\frac{1}{2}\pi} Cos.^{q-1}x.\,Cos.\,rx\,dx = \frac{\pi}{2^q}\frac{\Gamma(q)}{\Gamma\left(\frac{q+r+1}{2}\right)\Gamma\left(\frac{q-r+1}{2}\right)}$. (T. 55, N°. 6). [262].

Prenons encore dans le théorème II, (236), $Q_n = \frac{r^n}{1^{n/1}}$, c'est-à-dire $\varphi(x) = e^{rxl\frac{1}{x}} = x^{rx}$, alors il vient:

$$\int_0^1 x^{rx}\left(l\frac{1}{x}\right)^{q-1} x^{p-1}\,dx = \Gamma(q)\sum_0^\infty \frac{r^n}{1^{n/1}}\frac{q^{n/1}}{(p+n)^{q+n}}. \quad \ldots\ldots\ldots\ldots (1486)$$

25. Lorsqu'on suppose $\varphi(2px) = Sin.\,2px$, on a $\varphi^{2n}(0) = 0$, $\varphi^{2n+1}(0) = (-1)^n$; de même pour $\varphi(2px) = Cos.\,2px$ on a $\varphi^{2n}(0) = (-1)^n$, $\varphi^{2n+1}(0) = 0$. Quand maintenant on tient compte de ces remarques, les théorèmes II, (240) à (247) donnent successivement:

$$\int_0^1 Sin.\,2px\,dx\sqrt{(1-x^2)} = \sum_0^\infty \frac{(2p)^{2n+1}}{(3^{n,2})^2}\frac{(-1)^n}{2n+3}, \quad \ldots\ldots\ldots\ldots (1487)$$

$$\int_0^1 Cos.\,2px\,dx\sqrt{(1-x^2)} = \frac{\pi}{2}\sum_0^\infty \frac{p^{2n}}{(1^{n/1})^2}\frac{(-1)^n}{n+1}, \quad \ldots\ldots\ldots\ldots (1488)$$

---

[259] C. F. Gausz; Comment. Soc. Reg. Scient. Gottingensis. Vol. 2 ad Ann. 1811—1813, p. 1—46. Disquisitiones generales circa seriem infinitam, pag. 28.

[260] Parce que $\Gamma(p-\frac{1}{2})\Gamma(p+\frac{1}{2}) = \frac{\pi}{Sin.\{(p+\frac{1}{2})\pi\}}$ (Méth. 4, N°. 6. Note, form. B) et $\Gamma(r)\Gamma(r+\frac{1}{2}) = \frac{\Gamma(2r)\sqrt{\pi}}{2^{2r-1}}$ *). Pour un r entier cette formule se tire aisément de l'équation D de Méth. 4, N°. 6. Note, car alors $\Gamma(a)\Gamma(a-\frac{1}{2}) = 1^{a-1/1}\frac{1^{a/2}}{2^a}\sqrt{\pi} = \frac{2^{a-1|2}1^{a|2}}{2^{2a-1}}\sqrt{\pi} = \frac{1^{2a-1|1}}{2^{2a-1}}\sqrt{\pi}$.

[261] Autrement déduites Méth. 17, N°. 20.

[262] Que l'on trouvera aussi Méth. 37, N°. 12, Méth. 38, N°. 7.

---

*) Schlömilch, Analytische Studien, Bd. I, S. 25.

$$\int_0^1 Sin.\,2px\,\frac{dx}{\sqrt{(1-x^2)}}=\sum_0^\infty\frac{(2p)^{2n+1}}{(3^{n|2})^2}(-1)^n, \ldots\ldots\ldots\ldots (1489)$$

$$\int_0^1 Cos.\,2px\,\frac{dx}{\sqrt{(1-x^2)}}=\frac{\pi}{2}\sum_0^\infty\frac{p^{2n}}{(1^{n|1})^2}(-1)^n, \ldots\ldots\ldots\ldots (1490)$$

$$\int_{-\infty}^\infty Cos.\,2px.e^{-x^2}dx=\sqrt{\pi}.\sum_0^\infty\frac{p^{2n}}{1^{n|1}}(-1)^n=e^{-p^2}\sqrt{\pi},\ \int_{-\infty}^\infty Sin.\,2px.e^{-x^2}dx=0,\ (T.\ 286,\ N°.\ 6,\ 3),$$

$$\int_{-\infty}^\infty Sin.2px.e^{-x^2}xdx=\sqrt{\pi}.\sum_0^\infty\frac{p^{2n+1}}{1^{n|1}}(-1)^n=pe^{-p^2}\sqrt{\pi},.(1491),\ \int_{-\infty}^\infty Cos.\,2px.e^{-x^2}xdx=0,.(1492)$$

$$\int_0^\infty Cos.2px.e^{-x}dx=\sum_0^\infty(2p)^{2n}(-1)^n=\frac{1}{1+4p^2},\ \int_0^\infty Sin.\,2px.e^{-x}dx=\sum_0^\infty(2p)^{2n+1}(-1)^n=\frac{2p}{1+4p^2}.$$

(T. 278, N°. 6, 7). [263].

$$\int_0^\infty Sin.\,2px.e^{-x}dx\sqrt{x}=\frac{1}{2}\sqrt{\pi}.\sum_0^\infty\frac{3^{2n+1|2}}{2^{2n+1|2}}(2p)^{2n+1}(-1)^n=\frac{1}{2}\sqrt{\pi}.\sum_0^\infty\frac{3^{2n+1|2}}{1^{2n+1|1}}p^{2n+1}(-1)^n,.(1493)$$

$$\int_0^\infty Cos.\,2px.e^{-x}dx\sqrt{x}=\frac{1}{2}\sqrt{\pi}.\sum_0^\infty\frac{3^{2n|2}}{1^{2n|1}}p^{2n}(-1)^n, \ldots\ldots\ldots\ldots (1494)$$

$$\int_0^\infty Sin.\,2px.e^{-x}\frac{dx}{\sqrt{x}}=\sqrt{\pi}.\sum_0^\infty\frac{1^{2n+1|2}}{1^{2n+1|1}}p^{2n+1}(-1)^n, \ldots\ldots\ldots\ldots (1495)$$

$$\int_0^\infty Cos.\,2px.e^{-x}\frac{dx}{\sqrt{x}}=\sqrt{\pi}.\sum_0^\infty\frac{1^{2n|2}}{1^{2n|1}}p^{2n}(-1)^n, \ldots\ldots\ldots\ldots (1496)$$

$$\int_0^1 Sin.\,2px.\,lx\,dx=-\sum_0^\infty\frac{(2p)^{2n+1}}{(2n+1)^2\,1^{2n+1|1}}(-1)^n, \ldots\ldots\ldots\ldots (1497)$$

$$\int_0^1 Cos.\,2px.\,lx\,dx=-\sum_0^\infty\frac{(2p)^{2n}}{(2n+1)^2\,1^{2n|1}}(-1)^n=-\frac{1}{2p}Si.(2p).\ (T.\ 301,\ N°.\ 1).$$

---

[263] Déjà trouvée plus généralement, Méth. 4, N°. 11.

SECTION CINQUIÈME.

MÉTHODES, QUI RAMÈNENT À DES ÉQUATIONS DIFFÉRENTIELLES.

§ 1. MÉTHODE 24. PAR UNE ÉQUATION DIFFÉRENTIELLE DU PREMIER ORDRE.

1. Lorsqu'il est permis, d'après N°. 30 de la Première Partie, de différentier une intégrale définie I par rapport à une constante quelconque p, il se peut que l'on tombe sur une intégrale définie qui est connue d'autre part: et dans ce cas on obtient l'équation $\frac{dI}{dp}=f(p)$. Or, l'intégration de cette équation par rapport à p nous reconduit alors vers l'intégrale primitive I: c'est la Méthode précédente dixième. Mais en second lieu la différentiation par rapport à la constante p peut donner une intégrale, dont la valeur n'est pas connue, mais qui est une fonction quelconque de l'intégrale primitive: alors on a $\frac{dI}{dp}=f(I)+\varphi(p)$, équation différentielle du premier ordre. Il nous reste à l'intégrer; et si cela nous réussit, nous trouvons tant l'intégrale I, que sa différentielle $\frac{dI}{dp}$: lorsque au contraire cette intégration ne réussit pas, on n'a qu'une relation entre une équation différentielle et son intégrale sous forme d'une intégrale définie. En tous cas la dernière intégration implique l'addition d'une constante arbitraire; sa détermination donne lieu ici aux mêmes remarques qu'au N°. 1, de Méth. 10. [264].

2. L'intégrale $I=\int_0^\infty e^{-x^2-\frac{q^2}{x^2}}dx$ donne: $\frac{dI}{dq}=-2q\int_0^\infty e^{-x^2-\frac{q^2}{x^2}}\frac{dx}{x^2}=-2q\frac{1}{q}\int_0^\infty e^{-\frac{q^2}{y^2}-y^2}dy$, par la substitution de $x=\frac{q}{y}$. On a donc: $\frac{dI}{dq}=-2I$, d'où $\frac{dI}{I}=-2dq$: son intégrale est $lI=-2q+C'$, $I=Ce^{-2q}$. Pour q zéro on a (Méth. 4, N°. 7): $\int_0^\infty e^{-x^2}dx=\frac{1}{2}\sqrt{\pi}=Ce^0=C$, donc: $I=\int_0^\infty e^{-x^2-\frac{q^2}{x^2}}dx=\frac{1}{2}e^{-2q}\sqrt{\pi}$, (T.37, N°.2) [265], $\frac{-1}{2q}\frac{dI}{dq}=\int_0^\infty e^{-x^2-\frac{q^2}{x^2}}\frac{dx}{x^2}=\frac{1}{2q}e^{-2q}\sqrt{\pi}$, (1498)

[264] De cette méthode, comme des deux suivantes il a été fait un usage fréquent et utile dans les deux Mémoires de HELMLING: Transformation und Ausmittelung bestimmter Integrale. Dorpat. LAAKMAN. 1851. 35 S. 4°. — Transformation und Ausmittelung bestimmter Integrale mit besonderer Rücksicht auf grössere Werthe der Gränzen und implizirten Constanten. Mitau. REYHER. 1854, IV et 146. S. 4°.

[265] Voyez encore Méth. 17, N°. 18.

d'où pour $x = qy$: $\int_0^\infty e^{-q^2y^2-\frac{1}{y^2}} \frac{dy}{y^2} = \frac{1}{2} e^{-2q} \sqrt{\pi}$. (T. 126, N°. 16). [266].

3. Pour $I = \int_0^\infty e^{-p^2x^2} Cos.\, 2qx\, dx$ on a: $\frac{dI}{dq} = -2\int_0^\infty e^{-p^2x^2} Sin.\, 2qx.\, x dx = \frac{1}{p^2}\int_0^\infty Sin.\, 2qx.\, d.\, e^{-p^2x^2} =$

$= \frac{1}{p^2}\left[e^{-p^2x^2}\, Sin.\, 2\, qx\right\}_0^\infty - 2q\int_0^\infty e^{-p^2x^2} Cos.\, 2qx\, dx\Big] = \frac{1}{p^2}(0 - 2q\,I) = \frac{-2q}{p^2}\,I$, puisque le terme intégré s'évanouit pour les deux limites 0 et ∞ de x, e^{-px^2} étant zéro pour $x = \infty$, et $Sin\, 2qx$ zéro avec x. On en déduit $\frac{dI}{I} = \frac{-2q\, dq}{p^2}$, d'où par l'intégration: $l\,I = -\frac{q^2}{p^2} + C'$, $I = C\, e^{-\frac{q^2}{p^2}}$. Or, pour q zéro Méth. 4, N°. 7, donne: $\int_0^\infty e^{-p^2x^2} dx = \frac{1}{2p}\sqrt{\pi} = Ce^0 = C$, donc:

$$I = \int_0^\infty e^{-p^2x^2} Cos.\, 2qx\, dx = \frac{1}{2p}\, e^{-\frac{q^2}{p^2}} \sqrt{\pi}.\ \text{(T. 280, N°. 4). [267].}$$

---

[266] On pourrait aussi la déterminer par Méth. 7: $\int_0^\infty e^{-x^2-\frac{q^2}{x^2}} dx = e^{2q}\int_0^\infty e^{-\left(x+\frac{q}{x}\right)^2} dx$. Mais la substitution de $x + \frac{q}{x} = z$ donne un minimum pour $z = 2\sqrt{q}$, entre les deux limites $+\infty$ et $+\infty$ de z: et il faut substituer dès-lors dans les deux intégrales partielles par rapport à z entre les limites ∞ à $2\sqrt{q}$ et $2\sqrt{q}$ à ∞, respectivement $dx = \left\{\frac{1}{2} - \frac{z}{2\sqrt{(z^2 - 4p^2)}}\right\} dz$ et $dx = \left\{\frac{1}{2} + \frac{z}{2\sqrt{(z^2-4p^2)}}\right\} dz$. Toutefois on peut aisément éviter cette difficulté en écrivant $\int_0^\infty e^{-x^2-\frac{q^2}{x^2}} dx = e^{-2q}\int_0^\infty e^{-\left(x-\frac{q}{x}\right)^2} dx$: la substitution de $x - \frac{q}{x} = z$ donne à présent $-\infty$ et $+\infty$ comme limites de z, sans aucun minimum intermédiaire.

[267] Autrement déduite Méth. 23, N°. 3, 23 et Méth. 32, N°. 8, Méth. 43, N°. 10. Laplace la déduit encore au moyen de l'expression imaginaire de $Cos.\, 2qx$ comme suit:

$$I = \frac{1}{2}\int_0^\infty e^{-p^2x^2}\left(e^{2qxi} + e^{-2qxi}\right) dx = \frac{1}{2}\int_0^\infty e^{-p^2x^2+2qxi} dx + \frac{1}{2}\int_0^\infty e^{-p^2x^2-2qxi} dx.$$

Dans la première il prend $px - \frac{q}{p} i = y$, avec les limites $-\frac{qi}{p}$ et ∞ de y, dans la seconde $px + \frac{q}{p} i = z$ avec $\frac{qi}{p}$ et ∞ comme limites de z. Or, il n'est pas évident que pour x infini on puisse prendre les limites supérieures de y et de z réelles et infinies: mais lorsqu'on passe cette objection sous silence, il vient:

Page 518.

$$-\frac{1}{2}\frac{dI}{dq} = \int_0^\infty e^{-p^2x^2} Sin.\, 2qx.\, x dx = \frac{q}{2p^3} e^{-\frac{q^2}{p^2}} \sqrt{\pi}. \text{ (T. 389, N°. 3). [268].}$$

4. Soit $I = \int_0^\infty \frac{Cos.\, px\, dx}{q^2+x^2}$, d'où $\frac{dI}{dp} = -\int_0^\infty \frac{x\, Sin.\, px\, dx}{q^2+x^2}$; transformons cette intégrale par la Méthode 18, à l'aide de l'intégrale de Méth. 4, N°. 11, il vient: $\frac{dI}{dp} = -\int_0^\infty Sin.\, px\, dx \int_0^\infty e^{-xy} Cos.\, qy\, dy =$

$$= -\int_0^\infty Cos.\, qy\, dy \int_0^\infty e^{-xy} Sin.\, px\, dx = -\int_0^\infty Cos.\, qy\, dy \frac{p}{p^2+y^2} = -q\int_0^\infty \frac{Cos.\, pz\, dz}{q^2+z^2} = -qI,$$

par l'intégrale de Méth. 4, N°. 11 et la substitution de $qy = pz$. Par conséquent $\frac{dI}{I} = -q\, dp$ et $lI = -pq + C'$, $I = Ce^{-pq}$; et comme pour p zéro on a: $\int_0^\infty \frac{dx}{q^2+x^2} = \frac{\pi}{2q} = C$, il vient:

$$I = \int_0^\infty \frac{Cos.\, px\, dx}{q^2+x^2} = \frac{\pi}{2q} e^{-pq} \text{ [269] et } -\frac{dI}{dp} = \int_0^\infty \frac{x\, Sin.\, px\, dx}{q^2+x^2} = \frac{\pi}{2} e^{-pq}. \text{ (T. 205, N°. 5, 6).}$$

5. $I = \int_0^\infty \frac{Cos.\, px\, dx}{q^2-x^2}$ donne: $\frac{dI}{dp} = -\int_0^\infty \frac{x\, Sin.\, px\, dx}{q^2-x^2}$. On en déduit: $2q\, Sin.\, pq.\, I + 2\, Cos.\, pq \frac{dI}{dp} =$

$$= \int_0^\infty \frac{2q\, Sin.\, pq.\, Cos.\, px - 2x\, Cos.\, pq.\, Sin.\, px}{q^2-x^2} dx = \int_0^\infty \frac{Sin.\, \{p(q-x)\}}{q-x} dx + \int_0^\infty \frac{Sin.\, \{p(q+x)\}}{q+x} dx;$$

mais quand on suppose dans ces intégrales respectivement $x - q = y$ et $x + q = z$, leur somme se transforme ainsi: $\int_{-q}^\infty \frac{Sin.\, py dy}{y} + \int_q^\infty \frac{Sin.\, pz dz}{z} = 2\int_0^\infty \frac{Sin.\, py dy}{y} + \int_{-q}^0 \frac{Sin.\, py dy}{y} - \int_0^q \frac{Sin.\, pz dz}{z}$;

$$I = \frac{1}{2p} e^{-\frac{q^2}{p^2}} \left\{ \int_{-\frac{qi}{p}}^\infty e^{-y^2} dy + \int_{\frac{qi}{p}}^\infty e^{-z^2} dz \right\} = \frac{1}{2p} e^{-\frac{q^2}{p^2}} \left\{ 2\int_0^\infty e^{-y^2} dy + \int_{-\frac{qi}{p}}^0 e^{-y^2} dy - \int_0^{\frac{qi}{p}} e^{-z^2} dz \right\};$$

comme ces deux dernières intégrales se détruisent par la substitution de $z = -v$, et que la première a été évaluée Méth. 4, N°. 7, il en résulte la valeur trouvée dans le texte.

[268] Comme on trouve aussi Méth. 43, N°. 6. Pour $x^2 = y$, $p^2 = p$ il vient:

$$\int_0^\infty e^{-px} Sin.\, (2q\sqrt{x})\, dx = \frac{q}{p} e^{-\frac{q^2}{p}} \sqrt{\frac{\pi}{p}}. \text{ (T. 278, N°. 13).}$$

[269] Que l'on a autrement déduite, Méth. 5, N°. 8, Méth. 18, N°. 4, 8, Méth. 25, N°. 2, Méth. 38, N°. 3, Méth. 42, N°. 2, Méth. 43, N°. 14.

Page 519.

or, comme ces deux dernières intégrales se détruisent (quand on suppose $z = -v$) et que la première a été donnée Méth. 6, N°. 5, il vient: $2q\, Sin.pq.\mathrm{I} + 2\, Cos.pq \frac{d\mathrm{I}}{dp} = \pi$. Pour intégrer cette équation différentielle, supposez : $\mathrm{I} = \mathrm{P}\, Cos.\, pq$ (où P est une fonction encore inconnue de p), alors $\frac{d\mathrm{I}}{dp} = -q\mathrm{P}\, Sin.\, pq + Cos.pq \frac{d\mathrm{P}}{dp}$, et par conséquent $\pi = 2q\, Sin.\, pq.\mathrm{P}\, Cos.\, pq + 2\, Cos.\, pq.\left(-q\mathrm{P}\, Sin.\, pq + Cos.\, pq \frac{d\mathrm{P}}{dp}\right) = 2\, Cos.^2\, pq \frac{d\mathrm{P}}{dp}$; d'où $d\mathrm{P} = \frac{\pi}{2} \frac{dp}{Cos.^2\, pq}$, $\mathrm{P} = \frac{\pi}{2q} Tang.pq + \mathrm{C}$, $\mathrm{I} = \frac{\pi}{2q} Sin.pq + \mathrm{C}\, Cos.\, pq$. Pour la valeur spéciale zéro de p, I est nul, et par suite C s'annule; donc on a: $\mathrm{I} = \int_0^\infty \frac{Cos.\, px\, dx}{q^2 - x^2} = \frac{\pi}{2q} Sin.pq$, $-\frac{d\mathrm{I}}{dp} = \int_0^\infty \frac{x\, Sin.\, px\, dx}{q^2 - x^2} = -\frac{\pi}{2} Cos.pq$. (T. 206, N°. 2, 1). [270].

6. Pour l'intégrale $\mathrm{I} = \int_0^\infty e^{-(p+qi)x} x^{r-1}\, dx$, on a: $\frac{d\mathrm{I}}{dq} = -i \int_0^\infty e^{-(p+qi)x} x^r\, dx = \frac{i}{p+qi} \int_0^\infty x^r\, d.\, e^{-(p+qi)x} = \frac{i}{p+qi}\left[\left\{x^r e^{-(p+qi)x}\right\}_0^\infty - r\int_0^\infty e^{-(p+qi)x} x^{r-1}\, dx\right] = \frac{-ri}{p+qi}\mathrm{I}$, donc $\frac{d\mathrm{I}}{\mathrm{I}} = \frac{-ri\, dq}{p+qi}$, $l\mathrm{I} = -rl(p+qi) + \mathrm{C}$, $\mathrm{I} = \frac{\mathrm{C}}{(p+qi)^r}$. Dans le cas de q zéro, cette équation devient à l'aide de Méth. 3, N°. 7 : $\frac{\Gamma(r)}{p^r} = \frac{\mathrm{C}}{p^r}$; donc: $\int_0^\infty e^{-(p+qi)x} x^{r-1}\, dx = \frac{\Gamma(r)}{(p+qi)^r}$. (T. 113, N°. 17). [271].

7. Par les intégrales de Méth. 18, N°. 6 on trouve:

$$\int_0^\infty x^{p-1}\, Sin.\left(\tfrac{1}{2}p\pi - qx\right) dx = 0,\ p < 1 \quad \ldots\ldots\ldots\ldots (1499)$$

Multipliez par $e^{-q}\, dq$, intégrez entre les limites a et ∞, et vous aurez:

---

[270] Sur une autre déduction voyez Méth. 9, N°. 10, Méth. 25, N°. 3, Méth. 43, N°. 14.

[271] Autrement déduite Méth. 18, N°. 2. On la trouve encore sous une forme différente: $\int_0^\infty e^{-(p+qi)r} x^{r-1}\, dx = \frac{\Gamma(r)}{(p^2+q^2)^r}(p-qi)^r = \frac{\Gamma(r)}{\sqrt{(p^2+q^2)^r}} e^{-ri\, Arctg \frac{q}{p}}$, (d'après C. P. 18 et 25), (T. 113, N°. 18).
Page 520.

$$0 = \int_0^\infty x^{p-1}\,dx \int_a^\infty e^{-q}\,Sin.\left(\frac{p\pi}{2} - qx\right) dq = \int_0^\infty x^{p-1}\,dx \left\{ Sin.\frac{p\pi}{2}.\,e^{-q}\frac{x\,Sin.\,qx - Cos.\,qx}{1+x^2} - \right.$$

$$\left. - Cos.\frac{p\pi}{2}.\,e^{-q}\frac{-x\,Cos.\,qx - Sin.\,qx}{1+x^2}\right\}_{q=a}^{q=\infty} = \int_0^\infty x^{p-1}\,dx \left\{ e^{-q}\frac{x\,Cos.\left(\frac{p\pi}{2} - qx\right) - Sin.\left(\frac{p\pi}{2} - qx\right)}{1+x^2}\right\}_a^\infty =$$

$$= \int_0^\infty x^{p-1}\,dx\,(-e^{-a})\,\frac{x\,Cos.\,(\frac{1}{2}p\pi - ax) - Sin.\,(\frac{1}{2}p\pi - ax)}{1+x^2} \quad \ldots\ldots\ldots (1500)$$

Maintenant soit: $I = \int_0^\infty Sin.\,(\frac{1}{2}p\pi - ax)\frac{x^{p-1}\,dx}{1+x^2}$, alors $\frac{dI}{da} = -\int_0^\infty Cos.\,(\frac{1}{2}p\pi - ax)\frac{x^p\,dx}{1+x^2}$ et par la formule obtenue: $I + \frac{dI}{da} = 0$, $\frac{dI}{I} = -da$, $l\,I = C' - a$, $I = C\,e^{-a}$. Pour a zéro on a d'après Méth. 22, N°. 12: $C = \int_0^\infty \frac{x^{p-1}\,dx}{1+x^2}Sin.\frac{p\pi}{2} = Sin.\frac{p\pi}{2}.\frac{\pi}{2}\,Cosec.\frac{p\pi}{2} = \frac{\pi}{2}$, donc:

$$I = \int_0^\infty Sin.\,(\tfrac{1}{2}p\pi - ax)\frac{x^{p-1}\,dx}{1+x^2} = \frac{\pi}{2}e^{-a},\quad -\frac{dI}{da} = \int_0^\infty Cos.\,(\tfrac{1}{2}p\pi - ax)\frac{x^p\,dx}{1+x^2} = \frac{\pi}{2}e^{-a}.$$ (T. 204, N°. 14, 15). Au fond ces deux intégrales ne diffèrent pas.

---

§ 2. MÉTHODE 25. PAR UNE ÉQUATION DIFFÉRENTIELLE D'UN ORDRE SUPÉRIEUR.

1. Il arrive souvent qu'une seule différentiation par rapport à une constante ne suffise pas pour obtenir une relation entre l'intégrale définie primitive et sa différentielle, de sorte qu'il faut avoir recours à des différentiations réitérées. Dès-lors la relation, lorsqu'on en obtient une, aura la forme d'une équation différentielle d'un ordre supérieur, et ne mènera à la valeur de l'intégrale primitive que dans le cas où on sait l'intégrer. [272].

2. Soit $I = \int_0^\infty \frac{Sin.\,px}{q^2+x^2}\frac{dx}{x}$, d'où $\frac{dI}{dp} = \int_0^\infty \frac{Cos.\,px\,dx}{q^2+x^2}$ et $\frac{d^2I}{dp^2} = -\int_0^\infty \frac{x\,Sin.\,px\,dx}{q^2+x^2} =$

$$= \int_0^\infty \frac{Sin.\,px\,dx}{x}\left\{\frac{q}{q^2+x^2} - 1\right\} = q^2\,I \mp \frac{\pi}{2}, \quad \ldots\ldots\ldots\ldots (a)$$

---

[272] Consultez sur cette méthode le Mémoire de POISSON "sur les intégrales définies et sur la sommation des suites" dans le Journal de l'École Polytechnique, Cah. 16, p. 215—246, Cah. 17, p. 612—613, Cah. 18, p. 295—341, Cah. 19, p. 404—509, Cah. 20, p. 222—248.

(selon que p est $>$ ou $<$ 0) d'après Méth. 21, N°. 3. On en tire: $2\frac{dI}{dp}.d\frac{dI}{dp}=2q^2 I dI \mp \pi dI$ et en intégrant: $\left(\frac{dI}{dp}\right)^2 = q^2 I^2 \mp \pi I + C$. Avant d'aller plus loin, déterminons la constante C par la supposition de p zéro; dans ce cas I est zéro et $\frac{dI}{dp} = \int_0^\infty \frac{dx}{q^2+x^2} = \frac{\pi}{2q}$, (Méth. 1, N°. 3), donc: $\left(\frac{\pi}{2q}\right)^2 = 0 \mp 0 + C$ et par conséquent: $\left(\frac{dI}{dp}\right)^2 = \left(qI \mp \frac{\pi}{2q}\right)^2$, d'où $\frac{dI}{dp} = \frac{\pi}{2q} \mp qI$; il faut disposer ainsi des signes, puisque pour p zéro et I zéro, l'équation doit être identique. Maintenant on a: $\frac{\mp q\,dI}{\frac{\pi}{2q}\mp qI} = \mp q\,dp$, et par l'intégration: $l\left(\frac{\pi}{2q}\mp qI\right) = \mp pq + C'$, d'où encore: $\frac{\pi}{2q}\mp qI = C_1\, e^{\mp pq}$.

Prenons de rechef p zéro pour déterminer la constante C_1, il vient, à cause de I zéro: $\frac{\pi}{2q} = C_1$; donc: $qI = \pm\frac{\pi}{2q}(1-e^{\mp pq})$, ou: $I = \int_0^\infty \frac{Sin.px}{q^2+x^2}\frac{dx}{x} = \pm\frac{\pi}{2q^2}(1-e^{\mp pq})$ (T. 212, N°. 12), [273], $\frac{dI}{dp} =$ $= \int_0^\infty \frac{Cos.px\,dx}{q^2+x^2} = \frac{\pi}{2q}e^{\mp pq}$, $-\frac{d^2 I}{dp^2} = \int_0^\infty \frac{x\,Sin\;px\,dx}{q^2+x^2} = \mp\frac{\pi}{2}e^{\mp pq}$, (T. 205, N°. 5, 6), [274], où les signes supérieurs servent pour un p positif, les signes inférieurs au contraire pour un p négatif.

Lorsqu'on a acquis la formule (a), on voudrait peut-être différentier encore une fois par rapport à p, pour éliminer le terme constant $\frac{\pi}{2}$. Supposons $\frac{dI}{dp} = z$, il vient: $\frac{d^3 I}{dp^3} = \frac{d^2 z}{dp^2} = q^2 z$; d'où $2\frac{dz}{dp}d\frac{dz}{dp} = 2q^2 z\,dz$, et en intégrant: $\left(\frac{dz}{dp}\right)^2 = q^2 z^2 + C$. Or, comme $\frac{dz}{dp} = \frac{d^2 I}{dp^2}$ s'annule avec p, C ne s'annule plus, ce qui pourtant est nécessaire; cela tient à la circonstance que la troisième différentiation de I n'est plus permise, en ce qu'elle introduit une intégrale infinie; consultez à ce sujet N°. 30 de la Première Partie.

3. Pour $I = \int_0^\infty \frac{Sin.px}{q^2-x^2}\frac{dx}{x}$ on trouve: $\frac{dI}{dp} = \int_0^\infty \frac{Cos\;px\,dx}{q^2-x^2}$, $\frac{d^2 I}{dp^2} = -\int_0^\infty \frac{x\,Sin.\;px\,dx}{q^2-x^2} =$ $= \int_0^\infty \frac{Sin.px\,dx}{x}\left\{1-\frac{q^2}{q^2-x^2}\right\} = \frac{\pi}{2} - q^2 I$, suivant Méth. 21, N°. 3. Ensuite on en déduit:

---

[273] Déjà trouvée Méth. 18, N°. 4; encore Meth. 43, N°. 14.

[274] Autrement déduites Méth. 5, N°. 8, Méth. 18, N°. 4, 8, Méth. 24, N°. 4, Méth. 38, N°. 3, Méth. 42, N°. 2, Méth. 43, N°. 14.

Page 522.

$2\frac{dI}{dp}d\frac{dI}{dp}=\pi dI-2q^2 I dI$, d'où par intégration $\left(\frac{dI}{dp}\right)^2=\pi I-q^2 I^2+C$. La supposition de $p=0$ donne: $\frac{dI}{dp}=0$ (Méth. 2, N°. 3) et $I=0$, donc $C=0$, et par suite $\frac{dI}{dp}=\sqrt{(\pi I-q^2 I^2)}$, $\frac{dI}{\sqrt{(\pi I-q^2 I^2)}}=dp$, ou en intégrant: $C+p=\frac{1}{q}Arcsin.\frac{2q^2 I-\pi}{\pi}$, $2q^2 I-\pi=\pi Sin.(pq+C)$. Soit encore p zéro, il vient $-\pi=\pi Sin.C$, d'où $C=-\frac{\pi}{2}$, et enfin $2q^2 I-\pi=\pi Sin.(pq-\frac{1}{2}\pi)=$ $=-\pi Cos.pq$; c'est-à-dire $I=\int_0^\infty\frac{Sin.px}{q^2-x^2}\frac{dx}{x}=\frac{\pi}{2q^2}(1-Cos.pq)$, (T. 212, N°. 17), $\frac{dI}{dp}=\int_0^\infty\frac{Cos.px\,dx}{q^2-x^2}=\frac{\pi}{2q}Sin.pq$, $-\frac{d^2I}{dp^2}=\int_0^\infty\frac{x\,Sin.px\,dx}{q^2-x^2}=-\frac{\pi}{2}Cos.pq$. (T. 206, N°. 2, 1). [275].

4. Lorsqu'on applique cette méthode à l'intégrale $I=\int_0^\infty\frac{e^{-px}dx}{q^2+x^2}$, on trouve: $\frac{dI}{dp}=$ $=-\int_0^\infty\frac{e^{-px}x\,dx}{q^2+x^2}$, $\frac{d^2I}{dp^2}=\int_0^\infty\frac{e^{-px}x^2\,dx}{q^2+x^2}=\int_0^\infty e^{-px}dx\left(1-\frac{q^2}{q^2+x^2}\right)=\frac{1}{p}-q^2 I$. Pour intégrer cette équation différentielle, où les variables ne sont plus séparées, comme au N°. précédent, supposons $I=y\,Sin.pq+z\,Cos.pq$, où y et z soient des fonctions inconnues de p; on en déduit par différentiation: $\frac{dI}{dp}=qy\,Cos.pq-qz\,Sin.pq+Sin.pq\frac{dy}{dp}+Cos.pq\frac{dz}{dp}$. Puisqu'on peut disposer de l'une des deux inconnues y et z, simplifions l'équation précédente par la supposition $Sin.pq\frac{dy}{dp}+Cos.pq\frac{dz}{dp}=0$ (a), il reste: $\frac{dI}{dp}=qy\,Cos.pq-qz\,Sin.pq$; différentions-la encore une fois par rapport à p et nous aurons: $\frac{d^2I}{dp^2}=-q^2y\,Sin.pq-q^2z\,Cos.pq+q\,Cos.pq\frac{dy}{dp}-q\,Sin.pq\frac{dz}{dp}$. Maintenant substituons tout ceci dans l'équation différentielle en I, il vient:

$-q^2y\,Sin.pq-q^2z\,Cos.pq+q\,Cos.pq\frac{dy}{dp}-q\,Sin.pq\frac{dz}{dp}=\frac{1}{p}-q^2(y\,Sin.pq+z\,Cos.pq)$, donc:

$$Cos.pq\frac{dy}{dp}-Sin.pq\frac{dz}{dp}=\frac{1}{pq}. \quad \ldots\ldots\ldots\ldots\ldots\ldots (b)$$

La résolution des deux équations (a) et (b) par rapport à $\frac{dy}{dp}$ et $\frac{dz}{dp}$ comme inconnues, donne:

---

[275] Sur une autre déduction voyez Méth. 9, N°. 10, Méth. 24, N°. 5, Méth. 43, N°. 14. Page 523.

$\frac{dy}{dp} = \frac{Cos.pq}{pq}$ et $\frac{dz}{dp} = -\frac{Sin.pq}{pq}$, donc $y = C + \int \frac{Cos.pq\,dp}{pq}$ et $z = C' - \int \frac{Sin.pq\,dp}{pq}$ et par conséquent $I = Sin.pq.\left[C + \int^p \frac{Cos.qx\,dx}{qx}\right] + Cos.pq.\left[C' - \int^p \frac{Sin.qx\,dx}{qx}\right]$. Pour déterminer les constantes, soit en premier lieu p zéro, alors $I = \int_0^\infty \frac{dx}{q^2+x^2} = \frac{\pi}{2q}$; mais $Sin.\ pq$ zéro, donc le premier terme du second membre s'annule. Encore $Cos.\,pq$ est l'unité; et lorsque la dernière intégrale est censée commencer à la limite inférieure zéro, elle s'évanouit. Tout cela nous donne: $C' = \frac{\pi}{2q}$, donc:

$$I = Sin.pq.\left[C + \int^p \frac{Cos.qx\,dx}{qx}\right] + Cos.pq.\left[\frac{\pi}{2q} - \int_0^p \frac{Sin.qx\,dx}{qx}\right] \ldots\ldots\ldots (c)$$

En second lieu soit p infini, alors I s'évanouit; en outre la dernière intégrale devient $\frac{\pi}{2q}$ (Méth. 6, N°. 5), donc le facteur de $Cos.\,pq$ est zéro: et C est nul encore, lorsqu'on commence l'intégration de l'intégrale $\int^p \frac{Cos.qx\,dx}{qx}$ à la limite inférieure l'infini. Par conséquent il est: $I = \frac{1}{q} Sin.pq. \int_\infty^p \frac{Cos.qx\,dx}{x} + \frac{1}{q} Cos.pq. \left[\frac{\pi}{2} - \int_0^p \frac{Sin.px\,dx}{x}\right]$. Or, ces deux intégrales ne sont autre chose par définition que $Ci.(pq)$ et $Si.(pq)$, donc:

$$I = \int_0^\infty \frac{e^{-px}\,dx}{q^2+x^2} = \frac{1}{q}\left[Sin.pq.\,Ci.(pq) + Cos.pq.\left\{\frac{\pi}{2} - Si.(pq)\right\}\right],\ \text{(T. 130, N°. 4), et}$$

$$-\frac{dI}{dp} = \int_0^\infty \frac{e^{-px}\,x\,dx}{q^2+x^2} = -\frac{1}{q}\left[q\,Cos.pq.\,Ci.(pq) + Sin.pq\,\frac{Cos.pq}{p} - q\,Sin.\,pq.\left\{\frac{\pi}{2} - Si.(pq)\right\} + \right.$$

$$\left. + Cos.pq.\left\{0 - \frac{Sin.pq}{p}\right\}\right] = -Cos.pq.\,Ci.(pq) + Sin.pq.\left\{\frac{\pi}{2} - Si.(pq)\right\}.\ \text{(T. 130, N°. 5). [276].}$$

---

[276] On peut encore trouver ces intégrales par Méth. 18 en s'aidant des intégrales de Méth. 4, N°. 11:

$$\int_0^\infty \frac{xe^{-px}dx}{q^2+x^2} = \int_0^\infty e^{-px}dx \int_0^\infty e^{-xy}Cos.qy\,dy = \int_0^\infty Cos.qy\,dy \int_0^\infty e^{-(p+y)x}dx = \int_0^\infty Cos.qy\frac{dy}{p+y} = \int_p^\infty Cos.\{q(z-p)\}\frac{dz}{z},$$

$$\int_0^\infty \frac{qe^{-px}dx}{q^2+x^2} = \int_0^\infty e^{-px}dx \int_0^\infty e^{-xy}Sin.qy\,dy = \int_0^\infty Sin.qy\,dy \int_0^\infty e^{-(p+y)x}dx = \int_0^\infty Sin.qy\frac{dy}{p+y} = \int_p^\infty Sin.\{q(z-p)\}\frac{dz}{z};$$

Page 524.

5. On a au moyen de l'intégration par parties: $\mathrm{I} = \int_0^\infty \frac{Cos.\,px\,dx}{(q^2+x^2)^{a+1}} = \frac{1}{p}\int_0^\infty \frac{1}{(q^2+x^2)^{a+2}}\,d.\,Sin.\,px =$

$= \frac{1}{p}\left[\left\{\frac{Sin.\,px}{(q^2+x^2)^{a+1}}\right\}_0^\infty - \int_0^\infty Sin.\,px \frac{-qx\,dx\,(a+1)}{(q^2+x^2)^{a+2}}\right] = \frac{2(a+1)}{p}\int_0^\infty \frac{x\,Sin.\,px\,dx}{(q^2+x^2)^{a+2}}$, puisque le terme intégré s'évanouit pour les deux limites 0 et ∞ de x. Donc: $p\mathrm{I} = 2(a+1)\int_0^\infty \frac{x\,Sin.\,px\,dx}{(q^2+x^2)^{a+2}}$, et par suite en différentiant: $\frac{d.\,p\mathrm{I}}{dp} = 2(a+1)\int_0^\infty \frac{x^2\,Cos.\,px\,dx}{(q^2+x^2)^{a+2}}$, $\frac{d^2.\,p\mathrm{I}}{dp^2} = -2(a+1)\int_0^\infty \frac{x^3\,Sin.\,px\,dx}{(q^2+x^2)^{a+2}}$; il en résulte $\frac{d^2.\,p\mathrm{I}}{dp^2} - pq^2\,\mathrm{I} = -2(a+1)\int_0^\infty \frac{x\,Sin.\,px\,dx}{(q^2+x^2)^{a+1}} = 2(a+1)\frac{d\mathrm{I}}{dp}$, parce que l'on a: $\frac{d\mathrm{I}}{dp} = -\int_0^\infty \frac{x\,Sin.\,px\,dx}{(q^2+x^2)^{a+1}}$. Encore a-t-on: $\frac{d^2.\,p\mathrm{I}}{dp^2} = p\frac{d^2\,\mathrm{I}}{dp^2} + 2\frac{d\mathrm{I}}{dp}$, donc: $p\frac{d^2\,\mathrm{I}}{dp^2} + 2\frac{d\mathrm{I}}{dp} - pq^2\,\mathrm{I} =$

$= 2(a+1)\frac{d\mathrm{I}}{dp}$, ou $\frac{d^2\,\mathrm{I}}{dp} - \frac{2a}{p}\frac{d\mathrm{I}}{dp} - pq^2\,\mathrm{I} = 0$, équation différentielle dont l'intégrale n'est pas connue sous forme finie et qui ainsi ne nous mène pas au but, mais que nous avons déduite, pour faire remarquer le tour de calcul, qui y mène. [277].

6. L'intégrale $\mathrm{I} = \int_0^\infty \frac{Sin.\,px}{r^2\,e^{2qi}+x^2}\frac{dx}{x}$ donne: $\frac{d\mathrm{I}}{dp} = \int_0^\infty \frac{Cos.\,px\,dx}{r^2\,e^{2qi}+x^2}$, $\frac{d^2\,\mathrm{I}}{dp^2} = -\int_0^\infty \frac{x\,Sin.\,px\,dx}{r^2\,e^{2qi}+x^2} =$

$= \int_0^\infty \frac{Sin.\,px\,dx}{x}\left\{-1 + \frac{-r^2\,e^{2qi}}{r^2\,e^{2qi}+x^2}\right\} = -\frac{\pi}{2} + r^2\,e^{2qi}\mathrm{I} = r^2\,e^{2qi}\left\{\mathrm{I} - \frac{\pi}{2r^2}e^{-2qi}\right\}$, d'où

$\frac{d^2\left(\mathrm{I} - \frac{\pi}{2\,r^2}e^{-2qi}\right)}{\mathrm{I} - \frac{\pi\,e^{-2qi}}{2\,r^2}} = r^2\,e^{2qi}$. L'intégrale de cette équation différentielle est en général

---

où l'on a substitué $z = y + p$. Dans les dernières intégrales, après les avoir développées, faites usage des intégrales de Méth. 7, N°. 2, pour obtenir les résultats du texte. Encore peut-on partir avec SCHLÖMILCH (*) de la formule (c) en développant les intégrales suivant q, en multipliant par $e^{-q}\,dq$ et en intégrant alors entre les limites 0 et ∞. Il trouve, (lorsqu'on corrige la faute qui s'y est glissée dans une intégrale substituée) $\frac{1}{4}\pi = \frac{1}{4}\pi - (\frac{1}{4}\,Arctg.\,2 - \frac{1}{8}\,l\,5) + \frac{1}{2}\,\mathrm{C} - \frac{1}{2}\,\mathrm{A} - \frac{1}{4}\,l\,2 + \frac{1}{8}\,\pi - (\frac{1}{8}\,l\,\frac{5}{4} + \frac{1}{4}\,Arctg.\,\frac{1}{2})$, donc C = A, la constante de la Cosinus Intégrale, et par suite il revient à notre résultat dans le texte.

[277] Voyez sur cet artifice de calcul SERRET, Journal de Liouville, T. 9, p. 193.

(*) SCHLÖMILCH, Journal von Crelle, Bd. 33, S. 325.

Page 525.

$\mathrm{I} - \frac{\pi}{2r^2} e^{-2qi} = \mathrm{C}_1 e^{pre^{qi}} + \mathrm{C}_2 e^{-pre^{qi}}$. Quand p augmente, l'intégrale ne peut augmenter indéfiniment, puisque toujours $-1 < Sin.\, p\, x < 1$: il faut par suite que C_1 soit zéro. Pour déterminer C_2 prenons p zéro, alors I est nul et l'on trouve $\mathrm{C}_2 e^0 = 0 - \frac{\pi}{2r^2} e^{-2qi}$, donc enfin:

$$\mathrm{I} = \int_0^\infty \frac{Sin.\, px}{r^2 e^{2qi} + x^2} \frac{dx}{x} = \frac{\pi}{2r^2} e^{-2qi} \{1 - e^{-pre^{qi}}\}, \quad \ldots \ldots \quad (1501)$$

$$\frac{d\mathrm{I}}{dp} = \int_0^\infty \frac{Cos.\, px\, dx}{r^2 e^{2qi} + x^2} = \frac{\pi}{2r} e^{-qi} e^{-pre^{qi}}, \quad \ldots \ldots \quad (1502)$$

$$-\frac{d^2\mathrm{I}}{dp^2} = \int_0^\infty \frac{x\, Sin.\, px\, dx}{r^2 e^{2qi} + x^2} = \frac{\pi}{2} e^{-pre^{qi}}. \quad \ldots \ldots \quad (1503)$$

Dans ces intégrales prenons $-q$ au lieu de q, ce qui ne change en rien le raisonnement précédent et soustrayons les résultats respectifs; il vient:

$$\int_0^\infty \frac{Sin.\, px}{r^4 + 2r^2 x^2 Cos.\, 2q + x^4} \frac{dx}{x} = \frac{\pi}{2r^4} \left\{1 - e^{pr\, Cos.\, q} \frac{Sin.\, (2q + pr\, Sin.\, q)}{Sin.\, 2q}\right\}, \quad \ldots \quad (1504)$$

$\int_0^\infty \frac{Cos.\, px\, dx}{r^4 + 2r^2 x^2 Cos.\, 2q + x^4} = \frac{\pi}{2r^3} e^{-pr\, Cos.\, q} \frac{Sin.\, (q + pr\, Sin.\, q)}{Sin.\, 2q}$, $\int_0^\infty \frac{x\, Sin.\, px\, dx}{r^4 + 2r^2 x^2 Cos.\, 2q + x^4} = \frac{\pi}{2r^2} e^{-pr\, Cos.\, q} \frac{Sin.\, (pr\, Sin.\, q)}{Sin.\, 2q}$. (T. 210, N°. 8, 7). Comme il est permis de différentier encore deux fois, on obtient ainsi: $\int_0^\infty \frac{x^2\, Cos.\, px\, dx}{r^4 + 2r^2 x^2 Cos.\, 2q + x^4} = \frac{\pi}{2r} e^{-pr\, Cos.\, q} \frac{Sin.\, (q - pr\, Sin.\, q)}{Sin.\, 2q}$, $\int_0^\infty \frac{x^3\, Sin.\, px\, dx}{r^4 + 2r^2 x^2 Cos.\, 2q + x^4} = \frac{\pi}{2} e^{-pr\, Cos.\, q} \frac{Sin.\, (2q - pr\, Sin.\, q)}{Sin.\, 2q}$. (T. 210, N°. 10, 9). [278].

---

[278] Lorsque dans les intégrales du texte T. 210, N°. 8, 10 on prend $r^2\, Cos.\, 2q = s^2, r^4 = s^4 + t^2$, $r\, Cos.\, q = \sqrt{\frac{\sqrt{(s^4 + t^2)} + s^2}{2}} = \lambda$, $r\, Sin.\, q = \sqrt{\frac{\sqrt{(s^4 + t^2)} - s^2}{2}} = \mu$, d'où encore $r^2\, Sin.\, 2q = t$, $r^2 = \lambda^2 + \mu^2$, il vient pour T. 210, N°. 8 et pour la somme de cette intégrale et de T. 210, N°. 10, multipliée par $r^2\, Cos.\, 2q$:

$$\int_0^\infty \frac{Cos.\, px\, dx}{(x^2 + s^2)^2 + t^2} = \frac{\pi}{2t} \frac{e^{-p\lambda}}{\sqrt{(s^4 + t^2)}} (\mu\, Cos.\, p\mu + \lambda\, Sin.\, p\mu) \quad \ldots \ldots \quad (1505)$$

$$\int_0^\infty \frac{x^2 + s^2}{(x^2 + s^2)^2 + t^2} Cos.\, px\, dx = \frac{\pi e^{-p\lambda}}{2\sqrt{(s^4 + t^2)}} (\lambda\, Cos.\, p\mu - \mu\, Sin.\, p\mu). \quad \ldots \quad (1506)$$

Pour $p = 2s$ on a T. 210, N°. 6, 5 (après y avoir corrigé la dernière).
Page 526

Pour la valeur zéro de q les seconds membres deviennent tous $\frac{0}{0}$: par la règle usuelle dans ce cas on obtient:

$$\int_0^\infty \frac{Sin.\,px}{(r^2+x^2)^2}\frac{dx}{x} = \frac{\pi}{2r^4}\left\{1 - e^{-pr}\frac{2+pr}{2}\right\}, \ldots\ldots\ldots\ldots (1507)$$

$$\int_0^\infty \frac{Cos.\,px\,dx}{(r^2+x^2)^2} = \frac{\pi}{2r^3}e^{-pr}\frac{1+pr}{2},\ \int_0^\infty \frac{x\,Sin.\,px\,dx}{(r^2+x^2)^2} = \frac{\pi}{2r^2}e^{-pr}\frac{pr}{2} = \frac{p\pi}{4r}e^{-pr},\ \int_0^\infty \frac{x^2\,Cos.\,px\,dx}{(r^2+x^2)^2} =$$

$$= \frac{\pi}{2r}e^{-pr}\frac{1-pr}{2},\ \int_0^\infty \frac{x^3\,Sin.\,px\,dx}{(r^2+x^2)^2} = \frac{\pi}{2}e^{-pr}\frac{2-pr}{2}.$$ (T. 208, N°. 7, 3, 8, 4). [279].

Pour $q = \frac{\pi}{4}$ au contraire on a $Cos.\,2q = 0$, donc, lorsqu'on prend $2p$ pour p:

$$\int_0^\infty \frac{Sin.\,2px}{r^4+x^4}\frac{dx}{x} = \frac{\pi}{2r^4}\left\{1 - e^{-pr\sqrt{2}}\,Cos.\,(pr\sqrt{2})\right\}, \ldots\ldots\ldots (1508)$$

$$\int_0^\infty \frac{Cos.\,2px\,dx}{r^4+x^4} = \frac{\pi\sqrt{2}}{4r^3}e^{-pr\sqrt{2}}\{Sin.(pr\sqrt{2}) + Cos.(pr\sqrt{2})\},\ \int_0^\infty \frac{x\,Sin.\,2px\,dx}{r^4+x^4} = \frac{\pi}{2r^2}e^{-pr\sqrt{2}}Sin.(pr\sqrt{2}),$$

$$\int_0^\infty \frac{x^2\,Cos.\,2px\,dx}{r^4+x^4} = \frac{\pi\sqrt{2}}{4r}e^{-pr\sqrt{2}}\{Cos.(pr\sqrt{2}) - Sin.(pr\sqrt{2})\},\ \int_0^\infty \frac{x^3\,Sin.\,2px\,dx}{r^4+x^4} = \frac{\pi}{2}e^{-pr\sqrt{2}}\,Cos.(pr\sqrt{2}).$$

(T. 207, N°. 5, 7, 6, 8).

---

§ 3. MÉTHODE 26. PAR DEUX ÉQUATIONS DIFFÉRENTIELLES SIMULTANÉES.

1. Quelquefois il se peut que deux intégrales définies soient de telle nature, que de leurs différentielles par rapport à quelque constante chacune peut se lier en équation algébrique avec l'intégrale, dont elle ne dépend pas. Dès-lors on a deux équations différentielles simultanées qui souvent peuvent donner lieu à une solution élégante [280].

2. Soit par exemple: $I = \int_0^\infty e^{-px}\,Cos.\,qx.\,x^{r-1}\,dx$, $K = \int_0^\infty e^{-px}\,Sin.\,qx.\,x^{r-1}\,dx$. Alors on a d'une part: $\frac{dI}{dq} = -\int_0^\infty e^{-px}\,Sin.\,qx.\,x^r\,dx$, $\frac{dK}{dq} = \int_0^\infty e^{-px}\,Cos.\,qx.\,x^r\,dx$, mais aussi d'une autre part

---

[279] Autrement déduites Méth. 32, N°. 2.

[280] Voyez sur cette Méthode due à LAPLACE: POISSON, Journ. de l'Éc. Polyt. Cah. 16, p. 215. — SCHLÖMILCH, Grunert's Archiv, Th. 7, S. 270.

par l'intégration partielle :

$$rI=\int_0^\infty e^{-px}\,Cos.qx.d.x^r=e^{-px}Cos.qx.x^r\Big\}_0^\infty-\int_0^\infty x^r dx\{-pe^{-px}Cos.qx-qe^{-px}Sin.qx\}=p\frac{dK}{dq}-q\frac{dI}{dq},$$

$$rK=\int_0^\infty e^{-px}Sin.qx.d.x^r=e^{-px}Sin.qx.x^r\Big\}_0^\infty-\int_0^\infty x^r dx\{-pe^{-px}Sin.qx+qe^{-px}Cos.qx\}=-p\frac{dI}{dq}-q\frac{dK}{dq}.$$

Dans ces deux équations les termes intégrés s'évanouissent pour la limite ∞ de x, puisque $x^r e^{-px}$ est nul alors: de même ils s'annulent pour la limite zéro de x, puisqu'elle annule le facteur x^r; de plus on y a substitué les valeurs $\frac{dI}{dq}$ et $\frac{dK}{dq}$, trouvées précédemment. Ces deux équations nous fournissent maintenant: $\frac{dI}{dq}=-\frac{r}{p^2+q^2}(pK+qI)$, $\frac{dK}{dq}=-\frac{r}{p^2+q^2}(qK-pI)$, et l'on voit que ces différentielles dépendent de I et de K simultanément. On en déduit:

$$I\frac{dI}{dq}+K\frac{dK}{dq}=-\frac{r}{p^2+q^2}\{pIK+qI^2+qK^2-pIK\}=\frac{-r}{p^2+q^2}(qI^2+qK^2),\ \text{d'où}\ \frac{1}{2}\frac{d.(I^2+K^2)}{dq}=$$

$$-\frac{qr}{p^2+q^2}(I^2+K^2);\ \frac{1}{2}d.l(I^2+K^2)=\frac{-qr\,dq}{p^2+q^2},\ \frac{1}{2}l(I^2+K^2)=\frac{1}{2}r\,l(p^2+q^2)+C\ \ldots\ldots\ (a)$$

successivement. Encore a-t-on :

$$I\frac{dK}{dq}-K\frac{dI}{dq}=-\frac{r}{p^2+q^2}(qIK-pI^2-pK^2-qIK=\frac{-r}{p^2+q^2}(-pI^2-pK^2),$$

d'où successivement:

$$\frac{I\frac{dK}{dq}-K\frac{dI}{dq}}{I^2+K^2}=\frac{d.\,Arctg.\left(\frac{K}{I}\right)}{dq}=\frac{pr}{p^2+q^2},\ Arctg.\left(\frac{K}{I}\right)=r\,Arctg.\left(\frac{q}{p}\right)+C'\ \ldots\ldots\ (b)$$

Pour déterminer les constantes dans ces deux équations (a) et (b), soit q zéro, ce qui rend K zéro et $I=\int_0^\infty e^{-px}x^{r-1}dx=\frac{\Gamma(r)}{p^r}$ (suivant Méth. 3, N$^{\circ}$. 7), de sorte que $\frac{1}{2}l\left\{\left(\frac{\Gamma(r)}{p^r}\right)^2+0\right\}=$

$=-\frac{r}{2}l(p^2+0)+C$, $C=l\Gamma(r)$, $Arctg.\infty=r\,Arctg.\infty+C'$, $C'=0$. Par la substitution de ces valeurs les équations (a) et (b) deviennent:

$$\frac{1}{2}l(I^2+K^2)=-\frac{r}{2}l(p^2+q^2)+l\Gamma(r),\ \text{ou}\ I^2+K^2=\frac{\{\Gamma(r)\}^2}{(p^2+q^2)^r},\ \ldots\ldots\ (c)$$

$$Arctg.\left(\frac{K}{I}\right)=r\,Arctg.\frac{q}{p},\ \text{ou}\ r\,Arctg.\left(\frac{q}{p}\right)=Arcsin.\left\{\frac{K}{\sqrt{(K^2+I^2)}}\right\}=Arcsin.\left\{\frac{K(p^2+q^2)^{\frac{1}{2}r}}{\Gamma(r)}\right\},\ .\ (d)$$

$$=Arccos.\left\{\frac{I}{\sqrt{(K^2+I^2)}}\right\}=Arccos.\left\{\frac{I(p^2+q^2)^{\frac{1}{2}r}}{\Gamma(r)}\right\},\ \ldots\ldots\ldots\ (e)$$

lorsqu'on y introduit la valeur de $I^2 + K^2$, donnée dans l'équation (c). Donc ces equations (d) et (e) nous donnent enfin: $\frac{K(p^2+q^2)^{\frac{1}{2}r}}{\Gamma(r)} = Sin.\left(r\, Arctg.\frac{q}{p}\right)$, $\frac{I(p^2+q^2)^{\frac{1}{2}r}}{\Gamma(r)} = Cos.\left(r\, Arctg.\frac{q}{p}\right)$, ou bien:

$$I = \int_0^\infty e^{-px} Cos.\, qx.\, x^{r-1}\, dx = \frac{\Gamma(r)}{(p^2+q^2)^{\frac{1}{2}r}} Cos.\left(r\, Arctg.\frac{q}{p}\right),\ K = \int_0^\infty e^{-px} Sin.\, qx.\, x^{r-1}\, dx =$$

$$= \frac{\Gamma(r)}{(p^2+q^2)^{\frac{1}{2}r}} Sin.\left(r\, Arctg.\frac{q}{p}\right).$$ (T. 386, N°. 17 et 21). [281].

3. Prenons encore: $I = \int_0^\infty Cos.\,(px^2) \frac{dx}{1+x^2}$, $K = \int_0^\infty Sin.\,(px^2) \frac{dx}{1+x^2}$, alors nous avons:

$\frac{dI}{dp} = -\int_0^\infty Sin.\,(px^2) \frac{x^2\, dx}{1+x^2}, \frac{dK}{dp} = \int_0^\infty Cos.\,(px^2) \frac{x^2\, dx}{1+x^2}$, donc d'après Méth. 18, N°. 6:

$I + \frac{dK}{dp} = \int_0^\infty Cos.\,(px^2)\, dx = \frac{1}{2}\sqrt{\frac{\pi}{2p}}$, $K - \frac{dI}{dp} = \int_0^\infty Sin.\,(px^2)\, dx = \frac{1}{2}\sqrt{\frac{\pi}{2p}}$. Différentions ces équations encore une fois pour séparer les variables; on obtient: $\frac{dI}{dp} + \frac{d^2K}{dp^2} = -\frac{1}{4p}\sqrt{\frac{\pi}{2p}}$, $\frac{dK}{dp} - \frac{d^2I}{dp^2} = -\frac{1}{4p}\sqrt{\frac{\pi}{2p}}$. L'élimination de $\frac{dI}{dp}$ et de $\frac{dK}{dp}$ entre ces quatre équations nous conduit à notre but, car alors il vient:

$$I + \frac{d^2I}{dp^2} = \frac{2p+1}{4p\sqrt{p}}\sqrt{\frac{\pi}{2}}, \ldots\ldots (a) \qquad K + \frac{d^2K}{dp^2} = \frac{2p-1}{4p\sqrt{p}}\sqrt{\frac{\pi}{2}}. \ldots\ldots (b)$$

Les intégrales de ces équations sont en général:

$$I = \varphi\, Cos.\, p + \chi\, Sin.\, p,\ K = \psi\, Cos.\, p + \xi\, Sin.\, p, \ldots\ldots\ldots\ldots\ldots (c)$$

où φ, χ, ψ et ξ sont des fonctions de p; on tire de cette supposition:

---

[281] Autrement déduites Méth. 18, N°. 2, 3, et pour r entier encore Méth. 3, N°. 7, Méth. 33, N°. 5. Dans le cas spécial de $r = \frac{1}{2}$ on en déduit:

$$\int_0^\infty e^{-px} Cos.\, qx \frac{dx}{\sqrt{x}} = \frac{\Gamma(\frac{1}{2})}{(p^2+q^2)^{\frac{1}{4}}} Cos.\left(\tfrac{1}{2} Arctg.\frac{q}{p}\right) = \sqrt{\left\{\frac{\pi}{2} \frac{\sqrt{(p^2+q^2)}+p}{p^2+q^2}\right\}},$$

$$\int_0^\infty e^{-px} Sin.\, qx \frac{dx}{\sqrt{x}} = \frac{\Gamma(\frac{1}{2})}{(p^2+q^2)^{\frac{1}{4}}} Sin.\left(\tfrac{1}{2} Arctg.\frac{q}{p}\right) = \sqrt{\left\{\frac{\pi}{2} \frac{\sqrt{(p^2+q^2)}-p}{p^2+q^2}\right\}}.$$ (T. 398, N°. 6 et 5).

Pour $x = y^2$ les premières valeurs de ces intégrales donnent encore les intégrales T. 280, N°. 25, 26 de Méth. 18, N°. 13.

$\frac{dI}{dp} = -\varphi\, Sin.\, p + \chi\, Cos.\, p + Cos.\, p\, \frac{d\varphi}{dp} + Sin.\, p\, \frac{d\chi}{dp}$; et en supposant $Cos.\, p\, \frac{d\varphi}{dp} + Sin.\, p\, \frac{d\chi}{dp} = 0$..(d)

encore: $\frac{d^2 I}{dp^2} = -\varphi\, Cos.\, p - \chi\, Sin.\, p - Sin.\, p\, \frac{d\varphi}{dp} + Cos.\, p\, \frac{d\chi}{dp} =$

$$= -I - Sin.\, p\, \frac{d\varphi}{dp} + Cos.\, p\, \frac{d\chi}{dp}; \quad \ldots\ldots\ldots \quad (e)$$

donc suivant la condition (a) :

$$-Sin.\, p\, \frac{d\varphi}{dp} + Cos.\, p\, \frac{d\chi}{dp} = \frac{2p+1}{4\, p \sqrt{p}} \sqrt{\frac{\pi}{2}}. \quad \ldots\ldots\ldots\ldots \quad (f)$$

La combinaison des équations (d) et (f) nous donne enfin: $\frac{d\varphi}{dp} = -\frac{2p+1}{4\, p\sqrt{p}} Sin.\, p\, .\sqrt{\frac{\pi}{2}}$, $\frac{d\chi}{dp} = \frac{2p+1}{4\, p\sqrt{p}} Cos.\, p\, .\sqrt{\frac{\pi}{2}}$. De la même manière en obtient par (b) et (c): $\frac{d\psi}{dp} = -\frac{2p-1}{4p\sqrt{p}} Sin.\, p\, .\sqrt{\frac{\pi}{2}}$, $\frac{d\xi}{dp} = \frac{2p-1}{4\, p\sqrt{p}} Cos.\, p\, .\sqrt{\frac{\pi}{2}}$. Lorsqu'il serait possible de tirer de ces quatre équations différentielles les valeurs de φ, χ, ψ et ζ, on n'aurait qu'à les substituer dans les formules (c) pour obtenir les valeurs des intégrales; mais comme l'intégration mentionnée n'est pas possible, nous n'aurons que les relations: $\int_0^\infty \frac{Cos.\,(px^2)\, dx}{1+x^2} = \frac{\pi}{2} + \frac{1}{4}\sqrt{\frac{\pi}{2}} \int_0^p \frac{2x+1}{x\sqrt{x}}\, Sin.\,(p-x)\, dx$, $\int_0^\infty \frac{Sin.\,(px^2)\, dx}{1+x^2} = \frac{1}{4}\sqrt{\frac{\pi}{2}} \int_0^p \frac{2x-1}{x\sqrt{x}}\, Sin.\,(p-x)\, dx$; où nous avons ajouté à la première le terme $\frac{\pi}{2}$, afin que les deux équations deviennent identiquement nulles pour la valeur zéro de p: c'est la seule constante que les diverses intégrations introduisent dans le calcul.

SECTION SIXIÈME.

MÉTHODES POUR DÉDUIRE D'UNE INTÉGRALE DÉFINIE CONNUE D'AUTRES INTÉGRALES DÉFINIES.

---

§ 1. MÉTHODE 27. PAR VOIE D'ADDITION ET DE SOUSTRACTION.

1. Plusieurs de ces méthodes, qui nous ont servi à réduire une intégrale définie de telle sorte, que l'on parvient à un résultat d'évaluation, nous peuvent servir encore à déduire de nouveaux

résultats de quelque intégrale définie connue; et c'est ce que nous avons fait souvent dans les Notes par exemple, pour obtenir les intégrales, dont nous avions besoin quelque autre part.

Maintenant nous allons donner une exposition suivie de ces applications, dans la vue de faire ressortir toute l'utilité de ces méthodes.

2. Commençons par l'addition et la soustraction de quelques intégrales, évaluées précédemment. Ainsi les formules (7) (Méth. 1, N°. 4) et (207) (Méth. 2, N°. 6) donnent:

$$\int_0^\infty \frac{1}{p^2+x^2}\frac{dx}{q^2-x^2} = \frac{1}{p^2+q^2}\frac{\pi}{2p}, \ldots (1509), \qquad \int_0^\infty \frac{x}{p^2+x^2}\frac{dx}{q^2-x^2} = \frac{1}{p^2+q^2} l\frac{q}{p}. \ldots (1510)$$

De même les autres (8) (Méth. 1, N°. 4) et (208) (Méth. 2, N°. 6) donnent (1510) et:

$$\int_0^\infty \frac{x^2}{p^2+x^2}\frac{dx}{q^2-x^2} = \frac{-1}{p^2+q^2}\frac{p\pi}{2}.$$ (T. 24, N°. 11). (Pour $q=1$, on a T. 24, N°. 13, 12, 14). [282].

3. Dans T. 5, N°. 6 (Méth. 38, N°. 6) prenons $x=y^2$ et $p=\frac{1}{2}q$, alors il est:

$$\int_0^1 \frac{x^{q-1}-x^{1-q}}{1-x^2}dx = \frac{\pi}{2} Cot.\tfrac{1}{2}q\pi,$$ (T. 5, N°. 12), qui devient pour $1-q$ au lieu de q:

$$\int_0^1 \frac{x^{-q}-x^q}{1-x^2}dx = \frac{\pi}{2} Tang.\tfrac{1}{2}q\pi.$$ (T. 5, N°. 13). [283]. Leur différence n'est autre chose que l'intégrale primitive (T. 5, N°. 6), mais leur somme donne, après que l'on a ôté le facteur $1-x$, commun au numérateur et au dénominateur de la fraction sous le signe d'intégration:

$$\int_0^1 \frac{x^{p-1}+x^{-p}}{1+x}dx = \pi\, Cosec.\, p\pi.$$ [284]. (T. 5, N°. 1). Divisons cette intégrale en deux parties

---

[282] Pour $x = q\, Tang.\, y$ on a:

$$\int_0^{\frac{\pi}{2}} \frac{Cos.^2 x}{p^2 Cos.^2 x + q^2 Sin.^2 x}\frac{dx}{Cos.\, 2x} = \frac{q}{p^2+q^2}\frac{\pi}{2p}, \ldots\ldots\ldots (1511)$$

$$\int_0^{\frac{\pi}{2}} \frac{Tang.\, 2x\, dx}{p^2 Cos.^2 x + q^2 Sin.^2 x} = \frac{2}{p^2+q^2} l\frac{q}{p}, \ldots\ldots\ldots (1512)$$

$$\int_0^{\frac{\pi}{2}} \frac{Sin.^2 x}{p^2 Cos. x + q^2 Sin.^2 x}\frac{dx}{Cos.\, 2x} = \frac{-p}{p^2+q^2}\frac{\pi}{2q} \ldots\ldots\ldots (1513)$$

Pour p ou q égal à l'unité les deux intégrales extrêmes fournissent T. 68, N°. 7, 8 ou N°. 5, 6.

[283] Déjà déduite Méth. 7, N°. 10.

[284] Voyez en outre Méth. 22, N°. 12.

Page 531.

aux numérateurs x^{p-1} et x^{-p}; substituons dans la seconde $x = \frac{1}{y}$, elle devient égale à la première sauf les limites, qui ici sont 1 et ∞; donc on peut prendre une seule intégrale entre les limites 0 et ∞, et il vient: $\int_0^\infty \frac{x^{p-1}\,dx}{1+x} = \pi\, Sin.\, p\,\pi$. (T. 18, N°. 2) [285]. Ensuite Méth. 1, N°. 2 on a trouvé: $\int_0^1 x^{p-1}\,dx = \int_0^1 \frac{x^{p-1}+x^p}{1+x}\,dx = \frac{1}{p}$; donc en en soustrayant l'intégrale T. 5, N°. 1:

$$\int_0^1 \frac{x^p - x^{-p}}{1+x}\,dx = \frac{1}{p} - \pi\, Cosec.\, p\,\pi. \quad \ldots \ldots \ldots \ldots \quad (1514)$$

4. Dans T. 25, N°. 13 (Méth. 22, N°. 2) prenez $q^2 = s^2 + r^2$, $q\, Cos.\, \lambda = s$, $q\, Sin.\, \lambda = r$, $Tang.\, \lambda = \frac{r}{s}$, il vient: $\int_0^\infty \frac{x^p\,dx}{r^2+(s+x)^2} = \frac{\pi (s^2+r^2)^{\frac{p-1}{2}}}{Sin.\, p\,\pi} \frac{Sin.\left(p\, Arctg.\frac{r}{s}\right)}{Sin.\left(Arctg.\frac{r}{s}\right)}$; pour $1-p$ au lieu de p, c'est T. 25, N°. 11. Changez p en $p-1$ et prenez la somme: $\int_0^\infty \frac{s+x}{r^2+(s+x)^2} x^{p-1}\,dx =$

$= \frac{\pi (s^2+r^2)^{\frac{p-1}{2}}}{Sin.\, p\,\pi} Cos.\left\{(p-1)\, Arctg.\frac{r}{s}\right\}$. . . (1515); pour $1-p$ au lieu de p, c'est T. 26, N°. 3.

5. Pour déduire quelques résultats de T. 55, N°. 6 (Méth. 23, N°. 24) on a pour $x = -y$ identiquement: $\int_{-\frac{1}{2}\pi}^0 Cos.^p x.\, Cos.\, qx\,dx = \int_0^{\frac{\pi}{2}} Cos.^p x.\, Cos.\, qx\,dx$, $\int_{-\frac{\pi}{2}}^0 Cos.^p x.\, Sin.\, qx\,dx = -\int_0^{\frac{\pi}{2}} Cos.^p x.\, Sin.\, qx\,dx$,

donc: $\int_{-\frac{1}{2}\pi}^{\frac{1}{2}\pi} Cos.^p x.\, Sin.\, qx\,dx = 0$, $\int_{-\frac{1}{2}\pi}^{\frac{1}{2}\pi} Cos.^p x.\, Cos.\, qx\,dx = \frac{\pi\,\Gamma(p+1)}{2^p\,\Gamma\left(\frac{p+q}{2}+1\right)\Gamma\left(\frac{p-q}{2}+1\right)}$. (T. 93, N°. 3, 2). Multipliez-les par $Sin.\, \frac{1}{2} q\pi$ et $Cos.\, \frac{1}{2} q\pi$, ou par $-Cos.\, \frac{1}{2} q\pi$ et $Sin.\, \frac{1}{2} q\pi$ respectivement, et prenez la somme des résultats, vous obtiendrez:

$$\int_{-\frac{1}{2}\pi}^{\frac{1}{2}\pi} Cos.^p x.\, Cos.\,(\tfrac{1}{2} q\pi - qx)\,dx = \frac{\pi}{2^q} \frac{\Gamma(p+1)\, Cos.\, \frac{1}{2} q\pi}{\Gamma\left(\frac{p+q}{2}+1\right)\Gamma\left(\frac{p-q}{2}+1\right)}, \quad \int_{-\frac{1}{2}\pi}^{\frac{1}{2}\pi} Cos.^p x.\, Sin.\,(\tfrac{1}{2} q\pi - qx)\,dx =$$

---

[285] Sur une autre déduction voyez Méth. 1, N°. 29, Méth. 22, N°. 12, Méth. 38, N° 4. Page 532.

$= \frac{\pi}{2^q} \frac{\Gamma(p+1) Sin. \frac{1}{2} q\pi}{\Gamma\left(\frac{p+q}{2}+1\right)\Gamma\left(\frac{p-q}{2}+1\right)}$. (T. 93, N°. 4, 5). Substituez maintenant $\frac{1}{2}\pi - x = y$, alors vous trouverez: $\int_0^\pi Sin.^p x . Cos. qx\, dx = \frac{\pi}{2^p} \frac{\Gamma(p+1) Cos. \frac{1}{2} q\pi}{\Gamma\left(\frac{p+q}{2}+1\right)\Gamma\left(\frac{p-q}{2}+1\right)}$, $\int_0^\pi Sin.^p x . Sin. qx\, dx =$ $= \frac{\pi}{2^p} \frac{\Gamma(p+1) Sin. \frac{1}{2} q\pi}{\Gamma\left(\frac{p+q}{2}+1\right)\Gamma\left(\frac{p-q}{2}+1\right)}$. (T. 78, N°. 19, 18). Dans le cas de $p = q$ on verra les fonctions Gamma s'éliminer et l'on a: $\int_0^\pi Sin.^p x . Cos. px\, dx = \frac{\pi}{2^p} Cos. \frac{1}{2} p\pi$, $\int_0^\pi Sin.^p . Sin. px\, dx =$ $= \frac{\pi}{2^p} Sin. \frac{1}{2} p\pi$. (T. 78, N°. 17, 16).

6. Dans les intégrales T. 38, N°. 16, 17 (Méth. 22, N°. 14) prenez successivement $p = r + q$ et $= r - q$, et combinez les résultats par voie d'addition et de soustraction pour la première intégrale, et par voie d'addition seulement pour la seconde; il vient:

$$\int_0^\infty \frac{(e^{2rx}+e^{-2rx})(e^{2qx}+e^{-2qx})}{e^{\pi x}+e^{-\pi x}} dx = \frac{2\, Cos. r . Cos. q}{Cos. 2r + Cos. 2q}, \int_0^\infty \frac{(e^{2rx}-e^{-2rx})(e^{2qx}-e^{-2qx})}{e^{\pi x}+e^{-\pi x}} dx = \frac{2\, Sin. r . Sin. q}{Cos. 2r + Cos. 2q},$$

$$\int_0^\infty \frac{(e^{2rx}-e^{-2rx})(e^{2qx}+e^{-2qx})}{e^{\pi x}-e^{-\pi x}} dx = \frac{Sin. 2r}{Cos. 2r + Cos. 2q}.$$ (T. 38, N°. 14, 15, 18).

7. La somme de T. 127, N°. 4 (Méth. 9, N°. 22) et de T. 133, N°. 1 (Méth. 1, N°. 32), après que nous y avons changé x en qy, donne:

$$\int_0^\infty \left(\frac{1}{1+qx} - e^{-px}\right) \frac{dx}{x} = A + l\frac{p}{q}. \quad \ldots \ldots \ldots \quad (1516)$$

Pour $q = 1$ il est: $\int_0^\infty \left(\frac{1}{1+x} - e^{-px}\right) \frac{dx}{x} = A + lp$. (T. 133, N°. 2). Mais comme T. 24, N°. 5 (Méth. 9, N°. 7) peut s'écrire: $\int_0^\infty \left(\frac{1}{1+x^2} - \frac{1}{1+x}\right) \frac{dx}{x} = 0$, leur somme donne:

$$\int_0^\infty \left(\frac{1}{1+x^2} - e^{-px}\right) \frac{dx}{x} = A + lp. \quad \ldots \ldots \ldots \quad (1517)$$

(d'où pour $p = 1$: T. 133, N°. 5). [286]. Changez-y x en qx et p en $\frac{p}{q}$, vous aurez:

[286] Autrement déduite Méth. 44, N°. 3.

Page 533.

$$\int_0^\infty \left(\frac{1}{1+q^2x^2} - e^{-px}\right)\frac{dx}{x} = \mathrm{A} + l\frac{p}{q}. \quad \ldots\ldots\ldots\ldots (1518)$$

La différence de T. 160, N°. 2 (Méth. 9, N°. 5) et de T. 152, N°. 11 (Méth. 22, N°. 3) donne:

$$\int_0^1 l\frac{1+x}{\sqrt{x}}\frac{dx}{1+x^2} = \frac{\pi}{8}l2 + \frac{1}{2}\sum_0^\infty \frac{(-1)^n}{(2n+1)^2}, \quad \ldots\ldots\ldots (1519)$$

$$\int_0^1 l\frac{1+x}{x}\frac{dx}{1+x^2} = \frac{\pi}{8}l2 + \sum_0^\infty \frac{(-1)^n}{(2n+1)^2}. \text{ [287]} \quad \ldots\ldots\ldots (1520)$$

8. Mais il y a encore quelques formules algébriques identiques, qui peuvent nous aider beaucoup dans cette méthode. Nous n'emploierons que les deux suivantes, qui fournissent quelques résultats intéressants. On a:

$$\frac{1}{1-2p\,Cos.qx+p^2} + \frac{1}{1+2p\,Cos.qx+p^2} = \frac{2(1+p^2)}{1-2p^2\,Cos.2qx+p^4}, \quad \ldots\ldots (a)$$

$$\frac{1}{1-2p\,Cos.qx+p^2} - \frac{1}{1+2p\,Cos.qx+p^2} = \frac{4p\,Cos.qx}{1-2p^2\,Cos.2qx+p^4} \quad \ldots\ldots (b)$$

Aussitôt donc que l'on a une intégrale au dénominateur $1-2p\,Cos.qx+p^2$, où le p peut devenir négatif, l'application de ces formules donnera d'autres intégrales au dénominateur $1-2r\,Cos.2qx+r^2$, lorsqu'on prend $p^2=r$, où par conséquent r doit toujours être positif.

Ainsi les intégrales (644), (645) et (646) (Méth. 17, N°. 3) donnent par (a), (lorsqu'on distingue entre a pair et impair, à cause du facteur $p^a+(-p)^a$ dans la valeur, lequel nécessite une telle distinction):

$$\int_0^\infty \frac{Cos.4ax.Sin.x}{1-2p\,Cos.4x+p^2}\frac{dx}{x}, \ldots (1525), = \int_0^\infty \frac{Cos.4ax.Tang.x}{1-2p\,Cos.4x+p^2}\frac{dx}{x}, \ldots (1526), =$$

$$= \int_0^\infty \frac{Cos.4ax.Tang.\frac{1}{2}x}{1-2p\,Cos.4x+p^2}, \;.\; (1527), = \frac{\pi}{2}\frac{p^a}{1-p^2}; \int_0^\infty \frac{Cos.\{(2a+1)2x\}.Sin.x}{1-2p\,Cos.4x+p^2}\frac{dx}{x}, \;..\; (1528), =$$

---

[287] Pour $x=\frac{1}{y}$ ces intégrales deviennent:

$$\int_1^\infty l\frac{1+x}{\sqrt{x}}\frac{dx}{1+x^2} = \frac{\pi}{8}l2 + \frac{1}{2}\sum_0^\infty \frac{(-1)^n}{(2n+1)^2}, .(1521), \int_1^\infty l(1+x)\frac{dx}{1+x^2} = \frac{\pi}{8}l2 + \sum_0^\infty \frac{(-1)^n}{(2n+1)^2}, .(1522)$$

et la somme de T. 160, N°. 2 et (1522), comme celle de (1529) et (1521) encore:

$$\int_0^\infty l(1+x)\frac{dx}{1+x^2} = \frac{\pi}{4}l2 + \sum_0^\infty \frac{(-1)^n}{(2n+1)^2}, \ldots\ldots (1523), = \int_0^\infty l\frac{1+x}{\sqrt{x}}\frac{dx}{1+x^2} \quad \ldots (1524)$$

Page 534.

$$=\int_0^\infty \frac{Cos.\{(2a+1)2x\}.\,Tang.\,x}{1-2p\,Cos.\,4x+p^2}\frac{dx}{x},\,.\,(1529),\;=\int_0^\infty \frac{Cos.\{(2a+1)\,2x\}.\,Tang.\,\tfrac{1}{2}x}{1-2p\,Cos.\,4x+p^2}\frac{dx}{x},\,.\,(1530),=0.$$

De même a-t-on par les formules (650) à (658) (Meth. 17, N°. 3):

$$\int_0^\infty \frac{Sin.^3\,x.\,Tang.^{2a}\,x}{1-2p\,Cos.\,4x+p^2}\frac{dx}{x},\,\ldots\,(1531),\;=\int_0^\infty \frac{Sin.^2\,x.\,Tang.^{2a+1}\,x}{1-2p\,Cos.\,4x+p^2}\frac{dx}{x},\,\ldots\,(1532),=$$

$$=2\int_0^\infty \frac{Sin.^2\,\tfrac{1}{2}x.\,Sin.\,x.\,Tang.^{2a}\,x}{1-2p\,Cos.\,4x+p^2}\frac{dx}{x},\,.\,(1533),=\frac{\pi}{8}\,\frac{Cos\{(a+1)\pi\}}{1+p}\,\frac{\{(1+\sqrt{p})^{2a+1}+(1-\sqrt{p})^{2a+1}\}^2}{(1-p)^{2a+1}};$$

$$\int_0^\infty \frac{Cos.^{2a}\,x.\,Cos.\,2ax.\,Sin.\,x}{1-2p\,Cos.\,4x+p^2}\frac{dx}{x},\,.\,.\,(1534),\;=\int_0^\infty \frac{Cos.^{2a-1}\,x.\,Cos\;2ax.\,Sin.\,x}{1-2p\,Cos.\,4x+p^2}\frac{dx}{x},\,.\,.\,(1535),=$$

$$=\int_0^\infty \frac{Cos.^{2a}\,x.\,Cos.\,2ax.\,Tang.\tfrac{1}{2}x}{1-2p\,Cos.\,4x+p^2}\frac{dx}{x},\,\ldots\,(1536),\;=\frac{\pi}{2^{2a+2}}\,\frac{(1+\sqrt{p})^{2a}+(1-\sqrt{p})^{2a}}{1-p^2};$$

$$\int_0^\infty \frac{Cos.^{2a+1}\,x.\,Sin.\,2ax.\,Sin.^2\,x}{1-2p\,Cos.\,4x+p^2}\frac{dx}{x},\,.\,.\,(1537),\;=\int_0^\infty \frac{Cos.^{2a}\,x.\,Sin.\,2ax.\,Sin.^2\,x}{1-2p\,Cos.\,4x+p^2}\frac{dx}{x},\,.\,.\,(1538),=$$

$$=2\int_0^\infty \frac{Cos.^{2a+1}x.\,Sin.2ax.\,Sin.^2\tfrac{1}{2}x}{1-2p\,Cos.\,4x+p^2}\frac{dx}{x},\,\ldots\,(1539),\;=\frac{\pi}{2^{2a+4}}\,\frac{(1+\sqrt{p})^{2a}-(1-\sqrt{p})^{2a}}{(1+p)\sqrt{p}}.$$

Les intégrales (745) à (747), T. 219, N°. 1 et 3, (748), (749) (Méth. 17, N°. 4) fournissent encore:

$$\int_0^\infty \frac{Sin.^3\,x}{1-2p\,Cos.\,4x+p^2}\frac{dx}{x},\,\ldots\,(1540),\;=\int_0^\infty \frac{Sin.^2\,x.\,Tang.\,x}{1-2p\,Cos.\,4x+p^2}\frac{dx}{x},\,\ldots\,(1541),=$$

$$=2\int_0^\infty \frac{Sin.\,x.\,Sin.^2\,\tfrac{1}{2}x}{1-2p\,Cos.\,4x+p^2}\frac{dx}{x},\,.\,(1542),\;=\frac{\pi}{4(1-p^2)};\;\int_0^\infty \frac{Sin.\,x}{1-2p\,Cos.\,4x+p^2}\frac{dx}{x},\,.\,(1543),=$$

$$=\int_0^\infty \frac{Tang.\,x}{1-2p\,Cos.\,4x+p^2}\frac{dx}{x},\,\ldots\,(1544),\;=\int_0^\infty \frac{Tang.\,\tfrac{1}{2}x}{1-2px\,Cos.\,4x+p^2}\frac{dx}{x},\,\ldots\,(1545),=$$

$$=\frac{\pi}{2(1-p^2)};\;\int_0^\infty \frac{Sin.\,x.\,Cos.^2\,x}{1-2p\,Cos.\,4x+p^2}\frac{dx}{x}=\frac{1}{4}\,\frac{\pi}{1-p^2}.\,\ldots\ldots\,(1546)$$

Encore par les équations (1068) et (1069), (1070) et (1072), (1071) et (1073) (Méth. 17, N°. 10):

$$\int_0^\infty \frac{Cos.^a\,x.\,Cos.\,ax.\,Sin.\,x}{1-2p\,Cos.\,4x+p^2}\frac{dx}{x},\,\ldots\,(1547),\;=\int_0^\infty \frac{Cos.^{a-1}\,x.\,Cos.\,ax.\,Sin.\,x}{1-2p\,Cos.\,4x+p^2}\frac{dx}{x},\,\ldots\,(1548),=$$

$$=\frac{\pi}{2^{a+2}}\,\frac{(1+\sqrt{p})^a+(1-\sqrt{p})^a}{1-p^2};\;\int_0^\infty \frac{1}{1-2p\,Cos.\,4x+p^2}\,\frac{Sin.\,x}{1+2q\,Cos.\,2x+q^2}\frac{dx}{x},\,.\,(1549),=$$

$$=\int_0^\infty \frac{1}{1-2p\,Cos.\,4x+p^2}\,\frac{Tang.\,x}{1+2q\,Cos.\,2x+q^2}\frac{dx}{x},\,.\,(1550),\;=\frac{\pi}{2(1-p^2)(1-q^2)}\,\frac{1+pq^2}{1-pq^2};$$

$$\int_0^\infty \frac{Sin.^3 x}{1 - 2p\, Cos. 4x + p^2} \frac{Cos.^2 x}{1 + 2q\, Cos. 2x + q^2} \frac{dx}{x}, \ldots\ldots\ldots (1551), =$$

$$\int_0^\infty \frac{Sin.^3 x}{1 - 2p\, Cos. 4x + p^2} \frac{Cos. x}{1 + 2q\, Cos. 2x + q^2} \frac{dx}{x}, \ldots\ldots\ldots (1552), \quad = \frac{\pi}{16(1+p)(1-pq^2)}.$$

Et ces quatre dernières donnent de même:

$$\int_0^\infty \frac{1}{1 - 2p\, Cos. 4x + p^2} \frac{Sin. x}{1 - 2r\, Cos. 4x + r^2} \frac{dx}{x}, \ldots\ldots\ldots (1553), =$$

$$= \int_0^\infty \frac{1}{1 - 2p\, Cos. 4x + p^2} \frac{Tang. x}{1 - 2r\, Cos. 4x + r^2} \frac{dx}{x}, \ldots (1554), \quad = \frac{\pi}{2(1-p^2)(1-r^2)} \cdot \frac{1+pr}{1-pr},$$

$$\int_0^\infty \frac{Sin.^3 x}{1 - 2p\, Cos. 4x + p^2} \frac{Cos.^2 x}{1 - 2r\, Cos. 4x + r^2} \frac{dx}{x}, \ldots\ldots\ldots (1555), =$$

$$= \int_0^\infty \frac{Sin.^3 x}{1 - 2p\, Cos. 4x + p^2} \frac{Cos. x}{1 - 2r\, Cos. 4x + r^2} \frac{dx}{x}, \ldots (1556), \quad = \frac{\pi}{16(1+p)(1+r)(1-pr)}.$$

Partout on a $0 < p < 1$, $q^2 < 1$, $0 < r < 1$.

9. Les intégrales de Méth. 23, N°. 8, peuvent encore servir à l'application de cette méthode. En effet l'intégrale (1323) par (a) ou (1322) par (b) donne:

$$\int_0^\infty \frac{Cos. sx}{1 - 2r\, Cos. 2sx + r^2} \frac{dx}{q^2 + x^2} = \frac{\pi}{2q(1-r)} \frac{e^{-qs}}{1 - re^{-2qs}}; \ldots\ldots (1557)$$

la formule (1325) par (a) ou (1324) par (b) donne: $\displaystyle\int_0^\infty \frac{Cos. sx}{1 - 2r\, Cos. 2sx + r^2} \frac{Cos. px\, dx}{q^2 + x^2} =$

$$= \frac{\pi}{8q(1-r)} \frac{\left\{ \begin{array}{l} 4(1-r)e^{-pq}(e^{qs} + e^{-qs}) + r^{\frac{1}{2}d}[1 + (-1)^d]\left[\{e^{(p-ds-s)q} - e^{(ds+s-p)q}\} - \{e^{(p-ds+s)q} - e^{(ds-s-p)q}\}r\right] + \\ \qquad + r^{\frac{1}{2}(d+1)}[1 + (-1)^{d+1}]\left[\{e^{(p-ds-2s)q} - e^{(ds+2s-p)q}\} - \{e^{(p-ds)q} - e^{(ds-p)q}\}r\right] \end{array} \right\}}{1 - (e^{2qs} + e^{-2qs})r + r^2},$$

où $p = ds + p'$, $p' \leqq s$: or, comme pour $p = 2as + p'$ et pour $p = (2a-1)s + p'$ les valeurs sont identiques, vu que toujours un des coefficients $1 + (-1)^{d+1}$ ou $1 + (-1)^d$ s'annule, on a en général:

$$\int_0^\infty \frac{Cos. sx}{1 - 2r\, Cos. 2sx + r^2} \frac{Cos. px\, dx}{q^2 + x^2} =$$

$$= \frac{\pi}{4q(1-r)} \frac{2(1-r)e^{-pq}(e^{qs} + e^{-qs}) + r^d\left[\{e^{(p-2ds-s)q} - e^{(2ds+s-p)q}\} - \{e^{(p-2ds+s)q} - e^{(2ds-s-p)q}\}r\right]}{1 - (e^{2qs} + e^{-2qs})r + r^2}, . (1558)$$

où $p = 2ds - p'$, $p' < 2s$, $0 < r < 1$. Pour ces mêmes conditions les équations (1328) et (1329) donnent par (a) ou (1326) et (1327) par (b):

Page 536.

$$\int_0 \frac{Cos.\,sx}{1-2r\,Cos.\,2sx+r^2}\,\frac{x\,Sin.\,px\,dx}{q^2+x^2}=$$

$$=\frac{\pi}{4(1-r)}\,\frac{(1-r)e^{-pq}(e^{qs}+e^{-qs})-r^d\Big[\{e^{(p-2ds-s)q}+e^{(2ds+s-p)q}\}+\{e^{(p-2ds+s)q}+e^{(2ds-s-p)q}\}r\Big]}{1-(e^{2qs}+e^{-2qs})r+r^2},\,.\;(1559)$$

et au contraire:

$$=\frac{\pi}{8}\,\frac{4e^{-pq}(e^{qs}+e^{-qs})-(1+r)r^{\frac{1}{2}(d-1)}[1+(-1)^d]-(e^{qs}+e^{-qs})r^{\frac{1}{2}d}[1+(-1)^{d+1}]}{1-(e^{2qs}+e^{-2qs})r+r^2},\ \text{pour } p=ds.\;.\;(1560)$$

Encore T. 221, N°. 9 donne par (a):

$$\int_0^\infty \frac{Sin.\,sx}{1-2r\,Cos.\,2sx+r^2}\,\frac{x\,dx}{q^2+x^2}=\frac{\pi}{2(1+r)}\,\frac{e^{-qs}}{1-re^{-2qs}},\;\ldots\ldots\;(1561)$$

et l'intégrale (1330) par (a): $\displaystyle\int_0^\infty \frac{Sin.\,sx}{1-2r\,Cos.\,2sx+r^2}\,\frac{Sin.\,px\,dx}{q^2+x^2}=$

$$=\frac{\pi}{8q(1+r)}\,\frac{\left\{\begin{array}{l}2e^{-pq}(1+r)(e^{qs}-e^{-qs})+r^{\frac{1}{2}d}[1+(-1)^d]\Big[\{e^{(p-ds-s)q}-e^{(ds+s-p)q}\}-\{e^{(p-ds+s)q}-e^{(ds-s-p)q}\}r\Big]+\\ \qquad+r^{\frac{1}{2}(d+1)}[1+(-1)^{d+1}]\Big[\{e^{(p-ds-2s)q}-e^{(ds+2s-p)q}\}-\{e^{(p-ds)q}-e^{(ds-p)q}\}r\Big]\end{array}\right\}}{1-(e^{2qs}+e^{-2qs})r+r^2},$$

pour $p=ds+p'$, ou comme auparavant:

$$=\frac{\pi}{4q(1+r)}\,\frac{e^{-pq}(1+r)(e^{qs}-e^{-qs})+r^d\Big[\{e^{(p-2ds-s)q}-e^{(2ds+s-p)q}\}-\{e^{(p-2ds+s)q}-e^{(2ds-s-p)q}\}r\Big]}{1-(e^{2qs}+e^{-2qs})r+r^2},\,.\;(1562)$$

pour $p=2ds-p'$, $p'<2s$, $0<r<1$. Encore a-t-on pour ces mêmes suppositions par les équations (1331) et (1332) au moyen de (a):

$$\int_0^\infty \frac{Sin.\,sx}{1-2r\,Cos.\,2sx+r^2}\,\frac{x\,Cos.\,px\,dx}{q^2+x^2}=$$

$$=\frac{\pi}{4(1+r)}\,\frac{e^{-pq}(1+r)(e^{-qs}-e^{qs})+r^d\Big[\{e^{(p-2ds-s)q}+e^{(2ds+s-p)q}\}-\{e^{(p-2ds+s)q}+e^{(2ds-s-p)q}\}r\Big]}{1-(e^{2qs}+e^{-2qs})r+r^2},\;.\;(1563)$$

et au contraire:

$$=\frac{\pi}{8(1+r)}\,\frac{2(1+r)e^{-pq}(e^{-qs}-e^{qs})+r^{\frac{1}{2}(d-1)}(1-r)[1+(-1)^d]+r^{\frac{1}{2}d}(e^{qs}+e^{-qs})[1+(-1)^{d+1}]}{1-(e^{2qs}+e^{-2qs})r+r^2},\ \text{pour } p=ds.\,(1564)$$

10. Transformons enfin de la même manière quelques intégrales de Méth. 23, N°. 16; la formule (1401) par (a) ou (1400) par (b) donne:

$$\int_0^\infty \frac{Cos.\,sx}{1-2r\,Cos.\,2sx+r^2}\,\frac{dx}{q^2-x^2}=\frac{\pi}{2q}\,\frac{1+r}{1-r}\,\frac{Sin.\,qs}{1-2r\,Cos.\,2qs+r^2}.\;\ldots\ldots\;(1565)$$

De même l'intégrale (1403) par (a) ou (1402) par (b) fournit des résultats qui valent pour $p=ds+p'$, $0\leqq p<s$, mais qui à cause des coefficients $1+(-1)^d$ et $1+(-1)^{d-1}$ seront identiques pour

$d = 2a$ et $d = 2a - 1$. Supposons donc comme au Nr. précédent dans un cas analogue $p = 2\,ds - p'$, $0 < p' \leqq 2s$, il vient:

$$\int_0^\infty \frac{Cos.\,sx}{1 - 2r\,Cos.\,2sx + r^2} \frac{Cos.\,px\,dx}{q^2 - x^2} =$$

$$= \frac{\pi}{2(1-r)} \frac{(1-r)\,Cos.\,qs.\,Sin.\,pq + r^d\,Sin.\left[\{(2ds+s-p)q\} + r\,Sin.\{(p-2ds+s)q\}\right]}{1 - 2r\,Cos.\,2qs + r^2}; \quad . \;(1566)$$

les formules (1404) et (1405) par (b) ou (1406), (1407) par (a) donnent pour ces mêmes conditions:

$$\int_0^\infty \frac{Cos.\,sx}{1 - 2r\,Cos.\,2sx + r^2} \frac{x\,Sin.\,px\,dx}{q^2 - x^2} =$$

$$= \frac{\pi}{2(1-r)} \frac{-(1-r)\,Cos.\,qs.\,Cos.\,pq + r^d\left[Cos.\{(2ds+s-p)q\} - r\,Cos.\{(p-2ds+s)q\}\right]}{1 - 2r\,Cos.\,2qs + r^2}, \;.\;(1567)$$

au contraire:

$$= \frac{\pi}{8(1-r)} \frac{4(1-r)Cos.qs.Cos.pq + [1+(-1)^d]r^{\frac{1}{2}d}\,Cos.qs + [1+(-1)^{d+1}]r^{\frac{1}{2}(d-1)}(1+r)}{1 - 2r\,Cos.\,2qs + r^2}, p = ds.\,.\,(1568)$$

L'équation (1408) fournit par (a):

$$\int_0^\infty \frac{Sin.\,sx}{1 - 2r\,Cos.\,2sx + r^2} \frac{x dx}{q^2 - x^2} = \frac{\pi}{2} \frac{r-1}{r+1} \frac{Cos.\,qs}{1 - 2r\,Cos.\,2qs + r^2}. \;.\;.\;.\;.\; (1569)$$

Quant à la transformation de la formule (1409), il faut observer que le résultat, où $p = ds + p'$, devient identique pour le cas de d égal à $2a$ et à $2a - 1$, comme dans les formules précédentes, puisque l'un des coefficients $1 + (-1)^d$ ou $1 + (-1)^{d+1}$ s'évanouit dans chaque cas, et que par suite on peut supposer ici $p = 2ds - p'$, $p' \leqq 2s$; ainsi l'on obtient:

$$\int_0^\infty \frac{Sin.\,sx}{1 - 2r\,Cos.\,2sx + r^2} \frac{Sin.\,px\,dx}{q^2 - x^2} =$$

$$= \frac{\pi}{2q(1+r)} \frac{-(1+r)\,Sin.\,qs.\,Cos.\,pq + r^d\left[Sin.\{(2ds+s-p)q\} + r Sin.\{(p-2ds+s)q\}\right]}{1 - 2r\,Cos.\,2qs + r^2}. \;.\;(1570)$$

Pour ces mêmes conditions les intégrales (1410) et (1411) fournissent encore:

$$\int_0^\infty \frac{Sin.\,sx}{1 - 2r\,Cos.\,2sx + r^2} \frac{x\,Cos.\,px\,dx}{q^2 - x^2} =$$

$$= \frac{\pi}{2(1+r)} \frac{(1+r)\,Sin.\,pq.\,Sin.\,qs + r^d\left[Cos.\{(2ds+s-p)q\} - r\,Cos.\{(2ds-s-p)q\}\right]}{1 - 2r\,Cos.\,2qs + r^2}, \;.\;(1571)$$

et au contraire:

$$= \frac{\pi}{8(1+r)} \frac{4(1+r)Sin.qs.Sin.pq - [1+(-1)^d]r^{\frac{1}{2}d}Cos.qs - [1+(-1)^{d-1}](1-r^2)r^{\frac{1}{2}(d-1)}}{1 - 2r\,Cos.\,2qs + r^2}, p = ds.\,.\,(1572)$$

Page 538.

11. Il y a encore quelques théorèmes, dont nous avons fait usage de temps en temps.

Lorsque les intégrales $\int_a^b f(x)\,dx = \mathrm{F}(p), \ldots (\alpha)$ et $\int_a^b f(x)\, Cos.px\,dx = \mathrm{F}_1(p), \ldots (\beta)$ sont connues, leur somme et leur différence donnent, puisque $1 + Cos.px = 2\,Cos.^2 \tfrac{1}{2}px$ et $1 - Cos.px = 2\,Sin.^2 \tfrac{1}{2}px$, et quand on change p en $2p$:

$$\int_a^b f(x)\,Sin.^2 px\,dx = \frac{1}{2}\{\mathrm{F}(2p) - \mathrm{F}_1(2p)\}, \ldots \ldots \ldots \text{(XXXIV)}$$

$$\int_a^b f(x)\,Cos.^2 px\,dx = \frac{1}{2}\{\mathrm{F}(2p) + \mathrm{F}_1(2p)\}. \ldots \ldots \ldots \text{(XXXV)}$$

Ainsi les intégrales (106) et (107) (Méth. 1, N°. 14), pour $x = 2y$, donnent:

$$\int_0^{\frac{\pi}{4}} \frac{Sin.^2 x\,dx}{1 \pm 2r\,Cos.2x + r^2} = \mp \frac{\pi}{16r} + \frac{1}{4r}\frac{1 \pm r}{1 \mp r} Arctg.\left(\frac{1 \mp r}{1 \pm r}\right), \ldots \ldots (1573)$$

$$\int_0^{\frac{\pi}{4}} \frac{Cos.^2 x\,dx}{1 \pm 2r\,Cos.2x + r^2} = \pm \frac{\pi}{16r} - \frac{1}{4r}\frac{1 \mp r}{1 \pm r} Arctg.\left(\frac{1 \mp r}{1 \pm r}\right); \ldots \ldots (1574)$$

de même les autres (475) et (478) (Méth. 9, N°. 14):

$$\int_0^\infty \frac{Sin.^2 px}{q^2 + x^2}\frac{dx}{r^2 + x^2} = \frac{\pi}{4(q^2 - r^2)}\left\{\frac{q - r}{qr} + \frac{1}{2p}(e^{-2pq} - e^{-2pr})\right\}, \ldots \ldots (1575)$$

$$\int_0^\infty \frac{Cos.^2 px}{q^2 + x^2}\frac{dx}{r^2 + x^2} = \frac{\pi}{4(q^2 - r^2)}\left\{\frac{q - r}{qr} + \frac{1}{2p}(e^{-2pr} - e^{-2pq})\right\}; \ldots \ldots (1576)$$

et encore (484) (Méth. 9, N°. 14):

$$\int_0^\infty \frac{Sin.^2 px}{q^2 - x^2}\frac{dx}{r^2 - x^2} = \frac{\pi}{4(q^2 - r^2)}(Sin.pq - Sin.pr), \ldots \ldots \ldots (1577)$$

$$\int_0^\infty \frac{Cos.^2 px}{q^2 - x^2}\frac{dx}{r^2 - x^2} = \frac{\pi}{4(q^2 - r^2)}(Sin.pr - Sin.pq); \ldots \ldots \ldots (1578)$$

comme (α) est nulle dans ce cas-ci d'après Méth. 2, N°. 3.

12. Lorsqu'on connaît les intégrales:

$$\int_a^b f(x)\,Cos.px\,dx = \mathrm{F}_1(p), \ldots (\beta), \quad \int_a^b f(x)\,Sin.px\,dx = \mathrm{F}_2(p), \ldots (\gamma),$$

on peut les multiplier par $Sin. \frac{1}{2}p\pi$ et $Cos. \frac{1}{2}p\pi$, ou par $Cos. \frac{1}{2}p\pi$ et $-Sin. \frac{1}{2}p\pi$ respectivement, et prendre la somme des résultats, pour acquérir :

$$\int_a^b f(x)\, Sin. \left\{p\left(\frac{\pi}{2}+x\right)\right\} dx = F_1(p)\, Sin. \tfrac{1}{2}p\pi + F_2(p)\, Cos. \tfrac{1}{2}p\pi, \quad \ldots\ldots \quad (XXXVI)$$

$$\int_a^b f(x)\, Cos. \left\{p\left(\frac{\pi}{2}+x\right)\right\} dx = F_1(p)\, Cos. \tfrac{1}{2}p\pi - F_2(p)\, Sin. \tfrac{1}{2}p\pi; \quad \ldots\ldots \quad (XXXVII)$$

et l'on trouvera quelques applications de ces théorèmes; par la supposition $x+\frac{\pi}{2}=y$, on obtient :

$$\int_{a+\frac{\pi}{2}}^{b+\frac{\pi}{2}} f\left(y-\frac{\pi}{2}\right) Sin. py\, dy = F_1(p)\, Sin. \tfrac{1}{2}p\pi + F_2(p)\, Cos. \tfrac{1}{2}p\pi, \quad \ldots\ldots \quad (XXXVIII)$$

$$\int_{a+\frac{\pi}{2}}^{b+\frac{\pi}{2}} f\left(y-\frac{\pi}{2}\right) Cos. py\, dy = F_1(p)\, Cos. \tfrac{1}{2}p\pi - F_2(p)\, Sin. \tfrac{1}{2}p\pi. \quad \ldots\ldots \quad (XXXIX)$$

Par les deux premières formules les intégrales (1172) et (1173) (Méth. 18, N°. 4) donnent :

$$\int_0^\infty e^{-qx}\, Sin. \left\{r\left(\frac{\pi}{2}+x\right)\right\} \frac{dx}{x^p} = \frac{\pi}{\Gamma(p)} \frac{(q^2+r^2)^{\frac{1}{2}(p-1)}}{Sin. p\pi} Sin. \left\{\tfrac{1}{2}p\pi + (1-p)\, Arctg. \frac{r}{q}\right\}, \quad \ldots \quad (1579)$$

$$\int_0^\infty e^{-qx}\, Cos. \left\{r\left(\frac{\pi}{2}+x\right)\right\} \frac{dx}{x^p} = \frac{\pi}{\Gamma(p)} \frac{(q^2+r^2)^{\frac{1}{2}(p-1)}}{Sin. p\pi} Cos. \left\{\tfrac{1}{2}p\pi + (1-p)\, Arctg. \frac{r}{q}\right\}. \quad \ldots \quad (1580)$$

Par les deux dernières formules on trouve pour les intégrales (1179) et (1181) ou pour les autres (1180) et (1182) (Méth. 18, N°. 6) :

$$\int_{\frac{\pi}{2}}^\infty Cos. \left(qx^2 - q\pi x + \tfrac{1}{4}q\pi^2 + \frac{p^2}{q}\right). Sin. px\, dx, \quad \ldots \quad (1581), =$$

$$= \tfrac{1}{2} Sin. p\pi. \sqrt{\frac{\pi}{2q}} = \int_{\frac{\pi}{2}}^\infty Sin. \left(qx^2 - q\pi x + \tfrac{1}{4}q\pi^2 + \frac{p^2}{q}\right). Sin. px\, dx, \quad \ldots\ldots \quad (1582)$$

$$\int_{\frac{\pi}{2}}^\infty Cos. \left(qx^2 - q\pi x + \tfrac{1}{4}q\pi^2 + \frac{p^2}{q}\right). Cos. px\, dx, \quad \ldots \quad (1583), =$$

$$= \tfrac{1}{2} Cos. p\pi. \sqrt{\frac{\pi}{2q}} = \int_{\frac{\pi}{2}}^\infty Sin. \left(qx^2 - q\pi x + \tfrac{1}{4}q\pi^2 + \frac{p^2}{q}\right). Cos. px\, dx. \quad \ldots\ldots \quad (1584)$$

Page 540.

§ 2. MÉTHODE 28. SUBSTITUTION D'UNE AUTRE VARIABLE.

1. De cette méthode encore on a fait déjà un usage assez fréquent: et elle n'a de bornes que dans la complication des expressions, lorsqu'on voudrait employer une substitution quelconque sans aucune distinction: il faut au contraire la choisir telle, qu'elle donne lieu à une expression qui est simple déjà, ou qui par des réductions faciles peut le devenir. Encore faut-il prendre garde aux limites, et avoir soin qu'elles deviennent déterminées après la substitution, puisque dans le cas contraire on n'arriverait à aucun résultat, solidement établi. Ceci est une observation qui ne s'offre jamais auprès d'intégrales indéfinies, mais seulement auprès de quelques intégrales définies, par exemple celles aux limites 0 et ∞, où il entre des fonctions goniométriques. La substitution de $Sin.\, x = y$, $Cos.\, x = y$ etc., quelque simple qu'elle rendît la fonction intégrée, ne peut être employée ici, puisque à la limite supérieure ∞ de x correspondent les équations $Sin.\, \infty = y$, $Cos.\, \infty = y$, etc, qui sont tout-à-fait indéterminées [288], et d'où par conséquent on ne saurait tirer la limite supérieure de y. Passons à quelques exemples.

2. Dans T. 18, N°. 12 (Méth 4, N°. 6) soit $r = \frac{y^2}{r^2}$ et $q = \frac{1}{2} q$, il vient:

$$\int_0^\infty \frac{x^{q-1}\, dx}{(r^2 + x^2)^p} = r^{q-2p} \frac{\Gamma(\frac{1}{2} q)\, \Gamma(p - \frac{1}{2} q)}{2\, \Gamma(p)} \text{ (pour } r = 1 \text{ c'est T. 21, N°. 9)} \ldots (1585)$$

Dans T. 18, N°. 2 (Méth. 22, N°. 12) supposez $x = \frac{y - r}{r - q}$, d'où $1 + x = \frac{y - q}{r - q}$, $dx = \frac{dy}{r - q}$. Les limites de y deviennent ici r et $\pm \infty$, suivant que r est plus grand ou plus petit que q. Il vient: $\int_r^\infty \frac{(y - r)^{p-1}}{y - q} dy = \frac{(r - q)^{p-1} \pi}{Sin.\, p\pi}$, $r > q$, $\int_{-\infty}^r \frac{(r - y)^{p-1}}{q - y} dy = \frac{(q - r)^{p-1} \pi}{Sin.\, p\pi}$, $r < q$. (T. 35, N°. 16, 17).

3. La supposition $x = e^{-y}$ donne $\frac{dx}{x} = - dy$, tandis qu'aux limites 0, 1, ∞ de x corres-

[288] Il est juste d'observer qu'il y a quelques auteurs (*) qui ne seront pas d'accord ici, puisqu'ils prennent $Sin.\, \infty = 0 = Cos.\, \infty$. Nous ne nous sommes jamais servis de cette supposition, parce que les valeurs du *Sinus* ou du *Cosinus* d'un arc indéterminé peuvent varier entre 1 et -1, et que ces fonctions sont par conséquent indéterminées elles-mêmes; à moins toujours qu'il n'y ait lieu de prendre l'infini comme la limite de $2k\pi$ pour k entier, infini: et cela n'est pas le cas ici.

(*) e. a. RAABE, Differential- und Integralrechnung. Bd. 1, N°. 151, S. 235.

Page 541.

pondent les valeurs ∞, 0, $-\infty$ de y. Ainsi les formules (286) et (288) (Méth. 4, N°. 9) donnent:

$$\int_0^\infty \frac{1}{e^y - 1}\frac{dy}{y}, \ldots (1586), = \infty = \int_0^\infty \frac{1}{e^y + 1}\frac{dy}{y}; \ldots\ldots (1587)$$

les autres (544) et (545) (Méth. 10, N°. 8):

$$\int_0^\infty \frac{(e^{qx} - e^{-qx})^2}{e^{px} - e^{-px}}\frac{dx}{x} = l\,Sec.\frac{q\pi}{p}, \text{ (T. 136, N°. 14)}, \int_0^\infty \frac{e^x - 1}{(e^x + 1)(e^{2x} + 1)}\frac{dx}{x} = \frac{1}{2}l\,2; \ldots (1588)$$

et enfin l'intégrale (561) (Méth. 10, N°. 17):

$$\int_0^\infty l(1 + 2e^{-x} Cos.\lambda + e^{-2x})\,dx = \frac{1}{6}\pi^2 - \frac{1}{2}\lambda^2 \ldots\ldots (1589)$$

4. La substitution $x = l\frac{1}{y}$ est l'inverse de la précédente, elle donne $dx = \frac{-dy}{y}$, ou $-e^{-x}\,dx = dy$. Introduisons-la dans Méth. 18, N°. 23, il vient successivement:

$$\int_1^\infty li\left(\frac{1}{y}\right).(ly)^{p-1}\,dy = -\Gamma(p)\frac{\pi}{Sin.p\pi}, \text{(T. 367, N°. 7)}, \int_0^1 li(y).(ly)^{p-1}\frac{dy}{y} = \frac{(-1)^p}{p}\Gamma(p), \text{(T. 428, N°. 1)},$$

$$\int_0^1 li(y).y^{q-1}\,dy = -\frac{1}{q}l(1 + q), \text{ (T. 272, N°. 2)}, \quad \int_0^1 li(y)\frac{dy}{y^{q+1}} = \frac{1}{q}l(1 - q), q < 1, \ldots (1590)$$

$$\int_0^1 li\left(\frac{1}{y}\right).(ly)^{p-1}\,dy = (-1)^{p-1}\pi\,\Gamma(p)Cot.p\pi, \text{(T. 367, N°. 1)}, \int_1^\infty li(y)\frac{dy}{y^{q+1}} = -\frac{1}{q}l(q-1), q > 1 \ldots (1591)$$

La somme de l'avant-dernière intégrale et de la première donne encore:

$$\int_0^\infty li\left(\frac{1}{y}\right).(ly)^{p-1}\,dy = -\pi\,\Gamma(p)\,Sin.p\pi. \text{ (T. 367, N°. 8)}.$$

Dans T. 36, N°. 7 (Méth. 4, N°. 7) et dans l'intégrale $\int_0^\infty e^{-x^2} x^2\,dx = \frac{1}{4}\sqrt{\pi}$, (T. 114, N°. 11), (qui se déduit Méth. 3, N°. 7) prenons $e^{-x^2} = y$, d'où $-2x e^{-x^2} dx = dy$, $x = \sqrt{l\frac{1}{y}}$ avec 1 et 0 comme limites de y. On obtient: $\int_0^1 \frac{dx}{\sqrt{l\frac{1}{x}}} = \sqrt{\pi}$, $\int_0^1 dx\sqrt{l\frac{1}{x}} = \frac{1}{2}\sqrt{\pi}$. (T. 44, N°. 4, 1). [289].

---

[289] Substituez encore $x = y^p$, il est:

$$\int_0^1 \frac{x^{p-1}\,dx}{\sqrt{l\frac{1}{x}}} = \sqrt{\frac{\pi}{p}}, \text{ (T. 178, N°. 1)}, \int_0^1 x^{p-1}\,dx\sqrt{l\frac{1}{x}} = \frac{1}{2p}\sqrt{\frac{\pi}{p}} \ldots\ldots (1592)$$

Page 542.

5. Pour $x = Sin. y$ on a $dx = Cos. y\, dy$, ou $\frac{dx}{\sqrt{(1-x^2)}} = dy$: les limites 0 et 1 de x donnent les limites 0 et $\frac{\pi}{2}$ de y. Ainsi l'intégrale (28) (Méth. 1, N°. 7) devient:

$$\int_0^{\frac{\pi}{2}} \frac{dx}{s + Sin. x} = \frac{1}{\sqrt{(1-s^2)}} l \frac{1+\sqrt{(1-s^2)}}{s}, (s^2 < 1), = \frac{1}{\sqrt{(s^2-1)}} Arccos. \left(\frac{1}{s}\right), (s^2 > 1). \text{ [290]} \quad (1593)$$

6. Lorsqu'on prend $x = Cos. y$, on a $dx = -Sin. y\, dy$, ou $\frac{dx}{\sqrt{(1-x^2)}} = -dy$, avec les limites π, $\frac{\pi}{2}$ et 0 de y, lorsque celles de x sont -1, 0 et 1. Dans la formule (183) (Méth. 1, N°. 24) prenons $q = \frac{q}{p}$, alors il est:

$$\int_{-1}^{+1} \frac{dx}{p^2 + q^2 x^2} = \frac{2}{pq} Arctg. \frac{q}{p}, \quad \ldots \quad (1594)$$

et celle-ci donne:

$$\int_0^{\pi} \frac{Sin. x\, dx}{p^2 + q^2 Cos.^2 x} = \frac{2}{pq} Arctg. \frac{q}{p}, \quad \ldots \quad (1595)$$

d'où pour $p = q = 1$: T. 83, N°. 1, et pour $p = Sin. \lambda$, $q = Cos. \lambda$: $\int_0^{\pi} \frac{Sin. x\, dx}{1 - Cos.^2 \lambda . Sin.^2 x} = \frac{2}{Sin. 2\lambda} (\pi - 2\lambda)$. (T. 83, N°. 6). Les formules (336), (337) (Méth. 5, N°. 9) donnent encore:

$$\int_0^{\frac{\pi}{2}} \frac{x\, Sin. x\, dx}{l\, Cos. x} = -\sum_0^{\infty} \frac{1^{n/1}}{2^{n/2}} \frac{l(2n+2)}{2n+1}, \quad (1596), \qquad \int_0^{\frac{\pi}{2}} \frac{x^2 Sin. x\, dx}{l\, Cos. x} = \sum_1^{\infty} \frac{2^{n/2}}{3^{n/2}} \frac{l(1+2n)}{n}. \quad (1597)$$

7. De la substitution $x = Tang. y$ il suit que $dx = \frac{dy}{Cos.^2 y}$ ou $\frac{dx}{1+x^2} = dy$, et que 0, $\frac{\pi}{4}$, $\frac{\pi}{2}$, seront les limites de y, correspondant aux limites 0, 1, ∞ de x: encore faut-il observer que $1 - x^2 = \frac{Cos. 2y}{Cos.^2 y}$. Dès-lors par les formules (7, 8) (Méth. 1, N°. 4):

$$\int_0^{\frac{\pi}{2}} \frac{1}{p^2 Cos.^2 x + Sin.^2 x} \frac{Cos. x\, dx}{Sin. x + q\, Cos. x} = \frac{1}{p^2 + q^2} \left(\frac{q\pi}{2p} + l\frac{p}{q}\right), \quad \ldots \quad (1598)$$

$$\int_0^{\frac{\pi}{2}} \frac{1}{p^2 Cos.^2 x + Sin.^2 x} \frac{Sin. x\, dx}{Sin. x + q\, Cos. x} = \frac{1}{p^2 + q^2} \left(\frac{1}{2} p\pi + q l \frac{q}{p}\right); \quad \ldots \quad (1599)$$

---

[290] Déjà déduite plus généralement Méth. 1, N°. 13.

Page 543.

par (207), (208) (Méth. 2, N°. 6):

$$\int_0^{\frac{\pi}{2}} \frac{1}{p^2 \,Cos.^2 x + Sin.^2 x} \frac{Cos. x \, dx}{q \,Cos. x - Sin. x} = \frac{1}{p^2 + q^2}\left(\frac{q\pi}{2p} + l\frac{q}{p}\right), \ldots \ldots \quad (1600)$$

$$\int_0^{\frac{\pi}{2}} \frac{1}{p^2 \,Cos.^2 x + Sin.^2 x} \frac{Sin. x \, dx}{q \,Cos. x - Sin. x} = \frac{-1}{p^2 + q^2}\left(\frac{1}{2} p\pi + ql\frac{p}{q}\right), \text{[291]}; \ldots \quad (1601)$$

par (184) à (187) (Méth. 1, N°. 24):

$$\int_0^{\frac{\pi}{4}} \frac{dx}{1 - p \,Sin. 2x} = \frac{1}{\sqrt{(1-p^2)}} Arctg.\left(\sqrt{\frac{1+p}{1-p}}\right), \ (p^2 < 1), =$$

$$= \frac{2}{\sqrt{(p^2-1)}} l\left\{p - \sqrt{(p^2-1)}\right\}, \ (p^2 > 1), \ldots \quad (1602)$$

$$\int_0^{\frac{\pi}{2}} \frac{dx}{1 - p \,Sin. 2x} = \frac{1}{\sqrt{(1-p^2)}} Arccot.\left\{\frac{-p}{\sqrt{(1-p^2)}}\right\}, \ (p^2 < 1), =$$

$$= \frac{2}{\sqrt{(p^2-1)}} l\frac{p - \sqrt{(p^2-1)}}{p + \sqrt{(p^2-1)}}, \ (p^2 > 1); \ldots \ldots \quad (1603)$$

par T. 36, N°. 8 (Méth. 4, N°. 7): $\int_0^{\frac{\pi}{2}} e^{-p\,Tang.^2 x} \frac{dx}{Cos.^2 x} = \frac{1}{2}\sqrt{\frac{\pi}{p}}$, (T. 290, N°. 3);

par (341) à (343) (Méth. 5, N°. 9), T. 180, N°. 11 (Méth. 6, N°. 6):

$$\int_0^{\frac{\pi}{2}} l \,Sin. x. Cos. x \frac{dx}{Cos. 2x} = 0, \ldots \quad (1604), \qquad \int_0^{\frac{\pi}{2}} l \,Cos. x \frac{dx}{Cos. 2x} = \frac{1}{8}\pi^2, \ldots \quad (1605)$$

$$\int_0^{\frac{\pi}{2}} l \,Sin. x \frac{dx}{Cos. 2x} = -\frac{1}{8}\pi^2, \text{ (T. 336, N°. 3)}, \qquad \int_0^{\frac{\pi}{2}} l \,Tang. x \frac{dx}{Cos. 2x} = -\frac{1}{4}\pi^2; \ldots \quad (1606)$$

par (374), (375) (Méth. 7, N°. 4): $\int_0^{\frac{\pi}{2}} l \,Sin.^2 x. Tang. x \, dx = -\frac{1}{12}\pi^2$, $\int_0^{\frac{\pi}{2}} l \,Sin.^2 x. Sin.^2 x \, dx =$

$= -\frac{\pi}{2}(l\,2 - \frac{1}{2})$, [292], (T. 330, N°. 13 et 6);

---

[291] Ces intégrales deviennent pour $p = 1$: T. 65, N°. 7, 8.

[292] Voyez aussi Méth. 44, N°. 4.

par (388) (Méth. 7, N°. 8): $\int_0^{\frac{\pi}{2}} \frac{dx}{Cos.\,2x} \sqrt{(Sin.^4 x + Cos.^4 x)} = 0$; . . . . (1607)

par (480), (481) (Méth. 9, N°. 14):

$$\int_0^{\frac{\pi}{2}} l(1 + q^2 \,Tang.^2 x) \frac{Cos.^2 x}{p^2 \,Cos.^2 x + r^2 \,Sin.^2 x} \frac{dx}{s^2 \,Cos.^2 x + t^2 \,Sin.^2 x} =$$

$$= \frac{\pi}{p^2 t^2 - s^2 r^2} \left\{\frac{t}{s} l\left(1 + \frac{qs}{t}\right) - \frac{r}{p} l\left(1 + \frac{pq}{r}\right)\right\}, \ldots \ldots \quad (1608)$$

$$\int_0^{\frac{\pi}{2}} l(1 + q^2 \,Tang.^2 x) \frac{Sin.^2 x}{p^2 \,Cos.^2 x + r^2 \,Sin.^2 x} \frac{dx}{s^2 \,Cos.^2 x + t^2 \,Sin.^2 x} =$$

$$= \frac{\pi}{p^2 t^2 - s^2 r^2} \left\{\frac{p}{r} l\left(1 + \frac{pq}{r}\right) - \frac{s}{t} l\left(1 + \frac{qs}{t}\right)\right\}; \ldots \ldots \quad (1609)$$

par T. 23, N°. 2 (Méth. 9, N°. 23):

$$\int_0^{\frac{\pi}{2}} \frac{dx}{(a\,Sin.\,x + b\,Cos.\,x)(c\,Sin.\,x + d\,Cos.\,x)} = \frac{1}{ad - bc} l \frac{ad}{bc}; \ldots \ldots \quad (1610)$$

par (545) (Méth. 10, N°. 8):

$$\int_0^{\frac{\pi}{4}} \frac{Cos.\,x - Sin.\,x}{Cos.\,x + Sin.\,x} \frac{dx}{l\,Tang.\,x}, \ldots (1611), \quad = -\frac{1}{2} l\, 2 = \int_0^{\frac{\pi}{4}} \frac{Tang.\left(\frac{\pi}{4} - x\right) dx}{l\,Tang.\,x},$$ (T. 321, N°. 15); par

T. 4, N°. 6, T. 15, N°. 10 et (1219) (Méth. 18, N°. 23): $\int_0^{\frac{\pi}{4}} (Cot.\,x - 1)^{r-1} \frac{dx}{Sin.\,2x} = \frac{\pi}{2\,Sin.\,r\pi}$, . (1612)

$$\int_0^{\frac{\pi}{4}} \frac{dx}{\sqrt{Sin.\,x\,(Cos.\,x + p\,Sin.\,x)}} = \frac{2}{\sqrt{p}} l \{\sqrt{p} + \sqrt{(1+p)}\}, \ldots \ldots \quad (1613)$$

$$\int_0^{\frac{\pi}{4}} \frac{dx}{\sqrt{Sin.\,x\,(Cos.\,x - p\,Sin.\,x)}} = \frac{2}{\sqrt{p}} Arcsin.(\sqrt{p}); \ldots \ldots \quad (1614)$$

par (1228) (Méth. 19, N°. 1):

$$\int_0^{\frac{\pi}{4}} l(1 + Tg.\,x) \frac{dx}{(q^2 \,Cos.^2 x + Sin.^2 x)(Cos.^2 x + q^2 \,Sin.^2 x)} = \frac{1}{2q(1+q^2)} \left\{\frac{\pi}{2} l(1+q^2) - \pi\,Arctg.\,q.\,lq\right\}; \,. \quad (1615)$$

par (1232) (Méth. 19, N°. 2):

$$\int_0^{\frac{\pi}{4}} l\,Cos.2x\,dx = -\frac{\pi}{4}l\,2$$ [293]; par T. 152, N°. 13 (Méth. 32, N°. 5):

$$\int_0^{\frac{\pi}{4}} l\,Tang.^2 x\frac{dx}{Cos.2x},\ \text{(T. 309, N°. 1)},\quad = \frac{1}{2}\int_0^{\frac{\pi}{2}} l\frac{1-Cos.x}{1+Cos.x}\frac{dx}{Cos.x}, \ldots\ldots \quad (1616)$$

$$= \frac{1}{2}\int_0^{\frac{\pi}{2}} l\frac{1-Sin.x}{1+Sin.x}\frac{dx}{Sin.x},\ \text{(T. 340, N°. 2)},\quad = -\frac{1}{4}\pi^2.$$ [294].

Dans T. 205, N°. 5, 6 (Méth. 18, N°. 8), T. 208, N°. 3, 4, 7, 8 (Méth. 25, N°. 6), T. 212, N°. 12 (Méth. 18, N°. 4) prenez $p = 1$, $x = q\,Tang.y$, $\frac{q\,dx}{q^2+x^2} = dy$, et 0 et $\frac{\pi}{2}$ comme limites de y, et vous aurez:

$$\int_0^{\frac{\pi}{2}} Cos.(q\,Tg.y)dy = \frac{\pi}{2}e^{-q},\ \int_0^{\frac{\pi}{2}} Sin.(q\,Tg.y).Tg.y\,dy = \frac{\pi}{2}e^{-q},\ \int_0^{\frac{\pi}{2}} Sin.(q\,Tg.y).Sin.y.Cos.y\,dy = \frac{\pi}{4}qe^{-q},$$

(T. 59, N°. 1, 5, 8), $$\int_0^{\frac{\pi}{2}} Sin.(q\,Tang.y).Sin.^2 y.\,Tang.y\,dy = \frac{2-q}{4}\pi e^{-q}, \ldots\ldots \quad (1617)$$

$$\int_0^{\frac{\pi}{2}} Cos.(q\,Tang.y).\,Cos.^2 y\,dy = \frac{1+q}{4}\pi e^{-q},\ \int_0^{\frac{\pi}{2}} Cos.(q\,Tang.y).\,Sin.^2 y\,dy = \frac{1-q}{4}\pi e^{-q},$$ (T. 59, N°. 9, 10), $$\int_0^{\frac{\pi}{2}} Sin.(q\,Tang.y).\,Cot.y\,dy = \frac{\pi}{2}(1-e^{-q}).$$ (T. 60, N°. 5).

Enfin dans (505) (Méth. 9, N°. 23) soit $x = Tang.^2 y$, $dx = \frac{2\,Sin.y\,dy}{Cos.^3 y}$, donc:

$$\int_0^{\frac{\pi}{2}} \frac{Sin.2x\,dx}{a\,Sin.^2 x + b\,Cos.^2 x} = \frac{1}{a-b}l\frac{a}{b}. \ldots\ldots \quad (1618)$$

Pour b ou a l'unité, on trouve T. 66, N°. 21, 22.

---

[293] Qui ne diffère pas de l'intégrale T. 331, N°. 1 de Méth. 4, N°. 3.

[294] Pour $Sin. = y$, il en résulte: $\int_0^1 l\frac{1-x}{1+x}\frac{dx}{x\sqrt{(1-x^2)}} = -\frac{1}{2}\pi^2$. (T. 166, N°. 5).

Page 546.

8. Passons aux substitutions inverses et soit en premier lieu $Sin. x = y$, d'où $Cos. x\, dx = dy$; aux limites 0 et $\frac{\pi}{2}$ de x correspondent les limites 0 et 1 de y. Ainsi T. 330, N°. 1 et T. 331, N°. 1 (Méth. 4, N°. 3) donnent: $\int_0^1 lx \frac{dx}{\sqrt{(1-x^2)}} = -\frac{1}{2}\pi l2$, (T. 163, N°. 2), $\int_0^1 l(1-x^2)\frac{dx}{\sqrt{(1-x^2)}} = -\pi l 2$. (T. 165, N°. 11). [295].

Par les intégrales (512) à (519) (Méth. 10, N°. 2) on obtient:

$$\int_0^1 Arctg.\left\{Tang.\lambda.\sqrt{(1-p^2x^2)}\right\}\frac{x^2\,dx}{\sqrt{(1-x^2)(1-p^2x^2)}} = \frac{\pi}{2p^2}\left\{F(p,\lambda)-E(p,\lambda)\right\} + $$
$$+\frac{\pi}{2p^2}Cot.\lambda.\left\{1-\sqrt{(1-p^2 Sin.^2\lambda)}\right\}, \ldots\ldots (1619)$$

$$\int_0^1 Arctg.\left\{Tang.\lambda.\sqrt{(1-p^2x^2)}\right\}dx\sqrt{\frac{1-x^2}{1-p^2x^2}} = \frac{\pi}{2p^2}\left\{E(p,\lambda)-(1-p^2)F(p,\lambda)\right\} -$$
$$-\frac{\pi}{2p^2}Cot.\lambda.\left\{1-\sqrt{(1-p^2 Sin.^2\lambda)}\right\}, \ldots\ldots (1620)$$

$$\int_0^1 Arccot.\left\{Tang.\lambda.\sqrt{(1-p^2x^2)}\right\}\frac{x^2\cdot dx}{\sqrt{(1-x^2)(1-p^2x^2)}} = \frac{\pi}{2p^2}\left\{F(p,\varphi)-E(p,\varphi)\right\} +$$
$$+\frac{\pi}{2p^2}\frac{Cot.\lambda}{\sqrt{(1-p^2)}}\left\{\sqrt{(1-p^2 Sin.^2\varphi)}-\sqrt{(1-p^2)}\right\}, \ldots\ldots (1621)$$

$$\int_0^1 Arccot.\left\{Tang.\lambda.\sqrt{(1-p^2x^2)}\right\}dx\sqrt{\frac{1-x^2}{1-p^2x^2}} = \frac{\pi}{2p^2}\left\{E(p,\varphi)-(1-p^2)F(p,\varphi)\right\} -$$
$$-\frac{\pi\, Cot.\lambda}{2p^2\sqrt{(1-p^2)}}\left\{\sqrt{(1-p^2 Sin.^2\varphi)}-\sqrt{(1-p^2)}\right\}, \ldots\ldots (1622)$$

$$\int_0^1 Arctg.\left\{Tang.\lambda.\sqrt{(1-p^2x^2)}\right\}\frac{x^2\,dx}{\sqrt{(1-p^2x^2)^3(1-x^2)}} = \frac{\pi}{2p^2}\left\{\frac{1}{1-p^2}E(p,\lambda)-F(p,\lambda)\right\} -$$
$$-\frac{\pi\, Tang.\lambda}{2p^2(1-p^2)}\left\{\sqrt{(1-p^2 Sin.^2\lambda)}-\sqrt{(1-p^2)}\right\}, \ldots\ldots (1623)$$

$$\int_0^1 Arctg.\left\{Tang.\lambda.\sqrt{(1-p^2x^2)}\right\}dx\sqrt{\frac{1-x^2}{(1-p^2x^2)^3}} = \frac{\pi}{2p^2}\left\{F(p,\lambda)-E(p,\lambda)\right\} +$$
$$+\frac{\pi\, Tang.\lambda}{2p^2}\left\{\sqrt{(1-p^2 Sin.^2\lambda)}-\sqrt{(1-p^2)}\right\}, \ldots\ldots (1624)$$

---

[295] On peut encore la déduire par Méthode 22, lorsqu'on développe $l(1-x^2)$ en une série et que l'on intègre ensuite.

Page 547.

$$\int_0^1 Arccot.\left\{Tang.\lambda.\sqrt{(1-p^2x^2)}\right\}\frac{x^2\,dx}{\sqrt{(1-p^2x^2)^3(1-x^2)}}=\frac{\pi}{2p^2}\left\{\frac{1}{1-p^2}E(p,\varphi)-F(p,\varphi)\right\}-$$

$$-\frac{\pi\,Tang.\lambda}{2p^2\sqrt{(1-p^2)}}\left\{1-\sqrt{(1-p^2\,Sin.^2\varphi)}\right\}, \;\ldots\ldots \;(1625)$$

$$\int_0^1 Arccot.\left\{Tang.\lambda.\sqrt{(1-p^2x^2)}\right\}dx\sqrt{\frac{1-x^2}{(1-p^2x^2)^3}}=\frac{\pi}{2p^2}\left\{F(p,\varphi)-E(p,\varphi)\right\}+$$

$$+\frac{\pi\,Tang.\lambda.\sqrt{(1-p^2)}}{2p^2}\left\{1-\sqrt{(1-p^2\,Sin.^2\varphi)}\right\}; \;\ldots \;(1626)$$

où partout $Cot.\varphi = Tang.\lambda.\sqrt{(1-p^2)}$. De même par les intégrales de Méth. 14, N°. 6:

$$\int_0^1 F(p,Arcsin.x)\frac{x\,dx}{1-p^2x^2}=-\frac{1}{4p^2}l(1-p^2).\;F'(p), \;\ldots\ldots \;(1627)$$

$$\int_0^1 E(p,Arcsin.x)\frac{x\,dx}{1-p^2x^2}=\frac{-1}{2p^2}\left[(p^2-2)F'(p)+\left\{2+\tfrac{1}{2}l(1-p^2\right\}E'(p)\right], \;\ldots\ldots \;(1628)$$

$$\int_0^1 F(p,Arcsin.x)\frac{x\,dx}{1-x^2+x^2\sqrt{(1-p^2)}}=\frac{1}{4}\,\frac{F'(p)}{1-\sqrt{(1-p^2)}}\,l\frac{2}{\left\{1+\sqrt{(1-p^2)}\right\}\sqrt[4]{(1-p^2)}}, \;(1629)$$

$$\int_0^1 F(p,Arcsin.x)\frac{x\,dx}{1+px^2}=\frac{1}{4p}F'(p).\,l\frac{(1+p)\sqrt{p}}{2}+\frac{\pi}{16p}F'\left\{\sqrt{(1-p^2)}\right\}, \;\ldots\ldots \;(1630)$$

$$\int_0^1 F(p,Arcsin.x)\frac{x\,dx}{1-px^2}=\frac{1}{4p}F'(p).\,l\frac{2}{(1-p)\sqrt{(p)}}-\frac{\pi}{16p}F'\left\{\sqrt{(1-p^2)}\right\}, \;\ldots\ldots \;(1631)$$

$$\int_0^1 F(p,Arcsin.x)\frac{x\,dx}{1-p^2x^4}=\frac{1}{8p}F'(p).\,l\frac{1+p}{1-p}, \;\ldots\ldots \;(1632)$$

$$\int_0^1 F(p,Arcsin.x)\frac{x^3\,dx}{1-p^2x^4}=\frac{1}{8p^2}F'(p).\,l\frac{4}{(1-p^2)p}-\frac{\pi}{16p^2}F'\left\{\sqrt{(1-p^2)}\right\}, \;\ldots\ldots \;(1633)$$

$$\int_0^1 F(p,Arcsin.x)\frac{x}{1-p^2x^2\,Sin.^2\lambda}\,\frac{dx}{\sqrt{(1-p^2x^2)}}=$$

$$=\frac{1}{p^2\,Sin.2\lambda}\left[\pi F(p,\lambda)-2F'(p).\,Arctg.\left\{Tang.\lambda.\sqrt{(1-p^2)}\right\}\right], \;\ldots\ldots \;(1634)$$

$$\int_0^1 E(p,Arcsin.x)\frac{x}{1-p^2x^2\,Sin.^2\lambda}\,\frac{dx}{\sqrt{(1-p^2x^2)}}=$$

$$=\frac{1}{p^2\,Sin.2\lambda}\left[\pi E(p,\lambda)-2E'(p).\,Arctg.\left\{Tg.\lambda.\sqrt{(1-p^2)}\right\}-\pi\,Cot.\lambda.\left\{1-\sqrt{(1-p^2\,Sin.^2\lambda)}\right\}\right]. \;(1635)$$

Page 548.

Enfin par les formules (1126) à (1128) (Méth. 17, N°. 16):

$$\int_0^1 l(1-p^2x^2)\,dx\sqrt{\frac{1-p^2x^2}{1-x^2}} = (2-p^2)\,\mathrm{F}'(p) - \{2-\tfrac{1}{2}l(1-p^2)\}\,\mathrm{E}'(p), \;.\;.\; (1636)$$

$$\int_0^1 l(1-p^2x^2)\frac{x^2\,dx}{\sqrt{(1-x^2)(1-p^2x^2)}} = \frac{1}{p^2}\{2-\tfrac{1}{2}l(1-p^2)\}\mathrm{E}'(p) + \frac{1}{p^2}\{p^2-2+\tfrac{1}{2}l(1-p^2)\}\mathrm{F}'(p), .(1637)$$

$$\int_0^1 l(1-p^2x^2)dx\sqrt{\frac{1-x^2}{1-p^2x^2}} = \frac{1}{p^2}\{2-p^2-\tfrac{1}{2}(1-p^2)l(1-p^2)\}\mathrm{F}'(p) - \frac{1}{p^2}\{2-\tfrac{1}{2}l(1-p^2)\}\mathrm{E}'(p). (1638)$$

9. Pour $Cos.x = y$ on a $-Sin.x\,dx = dy$, tandis que les limites de y deviennent $1, 0$ et -1, lorsque celles de x sont $0, \frac{\pi}{2}, \pi$. Ainsi par les intégrales (263), (265) à (267) (Méth. 3, N°. 12):

$$\int_0^1 dx\sqrt{\frac{1-p^2x^2}{1-x^2}} = \mathrm{E}'(p), .\,(1639), \quad \int_0^1 x^2\,dx\sqrt{\frac{1-p^2x^2}{1-x^2}} = \frac{1-p^2}{3p^2}\mathrm{F}'(p) - \frac{1-2p^2}{3p^2}\mathrm{E}'(p), \;.\; (1640)$$

$$\int_0^1 dx\sqrt{\frac{(1-p^2x^2)^3}{1-x^2}} = \frac{2-p^2}{3}2\,\mathrm{E}'(p) - \frac{1-p^2}{3}\mathrm{F}'(p), .\,(1641), \quad \int_0^1 \frac{dx}{\sqrt{(1-x^2)(1-p^2x^2)}} = \mathrm{F}'(p), .\,(1642)$$

$$\int_0^1 \frac{x^2\,dx}{\sqrt{(1-x^2)(1-p^2x^2)}} = \frac{1}{p^2}\{\mathrm{F}'(p) - \mathrm{E}'(p)\}, \;.\;.\;.\;.\;.\;.\;.\;.\;.\;.\; (1643)$$

$$\int_0^1 \frac{x^4\,dx}{\sqrt{(1-x^2)(1-p^2x^2)}} = \frac{2+p^2}{3p^4}\mathrm{F}'(p) - \frac{1+p^2}{3p^4}2\,\mathrm{E}'(p); \;.\;.\;.\; (1644)$$

par (273) à (275) (Méth. 4, N°. 2):

$$\int_{-1}^1 Arccos.x.(1-x^2)^{a-\frac{1}{2}}\,dx = \frac{\pi^2}{2}\frac{1^{a|2}}{2^{a|2}}, \;.\;.\; (1645), \quad \int_{-1}^1 Arccos.x.(1-x^2)^a\,dx = \pi\frac{2^{a|2}}{3^{a|2}}, \;.\; (1646)$$

$$\int_{-1}^1 Arccos.x\frac{x^{2a}\,dx}{\sqrt{(1-x^2)}} = \frac{\pi^2}{2}\frac{1^{a|2}}{2^{a|2}}; \;.\;.\;.\;.\;.\;.\;.\;.\;.\;.\;.\;.\;.\;.\; (1647)$$

par (305), (310) et (311) (Méth. 5, N°. 5):

$$\int_{-1}^1 \frac{l(1-x^2)}{r+sx}\frac{dx}{\sqrt{(1-x^2)}} = \frac{2\pi}{\sqrt{(r^2-s^2)}}\,l\frac{\sqrt{(r^2-s^2)}}{r+\sqrt{(r^2-s^2)}}, \;.\;.\;.\;.\;.\;.\; (1648)$$

$$\int_{-1}^1 \frac{e^{p\sqrt{(1-x^2)}}+e^{-p\sqrt{(1-x^2)}}}{s-tx}\frac{Cos.px\,dx}{\sqrt{(1-x^2)}} = \frac{\pi}{2\sqrt{(s^2-t^2)}}Cos.\left\{p\frac{s-\sqrt{(s^2-t^2)}}{2t}\right\}, \;.\;.\;.\;.\; (1649)$$

$$\int_{-1}^1 \frac{e^{p\sqrt{(1-x^2)}}+e^{-p\sqrt{(1-x^2)}}}{s-tx}\frac{Sin.px\,dx}{\sqrt{(1-x^2)}} = \frac{\pi}{2\sqrt{(s^2-t^2)}}Sin.\left\{p\frac{s-\sqrt{(s^2-t^2)}}{2t}\right\}, \;.\;.\;.\;.\;.\; (1650)$$

Page 549.

où $t < s$; par les intégrales de Méth. 10, N°. 11:

$$\int_{-1}^{1} l(1 \pm px)^2 \frac{dx}{\sqrt{(1-x^2)}} = 2\pi\, l\frac{1+\sqrt{(1-p^2)}}{2}, (p^2 < 1), = -2\pi\, l\, 2p, (p^2 > 1), \quad . . (1651)$$

$$\int_{-1}^{1} l(p \pm x)^2 \frac{dx}{\sqrt{(1-x^2)}} = -2\pi\, l2, (p^2 < 1), = 2\pi l\frac{p+\sqrt{(p^2-1)}}{2}, (p^2 > 1), \quad . . . . (1652)$$

$$\int_{-1}^{1} l(1-p^2x^2)^2 \frac{dx}{\sqrt{(1-x^2)}} = 4\pi\, l\frac{1+\sqrt{(1-p^2)}}{2}, (p^2 < 1), = -8\pi\, l\, 2p, (p^2 > 1), \quad . (1653)$$

$$\int_{-1}^{1} l(p^2-x^2)^2 \frac{dx}{\sqrt{(1-x^2)}} = -4\pi\, l2, (p^2 < 1), = 2\pi\, l\frac{p+\sqrt{(p^2-1)}}{2}, (p^2 > 1), \quad . . . (1654)$$

$$\int_{-1}^{1} l(1 \pm px) \frac{dx}{x\sqrt{(1-x^2)}} = \pm\pi\, Arcsin.\, p, (p^2 < 1); \quad . . . . (1655)$$

par T. 245, N°. 12 et (1125) (Méth. 17, N°. 15):

$$\int_{-1}^{1} \frac{Arccos.\, x dx}{1+x^2} = \frac{1}{4}\pi^2, \quad . . (1656), \qquad \int_{-1}^{1} \frac{Arccos.\, x dx}{Sin.^2\lambda - x^2\, Cos.^2\lambda} = \pi(\pi - 2\lambda)\, Cosec.\, 2\lambda. \quad . . . (1657)$$

10. Lorsqu'on suppose $Tang.\, x = y$, on a $\frac{dx}{Cos.^2 x} = dy$, et 0 et ∞ pour les limites de y, correspondant aux limites 0 et $\frac{\pi}{2}$ de x; ainsi l'intégrale (1108) (Méth. 17, N°. 14) donne:

$$\int_{0}^{\infty} \frac{Arctg.\, x}{(x^p + x^{-p})^q} \frac{dx}{1+x^2} = \frac{\sqrt{\pi^3}}{2^{2q+2} p} \frac{\Gamma(q)}{\Gamma(q+\frac{1}{2})}; \quad . . . . (1658)$$

les formules (1131) et (1134) donnent pour $Tang.\, x = y$ (avec les suppositions $Tang.\, \alpha = q$, $Tang.\, \beta = r$), et pour $Tang.\, x = \frac{1}{y}$ (avec les suppositions $Cot.\, \alpha = q$, $Cot.\, \beta = r$):

$$\int_{q}^{r} F\left(\sqrt{(1-q^2r^2)}, Arctg.\frac{x}{qr}\right)\frac{dx}{\sqrt{(r^2-x^2)(x^2-q^2)}} = \frac{1}{2q} F'\{\sqrt{(1-q^2r^2)}\}.\, F'\left\{\sqrt{\left(1-\frac{r^2}{q^2}\right)}\right\}, . (1659)$$

$$\int_{q}^{r} F\left(\sqrt{\frac{q^2r^2-1}{q^2r^2}}, Arccot.\frac{x}{qr}\right)\frac{dx}{\sqrt{(r^2-x^2)(x^2-q^2)}} = \frac{1}{2r} F'\left\{\sqrt{\frac{q^2r^2-1}{q^2r^2}}\right\}.\, F'\left\{\sqrt{\left(1-\frac{q^2}{r^2}\right)}\right\}, . (1660)$$

$$\int_{q}^{r} E\left(\sqrt{(1-q^2r^2)}, Arctg.\frac{x}{qr}\right)\frac{dx}{\sqrt{(r^2-x^2)(x^2-q^2)}} = \frac{1}{2q} E'\{\sqrt{(1-q^2r^2)}\}.\, F'\left\{\sqrt{\left(1-\frac{r^2}{q^2}\right)}\right\} +$$

$$+ \frac{1-q^2r^2}{2q(1+r^2)} F'\left\{\sqrt{\left(1-\frac{r^2(1+q^2)^2}{q^2(1+r^2)^2}\right)}\right\}, \quad . . . . (1661)$$

$$\int_q^r \mathrm{E}\left(\sqrt{\frac{q^2r^2-1}{q^2r^2}}, Arccot.\frac{x}{qr}\right)\frac{dx}{\sqrt{(r^2-x^2)(x^2-q^2)}} = \frac{1}{2r}\mathrm{E}'\left\{\sqrt{\frac{q^2r^2-1}{q^2r^2}}\right\}.\mathrm{F}'\left\{\sqrt{\left(1-\frac{q^2}{r^2}\right)}\right\}+$$

$$+\frac{q^2r^2-1}{2q^2r(1+r^2)}\mathrm{F}'\left\{\sqrt{\left(1-\frac{r^2(1+q^2)^2}{q^2(1+r^2)^2}\right)}\right\}. \quad \ldots . \; (1662)$$

11. Quelquefois on peut obtenir une nouvelle intégrale d'une manière indirecte. Introduisons par exemple dans l'intégrale: $\int_0^{\frac{1}{2}\pi}\frac{l(1-p^2 Sin.^2 x)}{\sqrt{(1-p^2 Sin.^2 x)}}dx = \frac{1}{2}l(1-p^2).\mathrm{F}'(p)$ la supposition $\mathrm{F}(p,x) = \{1+\sqrt{(1-q^2)}\}\,\mathrm{F}(q,y)$ [296], d'où $p = \frac{1-\sqrt{(1-q^2)}}{1+\sqrt{(1-q^2)}}$, $\frac{dx}{\sqrt{(1-p^2 Sin.^2 x)}} = \{1+\sqrt{(1-q^2)}\}\frac{dy}{\sqrt{(1-p^2 Sin.^2 y)}}$, $\sqrt{(1-p^2 Sin.^2 x)(1-p^2 Sin.^2 y)} = Cos.^2 y + Sin.^2 y.\sqrt{(1-q^2)}$, $Tang.(x-y) = Tang.y.\sqrt{(1-q^2)}$, donc pour $y=0$, $x=0$; pour $y=\frac{\pi}{2}$, $x=\pi$. Or, comme dans notre intégrale citée la fonction à intégrer est paire, il s'ensuit que l'on a aussi: $\int_0^{\pi}\frac{l(1-p^2 Sin.^2 x)}{\sqrt{(1-p^2 Sin.^2 x)}}dx = l(1-p^2).\mathrm{F}'(p)$. (T. 355, N°. 23). Lorsqu'on y substitue tout ce qui précède, il vient: $\int_0^{\frac{\pi}{2}} l\frac{Cos.^2 y + Sin.^2 y.\sqrt{(1-q^2)}}{\sqrt{(1-q^2 Sin.^2 y)}}\frac{dy}{\sqrt{(1-q^2 Sin.^2 y)}} = \frac{1}{2}l\frac{2\sqrt[4]{(1-q^2)}}{1+\sqrt{(1-q^2)}}.\mathrm{F}'(q)$; ajoutez-y l'intégrale primitive, il reste: $\int_0^{\frac{\pi}{2}} l\{Cos.^2 y + Sin.^2 y.\sqrt{(1-q^2)}\}\frac{dy}{\sqrt{(1-q^2 Sin.^2 y)}} = \frac{1}{2}l\frac{2\sqrt[4]{(1-q^2)^3}}{1+\sqrt{(1-q^2)}}.\mathrm{F}'(q)$. (T. 348, N°. 13).

12. Lorsque l'intégrale à transformer est composée de deux parties, dont chacune pour soi est infinie, il faut avoir égard à l'observation de Méth. 9, N°. 21, afin que l'on n'obtienne pas un résultat vicieux. Prenons l'intégrale de Méth. 37, N°. 3: $\int_0^{\infty}\left\{e^{-x}-\frac{1}{(1+x)^q}\right\}\frac{dx}{x} = \mathrm{Z}'(p)$, où les deux parties deviennent discontinues pour la limite 0 de x: remplaçons cette limite par ε; dès-lors on peut séparer les deux parties sans crainte et y faire des substitutions différentes. Posons dans la première $e^{-x}=y$, avec les limites de y $e^{-\varepsilon}$ et 0; et dans la seconde $1+x=\frac{1}{z}$, avec $\frac{1}{1+\varepsilon}$

---

[296] Voyez VERHULST, Théorie des Fonctions Elliptiques, p. 149.

et 0 comme limites de z, il vient: $\int_\varepsilon^\infty \left\{e^{-x} - \frac{1}{(1+x)^q}\right\}\frac{dx}{x} = \int_{e^{-\varepsilon}}^0 \frac{-dy}{ly} - \int_{\frac{1}{1+\varepsilon}}^0 \frac{-z^q\,dz}{z(1-z)} =$

$= -\int_0^{\frac{1}{1+\varepsilon}} \left(\frac{1}{lx} + \frac{x^{q-1}}{1-x}\right) dx - \int_{e^{-\varepsilon}}^{\frac{1}{1+\varepsilon}} \frac{dx}{lx}$. Or, d'après Méthode 8 la dernière intégrale a pour valeur

$\left(\frac{1}{1+\varepsilon} - e^{-\varepsilon}\right) \frac{1}{l\left\{e^{-\varepsilon}(1-\theta) + \frac{\theta}{1+\varepsilon}\right\}} = \frac{1-(1+\varepsilon)e^{-\varepsilon}}{l\left\{e(1-\theta) + \frac{\theta e^{1+\varepsilon}}{1+\varepsilon}\right\}}$; pour la limite zéro de ε cette fraction devient $\frac{1-1}{le} = 0$. Donc on obtient: $\int_0^1 \left(\frac{1}{lx} + \frac{x^{q-1}}{1-x}\right) dx = -Z'(q)$. (T. 171, N°. 8). [297].

---

§ 3. MÉTHODE 29. SIMPLIFICATION D'UNE INTÉGRALE DÉFINIE PAR L'ANNULATION D'UNE CONSTANTE.

1. Lorsqu'on a évalué une intégrale définie sous de telles circonstances, que la valeur zéro d'une constante quelconque c n'est pas exclue, il est certainement permis de prendre cette valeur spéciale de c pour simplifier l'intégrale; mais de telle sorte on n'acquiert rien de nouveau. Il n'en est plus de même lorsque l'évaluation de l'intégrale a eu lieu sous la condition d'une valeur positive de c, et l'on peut se demander s'il est permis alors de conclure au cas de c zéro, même lorsque la fonction à intégrer et la valeur de l'intégrale restent déterminées toutes les deux, c'est-à-dire: est-ce-que l'intégrale $\int_a^b f(x,c)\,dx = F(c)$, $(c > 0)$ entraîne l'autre $\int_a^b f(x,0)\,dx = F(0)$, $(c=0)$? Quoique la réponse ait été en général affirmative, et que même CAUCHY [298] ait employé cette conclusion, quoique dans bien des cas elle mène à des résultats exacts, elle est pourtant vicieuse, puisque la série qui correspond à $f(x,c)$ pourra bien très-bien converger pour c positif, tandis qu'elle

---

[297] Intégrez-la par rapport à q entre les limites 0 et q; vous aurez:

$$\int_0^1 \left\{\frac{q-1}{lx} + \frac{x^{q-1}-1}{(1-x)\,lx}\right\} dx = -l\Gamma(q). \text{ (T. 171, N°. 11).}$$

[298] Voyez CAUCHY, Mém. présentés de l'Institut, T. 1, 1827, Mémoire sur la Théorie des Ondes. Note 3, p. 129. — Consultez ARNDT, Grunerts Archiv, Bd. 11. S. 70.

Page 552.

devient divergente ou périodique pour c nul. Ainsi l'intégrale $\int_0^\infty e^{-cx} f(x)\,dx = \mathrm{F}(c)$ reste finie quelquefois à raison du facteur e^{-cx}, qui par exemple pour la limite supérieure ∞ de x devient zéro et annule ainsi le terme correspondant. Mais lorsque c est zéro, cette circonstance n'a plus lieu, et il se peut très-bien que le terme mentionné devienne indéterminé ou infini. Pour subvenir à cette difficulté OSSIAN BONNET [299] a donné un théorème, que nous déduirons ici, mais qui n'est plus exact dans l'application qu'il en fait. On a identiquement suivant Partie Première N°. 4:

$$\int_a^\infty m^x f(x)dx = \mathrm{Lim}.\delta\left\{m^a f(a) + m^{a+\delta} f(a+\delta) + \ldots\right\} = \mathrm{Lim}.\delta.m^a\left\{f(a) + m^\delta f(a+\delta) + m^{2\delta} f(a+2\delta) + \ldots\right\};$$

supposons que l'intégrale ait une valeur déterminée pour quelque valeur m_1 de m; la dernière série sera convergente pour cette même valeur et l'on peut démontrer par la méthode d'ABEL [300] qu'elle sera encore convergente pour quelque valeur m moindre que m_1. Car depuis un terme quelconque $p^{\text{ième}}$ la série est:

$$m^{p\delta} f(a+p\delta) + m^{(p+1)\delta} f\left(a+[p+1]\delta\right) + \ldots = \left(\frac{m}{m_1}\right)^{p\delta} m_1^{p\delta} f(a+p\delta) + \\ + \left(\frac{m}{m_1}\right)^{(p+1)\delta} m_1^{(p+1)\delta} f\left(a+[p+1]\delta\right) + \ldots\ldots \quad (\alpha)$$

Or, comme $\frac{m}{m_1}$ est < 1, $\left(\frac{m}{m_1}\right)^{p\delta}$, $\left(\frac{m}{m_1}\right)^{(p+1)\delta}$ sont des quantités décroissantes: en outre les autres facteurs constituent une série convergente, et cette série est renfermée entre deux limites finies A et B. Dès-lors suivant la Première Partie N°. 13, il est $\left(\frac{m}{m_1}\right)^{p\delta} A <$ série pour $m < \left(\frac{m}{m_1}\right)^{p\delta} B$. De plus la série étant convergente pour m_1, les grandeurs A et B s'amoindrissent de plus en plus, lorsque le nombre p augmente; et dans ce même cas la fraction $\left(\frac{m}{m_1}\right)^{p\delta}$ diminue aussi; donc les limites, entre lesquelles se trouve renfermée la série pour m, approchent graduellement de zéro, lorsque p devient plus grand, et la série primitive est convergente pour cette valeur m: donc l'intégrale définie, qu'elle exprime, est finie et déterminée. Par conséquent on a le théorème suivant:

Théorème. Lorsqu'une intégrale $\int_a^\infty m^x f(x)\,dx$ a une valeur déterminée $\mathrm{F}(m_1)$ pour la valeur m_1 de m: alors pour $m_2 < m_1$ l'intégrale aura pour valeur $\mathrm{F}(m_2)$, quoique primitivement cette intégrale ne valût pas pour cette valeur m_2. Toujours est il sous-entendu que la fonction à intégrer ne devient pas infinie pour cette valeur m_2.

---

[299] O. BONNET, Journal de Liouville, T. 14, p. 249.

[300] ABEL, Journal von Crelle, Bd. 1, S. 314.

Tout ceci est exact, mais le raisonnement ne vaut plus lorsque avec BONNET ou prend pour m_2 une valeur plus grande que m_1, même dans le cas que m_1 converge vers m_2. Dans ce cas le résultat peut être valide ou non, sans que l'on puisse s'en assurer.

Ainsi dans les intégrales de Méth. 4, N°. 11 le facteur $e^{-px} = (e^{-p})^x$ devient $(e^0)^x = 1^x = 1$ pour p zéro, et le résultat $\int_0^\infty Cos.\,qx\,dx = 0$, $\int_0^\infty Sin.\,qx\,dx = \frac{1}{q}$ est par hasard fautif. Au contraire la première intégrale de Méth. 10, N°. 4, donne de la même manière: $\int_0^\infty Sin.\,qx\frac{dx}{x} = Arctg.\frac{q}{0} = \frac{\pi}{2}$, ce qui est vrai par hasard.

Pour avoir encore un exemple tranchant de la non-validité de cette méthode, prenons la différence des intégrales T. 205, N°. 5, 6 (Méth. 24, N°. 4): $\int_0^\infty \frac{q\,Cos.\,px - x\,Sin.\,px}{q^2+x^2}dx = 0$, (T. 209, N°. 17), et posons-y p zéro, il vient: $\int_0^\infty \frac{q\,dx}{q^2+x^2} = 0$, ce qui répugne à la valeur trouvée Méth. 1, N°. 3.

J'ai cru devoir insister un peu longuement sur ce point de l'analyse, parce que l'emploi illégitime de cette méthode a mené assez souvent à des fautes dans les résultats.

2. Mais il y a un autre cas, où cette méthode nous a déjà quelquefois rendu service: savoir lorsque la valeur zéro de quelque constante annule à la fois la fonction à intégrer et la valeur de l'intégrale: alors on peut pourtant acquérir un résultat exact. Ce cas se présente entre autres auprès de T. 10, N°. 20 (Méth. 3 N°. 2) pour q zéro: donc on a: $\int_0^1 \left(\frac{1-x^q}{q}\right)^a x^{p-1}dx = \frac{1^{a|1}}{p(p+q)^{a|q}}$ et en passant à la limite zéro de q [301]: $\int_0^\infty \left(l\frac{1}{x}\right)^a x^{p-1}dx = \frac{1^{a|1}}{p\,.\,p^a} = \frac{1^{a|1}}{p^{a+1}}$. (T. 157, N°. 2). [302].

---

[301] Puisque $\frac{1-x^q}{q}$ est $\frac{0}{0}$ pour q zéro, il vient par la règle ordinaire $\frac{1-x^q}{q} = \frac{-lx\,.\,x^{q-1}}{1} = -lx$.

[302] Comme on trouve d'une autre manière Méth. 33, N°. 7. Substituez $x^p = y$, vous aurez, après avoir multiplié par p^{a+1}: $\int_0^1 \left(l\frac{1}{x}\right)^a dx = 1^{a|1}$, (T. 42, N°. 1), d'où encore, parce que les intégrales précédentes valent tout de même pour un a fractionnaire: $\int_0^1 l\left(\frac{1}{x}\right)^{p-1}dx = \Gamma(p)$. (T. 42, N°. 2). Différentiez-la par rapport à p, il est: $\int_0^1 \left(l\frac{1}{x}\right)^{p-1} l\,l\,x.\,dx = d.\,\Gamma(p)$. (T. 42, N°. 8).

Page 554.

§ 4. MÉTHODE 30. DÉVELOPPEMENT DE LA FONCTION INTÉGRÉE ET DE LA VALEUR D'UNE INTÉGRALE EN SÉRIES, DONT LES TERMES GÉNÉRAUX CONSTITUENT UNE NOUVELLE ÉVALUATION.

---

1. Lorsqu'on connaît une intégrale définie $\int_a^b f(p,x)\,dx = \mathrm{F}(p)$, et que $f(p,x)$ et $\mathrm{F}(p)$ peuvent se développer en des séries, dont l'argument est une même fonction de p, on peut conclure que le terme général de la série de $\mathrm{F}(p)$ est la valeur de l'intégrale qui contient le terme général de la série de $f(p,x)$. Ainsi quand on a $f(p,x) = \Sigma\,\mathrm{A}_n p^n$, et $\mathrm{F}(p) = \Sigma\,\mathrm{B}_n p^n$, on aurait: $\int_a^b \mathrm{A}_n\,dx = \mathrm{B}_n$; ou lorsqu'on avait $f(p,x) = \Sigma\,\mathrm{A}_n \,Cos.\,np$, $\mathrm{F}(p) = \Sigma\,\mathrm{B}_n\,Cos.\,np$, il en résulterait encore: $\int_a^b \mathrm{A}_n\,dx = \mathrm{B}_n$. Dans ces deux exemples A_n est nécessairement une fonction de x.

2. On trouve (Méth. 41, N°. 11): $\int_0^\infty \frac{Cos.\,px\,dx}{e^{\frac{1}{2}\pi x}+e^{-\frac{1}{2}\pi x}} = \frac{1}{e^p+e^{-p}} = \frac{1}{2}Sec.\,(pi)$, $\int_0^\infty \frac{e^{\pi x}+1}{e^{\pi x}-1}\,Sin.\,px\,dx = \frac{e^p+e^{-p}}{e^p-e^{-p}} = i\,Cot.\,(pi)$. Pour la première on a C. P. 67 et 76, $Cos.\,px = \sum_0^\infty \frac{(-1)^n}{1^{2n/1}}p^{2n}x^{2n}$, $\frac{1}{2}Sec.\,(pi) = \frac{1}{2}\sum_0^\infty \frac{(-1)^n}{1^{2n/1}}p^{2n}\mathrm{B}_{2n}$; or, comme les termes généraux pour $n=n$ ne diffèrent que par les facteurs x^{2n} et B_{2n}, on en tire: $\int_0^\infty \frac{x^{2n}\,dx}{e^{\frac{1}{2}\pi x}+e^{-\frac{1}{2}\pi x}} = \frac{1}{2}\mathrm{B}_{2n}$. (T. 120, N°. 14). Pour la seconde il faut prendre la différence $-Sin.\,px + 2\,Sin.\,2p\,x =$ $= \sum_0^\infty \frac{2^{2n+2}-1}{1^{2n+1/1}}(-1)^n p^{2n+1}x^{n+1}$, à laquelle correspond la valeur $-i\,Cot.\,(pi) + 2i\,Cot.\,(2\,pi) =$ $= -i\,Tang.\,(pi) = \sum_0^\infty \frac{2^{2n+2}-1}{1^{2n+1/1}}(-1)^n p^{2n+1}\frac{2^{2n+1}}{n+1}\mathrm{B}_{2n+1}$ (C. P. 74). La comparaison des deux termes nous donne dès-lors: $\int_0^\infty \frac{e^{\pi x}+1}{e^{\pi x}-1}x^{2n+1}\,dx = \frac{2^{2n+1}}{n+1}\mathrm{B}_{2n+1}$. (T. 118, N°. 15).

3. Méth. 31, N°. 2, nous donne: $\int_0^\infty \frac{Sin.\,pxi\,dx}{e^{\pi x}+1} = \frac{1}{2}i\left(Cosec.\,p - \frac{1}{p}\right)$, $\int_0^\infty \frac{Sin.\,pxi\,dx}{e^{\frac{1}{2}\pi x}-e^{-\frac{1}{2}\pi x}} = \frac{1}{2}\,i\,Tg.\,p$.

Page 555.

Or, suivant C.P. 68,72,73, $Sin.pxi = i\sum_0^\infty \frac{1}{1^{2n+1|1}} p^{2n+1} x^{2n+1}$, $Cosec.p - \frac{1}{p} = \sum_0^\infty \frac{2^{2n+1}-1}{1^{2n+1/1}} p^{2n+1} \frac{1}{n+1} B_{2n+1}$, $Tang.p = \sum_0^\infty \frac{2^{2n+2}-1}{1^{2n+1/1}} p^{2n+1} \frac{2^{2n+2}}{2n+2} B_{2n+1}$; donc pour les termes correspondants: $\int_0^\infty \frac{x^{2n+1}\,dx}{e^{\pi x}+1} = \frac{2^{2n+1}-1}{2(n+1)} B_{2n+1}$, (T. 117, N°. 21), $\int_0^\infty \frac{x^{2n+1}\,dx}{e^{\frac{1}{2}\pi x} - e^{-\frac{1}{2}\pi x}} = \frac{2^{2n+2}-1}{n+1} 2^{2n} B_{2n+1}$. (T. 120, N°. 20).

4. Encore a-t-on Méth. 31, N°. 2: $\int_0^\infty \frac{Sin.pxi\,dx}{e^{2\pi x}-1} = -\frac{1}{2} i \left(\frac{1}{2} Cot.\frac{p}{2} - \frac{1}{p}\right)$; or, par une réduction facile d'après C. P. 69, $\frac{1}{2} Cot.\frac{1}{2}p - \frac{1}{p} = -\sum_0^\infty \frac{p^{2n+1}}{1^{2n+2|1}} B_{2n+1}$; donc ici: $\int_0^\infty \frac{x^{2n+1}\,dx}{e^{2\pi x}-1} = \frac{1}{4(n+1)} B_{2n+1}$. (T. 117, N°. 23). [303].

---

§ 5. MÉTHODE 31. SOMMATION D'UNE INTÉGRALE DÉFINIE PAR RAPPORT À UNE CONSTANTE.

1. Quand on connaît quelque intégrale définie $\int_a^b f(p,x)\,dx = F(p)$, il s'ensuit naturellement: $\sum_{p=h}^{p=k} \int_a^b f(p,x)\,dx = \int_a^b dx \sum_{p=h}^{p=k} f(p,x) = \sum_{p=h}^{p=k} F(p)$. Dans le cas où les deux sommations, celle des $f(p,x)$ et celle des $F(p)$, donnent lieu à une expression finie, fermée, on est par conséquent ramené à une nouvelle intégrale définie.

2. Ainsi par C. P. 69, 73, 71, l'intégrale 80, (Méth. 1, N°. 11) donne: $\frac{1}{2q} - \frac{1}{2} Cot.q = \frac{1}{i}\int_0^\infty dx \sum_1^\infty e^{-n\pi x} Sin.qxi = \frac{1}{i}\int_0^\infty Sin.qxi\,dx \sum_1^\infty e^{-n\pi x} = \frac{1}{i}\int_0^\infty \frac{Sin.qxi\,dx}{e^{\pi x}-1}$, (T. 281, N°. 10),

---

[303] Autrement déduite Méth. 33, N°. 9. Pour $2x = y$ on trouve encore:

$$\int_0^\infty \frac{x^{2n+1}\,dx}{e^{\pi x}-1} = \frac{2^{2n}}{n+1} B_{2n+1}. \text{ (T. 117, N°. 22).}$$

Page 556.

$$\frac{1}{4}Tg.\frac{1}{2}q=\frac{1}{i}\int_0^\infty dx\sum_1^\infty e^{-(2n-1)\pi x}Sin.qxi=\frac{1}{i}\int_0^\infty Sin.qxi\,dx\sum_1^\infty e^{-(2n-1)\pi x}=\frac{1}{i}\int_0^\infty\frac{Sin.qxi\,dx}{e^{\pi x}-e^{-\pi x}},\text{(T. 281, N°. 7)},$$

$$\frac{1}{2q}-\frac{1}{2}Cosec.q=\frac{1}{i}\int_0^\infty dx\sum_1^\infty e^{-n\pi x}(-1)^n Sin.qxi=\frac{1}{i}\int_0^\infty Sin.qxi\,dx\sum_1^\infty(-1)^n e^{-n\pi x}=i\int_0^\infty\frac{Sin.qxi\,dx}{e^{\pi x}+1},$$

(T. 281, N°. 5). Encore par C. P. 75 et l'intégrale 81, (Méth. 1, N°. 11) on a: $\frac{1}{4}Sec.\frac{1}{2}q=$

$$=\int_0^\infty dx\sum_0^\infty(-1)^n e^{-(2n+1)\pi}Cos.qxi=\int_0^\infty Cos.qxi\,dx\sum_0^\infty(-1)^n e^{-(2n+1)\pi}=\int_0^\infty\frac{Cos.qxi}{e^{\pi x}+e^{-\pi x}}dx\ . \quad (1663)$$

Lorsque dans ces quatres intégrales on exprime les Sinus et les Cosinus imaginaires en exponentielles, il vient: $\int_0^\infty\frac{e^{qx}-e^{-qx}}{e^{\pi x}-1}dx=\frac{1}{q}-Cot.q$, $\int_0^\infty\frac{e^{-qx}-e^{-qx}}{e^{\pi x}-e^{-\pi x}}dx=\frac{1}{2}Tang.\frac{1}{2}q$, [304], (T. 38, N.° 2, 17),

$$\int_0^\infty\frac{e^{qx}-e^{-qx}}{e^{\pi x}+1}dx=Cosec.q-\frac{1}{q}\ .\ (1664),\quad\int_0^\infty\frac{e^{qx}+e^{-qx}}{e^{\pi x}+e^{-\pi x}}dx=\frac{1}{2}Sec.\frac{1}{2}q.\ [305].\ \text{(T. 38, N°. 16)}.$$

Quand au contraire dans ces mêmes intégrales on prend $qi=p$, il vient à l'aide de C. P. 38, 40, 34, 36: $\int_0^\infty\frac{Sin.px\,dx}{e^{\pi x}-1}=-\frac{1}{2p}+\frac{1}{2}\frac{e^p+e^{-p}}{e^p-e^{-p}}$, $\int_0^\infty\frac{Sin.px\,dx}{e^{\pi x}-e^{-\pi x}}=\frac{1}{4}\frac{e^p-1}{e^p+1}$ [306], (T. 281, N°. 9, 8).

$$\int_0^\infty\frac{Sin.px\,dx}{e^{\pi x}+1}=-\frac{1}{2p}-\frac{1}{e^p-e^{-p}},\ .\ (1665),\quad\int_0^\infty\frac{Cos.px\,dx}{e^{\pi x}+e^{-\pi x}}=\frac{1}{2}\frac{e^{\frac{1}{2}p}}{e^p+1}.\ \text{(T. 281, N°. 4)}.\ [307].$$

3. Dans les intégrales T. 63, N°. 9, 10, (Méth. 7, N°. 20) prenons $p=a$ entier, alors $\frac{\Gamma(p+q-1)}{\Gamma(p)\Gamma(q)}=\frac{q^{a-1/1}}{1^{a-1/1}}$ (par la formule A, Méth. 3, N°. 7, Note), et nous aurons:

$$\int_0^{\frac{\pi}{2}}Cos.ax.\,Cos.^a x.\frac{Cot.^q x\,dx}{Cos.^2 x}=\frac{q^{a-1/1}}{1^{a-1/1}}\frac{\pi}{2\,Cos.\frac{1}{2}q\pi},\ 1>q>-1;\quad\int_0^{\frac{\pi}{2}}Sin.ax.\,Cos.^a x.\frac{Cot.^q x\,dx}{Cos.^2 x}=$$

$=\frac{q^{a-1/1}}{1^{a-1/1}}\frac{\pi}{2\,Sin.\frac{1}{2}q\pi}$, $2>q>0$. Maintenant multiplions par p^a et sommons par rapport à a,

---

[304] Sur une autre déduction voyez Méth. 22, N°. 14.

[305] Comme on a aussi trouvé Méth. 22, N°. 14.

[306] Autrement déduite Méth. 41, N°. 11.

[307] Déduite d'une autre manière Méth. 41, N°. 11.

il vient: $\int_0^{\frac{\pi}{2}} \frac{Cot.^q x\, dx}{Cos.^2 x} \sum_1^\infty Cos.\, ax\, (p\, Cos.\, x)^a = \frac{p\pi}{2\, Cos.\, \frac{1}{2} q\pi} \sum_1^\infty \frac{q^{a-1/1}}{1^{a-1/1}} p^{a-1},\ 1 > q > -1,$

$\int_0^{\frac{\pi}{2}} \frac{Cot.^q x\, dx}{Cos.^2 x} \sum_1^\infty Sin.\, ax\, (p\, Cos.\, x)^a = \frac{p\pi}{2\, Sin.\, \frac{1}{2} q\pi} \sum_1^\infty \frac{q^{a-1/1}}{1^{a-1/1}} p^{a-1},\ 2 > q > 0.$ Pour les premières sommations changez p en $p\, Cos.\, x$ dans C. P. 97, 98; pour les secondes on a C. P. 61; donc:

$$\int_0^{\frac{\pi}{2}} \frac{Cot.^q x\, dx}{Cos.^2 x} \frac{p\,(1-p)\, Cos.^2 x}{1 - 2p\, Cos.^2 x + p^2\, Cos.^2 x} = \frac{p\pi}{2\, Cos.\, \frac{1}{2} q\pi} \frac{1}{(1-p)^a},\ 1 > q > -1,$$

$$\int_0^{\frac{\pi}{2}} \frac{Cot.^q x\, dx}{Cos.^2 x} \frac{p\, Sin.\, x.\, Cos.\, x}{1 - 2p\, Cos.^2 x + p^2\, Cos.^2 x} = \frac{p\pi}{2\, Sin.\, \frac{1}{2} q\pi} \frac{1}{(1-p)^a},\ 2 > q > 0,$$ ou bien:

$\int_0^{\frac{\pi}{2}} \frac{Cot.^q x\, dx}{1 - (2p - p^2)\, Cos.^2 x} = \frac{1}{(1-p)^{q+1}} \frac{\pi}{2\, Cos.\, \frac{1}{2} q\pi},\ 1 > q > -1,\quad \int_0^{\frac{\pi}{2}} \frac{Cot.^{q-1} x\, dx}{1 - (2p - p^2)\, Cos.^2 x} =$

$= \frac{1}{(1-p)^q} \frac{\pi}{2\, Sin.\, \frac{1}{2} q\pi},\ 2 > q > 0,$ (T. 68, N°. 9, 10), intégrales, qui au fond ne diffèrent pas. [308]. On y a $p^2 < 1$.

4. De l'intégrale de Méth. 4, N°. 6 on déduit: $\int_0^1 \frac{q^{n-1}}{\left(\frac{r}{x}\right)^n} \frac{(1-x)^{p-1}\, dx}{x^{p+1}} = \frac{\Gamma(p)}{r} \frac{\Gamma(n-p)}{\Gamma(n)} \frac{q^{n-1}}{r^{n-1}},$

d'où par la sommation suivant n: $\int_0^1 \frac{(1-x)^{p-1}}{x^{p+1}} dx \sum_1^\infty \frac{q^{n-1}}{\left(\frac{r}{x}\right)^n} = \frac{\Gamma(p)}{r} \sum_1^\infty \frac{\Gamma(n-p)}{\Gamma(n)} \frac{q^{n-1}}{r^{n-1}} =$

$= \frac{\Gamma(p)}{r} \sum_1^\infty \frac{(1-p)^{n-1/1}\, \Gamma(1-p)}{1^{n-1/1}} \left(\frac{q}{r}\right)^{n-1} = \frac{\Gamma(p)\, \Gamma(1-p)}{r} \sum_1^\infty \frac{(1-p)^{n-1/1}}{1^{n-1/1}} \left(\frac{q}{r}\right)^{n-1}.$ Or, la dernière sommation est égale à $\left(1 - \frac{q}{r}\right)^{p-1}$, la première sommation sous le signe d'intégration a pour valeur $\frac{x}{r - qx}$ et l'on a trouvé Méth. 4, N°. 6, Note: $\Gamma(p)\, \Gamma(1-p) = \frac{\pi}{Sin.\, p\pi}$; donc:

---

[308] Prenez $(1-p)^2 = 1 - r$, alors:

$$\int_0^{\frac{\pi}{2}} \frac{Cot.^q x\, dx}{1 - r\, Cos.^2 x} = \frac{1}{(1-r)^{\frac{q+1}{2}}} \frac{\pi}{2\, Cos.\, \frac{1}{2} q\pi},\ 0 < r < 1,\ q^2 < 1.\ \text{(T. 68, N°. 11).}$$

Page 558.

$\int_0^1 \frac{(1-x)^{p-1}}{r-qx}\frac{dx}{x^p} = \frac{\pi\, Cosec.\, p\pi}{r^p (r-q)^{1-p}}$, $q > r > 0$, $1 > p > 0$, (T. 6, N°. 9), d'où pour $p = \frac{1}{2}$:

$\int_0^1 \frac{dx}{r-qx}\sqrt{\frac{1}{x(1-x)}} = \frac{\pi}{\sqrt{r(r-q)}}$. (T. 15, N°. 15).

5. Multipliez l'intégrale T. 183, N°. 8 (Méth. 5, N°. 2) par $\frac{q^{2a+1}}{2a+1}$ et sommez par rapport à a, il vient: $\int_0^\infty \frac{lx\,dx}{x}\sum_0^\infty\left(\frac{qx}{p^2+x^2}\right)^{2n+1}\frac{1}{2n+1} = \pi\, lp \sum_0^\infty \frac{1^{n/2}}{2^{n/2}}\left(\frac{q}{2p}\right)^{2n+1}\frac{1}{2n+1} = \pi\, lp.\, Arcsin.\, \frac{q}{2p}$, (C. P. 77, quand $q < 2p$). Dès-lors on a $p^2+x^2 > 2px > qx$ et maintenant $\sum_0^\infty\left(\frac{qx}{p^2+x^2}\right)^{2n+1}\frac{1}{2n+1} =$

$= \frac{1}{2}\left[\sum_0^\infty \frac{1}{n}\left(\frac{qx}{p^2+x^2}\right)^n - \sum_0^\infty \frac{1}{n}\left(\frac{-qx}{p^2+x^2}\right)^n\right] = -\frac{1}{2}l\left(1-\frac{qx}{p^2+x^2}\right) + \frac{1}{2}l\left(1+\frac{qx}{p^2+x^2}\right) = \frac{1}{2}l\frac{p^2+x^2+qx}{p^2+x^2-qx}$, suivant C. P. 66, donc: $\int_0^\infty l\frac{p^2+qx+x^2}{p^2-qx+x^2}.\, lx\frac{dx}{x} = 2\pi\, lp.\, Arcsin.\frac{q}{2p}$, $q < 2p$. (T. 179, N°. 19).

6. Donnons encore quelques applications de la sommation C. P. 97, sous la forme $\sum_1^\infty p^n\, Cos.\, nq = \frac{1}{2} - \frac{1-p^2}{1-2p\,Cos.\,q+p^2}$, et de C. P. 98. Multiplions T. 84, N°. 5, 3 (Méth. 5, N°. 6) par q^a et prenons la somme par rapport à a, nous aurons: $\int_0^\pi \frac{p\,Sin.\,x}{1-2p\,Cos.\,x+p^2}\frac{q\,Sin.\,x}{1-2q\,Cos.\,x+p^2}dx = \frac{\pi}{2}\sum_1^\infty (pq)^n = \frac{\pi}{2}\frac{pq}{1-pq}$, $p^2<1$, $q^2<1$, (T. 85, N°. 29), $\int_0^\pi \frac{1-p^2}{1-2p\,Cos.\,x+p^2}\frac{1-q^2}{1-2q\,Cos.\,x+q^2}dx -$

$- \int_0^\pi \frac{(1-p^2)\,dx}{1-2p\,Cos.\,x+p^2} = 2\pi\sum_1^\infty (pq)^n = \frac{2\pi pq}{1-pq}$, d'où suivant Méth. 1, N°. 14:

$\int_0^\pi \frac{1-p^2}{1-2p\,Cos.\,x+p^2}\frac{1-q^2}{1-2q\,Cos.\,x+q^2}dx = \pi\frac{1+pq}{1-pq}$, $p^2<1$, $q^2<1$. (T. 85, N°. 27). [309].

Multiplions encore les intégrales T. 296, N°. 7, 8 (Méth. 5, N°. 6) par q^a et sommons par rapport à a, alors: $\int_0^\pi e^{p\,Cos.\,x}\,Sin.\,(p\,Sin.\,x)\frac{q\,Sin.\,x\,dx}{1-2q\,Cos.\,x+q^2} = \frac{\pi}{2}\sum_1^\infty\frac{(pq)^n}{1^{n/1}} = \frac{\pi}{2}(e^{pq}-1)$, $q^2<1$, (par C. P. 65),

---

[309] On en tire encore:

$$\int_0^\pi \frac{Cos.\,x}{1-2p\,Cos.\,x+p^2}\frac{Cos.\,x\,dx}{1-2q\,Cos.\,x+q^2} = \frac{\pi}{2}\frac{1+2pq+p^2+q^2-p^2q^2}{(1-pq)(1-p^2)(1-q^2)}, \quad \ldots\ldots \quad (1666)$$

tandis que pour $x = 2y$ ces intégrales donnent:

Page 559.

$$\int_0^\pi e^{p\,Cos.x}\,Cos.\,(p\,Sin.\,x)\,\frac{1-q^2}{1-2q\,Cos.\,x+x^2}\,dx=\int_0^\pi e^{p\,Cos.x}\,Cos.\,(p\,Sin.\,x)\,dx+\pi\sum_1^\infty\frac{(pq)^n}{1^{n/1}}=$$

$=\pi+\pi(e^{pq}-1)=\pi e^{pq}$, $q^2<1$, (T. 296, N°. 19, 20), suivant Méth. 5, N°. 6. Transformons enfin de la même manière T. 370, N°. 3 et T. 354, N°. 6 (de Méth. 36, N°. 6), il vient: $\int_0^\pi Arctg.\left(\frac{p\,Sin.\,x}{1-p\,Cos.\,x}\right)\frac{q\,Sin.\,x\,dx}{1-2q\,Cos.\,x+q^2}=\frac{\pi}{2}\sum_1^\infty\frac{(pq)^n}{n}=-\frac{\pi}{2}l(1-pq)$, $p^2\leqq 1, q^2<1$, (T. 372, N°. 1), d'après C. P. 66. $\int_0^\pi l(1-2p\,Cos.\,x+p^2)\frac{1-q^2}{1-2q\,Cos.\,x+q^2}\,dx=$

$=\int_0^\pi l(1-2p\,Cos.\,x+p^2)\,dx+2\pi\sum_1^\infty\frac{(pq)^n}{n}=2\pi\,l(1-pq)$, $p^2\leqq 1$, $q^2<1$, (T. 355, N°. 21), suivant Méth. 4, N°. 4.

7. Mais quelquefois il y aura lieu de se servir ici de la Méthode 15. Par exemple prenons les sommations:

$$2\sum_1^a Sin.nx=Cot.\tfrac{1}{2}x-\frac{Cos.\left\{(2a+1)\frac{x}{2}\right\}}{Sin.\frac{1}{2}x},\quad 2\sum_1^a(-1)^n Sin.nx=-Tg.\tfrac{1}{2}x+(-1)^{a-1}\frac{Sin.\left\{(2a+1)\frac{x}{2}\right\}}{Cos.\frac{1}{2}x}.\ [310].$$

Or, on a (Méth. 5, N°. 6) l'intégrale T. 84, N°. 5; l'application de ces sommations fournira:

$$\int_0^\pi\frac{Sin.\,x\,dx}{1-2pCos.x+p^2}\sum_1^a Sin.nx=\frac{1}{2}\int_0^\pi\frac{Sin.x.\,Cot.\frac{1}{2}x\,dx}{1-2pCos.x+p^2}-\frac{1}{2}\int_0^\pi\frac{Sin.x.Cos.\left\{(2a+1)\frac{x}{2}\right\}}{1-2p\,Cos.\,x+p^2}\frac{dx}{Sin.\frac{1}{2}x}=\frac{\pi}{2}\sum_1^a p^{n-1},$$

$$\int_0^\pi\frac{Sin.\,x\,dx}{1-2p\,Cos.\,x+p^2}\sum_1^a(-1)^n Sin.\,nx=-\frac{1}{2}\int_0^\pi\frac{Sin.\,x.\,Tang.\,\frac{1}{2}x\,dx}{1-2p\,Cos.\,x+p^2}-$$

$$-\frac{(-1)^a}{2}\int_0^\pi\frac{Sin.\,x.\,Sin.\left\{(2a+1)\frac{x}{2}\right\}}{1-2p\,Cos.\,x+p}\frac{dx}{Cos.\frac{1}{2}x}=-\frac{\pi}{2}\sum_1^a(-p)^{n-1}.$$

$$\int_0^{\frac{\pi}{2}}\frac{Sin.^2\,x.\,Cos.^2\,x}{1-2p\,Cos.\,2x+p^2}\,\frac{dx}{1-2q\,Cos.\,2x+q^2}=\frac{\pi}{16}\,\frac{1}{1-pq},\ \ldots\ldots\ldots\ (1667)$$

$$\int_0^{\frac{\pi}{2}}\frac{1}{1-2p\,Cos.\,2x+p^2}\,\frac{dx}{1-2q\,Cos.\,2x+q^2}=\frac{\pi}{2(1-p^2)(1-q^2)}\,\frac{1+pq}{1-pq}\ \ldots\ (1668)$$

[310] Qui se déduisent de C. P. 96, quand on y met successivement $p=+1$ et $p=-1$. Page 560.

Passons à la limite ∞ de a, les sommations ont pour valeurs respectives $\frac{1}{1-p}$ et $\frac{1}{1+p}$; tandis que les intégrales complémentaires deviennent:

$$\int_0^\pi \frac{Sin.\,x.\,Cos.\left\{(2a+1)\frac{x}{2}\right\}}{1-2p\,Cos.\,x+p^2}\frac{dx}{Sin.\frac{1}{2}x}=\int_0^\pi \frac{2\,Cos.\frac{1}{2}x.Cos.\left\{(2a+1)\frac{x}{2}\right\}}{1-2p\,Cos.\,x+p^2}dx=\int_0^\pi \frac{Cos.ax+Cos.\{(a+1)x\}}{1-2p\,Cos.\,x+p^2}dx=0,$$

$$\int_0^\pi \frac{Sin.x.\,Sin.\left\{(2a+1)\frac{x}{2}\right\}}{1-2p\,Cos.\,x+p^2}\frac{dx}{Cos.\frac{1}{2}x}=\int_0^\pi \frac{2Sin.\frac{1}{2}x.Sin.\left\{(2a+1)\frac{x}{2}\right\}}{1-2p\,Cos.\,x+p^2}dx=\int_0^\pi \frac{Cos.ax-Cos.\{(a+1)x\}}{1-2p\,Cos.\,x+p^2}dx=0;$$

suivant Méth. 15, N°. 2; donc: $\int_0^\pi \frac{Sin.\,x.\,Cot.\,\frac{1}{2}\,x\,dx}{1-2p\,Cos.\,x+p^2}=\frac{\pi}{1-p},\ \int_0^\pi \frac{Sin.\,x.\,Tang.\,\frac{1}{2}\,x\,dx}{1-2p\,Cos.\,x+p^2}=\frac{\pi}{1+p}.$ (T. 85, N°. 1, 3). [311].

Encore a-t-on: $-2\sum_1^a(-1)^n Cos.\,\{(2n-1)x\}=Sec.\,x+(-1)^a\frac{Cos.\,2\,ax}{Cos.\,x}$ [312], donc par l'intégrale T. 84, N°. 3 (Méth. 5, N°. 6): $\int_0^\pi \frac{dx}{1-2p\,Cos.\,x+p^2}\sum_1^a(-1)^n Cos.\,\{(2n-1)x\}=$

$$=-\frac{1}{2}\int_0^\pi \frac{Sec.\,x\,dx}{1-2p\,Cos.\,x+p^2}-\frac{(-1)^a}{2}\int_0^\pi \frac{Cos.\,2\,ax}{1-2p\,Cos.\,x+p^2}\frac{dx}{Cos.\,x}=\frac{\pi}{1-p^2}\sum_1^a(-1)^n p^{2n-1},$$

---

[311] Leur somme donne $\int_0^\pi \frac{dx}{1-2p\,Cos.\,x+p^2}=\frac{\pi}{1-p^2}$, (T. 84, N°. 1); que l'on déduit aussi Méth. 1, N°. 14, et Méth. 32, N°. 6. Pour $x=2y$ elles donnent:

$$\int_0^{\frac{\pi}{2}} \frac{Cos.^2\,x\,dx}{1-2p\,Cos.\,2x+p^2}=\frac{1}{4}\frac{\pi}{1-p},\ .\ .\ (1669),\qquad \int_0^{\frac{\pi}{2}} \frac{Sin.^2\,x\,dx}{1-2p\,Cos.\,2x+p^2}=\frac{1}{4}\frac{\pi}{1+p},\ .\ (1670)$$

dont la somme est: $$\int_0^{\frac{\pi}{2}} \frac{dx}{1-2p\,Cos.\,2x+p^2}=\frac{1}{2}\frac{\pi}{1-p^2}.\ .\ .\ .\ .\ .\ .\ .\ .\ .\ .\ .\ .\ (1671)$$

[312] Car multipliez C. P. 95 et 96, après y avoir remplacé q par $2q$, respectivement par $Cos.\,q$ et $Sin.\,q$, et prenez la somme de ces produits; vous aurez:

$$\sum_1^{a-1} p^n\,Cos.\,\{(2n-1)\,q\}=\frac{p\,(1-p)\,Cos.\,q-p^a\,Cos.\,\{(2a-1)q\}+p^{a+1}\,Cos.\,\{(2a-3)\,q\}}{1-2\,p\,Cos.\,2q+p^2},$$ d'où pour $p=-1$ la sommation du texte.

d'où, comme l'intégrale complémentaire devient infinie avec a (Méth. 15, N°. 2):

$$\int_0^\pi \frac{Sec.\,x\,dx}{1-2p\,Cos.\,x+p^2}=\infty.\ \text{(T. 85, N°. 4).}$$

8. De même les formules T. 296, N°. 7 et 8 (Méth. 5, N°. 6) donnent lieu aux relations suivantes:

$$\int_0^\pi e^{p\,Cos.x}\,Sin.(p\,Sin.\,x)\,dx\sum_1^a Sin.\,nx=\frac{1}{2}\int_0^\pi e^{p\,Cos.x}\,Sin.(p\,Sin.\,x).\,Cot.\tfrac{1}{2}x\,dx-$$

$$-\frac{1}{2}\int_0^\pi e^{p\,Cos\,x}\,Sin.(p\,Sin.\,x)\frac{Cos.\{(2a+1)\frac{1}{2}x\}}{Sin.\frac{1}{2}x}dx=\frac{\pi}{2}\sum_1^a\frac{p^n}{1^{n/1}},$$

$$\int_0^\pi e^{p\,Cos.x}\,Sin.(p\,Sin.\,x)\,dx\sum_1^a(-1)^n Sin.\,nx=-\frac{1}{2}\int_0^\pi e^{p\,Cos.x}\,Sin.(p\,Sin.x).\,Tang.\tfrac{1}{2}x\,dx-$$

$$-\frac{(-1)^a}{2}\int_0^\pi e^{p\,Cos.x}\,Sin.(p\,Sin.\,x)\frac{Sin.\{(2a+1)\frac{1}{2}x\}}{Cos.\frac{1}{2}x}dx=\frac{\pi}{2}\sum_1^a\frac{(-p)^n}{1^{n/1}},$$

$$\int_0^\pi e^{p\,Cos.x}\,Cos.(p\,Sin.\,x)\,dx\sum_1^a(-1)^n Cos.\{(2n-1)x\}=-\frac{1}{2}\int_0^\pi e^{p\,Cos.x}\,Cos.(p\,Sin.\,x).\,Sec.\,x\,dx-$$

$$-\frac{(-1)^a}{2}\int_0^\pi e^{p\,Cos\,x}\,Cos.(p\,Sin.\,x)\frac{Cos.\,2a\,x}{Cos.\,x.}dx=\frac{\pi}{2}\sum_1^a\frac{(-p)^{2n-1}}{1^{2n-1/1}}.$$

Les valeurs des deux premières équations pour a infini, deviennent $\frac{\pi}{2}(e^p-1)$ et $\frac{\pi}{2}(e^{-p}-1)$ respectivement; les intégrales de correction sont là: $\int_0^\pi e^{p\,Cos.x}\,Sin.(p\,Sin.\,x)\frac{Cos.\{(2a+1)\frac{1}{2}x\}.\,Cos.\frac{1}{2}x}{2\,Sin.\frac{1}{2}x.\,Cos.\frac{1}{2}x}dx=$

$=\int_0^\pi e^{p\,Cos.x}\,Sin.(p\,Sin.x)\frac{Cos.\,ax+Cos.\{(a+1)x\}}{2\,Sin.\,x}dx$ et $\int_0^\pi e^{p\,Cos.x}\,Sin.(p\,Sin.x)\frac{Sin.\{(2a+1)\frac{1}{2}x\}.\,Sin.\frac{1}{2}x}{2\,Cos.\frac{1}{2}x.\,Sin.\frac{1}{2}x}dx=$

$=\int_0^\pi e^{p\,Cos.x}\,Sin.(p\,Sin.\,x)\frac{Cos.\,ax-Cos.\{(a+1)x\}}{2\,Sin.\,x}dx$, toutes les deux nulles suivant Méth. 15, N°. 5.

Donc: $\int_0^\pi e^{p\,Cos.x}\,Sin.(p\,Sin.\,x).\,Cot.\frac{1}{2}x\,dx=\pi(e^p-1)$, $\int_0^\pi e^{p\,Cos.x}\,Sin.(p\,Sin.\,x).\,Tg.\frac{1}{2}x\,dx=\pi(1-e^{-p})$,

d'où leur somme $\int_0^\pi e^{p\,Cos.x}\,Sin.(p\,Sin.\,x)\frac{dx}{Sin.\,x}=\frac{\pi}{2}(e^p-e^{-p})$. (T. 296, N°. 10, 9, 11). Mais dans la dernière des trois équations précédentes l'intégrale de correction est infinie avec a, donc on a: $\int_0^\pi e^{p\,Cos.x}\, Cos.(p\, Sin.\, x)\frac{dx}{Cos.\, x} = \infty$. (T. 296, N°. 12).

9. Auprès de l'intégrale T. 354, N°. 6 (Méth. 34, N°. 6) la transformation donne lieu à l'intégrale complémentaire $\int_0^\pi l(1 - 2p\, Cos.\, x + p^2)\frac{Cos.\, 2a\, x\, dx}{Cos.\, x}$, qui devient infinie avec a (Méth. 15, N°. 6); donc il est: $\int_0^\pi l(1 - 2p\, Cos.\, x + p^2)\frac{dx}{Cos.\, x} = \infty$. (T. 355, N°. 3). Mais l'intégrale T. 370, N°. 3, déduite dans ce même lieu, nous donne: $\int_0^\pi Arctg.\left(\frac{p\, Sin.\, x}{1 - p\, Cos.\, x}\right) dx \sum_1^a Sin.\, nx =$

$$= \frac{1}{2}\int_0^\pi Arctg.\left(\frac{p\, Sin.\, x}{1 - p\, Cos.\, x}\right). Cot.\tfrac{1}{2}x\, dx - \frac{1}{2}\int_0^\pi Arctg.\left(\frac{p\, Sin.\, x}{1 - p\, Cos.\, x}\right)\frac{Cos.\left\{(2a+1)\frac{1}{2}x\right\}}{Sin.\frac{1}{2}x} dx =$$

$$= \frac{\pi}{2}\sum_1^a \frac{p^n}{n},\quad \int_0^\pi Arctg.\left(\frac{p\, Sin.\, x}{1-p\, Cos.\, x}\right) dx \sum_1^\infty (-1)^n\, Sin.\, nx = -\frac{1}{2}\int_0^\pi Arctg\left(\frac{p\, Sin.\, x}{1-p\, Cos.\, x}\right). Tg.\tfrac{1}{2}x\, dx -$$

$$- \frac{(-1)^a}{2}\int_0^\pi Arctg.\left(\frac{p\, Sin.\, x}{1-p\, Cos.\, x}\right)\frac{Sin.\left\{(2a+1)\frac{1}{2}x\right\}}{Cos.\frac{1}{2}x} dx = \frac{\pi}{2}\sum_1^a \frac{(-p)^n}{n}.$$ Or, les corrections deviennent:

$$\int_0^\pi Arctg.\left(\frac{p\, Sin.x}{1-p\, Cos.x}\right)\frac{Cos.\left\{(2a+1)\frac{1}{2}x\right\}.\, Cos.\frac{1}{2}x}{2\, Sin.\frac{1}{2}x.\, Cos.\frac{1}{2}x} dx = \int_0^\pi Arctg.\left(\frac{p\, Sin.\, x}{1-p\, Cos.x}\right)\frac{Cos.ax + Cos.\{(a+1)x\}}{2\, Sin.\, x} dx$$

et $\int_0^\pi Arctg.\left(\frac{p\, Sin.\, x}{1 - p\, Cos.\, x}\right)\frac{Cos.\, ax - Cos\{(a+1)x\}}{2\, Sin.\, x} dx$, nulles d'après Méth. 15, N°. 6; et les dernières sommations ont pour valeur $-\frac{\pi}{2}l(1-p)$ et $\frac{\pi}{2}l(1+p)$. Donc:

$$\int_0^\pi Arctg.\left(\frac{p\, Sin.\, x}{1 - p\, Cos.\, x}\right). Cot.\tfrac{1}{2}x\, dx = -\pi\, l(1-p),\ \text{(T. 371, N°. 2)},$$

$$\int_0^\pi Arctg.\left(\frac{p\, Sin.\, x}{1 - p\, Cos.\, x}\right). Tang.\tfrac{1}{2}x\, dx = \pi\, l(1+p),\ \text{(T. 370, N°. 21)};$$

et leur somme: $\int_0^\pi Arctg.\left(\frac{p\, Sin.\, x}{1 - p\, Cos.\, x}\right)\frac{dx}{Sin.\, x} = \frac{\pi}{2} l\frac{1+p}{1-p}$. [313]. (T. 371, N°. 1).

---

[313] Cette intégrale est autrement déduite Méth. 34, N°. 6.
Page 563.

10. Enfin T. 205, N°. 5 et 6 (Méth. 18, N°. 8) donnent les formules: $\int_0^\infty \frac{x\,dx}{q^2+x^2}\sum_1^a Sin.\,nx =$

$$=\frac{1}{2}\int_0^\infty \frac{x\,dx}{q^2+x^2}Cot.\tfrac{1}{2}x - \frac{1}{2}\int_0^\infty \frac{x\,dx}{q^2+x^2}\frac{Cos.\{(2a+1)\frac{1}{2}x\}}{Sin.\frac{1}{2}x}dx = \frac{\pi}{2}\sum_1^a e^{-qn}, \int_0^\infty \frac{x\,dx}{q^2+x^2}\sum_1^a(-1)^n Sin.\,nx =$$

$$= -\frac{1}{2}\int_0^\infty \frac{x\,dx}{q^2+x^2}\,Tang.\tfrac{1}{2}x - (-1)^a\int_0^\infty \frac{x\,dx}{q^2+x^2}\frac{Sin.\{(2a+1)\frac{1}{2}x\}}{Cos.\frac{1}{2}x} = \frac{\pi}{2}\sum_1^a(-1)^n e^{-qn},$$

$$\int_0^\infty \frac{q\,dx}{q^2+x^2}\sum_1^a(-1)^n Cos.\{(2n-1)x\}\,dx = -\frac{1}{2}\int_0^\infty \frac{q\,dx}{q^2+x^2}Sec.\,x - \frac{(-1)^a}{2}\int_0^\infty \frac{q\,dx}{q^2+x^2}\frac{Cos.\,2ax}{Cos.\,x} =$$

$=\sum_1^\infty(-1)^n e^{-q(2n-1)}$. De ces corrections la dernière est infinie, suivant Méth. 15, N°. 3, où aussi les deux premières se trouvent être telles, lorsqu'on les met sous la forme $\int_0^\infty \frac{x dx}{q^2+x^2}\frac{Cos.ax + Cos.\{(a+1)x\}}{2\,Sin.\,x}dx$ et $\int_0^\infty \frac{x dx}{q^2+x^2}\frac{Cos.ax - Cos.\{(a+1)x\}}{2\,Sin.\,x}$. Donc on trouve: $\int_0^\infty \frac{x\,Cot.\frac{1}{2}x dx}{q^2+x^2} = \infty$, $\int_0^\infty \frac{x\,Tg.\frac{1}{2}x dx}{q^2+x^2} = \infty$, (T. 205, N°. 17, 18 après la correction), $\int_0^\infty \frac{Sec.\,x\,dx}{q^2+x^2} = \infty$, (T. 216, N°. 1), où elle est fautive). [314].

Absolument de la même manière il est: $\int_0^\infty \frac{x\,Cot.\,px\,dx}{q^2-x^2} = \infty$, $\int_0^\infty \frac{x\,Tang.\,px\,dx}{q^2-x^2} = \infty$, $\int_0^\infty \frac{x\,Cosec.\,px\,dx}{q^2-x^2} = \infty$. (T. 206, N°. 19, 16, 18).

---

§ 6. MÉTHODE 32. DIFFÉRENTIATION PAR RAPPORT À UNE CONSTANTE.

1. Quelquefois après avoir trouvé quelque intégrale définie, nous l'avons différentiée par rapport à une constante, qui se trouvait sous le signe d'intégration; et de cette manière nous

---

[314] Toutes les intégrales que par cette méthode l'on a trouvées être infinies, étaient connues avec d'autres valeurs, puisqu'on négligeait à tort les corrections. Ce changement des résultats a son origine dans la théorie exposée dans la Partie Première § 9, dont j'ai traité dans une Note dans le Tome 7 de ces „Verhandelingen der Kon. Akademie van Wetenschappen."
Page 564.

avons obtenu de nouvelles intégrales. Toutefois il est nécessaire toujours d'avoir égard aux observations de la Partie Première N°. 30. Nous allons encore considérer dans quelques cas l'influence que la méthode a sur la fonction à intégrer. [315].

2. Lorsque en premier lieu on différentie suivant une constante, qui se trouve au dénominateur, ce dénominateur se trouvera élevé à une puissance supérieure d'une unité. Ainsi par la différentiation selon q, les intégrales T. 205, N°. 5 et 6 (Méth. 18, N°. 8) donnent:

$\int_0^\infty \frac{Cos\, px\, dx}{(q^2+x^2)^2} = \frac{1+pq}{4q^3} e^{-pq}$, $\int_0^\infty \frac{x\, Sin.px\, dx}{(q^2+x^2)^2} = \frac{p\pi}{4q} e^{-pq}$, (T. 208, N°. 7, 3) [316]; de même les intégrales T. 206, N°. 1 et 2 (Méth. 9, N°. 10):

$$\int_0^\infty \frac{x\, Sin.px\, dx}{(q^2-x^2)^2} = -\frac{p\pi}{4q} Sin.pq, \quad \ldots\ldots (1672)$$

$\int_0^\infty \frac{Cos.px\, dx}{(q^2-x^2)^2} = \frac{\pi}{4q^3}(Sin.pq - pq\, Cos.pq)$. (T. 208, N°. 17). [317].

3. Prenez T. 66, N°. 18 (Méth. 7, N°. 20), et différentiez-la selon p et q; il vient:

$\int_0^{\frac{\pi}{2}} \frac{Cos.^2 x\, dx}{(p^2 Cos.^2 x + q^2 Sin.^2 x)^2} = \frac{\pi}{4p^3 q}$, [318], $\int_0^{\frac{\pi}{2}} \frac{Sin.^2 x\, dx}{(p^2 Cos.^2 x + q^2 Sin.^2 x)^2} = \frac{\pi}{4pq^3}$. [319].

(T. 67, N°. 9, 8). Leur somme donne: $\int_0^{\frac{\pi}{2}} \frac{dx}{(p^2 Cos.^2 x + q^2 Sin.^2 x)^2} = \frac{\pi}{4}\frac{p^2+q^2}{p^3 q^3}$. [320]. (T. 67, N°. 7).

---

[315] De cette méthode j'ai fait une application dans une Note insérée dans Grunert's Archiv, Bd. 13, S. 193.

[316] Leur différence avec les intégrales primitives donne encore:

$\int_0^\infty \frac{x^2\, Cos.px\, dx}{(q^2+x^2)^2} = \frac{1-pq}{4q} e^{-pq}$, $\int_0^\infty \frac{x^3\, Sin.px\, dx}{(q^2+x^2)^2} = \frac{2-pq}{4}\pi e^{-pq}$. (T. 208, N°. 8, 9).

Sur toutes ces intégrales voyez une autre déduction Méth. 25, N°. 6.

[317] Soustrayez-en les intégrales primitives, il vient:

$$\int_0^\infty \frac{x^3\, Sin.px\, dx}{(q^2-x^2)^2} = \frac{\pi}{2}(2\, Cos.pq - pq\, Sin.pq), \quad \ldots\ldots (1673)$$

$$\int_0^\infty \frac{x^2\, Cos.px\, dx}{(q^2-x^2)^2} = \frac{-\pi}{4q}(Sin.pq + pq\, Cos.pq). \quad \ldots\ldots (1674)$$

[318] Autrement déduite Méth. 9, N°. 23.

[319] Comme on trouvera encore Méth. 45, N°. 2.

[320] Voyez à ce sujet une autre déduction Méth. 9, N°. 23. Page 565.

Différentiez cette dernière par rapport à p et à q, il est:

$$\int_0^{\frac{\pi}{2}} \frac{Cos.^2 x\, dx}{(p^2 Cos.^2 x + q^2 Sin.^2 x^2)^3} = \frac{\pi}{16} \frac{p^2 + 3q^2}{p^5 q^3}, \qquad \int_0^{\frac{\pi}{2}} \frac{Sin.^2 x\, dx}{(p^2 Cos.^2 x + q^2 Sin.^2 x)^3} = \frac{\pi}{16} \frac{3p^2 + q^2}{p^3 q^5},$$

d'où leur somme: $\int_0^{\frac{\pi}{2}} \frac{dx}{(p^2 Cos.^2 x + q^2 Sin.^2 x)^3} = \frac{\pi}{16} \frac{3p^4 + 2p^2 q^2 + 3q^4}{p^5 q^5}$. (T. 67, N°. 12, 11, 10). Différentions la première et la troisième de ces intégrales suivant p et q, la deuxième suivant q seulement, alors nous avons: $\int_0^{\frac{\pi}{2}} \frac{Cos.^4 x\, dx}{(p^2 Cos.^2 x + q^2 Sin.^2 x)^4} = \frac{\pi}{32} \frac{p^2 + 5q^2}{p^7 q^3}$,

$$\int_0^{\frac{\pi}{2}} \frac{Cos.^2 x.\, Sin.^2 x\, dx}{(p^2 Cos.^2 x + q^2 Sin.^2 x)^4} = \frac{\pi}{32} \frac{p^2 + q^2}{p^5 q^5}, \qquad \int_0^{\frac{\pi}{2}} \frac{Sin.^4 x\, dx}{(p^2 Cos.^2 x + q^2 Sin.^2 x)^4} = \frac{\pi}{32} \frac{5p^2 + q^2}{p^3 q^7},$$

$$\int_0^{\frac{\pi}{2}} \frac{Cos.^2 x\, dx}{(p^2 Cos.^2 x + q^2 Sin.^2 x)^4} = \frac{\pi}{32} \frac{p^4 + 2p^2 q^2 + 5q^4}{p^7 q^5}, \int_0^{\frac{\pi}{2}} \frac{Sin.^2 x\, dx}{(p^2 Cos.^2 x + q^2 Sin.^2 x)^4} = \frac{\pi}{32} \frac{5p^4 + 2p^2 q^2 + q^4}{p^5 q^7};$$

et pour la somme des deux dernières: $\int_0^{\frac{\pi}{2}} \frac{dx}{(p^2 Cos.^2 x + q^2 Sin.^2 x)^4} = \frac{\pi}{32} \frac{5p^6 + 3p^4 q^2 + 3p^2 q^4 + 5q^6}{p^7 q^7}$.
(T. 67, N°. 17, 18, 16, 15, 14, 13).

4. Lorsqu'on différentie un facteur $e^{\pm qx}$ par rapport à p, on ajoutera un facteur x. Ainsi les intégrales 78 et 79 (Méth. 1, N°. 11) donnent:

$$\int_{\frac{\pi}{2}}^{\infty} e^{-px} Sin.\, x.\, x\, dx = e^{-\frac{1}{2}p\pi} \frac{(1 + p^2)\frac{1}{2}p\pi + p^2 - 1}{(1 + p^2)^2}, \quad \ldots \ldots \ldots \quad (1675)$$

$$\int_{\frac{\pi}{2}}^{\infty} e^{-px} Cos.\, x.\, x\, dx = -e^{-\frac{1}{2}p\pi} \frac{\frac{1}{2}\pi(1 + p^2) + 2p}{(1 + p^2)^2}; \quad \ldots \ldots \ldots \quad (1676)$$

et 256, 257 (Méth. 3, N°. 9):

$$\int_0^{\frac{\pi}{2}} e^{-px} Sin.\, x.\, x\, dx = \frac{[1 - p^2 - \frac{1}{2}p\pi(1 + p^2)]\, e^{-\frac{1}{2}p\pi} + 2p}{(1 + p^2)^2}, \quad \ldots \ldots \quad (1677)$$

$$\int_0^{\frac{\pi}{2}} e^{-px} Cos.\, x.\, x\, dx = \frac{p^2 - 1 + \{\frac{1}{2}\pi(1 + p^2) + 2p\}\, e^{-\frac{1}{2}p\pi}}{(1 + p^2)^2}; \quad \ldots \ldots \quad (1678)$$

Page 566.

ces deux couples d'intégrales ne diffèrent que par les limites: on peut donc en prendre la somme et l'on obtient: $\int_0^\infty e^{-px} Sin.\, x.\, x\, dx = \frac{2p}{(1+p^2)^2}$, $\int_0^\infty e^{-px} Cos.\, x.\, x\, dx = \frac{p^2-1}{(1+p^2)^2}$. (T. 385, N°. 6 et 14).

5. La différentiation d'une puissance x^q par rapport à q, introduira un facteur lx. Ainsi T. 136, N°. 17 et 18 (Méth. 22, N°. 14) donnent:

$$\int_0^\infty \frac{e^{px}-e^{-px}}{e^{\pi x}-e^{-\pi x}} \frac{lx\, dx}{x^q} = Z'(1-q)\Gamma(1-q)\sum_0^\infty\left[\frac{1}{\{(2n+1)\pi-p\}^{1-q}} - \frac{1}{\{(2n+1)\pi+p\}^{1-q}}\right] -$$
$$-\Gamma(1-q)\sum_0^\infty\left[\frac{l\{(2n+1)\pi-p\}}{\{(2n+1)\pi-p\}^{1-q}} - \frac{l\{(2n+1)\pi+p\}}{\{(2n+1)\pi+p\}^{1-q}}\right],$$

$$\int_0^\infty \frac{e^{px}+e^{-px}}{e^{\pi x}+e^{-\pi x}} \frac{lx\, dx}{x^q} = Z'(1-q)\Gamma(1-q)\sum_0^\infty(-1)^n\left[\frac{1}{\{(2n+1)\pi-p\}^{1-q}} + \frac{1}{\{(2n+1)\pi+p\}^{1-q}}\right] -$$
$$-\Gamma(1-q)\sum_0^\infty(-1)^n\left[\frac{l\{(2n+1)\pi-p\}}{\{(2n+1)\pi-p\}^{1-q}} + \frac{l\{(2n+1)\pi+p\}}{\{(2n+1)\pi+p\}^{1-q}}\right]. \text{(T. 380, N°. 25, 24).}$$

Supposons-y q zéro, alors: $\Gamma(1-q) = \Gamma(1) = 1$, $Z'(1-q) = -A$, et d'après C. P. 73 et 75:

$$\int_0^\infty \frac{e^{px}+e^{-px}}{e^{\pi x}-e^{-\pi x}} lx\, dx = -\frac{1}{2}A\, Tang. \frac{1}{2}p - \sum_0^\infty\left[\frac{l\{(2n+1)\pi-p\}}{(2n+1)\pi-p} - \frac{l\{(2n+1)\pi+p\}}{(2n+1)\pi+p}\right],$$

$$\int_0^\infty \frac{e^{px}+e^{-px}}{e^{\pi x}+e^{-\pi x}} lx\, dx = -\frac{1}{2}A\, Sec. \frac{1}{2}p - \sum_0^\infty(-1)^n\left[\frac{l\{(2n+1)\pi-p\}}{(2n+1)\pi-p} + \frac{l\{(2n+1)\pi+p\}}{(2n+1)\pi+p}\right].$$

(T. 274, N°. 4, 1). De même les intégrales T. 5, N°. 17, 18 (Méth. 7, N°. 10) donnent:

$$\int_0^1 \frac{-x^{p-q}+x^{p+q}}{1+x^{2p}} \frac{lx\, dx}{x} = \left(\frac{\pi}{2p}\right)^2 Sin. \frac{q\pi}{2p}. Sec.^2 \frac{q\pi}{2p}, \quad \int_0^1 \frac{-x^{p-q}-x^{p+q}}{1-x^{2p}} \frac{lx\, dx}{x} = \left(\frac{\pi}{2p}\right)^2 Sec.^2 \frac{q\pi}{2p}.$$

(T. 153, N°. 12, 13). [321]. Différentions-les encore une fois selon q, il vient:

---

[321] La dernière donne pour q zéro: $\int_0^1 \frac{x^{p-1}\, dx\, lx}{1-x^{2p}} = -\frac{1}{2}\left(\frac{\pi}{2p}\right)^2$. (T. 152, N°. 18). Substituez-y $x^p = y$, il vient: $\int_0^1 \frac{lx\, dx}{1-x^2} = -\frac{1}{8}\pi^2$, (T. 152, N°. 13), intégrale, qui est la somme des deux autres T. 152, N°. 3 et 7, trouvées Méth. 4, N°. 9.

$$\int_0^1 \frac{x^{p+q}+x^{p-q}}{1+x^{2p}}(lx)^2\frac{dx}{x}=\left(\frac{\pi}{2p}\right)^3\left\{2\,Sec.^3\frac{q\pi}{2p}-Sec.\frac{q\pi}{2p}\right\}\ [322],\ \int_0^1\frac{x^{p+q}-x^{p-q}}{1-x^{2p}}(lx)^2\frac{dx}{x}=$$

$$=-\left(\frac{\pi}{2p}\right)^3 2\,Sin.\frac{q\pi}{2p}.Sec.^3\frac{q\pi}{2p}.\ \text{(T. 154, N°. 5, 6).}$$

6. Quelquefois cette méthode peut servir à nous faire trouver des intégrales plus simples. Différentions T. 354, N°. 6 et T. 353, N°. 17 (Méth. 5, N°. 6, Méth. 4, N°. 4) par rapport à r, il vient: $\int_0^\pi \frac{-2\,Cos.x+2r}{1-2r\,Cos.x+r^2}Cos.ax\,dx=-\pi r^{a-1}$, $\int_0^\pi\frac{-2\,Cos.x+2r}{1-2r\,Cos.x+r^2}dx=0$; et puisque (92) $\int_0^\pi Cos.ax\,dx=0$, et $\int_0^\pi dx=\pi$, il résulte de ces intégrales: $\int_0^\pi\frac{Cos.ax\,dx}{1-2r\,Cos.x+r^2}$

$$=\frac{1}{1-r^2}.\int_0^\pi\frac{1-2r\,Cos.x+r^2-r(-2\,Cos.x+2r)}{1-2r\,Cos.x+r^2}Cos.ax\,dx=\frac{\pi r^a}{1-r^2},\ \int_0^\pi\frac{dx}{1-2r\,Cos.x+r^2}$$

$$=\frac{\pi}{1-r^2},\ \int_0^\pi\frac{Cos.ax.\,Cos.x\,dx}{1-2r\,Cos.x+r^2}=\frac{\pi}{2}\frac{1+r^2}{1-r^2}r^{a-1}.\ \text{(T. 84, N°. 3, 1, 7). [323].}$$

7. Différentions l'intégrale T. 348, N°. 12 (Méth. 17, N°. 16) par rapport à p, nous aurons:

---

[322] Pour $p=2$, $q=1$, on a: $\int_0^1 (lx)^2\frac{1+x^2}{1+x^4}dx=\frac{3\sqrt{2}}{64}\pi^3$, (T. 154, N°. 2), d'où, puisque la fonction à intégrer reste la même par la substitution de $x=\frac{1}{y}$:

$$\int_0^\infty (lx)^2\frac{1+x^2}{1+x^4}dx=\frac{3\sqrt{2}}{32}\pi^3.\ \ldots\ldots\ldots\ldots\ (1679)$$

Elles deviennent encore pour $x=Tang.y$: $\int_0^{\frac{\pi}{4}}(l\,Tang.x)^2\frac{dx}{Sin.^4x+Cos.^4x}$, (T. 312, N°. 5), $=$

$$=\frac{1}{2}\int_0^{\frac{\pi}{2}}(l\,Tang.x)^2\frac{dx}{Sin.^4x+Cos.^4x},\ \text{(T. 342, N°. 20)},\ =\frac{3\sqrt{2}}{64}\pi^3.$$

[323] Sur les deux intégrales T. 84, N°. 3, 7, voyez une autre déduction Méth. 5, N°. 6, et sur l'intégrale T. 84, N°. 1 d'autres déductions Méth. 1, N°. 14 et Méth. 31. N°. 7.
Page 568.

$$\int_0^{\frac{\pi}{2}}\left[\frac{-2p\,Sin.^2 x}{1-p^2 Sin.^2 x}\frac{dx}{\sqrt{(1-p^2 Sin.^2 x)}}+l(1-p^2 Sin.^2 x)\,dx\frac{\frac{1}{2}.2p\,Sin.^2 x}{\sqrt{(1-p^2 Sin.^2 x)^3}}\right]=\frac{1}{2}F'(p)\frac{-2p}{1-p^2}+$$

$$+\frac{1}{2}l(1-p^2)\frac{dF'(p)}{dp}.$$ Or, comme $\frac{dF'(p)}{dp}=\frac{d}{dp}.\int_0^{\frac{\pi}{2}}\frac{dx}{\sqrt{(1-p^2 Sin.^2 x)}}=\int_0^{\frac{\pi}{2}}\frac{p\,Sin.^2 x\,dx}{\sqrt{(1-p^2 Sin.^2)^3}}$, on trouve:

$$\int_0^{\frac{\pi}{2}}\frac{l(1-p^2 Sin.^2 x)}{\sqrt{(1-p^2 Sin.^2 x)^3}}Sin.^2 x\,dx=\frac{1}{p}\left[2p+\tfrac{1}{2}pl(1-p^2)\right]\int_0^{\frac{\pi}{2}}\frac{Sin.^2 x\,dx}{\sqrt{(1-p^2 Sin.^2 x)^3}}-\frac{1}{1-p^2}F'(p)=$$

$$=\frac{1}{p^2(1-p^2)}\left[F'(p)\{-2+p^2-\tfrac{1}{2}(1-p^2)l(1-p^2)\}+E'(p)\{2+\tfrac{1}{2}l(1-p^2)\}\right],$$ (T. 348, N°. 19),

à l'aide de Méth. 9, N°. 12. Multipliez cette intégrale par p^2 et ajoutez le produit à l'intégrale différentiée, il est: $\int_0^{\frac{\pi}{2}}\frac{l(1-p^2 Sin.^2 x)}{\sqrt{(1-p^2 Sin.^2 x)^3}}dx=\frac{1}{1-p^2}\left[(p^2-2)F'(p)+E'(p)\{2+\tfrac{1}{2}l(1-p^2)\}\right].$

(T. 348, N°. 18.) [324].

8. Appliquons encore la formule (49) de la Partie Première. On trouve Méth. 44, N°. 2, la relation $\int_0^\infty Sin.x.e^{-q^2x^2}\frac{dx}{x}=\sqrt{\pi}\int_0^{\frac{1}{2q}}e^{-x^2}dx$. Substituons dans la première intégrale $x=pq$ et $pq=r$, il vient: $\int_0^\infty Sin.px.e^{-r^2x^2}\frac{dx}{x}=\sqrt{\pi}\int_0^{\frac{p}{2r}}e^{-x^2}dx$. Maintenant différentions par rapport à p:

$$\int_0^\infty Cos.px\,e^{-r^2x^2}dx=\sqrt{\pi}\,(e^{-x^2})_{x=\frac{p}{2r}}\frac{1}{2r}=\frac{\sqrt{\pi}}{2r}e^{-\frac{p^2}{4r^2}}.$$ (T. 280, N°. 4). [325]. Pour $p=2qi$ il est:

---

[324] De ces deux intégrales on déduit encore:

$$\int_0^{\frac{\pi}{2}}\frac{l(1-p^2 Sin.^2 x)}{\sqrt{(1-p^2 Sin.^2 x)^3}}Cos.^2 x\,dx=\frac{1}{p^2}\left[F'(p)\{2-p^2+\tfrac{1}{2}l(1-p^2)\}-E'(p)\{2+\tfrac{1}{2}l(1-p^2)\}\right],$$

$$\int_0^{\frac{\pi}{2}}\frac{l(1-p^2 Sin.^2 x)}{\sqrt{(1-p^2 Sin.^2 x)^3}}Cos.2x\,dx=\frac{1}{p^2(1-p^2)}\left[F'(p)\{(2-p^2)^2+(1-p^2)l(1-p^2)\}-\right.$$

$$\left.-(2-p^2)E'(p)\{2+\tfrac{1}{2}l(1-p^2)\}\right].$$ (T. 348, N°. 20, 21).

[325] Autrement déduite Méth. 23, N°. 3, Méth. 24, N°. 3 et Méth. 43. N°. 4.

$\int_0^\infty (e^{2qx} + e^{-2qx}) e^{-r^2x^2} dx = \frac{\sqrt{\pi}}{r} e^{\frac{q^2}{r^2}}$. (T. 37, N°. 13). Différentiez-la selon q, alors:

$$\int_0^\infty (e^{2qx} - e^{-2qx}) e^{-r^2x^2} 2x\, dx = \frac{\sqrt{\pi}}{r^3} 2q\, e^{\frac{q^2}{r^2}}, \ldots \ldots \ldots \ldots (1680)$$

qui devient pour $x^2 = y$:

$$\int_0^\infty (e^{2q\sqrt{x}} - e^{-2q\sqrt{x}}) e^{-r^2x} dx = \frac{\sqrt{\pi}}{r^3} 2q\, e^{\frac{q^2}{r^2}}. \text{ [326]} \ldots \ldots \ldots (1681)$$

---

§ 7. MÉTHODE 33. DIFFÉRENTIATION RÉITÉRÉE PAR RAPPORT À UNE CONSTANTE.

1. La différentiation successive a souvent pour effet d'introduire un facteur de forme générale $\{f(x)\}^a$, ou d'élever le dénominateur à la puissance $a + 1$; dans ces cas a est par nature un nombre entier [327]. Mais pour que nous puissions appliquer cette méthode avec succès, il faut qu'aussi la différentielle a-ième de la valeur de l'intégrale primitive soit connue. Schlömilch et Hoppe [328] ont donné quelques formules de ce genre. Toutefois il faut que la condition nécessaire à la différentiation sous le signe d'intégration (voyez Partie Première N°. 30) soit remplie, autrement on arriverait à des résultats absurdes. Cela aurait lieu par exemple, lorsque des intégrales T. 205, N°. 5 et 6 (Méth. 5, N°. 8) on voulait déduire les suivantes: $\int_0^\infty \frac{x^{2a} \, Cos.\, px\, dx}{q^2 + x^2} = (-1)^a \frac{\pi}{2} q^{2a-1} e^{-pq}$,

---

[326] Pour $r = 1$ elle devient: T. 37, N°. 14. Intégrons-la par rapport à q entre les limites 0 et q, nous aurons:

$$\int_0^\infty (e^{2q\sqrt{x}} + e^{-2q\sqrt{x}} - 2) e^{-r^2x} \frac{dx}{\sqrt{x}} = \int_0^\infty (e^{q\sqrt{x}} - e^{-q\sqrt{x}})^2 e^{-r^2x} \frac{dx}{\sqrt{x}} = \frac{2\sqrt{\pi}}{r} \left(e^{\frac{q^2}{r^2}} - 1\right) \ldots (1682)$$

Ajoutons-y membre à membre l'équation $2\int_0^\infty e^{-r^2x^2} \frac{dx}{\sqrt{x}} = \frac{2\sqrt{\pi}}{r}$, (Méth. 4, N°. 7) et nous obtiendrons:

$$\int_0^\infty (e^{2q\sqrt{x}} + e^{-2q\sqrt{x}}) e^{-r^2x} \frac{dx}{\sqrt{x}} = \frac{2\sqrt{\pi}}{r} e^{\frac{q^2}{r^2}}, \ldots \ldots \ldots \ldots (1683)$$

(pour $r = 1$, elle est T. 140, N°. 15); celle-ci se déduit encore plus simplement de l'intégrale T. 37, N°. 13, dans le texte, par la substitution de $x^2 = y$.

[327] Voyez Grunert, Journal von Crelle, Bd. 8, S. 146. — Schlömilch, Journal von Crelle, Bd. 33. S. 268.

[328] Schlömilch, Journal von Crelle, Bd. 32. S. 1. — Hoppe, Theorie der independenten Darstellung der höhern Differential-quotienten. Leipzig, Barth. 1845. XII et 187 S. 8°.

Page 570.

$\int_0^\infty \frac{x^{2a+1}\,Sin.\,px\,dx}{q^2+x^2} = (-1)^a \frac{\pi}{2} q^{2a} e^{-pq}$, tandis que nécessairement elles sont infinies pour un a plus grand que 0. (T. 205, N°. 27, 26).

2. Différentions l'intégrale T. 82, N°. 6 (Méth. 1, N°. 13) a fois par rapport à p et à q, nous aurons, après avoir multiplié par $\frac{(-1)^a}{1^{a/1}}$:

$$\int_0^\pi \frac{dx}{(p+q\,Cos.\,x)^{a+1}} = \frac{(-1)^a}{1^{a/1}} \pi \frac{d^a}{dp^a}.\sqrt{}(p^2-q^2)^{-1} =$$

$$= \frac{1^{a/2}}{1^{a/1}} \frac{p^a \pi}{(p^2-q^2)^{a+\frac{1}{2}}} \sum_0^\infty \frac{(n+1)^{n/1}}{(2a-1)^{n/-2}} \binom{a}{2n} \left(\frac{p^2-q^2}{-2p^2}\right)^n, \quad \ldots\ldots \quad (1684)$$

$$\int_0^\pi \frac{Cos.^a\,x\,dx}{(p+q\,Cos.\,x)^{a+1}} = \frac{(-1)^a}{1^{a/1}} \pi \frac{d^a}{dq^a}.\sqrt{}(p^2-q^2)^{-1} =$$

$$= \frac{1^{a/2}}{1^{a/1}} \frac{(-q)^a \pi}{(p^2-q^2)^{a+\frac{1}{2}}} \sum_0^\infty \frac{(n+1)^{n/1}}{(2a-1)^{n/-2}} \binom{a}{2n} \left(\frac{p^2-q^2}{2q^2}\right)^n, \ (p>q). \ [329] \ \ldots \quad (1685)$$

3. Pour que nous puissions différentier T. 205, N°. 5, 6 (Méth. 5, N°. 8) par rapport à q, il faut en premier lieu écrire q pour q^2: $\int_0^\infty \frac{x\,Sin.\,px\,dx}{q+x^2} = \frac{\pi}{2} e^{-p\sqrt{q}}$, $\int_0^\infty \frac{Cos.\,px\,dx}{q+x^2} = \frac{\pi}{2\sqrt{q}} e^{-p\sqrt{q}} = \frac{\pi}{2p}\frac{d}{dq}.e^{-p\sqrt{q}}$;

donc, lorsqu'on divise par $(-1)^a\,1^{a/1}$:

$$\int_0^\infty \frac{x\,Sin.\,px\,dx}{(q+x^2)^{a+1}} = \frac{(-1)^a \pi}{2.1^{a/1}} \frac{d^a}{dq^a}.e^{-p\sqrt{q}} = \frac{\pi e^{-p\sqrt{q}}}{1^{a/1}\,2^{a+1}} \frac{p^a}{q^{\frac{1}{2}(a+1)}} \sum_0^\infty \frac{(a+n)^{2n/-1}}{2^{n/2}} \frac{1}{(p\sqrt{q})^n},$$

$$\int_0^\infty \frac{Cos.\,px\,dx}{(q+x^2)^{a+1}} = \frac{(-1)^a \pi}{2p.1^{a/1}} \frac{d^{a+1}}{dq^{a+1}}.e^{-p\sqrt{q}} = \frac{\pi e^{-p\sqrt{q}}}{1^{a/1}\,2^{a+1}} \frac{p^a}{q^{\frac{1}{2}a}} \sum_0^\infty \frac{(a+n-1)^{2n/-1}}{2^{n/2}} \frac{1}{(p\sqrt{q})^n}. \ [330].$$

(T. 208, N°. 16, 12, 15, 13).

---

[329] Puisqu'il est: $\frac{d^a}{dp^a}.(p^2-q^2)^{-\frac{1}{2}} = \frac{(-1)^a\,1^{a/2}}{\sqrt{}(p^2-q^2)} \sum_0^\infty (-1)^n \frac{(n+1)^{n/1}}{2^n(2a-1)^{n/-2}} \binom{a}{2n} \frac{p^{a-2n}}{(p^2-q^2)^{a-n}}$,

$\frac{d^a}{dq^a}.(p^2-q^2)^{-\frac{1}{2}} = \frac{1^{a/2}}{\sqrt{}(p^2-q^2)} \sum_0^\infty \frac{(n+1)^{n/1}}{2^n(2a-1)^{n/-2}} \binom{a}{2n} \frac{q^{a-2n}}{(p^2-q^2)^{a-n}}$. Pour $p=1$ et $q=Sin.\,\lambda$ on trouve T. 82, N°. 14, 15.

[330] A cause de $\frac{d^a}{dq^a}.e^{-p\sqrt{q}} = \frac{(-1)^a e^{-p\sqrt{q}}}{2^a} \sum_0^\infty \frac{(a+n)^{2n/-1}}{2^{n/2}} \frac{p^{a-n}}{q^{\frac{1}{2}(a+n)}}$. Voyez encore Méth. 23, N°. 2. La dernière intégrale (pour q l'unité) a été traitée par Poisson, dans le Journal de l'École Page 571.

4. Lorsqu'on différentie les intégrales (1201) et (1202) (Méth. 18, N°. 11) a fois par rapport à s, on obtient:

$$\int_0^\infty \frac{Cos.\left(p\,Arctg.\frac{x}{q}\right)}{(q^2+x^2)^{\frac{1}{2}p}} \cdot \frac{Cos.\left\{(a+1)\,Arctg.\frac{x}{s}\right\}}{(s^2+x^2)^{\frac{1}{2}(a+1)}}\,dx, \quad\ldots\ldots\ldots (1686)$$

$$=\frac{\pi}{2}\frac{p^{a/1}}{1^{a/1}}\frac{1}{(q+s)^{p+a}}=\int_0^\infty \frac{Sin.\left(p\,Arctg.\frac{x}{q}\right)}{(q^2+x^2)^{\frac{1}{2}p}} \cdot \frac{Sin.\left\{(a+1)\,Arctg.\frac{x}{s}\right\}}{(s^2+x^2)^{\frac{1}{2}(a+1)}}\,dx. \text{ [331]}\ldots\ldots\ldots (1687)$$

Pour $s=q$ elles deviennent:

$$\int_0^\infty \frac{Cos.\left(p\,Arctg.\frac{x}{q}\right).Cos.\left\{(a+1)\,Arctg.\frac{x}{q}\right\}}{(q^2+x^2)^{\frac{1}{2}(a+p+1)}}\,dx, \quad\ldots\ldots\ldots (1688)$$

$$=\frac{\pi}{2^{p+a+1}}\frac{p^{a/1}}{1^{a/1}}\frac{1}{q^{p+a}}=\int_0^\infty \frac{Sin.\left(p\,Arctg.\frac{x}{q}\right).Sin.\left\{(a+1)\,Arctg.\frac{x}{q}\right\}}{(q^2+x^2)^{\frac{1}{2}(a+p+1)}}\,dx. \quad\ldots\ldots\ldots (1689)$$

Polytechnique, Cah. 16, p. 215, et par CATALAN, Journal de Liouville, T. 5, p. 110, qui la fait dépendre de l'équation différentielle:

$$I_a-\binom{a}{1}\frac{d^2 I_a}{dp^2}+\binom{a}{2}\frac{d^4 I_a}{dp^4}\ldots\pm\frac{d^{2a} I_a}{dp^{2a}}=0. \quad\ldots\ldots\ldots (a)$$

d'où I_a (notre intégrale) $=\dfrac{\pi e^{-p}}{2^{2a-1}\Gamma(a)}\sum_0^{a-1}\dfrac{2^n}{1^{n/1}}\dfrac{\Gamma(2a-n-1)}{\Gamma(a-n)}p^n$, et donc:

$$I_a=\frac{\pi\left(\frac{1}{2}p\right)^{2a-1}}{\{\Gamma(a)\}^2}\int_1^\infty e^{-py}(y^2-1)^{a-1}\,dy. \quad\ldots\ldots\ldots (b)$$

SERRET au contraire dans le Journal de Liouville, T. 8, p. 1, démontre la formule (b) pour un a aussi fractionnaire, et remonte vers l'équation différentielle (a); mais il se sert de l'intégrale $\int_0^\infty Cos.px\,dx=0$, qui est évidemment fautive: or, supposons dans son raisonnement $K=\int_0^\infty\left(\dfrac{Sin.px}{x}-\dfrac{\pi}{2}\right)\dfrac{dx}{(1+x^2)^a}$, nulle pour a zéro, alors il se trouve K au lieu de I dans (a), et celle-ci est exacte, puisque K_0 s'évanouit.

[331] Puisqu'on a: $\dfrac{d^a}{ds^a}(q+s)^{-p}=(-1)^a p^{a/1}\dfrac{1}{(q+s)^{p+a}}$, $\dfrac{d^a}{ds^a}\dfrac{s}{s^2+x^2}=$

$$=(-1)^a 1^{a/1}\frac{Cos.\left\{(a+1)\,Arctg.\frac{x}{s}\right\}}{(s^2+x^2)^{\frac{1}{2}(a+1)}},\quad \frac{d^a}{ds^a}\frac{x}{s^2+x^2}=(-1)^a 1^{a/1}\frac{Sin.\left\{(a+1)\,Arctg.\frac{x}{s}\right\}}{(s^2+x^2)^{\frac{1}{2}(a+1)}}.$$

Page 572.

Dans ces deux couples de formules combinez les intégrales par voie d'addition et de soustraction il vient:

$$\int_0^\infty \frac{Cos.\left\{p\,Arctg.\frac{x}{q}+(a+1)\,Arctg.\frac{x}{s}\right\}}{(q^2+x^2)^{\frac{1}{2}p}(s^2+x^2)^{\frac{1}{2}(a+1)}}\,dx=0, \qquad (1690)$$

$$\int_0^\infty \frac{Cos.\left\{p\,Arctg.\frac{x}{q}-(a+1)\,Arctg.\frac{x}{s}\right\}}{(q^2+x^2)^{\frac{1}{2}p}(s^2+x^2)^{\frac{1}{2}(a+1)}}\,dx=\frac{p^{a/1}}{1^{a/1}}\frac{\pi}{(q+s)^{p+a}}, \qquad (1691)$$

$$\int_0^\infty \frac{Cos.\left\{(p+a+1)\,Arctg.\frac{x}{q}\right\}}{(q^2+x^2)^{\frac{1}{2}(a+p+1)}}\,dx=0, \qquad (1692)$$

$$\int_0^\infty \frac{Cos.\left\{(p-a-1)\,Arctg.\frac{x}{q}\right\}}{(q^2+x^2)^{\frac{1}{2}(a+p+1)}}\,dx=\frac{\pi}{2^{p+a}}\frac{p^{a/1}}{1^{a/1}}\frac{1}{q^{p+a}}. \qquad (1693)$$

Mais on peut auprès des mêmes intégrales changer les fonctions à différentier; pour cela il faut les écrire ainsi: $\int_0^\infty \frac{Cos.\left(p\,Arctg.\frac{x}{q}\right)}{(q^2+x^2)^{\frac{1}{2}p}}\frac{x}{s^2+x^2}\frac{dx}{x}=\frac{\pi}{2s(q+s)^p}$, $\int_0^\infty \frac{Sin.\left(p\,Arctg.\frac{x}{q}\right)}{(q^2+x^2)^{\frac{1}{2}p}}\frac{s}{(s^2+x^2)}\,x\,dx=$ $=\frac{\pi s}{2(q+s)^p}=\frac{\pi}{2}\left\{\frac{1}{(q+s)^{p-1}}-\frac{q}{(q+s)^p}\right\}$; différentions en même temps l'intégrale analogue (1205) de Méth. 18, N°. 11, nous aurons [332]:

$$\int_0^\infty \frac{Cos.\left(p\,Arctg.\frac{x}{q}\right)}{(q^2+x^2)^{\frac{1}{2}p}}\frac{Sin.\left\{(a+1)\,Arctg.\frac{x}{s}\right\}}{(s^2+x^2)^{\frac{1}{2}(a+1)}}\frac{dx}{x}=\frac{\pi}{2}\frac{(-1)^a}{1^{a/1}}\frac{d^a}{ds^a}.\frac{s^{-1}}{(q+s)^p}=$$

$$=\frac{\pi}{2\,.\,1^{a/1}}\frac{1}{s(q+s)^{p+a}}\sum_0^a\binom{a}{n}1^{n/1}p^{a-n/1}\left(\frac{q+s}{s}\right)^n, \qquad (1694)$$

---

[332] A cause des deux dernières relations de la Note précédente prises dans l'ordre inverse. Pour la réduction de la valeur dans la troisième intégrale on a employé la première relation de la Note précédente et encore la formule évidente $(p-1)^{a/1}=\frac{p-1}{p+a-1}p^{a/1}$. Pour les intégrales extrêmes il est en général: $\frac{d^a}{ds^a}.\varphi(s).\psi(s)=\sum_0^a\binom{a}{n}\frac{d^n\varphi(s)}{ds^n}.\frac{d^{a-n}\psi(s)}{ds^{a-n}}$, qui donne ici pour $\varphi(s)=\frac{1}{s}$, $\psi(s)=(q+s)^{-p}$: $\frac{d^a}{ds^a}.\frac{s^{-1}}{(q+s)^p}=\frac{(-1)^a}{s(q+s)^{p+a}}\sum_0^a\binom{a}{n}1^{n/1}p^{a-n/1}\left(\frac{q+s}{s}\right)^n$.
Page 573.

$$\int_0^\infty \frac{Sin.\left(p Arctg.\frac{x}{q}\right)}{(q^2+x^2)^{\frac{1}{2}p}} \frac{Cos.\left\{(a+1) Arctg.\frac{x}{s}\right\}}{(s^2+x^2)^{\frac{1}{2}(a+1)}} x dx = \frac{\pi}{2}\frac{(-1)^a}{1^{a/1}}\left[(-1)^a(p-1)^{a/1}\frac{1}{(q+s)^{p+a-1}} - (-1)^a p^{a/1}\frac{q}{(q+s)^{p+a}}\right] =$$

$$= \frac{\pi}{2}\frac{p^{a/1}}{1^{a/1}}\left[\frac{(p-1):(p+a-1)}{(q+s)^{p+a-1}} - \frac{q}{(q+s)^{p+a}}\right] = \frac{\pi}{2}\frac{p^{a/1}}{1^{a/1}}\frac{aq+(p-1)s}{p+a-1}\frac{1}{(q+s)^{p+a}}, \quad (1695)$$

$$\int_0^\infty \frac{Sin.\left(p\ Arctg.\frac{x}{q}\right)}{(q^2+x^2)^{\frac{1}{2}p}} \frac{Cos.\left\{(a+1)\ Arctg.\frac{x}{s}\right\}}{(s^2+x^2)^{\frac{1}{2}(a+1)}} \frac{dx}{x} = \frac{\pi}{2}\frac{(-1)^a}{1^{a/1}}\left\{\frac{(-1)^a p^{a/1}}{q^p s^{a+1}} - \frac{d^a}{ds^a}\cdot\frac{s^{-1}}{(q+s)^p}\right\} =$$

$$= \frac{\pi}{2s\,.\,1^{a/1}}\left\{\frac{p^{a/1}}{s^a q^p} - \frac{1}{(q+s)^{p+a}}\sum_0^a \binom{a}{n} 1^{n/1} p^{a-n/1}\left(\frac{q+s}{s}\right)^n\right\} \quad \ldots\ldots (1696)$$

Dans ces trois formules prenez $s = q$, alors:

$$\int_0^\infty \frac{Sin.\left(p\ Arctg.\frac{x}{q}\right).Cos.\left\{(a+1)\ Arctg.\frac{x}{q}\right\}}{(1+x^2)^{\frac{1}{2}(p+a+1)}} x\,dx = \frac{\pi}{2^{p+a+1}}\frac{p^{a/1}}{1^{a/1}}\frac{1}{q^{p+a-1}}, \quad \ldots (1697)$$

$$\int_0^\infty \frac{Cos.\left(p\ Arctg.\frac{x}{q}\right).Sin.\left\{(a+1)\ Arctg.\frac{x}{q}\right\}}{(q^2+x^2)^{\frac{1}{2}(p+a+1)}} \frac{dx}{x} = \frac{\pi}{2^{p+a+1}\,1^{a/1}}\frac{1}{q^{p+a+1}}\sum_0^a \binom{a}{n} 2^{n/2} p^{a-n/1}, \quad (1698)$$

$$\int_0^\infty \frac{Sin.\left(p Arctg.\frac{x}{q}\right).Cos.\left\{(a+1) Arctg.\frac{x}{q}\right\}}{(q^2+x^2)^{\frac{1}{2}(p+a+1)}} \frac{dx}{x} = \frac{\pi}{2.\,1^{a/1}}\frac{1}{q^{p+a+1}}\left\{p^{a/1} - \frac{1}{2^{p+a}}\sum_0^a \binom{a}{n} 2^{n/2} p^{a-n/1}\right\}. \quad (1699)$$

Prenons encore la somme et la différence de (1694) et de (1696), de (1698) et de (1699):

$$\int_0^\infty \frac{Sin.\left\{p\ Arctg.\frac{x}{q} + (a+1)\ Arctg.\frac{x}{s}\right\}}{(q^2+x^2)^{\frac{1}{2}p}(s^2+x^2)^{\frac{1}{2}(a+1)}} \frac{dx}{x} = \frac{\pi}{2q^p s^{a+1}}\frac{p^{a/1}}{1^{a/1}}, \quad \ldots\ldots (1700)$$

$$\int_0^\infty \frac{Sin.\left\{p Arctg.\frac{x}{q} - (a+1) Arctg.\frac{x}{s}\right\}}{(q^2+x^2)^{\frac{1}{2}p}(s^2+x^2)^{\frac{1}{2}(a+1)}} \frac{dx}{x} = \frac{\pi}{s.1^{a/1}}\left\{\frac{p^{a/1}}{2s^a q^p} - \frac{1}{(q+s)^{a+p}}\sum_0^a \binom{a}{n} 1^{n/1} p^{a-n/1}\left(\frac{q+s}{s}\right)^n\right\}, \quad (1701)$$

$$\int_0^\infty \frac{Sin.\left\{(p+a+1)\ Arctg.\frac{x}{q}\right\}}{(q^2+x^2)^{\frac{1}{2}(p+a+1)}} \frac{dx}{x} = \frac{\pi}{2}\frac{p^{a/1}}{1^{a/1}}\frac{1}{q^{p+a+1}}, \quad \ldots\ldots (1702)$$

$$\int_0^\infty \frac{Sin.\left\{(p-a-1)\ Arctg.\frac{x}{q}\right\}}{(q^2+x^2)^{\frac{1}{2}(p+a+1)}} \frac{dx}{x} = \frac{\pi}{2\,.\,1^{a/1}}\frac{1}{q^{p+a+1}}\left\{p^{a/1} - \frac{1}{2^{p+a-1}}\sum_0^a \binom{a}{n} 2^{n/2} p^{a-n/1}\right\} \quad \ldots (1703)$$

5. De la même manière les intégrales T. 278, N°. 8, 9 (Méth. 4, N°. 11) donneraient, après que nous aurions différentié a fois par rapport à p et divisé par $(-1)^a$:

$$\int_0^\infty x^a e^{-px} Cos.\, qx\, dx = (-1)^a \frac{d^a}{dp^a} \frac{p}{p^2+q^2} = 1^{a/1} \frac{Cos.\left\{(a+1)\, Arctg.\frac{q}{p}\right\}}{(p^2+q^2)^{\frac{1}{2}(a+1)}},\quad \int_0^\infty x^a e^{-px} Sin.\, qx\, dx =$$

$$= (-1)^a \frac{d^a}{dp^a} \frac{q}{p^2+q^2} = 1^{a/1} \frac{Sin.\left\{(a+1)\, Arctg.\frac{q}{p}\right\}}{(p^2+q^2)^{\frac{1}{2}(a+1)}}.$$ [333]. (T. 386, N°. 13 et 14).

6. Dans Méth 5, N°. 6 on trouve: $\int_0^\pi \frac{Cos.\, ax\, dx}{1-2r\, Cos\, x+r^2} = \frac{2r}{1-r^2}.\int_0^\pi \frac{Sin.\, ax.\, Sin.\, x\, dx}{1-2r\, Cos.\, x+r^2} =$

$= \frac{2r}{1+r^2}.\int_0^\pi \frac{Cos.\, ax.\, Cos.\, x\, dx}{1-2r\, Cos.\, x+r^2} = \frac{\pi}{1-r^2} r^a$. Différentions ces formules $2b$ fois et $2b+1$ fois suivant a, nous obtiendrons: $(-1)^b \int_0^\pi \frac{Cos.\, ax}{1-2r\, Cos.\, x+r^2} x^{2b} dx = (-1)^b \frac{2r}{1-r^2}\int_0^\pi \frac{Sin.\, ax.\, Sin.\, x}{1-2r\, Cos\, x+r^2} x^{2b} dx =$

$$= (-1)^b \frac{2r}{1+r^2}\int_0^\pi \frac{Cos\, ax.\, Cos.\, x}{1-2r\, Cos.\, x+r^2} x^{2b} dx = \frac{\pi}{1-r^2} r^a (lr)^{2b},$$ (T. 248, N°. 4, 8, 5);

$$(-1)^{b+1}\int_0^\pi \frac{Sin.\, ax}{1-2r\, Cos.\, x+r^2} x^{2b+1} dx = (-1)^b \frac{2r}{1-r^2}\int_0^\pi \frac{Cos.\, ax.\, Sin.\, x}{1-2r\, Cos.\, x+r^2} x^{2b+1} dx =$$

$$= (-1)^b \frac{2r}{1+r^2}\int_0^\pi \frac{Sin.\, ax.\, Cos.\, x}{1-2r\, Cos.\, x+r^2} x^{2b+1} dx = \frac{\pi}{1-r^2} r^a (lr)^{2b+1}.$$ (T. 248, N°. 7, 6, 9).

Différentions encore T. 280, N°. 4 (Méth. 24, N°. 3) a fois par rapport à p, alors il est:

$$\int_0^\infty x^a Cos.(\tfrac{1}{2} a\pi + px).\, e^{-r^2x^2} dx = \frac{(-1)^a\sqrt{\pi}}{(2r)^{a+1}} e^{-\frac{p^2}{4r^2}} \sum_0^\infty (-1)^{n-1}(n+1)^{n/1}\binom{a}{2n}\left(\frac{p}{2r}\right)^{a-2n}; \quad \ldots\ldots (1704)$$

pour $r=1$ c'est T. 388, N°. 24. [334].

7. Dans les derniers numéros la différentiation a fait naître un facteur x^a. Maintenant nous allons donner quelques exemples, où le facteur ajouté est $(lx)^a$. Différentions l'intégrale T. 1, N°. 1, (Méth. 1, N°. 2), après y avoir changé $p-1$ en p, a fois par rapport à cette constante,

[333] Où l'on a fait usage des deux relations dernières de l'avant-dernière note [331]. On a trouvé encore ces intégrales Méth. 3, N°. 7, et pour un a fractionnaire Méth. 18, N°. 2, 3 et Méth. 26, N°. 2.

[334] Puisque: $\frac{d^a}{dp^a} Cos.\, px = x^a Cos.(\tfrac{1}{2} a\pi + px)$,

$$\frac{d^a}{dp^a} e^{-\frac{p^2}{4r^2}} = -\left(\frac{1}{2r}\right)^a e^{-\frac{p^2}{4r^2}} \sum_0^\infty \left(\frac{p}{2r}\right)^{a-2n} (-1)^{n-1}(n+1)^{n/1}\binom{a}{2n}.$$

il vient: $\int_0^1 x^p (lx)^a dx = (-1)^a \frac{1^{a/1}}{(p+1)^{a+1}}$. (T. 151, N°. 2). [335]. De même les intégrales T. 5, N°. 17 et 18 (Méth. 7, N°. 10) donnent après une différentiation suivant q, répétée $2a$ fois et $2a+1$ fois:

$$\int_0^1 \frac{x^{p-q}+x^{p+q}}{1+x^{2p}} (lx)^{2a} \frac{dx}{x} = \frac{\pi}{2p} \frac{d^{2a}}{dq^{2a}} . Sec. \frac{q\pi}{2p}, \quad (1705)$$

$$\int_0^1 \frac{x^{p-q}-x^{p+q}}{1+x^{2p}} (lx)^{2a+1} \frac{dx}{x} = -\frac{\pi}{2p} \frac{d^{2a+1}}{dq^{2a+1}} . Sec. \frac{q\pi}{2p}, \quad (1706)$$

$$\int_0^1 \frac{x^{p-q}-x^{p+q}}{1-x^{2p}} (lx)^{2a} \frac{dx}{x} = \frac{\pi}{2p} \frac{d^{2a}}{dq^{2a}} . Cot. \frac{q\pi}{2p}, \quad (1707)$$

$$\int_0^1 \frac{x^{p-q}+x^{p+q}}{1-x^{2p}} (lx)^{2a+1} \frac{dx}{x} = -\frac{\pi}{2p} \frac{d^{2a+1}}{dq^{2a+1}} . Cot. \frac{q\pi}{2p}. \quad (1708)$$

8. Quand on multiplie les formules identiques $\frac{x^p}{1+x} = \sum_0^k (-1)^n x^{p+n} + (-1)^{k+1} \frac{x^{p+k+1}}{1+x}$, $\frac{x^p}{1-x} = \sum_0^k x^{p+n} + \frac{x^{p+k+1}}{1-x}$ par dx, et que l'on intègre par rapport à x entre les limites 0 et 1, on acquiert les résultats: $\int_0^1 \frac{x^p dx}{1+x} = \sum_0^k \frac{(-1)^n}{p+n+1} + (-1)^{k+1} \int_0^1 \frac{x^{p+k+1} dx}{1+x}$, $\int_0^1 \frac{x^p dx}{1-x} = \sum_0^k \frac{1}{p+n+1} + \int_0^1 \frac{x^{p+k+1} dx}{1-x}$; maintenant différentions-les a fois de suite par rapport à p, il vient: $\int_0^1 \frac{x^p (lx)^a dx}{1+x} = 1^{a/1} \sum_0^k \frac{(-1)^{a+n}}{(p+n+1)^{a+1}} + (-1)^{k+1} \int_0^1 \frac{x^{p+k+1} (lx)^a dx}{1+x}$, $\int_0^1 \frac{x^p (lx)^a dx}{1-x} = 1^{a/1} \sum_0^k \frac{(-1)^a}{(p+n+1)^{a+1}} + \int_0^1 \frac{x^{p+k+1} (lx)^a dx}{1-x}$. Lorsqu'on veut faire k infini, il faut premièrement prendre en considération les intégrales complémentaires $\int_0^1 \frac{x^{p+k+1} (lx)^a dx}{1 \pm x} = \frac{\theta^{p+k+1} (l\theta)^a}{1 \pm \theta} \int_0^1 dx = \frac{\theta^{p+k+1} (l\theta)^a}{1 \pm \theta}$, suivant la Méthode 8, où l'on a $0 < \theta < 1$. Pour cette

---

[335] Autrement déduite Méth. 29, N°. 2. Pour $a = 1$ on a: $\int_0^1 x^p lx\, dx = \frac{-1}{(p+1)^2}$. (T. 151, N°. 1).

Page 576.

valeur de θ cette intégrale s'annule en général, lorsque k devient infini: seulement dans les cas de θ infiniment près de 0 ou de 1, cela n'est pas tout-à-fait clair d'abord. Lorsque le dénominateur est $1-\theta$, et que θ diffère peu de l'unité, ce dénominateur et le facteur $l\theta$ approchent de zéro: et la fraction ne sera nulle que pour $a \geqq 1$; mais évidemment c'est toujours le cas. Lorsque θ converge vers zéro, le numérateur $\theta^{p+k+1}(l\theta)^a$ est $0.\infty$, indéterminé, mais puisque $p+k+1>a$, la règle ordinaire fera évanouir le facteur $l\theta$, et la fraction sera nulle encore. Donc pour k infini, les intégrales complémentaires sont nulles et l'on a:

$$\int_0^1 \frac{x^p (lx)^a dx}{1+x} = 1^{a/1} \sum_0^\infty \frac{(-1)^{a+n}}{(p+n+1)^{a+1}}, a>0, [336] \int_0^1 \frac{x^p (lx)^a dx}{1-x} = (-1)^a 1^{a/1} \sum_0^\infty \frac{1}{(p+n+1)^{a+1}}, a>0.$$

(T. 157, N°. 11, 12). Mais le raisonnement précédent étant tout-à-fait indépendant de la valeur de p, on pourra annuler cette constante et l'on obtiendra ainsi: $\int_0^1 \frac{(lx)^a dx}{1+x} = 1^{a/1} \sum_0^\infty \frac{(-1)^{a+n}}{(n+1)^{a+1}}, \int_0^1 \frac{(lx)^a dx}{1-x} =$ $= (-1)^a 1^{a/1} \sum_0^\infty \frac{1}{(n+1)^{a+1}}$. (T. 157, N°. 8, 9). Pour un a impair ces sommations s'expriment par des coefficients Bernouilliens, donc:

$$\int_0^1 \frac{(lx)^{2a-1} dx}{1+x} = -\frac{2^{2a-1}-1}{2a} \pi^{2a} B_{2a-1}, \int_0^1 \frac{(lx)^{2a-1} dx}{1-x} = -\frac{2^{2a-2}}{a} \pi^{2a} B_{2a-1}. \text{(T. 157, N°. 5, 6). [337].}$$

---

[336] Pour a zéro il est: $\int_0^1 \frac{x^p dx}{1+x} = \sum_0^\infty \frac{(-1)^n}{p+n+1}$, (T. 3, N°. 2), d'où pour $x = Tg.^2 y$ et $2p+1 = p'$:

$$\int_0^{\frac{\pi}{4}} Tang.^p x\, dx = \sum_0^\infty \frac{(-1)^n}{p+2n+1}. \text{ (T. 46, N°. 2).}$$

[337] Dans l'intégrale T. 157, N°. 11 substituons $x = Tg.^2 y$, nous aurons en changeant $2p+1$ en p:

$$\int_0^{\frac{\pi}{4}} Tg^p x. (l\, Tg.x)^a dx = 1^{a/1} \sum_0^\infty \frac{(-1)^{a+n}}{(p+2n+1)^{a+1}}, \text{ d'où pour } p \text{ zéro: } \int_0^{\frac{\pi}{4}} (l\, Tg.x)^a dx = 1^{a/1} \sum_0^\infty \frac{(-1)^{a+n}}{(2n+1)^{a+1}}.$$

(T. 305, N°. 13, 10). — Dans l'intégrale T. 157, N°. 12, au contraire, prenons $x = Sin.^2 y$, et p au lieu de $2p+1$, alors: $\int_0^{\frac{\pi}{2}} Sin.^p x. (l\, Sin.x)^a \frac{dx}{Cos.x} = (-1)^a 1^{a/1} \sum_0^\infty \frac{1}{(p+2n+1)^{a+1}}$, d'où pour p zéro:

$$\int_0^{\frac{\pi}{2}} (l\, Sin.x)^a \frac{dx}{Cos.x} = (-1)^a 1^{a/1} \sum_0^\infty \frac{1}{(2n+1)^{a+1}}. \text{ (T. 336, N°. 18 et 17).}$$

9. On a T. 38, N°. 13 (Méth. 22, N°. 14), au moyen de C. P. 70: $\int_0^\infty \frac{e^{px} - e^{-px}}{e^{2\pi x} - 1} dx =$

$= \frac{1}{p} - \frac{1}{2} Cot. \frac{1}{2} p = \sum_1^\infty \frac{1}{1^{2n/1}} p^{2n-1} B_{2n-1}$; différentions-la $2a - 1$ fois par rapport à p, il vient:

$$\int_0^\infty \frac{e^{px} + e^{-px}}{e^{2\pi x} - 1} x^{2a-1} dx = \sum_a^\infty \frac{(2n - 2a + 1)^{2a-1/1}}{1^{2n/1}} p^{2n-2a} B_{2n-1} = \sum_a^\infty \frac{1}{2n} \frac{p^{2n-2a}}{1^{2n-2a/1}} B_{2n-1}, \quad (1709)$$

où la sommation commence par la valeur a, puisque toute valeur de n moindre que a doit être excluse, la différentiation de p^{2n-1} ne pouvant engendrer des puissances négatives de p. Prenons-y p zéro, alors il ne reste de la série que le premier terme $\frac{1}{2a} B_{2a-1}$, qui ne contient pas de p, et l'on a: $\int_0^\infty \frac{x^{2a-1} dx}{e^{2\pi x} - 1} = \frac{1}{4a} B_{2a-1}$. (T. 117, N°. 23). [338]. Cet artifice pour obtenir un résultat fini par l'intermédiaire d'une série infinie est assez curieux, pour que nous en donnions encore un exemple. Pour cela multiplions la même intégrale T. 38, N°. 13 (comme sa transformée en $y = 2x$) par $Cos. p$; alors il est: $\int_0^\infty \frac{e^{px} - e^{-px}}{e^{2\pi x} - 1} Cos. p\, dx = \frac{1}{p} Cos. p - \frac{1}{2} Cot. \frac{1}{2} p + \frac{1}{2} Sin. p$, $\int_0^\infty \frac{e^{px} - e^{-px}}{e^{\pi x} - 1} Cos. p\, dx = \frac{1}{p} Cos. p - Cosec. p + Sin. p$. Afin de pouvoir les différentier a fois par rapport à p, employons dans les intégrales la formule $\frac{d^a}{dp^a} . e^{px} Cos. py = \frac{1}{2} \{ e^{p(x+yi)} (x + yi)^a + e^{p(x-yi)} (x - yi)^a \}$: substituons d'abord dans les valeurs les expressions en coefficients Bernouilliens de C. P. 70, 72 avec C. P. 67, 68, et différentions ensuite, alors il est:

$$\int_0^\infty \frac{(1 + xi)^{2a-1} \{ e^{p(i-x)} + e^{p(x-i)} \} - (1 - xi)^{2a-1} \{ e^{p(x+i)} + e^{-p(x+i)} \}}{i} \frac{dx}{e^{2\pi x} - 1} =$$

$$= (-1)^a \sum_a^\infty \left\{ \frac{B_{2n-1}}{n} + (-1)^{n-1} \frac{n-1}{n} \right\} \frac{p^{2n-2a}}{1^{2n-2a/1}}, \quad \dots \quad (1710)$$

$$\int_0^\infty \frac{(1 + xi)^{2a-1} \{ e^{p(i-x)} + e^{p(x-i)} \} - (1 - xi)^{2a-1} \{ e^{p(x+i)} + e^{-p(x+i)} \}}{i} \frac{dx}{e^{\pi x} - 1} =$$

$$= (-1)^a \sum_a^\infty \left\{ \frac{2^{2n-1} - 1}{n} B_{2n-1} + (-1)^n \frac{2n-1}{2n} \right\} \frac{p^{2n-2a}}{1^{2n-2a/1}}, \quad \dots \quad (1711)$$

où les sommations commencent par a pour la même raison que ci-dessus. Maintenant annulons p,

---

[338] Déjà déduite Méth. 30, N°. 4.
Page 578.

de sorte que les séries se terminent à leur premier terme, il vient:

$$\int_0^\infty \frac{(1+xi)^{2a-1}-(1-xi)^{2a-1}}{i}\frac{dx}{e^{2\pi x}-1}=\frac{(-1)^{a-1}}{2a}B_{2a-1}+\frac{a-1}{2a},$$

$$\int_0^\infty \frac{(1+xi)^{2a-1}-(1-xi)^{2a-1}}{i}\frac{dx}{e^{\pi x}-1}=\frac{2a-1}{4a}+(-1)^a\frac{2^{2a-1}-1}{2a}B_{2a-1}.\ \text{(T. 123, N°. 4, 5).}$$

10. Lorsqu'on veut différentier T. 23, N°. 16, (Méth. 9, N°. 8), il faut l'écrire ainsi: $\frac{lp}{\pi}+\frac{1+p}{\pi}\int_0^\infty \frac{x^q-1}{x-1}\frac{dx}{x+p}=\mathrm{I}=\frac{p^q-Cos.\,q\pi}{Sin.\,q\pi}$. Différentions d'abord le premier membre a fois par rapport à q, donc:

$$\frac{d^a\mathrm{I}}{dq^a}=\frac{1+p}{\pi}\int_0^\infty \frac{x^q(lx)^a}{x-1}\frac{dx}{x+p}.\ \ldots\ldots\ldots\ldots\ldots\ldots\ (a)$$

Soit ensuite $p^q-Cos.\,q\pi=\mathrm{I}\,Sin.\,q\pi=\mathrm{K}$, alors:

$$\frac{d^a\mathrm{K}}{dq^a}=p^q(lp)^a-\pi^a Cos.\,\{(q+\tfrac{1}{2}a)\pi\},\ \ldots\ldots\ldots\ldots\ (b)$$

mais aussi:

$$\frac{d\mathrm{K}}{dq}=Sin.\,q\pi\frac{d\mathrm{I}}{dq}+\pi\,\mathrm{I}\,Cos.\,q\pi,\ \frac{d^2\mathrm{K}}{dq^2}=Sin.\,q\pi\frac{d^2\mathrm{I}}{dq^2}+2\,\mathrm{I}\,Cos.\,q\pi\frac{d\mathrm{I}}{dq}-\pi^2\,\mathrm{I}\,Sin.\,q\pi,\ \text{etc.}\ \ldots\ (c)$$

Donc pour obtenir les intégrales (a) il faut substituer ces valeurs comme aussi les diverses valeurs de (b) dans les équations (c); il y en aura assez pour éliminer $a-1$ des intégrales (a) pour trouver la $a^{\text{ième}}$. Pour $a=1$ on trouve ainsi:

$$\int_0^\infty \frac{x^q\,lx}{x-1}\frac{dx}{x+p}=\frac{\pi}{1+p}\left\{\frac{\pi(Sin.^2 q\pi+Cos.^2 q\pi)+p^q\,lp.Sin.q\pi-\pi p^q Cos.q\pi}{Sin.^2 q\pi}\right\}.\ \text{(T. 183, N°. 15).}$$

Quand on prend q zéro, les réductions deviennent beaucoup plus faciles; mettons les I dans des crochets pour désigner ce cas de q zéro et nous aurons: $\left[\frac{d^a\mathrm{I}}{dq^a}\right]=\frac{1+p}{\pi}\int_0^\infty \frac{(lx)^a}{x-1}\frac{dx}{x+p},\ \ldots\ (a)'$

$[\mathrm{I}]=\frac{p^q-Cos.\,q\pi}{Sin.\,q\pi}=\frac{p^q\,lp+\pi\,Sin.\,q\pi}{\pi\,Cos.\,q\pi}=\frac{lp}{\pi}$; tandis que (b) et (c) donnent: $(lp)^a-\pi^a Cos.\,\tfrac{1}{2}a\pi=$
$=\left[\frac{d^a\mathrm{K}}{dq^a}\right]=\binom{a}{1}\pi\left[\frac{d^{a-1}\mathrm{I}}{dq^{a-1}}\right]-\binom{a}{3}\pi^3\left[\frac{d^{a-3}\mathrm{I}}{dq^{a-3}}\right]+\binom{a}{5}\pi^5\left[\frac{d^{a-5}\mathrm{I}}{dq^{a-5}}\right]-\ldots+\pi^a Sin.\,\tfrac{1}{2}a\pi\,[\mathrm{I}]$. De cette dernière équation pour $a=1,2,3,\ldots$ on peut déduire successivement $\left[\frac{d\mathrm{I}}{dq}\right]$, $\left[\frac{d^2\mathrm{I}}{dq^2}\right]$, etc. Ainsi l'on trouvera par (a'): $\int_0^\infty \frac{lx}{x-1}\frac{dx}{x+p}=\frac{(lp)^2+\pi^2}{2(p+1)}$, (T. 183, N°. 14), $\int_0^\infty \frac{(lx)^2}{x-1}\frac{dx}{x+p}=lp\frac{(lp)^2+\pi^2}{3(p+1)}$,

Page 579.

$$\int_0^\infty \frac{(lx)^3}{x-1}\frac{dx}{x+p} = \frac{[(lp)^2+\pi^2]^2}{4(p+1)}, \quad \int_0^\infty \frac{(lx)^4}{x-1}\frac{dx}{x+p} = \frac{lp}{p+1}\frac{[(lp)^2+\pi^2]^2}{3}\frac{3(lp)^2+7\pi^2}{5},$$

$$\int_0^\infty \frac{(lx)^5}{x-1}\frac{dx}{x+p} = \frac{[(lp)^2+\pi^2]^2[(lp)^2+3\pi^2]^2}{6(p+1)}. \text{ (T. 184, N'. 1, 2, 3, 4).}$$

§ 8. MÉTHODE 34. INTÉGRATION PAR RAPPORT À UNE CONSTANTE.

1. Lorsqu'on veut intégrer quelque intégrale définie par rapport à une constante qu'elle contient, il faut avoir égard à la condition du Nr. 35 de la Partie Première, qui est nécessaire pour nous faire acquérir un résultat valide. Il peut se présenter dans l'application de cette méthode des difficultés dans la détermination de la constante, qu'elle comporte.

2. Multipliez l'intégrale T. 280, N'. 4 (Méth. 24, N'. 3) par $2dq$, et intégrez entre les limites 0 et q, alors : $2\int_0^\infty e^{-p^2x^2}dx\int_0^q Cos.\,2qx\,dq = \int_0^\infty e^{-p^2x^2}\frac{dx}{x}\int_0^q d.\,Sin.\,2qx = \int_0^\infty e^{-p^2x^2}Sin.\,2qx\frac{dx}{x} =$

$= \frac{1}{p}\sqrt{\pi}\int_0^q e^{-\frac{q^2}{p}}dq = \sqrt{\pi}\int_0^{\frac{q}{p}} e^{-y^2}dy$, (où l'on a mis $y=pq$), relation qui peut servir pour l'approximation de l'intégrale au premier membre. Dans le cas de p zéro, la dernière intégrale est $\frac{1}{2}\sqrt{\pi}$ (Méth. 4, N°. 7), d'où il résulte: $\int_0^\infty Sin.\,2qx\frac{dx}{x} = \frac{1}{2}\pi$. (T. 194, N'. 5). [339]. Écrivons-la ainsi: $\int_0^\infty \frac{x.\,qx\,Sin.\,qx\,dx}{x^3} = \pm\frac{\pi}{2}q$, (selon que $q \gtrless 0$); intégrons selon q entre les limites 0 et q, il vient: $\int_0^\infty \frac{Sin\,qx - qx\,Cos.\,qx}{x^3}dx = \pm\frac{1}{4}\pi q^2, (q \gtrless 0)$. (T. 199, N'. 6, 7).

3. Intégrons l'intégrale T. 278, N°. 8 (Méth. 1, N°. 9) par rapport tant à p qu'à q, et ne nous inquiétons pas d'abord des limites; il vient alors:

$$-\int_0^\infty Sin.\,qx\,dx\int e^{-px}dp = \int_0^\infty e^{-px}Sin\,qx\frac{dx}{x} = -\int\frac{q\,dp}{q^2+p^2} = -Arctg.\frac{p}{q} + C,$$

$$-\int_0^\infty e^{-px}dx\int Sin.\,qx\,dq = \int_0^\infty e^{-px}Cos.\,qx\frac{dx}{x} = -\int\frac{qdq}{q^2+p^2} = -\frac{1}{2}l(p^2+q^2)+C_1.$$

---

[339] Autrement déduite Méth. 6, N°. 5, Méth. 17, N'. 3, Méth. 21, N°. 3.
Page 580.

Maintenant pour avoir la première constante C, il faut prendre p infini; car alors l'intégrale est nulle, $Arctg.\frac{p}{q}$ est $\frac{\pi}{2}$, et l'on a: $\int_0^\infty e^{-px} Sin.\, qx \frac{dx}{x} = \frac{\pi}{2} - Arctg.\frac{p}{q} = Arctg.\frac{q}{p}$. (T. 392, N°. 3). [340].

Pour avoir la seconde constante C_1, il n'y a aucune valeur de p ou de q, qui fasse évanouir l'intégrale, hors la valeur de p infini; mais celle-ci rend C_1, et par suite l'intégrale infinie, et c'est sa valeur en effet. On peut pourtant en tirer un résultat fini en changeant q en r, et en soustrayant les résultats; cela nous fournit: $\int_0^\infty e^{-px} \frac{Cos.\, rx - Cos.\, qx}{x} dx = \frac{1}{2} l \frac{p^2+q^2}{p^2+r^2}$. (T. 393, N°. 10).

Pour r zéro il vient: $\int_0^\infty e^{-px} \frac{1 - Cos.\, qx}{x} dx = \frac{1}{2} l \frac{p^2+q^2}{p^2}$, (T. 393, N°. 7), ou parce que $1 - Cos.\, qx = 2\, Sin.^2 \frac{1}{2} qx$: $\int_0^\infty e^{-px} Sin.^2\, qx \frac{dx}{x} = \frac{1}{4} l \frac{p^2+4q^2}{p^2}$. (T. 392, N°. 10). [341]. Multiplions-la par dp et intégrons entre p et ∞, nous aurons: $\int_0^\infty Sin.^2\, qx \frac{dx}{x} \int_p^\infty e^{-px} dp = \int_0^\infty e^{-px} Sin.^2\, qx \frac{dx}{x^2} =$

$$= \frac{1}{4}\int_p^\infty l \frac{p^2+4q^2}{p^2} dp = \frac{1}{4} p l \frac{p^2+4q^2}{p^2}\Big\}_p^\infty - \frac{1}{4}\int_p^\infty p \left(\frac{2p\,dp}{p^2+4q^2} - \frac{2p\,dp}{p^2}\right) = -\frac{1}{4} p l \frac{p^2+4q^2}{p^2} + q Arctg.\frac{2q}{p}.$$

(T. 394, N°. 4). [342].

4. On trouve Méth. 43, N°. 17 les intégrales T. 23, N°. 9, 10 pour $d = 1$; intégrons celles-ci par rapport à s entre les limites 0 et s, alors: $\int_0^\infty \{(r - xi)^{-c} + (r + xi)^{-c}\}\, l \frac{s^2+x^2}{x^2} dx$, (T. 184, N°. 18),

---

[340] Déduite d'une autre manière Méth. 10, N°. 4, Méth. 18, N°. 21.

[341] Comme on trouve Méth. 18, N°. 21.

[342] Car d'abord $p l \frac{p^2+4q^2}{p^2}$ devient $\infty . 0$, indéterminé pour p infini, mais la règle ordinaire en rend la valeur zéro; et d'une autre part la dernière intégrale devient:

$$-\frac{1}{4}\int_p^\infty \frac{2p^2\, 4q^2\, dp}{p^2(p^2+4q^2)} = -q \int_p^\infty d.\, Arctg.\frac{p}{2q} = q\, Arctg.\frac{2q}{p}.$$

Cette intégrale a déjà été déduite Méth. 10, N°. 4. Pour $x = \frac{1}{y}$ elle donne:

$$\int_0^\infty e^{-\frac{p}{x}} Sin.^2 \left(\frac{q}{x}\right) dx = q\, Arctg.\frac{q}{p} + \frac{1}{4} p\, l \frac{p^2}{p^2+4q^2} \ldots\ldots\ldots\ldots (1712)$$

Page 581.

$$=\frac{2\pi}{c-1}\left\{\frac{1}{r^{c-1}}-\frac{1}{(r+s)^{c-1}}\right\}=2\int_0^\infty\frac{(r-xi)^{-c}-(r+xi)^{-c}}{i}\,Arctg.\frac{s}{x}\,dx.$$ (T. 267, N°. 25).

5. Dans T. 65, N°. 9 (Méth. 1, N°. 13) soit p l'unité; lorsqu'on intègre cette intégrale successivement entre 0 et q et entre $-q$ et q, on obtient: $\int_0^{\frac{\pi}{2}}\frac{dx}{Cos.x}\,l'(1+q\,Cos.x)=$

$$=\int_0^q Arccos.q\frac{dq}{\sqrt{(1-q^2)}}=-\frac{1}{2}\int_0^q d.(Arccos.q)^2=\frac{1}{8}\pi^2-\frac{1}{2}(Arccos.q)^2,$$ (T. 339, N°. 28), [343],

$$\int_0^{\frac{\pi}{2}}\frac{dx}{Cos.x}\,l\frac{1+q\,Cos.x}{1-q\,Cos\,x}=-\frac{1}{2}\int_{-q}^{q}d.(Arccos.q)^2=-\frac{1}{2}\left[\{Arccos.(+q)\}^2-\{Arccos.(-q)\}^2\right]=$$

$$=\frac{1}{2}\{Arccos.(+q)+Arccos.(-q)\}\{Arccos.(+q)-Arccos.(-q)\}=\pi\,Arcsin.q.$$ (T. 340, N°. 9). [344].

6. Comme on a $\int_0^p\frac{dp}{1-2p\,Cos.x+p^2}=Arctg.\left(\frac{p\,Sin.x}{1-p\,Cos.x}\right).Cosec.x$, les formules T. 84, N°. 1, 10, (Méth. 1, N°. 14) et (5) (Méth. 5, N°. 6) nous fournissent par l'intégration suivant p:

$$\int_0^\pi Arctg.\left(\frac{p\,Sin.x}{1-p\,Cos.x}\right)\frac{dx}{Sin.x}=\pi\int_0^p\frac{dx}{1-p^2}=\frac{\pi}{2}l\frac{1+p}{1-p}\ [345],\quad \int_0^q Arctg.\left(\frac{p\,Sin.x}{1-p\,Cos.x}\right)\frac{dx}{Tang.x}=$$

$$=\int_0^p\frac{p\,dp}{1-p^2}=-\frac{\pi}{2}l(1-p^2),$$ (T. 371, N°. 1, 3), $\int_0^\pi Arctg.\left(\frac{p\,Sin.x}{1-p\,Cos.x}\right).Sin.ax\,dx=$

$$=\frac{\pi}{2}\int_0^p p^{a-1}dp=\frac{\pi}{2a}p^a.$$ [346]. (T. 370, N°. 3). Mais on a aussi: $\int_0^p\frac{1+p^2}{p}\frac{dp}{1-2p\,Cos.x+p^2}=$

$=lp+2\,Cot.x.Arctg.\left(\frac{p\,Sin.x}{1-p\,Cos.x}\right)$, et par son application aux deux dernières des intégrales citées, comme

---

[343] Pour $Cos.x=y$, il vient: $\int_0^1 l(1+qx)\frac{dx}{x\sqrt{(1-x^2)}}=\frac{1}{8}\pi^2-\frac{1}{2}(Arccos.q)^2$. (T. 165, N°. 3).

[344] Pour $Sin.x=y$ ou pour $Cos.x=y$ on a:

$$\int_0^1 l\frac{1+q\sqrt{(1-x^2)}}{1-q\sqrt{(1-x^2)}}\frac{dx}{1-x^2},$$ (T. 160, N°. 17), $=\pi\,Arcsin.q=\int_0^1 l\frac{1+qx}{1-qx}\frac{dx}{x\sqrt{(1-x^2)}}$. (T. 166, N°. 6).

[345] Autrement déduite Méth. 31, N°. 9.

[346] Comme on trouve aussi Méth. 5, N°. 6.

Page 582.

$\int_0^\pi Cos.\, x\, dx = 0$, (Méth. 1, N°. 12), $\int_0^\pi Sin.\, ax.\, Sin.\, x\, dx = 0$, (Méth. 9, N°. 15):

$$\int_0^\pi \frac{Cos.^2\, x\, dx}{Sin.\, x} Arctg.\left(\frac{p\, Sin.\, x}{1-p\, Cos.\, x}\right) = \frac{\pi}{2}\int_0^p \frac{1+p^2}{1-p^2}\, dp = \frac{\pi}{2}\left\{-p + l\frac{1+p}{1-p}\right\}, \text{(T. 371, N°. 4), [347]}$$

$$\int_0^\pi Sin.ax.Cos.x.Arctg.\left(\frac{p\, Sin.\, x}{1-p\, Cos.\, x}\right) dx = \frac{\pi}{4}\int_0^p (1+p^2)p^{a-2}dp = \frac{\pi}{4}\left(\frac{p^{a-1}}{a-1} + \frac{p^{a+1}}{a+1}\right). \text{(T. 370, N°. 5)}.$$

Enfin l'on a: $\int_0^p \frac{1-p^2}{p}\frac{dp}{1-2p\, Cos.\, x + p^2} = lp - l(1-2p\, Cos.\, x + p^2)$; son application à T. 84, N°. 5, 7 (Méth. 5, N°. 6) donne, parce que outre les formules précédentes on a encore $\int_0^\pi Cos.\, ax.\, Cos.\, x\, dx = 0$ (Méth. 9, N°. 15): $\int_0^\pi l(1-2p\, Cos.\, x + p^2). Sin.\, ax.\, Sin.\, x\, dx =$

$$= -\frac{\pi}{2}\int_0^p (1-p^2)\, p^{a-2}\, dp = \frac{\pi}{2}\left(\frac{p^{a+1}}{a+1} - \frac{p^{a-1}}{a-1}\right), \int_0^\pi l(1-2p\, Cos.\, x + p^2). Cos.\, ax.\, Cos.\, x\, dx =$$

$$= -\frac{\pi}{2}\int_0^p (1+p^2)\, p^{a-2}\, dp = -\frac{\pi}{2}\left(\frac{p^{a+1}}{a+1} + \frac{p^{a-1}}{a-1}\right),$$ dont la somme pour $a+1$ au lieu de a devient: $\int_0^\pi l(1-2p\, Cos.\, x + p^2). Cos.\, ax\, dx = -\frac{\pi}{a}p^a$. [348]. (T. 354, N°. 7, 8, 6).

7. On trouve Méth. 22, N°. 5 $\int_0^\infty \frac{x\, Sin.\, px}{1 \pm 2q Cos. px + q^2}\frac{dx}{r^2+x^2} = \frac{\pi}{2}\frac{1}{e^{pr} \pm q} = \frac{\pi}{2}\frac{e^{-pr}}{1 \pm q e^{-pr}}, q^2 < 1$.

Multipliez par $\mp 2q\, dp$ et intégrez suivant p de 0 à p, il vient: $\int_0^\infty \frac{dx}{r^2+x^2}\int_0^p d.l(1 \pm 2q\, Cos.\, px + q^2) =$ $= \frac{\pi}{r}\int_0^p d.l(1 \pm q e^{-pr})$, donc: $\int_0^\infty \frac{dx}{r^2+x^2}\, l\frac{1 \pm 2q\, Cos.\, px + q^2}{1 \pm 2q + q^2} = \frac{\pi}{r}\, l\frac{1 \pm q e^{-pr}}{1 \pm q}$. Ajoutez-y membre

---

[347] La différence de T. 371, N°. 1 d'avec N°. 4 donne: $\int_0^\pi Arctg.\left(\frac{p\, Sin.\, x}{1-p\, Cos.\, x}\right). Sin.\, x\, dx = \frac{1}{2}p\, \pi$ (T. 370, N°. 4); celle de T. 370, N°. 3 d'avec N°. 5 encore:

$$\int_0^\pi Arctg.\left(\frac{p\, Sin.\, x}{1-p\, Cos.\, x}\right). Cos.\, ax.\, Sin.\, x\, dx = \frac{\pi}{4}\left(\frac{p^{a+1}}{a+1} - \frac{p^{a-1}}{a-1}\right). \text{(T. 370, N°. 6)}.$$

[348] Sur une autre déduction voyez Méth. 5, N°. 6.

à membre l'équation identique : $\int_0^\infty \frac{dx}{r^2+x^2} l(1 \pm q)^2 = l(1\pm q)^2 \frac{\pi}{2r} = \frac{\pi}{r} l(1\pm q)$, vous obtiendrez:

$$\int_0^\infty \frac{dx}{r^2+x^2} l(1 \pm 2q\,Cos.\,px + q^2) = \frac{\pi}{r} l(1 \pm q\,e^{-pr}),\ (q^2 < 1),\ \text{et} = \frac{\pi}{r} l(q \pm e^{-pr}),\ (q^2 > 1),$$

(T. 416, N°. 8—11), [349], la dernière après la soustraction de l'équation $\int_0^\infty \frac{dx}{r^2+x^2} lq^2 = \frac{\pi}{r} lq$, et le changement de q en $\frac{1}{q}$.

8. Il s'ensuit de Méth. 9, N°. 3 et de Méth. 22, N°. 2: $\int_0^1 \frac{x^p + x^{-p}}{1+2x\,Cos.\,\lambda + x^2} dx =$ $= \frac{\pi\,Sin.\,p\lambda}{Sin.\,p\pi.\,Sin.\,\lambda} = \int_0^\infty \frac{x^p\,dx}{1+2x\,Cos.\,\lambda + x^2}$; multiplions-la par $-2\,Sin.\,\lambda\,d\lambda$ et intégrons entre les limites 0 et λ, il en résulte:

$$\int_0^1 (x^p + x^{-p}) \frac{dx}{x} \int_0^\lambda \frac{-2x\,Sin.\,\lambda\,d\lambda}{1+2x\,Cos.\,\lambda + x^2} = \int_0^1 (x^p + x^{-p}) \frac{dx}{x} l \frac{1+2x\,Cos.\,\lambda + x^2}{(1+x)^2}, \quad \ldots\ldots (1713)$$

$= \int_0^\infty x^{p-1}\,dx\, l\frac{1+2x\,Cos.\,\lambda + x^2}{(1+x)^2}$, (T. 179, N°. 18), $= \frac{2\pi}{Sin.\,p\pi} \frac{Cos.\,p\lambda - 1}{p}$. Pour p zéro, cette valeur est indéterminée; mais elle devient par les règles ordinaires: $\frac{-2\pi\lambda\,Sin.\,p\lambda}{Sin.\,p\pi + p\pi\,Cos.\,p\pi} = \frac{0}{0} =$

$= -2\pi\lambda \frac{\lambda\,Cos.\,p\lambda}{\pi\,Cos.\,p\pi + \pi\,Cos.\,p\pi - p\pi^2\,Sin.\,p\pi} = -\lambda^2$; donc: $\int_0^\infty \frac{dx}{x} l\frac{1+2x\,Cos.\,\lambda+x^2}{(1+x)^2}$, (T. 179, N°. 13),

$$= -\lambda^2 = 2\int_0^1 \frac{dx}{x} l\frac{1+2x\,Cos.\,\lambda + x^2}{(1+x)^2}, \ldots (1714), \quad = 2\int_1^\infty \frac{dx}{x} l\frac{1+2x\,Cos.\,\lambda + x^2}{(1+x)^2} \ldots (1715)$$

9. Méth. 38, N°. 4 on a déduit la formule $-\int I^2\,dp = \int_0^\infty \frac{x^{p-1}\,dx}{1-x}$ pour trouver $I = \int_0^\infty \frac{x^{p-1}\,dx}{1+x} = \frac{\pi}{Sin.\,p\pi}$; il s'ensuit par conséquent: $\int_0^\infty \frac{x^{p-1}\,dx}{1-x} = -\int \frac{\pi^2\,dp}{Sin.^2\,p\pi} = \pi \int d.\,Cot.\,p\pi$.

---

[349] Autrement déduites Méth. 23, N°. 11, Méth. 41, N°. 13. Différentiez-les par rapport à q, alors il est: $\int_0^\infty \frac{dx}{r^2+x^2} \frac{Cos.\,px \pm q}{1 \pm 2q\,Cos.\,px + q^2} = \frac{\pi}{2r} \frac{1}{e^{pr} \pm q},\ (q^2<1), = \frac{\pi}{2r} \frac{1}{e^{-pr} \pm q},\ (q^2>1)$. (T. 221, N°. 11, 12). Page 584.

Afin d'effectuer l'intégration de telle manière, que l'intégrale ne devienne pas infinie, prenons $\frac{1}{2}$ et p pour les limites de p, alors: $\int_0^\infty \frac{x^{p-1}-x^{-\frac{1}{2}}}{1-x}dx = \int_0^\infty \frac{x^p - x^{\frac{1}{2}}}{1-x}\frac{dx}{x} = \int_0^\infty \frac{x^{p-\frac{1}{2}}-1}{1-x}\frac{dx}{\sqrt{x}} =$

$= \pi(Cot.p\pi - Cot.\tfrac{1}{2}\pi) = \pi\, Cot.p\pi$. (T. 28, N°. 24). Changeons-y p en q et prenons la différence des résultats, il vient: $\int_0^\infty \frac{x^{p-1}-x^{q-1}}{1-x}dx = \int_0^\infty \frac{x^p - x^q}{1-x}\frac{dx}{x} = \pi(Cot.p\pi - Cot.q\pi)$. (T. 22, N°. 6).

Prenez-y encore $x = y^r$ et q' et p' au lieu de $(q-p)r$ et pr; alors vous aurez:

$$\int_0^\infty \frac{1-x^q}{1-x^r}x^{p-1}dx = \frac{\pi}{r}\left\{Cot.\frac{p\pi}{r} - Cot.\left(\frac{p+q}{r}\pi\right)\right\} = \frac{\pi\, Sin.\frac{q\pi}{r}}{r\, Sin.\frac{p\pi}{r}.\, Sin.\left(\frac{p+q}{r}\pi\right)} \;\ldots\; (1716)$$

Pour $r = 2p$, cette intégrale devient:

$$\int_0^\infty \frac{x^q - 1}{x^p - x^{-p}}\frac{dx}{x} = \frac{\pi}{2p}Tang.\frac{q\pi}{2p}; \;\ldots\ldots\; (1717)$$

et pour $p = \frac{1}{2}(r-q)$: $\int_0^\infty \frac{x^{\frac{1}{2}q}-x^{-\frac{1}{2}q}}{x^{\frac{1}{2}r}-x^{-\frac{1}{2}r}}\frac{dx}{x} = \frac{2\pi}{r}Tang.\frac{q\pi}{2r}$. (T. 22, N°. 15).

Méth. 38, N°. 6, on trouve encore T. 5, N°. 5, comme son analogue (1514) (Méth. 27, N°. 3); intégrons-les par rapport à p entre les limites 0 et p, alors: $\int_0^1 \frac{dx}{1-x}\frac{-x^{-p}+1-(x^p-1)}{lx} = \int_0^p (d.lp - d.l\,Sin.p\pi) =$

$\int_0^p d.l\frac{p}{Sin.p\pi} = l\frac{p}{Sin.p\pi} - l\frac{1}{\pi}$, et $\int_0^1 \frac{dx}{1+x}\frac{-x^{-p}+1-(x^p-1)}{lx} = -\int_0^p \{d.lp - d.l(2\,Tg.\tfrac{1}{2}p\pi)\} =$

$\int_0^p d.l\frac{2\,Tg.\frac{1}{2}p\pi}{p} = l\frac{2\,Tg.\frac{1}{2}p\pi}{p} - l\pi$, donc: $\int_0^1 \frac{x^p+x^{-p}-2}{1-x}\frac{dx}{lx} = l\frac{Sin.p\pi}{p\pi}$, $\int_0^1 \frac{x^p+x^{-p}-2}{1+x}\frac{dx}{lx} =$

$= l\frac{p\pi}{2\,Tang.\frac{1}{2}p\pi}$. (T. 175, N°. 4, 3).

10. L'intégrale T. 127, N°. 3 (Méth. 9, N°. 22) donne par l'intégration suivant p entre les limites 0 et p: $\int_0^\infty \left\{\frac{e^{-x}}{x}p + \frac{1}{x^2}\int_0^p d.e^{-px}\right\}dx = \int_0^\infty \left[\frac{pe^{-x}}{x} + \frac{e^{-px}-1}{x^2}\right]dx = \int_0^p lp\,dp = plp - p$.

(T. 127, N°. 31). De même l'intégrale T. 133, N°. 3 (Méth. 37, N°. 3) donne entre les limites

1 et p: $\int_0^\infty \left\{e^{-x}\int_1^p dp - \int_1^p \frac{dp}{(1+x)^p}\right\}\frac{dx}{x} = \int_0^\infty \left\{e^{-x}(p-1) + \frac{1}{l(1+x)}\int_1^p d.(1+x)^{-p}\right\}\frac{dx}{x} =$

$$= \int_0^\infty \left\{(p-1)e^{-x} + \frac{(1+x)^{-p}-(1+x)^{-1}}{l(1+x)}\right\}\frac{dx}{x} = \int_1^p Z'(p)dp = l\Gamma(p) - l\Gamma(1) = l\Gamma(p). \text{ (T. 378, N°. 10).}$$

Dans le cas de $p = 2$ elle devient plus simple: $\int_0^\infty \left\{\frac{e^{-x}}{x} - \frac{1}{(1+x)^2\, l(1+x)}\right\} dx = 0$. (T. 378, N°. 9).

Encore la différence de $(p-1)$ fois la dernière d'avec celle qui précède, élimine le terme e^{-x} et l'on trouve: $\int_0^\infty \left\{\frac{p-1}{1+x} + \frac{(1+x)^{1-p}-1}{x}\right\}\frac{dx}{(1+x)\,l(1+x)} = l\Gamma(p)$. (T. 184, N°. 19).

§ 9. MÉTHODE 35. INTÉGRATION RÉITÉRÉE PAR RAPPORT À UNE CONSTANTE.

1. Tout comme la Méthode 33 engendrait parfois un facteur général, son inverse, c'est-à-dire l'intégration a fois répétée, peut avoir le même effet.

2. Intégrons $2a$ fois par rapport à p les intégrales T. 205, N°. 5, 6 (Méth. 18, N°. 8), il vient, sans que nous fassions d'abord attention aux limites:

$$\int_0^\infty \frac{x\,Sin.\,px}{q^2+x^2}\frac{dx}{x^{2a}} = \int_0^\infty \frac{q\,Cos.\,px}{q^2+x^2}\frac{dx}{x^{2a}} = (-1)^a\frac{\pi}{2}\frac{1}{q^{2a}}e^{-pq} + C.$$

Pour déterminer la constante, soit dans la première intégrale p zéro, donc cette intégrale s'annule; sa valeur devient alors $0 = (-1)^a\frac{\pi}{2}\frac{1}{q^{2a}} + C$, d'où résulte la valeur de C; mais alors il faut remplacer dans la seconde intégrale $Cos.\,px$ par $Cos.\,px - 1$, afin qu'elle s'évanouisse de même pour p zéro. Par conséquent:

$$\int_0^\infty \frac{x\,Sin.\,px}{q^2+x^2}\frac{dx}{x^{2a}} = \int_0^\infty \frac{q\,(Cos.\,px-1)}{q^2+x^2}\frac{dx}{x^{2a}} = (-1)^a\frac{\pi}{2}\frac{1}{q^{2a}}(e^{-pq}-1). \text{ (T. 212, N°. 14, 15).}$$

§ 10. MÉTHODE 36. INTÉGRATION PAR PARTIES.

1. Lorsqu'une intégrale définie, dont on connaît la valeur d'une manière quelconque, est de telle forme que la fonction intégrée puisse se diviser en deux facteurs, dont l'un soit la différentielle de quelque fonction connue, on peut y appliquer la méthode d'intégration par parties, pour en déduire un nouveau résultat; c'est-à-dire, on aura dans ce cas l'équation identique:

$$\int_a^b f(x)\,d.\,F(x) = f(x).\,F(x)\Big\}_a^b - \int_a^b F(x)\,d.f(x); \;\ldots\ldots\ldots\ldots \quad (a)$$

où en général la dernière intégrale déduite peut acquérir une forme entièrement différente de la première intégrale, que l'on suppose donnée. Toutefois ce raisonnement vaut seulement dans le cas où le terme déjà intégré est déterminé et fini. Ce terme n'est autre chose que l'évaluation d'une intégrale définie, dont on connaît l'intégrale indéfinie, suivant la Méthode Première; il faut donc observer ici la même chose que là-bas: c'est-à-dire, le produit $f(x).\mathrm{F}(x)$ doit rester continu entre les limites a et b; sinon, il faut calculer la correction nécessaire suivant la Méthode Deuxième. — Ensuite ce produit doit être déterminé pour ces limites elles-mêmes; en effet, il arrive souvent qu'il se présente sous une forme indéterminée, mais alors il faut employer les règles usuelles pour se convaincre que la valeur en est vraiment indéterminée, ou qu'elle se laisse déterminer. — Et c'est là ce qu'il faut toujours considérer en troisième lieu, car si ce terme était indéterminé, la seconde intégrale serait indéterminée par conséquent. Mais lorsqu'il a été satisfait à toutes ces conditions, c'est-à-dire, lorsque le produit $f(x).\mathrm{F}(x)$ reste continu, fini, déterminé entre les limites a et b (incluses), l'équation (a) est certainement d'un usage intéressant dans la recherche d'intégrales définies. [350].

2. Nous allons prendre successivement les fonctions x, x^a, $l(a+bx)$, $Sin.x$, etc., $Arcsin.x$, $Arctg.x$, $l\,Tg.\left(\frac{\pi}{4}\pm x\right)$ etc., pour $\mathrm{F}(x)$, et nous commencerons par la supposition $\mathrm{F}(x)=x$.

Or, toutes les intégrales définies sont dans ce cas, puisqu'on n'a qu'à séparer le dx; mais dans les exemples suivants nous ferons seulement usage de celles, qui fournissent un résultat simple et nouveau. Ainsi l'on a (106) (Méth. 1, N°. 14) $=\left.\frac{x}{1\pm 2r\,Cos.x+r^2}\right\}_0^{\frac{\pi}{2}}-\int_0^{\frac{\pi}{2}}x\frac{\pm 2r\,Sin.x\,dx}{(1\pm 2r\,Cos\,x+r^2)^2}$, donc:

$$\int_0^{\frac{\pi}{2}}\frac{x\,Sin.x\,dx}{(1\pm 2r\,Cos.x+r^2)^2}=\pm\frac{1}{r}\left\{\frac{\pi}{4(1+r^2)}-\frac{1}{1-r^2}Arctg.\frac{1\mp r}{1\pm r}\right\};\quad\ldots\ldots\ (1718)$$

(109) et (110) (Méth. 1, N°. 15) $=\left.\frac{x}{(p+q\,Cos.x)^2}\right\}_0^{\frac{\pi}{2}}-\int_0^{\frac{\pi}{2}}x\frac{2q\,Sin.x\,dx}{(p+q\,Cos.x)^3}$, donc: $\int_0^{\frac{\pi}{2}}\frac{x\,Sin.x\,dx}{(p+q\,Cos.x)^3}=$

$$=\frac{\pi}{4p^2q}+\frac{1}{p^2-q^2}\left\{\frac{1}{2p}-\frac{p}{2q\sqrt{(p^2-q^2)}}Arccos.\frac{q}{p}\right\},\ (p^2>q^2),\ \ldots\ldots\ (1719)$$

$$=\frac{\pi}{4p^2q}-\frac{1}{q^2-p^2}\left\{\frac{1}{2p}+\frac{p}{2q\sqrt{(q^2-p^2)}}\,l\frac{q+\sqrt{(q^2-p^2)}}{p}\right\},\ (p^2<q^2);\ .\ (1720)$$

(111) et (112) (Méth. 1, N°. 15) $=\left.\frac{x}{(p+q\,Cos.x)^2}\right\}_0^{\pi}-\int_0^{\pi}x\frac{2q\,Sin.x\,dx}{(p+q\,Cos.x)^3}$, donc: $\int_0^{\pi}\frac{x\,Sin.x\,dx}{(p+q\,Cos.x)^3}=$

$$=\frac{\pi}{2q(q-p)^2},\ (p^2<q^2),\ (1721),\ =\frac{\pi}{2q(p-q)^2}\left\{1-p\sqrt{\frac{p-q}{(p+q)^3}}\right\},\ (p^2>q^2);\ .\ .\ (1722)$$

---

[350] J'ai fait usage de cette méthode sous ce point de vue dans un Mémoire admis dans les Verhandel. der Kon. Akademie van Wetenschappen te Amsterdam. Deel 2.

(132) (Méth. 1, N°. 17) $= \frac{x}{1+p^2\,Tg.^2 x}\Big\}_0^\pi - \int_0^\pi x \frac{-p^2\, 2\,Tg.x.Sec.^2 x\,dx}{(1+p^2\,Tang.^2 x)^2}$, donc: $\int_0^\pi \frac{x\,Sin.\,2\,x\,dx}{(Cos.^2 x+p^2\,Sin.^2 x)^2} =$

$= \frac{-\pi}{p(1+p)}$, (T. 247, N°. 23); (263) (Méth. 3, N°. 12) $= x\sqrt{(1-p^2\,Cos.^2 x)}\Big\}_0^{\frac{\pi}{2}} -$

$- \int_0^{\frac{\pi}{2}} x \frac{p^2\,Sin.\,2x\,dx}{2\sqrt{(1-p^2\,Cos.^2 x)}}$, donc: $\int_0^{\frac{\pi}{2}} \frac{x\,Sin.\,2x\,dx}{\sqrt{(1-p^2\,Cos.^2 x)}} = \frac{1}{p^2}\{\pi - 2\,E'(p)\}$, (T. 243, N°. 2);

(266) (Méth. 3, N°. 12) $= x\sqrt{(1-p^2\,Cos.^2 x)^3}\Big\}_0^{\frac{\pi}{2}} - \int_0^{\frac{\pi}{2}} x.\frac{3}{2}p^2\,Sin.\,2x\,dx\sqrt{(1-p^2\,Cos.^2 x)}$, donc:

$$\int_0^{\frac{\pi}{2}} x\,Sin.\,2x\,dx\sqrt{(1-p^2\,Cos.^2 x)} = \frac{\pi}{3p^2} - \frac{2-p^2}{9p^2}4\,E'(p) + \frac{1-p^2}{9p^2}2\,F'(p); \quad \ldots\ldots \quad (1723)$$

(267) (Méth. 3, N°. 12) $= \frac{x}{\sqrt{(1-p^2\,Cos.^2 x)}}\Big\}_0^{\frac{\pi}{2}} - \int_0^{\frac{\pi}{2}} x.\frac{-\frac{1}{2}p^2\,Sin.\,2x\,dx}{\sqrt{(1-p^2\,Cos.^2 x)^3}}$, donc: $\int_0^{\frac{\pi}{2}} \frac{x\,Sin.\,2x\,dx}{\sqrt{(1-p^2\,Cos.^2 x)^3}} =$

$$= \frac{1}{p^2}\{2\,F'(p) - \pi\}; \quad \ldots\ldots \quad (1724)$$

(393) (Méth. 7, N°. 14) $= \frac{x}{\sqrt{(1+Cos.^2 x)}}\Big\}_0^{\frac{\pi}{2}} - \int_0^{\frac{\pi}{2}} x \frac{\frac{1}{2}\,Sin.\,2x\,dx}{\sqrt{(1+Cos.^2 x)^3}}$, donc: $\int_0^{\frac{\pi}{2}} \frac{x\,Sin.\,2x\,dx}{\sqrt{(1+Cos.^2 x)^3}} =$

$= \pi - \sqrt{2}.F'\left(Sin.\frac{\pi}{4}\right)$, (T. 243, N°. 7); (428) (Méth. 7, N°. 30) $= \frac{x}{\sqrt{(1-2p\,Cos.x+p^2)}}\Big\}_0^\pi -$

$- \int_0^\pi x \frac{-\frac{1}{2}\,2p\,Sin.\,x\,dx}{\sqrt{(1-2p\,Cos.x+p^2)^3}}$, donc: $\int_0^\pi \frac{x\,Sin.\,x\,dx}{\sqrt{(1-2p\,Cos.\,x+p^2)}} = \frac{1}{p}\left\{2\,F'(p) - \frac{\pi}{1+p}\right\}$; . (1725)

(429) (Méth. 7, N°. 30) $= \frac{x}{\sqrt{(1-p^2\,Sin.^2 x)}}\Big\}_0^\pi - \int_0^\pi x \frac{\frac{1}{2}p^2\,Sin.\,2x\,dx}{\sqrt{(1-p^2\,Sin.^2 x)^3}}$, donc: $\int_0^\pi \frac{x\,Sin.\,2x\,dx}{\sqrt{(1-p^2\,Sin.^2 x)^3}} =$

$$= \frac{2}{p^2}\{\pi - 2\,F'(p)\}; \quad \ldots\ldots \quad (1726)$$

(468) (Méth. 9, N°. 12) $= \frac{x}{\sqrt{(1-p^2\,Cos.^2 x)^3}}\Big\}_0^{\frac{\pi}{2}} - \int_0^{\frac{\pi}{2}} x \frac{-\frac{3}{2}p^2\,Sin.\,2x\,dx}{\sqrt{(1-p^2\,Cos.^2 x)^5}}$, donc: $\int_0^{\frac{\pi}{2}} \frac{x\,Sin.\,2x\,dx}{\sqrt{(1-p^2\,Cos.^2 x)^5}} =$

$$= \frac{1}{3p^2}\left\{\frac{2}{1-p^2}\,E'(p) - \pi\right\}; \quad \ldots\ldots \quad (1727)$$

T. 353, N°. 9 (Méth. 10, N°. 11) $= xl(1\pm p\, Cos.\, x)\Big\}_0^{\pi} - \int_0^{\pi} x\frac{\mp p\, Sin.\, x\, dx}{1\pm p\, Cos.\, x}$, donc: $\int_0^{\pi}\frac{x\, Sin.\, x\, dx}{1\pm p\, Cos.\, x} =$

$= \pm\frac{\pi}{p} l\frac{1+\sqrt{(1-p^2)}}{2(1\mp p)}$, $(p^2<1)$, (T. 245, N°. 7, et T. 246, N°. 11); T. 353, N°. 11 et 12 (Méth. 10, N°. 11) $= xl(p\pm Cos.\, x)^2\Big\}_0^{\pi} - 2\int_0^{\pi} x\frac{\mp Sin.\, x dx}{p\pm Cos.\, x}$, donc: $\int_0^{\pi}\frac{x Sin.\, x dx}{p\pm Cos.\, x} = \pm\pi l\frac{p+\sqrt{(p^2-1)}}{2(p\mp 1)}$, $(p^2>1)$, (T. 245, N°. 5 et T. 246, N°. 7), $= \mp\frac{\pi}{2} l\{4(1\mp p)^2\}$, $(p^2\leqq 1)$, (T. 245, N°. 4 et T. 246, N°. 6);

(554) (Méth. 10, N°. 12) $= xl(1+q\, Sin.^2 x)\Big\}_0^{\frac{\pi}{2}} - \int_0^{\frac{\pi}{2}} x\frac{q Sin.\, 2x dx}{1+q Sin.^2 x}$, donc: $\int_0^{\frac{\pi}{2}}\frac{x\, Sin.\, 2x dx}{1+q Sin.^2 x} = \frac{\pi}{q} l\frac{2\sqrt{(1+q)}}{1+\sqrt{(1+q)}}$; . (1728)

T. 334, N°. 8 (Méth. 10, N°. 12) $= xl(1+q\, Cos.^2 x)\Big\}_0^{\frac{\pi}{2}} - \int_0^{\frac{\pi}{2}} x\frac{-q\, Sin.\, 2x\, dx}{1+q\, Cos.^2 x}$, donc: $\int_0^{\frac{\pi}{2}}\frac{x\, Sin.\, 2x\, dx}{1+q\, Cos.^2 dx} =$

$= \frac{\pi}{q} l\frac{1+\sqrt{(1+q)}}{2}$, (T. 240, N°. 14); (1593) (Méth. 28, N°. 5) $= \frac{x}{s+Sin.\, x}\Big\}_0^{\frac{\pi}{2}} - \int_0^{\frac{\pi}{2}} x\frac{-Cos.\, x dx}{(s+Sin.\, x)^2}$, donc:

$\int_0^{\frac{\pi}{2}}\frac{x\, Cos.\, x dx}{(s+Sin.\, x)^2} = \frac{1}{\sqrt{(1-s^2)}} l\frac{1+\sqrt{(1-s^2)}}{s} - \frac{\pi}{2(1+s)}$, $(s^2<1)$, . (1729), $= \frac{1}{\sqrt{(s^2-1)}} Arccos.\frac{1}{s} - \frac{\pi}{2(1+s)}$, $(s^2>1)$; (1730)

(1613) et (1614) (Méth. 28, N°. 7) $= \frac{x}{\sqrt{\{Sin.\, x.(Cos.\, x\pm p Sin.\, x)\}}}\Big\}_0^{\frac{\pi}{4}} - \int_0^{\frac{\pi}{4}} x\frac{-\frac{1}{2}(Cos.\, 2x\pm p\, Sin.\, 2x)}{Sin\, x.\sqrt{\{Sin.\, x.(Cos.\, x\pm p Sin.\, x)^3\}}}dx$, donc:

$$\int_0^{\frac{\pi}{4}}\frac{Cos.\, 2x+p\, Sin.\, 2x}{\sqrt{(Cos.\, x+p\, Sin.\, x)^3}}\,\frac{x dx}{Sin.\, x.\sqrt{Sin.\, x}} = \frac{4}{\sqrt{p}} l\{\sqrt{p}+\sqrt{(1+p)}\} - \frac{\pi}{\sqrt{\{2(1+p)\}}}, \quad . (1731)$$

$$\int_0^{\frac{\pi}{4}}\frac{Cos.\, 2x-p\, Sin.\, 2x}{\sqrt{(Cos.\, x-p\, Sin.\, x)^3}}\,\frac{x\, dx}{Sin.\, x.\sqrt{Sin.\, x}} = \frac{4}{\sqrt{p}} Arcsin.(\sqrt{p}) - \frac{\pi}{\sqrt{\{2(1-p)\}}} \quad \ldots\ldots (1732)$$

3. Soit $F(x) = x^2$, alors T. 238, N°. 3 (Méth. 37 N°. 14) $=$

$= \frac{1}{2}\int_0^{\frac{\pi}{2}} Cot.\, x\, d.\, x^2 = \frac{1}{2}x^2\, Cot.\, x\Big\}_0^{\frac{\pi}{2}} - \frac{1}{2}\int_0^{\frac{\pi}{2}} x^2\frac{dx}{Sin.^2 x}$, donc: $\int_0^{\frac{\pi}{2}}\frac{x^2\, dx}{Sin.^2\, x} = \pi l 2$. (T. 239, N°. 8). [351].

---

[351] Pour $Cot.\, x = y$ elle donne: $\int_1^{\infty}(Arccot.\, x)^2\, dx = \pi l 2$, (T. 109, N°. 4), dont une autre

Page 589.

Soit plus généralement $F(x) = x^n$, alors T. 117, N°. 23 (Méth. 30, N°. 3) $= \frac{1}{2n+2} \frac{x^{2n+2}}{e^{2\pi x}-1}\Big\}_0^\infty -$
$- \frac{1}{2n+2}\int_0^\infty x^{2n+2}\frac{-2\pi e^{2\pi x}\,dx}{(e^{2\pi x}-1)^2}$, donc: $\int_0^\infty \frac{x^{2n}\,dx}{(e^{\pi x}-e^{-\pi x})^2} = \frac{1}{4\pi}B_{2n-1}$, (T. 119, N°. 10);

T. 117, N°. 21 (Méth. 30, N°. 4) $= \frac{1}{2n+2}\frac{x^{2n+2}}{e^{\pi x}+1}\Big\}_0^\infty - \frac{1}{2n+2}\int_0^\infty x^{2n+2}\frac{-\pi e^{\pi x}\,dx}{(e^{\pi x}+1)^2}$, donc pour $x = 2y$:
$\int_0^\infty \frac{x^{2n}\,dx}{(e^{\pi x}+e^{-\pi x})^2} = \frac{2^{2n-1}-1}{\pi\, 2^{2n+1}}B_{2n-1}$. (T. 119, N°. 9).

4. Soit $F(x) = l(a+bx^n)$, où a peut être nul; alors (7) (Méth. 1, N°. 4) $= \frac{l(x+q)}{p^2+x^2}\Big\}_0^\infty -$
$-\int_0^\infty l(q+x)\frac{-2x\,dx}{(p^2+x^2)^2}$, donc: $\int_0^\infty l(q+x)\frac{x dx}{(p^2+x^2)^2} = \frac{q}{p^2+q^2}\frac{\pi}{4p} + \frac{1}{p^2+q^2}\frac{1}{2}lp + \frac{1}{2p^2}\frac{q^2}{p^2+q^2}lq$. (17

(8) (Méth. 1, N°. 4) $= \frac{1}{2}\frac{l(p^2+x^2)}{q+x}\Big\}_0^\infty - \frac{1}{2}\int_0^\infty l(p^2+x)^2\frac{-dx}{(q+x)^2}$, donc: $\int_0^\infty l(p^2+x^2)\frac{dx}{(q+x)^2} =$
$= \frac{1}{p^2+q^2}\left\{p\pi + 2q\,lq + \frac{2p^2}{q}lp\right\}$; . . . . (1734)
(pour $q = 1$ ces deux intégrales se trouvent T. 182, N. 8, 15); (49) (Méth. 1, N°. 8) $= \frac{lx}{1+x^2}\Big\}_1^\infty - \int_1^\infty lx\frac{-2x\,dx}{(1+x^2)^2}$, donc: $\int_1^\infty lx\frac{xdx}{(1+x^2)^2} = \frac{1}{4}l2$, (T. 187, N°. 4); [352]. (50) (Méth. 1,

N°. 8) $= \frac{lx}{1+x}\Big\}_p^\infty - \int_p^\infty lx\frac{-dx}{(1+x)^2}$, donc: $\int_p^\infty \frac{lx\,dx}{(1+x)^2} = l\frac{1+p}{p} + \frac{1}{1+p}lp$; . . . . (1735)

ou $= \frac{l(1+x)}{x}\Big\}_p^\infty - \int_p^\infty l(1+x)\frac{-dx}{x^2}$, donc: $\int_p^\infty l(1+x)\frac{dx}{x^2} = l\frac{1+p}{p} + \frac{1}{p}l(1+p)$, (T. 189, N°. 10);

---

déduction Méth. 37, N°. 7; et pour $Tang.\,x = y$ encore: $\int_0^\infty (Arctg.\,x)^2\frac{dx}{x^2} = \pi\, l2$. (T. 264, N°. 4).

[352] Supposez-y $x = \frac{1}{y}$, alors: $\int_0^1 lx\frac{x\,dx}{(1+x^2)^2} = -\frac{1}{4}l2$, (T. 153, N°. 15), qui pour $x^2 = y$ devient: $\int_0^1 lx\frac{dx}{(1+x)^2} = -l2$. (T. 153, N°. 14).

Page 590.

(207) (Méth. 2, N°. 6) $= -\frac{\frac{1}{2}l(q-x)^2}{p^2+x^2}\Big\}_0^\infty + \frac{1}{2}\int_0^\infty l(q-x)^2 \frac{-2x\,dx}{(p^2+x^2)^2}$, donc: $\int_0^\infty l(q-x)^2 \frac{x\,dx}{(p^2+x^2)^2} =$

$$= \frac{-q}{p^2+q^2}\frac{\pi}{2p} + \frac{1}{p^2+q^2}lp + \frac{1}{p^2}\frac{q^2}{p^2+q^2}lq; \dots\dots\dots (1736)$$

(208) (Méth. 2, N°. 6) $= \frac{1}{2}\frac{l(p^2+x^2)}{q-x}\Big\}_0^\infty - \frac{1}{2}\int_0^\infty l(p^2+x^2)\frac{dx}{(q-x)^2}$, donc: $\int_0^\infty l(p^2+x^2)\frac{dx}{(q-x)^2} =$

$$= \frac{1}{p^2+q^2}\left\{p\pi - 2q\,lq - \frac{2p^2}{q}lp\right\}, \dots\dots\dots (1737)$$

(pour $q=1$ ces deux dernières formules se trouvent T. 182, N°. 9, 16); T. 129, N°. 3 (Méth. 7, N°. 12) $= e^{-px}l(x+q)\Big\}_0^\infty - \int_0^\infty l(x+q)(-pe^{-px}dx)$, donc: $\int_0^\infty e^{-px}l(x+q)\,dx = \frac{1}{p}\{lq - e^{pq}Ei.(-pq)\}$,

(T.273, N°.5); T.129, N°.9 (Méth.7, N°.12) $= -\frac{1}{2}e^{-px}l(x-q)^2\Big\}_0^\infty + \frac{1}{2}\int_0^\infty l(x-q)^2(-pe^{-px}dx)$, donc:

$\int_0^\infty e^{-px}l(x-q)^2\,dx = \frac{2}{p}\{lq - e^{-pq}Ei.(pq)\}$, (T. 273, N°. 6); T. 130, N°. 12 (Méth. 7, N°.12) $= -\frac{1}{4}e^{-px}l(x^2-q^2)^2\Big\}_0^\infty + \frac{1}{4}\int_0^\infty l(x^2-q^2)^2(-pe^{-px}dx)$, donc: $\int_0^\infty e^{-px}l(x^2-q^2)^2\,dx =$

$= \frac{2}{p}\{2\,lq - e^{pq}Ei.(-pq) - e^{-pq}Ei.(pq)\}$, (T. 273, N°. 7); (403) (Méth. 7, N°. 20)

$= \frac{Tang.\,x}{2(q^2-p^2)}l(p^2\,Cos.^2x + q^2\,Sin.^2x)\Big\}_0^{\frac{\pi}{2}} - \frac{1}{2(q^2-p^2)}\int_0^{\frac{\pi}{2}} l(p^2\,Cos.^2x + q^2\,Sin.^2x)\frac{dx}{Cos.^2x}$, donc:

$$\int_0^{\frac{\pi}{2}} l(p^2\,Cos.^2x + q^2\,Sin.^2x)\frac{dx}{Cos.^2x} = \infty; \dots\dots\dots (1738)$$

(505) (Méth.9, N°.23) $= \frac{l(1+x)}{ax+b}\Big\}_0^\infty - \int_0^\infty l(1+x)\frac{-a\,dx}{(ax+b)^2}$, donc: $\int_0^\infty l(1+x)\frac{dx}{(ax+b)^2} = \frac{1}{a(a-b)}l\frac{a}{b}$; . (1739)

ou $= \frac{1}{a}\frac{l(ax+b)}{1+x}\Big\}_0^\infty - \frac{1}{a}\int_0^\infty l(ax+b)\frac{-dx}{(1+x)^2}$, donc: $\int_0^\infty l(ax+b)\frac{dx}{(1+x)^2} = \frac{1}{a-b}(ala - blb)$; . (1740)

(1227) (Méth. 19, N°. 1) $= \frac{1}{2}\frac{l(q^2+x^2)}{1+px}\Big\}_0^1 - \frac{1}{2}\int_0^1 l(q^2+x^2)\frac{-pdx}{(1+px)^2}$, donc: $\int_0^1 l(q^2+x^2)\frac{dx}{(1+px)^2} =$

$= \frac{2q}{1+p^2q^2} Arccot.q + \frac{1}{p+1}\frac{p-1}{}lq + \frac{1-pq^2}{(1+p)(1+p^2q^2)} l\frac{1+q^2}{q^2} - \frac{1}{p}\frac{2}{1+p^2q^2} l(1+p)$;. (1741)

(pour $q = 1$ c'est T. 160, N°. 8); T. 130, N°. 5 (Méth. 25, N°. 4) $= \frac{1}{2}e^{-px} l(x^2+q^2)\Big\}_0^\infty -$

$-\frac{1}{2}\int_0^\infty l(x^2+q^2)(-pe^{-px}dx)$, donc: $\int_0^\infty e^{-px} l(x^2+q^2)dx = \frac{1}{p}\{2lq - 2Ci.(pq).Cos.pq - 2Si.(pq).Sin.pq + \pi Sin.pq\}$,

(T. 273, N°. 8); T. 3, N°. 2 (Méth. 33, N°. 8) $= x^p l(1+x)\Big\}_0^1 - \int_0^1 l\,(1+x)\,p x^{p-1}\,dx$,

donc: $\int_0^1 x^{p-1} l(1+x)\,dx = \frac{1}{p}\left\{l2 - \sum_0^\infty \frac{(-1)^n}{p+n+1}\right\}$, (T. 151, N°. 11), [353]; T. 157, N°. 5 et 6

(Méth. 33, N°. 8) $= \pm (lx)^{2a-1} l(1\pm x)\Big\}_0^1 \mp \int_0^1 l(1\pm x)(2a-1)(lx)^{2a-2}\frac{dx}{x}$, donc (quand

on prend $a+1$ pour a): $\int_0^1 (lx)^{2a} l(1+x)\frac{dx}{x} = \frac{2^{2a+1}-1}{(2a+1)(2a+2)}\pi^{2a+2} B_{2a+1}$, $\int_0^1 (lx)^{2a} l(1-x)\frac{dx}{x} =$

$= \frac{-2^{2a}}{(a+1)(2a+1)}\pi^{2a+2} B_{2a+1}$, (T. 161, N°. 9, 10); T. 112, N°. 2 (Méth. 1, N°. 11) $=$

$= e^{-x^2}x^2\,lx\Big\}_0^1 - \int_0^1 lx\,\{-2xe^{-x^2}x^2 + e^{-x^2}2x\}\,dx$, donc: $\int_0^1 e^{-x^2} lx\,(1-x^2)\,x\,dx = \frac{1-e}{4e}$.

(T. 376, N°. 3). [354].

---

[353] Par la snbstitution de $x = y^2$, $2p = q$, on obtient:

$$\int_0^1 x^{q-1}\, l(1+x^2)\,dx = \frac{1}{2q}\left\{2\,l2 + \sum_0^\infty \frac{(-1)^n}{q+2n+2}\right\} \quad \ldots\ldots\ldots (1742)$$

[354] Pour $x^2 = y$ il est: $\int_0^1 e^{-x} lx.(1-x)\,dx = \frac{1-e}{e}$, (T. 376, N°. 1), qui devient pour

$x = 1-y$: $\int_0^1 e^{x-1} l(1-x).\,x\,dx = \frac{1-e}{e}$, (T. 376, N°. 5); et celle-ci encore pour $x^2 = y$:

$\int_0^1 e^{\sqrt{x}-1} l(1-\sqrt{x})\,dx = 2\frac{1-e}{e}$. (T. 277, N°. 10).

Page 592.

5. Soit $F(x) = Arcsin.\frac{x}{r}$, ou $F(x) = Arccos.\frac{x}{r}$. Alors (28) et (29) (Méth.1, N°.7)$=\frac{Arcsin.x}{x+s}\Big\}_0^1 -$

$-\int_0^1 Arcsin.x \frac{-dx}{(x+s)^2}$, donc: $\int_0^1 Arcsin.x \frac{dx}{(x+s)^2} = \frac{-\pi}{2(1+s)} + \frac{1}{\sqrt{(1-s^2)}} l \frac{1+\sqrt{(1-s^2)}}{s}, (s^2 < 1)$, (1743)

$$= \frac{-\pi}{2(1+s)} + \frac{1}{\sqrt{(s^2-1)}} Arcsin.\frac{\sqrt{(s^2-1)}}{s}, \quad (s^2 > 1); \quad \ldots \ldots \quad (1744)$$

ou $= \frac{-Arccos.x}{x+s}\Big\}_0^1 + \int_0^1 Arccos.x \frac{-dx}{(x+s)^2}$, donc: $\int_0^1 Arccos.x \frac{dx}{(x+s)^2} =$

$= \frac{\pi}{2s} + \frac{1}{\sqrt{(1-s^2)}} l \frac{s}{1+\sqrt{(1-s^2)}}, (s^2 < 1)$, (1745), $= \frac{\pi}{2s} - \frac{1}{\sqrt{(s^2-1)}} Arcsin.\frac{\sqrt{(s^2-1)}}{s}, (s^2 > 1)$; . (1746)

(398) (Méth. 7, N°. 18) $= \frac{Arcsin.x}{1+q^2x^2}\Big\}_0^1 - \int_0^1 Arcsin.x \frac{-2q^2x\,dx}{(1+q^2x^2)^2}$, donc:

$$\int_0^1 Arcsin.x \frac{x\,dx}{(1+q^2x^2)^2} = \frac{\pi}{4q^2} \frac{\sqrt{(1+q^2)}-1}{1+q^2}; \quad \ldots \ldots \quad (1747)$$

ou $= \frac{-Arccos.x}{1+q^2x^2}\Big\}_0^1 + \int_0^1 Arccos.x \frac{-2q^2x\,dx}{(1+q^2x^2)^2}$, donc: $\int_0^1 Arccos.x \frac{x\,dx}{(1+q^2x^2)^2} = \frac{\pi}{4q^2} \frac{\sqrt{(1+q^2)}-1}{\sqrt{(1+q^2)}}$; . (1748)

(402) (Méth. 7, N°. 20) $= \frac{Arcsin.x}{\sqrt{(1-p^2+p^2x^2)}}\Big\}_0^1 - \int_0^1 Arcsin.x \frac{-p^2x\,dx}{\sqrt{(1-p^2+p^2x^2)^3}}$, donc:

$$\int_0^1 Arcsin.x \frac{x\,dx}{\sqrt{(1-p^2+p^2x^2)^3}} = \frac{1}{p^2}\left\{F'(p) - \frac{\pi}{2}\right\}; \quad \ldots \ldots \quad (1749)$$

ou $= \frac{-Arccos.x}{\sqrt{(1-p^2+p^2x^2)}}\Big\}_0^1 + \int_0^1 Arccos.x \frac{-p^2x\,dx}{\sqrt{(1-p^2+p^2x^2)^3}}$, donc:

$$\int_0^1 Arccos.x \frac{x\,dx}{\sqrt{(1-p^2+p^2x^2)^3}} = \frac{1}{p^2}\left\{\frac{\pi}{2\sqrt{(1-p^2)}} - F'(p)\right\}; \quad . \quad (1750)$$

(471) (Méth. 9, N°. 13) $= \frac{Arcsin.x}{\sqrt{(p+qx)}}\Big\}_0^1 - \int_0^1 Arcsin.x \frac{-q\,dx}{2\sqrt{(p+qx)^3}}$, donc:

$$\int_0^1 Arcsin.x \frac{dx}{\sqrt{(p+qx)^3}} = \frac{1}{q\sqrt{(p+q)}}\left\{4\,F\left(\frac{\pi}{4}, \sqrt{\frac{2q}{p+q}}\right) - \pi\right\}; . (1751)$$

ou $= \frac{-Arccos.\, x}{\sqrt{(p+qx)}}\Big\}_0^1 + \int_0^1 Arccos\; x \frac{-q\,dx}{2\sqrt{(p+qx)^3}}$, donc:

$$\int_0^{1} Arccos.\, x \frac{dx}{\sqrt{(p+qx)^3}} = \frac{1}{q}\left\{\frac{\pi}{\sqrt{p}} - \frac{4}{\sqrt{(p+q)}} F\left(\frac{\pi}{4}, \sqrt{\frac{2q}{p+q}}\right)\right\}; \;\ldots\; (1752)$$

(473) (Méth. 9, N°. 13) $= \frac{Arcsin.\, x}{\sqrt{(p-qx)}}\Big\}_0^1 - \int_0^1 Arcsin.\, x \frac{q\,dx}{2\sqrt{(p-qx)^3}}$, donc:

$$\int_0^1 Arcsin.\, x \frac{dx}{\sqrt{(p-qx)^3}} = \frac{1}{q}\left[\frac{\pi}{\sqrt{(p-q)}} - \frac{4}{\sqrt{(p+q)}}\left\{F'\left(\sqrt{\frac{2q}{p+q}}\right) - F\left(\frac{\pi}{4}, \sqrt{\frac{2q}{p+q}}\right)\right\}\right]; \ldots (1753)$$

ou $= \frac{-Arccos.\, x}{\sqrt{(p-qx)}}\Big\}_0^1 + \int_0^1 Arccos.\, x \frac{q\,dx}{2\sqrt{(p-qx)^3}}$, donc: $\int_0^1 Arccos.\, x \frac{dx}{\sqrt{(p-qx)^3}} =$

$$= \frac{1}{q}\left[\frac{-\pi}{\sqrt{p}} + \frac{4}{\sqrt{(p+q)}}\left\{F'\left(\sqrt{\frac{2q}{p+q}}\right) - F\left(\frac{\pi}{4}, \sqrt{\frac{2q}{p+q}}\right)\right\}\right],\; (p>q); \;\ldots (1754)$$

T. 165, N°. 6 (Méth. 10, N°. 12) $= l(1+qx^2).\, Arcsin.\, x\Big\}_0^1 - \int_0^1 Arcsin.\, x \frac{2qx\,dx}{1+qx^2}$, donc:

$\int_0^1 Arcsin.\, x \frac{x dx}{1+qx^2} = \frac{\pi}{2q} l \frac{2\sqrt{(1+q)}}{1+\sqrt{(1+q)}}$, (T. 258, N°. 2); ou $= -l(1+qx^2).\, Arccos.\, x\Big\}_0^1 +$

$+ \int_0^1 Arccos.\, x \frac{2qx\,dx}{1+qx^2}$, donc: $\int_0^1 Arccos.\, x \frac{x dx}{1+qx^2} = \frac{\pi}{2q} l \frac{1+\sqrt{(1+q)}}{2}$, (T. 258, N°. 17);

T. 163, N°. 2 (Méth. 28, N°. 8) $= Arcsin.\, x.\, lx\Big\}_0^1 - \int_0^1 Arcsin.\, x \frac{dx}{x}$, donc: $\int_0^1 Arcsin.\, x \frac{dx}{x} =$

$= \frac{1}{2}\pi\, l2$, (T. 257, N°. 1); (1651) (Méth. 28, N°. 9) $= l(1\pm px)^2.\, Arcsin.\, x\Big\}_{-1}^1 - \int_{-1}^1 Arcsin.\, x \frac{\pm 2p dx}{1\pm px}$,

donc: $\int_{-1}^1 Arcsin.\, x \frac{dx}{1\pm px} = \pm\frac{\pi}{2p}\left\{l(1-p^2) + 2\,l\frac{2}{1+\sqrt{(1-p^2)}}\right\}$, $(p^2<1)$, . . (1755), $=$

$$= \pm\frac{\pi}{2p}\{l(p^2-1) + 2l\,2p\},\; (p^2>1); \;\ldots\ldots\ldots\ldots (1756)$$

ou $= -l(1\pm px)^2.\, Arccos.\, x\Big\}_{-1}^1 + \int_{-1}^1 Arccos.\, x \frac{\pm 2p dx}{1\pm px}$, donc: $\int_{-1}^1 Arccos.\, x \frac{dx}{1\pm px} =$

$$= \pm\frac{\pi}{p} l \frac{1+\sqrt{(1-p^2)}}{2(1\mp p)},\; (p^2<1), \;\ldots (1757),\; = \pm\frac{\pi}{p} l\{2p(p\mp 1)\},\; (p^2>1). \;\ldots (1758)$$

Page 594.

6. Soit $F(x) = Arctg.\frac{x}{r}$, ou $F(x) = Arccot.\frac{x}{r}$. Alors (7) (Méth. 1, N°. 4) $= \frac{1}{p}\frac{Arctg.\left(\frac{x}{p}\right)}{q+x}\Big\}_0^\infty -$

$$- \frac{1}{p}\int_0^\infty Arctg.\frac{x}{p}\frac{-dx}{(q+x)^2}, \text{ donc: } \int_0^\infty Arctg.\frac{x}{p}\frac{dx}{(q+x)^2} = \frac{1}{p^2+q^2}\left(\frac{1}{2}q\pi + pl\frac{p}{q}\right); \;.\;. (1759)$$

$$\text{ou} = -\frac{1}{p}\frac{Arccot.\frac{x}{p}}{q+x}\Big\}_0^\infty + \frac{1}{p}\int_0^\infty Arccot.\frac{x}{p}\frac{-dx}{(q+x)^2}, \text{donc:} \int_0^\infty Arccot.\frac{x}{p}\frac{dx}{(q+x)^2} = \frac{p}{p^2+q^2}\left(\frac{p\pi}{2q} - l\frac{p}{q}\right); (1760)$$

(pour $q = 1$ ces intégrales deviennent T. 265, N°. 5, 17); (49) (Méth. 1, N°. 8) $= \frac{Arctg.x}{x}\Big\}_1^\infty -$

$$- \int_1^\infty Arctg.x\frac{-dx}{x^2}, \text{ donc: } \int_1^\infty Arctg.x\frac{dx}{x^2} = \frac{1}{2}l2 + \frac{\pi}{4}; \;.\;.\;.\;.\;.\;.\;.\;.\;. (1761)$$

ou $= \frac{-Arccot.x}{x}\Big\}_1^\infty + \int_1^\infty Arccot\, x\frac{-dx}{x^2}$, donc: $\int_1^\infty Arccot.x\frac{dx}{x^2} = -\frac{1}{2}l2 + \frac{\pi}{4}$, (T. 270, N°. 5), [355]; (207) (Méth. 2, N°. 6) $= \frac{1}{p}\frac{Arctg.\frac{x}{p}}{q-x}\Big\}_0^\infty - \frac{1}{p}\int_0^\infty Arctg.\frac{x}{p}\frac{dx}{(q-x)^2}$, donc:

$$\int_0^\infty Arctg.\frac{x}{p}\frac{dx}{(q-x)^2} = \frac{1}{p^2+q^2}\left(-\frac{1}{2}q\pi + pl\frac{p}{q}\right); \;.\;.\;.\;.\;.\;.\;.\;.\;. (1762)$$

$$\text{ou} = -\frac{1}{p}\frac{Arccot.\frac{x}{p}}{q-x}\Big\}_0^\infty + \frac{1}{p}\int_0^\infty Arccot.\frac{x}{p}\frac{dx}{(q-x)^2}, \text{donc:} \int_0^\infty Arccot.\frac{x}{p}\frac{dx}{(q-x)^2} = \frac{-p}{p^2+q^2}\left(\frac{p\pi}{2q} + l\frac{p}{q}\right); . (1763)$$

(pour q l'unité ces deux dernières se trouvent T. 267, N°. 6, 16); (303) (Méth. 5, N°. 5), pour $q = 1$, $= -\frac{1}{p}l(1+x^2).Arccot.\frac{x}{p}\Big\}_0^\infty + \frac{1}{p}\int_0^\infty Arccot.\frac{x}{p}\frac{2x\,dx}{1+x^2}$, donc: $\int_0^\infty Arccot.\frac{x}{p}\frac{x\,dx}{1+x^2} = \frac{\pi}{2}l(1+p)$, (T. 265, N°. 16); T. 205, N°. 5 (Méth. 5, N°. 8) $= -\frac{1}{q}Cos.px.Arccot.\frac{x}{q}\Big\}_0^\infty + \frac{1}{q}\int_0^\infty Arccot.\frac{x}{q}.(-p\,Sin.px\,dx)$, donc:

---

[355] Pour $x = \frac{1}{y}$ ces deux dernières formules nous fournissent:

$$\int_0^1 Arccot.\,x\,dx = \frac{1}{2}l2 + \frac{\pi}{4}, \quad \int_0^1 Arctg.\,x\,dx = \frac{\pi}{4} - \frac{1}{2}l2. \text{ (T. 108, N°. 7, 1).}$$

Page 595.

$$\int_0^\infty Arccot.\frac{x}{q}.\,Sin.px\,dx = \frac{\pi}{2p}(1-e^{-pq}),$$ (T. 374, N°. 1), [356]; (388) (Méth. 7, N°. 8) $= Arctg.x\frac{\sqrt{(1+}}{1-}$

$$-\int_0^\infty Arctg.x\frac{(1-x^2)2x^3-(1+x^4)(-2x)}{(1-x^2)^2\sqrt{(1+x^4)}}dx, \text{ donc: } \int_0^\infty Arctg.x\frac{1+x^2}{(1-x^2)^2}\frac{xdx}{\sqrt{(1+x^4)}} = \frac{\pi}{4}; \quad (1764)$$

$$\text{ou} = -Arccot.x\frac{\sqrt{(1+x^4)}}{1-x^2}\Big\}_0^\infty + \int_0^\infty Arccot.x\frac{(1-x^2)2x^3-(1+x^4)(-2x)}{(1-x^2)^2\sqrt{(1+x^4)}}dx, \text{ donc:}$$

$$\int_0^\infty Arccot.x\frac{1+x^2}{(1-x^2)^2}\frac{xdx}{\sqrt{(1+x^4)}} = \frac{\pi}{4}; \quad \ldots\ldots\ldots\ldots \quad (1765)$$

$$(475)\ (\text{Méth. 9, N°. 14}) = \frac{1}{p}\frac{Arctg.\frac{x}{p}}{q^2+x^2}\Big\}_0^\infty - \frac{1}{p}\int_0^\infty Arctg.\frac{x}{p}\frac{-2xdx}{(q^2+x^2)^2}, \text{ donc: } \int_0^\infty Arctg.\frac{x}{p}\frac{xdx}{(q^2+x^2)^2} =$$

$$= \frac{\pi}{4q(p+q)}; \text{ ou } = -\frac{1}{p}\frac{Arccot.\frac{x}{p}}{q^2+x^2}\Big\}_0^\infty + \frac{1}{p}\int_0^\infty Arccot.\frac{x}{p}\frac{-2xdx}{(q^2+x^2)^2}, \text{ donc: } \int_0^\infty Arccot.\frac{x}{p}\frac{xdx}{(q^2+x^2)^2} =$$

$$= \frac{p\pi}{4q^2(p+q)},$$ (T. 267, N°. 5, 18); (508) (Méth. 10, N°. 2) $= Arctg.x.\sqrt{\frac{1+x^2}{1+x^2-p^2x^2}}\Big\}_0^1 -$

$$-\int_0^1 Arctg.x.(-\tfrac{1}{2}dx)\sqrt{\frac{1+x^2-p^2x^2}{1+x^2}}\frac{(1+x^2-p^2x^2)2x-(1+x^2)(1-p^2)2x}{(1+x^2-p^2x^2)^2}, \text{ donc:}$$

$$\int_0^1 Arctg.x\frac{xdx}{\sqrt{\{(1+x^2-p^2x^2)^3(1+x^2)\}}} = \frac{1}{p^2}\left\{-\frac{\pi\sqrt{2}}{4\sqrt{(2-p^2)}} + F\left(p,\frac{\pi}{4}\right)\right\}; \quad \ldots \quad (1766)$$

$$\text{ou} = -Arccot.x.\sqrt{\frac{1+x^2}{1+x^2-p^2x^2}}\Big\}_0^1 + \int_0^1 Arccot.x.(-\tfrac{1}{2}dx)\sqrt{\frac{1+x^2-p^2x^2}{1+x^2}}\frac{(1+x^2-p^2x^2)2x-(1+x^2)(1-p^2)2x}{(1+x^2-p^2x^2)^2},$$

$$\text{donc: } \int_0^1 Arccot.x\frac{xdx}{\sqrt{\{(1+x^2-p^2x^2)^3(1+x^2)\}}} = \frac{1}{p^2}\left\{\frac{\pi}{2} - \frac{\pi\sqrt{2}}{4\sqrt{(2-p^2)}} - F\left(p,\frac{\pi}{4}\right)\right\}; \quad \ldots \quad (1767)$$

(509) (Méth. 10, N°. 2) =

$$= Arctg.x.\sqrt{\frac{1+x^2}{1+x^2-p\,x^2}}\Big\}_0^\infty - \int_0^\infty Arctg.x.(-\tfrac{1}{2}dx)\sqrt{\frac{1+x^2-p^2x^2}{1+x^2}}\frac{(1+x^2-p^2x^2)2x-(1+x^2)(1-p^2)2x}{(1+x^2-p^2x^2)^2},$$

$$\text{donc: } \int_0^\infty Arctg.x\frac{xdx}{\sqrt{\{(1+x^2-p^2x^2)^3(1+x^2)\}}} = \frac{1}{p^2}\left[F(p) - \frac{\pi}{2\sqrt{(1-p^2)}}\right]; \quad \ldots \quad (1768)$$

---

[356] Autrement déduite Méth. 18, N°. 14.
Page 596.

ou $=-Arccot.x.\sqrt{\frac{1+x^2}{1+x^2-p^2x^2}}\Big\}_0^\infty+\int_0^\infty Arccot.x.(-\tfrac{1}{2}dx)\sqrt{\frac{1+x^2-p^2x^2}{1+x^2}}\frac{(1+x^2-p^2x^2)2x-(1+x^2)(1-p^2)2x}{(1+x^2-p^2x^2)^2}$,

donc: $$\int_0^\infty Arccot.x\frac{xdx}{\sqrt{\{(1+x^2-p^2x^2)^3(1+x^2)\}}}=\frac{1}{p^2}\left[\frac{\pi}{2}-F'(p)\right]; \ldots\ldots (1769)$$

T. 205, N°. 10 (Méth. 18, N°. 9) $=-\frac{1}{q}Sin.px.Arccot.\frac{x}{q}\Big\}_0^\infty+\frac{1}{q}\int_0^\infty Arccot.\frac{x}{q}.p\,Cos.px\,dx$, donc:

$$\int_0^\infty Arccot.\frac{x}{q}.Cos.px\,dx=\frac{1}{2p}\{e^{-pq}Ei.(pq)-e^{pq}Ei.(-pq)\}; \ldots\ldots (1770)$$

(1226) (Méth. 19, N°. 1) $=\frac{1}{\sqrt{p}}l(1+x).Arctg.\frac{x}{\sqrt{p}}\Big\}_0^p-\frac{1}{\sqrt{p}}\int_0^p Arctg.\frac{x}{\sqrt{p}}\frac{dx}{1+x}$, donc:

$$\int_0^p Arctg.\frac{x}{\sqrt{p}}\frac{dx}{1+x}=\frac{1}{2}Arctg.(\sqrt{p}).l(1+p); \ldots\ldots (1771)$$

ou $=-\frac{1}{\sqrt{p}}l(1+x).Arccot.\frac{x}{\sqrt{p}}\Big\}_0^p+\frac{1}{\sqrt{p}}\int_0^p Arccot.\frac{x}{\sqrt{p}}\frac{dx}{1+x}$, donc:

$$\int_0^p Arccot.\frac{x}{\sqrt{p}}\frac{dx}{1+x}=\left\{\frac{\pi}{4}+\frac{1}{2}Arccot.(\sqrt{p})\right\}l(1+p); \ldots\ldots (1772)$$

(1227) (Méth. 19, N°. 1) $=\frac{1}{q}Arctg.\frac{x}{q}\frac{x}{1+px}\Big\}_0^1-\frac{1}{q}\int_0^1 Arctg.\frac{x}{q}\frac{(1+px)-px}{(1+px)^2}dx$, donc, quand on

y change q en $\frac{1}{q}$: $$\int_0^1 Arctg.qx\frac{dx}{(1+px)^2}=\frac{q^2-p}{(1+p)(p^2+q^2)}Arctg\,q+\frac{1}{2}\frac{q}{p+q^2}l\frac{(1+p)^2}{1+q^2}; \ldots (1773)$$

(pour $q=1$ c'est T. 260, N°. 15); ou $=-\frac{1}{q}Arccot.\frac{x}{q}\frac{x}{1+px}\Big\}_0^1+\frac{1}{q}\int_0^1 Arccot.\frac{x}{q}\frac{(1+px)-px}{(1+px)^2}dx$, donc:

$$\int_0^1 Arccot.qx\frac{dx}{(1+px)^2}=\frac{1}{2}\frac{q}{p^2+q^2}l\frac{1+q^2}{(1+p)^2}+\frac{p}{p^2+q^2}Arctg.q+\frac{1}{1+p}Arccot.q; \ldots (1774)$$

(1230)(Méth. 19, N°. 2) $=Arctg.x.l\frac{(1-p^2x^2)(1+x^2)}{(1-x^2)^2}\Big\}_0^p-\int_0^p Arctg.x\,dx\left(\frac{-2p^2x}{1-p^2x^2}+\frac{2x}{1+x^2}-\frac{-4x}{1-x^2}\right)$,

donc: $$\int_0^p Arctg.x\frac{3-p^2+(1-3p^2)x^2}{(1-p^2x^2)(1-x^4)}dx=\frac{1}{2}Arctg.p.l\frac{1+p^2}{1-p^2}; \ldots\ldots (1775)$$

Page 597.

$$\text{ou} = -\, Arccot.\, x.\, l\,\frac{(1-p^2x^2)(1+x^2)}{(1-x^2)^2}\Big\}_0^p + \int_0^p Arccot.\, x\, dx\left(\frac{-2p^2x}{1-p^2x^2}+\frac{2x}{1+x^2}-\frac{4x}{1-x^2}\right),\ \text{donc:}$$

$$\int_0^p Arccot.\, x\,\frac{3-p^2+(1-3p^2)x^2}{(1-p^2x^2)(1-x^4)}\,dx = \frac{\pi}{4}l(1+p^2)+\frac{1}{2}Arccot.p.\, l\frac{1+p^2}{1-p^2};\ \ldots \quad (1776)$$

$$(1322)\ (\text{Méth. } 23,\ \text{N}°.\ 8) = -\frac{1}{q}\,\frac{Arccot.\frac{x}{q}}{1-2r\,Cos.\,sx+r^2}\Big\}_0^\infty + \frac{1}{q}\int_0^\infty Arccot.\frac{x}{q}\,\frac{-2\,rs\,Sin.\,sx\,dx}{(1-2r\,Cos.\,sx+r^2)^2},\ \text{donc:}$$

$$\int_0^\infty Arccot.\frac{x}{q}\,\frac{Sin.\,sx\,dx}{(1-2r\,Cos.\,sx+r^2)^2} = \frac{\pi}{2s(1+r)(1-r)^2}\,\frac{1-e^{-qs}}{1-re^{-qs}},\ (r^2<1);\ \ldots \quad (1777)$$

$$\text{T. } 130,\ \text{N}°.\ 4\ (\text{Méth. } 25,\ \text{N}°.\ 4) = \frac{1}{q}e^{-px}Arctg.\frac{x}{q}\Big\}_0^\infty - \frac{1}{q}\int_0^\infty Arctg.\frac{x}{q}.(-p\,e^{-px}dx),\ \text{donc:}$$

$$\int_0^\infty e^{-px}Arctg.\frac{x}{q}\,dx = \frac{1}{p}\left\{Ci.(pq).\,Sin.\,pq - Si.(pq).\,Cos.\,pq + \frac{\pi}{2}Cos.\,pq\right\},\ (\text{T. } 299,\ \text{N}°.\ 1);$$

$$\text{ou} = -\frac{1}{q}e^{-px}Arccot.\frac{x}{q}\Big\}_0^\infty + \frac{1}{q}\int_0^\infty Arccot.\frac{x}{q}.(-pe^{-px}dx),\ \text{donc: } \int_0^\infty e^{-px}Arccot.\frac{x}{q}\,dx =$$

$$= \frac{1}{p}\left\{\pi\,Sin.^2\frac{1}{2}pq - Ci.(pq).\,Sin.\,pq + Si.(pq).\,Cos.\,pq\right\};\ \ldots \quad (1778)$$

$$\text{T. } 130,\ \text{N}°.\ 5\ (\text{Méth. } 25,\ \text{N}°.\ 4) = \frac{x}{q}e^{-px}Arctg.\frac{x}{q}\Big\}_0^\infty - \frac{1}{q}\int_0^\infty Arctg.\frac{x}{q}.(e^{-px}-p\,x\,e^{-px})dx,$$

$$\text{donc (par T. } 299,\ \text{N}°.\ 1):\ \int_0^\infty e^{-px}Arctg.\frac{x}{q}.\,xdx = \frac{1}{p^2}\Big[Ci(pq).\,Sin.\,pq - Si.(pq).\,Cos.\,pq +$$

$$+\frac{\pi}{2}Cos.\,pq - pq\left\{Ci.(pq).\,Cos.\,pq + Si.(pq).\,Sin.\,pq - \frac{\pi}{2}Sin.\,pq\right\}\Big],\ (\text{T. } 401,\ \text{N}°.\ 1);$$

$$\text{ou} = -\frac{x}{q}e^{-px}Arccot.\frac{x}{q}\Big\}_0^\infty + \frac{1}{q}\int_0^\infty Arccot.\frac{x}{q}.(e^{-px}-px\,e^{-px})\,dx,\ \text{donc (à l'aide de (1778)):}$$

$$\int_0^\infty e^{-px}Arccot.\frac{x}{q}.\,xdx = \frac{1}{p^2}\Big[\pi\,Sin.^2\frac{1}{2}pq - Ci.(pq).\,Sin.\,pq + Si.(pq).\,Cos.\,pq + pq\Big\{Ci.(pq).\,Cos.\,pq +$$

$$+ Si.(pq).\,Sin.\,pq - \frac{\pi}{2}Sin.\,pq\Big\}\Big];\ \ldots \quad (1779)$$

Page 598.

T. 416, N°. 8—11 (Méth. 34, N°. 7) $= -\frac{1}{r} l(1 \pm 2q\, Cos.\, px + q^2).\, Arccot.\frac{x}{r}\Big\}_0^\infty +$

$$+\frac{1}{r}\int_0^\infty Arccot.\frac{x}{r}\,\frac{\mp 2pq\, Sin.\, px dx}{1\pm 2q\, Cos.\, px+q^2}, \text{ donc: } \int_0^\infty Arccot.\frac{x}{r}\,\frac{Sin.\, px\, dx}{1\pm 2q\, Cos.\, px+q^2} = \pm\frac{\pi}{2pq}\, l\, \frac{1\pm q}{1\pm qe^{-pr}}, (q^2<1), \quad (1780)$$

$$= \pm\frac{\pi}{2pq}\, l\, \frac{q\pm 1}{q\pm e^{-pr}}, \; (q^2>1); \quad \ldots\ldots\ldots\ldots \quad (1781)$$

(1798) (Méth. 37, N°. 6) $= -\frac{1}{q}\, Arccot.\, qx.\, l(p^2+x^2)\Big\}_0^\infty + \frac{1}{q}\int_0^\infty Arccot.\, qx\, \frac{2x\, dx}{p^2+x^2}$, donc:

$$\int_0^\infty Arccot.\, qx\, \frac{xdx}{p^2+x^2} = \frac{\pi}{2}\, l\, \frac{1+pq}{pq}, \;\ldots\; (1782), \quad \left(\text{pour } q=\frac{1}{q}\text{: T. 265, N°. 12}\right);$$

(1800) (Méth. 37, N°. 6) $= \frac{1}{q} Arctg.\frac{x}{q}.\, l\frac{1+p^2x^2}{x^2}\Big\}_0^\infty - \frac{1}{q}\int_0^\infty Arctg.\frac{x}{q}.\left(\frac{2p^2x}{1+p^2x^2}-\frac{2}{x}\right)dx$, donc:

$$\int_0^\infty Arctg.\frac{x}{q}\,\frac{dx}{x(1+p^2x^2)} = \frac{\pi}{2}\, l\, \frac{1+pq}{pq}, \;\ldots\; (1783), \quad \left(\text{pour } q=\frac{1}{q}\text{: T. 266. N°. 4}\right).$$

7. Soit $F(x) = l\, Tang.\left(\frac{\pi}{4}\pm x\right)$; alors on a par Méth. 10, N°. 17: T. 339, N°. 31 $=$

$$= \pm\frac{1}{4}\, l(1+p^2\, Cot.^2\, x).\, l\, Tang.^2\left(\frac{\pi}{4}\pm x\right)\Big\}_0^{\frac{\pi}{2}} \mp \frac{1}{4}\int_0^{\frac{\pi}{2}} l\, Tang.^2\left(\frac{\pi}{4}\pm x\right)\frac{-2p^2\, Cot.x. Cosec.^2\, xdx}{1+p^2\, Cot.^2\, x},$$

donc: $$\int_0^{\frac{\pi}{2}} l\, Tang.^2\left(\frac{\pi}{4}\pm x\right)\frac{Cot.\, x\, dx}{Sin.^2\, x+p^2\, Cos.^2\, x} = \pm\frac{2\pi}{p^2}\, Arctg.\, p; \quad \ldots\ldots \quad (1784)$$

T. 339, N°. 30 $= \pm\frac{1}{4}\, l(1+p^2\, Tg.^2\, x).\, l\, Tg.^2\left(\frac{\pi}{4}\pm x\right)\Big\}_0^{\frac{\pi}{2}} \mp \frac{1}{4}\int_0^{\frac{\pi}{2}} l\, Tg.^2\left(\frac{\pi}{2}\pm x\right)\frac{2p^2\, Tg.\, x\, Sec.^2\, x\, dx}{1+p^2\, Tg.^2\, x}$,

donc: $$\int_0^{\frac{\pi}{2}} l\, Tang.^2\left(\frac{\pi}{4}\pm x\right)\frac{Tang.\, x\, dx}{p^2\, Sin.^2\, x+Cos.^2\, x} = \pm\frac{2\pi}{p^2}\, Arctg.\, p, \text{ (T. 342, N°. 26)};$$

(559) $= \pm\frac{1}{4}\, l(p^2+Cot.^2\, x).\, l\, Tang.^2\left(\frac{\pi}{4}\pm x\right)\Big\}_0^{\frac{\pi}{2}} \mp \frac{1}{4}\int_0^{\frac{\pi}{2}} l\, Tang.^2\left(\frac{\pi}{4}\pm x\right)\frac{-2\, Cot.\, x\, Cosec.^2\, x\, dx}{p^2+Cot.^2\, x}$,

donc: $$\int_0^{\frac{\pi}{2}} l\, Tang.^2\left(\frac{\pi}{4}\pm x\right)\frac{Cot.\, x\, dx}{p^2\, Sin.^2\, x+Cos.^2\, x} = \pm\, 2\pi\, Arccot.\, p; \quad \ldots\ldots \quad (1785)$$

$$(560) = \pm \frac{1}{4}\, l\,(p^2 + Tang.^2\, x).\, l\, Tang.^2 \left(\frac{\pi}{4} \pm x\right) \Big\}_0^{\frac{\pi}{2}} \mp \frac{1}{4} \int_0^{\frac{\pi}{2}} l\, Tang.^2 \left(\frac{\pi}{4} \pm x\right) \frac{2\, Tang.\, x.\, Sec.^2\, x\, dx}{p^2 + Tang.^2\, x},$$

donc: $$\int_0^{\frac{\pi}{2}} l\, Tang.^2 \left(\frac{\pi}{4} \pm x\right) \frac{Tang.\, x\, dx}{Sin.^2\, x + p^2\, Cos.^2\, x} = \pm\, 2\pi\, Arccot.\, p.\ [357] \ldots \ldots . (1786)$$

---

§ 11. MÉTHODE 37. FORMATION D'UNE INTÉGRALE DOUBLE ET INVERTISSEMENT DE L'ORDRE DES INTÉGRATIONS.

1. Dans la Première Partie N°. 45 on a vu que, sous une seule condition nécessaire, il est permis d'invertir l'ordre des intégrations dans une intégrale double à limites constantes. De trois manières différentes ce théorème peut nous être utile dans la recherche de nouvelles intégrales définies. En premier lieu on peut transformer ainsi quelque intégrale définie connue, lorsque à quelque facteur on substitue une autre intégrale définie, dont ce facteur exprime la valeur; et qu'après le changement de l'ordre des intégrations, la première intégration peut s'effectuer. En second lieu, lorsque l'intégrale connue contient quelque constante p, on peut la multiplier par $f(p)\, dp$, changer l'ordre des intégrations et intégrer par rapport à p: si cette intégration conduit à un résultat connu, et qu'il en est de même au second membre, la méthode a encore mené à une nouvelle intégrale définie. Enfin, lorsque dans quelque intégrale double les deux intégrations par rapport à x

---

[357] Combinons la première et la quatrième, ainsi que la deuxième et la troisième de ces intégrales par voie d'addition et de soustraction, nous aurons:

$$\int_0^{\frac{\pi}{2}} l\, Tang.^2 \left(\frac{\pi}{4} \pm x\right) \frac{1}{Sin.^2\, x + p^2\, Cos.^2\, x} \frac{dx}{Sin\, 2x} = \pm\, \pi \left\{Arccot.\, p + \frac{1}{p^2}\, Arctg.\, p\right\}, . . (1787)$$

$$\int_0^{\frac{\pi}{2}} l\, Tang.^2 \left(\frac{\pi}{4} \pm x\right) \frac{1}{p^2\, Sin.^2\, x + Cos.^2\, x} \frac{dx}{Sin.\, 2x} = \pm\, \pi \left\{Arccot.\, p + \frac{1}{p^2}\, Arctg.\, p\right\}, . . (1788)$$

$$\int_0^{\frac{\pi}{2}} l\, Tang.^2 \left(\frac{\pi}{4} \pm x\right) \frac{Cos.\, 2x\, dx}{Sin.^2\, x + p^2\, Cos.^2\, x} = \pm\, \pi \left\{Arccot.\, p - \frac{1}{p^2}\, Arctg.\, p\right\}, \ldots \ldots (1789)$$

$$\int_0^{\frac{\pi}{2}} l\, Tang.^2 \left(\frac{\pi}{4} \pm x\right) \frac{Cos.\, 2x\, dx}{p^2\, Sin.^2\, x + Cos.^2\, x} = \pm\, \pi \left\{Arccot.\, p - \frac{1}{p^2}\, Arctg.\, p\right\} \ldots \ldots (1790)$$

Page 600.

et à y peuvent s'effectuer séparément, on obtient ainsi une relation entre deux intégrales définies simples, dont l'une sera évaluée, dans le cas où l'autre aura une valeur connue [358]. Nous allons traiter séparément de ces trois cas différents.

2. Soit d'abord connue une intégrale définie $\int_a^b \mathrm{F}(x).f(x)\,dx = \mathrm{A}$, où l'on sait de plus que $f(x) = \int_p^q \varphi(x,y)\,dy$; alors on a en changeant l'ordre des intégrations: $\int_a^b \mathrm{F}(x)\,dx \int_p^q \varphi(x,y)\,dy = \int_p^q dy \int_a^b \mathrm{F}(x).\varphi(x,y)\,dx = \mathrm{A}$. Lorsque maintenant on connaît encore la valeur de l'intégrale définie $\int_a^b \mathrm{F}(x).\varphi(x,y)\,dy = \Phi(y)$, il s'ensuit: $\int_p^q \Phi(y)\,dy = \mathrm{A}$. Ici la valeur de l'intégrale primitive est encore en général celle de l'intégrale trouvée.

3. Dans l'intégrale $\int_0^\infty x^{p-1} e^{-x}\, lx\, dx = \Gamma(p).\mathrm{Z}'(p)$ (Méth. 12, N°. 3) on peut substituer la valeur $lx = \int_0^\infty (e^{-y} - e^{-xy}) \frac{dy}{y}$ (Méth. 9, N°. 22), et l'on trouve: $\Gamma(p)\mathrm{Z}'(p) = \int_0^\infty x^{p-1} e^{-x} dx \int_0^\infty (e^{-y} - e^{-xy}) \frac{dy}{y} =$

$$= \int_0^\infty x^{p-1} e^{-x} dx \int_0^\infty e^{-y} \frac{dy}{y} - \int_0^\infty x^{p-1} e^{-x} dx \int_0^\infty e^{-xy} \frac{dy}{y} = \Gamma(p) \int_0^\infty e^{-y} \frac{dy}{y} - \int_0^\infty \frac{dy}{y} \int_0^\infty x^{p-1} e^{-(y+1)x} dx =$$

$$= \Gamma(p) \int_0^\infty e^{-y} \frac{dy}{y} - \int_0^\infty \frac{dy}{y} \frac{\Gamma(p)}{(1+y)^p}, \text{ (Méth. 18, N°. 2)}, = \Gamma(p) \int_0^\infty \left\{ e^{-y} - \frac{1}{(1+y)^p} \right\} \frac{dy}{y}; \text{d'où:}$$

$\int_0^\infty \left\{ e^{-y} - \frac{1}{(1+y)^p} \right\} \frac{dy}{y} = \mathrm{Z}'(p)$. (T. 133, N°. 3). Pour p l'unité on a: $\int_0^\infty \left\{ e^{-x} - \frac{1}{1+x} \right\} \frac{dx}{x} =$

[358] Cette méthode, comme elle se rencontre sous la forme du troisième cas, a été proposée d'abord par Euler dans son Mémoire de formulis integralibus duplicatis*), où il la déduit de principes de géométrie. Laplace et Poisson en ont donné depuis des applications fréquentes et heureuses; mais aucun de ces auteurs ne s'inquiète encore du cas exceptionnel dont on a traité dans la Première Partie N°. 46 à 48. — Voyez encore Lejeune-Dirichlet, Journal von Crelle, Bd. 4, S. 94; — Schlömilch, Journal von Crelle, Bd. 33, S. 353. — Le même, Grunert's Archiv, Bd. 4, S. 71, Bd. 6, S. 200, Bd. 11, S. 174. — Arndt, Grunert's Archiv, Bd. 11, S. 70.

(*) Novi Commentarii Petropolitani, T. 14, Pars 1. A. 1759, p. 72—103.

$= -$ A (T. 133, N°. 1) [359]; d'où pour leur différence: $\int_0^\infty \left\{\frac{1}{1+x} - \frac{1}{(1+x)^p}\right\}\frac{dx}{x} = \mathrm{A} + \mathrm{Z}'(p)$. (T. 22, N°. 17). [360].

4. Ensuite multiplions une intégrale définie connue $\int_a^b f(r,x)\,dx = \varphi(r)$ par $\mathrm{F}(r)\,dr$; intégrons entre les limites p et q, et changeons au premier membre l'ordre des intégrations; ce qui revient à la réduction suivante: $\int_p^q \mathrm{F}(r)\,dr \int_a^b f(r,x)\,dx = \int_a^b dx \int_p^q \mathrm{F}(r).f(r,x)\,dr = \int_p^q \mathrm{F}(r).\varphi(r)dr$.

Lorsque à présent on connaît l'intégrale $\int_p^q \mathrm{F}(r).f(r,x)\,dr = \Phi(x)$, on a: $\int_a^b \Phi(x)\,dx = \int_p^q \mathrm{F}(r).\varphi(r)\,dr$, relation entre deux intégrales définies, qui devient une évaluation de la première, lorsque la valeur de la seconde est connue. Ici les limites de l'intégrale primitive coïncident encore avec celles de l'intégrale trouvée.

5. Multiplions l'intégrale $\int_0^\infty \frac{dx}{(p^2+x^2)(q^2+x^2)} = \frac{\pi}{2pq(p+q)}$ (Meth. 9, N°. 14) par dp, et intégrons entre les limites 0 et p, le raisonnement du Nr. précédent nous fournit ici:

$$\int_0^p dp \int_0^\infty \frac{dx}{(p^2+x^2)(q^2+x^2)} = \int_0^\infty \frac{dx}{q^2+x^2}\int_0^p \frac{dp}{p^2+x^2} = \int_0^\infty \frac{dx}{q^2+x^2}\,\frac{1}{x}\,Arctg.\frac{p}{x} = \int_0^p \frac{\pi\,dp}{2pq(p+q)} =$$

$$= \frac{\pi}{2q^2}\int_0^p \left(\frac{dp}{p} - \frac{dp}{p+q}\right) = \frac{\pi}{2q^2}\int_0^p d.l\frac{p}{p+q} = \infty.\ [361]\ldots\ldots\ (1791)$$

---

[359] Puisque Z' (1) $= -$A. Cette intégrale se trouve encore déduite Méth. 1, N°. 32, Méth. 44, N°. 3.

[360] Pour $1+x = \frac{1}{y}$ elle donne: $\int_0^1 \frac{1-x^{p-1}}{1-x}\,dx = \mathrm{A} + \mathrm{Z}'(p)$. (T. 3, N°. 4). Changez-y p en q et prenez la différence des résultats, il vient: $\int_0^1 \frac{x^{q-1}-x^{p-1}}{1-x}\,dx = \mathrm{Z}'(p) - \mathrm{Z}'(q)$. (T. 3, N°. 8). Changez encore q en $p+q$, alors: $\int_0^1 \frac{1-x^q}{1-x}x^{p-1}\,dx = \mathrm{Z}'(p+q) - \mathrm{Z}'(p)$. (T. 3, N°. 7).

[361] Lorsque ici on change q en r, la soustraction donne: $\frac{2}{\pi}\int_0^\infty \left(\frac{q^2}{q^2+x^2} - \frac{r^2}{r^2+x^2}\right)\frac{dx}{x}Arctg.\frac{p}{x} =$

Page 602.

En prenant au contraire r et p pour limites, on aura le résultat fini:

$$\int_0^\infty \frac{dx}{q^2+x^2}\frac{1}{x}\left\{Arctg.\frac{p}{x} - Arctg.\frac{r}{x}\right\} = \int_0^\infty \frac{dx}{q^2+x^2}\frac{1}{x}Arctg.\left\{\frac{(p-r)x}{x^2+pr}\right\} =$$

$$= \frac{\pi}{2q^2}\int_r^p d.l\frac{p}{p+q} = \frac{\pi}{2q^2}l\frac{p(r+q)}{r(p+q)} \quad \ldots\ldots\ldots\ldots\ldots (1793)$$

Encore peut-on intégrer entre les limites p et ∞, alors: $\int_0^\infty \frac{dx}{q^2+x^2}\frac{1}{x}\left(\frac{\pi}{2} - Arctg.\frac{p}{x}\right) =$

$= \int_0^\infty \frac{dx}{q^2+x^2}\frac{1}{x}Arctg.\frac{x}{p} = \frac{\pi}{2q^2}\int_p^\infty d.l\frac{p}{p+q} = \frac{\pi}{2q^2}l\frac{p+q}{p}$. (T. 266, N°. 5). Pour p au lieu de $\frac{1}{p}$ elle devient: $\int_0^\infty \frac{dx}{q^2+x^2}\frac{1}{x}Arctg.px = \frac{\pi}{2q^2}l(1+pq)$. (548). [362]. Changez-y p en r et soustrayez, il vient:

$$\int_0^\infty \frac{dx}{q^2+x^2}\frac{1}{x}Arctg.\left\{\frac{(p-r)x}{1+prx^2}\right\} = \frac{\pi}{2q^2}l\frac{1+pq}{1+qr}; \quad \ldots\ldots\ldots\ldots (1794)$$

mais lorsque au contraire on multiplie d'abord par q^2 et que l'on change ensuite q en r, la soustraction des résultats donne:

$$\int_0^\infty \frac{x}{q^2+x^2}\frac{dx}{r^2+x^2}Arctg.px = \frac{\pi}{2(q^2-r^2)}l\frac{1+pq}{1+pr}. \text{ [363]. } \ldots (1795)$$

$= l\frac{p}{p+q}\Big\}_0^p - l\frac{p}{p+r}\Big\}_0^p = l\frac{p+r}{p+q}\Big\}_0^p$, où maintenant la valeur ne devient plus infinie; on en tire:

$$\int_0^\infty \frac{x}{q^2+x^2}\frac{dx}{r^2+x^2}Arctg.\frac{p}{x} = \frac{\pi}{2(q^2-r^2)}l\frac{(p+r)q}{(p+q)r}. \quad \ldots\ldots\ldots (1792)$$

[362] Autrement déduite Méth. 10, N°. 10.

[363] Pour $p=1$, $q=Cos.\lambda$, $r=Cos.\mu$, les intégrales (1792) et (1795) donnent:

$$\int_0^\infty \frac{x}{x^2+Cos.^2\lambda}\frac{dx}{x^2+Cos.^2\mu}Arccot.x = \frac{\pi}{2\,Sin.(\lambda+\mu).Sin.(\lambda-\mu)}l\frac{Cos.^2\frac{1}{2}\lambda.Cos.\mu}{Cos.^2\frac{1}{2}\mu.Cos.\lambda},$$

$$\int_0^\infty \frac{x}{x^2+Cos.^2\lambda}\frac{dx}{x^2+Cos.^2\mu}Arctg.x = \frac{\pi}{Sin.(\lambda+\mu).Sin.(\lambda-\mu)}l\frac{Cos.\frac{1}{2}\mu}{Cos.\frac{1}{2}\lambda}. \text{ (T. 267, N°. 23, 14).}$$

Page 603.

6. On peut encore multiplier la même intégrale par $2p\,dp$ et intégrer alors par rapport à p entre les limites 0 et p; il sera: $\int_0^p 2p\,dp \int_0^\infty \frac{dx}{(p^2+x^2)(q^2+x^2)} = \int_0^\infty \frac{dx}{q^2+x^2} \int_0^p \frac{2p\,dp}{p^2+x^2} =$

$$= \int_0^\infty \frac{dx}{q^2+x^2}\, l\frac{p^2+x^2}{x^2} = \int_0^p \frac{\pi\,dp}{q(p+q)} = \frac{\pi}{q}\int_0^p d.\,l(p+q) = \frac{\pi}{q}\, l\frac{p+q}{q}. \text{ (T. 181, N°. 10).}$$

Substituez-y $x = \frac{1}{y}$, il vient:

$$\int_0^\infty \frac{dx}{1+q^2x^2}\, l(1+p^2x^2) = \frac{\pi}{q}\, l\left(\frac{p+q}{q}\right); \ldots \ldots \ldots \ldots \ldots (1796)$$

(pour $q = 1$ c'est T. 181, N°. 3), qui devient pour $\frac{1}{q}$ au lieu de q:

$$\int_0^\infty \frac{dx}{q^2+x^2}\, l(1+p^2x^2) = \frac{\pi}{q}\, l(1+pq). \ldots \ldots \ldots \ldots \ldots (1797)$$

Comme on a (Méth. 1, N°. 3, 8) $\int_0^\infty \frac{lp^2\,dx}{1+q^2x^2} = \frac{\pi}{q}\, lp = \int_0^\infty \frac{lp^2\,dx}{q^2+x^2}$, on peut soustraire ces valeurs des deux intégrales précédentes et changer ensuite p en $\frac{1}{p}$; il vient:

$$\int_0^\infty \frac{dx}{1+q^2x^2}\, l(p^2+x^2) = \frac{\pi}{q}\, l\frac{1+pq}{q}, \ldots \ldots \ldots \ldots \ldots (1798)$$

$$\int_0^\infty \frac{dx}{q^2+x^2}\, l(p^2+x^2) = \frac{\pi}{q}\, l(p+q). \text{ (T. 181, N°. 7). [364].}$$

7. Pour appliquer la même méthode encore une fois aux résultats des Nr. 5 et 6, il faut multiplier (1793), T. 266, N°. 5, (548), (1794) par dq et intégrer suivant q entre les limites 0 et q,

[364] Dans ces trois dernières intégrales soit $x = \frac{1}{y}$, alors:

$$\int_0^\infty l\frac{x^2+p^2}{x^2} \frac{dx}{1+q^2x^2} = \frac{\pi}{q}\, l(1+pq), \ldots (1799), \int_0^\infty l\frac{1+p^2x^2}{x^2} \frac{dx}{q^2+x^2} = \frac{\pi}{q}\, l\frac{1+pq}{q}, \ldots (1800)$$

$$\int_0^\infty l\frac{1+p^2x^2}{x^2} \frac{dx}{1+q^2x^2} = \frac{\pi}{q}\, l(p+q). \ldots (1801).$$ Encore dans T. 180, N°. 10, (1797) et (1798) soit $x = Tang.\, y$; il vient:

$$\int_0^{\frac{\pi}{2}} l(1+p^2\, Cot.^2 x) \frac{dx}{q^2\, Cos.^2 x + Sin.^2 x} = \frac{\pi}{q}\, l\frac{p+q}{q}, \ldots \ldots (1802)$$

Page 604.

il vient: $\int_0^\infty \frac{dx}{x} Arctg. \left\{\frac{(p-r)x}{x^2+pr}\right\}.\frac{1}{x} Arctg.\frac{q}{x} = \frac{\pi}{2}\int_0^q \frac{dq}{q^2} l\frac{p(r+q)}{r(p+q)} = \frac{\pi}{2}\int_{\frac{1}{q}}^\infty dy\, l\frac{pry+p}{pry+r}$,

$$\int_0^\infty \frac{dx}{x} Arctg.\frac{x}{p}.\frac{1}{x} Arctg.\frac{q}{x} = \frac{\pi}{2}\int_0^q \frac{dq}{q^2} l\frac{p+q}{p} = \frac{\pi}{2}\int_{\frac{1}{q}}^\infty dy\, l\frac{1+py}{py},$$

$$\int_0^\infty \frac{dx}{x} Arctg.px.\frac{1}{x} Arctg.\frac{q}{x} = \frac{\pi}{2}\int_0^q \frac{dq}{q^2} l(1+pq) = \frac{\pi}{2}\int_{\frac{1}{q}}^\infty dy\, l\frac{p+y}{y},$$

$$\int_0^\infty \frac{dx}{x} Arctg.\left\{\frac{(p-r)x}{1+prx^2}\right\}.\frac{1}{x} Arctg.\frac{q}{x} = \frac{\pi}{2}\int_0^q \frac{dq}{q^2} l\frac{1+pq}{1+rq} = \frac{\pi}{2}\int_{\frac{1}{q}}^\infty dy\, l\frac{y+p}{y+r};$$

où l'on a substitué $q=\frac{1}{y}$, afin de ramener le tout à l'intégrale indéfinie

$$\int dy\, l(a+by) = \left(y+\frac{a}{b}\right) l(a+by) - y. \quad \ldots\ldots\ldots\ldots\ldots (a)$$

Ainsi toutes ces intégrales deviennent infinies:

$\int_0^\infty Arctg.\left\{\frac{(p-r)x}{x^2+pr}\right\}. Arctg.\frac{q}{x}\frac{dx}{x^2} = \infty$, ... (1805), $\int_0^\infty Arctg.\frac{x}{p}. Arctg.\frac{q}{x}\frac{dx}{x^2} = \infty$, ou

$\int_0^\infty Arctg.px. Arctg.\frac{q}{x}\frac{dx}{x^2} = \infty$, .. (1806), $\int_0^\infty Arctg.\left\{\frac{(p-r)x}{1+prx^2}\right\}. Arctg.\frac{q}{x}\frac{dx}{x^2} = \infty$ [365].(1807)

$$\int_0^{\frac{\pi}{2}} l(1+p^2 Tang.^2 x)\frac{dx}{q^2 Cos.^2 x + Sin.^2 x} = \frac{\pi}{q} l(1+pq), \quad \ldots\ldots (1803).$$

$\int_0^{\frac{\pi}{2}} l(p^2+Tg.^2 x)\frac{dx}{Cos.^2 x+q^2 Sin.^2 x} = \frac{\pi}{q} l\frac{1+pq}{q}$; . (1804); d'où pour $q=1$: $\int_0^{\frac{\pi}{2}} l(1+p^2 Cos. x)dx =$

$= \int_0^{\frac{\pi}{2}} l(1+p^2 Tg.^2 x)dx = \pi l(1+p) = \int_0^{\frac{\pi}{2}} l(p^2+Tg.^2 x)dx$. (T. 334, N'. 16, 14, 15).

[365] D'où pour $x=\frac{1}{y}$: $\int_0^\infty Arctg.\left\{\frac{(p-r)x}{1+prx^2}\right\}. Arctg.qx\,dx = \infty$, ... (1808)

$\int^\infty Arctg.\frac{p}{x}. Arctg.qx\,dx = \infty$, .. (1809), $\int_0^\infty Arctg.\left\{\frac{(p-r)x}{x^2+pr}\right\}. Arctg\, qx\,dx = \infty$. .. (1810)

Page 605.

Mais lorsque dans ces mêmes équations précédentes, à l'exception de la troisième, l'on intègre de $\frac{1}{s}$ à $\frac{1}{q}$ par rapport à y, on trouve les résultats finis:

$$\int_0^\infty Arctg.\left\{\frac{(p-r)x}{x^2+pr}\right\}.Arctg.\left\{\frac{(q-s)x}{x^2+qs}\right\}\frac{dx}{x^2}=\frac{\pi}{2}\left[\frac{q-s}{qs}l\frac{p}{r}+\frac{p-r}{pr}l\frac{q}{s}+\frac{1}{p}l\frac{p+q}{p+s}+\right.$$

$$\left.+\frac{1}{q}l\frac{q+p}{q+r}+\frac{1}{r}l\frac{r+s}{r+q}+\frac{1}{s}l\frac{s+r}{s+p}\right], \text{[366]}, \ldots \ldots \ldots \ldots (1811)$$

$$\int_0^\infty Arctg.\frac{x}{p}.Arctg.\left\{\frac{(q-s)x}{x^2+qs}\right\}\frac{dx}{x^2}=\frac{\pi}{2}\left[\frac{1}{p}l\frac{q}{s}+\frac{p+s}{ps}l(p+s)-\frac{p+q}{pq}l(p+q)-\frac{q-s}{qs}lp\right], \ldots (1813)$$

$$\int_0^\infty Arctg.\left\{\frac{(p-r)x}{1+prx^2}\right\}.Arctg.\left\{\frac{(q-s)x}{x^2+qs}\right\}\frac{dx}{x^2}=\frac{\pi}{2}\left[(p-r)l\frac{q}{s}-\frac{1+pq}{q}l(1+pq)+\right.$$

$$\left.+\frac{1+ps}{s}l(1+ps)-\frac{1+rs}{s}l(1+rs)+\frac{1+rq}{q}l(1+qr)\right]. \text{[367]}. \ldots \ldots (1814)$$

On peut encore prévenir la difficulté, que les trois intégrales (1805) à (1807) deviennent infinies, lorsqu'on prend q et l'infini comme les limites dans l'intégration par rapport à q. Dès-lors

---

[366] Pour $p=q$ et $r=s$ il en résulte:

$$\int_0^\infty \left[Arctg.\left\{\frac{(p-r)x}{x^2+pr}\right\}\right]^2\frac{dx}{x^2}=\frac{2}{r}lp+\frac{2}{p}lr-\frac{p+r}{pr}2l\frac{p+r}{2}. \ldots \ldots (1812)$$

[367] Par la substitution de $x=\frac{1}{y}$ ces quatre intégrales deviennent:

$$\int_0^\infty Arctg.\left\{\frac{(p-r)x}{1+prx^2}\right\}.Arctg.\left\{\frac{(q-s)x}{1+qsx^2}\right\}dx=\frac{\pi}{2}\left[\frac{1}{p}l\frac{s(p+q)}{q(p+s)}+\frac{1}{q}l\frac{r(q+p)}{p(q+r)}+\frac{1}{r}l\frac{q(r+s)}{s(r+q)}+\frac{1}{s}l\frac{p(s+r)}{r(s+p)}\right], .(1815)$$

$$\int_0^\infty \left[Arctg.\left\{\frac{(p-r)x}{1+prx^2}\right\}\right]^2 dx=\frac{2}{r}lp+\frac{2}{p}lr-\frac{p+r}{pr}2l\frac{p+r}{2}, \ldots \ldots (1816)$$

$$\int_0^\infty Arctg.\frac{p}{x}.Arctg.\left\{\frac{(q-r)x}{1+qrx^2}\right\}dx=\frac{\pi}{2}\left[pl\frac{q(1+pr)}{r(1+pq)}-\frac{1}{q}l(1+pq)+\frac{1}{r}l(1+pr)\right], \ldots (1817)$$

$$\int_0^\infty Arctg.\left\{\frac{(p-r)x}{x^2+pr}\right\}.Arctg.\left\{\frac{(q-s)x}{1+qsx^2}\right\}dx=\frac{\pi}{2}\left[pl\frac{q(1+ps)}{s(1+pq)}+rl\frac{s(1+qr)}{q(1+rs)}+\frac{1}{q}l\frac{1+qr}{1+pq}+\frac{1}{s}l\frac{1+ps}{1+rs}\right]. (1818)$$

Page 606.

sous le signe d'intégration, il vient $\frac{\pi}{2} - Arctg.\frac{a}{x} = Arctg.\frac{x}{a}$ au lieu de $Arctg.\frac{a}{x}$, et l'on a:

$$\int_0^\infty Arctg.\left\{\frac{(p-r)x}{x^2+pr}\right\}.Arctg.\frac{x}{q}\frac{dx}{x^2} = \frac{\pi}{2}\int_q^\infty \frac{dq}{q^2} l\frac{pr+pq}{pr+rq},$$ (déjà sous 1813),

$$\int_0^\infty Arctg.\frac{x}{p}.Arctg.\frac{x}{q}\frac{dx}{x^2} = \frac{\pi}{2}\int_q^\infty \frac{dq}{q^2} l\frac{p+q}{p} = \frac{\pi}{2}\int_0^{\frac{1}{q}} dy\, l\frac{py+1}{py} = \frac{\pi}{2}\left[\frac{1}{q}l\frac{p+q}{p} + \frac{1}{p}l\frac{p+q}{p}\right],$$ (T. 264, N°. 14), [368],

$$\int_0^\infty Arctg.\left\{\frac{(p-r)x}{1+prx^2}\right\}.Arctg.\frac{x}{q}\frac{dx}{x^2} = \frac{\pi}{2}\int_q^\infty \frac{dq}{q^2} l\frac{1+pq}{1+rq} = \frac{\pi}{2}\int_0^{\frac{1}{q}} dy\, l\frac{y+p}{y+r} =$$

$$= \frac{\pi}{2}\left[pl\frac{1+pq}{pq} - rl\frac{1+qr}{qr} + \frac{1}{q}l\frac{1+pq}{1+qr}\right]; \quad \ldots \ldots \quad (1820)$$

ou partout l'on a employé la substitution $q = \frac{1}{y}$, afin de pouvoir recourir à l'intégrale générale (a). [369].

8. De même on peut multiplier les intégrales (1796), (1797), (1798) et (T. 181, N°. 7) par $2q\,dq$ et intégrer selon q entre les limites 0 et q; on aura:

$$\int_0^\infty \frac{dx}{x^2} l(1+p^2x^2).l(1+q^2x^2) = 2\pi\int_0^q dq\, l\frac{(p+q)}{q} = 2\pi[(p+q)l(p+q) - plp - qlq], [370], \quad (1824)$$

---

[368] Pour $p = q$ on a: $$\int_0^\infty \left\{Arctg.\frac{x}{p}\right\}^2 \frac{dx}{x^2} = \frac{\pi}{p} l2.$$ (voyez Méth. 36, N°. 3) . . (1819)

[369] Lorsque dans ces quatre dernières intégrales on fait $x = \frac{1}{y}$, on obtient:

$$\int_0^\infty Arctg.\frac{p}{x}.Arccot.qx\,dx = \frac{\pi}{2}\left[\frac{1}{q}l(1+pq) + pl\frac{pq+1}{pq}\right], \quad \ldots \ldots \quad (1821)$$

(d'où pour $p = 1$, T. 109, N°. 11), $\int_0^\infty Arccot.px.Arccot.qx\,dx = \frac{\pi}{2}\left[\frac{1}{q}l\frac{p+q}{p} + \frac{1}{p}l\frac{p+q}{q}\right]$, (T. 109, N°. 12),

$$\int_0^\infty (Arccot.px)^2\,dx = \frac{\pi}{p} l2, \quad \ldots \ldots \quad (1822)$$

qui devient pour $p = 1$, T. 109, N°. 4; (celle-ci a déjà été déduite Méth. 36, N°. 3);

$$\int_0^\infty Arctg.\left\{\frac{(p-r)x}{x^2+pr}\right\}.Arccot.qx\,dx = \frac{\pi}{2}\left[pl\frac{1+pq}{pq} - rl\frac{1+qr}{qr} + \frac{1}{q}l\frac{1+pq}{1+qr}\right]. \quad (1823)$$

[370] Dans le cas de $p = q$ on a: $$\int_0^\infty [l(1+p^2x^2)]^2\frac{dx}{x^2} = 4p\pi l2. \quad \ldots \ldots \quad (1825)$$

$$\int_0^\infty dx\, l(1+p^2x^2).\, l\frac{q^2+x^2}{x^2} = 2\pi\int_0^q dq\, l(1+pq) = 2\pi\left[\frac{1+pq}{p}\, l(1+pq)-q\right], \quad \ldots (1826)$$

$$\int_0^\infty \frac{dx}{x^2}\, l(p^2+x^2).\, l(1+q^2x^2) = 2\pi\int_0^q dq\, l\frac{1+pq}{q} = 2\pi\left[\frac{1+pq}{p}\, l(1+pq)-q\,lq\right], \quad \ldots (1827)$$

$$\int_0^\infty dx\, l(p^2+x^2).\, l\frac{q^2+x^2}{x^2} = 2\pi\int_0^q dq\, l(p+q) = 2\pi\left[(p+q)\, l(p+q)-p\,lp-q\right]. \ [371]. \quad \ldots (1828)$$

9. Mais il se peut aussi, dans la dernière relation obtenue au N°. 4, que ce soit l'intégrale

---

[371] Par la substitution de $x=\frac{1}{y}$ ces intégrales deviennent:

$$\int_0^\infty l\frac{p^2+x^2}{x^2}.\, l\frac{q^2+x^2}{x^2}\, dx = 2\pi\left[(p+q)\, l(p+q)-p\, lp-q\, lq\right], \quad \ldots (1829)$$

$$\int_0^\infty \left[l\frac{p^2+x^2}{x^2}\right]^2 dx = 4p\,\pi l2, \ (1830), \quad \int_0^\infty l\frac{p^2+x^2}{x^2}.\, l(1+q^2x^2)\frac{dx}{x^2} = 2\pi\left[\frac{1+pq}{p}\, l(1+pq)-q\right], \ (1831)$$

(pour $\frac{1}{q}$ au lieu de q on a T. 179, N°. 21); $\int_0^\infty l\frac{1+p^2x^2}{x^2}.\, l\frac{q^2+x^2}{x^2}\, dx = 2\pi\left[\frac{1+pq}{p}\, l(1+pq)-q\, lq\right]$, (1832)

$$\int_0^\infty l\frac{1+p^2x^2}{x^2}.\, l(1+q^2x^2)\frac{dx}{x^2} = 2\pi\left[(p+q)\, l(p+q)-p\, lp-q\right]. \quad \ldots (1833)$$

La différence des intégrales (1824) et (1833) et celle des autres (1828) et (1829) nous donnent encore:

$$\int_0^\infty l(1+q^2x^2).\, lx\frac{dx}{x^2} = \pi q(1-lq), \ \ldots (1834), \qquad \int_0^\infty l\frac{q^2+x^2}{x^2}.\, lx\, dx = \pi q(lq-1), \ \ldots (1835)$$

d'où encore par le changement de q en p et la soustraction des résultats: $\int_0^\infty l\frac{q^2+x^2}{p^2+x^2}.\, lx\, dx =$ $= \pi(p\, lq - q\, lq - p + q)$. (T. 45, N°. 1). — Dans la formule (1825), (1831) et (1834) prenez encore $x = Tang.y$ et $x = Cot\, y$, il s'ensuit:

$$\int_0^{\frac{\pi}{2}} \{l(1+p^2\, Tg.^2 x)\}^2 \frac{dx}{Sin.^2 x}, \ (1836), \ = 4p\,\pi l2 = \int_0^{\frac{\pi}{2}} \{l(1+p^2\, Cot.^2 x)\}^2 \frac{dx}{Cos.^2 x}, \ (1837)$$

$$\int_0^{\frac{\pi}{2}} l(1+p^2\, Cot.^2 x).\, l(1+q^2\, Tang.^2 x)\frac{dx}{Sin.^2 x} = 2\pi\left[\frac{1+pq}{p}\, l(1+pq)-q\right], \quad \ldots (1838)$$

Page 608.

suivant x, qui peut être évaluée; dans ce cas l'intégrale suivant r sera l'intégrale déduite, où donc la fonction intégrée est la même que la valeur de l'intégrale primitive.

10. Multiplions par exemple l'intégrale T. 113, N°. 17 (Méth. 24, N°. 6) par $\int_{-\infty}^{\infty} \frac{e^{-kyi}}{m^2+y^2} dy$, il vient:

$$\int_{-\infty}^{\infty} \frac{e^{-kyi}}{m^2+y^2} \frac{dy}{(p+yi)^a} = \frac{1}{\Gamma(a)} \int_{-\infty}^{\infty} \frac{e^{-kyi}\,dy}{m^2+y^2} \int_0^{\infty} e^{-(p+yi)x} x^{a-1}\,dx = \frac{1}{\Gamma(a)} \int_0^{\infty} e^{-px} x^{a-1}\,dx \int_{-\infty}^{\infty} \frac{e^{-(x+k)yi}}{m^2+y^2} dy =$$

$$= \frac{1}{\Gamma(a)} \int_0^{\infty} e^{-px} x^{a-1}\,dx\, \frac{\pi}{m} e^{-(x+k)m} \text{ (voir Méth. 18, N°. 7)} = \frac{\pi}{m\Gamma(a)} e^{-km} \int_0^{\infty} e^{-(p+m)x} x^{a-1}\,dx =$$

$$= \frac{\pi}{m\Gamma(a)} e^{-km} \frac{\Gamma(a)}{(p+m)^a} \text{ (suivant Méth. 3, N°. 7)} = \frac{\pi}{m} \frac{e^{-km}}{(p+m)^a}. \text{ (T. 147, N°. 16).}$$

On peut multiplier encore la même intégrale par $\int_{-\infty}^{\infty} \frac{e^{-kyi}}{m^2+y^2} \frac{dy}{(q+yi)^b}$, pour obtenir: $\int_{-\infty}^{\infty} \frac{e^{-kyi}}{m^2+y^2} \frac{dy}{(p+yi)^a(q+yi)^b} =$

$$= \frac{1}{\Gamma(a)} \int_{-\infty}^{\infty} \frac{e^{-kyi}}{m^2+y^2} \frac{dy}{(q+yi)^b} \int_0^{\infty} e^{-(p+yi)x} x^{a-1}\,dx = \frac{1}{\Gamma(a)} \int_0^{\infty} e^{-px} x^{a-1}\,dx \int_{-\infty}^{\infty} \frac{e^{-(k+x)yi}}{m^2+y^2} \frac{dy}{(q+yi)^b} =$$

$$= \frac{1}{\Gamma(a)} \int_0^{\infty} e^{-px} x^{a-1}\,dx\, \frac{\pi}{m} \frac{e^{-(k+y)m}}{(q+m)^b} \text{ (suivant l'intégrale que l'on vient de trouver)}$$

$$= \frac{\pi}{m\Gamma(a)} \frac{e^{-km}}{(q+m)^b} \int_0^{\infty} e^{-(p+m)x} x^{a-1}\,dx = \frac{\pi}{m\Gamma(a)} \frac{e^{-km}}{(q+m)^b} \frac{\Gamma(a)}{(p+m)^a} \text{(Méth. 3, N°. 7)} = \frac{\pi}{m} \frac{e^{-km}}{(p+m)^a (q+m)^b}. \quad (1842)$$

Il est évident que l'on peut procéder de la même manière et que l'on obtiendra ainsi:

$$\int_{-\infty}^{\infty} \frac{e^{-kyi}}{m^2+y^2} \frac{dy}{(p+yi)^a (q+yi)^b (r+yi)^c \ldots} = \frac{\pi}{m} \frac{e^{-km}}{(p+m)^a (q+m)^b (r+m)^c \ldots}. \text{ (T. 147, N°. 17).}$$

11. Prenons dans l'intégrale citée, T. 113, N°. 17, $p+yi = l(\lambda+yi)$, alors elle devient:

$$\int_0^{\infty} \frac{x^{\alpha-1}\,dx}{(\lambda+yi)^x} = \frac{\Gamma(\alpha)}{\{l(\lambda+yi)\}^{\alpha}} \quad \ldots\ldots\ldots\ldots\ldots\ldots \quad (1843)$$

$$\int_0^{\frac{\pi}{2}} l(1+p^2 \, Cot.^2 x) . l(1+q^2 \, Tang.^2 x) \frac{dx}{Cos.^2 x} = 2\pi \left[\frac{1+pq}{q} l(1+pq) - p\right], \quad (1839)$$

$$\int_0^{\frac{\pi}{2}} l(1+q^2 \, Tang.^2 x) . l\, Tang.\, x \frac{dx}{Sin.^2 x} = \pi q (1 - lq), \quad \ldots\ldots\ldots\ldots \quad (1840)$$

$$\int_0^{\frac{\pi}{2}} l(1+q^2 \, Cot.^2 x) . l\, Tang.\, x \frac{dx}{Cos.^2 x} = \pi q (lq - 1). \quad \ldots\ldots\ldots\ldots \quad (1841)$$

Multiplions par celle-ci l'intégrale T. 147, N°. 17, trouvée au Numéro précédent, il vient:

$$\int_{-\infty}^{\infty}\frac{e^{-kyi}}{m^2+y^2}\frac{1}{(p+yi)^a(q+yi)^b(r+yi)^c\dots}\frac{dy}{\{l(\lambda+yi)\}^\alpha}=\frac{1}{\Gamma(\alpha)}\int\frac{e^{-kyi}}{m^2+y^2}\frac{dx}{(p+yi)^a(q+yi)^b(r+yi)^c\dots}$$

$$\int_0^\infty\frac{x^{\alpha-1}dx}{(\lambda+yi)^x}=\frac{1}{\Gamma(\alpha)}\int_0^\infty x^{\alpha-1}dx\int_{-\infty}^\infty\frac{e^{-kyi}}{m^2+y^2}\frac{1}{(\lambda+yi)^x}\frac{dy}{(p+yi)^a(q+yi)^b(r+yi)^c\dots}=$$

$$=\frac{1}{\Gamma(\alpha)}\int_0^\infty x^{\alpha-1}dx\,\frac{\pi}{m}\,\frac{e^{-km}}{(\lambda+m)^x(p+m)^a(q+m)^b(r+m)^c\dots}\text{ (d'après T. 147, N°. 17)}=$$

$$=\frac{\pi}{m\Gamma(\alpha)}\frac{e^{-km}}{(p+m)^a(q+m)^b(r+m)^c\dots}\int_0^\infty\frac{x^{\alpha-1}dx}{(\lambda+m)^x}=\frac{\pi}{m}\frac{e^{-km}}{(p+m)^a(q+m)^b(r+m)^c\dots\{l(\lambda+m)\}^\alpha},$$

(d'après la formule (1843)). (T. 382, N°. 15). On voit comment on peut procéder de la même manière pour acquérir généralement:

$$\int_{-\infty}^\infty\frac{e^{-kyi}}{m^2+y^2}\frac{dy}{(p+yi)^a(q+yi)^b\dots\{l(\lambda+yi)\}^\alpha\{l(\mu+yi)\}^\beta\dots}=$$

$$=\frac{\pi}{m}\frac{e^{-km}}{(p+m)^a(q+m)^b\dots\{l(\lambda+m)\}^\alpha\{l(\mu+m)\}^\beta\dots}.\text{ (T. 382, N°. 16).}$$

12. On trouve Méth. 26, N°. 2 une intégrale que l'on peut écrire: $\int_0^\infty e^{-qx}\,Cos.\,yx.\,x^{p-1}dx=$ $=\frac{\Gamma(p)}{q^p}Cos.^p\varphi.\,Cos.\,p\varphi$, où $y=q\,Tang.\,\varphi$; d'où il suit $dy=\frac{q\,d\varphi}{Cos.^2\varphi}$ et encore $\frac{dy}{(1+y^2)^r}=$ $=\frac{q\,d\varphi}{Cos.^2\varphi.(1+q^2Tang.^2\varphi)^r}$. Multiplions cette équation par l'intégrale citée et la valeur de celle-ci, membre à membre, et remarquons qu'aux limites 0 et ∞ de y correspondent les limites 0 et $\frac{\pi}{2}$ de φ; alors nous aurons:

$$\frac{\Gamma(p)}{q^p}\int_0^{\frac{\pi}{2}}\frac{q\,d\varphi}{(1+q^2Tang.^2\varphi)^r}Cos.^{p-2}\varphi.\,Cos.\,p\varphi=\int_0^\infty e^{-qx}\,Cos.\,yx.\,x^{p-1}dx\int_0^\infty\frac{dx}{(1+y^2)^r}=$$

$$=\int_0^\infty e^{-qx}x^{p-1}dx\int_0^\infty\frac{Cos.\,yx\,dy}{(1+y^2)^r}=\int_0^\infty e^{-qx}x^{p-1}dx\int_0^\infty\frac{\pi}{\{\Gamma(r)\}^2}e^{-(x+2z)}(x+z)^{r-1}z^{r-1}dz,$$

(voyez Méth. 38, N°. 3), $=\frac{\pi}{\{\Gamma(r)\}^2}\int_0^\infty e^{-(q+1)x}x^{p-1}dx\int_0^\infty e^{-2z}(x+z)^{r-1}z^{r-1}dz$. Dans l'intégration par rapport à z substituons $z=xy$, où alors on a $dz=xdy$, puisque x est censé constant dans l'intégration suivant y; dès-lors l'intégrale double devient:

$$\int_0^{\frac{\pi}{2}} \frac{Cos.^{p-2}\varphi . Cos. p\varphi\, d\varphi}{(1+q^2\, Tang.^2 \varphi)^r} = \frac{\pi\, q^{p-1}}{\Gamma(p)\{\Gamma(r)\}^2} \int_0^\infty e^{-(q+1)x}\, x^{p-1}\, dy \int_0^\infty e^{-2xy}\, x^{2r-1}\, (1+y)^{r-1} y^{r-1}\, dy =$$

$$= \frac{\pi\, q^{p-1}}{\Gamma(p)\{\Gamma(r)\}^2} \int_0^\infty (1+y)^{r-1} y^{r-1}\, dy \int_0^\infty e^{-(q+1+2y)x}\, x^{p+2r-2}\, dx =$$

$$= \frac{\pi\, q^{p-1}}{\Gamma(p)\{\Gamma(r)\}^2} \int_0^\infty (1+y)^{r-1} y^{r-1}\, dy\, \frac{\Gamma(p+2r-1)}{(q+1+2y)^{p+2r-1}} \text{ (Méth. 3, N°. 7)}$$

$$= \frac{\pi\, q^{p-1}\,\Gamma(p+2r-1)}{\Gamma(p)\{\Gamma(r)\}^2} \int_0^\infty \frac{(1+y)^{r-1}\, y^{r-1}\, dy}{(q+1+2y)^{p+2r-1}}.$$ Pour $q=1$ on trouve:

$$\int_0^{\frac{\pi}{2}} Cos.^{p+2r-2}\varphi . Cos. p\varphi\, d\varphi = \frac{\pi\,\Gamma(p+2r-1)}{\Gamma(p)\{\Gamma(r)\}^2\, 2^{p+2r-1}} \int_0^\infty \frac{y^{r-1}\, dy}{(1+y)^{p+r}} = \frac{\pi\,\Gamma(p+2r-1)}{2^{p+2r-1}\Gamma(p+r)\Gamma(r)}.$$ [372]. (1844)

Pour $r=1$ il vient: $\int_0^{\frac{\pi}{2}} \frac{Cos.^{2-p}\varphi . Cos. p\varphi}{1+q^2\, Tg.^2\varphi}\, d\varphi = \frac{\pi\, q^{p-1}\,\Gamma(p+1)}{\Gamma(p)} \int_0^\infty \frac{dy}{(q+1+2y)^{p+1}} = \frac{\pi\, q^{p-1}}{2(q+1)^p},$

(d'après l'intégrale (51)). (T. 66, N°. 20). Ou, quand on y met pour $Cos.p\varphi$ son expression en imaginaires:

$$\int_0^{\frac{\pi}{2}} \frac{(Cos.\varphi . e^{\varphi i})^p + (Cos.\varphi . e^{-\varphi i})^p}{Cos.^2\varphi + q^2\, Sin.^2\varphi}\, d\varphi = \frac{\pi}{q}\left(\frac{q}{q+1}\right)^p.$$ (T. 294, N°. 1).

13. Enfin sous la condition mentionnée au N°. 1 on a: $\int_a^b dy \int_p^q F(x,y)\, dy = \int_p^q dy \int_a^b F(x,y)\, dx.$

Lorsqu'on connaît maintenant $\int_p^q F(x,y)\, dy = \varphi(x)$, $\int_a^b F(x,y)\, dy = \Phi(y)$, il s'ensuit la relation

---

[372] Pour $p+2r-1=q$ il vient T. 55, N°. 6, que l'on trouve d'une autre manière Méth. 23, N°. 24 et Méth. 38, N°. 7. Pour le cas de p zéro, on en déduit: $\int_0^{\frac{\pi}{2}} Cos.^p x\, dx = \frac{\pi}{2^{p+1}} \frac{\Gamma(p+1)}{\{\Gamma(\frac{1}{2}p+1)\}^2}$

(T. 53, N°. 21) $= \frac{\pi\,\Gamma(p+1)}{2^{p+1}} : \left[\frac{\Gamma(p+1)\sqrt{\pi}}{\Gamma\{\frac{1}{2}(p+1)\}}\right]^2$ (d'après Méth. 23, N°. 24 Note) $=$

$= 2^{p-1}\frac{[\Gamma\{\frac{1}{2}(p+1)\}]^2}{\Gamma(p+1)}$. (T. 53, N°. 22).

Page 611.

$\int_a^b \varphi(x)\,dx = \int_p^q \Phi(y)\,dy$; et lorsque à présent l'une de ces intégrales est connue, elle donne une évaluation de l'autre.

14. On a: $\int_0^p \frac{dp}{1+p^2\, Tang.^2 x} = \frac{1}{Tang.\, x}\int_0^p d.\, Arctg.\,(p\, Tang.\, x) = \frac{Arctg.\,(p\, Tang.\, x)}{Tang.\, x}$ et $\int_0^{\frac{\pi}{2}} \frac{dx}{1+p^2\, Tg.^2 x} = \frac{\pi}{2}\,\frac{1}{1+p}$. (Méth. 1, N°. 17). Donc: $\int_0^{\frac{\pi}{2}} dx \frac{Arctg.\,(p\, Tg.\, x)}{Tang.\, x} = \int_0^p dp.\frac{\pi}{2}\,\frac{1}{1+p} =$ $= \frac{\pi}{2}\int_0^p d.\, l(1+p) = \frac{\pi}{2}\, l(1+p)$. (T. 369, N°. 10). [373]. Pour p l'unité on a $Arctg.\,(Tg.\, x) = x$, puisque x reste toujours positif; donc: $\int_0^{\frac{\pi}{2}} \frac{x\,dx}{Tang.\, x} = \frac{\pi}{2}\, l\, 2$. (T. 239, N°. 6).

15. Soit $I = \int_0^{\frac{\pi}{2}} Sin.\, x\, dx \int_0^{\frac{\pi}{2}} \frac{dy}{Cos.^2 x + Cos.^2 p.\, Sin.^2 x.\, Cos.^2 y + Cos.^2 q.\, Sin.^2 x.\, Sin.^2 y} =$

$$= \int_0^{\frac{\pi}{2}} Sin.\, x\, dx \int_0^{\frac{\pi}{2}} \frac{dy}{(Cos.^2 x + Cos.^2 p.\, Sin.^2 x) + (Cos.^2 q - Cos.^2 p)\, Sin.^2 x.\, Sin.^2 y} =$$

$$= \int_0^{\frac{\pi}{2}} Sin.\, x\, dx \frac{\pi}{2\sqrt{\{(Cos.^2 x + Cos.^2 p.\, Sin.^2 x)(Cos.^2 x + Cos.^2 q.\, Sin.^2 x)\}}} \text{(suivant la formule (406))} =$$

$= \frac{\pi}{2}\int_0^{\frac{\pi}{2}} \frac{Sin.\, x\, dx}{\sqrt{\{Cos.^2 x + Cos.^2 p.\, Sin.^2 x)(Cos.^2 x + Cos.^2 q.\, Sin.^2 x)\}}}$. Supposons maintenant $Cos.\, x =$ $= Cot.\, q.\, Tang.\, y$, d'où $Sin.\, x\, dx = -Cot.\, q \frac{dy}{Cos.^2 y}$; pour $x = \frac{\pi}{2}$, on a $0 = Cot.\, q.\, Tang.\, y$, donc $y = 0$; pour $x = 0$, on a $1 = Cot.\, q.\, Tang.\, y$, donc $y = q$; et l'on trouve:

$$I = \frac{\pi}{2}\int_q^0 \frac{-Cot.\, q\, dy\, Sec.^2 y}{Cos.\, q.\, Sec.\, y.\sqrt{(Cos.^2 p + Sin.^2 p.\, Cot.^2 q.\, Tg.^2 y)}} = \frac{\pi}{2 Cos.\, p.\, Sin.\, q}\int_0^q \frac{dy}{\sqrt{\{1-(1-Tg.^2 p.\, Cot.^2 q)\, Sin.^2 y\}}} =$$

$= \frac{\pi}{2\, Cos.\, p.\, Sin.\, q}\, F\,\{q, \sqrt{(1 - Tang.^2 p.\, Cot.^2 q)}\}$. Mais d'un autre côté on a aussi, en changeant

---

[373] Pour $Tang.\, x = y$ on a: $\int_0^\infty Arctg.\, px \frac{dx}{x(1+x^2)} = \frac{\pi}{2}\, l(1+p)$. (T. 266, N°. 3).

l'ordre des intégrations: $I = \int_0^{\frac{\pi}{2}} dy \int_0^{\frac{\pi}{2}} \frac{Sin.\,x\,dx}{Cos.^2 x + Cos.^2 p.\,Sin.^2 x.\,Cos.^2 y + Cos.^2 q.\,Sin.^2 x.\,Sin.^2 y}$.

Supposez ici $Cos.^2 p.\,Cos.^2 y + Cos.^2 q.\,Sin.^2 y = Cos.^2 \varphi$, (a), où φ est constant par rapport à x, alors:

$$I = \int_0^{\frac{\pi}{2}} dy \int_0^{\frac{\pi}{2}} \frac{Sin.\,x\,dx}{Cos.^2 x + Cos.^2 \varphi.\,Sin.^2 x} = \int_0^{\frac{\pi}{2}} dy \int_0^{\frac{\pi}{2}} \frac{-\,d.\,Cos.\,x}{Cos.^2 \varphi + Sin.^2 \varphi.\,Cos.^2 x} =$$

$$= -\int_0^{\frac{\pi}{2}} dy \frac{1}{Sin.\varphi.\,Cos.\,\varphi} \int_0^{\frac{\pi}{2}} d.\,Arctg.\,(Tang.\,\varphi.\,Cos.\,x) = \int_0^{\frac{\pi}{2}} dy \frac{\varphi}{Sin.\varphi.\,Cos.\,\varphi}.$$ Mais de la supposition

(a) il s'ensuit $Sin.^2 y = \frac{Cos.^2 p - Cos.^2 \varphi}{Cos.^2 p - Cos.^2 q}$, donc pour $y = 0$, $\varphi = p$; et $Cos.^2 y = \frac{Cos.^2 \varphi - Cos.^2 q}{Cos.^2 p - Cos.^2 q}$,

donc pour $y = \frac{\pi}{2}$, $\varphi = q$; ensuite $-\,2\,Sin.\varphi.\,Cos.\,\varphi\,d\varphi = -\,2\,Sin.y.\,Cos.\,y\,dy\,(Cos.^2 p - Cos.^2 q)$; et par

conséquent: $I = \int_p^q \frac{\varphi}{Sin.\varphi.\,Cos.\,\varphi} \frac{Sin.\varphi.\,Cos.\,\varphi\,d\varphi}{Cos.^2 p - Cos.^2 q} \frac{1}{\sqrt{\frac{Cos.^2 p - Cos.^2 \varphi}{Cos.^2 p - Cos.^2 q}} \sqrt{\frac{Cos.^2 \varphi - Cos.^2 q}{Cos.^2 p - Cos.^2 q}}}$, et enfin:

$$\int_p^q \frac{\varphi\,d\varphi}{\sqrt{(Cos.^2 p - Cos.^2 \varphi)(Cos.^2 \varphi - Cos.^2 q)}} = \ldots\ldots\ldots\ldots \quad (1842)$$

$$= \frac{\pi}{2\,Cos.\,p.\,Sin.\,q} F\left\{q\,,\sqrt{(1 - Tang.^2 p.\,Cot.^2 q)}\right\} = \int_p^q \frac{\varphi\,d\varphi}{\sqrt{(Sin.^2 \varphi - Sin.^2 p)(Sin.^2 q - Sin.^2 \varphi)}}.$$

(T. 253, N°. 1). [374].

---

§ 12. MÉTHODE 38. MULTIPLICATION DE DEUX INTÉGRALES DÉFINIES.

1. On peut considérer le produit de deux intégrales définies comme une intégrale double, où les variables sont séparées; mais afin de pouvoir réduire une telle intégrale, il faut lui ôter ce caractère, et c'est ce que l'on peut faire en général de deux manières. En premier lieu on peut substituer aux variables x et y, considérées comme coordonnées rectangulaires, deux autres variables r et φ, considérées comme coordonnées polaires; alors la nouvelle intégrale double se prête quelquefois plus facilement à la réduction. En tous cas néanmoins il faut pour le succès légitime de

---

[374] Déjà déduite Méth. 7, N°. 24.
Page 613.

cette méthode que l'intégrale double, c'est-à-dire la superficie d'une surface courbe, reste toujours déterminée et finie entre les deux systèmes de limites, de sorte que cette discussion exige en général des considérations géométriques spéciales. Mais on peut réussir aussi par la substitution de $y = px$, lorsqu'il faut intégrer d'abord par rapport à y; car dans cette intégration alors x est traité comme constant, et l'on a par conséquent $dy = x dp$, où maintenant p est la nouvelle variable qui remplace y. De cette manière il se peut que la double intégration devienne possible [375].

2. Donnons un seul exemple de la première méthode. Pour $I = \int_0^\infty e^{-x^2} dx$ il est aussi $I^2 = \int_0^\infty e^{-x^2} dx \int_0^\infty e^{-y^2} dy = \int_0^\infty \int_0^\infty e^{-(x^2+y^2)} dx\, dy$. Par l'introduction des coordonnées polaires $x = \varrho\, Cos.\, \varphi$, $y = \varrho\, Sin.\, \varphi$, on a $x^2 + y^2 = \varrho^2$, et l'élément de la surface $dx\, dy = \varrho\, d\varrho\, d\varphi$; en outre ϱ doit varier entre les limites 0 et ∞, φ entre 0 et $\frac{\pi}{2}$, pour obtenir l'espace compris dans dans l'angle droit, correspondant aux limites 0 et ∞ de x et 0 et ∞ de y. On a donc:

$$I = \int_0^\infty e^{-\varrho^2} \varrho\, d\varrho \int_0^{\frac{\pi}{2}} d\varphi = \frac{\pi}{2} \int_0^\infty e^{-\varrho^2} \varrho\, d\varrho = -\frac{\pi}{4} \int_0^\infty d.\, e^{-\varrho^2} = \frac{\pi}{4}, \text{ d'où: } I = \int_0^\infty e^{-x^2} dx = \frac{1}{2} \sqrt{\pi}.$$

(T. 36, N°. 7). [376].

3. L'autre méthode nous fournira des résultats de quelque intérêt et des relations, dont nous nous sommes servis déjà antérieurement. — On a (Méth. 18, N°. 2): $\frac{\Gamma(p)}{(1+xi)^p} = \int_0^\infty y^{p-1} e^{-y(1+xi)} dy$,

$$\frac{\Gamma(p)}{(1-xi)^p} = \int_0^\infty z^{p-1} e^{-z(1-xi)} dz, \text{ donc leur produit: } \frac{\{\Gamma(p)\}^2}{(1+x^2)^p} = \int_0^\infty y^{p-1} e^{-y(1+xi)} dy \int_0^\infty z^{p-1} e^{-z(1-xi)} dz.$$

Multiplions cette équation par $e^{qxi} \frac{dx}{x}$, et intégrons par rapport à x entre les limites 0 et ∞, il vient:

$$\{\Gamma(p)\}^2 \int_0^\infty \frac{e^{qxi}}{(1+x^2)^p} \frac{dx}{x} = \int_0^\infty e^{qxi} \frac{dx}{x} \int_0^\infty y^{p-1} e^{-y(1+xi)} dy \int_0^\infty z^{p-1} e^{-z(1-xi)} dz =$$

$$= \int_0^\infty e^{-y} y^{p-1} dy \int_0^\infty e^{-z} z^{p-1} dz \int_0^\infty e^{(q+z-y)xi} \frac{dx}{x}.$$

Séparons maintenant les parties réelles et les par-

---

[375] Voyez Raabe, Journal von Crelle, Bd. 48, S. 157. Consultez encore Bonnet, Journal de Liouville, T. 14, p. 249, qui y fait des objections page 255.

[376] Autrement déduite Méth. 4, N°. 7, Méth. 44, N°. 2.

tes imaginaires; les dernières nous fournissent:

$$\{\Gamma(p)\}^2 \int_0^\infty \frac{Sin.\,qx}{(1+x^2)^p}\frac{dx}{x} = \int_0^\infty e^{-y}y^{p-1}\,dy \int_0^\infty e^{-z}z^{p-1}\,dz \int_0^\infty Sin.\,\{(q+z-y)x\}\frac{dx}{x}.$$

Comme la dernière intégrale est $\pm\frac{\pi}{2}$, suivant que y est plus petit ou plus grand que $q+z$ (d'après Méth. 34, N°. 2), il faut diviser l'intégration par rapport à y dans deux parties, l'une de 0 à $q+z$, l'autre de $q+z$ à ∞, et l'on aura ainsi: $\{\Gamma(p)\}^2 \int_0^\infty \frac{Sin.\,qx}{(1+x^2)^p}\frac{dx}{x} =$

$$= \int_0^\infty e^{-z}z^{p-1}\,dz \left[\int_0^{q+z} e^{-y}y^{p-1}\,dy \int_0^\infty Sin.\,\{(q+z-y)x\}\frac{dx}{x} - \int_{q+z}^\infty e^{-y}y^{p-1}\,dy \int_0^\infty Sin.\,\{(y-q-z)x\}\frac{dx}{x}\right] =$$

$$= \frac{\pi}{2}\int_0^\infty e^{-z}z^{p-1}\,dz \left[\int_0^{q+z} e^{-y}y^{p-1}\,dy - \int_{q+z}^\infty e^{-y}y^{p-1}\,dy\right].$$ Différentions cette équation par rapport à q, où il faut avoir égard à la formule (28) de la Première Partie, alors: $\{\Gamma(p)\}^2 \int_0^\infty \frac{Cos.\,qx}{(1+x^2)^p}dx =$

$$= \frac{\pi}{2}\int_0^\infty e^{-z}z^{p-1}dz\left[(q+z)^{p-1}e^{-(q+z)} - (-1)(q+z)^{p-1}e^{-(q+z)}\right] = \pi e^{-q}\int_0^\infty e^{-2z}z^{p-1}(q+z)^{p-1}dz, (a),$$

relation qui donne pour $p=1$: $\int_0^\infty \frac{Cos.\,qx\,dx}{1+x^2} = \pi e^{-q}\int_0^\infty e^{-2z}dz = \frac{\pi}{2}e^{-q}$. (T. 204, N°. 2). [377].

4. Pour $I = \int_0^\infty \frac{x^{p-1}\,dx}{1+x}$, on a: $I^2 = \int_0^\infty \frac{x^{p-1}\,dx}{1+x}\int_0^\infty \frac{y^{p-1}\,dy}{1+y}$. Supposez-y $y = \frac{z}{x}$, d'où $dy = \frac{dx}{x}$, il vient: $I^2 = \int_0^\infty \frac{x^{p-1}\,dx}{1+x}\int_0^\infty \frac{x^{1-p}z^{p-1}}{1+\frac{z}{x}}\frac{dz}{x}, (a), = \int_0^\infty z^{p-1}\,dz\int_0^\infty \frac{dx}{(1+x)(x+z)} =$

$= \int_0^\infty z^{p-1}\,dz\frac{1}{z-1}\,lz$(d'après Méth. 9, N°. 23) $= \frac{d}{dp}.\int_0^\infty \frac{z^{p-1}\,dz}{z-1}$, d'où par suite: $\int I^2\,dp = \int_0^\infty \frac{z^{p-1}\,dz}{z-1}, (b)$

et encore: $I\int I^2\,dp = \int_0^\infty \frac{z^{p-1}\,dz}{z-1}\int_0^\infty \frac{v^{p-1}z^{1-p}}{1+\frac{v}{z}}\frac{dv}{z}$ (par l'emploi de la valeur transformée de I,

[377] Comme on trouve Méth. 5, N°. 8, Méth. 18, N°. 4, 8, Méth. 24, N°. 4, Méth. 25, N°. 2, Méth. 42, N°. 2, Méth. 43, N°. 14.

ainsi qu'elle se trouve dans l'équation (a)), $=\int_0^\infty v^{p-1}\,dv\int_0^\infty \frac{dz}{(1-z)(v+z)}=\int_0^\infty v^{p-1}\,dv\,\frac{lv}{1+v}$ (Méth. 9, N°. 23) $=\frac{d}{dp}.\int_0^\infty \frac{v^{p-1}\,dv}{1+v}=\frac{d\mathrm{I}}{dp}$, d'où de nouveau: $\int \mathrm{I}^2\,dp=\frac{d\mathrm{I}}{\mathrm{I}\,dp}$. Différentions cette équation par rapport à p, alors $\mathrm{I}^2=\frac{1}{\mathrm{I}}\frac{d^2\mathrm{I}}{dp^2}-\frac{1}{\mathrm{I}^2}\frac{d\mathrm{I}}{dp}\frac{d\mathrm{I}}{dp}$. Maintenant supposons $\frac{d\mathrm{I}}{dp}=q$, d'où $\frac{d^2\mathrm{I}}{dp^2}=\frac{dq}{dp}=\frac{q\,dq}{q\,dp}=\frac{1}{2}\frac{d.q^2}{d\mathrm{I}}$, et nous trouvons: $\mathrm{I}^2=\frac{1}{2\mathrm{I}}\frac{d.q^2}{d\mathrm{I}}-\frac{1}{\mathrm{I}^2}q^2=\frac{d.q^2}{d.\mathrm{I}^2}-\frac{q^2}{\mathrm{I}^2}$, d'où: $d\,\mathrm{I}^2=$ $=\frac{\mathrm{I}^2\,d.q^2-q^2\,d.\mathrm{I}^2}{\mathrm{I}^4}=d.\frac{q^2}{\mathrm{I}^2}$, et par l'intégration: $\mathrm{I}^2=\frac{q^2}{\mathrm{I}^2}+\mathrm{C}$. Pour déterminer la constante, soit $p=\frac{1}{2}$, alors $\mathrm{I}=\int_0^\infty \frac{x^{-\frac{1}{2}}\,dx}{1+x}=2\int_0^\infty \frac{dy}{1+y^2}=\pi$, où l'on a substitué $x=y^2$; donc: $q=\frac{d\mathrm{I}}{dp}=0$, et par conséquent $\pi^2=\mathrm{C}+0$, d'où ensuite $\mathrm{I}^2=\pi^2+\frac{q^2}{\mathrm{I}^2}$, et enfin $\pm q=\frac{d\mathrm{I}}{dp}=\mathrm{I}\sqrt{(\mathrm{I}^2-\pi^2)}$.

On en tire: $\pm\,dp=\frac{d\mathrm{I}}{\mathrm{I}\sqrt{(\mathrm{I}^2-\pi^2)}}=\frac{d\mathrm{I}}{\mathrm{I}^2}:\sqrt{\left(1-\frac{\pi^2}{\mathrm{I}^2}\right)}=\frac{1}{\pi}\frac{d.\frac{\pi}{\mathrm{I}}}{\sqrt{\left(1-\frac{\pi^2}{\mathrm{I}^2}\right)}}=\frac{1}{\pi}\,d.\,Arcsin.\frac{\pi}{\mathrm{I}}$. L'intégration donne maintenant: $\pm\pi(p+\mathrm{C})=Arcsin.\frac{\pi}{\mathrm{I}}$, d'où $\mathrm{I}=\frac{\pi}{Sin.\{\pm\pi(p+\mathrm{C})\}}$. Or, nous avons vu que la valeur $\frac{1}{2}$ de p réduit I à π; de sorte qu'alors on a: $Sin.\left\{\pm\pi\left(\frac{1}{2}+\mathrm{C}\right)\right\}=1$, $\pm\pi\left(\frac{1}{2}+\mathrm{C}\right)=\frac{\pi}{2}$, $\mathrm{C}=-\frac{1}{2}\pm\frac{1}{2}=0$, ou $=-1$; donc: $Sin.\{+\pi(p+\mathrm{C})\}=Sin.(p\pi+0)=Sin.p\pi$, $Sin.\{-\pi(p+\mathrm{C})=Sin.\{-\pi(p-1)\}=Sin.(\pi-p\pi)=Sin.p\pi$, ce qui revient au même; donc toujours: $\mathrm{I}=\int_0^\infty \frac{x^{p-1}\,dx}{1+x}=\frac{\pi}{Sin.p\pi}$. (T. 18, N°. 2). [378].

---

[378] Voyez sur une autre déduction Méth. 1, N°. 29, Méth. 22, N°. 12, Méth. 27, N°. 3. Cette transformation curieuse est due à DEDEKIND, qui l'a exposée dans sa dissertation: Ueber die Elemente der Theorie der EULER'schen Integrale. Göttingen. Huth. 1852. 23 S. 4°. L'intégration de l'équation (b) donne encore: $\int_0^\infty \frac{z^{p-1}\,dz}{1-z}=\int \mathrm{I}^2\,dp=\int \frac{\pi^2\,dp}{Sin.^2\,p\pi}=-\pi\,Cot.p\pi$, (T. 18, N°. 8), ainsi que l'on trouve Méth. 22, N°. 11.

Page 616.

5. Dans l'intégrale $\int_0^\infty y^{p-1} e^{-ry}\, dy = \frac{\Gamma(p)}{r^p}$ (Méth. 18, N°. 2) prenez pour r successivement e^{xi} et e^{-xi} et multipliez les deux équations correspondantes; il vient par le changement de p en q dans la seconde intégrale: $\frac{\Gamma(p)}{e^{pxi}} \cdot \frac{\Gamma(q)}{e^{-qxi}} = \int_0^\infty y^{p-1} e^{-ye^{xi}}\, dy \int_0^\infty z^{q-1} e^{-ze^{-xi}}\, dz$. Pour lier les deux intégrations dans cette intégrale double, soit $z = y\varphi$, d'où $dz = y\, d\varphi$, et ensuite:

$$\Gamma(p)\Gamma(q) e^{(q-p)xi} = \int_0^\infty y^{p-1} e^{-ye^{xi}} dy \int_0^\infty (y\varphi)^{q-1} e^{-y\varphi e^{-xi}} y\, d\varphi = \int_0^\infty \varphi^{q-1} d\varphi \int_0^\infty y^{p+q-1} e^{-y(e^{xi}+\varphi e^{-xi})}\, dy =$$

$$= \int_0^1 \varphi^{q-1} d\varphi \int_0^\infty y^{p+q-1} e^{-y[(1+\varphi)Cos.x+(1-\varphi)iSin.x]} dy + \int_1^\infty \varphi^{q-1} d\varphi \int_0^\infty y^{p+q-1} e^{-y[(1+\varphi)Cos.x+(1-\varphi)iSin\, x]} dy,$$

où d'une part l'on a développé l'expression imaginaire $e^{xi} + \varphi e^{-xi}$, et d'autre part on a divisé la distance des limites 0 et ∞ par rapport à φ dans les deux parties 0 à 1 et 1 à ∞. Maintenant dans la seconde de ces intégrales doubles soit $\varphi = \frac{1}{\varphi}$, alors on obtient: $\Gamma(p)\Gamma(q) e^{(q-p)xi} =$

$$= \int_0^1 \varphi^{q-1} d\varphi \int_0^\infty y^{p+q-1} e^{-y[(1+\varphi)Cos.x+(1-\varphi)iSin.x]} dy + \int_0^1 \varphi^{-q-1} d\varphi \int_0^\infty y^{p+q-1} e^{-y\left[\left(1+\frac{1}{\varphi}\right)Cos.x+\left(1-\frac{1}{\varphi}\right)iSin.x\right]} dy =$$

$$= \int_0^1 \varphi^{q-1} d\varphi \frac{\Gamma(p+q)}{\{(1+\varphi)^2 Cos.^2 x + (1-\varphi)^2 Sin.^2 x\}^{\frac{p+q}{2}}} e^{-(p+q)iArctg.\left\{\frac{1-\varphi}{1+\varphi}\frac{Sin.x}{Cos.x}\right\}} +$$

$$+ \int_0^1 \varphi^{-q-1} d\varphi \frac{\Gamma(p+q)}{\left\{\left(1+\frac{1}{\varphi}\right)^2 Cos.^2 x + \left(1-\frac{1}{\varphi}\right)^2 Sin.^2 x\right\}^{\frac{p+q}{2}}} e^{-(p+q)iArctg.\left\{\frac{1-\frac{1}{\varphi}}{1-\frac{1}{\varphi}}\frac{Sin.x}{Cos.x}\right\}}$$ (d'après l'expression de Méth. 24, N°. 6, Note) $= \Gamma(p+q)\Bigg\{\int_0^1 e^{-(p+q)iArctg.\left(\frac{1-\varphi}{1+\varphi}Tg.x\right)} \frac{\varphi^{q-1}}{\{(1+\varphi)^2 + (1-\varphi)^2 Tg.^2 x\}^{\frac{p+q}{2}}} \frac{d\varphi}{Cos.^{p+q} x} +$

$$+ \int_0^1 e^{(p+q)iArctg.\left(\frac{1-\varphi}{1+\varphi}Tg\, x\right)} \frac{\varphi^{p-1}}{\{(1+\varphi)^2 + (1-\varphi)^2 Tang.^2 x\}^{\frac{p+q}{2}}} \frac{d\varphi}{Cos.^{p+q} x}\Bigg\} \ldots\ldots\ldots (a)$$

Avant d'aller plus loin nous tirerons quelques corollaires de cette équation; elle devient pour $x = \frac{\pi}{4}$, d'où $Tang.\, x = 1$: $\frac{\Gamma(p)\Gamma(q)}{\Gamma(p+q)} e^{\frac{q-p}{4}\pi i} = \int_0^1 e^{-(p+q)iArctg.\left(\frac{1-\varphi}{1+\varphi}\right)} \frac{\varphi^{q-1}}{2^{\frac{p+q}{2}}(1+\varphi^2)^{\frac{p+q}{2}}} \frac{d\varphi}{2^{-\frac{p+q}{2}}} +$

$+ \int_0^1 e^{(p+q)iArctg.\left(\frac{1-\varphi}{1+\varphi}\right)} \frac{\varphi^{p-1}}{2^{\frac{p+q}{2}}(1+\varphi^2)^{\frac{p+q}{2}}} \frac{d\varphi}{2^{-\frac{p+q}{2}}}$. Dans la dernière de ces intégrales substituez

$\varphi = Cot.\chi,\ d\varphi = \frac{-d\chi}{Sin.^2\chi},\ 1+\varphi^2 = Cosec.^2\chi,\ \frac{1-\varphi}{1+\varphi} = -Tg.\left(\frac{\pi}{4}-\chi\right)$, avec $\frac{\pi}{2}$ et $\frac{\pi}{4}$ comme limites de χ; dans l'avant-dernière au contraire substituez $\varphi = Tg.\psi,\ d\varphi = \frac{d\psi}{Cos.^2\psi},\ 1+\varphi^2 = Sec.^2\psi,\ \frac{1-\varphi}{1+\varphi} = Tg.\left(\frac{\pi}{4}-\psi\right)$, avec les limites 0 et $\frac{\pi}{4}$ de ψ; il vient alors:

$$\frac{\Gamma(p)\Gamma(q)}{\Gamma(p+q)} e^{\frac{q-p}{4}\pi i} = \int_0^{\frac{\pi}{2}} \frac{Tg.^{q-1}\psi\, d\psi}{Cos.^2\psi.\, Sec.^{p+q}\psi} e^{-(p+q)i\left(\frac{\pi}{4}-\psi\right)} + \int_{\frac{\pi}{2}}^{\frac{\pi}{4}} \frac{-Cot.^{p-1}\chi\, d\chi}{Sin.^2\chi.\, Cosec.^{p+q}\chi} e^{-(p+q)i\left(\frac{\pi}{4}-\chi\right)} =$$

$$= \int_0^{\frac{\pi}{2}} Sin.^{q-1}\psi.\, Cos.^{p-1}\psi.\, e^{-(p+q)\left(\frac{\pi}{4}-\psi\right)i}\, d\psi + \int_{\frac{\pi}{4}}^{\frac{\pi}{2}} Cos.^{p-1}\chi.\, Sin.^{q-1}\chi.\, e^{-(p+q)\left(\frac{\pi}{4}-\chi\right)i}\, d\chi =$$

$= \int_0^{\frac{\pi}{2}} Sin.^{q-1}x.\, Cos.^{p-1}x.\, e^{-(p+q)\left(\frac{\pi}{4}-x\right)i}\, dx$, où, à cause de l'identité des deux fonctions, intégrées respectivement entre les limites 0 et $\frac{\pi}{4}$, $\frac{\pi}{4}$ et $\frac{\pi}{2}$, on les a rassemblées dans une seule intégration de 0 à $\frac{\pi}{2}$. Multiplions par $e^{\frac{p+q}{4}\pi i}$; alors: $\int_0^{\frac{\pi}{2}} Cos.^{p-1}x.\, Sin.^{q-1}x.\, e^{(p+q)xi}\, dx = \frac{\Gamma(p)\Gamma(q)}{\Gamma(p+q)} e^{\frac{1}{2}q\pi i}$. (T.287, N°.2). [379].

Comme on a: $\Gamma(q) = \frac{\pi}{2\Gamma(1-q)\, Sin.\frac{1}{2}q\pi.\, Cos.\frac{1}{2}q\pi}$ (Méth. 4, N°. 6, Note, formule B), il vient par la séparation de la partie imaginaire et de la partie réelle: $\int_0^{\frac{\pi}{2}} Cos.^{p-1}x.\, Sin.^{q-1}x.\, Cos.\{(p+q)x\}\, dx =$

$= \frac{\Gamma(p)}{\Gamma(p+q)\Gamma(1-q)} \frac{\pi}{2\, Sin.\frac{1}{2}q\pi}$, $\int_0^{\frac{\pi}{2}} Cos.^{p-1}x.\, Sin.^{q-1}x.\, Sin.\{(p+q)x\}\, dx = \frac{\Gamma(p)}{\Gamma(p+q)\Gamma(1-q)} \frac{\pi}{2\, Cos.\frac{1}{2}q\pi}$.

(T. 57, N°. 11). Ces expressions se prêtent à la supposition de q zéro, laquelle nous fournit:

$\int_0^{\frac{\pi}{2}} Cos.^{p-1}x \frac{Cos.\,px}{Sin.\,x} dx = \infty$, . . (1843), $\int_0^{\frac{\pi}{2}} Cos.^{p-1}x \frac{Sin.\,px}{Cos.\,x} dx = \frac{\pi}{2}$. (T. 62, N°. 1). [380].

---

[379] Autrement Méth. 17, N°. 20. — La séparation des parties réelles et des parties imaginaires donne encore T. 57, N°. 9, 10, que l'on a aussi déduites Méth. 17, N°. 20, Méth. 23, N°. 24.

[380] Sur une autre déduction voyez Méth. 7, N°. 20.

Page 618.

6. Maintenant retournons à l'équation (a) du Nr. précédent; multiplions-la par $Cos.^{p+q-2}x$ et intégrons entre les limites 0 et $\frac{\pi}{2}$ de x, nous acquerrons: $\frac{\Gamma(p)\Gamma(q)}{\Gamma(p+q)}\int_0^{\frac{\pi}{2}} e^{(q-p)xi}.\, Cos.^{p+q-2}x\,dx =$

$$\int_0^1 \varphi^{q-1}d\varphi \int_0^{\frac{\pi}{2}} e^{-(p+q)i Arctg.\left(\frac{1-\varphi}{1+\varphi}Tang.x\right)} \frac{1}{(1+\varphi)^{p+q}\left\{1+\left(\frac{1-\varphi}{1+\varphi}\right)^2 Tang.^2 x\right\}^{\frac{p+q}{2}}}\frac{dx}{Cos.^2 x} +$$

$$+\int_0^1 \varphi^{p-1}d\varphi \int_0^{\frac{\pi}{2}} e^{(p+q)i Arctg.\left(\frac{1-\varphi}{1+\varphi}Tg.x\right)} \frac{1}{(1+\varphi)^{p+q}\left\{1+\left(\frac{1-\varphi}{1+\varphi}\right)^2 Tg.^2\varphi\right\}^{\frac{p+q}{2}}}\frac{dx}{Cos.^2 x}.$$

La substitution $\frac{1-\varphi}{1+\varphi}Tg.x = Tg.\chi$ donne $\frac{1-\varphi}{1+\varphi}\frac{dx}{Cos.^2 x} = \frac{d\chi}{Cos.^2\chi}$, puisque dans l'intégration par rapport à x, φ est considéré comme constant; les limites de x et de χ sont simultanément 0 et $\frac{\pi}{2}$; on trouve donc: $\frac{\Gamma(p)\Gamma(q)}{\Gamma(p+q)}\int_0^{\frac{\pi}{2}} e^{(q-p)xi}Cos.^{p+q-2}x dx = \int_0^1 \frac{\varphi^{q-1}d\varphi}{(1-\varphi)(1+\varphi)^{p+q-1}}\int_0^{\frac{\pi}{2}} e^{-(p+q)\chi i}Cos.^{p+q-2}\chi\, d\chi +$

$$+\int_0^1 \frac{\varphi^{p-1}d\varphi}{(1-\varphi)(1+\varphi)^{p+q-1}}\int_0^{\frac{\pi}{2}} e^{(p+q)\chi i}Cos.^{p+q-2}\chi\, d\chi.$$

Développez les exponentielles imaginaires dans ces trois intégrales et séparez la partie réelle de la partie imaginaire, il vient par le changement de $p+q-2$ en q', et de $q-p$ en p', d'où $p = \frac{q'-p'+2}{2}$, $q = \frac{q'+p'+2}{2}$, et ensuite par l'omission des accents:

$$\frac{\Gamma\left(\frac{q-p}{2}+1\right)\Gamma\left(\frac{q+p}{2}+1\right)}{\Gamma(q+2)}\int_0^{\frac{\pi}{2}} Cos.px.Cos.^q x dx = \int_0^1 \frac{\varphi^{\frac{q-p}{2}}+\varphi^{\frac{q+p}{2}}}{(1+\varphi)^{q+1}(1-\varphi)}d\varphi\int_0^{\frac{\pi}{2}} Cos.\{(q+2)x\}.Cos.^q x dx,$$

$$\frac{\Gamma\left(\frac{q-p}{2}+1\right)\Gamma\left(\frac{q+p}{2}+1\right)}{\Gamma(q+2)}\int_0^{\frac{\pi}{2}} Sin.px.Cos.^q x dx = \int_0^1 \frac{\varphi^{\frac{q-p}{2}}-\varphi^{\frac{p+q}{2}}}{(1+\varphi)^{q+1}(1-\varphi)}d\varphi\int_0^{\frac{\pi}{2}} Sin.\{(q+2)x\}.Cos.^q x dx,. \quad (b)$$

formules générales de réduction, où la double intégrale n'est proprement que le produit de deux intégrales définies simples, à cause de la séparation des variables. Dans la seconde, l'intégrale par rapport à φ est finie; prenons-y p l'unité, alors, quand nous ôtons le facteur $1-\varphi$ commun au numérateur et

Page 619.

au dénominateur: $\dfrac{\Gamma\left(\frac{q+1}{2}\right)\Gamma\left(\frac{q+3}{2}\right)}{\Gamma(q+2)}\int_0^{\frac{\pi}{2}} Sin.x.Cos.^q x\,dx = \int_0^1 \frac{\varphi^{\frac{q-1}{2}}d\varphi}{(1+\varphi)^{q+1}}\int_0^{\frac{\pi}{2}} Sin.\{(q+2)x\}.Cos.^q x\,dx.$

Or, on a (Méth. 7, N°. 9) pour l'intégrale quant à φ, à l'aide de Méth. 23, N°. 24, Note, $\dfrac{\Gamma\left(\frac{q+1}{2}\right)\Gamma\left(\frac{q+1}{2}+1\right)}{\Gamma(q+2)}$, donc: $\int_0^{\frac{\pi}{2}} Cos.^q x.Sin.\{(q+2)x\}\,dx = \int_0^{\frac{\pi}{2}} Cos.^q x.Sin.x\,dx = \dfrac{1}{q+1}$. [381].

(T. 55, N°. 1). Substituons ce résultat dans la seconde des équations précédentes (b), nous aurons, puisque $\Gamma(q+2)=(q+1)\Gamma(q+1)$: $\int_0^{\frac{\pi}{2}} Cos.^q x.Sin.px\,dx = \dfrac{\Gamma(q+1)}{\Gamma\left(\frac{q+p}{2}+1\right)\Gamma\left(\frac{q-p}{2}+1\right)}\int_0^1 \dfrac{\varphi^{\frac{q-p}{2}}-\varphi^{\frac{p+q}{2}}}{(1+\varphi)^{q+1}(1-\varphi)}d\varphi$. ($c$)

Prenons-y q zéro et $p=2(1-2a)$, alors: $\int_0^{\frac{\pi}{2}} Sin\{(1-2a)2x\}\,dx = \dfrac{-1}{2(1-2a)}\int_0^{\frac{\pi}{2}} d.Cos\{(1-2a)2x\} =$

$= \dfrac{1-Cos.\{(1-2a)\pi\}}{2(1-2a)} = \dfrac{\Gamma(1)}{\Gamma(2-2a)\Gamma(2a)}\int_0^1 \dfrac{\varphi^{2a-1}-\varphi^{1-2a}}{(1+\varphi)(1-\varphi)}d\varphi$ (ou par la substitution de $\varphi^2 = x$) $=$

$= \dfrac{1}{(1-2a)\Gamma(1-2a)\Gamma(2a)}\int_0^1 \dfrac{x^{a-\frac{1}{2}}-x^{\frac{1}{2}-a}}{1-x}\dfrac{dx}{2\sqrt{x}} = \dfrac{1}{2(1-2a)\pi\, Cosec.2a\pi}\int_0^1 \dfrac{x^{a-1}-x^{-a}}{1-x}dx,$

(suivant Méth. 4, N°. 6, Note, formule B). Donc: $\int_0^1 \dfrac{x^{a-1}-x^{-a}}{1-x}dx = \pi\dfrac{1-Cos.\{(1-2a)\pi\}}{Sin.2a\pi} =$

$= \pi\dfrac{1+Cos.2a\pi}{Sin.2a\pi} = \pi\dfrac{2\,Sin.^2 a\pi}{2\,Sin.a\pi.\,Cos.a\pi} = \pi\,Cot.a\pi$, (T. 5, N°. 6), [382], où a est tout-à-fait arbitraire.

---

[381] Puisque $\int_0^{\frac{\pi}{2}} Cos.^q x.Sin.x\,dx = -\dfrac{1}{q+1}\int_0^{\frac{\pi}{2}} d.\,Cos.^{q+1}x = \dfrac{1}{q+1}$. . . . . . . (1844)

L'intégrale du texte a déjà été trouvée Méth. 14, N°. 8.

[382] Déjà trouvée Méth. 22, N°. 11. Comme (Méth. 1, N°. 2) il est: $\int_0^1 x^{a-1}\,dx = \int_0^1 \dfrac{x^{a-1}-x^a}{1-x}dx = \dfrac{1}{a}$,

on en déduit encore: $\int_0^1 \dfrac{x^a-x^{-a}}{1-x}dx = \pi\,Cot.a\pi - \dfrac{1}{a}$. (T. 5, N°. 5).

Page 620.

7. Dans la première des intégrales (b) au contraire l'intégrale par rapport à φ est infinie; nommons cette double intégrale $F(p)$, alors nous aurons la différence $F(p) - F(r) =$

$$= \int_0^1 \frac{\varphi^{\frac{q+p}{2}} + \varphi^{\frac{q-p}{2}} - \varphi^{\frac{q+r}{2}} - \varphi^{\frac{q-r}{2}}}{(1+\varphi)^{q+1}(1-\varphi)} d\varphi \int_0^{\frac{\pi}{2}} Cos.\{(q+2)x\}.\,Cos.^q x\,dx,$$ qui séra évidemment finie. Mais

on trouve: $F(0) = \dfrac{\Gamma\left(\frac{q}{2}+1\right)\Gamma\left(\frac{q}{2}+1\right)}{\Gamma(q+2)} \displaystyle\int_0^{\frac{\pi}{2}} Cos.^q x dx = \frac{\pi}{2^{q+1}} \frac{\Gamma(q+1)}{\Gamma(q+2)}$ (d'après Méth. 37, N°. 12) $= \dfrac{\pi}{2^{q+1}} \dfrac{1}{q+1}$, et

$$F(1) = \frac{\Gamma\left(\frac{q+1}{2}\right)\Gamma\left(\frac{q+3}{2}\right)}{\Gamma(q+2)} \int_0^{\frac{\pi}{2}} Cos.^q x.\,Cos.\,x dx = \frac{2}{q+1} \frac{\Gamma\left(\frac{q+3}{2}\right)\Gamma\left(\frac{q+1}{2}\right)}{\Gamma(q+2)} \cdot \frac{\pi}{2^{q+2}} \frac{\Gamma(q+2)}{\left\{\Gamma\left(\frac{q+1}{2}+1\right)\right\}^2}$$

(d'après Méth. 37, N°. 12) $= \dfrac{\pi}{2^{q+1}} \dfrac{1}{q+1}$. Donc $F(0) - F(1) = 0$; mais pour cela il faut que dans la double intégration précédente celle par rapport à x soit nulle, c'est-à-dire, $\displaystyle\int_0^{\frac{\pi}{2}} Cos.^q x.\,Cos.\{(q+2)x\} dx = 0$, [383], et que la double intégrale elle-même, dont les deux facteurs sont ∞ et 0, devienne toujours égale à $F(1) = F(0) = F(p) = \dfrac{\pi}{2^{q+1}(q+1)}$. Dès-lors on en tire: $\displaystyle\int_0^{\frac{\pi}{2}} Cos\,px.\,Cos.^q x =$

$$= \frac{\pi}{2^{q+1}(q+1)} \frac{\Gamma(q+2)}{\Gamma\left(\frac{q-p}{2}+1\right)\Gamma\left(\frac{q+p}{2}+1\right)} = \frac{\pi}{2^{q+1}} \frac{\Gamma(q+1)}{\Gamma\left(\frac{q-p}{2}+1\right)\Gamma\left(\frac{q+p}{2}+1\right)}.$$ (T. 55, N°. 6). [384].

Pour $p = 2b$, $q = 2a$, pour $p = q$, et pour $p = q - 2a$ on en déduit successivement:

$$\int_0^{\frac{\pi}{2}} Cos.^{2a}x.\,Cos.2\,bx\,dx = \frac{\pi}{2^{2a+1}} \frac{1^{2a|1}}{1^{a+b|1}\,1^{a-b|1}}, \quad \int_0^{\frac{\pi}{2}} Cos.\,qx.\,Cos.^q x\,dx = \frac{\pi}{2^{q+2}}, \text{ [385]},$$

$$\int_0^{\frac{\pi}{2}} Cos.\{(q-2a)x\}.\,Cos.^q x\,dx = \frac{\pi}{2^{q+1}} \frac{\Gamma(q+1)}{\Gamma(a+1)\Gamma(q-a+1)} = \frac{\pi}{2^{q+1}} \frac{(q-a+1)^{a|1}}{1^{a|1}}.$$ (T. 55, N°. 16, 13, 9).

---

[383] Comme on trouve plus généralement Méth. 5, N°. 11, Méth. 14, N°. 8.

[384] Autrement déduite Méth. 23, N°. 24, Méth. 37, N°. 12.

[385] Voyez en outre Méth. 41, N°. 6.

Page 621.

§ 13. MÉTHODE 39. COMBINAISON DE DEUX INTÉGRALES PARTICULIÈRES D'UNE ÉQUATION DIFFÉRENTIELLE DU SECOND ORDRE.

1. Lorsqu'on connaît deux intégrales particulières L et K de l'équation différentielle du second ordre $\frac{d^2 I}{dq^2} + f(q)\frac{dI}{dq} + F(q)\, I = 0$, il s'ensuit qu'on a: $\frac{d^2 L}{dq^2} + f(q)\frac{dL}{dq} + F(q)\, L = 0$, $\frac{d^2 K}{dq^2} + f(q)\frac{dK}{dq} + F(q)\, K = 0$, d'où par l'élimination de $F(q)$: $\left\{K\frac{d^2L}{dq^2} - L\frac{d^2K}{dq^2}\right\} + f(q)\left\{K\frac{dL}{dq} - L\frac{dK}{dq}\right\} = 0$. Mais comme $\frac{d}{dq}.\left\{K\frac{dL}{dq} - L\frac{dK}{dq}\right\} = K\frac{d^2L}{dq^2} - L\frac{d^2K}{dq^2}$, cette équation peut s'écrire: $\frac{d.\left\{K\frac{dL}{dq} - L\frac{dK}{dq}\right\}}{K\frac{dL}{dq} - L\frac{dK}{dq}} = d.l\left\{K\frac{dL}{dq} - L\frac{dK}{dq}\right\} = -f(q)dq$; d'où par intégration: $l\left\{K\frac{dL}{dq} - L\frac{dK}{dq}\right\} = -\int f(q)\,dq + C$, et $K\frac{dL}{dq} - L\frac{dK}{dq} = C\,e^{-\int f(q)dq}$. Maintenant lorsque L et K sont des intégrales définies, $\frac{dL}{dq}$ et $\frac{dK}{dq}$ sont aussi des intégrales définies, faciles à déduire; et l'équation précédente fournit une relation entre deux produits d'intégrales définies, laquelle donnera quelquefois l'évaluation d'une de ces fonctions. [386].

2. Soit $K = \int_0^1 \frac{(x+q)^{p+1}\,dx}{x^{1-r}(1-x)^{1-s}}$, alors $\frac{dK}{dq} = (p+1)\int_0^1 \frac{(x+q)^p\,dx}{x^{1-r}(1-x)^{1-s}}$ et $\frac{d^2K}{dq^2} = p(p+1)\int_0^1 \frac{(x+q)^{p-1}\,dx}{x^{1-r}(1-x)^{1-s}}$. A présent pour obtenir une relation entre ces trois intégrales, on trouve par la différentiation: $\frac{d.\{(x+q)^p x^r(1-x)^s\}}{dx} = p(x+q)^{p-1}x^r(1-x)^s + rx^{r-1}(x+q)^p(1-x)^s - s(1-x)^{s-1}(x+q)^p x^r = (x+q)^{p-1}x^{r-1}(1-x)^{s-1}\big[-(p+r+s)(x+q)^2 + (p+r+2pq+qr+qs)(x+q) - pq(1+q)\big]$, donc par l'intégration entre les limites 0 et 1, qui fait évanouir le premier membre de cette équation, et par la substitution des valeurs de

[386] Cette méthode est due à ABEL, qui en a traité dans un Mémoire dans le Journal von Crelle, Bd. 2, S. 22—30.
Page 622.

K de $\frac{dK}{dq}$ et de $\frac{d^2K}{dq^2}$: $0 = -(p+r+s)K + \frac{p+r+2pq+qr+qs}{p+1}\frac{dK}{dq} - \frac{pq(1+q)}{p(1+p)}\frac{d^2K}{dq^2}$, de sorte que l'intégrale définie K est une intégrale particulière de l'équation différentielle $0 = \frac{d^2I}{dq^2} - \frac{p+r+2pq+qr+qs}{q(1+q)}\frac{dI}{dq} + \frac{(p+r+s)(p+1)}{q(1+q)}I = \frac{d^2I}{dq^2} - \left(\frac{p+r}{q} + \frac{p+s}{1+q}\right)\frac{dI}{dq} + \frac{p+r+s}{q}\frac{p+1}{1+q}I.$ Pour en obtenir une seconde intégrale particulière, remarquons que cette équation ne subit aucun changement, quand au lieu de p, r, s, on prend $p+r+s-1$, $1-s$, $1-r$. Lorsqu'on substitue ces mêmes valeurs dans l'intégrale K, on a: $L = \int_0^1 \frac{(x+q)^{p+r+s}}{x^s(1-x)^r}dx$, pour la seconde intégrale particulière; on en déduit $\frac{dK}{dq} = (p+1)\int_0^1 \frac{(x+q)^p\,dx}{x^{1-r}(1-x)^{1-s}}$ et $\frac{dL}{dq} = (p+r+s)\int_0^1 \frac{(x+q)^{p+r+s-1}}{x^s(1-x)^r}dx$.

Mais comme dans l'équation différentielle qu'on a obtenue, il est $f(q) = -\left(\frac{p+r}{q} + \frac{p+s}{1+q}\right)$, il s'ensuit: $-\int f(q)dq = (p+r)\,lq + (p+s)\,l(q+1)$ et $Ce^{-\int f(q)dq} = C\,q^{p+r}(1+q)^{p+s}$. La relation cherchée devient par conséquent, après la division par q^{2p+r+s}: $C'\left(1+\frac{1}{q}\right)^{p+s} = (p+1)\int_0^1 \frac{\left(1+\frac{x}{q}\right)^{p+r+}}{x^s(1-x)^r}dx \times$ $\times \int_0^1 \frac{\left(1+\frac{x}{q}\right)^p dx}{x^{1-r}(1-x)^{1-s}} - (p+r+s)\int_0^1 \frac{\left(1+\frac{x}{q}\right)^{p+1}dx}{x^{1-r}(1-x)^{1-s}} \times \int_0^1 \frac{\left(1+\frac{x}{q}\right)^{p+r+s-1}}{x^s(1-x)^r}dx.$ Maintenant pour déterminer la constante C', supposons dans cette équation q infini, il vient: $C' = (p+1)\int_0^1 \frac{dx}{x^s(1-x)^r} \times$ $\times \int_0^1 \frac{dx}{x^{1-r}(1-x)^{1-s}} - (p+r+s)\int_0^1 \frac{dx}{x^{1-r}(1-x)^{1-s}} \times \int_0^1 \frac{dx}{x^s(1-x)^r} = (1-r-s)\int_0^1 \frac{dx}{x^s(1-x)^r} \times$ $\times \int_0^1 \frac{dx}{x^{1-r}(1-x)^{1-s}} = (1-r-s)\frac{\Gamma(1-r)\Gamma(1-s)}{\Gamma(2-r-s)} \cdot \frac{\Gamma(r)\Gamma(s)}{\Gamma(r+s)}$ (d'après Méth. 4, N°. 6) $=$ $= \frac{\Gamma(1-r)\Gamma(r).\Gamma(1-s)\Gamma(s)}{\Gamma(1-r-s)\Gamma(r+s)} = \frac{\pi\, Cosec.\, r\pi . \pi\, Cosec.\, s\pi}{\pi\, Cosec.\, \{(r+s)\pi\}}$ (d'après Méth. 4, N°. 6, Note, form. B) $= \frac{\pi\, Sin.\, \{(r+s)\pi\}}{Sin.\, r\pi . Sin.\, s\pi} = \pi\{Cot.\, r\pi + Cot.\, s\pi\}$ (a) donc $(p+r+s)\int_0^1 \frac{(x+q)^{p+1}dx}{x^{1-r}(1-x)^{1-s}} \times \int_0^1 \frac{(x+q)^{p+r+s-1}}{x^s(1-x)^r}dx -$ $-(p+1)\int_0^1 \frac{(x+q)^{p+r+s}dx}{x^s(1-x)^r} \times \int_0^1 \frac{(x+q)^p\,dx}{x^{1-r}(1-x)^{1-s}} = -\pi(Cot.\, r\pi + Cot.\, s\pi)\,q^{p+r}(1+q)^{p+s}$, la relation cherchée. Pour en déduire une intégrale définie, soit $p+r+s=0$, ce qui fait évanouir le premier produit; l'élimination de p nous fournit dès-lors: $(r+s-1)\int_0^1 \frac{dx}{x^s(1-x)^r} \times$ $\times \int_0^1 \frac{(x+q)^{-r-s}dx}{x^{1-r}(1-x)^{1-s}} = -\pi(Cot.r\pi + Cot.s\pi)q^{-s}(1+q)^{-r}$. Or, de (a) on tire: $\pi(Cot.r\pi + Cos.s\pi) =$ $= C' = (1-r-s)\int_0^1 \frac{dx}{x^s(1-x)^r} : \frac{\Gamma(r)\Gamma(s)}{\Gamma(r+s)}$, donc par la division membre à membre: $\int_0^1 \frac{(x+q)^{-r-s}dx}{x^{1-r}(1-x)^{1-s}} =$ $= \int_0^1 \frac{dx}{(x+q)^{r+s}(1-x)^{1-s}x^{1-r}} = \frac{\Gamma(r)\Gamma(s)}{\Gamma(r+s)} \frac{1}{q^s(1+q)^r}$, (T. 6, N°. 5), d'où encore pour $r+s=1: \int_0^1 \frac{dx}{(x+q)(1-x)^r x^{1-r}} = \frac{\Gamma(r)\cdot\Gamma(1-r)}{q^{1-r}(1+q)^r} = \frac{\pi}{q^{1-r}(1+q)^r Sin.r\pi}$ (d'après Méth. 4, N°. 6, Note, form. B). (T. 6, N°. 4).

---

§ 14. MÉTHODE 40. COMBINAISON DES INTÉGRALES D'UNE ÉQUATION DIFFÉRENTIELLE DE SECOND ORDRE.

1. Cette méthode est une extension, que SVANBERG [387] a fait subir à la méthode précédente, et se fonde sur l'idée suivante. Il se peut que deux équations différentielles, dont on connaît pour chacune du moins une intégrale particulière sous la forme d'une intégrale définie — puissent se combiner de telle manière que l'équation différentielle résultante soit intégrable. Dès-lors cette intégration donne évidemment une relation entre les intégrales définies mentionnées et leurs différentielles.

2. Soient ainsi les deux équations différentielles: $\frac{d^2I}{dq^2} + f(q)\frac{dI}{dq} + F(q)I = 0$, $\frac{d^2K}{dq^2} +$ $+ \{f(q) + 2\varphi(q)\}\frac{dK}{dq} + \left\{F(q) + \varphi(q)[f(q) + \varphi(q)] + \frac{d.\varphi(q)}{dq}\right\}K = 0$. Par l'élimination de $F(q)$ il vient: $\frac{Kd^2I}{dq^2} - \frac{Id^2K}{dq^2} + Kf(q)\frac{dI}{dq} - \{f(q) + 2\varphi(q)\}I\frac{dK}{dq} - \left\{\varphi(q)[f(q) + \varphi(q)] + \frac{d.\varphi(q)}{dq}\right\}IK = 0$, ou puisque $\frac{d.}{dq}\left(K\frac{dI}{dq} - I\frac{dK}{dq}\right) = K\frac{d^2I}{dq^2} - I\frac{d^2K}{dq^2}$, encore: $0 = \frac{d}{dq}.\left\{K\frac{dI}{dq} - I\frac{dK}{dq}\right\} + \{f(q) + \varphi(q)\}\left[K\frac{dI}{dq} - I\frac{dK}{dq} - \varphi(q)IK\right.$ $\left. - \varphi(q)\left\{K\frac{dI}{dq} + I\frac{dK}{dq}\right\} - IK\frac{d.\varphi(q)}{dq} = \frac{d}{dq}.\left\{K\frac{dI}{dq} - I\frac{dK}{dq}\right\} + \{f(q) + \varphi(q)\}\left[K\frac{dI}{dq} - I\frac{dK}{dq} - \varphi(q)IK\right] -$

---

[387] SVANBERG, Journal von Crelle, Bd. 18, S. 55.
Page 624.

$-\frac{d}{dq}.\{\varphi(q).\mathrm{IK}\}=\frac{d}{dq}.\left\{\mathrm{K}\frac{d\mathrm{I}}{dq}-\mathrm{I}\frac{d\mathrm{K}}{dq}-\varphi(q)\mathrm{IK}\right\}+\{f(q)+\varphi(q)\}\left[\mathrm{K}\frac{d\mathrm{I}}{dq}-\mathrm{I}\frac{d\mathrm{K}}{dq}-\varphi(q)\mathrm{IK}\right]$, et celle ci est une équation différentielle intégrable, déduite des deux équations différentielles données; par l'intégration elle donne: $l\left[\mathrm{K}\frac{d\mathrm{I}}{dq}-\mathrm{I}\frac{d\mathrm{K}}{dq}-\varphi(q)\mathrm{IK}\right]=-\int\{f(q)+\varphi(q)\}\,dq-\mathrm{C}'$, ou $\mathrm{K}\frac{d\mathrm{I}}{dq}-\mathrm{I}\frac{d\mathrm{K}}{dq}-\varphi(q)\mathrm{IK}=\mathrm{C}\,e^{-\int[f(q)+\varphi(q)]dq}$ (a). Lorsque maintenant on connaît une intégrale particulière I' et K' de chaque équation différentielle primitive, cette dernière équation fournit une relation entre les quatre intégrales définies $\mathrm{I}',\mathrm{K}',\frac{d\mathrm{I}'}{dq}$ et $\frac{d\mathrm{K}'}{dq}$, d'où quelquefois on peut tirer la valeur de l'une d'elles. Il se peut encore que dans la discussion précédente la constante C, qu'il faut déterminer en donnant une valeur spéciale à quelque constante, devienne nulle, et que l'on ait par conséquent: $\mathrm{K}\frac{d\mathrm{I}}{dq}-\mathrm{I}\frac{d\mathrm{K}}{dq}-\varphi(q)\mathrm{IK}=0$, d'où $0=\frac{\mathrm{K}\frac{d\mathrm{I}}{dq}-\mathrm{I}\frac{d\mathrm{K}}{dq}}{\mathrm{K}^2}-\varphi(q)\frac{\mathrm{I}}{\mathrm{K}}=\frac{d}{dq}.\left\{\frac{\mathrm{I}}{\mathrm{K}}\right\}-\varphi(q)\frac{\mathrm{I}}{\mathrm{K}}$; son intégration donne $l\frac{\mathrm{I}}{\mathrm{K}}=\int\varphi(q)\,dq+\mathrm{C}'$, d'où $\frac{\mathrm{I}}{\mathrm{K}}=\mathrm{C}_1\,e^{\int\varphi(q)dq}$, ce qui exprime un rapport entre deux intégrales définies.

3. Pour donner une application de ce qui vient d'être discuté, il faut, comme dans la méthode précédente, déduire de quelque intégrale définie I l'équation différentielle en I, dont cette intégrale définie est par conséquent une intégrale particulière. Ensuite il faut prendre $\varphi(q)$ telle, que la seconde équation différentielle en K puisse se déduire de celle en I par le simple changement des constantes; car alors, ce même changement étant effectué dans l'intégrale définie I, on acquiert évidemment une intégrale définie K, qui est une intégrale particulière de l'équation différentielle en K. Dès-lors on peut former l'équation (a) pour avoir la relation cherchée.

4. Ainsi l'intégrale $\mathrm{I}=\int_0^\infty\frac{dx}{x^p(1+x)^s(x+q)^t}$ donne: $\frac{d\mathrm{I}}{dq}=-t\int_0^\infty\frac{dx}{x^p(1+x)^s(x+q)^{t+1}}$, $\frac{d^2\mathrm{I}}{dq^2}=t(t+1)\int_0^\infty\frac{dx}{x^p(1+x)^s(x+q)^{t+2}}$. Dans le but d'obtenir une relation entre ces trois intégrales définies, on trouve par la différentiation: $\frac{d}{dx}.\{x^{1-p}(1+x)^{1-s}(x+q)^{-1-t}\}=$

$$=(1-p)x^{-p}(1+x)^{1-s}(x+q)^{-1-t}+(1-s)(1+x)^{-s}x^{1-p}(x+q)^{-1-t}-(1+t)(x+q)^{-2-t}x^{1-p}(1+x)^{1-s}=$$

$$=\frac{1}{x^p(1+x)^s(x+q)^{t+2}}\{(1-p-s-t)(x+q)^2-(p+t-pq-sq-2tq)(x+q)+(t+1)(1-q)q\}.$$

Lorsqu'on intègre cette équation par rapport à x entre les limites 0 et ∞, on voit d'abord que le premier membre s'évanouit; ensuite substituons nos trois intégrales définies, et l'équation

$0=(1-p-s-t)\,\mathrm{I}+\frac{p+t-pq-sq-2tq}{t}\frac{d\mathrm{I}}{dq}+\frac{(t+1)(1-q)q}{t(t+1)}\frac{d^2\,\mathrm{I}}{dq^2}$, ou bien $\frac{d^2\,\mathrm{I}}{dq^2}+$ $+\left(\frac{p+t}{q}-\frac{s+t}{1-q}\right)\frac{d\mathrm{I}}{dq}+\frac{1-p-s-t}{1-q}\frac{t}{q}\mathrm{I}=0$ sera l'équation différentielle en I, où par conséquent l'on a $f(q)=\frac{p+t}{q}-\frac{s+t}{1-q}$, $\mathrm{F}(q)=\frac{1-p-s-t}{1-q}\frac{t}{q}$. Pour en déduire l'autre équation différentielle en K, prenons $\varphi(q)=\frac{1-p-t}{q}+\frac{s+t-1}{1-q}$, d'où $\frac{d.\varphi(q)}{dq}=\frac{p+t-1}{q^2}+\frac{s+t-1}{(1-q)^2}$; alors il vient: $f(q)+2\varphi(q)=\frac{2-p-t}{q}+\frac{s+t-2}{1-q}$ et $\mathrm{F}(q)+\varphi(q)\left[f(q)+\varphi(q)\right]+\frac{d.\varphi(q)}{dq}=\frac{2-p-s-t}{1-q}\frac{t-1}{q}$, de sorte que l'on a: $\frac{d^2\,\mathrm{K}}{dq^2}+\left(\frac{2-p-t}{q}-\frac{2-s-t}{1-q}\right)\frac{d\mathrm{K}}{dq}+\frac{2-p-s-t}{1-q}\frac{t-1}{q}\mathrm{K}=0$. Et celle-ci satisfait au but proposé, car en effet elle peut se déduire de l'équation différentielle en I, et cela bien de deux manières différentes; c'est-à-dire, on peut prendre au lieu de p, s, et t, premièrement $1-p$, $1-s$, $1-t$, et ensuite s, p, $2-p-s-t$; de ces deux manières l'équation en K se change dans celle en I. On connaît donc de celle-là deux intégrales particulières $\mathrm{K}_1=\int_0^\infty\frac{dx}{x^{1-p}(1+x)^{1-s}(x+q)^{1-t}}$ et $\mathrm{K}_1{}'=\int_0^\infty\frac{dx}{x^s(1+x)^p(x+q)^{2-p-s-t}}$. Maintenant pour obtenir l'équation (a), observons que $\int\{f(q)+\varphi(q)\}\,dq=\int\left(\frac{1}{q}-\frac{1}{1-q}\right)dq=lq+l(1-q)$, et par suite $e^{-\int[f(q)+\varphi(q)]dq}=\frac{1}{q(1-q)}$; que l'on connaît déjà $\frac{d\mathrm{I}}{dq}$ et que l'on a encore $\frac{d\mathrm{K}_1}{dq}=(t-1)\int_0^\infty\frac{dx}{x^{1-p}(1+x)^{1-s}(x+q)^{2-t}}$, $\frac{d\mathrm{K}'_1}{dq}=(p+s+t-2)\int_0^\infty\frac{dx}{x^s(1+x)^p(x+q)^{3-p-s-t}}$. Donc pour l'intégrale K_1 on a:

$$-t\int_0^\infty\frac{dx}{x^{1-p}(1+x)^{1-s}(x+q)^{1-t}}\times\int_0^\infty\frac{dx}{x^p(1+x)^s(x+q)^{t+1}}-(t-1)\int_0^\infty\frac{dx}{x^p(1+x)^s(x+q)^t}\times$$

$$\times\int_0^\infty\frac{dx}{x^{1-p}(1+x)^{1-s}(x+q)^{2-t}}-\left(\frac{1-p-t}{q}+\frac{s+t-1}{1-q}\right)\int_0^\infty\frac{dx}{x^p(1+x)^s(x+q)^t}\times$$

$$\times\int_0^\infty\frac{dx}{x^{1-p}(1+x)^{1-s}(x+q)^{1-t}}=\frac{\mathrm{C}}{q(1-q)}\ (b).$$ Pour déterminer C, multiplions par $q(1-q)$, et prenons ensuite q l'unité; alors les deux premiers produits d'intégrales définies ont zéro pour

coefficient, et il nous reste: $C = -(s+t-1)\int_0^\infty \frac{dx}{x^p(1+x)^{s+t}} \times \int_0^\infty \frac{dx}{x^{1-p}(1+x)^{2-s-t}} =$

$= (1-s-t)\frac{\Gamma(1-p)\Gamma(p+s+t-1)}{\Gamma(s+t)} \cdot \frac{\Gamma(p)\Gamma(2-p-s-t)}{\Gamma(2-s-t)}$ (suivant Méth. 4, N°. 6) $=$

$= (1-s-t)\frac{\Gamma(1-p)\Gamma(p).\Gamma(p+s+t-1)\Gamma(2-p-s-t)}{\Gamma(s+t).(1-s-t)\Gamma(1-s-t)} = \frac{\pi\, Cosec. p\pi . \pi\, Cosec.\{(2+p-s-t)\pi\}}{\pi\, Cosec.\{(s+t)\pi\}}$

(d'après Méth. 4, N°. 6, Note, form. B) $= \frac{-\pi\, Sin.\{(s+t)\pi\}}{Sin. p\pi . Sin.\{(p+s+t)\pi\}}$, de sorte que C dans l'équation (b) est déterminé; mais cette équation n'exprime qu'une relation intéressante entre ces six intégrales définies, sans qu'elle donne lieu à l'évaluation de quelqu'une parmi elles.

Au contraire pour l'intégrale K'_1 on trouve: $-t\int_0^\infty \frac{dx}{x^s(1+x)^p(x+q)^{2-p-s-t}} \times$

$\times \int_0^\infty \frac{dx}{x^p(1+x)^s(x+q)^{t+1}} - (p+s+t-2)\int_0^\infty \frac{dx}{x^p(1+x)^s(x+q)^t} \times \int_0^\infty \frac{dx}{x^s(1+x)^p(x+q)^{3-p-s-t}} -$

$-\left(\frac{1-p-t}{q} + \frac{s+t-1}{1-q}\right)\int_0^\infty \frac{dx}{x^p(1+x)^s(x+q)^t} \times \int_0^\infty \frac{dx}{x^s(1+x)^p(x+q)^{2-p-s-t}} = \frac{C}{q(1-q)}$.

Multiplions encore ici par $q(1-q)$ et prenons ensuite q l'unité, alors les deux premiers produits d'intégrales définies s'évanouissent à cause du coefficient $1-q$, et l'on trouve: $C = -(s+t-1)\int_0^\infty \frac{dx}{x^p(1+x)^{s+t}} \times \int_0^\infty \frac{dx}{x^s(1+x)^{2-s-t}} = (1-s-t)\frac{\Gamma(1-p)\Gamma(p+s+t-1)}{\Gamma(s+t)}$.

$\frac{\Gamma(1-s)\Gamma(1-t)}{\Gamma(2-s-t)}$ (suivant Méth. 4, N°. 6) $= (1-s-t)\frac{\Gamma(1-p)\Gamma(1-s)\Gamma(1-t)\Gamma(p+s+t-1)}{\Gamma(s+t)(1-s-t).\Gamma(1-s-t)} =$

$= \frac{\Gamma(1-p)\Gamma(1-s)\Gamma(1-t)\Gamma(p+s+t-1)}{\pi\, Cosec.\{(s+t)\pi\}}$ (d'après Méth. 4, N°. 6, Note, form. B)

$= \frac{1}{\pi} Sin.\{(s+t)\pi\}.\Gamma(1-p)\Gamma(1-s)\Gamma(1-t)\Gamma(p+s+t-1)$ et par conséquent:

$$t\int_0^\infty \frac{dx}{x^s(1+x)^p(x+q)^{2-p-s-t}} \times \int_0^\infty \frac{dx}{x^p(1+x)^s(x+q)^{t+1}} + (p+s+t-2)\int_0^\infty \frac{dx}{x^p(1+x)^s(x+q)^t} \times$$

$$\times \int_0^\infty \frac{dx}{x^s(1+x)^p(x+q)^{3-p-s-t}} + \left(\frac{1-p-t}{q} + \frac{s+t-1}{1-q}\right)\int_0^\infty \frac{dx}{x^p(1+x)^s(x+q)^t} \times$$

$$\times \int_0^\infty \frac{dx}{x^s(1+x)^p(x+q)^{2-p-s-t}} = \frac{-Sin.\{(s+t)\pi\}}{\pi q(1-q)}\Gamma(1-p)\Gamma(1-s)\Gamma(1-t)\Gamma(p+s+t-1),$$

Page 627.

une seconde relation entre six intégrales définies. Mais de celle-ci on peut tirer une autre plus simple par la supposition de $p+s+t=2$; car alors on a: $t\int_0^\infty \frac{dx}{x^s(1+x)^p}\times\int_0^\infty \frac{dx}{x^p(1+x)^s(x+q)^{t+1}}+$

$$+0+\frac{1-p-t+tq}{q(1-q)}\int_0^\infty \frac{dx}{x^p(1+x)^s(x+q)^t}\times\int_0^\infty \frac{dx}{x^s(1+x)^p}=\frac{1}{q(1-q)}\int_0^\infty \frac{dx}{x^s(1+x)^p}\times$$

$$\times\int_0^\infty \frac{q(1-p)+(1-p-t+tq)x}{x^p(1+x)^s(x+q)^{t+1}}dx=\frac{-Sin.\{(2-p)\pi\}}{\pi q(1-q)}\Gamma(1-p)\Gamma(1-s)\Gamma(1-t)\Gamma(1).$$

Or, $\int_0^\infty \frac{dx}{x^s(1+x)^p}=\frac{\Gamma(1-s)\Gamma(s+p-1)}{\Gamma(p)}$ (Méth. 4, N°. 6), donc, en divisant membre à membre:

$$\int_0^\infty \frac{q(1-p)+(1-p-t+tq)x}{x^p(1+x)^s(x+q)^{t+1}}dx=\frac{Sin.p\pi}{\pi}\cdot\frac{\Gamma(p)\Gamma(1-p)\Gamma(1-t)}{\Gamma(s+p-1)}=\frac{Sin.p\pi}{\pi}\,\frac{\pi}{Sin.p\pi}\,\frac{\Gamma(1-t)}{\Gamma(1-t)}$$

(d'après Méth. 4, N°. 6, Note, form. B) $=1$, où il est encore toujours $p+s+t=2$; par conséquent en éliminant s:

$$\int_0^\infty \frac{q(1-p)+(1-p-t+tq)x}{x^p(1+x)^{2-p-t}(x+q)^{t+1}}dx=1, \ldots\ldots\ldots\ldots \quad (1845)$$

d'où pour p l'unité:

$$\int_0^\infty \frac{dx}{(1+x)^{1-t}(x+q)^{t+1}}=\frac{1}{t(q-1)} \ldots\ldots\ldots\ldots\ldots\ldots \quad (1846)$$

---

§ 15. MÉTHODE 41. EMPLOI DE FORMULES DE TRANSFORMATION.

1. Parmi les formules de transformation que nous avons déduites dans la Deuxième Partie, il se trouve un grand nombre, dont l'usage rentre sous la Section I, II, III et IV, et nous a fourni respectivement les Méthodes 5, 17, 20, 23; mais il y en a encore qui sont plus indirectes, et nous allons donner quelques applications maintenant tant de celles-ci que de deux formules de la Première Partie, qui appartiennent au même genre de formules.

2. Dans la formule (118) de la Première Partie soit $f(x)=e^x$; donc, puisque $e^{\rho(Cos.\varphi+iSin.\varphi)}=$ $=e^{\rho Cos.\varphi}\{Cos.(\rho Sin.\varphi)+i Sin.(\rho Sin.\varphi)\}$, il est $P=e^{\rho Cos.\varphi}$, $\Phi=\rho Sin.\varphi$ et par conséquent:

$$\int_{a(Cos.\varphi+iSin.\varphi)}^{b(Cos.\varphi+iSin.\varphi)} e^x\,dx=e^{b(Cos.\varphi+iSin.\varphi)}-e^{a(Cos.\varphi+iSin.\varphi)}=\int_a^b e^{\rho Cos.\varphi}Cos.(\varphi+\rho Sin.\varphi)d\rho+i\int_a^b e^{\rho Cos.\varphi}Sin.(\varphi+\rho Sin.\varphi)d\rho.$$

Page 628.

Maintenant la séparation des parties réelles et des parties imaginaires nous fournit:

$$\int_a^b e^{x\,Cos.\varphi}\,Cos.(\varphi+x\,Sin.\varphi)\,dx = e^{b\,Cos.\varphi}\,Cos.(b\,Sin.\varphi)-e^{a\,Cos.\varphi}\,Cos.(a\,Sin.\varphi), \quad . \; (1847)$$

$$\int_a^b e^{x\,Cos.\varphi}\,Sin.(\varphi+x\,Sin.\varphi)\,dx = e^{b\,Cos.\varphi}\,Sin.(b\,Sin.\varphi)-e^{a\,Cos.\varphi}\,Sin.(a\,Sin.\varphi). \;.\;.\; (1848)$$

Dans le cas spécial de a zéro et de $b=-\infty$, on trouve en changeant x en $-x$:

$$\int_0^\infty e^{-x\,Cos.\varphi}\,Cos.(\varphi-x\,Sin.\varphi)\,dx = 1, \;.\; (1849), \qquad \int_0^\infty e^{-x\,Cos.\varphi}\,Sin.(\varphi-x\,Sin.\varphi)\,dx = 0.\;.\,(1850)$$

Prenons encore $f(x)=Cos.x$ dans la même formule, alors $Cos.\{\varrho(Cos.\varphi+iSin.\varphi)\}=$ $=Cos.(\varrho\,Cos.\varphi)\dfrac{e^{\rho Sin.\varphi}+e^{-\rho Sin.\varphi}}{2}+i\,Sin.(\varrho\,Cos.\varphi)\dfrac{e^{\rho Sin.\varphi}-e^{-\rho Sin.\varphi}}{2}$, et par conséquent:

$P=\frac{1}{2}\sqrt{\left[e^{2\rho Sin.\varphi}+e^{-2\rho Sin.\varphi}+2\,Cos.(2\,\varrho\,Cos.\varphi)\right]}$, $Tang.\Phi=Tang.(\varrho\,Cos.\varphi)\dfrac{e^{2\rho Sin.\varphi}-1}{e^{2\rho Sin.\varphi}+1}$, d'où il s'ensuit: $\displaystyle\int_{a(Cos.\varphi+iSin.\varphi)}^{b(Cos\,\varphi+iSin.\varphi)}Cos.\,x\,dx = Sin.\{b(Cos.\varphi+i\,Sin.\varphi\}-Sin.\{a(Cos.\varphi+i\,Sin.\varphi)\}=$

$=\displaystyle\int_a^b P\,Cos.(\varphi+\Phi)\,d\varrho+i\int_a^b P\,Sin.(\varphi+\Phi)\,d\varrho$, ce qui donne de nouveau les deux formules indépendantes:

$$\int_a^b Cos.\left[\varphi+Arctg.\left\{Tg.(x\,Cos.\varphi)\frac{e^{2x Sin.\varphi}-1}{e^{2x Sin.\varphi}+1}\right\}\right]dx\sqrt{\left[e^{2x Sin.\varphi}+e^{-2x Sin.\varphi}+2\,Cos.(2x\,Cos.\varphi)\right]}=$$
$$=(e^{bSin.\varphi}+e^{-bSin.\varphi})\,Sin.(b\,Cos.\varphi)-(e^{aSin.\varphi}+e^{-aSin.\varphi})\,Sin.(a\,Cos.\varphi), \;.\;.\;.\;.\;.\; (1851)$$

$$\int_a^b Sin.\left[\varphi+Arctg.\left\{Tg.(x\,Cos.\varphi)\frac{e^{2x Sin.\varphi}-1}{e^{2x Sin.\varphi}+1}\right\}\right]dx\sqrt{\left[e^{2x Sin.\varphi}+e^{-2x Sin.\varphi}+2\,Cos.(2\,x\,Cos.\varphi)\right]}=$$
$$=(e^{aSin.\varphi}-e^{-aSin.\varphi})\,Cos.(a\,Cos.\varphi)-(e^{bSin.\varphi}-e^{-bSin.\varphi})\,Cos.(b\,Cos.\varphi). \;.\;.\;.\;.\;.\; (1852)$$

Lorsque $a=0$, $b=1$, la valeur de ces intégrales est respectivement:

$=(e^{Sin.\varphi}+e^{-Sin.\varphi})\,Sin.(Cos.\varphi)$, ... (1853) et $(e^{-Sin.\varphi}-e^{Sin.\varphi})\,Cos.(Cos.\varphi)$. . . . . (1854)

3. Pour la formule (119 a) de la Partie Première, qui sera la plus facile à réduire ici, prenons $f(x)=l(1+x)$, alors: $l\left[1+\varrho(Cos.\varphi+iSin.\varphi)\right]=\frac{1}{2}l\left[(1+\varrho Cos.\varphi)^2+\varrho^2 Sin.^2\varphi\right]+i\,Arctg.\left(\dfrac{\varrho\,Sin.\varphi}{1+\varrho\,Cos.\varphi}\right)$, et $\chi(\varrho,\varphi)=\frac{1}{2}\,l\,(1+2\varrho\,Cos.\varphi+\varrho^2)$, $\psi(\varrho,\varphi)=Arctg.\left(\dfrac{\varrho\,Sin.\varphi}{1+\varrho\,Cos.\varphi}\right)$; donc, puisque $\int l\,(1+x)\,dx=$

Page 629.

$=(1+x)\,l(1+x)-x$, on a: $\int_{\rho(Cos.\alpha+iSin.\alpha)}^{\rho(Cos.\beta+iSin.\beta)} l\,(1+x)dx = \{1+\rho(Cos.\beta+i\,Sin.\beta)\}\,l\,\{1+\rho\,(Cos.\beta+i\,Sin.\beta)\} -$

$-\rho\,(Cos.\beta+i\,Sin.\beta) - \{1+\rho\,(Cos.\alpha+i\,Sin.\alpha)\}\,l\,\{1+\rho\,(Cos.\alpha+i\,Sin.\alpha)\} + \rho\,(Cos.\alpha+i\,Sin.\alpha) =$

$=\rho\int_{\alpha}^{\beta}\left[\tfrac{1}{2}\,l(1+2\,\rho\,Cos.x+\rho^2)+i\,Arctg.\left(\frac{\rho\,Sin.x}{1+\rho\,Cos.x}\right)\right](-Sin.x+i\,Cos.x)\,dx$, d'où par la séparation des parties réelles et des parties imaginaires:

$$\int_{\alpha}^{\beta}\left[Sin.x.\,l(1+2\rho\,Cos.x+\rho^2)+2Cos.x.\,Arctg.\left(\frac{\rho\,Sin.x}{1+\rho\,Cos.x}\right)\right]dx=\frac{1+\rho\,Cos.\alpha}{\rho}\,l(1+2\rho\,Cos.\alpha+\rho^2)-$$

$$-\frac{1+\rho\,Cos.\beta}{\rho}\,l\,(1+2\rho\,Cos.\beta+\rho^2)+2\,Sin.\beta.\,Arctg.\left(\frac{\rho\,Sin.\beta}{1+\rho\,Cos.\beta}\right)-2\,Sin.\alpha.\,Arctg.\left(\frac{\rho\,Sin.\alpha}{1+\rho\,Cos.\alpha}\right)+$$

$$+2\,Cos.\beta-2\,Cos.\alpha,\;\ldots\ldots\ldots\ldots\ldots\ldots\ldots\;(1855)$$

$$\int_{\alpha}^{\beta}\left[Cos.x.\,l(1+2\,\rho\,Cos.x+\rho^2)-2\,Sin.x.\,Arctg.\left(\frac{\rho\,Sin.x}{1+\rho\,Cos.x}\right)\right]dx=Sin.\beta.\,l(1+2\,\rho\,Cos.\beta+\rho^2)-$$

$$-Sin.\alpha.\,l(1+2\rho\,Cos.\alpha+\rho^2)+\frac{1+\rho\,Cos.\beta}{\rho}\,2\,Arctg.\left(\frac{\rho\,Sin.\beta}{1+\rho\,Cos.\beta}\right)-\frac{1+\rho\,Cos.\alpha}{\rho}\,2\,Arctg.\left(\frac{\rho\,Sin.\alpha}{1+\rho\,Cos.\alpha}\right)-$$

$$-2\,Sin.\beta+2\,Sin.\alpha;\;\ldots\ldots\ldots\ldots\ldots\ldots\ldots\;(1856)$$

d'où pour $\alpha=0$, $\beta=\frac{\pi}{2}$ et $\beta=\pi$ (et donc dans le dernier cas $\rho^2<1$, afin de prévenir la discontinuité des intégrales):

$$\int_{0}^{\frac{\pi}{2}}\left[Sin.x.\,l\,(1+2\,\rho\,Cos.x+\rho^2)+2\,Cos.x.\,Arctg.\left(\frac{\rho\,Sin.x}{1+\rho\,Cos.x}\right)\right]dx=$$

$$=\frac{1+\rho}{\rho}\,2\,l\,(1+\rho)-\frac{1}{\rho}\,l\,(1+\rho^2)-2\,(1-Arctg.\rho),\;\ldots\ldots\;(1857)$$

$$\int_{0}^{\frac{\pi}{2}}\left[Cos.x.\,l(1+2\rho\,Cos.x+\rho^2)-2\,Sin.x.\,Arctg.\left(\frac{\rho\,Sin.x}{1+\rho\,Cos.x}\right)\right]dx=l(1+\rho^2)+\frac{2}{\rho}\,Arctg.\rho-2,\;.\;(1858)$$

$$\int_{0}^{\pi}\left[Sin.x.\,l(1+2\rho\,Cos.x+\rho^2)+2\,Cos.x.\,Arctg.\left(\frac{\rho\,Sin.x}{1+\rho\,Cos.x}\right)\right]dx=\frac{2}{\rho}\,l\,\frac{1+\rho}{1-\rho}+2\,l(1-\rho^2)-4,\;.\;(1859)$$

$$\int_{0}^{\pi}\left[Cos.x.\,l(1+2\,\rho\,Cos.x+\rho^2)-2\,Sin.x.\,Arctg.\left(\frac{\rho\,Sin.x}{1+\rho\,Cos\,x}\right)\right]dx=0.\;\ldots\ldots\ldots\ldots\;(1860)$$

4. Passons maintenant à quelques théorèmes de la Deuxième Partie. Dans II. (85) prenons $f(x)=\frac{x^{q-1}}{1+x}$

Page 630.

alors d'après Méth. 22, N°. 12:

$$\frac{\pi}{Sin.\, q\pi} = p\int_0^1 dx\left\{\frac{p^{q-1}x^{q-1}}{1+px} + \frac{1}{x^2}\frac{p^{q-1}x^{1-q}}{1+\frac{p}{x}}\right\} = p^q\int_0^1\left(\frac{x^{q-1}}{1+px} + \frac{x^{-q}}{p+x}\right)dx. \text{ (T. 6, N°. 11).}$$

Prenez-y encore $f(x) = \frac{x^{q-1}}{1-x}$, alors d'après Méth. 22, N°. 11 de même:

$$\pi\, Cot.\, q\,\pi = p^q\int_0^1\left(\frac{x^{q-1}}{1-px} - \frac{x^{-q}}{p-x}\right)dx \;.\;.\;.\;.\;.\;.\;.\;.\;.\;.\;.\;. \; (1861)$$

Pour $f(x) = x^{r-1}(1-x)^{q-1}$ la formule II (87) donne suivant Méth. 4, N°. 6:

$$\int_0^1 \left[p^r x^{r-1}(1-px)^{q-1} + (1-p)^q x^{q-1}\{1-(1-p)x\}^{r-1}\right]dx = \frac{\Gamma(q)\Gamma(r)}{\Gamma(q+r)}. \text{ [388]} \;.\;.\;. \; (1862)$$

5. Dans l'équation II (97) prenons $f(x) = x^{q-1}(1-x)^{r-1}$, et employons l'intégrale de Méth. 4, N°. 6, il vient:

$$\frac{\Gamma(p)\Gamma(q)}{\Gamma(p+q)} = p\int_0^\infty\left(\frac{py}{1+py}\right)^{q-1}\left(\frac{1}{1+py}\right)^{r-1}\frac{dy}{(1+py)^2} = p^q\int_0^\infty\frac{y^{q-1}\,dy}{(1+py)^{r+q}} \;.\;.\;.\;.\;.\;. \; (1864)$$

Prenons encore $f(x) = \frac{x^{q-1}-x^{-q}}{1-x}$, alors d'après Méth. 38, N°. 6:

$$\pi Cot.q\pi = p\int_0^\infty\left\{\left[\left(\frac{py}{1+py}\right)^{q-1} - \left(\frac{1+py}{py}\right)^q\right]:\left[1-\frac{py}{1+py}\right]\right\}\frac{dy}{(1+py)^2} = p\int_0^\infty\frac{(py)^{2q-1}-(1+py)^{2q-1}}{(1+py)^q(py)^q}dy,$$

d'où nous déduisons, en prenant $\frac{1}{p}$ pour p:

$$\int_0^\infty\frac{y^{2q-1}-(p+y)^{2q-1}}{(p+y)^q}\frac{dy}{y^q} = \pi\, Cot.\, q\,\pi \;.\;.\;.\;.\;.\;.\;.\;.\;.\;.\;.\;.\;.\; (1865)$$

6. Pour les formules II (126), (127) soit $\varphi(x) = (1+x)^r$, $f(x) = (1+x)^s$, d'où $A_n = \binom{r}{n}$,

---

[388] Qui nous donne pour $p = \frac{1}{2}$:

$$\int_0^1\left[x^{r-1}(2-x)^{q-1} + x^{q-1}(2-x)^{r-1}\right]dx = \frac{\Gamma(q)\Gamma(r)}{\Gamma(q+r)}\,2^{q+r-1}; \;.\;.\;.\;. \; (1863)$$

d'où par la substitution de $x = 1-y$:

$$\int_0^1\left[(1-x)^{r-1}(1+x)^{q-1} + (1-x)^{q-1}(1+x)^{r-1}\right]dx = \frac{\Gamma(q)\Gamma(r)}{\Gamma(q+r)}\,2^{q+r-1}. \text{ (T. 1, N°. 30).}$$

$B_n = \binom{s}{n}$, alors $f(p e^{\pm xi}) = (1 + p e^{\pm xi})^s = (1 + p\,Cos.\,x \pm p\,i\,Sin.\,x)^s$, dont le module est $\varrho^2 = 1+2p\,Cos.\,x+p^2$ et l'amplitude $Cos.\,\varphi = \frac{1 + p\,Cos.\,x}{\sqrt{(1+2p\,Cos.\,x+p^2)}}$; par conséquent : $f(p e^{\pm xi}) =$

$= (1+2p\,Cos.x+p^2)^{\frac{1}{2}s}\left[Cos.\left\{s\,Arccos.\left(\frac{1+p\,Cos.\,x}{\sqrt{(1+2p Cos.x+p^2)}}\right)\right\} \pm i Sin.\left\{s\,Arccos.\left(\frac{1+p\,Cos.\,x}{\sqrt{(1+2p Cos.x+p^2)}}\right)\right\}\right]$

et de même: $\varphi\left(\frac{q}{p} e^{\pm xi}\right) = \frac{(p^2 + 2pq\,Cos.\,x + q^2)^{\frac{1}{2}r}}{p^r}\left[Cos.\left\{r\,Arccos.\left(\frac{p + q\,Cos.\,x}{\sqrt{(p^2 + 2pq\,Cos.\,x + q^2)}}\right)\right\} \pm\right.$

$\left.\pm\, i\,Sin.\left\{r\,Arccos.\left(\frac{p + q\,Cos.\,x}{\sqrt{(p^2 + 2pq\,Cos.\,x + q^2)}}\right)\right\}\right]$. Dès-lors les théorèmes cités nous donnent :

$$\int_0^\pi (1 + 2p\,Cos.\,x + p^2)^{\frac{1}{2}s}(p^2 + 2pq\,Cos.\,x + q^2)^{\frac{1}{2}r}\,Cos.\left\{s\,Arccos.\left(\frac{1 + p\,Cos.\,x}{\sqrt{(1 + 2p\,Cos.\,x + p^2)}}\right)\right\}.$$

$$.\,Cos.\left\{r\,Arccos.\left(\frac{p + q\,Cos.\,x}{\sqrt{(p^2 + 2pq\,Cos.\,x + q^2)}}\right)\right\}dx = \pi p^r + \frac{\pi}{2}p^r\sum_1^\infty \binom{r}{n}\binom{s}{n}q^n,$$

$$\int_0^\pi (1 + 2p\,Cos.\,x + p^2)^{\frac{1}{2}s}(p^2 + 2pq\,Cos.\,x + q^2)^{\frac{1}{2}r}\,Sin.\left\{s\,Arccos.\left(\frac{1 + p\,Cos.\,x}{\sqrt{(1 + 2p\,Cos.\,x + p^2)}}\right)\right\}.$$

$$.\,Sin.\left\{r\,Arccos.\left(\frac{p + q\,Cos.\,x}{\sqrt{(p^2 + 2pq\,Cos.\,x + q^2)}}\right)\right\}dx = \frac{\pi}{2}p^r\sum_1^\infty \binom{r}{n}\binom{s}{n}q^n.$$ (T. 370, N°. 19, 20). [389].

---

[389] Pour $p=q=1$ on a : $Arccos.\left\{\frac{1 + p\,Cos.\,x}{\sqrt{(1+2p\,Cos.\,x+p^2)}}\right\} = Arccos.\left\{\frac{p + q\,Cos.\,x}{\sqrt{(p^2+2pq\,Cos.\,x+q^2)}}\right\} = \frac{1}{2}x$;

donc: $\int_0^\pi Cos.^{s+r}\tfrac{1}{2}x.Cos.\tfrac{1}{2}sx.Cos.\tfrac{1}{2}rx\,dx = \frac{\pi}{2^{s+r}}\left\{1 + \frac{1}{2}\sum_1^\infty \binom{r}{n}\binom{s}{n}\right\}$, (T. 78, N°. 25),

$$\int_0^\pi Cos.^{s+r}\tfrac{1}{2}x\,Sin.\tfrac{1}{2}sx.\,Sin.\tfrac{1}{2}rx\,dx = \frac{\pi}{2^{r+s+1}}\sum_1^\infty \binom{r}{n}\binom{s}{n}; \quad \text{(1866)}$$

ou pour $x = 2y$:

$$\int_0^{\frac{\pi}{2}} Cos.^{s+r}x.\,Cos.\,sx.\,Cos.\,rx\,dx = \frac{\pi}{2^{s+r+1}}\left\{1 + \tfrac{1}{2}\sum_1^\infty \binom{r}{n}\binom{s}{n}\right\}, \quad \text{(1867)}$$

$$\int_0^{\frac{\pi}{2}} Cos.^{s+r}x.\,Sin.\,sx.\,Sin.\,rx\,dx = \frac{\pi}{2^{s+r+2}}\sum_1^\infty \binom{r}{n}\binom{s}{n}; \quad \text{(1868)}$$

dont la différence $\int_0^{\frac{\pi}{2}} Cos.^{s+r}x.\,Cos.\{(s+r)x\}dx = \frac{\pi}{2^{s+r+1}}$ (T. 55, N°.13) a déjà été trouvée Méth. 38, N°. 7.

Page 632.

Prenons encore $f(x) = Cos.\,x$, $\varphi(x) = \frac{Sin.\,x}{x}$, donc $A_n = \frac{(-1)^n}{1^{2n+1/1}} = \frac{(-1)^n}{(2n+1)\,1^{2n/1}}$, $B_n = \frac{(-1)^n}{1^{2n/1}}$;

alors: $f(p\,e^{\pm xi}) = \frac{e^{p\,Sin.x} + e^{-p\,Sin.x}}{2} Cos.(p\,Cos.\,x) \mp i\frac{e^{p\,Sin.x} - e^{-p\,Sin.x}}{2} Sin.(p\,Cos.\,x)$, $\varphi\left(\frac{q}{p}e^{\pm xi}\right) =$

$= \frac{p}{q}e^{\mp xi}\,Sin.\left(\frac{q}{p}Cos.\,x \pm \frac{qi}{p}Sin.\,x\right) = \frac{pi}{2q}\left[e^{\pm\frac{q}{p}Sin.x}\,e^{\mp\left(x\pm\frac{q}{p}Cos.x\right)i} - e^{\mp\frac{q}{p}Sin.x}\,e^{\mp\left(x\mp\frac{q}{p}Cos.x\right)i}\right]$;

donc: $\int_0^\pi\left[e^{\frac{q}{p}Sin.x}\,Sin.\left(x+\frac{q}{p}Cos.\,x\right) - e^{-\frac{q}{p}Sin.x}\,Sin.\left(x-\frac{q}{p}Cos.\,x\right)\right](e^{p\,Sin.x}+e^{-p\,Sin.x})\,Cos.(p\,Cos.\,x)\,dx =$

$= \frac{4q\pi}{p} + \frac{2q\pi}{p}\sum_1^\infty \frac{1}{(1^{2n/1})^2}\,\frac{q^{2n}}{2n+1}$, (T. 296, N°. 15),

$$\int_0^\pi\left[e^{\frac{q}{p}Sin.x}\,Cos.\left(x+\frac{q}{p}Cos.\,x\right) - e^{-\frac{q}{p}Sin.x}\,Cos.\left(x-\frac{q}{p}Cos.\,x\right)\right](e^{p\,Sin.x}-e^{-p\,Sin.x})\,Sin.(p\,Cos.\,x)\,dx =$$

$$= \frac{2q\pi}{p}\sum_1^\infty \frac{1}{(1^{2n/1})^2}\,\frac{q^{2n}}{2n+1} \ldots\ldots\ldots\ldots \quad (1869)$$

7. Soit ensuite $\varphi(x) = \frac{1}{1-x}$, d'où $A_n = 1$, $\varphi\left(\frac{q}{p}e^{\pm xi}\right) = p\frac{p - q\,Cos.\,x \pm qi\,Sin.\,x}{p^2 - 2pq\,Cos.\,x + q^2}$; alors on a les théorèmes spéciaux:

$$\int_0^\pi \frac{f(p\,e^{xi}) + f(p\,e^{-xi})}{2}\,\frac{p - q\,Cos.\,x}{p^2 - 2pq\,Cos.\,x + q^2}dx = \frac{\pi}{2p}\{2\,B_0 + \sum_1^c B_n q^n\} = \frac{\pi}{2p}\{f(q) + f(0)\}, \quad (XL)$$

$$\int_0^\pi \frac{f(p\,e^{xi}) - f(p\,e^{-xi})}{2i}\,\frac{Sin.\,x}{p^2 - 2pq\,Cos.\,x + q^2}dx = \frac{\pi}{2pq}\sum_1^c B_n q^n = \frac{\pi}{2pq}\{f(q) - f(0)\}; \quad (XLI)$$

où $q^2 > 1$.

Pour $f(x) = x^r$, on a d'après l'expression des valeurs imaginaires:

$$\int_0^\pi \frac{p - q\,Cos.\,x}{p^2 - 2pq\,Cos.\,x + q^2}Cos.\,rx\,dx = \frac{\pi}{2p}\left(\frac{q}{p}\right)^r, \ldots\ldots\ldots \quad (1870)$$

$$\int_0^\pi \frac{Sin.\,x.\,Sin.\,r\,x}{p^2 - 2pq\,Cos.\,x + q^2}dx = \frac{\pi}{2pq}\left(\frac{q}{p}\right)^r. \text{ [390]} \ldots\ldots\ldots \quad (1871)$$

Pour $f(x) = Cos.\,rx$, il est (d'après la réduction du N°. 6):

$$\int_0^\pi \frac{e^{p\,Sin.rx} + e^{-p\,Sin.rx}}{p^2 - 2pq\,Cos.\,x + q^2}(p - q\,Cos.\,x)\,Cos.(p\,Cos.\,rx)\,dx = \frac{\pi}{p}(Cos.\,qr + 1), \quad (1872)$$

---

[390] Pour $q = 1$ on trouve T. 84, N°. 5, dont on trouve une autre déduction Méth. 5, N°. 6.

$$\int_0^\pi \frac{e^{pSin.rx} - e^{-pSin.rx}}{p^2 - 2pq\,Cos.x + q^2} Sin.x.\,Sin.(p\,Cos.rx)\,dx = \frac{\pi}{pq}(Cos.qr - 1); \quad \ldots \quad (1873)$$

et pour $f(x) = Sin.rx$ [391]:

$$\int_0^\pi \frac{e^{pSin.rx} + e^{-pSin.xr}}{p^2 - 2pq\,Cos.x + q^2}(p - q\,Cos.x)\,Sin.(p\,Cos.rx)\,dx = \frac{\pi}{q} Sin.qr, \quad \ldots \quad (1874)$$

$$\int_0^\pi \frac{e^{pSin.rx} - e^{-pSin.rx}}{p^2 - 2pq\,Cos.x + q^2} Sin.x.\,Cos.(p\,Cos.rx)\,dx = \frac{\pi}{pq} Sin.qr; \quad \ldots \quad (1875)$$

enfin pour $f(x) = e^{rx}$ [392]:

$$\int_0^\pi \frac{p - q\,Cos.x}{p^2 - 2pq\,Cos.x + q^2} e^{pCos.rx} Cos.(p\,Sin.rx)\,dx = \frac{\pi}{2p}(e^{qr} + 1), \quad \ldots \quad (1876)$$

$$\int_0^\pi \frac{Sin.x}{p^2 - 2pq\,Cos.x + q^2} e^{pCos.rx} Sin.(p\,Sin.rx)\,dx = \frac{\pi}{2pq}(e^{qr} - 1). \quad \ldots \quad (1877)$$

8. Dans les théorèmes II (129), (130) prenons $f(x) = e^x = \varphi(x)$, d'où $A_n = B_n = \frac{1}{1^{n/1}}$; alors par le développement des fonctions imaginaires (voyez N°. 7, Note):

$$\int_0^\pi e^{p^a Cos.ax + \left(\frac{q}{p}\right)^b Cos.bx} Cos.(p^a\,Sin.ax).\,Cos.\left\{\left(\frac{q}{p}\right)^b Sin.bx\right\} dx = \pi + \frac{\pi}{2}\sum_1^\infty \frac{1}{1^{an/1}}\,\frac{1}{1^{bn/1}} q^{abn}, \quad \ldots \quad (1878)$$

$$\int_0^\pi e^{p^a Cos.ax + \left(\frac{q}{p}\right)^b Cos.bx} Sin.(p^a\,Sin.ax).\,Sin.\left\{\left(\frac{q}{p}\right)^b Sin.bx\right\} dx = \frac{\pi}{2}\sum_1^\infty \frac{1}{1^{an/1}}\,\frac{1}{1^{bn/1}} q^{abn} \quad \ldots \quad (1879)$$

Dans le cas de $q^b = p^{a+b}$ et $p^a = r$, on en tire:

$$\int_0^\pi e^{r(Cos.ax + Cos.bx)} Cos.(r\,Sin.ax).\,Cos.(r\,Sin.bx)\,dx = \pi + \frac{\pi}{2}\sum_1^\infty \frac{1}{1^{an/1}}\,\frac{1}{1^{bn/1}} r^{(a+b)n}, \text{ (T. 296, N°. 16)},$$

$$\int_0^\pi e^{r(Cos.ax + Cos.bx)} Sin.(r\,Sin.ax).\,Sin.(r\,Sin.bx)\,dx = \frac{\pi}{2}\sum_1^\infty \frac{1}{1^{an/1}}\,\frac{1}{1^{bn/1}} r^{(a+b)n}. \quad \ldots \quad (1880)$$

9. Pour $f(x) = (1+x)^s$ on a par les théorèmes II (131), (132) (suivant les réductions du N°. 6):

$$\int_0^\pi (p^2 + 2pq\,Cos.x + q^2)^{\frac{1}{2}s} Cos.\left[s\,Arccos.\left\{\frac{p + q\,Cos.x}{\sqrt{(p^2 + 2pq\,Cos.x + q^2)}}\right\}\right] \frac{1 - p^r\,Cos.rx}{1 - 2p^r\,Cos.rx + p^{2r}} dx =$$

$$= \pi p^s + \frac{\pi}{2} p^s \sum_1^\infty \binom{s}{nr} q^{nr}, \text{ (T. 372, N°. 9)},$$

---

[391] Puisque: $2f(pe^{\pm rxi}) = 2\,Sin.(p\,Cos.rx \pm pi\,Sin.rx) = (e^{pSin.x} + e^{-pSin.rx})\,Sin.(p\,Cos.rx) \pm$ $\pm (e^{pSin.rx} - e^{-pSin\,rx})\,Cos.(p\,Cos.rx)$.

[392] Parce que: $f(pe^{\pm rxi}) = e^{pCos.rx}\{Cos.(p\,Sin.rx) \pm i\,Sin.(p\,Sin.rx)\}$.

Page 634.

$$\int_0^\pi (p^2+2pq\,Cos.\,x+q^2)^{\frac{1}{2}s}\,Sin.\left[s\,Arccos.\left\{\frac{p+q\,Cos.\,x}{\sqrt{(p^2+2pq\,Cos.\,x+q^2)}}\right\}\right]\frac{Sin.\,rx\,dx}{1-2p^r\,Cos.\,rx+p^{2r}}=$$

$$=\frac{\pi}{2}p^{s-r}\sum_1^\infty\binom{s}{nr}q^{nr}\ldots\ldots\ldots\ldots\ldots\ldots (1881)$$

Encore pour $f(x)=\frac{1}{1-x}$ ces formules donnent (d'après les réductions du N°. 7):

$$\int_0^\pi \frac{p-q\,Cos.\,x}{p^2-2pq\,Cos.\,x+q^2}\,\frac{1-p^r\,Cos.\,rx}{1-2p^r\,Cos.\,rx+p^{2r}}\,dx=\frac{1}{p}\left\{\pi+\frac{\pi}{2}\sum_1^\infty q^{nr}\right\}=$$

$$=\frac{\pi}{2p}\left\{1+\frac{1}{1-q^r}\right\}=\frac{\pi}{2p}\,\frac{2-q^r}{1-q^r},\ldots\ldots\ldots\ldots (1882)$$

$$\int_0^\pi \frac{Sin.\,x}{p^2-2pq\,Cos.\,x+q^2}\,\frac{Sin.\,rx\,dx}{1-2p^r\,Cos.\,rx+p^{2r}}=\frac{1}{p^{r+1}q}\,\frac{\pi}{2}\sum_1^\infty q^{nr}=$$

$$=\frac{\pi}{2qp^{r+1}}\left\{\frac{1}{1-q^r}-1\right\}=\frac{\pi}{2p^{r+1}}\cdot\frac{q^{r-1}}{1-q^r}\ldots\ldots (1883)$$

Soit encore $f(x)=e^x$, alors $A_n=1^{n/1}$, et l'on a (voyez la Note du N°. 7):

$$\int_0^\pi \frac{1-p^r\,Cos.\,rx}{1-2p^r\,Cos.\,rx+p^{2r}}\,e^{\frac{q}{p}Cos.x}\,Cos.\left(\frac{q}{p}\,Sin.\,x\right)dx=\pi+\frac{\pi}{2}\sum_1^\infty\frac{1}{1^{nr/1}}\,q^{nr},\ \text{(T. 296, N°. 21)},$$

$$\int_0^\pi \frac{Sin.\,rx}{1-2p^r\,Cos.\,rx+p^{2r}}\,e^{\frac{q}{p}Cos.x}\,Sin.\left(\frac{q}{p}\,Sin.\,x\right)dx=\frac{\pi}{2pr}\sum_1^\infty\frac{1}{1^{nr/1}}\,q^{nr}\ldots\ldots\ldots\ldots (1884)$$

10. Les formules II (135) à (142) donnent pour $f(x)=\frac{1}{q+x}$, à cause de $f(\pm xi)=$

$$=\frac{1}{q\pm xi}=\frac{q\mp xi}{q^2+x^2}:$$

$$\int_0^\infty \frac{e^{(\pi-p)x}-e^{(p-\pi)x}}{e^{\pi x}-e^{-\pi x}}\,\frac{q\,dx}{q^2+x^2}=\sum_1^\infty\frac{Sin.\,pn}{q+n},\ (0<p<\pi),\ \int_0^\infty \frac{e^{(\pi-p)x}+e^{(p-\pi)x}}{e^{\pi x}-e^{-\pi x}}\,\frac{x\,dx}{q^2+x^2}=$$

$$=\frac{1}{2q}+\sum_1^\infty\frac{Cos.\,pn}{q+n},\ (0\leqq p\leqq\pi),\ \text{(T. 138, N°. 5, 8)},$$

$$\int_0^\infty \frac{e^{\pi x}+e^{-\pi x}}{e^{\pi x}-e^{-\pi x}}\,\frac{x\,dx}{q^2+x^2}=\frac{1}{2q}+\sum_1^\infty\frac{1}{q+n},\ \ldots\ldots\ldots\ldots (1885)$$

$$\int_0^\infty \frac{x}{e^{\pi x}-e^{-\pi x}}\,\frac{dx}{q^2+x^2}=\frac{1}{4q}+\frac{1}{2}\sum_1^\infty\frac{(-1)^n}{q+n},\ \ldots\ldots\ldots\ldots (1886)$$

Page 635.

$$\int_0^\infty \frac{x}{e^{\frac{1}{2}\pi x}-e^{-\frac{1}{2}\pi x}}\frac{dx}{q^2+x^2}=\frac{1}{2q}+\sum_1^\infty\frac{(-1)^n}{q+2n}, \quad\ldots\ldots\ldots\ldots (1887)$$

$$\int_0^\infty \frac{q}{e^{\frac{1}{2}\pi x}+e^{-\frac{1}{2}\pi x}}\frac{dx}{q^2+x^2}=\sum_1^\infty\frac{(-1)^{n-1}}{q+2n-1}, \quad\ldots\ldots\ldots\ldots (1888)$$

$$\int_0^\infty \frac{e^{\frac{1}{2}\pi x}+e^{-\frac{1}{2}\pi x}}{e^{\frac{1}{2}\pi x}-e^{-\frac{1}{2}\pi x}}\frac{x\,dx}{q^2+x^2}=\frac{1}{q}+2\sum_1^\infty\frac{1}{q+2n}, \quad\ldots\ldots\ldots\ldots (1889)$$

$$\int_0^\infty \frac{e^{\frac{1}{2}\pi x}-e^{-\frac{1}{2}\pi x}}{e^{\frac{1}{2}\pi x}+e^{-\frac{1}{2}\pi x}}\frac{x\,dx}{q^2+x^2}=2\sum_1^\infty\frac{1}{q+2n-1}. \quad\ldots\ldots\ldots\ldots (1890)$$

Pour des valeurs spéciales de q, ces sommations reçoivent quelquefois des valeurs finies connues. Ainsi (1886) et (1888) deviennent pour q l'unité: $\int_0^\infty \frac{x}{e^{\pi x}-e^{-\pi x}}\frac{dx}{1+x^2}=\frac{1}{4}+\frac{1}{2}\sum_1^\infty\frac{(-1)^n}{n+1}=$ $=-\frac{1}{4}+\frac{1}{2}\sum_0^\infty\frac{(-1)^n}{n+1}=-\frac{1}{4}+\frac{1}{2}l2$; $\int_0^\infty\frac{1}{e^{\frac{1}{2}\pi x}+e^{-\frac{1}{2}\pi x}}\frac{dx}{1+x^2}=\sum_1^\infty\frac{(-1)^{n-1}}{2n}=\frac{1}{2}\sum_0^\infty\frac{(-1)^n}{n+1}=\frac{1}{2}l2$. (T. 138, N°. 12, 14). Les deux premières intégrales donnent aussi pour $q=1$, quand on fait $\pi-p=r$: $\int_0^\infty\frac{e^{rx}-e^{-rx}}{e^{\pi x}-e^{-\pi x}}\frac{dx}{1+x^2}=\sum_1^\infty\frac{Sin.\{n(\pi-r)\}}{n+1}=\sum_1^\infty(-1)^{n-1}\frac{Sin.\,nr}{n+1}=\sum_1^\infty(-1)^n\frac{Sin.\{(n-1)r\}}{n}$ (où l'on a commencé la sommation à $n=1$, puisque pour cette valeur de n, $Sin.\{(n-1)r\}$ est $=0$, de sorte que ce terme lui-même est zéro) $=\sum_1^\infty\left\{(-1)^n\frac{Sin.\,nr}{n}Cos.\,r-(-1)^n\frac{Cos.\,nr}{n}Sin.\,r\right\}=$ $=-Cos.\,r.\,Arctg.\left(Tang.\frac{1}{2}r\right)+\frac{1}{2}Sin.\,r.\,l(2+2\,Cos.\,r)$, (T. 138, N°. 4), $\int_0^\infty\frac{e^{rx}+e^{-rx}}{e^{\pi x}-e^{-\pi x}}\frac{x\,dx}{1+x^2}=$ $=\frac{1}{2}+\sum_1^\infty\frac{Cos.\{n(\pi-r)\}}{1+n}=\frac{1}{2}+\sum_1^\infty(-1)^n\frac{Cos.\,nr}{1+n}=-\frac{1}{2}+\sum_0^\infty(-1)^n\frac{Cos.\,nr}{1+n}$ (puisque pour n zéro le terme ajouté à la sommation est l'unité) $=-\frac{1}{2}+\sum_1^\infty(-1)^{n-1}\frac{Cos.\{(n-1)r\}}{n}=$ $=-\frac{1}{2}+\sum_1^\infty\left\{(-1)^{n-1}\frac{Cos.\,nr}{n}Cos.\,r+(-1)^{n-1}\frac{Sin.\,nr}{n}Sin.\,r\right\}=-\frac{1}{2}+\frac{1}{2}Cos.\,r.\,l(2+2\,Cos.\,r)+$ $+Sin.\,r.\,Arctg.\left(Tang.\frac{1}{2}r\right)$. (T. 138, N°. 6). Mais dans ces mêmes intégrales on peut supposer encore $q=\frac{1}{2}$ et $\pi-p=2r$, alors il vient: $\int_0^\infty \frac{e^{2rx}-e^{-2rx}}{e^{\pi x}-e^{-\pi x}}\frac{dx}{1+4x^2}=\sum_1^\infty \frac{Sin.\{n(\pi-2r)\}}{2n+1}=$

$=\sum_1^\infty(-1)^{n-1}\frac{Sin.2nr}{2n+1}=\sum_0^\infty(-1)^{n-1}\frac{Sin.2nr}{2n+1}$ (comme le terme ajouté est nul) $=\sum_1^\infty(-1)^n\frac{Sin.\{(n-1)2r\}}{2n-1}=$

$=\sum_1^\infty\left\{(-1)^n\frac{Sin.\{(2n-1)r\}}{2n-1}Cos.r+(-1)^{n-1}\frac{Cos.\{(2n-1)r\}}{2n-1}Sin.r\right\}=\frac{1}{4}Cos.r.l\frac{1+Sin.r}{1-Sin.r}+\frac{\pi}{4}Sin.r,$

(T. 138, N°. 13), $\int_0^\infty \frac{e^{2rx}+e^{-2rx}}{e^{\pi x}-e^{-\pi x}}\frac{xdx}{1+4x^2}=\frac{1}{4}+\frac{1}{2}\sum_1^\infty\frac{Cos.\{n(\pi-2r)\}}{2n+1}=\frac{1}{4}+\frac{1}{2}\sum_1^\infty(-1)^n\frac{Cos.2nr}{2n+1}=$

(ou, puisque pour n zéro, le terme ajouté à la sommation est $\frac{1}{2}(-1)$) $=-\frac{1}{4}+\frac{1}{2}\sum_0^\infty(-1)^n\frac{Cos.2nr}{2n+1}=$

$=-\frac{1}{4}+\frac{1}{2}\sum_1^\infty\frac{Cos.\{2(n-1)r\}}{2n-1}=-\frac{1}{4}+\frac{1}{2}\sum_1^\infty\left\{(-1)^n\frac{Cos.\{(2n-1)r\}}{2n-1}Cos.r+(-1)^n\frac{Sin.\{(2n-1)r\}}{2n-1}Sin.r\right\}=$

$=-\frac{1}{4}+\frac{\pi}{8}Cos.r+\frac{1}{8}Sin.r.l\frac{1+Sin.r}{1-Sin.r}$. (T. 138, N°. 15). Dans ces dernières réductions nous avons employé les formules (109) à (114) des C. P. pour p l'unité.

11. On peut supposer dans ces mêmes formules II (135) à (142) $f(x)=e^{-qx}$, d'où $f(\pm xi)=$ $=Cos.qx\mp i\,Sin.qx$, donc:

$$\int_0^\infty \frac{e^{(\pi-p)x}-e^{(p-\pi)x}}{e^{\pi x}-e^{-\pi x}}Cos.qx\,dx=\sum_1^\infty e^{-qn}Sin.qn=\frac{e^{-q}Sin.p}{1-2e^{-q}Cos.p+e^{-2q}}=$$

$$=\frac{Sin.p}{e^q+e^{-q}-2\,Cos.p},\ (0<p<\pi), \ldots\ldots\ldots\ldots (1891)$$

$\int_0^\infty \frac{e^{(\pi-p)x}+e^{(p-\pi)x}}{e^{\pi x}-e^{-\pi x}}Sin.qx\,dx=\frac{1}{2}+\sum_1^\infty e^{-qn}Cos.qn=-\frac{1}{2}+\sum_1^\infty e^{-qn}Cos.qn$ (puisque le terme ajouté à la sommation pour n zéro est l'unité)

$$=-\frac{1}{2}+\frac{1-e^{-q}Cos.p}{1-2e^{-q}Cos.p+e^{-2q}}=\frac{1}{2}\frac{e^q-e^{-q}}{e^q+e^{-q}-2\,Cos.p},\ [393], \ldots (1892)$$

---

[393] Prenez-y $p=\pi-p$, alors: $\int_0^\infty \frac{e^{px}-e^{-px}}{e^{\pi x}-e^{-\pi x}}Cos.qx\,dx=\frac{Sin.p}{e^q+e^{-q}+2\,Cos.p}$,

$\int_0^\infty \frac{e^{px}+e^{-px}}{e^{\pi x}-e^{-\pi x}}Sin.qx\,dx=\frac{1}{2}\frac{e^q-e^{-q}}{e^q+e^{-q}+2\,Cos.p}$. (T. 282, N°. 16, 10). Ajoutez la première de ces deux intégrales à celle dont elle a été déduite, et soustrayez la dernière de l'intégrale primitive, il vient

Page 637.

(d'après C. P. 97 et 98), $\int_0^\infty \frac{e^{\pi x}+e^{-\pi x}}{e^{\pi x}-e^{-\pi x}} Sin.qx\,dx = \frac{1}{2}+\sum_1^\infty e^{-qn} = \frac{1}{2}\frac{1+e^{-q}}{1-e^{-q}}$, (T. 282, N°. 8),

$\int_0^\infty \frac{Sin.qx\,dx}{e^{\pi x}-e^{-\pi x}} = \frac{1}{4}+\frac{1}{2}\sum_1^\infty (-1)^n e^{-qn} = \frac{1}{4}\frac{1+e^{-q}}{1-e^{-q}}$, [394], (T. 281, N°. 8),

$$\int_0^\infty \frac{Sin.qx\,dx}{e^{\frac{1}{2}\pi x}-e^{-\frac{1}{2}\pi x}} = \frac{1}{2}+\sum_0^\infty (-1)^n e^{-2qn} = \frac{1}{2}\frac{1-e^{-2q}}{1+e^{-2q}}, \quad \ldots\ldots\ldots (1894)$$

$\int_0^\infty \frac{Cos.qx\,dx}{e^{\frac{1}{2}\pi x}+e^{-\frac{1}{2}\pi x}} = \sum_1^\infty (-1)^n e^{-(2n+1)q} = \frac{e^{-q}}{1+e^{-2q}}$, (T. 281, N°. 6), [395],

$$\int_0^\infty \frac{e^{\frac{1}{2}\pi x}+e^{-\frac{1}{2}\pi x}}{e^{\frac{1}{2}\pi x}-e^{-\frac{1}{2}\pi x}} Sin.qx\,dx = 1+2\sum_1^\infty e^{-2qn} = \frac{1+e^{-2q}}{1-e^{-2q}}, \quad \ldots\ldots\ldots (1895)$$

$\int_0^\infty \frac{e^{\frac{1}{2}\pi x}-e^{-\frac{1}{2}\pi x}}{e^{\frac{1}{2}\pi x}+e^{-\frac{1}{2}\pi x}} Sin.qx\,dx = 2\sum_0^\infty e^{-(2n+1)q} = \frac{2e^{-q}}{1-e^{-2q}}$. (T. 282, N°. 2).

12. Dans les théorèmes II (143), (144) soit $f(x) = (1+x)^r$, $A_n = \binom{r}{n}$; alors (d'après les réductions de N°. 6):

$$\int_0^\infty (1+2p\,Cos.x+p^2)^{\frac{1}{2}r}\,Cos.\left[r\,Arccos.\left(\frac{1+p\,Cos.x}{\sqrt{(1+2p\,Cos.x+p^2)}}\right)\right]\frac{Sin.ax\,dx}{x} = \frac{\pi}{2}\sum_0^a \binom{r}{n} p^n, \ . \ (1896)$$

---

pour $p = \frac{1}{2}\pi - r$, à cause du facteur $e^{\frac{1}{2}\pi x}-e^{-\frac{1}{2}\pi x}$ commun aux dénominateurs et aux numérateurs des fractions: $\int_0^\infty \frac{e^{rx}+e^{-rx}}{e^{\frac{1}{2}\pi x}+e^{-\frac{1}{2}\pi x}} Cos.qx\,dx = 2\,Cos.r\,\frac{e^q+e^{-q}}{e^{2q}+e^{-2q}+2\,Cos.2r}$, $\int_0^\infty \frac{e^{rx}-e^{-rx}}{e^{\frac{1}{2}\pi x}+e^{-\frac{1}{2}\pi x}} Sin.qx\,dx =$ $= 2\,Sin.r\,\frac{e^q-e^{-q}}{e^{2q}+e^{-2q}+2\,Cos.2r}$. (T. 282, N°. 3, 5). Soustrayez encore des intégrales (1891) et (1892) les intégrales T. 278, N°. 9, 8 de Méth. 4, N°. 11; il vient:

$$\int_0^\infty \frac{e^{px}-e^{-px}}{e^{2\pi x}-1} Cos.qx\,dx = \frac{-Sin.p}{e^q+e^{-q}-2\,Cos.p} - \frac{p}{p^2+q^2}, \quad \ldots\ldots\ldots (1893)$$

$\int_0^\infty \frac{e^{px}+e^{-px}}{e^{2\pi x}-1} Sin.px\,dx = \frac{1}{2}\frac{e^q-e^{-q}}{e^q+e^{-q}-2\,Cos.p} - \frac{q}{p^2+q^2}$. (T. 282, N°. 11).

[394] Autrement déduite Méth. 31, N°. 2.

[395] Comme on trouve d'une autre manière Méth. 31, N°. 2.
Page 638.

$$\int_0^\infty (1+2p\,Cos.\,x+p^2)^{\frac{1}{2}r}\,Sin.\left[r\,Arccos.\left\{\frac{1+p\,Cos.\,x}{\sqrt{(1+2p\,Cos.\,x+p^2)}}\right\}\right]\frac{Cos.\,ax\,dx}{x}=\frac{\pi}{2}\sum_a^\infty\binom{r}{n}p^n;\,.\;(1897)$$

formules, dont la somme donne:

$$\int_0^\infty (1+2p\,Cos.x+p^2)^{\frac{1}{2}r}Sin.\left[ax+r\,Arccos.\left\{\frac{1+p\,Cos.\,x}{\sqrt{(1+2p\,Cos.x+p^2)}}\right\}\right]\frac{dx}{x}=\frac{\pi}{2}\sum_0^\infty\binom{r}{n}p^n=\frac{\pi}{2}(1+p)^r.\,(1898)$$

Soit $f(x)=\frac{1}{1-x}$, $A_n=1$, alors suivant N°. 7:

$$\int_0^\infty \frac{1-p\,Cos.\,x}{1-2p\,Cos.\,x+p^2}\,\frac{Sin.\,ax\,dx}{x}=\frac{\pi}{2}\sum_0^a p^n=\frac{\pi}{2}\,\frac{1-p^a}{1-p},\,\ldots\ldots\ldots\,(1899)$$

$$\int_0^\infty \frac{Sin.\,x}{1-2p\,Cos.\,x+p^2}\,\frac{Cos.\,ax\,dx}{x}=\frac{\pi}{2p}\sum_a^\infty p^n=\frac{\pi}{2}\,\frac{p^{a-1}}{1-p}.\;[396].\,\ldots\,(1900)$$

Pour $f(x)=Cos.\,x$, on a $A_n=\frac{(-1)^n}{1^{2n/1}}$, et d'après le développement au N°. 6:

$$\int_0^\infty \frac{e^{p\,Sin.x}+e^{-p\,Sin.x}}{x}\,Cos.\,(p\,Cos.\,x).\,Sin.\,ax\,dx=\pi\sum_0^a\frac{(-p)^n}{1^{2n/1}},\,\ldots\ldots\,(1903)$$

$$\int_0^\infty \frac{e^{p\,Sin.x}-e^{-p\,Sin.x}}{x}\,Sin.\,(p\,Cos.x).\,Cos.\,ax\,dx=-\pi\sum_a^\infty\frac{(-p)^n}{1^{2n/1}};\,\ldots\ldots\,(1904)$$

pour $f(x)=Sin.\,x$, on a $A_n=\frac{(-1)^n}{1^{2n+1/1}}$, donc suivant le N°. 6:

$$\int_0^\infty \frac{e^{p\,Sin.x}+e^{-p\,Sin.x}}{x}\,Sin.\,(p\,Cos.\,x).\,Sin.\,ax\,dx=\pi\sum_0^a\frac{(-p)^n}{1^{2n+1/1}},\,\ldots\ldots\,(1905)$$

$$\int_0^\infty \frac{e^{p\,Sin.x}-e^{-p\,Sin.x}}{x}\,Cos.\,(p\,Cos.\,x).\,Cos.\,ax\,dx=\pi\sum_a^\infty\frac{(-p)^n}{1^{2n+1/1}}.\,\ldots\ldots\,(1906)$$

---

[396] Dans ces intégrales supposons p négatif et prenons ensuite la différence et la somme des intégrales correspondantes, il vient d'après les formules (a) et (b) de Méth. 27, N°. 8, pour $p^2=q$:

$$\int_0^\infty \frac{Cos.\,x}{1-2q\,Cos.\,2x+q^2}\,\frac{Sin.\,ax\,dx}{x}=\frac{\pi}{4}\,\frac{-2+q^{\frac{1}{2}(a-1)}\left[1+(-1)^{a-1}\right]+q^{\frac{1}{2}a}\left[1+(-1)^a\right]}{(1-q)^2},\,.\,(1901)$$

$$\int_0^\infty \frac{Sin.\,x}{1-2q\,Cos.\,2x+q^2}\,\frac{Cos.\,ax\,dx}{x}=\frac{\pi}{4}\,\frac{q^{\frac{1}{2}(a-1)}\left[1+(-1)^{a-1}\right]+q^{\frac{1}{2}a}\left[1+(-1)^a\right]}{1-q^2},\,\ldots\,(1902)$$

($q<1$); dont la dernière a déjà été trouvée pour a pair Méth. 17, N°. 3, form. (644).

Page 639.

Enfin soit $f(x) = e^x$, d'où $A^n = \frac{1}{1^{n/1}}$, alors d'après la Note du N°. 7:

$$\int_0^\infty e^{p\,Cos.x}\,Cos.(p\,Sin.x)\frac{Sin.\,ax\,dx}{x} = \frac{\pi}{2}\sum_0^a \frac{1}{1^{n/1}}p^n, \qquad (1907)$$

$$\int_0^\infty e^{p\,Cos.x}\,Sin.(p\,Sin\,x)\frac{Cos.\,ax\,dx}{x} = \frac{\pi}{2}\sum_a^\infty \frac{1}{1^{n/1}}p^n; \qquad (1908)$$

dont la somme donne:

$$\int_0^\infty e^{p\,Cos.x}\,Sin.\{ax + p\,Sin.x\}\frac{dx}{x} = \frac{\pi}{2}\sum_0^\infty \frac{1}{1^{n/1}}p^n = \frac{\pi}{2}e^p. \qquad (1909)$$

Dans toutes les intégrales qui ont leur origine de la formule II, (144) on peut prendre a zéro, mais il n'en est pas de même dans celles qui dépendent de l'équation II, (143). Or, on voit que dans celles-ci, pour a zéro, il faut leur ôter le terme $\frac{\pi}{2}A_0$, c'est-à-dire, le terme qui correspond à n zéro; de sorte que dans nos intégrales il faut soustraire $\frac{\pi}{2}$, ce qui rend les intégrales (1896), (1899), (1901), (1903), (1905), (1907) identiquement nulles, tandis que les intégrales (1898) et (1909) deviennent:

$$\int_0^\infty (1+2p\,Cos.x+p^2)^{\frac{1}{2}r}\,Sin.\left[r\,Arccos.\left\{\frac{1+p\,Cos.x}{\sqrt{(1+2p\,Cos.x+p^2)}}\right\}\right]\frac{dx}{x} = \frac{\pi}{2}\{(1+p)^r - 1\}, \qquad (1910)$$

$$\int_0^\infty e^{p\,Cos.x}\,Sin.(p\,Sin.x)\frac{dx}{x} = \frac{\pi}{2}(e^p - 1). \text{ (T. 392, N°. 14).}$$

13. La formule II, (155) donne lieu à l'application suivante. Soit $f(x) = Arctg.\frac{x}{q}$, donc $f'(x) = \frac{q}{q^2+x^2}$; lorsque nous continuons de différentier, il viendra $(q^2+x^2)^k$ pour dénominateur. Le passage à k infini fera donc évanouir tous les termes qui dépendent de k, puisqu'ils ont le coefficient $\frac{1}{1^{k/1}}$, et que la fonction à intégrer ne pourra devenir infinie avec k, mais devra rester finie. On a donc: $\int_0^{2b\pi} l(1-2p\,Cos.x+p^2)\frac{q\,dx}{q^2+x^2} = 2\left\{Arctg.\frac{2b\pi}{q} - Arctg.0\right\}l(1-p) +$

$$+p\int_0^\infty \frac{dx}{e^x-p}\left\{Arctg.\left(\frac{2b\pi+xi}{q}\right) + Arctg.\left(\frac{2b\pi-xi}{q}\right) - Arctg.\left(\frac{xi}{q}\right) - Arctg.\left(\frac{-xi}{q}\right)\right\} = 2\,Arctg.\frac{2b\pi}{q}.l(1-p) +$$

$$+p\int_0^\infty \frac{dx}{e^x-p}\left\{Arctg.\left(\frac{2bq\pi}{q^2-x^2+2b\pi xi}\right) + Arctg.\left(\frac{2bq\pi}{q^2-x^2-2b\pi xi}\right)\right\} = 2\,Arctg.\frac{2b\pi}{q}.l(1-p) +$$

$$+p\int_0^\infty \frac{dx}{e^x-p}Arctg.\left(\frac{4bq\pi}{q^2-x^2-4b^2\pi^2}\right) = 2Arctg.\frac{2b\pi}{q}.l(1-p) + p\int_0^\infty\left\{Arctg.\left(\frac{x-q}{2b\pi}\right) - Arctg.\left(\frac{x+q}{2b\pi}\right)\right\}\frac{dx}{e^x-p};$$

où dans les réductions successives des Arctangentes, on a supposé qu'ils devaient rester positifs. Or, entre les limites 0 et ∞ de x, le premier change de signe auprès de $x=q$, et reste négatif au-dessous de cette valeur; remplaçons-le donc par $Arctg.\dfrac{q-x}{2b\pi}$ pour l'intégration entre 0 et q; il vient:

$$\int_0^{2b\pi} l(1-2p\,Cos.x+p^2)\frac{q\,dx}{q^2+x^2}=2\,Arctg.\frac{2b\pi}{q}.l(1-p)-p\pi\int_0^q\frac{dx}{e^x-p}+$$

$$+p\int_0^\infty\frac{dx}{e^x-p}\left\{Arctg.\left(\frac{+\sqrt{(x-q)^2}}{2b\pi}\right)-Arctg.\left(\frac{x+q}{2b\pi}\right)\right\}.$$ Maintenant passons à la limite ∞ de b, alors:

$2b\pi=\infty$, $Arctg.\dfrac{2b\pi}{q}=Arctg.\infty=\dfrac{\pi}{2}$, et $Arctg.\left(\dfrac{+\sqrt{(x-q)^2}}{2b\pi}\right)-Arctg\left(\dfrac{(x+q)}{2b\pi}\right)=0$, donc par l'intégrale (82):

$$\int_0^\infty l(1-2p\,Cos.x+p^2)\frac{q\,dx}{q^2+x^2}=\pi l(1-p)+\pi l\frac{1-pe^{-q}}{1-p}=\pi\,l(1-pe^{-q}).$$ (T. 416, N°. 7). [397].

14. Dans le théorème II, (254) prenons enfin $\varphi(x)=Cos.x$, alors: $\displaystyle\int_0^p\varphi(2xy)\,dy=\frac{1}{2x}Sin.2px$, $\varphi^{(2a)}(0)=1$, donc:

$$\int_{-\infty}^\infty e^{-x^2}Sin.2px\frac{dx}{x}=-2\sqrt{\pi}\sum_0^\infty\frac{p^{2n+1}}{2n+1}\frac{1}{1^{n/1}}\ldots\ldots\ldots\ldots\quad(1911)$$

15. Passons maintenant aux théorèmes (298) à (326) qui se trouvent dans l'addition B à la fin de cet ouvrage. Il s'agit de trouver de telles suppositions à l'égard de $F(x)=f(a+be^{rx})$ que les fonctions $\dfrac{1}{2}\{F(xi)+F(-xi)\}$ et $\dfrac{1}{2i}\{F(xi)-F(-xi)\}$ acquièrent des formes utiles, soumises à la restriction de ne pas être incompatibles avec le développement de TAYLOR; on verra que les fonctions ne sont complexes qu'en apparence et que le facteur imaginaire s'élimine chaque fois de la fonction par des transformations simples.

16. Commençons par chercher quelques formes pour $\dfrac{1}{2}\{F(xi)+F(-xi)\}$ et $\dfrac{1}{2i}\{F(xi)-F(-xi)\}$, et prenons à cet effet: $f_1(P)=P^s$, $a=a_1=a_2=\ldots=1$, $b=b_1=b_2=\ldots=1$, alors:

$$\frac{1}{2}\{F(xi)+F(-xi)\}=\frac{1}{2}\{(1+e^{rxi})^s+(1+e^{-rxi})^s\}=2^s\,Cos^s\frac{1}{2}rx.Cos.\frac{1}{2}srx,\ldots\ldots\quad(a)$$

$$\frac{1}{2i}\{F(xi)-F(-xi)\}=\frac{1}{2i}\{(1+e^{rxi})^s-(1+e^{-rxi})^s\}=2^s\,Cos.^s\frac{1}{2}rx.Sin.\frac{1}{2}srx,\ldots\ldots\quad(b)$$

---

[397] Autrement déduite Méth. 23, N°. 11, Méth. 34, N°. 7.

$$\frac{1}{2}\{F_c(xi)+F_c(-xi)\}=2^{s+s_1+\dots}Cos.^s\frac{1}{2}rx.\,Cos.^{s_1}\frac{1}{2}r_1x\dots Cos.\left\{(sr+s_1r_1+\dots)\frac{1}{2}x\right\},\dots\dots (c)$$

$$\frac{1}{2i}\{F_c(xi)-F_c(-xi)\}=2^{s+s_1+\dots}Cos.^s\frac{1}{2}rx.\,Cos.^{s_1}\frac{1}{2}r_1x\dots Sin.\left\{(sr+s_1r_1+\dots)\frac{1}{2}x\right\}.\dots\dots (d)$$

Pour $f_2(P)=P^s$, $a=a_1=a_2=\dots=1$, $b=b_1=b_2=\dots=-1$, on a:

$$\frac{1}{2}\{F(xi)+F(-xi)\}=\frac{1}{2}\{(1-e^{rxi})^s+(1-e^{-rxi})^s\}=2^s\,Sin.^s\frac{1}{2}rx.\,Cos.\left(\frac{1}{2}s\pi-\frac{1}{2}srx\right),\dots (e)$$

$$\frac{1}{2i}\{F(xi)-F(-xi)\}=\frac{1}{2i}\{(1-e^{rxi})^s-(1-e^{-rxi})^s\}=-2^s\,Sin.^s\frac{1}{2}rx.\,Sin.\left(\frac{1}{2}s\pi-\frac{1}{2}srx\right),\dots (f)$$

$$\frac{1}{2}\{F_c(xi)+F_c(-xi)\}=2^{s+s_1+\dots}Sin.^s\frac{1}{2}rx.\,Sin.^{s_1}\frac{1}{2}r_1x\dots Cos.\left\{(s+s_1+\dots)\frac{1}{2}\pi-(sr+s_1r_1+\dots)\frac{1}{2}x\right\},\dots (g)$$

$$\frac{1}{2i}\{F_c(xi)-F_c(-xi)\}=-2^{s+s_1+\dots}Sin.^s\frac{1}{2}rx.\,Sin.^{s_1}\frac{1}{2}r_1x\dots Sin.\left\{(s+s_1+\dots)\frac{1}{2}\pi-(sr+s_1r_1+\dots)\frac{1}{2}x\right\}\dots (h)$$

Pour $f_3(P)=P^s$, $a=a_1=\dots=a_n=a_{n+1}=\dots=1$, $b=b_1=\dots=b_n=1$, $b_{n+1}=b_{n+2}=$ $=\dots=-1$, on trouve donc par analogie:

$$\frac{1}{2}\{F_c(xi)+F_c(-xi)\}=2^{s+s_1+\dots+t+t_1+\dots}Cos.^s\frac{1}{2}rx.\,Cos.^{s_1}\frac{1}{2}r_1x\dots Sin.^t\frac{1}{2}ux.\,Sin.^{t_1}\frac{1}{2}u_1x\dots$$
$$\dots Cos.\left\{(t+t_1+\dots)\frac{1}{2}\pi-(sr+s_1r_1+\dots+tu+t_1u_1+\dots)\frac{1}{2}x\right\},\dots\dots (i)$$

$$\frac{1}{2i}\{F_c(xi)-F_c(-xi)\}=-2^{s+s_1+\dots+t+t_1+\dots}Cos.^s\frac{1}{2}rx.\,Cos.^{s_1}\frac{1}{2}r_1x\dots Sin.^t\frac{1}{2}ux.\,Sin.^{t_1}\frac{1}{2}u_1x\dots$$
$$\dots Sin.\left\{(t+t_1+\dots)\frac{1}{2}\pi-(sr+s_1r_1+\dots+tu+t_1u_1+\dots)\frac{1}{2}x\right\}.\dots\dots (k)$$

Pour $f_4(P)=e^{sP}$, $a=a_1=\dots=0$, $b=b_1=\dots=1$, il vient:

$$\frac{1}{2}\{F(xi)+F(-xi)\}=\frac{1}{2}(e^{se^{rxi}}+e^{se^{-rxi}})=e^{s\,Cos.rx}\,Cos.(s\,Sin.rx),\dots\dots\dots (l)$$

$$\frac{1}{2i}\{F(xi)-F(-xi)\}=\frac{1}{2i}(e^{se^{rxi}}-e^{se^{-rxi}})=e^{s\,Cos.rx}\,Sin.(s\,Sin.rx),\dots\dots\dots (m)$$

$$\frac{1}{2}\{F_c(xi)+F_c(-xi)\}=e^{s\,Cos.rx+s_1\,Cos.r_1x+\dots}Cos.(s\,Sin.rx+s_1\,Sin.r_1x+\dots),\dots\dots\dots (n)$$

$$\frac{1}{2i}\{F_c(xi)-F_c(-xi)\}=e^{s\,Cos.rx+s_1\,Cos.r_1x+\dots}Sin.(s\,Sin.rx+s_1\,Sin.r_1x+\dots).\dots\dots\dots (o)$$

Pour $f_5(P,Q)=P^s e^{pQ}$, $a=a_1=\dots=a_n=1$, $b=b_1=\dots=b_n=1$, $a_{n+1}=a_{n+2}=\dots=0$, $b_{n+1}=b_{n+2}=\dots=1$, on a:

$$\frac{1}{2}\{F(xi)+F(-xi)\} = 2^s\, Cos.^s\frac{1}{2}r\,x.\, e^{q\, Cos.\, px}\, Cos.\left(\frac{1}{2}s\,r\,x+q\, Sin.\, px\right), \quad \ldots \ldots (p)$$

$$\frac{1}{2i}\{F(xi)-F(-xi)\} = 2^s\, Cos.^s\frac{1}{2}r\,x.\, e^{q\, Cos.\, px}\, Sin.\left(\frac{1}{2}s\,r\,x+q\, Sin.\, px\right), \quad \ldots \ldots (q)$$

$$\frac{1}{2}\{F_c(xi)+F_c(-xi)\} = 2^{s+s_1+\ldots}\, Cos.^s\frac{1}{2}r\,x.\, Cos.^{s_1}\frac{1}{2}r_1\,x\ldots$$

$$\ldots e^{q\, Cos.\, px+q_1\, Cos.\, p_1 x+\ldots}\, Cos.\left\{(sr+s_1r_1+\ldots)\frac{1}{2}x+q\, Sin.\, px+q_1\, Sin.\, p_1\, x+\ldots\right\}, \ldots (r)$$

$$\frac{1}{2i}\{F_c(xi)-F_c(-xi)\} = 2^{s+s_1+\ldots}\, Cos.^s\frac{1}{2}r\,x.\, Cos.^{s_1}\frac{1}{2}r_1\,x\ldots$$

$$\ldots e^{q\, Cos.\, px+q_1\, Cos.\, p_1 x+\ldots}\, Sin.\left\{(sr+s_1r_1+\ldots)\frac{1}{2}x+q\, Sin.\, px+q_1\, Sin.\, p_1\, x+\ldots\right\}\ldots (s)$$

Pour $f_6(P,Q)=P^s e^{pQ}$, $a=a_1=\ldots=a_n=1$, $b=b_1=\ldots=b_n=-1$, $a_{n+1}=a_{n+2}=$ $=\ldots=0$, $b_{n+1}=b_{n+2}=\ldots=1$, on trouve:

$$\frac{1}{2}\{F(xi)+F(-xi)\} = 2^s\, Sin.^s\frac{1}{2}r\,x.\, e^{q\, Cos.\, px}\, Cos.\left(\frac{1}{2}s\pi-\frac{1}{2}s\,r\,x-q\, Sin.\, p\,x\right), \quad \ldots \ldots (t)$$

$$\frac{1}{2i}\{F(xi)-F(-xi)\} = -2^s\, Sin.^s\frac{1}{2}r\,x.\, e^{q\, Cos.\, px}\, Sin.\left(\frac{1}{2}s\pi-\frac{1}{2}s\,r\,x-q\, Sin.\, p\,x\right), \quad \ldots \ldots (u)$$

$$\frac{1}{2}\{F_c(xi)+F_c(-xi)\} = 2^{s+s_1+\ldots}\, Sin.^s\frac{1}{2}rx.\, Sin.^{s_1}\frac{1}{2}r_1\,x\ldots e^{q\, Cos.\, px+q_1\, Cos.\, p_1 x+\ldots}\, Cos.\left\{(s+s_1+\ldots)\frac{1}{2}\pi-\right.$$

$$\left.-(sr+s_1r_1+\ldots)\frac{1}{2}x-q\, Sin.\, p\,x-q_1\, Sin.\, p_1\, x-\ldots\right\}, \quad \ldots \ldots (v)$$

$$\frac{1}{2i}\{F_c(xi)-F_c(-xi)\} = -2^{s+s_1+\ldots}\, Sin.^s\frac{1}{2}rx.\, Sin.^{s_1}\frac{1}{2}r_1\,x\ldots e^{q\, Cos.\, px+q_1\, Cos.\, p_1 x+\ldots}\, Sin.\left\{(s+s_1+\ldots)\frac{1}{2}\pi-\right.$$

$$\left.-(sr+s_1r_1+\ldots)\frac{1}{2}x-q\, Sin.\, p\,x-q_1\, Sin.\, p_1\, x-\ldots\right\}. \quad \ldots \ldots (w)$$

Pour $f_7(P,Q)=P^s e^{pQ}$, $a=a_1=\ldots=a_n=a_{n+1}=\ldots=a_m=1$, $b=b_1=\ldots=b_n=1$, $b_n=b_{n+1}=\ldots=b_m=-1$, $a_{m+1}=a_{m+2}=\ldots=0$, $b_{m+1}=b_{m+2}=\ldots=1$, il vient:

$$\frac{1}{2}\{F_c(xi)+F_c(-xi)\} = 2^{s+s_1+\ldots+t+t_1+\ldots}\, Cos.^s\frac{1}{2}rx.\, Cos.^{s_1}\frac{1}{2}r_1\,x\ldots Sin.^t\frac{1}{2}ux.\, Sin.^{t_1}\frac{1}{2}u_1\,x\ldots$$

$$\ldots e^{q\, Cos.\, px+q_1\, Cos.\, p_1 x+\ldots}\, Cos.\left\{(t+t_1+\ldots)\frac{1}{2}\pi-(sr+s_1r_1+\ldots+tu+t_1u_1+\ldots)\frac{1}{2}x-q\, Sin.\, px-q_1\, Sin.\, p_1 x-\ldots\right\}, (x)$$

$$\frac{1}{2i}\{F_c(xi)-F_c(-xi)\} = -2^{s+s_1+\ldots+t+t_1+\ldots}\, Cos.^s\frac{1}{2}rx.\, Cos.^{s_1}\frac{1}{2}r_1\,x\ldots Sin.^t\frac{1}{2}ux.\, Sin.^{t_1}\frac{1}{2}u_1\,x\ldots$$

$$\ldots e^{q\, Cos.\, px+q_1\, Cos.\, p_1 x+\ldots}\, Sin.\left\{(t+t_1+\ldots)\frac{1}{2}\pi-(sr+s_1r_1+\ldots+tu+t_1u_1+\ldots)\frac{1}{2}x-q\, Sin.\, px-q_1\, Sin.\, p_1 x-\ldots\right\}. (y)$$

Pour $f_8(\mathrm{P})=\frac{1-\mathrm{P}^s}{1-\mathrm{P}}$, $a=0$, $b=b$, $(b^2\leqq 1)$:

$$\frac{1}{2}\{\mathrm{F}(xi)+\mathrm{F}(-xi)\}=\frac{1}{2}\left\{\frac{1-b^se^{srxi}}{1-be^{rxi}}+\frac{1-b^se^{-srxi}}{1-be^{-rxi}}\right\}=\frac{1-b\,Cos.rx-b^sCos.srx+b^{s+1}Cos.\{(s-1)rx\}}{1-2b\,Cos.rx+b^2},\,.(z)$$

$$\frac{1}{2i}\{\mathrm{F}(xi)-\mathrm{F}(-xi)\}=\frac{b\,Sin.rx-b^s\,Sin.srx+b^{s+1}\,Sin.\{(s-1)rx\}}{1-2b\,Cos.rx+b^2};\;\ldots\ldots\;(aa)$$

d'où pour $f_9(\mathrm{P})=\frac{1-\mathrm{P}^s}{1-\mathrm{P}}$, $a=0$, $b=1$:

$$\frac{1}{2}\{\mathrm{F}(xi)+\mathrm{F}(-xi)\}=\frac{1}{2}\left[1-Cos.srx+Sin.srx.\,Cot.\frac{1}{2}rx\right],.(ab),=\frac{Sin.\frac{1}{2}srx}{Sin.\frac{1}{2}rx}Cos.\left\{(s-1)\frac{1}{2}rx\right\},.(ab')$$

$$\frac{1}{2i}\{\mathrm{F}(xi)-\mathrm{F}(-xi)\}=\frac{1}{2}\left[-Sin.srx+(1-Cos.srx)Cot.\frac{1}{2}rx\right],.(ac),=\frac{Sin.\frac{1}{2}srx}{Sin.\frac{1}{2}rx}Sin.\left\{(s-1)\frac{1}{2}rx\right\};.(ac')$$

et pour $f_{10}(\mathrm{P})=\frac{1+\mathrm{P}^{2s+1}}{1+\mathrm{P}}$, $a=0$, $b=1$:

$$\frac{1}{2}\{\mathrm{F}(xi)+\mathrm{F}(-xi)\}=\frac{1}{2}\left[1+Cos.2srx-Sin.2srx.\,Tg.\frac{1}{2}rx\right],.(ad),=\frac{Cos.srx}{Cos.\frac{1}{2}rx}Cos.\left\{(2s+1)\frac{1}{2}rx\right\},.(ad')$$

$$\frac{1}{2i}\{\mathrm{F}(xi)-\mathrm{F}(-xi)\}=\frac{1}{2}\left[Sin.2srx-(1-Cos.2srx)Tg.\frac{1}{2}rx\right],.(ae),=\frac{Sin.srx}{Cos.\frac{1}{2}rx}Cos.\left\{(2s+1)\frac{1}{2}rx\right\}.(ae')$$

D'autres combinaisons ne donneront pas des formes assez simples, pour nous être ici d'assez grande utilité.

17. Maintenant il ne nous manque pas de matériaux pour obtenir une grande quantité d'intégrales définies nouvelles [398]. Ici pourtant nous ne prendrons que quelques exemples, et nous choisirons d'abord les théorèmes (306) à (309), (312), (313); les résultats contenant un facteur $Si.(x)$ ou $Ci.(x)$ seront bien nouveaux et intéressants de cette manière. Nous y rencontrons les fonctions $f(a+be^{-mr})$, $f(a+be^{mr})$, $f(a)$, $f(a+be^{mri})$, $f(a+be^{-mri})$, qui donc doivent être calculées pour chaque $f(\mathrm{P})$ du N°. précédent.

Dans le cas de $f_1(\mathrm{P})$ on a: $f(a)=1, f(a+be^{\pm mr})=(1+e^{\pm mr})^s, f(a+be^{\pm mri})=(1+e^{\pm mri})^s=2^s\,Cos.^s\frac{1}{2}mr.\left(Cos.\frac{1}{2}smr\pm i\,Sin.\frac{1}{2}smr\right)$; et pour un double r:

$$\int_0^\infty Cos.^s rx.\,Cos.srx.\,Si.(x)\frac{x\,dx}{m^2+x^2}=\frac{\pi}{2^{s+2}}\{Ei.(-m)-Ei.(m)\}\,(1+e^{-2mr})^s,\;\ldots\ldots\;(1912)$$

$$\int_0^\infty Cos.^s rx.\,Cos.srx.\,Ci.(x)\frac{dx}{m^2+x^2}=\frac{\pi}{2^{s+2}m}Ei.(-m).\,\{(1+e^{2mr})^s+(1+e^{-2mr})^s\}=$$

$$=\frac{\pi}{2^{s+2}m}Ei.(-m).\,(e^{smr}+e^{-smr})(e^{mr}+e^{-mr})^s\;[399],\;\ldots\ldots\;(1913)$$

---

[398] C'est ce que j'ai fait dans un „Mémoire sur une méthode pour déduire quelques intégrales définies, en parties très-générales, etc." insérée dans les Natuurk. Verhandel. van de Hollandsche Maatsch. der Wetenschappen te Haarlem, 2e Verzam. Dl. XVII, encore en cours de publication.

[399] Quand on différentie ces intégrales par rapport à s, et qu'on annule cet s après (ce qui est Page 644.

$$\int_0 Cos.^s rx. Sin. srx. Si.(x) \frac{dx}{m^2+x^2} = \frac{\pi}{2^{s+2} m} \{Ei.(m) - Ei.(-m)\} \{(1+e^{-2mr})^s - 1\}, \quad (1916)$$

$$\int_0^\infty Cos.^s rx. Sin. srx. Ci.(x) \frac{x\,dx}{m^2+x^2} = \frac{\pi}{2^{s+2}} Ei.(-m).(e^{-smr} - e^{smr})(e^{mr}+e^{-mr})^s, \quad (1917)$$

$$\int_0^\infty Cos.^s rx. Cos. srx. Si.(x) \frac{x\,dx}{m^2-x^2} = \frac{\pi}{2}\left[-2^{-s} Ci.(m) + Si.(m). Cos.^s mr. Sin. smr\right], \ [400], \quad (1918)$$

$$\int_0^\infty Cos.^s rx. Sin. srx. Si.(x) \frac{dx}{m^2-x^2} = \frac{\pi}{2m} Si.(m).\left[2^{-s} - Cos.^s mr. Cos. smr\right], \quad (1920)$$

$$\int_0^\infty Cos.^s rx. Cos.^{s_1} r_1 x \ldots Cos. \{(sr + s_1 r_1 + \ldots) x\}. Si.(x) \frac{x\,dx}{m^2+x^2} =$$

$$= \frac{\pi}{2^{s+s_1+\ldots+2}} \{Ei.(-m) - Ei.(m)\} (1+e^{-2mr})^s (1+e^{-2mr_1})^{s_1} \ldots, \quad (1921)$$

$$\int_0^\infty Cos.^s rx. Cos.^{s_1} r_1 x \ldots Cos. \{(sr + s_1 r_1 + \ldots) x\}. Ci.(x) \frac{dx}{m^2+x^2} =$$

$$= \frac{\pi}{2^{s+s_1+\ldots+2} m} Ei.(-m). \{e^{(sr+s_1r_1+\ldots)m} + e^{-(sr+s_1r_1+\ldots)m}\} (e^{mr}+e^{-mr})^s (e^{mr_1}+e^{-mr_1})^{s_1} \ldots, \quad (1922)$$

$$\int_0^\infty Cos.^s rx. Cos.^{s_1} rx \ldots Sin. \{(sr + s_1 r_1 + \ldots) x\}. Si.(x) \frac{dx}{m^2+x^2} =$$

$$= \frac{\pi}{2^{s+s_1+\ldots+2} m} \{Ei.(m) - Ei.(-m)\} \{(1+e^{-2mr})^s (1+e^{-2mr_1})^{s_1} \ldots - 1\}, \quad (1923)$$

---

permis ici) on obtient: $\int_0^\infty l\, Cos.^2 rx. Si.(x) \frac{x\,dx}{m^2+x^2} = \frac{\pi}{2} \{Ei.(-m) - Ei.(m)\}\, l \frac{1+e^{-2mr}}{2}$, (1914)

$$\int_0^\infty l Cos.^2 rx. Ci.(x) \frac{dx}{m^2+x^2} = \frac{\pi}{2m} Ei.(-m). \left\{ l\frac{1+e^{2mr}}{2} + l\frac{1+e^{-2mr}}{2} \right\} = \frac{\pi}{m} Ei.(-m).\, l\frac{e^{mr}+e^{-mr}}{2}. \quad (1915)$$

[400] Différentions par rapport à s, et puis annulons cet s, nous aurons:

$$\int_0^\infty l\, Cos.^2 rx. Si.(x) \frac{x\,dx}{m^2-x^2} = \pi \{Ci.(m).\, l2 + mr\, Si.(m)\}. \quad (1919)$$

Page 645.

$$\int_0^\infty Cos.^s rx. Cos.^{s_1} r_1 x \ldots Sin. \{(sr+s_1 r_1+\ldots)x\}. Ci.(x) \frac{x\,dx}{m^2+x^2} =$$

$$= \frac{\pi}{2^{s+s_1+\ldots+2}} Ei.(-m). \{e^{-(sr+s_1 r_1+\ldots)m} - e^{(sr+s_1 r_1+\ldots)m}\} (e^{mr}+e^{-mr})^s (e^{mr_1}+e^{-mr_1})^{s_1}\ldots \quad (1924)$$

$$\int_0^\infty Cos.^s rx. Cos.^{s_1} r_1 x \ldots Cos. \{(sr+s_1 r_1+\ldots)x\}. Si.(x) \frac{x\,dx}{m^2-x^2} =$$

$$= \frac{\pi}{2}\left[-2^{-s-s_1-\ldots} Ci.(m) + Si.(m). Cos.^s mr. Cos.^{s_1} mr_1 \ldots Sin. \{(sr+s_1 r_1+\ldots)m\}\right], \quad (1925)$$

$$\int_0^\infty Cos.^s rx. Cos.^{s_1} r_1 x \ldots Sin. \{(sr+s_1 r_1+\ldots)x\}. Si.(x) \frac{dx}{m^2-x^2} =$$

$$= \frac{\pi}{2m} Si.(m). \left[2^{-s-s_1-\ldots} - Cos.^s mr. Cos.^{s_1} mr_1 \ldots Cos. \{(sr+s_1 r_1+\ldots)m\}\right]. \quad (1926)$$

Dans le cas de $f_2(\mathrm{P})$ on a: $f(p)=1$, $f(a+be^{\pm mr}) = (1-e^{\pm mr})^s$, $f(a+be^{\pm mri}) = (1-e^{\pm mri})^s = 2^s Sin.^s \frac{1}{2} mr. \left\{Cos. \left(\frac{1}{2} s\pi - \frac{1}{2} smr\right) \mp i\, Sin. \left(\frac{1}{2} s\pi - \frac{1}{2} smr\right)\right\}$, [401], et par conséquent pour un r double:

$$\int_0^\infty Sin.^s rx. Cos.\left(\frac{1}{2} s\pi - srx\right). Si.(x) \frac{x\,dx}{m^2+x^2} = \frac{\pi}{2^{s+2}} \{Ei.(-m) - Ei.(m)\} (1-e^{-2mr})^s, \quad (1927)$$

$$\int_0^\infty Sin.^s rx. Cos.\left(\frac{1}{2} s\pi - srx\right). Ci.(x) \frac{dx}{m^2+x^2} = \frac{\pi}{2^{s+2} m} Ei.(-m). \{(1-e^{2mr})^s +$$

$$+ (1-e^{-2mr})^s\} = \frac{\pi}{2^{s+2} m} Ei.(-m). \{(-1)^s e^{smr} + e^{-smr}\} (e^{mr}-e^{-mr})^s, \text{ [402]}, \quad (1928)$$

---

[401] Où l'on a employé la relation $(\pm i)^s = e^{\pm \frac{1}{2} s\pi i}$.

[402] Par la différentiation suivant s, lorsque cet s s'évanouit après, nous trouvons:

$$\int_0^\infty l Sin.^2 rx. Si.(x) \frac{x\,dx}{m^2+x^2} = \frac{\pi}{2} \{Ei.(-m) - Ei.(m)\}\, l \frac{1-e^{-2mr}}{2}, \ldots\ldots \quad (1929)$$

$$\int_0^\infty l\, Sin.^2 rx. Ci.(x) \frac{dx}{m^2+x^2} = \frac{\pi}{2m} Ei.(-m). \left\{\frac{1}{2} l\left(\frac{1-e^{2mr}}{2}\right)^2 + \frac{1}{2} l\left(\frac{1-e^{-2mr}}{2}\right)^2\right\} =$$

$$= \frac{\pi}{m} Ei.(-m).\, l \frac{e^{mr}-e^{-mr}}{2}. \ldots\ldots \quad (1930)$$

On peut soustraire de celles-ci les intégrales précédentes (1914), (1915), et l'on aura:

Page 646.

$$\int_0^\infty Sin.^s rx. Sin.\left(\frac{1}{2}s\pi - srx\right).Si.(x)\frac{dx}{m^2+x^2} = \frac{\pi}{2^{s+2}m}\{Ei.(-m)-Ei.(m)\}\{(1-e^{-2mr})^s-1\}, .(1933)$$

$$\int_0^\infty Sin.^s rx. Sin.\left(\frac{1}{2}s\pi - srx\right). Ci.(x)\frac{x\,dx}{m^2+x^2} = \frac{\pi}{2^{s+2}}Ei.(-m).\{(-1)^s e^{smr}-e^{-smr}\}(e^{mr}-e^{-mr})^s, .(1934)$$

$$\int_0^\infty Sin.^s rx. Cos.\left(\frac{1}{2}s\pi - srx\right).Si.(x)\frac{x\,dx}{m^2-x^2} = -\frac{\pi}{2}\left\{2^{-s}Ci.(m)+Si.(m).Sin.^s mr.Sin.\left(\frac{1}{2}s\pi - smr\right)\right\}, [403], .(1935)$$

$$\int_0^\infty Sin.^s rx. Sin.\left(\frac{1}{2}s\pi - srx\right).Si.(x)\frac{dx}{m^2-x^2} = \frac{\pi}{2m}Si.(m).\left\{-2^{-s}+Sin.^s mr.Cos.\left(\frac{1}{2}s\pi - smr\right)\right\}, .(1938)$$

$$\int_0^\infty Sin.^s rx. Sin.^{s_1} r_1 x \ldots Cos.\left\{(s+s_1+\ldots)\frac{1}{2}\pi - (sr+s_1r_1+\ldots)x\right\}.Si.(x)\frac{x\,dx}{m^2+x^2} =$$

$$= \frac{\pi}{2^{s+s_1+\ldots+2}}\{Ei.(-m)-Ei.(m)\}(1-e^{-2mr})^s(1-e^{-2mr_1})^{s_1}\ldots, \ldots\ldots (1939)$$

$$\int_0^\infty Sin.^s rx. Sin.^{s_1} r_1 x \ldots Cos.\left\{(s+s_1+\ldots)\frac{1}{2}\pi - (sr+s_1r_1+\ldots)x\right\}. Ci.(x)\frac{dx}{m^2+x^2} =$$

$$= \frac{\pi}{2^{s+s_1+\ldots+2}m}Ei.(-m).\{(-1)^{s+s_1+\ldots}e^{(sr+s_1r_1+\ldots)m}+e^{-(sr+s_1r_1+\ldots)m}\}(e^{mr}-e^{-mr})^s(e^{mr_1}-e^{-mr_1})^{s_1}\ldots, .(1940)$$

$$\int_0^\infty l\,Tg.^2 rx.\,Si.(x)\frac{x\,dx}{m^2+x^2} = \frac{\pi}{2}\{Ei(-m)-Ei.(m)\}\,l\frac{e^{mr}-e^{-mr}}{e^{mr}+e^{-mr}}, \ldots\ldots (1931)$$

$$\int_0^\infty l\,Tg.^2 rx.\,Ci.(x)\frac{dx}{m^2+x^2} = \frac{\pi}{m}Ei.(-m).\,l\frac{e^{mr}-e^{-mr}}{e^{mr}+e^{-mr}}, \ldots\ldots\ldots\ldots (1932)$$

[403] La différentiation par rapport à s donne, lorsqu'on annule cet s ensuite:

$$\int_0^\infty l\,Sin.^2 rx.\,Si.(x)\frac{x\,dx}{m^2-x^2} = \pi\{Ci.(m).l2+(mr-\tfrac{1}{2}\pi)Si.(m)\}, \ldots\ldots (1936)$$

d'où par l'intégrale (1919) $$\int_0^\infty l\,Tg.^2 rx.\,Si.(x)\frac{x\,dx}{m^2-x^2} = -\tfrac{1}{2}\pi^2 Si.(m) \ldots\ldots\ldots (1937)$$

Observons à l'égard de ces notes [402] et [403] que la combinaison par voie d'addition des intégrales correspondantes ne donnerait que les intégrales primitives de ces notes pour $2r$ au lieu de r, ce qui est en même temps une vérification de notre procédé.

Page 647.

$$\int_0^\infty Sin.^s rx.\, Sin.^{s_1} r_1 x \ldots Sin.\left\{(s+s_1+\ldots)\frac{1}{2}\pi-(sr+s_1r_1+\ldots)x\right\}.\, Si.(x)\frac{dx}{m^2+x^2}=$$

$$=\frac{\pi}{2^{s+s_1+\ldots+2}m}\{Ei.(-m)-Ei.(m)\}\{(1-e^{-2mr})^s(1-e^{-2mr_1})^{s_1}\ldots-1\},\ .\ (1941)$$

$$\int_0^\infty Sin.^s rx.\, Sin.^{s_1} r_1 x \ldots Sin.\left\{(s+s_1+\ldots)\frac{1}{2}\pi-(sr+s_1r_1+\ldots)x\right\}.\, Ci.(x)\frac{x\,dx}{m^2+x^2}=$$

$$=\frac{\pi}{2^{s+s_1+\ldots+2}}Ei.(-m).\{(-1)^{s+s_1+\ldots}e^{(sr+s_1r_1+\ldots)m}-e^{-(sr+s_1r_1+\ldots)m}\}(e^{mr}-e^{-mr})^s(e^{mr_1}-e^{-mr_1})^{s_1}\ldots,\ .(1942)$$

$$\int_0^\infty Sin.^s rx.\, Sin.^{s_1} r_1 x \ldots Cos.\left\{(s+s_1+\ldots)\frac{1}{2}\pi-(sr+s_1r_1+\ldots)x\right\}.\, Si.(x)\frac{x\,dx}{m^2-x^2}=$$

$$=-\frac{\pi}{2}\left[2^{-s-s_1-\ldots}Ci.(m)+Si.(m).Sin.^s mr.Sin.^{s_1} mr_1\ldots Sin.\left\{(s+s_1+\ldots)\frac{1}{2}\pi-(sr+s_1r_1+\ldots)m\right\}\right],\ .(1943)$$

$$\int_0^\infty Sin.^s rx.\, Sin.^{s_1} r_1 x \ldots Sin.\left\{(s+s_1+\ldots)\frac{1}{2}\pi-(sr+s_1r_1+\ldots)x\right\}.\, Si.(x)\frac{dx}{m^2-x^2}=$$

$$=\frac{\pi}{2m}Si.(m).\left[-2^{-s-s_1-\ldots}+Sin.^s mr.Sin.^{s_1} mr_1\ldots Cos.\left\{(s+s_1+\ldots)\frac{1}{2}\pi-(sr+s_1r_1+\ldots)m\right\}\right].\ (1944)$$

Pour $f_3(P)$ on a par la combinaison des réductions précédentes:

$$\int_0^\infty Cos.^s rx.\, Cos.^{s_1} r_1 x\ldots Sin.^t ux.Sin.^{t_1} u_1 x\ldots Cos.\left\{(t+t_1+\ldots)\frac{1}{2}\pi-(sr+s_1r_1+\ldots+tu+t_1u_1+\ldots)x\right\}.\, Si.(x)\frac{x\,dx}{m^2+x^2}=$$

$$=\frac{\pi}{2^{s+s_1+\ldots+t+t_1+\ldots+2}}\{Ei.(-m)-Ei.(m)\}(1+e^{-2mr})^s(1+e^{-2mr_1})^{s_1}\ldots(1-e^{-2mu})^t(1-e^{-2mu_1})^{t_1}\ldots,\ .\ (1945)$$

$$\int_0^\infty Cos.^s rx.\, Cos.^{s_1} r_1 x\ldots Sin.^t ux.\, Sin.^{t_1} u_1 x\ldots Cos.\left\{(t+t_1+\ldots)\frac{1}{2}\pi-(sr+s_1r_1+\ldots+tu+t_1u_1+\ldots)x\right\}.Ci.(x)\frac{dx}{m^2+x^2}=$$

$$=\frac{\pi}{2^{s+s_1+\ldots+t+t_1+\ldots+2}m}Ei.(-m).\{(-1)^{t+t_1+\ldots}e^{(sr+s_1r_1+\ldots+tu+t_1u_1+\ldots)m}+e^{-(sr+s_1r_1+\ldots+tu+t_1u_1+\ldots)m}\}$$

$$(e^{mr}+e^{-mr})^s(e^{mr_1}+e^{-mr_1})^{s_1}\ldots(e^{mu}-e^{-mu})^t(e^{mu_1}-e^{-mu_1})^{t_1}\ldots,\ \ldots\ldots\ldots\ldots\ (1946)$$

$$\int_0^\infty Cos.^s rx.\, Cos.^{s_1} r_1 x\ldots Sin.^t ux.Sin.^{t_1} u_1 x\ldots Sin.\left\{(t+t_1+\ldots)\frac{1}{2}\pi-(sr+s_1r_1+\ldots+tu+t_1u_1+\ldots)x\right\}.Si.(x)\frac{dx}{m^2+x^2}=$$

$$=\frac{\pi}{2^{s+s_1+\ldots+t+t_1+\ldots+2}m}\{Ei.(-m)-Ei.(m)\}\{(1+e^{-2mr})^s(1+e^{-2mr_1})^{s_1}\ldots(1-e^{-2mu})^t(1-e^{-2mu_1})^{t_1}\ldots-1\},\ .(1947)$$

$$\int_0^\infty Cos.^s rx. Cos.^{s_1} r_1 x .. Sin.^t ux. Sin.^{t_1} u_1 x ... Sin. \left\{(t+t_1+...)\frac{1}{2}\pi-(sr+s_1r_1+...+tu+t_1u_1+...)x\right\}.Ci.(x)\frac{xdx}{m^2+x^2}=$$

$$=\frac{\pi}{2^{s+s_1+...+t+t_1+...+2}}\{(-1)^{t+t_1+...}e^{(sr+s_1r_1+...+tu+t_1u_1+...)m}-e^{-(sr+s_1r_1+...+tu+t_1u_1+...)m}\}$$

$$(e^{mr}+e^{-mr})^s(e^{mr_1}+e^{-mr_1})^{s_1}...(e^{mu}-e^{-mu})^t(e^{mu_1}-e^{-mu_1})^{t_1}..., \quad (1948)$$

$$\int_0^\infty Cos.^s rx. Cos.^{s_1} r_1 x ... Sin.^t ux. Sin.^{t_1} u_1 x ... Cos. \left\{(t+t_1+...)\frac{1}{2}\pi-(sr+s_1r_1+...+tu+t_1u_1+...)x\right\}. Si.(x)\frac{xdx}{m^2-x^2}=$$

$$=-\frac{\pi}{2}\Big[2^{-s-s_1-...t-t_1-...}Ci.(m)+Si.(m).Cos.^s mr. Cos.^{s_1} mr_1 ... Sin.^t mu. Sin.^{t_1} mu_1 ... Sin.\left\{(t+t_1+...)\frac{1}{2}\pi-\right.$$

$$\left.-(sr+s_1r_1+...+tu+t_1u_1+...)m\right\}\Big], \quad (1949)$$

$$\int_0^\infty Cos.^s rx. Cos.^{s_1} r_1 x ... Sin.^t ux. Sin.^{t_1} u_1 x ... Sin. \left\{(t+t_1+...)\frac{1}{2}\pi-(sr+s_1r_1+...+tu+t_1u_1+...)x\right\}. Si.(x)\frac{dx}{m^2-x^2}=$$

$$=\frac{\pi}{2m}Si.(m).\Big[-2^{-s-s_1-...-t-t_1-...}+Cos.^s mr. Cos.^{s_1} mr_1 ... Sin.^t mu. Sin.^{t_1} mu_1 ... Cos.\left\{(t+t_1+...)\frac{1}{2}\pi-\right.$$

$$\left.-(sr+s_1r_1+...+tu+t_1u_1+...)m\right\}\Big]. \quad (1950)$$

18. Dans le cas de f_4 (P) on a $f(a)=e^s$, $f(a+be^{\pm mr})=e^{se^{\pm mr}}$, $f(a+be^{\pm mri})=e^{se^{\pm mri}}=$ $=e^{s\,Cos.mr}\{Cos.(s\,Sin.mr)\pm i\,Sin.(s\,Sin.mr)\}$, et par conséquent:

$$\int_0^\infty e^{s\,Cos.rx}\,Cos.(s\,Sin.rx).Si.(x)\frac{xdx}{m^2+x^2}=\frac{\pi}{4}\{Ei.(-m)-Ei.(m)\}e^{se^{-mr}}, \quad (1951)$$

$$\int_0^\infty e^{s\,Cos.rx}\,Cos.(s\,Sin.rx).Ci.(x)\frac{dx}{m^2+x^2}=\frac{\pi}{4m}Ei.(-m).(e^{se^{mr}}+e^{se^{-mr}}), \quad (1952)$$

$$\int_0^\infty e^{s\,Cos.rx}\,Sin.(s\,Sin.rx).Si.(x)\frac{dx}{m^2+x^2}=\frac{\pi}{4m}\{Ei.(m)-Ei.(-m)\}\{e^{se^{-mr}}-e^s\}, \quad (1953)$$

$$\int_0^\infty e^{s\,Cos.rx}\,Sin.(s\,Sin.rx).Ci.(x)\frac{xdx}{m^2+x^2}=\frac{\pi}{4}Ei.(-m).(e^{se^{-mr}}-e^{se^{mr}}), \quad (1954)$$

$$\int_0^\infty e^{s\,Cos.rx}\,Cos.(s\,Sin.rx).Si.(x)\frac{xdx}{m^2-x^2}=\frac{\pi}{2}[-Ci.(m)+Si.(m).e^{s\,Cos.mr}\,Sin.(s\,Sin.mr)], \quad (1955)$$

$$\int_0^\infty e^{s\,Cos.rx}\,Sin.\,(s\,Sin.\,rx).\,Si.\,(x)\,\frac{dx}{m^2-x^2} = \frac{\pi}{2m}\,Si.(m).\left[1-e^{s\,Cos.mr}\,Cos.\,(s\,Sin.mr)\right],\ [404],\ .\ (1956)$$

$$\int_0^\infty e^{s\,Cos.rx+s_1\,Cos.r_1x+\dots}\,Cos.\,(s\,Sin.\,rx+s_1\,Sin.\,r_1x+\dots).\,Si.\,(x)\,\frac{x\,dx}{m^2+x^2} =$$

$$= \frac{\pi}{4}\left\{Ei.\,(-m)-Ei.\,(m)\right\}\,e^{se^{-mr}+s_1e^{-mr_1}+\dots},\ \dots\dots\ (1963)$$

$$\int_0^\infty e^{s\,Cos.rx+s_1\,Cos.r_1x+\dots}\,Cos.\,(s\,Sin.\,rx+s_1\,Sin.\,r_1\,x+\dots).\,Ci.\,(x)\,\frac{dx}{m^2+x^2} =$$

$$= \frac{\pi}{4m}\,Ei.\,(-m).\,\left\{e^{se^{mr}+s_1e^{mr_1}+\dots}+e^{se^{-mr}+s_1e^{-mr_1}+\dots}\right\},\ \dots\ (1964)$$

$$\int_0^\infty e^{s\,Cos.rx+s_1\,Cos.r_1x+\dots}\,Sin.\,(s\,Sin.\,rx+s_1\,Sin.\,r_1\,x+\dots).\,Si.\,(x)\,\frac{dx}{m^2+x^2} =$$

$$= \frac{\pi}{4m}\left\{Ei.\,(m)-Ei.(-m)\right\}\left\{e^{se^{-mr}+s_1e^{-mr_1}+\dots}-e^{s+s_1+\dots}\right\},\dots(1965)$$

$$\int_0^\infty e^{s\,Cos.rx+s_1\,Cos.r_1x+\dots}\,Sin.\,(s\,Sin.\,rx+s_1\,Sin.\,r_1\,x+\dots).\,Ci.\,(x)\,\frac{x\,dx}{m^2+x^2} =$$

$$= \frac{\pi}{4}\,Ei.\,(-m).\,\left\{e^{se^{-mr}+s_1e^{-mr_1}+\dots}-e^{se^{mr}+s_1e^{mr_1}+\dots}\right\},\ \dots\ (1966)$$

---

[404] Différentions ces intégrales par rapport à s et nous aurons:

$$\int_0^\infty e^{s\,Cos.rx}\,Cos.\,(s\,Sin.\,rx+rx).\,Si.\,(x)\,\frac{x\,dx}{m^2+x^2} = \frac{\pi}{4}\left\{Ei.\,(-m)-Ei.\,(m)\right\}\,e^{se^{-mr}-mr},\ \dots\ (1957)$$

$$\int_0^\infty e^{s\,Cos.rx}\,Cos.\,(s\,Sin.\,rx+rx).\,Ci.\,(x)\,\frac{dx}{m^2+x^2} = \frac{\pi}{4m}\,Ei.\,(-m).\,(e^{se^{mr}+mr}+e^{se^{-mr}-mr}),\ \dots\ (1958)$$

$$\int_0^\infty e^{s\,Cos.rx}\,Sin.\,(s\,Sin.\,rx+rx).\,Si.\,(x)\,\frac{dx}{m^2+x^2} = \frac{\pi}{4m}\left\{Ei.(m)-Ei.(-m)\right\}\left\{e^{se^{-mr}-mr}-e^{s}\right\},\ .\ (1959)$$

$$\int_0^\infty e^{s\,Cos.rx}\,Sin.\,(s\,Sin.\,rx+rx).\,Ci.\,(x)\,\frac{x\,dx}{m^2+x^2} = \frac{\pi}{4}\,Ei.\,(-m).\,(e^{se^{-mr}-mr}-e^{se^{mr}+mr}),\ \dots\ (1960)$$

$$\int_0^\infty e^{s\,Cos.rx}\,Cos.\,(s\,Sin\ rx+rx).\,Si.\,(x)\,\frac{x\,dx}{m^2-x^2} = \frac{\pi}{2}\,Si\,(m).\,e^{s\,Cos.mr}\,Sin.\,(s\,Sin.\,mr+mr),\ \dots\ (1961)$$

$$\int_0^\infty e^{s\,Cos.rx}\,Sin.\,(s\,Sin.\,rx+rx).\,Si.\,(x)\,\frac{dx}{m^2-x^2} = -\frac{\pi}{2m}\,Si.\,(m).\,e^{s\,Cos.mr}\,Cos.\,(s\,Sin.\,mr+mr)..\ (1962)$$

Page 650.

$$\int_0^\infty e^{s\,Cos.rx+s_1\,Cos.r_1x+\ldots}\,Cos.(s\,Sin.\,rx+s_1\,Sin.\,r_1\,x+\ldots).\,Si.(x)\frac{x\,dx}{m^2-x^2}=$$

$$=\frac{\pi}{2}\Big[-Ci.(m)+Si.(m).\,e^{s\,Cos.mr+s_1\,Cos.mr_1+\ldots}\,Sin.(s\,Sin.\,mr+s_1\,Sin.\,mr_1+\ldots)\Big],\ldots(1967)$$

$$\int_0^\infty e^{s\,Cos.rx+s_1\,Cos.r_1x+\ldots}\,Sin.(s\,Sin.\,rx+s_1\,Sin.\,r_1\,x+\ldots).\,Si.(x)\frac{dx}{m^2-x^2}=$$

$$=\frac{\pi}{2m}Si.(m).\Big[1-e^{s\,Cos.mr+s_1\,Cos.mr_1+\ldots}\,Cos.(s\,Sin.\,mr+s_1\,Sin.\,mr_1+\ldots)\Big]\ldots\ldots(1968)$$

Pour f_5 (P) on a: $f(a)=e^q,\ f(a+be^{\pm mr})=(1+e^{\pm mr})^s\,e^{qe^{\pm mp}},\ f(a+be^{\pm mri})=$ $=(1+e^{\pm mri})^s\,e^{qe^{\pm mpi}}=2^s\,Cos.^s\frac{1}{2}mr.e^{q\,Cos.mp}\Big\{Cos.\Big(\frac{1}{2}smr+q\,Sin.\,mp\Big)\pm i\,Sin.\Big(\frac{1}{2}smr+q\,Sin.\,mp\Big)\Big\}$,

et par suite, pour un r double:

$$\int_0^\infty Cos.^s\,rx.\,e^{q\,Cos.px}\,Cos.(srx+q\,Sin.\,px).\,Si.(x)\frac{xdx}{m^2+x^2}=\frac{\pi}{2^{s+2}}\{Ei.(-m)-Ei.(m)\}(1+e^{-2mr})^s\,e^{qe^{-mp}},\ldots(1969)$$

$$\int_0^\infty Cos.^s\,rx.\,e^{q\,Cos.px}\,Cos.(srx+q\,Sin.px).\,Ci.(x)\frac{dx}{m^2+x^2}=\frac{\pi}{2^{s+2}m}Ei.(-m).\{(1+e^{2mr})^s e^{qe^{mp}}+(1+e^{-2mr})^s e^{qe^{-mp}}\}=$$

$$=\frac{\pi}{2^{s+2}m}Ei.(-m).\{e^{qe^{mp}+smr}+e^{qe^{-mp}-smr}\}(e^{mr}+e^{-mr})^s,\ldots\ldots(1970)$$

$$\int_0^\infty Cos.^s rx.e^{q\,Cos.px}\,Sin.(srx+q\,Sin.px).Si.(x)\frac{dx}{m^2+x^2}=\frac{\pi}{2^{s+2}m}\{Ei.(m)-Ei.(-m)\}\{(1+e^{-2mr})^s e^{qe^{-mp}}-e^q\},\ldots(1971)$$

$$\int_0^\infty Cos.^s rx.e^{q\,Cos.px}\,Sin.(srx+q\,Sin.px).Ci.(x)\frac{xdx}{m^2+x^2}=\frac{\pi}{2^{s+2}m}Ei.(-m).\{e^{qe^{-mp}-smr}-e^{qe^{mp}+smr}\}(e^{mr}+e^{-mr})^s,\ldots(1972)$$

$$\int_0^\infty Cos.^s\,rx.\,e^{q\,Cos.px}\,Cos.(srx+q\,Sin.\,px).\,Si.(x)\frac{x\,dx}{m^2-x^2}=$$

$$=\frac{\pi}{2}\Big[-2^{-s}\,Ci.(m)+Si.(m).\,Cos.^s\,mr.\,e^{q\,Cos.mp}\,Sin.(smr+q\,Sin.\,mp)\Big],\ldots(1973)$$

$$\int_0^\infty Cos.^s\,rx.\,e^{q\,Cos.px}\,Sin.(srx+q\,Sin.\,px).\,Si.(x)\frac{dx}{m^2-x^2}=$$

$$=\frac{\pi}{2m}Si.(m).\Big[2^{-s}-Cos.^s\,mr.\,e^{q\,Cos.mp}\,Cos.(smr+q\,Sin.\,mp)\Big],\ [405],\ldots(1974)$$

---

[405] Lorsque nous différentions ces formules par rapport à q, nous introduisons dans l'argument Page 651.

$$\int_0^\infty Cos.^s rx.\, Cos.^{s_1} r_1 x \ldots e^{q Cos. px + q_1 Cos. p_1 x + \ldots} Cos. \{(sr + s_1 r_1 + \ldots) x + q Sin. px + q_1 Sin. p_1 x + \ldots\} . Si.(x) \frac{x\,dx}{m^2 + x^2}$$

$$= \frac{\pi}{2^{s+s_1+\ldots+2}} \{Ei.(-m) - Ei.(m)\} (1 + e^{-2mr})^s (1 + e^{-2mr_1})^{s_1} \ldots e^{qe^{-mp} + q_1 e^{-mp_1} + \ldots}, \quad \ldots (198$$

---

binôme du Cosinus ou du Sinus un terme px, qui formera tout d'abord avec srx le terme $(p + sr)\,x$; par suite:

$$\int_0^\infty Cos.^s rx.\, e^{q Cos. px} Cos. \{(sr + p) x + q\, Sin. px\} . Si.(x) \frac{x\,dx}{m^2 + x^2} =$$

$$= \frac{\pi}{2^{s+2}} \{Ei.(-m) - Ei.(m)\} (1 + e^{-2mr})^s e^{qe^{-mp} - mp}, \quad \ldots \ldots \ldots \ldots (1975)$$

$$\int_0^\infty Cos.^s rx.\, e^{q Cos. px} Cos. \{(sr + p) x + q\, Sin. px\} . Ci.(x) \frac{dx}{m^2 + x^2} =$$

$$= \frac{\pi}{2^{s+2} m} Ei.(-m). \{e^{qe^{mp} + smr + mp} + e^{qe^{-mp} - smr - mp}\} (e^{mr} + e^{-mr})^s, \quad \ldots (1976)$$

$$\int_0^\infty Cos.^s rx.\, e^{q Cos. px} Sin. \{(sr + p) x + q\, Sin. px\} . Si.(x) \frac{dx}{m^2 + x^2} =$$

$$= \frac{\pi}{2^{s+2} m} \{Ei.(m) - Ei.(-m)\} \{(1 + e^{-2mr})^s e^{qe^{-mp} - mp} - e^q\}, \quad \ldots \ldots (1977)$$

$$\int_0^\infty Cos.^s rx.\, e^{q Cos. px} Sin. \{(sr + p) x + q\, Sin. px\} . Ci.(x) \frac{x\,dx}{m^2 + x^2} =$$

$$= \frac{\pi}{2^{s+2}} Ei.(-m). \{e^{qe^{-mp} - smr - mp} - e^{qe^{mp} + smr + mp}\} (e^{mr} + e^{-mr})^s, \quad \ldots (1978)$$

$$\int_0^\infty Cos.^s rx.\, e^{q Cos. px} Cos. \{(sr + p) x + q\, Sin. px\} . Si.(x) \frac{x\,dx}{m^2 - x^2} =$$

$$= \frac{\pi}{2} Si(m).\, Cos.^s mr.\, e^{q Cos. mp} Sin. \{(sr + p) m + q\, Sin. mp\}, \quad \ldots \ldots \ldots (1979)$$

$$\int_0^\infty Cos.^s rx.\, e^{q Cos. px} Sin. \{(sr + p) x + q\, Sin. px\} . Si.(x) \frac{dx}{m^2 - x^2} =$$

$$= -\frac{\pi}{2m} Si.(m).\, Cos.^s mr.\, e^{q Cos. mp} Cos. \{(sr + p) m + q\, Sin. mp\} \quad \ldots \ldots (1980)$$

Puis représentons $p + sr$ par t, où t est général, sauf la condition $t > sr$; éliminons p également de la valeur de l'intégrale, annulons le q et nous aurons:

$$\int_0^\infty Cos.^s rx.Cos.^{s_1} r_1 x\ldots e^{qCos.px+q_1Cos.p_1x+\ldots} Cos.\{(sr+s_1 r_1+\ldots)x+qSin.px+q_1 Sin.p_1 x+\ldots\}.$$

$$.Ci.(x)\frac{dx}{m^2+x^2}=\frac{\pi}{2^{s+s_1+\ldots+2}m}Ei.(-m).\{e^{qe^{mp}+q_1e^{mp_1}+\ldots+(sr+s_1r_1+\ldots)m}+$$

$$+e^{qe^{-mp}+q_1e^{-mp_1}+\ldots-(sr+s_1r_1+\ldots)m}\}(e^{mr}+e^{-mr})^s(e^{mr_1}+e^{-mr_1})^{s_1}\ldots, \quad \ldots \ldots (1988)$$

$$\int_0^\infty Cos.^s rx.Cos.^{s_1} r_1 x\ldots e^{qCos.px+q_1Cos.p_1x+\ldots} Sin.\{(sr+s_1r_1+\ldots)x+q\,Sin.px+q_1 Sin.p_1 x+\ldots\}.Si.(x)\frac{dx}{m^2+x^2}=$$

$$=\frac{\pi}{2^{s+s_1+\ldots+2}m}\{Ei.(m)-Ei.(-m)\}\{(1+e^{-2mr})^s(1+e^{-2mr_1})^{s_1}\ldots e^{qe^{-mp}+q_1e^{-mp_1}+\ldots}-e^{q+q_1+\ldots}\}, .(1989)$$

$$\int_0^\infty Cos.^s rx.Cos.^{s_1} r_1 x\ldots e^{qCos.px+q_1Cos.p_1x+\ldots} Sin.\{(sr+s_1 r_1+\ldots)x+qSin.px+q_1 Sin.p_1 x+\ldots\}.Ci.(x)\frac{xdx}{m^2+x^2}=$$

$$=\frac{\pi}{2^{s+s_1+\ldots+2}}Ei.(-m).\{e^{qe^{-mp}+q_1e^{-mp_1}+\ldots-(sr+s_1r_1+\ldots)m}-e^{qe^{mp}+q_1e^{mp_1}+\ldots+(sr+s_1r_1+\ldots)m}\}$$

$$(e^{mr}+e^{-mr})^s(e^{mr_1}+e^{-mr_1})^{s_1}\ldots, \quad \ldots \ldots \ldots (1990)$$

$$\int_0^\infty Cos.^s rx.\,Cos.\,tx.\,Si.(x)\frac{xdx}{m^2+x^2}=\frac{\pi}{2^{s+2}}\{Ei.(-m)-Ei.(m)\}(1+e^{-2mr})^s e^{(sr-t)m}=$$

$$=\frac{\pi}{2^{s+2}}\{Ei.(-m)-Ei.(m)\}(e^{mr}+e^{-mr})^s e^{-mt}, \ldots (1981)$$

$$\int_0^\infty Cos.^s rx.\,Cos.\,tx.\,Ci.(x)\frac{dx}{m^2+x^2}=\frac{\pi}{2^{s+2}}Ei.(-m).(e^{mt}+e^{-mt})(e^{mr}+e^{-mr})^s, \ldots \ldots (1982)$$

$$\int_0^\infty Cos.^s rx.\,Sin.\,tx.\,Si.(x)\frac{dx}{m^2+x^2}=\frac{\pi}{2^{s+2}m}\{Ei.(m)-Ei.(-m)\}\{(e^{mr}+e^{-mr})^s e^{-mt}-1\}, .(1983)$$

$$\int_0^\infty Cos.^s rx.\,Sin.\,tx.\,Ci.(x)\frac{xdx}{m^2+x^2}=\frac{\pi}{2^{s+2}}Ei.(-m).(e^{-mt}-e^{mt})(e^{mr}+e^{-mr})^s, \ldots \ldots (1984)$$

$$\int_0^\infty Cos.^s rx.\,Cos.\,tx.\,Si.(x)\frac{xdx}{m^2-x^2}=\frac{\pi}{2}Si.(m).\,Cos.^s mr.\,Sin.\,mt, \ldots \ldots (1985)$$

$$\int_0^\infty Cos.^s rx.\,Sin.\,tx.\,Si.(x)\frac{dx}{m^2-x^2}=-\frac{\pi}{2m}Si.(m).\,Cos.^s mr.\,Cos.\,mt. \ldots \ldots (1986)$$

Page 653.

$$\int_0^\infty Cos.^s rx. Cos.^{s_1} r_1 x \ldots e^{q Cos. px + q_1 Cos. p_1 x + \ldots} Cos. \{(sr + s_1 r_1 + \ldots) x + q Sin. px + q_1 Sin. p_1 x + \ldots\}. Si. x \frac{x}{m^2}$$

$$= \frac{\pi}{2} [- 2^{-s-s_1-\ldots} Ci. (m) + Si. (m). Cos.^s mr. Cos.^{s_1} mr_1 \ldots e^{q Cos. mp + q_1 Cos. mp_1 + \ldots} Sin. \{(sr + s_1 r_1 +$$

$$+ q Sin. mp + q_1 Sin. mp_1 + \ldots\}], \ldots\ldots\ldots$$

$$\int_0^\infty Cos.^s rx. Cos.^{s_1} r_1 x \ldots e^{q Cos. px + q_1 Cos. p_1 x + \ldots} Sin. \{ (sr + s_1 r_1 + \ldots) x + q Sin. px + q_1 Sin. p_1 x + \ldots \}. Si. (x) \frac{-}{m^2}$$

$$= \frac{\pi}{2m} Si.(m). [2^{-s-s_1-\ldots} - Cos.^s mr. Cos.^{s_1} mr_1 \ldots e^{q Cos. mp + q_1 Cos. mp_1 + \ldots} Cos. \{(sr + s_1 r_1 +$$

$$+ q Sin. mp + q_1 Sin. mp_1 + \ldots\}], \ldots\ldots\ldots$$

Pour f_6 (P) on a : $f(a) = e^q, f(a + be^{\pm mr}) = (1 - e^{\pm mr})^s e^{qe^{\pm mp}}, f(a + be^{\pm mi}) = (1 - e^{\pm mri})^s$.

$$e^{qe^{\pm mpi}} = 2^s Sin.^s \frac{1}{2} mr. e^{q Cos. mp} \left\{ Cos. \left(\frac{1}{2} s\pi - \frac{1}{2} smr - q Sin. mp\right) \mp i Sin. \left(\frac{1}{2} s\pi - \frac{1}{2} smr - q Sin. mp\right) \right\};$$

pour un r double on trouve par conséquent:

$$\int_0^\infty Sin.^s rx. e^{q Cos. px} Cos. \left(\frac{1}{2} s\pi - srx - q Sin. px\right). Si. (x) \frac{x dx}{m^2 + x^2} =$$

$$= \frac{\pi}{2^{s+2}} \{Ei. (-m) - Ei. (m)\} (1 - e^{-2mr})^s e^{qe^{-mp}}, \ldots\ldots\ldots (1993)$$

$$\int_0^\infty Sin.^s rx. e^{q Cos. px} Cos. \left(\frac{1}{2} s\pi - srx - q Sin. px\right). Ci (x) \frac{dx}{m^2 + x^2} = \frac{\pi}{2^{s+2} m} Ei. (-m). \{(1 - e^{2mr})^s e^{qe^{mp}} +$$

$$+ (1 - e^{-2mr})^s e^{qe^{-mp}}\} = \frac{\pi}{2^{s+2} m} Ei. (-m). \{(-1)^s e^{qe^{mp} + smr} + e^{qe^{-mp} - smr}\} (e^{mr} - e^{-mr})^s, \;. \;(1994)$$

$$\int_0^\infty Sin.^s rx. e^{q Cos. px} Sin. \left(\frac{1}{2} s\pi - srx - q Sin. px\right). Si. (x) \frac{dx}{m^2 + x^2} =$$

$$= \frac{\pi}{2^{s+2} m} \{Ei. (-m) - Ei. (m)\} \{(1 - e^{-2mr})^s e^{qe^{-mp}} - e^q\}, \;. \;. \;(1995)$$

$$\int_0^\infty Sin.^s rx. e^{q Cos. px} Sin. \left(\frac{1}{2} s\pi - srx - q Sin. px\right). Ci. (x) \frac{x dx}{m^2 + x^2} =$$

$$= \frac{\pi}{2^{s+2}} Ei. (-m). \{(-1)^s e^{qe^{mp} + smr} - e^{qe^{-mp} - smr}\} (e^{mr} - e^{-mr})^s, \;. \;. \;. \;(1996)$$

$$\int_0^\infty Sin.^s rx. e^{q Cos. px} Cos. \left\{\frac{1}{2} s\pi - srx - q Sin. px\right\}. Si. (x) \frac{x dx}{m^2 - x^2} =$$

$$= -\frac{\pi}{2} \left[2^{-s} Ci. (m) + Si. (m). Sin.^s mr. e^{q Cos. mp} Sin. \left(\frac{1}{2} s\pi - smr - q Sin. mp\right)\right], \ldots\ldots (1997)$$

Page 654.

$$\int_0^\infty Sin.^s rx.\, e^{q Cos.px} Sin.\left(\frac{1}{2}s\pi - srx - q\, Sin.px\right).\, Si.(x)\frac{dx}{m^2 - x^2} =$$

$$= \frac{\pi}{2m} Si.(m).\left[-2^{-s} + Sin.^s mr.\, e^{q Cos.mp} Cos.\left\{\frac{1}{2}s\pi - smr - q\, Sin.mp\right\}\right], \text{ [406]}, \ldots (1998)$$

---

[406] Ces formules peuvent encore être différentiées par rapport à q et donnent ainsi:

$$\int_0^\infty Sin.^s rx.\, e^{q Cos.px} Cos.\left\{\frac{1}{2}s\pi - (sr+p)x - q\, Sin.px\right\}.\, Si.(x)\frac{x\,dx}{m^2 + x^2} =$$

$$= \frac{\pi}{2^{s+2}}\{Ei.(-m) - Ei.(m)\}(1 - e^{-2mr})^s e^{qe^{-mp} - mp}, \ldots\ldots\ldots (1999)$$

$$\int_0^\infty Sin.^s rx.\, e^{q Cos.px} Cos.\left\{\frac{1}{2}s\pi - (sr+p)x - q\, Sin.px\right\}.\, Ci.(x)\frac{dx}{m^2 + x^2} =$$

$$= \frac{\pi}{2^{s+2}m} Ei.(-m).\left\{(-1)^s e^{qe^{mp} + (sr+p)m} + e^{qe^{-mp} - (sr+p)m}\right\}(e^{mr} - e^{-mr})^s, \ldots (2000)$$

$$\int_0^\infty Sin.^s rx.\, e^{q Cos.px} Sin.\left\{\frac{1}{2}s\pi - (sr+p)x - q\, Sin.px\right\}.\, Si.(x)\frac{dx}{m^2 + x^2} =$$

$$= \frac{\pi}{2^{s+2}m}\{Ei.(-m) - Ei.(m)\}\left\{(1 - e^{-2mr})^s e^{qe^{-mp} - mp} - e^q\right\}, \ldots (2001)$$

$$\int_0^\infty Sin.^s rx.\, e^{q Cos.px} Sin.\left\{\frac{1}{2}s\pi - (sr+p)x - q\, Sin.px\right\}.\, Ci.(x)\frac{x\,dx}{m^2 + x^2} =$$

$$= \frac{\pi}{2^{s+2}} Ei.(-m).\left\{(-1)^s e^{qe^{mp} + (sr+p)m} - e^{qe^{-mp} - (sr+p)m}\right\}(e^{mr} - e^{-mr})^s, \ldots (2002)$$

$$\int_0^\infty Sin.^s rx.\, e^{q Cos.px} Cos.\left\{\frac{1}{2}s\pi - (sr+p)x - q\, Sin.px\right\}.\, Si.(x)\frac{x\,dx}{m^2 - x^2} =$$

$$= -\frac{\pi}{2} Si.(m).\, Sin.^s mr.\, e^{q Cos.mp} Sin.\left\{\frac{1}{2}s\pi - (sr+p)m - q\, Sin.mp\right\}, \ldots\ldots (2003)$$

$$\int_0^\infty Sin.^s rx.\, e^{q Cos.px} Sin.\left\{\frac{1}{2}s\pi - (sr+p)x - q\, Sin.px\right\}.\, Si.(x)\frac{dx}{m^2 - x^2} =$$

$$= \frac{\pi}{2m} Si.(m).\, Sin.^s mr.\, e^{q Cos.mp} Cos.\left\{\frac{1}{2}s\pi - (sr+p)m - q\, Sin.mp\right\}. \ldots\ldots (2004)$$

Puis annulons q et prenons $sr + p = t$, où nous avons $t > sr$; alors:

$$\int_0^\infty Sin.^s rx.\, Cos.\left(\frac{1}{2}s\pi - tx\right).\, Si(x)\frac{x\,dx}{m^2 + x^2} = \frac{\pi}{2^{s+2}}\{Ei.(-m) - Ei.(m)\}(e^{mr} - e^{-mr})^s e^{-mt}, . (2005)$$

$$\int_0^\infty Sin.^s rx. Sin.^{s_1} r_1 x \ldots e^{q\,Cos.px+q_1 Cos.p_1 x+\ldots} Cos.\Big\{(s+s_1+\ldots)\frac{1}{2}\pi-(sr+s_1 r_1+\ldots)x-q\,Sin.px-q_1\,Sin.p_1$$

$$Si.(x)\frac{xdx}{m^2+x^2}=\frac{\pi}{2^{s+s_1+\ldots+2}}\{Ei.(-m)-Ei.(m)\}(1-e^{-2mr})^s(1-e^{-2mr_1})^{s_1}\ldots e^{qe^{-mp}+q_1e^{-mp_1}+\ldots}, .$$

$$\int_0^\infty Sin.^s rx. Sin.^{s_1} r_1 x \ldots e^{q\,Cos.px+q_1 Cos.p_1 x+\ldots} Cos.\Big\{(s+s_1+\ldots)\frac{1}{2}\pi-(sr+s_1 r_1+\ldots)x-q\,Sin.px-q_1\,Sin.p_1$$

$$Ci.(x)\frac{dx}{m^2+x^2}=\frac{\pi}{2^{s+s_1+\ldots+2}m}Ei.(-m).\Big[(-1)^{s+s_1+\ldots}e^{qe^{mp}+q_1e^{mp_1}+\ldots+(sr+s_1r_1+}$$

$$+e^{qe^{-mp}+q_1e^{-mp_1}+\ldots-(sr+s_1r_1+\ldots)m}\Big](e^{mr}-e^{-mr})^s(e^{mr_1}-e^{-mr_1})^{s_1}\ldots, \ldots\ldots\ldots$$

$$\int_0^\infty Sin.^s rx. Sin.^{s_1} r_1 x \ldots e^{q\,Cos.px+q_1 Cos.p_1 x+\ldots} Sin.\Big\{(s+s_1+\ldots)\frac{1}{2}\pi-(sr+s_1 r_1+\ldots)x-q\,Sin.px-q_1\,Sin.p_1$$

$$Si.(x)\frac{dx}{m^2+x^2}=\frac{\pi}{2^{s+s_1+\ldots+2}m}\{Ei.(-m)-Ei.(m)\}\{(1-e^{-2mr})^s(1-e^{-2mr}$$

$$\ldots e^{qe^{-mp}+q_1e^{-mp_1}+\ldots}-e^{q+q_1+\ldots}\}, \ldots\ldots\ldots\ldots\ldots\ldots\ldots$$

$$\int_0^\infty Sin.^s rx. Sin.^{s_1} r_1 x \ldots e^{q\,Cos.px+q_1 Cos.p_1 x+\ldots} Sin.\Big\{(s+s_1+\ldots)\frac{1}{2}\pi-(sr+s_1 r_1+\ldots)x-q\,Sin.px-q_1\,Sin.p_1$$

$$Ci.(x)\frac{x\,dx}{m^2+x^2}=\frac{\pi}{2^{s+s_1+\ldots+2}}Ei.(-m).\Big[(-1)^{s+s_1+\ldots}e^{qe^{mp}+q_1e^{mp_1}+\ldots+(sr+s_1r_1+}$$

$$-e^{qe^{-mp}+q_1e^{-mp_1}+\ldots-(sr+s_1r_1+\ldots)m}\Big](e^{mr}-e^{-mr})^s(e^{mr_1}-e^{-mr_1})^{s_1}\ldots, \ldots\ldots$$

$$\int_0^\infty Sin.^s rx. Cos.\left(\frac{1}{2}s\pi-tx\right). Ci.(x)\frac{dx}{m^2+x^2}=\frac{\pi}{2^{s+2}m}Ei.(-m).\{(-1)^s e^{mt}+e^{-mt}\}(e^{mr}-e^{-mr})^s, . \quad (2006)$$

$$\int_0^\infty Sin.^s rx. Sin.\left(\frac{1}{2}s\pi-tx\right). Si.(x)\frac{dx}{m^2+x^2}=\frac{\pi}{2^{s+2}m}\{Ei.(-m)-Ei.(m)\}\{(e^{mr}-e^{-mr})^s e^{-mt}-1\}, . \quad (2007)$$

$$\int_0^\infty Sin.^s rx. Sin.\left(\frac{1}{2}s\pi-tx\right). Ci.(x)\frac{xdx}{m^2+x^2}=\frac{\pi}{2^{s+2}}Ei.(-m).\{(-1)^s e^{mt}-e^{-mt}\}(e^{mr}-e^{-mr})^s, . \quad (2008)$$

$$\int_0^\infty Sin.^s rx. Cos.\left(\frac{1}{2}s\pi-tx\right). Si.(x)\frac{x\,dx}{m^2-x^2}=-\frac{\pi}{2}Si.(m). Sin.^s mr. Sin.\left(\frac{1}{2}s\pi-mt\right), \ldots \quad (2009)$$

$$\int_0^\infty Sin.^s rx. Sin.\left(\frac{1}{2}s\pi-tx\right). Si.(x)\frac{dx}{m^2-x^2}=\frac{\pi}{2m}Si.(m). Sin.^s mr. Cos.\left(\frac{1}{2}s\pi-mt\right). \ldots \quad (2010)$$

Page 656.

$$\int_0^\infty Sin.^s rx. Sin.^{s_1} r_1 x \ldots e^{q Cos.px + q_1 Cos.p_1 x + \ldots} Cos. \left\{ (s+s_1+\ldots)\frac{1}{2}\pi - (sr+s_1 r_1+\ldots)x - q Sin.px - q_1 Sin.p_1 x - \ldots \right\}.$$

$$Si.(x) \frac{x dx}{m^2 - x^2} = -\frac{\pi}{2}\Big[2^{-s-s_1-\ldots} Ci.(m) + Si.(m). Sin.^s mr. Sin.^{s_1} mr_1 \ldots e^{q Cos.mp + q_1 Cos.mp_1 + \ldots}$$

$$Sin. \left\{ (s+s_1+\ldots)\frac{1}{2}\pi - (sr+s_1 r_1+\ldots)m - q Sin.mp - q_1 Sin.mp_1 - \ldots \right\}\Big], \quad \ldots (2015)$$

$$\int_0^\infty Sin.^s rx. Sin.^{s_1} r_1 x \ldots e^{q Cos.px + q_1 Cos.p_1 x + \ldots} Sin. \left\{ (s+s_1+\ldots)\frac{1}{2}\pi - (sr+s_1 r_1+\ldots)x - q Sin.px - q_1 Sin.p_1 x - \ldots \right\}.$$

$$Si.(x) \frac{dx}{m^2 - x^2} = \frac{\pi}{2m} Si.(m). \Big[- 2^{-s-s_1-\ldots} + Sin.^s mr. Sin.^{s_1} mr \ldots e^{q Cos.mp + q_r Cos.mp_1 + \ldots}$$

$$Cos. \left\{ (s+s_1+\ldots)\frac{1}{2}\pi - (sr+s_1 r_1+\ldots)m - q Sin.mp - q_1 Sin.mp_1 - \ldots \right\}\Big]. \quad \ldots (2016)$$

Puisque f_7 (P) est une combinaison des deux suppositions précédentes, on trouve:

$$\int_0^\infty Cos.^s rx. Cos.^{s_1} r_1 x \ldots Sin.^t ux. Sin.^{t_1} u_1 x \ldots e^{q Cos.px + q_1 Cos.p_1 x + \ldots} Cos. \left\{ (t+t_1+\ldots)\frac{1}{2}\pi - \right.$$

$$\left. - (sr + s_1 r_1 + \ldots + tu + t_1 u_1 + \ldots)x - q Sin.px - q_1 Sin.p_1 x - \ldots \right\}. Si.(x) \frac{x dx}{m^2 + x^2} =$$

$$= \frac{\pi}{2^{s+s_1+\ldots+t+t_1+\ldots+2}} \{Ei.(-m) - Ei.(m)\} (1+e^{-2mr})^s (1+e^{-2mr_1})^{s_1} \ldots (1-e^{-2mu})^t (1-e^{-2mu_1})^{t_1} \ldots$$

$$\ldots e^{q e^{-mp} + q_1 e^{-mp_1} + \ldots}, \quad \ldots (2017)$$

$$\int_0^\infty Cos.^s rx. Cos.^{s_1} r_1 x \ldots Sin.^t ux. Sin.^{t_1} u_1 x \ldots e^{q Cos.px + q_1 Cos.p_1 x + \ldots} Cos. \left\{ (t+t_1+\ldots)\frac{1}{2}\pi - \right.$$

$$\left. - (sr + s_1 r_1 + \ldots + tu + t_1 u_1 + \ldots)x - q Sin.px - q_1 Sin.p_1 x - \ldots \right\}. Ci.(x) \frac{dx}{m^2 + x^2} =$$

$$= \frac{\pi}{2^{s+s_1+\ldots+t+t_1+\ldots+2} m} Ei.(-m). \Big[(-1)^{t+t_1+\ldots} e^{q e^{mp} + q_1 e^{mp_1} + \ldots + (sr+s_1 r_1+\ldots+tu+t_1 u_1+\ldots)m} +$$

$$+ e^{q e^{-mp} + q_1 e^{-mp_1} + \ldots - (sr+s_1 r_1+\ldots+tu+t_1 u_1+\ldots)m}\Big] (e^{mr} + e^{-mr})^s (e^{mr_1} + e^{-mr_1})^{s_1} \ldots (e^{mu} - e^{-mu})^t (e^{mu_1} - e^{-mu_1})^{t_1} \ldots, (2018).$$

$$\int_0^\infty Cos.^s rx. Cos.^{s_1} r_1 x \ldots Sin.^t ux. Sin.^{t_1} u_1 x \ldots e^{q Cos.px + q_1 Cos.p_1 x + \ldots} Sin. \left\{ (t+t_1+\ldots)\frac{1}{2}\pi - \right.$$

$$\left. - (sr + s_1 r_1 + \ldots + tu + t_1 u_1 + \ldots)x - q Sin.px - q_1 Sin.p_1 x - \ldots \right\}. Si.(x) \frac{dx}{m^2 + x^2} =$$

$$= \frac{\pi}{2^{s+s_1+\ldots+t+t_1+\ldots+2} m} \{Ei.(-m) - Ei.(m)\} \{(1+e^{-2mr})^s (1+e^{-2mr_1})^{s_1} \ldots (1-e^{-2mu})^t (1-e^{-2mu_1})^{t_1} \ldots$$

$$\ldots e^{q e^{-mp} + q_1 e^{-mp_1} + \ldots} - e^{q + q_1 + \ldots}\}, \quad \ldots (2019)$$

$$\int_0^\infty Cos.^s rx.\, Cos.^{s_1} r_1 x \dots Sin.^t ux.\, Sin.^{t_1} u_1 x \dots e^{q\, Cos.px + q_1 Cos.p_1 x + \dots}\, Sin. \Big\{(t + t_1 + \dots)\frac{1}{2}\pi -$$

$$- (sr + s_1 r_1 + \dots + tu + t_1 u_1 + \dots)x - q\, Sin.px - q_1\, Sin.p_1 x - \dots\Big\}. Ci.(x)\frac{xdx}{m^2 + x^2} =$$

$$= \frac{\pi}{2^{s+s_1+\dots+t+t_1+\dots+2}} Ei.(-m).\Big[(-1)^{t+t_1+\dots} e^{qe^{mp}+q_1 e^{mp_1}+\dots+(sr+s_1r_1+\dots+tu+t_1u_1+\dots)m} -$$

$$- e^{qe^{-mp}+q_1e^{-mp_1}+\dots-(sr+s_1r_1+\dots+tu+t_1u_1+\dots)m}\Big](e^{mr}+e^{-mr})^s(e^{mr_1}+e^{-mr_1})^{s_1}\dots(e^{mu}-e^{-mu})^t(e^{mu_1}-e^{-mu_1})^{t_1}\dots,$$

$$\int_0^\infty Cos.^s rx.\, Cos.^{s_1} r_1 x \dots Sin.^t ux.\, Sin.^{t_1} u_1 x \dots e^{q\, Cos.px + q_1 Cos.p_1 x + \dots}\, Cos. \Big\{(t + t_1 + \dots)\frac{1}{2}\pi -$$

$$- (sr + s_1 r_1 + \dots + tu + t_1 u_1 + \dots)x - q\, Sin.px - q_1\, Sin.p_1 x - \dots\Big\}. Si.(x)\frac{xdx}{m^2 - x^2} =$$

$$= -\frac{\pi}{2}\Big[2^{-s-s_1-\dots-t-t_1-\dots} Ci.(m) + Si.(m). Cos.^s mr.\, Cos.^{s_1} mr_1 \dots Sin.^t mu.\, Sin.^{t_1} mu_1 \dots$$

$$\dots Sin.\Big\{(t+t_1+\dots)\frac{1}{2}\pi - (sr+s_1r_1+\dots+tu+t_1u_1+\dots)m - q\, Sin.mp - q_1\, Sin.mp_1 - \dots\Big\}\Big],\ . \quad (2021)$$

$$\int_0^\infty Cos.^s rx.\, Cos.^{s_1} r_1 x \dots Sin.^t ux.\, Sin.^{t_1} u_1 x \dots e^{q\, Cos.px + q_1 Cos.p_1 x + \dots}\, Sin. \Big\{(t + t_1 + \dots)\frac{1}{2}\pi -$$

$$- (sr + s_1 r_1 + \dots + tu + t_1 u_1 + \dots)x - q\, Sin.px - q_1\, Sin.p_1 x - \dots\Big\}. Si.(x)\frac{dx}{m^2 - x^2} =$$

$$= \frac{\pi}{2m} Si.(m).\Big[-2^{-s-s_1-\dots-t-t_1-\dots} + Cos.^s mr.\, Cos.^{s_1} mr_1 \dots Sin.^t mu.\, Sin.^{t_1} mu_1 \dots e^{q\, Cos.mp + q_1 Cos.mp_1 + \dots}$$

$$Cos.\Big\{(t+t_1+\dots)\frac{1}{2}\pi - (sr+s_1r_1+\dots+tu+t_1u_1+\dots)m - q\, Sin.mp - q_1\, Sin.mp_1 - \dots\Big\}\Big].[407].\ (2022)$$

---

[407] Différentions ces formules par rapport à quelque q_a et annulons ce q_a après: alors il n'en reste pas de trace sinon dans une partie de l'argument $(sr + s_1 r_1 + \dots + tu + t_1 u_1 + \dots + q_a)$ sous le signe *Sinus* ou *Cosinus;* faisons $a = sr + s_1 r_1 + \dots + tu + t_1 u_1 + \dots + q_a$, alors nous obtiendrons enfin les formules suivantes:

$$\int_0^\infty Cos.^s rx.\, Cos.^{s_1} r_1 x \dots Sin.^t ux.\, Sin.^{t_1} u_1 x \dots e^{q\, Cos.px + q_1 Cos.p_1 x + \dots}\, Cos. \Big\{(t + t_1 + \dots)\frac{1}{2}\pi -$$

$$- ax - q\, Sin.px - q_1\, Sin.p_1 x - \dots\Big\}. Si.(x)\frac{xdx}{m^2 + x^2} = \frac{\pi}{2^{s+s_1+\dots+t+t_1+\dots+2}}\{Ei.(-m) - Ei.(m)\}$$

$$(e^{mr} + e^{-mr})^s(e^{mr_1} + e^{-mr_1})^{s_1}\dots(e^{mu} - e^{-mu})^t(e^{mu_1} - e^{-mu_1})^{t_1}\dots e^{qe^{-mp}+q_1e^{-mp_1}+\dots-am},\ . \quad (2023)$$

Page 658.

19. Maintenant avant de nous occuper de f_8 (P), passons d'abord aux deux suivantes;

$$\int_0^\infty Cos.^s rx.\, Cos.^{s_1} r_1 x \ldots Sin.^t ux.\, Sin.^{t_1} u_1 x \ldots e^{q\,Cos.px+q_1 Cos.p_1 x+\ldots} Cos.\left\{(t+t_1+\ldots)\frac{1}{2}\pi - \right.$$

$$\left. - ax - q\,Sin.px - q_1\,Sin.p_1 x - \ldots\right\}.\,Ci.(x)\frac{dx}{m^2+x^2} = \frac{\pi}{2^{s+s_1+\ldots+t+t_1+\ldots+2}m} Ei.(-m).$$

$$\left[(-1)^{t+t_1+\ldots} e^{qe^{mp}+q_1 e^{mp_1}+\ldots+am} + e^{qe^{-mp}+qe^{-mp_1}+\ldots-am}\right](e^{mr}+e^{-mr})^s (e^{mr_1}+e^{-mr_1})^{s_1}\ldots$$

$$\ldots(e^{mu}-e^{-mu})^t (e^{mu_1}-e^{-mu_1})^{t_1}\ldots, \ldots \quad (2024)$$

$$\int_0^\infty Cos.^s rx.\, Cos.^{s_1} r_1 x \ldots Sin.^t ux.\, Sin.^{t_1} u_1 x \ldots e^{q\,Cos.px+q_1 Cos.p_1 x+\ldots} Sin.\left\{(t+t_1+\ldots)\frac{1}{2}\pi - \right.$$

$$\left. - ax - q\,Sin.px - q_1\,Sin.p_1 x - \ldots\right\}.\,Si.(x)\frac{dx}{m^2+x^2} = \frac{\pi}{2^{s+s_1+\ldots+t+t_1+\ldots+2}m}\{Ei.(-m) - Ei.(m)\}$$

$$\{(e^{mr}+e^{-mr})^s (e^{mr_1}+e^{-mr_1})^{s_1}\ldots(e^{mu}-e^{-mu})^t (e^{mu_1}-e^{-mu_1})^{t_1}\ldots e^{qe^{-mp}+q_1 e^{-mp_1}+\ldots-am} - e^{q+q_1+\ldots}\}, (2025)$$

$$\int_0^\infty Cos.^s rx.\, Cos.^{s_1} r_1 x \ldots Sin.^t ux.\, Sin.^{t_1} u_1 x \ldots e^{q\,Cos.px+q_1 Cos.p_1 x+\ldots} Sin.\left\{(t+t_1+\ldots)\frac{1}{2}\pi - \right.$$

$$\left. - ax - q\,Sin.px - q_1\,Sin.p_1 x - \ldots\right\}.\,Ci.(x)\frac{x\,dx}{m^2+x^2} = \frac{\pi}{2^{s+s_1+\ldots+t+t_1+\ldots+2}} Ei.(-m).$$

$$\left[(-1)^{t+t_1+\ldots} e^{qe^{mp}+q_1 e^{mp_1}+\ldots+am} - e^{qe^{-mp}+q_1 e^{-mp_1}+\ldots-am}\right](e^{mr}+e^{-mr})^s (e^{mr_1}+e^{-mr_1})^{s_1}\ldots$$

$$\ldots(e^{mu}-e^{-mu})^t (e^{mu_1}-e^{-mu_1})^{t_1}\ldots, \ldots \quad (2026)$$

$$\int_0^\infty Cos.^s rx.\, Cos.^{s_1} r_1 x \ldots Sin.^t ux.\, Sin.^{t_1} u_1 x \ldots e^{q\,Cos.px+q_1 Cos\,p_1 x+\ldots} Cos.\left\{(t+t_1+\ldots)\frac{1}{2}\pi - \right.$$

$$\left. - ax - q\,Sin.px - q_1\,Sin.p_1 x - \ldots\right\}.\,Si.(x)\frac{x\,dx}{m^2-x^2} = -\frac{\pi}{2} Si.(m).Cos.^s mr.\,Cos.^{s_1} mr_1 \ldots Sin.^t mu.\,Sin.^{t_1} mu_1 \ldots$$

$$\ldots Sin.\left\{(t+t_1+\ldots)\frac{1}{2}\pi - am - q\,Sin.mp - q_1\,Sin.mp_1 - \ldots\right\}, \ldots \quad (2027)$$

$$\int_0^\infty Cos.^s rx.\, Cos.^{s_1} r_1 x \ldots Sin.^t ux.\, Sin.^{t_1} u_1 x \ldots e^{q\,Cos.px+q_1 Cos.p_1 x+\ldots} Sin.\left\{(t+t_1+\ldots)\frac{1}{2}\pi - \right.$$

$$\left. - ax - q\,Sin.px - q_1\,Sin.p_1 x - \ldots\right\}.\,Si.(x)\frac{dx}{m^2-x^2} = \frac{\pi}{2m} Si.(m).\,Cos.^s mr.\,Cos.^{s_1} mr_1 \ldots Sin.^t mu.\,Sin.^{t_1} mu_1 \ldots$$

$$\ldots Cos.\left\{(t+t_1+\ldots)\frac{1}{2}\pi - am - q\,Sin.mp - q_1\,Sin.mp_1 - \ldots\right\}; \ldots \quad (2028)$$

où partout on a la condition $a > sr + s_1 r_1 + \ldots + tu + t_1 u_1 + \ldots$
Page 659.

f_9 (P) donne $f(a) = 1$, $f(a + b\, e^{\pm mr}) = \dfrac{1 - e^{\pm smr}}{1 - e^{\pm mr}}$, $f(a + b\, e^{\pm mri}) = \dfrac{1 - e^{\pm smri}}{1 - e^{\pm mri}} =$ $= \dfrac{1}{2}\left\{1 - Cos.\, smr + Sin.\, smr.\, Cot.\, \dfrac{1}{2} mr\right\} \mp \dfrac{1}{2i}\left\{Sin.\, smr - (1 - Cos.\, smr).\, Cot.\, \dfrac{1}{2} mr\right\}$. Donc pour $2r$ au lieu de r, les doubles développements donnent ici:

$$\int_0^\infty \frac{Sin.\, srx}{Sin.\, rx} Cos.\, \{(s-1)rx\}.\, Si.(x) \frac{xdx}{m^2 + x^2} = \frac{\pi}{4}\{Ei.(-m) - Ei.(m)\} \frac{1 - e^{-2smr}}{1 - e^{-2mr}}, \quad \ldots (2029)$$

$$= \frac{1}{2}\int_0^\infty \left[1 - Cos.\, 2srx + Sin.\, 2srx.\, Cot.\, rx\right] Si.(x) \frac{xdx}{m^2 + x^2}, \quad \ldots (2030)$$

$$\int_0^\infty \frac{Sin.\, srx}{Sin.\, rx} Cos.\, \{(s-1)rx\}.\, Ci.(x) \frac{dx}{m^2 + x^2} = \frac{\pi}{4m} Ei.(-m).\left\{\frac{1 - e^{2smr}}{1 - e^{2mr}} + \frac{1 - e^{-2smr}}{1 - e^{-2mr}}\right\} =$$

$$= \frac{\pi}{4m} Ei.(-m) \frac{1 - e^{-2mr} + e^{(s-1)2mr} - e^{-2smr}}{1 - e^{-2mr}}, \quad \ldots (2031)$$

$$= \frac{1}{2}\int_0^\infty \left[1 - Cos.\, 2srx + Sin.\, 2srx.\, Cot.\, rx\right] Ci.(x) \frac{dx}{m^2 + x^2}, \quad \ldots (2032)$$

$$\int_0^\infty \frac{Sin.\, srx}{Sin.\, rx} Sin.\, \{(s-1)rx\}.\, Si.(x) \frac{dx}{m^2 + x^2} = \frac{\pi}{4m}\{Ei.(m) - Ei.(-m)\}\left\{\frac{1 - e^{-2smr}}{1 - e^{-2mr}} - 1\right\}, \quad \ldots (2033)$$

$$= \frac{1}{2}\int_0^\infty \left[-Sin.\, 2srx + (1 - Cos.\, 2srx)\, Cot.\, rx\right] Si.(x) \frac{dx}{m^2 + x^2}, \quad \ldots (2034)$$

$$\int_0^\infty \frac{Sin.\, srx}{Sin.\, rx} Sin.\, \{(s-1)rx\}.\, Ci.(x) \frac{xdx}{m^2 + x^2} = \frac{\pi}{4} Ei.(-m) \frac{1 + e^{-2mr} - e^{(s-1)2mr} - e^{-2smr}}{1 - e^{-2mr}}, \quad \ldots (2035)$$

$$= \frac{1}{2}\int_0^\infty \left[-Sin.\, 2srx + (1 - Cos.\, 2srx)\, Cot.\, rx\right] Ci.(x) \frac{xdx}{m^2 + x^2}, \quad \ldots (2036)$$

$$\int_0^\infty \frac{Sin.\, srx}{Sin.\, rx} Cos.\, \{(s-1)rx\}.\, Si.(x) \frac{xdx}{m^2 - x^2} = -\frac{\pi}{4}\Big[Ci.(m) +$$

$$+ Si.(m).\, \{Sin.\, 2smr - (1 - Cos.\, 2smr)\, Cot.\, mr\}\Big], \quad \ldots (2037)$$

$$= \frac{1}{2}\int_0^\infty \left[1 - Cos.\, 2srx + Sin.\, 2srx.\, Cot.\, rx\right] Si(x) \frac{xdx}{m^2 - x^2}, \quad \ldots (2038)$$

$$\int_0^\infty \frac{Sin.\, srx}{Sin.\, rx} Sin.\, \{(s-1)rx\}.\, Si.(x) \frac{dx}{m^2 - x^2} = \frac{\pi}{4m} Si.(m).\left[1 + Cos.\, 2smr - Sin.\, 2smr.\, Cot.\, mr\right], \quad \ldots (2039)$$

$$= \frac{1}{2}\int_0^\infty \left[-Sin.\, 2srx + (1 - Cos.\, 2srx)\, Cot.\, rx\right] Si.(x) \frac{dx}{m^2 - x^2}. \quad \ldots (2040)$$

Page 660.

Encore f_{10} (P) donne $f(a) = 1$, $f(a + b\, e^{\pm mr}) = \dfrac{1 + e^{\pm(2s+1)mr}}{1 + e^{\pm mr}}$, $f(a + b\, e^{\pm mri}) =$

$$= \frac{1+e^{\pm(2s+1)mri}}{1+e^{\pm mri}} = \frac{1}{2}\left\{1 + Cos.\, 2smr - Sin.\, 2smr.\, Tg.\frac{1}{2}mr\right\} \pm \frac{1}{2i}\left\{Sin.2smr - (1 - Cos.2smr) Tg.\frac{1}{2}mr\right\};$$

et par conséquent pour un r double:

$$\int_0^\infty \frac{Cos.\, 2srx}{Cos.\, rx} Cos.\, \{(2s+1)rx\}.\, Si.\,(x) \frac{x\,dx}{m^2+x^2} = \frac{\pi}{4}\{Ei.\,(-m) - Ei.\,(m)\} \frac{1+e^{-(2s+1)2mr}}{1+e^{-2mr}}, \quad (2041)$$

$$= \frac{1}{2}\int_0^\infty \left[1 + Cos.\, 4srx - Sin.\, 4srx.\, Tg.\, rx\right] Si.\,(x) \frac{x\,dx}{m^2+x^2}, \quad (2042)$$

$$\int_0^\infty \frac{Cos.\, 2srx}{Cos.\, rx} Cos.\, \{(2s+1)rx\}.\, Ci.(x) \frac{dx}{m^2+x^2} = \frac{\pi}{4m} Ei.(-m) \left\{\frac{1+e^{(2s+1)2mr}}{1+e^{2mr}} + \frac{1+e^{-(2s+1)2mr}}{1+e^{-2mr}}\right\} =$$

$$= \frac{\pi}{4m} Ei.\,(-m) \frac{1 + e^{-2mr} + e^{4smr} + e^{-(2s+1)2mr}}{1+e^{-2mr}}, \quad (2043)$$

$$= \frac{1}{2}\int_0^\infty \left[1 + Cos.\, 4srx - Sin.\, 4srx.\, Tg.\, rx\right] Ci.\,(x) \frac{dx}{m^2+x^2}, \quad (2044)$$

$$\int_0^\infty \frac{Sin.\, 2srx}{Cos.\, rx} Cos.\, \{(2s+1)rx\}.\, Si.(x) \frac{dx}{m^2+x^2} = \frac{\pi}{4m}\{Ei.(m) - Ei.(-m)\} \left\{\frac{1+e^{-(2s+1)2mr}}{1+e^{-2mr}} - 1\right\}, \quad (2045)$$

$$= \frac{1}{2}\int_0^\infty \left[Sin.\, 4srx - (1 - Cos.\, 4srx)\, Tg.\, rx\right] Si.\,(x) \frac{dx}{m^2+x^2}, \quad (2046)$$

$$\int_0^\infty \frac{Sin.\, 2srx}{Cos.\, rx} Cos.\, \{(2s+1)rx\}.\, Ci.(x) \frac{x\,dx}{m^2+x^2} = \frac{\pi}{4} Ei.\,(m) \frac{1 - e^{-2mr} - e^{4smr} + e^{-(2s+1)2mr}}{1+e^{-2mr}}, \quad (2047)$$

$$= \frac{1}{2}\int_0^\infty \left[Sin.\, 4srx - (1 - Cos.\, 4srx)\, Tg.\, rx\right] Ci.\,(x) \frac{x\,dx}{m^2+x^2}, \quad (2048)$$

$$\int_0^\infty \frac{Cos.\, 2srx}{Cos.\, rx} Cos.\, \{(2s+1)rx\}.\, Si.\,(x) \frac{x\,dx}{m^2-x^2} = \frac{\pi}{4}\Big[-2\, Ci.\,(m) +$$

$$+ Si.\,(m).\, \{Sin.\, 4smr - (1 - Cos.\, 4smr)\, Tg.\, mr\}\Big], \quad (2049)$$

$$= \frac{1}{2}\int_0^\infty \left[1 + Cos.\, 4srx - Sin.\, 4srx.\, Tg.\, rx\right] Si.\,(x) \frac{x\,dx}{m^2-x^2}, \quad (2050)$$

$$\int_0^\infty \frac{Sin.\, 2srx}{Cos.\, rx} Cos.\, \{(2s+1)rx\}.\, Si.(x) \frac{dx}{m^2-x^2} = \frac{\pi}{4m}\Big[Si.(m).\{1 - Cos.4smr + Sin.4smr.Tg.mr\}\Big], \quad (2051)$$

$$= \frac{1}{2}\int_0^\infty \left[Sin.\, 4srx - (1 - Cos.\, 4srx)\, Tg.\, rx\right] Si.\,(x) \frac{dx}{m^2-x^2}. \quad (2052)$$

Page 661.

Dans les intégrales (2029) à (2051) nous avons toujours ajouté la seconde forme (2030) à (2052); c'était afin d'en éliminer certains termes et d'obtenir ainsi une intégrale monôme plus simple ici. Or, nous pouvons déduire de Méth. 20, N°. 1, 2 les intégrales:

$$\int_0^\infty (1 \pm Cos.ax)\, Si.(x) \frac{x\,dx}{m^2+x^2} = \frac{\pi}{4}\left[2\, Ei.(-m) \pm e^{-am}\{Ei.(-m) - Ei.(m)\}\right],$$

$$\int_0^\infty (1 \pm Cos.\,ax)\, Ci.(x) \frac{dx}{m^2+x^2} = \frac{\pi}{4m}(2 \pm e^{am} \pm e^{-am})\, Ei.(-m),$$ et nous y trouvions:

$$\int_0^\infty Sin.ax.Si.(x) \frac{dx}{m^2+x^2} = \frac{\pi}{4m} e^{-am}\{Ei.(m) - Ei.(-m)\}, \int_0^\infty Sin.ax.Ci.(x) \frac{xdx}{m^2+x^2} = \frac{\pi}{4}(e^{-am} - e^{am}) Ei.(m);$$

ainsi que Méth. 20, N°. 3, 4: $\int_0^\infty (1 \pm Cos.ax)\, Si.(x) \frac{x\,dx}{m^2-x^2} = \frac{\pi}{2}\left[-Ci.(m) \pm Si.(m).Sin.am\right],$

et Méth. 18, N°. 24: $\int_0^\infty Sin.ax.Si.(x) \frac{dx}{m^2-x^2} = -\frac{\pi}{2m} Si.(m).Cos.am.$ Par leur introduction nos intégrales deviennent, puisque $1 - Cos.2ax = 2\, Sin.^2\, ax$:

$$\int_0^\infty Sin.2srx.Cot.rx.Si.(x) \frac{xdx}{m^2+x^2} = \frac{\pi}{4}\left[\{Ei.(-m) - Ei.(m)\} \frac{2 - e^{-2smr} - e^{-(s+1)2mr}}{1 - e^{-2mr}} - 2Ei.(-m)\right], \quad (2053)$$

$$\int_0^\infty Sin.2srx.Cot.rx.Ci.(x) \frac{dx}{m^2+x^2} = \frac{\pi}{4m} Ei.(-m).(e^{2smr} - e^{-2smr}) \frac{1+e^{-2mr}}{1-e^{-2mr}}, \quad \ldots\ldots (2054)$$

$$\int_0^\infty Sin.^2 srx.Cot.rx.Si.(x) \frac{dx}{m^2+x^2} = \frac{\pi}{8m}\{Ei.(m) - Ei.(-m)\} \frac{2e^{-2mr} - e^{-2smr} - e^{-(s+1)2mr}}{1 - e^{-2mr}}, \quad (2055)$$

$$\int_0^\infty Sin.^2 srx.Cot.rx.Ci.(x) \frac{xdx}{m^2+x^2} = \frac{\pi}{8} Ei.(-m).(2 - e^{2smr} - e^{-2smr}) \frac{1+e^{-2mr}}{1-e^{-2mr}}, \quad \ldots\ldots (2056)$$

$$\int_0^\infty Sin.2srx.Cot.rx.Si.(x) \frac{xdx}{m^2-x^2} = \pi\, Si.(m).Sin.^2 smr.Cot.mr, \quad \ldots\ldots (2057)$$

$$\int_0^\infty Sin.^2 srx.Cot.rx.Si.(x) \frac{dx}{m^2-x^2} = \frac{\pi}{4m} Si.(m).(1 - Sin.2smr.Cot.mr), \quad \ldots\ldots (2058)$$

$$\int_0^\infty Sin.4srx.Tg.rx.Si.(x) \frac{xdx}{m^2+x^2} = \frac{\pi}{4}\left[2Ei.(-m) - \{Ei.(m) - Ei.(-m)\} \frac{2 - e^{-4smr} + e^{-(2s+1)2mr}}{1+e^{-2mr}}\right], \quad (2059)$$

$$\int_0^\infty Sin.4srx.Tg.rx.Ci.(x) \frac{dx}{m^2+x^2} = \frac{\pi}{4m} Ei.(-m).(e^{-4smr} - e^{4smr}) \frac{1-e^{-2mr}}{1+e^{-2mr}}, \quad \ldots\ldots (2060)$$

Page 662.

$$\int_0^\infty Sin.^2\, 2srx.Tg.rx.Si.(x)\frac{dx}{m^2+x^2}=\frac{\pi}{8m}\{Ei.(-m)-Ei.(m)\}\frac{2e^{-2mr}+e^{-4smr}-e^{-(2s+1)2mr}}{1+e^{-2mr}}, \quad (2061)$$

$$\int_0^\infty Sin.^2\, 2srx.Tg.rx.\, Ci.(x)\frac{xdx}{m^2+x^2}=\frac{\pi}{8m}Ei.(-m)\{-2+e^{4smr}+e^{-4smr}\}\frac{1-e^{-2mr}}{1+e^{-2mr}}, \quad (2062)$$

$$\int_0^\infty Sin.\, 4srx.\, Tg.\, rx.\, Si.(x)\frac{xdx}{m^2-x^2}=\pi\, Si.(m).\, Sin.^2\, 2smr.\, Tg.\, mr, \quad (2063)$$

$$\int_0^\infty Sin.^2\, 2srx.Tg.\, rx.\, Si.(x)\frac{dx}{m^2-x^2}=-\frac{\pi}{4m}Si.(m).\{1+Sin.\, 4smr.\, Tg.\, mr\}.\ [408]. \quad (2064)$$

Enfin nous avons la fonction $f_{8'}(P)$, qui donne $f(a)=1$, $f(a+be^{\pm mr})=\dfrac{1-b^s e^{\pm smr}}{1-b\, e^{\pm mr}}$,

$$f(a+be^{\pm mri})=\frac{1-b^s e^{\pm smri}}{1-b\, e^{\pm mri}}=$$

$$=\frac{\left[1-b\, Cos.\, mr-b^s Cos.\, smr+b^{s+1}\, Cos.\{(s-1)mr\}\right]+i\left[b\, Sin.\, mr-b^s\, Sin.\, smr+b^{s+1}\, Sin.\{(s-1)mr\}\right]}{1-2b\, Cos.\, mr+b^2},$$

par conséquent, quand nous mettons q pour b:

---

[408] Les intégrales (2053) à (2058) (lorsque nous y aurons remplacé s par $2s$) et les autres (2059) à (2064) peuvent être combinées par voie d'addition, puisque $Tg.\, rx+Cot.\, rx=2\, Cosec.\, 2\, rx$; puis prenons r au lieu de $2r$, et nous aurons:

$$\int_0^\infty Sin.\, 2s\, rx.\, Cosec.\, rx.\, Si.(x)\frac{xdx}{m^2+x^2}=\frac{\pi}{2}\{Ei.(-m)-Ei.(m)\}\frac{1-e^{-2smr}}{e^{mr}-e^{-mr}}, \quad (2065)$$

$$\int_0^\infty Sin.\, 2s\, rx.\, Cosec.\, rx.\, Ci.(x)\frac{dx}{m^2+x^2}=\frac{\pi}{2m}Ei.(-m)\frac{e^{2smr}-e^{-2smr}}{e^{mr}-e^{-mr}}, \quad (2066)$$

$$\int_0^\infty Sin.^2\, s\, rx.\, Cosec.\, rx.\, Si.(x)\frac{dx}{m^2+x^2}=\frac{\pi}{4m}\{Ei.(m)-Ei.(-m)\}\frac{1-e^{-2smr}}{e^{mr}-e^{-mr}}, \quad (2067)$$

$$\int_0^\infty Sin.^2\, s\, rx.\, Cosec.\, rx.\, Ci.(x)\frac{xdx}{m^2+x^2}=\frac{\pi}{4}Ei.(-m)\frac{2-e^{2smr}-e^{-2smr}}{e^{mr}-e^{-mr}}, \quad (2068)$$

$$\int_0^\infty Sin.\, 2s\, rx.\, Cosec.\, rx.\, Si.(x)\frac{xdx}{m^2-x^2}=\pi\, Si.(m).\, Sin.^2\, smr.\, Cosec.\, mr, \quad (2069)$$

$$\int_0^\infty Sin.^2\, s\, rx.\, Cosec.\, rx.\, Si.(x)\frac{dx}{m^2-x^2}=-\frac{\pi}{4m}Si.(m).\, Sin\, 2smr.\, Cosec.\, mr. \quad (2070)$$

La combinaison par voie de soustraction ne donne que les premières intégrales pour $2r$ au lieu de r, puisque $Cot.\, rx-Tg.\, rx=2\, Cot.\, 2\, rx$.

$$\int_0^\infty \frac{1 - q\, Cos.\, rx - q^s\, Cos.\, srx + q^{s+1}\, Cos.\, \{(s-1)rx\}}{1 - 2q\, Cos.\, rx + q^2}\, Si.\,(x)\, \frac{x\,dx}{m^2 + x^2} =$$

$$= \frac{\pi}{4m}\,\{Ei.\,(-m) - Ei.\,(m)\}\, \frac{1 - q^s e^{-smr}}{1 - q\,e^{-mr}}, \;\ldots\ldots\; (2071)$$

$$\int_0^\infty \frac{1 - q\, Cos.\, rx - q^s\, Cos.\, srx + q^{s+1}\, Cos.\, \{(s-1)\, rx\}}{1 - 2q\, Cos.\, rx + q^2}\, Ci.\,(x)\, \frac{dx}{m^2 + x^2} =$$

$$= \frac{\pi}{4m}\, Ei.\,(-m).\, \left\{\frac{1 - q^s e^{smr}}{1 - q\,e^{mr}} + \frac{1 - q^s e^{-smr}}{1 - q\,e^{-mr}}\right\}, \;\ldots\; (2072)$$

$$\int_0^\infty \frac{Sin.\, rx - q^{s-1}\, Sin.\, srx + q^s\, Sin.\, \{(s-1)\, rx\}}{1 - 2q\, Cos.\, rx + q^2}\, Si.\,(x)\, \frac{dx}{m^2 + x^2} =$$

$$= \frac{\pi}{4q\,m}\,\{Ei.\,(m) - Ei.\,(-m)\}\, \left\{\frac{1 - q^s e^{-smr}}{1 - q\,e^{-mr}} - 1\right\}, \;. \; (2073)$$

$$\int_0^\infty \frac{Sin.\, rx - q^{s-1}\, Sin.\, srx + q^s\, Sin.\, \{(s-1)\, rx\}}{1 - 2q\, Cos.\, rx + q^2}\, Ci\,(x)\, \frac{x\,dx}{m^2 + x^2} =$$

$$= \frac{\pi}{4q}\, Ei.\,(-m).\, \left\{\frac{1 - q^s e^{-smr}}{1 - q\,e^{-mr}} - \frac{1 - q^s e^{smr}}{1 - q\,e^{mr}}\right\}, \;\ldots\; (2074)$$

$$\int_0^\infty \frac{1 - q\, Cos.\, rx - q^s\, Cos.\, srx + q^{s+1}\, Cos.\, \{(s-1)\, rx\}}{1 - 2q\, Cos.\, rx + q^2}\, Si.\,(x)\, \frac{x\,dx}{m^2 - x^2} =$$

$$= \frac{\pi}{4}\left[- Ci.\,(m) + q\, Si.\,(m)\, \frac{Sin.\, mr - q^{s-1}\, Sin.\, smr + q^s\, Sin.\, \{(s-1)\, mr\}}{1 - 2q\, Cos.\, mr + q^2}\right], \;. \; (2075)$$

$$\int_0^\infty \frac{Sin.\, rx - q^{s-1}\, Sin.\, srx + q^s\, Sin.\, \{(s-1)\, rx\}}{1 - 2q\, Cos.\, rx + q^2}\, Si.\,(x)\, \frac{dx}{m^2 - x^2} =$$

$$= \frac{\pi}{2q\,m}\, Si.\,(m).\, \left[1 - \frac{1 - q\, Cos.\, mr - q^s\, Cos.\, mr + q^{s+1}\, Cos.\, \{(s-1)\, mr)\}}{1 - 2q\, Cos.\, mr + q^2}\right] =$$

$$= \frac{\pi}{2m}\, Si.\,(m)\, \frac{q - Cos.\, mr + q^{s-1}\, Cos.\, smr - q^s\, Cos.\, \{(s-1)\, mr\}}{1 - 2q\, Cos.\, smr + q^2}. \;\ldots\; (2076)$$

SECTION SEPTIÈME.

MÉTHODES PARTICULIÈRES.

§ 1. MÉTHODE 42. EMPLOI DES INTÉGRALES DE FOURIER.

1. Les formules de FOURIER

$$\int_0^\infty Cos.\,px\,dx\int_0^\infty f(y)\,Cos.\,xy\,dy=\frac{\pi}{2}f(p),\ (p\geqq 0),\ \text{et}\int_0^\infty Sin.\,px\,dx\int_0^\infty f(y)\,Sin.\,xy\,dy=\frac{\pi}{2}f(p),\ (p>0),$$

que l'on a déduites au N°. 61 de la Première Partie, donnent lieu à un grand nombre d'intégrales définies: en effet on n'a qu'à y prendre $f(y)$ telle que l'intégration par rapport à y puisse se faire, et l'on trouve immédiatement deux intégrales définies à valeur $\frac{\pi}{2}f(p)$. Comme cette application n'offre pas de difficultés, et qu'elle reproduit en général les intégrales, que nous avons déduites par d'autres méthodes, nous nous contenterons ici d'un seul exemple [409].

2. Prenons en premier lieu $f(y)=e^y\,li.(e^{-y})+e^{-y}\,li.(e^y)$, alors on a par Méth. 18, N°. 22:

$$\frac{\pi}{2}\{e^p\,li.(e^{-p})+e^{-p}\,li.(e^p)\}=\int_0^\infty Cos.\,px\,dx\int_0^\infty\{e^y\,li.(e^{-y})+e^{-y}\,li.(e^y)\}\,Cos.\,xy\,dy=-\pi\int_0^\infty Cos.\,px\frac{x\,dx}{1+x^2},$$

(T. 204, N°. 8); $\frac{\pi}{2}\{e^p\,li.(e^{-p})+e^{-p}\,li.(e^p)\}=\int_0^\infty Sin\,px\,dx\int_0^\infty\{e^y\,li.(e^{-y})+e^{-y}\,li.(e^y)\}\,Sin.\,xy\,dy=$

$=-2\int_0^\infty Sin.\,px\frac{x\,dx\,lx}{1+x^2}$. (T. 417, N°. 1). De même pour la supposition $f(y)=e^y\,li.(e^{-y})-e^{-y}\,li.(e^y)$,

on trouve d'après Méth. 18, N°. 22: $\frac{\pi}{2}\{e^p\,li.(e^{-p})-e^{-p}\,li.(e^p)\}=\int_0^\infty Cos.\,px\,dx\int_0^\infty\{e^y\,li.(e^{-y})-e^{-y}\,li.(e^y)\}$

$Cos.\,xy\,dy=2\int_0^\infty Cos.\,px\frac{lx\,dx}{1+x^2}$, (T. 417, N°. 2); $\frac{\pi}{2}\{e^p\,li.(e^{-p})-e^{-p}\,li.(e^p)\}=$

---

[409] D'ailleurs on trouve une exposition détaillée de la théorie de ces intégrales ainsi que de diverses applications, dans l'ouvrage de SCHLÖMILCH, Analytische Studien, Zweite Abtheilung: Die FOURIER'schen Reihen und Integrale, nebst deren wichtigsten Anwendungen. Leipzig, ENGELMANN, 1858, 197 S, 4°. — Voyez encore SCHLÖMILCH, Grunert's Archiv, Bd. 5, S. 204.

$$= \int_0^\infty Sin.\,px\,dx \int_0^\infty \{e^y\,li.(e^{-y}) - e^{-y}\,li.(e^y)\}\,Sin.\,xy\,dy = -\pi \int_0^\infty Sin.\,px \frac{dx}{1+x^2}.$$ (T. 204, N°. 7).

Maintenant pour $f(y) = e^{-qy}$, ces formules donnent encore suivant Méth. 4, N°. 11 : $\frac{\pi}{2} e^{-pq} = \int_0^\infty Cos.\,px$ $\int_0^\infty e^{-qy} Cos.\,xy\,dy = q \int_0^\infty Cos.\,px \frac{dx}{q^2+x^2}$; $\frac{\pi}{2} e^{-pq} = \int_0^\infty Sin.\,px \int_0^\infty e^{-qy}\,Sin.\,xy\,dy = \int_0^\infty Sin.\,px \frac{xdx}{q^2+x^2}$. (T. 205, N°. 5, 6). [410]. Multipliez par lq et ajoutez ces produits à la troisième et à la deuxième des intégrales précédentes, après y avoir changé x en $\frac{x}{q}$ et p en pq ; introduisez ces mêmes substitutions dans la première et dans la dernière de ces quatre intégrales et vous obtiendrez les deux couples de formules :

$$\int_0^\infty Cos.\,px \frac{lx\,dx}{q^2+x^2} = \frac{\pi}{4q}\{2e^{-pq}lq + e^{pq}\,li.(e^{-pq}) - e^{-pq}\,li.(e^{pq})\},\quad \int_0^\infty Sin.\,px \frac{x\,lx\,dx}{q^2+x^2} =$$

$$= \frac{\pi}{2}\{2e^{-pq}lq - e^{pq}\,li.(e^{-pq}) - e^{-pq}\,li.(e^{pq})\},$$ (T. 417, N°. 4 et 3), [411]; $\int_0^\infty Cos.\,px \frac{x\,dx}{q^2+x^2} =$

$$= -\frac{1}{2}\{e^{pq}\,li.(e^{-pq}) + e^{-pq}\,li.(e^{pq})\},\quad \int_0^\infty Sin.\,px \frac{dx}{q^2+x^2} = -\frac{1}{2q}\{e^{pq}\,li.(e^{-pq}) - e^{-pq}\,li.(e^{pq})\}.$$

(T. 205, N°. 11, 10). [412].

---

§ 2. MÉTHODE 43. MÉTHODE DE CAUCHY. CALCUL DES RÉSIDUS.

1. Dans la Première Partie N°. 52 nous avons trouvé les formules:

$$\int_a^b dx\,[F(x+qi) - F(x+pi)] = -\Delta + i\int_p^q dy\,[F(b+yi) - F(a+yi)],$$

où $\Delta = 2\pi i\,\varphi(x_1+y_1 i)$, lorsque $a < x_1 < b$, et $p < y_1 < q$,

$= \pi i\,\varphi(x_1+y_1 i)$, lorsque $p < y_1 < q$, mais $x_1 = a$, ou $x_1 = b$,

, encore lorsque $a < x_1 < b$, mais $y_1 = p$, ou $y_1 = q$,

$= \pm\infty$, lorsque $x_1 = a$, ou $x_1 = b$, et en même temps $y_1 = p$, ou $y_1 = q$.

---

[410] Voyez d'autres déductions, Méth. 5, N°. 8, Méth. 18, N°. 4, 8, Méth. 24, N°. 4, Méth. 25, N°. 2, Méth. 38, N°. 3, Méth. 43, N°. 14.

[411] Autrement déduite Méth. 18, N°. 17.

[412] Comme on déduit aussi Méth. 18, N°. 9.
Page 666.

Il est $F(x) = \frac{\varphi(x)}{x - x_1 - y_1 i}$, de sorte que $x - x_1 - y_1 i$ est un diviseur et $x_1 + y_1 i$ une racine de l'équation $$\frac{1}{F(x)} = 0 \quad \ldots\ldots\ldots (\alpha)$$

Quand cette équation a plusieurs racines inégales, réelles ou imaginaires, il faut prendre la somme des diverses corrections Δ, correspondantes à chaque racine en particulier, du moins tant que ces racines sont d'influence ici, c'est-à-dire tant que leurs parties réelles et leurs parties imaginaires se trouvent être entre les limites a et b, p et q respectivement. Quand encore m de ces racines sont égales, il faut changer dans les corrections précédentes l'expression $\varphi(x_1 + y_1 i)$ dans l'autre $\frac{\varphi^{(m-1)}(x_1 + y_1 i)}{(m-1)!}$, où $(m-1)!$ dénote le produit $1.2.3\ldots(m-1)$.

Tout se fonde par conséquent sur la résolution de l'équation (α), et c'est dans ce but que Cauchy a donné son calcul des résidus. Soit qu'on en ait besoin, soit que les racines de l'équation se présentent d'elles-mêmes, c'est toujours la résolution d'une équation qui est le caractère remarquable de cette méthode, dont nous allons offrir maintenant quelques applications sur des intégrales générales.

2. Premier Cas. Soit $F(\infty + yi) = 0$ pour chaque y; prenons $a = 0$, $b = \infty$, $p = 0$, il vient:

$$\int_0^\infty [F(x+qi) - F(x)]\,dx = i\int_0^q [0 - F(yi)]\,dy - \Delta, \text{ d'où: } \int_0^\infty F(x+qi)\,dx =$$
$$= \int_0^\infty F(x)\,dx - i\int_0^q F(yi)\,dy - \Delta \quad \ldots \text{(XLII)}$$

Deuxième Cas. Soit $F(x + \infty i) = 0$ pour chaque x; pour $a = 0$, $p = 0$, $q = \infty$, il est:

$$\int_0^b [0 - F(x)]dx = i\int_0^\infty [F(b+yi) - F(yi)]dy - \Delta, \text{ d'où: } \int_0^b F(x)dx = i\int_0^\infty [F(yi) - F(b+yi)]\,dy + \Delta \ldots \text{(XLIII)}$$

Troisième Cas. Soit $F(\pm\infty + yi) = 0$ pour chaque y; prenons $a = -\infty$, $b = \infty$, $p = 0$, nous avons:

$$\int_{-\infty}^\infty [F(x+qi) - F(x)]\,dx = i\int_0^q [0 - 0]\,dy - \Delta, \text{ d'où: } \int_{-\infty}^\infty F(x+qi)\,dy = \int_{-\infty}^\infty F(x)\,dx - \Delta \ldots \text{(XLIV)}$$

Quatrième Cas. Soit $F(\infty + yi) = 0$ pour chaque y, et $F(x + \infty i) = 0$ pour chaque x; soit en outre $a = 0$, $b = \infty$, $p = 0$, $q = \infty$, on trouve:

$$\int_0^\infty [0 - F(x)]\,dx = i\int_0^\infty [0 - F(yi)]\,dy - \Delta, \text{ d'où: } \int_0^\infty F(x)\,dx = i\int_0^\infty F(yi)\,dy + \Delta \ldots \text{(XLV)}$$

Cinquième Cas. Soit $F(-\infty + yi) = 0$ pour chaque y, et $F(x + \infty i) = 0$ pour chaque x; pour $a = -\infty$, $b = 0$, $p = 0$, $q = \infty$, nous aurons:

$$\int_{-\infty}^0 [0 - F(x)]\,dx = i\int_0^\infty [F(yi) - 0]\,dy - \Delta, \text{ d'où: } \int_{-\infty}^0 F(x)\,dx = -i\int_0^\infty F(yi)\,dy + \Delta. \text{ (XLVI)}$$

Sixième Cas. Soit $F(\pm\infty + yi) = 0$ pour chaque y, et $F(x + \infty i) = 0$ pour chaque x; supposons $a = -\infty$, $b = \infty$, $p = 0$, $q = \infty$, il vient: $\int_{-\infty}^{\infty}[0 - F(x)]\,dx = i\int_0^{\infty}[0 - 0]\,dy - \Delta$, d'où: $\int_{-\infty}^{\infty} F(x)\,dx = \Delta, \ldots$ (XLVII), donc aussi: $\int_0^{\infty}\{F(x) + F(-x)\}\,dx = \Delta \ldots$ (XLVIII)

Septième Cas. Soit $F(\pm\infty + yi) = 0$ pour chaque y, et $F(x - \infty i) = 0$ pour chaque x; prenons $a = -\infty$, $b = \infty$, $p = -\infty$, $q = 0$, alors: $\int_{-\infty}^{\infty}[F(x) - 0]\,dx = i\int_{-\infty}^{0}[0 - 0]\,dy - \Delta$, d'où: $\int_{-\infty}^{\infty} F(x)\,dx = -\Delta, \ldots\ldots$ (XLIX), et encore: $\int_0^{\infty}\{F(x) + F(-x)\}\,dx = -\Delta \ldots\ldots$ (L)

Huitième Cas. Soit $F(-\infty + yi) = 0$ pour chaque y, et $F(x \pm \infty i) = 0$ pour chaque x; et encore $a = -\infty$, $p = -\infty$, $q = \infty$, il est: $\int_{-\infty}^{b}[0 - 0]\,dx = i\int_{-\infty}^{\infty}[F(b + yi) - 0]\,dy - \Delta$, donc: $\int_0^{\infty} F(b + yi)\,dy = -\Delta i \ldots\ldots$ (LI)

Neuvième Cas. Soit $F(\infty + yi) = 0$ pour chaque y, et $F(x \pm \infty i) = 0$ pour chaque y; pour $a = -a$, $b = \infty$, $p = -\infty$, $q = \infty$, on trouve: $\int_{-a}^{\infty}[0 - 0]\,dx = i\int_{-\infty}^{\infty}[0 - F(-a + yi)]\,dy - \Delta$, d'où: $\int_{-\infty}^{\infty} F(-a + yi)\,dy = \Delta i \ldots\ldots$ (LII)

Dixième Cas. Soit $F(\pm\infty + yi) = 0$ pour chaque y, $F(x \pm \infty i) = 0$ pour chaque x; supposons $a = -\infty$, $b = \infty$, $p = -\infty$, $q = \infty$, nous aurons:

$$\int_{-\infty}^{\infty}[0 - 0]\,dx = i\int_{-\infty}^{\infty}[0 - 0]\,dy - \Delta, \text{ d'où: } \Delta = 0 \ldots\ldots\ldots \quad (A)$$

3. Ces dix cas divers, qui résument les principales applications que CAUCHY a faites de sa méthode, donnent lieu à quelques observations. Dans les cas I à VI les limites de y sont 0 et q, ou 0 et ∞ : donc pour toutes les racines réelles de l'équation (α), la valeur de y_1 zéro coïncidera avec p, de sorte que les corrections relatives Δ doivent toutes être réduites à leur moitié: de plus les racines, qui auraient un y négatif, tombent hors des limites de l'intégration et par conséquent l'on ne doit pas en tenir compte dans le calcul de la correction. Pour le cas VII, où les limites de y sont $-\infty$ et 0, la remarque que les racines réelles nécessitent une correction de moitié moindre reste de vigueur, mais ici au contraire ce sont les racines imaginaires à un y positif, dont on ne doit pas tenir compte, comme étant exclues par les limites de l'intégration. Enfin, auprès des trois derniers cas, ce sont toutes les racines réelles et les racines imaginaires de l'équation (α) qui doivent servir au calcul de la correction Δ, et celle-ci reste toujours comme elle est. On voit

Page 668.

par ce qui vient d'être observé que les suppositions, qui ont mené CAUCHY à ces dix cas, ont le caractère curieux et éminemment utile, de nous laisser très-libres dans le choix de la fonction F, et de simplifier néanmoins beaucoup la recherche des racines de l'équation (α), tant qu'elles sont nécessaires au calcul de la correction Δ. Quant aux résultats, il reste à remarquer que les cas VI et VII donnent lieu souvent à une série, tandis que le cas X ne fournit rien qu'un résultat de ce genre. Les cas 1 à V et VIII, IX donnent des formules doubles, lorsque pour chaque application spéciale on sépare les fonctions réelles et les fonctions imaginaires. Ces deux derniers cas VIII et IX trouvent encore leur application dans l'intégration des équations différentielles linéaires; mais c'est des formules du Cas VI que CAUCHY disait à bon droit, „qu'elles fournissent les valeurs de presque toutes les intégrales définies connues et d'un grand nombre d'autres." [413].

4. Passons maintenant à l'application de ces divers théorèmes.

Cas I. Théorème XLII. Soit $F(x)=e^{-c^2x^2}$, donc $F(x+yi)=e^{-c^2x^2}e^{c^2y^2}(Cos\,2c^2\,xy-i\,Sin.\,2c^2\,xy)$ est toujours 0 pour $x=\infty$; l'équation $\frac{1}{F(x)}=e^{c^2x^2}=0$ a pour racines $x=\pm\infty\,i$, et toutes deux tombent hors des limites 0 et q de y, donc $\Delta=0$, et enfin:

$$\int_0^\infty e^{-c^2(x+qi)^2}dx=\int_0^\infty e^{-c^2x^2}dx-i\int_0^\infty e^{-c^2(yi)^2}dy,$$ d'où à l'aide de Méth. 4, N°. 7:

$$e^{c^2q^2}\int_0^\infty e^{-c^2x^2}\{Cos.(2c^2\,qx)-i\,Sin.(2c^2\,qx)\}\,dx=\frac{1}{2c}\sqrt{\pi}-i\int_0^q e^{c^2x^2}dx,$$ et par la séparation des parties réelles et des parties imaginaires: $\int_0^\infty e^{-c^2x^2}Cos.(2c^2qx)dx=\frac{1}{2c}e^{-c^2q^2}\sqrt{\pi}$ [414], $\int_0^\infty e^{-c^2x^2}Sin.(2c^2qx)dx=$

$=e^{-c^2q^2}\int_0^q e^{c^2x^2}\,dx$, relation, propre à l'approximation de l'intégrale au premier membre, parce qu'il existe des tables calculées de la dernière intégrale.

---

[413] Sur cette méthode de CAUCHY ainsi que sur l'application du calcul des résidus, on peut consulter outre Notes nombreuses dans ses Exercices, surtout les mémoires suivants du même auteur: Journal de l'Ecole Polytechnique, Cah. 19, p. 510—592. Mémoire sur l'intégration des équations linéaires aux différences partielles et à coefficients constants. — Mémoire sur les intégrales définies prises entre des limites imaginaires. Paris, de Bure. 1825. 69 pages 4°. — Mémoire sur les intégrales définies, où l'on donne une formule générale, de laquelle se déduisent les valeurs de la plupart des intégrales définies déjà connues, et celles d'un grand nombre d'autres. Annales de Mathématiques de Gergonne. T. 16, p. 97—108. — Recherche d'une formule générale, qui fournit la valeur de la plupart des intégrales définies connues et celle d'un grand nombre d'autres. Annales de Mathématiques de Gergonne, T. 17, p. 84—127. — Mémoires des Savants Etrangers de l'Institut de France, T. 2. 1827, p. 1. Mémoire sur la Théorie de la propagation des ondes, p. 124—312. Notes. — Ibid. p. 599. Mémoire sur les intégrales définies.

[414] Qui est la même que T. 280, N°. 4. Voyez d'autres déductions de cette intégrale Méth. 23, N°. 23, Méth. 24, N°. 3, Méth. 32, N°. 8.

5. Cas II. Théorème XLIII. Prenons $F(x)=f(x)\,e^{cxi}$, donc $F(x+yi)=f(x+yi)e^{cxi-cy}$, de sorte qu'il est ici $F(x+\infty i)=0$, pourvu que $f(x+\infty i)$ ne devienne pas ∞. L'équation (α) donne $\frac{1}{f(x)}e^{-cxi}=0$, d'où, par la supposition quant à $f(x)$, seulement $e^{-cxi}=0$, dont la racine unique $x=-\infty i$ ne tombe pas entre les limites 0 et ∞ de y. Donc $\Delta=0$ et: $\int_0^b f(x)\,e^{cxi}\,dx=$ $=i\int_0^\infty \{f(y\,i)\,e^{-cy}-f(b+y\,i)\,e^{bci-cy}\}\,dy$. Supposons que par le calcul des quantités imaginaires on trouve pour la fonction à intégrer au dernier membre $e^{-cx}\{f_1(x)-if_2(x)\}$, l'on en tire: $\int_0^b f(x)\,Cos.\,cx\,dx=\int_0^\infty f_2(x)\,e^{-cx}\,dx$, $\int_0^b f(x)\,Sin.\,cx\,dx=\int_0^\infty f_1(x)\,e^{-cx}\,dx$, équations, qui par le développement (si toutefois ce développement est possible) de $f_1(x)$ et de $f_2(x)$ en séries ordonnées suivant les puissances de x, peuvent servir à exprimer les intégrales des premiers membres dans une série de fonctions Gamma [415].

6. Cas III. Théorème XLIV. Lorsqu'on suppose $F(x)=(q-xi)^{r-1}\,e^{-c^2x^2}$, il vient $F(x+yi)=$ $=(q+y-xi)^{r-1}\,e^{-c(x^2-y^2)}\,e^{-2cxyi}$, qui devient zéro pour $x=\pm\infty$. Ensuite l'équation (α) est $\frac{1}{F(x)}=\frac{1}{(q-xi)^{r-1}}e^{c^2x^2}=0$, dont les racines $x=\pm\infty\,i$ tombent toutes deux hors des limites 0 et q de y; donc $\Delta=0$, et par suite: $\int_{-\infty}^{\infty}(q-xi+q)^{r-1}\,e^{-c^2(x+qi)^2}\,dx=\int_{-\infty}^{\infty}(q-xi)^{r-1}\,e^{-c^2x^2}\,dx$. [416].

Prenons $r=2$, séparons les parties réelles et les parties imaginaires, et nous aurons:

$$\int_{-\infty}^{\infty}\{2q\,Cos.(2c^2\,qx)-x\,Sin.(2c^2\,qx)\}\,e^{-c^2(x^2-q^2)}\,dx=q\int_{-\infty}^{\infty}e^{-c^2x^2}\,dx=\frac{q}{c}\sqrt{\pi}\text{ (d'après Méth. 6, N°. 8)},$$

$$\int_{-\infty}^{\infty}\{2q\,Sin.(2c^2\,qx)+x\,Cos.(2c^2\,qx)\}\,e^{-c^2(x^2-q^2)}\,dx=\int_{-\infty}^{\infty}x\,e^{-c^2x^2}\,dx=0.\ [417]\ldots\ldots\ (2077)$$

Divisons dans la première la distance des limites en deux parties, de $-\infty$ à 0 et de 0 à ∞; et posons dans la première partie $x=-y$, alors les deux intégrales deviennent égales et l'on a:

---

[415] Voyez Cauchy, Savants Etrangers de l'Institut. T. 1. 1827. Mémoire sur la propagation des Ondes. Note 16, p. 184.

[416] Équation énoncée dans le Bulletin de la Société Philomathique de 1822.

[417] Car pour $x=y^2$ l'intégrale (73) donne: $\int_{-\infty}^{\infty}e^{-px^2}\,x\,dx=0$. . . . . (2078)

$\int_0^\infty \{2q\,Cos.(2c^2\,qx) - x\,Sin.(2c^2\,qx)\}\,e^{-c^2(x^2-q^2)}dx = \frac{q}{2c}\sqrt{\pi}$. Soustrayons-en l'intégrale trouvée au N°. 4, il vient: $\int_0^\infty x\,Sin.(2c^2\,qx).e^{-c^2x^2}dx = \frac{q}{2c}e^{-c^2q^2}\sqrt{\pi}$. (T. 389, N°. 3). [418].

7. Cas IV. Théorème XLV. Pour $F(x) = \left(e^{-x} - \frac{1}{1+x}\right)\frac{1}{x}$, on a: $F(x+yi) = \left\{e^{-(x+yi)} - \frac{1+x-yi}{(1+x)^2+y^2}\right\}\frac{x-yi}{x^2+y^2}$; donc tant $F(\infty + yi) = 0$ que $F(x+\infty\,i) = 0$. L'équation (α) donne: $e^{-x} - \frac{1}{1+x} = \infty$, $x = 0$; donc $x = 0, = -1$ et $= -\infty$ les racines à étudier; les deux dernières sont situées hors des limites de l'intégration, et ne donnent par conséquent aucun cas de discontinuité. La première donne, puisque $\varphi(p) = \left(e^{-x} - \frac{1}{1+x}\right)\frac{x-p}{x}$, $\varphi(0) = (1-1)\frac{1}{1} = 0$, et donc $\Delta = 0$. Par conséquent il vient: $\int_0^\infty \left(e^{-x} - \frac{1}{1+x}\right)\frac{dx}{x} = i\int_0^\infty \left(e^{-xi} - \frac{1}{1+xi}\right)\frac{dx}{xi} = \int_0^\infty \left(Cos.\,x - i\,Sin.\,x - \frac{1-xi}{1+x^2}\right)\frac{dx}{x}$; d'où par la séparation des parties réelles et des parties imaginaires: $\int_0^\infty \left(Cos.\,x - \frac{1}{1+x^2}\right)\frac{dx}{x} = \int_0^\infty \left(e^{-x} - \frac{1}{1+x}\right)\frac{dx}{x} = -A$, (T. 212, N°. 6), [419], (à l'aide de Méth. 37, N°. 3); $0 = \int_0^\infty \left(Sin.\,x - \frac{x}{1+x^2}\right)\frac{dx}{x}$, d'où: $\int_0^\infty Sin.\,x\frac{dx}{x} =$

[418] Autrement déduite Méth. 24, N°. 3.

[419] Voyez encore Méth. 44, N°. 3. Substituez ensuite dans T. 212, N°. 1 (voyez Méth. 18, N°. 19) $x = y^2$; alors vous aurez: $\int_0^\infty \left\{Cos.(x^2) - \frac{1}{1+x^2}\right\}\frac{dx}{x} = -\frac{1}{2}A$. . . . . . . (2079)

Soustrayez-en l'intégrale T. 212 N°. 6 du texte, et il reste: $\int_0^\infty \frac{Cos.(x^2) - Cos.(x)}{x}dx = \frac{1}{2}A$. . . . . (2080)

Supposez-y $x = y^2$, alors: $\int_0^\infty \frac{Cos.(x^4) - Cos.(x^2)}{x}dx = \frac{1}{4}A$, ... (2081)

d'où vous déduirez, en prenant la somme de celle-ci et de l'intégrale (2080):

$$= \int_0^\infty \frac{dx}{1+x^2} = \frac{\pi}{2}, \text{ (T. 194, N}^\circ\text{. 1), [420], (d'après Méth. 1, N}^\circ\text{. 8).}$$

8. Prenons encore dans la même formule $F(x) = \dfrac{f(x)}{(r+xi)^c} = \dfrac{1}{i^c}\dfrac{f(x)}{(x-ri)^c}$, $(c<1)$, donc $F(x+yi) = \dfrac{1}{i^c}\dfrac{f(x+yi)}{(x+yi-ri)^c}$; nous aurons par suite $F(\infty+yi) = 0 = F(x+\infty i)$, en tant que $f(\infty+xi)$ et $f(x+\infty i)$ ne deviennent pas infinies. Supposons que la forme de la fonction $f(x)$ nécessite une correction Δ', et nous aurons:

$$\int_0^\infty \frac{f(x)\,dx}{(r+xi)^c} = \frac{i}{i^c}\int_0^\infty \frac{f(yi)}{\{(y-r)i\}^c}dy = \Delta', \quad \ldots \text{ (LIII)}$$

théorème, dont nous aurons besoin tout de suite.

9. Cas V. Théorème XLVI. Prenons de même $F(x) = \dfrac{f(x)}{(r+xi)^c} = \dfrac{1}{(-i)^c}\dfrac{f(x)}{(ri-x)^c}$, alors outre l'équation $F(x+\infty i) = 0$, comme au Nr. précédent, on a encore $F(-\infty+yi) = 0$. Supposons que la correction devienne Δ'', nous obtiendrons:

$$\int_{-\infty}^0 \frac{f(x)\,dx}{(r+xi)^c} = \frac{-i}{(-i)^c}\int_0^\infty \frac{f(yi)}{\{(r-y)i\}^c}dy + \Delta''. \quad \ldots\ldots\ldots \text{ (LIV)}$$

Pour prendre la somme des équations (LIII) et (LIV), observons que $i^c\{(y-r)i\}^c = i^{2c}(y-r)^c$ (pour $y>r$), $= (r-y)^c$ (pour $y<r$), et $(-i)^c\{(r-y)i\}^c = (-i)^{2c}(y-r)^c$ (pour $y>r$), et $= (r-y)^c$ (pour $y<r$); donc tant que y reste plus petit que r, c'est-à-dire entre les limites 0 et r de y, les deux intégrales des seconds membres s'annulent: aussitôt que y surpasse r il n'en est plus ainsi; par conséquent on n'aura qu'à intégrer entre les limites r et ∞, et l'on trouve:

$$\int_{-\infty}^\infty \frac{f(xi)}{(r+xi)^c}dx = \{i^{1-2c} + (-i)^{1-2c}\}\int_r^\infty \frac{f(yi)}{(y-r)^c}dy + \Delta' + \Delta'' =$$

$$= 2\,Sin.\,c\pi.\int_0^\infty \frac{f\{(r+x)i\}}{x^c}dx + \Delta' + \Delta'', \quad \ldots\ldots\ldots \text{ (LV)}$$

d'après (C. P. 23) et après la substitution de $y = x + r$.

$$\int_0^\infty \frac{Cos.(x^4) - Cos.\,x}{x}dx = \frac{3}{4}A. \quad \ldots\ldots\ldots \text{ (2082)}$$

La continuation de ce procédé vous fournira enfin la formule générale curieuse:

$$\int_0^\infty \frac{Cos.(x^{2^a}) - Cos.\,x}{x}dx = \left(1 - \frac{1}{2^a}\right)A. \quad \ldots\ldots\ldots \text{ (2083)}$$

[420] Comme on trouve Méth. 6, N$^\circ$. 5, Méth. 17, N$^\circ$. 3, Méth. 21, N$^\circ$. 3, Méth. 34, N$^\circ$. 2. Page 672.

Pour une application de cette formule soit $f(x) = \frac{1}{(s - xi)^d}$; alors on pourra chercher la somme $\Delta' + \Delta''$ tout d'un coup. Pour cela remarquons que l'équation $(r + xi)^c (s - xi)^d = 0$ a c racines égales à ri et d racines égales à $-si$: or, ces dernières tombent hors des limites de l'intégration et par suite elles n'ont aucune influence; mais les premières donnent suivant les règles de Nr. 1:

$$\varphi^{(c-1)}(x) = d^{c-1}.\frac{x - ri}{(r + xi)^c (s - xi)^d} = \frac{-i}{(s - xi)^d} d^{c-1}.(r + xi)^{1-c} = \frac{1}{(s - xi)^d}\frac{1}{i^c} d^{c-1}.(x - ri)^{1-c} =$$

$= \frac{(x - ri)^{2-2c}}{(s - xi)^d} i^{-c}$, qui s'annule pour la valeur ri de x, pourvu que c soit < 1. Comme dèslors Δ s'annule de même, il vient:

$$\int_{-\infty}^{\infty} \frac{dx}{(r + xi)^c (s - xi)^d} = 2\, Sin.\, c\pi. \int_0^{\infty} \frac{dx}{x^c (s + r + x)^d} =$$

$$= \frac{2\, Sin.\, c\pi}{(r + s)^{c+d-1}} \int_0^{\infty} \frac{dy}{y^c (1 + y)^d} = \frac{2\, Sin.\, c\pi}{(r + s)^{c+d-1}} \frac{\Gamma(1 - c)\Gamma(c + d - 1)}{\Gamma(d)} \text{ (d'après Méth. 4, N°. 6)} =$$

$= \frac{2\pi}{(r + s)^{c+d-1}} \frac{\Gamma(c + d - 1)}{\Gamma(c)\Gamma(d)}$, (T. 30, N°. 1), (d'après Méth. 4, N°. 6, Note, form. B). Dans la première réduction on a employé la substitution $x = (r + s)y$.

10. Cas VI. Théorème XLVII. La supposition de $F(x) = \frac{1}{(r - xi)^c (s - xi)^d}$ donne tant $F(\pm\infty + yi) = 0$ que $F(x + \infty i) = 0$. L'équation (α) devient $(r - xi)^c (s - ri)^d = 0$ et a c racines $x = -ri$ et d racines $x = -si$: mais comme elles sont toutes situées hors des limites 0 et ∞ de l'intégration par rapport à y, il s'ensuit que Δ est zéro. Par conséquent:

$$\int_0^{\infty} \frac{dx}{(r - xi)^c (s - xi)^d} = 0. \text{ (T. 30, N°. 3).}$$

11. Ce même théorème peut encore nous fournir plusieurs autres théorèmes généraux. Car soit $f(x)$ une fonction qui ne peut devenir infinie.... (a), comme nous le supposerons plusieurs fois dans la suite. Alors prenons $F(x) = \frac{f(x)}{r - xi}$; l'équation ($\alpha$), $r - xi = 0$, aura la seule racine $x = -ri$, située hors des limites de l'intégration suivant y, d'où il suit $\Delta = 0$, donc:

$$\int_{-\infty}^{\infty} \frac{f(x)\, dx}{r - xi} = 0 \ldots \text{(LVI)}$$

et encore par le même raisonnement pour $F(x) = \frac{f(x)}{(r - xi)^c}$:

$$\int_{-\infty}^{\infty} \frac{f(x)\, dx}{(r - xi)^c} = 0. \ldots\ldots \text{(LVII)}$$

Pour $F(x) = \frac{f(x)}{r + xi}$ au contraire la racine de l'équation (α), $r + xi = 0$, devient $x = ri$: d'où la correction $\Delta = \frac{1}{i} f(ri).2\pi i = 2\pi f(ri)$, et par suite:

$$\int_{-\infty}^{\infty} \frac{f(x)\, dx}{r + xi} = 2\pi f(ri). \ldots\ldots \text{(LVIII)}$$

Lorsqu'on aurait $F(x) = \frac{f(x)}{(r+xi)^c}$, l'équation ($\alpha$) aurait c racines $x = ri$, donc $\varphi(x) = \frac{1}{i^c} f(x)$, $\varphi^{c-1}(ri) = \frac{1}{i^c}\frac{1}{i^{c-1}} f^{(c-1)}(ri) = \frac{1}{i^{2c-1}} f^{(c-1)}(ri)$, et ensuite:

$$\int_{-\infty}^{\infty} \frac{f(x)\,dx}{(r+xi)^c} = 2\pi i \frac{1}{i^{2c-1}} \frac{f^{(c-1)}(ri)}{(c-1)!} = (-1)^{c-1} \frac{2\pi}{(c-1)!} f^{(c-1)}(ri). \quad . \; . \; . \; . \quad \text{(LIX)}$$

Prenez $F(x) = \frac{f(x)}{l(r-xi)}$, d'où l'équation ($\alpha$), $l(r-xi) = 0$, à une racine $x = (1-r)i$. Ici il dépend de la valeur de r, si cette racine tombe hors des limites de l'intégration ou non: lorsqu'on a $r > 1$, cette racine est négative imaginaire, et reste donc hors des limites, et Δ est zéro; lorsque $r < 1$, elle est une racine à étudier et donne $\varphi\{(1-r)i\} = \frac{x-(1-r)i}{l(r-xi)} f\{(1-r)i\} =$
$= f\{(1-r)i\} \frac{1}{\frac{-i}{r-xi}} = f\{(1-r)i\} \frac{r-xi}{-i} = if\{(1-r)i\}$, donc $\Delta = 2\pi i . if\{(1-r)i\} =$
$= -2\pi f\{(1-r)i\}$; enfin lorsque $r = 1$, on a $x = 0.i$, et comme elle coïncide alors avec la limite inférieure de y, il faut prendre la moitié de la correction précédente. On trouve donc:

$$\int_{-\infty}^{\infty} \frac{f(x)\,dx}{l(r-xi)} = 0, (r>1), . \text{ (LX)}, = -2\pi f\{(1-r)i\}, (r<1), . \text{ (LXI)} = -\pi f(0), (r=1) . \text{ (LXII)}$$

Partout dans ce numéro on a la condition (a).

12. Pour offrir une application de la dernière, soit $f(x) = \frac{1}{x}(1 - e^{qxi})$, et l'on aura:

$$\int_{-\infty}^{\infty} \frac{1-e^{qxi}}{l(r-xi)} \frac{dx}{x} = \frac{2\pi i}{1-r}\{1 - e^{q(r-1)}\}, (r<1), = 0, (r>1).$$ Pour $r = 1$, il vient $f(0) =$
$= \frac{1-e^{qxi}}{x} = \frac{0}{0} = \frac{-qi\,e^{qxi}}{1} = -qi$, donc: $\int_{-\infty}^{\infty} \frac{1-e^{qxi}}{l(1-xi)} \frac{dx}{x} = q\pi i$. (T. 382, N°. 9 à 11).

13. Passons au Théorème XLVIII du Cas VI, et déduisons-en quelques formules générales, tout en gardant ici la condition (a) du Nr. 11.

Soit $F(x) = \frac{f(x)}{xi}$; alors l'équation (α) a pour racine $x = 0.i$, qui coïncide avec la limite 0 de y; donc, puisque $\varphi(x) = \frac{1}{i} f(x)$:

$$\int_0^{\infty} \left\{\frac{f(x)}{xi} + \frac{f(-x)}{-xi}\right\} dx = \int^{\infty} \frac{f(x) - f(-x)}{i} \frac{dx}{x} = \pi i \frac{1}{i} f(0) = \pi f(0) \quad . \; . \; . \quad \text{(LXIII)}$$

Lorsque $F(x) = \dfrac{f(x)}{x+r}$, la racine de l'équation (α) devient $x = -r$, réelle; de plus on a $\varphi(x) = f(x)$, donc $\Delta = \pi i f(-r)$, et: $\displaystyle\int_0^\infty \left\{\frac{f(x)}{r+x} + \frac{f(-x)}{r-x}\right\} dx = \pi i f(-r)$. . . . . (LXIV)

Pour $F(x) = \dfrac{r f(x)}{r^2+x^2}$, l'équation ($\alpha$) a pour racines $x = \pm ri$ (dont la racine $x = -ri$ tombe hors des limites de l'intégration); on a donc $\varphi(x) = \dfrac{rf(x)}{x+ri}$ et:

$$\int_0^\infty \frac{f(x)+f(-x)}{r^2+x^2} r\,dx = 2\pi i \frac{1}{2i} f(ri) = \pi f(ri). \quad \text{. . . . . (LXV)}$$

Soit $F(x) = \dfrac{xf(x)}{r^2+x^2}$, alors l'équation ($\alpha$) a les racines $x = \infty$, $x = +ri$ et $x = -ri$ (dont on n'a pas à tenir compte). Comme on a $\varphi(\infty) = \dfrac{f(x)}{r^2+x^2} = 0$, $\varphi(ri) = \dfrac{rif(ri)}{x+ri} = \dfrac{1}{2}f(ri)$, il vient:

$$\int_0^\infty \frac{f(x)-f(-x)}{r^2+x^2} x\,dx = 2\pi i \frac{1}{2} f(ri) = \pi i f(ri) \quad \text{. . . . . (LXVI)}$$

Prenons encore $F(x) = \dfrac{rf(x)}{r^2-x^2}$. Les racines de l'équation (α) sont $x = \pm r$, qui donnent $\varphi(+r) = \dfrac{rf(r)}{r+r} = \dfrac{1}{2}f(r)$, $\varphi(-r) = \dfrac{rf(-r)}{-r-r} = -\dfrac{1}{2}f(-r)$, d'où, puisque les racines sont réelles:

$$\int_0^\infty \frac{f(x)+f(-x)}{r^2-x^2} r\,dx = \pi i \left\{\frac{1}{2}f(r) - \frac{1}{2}f(-r)\right\} = \frac{\pi i}{2}\{f(r)-f(-r)\} \quad \text{. . (LXVII)}$$

Au contraire la supposition $F(x) = \dfrac{xf(x)}{r^2-x^2}$ donne pour les racines de l'équation (α): $x = \infty$, $x = \pm r$, d'où $\varphi(\infty) = \dfrac{f(x)}{x^2-r^2} = 0$, $\varphi(+r) = \dfrac{rf(r)}{r+r} = \dfrac{1}{2}f(r)$, $\varphi(-r) = \dfrac{-rf(-r)}{-r-r} = \dfrac{1}{2}f(-r)$; donc, parce que les racines sont toutes réelles:

$$\int_0^\infty \frac{f(x)-f(-x)}{x^2-r^2} x\,dx = \pi i \left\{\frac{1}{2}f(r) + \frac{1}{2}f(-r)\right\} = \frac{\pi i}{2}\{f(r)+f(-r)\}. \quad \text{. (LXVIII)}$$

Enfin soit $F(x) = \dfrac{r^2 f(x)}{x(x^2+r^2)}$, alors l'équation ($\alpha$) a pour racines $x = 0$, $x = +ri$, et $x = -ri$ (dont la dernière, comme située hors des limites 0 et ∞ par rapport à y, n'est pas à considérer ici); de plus on a $\varphi(0) = \dfrac{r^2 f(x)}{x^2+r^2} = f(0)$, (pour le calcul de Δ il faut observer que cette racine coïncide avec la limite inférieure de x), $\varphi(ri) = \frac{r^2 f(x)}{x(x+ri)} = \frac{r^2 f(ri)}{ri.2ri} = -\frac{1}{2}f(ri)$;

donc: $$\int_0^\infty \frac{f(x)-f(-x)}{x^2+r^2}\frac{r^2\,dx}{x} = 2\pi i\left\{\frac{1}{2}f(0)-\frac{1}{2}f(ri)\right\} = \pi i\{f(0)-f(ri)\} \ldots\ldots \text{(LXIX)}$$

14. Dans les cinq derniers théorèmes supposons $f(x) = e^{pxi}$, d'où $f(x)+f(-x) = 2\,Cos.px$, $f(x)-f(-x) = 2i\,Sin.px$, il vient:

$$\int_0^\infty \frac{Cos.px}{r^2+x^2}r\,dx = \frac{\pi}{2}e^{-pr},\quad \int_0^\infty \frac{Sin.px}{r^2+x^2}x\,dx = \frac{\pi}{2}e^{-pr},\ \text{(T. 205, N°. 5, 6), [421]},$$

$$\int_0^\infty \frac{Cos.px}{x^2-r^2}r\,dx = -\frac{\pi}{2}Sin.pr,\quad \int_0^\infty \frac{Sin.px}{x^2-r^2}x\,dx = \frac{\pi}{2}Cos.pr,\ \text{(T. 206, N°. 2, 1), [422]},$$

$$\int_0^\infty \frac{Sin.px}{x^2+r^2}\frac{r^2\,dx}{x} = \frac{\pi}{2}\left\{1-e^{-pr}\right\}.\ \text{(T. 212, N°. 12). [423]}.$$

Dans les formules (LXV) et (LXVII) prenez $f(x) = x^{p-1}e^{qxi}$, alors $f(x)+f(-x) = (xi)^{p-1}\left\{(i^{-p}-i^p)\,i\,Cos.qx-(i^{-p}+i^p)\,Sin.qx\right\} = 2(xi)^{p-1}\,Sin.(\frac{1}{2}p\pi-qx)$, et par conséquent:

$$\int_0^\infty x^{p-1}\,Sin.(\tfrac{1}{2}p\pi-qx)\frac{dx}{r^2+x^2} = \frac{\pi}{2ri^{p-1}}(ri)^{p-1}e^{-qr} = \frac{\pi}{2}r^{p-2}e^{-qr},\ \text{(T. 205, N°. 24)},$$

$$\int_0^\infty x^{p-1}\,Sin.(\tfrac{1}{2}p\pi-qx)\frac{dx}{r^2-x^2} = \frac{\pi i}{2}\frac{1}{2ri^{p-1}}\left\{r^{p-1}e^{qri}-(-r)^{p-1}e^{-qri}\right\} = -\frac{\pi}{2}r^{p-2}\,Cos.(\tfrac{1}{2}p\pi-qr).$$

(T. 206, N°. 20).

15. Il y a encore une autre transformation des théorèmes du Cas VI, qui mérite notre attention. Supposons $F(x) = \frac{1}{2}\left\{f\left(\frac{1+xi}{1-xi}\right)\pm f\left(\frac{1-xi}{1+xi}\right)\right\}\Phi(x)\frac{1}{1+x^2}$, et substituons en même temps $x = Tang.\,z$, alors le théorème (XLVII) nous fournit:

$$\int_{-\frac{\pi}{2}}^{\frac{\pi}{2}} \left\{f(e^{2zi})\pm f(e^{-2zi})\right\}\Phi(Tg.z)\,dz = 2\,\triangle.\ \ldots\ldots\ldots\ldots\ \text{(LXX)}$$

Mais lorsque, pour chaque signe séparément, nous divisons l'intégrale en deux autres, qui ont respectivement 0 et $\frac{\pi}{2}$, $-\frac{\pi}{2}$ et 0 pour limites, et que dans les dernières nous substituons $z = -y$,

---

[421] Voyez Méth. 5, N°. 8, Méth. 18, N°. 4, 8, Méth. 24, N°. 4, Méth. 25, N°. 2, Méth. 38, N°. 3, Méth. 42, N°. 2.

[422] Autrement déduite Méth. 9, N°. 10, Méth. 24, N°. 5, Méth. 25, N°. 3.

[423] Sur une autre déduction voyez Méth. 18, N°. 4, Méth. 25, N°. 2.

il vient: $$\int_0^{\frac{\pi}{2}}\left[f(e^{2zi})+f(e^{-2zi})\right]\left[\Phi(Tg.z)+\Phi(-Tg.z)\right]dz = 2\Delta, \quad \ldots\ldots \text{(LXXI)}$$

$$\int_0^{\frac{\pi}{2}}\left[f(e^{2zi})-f(e^{-2zi})\right]\left[\Phi(Tg.z)-\Phi(-Tg.z)\right]dz = 2\Delta. \quad \ldots\ldots \text{(LXXII)}$$

Pour $f(h)=\frac{1}{1-rh}$, il est $\frac{1}{2}\left\{f\left(\frac{1+xi}{1-xi}\right)+f\left(\frac{1-xi}{1+xi}\right)\right\}=\frac{1-r+(1+r)x^2}{(1-r)^2+(1+r)^2x^2}=\frac{1-r\,Cos.2z}{1-2r\,Cos.2z+r^2}$, $\frac{1}{2}\left\{f\left(\frac{1+xi}{1-xi}\right)-f\left(\frac{1-xi}{1+xi}\right)\right\}=\frac{2rxi}{(1-r)^2+(1+r)^2x^2}=\frac{ri\,Sin.2z}{1-2r\,Cos.2z+r^2}$, par la substitution de $x=Tang.z$; donc:

$$\int_0^{\frac{\pi}{2}}\frac{1-r\,Cos.2z}{1-2r\,Cos.2z+r^2}\left[\Phi(Tg.z)+\Phi(-Tg.z)\right]dz=\Delta, \quad \ldots \text{(LXXIII)}$$

$$\int_0^{\frac{\pi}{2}}\frac{r\,Sin.2z}{1-2r\,Cos.2z+r^2}\left[\Phi(Tg.z)-\Phi(-Tg.z)\right]dz=\Delta. \quad \ldots \text{(LXXIV)}$$

16. Maintenant soit $\Phi(x)=x^p$, alors l'équation (α) devient $\frac{(1-r)^2+(1+r)^2x^2}{1-r+(1+r)x^2}\,\frac{1+x^2}{x^p}=0$, ou $\frac{(1-r)^2+(1+r^2)x^2}{2rxi}\,\frac{1+x^2}{x^p}=0$; donc dans les deux cas les racines sont celles de l'équation $1+x^2=0$, d'où $x=+i$ (puisque $x=-i$ tombe hors des limites de y), et de plus $x=\frac{1-r}{1+r}i$ ou $x=\frac{r-1}{r+1}i$, selon que r est <1, ou $r>1$. Dès-lors pour le premier cas du signe $+$, on a: $\varphi(i)=\frac{-2r}{-4r}i^p\left(\frac{x-i}{1+x^2}\right)=\frac{1}{4}i^{p-1}$, $\varphi\left(\frac{1-r}{1+r}i\right)=\left(\frac{1-r}{1+r}\right)^p\frac{1}{4}i^{p-1}$, $\varphi\left(\frac{r-1}{r+1}i\right)=\left(\frac{r-1}{r+1}\right)^p\frac{-1}{4}i^{p-1}$, et pour le second cas tout de même: $\varphi(i)=\frac{1}{4}i^{p-1}$, $\varphi\left(\frac{1-r}{1+r}i\right)=\left(\frac{1-r}{1+r}\right)^p\frac{-1}{4}i^{p-1}$, $\varphi\left(\frac{r-1}{r+1}i\right)=\left(\frac{r-1}{r+1}\right)^p\frac{-1}{4}i^{p-1}$. Lorsqu'on substitue tout ceci et que l'on divise par $1+(-1)^p$, ce qui donne $\frac{i^p}{1+(-1)^p}=\frac{1}{i^p+i^{-p}}=\frac{1}{2\,Cos\,\frac{1}{2}p\pi}$, on trouve:

$$\int_0^{\frac{\pi}{2}}\frac{1-r\,Cos.2x}{1-2r\,Cos.2x+r^2}Tg.^p x\,dx=\frac{\pi}{4\,Cos.\frac{1}{2}p\pi}\left\{1+\left(\frac{1-r}{1+r}\right)^p\right\},(r<1),=\frac{\pi}{4\,Cos.\frac{1}{2}p\pi}\left\{1-\left(\frac{r-1}{r+1}\right)^p\right\},(r>1);$$

Page 677.

(T. 69, N°. 1, 2); de même, puisque $\frac{i^{p+1}}{(-1)^p-1}=\frac{1}{i^p-i^{-p}}=\frac{1}{2 Sin.\frac{1}{2}p\pi}:\int_0^{\frac{\pi}{2}}\frac{r\,Sin.2x}{1-2r\,Cos.2x+r^2}Tg.^p x dx=$

$$=\frac{\pi}{4\,Sin.\frac{1}{2}p\pi}\left\{1-\left(\frac{1-r}{1+r}\right)^p\right\},\ (r<1),=\frac{\pi}{4\,Sin.\frac{1}{2}p\pi}\left\{1+\left(\frac{r-1}{r+1}\right)^p\right\},\ (r>1).\ (\text{T. 69, N°. 3, 4}).$$

Soit encore $\Phi(x)=l(1-xi)$, alors les racines de l'équation (α) restent les mêmes $x=i$, $x=\frac{1-r}{1+r}i,(r<1)$, $x=\frac{r-1}{r+1}i,(r>1)$. On trouve donc $\varphi(i)=\frac{1}{4i}l2$, $\varphi\left\{\frac{1-r}{1+r}i\right\}=\frac{1}{4i}l\left(1+\frac{1-r}{1+r}\right)=$ $=\frac{1}{4i}l\frac{2}{1+r}$, $\varphi\left\{\frac{r-1}{r+1}i\right\}=\frac{1}{4i}l\left(1+\frac{r-1}{r+1}\right)=\frac{1}{4i}l\frac{2r}{r+1}$, pour la première formule (LXXIII);

et $\varphi(i)=\frac{1}{4i}l2$, $\varphi\left\{\frac{1-r}{1+r}i\right\}=\frac{-1}{4i}l\frac{2}{1+r}$, $\varphi\left\{\frac{r-1}{r+1}i\right\}=\frac{-1}{4i}l\frac{2r}{r+1}$, pour la seconde (LXXIV).

On a de plus $l(1-i\,Tg.z)+l(1+i\,Tg.z)=l(1+Tg.^2 z)=-2l\,Cos.z$, $l(1-i\,Tg.z)-$ $-l(1+i\,Tg.z)=le^{2z}=2z$; donc:

$$\int_0^{\frac{\pi}{2}}\frac{1-r\,Cos.2x}{1-2r\,Cos.2x+r^2}l\,Cos.x\,dx=\frac{2\pi i}{-2}\left(\frac{1}{4i}l2+\frac{1}{4i}l\frac{2}{1+r}\right)=\frac{\pi}{4}l\frac{1+r}{4},\ (r<1),\ (\text{T. 346, N°. 5}),$$

$$=\frac{2\pi i}{-2}\left(\frac{1}{4i}l2+\frac{1}{4i}l\frac{2r}{1+r}\right)=\frac{\pi}{4}l\frac{1+r}{4r},\ (r>1),\ \ldots\ldots \quad (2084)$$

$$\int_0^{\frac{\pi}{2}}\frac{r\,Sin.2x}{1-2r\,Cos.2x+r^2}x\,dx=\frac{2\pi i}{2}\left\{\frac{1}{4i}l2+\frac{-1}{4i}l\frac{2}{1+r}\right\}=\frac{\pi}{4}l(1+r),(r<1),$$

$$=\frac{2\pi i}{2}\left\{\frac{1}{4i}l2+\frac{-1}{4i}l\frac{2r}{1+r}\right\}=\frac{\pi}{4}l\frac{1+r}{r},\ (r>1).\ (\text{T. 241, N°. 3, 4,}).\ [424].$$

---

[424] Comme on a Méth. 4, N°. 3 $\int_0^{\frac{\pi}{2}}l\,Cos.x dx=-\frac{1}{2}\pi l2$, il s'ensuit encore:

$$\int_0^{\frac{\pi}{2}}\frac{l\,Cos.x dx}{1-2r\,Cos.2x+r^2}=\frac{1}{1-r^2}\frac{\pi}{2}l\frac{1+r}{2},(r^2<1),(\text{T. 346, N°. 4}),=\frac{1}{r^2-1}\frac{\pi}{2}l\frac{2r}{1+r},(r^2>1), \quad (2085)$$

$$\int_0^{\frac{\pi}{2}}\frac{Cos.2x.\,l\,Cos.x\,dx}{1-2r\,Cos.2x+r^2}=\frac{\pi}{2r(1-r^2)}\left\{\frac{1+r^2}{2}l(1+r)-r^2\,l2\right\},\ (r^2<1),\ . \quad (2086)$$

$$=\frac{\pi}{2r(r^2-1)}\left\{\frac{1+r^2}{2}l\frac{r}{1+r}+r^2\,l2\right\},\ (r^2>1).\ .\ . \quad (2087)$$

Dans ces intégrales prenez $x = \frac{\pi}{2} - y$ et r négatif, il vient:

$$\int_0^{\frac{\pi}{2}} \frac{1-r\,Cos.\,2x}{1-2r\,Cos.\,2x+r^2}\, l\,Sin.\,x dx = \frac{\pi}{4}\, l\frac{1-r}{4}, (r^2<1), \text{(T. 346, N°. 1)}, = \frac{\pi}{4}\, l\frac{r-1}{4r}, (r^2>1), . (2088)$$

$$\int_0^{\frac{\pi}{2}} \frac{r\,Sin.\,2x}{1-2r\,Cos.\,2x+r^2}\left(x-\frac{\pi}{2}\right) dx = \frac{\pi}{4}\, l(1-r), (r^2<1), = \frac{\pi}{4}\, l\frac{r-1}{r}, (r^2>1);$$

et soustrayez ces intégrales des correspondantes qui précèdent, alors:

$$\int_0^{\frac{\pi}{2}} \frac{1-r\,Cos.\,2x}{1-2r\,Cos.\,2x+r^2}\, l\,Tg.\,x dx = \frac{\pi}{4}\, l\frac{1-r}{1+r}, (r^2<1), \text{(T. 346, N°. 7)}, = \frac{\pi}{4}\, l\frac{r-1}{r+1}, (r^2>1), . (2089)$$

$$\int_0^{\frac{\pi}{2}} \frac{r\,Sin.\,2x\, dx}{1-2r\,Cos.\,2x+r^2} = \frac{1}{2}\, l\frac{1-r}{1+r}, (r^2<1), \,.\,.\,(2090), \quad = \frac{1}{2}\, l\frac{r-1}{r+1}, (r^2>1). \,.\,.\,(2091)$$

17. Cas VII. Théorème XLIX, L. Pour $F(x) = \frac{1}{(r+xi)^c(s+xi)^d}$ l'équation (α) donne pour racines $x = ri$ et $x = si$; mais comme elles sont toutes situées hors des limites de l'intégration $-\infty$ et 0 de y, elles n'ont aucune influence, et Δ est zéro; donc:

$$\int_{-\infty}^{\infty} \frac{dx}{(r+xi)^c\,(s+xi)^d} = 0. \text{ (T. 30, N°. 2).}$$

Comme $\{(r-xi)^{-c} \pm (r+xi)^{-c}\}\,\{(s-xi)^{-d} \pm (s+xi)^{-d}\} = \{(r-xi)^{-c}(s-xi)^{-d} + (r+xi)^{-c}(s+xi)^{-d}\} \pm \{(r-xi)^{-c}(s+xi)^{-d} + (r+xi)^{-c}(s-xi)^{-d}\}$ et que les intégrales T. 30, N°. 1, 2, 3, trouvées respectivement ici aux N°. 9, 17, 10, sont symétriques par rapport à r et s, on trouve l'intégrale:

$$\int_{-\infty}^{\infty} \{(r-xi)^{-c} \pm (r+xi)^{-c}\}\,\{(s-xi)^{-d} \pm (s+xi)^{-d}\}\, dx = \pm \frac{4\pi}{(r+s)^{c+d-1}}\,\frac{\Gamma(c+d-1)}{\Gamma(c)\,\Gamma(d)} \,.\,.\,(2092)$$

Divisez-la en deux parties entre les limites $-\infty$ à 0 et 0 à ∞, et substituez dans la première $x = -y$, il vient: $\int_0^{\infty} \{(r-xi)^{-c} \pm (r+xi)^{-c}\}\,\{(s-xi)^{-d} \pm (s+xi)^{-d}\}\, dx = \pm \frac{2\pi}{(r+s)^{c+d-1}}\,\frac{\Gamma(c+d-1)}{\Gamma(c)\,\Gamma(d)}$.

(T. 23, N°. 9, 10). Celles-ci deviennent pour d l'unité:

$$\int_0^{\infty} \frac{(r-xi)^{-c}+(r+xi)^{-c}}{s^2+x^2}\, dx = \frac{\pi}{s(r+s)^c}, . (2093), \quad \int_0^{\infty} \frac{(r-xi)^{-c}-(r+xi)^{-c}}{s^2+x^2}\, x dx = \frac{\pi i}{(r+s)^c}. (2094)$$

§ 3. MÉTHODE 44. MÉTHODES DIVERSES INDIRECTES.

1. Excepté suivant les méthodes précédentes, on a encore agi quelquefois d'une manière plus ou moins indirecte selon que la formule étudiée semblait l'indiquer. Quelques exemples suivent ici, qui ne seront pas sans quelque intérêt.

2. Dans l'intégrale $\mathrm{I}=\int_0^\infty e^{-x^2}dx$ substituez $x=y\sqrt{p}$, alors $\frac{\mathrm{I}}{\sqrt{p}}=\int_0^\infty e^{-py^2}dy$. Différentiez-la a fois par rapport à p, il vient: $\frac{d^a}{dp^a}\cdot\frac{\mathrm{I}}{\sqrt{p}}=\int_0^\infty(-y^2)^a e^{-py^2}dy$, ou: $\int_0^\infty e^{-py^2}y^{2a}dy=$ $=\frac{\mathrm{I}}{p^{a+\frac{1}{2}}}\cdot\frac{1^{a/2}}{2^a}$, ou en remplaçant p par q^2: $\int_0^\infty e^{-q^2y^2}y^{2a}dy=\frac{1^{a/2}}{2^a q^{2a+1}}\mathrm{I}\ldots.(a)$. Maintenant par le développement de $Sin.x$ d'après C. P. 68 on a: $\int_0^\infty\frac{Sin.x}{x}e^{-q^2x^2}dx=\int_0^\infty e^{-q^2x^2}\frac{dx}{x}\sum_0^\infty\frac{(-1)^n}{1^{2n+1/1}}x^{2n+1}=$ $=\sum_0^\infty\frac{(-1)^n}{1^{2n+1/1}}\int_0^\infty e^{-q^2x^2}x^{2n}dx=\sum_0^\infty\frac{(-1)^n}{1^{2n+1/1}}\frac{\mathrm{I}}{q^{2n+1}}\frac{1^{n/2}}{2^n}$ (par la substitution de l'équation (a)) $=2\,\mathrm{I}\sum_0^\infty\frac{(-1)^n}{(2q)^{2n+1}}\frac{1}{(2n+1)\,1^{n/1}}\ldots\ldots(b)$. Mais encore a-t-on par le développement de e^{-x^2}:

$$\int_0^{\frac{1}{2q}}e^{-x^2}dx=\int_0^{\frac{1}{2q}}dx\sum_0^\infty\frac{(-1)^n x^{2n}}{1^{n/1}}=\sum_0^\infty\frac{(-1)^n}{1^{n/1}}\int_0^{\frac{1}{2q}}\frac{d\,.\,x^{2n+1}}{2n+1}=\sum_0^\infty\frac{(-1)^n}{1^{n/1}}\frac{1}{(2n+1)(2q)^{2n+1}}\ldots(c);$$

la comparaison des sommations dans les équations (b) et (c) nous fournit dès-lors: $\int_0^\infty\frac{Sin.x}{x}e^{-q^2x^2}dx=2\mathrm{I}\int_0^{\frac{1}{2q}}e^{-x^2}dx$. Prenons-y q zéro, et nous aurons: $\int_0^\infty\frac{Sin.x}{x}dx=2\mathrm{I}\int_0^\infty e^{-x^2}dx=2\mathrm{I}^2$; mais l'intégrale au premier membre a été évaluée Méth. 6, N°. 5. Donc $2\mathrm{I}^2=\frac{\pi}{2}$, $\mathrm{I}=\frac{1}{2}\sqrt{\pi}$, (T. 36, N°. 7), d'où par les équations intermédiaires du raisonnement: $\int_0^\infty e^{-p^2x^2}dx=\frac{1}{2p}\sqrt{\pi}$, (T. 36, N°. 8), [425], $\int_0^\infty e^{-p^2x^2}x^{2a}dx=\frac{1^{a/2}}{2^{a+1}p^{2a+1}}\sqrt{\pi}$. (T. 114, N°. 8). [426].

---

[425] Autrement déduite Méth. 4, N°. 7, Méth. 38, N°. 2.

[426] Voyez encore Méth. 3, N°. 7. — Cette réduction est de SCHLÖMILCH, Grunert's Archiv, Bd. 5, S. 90. Page 680.

3. On a par définition: $li.(p) = \int_{\infty}^{p} \frac{e^{-x}\,dx}{x} = A + \frac{1}{2} lp^2 + \sum_{1}^{\infty} (-1)^n \frac{1}{n} \frac{p^n}{1^{n/1}}$,

$Ci.(p) = \int_{\infty}^{p} \frac{Cos.\,x dx}{x} = C + \frac{1}{2} lp^2 + \sum_{1}^{\infty} (-1)^n \frac{1}{2n} \frac{p^{2n}}{1^{2n/1}}$. Mais dans ces séries on ne peut déterminer les constantes A et C par la supposition de p zéro, puisque tant les intégrales que le terme $\frac{1}{2} lp^2$ deviendraient infinies alors. Or, lorsqu'on aurait une fonction $f(x)$ telle que $\int_{\infty}^{p} f(x)\,dx = \frac{1}{2} lp^2 + \varphi(p)$, avec la condition que $\varphi(0)$ restât finie et déterminée, on en déduirait: $\int_{\infty}^{p} \left\{\frac{e^{-x}}{x} - f(x)\right\} dx =$ $= A - \varphi(p) + \sum_{1}^{\infty} (-1)^n \frac{1}{n} \frac{p^n}{1^{n/1}}$, $\int_{\infty}^{p} \left\{\frac{Cos.\,x}{x} - f(x)\right\} dx = C - \varphi(p) + \sum_{1}^{\infty} (-1)^n \frac{1}{2n} \frac{p^{2n}}{1^{2n/1}}$, et ce n'est qu'alors qu'il serait permis de prendre p zéro et d'écrire: $\int_{0}^{\infty} \left\{\frac{e^{-x}}{x} - f(x)\right\} dx = \varphi(0) - A$, $\int_{0}^{\infty} \left\{\frac{Cos.\,x}{x} - f(x)\right\} dx = \varphi(0) - C$.

Prenons par exemple $f(x) = \frac{1}{x(1+x)}$, alors: $\int_{\infty}^{p} f(x)\,dx = \int_{\infty}^{p} \frac{dx}{x(1+x)} = \int_{\infty}^{p} d.l \frac{x}{1+x} = l \frac{p}{1+p}$, (T. 35, N°. 13), d'où $\varphi(p) = -l(1+p)$, $\varphi(0) = 0$, et $\int_{0}^{\infty} \left\{\frac{e^{-x}}{x} - \frac{1}{x(1+x)}\right\} dx = -A$, (T. 133, N°. 1), [427], $\int_{0}^{\infty} \left\{\frac{Cos.\,x}{x} - \frac{1}{x(1+x)}\right\} dx = -C$. (T. 212, N°. 1). [428].

Encore pour $f(x) = \frac{1}{x(1+x^2)}$ on trouve d'après (50) $\varphi(p) = -\frac{1}{2} l(1+p^2)$, $\varphi(0) = 0$ et donc: $\int_{0}^{\infty} \left\{\frac{e^{-x}}{x} - \frac{1}{x(1+x^2)}\right\} dx = -A$, (T. 133, N°. 5), [429], $\int_{0}^{\infty} \left\{\frac{Cos.\,x}{x} - \frac{1}{x(1+x^2)}\right\} dx = -C$.

---

[427] Déjà déduite Méth. 1, N°. 32, Méth. 37, N°. 3.

[428] Autrement Méth. 18, N°. 19.

[429] Comme on trouve aussi Méth. 27, N°. 7. Dans l'intégrale T. 133, N°. 1 (voyez un peu plus

(T. 212, N°. 6). [430]. La différence des deux intégrales de chacun de ces deux systèmes fournit: $C - A = \int_0^\infty \left\{\frac{e^{-x}}{x} - \frac{Cos.x}{x}\right\} dx = \int_0^\infty (e^{-x} - Cos.x)\frac{dx}{x} = 0$ (T. 393, N°. 11) (d'après Méth. 18, N°. 5), donc C = A. [431].

4. On trouve Méth. 3, N°. 2: $I = \int_0^\infty x^{a-1}(1-x^b)^{\frac{c-b}{b}} dx = \frac{b}{ac}\frac{2b.a+c}{a+b.c+b}\cdot\frac{3b}{a+2b}\frac{a+c+b}{.c+2b}\cdots$

Pour la différentier par rapport à a, prenons-en d'abord le logarithme, alors $lI = lb - lc + l2b - l(c+b) + l3b - l(c+2b) + \ldots - la + l(a+c) - l(a+b) + l(a+c+b) - l(a+2b) + \ldots$; maintenant la différentiation par rapport à a donnera $\frac{dI}{I\,da} = -\frac{1}{a} + \frac{1}{a+c} - \frac{1}{a+b} + \frac{1}{a+c+b} - \frac{1}{a+2b} + \ldots$

---

haut) faisons $x = y^2$, et nous aurons: $\int_0^\infty \left(e^{-x^2} - \frac{1}{1+x^2}\right)\frac{dx}{x} = -\frac{1}{2}A.$ . . . . (2095)

La différence entre celle-ci et notre intégrale T. 133, N°. 5 donne: $\int_0^\infty (e^{-x^2} - e^{-x})\frac{dx}{x} = \frac{1}{2}A,$. (2096)

Dans celle-ci faisons $x = y^2$, nous aurons alors: $\int_0^\infty (e^{-x^4} - e^{-x^2})\frac{dx}{x} = \frac{1}{4}A,$ . . . . (2097);

et si nous prenons la somme de ces deux dernières intégrales: $\int_0^\infty (e^{-x^4} - e^{-x})\frac{dx}{x} = \frac{3}{4}A.$ . . . (2098)

En continuant de la sorte nous aurons enfin: $\int_0^\infty (e^{-x^{2^a}} - e^{-x})\frac{dx}{x} = \left(1 - \frac{1}{2^a}\right)A$ . . . . . . (2099)

[430] Sur une autre déduction voyez Méth. 43, N°. 7. On peut encore la déterminer ainsi. D'après Méth. 12, N°. 3 on a: $Z'(p)\Gamma(p) = \int_0^\infty x^{p-1}\,lx.e^{-x}dx = \int_0^\infty x^{p-1}e^{-x}dx\int_0^\infty \frac{Cos.y - Cos.xy}{y}dy$ (suivant Méth. 9, N°. 22) $= \int_0^\infty \frac{dy}{y}\left\{Cos.y.\int_0^\infty x^{p-1}e^{-x}dx - \int_0^\infty x^{p-1}e^{-x}Cos.xy\,dy\right\} = \int_0^\infty \frac{dy}{y}\left\{Cos.y.\Gamma(p) - \Gamma(p)\frac{Cos.(p\,Arctg.y)}{(1+y^2)^{\frac{1}{2}p}}\right\}$; donc: $\int_0^\infty \left\{Cos.x - \frac{Cos.(p\,Arctg.x)}{(1+x^2)^{\frac{1}{2}p}}\right\}\frac{dx}{x} = Z'(p),$ . . . . (2100)

d'où pour p l'unité de nouveau T. 212, N°. 6.

[431] Sur ce raisonnement voyez ARNDT, Grunert's Archiv, Bd. 10, S. 225.

Page 682.

Pour trouver la valeur de la série, multiplions-en chaque terme par une puissance de y égale au dénominateur, alors l'expression $P = -\frac{y^a}{a} + \frac{y^{a+c}}{a+c} - \frac{y^{a+b}}{a+b} + \frac{y^{a+c+b}}{a+c+b} - \frac{y^{a+2b}}{a+2b} + \ldots$ deviendra pour y l'unité exactement la série précédente. On en déduit $\frac{dP}{dy} = -y^{a-1} + y^{a+c-1} - y^{a+b-1}$ $+ y^{a+c+b-1} - y^{a+2b-1} + \ldots = y^{a-1}(y^c - 1)(1 + y^b + y^{2b} + \ldots) = y^{a-1}(y^c - 1)\frac{1}{1-y^b}$, aussi longtemps que y reste < 1. Il s'ensuit donc, puisque la série s'évanouit pour y zéro: $P = \int_0^y y^{a-1}(y^c-1)\frac{dy}{1-y^b}$; et suivant ce que nous avons fait observer précédemment: $\frac{dI}{I\,da} = \int_0^1 y^{a-1}(y^c-1)\frac{dy}{1-y^b}$,

d'où $\frac{dI}{da} = \int_0^1 x^{a-1}(1-x^b)^{\frac{c-b}{b}}dx \times \int_0^1 \frac{x^c-1}{1-x^b}x^{a-1}dx$, c'est-à-dire, d'après la valeur de $\frac{dI}{da}$:

$$\int_0^1 x^{a-1}(1-x^b)^{\frac{c-b}{b}}.\,lx\,dx = \int_0^1 x^{a-1}(1-x^b)^{\frac{c-b}{b}}dx \times \int_0^1 \frac{x^c-1}{1-x^b}x^{a-1}dx. \;\ldots\ldots \quad (a)$$

Afin de simplifier cette relation supposons $a = b$ et $x^b = y$, alors il est en premier lieu:

$$\int_0^1 x^{b-1}(1-x^b)^{\frac{c-b}{c}}dx = \frac{1}{b}\int_0^1 (1-y)^{\frac{c-b}{b}}dy = -\frac{1}{b}\frac{b}{c}\int_0^1 d(1-y)^{\frac{c}{b}} = \frac{1}{c}, \quad \text{(T. 10, N°. 4)},$$

et par suite:

$$\int_0^1 x^{b-1}lx.(1-x^b)^{\frac{c-b}{b}}dx = \frac{1}{c}\int_0^1 \frac{x^c-1}{1-x^b}x^{b-1}dx. \;\ldots\ldots\ldots\ldots \quad (b)$$

Soit encore $a = b - c$, et $x^b = y$, il vient: $\int_0^1 x^{b-c-1}(1-x^b)^{\frac{c-b}{b}}dx = \frac{1}{b}\int_0^1 y^{-\frac{c}{b}}(1-y)^{\frac{c}{b}-1}dy =$

$= \frac{1}{b}\frac{\Gamma\left(1-\frac{c}{b}\right)\Gamma\left(\frac{c}{b}\right)}{\Gamma(1)} = \frac{\pi}{b\,Sin.\frac{c\pi}{b}}$, (T. 10, N°. 5), (d'après Méth. 4, N°. 6, Note, form. B), donc:

$$\int_0^1 x^{b-c-1}lx.(1-x^b)^{\frac{c-b}{b}}dx = \frac{\pi}{b\,Sin.\frac{c\pi}{b}}\int_0^1 \frac{x^c-1}{1-x^b}x^{b-c-1}dx. \;\ldots\ldots\ldots\ldots \quad (c)$$

Les formules (b) et (c) réduisent des intégrales, qui sont plus compliquées à cause de la présence

Page 683.

de lx, à d'autres intégrales, où cette fonction ne se trouve plus [432].

Lorsque dans (a) on prend $b = 2$, $c = 1$, elle devient: $\int_0^1 x^{a-1}\, lx \frac{dx}{\sqrt{(1-x^2)}} =$

$$\int_0^1 x^{a-1} \frac{dx}{\sqrt{(1-x^2)}} \times \int_0^1 \frac{x-1}{1-x^2} x^{a-1}\, dx = -\int_0^1 x^{a-1} \frac{dx}{\sqrt{(1-x^2)}} \times \int_0^1 \frac{x^{a-1}\, dx}{1+x}.$$ La première

intégrale du produit nécessite, d'après Méth. 3, N°. 4, une distinction entre c pair et impair; donc, parce que la seconde a été déduite Méth. 33, N°. 8:

$$\int_0^1 x^{2a-1}\, lx \frac{dx}{\sqrt{(1-x^2)}} = -\int_0^1 x^{2a-1} \frac{dx}{\sqrt{(1-x^2)}} \times \int_0^1 \frac{x^{2a-1}\, dx}{1+x} = -\frac{2^{a-1/2}}{1^{a,2}} \sum_0^\infty \frac{(-1)^n}{2a+n} =$$

$$= -\frac{2^{a-1/2}}{1^{a/2}} \sum_{2a}^\infty \frac{(-1)^n}{n} = \frac{2^{a-1/2}}{1^{a/2}} \left\{ \sum_1^\infty \frac{(-1)^{n-1}}{n} - \sum_1^{2a-1} \frac{(-1)^{n-1}}{n} \right\} = \frac{2^{a-1/2}}{1^{a/2}} \left\{ l2 + \sum_1^{2a-1} \frac{(-1)^n}{n} \right\}. \quad (2101)$$

$$\int_0^1 x^{2a}\, lx \frac{dx}{\sqrt{(1-x^2)}} = -\int_0^1 x^{2a} \frac{dx}{\sqrt{(1-x^2)}} \times \int_0^1 \frac{x^{2a}\, dx}{1+x} = -\frac{3^{a-1/2}}{2^{a/2}} \frac{\pi}{2} \sum_0^\infty \frac{(-1)^n}{2a+n+1} =$$

$$= -\frac{3^{a-1/2}\pi}{2^{a/2}} \sum_{2a+1}^\infty \frac{(-1)^{n-1}}{n} = -\frac{3^{a-1/2}}{2^{a/2}} \frac{\pi}{2} \left\{ \sum_1^\infty \frac{(-1)^{n-1}}{n} - \sum_1^{2a} \frac{(-1)^{n-1}}{n} \right\} = -\frac{3^{a-1/2}}{2^{a/2}} \frac{\pi}{2} \left\{ l2 + \sum_1^{2a} \frac{(-1)^n}{n} \right\}. \quad (2$$

Quand on suppose $b = 2$, $c = 3$ dans la formule (a), elle devient: $\int_0^1 x^{a-1}\, lx\, dx \sqrt{(1-x^2)} =$

$$= \int_0^1 x^{a-1}\, dx \sqrt{(1-x^2)} \times \int_0^1 \frac{x^3-1}{1-x} x^{a-1}\, dx = \int_0^1 x^{a-1}\, dx \sqrt{(1-x^2)} \left[\frac{-1}{a+1} + (-1)^a \left\{ l\,2 + \right.\right.$$

$$\left.\left. + \sum_1^{a-1} \frac{(-1)^n}{n} \right\} \right],$$ [433]; mais ici d'après Méth. 3, N°. 4, il faut distinguer encore entre a pair

---

[432] Voyez sur cette méthode EULER, Princip. Calculi Integralis, T. 4, S. 3, p. 128, sqq.

[433] Parce que: $\int_0^1 \frac{1-x^3}{1-x^2} x^{a-1}\, dx = \int_0^1 x^{a-1}\, dx \left\{ x + \frac{1-x}{1-x^2} \right\} = \int_0^1 x^{a-1}\, dx \left\{ x + \frac{1}{1+x} \right\} =$

$$= \frac{1}{a+1} + \sum_0^\infty \frac{(-1)^n}{a+n} = \frac{1}{a+1} + \sum_a^\infty \frac{(-1)^{a+n}}{n} = \frac{1}{a+1} + (-1)^a \left\{ \sum_1^\infty \frac{(-1)^n}{n} - \sum_1^{a-1} \frac{(-1)^n}{n} \right\} =$$

$$= \frac{1}{a+1} + (-1)^{a-1} \left\{ l\,2 + \sum_1^{a-1} \frac{(-1)^n}{n} \right\} \ldots\ldots\ldots\ldots \quad (2103)$$

et impair; donc:

$$\int_0^1 x^{2a-1}\, lx\, dx \sqrt{(1-x^2)} = -\frac{2^{a-1/2}}{1^{a+1/2}}\left\{\frac{1}{2a+1} - l2 - \overset{2a-1}{\underset{1}{\Sigma}}\frac{(-1)^n}{n}\right\}, \ldots (2104)$$

$$\int_0^1 x^{2a}\, lx\, dx \sqrt{(1-x^2)} = -\frac{3^{a-1/2}}{2^{a+1/2}}\frac{\pi}{2}\left\{\frac{1}{2a+2} + l2 + \overset{2a}{\underset{1}{\Sigma}}\frac{(-1)^n}{n}\right\} \ldots\ldots (2105)$$

Des trois premières de ces quatre intégrales on trouve les cas spéciaux pour a l'unité: $\int_0^1 \frac{x\, lx\, dx}{\sqrt{(1-x^2)}} = l2-1$,

$\int_0^1 \frac{x^2\, lx\, dx}{\sqrt{(1-x^2)}} = -\frac{\pi}{4}\left\{l2-\frac{1}{2}\right\}$, (T. 163, N°. 3, 4), $\int_0^1 x\, lx\, dx \sqrt{(1-x^2)} = \frac{1}{3}\left\{l2-\frac{4}{3}\right\}$, (T. 162, N°. 2);

et de la dernière pour a zéro: $\int_0^1 lx\, dx \sqrt{(1-x^2)} = -\frac{\pi}{4}\left(\frac{1}{2}+l2\right)$. (T. 162, N°. 1). [434].

---

[434] Par la substitution de $x = Sin. y$ ou de $x = Cos. y$, on obtient encore:

$$\int_0^{\frac{\pi}{2}} Cos.^{2a-1} x. l\, Cos. x\, dx = \frac{2^{a-1/2}}{1^{a/2}}\left\{l2 + \overset{2a-1}{\underset{1}{\Sigma}}\frac{(-1)^n}{n}\right\}, \ldots (2106), = \int_0^{\frac{\pi}{2}} Sin.^{2a-1} x. l Sin. x\, dx, . (2107)$$

$$\int_0^{\frac{\pi}{2}} Cos.^{2a} x.\, l\, Cos. x\, dx = -\frac{3^{a-1/2}}{2^{a/2}}\frac{\pi}{2}\left\{l2 + \overset{2a}{\underset{1}{\Sigma}}\frac{(-1)^n}{n}\right\}, \ldots (2108), = \int_0^{\frac{\pi}{2}} Sin.^{2a} x. l Sin. x\, dx. (2109)$$

$\int_0^{\frac{\pi}{2}} Sin. x.\, l\, Sin. x\, dx = l2 - 1 = \int_0^{\frac{\pi}{2}} Cos. x.\, l\, Cos. x\, dx$, $\int_0^{\frac{\pi}{2}} Sin.^2 x.\, l Sin. x\, dx$, (voyez aussi Méth. 28, N°. 7),

$= -\frac{\pi}{4}\left(l2-\frac{1}{2}\right) = \int_0^{\frac{\pi}{2}} Cos.^2 x.\, l\, Cos. x\, dx$, $\int_0^{\frac{\pi}{2}} Sin. x.\, Cos.^2 x.\, l\, Sin. x\, dx = \frac{1}{3}\left(l2-\frac{4}{3}\right) =$

$= \int_0^{\frac{\pi}{2}} Sin.^2 x.\, Cos. x.\, l\, Cos. x\, dx$, $\int_0^{\frac{\pi}{2}} Cos.^2 x.\, l\, Sin. x\, dx = -\frac{\pi}{4}\left(l2+\frac{1}{2}\right) = \int_0^{\frac{\pi}{2}} Sin.^2 x.\, l\, Cos. x\, dx$,

formules dont les premières intégrales à facteur $l\,Sin. x$ se trouvent T. 330, N°. 5, 6, 11 et 10, et les autres à facteur $l\,Cos. x$ T. 331, N°. 2, 3, 8 et 7.

Page 685.

5. L'intégrale $\mathrm{I} = \int_0^\infty e^{-p^2x^2}\, Sin.\, 2\,qx\, dx$ donne: $\frac{d\mathrm{I}}{dq} = \int_0^\infty e^{-p^2x^2}\, 2x\, Cos.\, 2q\, x\, dx =$

$$= -\frac{1}{p^2}\int_0^\infty Cos.\, 2qx\, d.\, e^{-p^2x^2} = -\frac{1}{p^2}\left[Cos.2qx.\, e^{-p^2x^2}\Big\{_0^\infty - \int_0^\infty e^{-p^2x^2}(-2q\, dx)\, Sin.2qx\right] =$$

$$= -\frac{1}{p^2}\Big\{-1 + 2q\int_0^\infty e^{-p^2x^2}\, Sin.\, 2qx\, dx\Big\} = -\frac{1}{p^2}(-1 + 2q\,\mathrm{I}),$$ d'où $2q\mathrm{I} + p^2\frac{d\mathrm{I}}{dq} = 1$ ou

$$\int_0^\infty e^{-p^2x^2}(q\, Sin.\, 2qx + p^2\, x\, Cos.\, 2qx)\, dx = \frac{1}{2}. \; \ldots\ldots\ldots\ldots \; (2110)$$

Ensuite de la même manière: $\frac{d^2\,\mathrm{I}}{dq^2} = -\int_0^\infty e^{-p^2x^2}\, 4x^2\, Sin.\, 2qx\, dx = \frac{2}{p^2}\int_0^\infty x\, Sin.\, 2qx.\, d.\, e^{-p^2x^2} =$

$$= \frac{2}{p^2}\left[x Sin.\, 2qx.\, e^{-p^2x^2}\Big\{_0^\infty - \int_0^\infty e^{-p^2x^2}\,\{Sin.\, 2qx + 2qx\, Cos.\, 2qx\}\, dx\right] = \frac{2}{p^2}\left[0 - \mathrm{I} - q\frac{d\mathrm{I}}{dq}\right] =$$

$$= -\frac{p^2 - 2q^2}{p^4}\, 2\,\mathrm{I} - \frac{2q}{p^4},$$ d'où $(p^2 - 2q^2)\, 2\,\mathrm{I} + p^4\frac{d^2\,\mathrm{I}}{dq^2} = -2q$, ou:

$$\int_0^\infty e^{-p^2x^2}\, Sin.\, 2qx.\, (p^2 - 2q^2 - 2p^4\, x^2)\, dx = -q; \; \ldots\ldots \; (2111)$$

et ainsi de suite [435].

Mais les intégrales que l'on acquiert de cette manière dépendent toutes de la primitive I, et admettent par suite une expression finie ou non, selon que c'est le cas auprès de celle-ci.

6. On a $\frac{d}{dx}.\,\{x^q(1+x)^{1-p} - x^{q+1-p}\} = q\, x^{q-1}(1+x)^{1-p} + (1-p)\, x^q(1+x)^{-p} -$ $-(q-p+1)\, x^{q-p} = q\, x^{q-1}(1+x)^{-p} + (q-p+1)\,\{x^q(1+x)^{-p} - x^{q-p}\}$. La fonction différentiée s'annule pour x zéro, pourvu que l'on ait $q + 1 > p$. Encore s'évanouit-elle pour x infini, pourvu qu'il soit $p > q$, car à cet effet on peut l'écrire sous la forme, indéterminée pour cette valeur de x, $\frac{(1+x)^{1-p} - x^{1-p}}{x^{-q}}$: mais cette indétermination s'en va lorsqu'on fait évanouir le terme x^{1-p} contre le dernier terme du binôme $(1+x)^{1-p}$; il reste alors x^{-p} pour la plus grande puissance de x, et c'est de-là que résulte la condition $p > q$.

Intégrons donc cette équation entre les limites 0 et ∞, nous aurons: $\int_0^\infty \Big\{x^{q-p} - \frac{x^q}{(1+x)^p}\Big\}\, dx =$

$$= \frac{q}{q-p+1}\int_0^\infty \frac{x^{q-1}\, dx}{(1+x)^p} = \frac{q}{q-p+1}\,\frac{\Gamma(q)\,\Gamma(p-q)}{\Gamma(p)},$$ (T. 18, N°. 29), d'après Méth. 4, N°. 6.

---

[435] Cette réduction est de Legendre, Exercices de Calcul intégral, 3e Partie, N°. 49. Page 686.

7. On trouve d'après Méth. 9, N°. 10: $\int_0^\infty \frac{Cos.\, qx\, dx}{1-x^2} = \frac{\pi}{2} Sin.\, q.$ (T. 204, N°. 21). Divisons la distance des limites en deux parties de 0 à 1 et de 1 à ∞, et substituons dans la dernière intégrale $x = \frac{1}{y}$, il vient: $\frac{\pi}{2} Sin.\, q = \int_0^1 \frac{Cos.\, qx\, dx}{1-x^2} + \int_1^\infty \frac{Cos.\, qx\, dx}{1-x^2} = \int_0^1 \frac{Cos.\, qx\, dx}{1-x^2} +$

$$+\int_0^1 \frac{Cos.\frac{q}{x}}{x^2-1} dx = \int_0^1 \frac{Cos.\, qx - Cos.\frac{q}{x}}{1-x^2} dx = -\int_0^1 \frac{2\, Sin.\left\{\frac{q}{2}\left(x+\frac{1}{x}\right)\right\}.\, Sin.\left\{\frac{q}{2}\left(x-\frac{1}{x}\right)\right\}}{1-x^2} dx.$$

(T. 192, N°. 11, 10). [436].

---

§ 4. MÉTHODE 45. PAR DES CONSIDÉRATIONS DE GÉOMÉTRIE.

1. Comme les intégrales définies peuvent être considérées comme des quadratures, il s'ensuit qu'inversement la quadrature d'une courbe donne lieu à une intégrale définie, et en outre à sa valeur lorsque de quelque manière on connaît la valeur de la superficie entre deux limites. Cette méthode appartient donc entièrement au domaine de la Géométrie, et nous en donnerons seulement un exemple.

2. On sait que l'aire d'une Ellipse aux axes a et b (dont a soit le plus grand) est $ab\pi$. Pour des coordonnées rectangulaires et l'origine prise à l'extrémité du grand axe, son équation est $a^2 y^2 + b^2 (a-x)^2 = a^2 b^2$; lorsqu'on introduit l'angle φ entre cet axe et le rayon vecteur, on a $(a-x)^2 = \frac{a^2 b^2 Cos.^2 \varphi}{a^2 Sin.^2 \varphi + b^2 Cos.^2 \varphi}$, $y^2 = \frac{a^2 b^2 Sin.^2 \varphi}{a^2 Sin.^2 \varphi + b^2 Cos.^2 \varphi}$, et $y\, dx = \frac{a^4 b^2 Sin.^2 \varphi\, d\varphi}{(a^2 Sin.^2 \varphi + b^2 Cos.^2 \varphi)^2}$, comme élément de l'aire; par l'intégration entre les limites 0 et $\frac{\pi}{2}$, ou entre 0 et π, pour acquérir le quadrant ou la demi-aire de l'ellipse, on trouve:

$$\int_0^{\frac{\pi}{2}} \frac{a^4 b^2 Sin.^2 \varphi\, d\varphi}{(a^2 Sin.^2 \varphi + b^2 Cos.^2 \varphi)^2} = \frac{1}{4} ab\pi, \text{ d'où: } \int_0^{\frac{\pi}{2}} \frac{Sin.^2 \varphi\, d\varphi}{(a^2 Sin.^2 \varphi + b^2 Cos.^2 \varphi)^2} = \frac{\pi}{4a^3 b},$$ (T. 67, N°. 8), [437],

---

[436] Voyez sur cette méthode: CAUCHY, Mémoire sur les intégrales définies, prises entre des limites imaginaires. Addition.

[437] Déjà déduite Méth. 32, N°. 3.

et de même: $\int_0^\pi \frac{Sin.^2 \varphi \, d\varphi}{(a^2 \, Sin.^2 \varphi + b^2 \, Cos.^2 \varphi)^2} = \frac{\pi}{2 \, a^3 \, b}$. (T. 83, N°. 9).

Mais on peut exprimer la même aire par le rayon vecteur, qui sera pour les mêmes suppositions $\frac{a \, b}{\sqrt{(a^2 \, Sin.^2 \varphi + b^2 \, Cos.^2 \varphi)}}$; donc pour la demi-aire $\frac{1}{2} \, ab \, \pi = \int_0^\pi \frac{1}{2} d\varphi \frac{a^2 \, b^2}{a^2 \, Sin.^2 \varphi + b^2 \, Cos.^2 \varphi}$, d'où $\int_0^\pi \frac{d\varphi}{a^2 \, Sin.^2 \varphi + b^2 \, Cos.^2 \varphi} = \frac{\pi}{ab}$. (T. 83, N°. 7). Combinons-la avec la formule identique $\int_0^\pi \frac{a^2 \, Sin.^2 \varphi + b^2 \, Cos.^2 \varphi}{a^2 \, Sin.^2 \varphi + b^2 \, Cos.^2 \varphi} d\varphi = \pi$, il vient:

$$\int_0^\pi \frac{Sin.^2 \varphi \, d\varphi}{a^2 \, Sin.^2 \varphi + b^2 \, Cos.^2 \varphi} = \frac{\pi}{a(a+b)}, \quad \ldots \ldots \ldots \ldots \quad (2112)$$

$$\int_0^\pi \frac{Cos.^2 \varphi \, d\varphi}{a^2 \, Sin.^2 \varphi + b^2 \, Cos.^2 \varphi} = \frac{\pi}{b\,(a+b)} \quad \ldots \ldots \ldots \ldots \quad (2113)$$

Combinons-la encore avec l'intégrale précédente T. 89, N°. 9, et nous obtenons:

$$\int_0^\pi \frac{Cos.^2 \varphi \, d\varphi}{(a^2 \, Sin.^2 \varphi + b^2 \, Cos.^2 \varphi)^2} = \frac{\pi}{2 a b^3}, \int_0^\pi \frac{d\varphi}{(a^2 \, Sin.^2 \varphi + b^2 \, Cos.^2 \varphi)^2} = \frac{a^2 + b^2}{2 a^3 \, b^3} \pi. \text{ (T. 83, N°. 10, 8).}$$

ADDITION A.

À LA *DEUXIÈME PARTIE*. (Page 181).

---

76. Ajoutons encore quelques théorèmes, dus à Mr. A. WINCKLER, qui méritent bien d'être admis ici, en ce qu'il reposent sur des artifices ingénieux.

On a identiquement:

$$\int_p^q dy \int_a^b \frac{d.f(x,y)}{dy}\frac{dx}{\varphi(x)} = \int_a^b \frac{dx}{\varphi(x)} \int_p^q \frac{d.f(x,y)}{dy} dy = \int_a^b \frac{dx}{\varphi(x)} \{f(x,y)\}_{y=p}^{y=q} = \int_a^b \frac{dx}{\varphi(x)} \{f(x,q)-f(x,p)\}, \quad (290)$$

pourvu que $f(x,y)$ ne devienne pas infinie entre les limites p et q de y. Tâchons maintenant de simplifier l'intégrale double, et supposons à cet effet:

$$\frac{1}{\varphi(x)}\frac{d.f(x,y)}{dy} = \frac{1}{\chi(y)}\frac{d.f(x,y)}{dx}; \quad \ldots\ldots\ldots\ldots (\alpha)$$

car alors cette intégrale se réduit, tout comme l'autre, de la manière suivante:

$$\int_p^q dy \int_a^b \frac{d.f(x,y)}{dy}\frac{dx}{\varphi(x)} = \int_p^q dy \int_a^b \frac{d.f(x,y)}{dx}\frac{dx}{\chi(y)} = \int_p^q \frac{dy}{\chi(y)} \int_a^b \frac{d.f(x,y)}{dx} dx = \int_p^q \frac{dy}{\chi(y)} \{f(b,y)-f(a,y)\};$$

avec une condition, analogue à celle de plus haut, quant à la continuité de la fonction $f(x,y)$ entre les limites a et b de x; d'où enfin:

$$\int_p^q \frac{dy}{\chi(y)} \{f(b,y)-f(a,y)\} = \int_a^b \frac{dx}{\varphi(x)} \{f(x,q)-f(x,p)\} \quad \ldots\ldots (291)$$

Lorsqu'une des intégrations peut s'effectuer, l'autre intégrale définie se trouve être évaluée.

Retournons maintenant à la condition (α), et rendons-la identique, en posant $\frac{d.f(x,y)}{dy} = \frac{1}{\chi(y)}$ et $\frac{d.f(x,y)}{dx} = \frac{1}{\varphi(x)}$; alors la fonction doit être de la forme

$$f\left[\int \frac{dx}{\varphi(x)} + \int \frac{dy}{\chi(y)}\right]; \quad \ldots\ldots\ldots\ldots (\beta)$$

et ainsi la relation entre une $\varphi(x)$ et une $\chi(y)$ est plus clairement exprimée, lorsqu'on en viendra aux applications [76].

77. Soit $\varphi(x, y)$ une fonction homogène de deux variables x et y, de degré n, alors il est:

$$x\frac{d\varphi}{dx}+y\frac{d\varphi}{dy}=n\varphi \dots\dots\dots\dots (\gamma)$$

Soit de plus $f(\varphi)$ une fonction quelconque de la fonction φ, et multiplions l'équation (γ) par $\frac{d.f(\varphi)}{d\varphi}$, nous aurons $x\frac{d.f(\varphi)}{d\varphi}\frac{d\varphi}{dx}+y\frac{d.f(\varphi)}{d\varphi}\frac{d\varphi}{dy}=n\varphi\frac{d.f(\varphi)}{d\varphi}$.

Mais en intégrant par parties nous trouvons:

$$x\frac{d.f(\varphi)}{d\varphi}\frac{d\varphi}{dx}=\frac{d.xf(\varphi)}{dx}-f(\varphi),\quad y\frac{d.f(\varphi)}{d\varphi}\frac{d\varphi}{dy}=\frac{d.yf(\varphi)}{dy}-f(\varphi),\quad \varphi\frac{d.f(\varphi)}{d\varphi}=\frac{d.\varphi f(\varphi)}{d\varphi}-f(\varphi)$$

donc par la substitution de ces résultats:

$$\frac{d.xf(\varphi)}{dx}+\frac{d.yf(\varphi)}{dy}=n\frac{d.\varphi f(\varphi)}{d\varphi}-(n-2)f(\varphi)=n\left\{f(\varphi)+\varphi\frac{d.f(\varphi)}{d\varphi}\right\}-(n-2)f(\varphi)\dots\dots(\delta)$$

$$=n\varphi\frac{d.f(\varphi)}{d\varphi}+2f(\varphi).$$

Multiplions cette équation par $\frac{dx\,dy}{\chi(x)}$ et intégrons entre les limites a et b de x, p et q de y, nous aurons:

$$\int_p^q dy\int_a^b\frac{d.xf(\varphi)}{dx}\frac{dx}{\chi(x)}+\int_p^q dy\int_a^b\frac{d.yf(\varphi)}{dy}\frac{dx}{\chi(x)}=\int_p^q dy\int_a^b\left\{n\varphi\frac{d.f(\varphi)}{d\varphi}+2f(\varphi)\right\}\frac{dx}{\chi(x)}.$$

Dans la deuxième et la première intégrale double nous pouvons invertir l'ordre des intégrations, et puisqu'il est:

$$\int_p^q dy\int_a^b\frac{d.yf(\varphi)}{dy}\frac{dx}{\chi(x)}=\int_p^b\frac{dx}{\chi(x)}\int_a^q\frac{d.yf(\varphi)}{dy}dy=\int_p^b\frac{dy}{\chi(x)}\{yf(\varphi)\}_p^q=\int_a^b\frac{dx}{\chi(x)}\left[qf\{\varphi(x,q)\}-pf\{\varphi(x,p)\}\right],$$

nous trouvons d'abord:

$$\int_p^q dy\int_a^b\frac{d.xf(\varphi)}{dx}\frac{dx}{\chi(x)}+\int_a^b\frac{dx}{\chi(x)}\left[qf\{\varphi(x,q)\}-pf\{\varphi(x,p)\}\right]=\int_p^q dy\int_a^b\left\{n\varphi\frac{d.f(\varphi)}{d\varphi}+2f(\varphi)\right\}\frac{dx}{\chi(x)};\ (292)$$

ou ensuite en appliquant encore à la première intégrale l'intégration par parties:

[76] Voyez A. WINCKLER, Sitzungsber. Wien, B. 21, S. 390.

$$\int_p^q dy \int_a^b \frac{dx}{\chi(x)} \left[\left\{ 2f(\varphi) + n\varphi \frac{d.f(\varphi)}{dx} \right\} - \left\{ f(\varphi) + x\frac{d.f(\varphi)}{dx}\frac{d\varphi}{dx} \right\} \right] = \int_p^q dy \int_a^b \frac{dx}{\chi(x)} \left[f(\varphi) + \left(n\varphi - x\frac{d\varphi}{dx} \right) \frac{d.f(\varphi)}{dx} \right]$$

$$= \int_a^b \frac{dx}{\chi(x)} \left[qf\{\varphi(x,q)\} - pf\{\varphi(x,p)\} \right] \text{ [77]} \quad \ldots\ldots\ldots \quad (293)$$

78. Pour en donner une application prenons la fonction homogène très-simple $\varphi(x,y) = xy$; alors $n = 2$, $\frac{d\varphi}{dx} = y$ et par suite, pour les limites $a = 0$, $b = \infty$ de x:

$$\int_p^q dy \int_0^\infty \frac{dx}{\chi(x)} \left[f(xy) + xy\frac{d.f(xy)}{d.xy} \right] = \int_p^q dy \int_0^\infty \frac{dx}{\chi(x)} \frac{d.\{xyf(xy)\}}{d.xy} = \int_0^\infty \frac{dx}{\chi(x)} [qf(qx) - pf(px)].$$

Faisons $xy = u$, d'où $ydx = du$, avec les limites 0 et ∞ de u; dès-lors:

$$\int_p^q \frac{dy}{y} \int_0^\infty \frac{du}{\chi\left(\frac{u}{y}\right)} \frac{d.uf(u)}{du} = \int_0^\infty \frac{dx}{\chi(x)} [qf(qx) - pf(px)] \quad \ldots\ldots\ldots \quad (294)$$

Soit maintenant $\chi(x) = x^a$, alors $\chi\left(\frac{u}{y}\right) = \frac{u^a}{y^a}$: et quand on ôte le facteur y^{-a} de l'intégrale par rapport à u, pour la faire entrer dans celle par rapport à y, les variables se trouvent être séparées; et puisque

$$\int_p^q \frac{dy}{y} y^a = \int_p^q y^{a-1} dy = \frac{1}{a} y^a \Big\}_p^q = \frac{1}{a}(q^a - p^a),$$

on a:

$$\int_0^\infty \frac{dx}{x^a} [qf(qx) - pf(px)] = \frac{q^a - p^a}{a} \int_0^\infty \frac{du}{u^a} \frac{d.uf(u)}{du}; \quad \ldots\ldots\ldots \quad (295)$$

d'où pour $a = 1$:

$$\int_0^\infty \frac{dx}{x} [qf(qx) - pf(px)] = (q-p) \int_0^\infty \frac{du}{u} \frac{d.uf(u)}{du} \quad \ldots\ldots\ldots\ldots \quad (296)$$

Lorsqu'on aurait $a = 0$ ou $\chi(x) = 1$, les variables dans l'intégrale double de la formule (294) se trouvent tout de suite séparées, et dès-lors, puisque

$$\int_p^q \frac{dy}{y} = lq - lp, \text{ on trouve: } \int_0^\infty dx[qf(qx) - pf(px)] = (lq - lp) \int_0^\infty \frac{d.uf(u)}{du} du = l\frac{p}{q}.\{uf(u)\}_0^\infty \ldots \quad (297)$$

Ces formules, — intimement liées à la théorie des intégrales à différence de deux fonctions, dont chacune pour soi serait infinie — indiquent de nouveau qu'il n'est pas permis d'effectuer dans ces intégrales une substitution différente dans chaque partie. Or, par exemple, la substitution

---

[77] Voyez A. WINCKLER, Sitzungsber. Wien. B. 21, S. 394.
Page 691.

de $qx = v$ et de $px = w$ dans chaque terme respectivement rendrait les intégrales partielles identiquement égales, et par conséquent annulerait l'intégrale totale: ce qui est en général contraire à la vérité, comme le démontrent les formules (295), (296), (297.) Au contraire, on voit que la valeur de ces intégrales dépend en général d'un facteur de la forme $\psi(q) - \psi(p)$ et d'une autre intégrale définie tout-à-fait indépendante de q et de p.

ADDITION B.

À LA *DEUXIÈME PARTIE*. (Page 168).

79. Il y a encore des théorèmes, qui doivent être insérés dans cet ouvrage, et qui appartiennent à la Partie Deuxième, Chapitre III, § 3 [78]. Ils se fondent sur le principe suivant:

Supposons $F(x) = f(a + b e^{rx})$, ... (α)

développons suivant le théorème de TAYLOR, et cherchons les sommes

$\frac{1}{2}\{F(xi)+F(-xi)\}$ et $\frac{1}{2i}\{F(xi)-F(-xi)\}$; alors puisque $e^{axi}+e^{-axi}=2 Cos. ax, e^{axi}-e^{-axi}=2i Sin. ax$,

nous aurons:

$$\frac{1}{2}\{F(xi) + F(-xi)\} = f(a) + \frac{b}{1} Cos. rx \frac{d.f(a)}{da} + \frac{b^2}{1.2} Cos. 2rx \frac{d^2.f(a)}{da^2} + \dots, \qquad (A)$$

$$\frac{1}{2i}\{F(xi) - F(-xi)\} = \frac{b}{1} Sin. rx \frac{d.f(a)}{da} + \frac{b^2}{1.2} Sin. 2rx \frac{d^2.f(a)}{da^2} + \dots \qquad (B)$$

Faisons ensuite:

$$F_c(x) = f(a+be^{rx},\ a_1+b_1e^{r_1x},\ a_2+b_2e^{r_2x},\ \dots) \qquad (\beta)$$

et opérons de la même manière, nous trouverons analogiquement:

---

[78] Sur ces théorèmes on pourra consulter mon „Mémoire sur une méthode pour déduire quelques intégrales définies, en partie très-générales, etc." inséré dans les Natuurk. Verhand. van de Hollandsche Maatschappij der Wetenschappen te Haarlem. 2e Verzam. Dl. XVII.

Page 692.

$$\frac{1}{2}\{F_c(xi)+F_c(-xi)\}=f(a,a_1,a_2,\ldots)+\frac{b}{1}Cos.rx\frac{d.f(a,a_1,a_2,\ldots)}{da}+\frac{b_1}{1}Cos.r_1x\frac{d.f(a,a_1,a_2,\ldots)}{da_1}+$$

$$+\frac{b_2}{1}Cos.r_2x\frac{d.f(a,a_1,a_2,\ldots)}{da_2}+\ldots+\frac{b^2}{1.2}Cos.2rx\frac{d^2.f(a,a_1,a_2,\ldots)}{da^2}+\frac{2bb_1}{1.2}Cos.\{(r+r_1)x\}\frac{d^2.f(a,a_1,a_2,\ldots)}{da.da_1}+$$

$$+\frac{b_1^2}{1.2}Cos.2r_1x\frac{d^2.f(a,a_1,a_2,\ldots)}{da_1^2}+\frac{2bb_2}{1.2}Cos.\{(r+r_2)x\}\frac{d^2.f(a,a_1,a_2,\ldots)}{da.da_2}+$$

$$+\frac{2b_1b_2}{1.2}Cos.\{(r_1+r_2)x\}\frac{d^2.f(a,a_1,a_2,\ldots)}{da_1.da_2}+\frac{b_2^2}{1.2}Cos.2r_2x\frac{d^2.f(a,a_1,a_2,\ldots)}{da_2^2}+\ldots,\quad\ldots\ldots\ldots\ (C)$$

$$\frac{1}{2i}\{F_c(xi)-F_c(-xi)\}=\frac{b}{1}Sin.rx\frac{d.f(a,a_1,a_2,\ldots)}{da}+\frac{b_1}{1}Sin.r_1x\frac{d.f(a,a_1,a_2,\ldots)}{da_1}+\frac{b_2}{1}Sin.r_2x\frac{d.f(a,a_1,a_2,\ldots)}{da_2}+\ldots$$

$$+\frac{b^2}{1.2}Sin.2rx\frac{d^2.f(a,a_1,a_2,\ldots)}{da^2}+\frac{2bb_1}{1.2}Sin.\{(r+r_1)x\}\frac{d^2.f(a,a_1,a_2,\ldots)}{da.da_1}+\frac{b_1^2}{1.2}Sin.2r_1x\frac{d^2.f(a,a_1,a_2,\ldots)}{da_1^2}+$$

$$+\frac{2bb_2}{1.2}Sin.\{(r+r_2)x\}\frac{d^2.f(a,a_1,a_2,\ldots)}{da.da_2}+\frac{2b_1b_2}{1.2}Sin.\{(r_1+r_2)x\}\frac{d^2.f(a,a_1,a_2,\ldots)}{da_1.da_2}+\frac{b_2^2}{1.2}Cos.2r_2x\frac{d^2.f(a,a_1,a_2,\ldots)}{da_2^2}+\ldots(D)$$

Lorsque maintenant nous multiplions ces développements par quelque fonction $\varphi(x)\,dx$, pour intégrer ensuite entre les limites α et β, nous obtiendrons les intégrales

$$\int_\alpha^\beta \frac{1}{2}\{F_c(xi)+F_c(-xi)\}\varphi(x)\,dx \text{ et } \int_\alpha^\beta \frac{1}{2i}\{F_c(xi)-F_c(-xi)\}\varphi(x)\,dx,$$

évaluées dans une suite d'intégrales définies. Or, pour que cette méthode mène à une évaluation proprement dite et légitime, il faut d'abord que les intégrales définies $\int_\alpha^\beta Cos.sx.\varphi(x)\,dx$ et $\int_\alpha^\beta Sin.sx.\varphi(x)\,dx$ aient une valeur connue, et ensuite qu'alors les séries deviennent de telle nature qu'elles se soumettent légitimement à une sommation, qui en général devra avoir lieu ici suivant le théorème de TAYLOR.

80. Or, il n'est pas difficile de trouver plusieurs intégrales définies, qui ont la propriété voulue. On a par exemple (Méth. 5, N°. 6):

$$\int_0^\pi \frac{1}{1-2c\,Cos.x+c^2}Cos.nxdx=\frac{\pi}{1-c^2}c^n,\quad \int_0^\pi \frac{Cos.x}{1-2c\,Cos.x+c^2}Cos.nxdx=\frac{\pi}{2c}\frac{1+c^2}{1-c^2}c^n,$$

$$\int_0^\pi \frac{Sin.x}{1-2c\,Cos.x+c^2}Sin.nxdx=\frac{\pi}{2c}c^n,\ (c<1),\ (T.\ 84,\ N^o.\ 3,\ 7,\ 5.).$$

Multiplions donc la formule (A) par $\frac{1}{1-2c\,Cos.x+c^2}$ et par $\frac{Cos.x}{1-2c\,Cos.x+c^2}$, la formule (B) par

Page 693.

$\dfrac{Sin.\ x}{1-2\,c\,Cos.x+c^2}$, et nous aurons par l'intégration entre les limites 0 et π:

$$\int_0^{\pi}\frac{\frac{1}{2}\{F(xi)+F(-xi)\}}{1-2\,c\,Cos.x+c^2}dx=\frac{\pi}{1-c^2}\left[f(a)+\frac{b}{1}e^r\frac{d.f(a)}{da}+\frac{b^2}{1.2}e^{2r}\frac{d^2.f(a)}{da^2}+\ldots\right]=\frac{\pi}{1-c^2}f(a+be^r), \quad (298)$$

$$\int_0^{\pi}\frac{\frac{1}{2}\{F(xi)+F(-xi)\}}{1-2c\,Cos.x+c^2}Cos.\,x\,dx=\frac{\pi}{2\,c}\frac{1+c^2}{1-c^2}f(a+be^r), \quad (299)$$

$$\int_0^{\pi}\frac{\frac{1}{2\,i}\{F(xi)-F(-xi)\}}{1-2cCos.x+c^2}Sin.xdx=\frac{\pi}{2\,c}\left[\frac{b}{1}e^r\frac{d.f(a)}{da}+\frac{b^2}{1.2}e^{2r}\frac{d^2.f(a)}{da^2}+\ldots\right]=\frac{\pi}{2\,c}\{f(a+be^r)-f(a)\}; \quad (300)$$

où partout $c<1$.

Par Méth. 6, N°. 5 on a: $\int_0^{\infty} Sin.\,nx\,\dfrac{dx}{x}=\frac{1}{2}\pi$, $(n>0)$, (T. 194, N°. 5); donc, en multipliant la formule (B) par $\dfrac{dx}{x}$ et en effectuant l'intégration entre et ∞, nous aurons:

$$\int_0^{\infty}\frac{1}{2\,i}\{F(xi)-F(-xi)\}\frac{dx}{x}=\frac{\pi}{2}\left[\frac{b}{1}\frac{d.f(a)}{da}+\frac{b^2}{1.2}\frac{d^2.f(a)}{da^2}+\ldots\right]=\frac{\pi}{2}\{f(a+b)-f(a)\}; \quad (301)$$

Puisque Méth. 9, N°. 16 on a: $\int_0^{\infty}\dfrac{Sin.x}{x}Cos.\,nxdx=0$, $\int_0^{\infty}\dfrac{Cos.\,x}{x}Sin.nxdx=\dfrac{1}{2}\pi$, (pour $n>0$), (T. 195, N°. 2, 3), on trouvera:

$$\int_0^{\pi}\frac{1}{2}\{F(xi)+F(-xi)\}\frac{Sin.\,x}{x}dx=\frac{\pi}{2}f(a), \quad (302)$$

$$\int_0^{\infty}\frac{1}{2\,i}\{F(xi)-F(-xi)\}\frac{Cos.\,x}{x}dx=\frac{\pi}{2}\{f(a+b)-f(a)\} \quad (303)$$

Encore suivant Méth. 18, N°. 8,

$\int_0^{\infty}Cos.\,nx\dfrac{dx}{m^2+x^2}=\dfrac{\pi}{2m}e^{-mn}$, $\int_0^{\infty}Sin.\,nx\dfrac{xdx}{m^2+x^2}=\dfrac{\pi}{2}e^{-mn}$, (T. 205, N°. 5, 6), donc:

$$\int_0^{\infty}\frac{1}{2}\{F(xi)+F(-xi)\}\frac{dx}{m^2+x^2}=\frac{\pi}{2m}\left[f(a)+\frac{b}{1}e^{-mr}\frac{d.f(a)}{da}+\frac{b^2}{1.2}e^{-2mr}\frac{d^2.f(a)}{da^2}+\ldots\right]=\frac{\pi}{2m}f(a+be^{-mr}), \quad (3$$

Page 694.

$$\int_0^\infty \frac{1}{2i}\{F(xi)-F(-xi)\}\frac{xdx}{m^2+x^2} = \frac{\pi}{2}\left[\frac{b}{1}e^{-mr}\frac{d.f(a)}{da}+\frac{b^2}{1.2}e^{-2mr}\frac{d^2.f(a)}{da^2}+\dots\right] =$$

$$= \frac{\pi}{2}\left[f(a+be^{-mr})-f(a)\right] \text{ [79]} \dots\dots\dots\dots\dots\dots (305)$$

Puis on a (Méth. 20, N°. 1 et 2):

$$\int_0^\infty \frac{x\,Si.(x)}{m^2+x^2}\,Cos\,nxdx = \frac{\pi}{4}e^{-nm}\left[Ei.(-m)-Ei.(m)\right], \int_0^\infty \frac{Ci.(x)}{m^2+x^2}\,Cos.nxdx = \frac{\pi}{4m}(e^{nm}+e^{-nm})Ei.(-m),$$

$$\int_0^\infty \frac{Si.(x)\,dx}{m^2+x^2}\,Sin.nxdx = \frac{\pi}{4m}e^{-nm}\left[Ei.(m)-Ei.(-m)\right],$$

$$\int_0^\infty \frac{x\,Ci.(x)}{m^2+x^2}\,Sin.nxdx = \frac{\pi}{4}(e^{-nm}-e^{nm})\,Ei.(-m), \text{ (T. 435, N°. 9, 5, 3, 7)};$$

donc:

$$\int_0^\infty \frac{1}{2}\{F(xi)+F(-xi)\}\frac{x\,Si.(x)}{m^2+x^2}dx = \frac{\pi}{4}\{Ei.(-m)-Ei.(m)\}f(a+be^{-mr}), \dots\dots (306)$$

$$\int_0^\infty \frac{1}{2}\{F(xi)+F(-xi)\}\frac{Ci.(x)}{m^2+x^2}dx = \frac{\pi}{4m}Ei.(-m).\left[f(a+be^{mr})+f(a+be^{-mr})\right], \dots (307)$$

$$\int_0^\infty \frac{1}{2i}\{F(xi)-F(-xi)\}\frac{Si.(x)}{m^2+x^2}dx = \frac{\pi}{4m}\{Ei.(m)-Ei.(-m)\}\left[f(a+be^{-mr})-f(a)\right], (308)$$

$$\int_0^\infty \frac{1}{2i}\{F(xi)-F(-xi)\}\frac{xCi.(x)}{m^2+x^2}dx = \frac{\pi}{4}Ei.(-m).\left[f(a+be^{-mr})-f(a+be^{mr})\right]. \dots (309)$$

Parce qu'on trouvait Méth. 24, N°. 5:

$$\int_0^\infty Cos.nx\frac{dx}{m^2-x^2} = \frac{\pi}{2m}Sin.nm, \int_0^\infty Sin.nx\frac{xdx}{m^2-x^2} = -\frac{\pi}{2}Cos.nm, \text{ (T. 206, N°. 1, 2)},$$

on en déduit:

$$\int_0^\infty \frac{1}{2}\{F(xi)+F(-xi)\}\frac{dx}{m^2-x^2} = \frac{\pi}{2m}\left[0+\frac{b}{1}Sin.mr\frac{d.f(a)}{da}+\frac{b^2}{1.2}Sin.2mr\frac{d^2.f(a)}{da^2}+\dots\right] =$$

$$= \frac{\pi}{4mi}\left[f(a+be^{mri})-f(a+be^{-mri})\right], \dots\dots\dots\dots (310)$$

---

[79] Voyez sur ces deux formules A. F. SVANBERG, Nova Acta Soc. Scient. Upsal. T. X, A. 1832, p. 235.

$$\int_0^\infty \frac{1}{2i}\{F(xi)-F(-xi)\}\frac{xdx}{m^2-x^2}=-\frac{\pi}{2}\left[\frac{b}{1}Cos.mr\frac{d.f(a)}{da}+\frac{b^2}{1.2}Cos.2mr\frac{d^2.f(a)}{da^2}+\dots\right]=$$

$$=\frac{\pi}{4}\left[2f(a)-f(a+be^{mri})-f(a+be^{-mri})\right]\;\dots\dots\;(311)$$

Encore a-t-on Méth. 20, N°. 3 les intégrales $\int_0^\infty \frac{x\,Si.(x)}{m^2-x^2}Cos.nxdx=\frac{\pi}{2}Si.(m).\,Sin.nm$,

$\int_0^\infty \frac{x\,Si.(x)}{m^2-x^2}dx=-\frac{\pi}{2}Ci.(m)$ et Méth. 18, N°. 24 l'autre $\int_0^\infty \frac{Si.(x)}{m^2-x^2}Sin.nxdx=-\frac{\pi}{2m}Si.(m).Cos.nm.$,

on aura donc:

$$\int_0^\infty \frac{1}{2}\{F(xi)+F(-xi)\}Si.(x)\frac{xdx}{m^2-x^2}=\frac{\pi}{2}\left[-Ci.(m).f(a)+Si.(m).\left\{\frac{b}{1}Sin.mr\frac{d.f(a)}{da}+\frac{b^2}{1.2}Sin.2mr\frac{d^2.f(a)}{da^2}+\dots\right\}\right.$$

$$=\frac{\pi}{2}\left[-Ci.(m).f(a)+\frac{1}{2i}Si.(m).\{f(a+be^{mri})-f(a+be^{-mri})\}\right],\;\dots\;(312)$$

$$\int_0^\infty \frac{1}{2i}\{F(xi)-F(-xi)\}Si.(x)\frac{dx}{m^2-x^2}=-\frac{\pi}{2m}Si.(m).\left[\frac{b}{1}Cos.mr\frac{d.f(a)}{da}+\frac{b^2}{1.2}Cos.2mr\frac{d^2.f(a)}{da}+\dots\right]=$$

$$=\frac{\pi}{2m}Si.(m).\left[f(a)-\frac{1}{2}\{f(a+be^{mri})+f(a+be^{-mri})\}\right].\;\dots\dots\;(313)$$

81. On pourrait augmenter facilement le nombre de ces théorèmes, comme il a été fait dans le mémoire cité: mais ici nous nous contenterons de ceux-ci. Nous n'avons pas énoncé séparément les autres théorèmes, qui regardent la fonction F_c, puisqu'ils s'en déduisent sans aucune difficulté. Ainsi par exemple les premiers théorèmes (298) à (300) deviendront:

$$\int_0^\pi \frac{\frac{1}{2}\{F_c(xi)+F_c(-xi)\}}{1-2c\,Cos.\,x+c^2}dx=\frac{\pi}{1-c^2}f(a+be^r,\;a_1+b_1e^{r_1},\dots),\;\dots\dots\;(314)$$

$$\int_0^\pi \frac{\frac{1}{2}\{F_c(xi)+F_c(-xi)\}}{1-2c\,Cos.\,x+c^2}Cos.xdx=\frac{\pi}{2c}\frac{1+c^2}{1-c^2}f(a+be^r,\;a_1+b_1e^{r_1},\dots),\;\dots\dots\;(315)$$

$$\int_0^\pi \frac{\frac{1}{2i}\{F_c(xi)-F_c(-xi)\}}{1-2c\,Cos.\,x+c^2}Sin.xdx=\frac{\pi}{2c}\left[f(a+be^r,\;a_1+b_1e^{r_1},\dots)-f(a,a_1,\dots)\right].\;[80].\;.\;(316)$$

[80] Sur ces théorèmes on pourra consulter A. F. SVANBERG, Nova Acta Upsal., T. X, p. 273, 274, où cependant il s'est glissé des fautes dans les résultats.
Page 696.

Observons encore que plusieurs des théorèmes peuvent être différentiés selon la constante *m*, et que tant ces résultats, que quelques-uns des théorèmes primitifs peuvent être combinés par voie d'addition et de soustraction, puisque souvent les fonctions $\frac{1}{2}\{(\mathrm{F}_c(xi)+\mathrm{F}_c(-xi)\}$ et $\frac{1}{2i}\{\mathrm{F}_c(xi)-\mathrm{F}_c(-xi)\}$, étant respectivement une fonction paire et une fonction impaire, jouissent d'un facteur *Cosinus* ou *Sinus* qui les distingue, tandis que leur autre facteur est le même. [81].

---

[81] Pour une plus grande quantité de théorèmes et de remarques à l'égard de leur emploi consultez mon Mémoire cité dans la note [78], page 692.

ADDITIONS ET CORRECTIONS.

Page.	Ligne.	au lieu de:	lisez:
31.	3.	$F(a,x)$	$F(x,x)$
33.	17.	$n-2$	$n-1$
38.	5.	$+\varphi(r-z,c+\delta)\}$	$+\varphi(r+z,c+\delta)\}$
40.	11.	$c+pi$	$x+pi$
	12.	$\int_{r+\varepsilon}$	$\int_{r-\varepsilon}$
41.	6, 7.	$r+dz$	$r+\delta z$
44.	27.	$-\pi i$	πi
47.	25.	$=\Delta$	$=-\Delta$
51.	16.	$-f(x)$	$-f(a)$
52.	16.	$\int_{\infty}^{p}$	$\int_{a}^{p}$
56.	13.	$=dy$	$=-dy$
57.	7.	$+\frac{2\pi}{4\pi^2-x^2}$	$-\frac{2x}{4\pi^2-x^2}$
58.	8.	$\frac{Sin.kz}{x}, \int_0^a \frac{Sin.k}{x}$	$\frac{Sin.kz}{z}, \int_0^{ak} \frac{Sin.x}{x}$
61.	13.	$\varphi(p)\,Sin.xy$	$\varphi(x)\,Sin.xy$
63.	17.	[44]	[45]
64.	13.	$f(x)$	$F(x)$
70.	22.	$>$	$<$
85.	5.	$\frac{dy}{x}$	$\frac{dx}{x}$
	11.	$Tang.x\,dx$	$l\,Tang.x\,dx$

Page 698.

Page.	Ligne.	au lieu de:	lisez:
89.	9.	Méth. 2	Méth. 9
93.	21.	$\big]-\int$	$\big]=-\int$
94.	9.	$\theta< i$	$\theta<1$
95.	9.	$\frac{d^a}{dy^a}$	$\frac{d^a}{dq^a}$
107.	14.	$-x^{-p}$	$+x^{-p}$
116.	8, 10.	$\frac{1}{2p}$	$\frac{1}{2}p$
130.	5.	lieu	lieu, après le changement mutuel des φ et f.
136.	6.	$f\left(\frac{1+x^2}{2x}\right)$	$f\left(\frac{2x}{1+x^2}\right)$
139.	11, 13.	$+p$	$-p$
	12.	$f(0)-$	$f(0)+$
141.	17.	$\frac{1}{2^{n+1}}\,1^{n/1}$	$\frac{1}{2}\,1^{n/1}$
142.	2.	2^{n+1}	2
146.	5.	$+p$	$+p^2$
	11.	$p^2)(1^2$	$p^2)(3^2$
147.	20.	φ_1	φ_5
149.	2.	e^{nsq}	e^{-nsq}
	6.	$e^{pq}\,[$	$e^{-pq}\,[$
	7.	$e^{-pq}\,[$	$e^{pq}\,[$
	21.	positive	négative

Page.	*Ligne.*	*au lieu de:*	*lisez:*
150.	17.	$=$	$= \mathrm{D}_0$
151.	26.	$- e^{-nsq}$ (*bis*)	$+ e^{-nsq}$
152.	28.	$p <$	$p >$
153.	8.	$, (197)$	$\frac{n}{+\sqrt{n^2}}, (197)$
	19.	$d < s$	$d < c$
155.	13.	N°. 7	N°. 8
157.	20, 22.	$= -$	$=$
178.	3, 5, 10, 12.	$\frac{\pi}{2q} Sin. 2pq$	$\frac{\pi}{4q} Sin. 2pq$
	6, 13.	$\int_0^{c-p}$	$\int_\varepsilon^{c-p}$
	7, 14.	$[2$	$[$
180.	6.	$\int_0^{c-p}$	$\int_\varepsilon^{c-p}$
181.	5.	$\int_0^{c-p}$	$\int_\varepsilon^{c-p}$
209.	19.	$= 2, = \frac{2}{qr}$	$= , = \frac{1}{qr}$
211.	3.	$\frac{2}{\sqrt{}}$	$\frac{2p}{\sqrt{}}$
212.	10.	$2p + 1$	$p + 1$
217.	10.	$\frac{-p}{\sqrt{(1-p)}}$	$\frac{\sqrt{(1-p^2)}}{-p}$
235.	2.	Note 43.	Note 50.
238.	5.	$a^{b/1}$	$1^{b/1}$
	14.	$b+1/2$	$b+1/1$
241.	4.	$(2a+1)\, 1/$	$1/$
	8.	$= \frac{2^{a/2}}{2 . 1/}$	$= 2 \frac{2^{a/2}}{1/}$
250.	19.	*Ajoutez:* Supposons $c = 0$, $b = 1$ dans (246) et (248) pour obtenir T. 297, N°. 1, 2; dont la somme avec T. 298, N°. 19, 20 donne T. 298, N°. 21, 22 respectivement.	

Page 699.

Page.	*Ligne.*	*au lieu de:*	*lisez:*
257.	11.	Puisque	Puis
261.	9, 10.	e^{-q} (*partout*)	e^{-y}
269.	20.	*Ajoutez:* Pour $x = \frac{1}{2} y$ dans T. 188, N°. 5 et $x = 2y$ dans T. 188, N°. 6, nous aurons: $\int_0^1 l(1 - \frac{1}{2}x) \frac{dx}{x} = \frac{1}{2}(l\,2)^2 - \frac{1}{12}\pi^2, (2114)$ $\int_0^1 l(1 - 2x) \frac{dx}{x} = -\frac{1}{4}\pi^2 + \pi i l 2. (2115)$	
275.	13.	2^{2a+1}	2^{2b+1}
	16.	$a - 2$	$- a - 2$
276.	3.	$- p^{a+1}$	$+ p^{a+1}$
	13.	$p < 1$	$p > 1$
277.	12.	π, e^{-q}	$\frac{\pi}{2}, e^{-pq}$
	13.	e^{-q}	$\frac{\pi}{2} p^a e^{-pq}$
278.	1.	π, e^{-q}	$\frac{\pi}{2}, e^{-pq}$
279.	8.	*Cos.* $2ax$	*Sin.* $2ax$
285.	11.	$+ \int_0^\infty$	$+ \int_1^\infty$
	18.	N°. 1	N°. 2
289.	4.	$q - x$	$q + x$
292.	16.	$(1 - x^4)^5$	$(1 - x^6)^5$
299.	16.	$\mathrm{F}'(x)$	$\mathrm{F}'(r)$
305.	1.	*Sin.*^{2}	*Cosec.*^{2}
306.	2.	*Cos.* px	*Sin.* px
309.	7.	$- \mathrm{E}$	E
310.	7, 10, 13.	$1 - \frac{Tang.^2 \alpha}{Tang.^2 \beta}$	$\sqrt{\left(1 - \frac{Tang.^2 \alpha}{Tang.^2 \beta}\right)}$
	18.	*Ajoutez:* La somme de T. 107, N°. 13 avec (418) et (419) donne T. 107, N°. 14, 15.	
313.	21.	$x + \varphi$	$\pi + \varphi$
316.	17.	$= \pm$	$=$

Page.	*Ligne.*	*au lieu de:*	*lisez:*
323.	15.	$Sin.^2 \lambda -$	$Sin.^2 \lambda +$
325.	8.	$< q^2); =$	$> q^2); =$
328.	6.	$\frac{\pi}{2}$	$\frac{\pi}{4}$
330.	7.	$= q$	$= 4$
341.	3.	$1 - x^2$	$1 + x^2$
	4.	N°. 2	N°. 12.
345.	4.	$\frac{dI}{dx}$	$\frac{dI}{dq}$
346.	1.	$Sin.\,qx$	$Sin.\,rx$
	5.	$- s)^2\} +$	$- s)^2\} -$
357.	14.	$\frac{\pi}{q}$	$\frac{1}{q}$
360.	2.	$q - x^2$	$q^2 - x^2$
368.	12.	$\sqrt{}(1 -$	$1 -$
375.	14.	$2b\pi$	$2bp\pi$
377.	10.	$+ x^2$	$+ \pi^2$
	17.	$, =$	$, = \frac{\pi}{2p}$
379.	7.	$= \pi$	$= \pm \pi$
385.	17.	N°. 6	N°. 3
386.	2.	dx (631)	$\frac{dx}{x}$ (631)
394.	1, 11.	$Sin.\,x.\,Cos.\,x$	$Sin.^2\,x.\,Tang.\,x$
	8.	$- 3p^2$	$+ 3p^2$
395.	2.	$- 3p^2$	$+ 3p^2$
	3.	$3p^2$	$3p^4$
	7, 12.	$Sin.\,x.\,Cos.\,x$	$Sin.^2\,x.\,Tang.\,x$
	8.	$p(1 - p^2)$	$p^2(1 - p^2)$
396.	2.	$p(1 - p^2)$	$p^2(1 - p^2)$
397.	3, 13	$+ \frac{\pi}{4}$	$- \frac{\pi}{4}$
	7, 9.	$- \frac{\pi}{4}$	$+ \frac{\pi}{4}$
401.	2.	32 N°. 7	17 N°. 16
412.	10.	$Sin.^2\,x$	$Sin.\,x$

Page 700.

Page.	*Ligne.*	*au lieu de:*	*lisez:*
417.	2.	N°. 7	N°. 6
422.	7 à 11.	$a + n + 1$	$2a + n + 1$
423.	15.	$l2 =$	$l2 = -$
426.	11.	$Tang.^2\,\beta$	$Cot.^2\,\beta$
427.	3.	$Sin.\,\alpha$	$Cos.\,\alpha$
	4.	N°. 16	N°. 6
433.	9.	$=$	$= E'(p)$
434.	12.	149	249
	14.	$x\,Sin.\,px$	$Sin.\,px$
441.	9.	Méth. 8	Méth. 9
460.	15	$\pm$	$+$
477.	18.	$+ 2p$	$- 2p$
478.	1.	N°. 5	N°. 6
479.	18.	Méth. 44	Méth. 45
482.	19.	p^n	p^{2n}
483.	16.	$=$	$= \pi$
485.	14.	$\frac{\pi}{2}$	$\frac{\pi}{q}$
486.	5.	$\frac{1}{2}$	$\frac{1}{3}$
	10.	N°. 2	N°. 3
495.	19.	$- pq)(1$	$- e^{pq})(1$
496.	2.	$x\,Cos.^a$	$Cos.^a$
500.	17.	$Sin.\,(r\,Sin.$	$Sin.\,(r\,Cos.$
505.	17, 19.	$a -$	$a +$
509.	8, 10, 11.	$qs)\,n$	$ns)\,q$
510.	4.	$=, <$	$= 2, < 2$
	6.	$= ds, <$	$= (2s + 1)\,d, < 2$
514.	18.	N°. 11	N°. 3
518.	15.	N°. 10	N°. 4
521.	17.	q	q^2
532.	15.	$2q$	$2p$
533.	1.	$2r$	$2p$
534.	17.	, (1527)	$\frac{dx}{x}$, (1527)
535.	4.	$+ (1 - \sqrt{p})$	$- (1 - \sqrt{p})$

Page.	Ligne.	au lieu de:	lisez:
535.	12.	$2px$	$2p$
540.	13—16.	px	$2px$
541.	14.	$r =$	$x =$
543.	12.	$= \Sigma$	$= - \Sigma$
545.	12, 13.	dx	$Sec. x \, dx$
550.	8.	$- x^2$	$+ x^2$
554.	17.	T. 10	T. 1
	18.	T. 157	T. 151
559.	10.	$- 2q \, Cos. x + p^2$	$- 2q \, Cos. x + q^2$
560.	3.	Méth. 36	Méth. 34
565.	20.	$\frac{\pi}{2}$	$\frac{\pi}{4}$
572.	1.	(1201)	(1203)
574.	6.	$1 + x^2$	$q^2 + x^2$
588.	10.	$p^2)$	$p^2)^3$
589.	6.	$Cos.^2 \, dx$	$Cos.^2 \, x$
	10, 11.	$\sqrt{\{2(1}$	$\sqrt{\{1}$
	14.	$\int_1$	$\int_0$
592.	2.	$p - 1$	2

Page.	Ligne.	au lieu de:	lisez:
592.	13.	$+ \Sigma$	$- 4 \Sigma$
597.	10.	$p + q^2$	$p^2 + q^2$
600.	20.	$= \pm$	$= \mp$
605.	11.	$Cos. x$	$Cot.^2 \, x$
607.	3.	$\frac{p+q}{p}\Big]$	$\frac{p+q}{q}\Big]$
608.	13.	$\pi (p \, l \, q$	$- \pi (p \, l \, p$
611.	1.	$x^{p-1} \, dy$	$x^{p-1} \, dx$
	6.	$Cos.^{2-p}$	$Cos.^{p-2}$
615.	12.	$= \frac{dx}{x}$	$= \frac{dz}{x}$
616.	1.	dz	$- dz$
621.	12.	2^{q+2}	2^{q+1}
631.	9.	$\frac{\Gamma(p)}{\Gamma(p+q)}$	$\frac{\Gamma(r)}{\Gamma(r+q)}$
649.	2.	$=$	$= Ei. (- m)$
651.	12.	$= \overline{2^{s+2} m}$	$= \overline{2^{s+2}}$
661.	13.	$- 2$	$-$
664.	2.	$\overline{4m}$	$\overline{4}$
	13.	$2q \, Cos. \, smr$	$2q \, Cos. \, mr$
688.	8.	T 89	T. 83

672. 21. *Ajoutez:* Changeons a en b et soustrayons, alors:

$$\int_0^\infty \left\{ Cos. (x^{2^a}) - Cos. (x^{2^b}) \right\} \frac{dx}{x} = \left(\frac{1}{2^b} - \frac{1}{2^a} \right) A; \quad \ldots \ldots \quad (2116)$$

la somme de (2083) et de T. 212, N°. 6 (du texte) donne:

$$\int_0^\infty \left\{ Cos. (x^{2^a}) - \frac{1}{1+x^2} \right\} \frac{dx}{x} = - \frac{1}{2^a} A. \quad \ldots \ldots \quad (2117)$$

Faisons $x = y^{2^a}$ dans la T. 212, N°. 6, alors:

$$\int_0^\infty \left\{ Cos. (x^{2^a}) - \frac{1}{1 + x^{2^{a+1}}} \right\} \frac{dx}{x} = - \frac{1}{2^a} A; \quad \ldots \ldots \quad (2118)$$

la différence de ces intégrales donne:

$$\int_0^\infty \left(\frac{1}{1 + x^{2^{a+1}}} - \frac{1}{1 + x^2} \right) \frac{dx}{x} = 0, \quad \ldots \ldots \quad (2119)$$

Page 701.

Page. Ligne.

ou pour $x^2 = y$: $$\int_0^\infty \left(\frac{1}{1+x^{2^a}} - \frac{1}{1+x}\right)\frac{dx}{x} = 0. \quad \ldots\ldots (2$$

Changeons a en b, et soustrayons, alors:

$$\int_0^\infty \left(\frac{1}{1+x^{2^a}} - \frac{1}{1+x^{2^b}}\right)\frac{dx}{x} = 0. \quad \ldots\ldots (21$$

682. 12. *Ajoutez:* Lorsque nous changeons a en b, et que nous soustrayons, il vient:

$$\int_0^\infty (e^{-x^{2^a}} - e^{-x^{2^b}})\frac{dx}{x} = \left(\frac{1}{2^b} - \frac{1}{2^a}\right)A. \quad \ldots\ldots (21$$

Encore la somme de T. 133, N°. 5 (du texte) et de (2099) donne:

$$\int_0^\infty \left(e^{-x^{2^a}} - \frac{1}{1+x^2}\right)\frac{dx}{x} = -\frac{1}{2^a}A. \quad \ldots\ldots (21$$

Mais T. 133, N°. 5 devient pour $x = y^{2^a}$:

$$\int_0^\infty \left(e^{-x^{2^a}} - \frac{1}{1+x^{2^{a+1}}}\right)\frac{dx}{x} = -\frac{1}{2^a}A; \quad \ldots\ldots (21$$

la différence des deux dernières intégrales donne lieu de nouveau aux intégrales (2119) à (21
Encore remplaçons a par b dans (2123) et soustrayons-en (2117), nous aurons:

$$\int_0^\infty \{(e^{-x^{2^b}} - Cos.(x^{2^a})\}\frac{dx}{x} = \left(\frac{1}{2^b} - \frac{1}{2^a}\right)A. \quad \ldots\ldots (21$$

Page 702.